Andreas Schäfer

Klastische Sedimente

Fazies und Sequenzstratigraphie

2. Auflage

Mit Beiträgen von Klaus-Werner Tietze (Marburg)
und Michael Peter Suess (Tübingen)

Andreas Schäfer
Institut für Geowissenschaften
Steinmann-Institut — Geologie
Rheinische Friedrich-Wilhelms-
Universität Bonn
Bonn, Deutschland

ISBN 978-3-662-57888-9   ISBN 978-3-662-57889-6   (eBook)
https://doi.org/10.1007/978-3-662-57889-6

Die Deutsche Nationalbibliothek verzeichnet diese Publikation in der Deutschen Nationalbibliografie;
detaillierte bibliografische Daten sind im Internet über http://dnb.d-nb.de abrufbar.

Springer Spektrum

Planung und Lektorat: Stephanie Preuss und Martina Mechler
Titelfotografie: Prof. Dr. Andreas Schäfer, Bonn
Fotos/Grafiken: Prof. Dr. Andreas Schäfer, wenn nicht anders vermerkt

Springer Spektrum ist ein Imprint der eingetragenen Gesellschaft Springer-Verlag GmbH, DE und ist ein
Teil von Springer Nature.
Die Anschrift der Gesellschaft ist: Heidelberger Platz 3, 14197 Berlin, Germany

Für Ulrike

Vorwort zur 1. Auflage

Klastische Ablagerungen finden durch die Dynamik des Ablagerungsraumes ihre Ordnung. Sie geben Auskunft über den Energieinhalt und die Bewegtheit des Ablagerungsmilieus, des *depositional environment*. Dies lässt sich in sedimentären Sequenzen anhand von Korngrößentrends und der Aufeinanderfolge sedimentärer Gefüge sicher erkennen. Sedimentäre Sequenzen bilden daher das Grundgerüst für die Beschreibung fossiler Ablagerungsräume. Und schließlich führt die stratigraphische Korrelation sedimentärer Sequenzen zur Sequenzstratigraphie. Sie bringt als anspruchsvolle wissenschaftliche Herausforderung den sedimentologisch arbeitenden Geologen dazu, sein eigenes Arbeitsfeld neu zu bewerten. Durch die Fixierung des Meeresspiegels im aufgenommenen Profil werden auch entfernte Ablagerungsräume auf das eigene Beispiel bezogen.

Ein deutschsprachiges Lehrbuch über klastische Sedimente, ein überwiegend im englischen Sprachraum gewachsenes Arbeitsfeld der Geologie, für den Studenten, vielleicht auch für den interessierten Kollegen in deutscher Sprache aufzubereiten, erscheint angebracht. Denn viele sedimentologische Termini aus dem Englischen haben sich mittlerweile fest etabliert, und es fehlen sogar vielfach die deutschen Begriffe für Beobachtungen und Prozesse, die in der Fremdsprache klar ausgedrückt werden können. Sie ins Deutsche zu übersetzen, ist schwierig und greift oft daneben. Auch ist die gewählte Erläuterung und die Form der Umschreibung vielfach eher subjektiv.

Doch hoffe ich, für sedimentologische Arbeit in klastischen Ablagerungsräumen Hilfe geben zu können und das derzeit verfügbare Wissen zusammengetragen zu haben. Die hier vorgenommene Beschränkung auf wenige Aspekte innerhalb des weiten Feldes der Sedimentologie folgt dem Zwang zur Fokussierung auf das eigene Fachgebiet. Neben internationalen sollen bevorzugt einheimische Beispiele dafür werben, dass auch im eigenen Umkreis eine große Anzahl vorzüglicher sedimentologischer Fallstudien existiert. Deren Auswahl orientiert sich oft daran, ob sie ausführlich genug beschrieben sind, um sie für die Verwendung in einem Lehrbuch aufbereiten zu können.

Die in der Einleitung (der 1. Auflage) aufgeführte Zusammenstellung sedimentologischer Lehrbücher ist während der letzten 30 Jahre entstandene Wissensbasis der Sedimentologie. Sie wächst ständig weiter und kann daher kaum vollständig sein. So ist zu akzeptieren, dass die hier im Folgenden versuchte Darstellung lediglich eine kleine Sammlung persönlicher Einsichten ist. Die Graphik wurde von Iris Wolfgamm (Bonn) angefertigt.

Andreas Schäfer
Frühjahr 2004

Vorwort zum Nachdruck der 1. Auflage

Beim Nachdruck des Textes zur 1. Auflage 2010 ergab sich die Gelegenheit, Text und Bilder noch einmal kritisch zu betrachten. So danke ich Klaus-Werner Tietze (Marburg) für die ausführliche Durchsicht des Kapitels Sedimentbildung und Lorenz Butschi (Roquebrune-sur-Argens) für viele Korrekturen und Klarstellungen im Text.

Andreas Schäfer
Sommer 2010

Vorwort zur 2. Auflage

Seit dem Erscheinen dieses Buches in der 1. Auflage ist inzwischen sehr viel Zeit verstrichen. Jedoch ist das Interesse an meiner lang zurückliegenden Zusammenstellung wach geblieben, was erfreulich ist. Da der wissenschaftliche Zugang zum Thema Klastische Sedimente heute immer noch gilt, habe ich mit einigen Veränderungen den Text der 1. Auflage mit heute aktueller Literatur versehen und diese durch eine Reihe von Fallbeispielen erweitert. Dadurch ist der Umfang des Buches zum Teil erheblich gewachsen, vor allem dort, wo persönliche Schwerpunkte behandelt werden wollten. Die Fotos können nun farbig wiedergegeben werden, ebenso die Zeichnungen, wenn sie aus eigener Hand stammen.

Heute wird wissenschaftliche Literatur nicht nur in gedruckter Form veröffentlicht, sondern auch im Online-Zugang. Das macht für den Leser Vieles einfacher, für den Autor bedeutet das jedoch, sehr viel Sorgfalt bei der Aufbereitung des Textes und seiner Bilder vorzusehen. Vielleicht hat sich dies gelohnt, was sich in der Zukunft zeigen wird.

Hier darf ich keinesfalls vergessen, mich bei denjenigen zu bedanken, die meinen Austausch mit ihrer Welt angestoßen und oft auch als Gastgeber gefördert hatten: Hans-Erich Reineck (Wilhelmshaven), Klaus Schwab (Clausthal), Volker Lorenz (Würzburg), Amihai Sneh (Jerusalem), Indra Bir Singh (Lucknow), Dag Nummedal (Baton Rouge, LA; Golden, COL), Carl F. Vondra (Aimes, IO), Russell J. Korsch (Canberra), Tim A. Cross (Golden, COL). Das alles liegt jedoch inzwischen lang zurück.

Zur Bereitung dieser 2. Auflage trugen jetzt andere bei. Michael Peter Suess (Tübingen) hat das Kapitel Sequenzstratigraphie gründlich überarbeitet. Gisela Gerdes und Friederike Bungenstock (Wilhelmshaven), Gerhard Best (Vöhrum), Georg Oleschinski (Bonn), Hubert und Patricia Roeser (Ouro Preto), Rahman Ashraf (Bonn), Priska Schäfer (Kiel), Peter Suhr (Dresden), Thomas Voigt (Jena), Klaus-Werner Tietze (Marburg, †), Friedrich Häfner (Mainz), Hubert Thum (Saarbrücken), Franz Binot (Hannover), Johannes Stets (Bonn, †), Herrud Kudrass (Hannover), Günter Drozdzewski (Krefeld), Agemar Siehl (Bonn) und Luca Costamagna (Cagliari) führten mich auf Exkursionen, halfen mir bei der Suche nach Literatur oder stellten eigene Fotos zur Verfügung, wofür ich ihnen sehr dankbar bin. Hermann Schäfer (Bad Homburg) half mir bei der Reprographie. Andreas Slemeyer (Lübeck) wies mich in den Gebrauch seines Diascanners ein und lieh ihn mir über lange Zeit.

Vor allem aber möchte ich mich bei meiner Frau Ulrike bedanken, die dieses Projekt von Anfang an begleitet hat, kritisch, ermunternd und vor allem mit großer Geduld.

Andreas Schäfer
Frühjahr 2020

Inhaltsverzeichnis

Einleitung

© Springer-Verlag GmbH Deutschland, ein Teil von Springer Nature 2019
A. Schäfer, *Klastische Sedimente*, https://doi.org/10.1007/978-3-662-57889-6_1

1

Die Darstellung der *Sedimentologie klastischer Ablagerungen* verbindet zwei Themenkreise – Sedimentologie und Sequenzstratigraphie. Sie bauen inhaltlich aufeinander auf und können heute nicht mehr unabhängig voneinander betrachtet werden. Da Sedimente in Sedimentbecken abgelagert, konserviert und überliefert werden, ist deren strukturelle Entwicklung von erheblicher Bedeutung. Das Thema Sedimentbecken konnte hier jedoch nicht zum Schwerpunkt der Betrachtung werden, um den gewählten Rahmen der Zusammenstellung nicht zu sprengen.

1.1 Sedimentologie

In Abtragungsgebieten werden durch Verwitterung Gesteine erodiert, zerstört und als Verwitterungsprodukte in Ablagerungsräumen wieder abgesetzt. Ist im Abtragungsgebiet das Klima für die Verwitterung von Bedeutung, so ist es für den Transport und die Ablagerung der Sedimente erst recht. Die verfügbare Menge Wasser formt das Ablagerungsmilieu und die in ihm gebildeten Sedimente. Perennierende, gleichmäßig über das Jahr verfügbare Wasserführung einerseits und ephemere, unregelmäßig über das Jahr verteilte Wasserführung andererseits entscheiden über die mineralische Zusammensetzung der Ablagerungen und über die Ausbildung ihrer Sedimentgefüge.

Siliciklastische Sedimente sind vor allem Quarze und quarzreiche Gesteinsfragmente enthaltende Lockerprodukte und Gesteine. Dazu gehören auch feldspatreiche Sedimente sowie heterogen zusammengesetzte Gesteinsfragmente. Alle diese etwas ungenau als **Siliciklastika** zusammengefassten Stoffbestände (d. h. Fragmente silikatischer, vor allem quarzreicher Gesteine) bilden am Ort der Ablagerung zunächst Lockermassen. Sie weisen von der Dynamik des Ablagerungsraumes geschaffene Bodenformen *(bedforms)* mit spezifischen Sedimentgefügen *(sedimentary structures)* in ihrem Inneren auf,

die für die Analyse und Interpretation des Ablagerungsmilieus im Anschnitt fossiler Gesteinskörper notwendig sind.

Karbonatklastische Abtragsmassen stammen aus Karbonatgesteinen. Zwar sind bei diesen die physikalischen Gesetze für den Abtrag und die Verlagerung des karbonatischen Detritus gleich denen der Siliciklastika. Doch füllt die klimaabhängige Verwitterung Seen, Flüsse, Grundwasser und das Meer vor allem mit an Bikarbonat reichem Wasser. Aus diesem wird durch CO_2-Verlust während des Transports bzw. während der Ablagerung wiederum Karbonat, vorzugsweise $CaCO_3$, gefällt. Eine syngenetische Kalkabscheidung behindert die Bildung physikalischer Sedimentgefüge jedoch erheblich. Denn durch die frühe Zementation wird im Flachmeer arider Klimate der angelieferte bzw. umgelagerte Karbonatdetritus während der Frühdiagenese durch Ausfällung von Calcit oder Aragonit schnell verfestigt und dadurch der Bildung physikalischer Sedimentgefüge entzogen. Zudem führen schnelle Rekristallisation und Ionenaustausch schon in jungen Karbonatgesteinen zu weit reichenden diagenetischen Veränderungen. Nicht allein dadurch ist für Karbonatgesteine eine eigene Betrachtungsweise angebracht. Darüber hinaus erfordert die Analyse der biogenen Komponenten paläontologische Kenntnisse, ohne die karbonatpetrographische Arbeit nicht auskommt.

Siliciklastische Sedimente hingegen bewahren ihre Rollfähigkeit als Einzelkorn bis weit über den Zeitpunkt der Ablagerung hinaus und bleiben beweglich. Sie legen sich nur selten durch frühdiagenetische Zementation fest, werden erst sehr viel später von der Diagenese erfasst.

Im Meer wie auf dem Land aquatisch verfrachtete und umgelagerte Sedimente, aber auch äolische Bildungen erzeugen spezifische dreidimensionale Bodenformen. Diese können klein-, auch großskalig sein. Geringe Energien verarbeiten feinkörnige Sedimente und schaffen kleine Bodenformen, große

Energien bewegen grobkörnige Sedimente und erzeugen große Bodenformen (pers. Mitt. von Munnu, der mir für viele Beobachtungen ein Lehrmeister war). Kleine Bodenformen – Rippeln – messen in Millimetern bis Zentimetern, große Bodenformen – Großrippeln bzw. Dünen – in Dezimetern bis Metern, gar bis Zehner von Metern. Beide Größenklassen von Bodenformen bilden sich beim Transport in strömendem Wasser als auch durch Wind. Im zweidimensionalen Profilschnitt in Transportrichtung zeigen die Bodenformen ihr Inneres, ihr Sedimentgefüge, und erlauben mit diesem die physikalische Beschreibung des Ablagerungsraumes (dessen Relief, Wasserführung, Strömung, Wellenschlag, Windgeschwindigkeit usw.).

Die mit Sedimentgefügen versehene Schichtenfolge siliciklastischer Gesteine lässt aufgrund der physikalischen Gesetzmäßigkeit der Gefügebildung aus der Beobachtung konservierter Sedimentgefüge einen Rückschluss auf den Energieinhalt des Ablagerungsraumes zu. Auch lässt sich verfolgen, wie sich die Energie während der Ablagerung der Sedimente veränderte – abnahm oder zunahm. Die Variation der Energie ist charakteristisch für alle Ablagerungsräume. Die Variation der Sedimentgefüge entlang einer profilmäßig aufgenommenen sedimentären Sequenz beschreibt den Ablagerungsraum und dessen Entwicklung in Raum und Zeit. Die angelieferten siliciklastischen Sedimentpartikel bleiben bis weit in die Diagenese hinein in ihrer Originalgröße erhalten (rekristallisieren nicht) und geben auch im Festgestein noch Auskunft über den ehemaligen Energieinhalt des fossilen Ablagerungsmilieus und dessen Veränderlichkeit.

Für die Beschreibung und Ausdeutung eines Ablagerungsraumes sind Profilsequenzen aufzunehmen und deren Sedimentgefüge zu dokumentieren. Hierbei ist Abstrahierung notwendig und muss oft Details ersetzen. Die in einzelnen Profilen festgehaltene Dokumentation liefert ein Abbild der Variation des Ablagerungsraumes, sei es, dass er tiefer oder flacher wurde, sei es, dass die Sedimentfracht zunahm oder abnahm. Auch ist wichtig, ob die Schichtenfolge aufgrund von Erosion heute Schichtlücken aufweist.

Erhebliche Bedeutung hat der ehemalige Lebensinhalt des Ablagerungsraumes für dessen Ausdeutung. Nicht so sehr notwendig ist die spezifische Festlegung auf das einzelne Tier, auf die einzelne Pflanze. Vielmehr muss die Palaeoökologie (Palökologie) des fossilen Ablagerungsraumes, die Balance zwischen diesem und seiner tierischen wie pflanzlichen Besiedlung, bezeichnet und interpretiert werden. Fossilien definieren die grundsätzliche Position des Ablagerungsraumes – auf dem Land oder im Meer. Sie legen aber auch seine Wassertiefe fest und erläutern seine ehemalige Versorgung mit Sauerstoff. Darüber hinaus zeigt der Fossilinhalt, ersatzweise die fossilen Spuren der ehemaligen Bewohner, die sog. Spurenfossilien *(trace fossils)*, wo und wie der Ablagerungsraum besiedelt war, und wie er mit Sedimenten beliefert oder gar zugeschüttet wurde.

Notwendig ist also die gemeinsame Dokumentation der Korngröße der Sedimente, deren Sedimentgefüge und die Lebensgemeinschaft pflanzlicher und tierischer Fossilien. Einzelne Profile werden zu einem – u. U. räumlichen – Profilschnitt zusammengefasst. Hierbei sollten sie mit relativen Abständen einander zugeordnet werden, um eine maßstabsgerechte Dimensionierung des Ablagerungsraumes zu erlauben. In die sedimentologische Aufnahme hinein muss eine Interpretation des Ablagerungsmilieus gelegt werden. Diese ist zwingend erforderlich, denn jetzt sind alle Voraussetzungen gegeben, um aus einer reinen Material- und Mächtigkeitsbeschreibung heraus ein genetisches Ganzes beschreiben zu können. Es sollte die Paläogeographie einer vergangenen Landschaft aufbereitet werden.

Alle Beobachtungen zusammengenommen liefern eine genetische Deutung und führen zu einem interpretierbaren Abbild des fossilen Ablagerungsraumes, zu seinem **Sedimentmodell** (d. h. einem Idealbild tatsächlicher, aktueller oder ehemaliger Gegebenheiten). Die Vollständigkeit aller Beobachtungen, auch die Phantasie des Bearbeiters im Gelände, im Aufschluss, an Bohrprofilen, bestimmen die Qualität des zu entwerfenden Modells, dem interpretierten Abbild vergangener Wirklichkeit.

1.2 Sequenzstratigraphie

Der Meeresspiegel hinterlässt im flachmarinen Ablagerungsraum eindeutige Wasserstandsmarken. Er dokumentiert sich durch seinen Energieinhalt, durch Strömung und Seegang. Er drückt sich vor allem durch seinen Gezeitenunterschied *(tidal range)* entlang der Meeresküste aus. Durch Erosion sich abtragende Küsten bzw. mit positiver Sedimentbilanz sich aufbauende Küsten bestimmen die Lage des Meeresspiegels zweifelsfrei. Dieser lässt sich in den aufgenommenen Sedimentsequenzen bestimmen.

Randmarine Sedimentsequenzen liefern also die Wasserstandsmarke für den Weltmeeresspiegel. Sedimentationsmodelle lassen sich daher in Bezug auf die Eustasie des Meeres *(eustasy, eustatic sea-level),* auf dessen langfristiges Heben und Senken, festlegen. Der relative Weltmeeresspiegel ordnet die Sedimentationsräume der Küste. Diese werden durch die Subsidenz, durch die tektonische Absenkung des Festlandsockels der Kontinente und durch die Kompaktion seiner bereits abgelagerten Sedimente in ihrer Ausgestaltung modifiziert. Sie werden von der Anlieferung weiterer Sedimente aus einem tektonisch aktiven Hinterland beeinflusst sowie von der Aufarbeitung durch die auf die Küste auflaufende Meeresbrandung ständig neu gestaltet.

Sequenzstratigraphie *(sequence stratigraphy)* vermag wegen der Verbindlichkeit des Meeresspiegels weit voneinander entfernte Ablagerungsräume zu korrelieren. Daher lassen sich die Küsten der Meere weltweit miteinander verbinden. Dies gilt grundsätzlich im rezenten wie auch im fossilen Ablagerungsraum. Nur ist dies bei letzterem ungleich schwieriger, da er zuerst gut interpretiert sein muss, bevor er sich dem Meeresspiegel zuordnen lässt.

Biostratigraphische und chronostratigraphische Altersdaten haben die lithostratigraphische Profilaufnahme zu unterstützen. Das sedimentologische Modell muss zeitlich fixiert werden, denn zu jeder Zeit gehört die Geographie des Augenblicks (bzw. die Paläogeographie der Vergangenheit). Die sedimentologisch arbeitende Stratigraphie – die Sequenzstratigraphie – ordnet die interpretierten sedimentären Sequenzen und die daraus abgeleiteten Sedimentationsmodelle des Küstenraumes in Abhängigkeit vom aktuellen Meeresspiegel. Die Erdgeschichte liefert für jeden stratigraphisch definierten Zeitpunkt eine Aussage zur Position der jeweiligen Küstenlinie, zu deren Hoch- oder Tiefstand bzw. zu deren aktuell transgressiven oder regressiven Tendenz. Eine Transgression auf die Küstenebene überflutet diese nicht nur, sondern eröffnet auch neue Liefergebiete im Hinterland, mit der Konsequenz, dass im vorgelagerten Küstenraum der Sedimenteintrag sichtbar zunimmt. Zugleich aber vermindert sich draußen im Ozean die Lieferung von Sediment in dem Maße, wie die Küste landeinwärts wandert. Bei einer Regression rückt die Küste meerwärts vor, und progradierende Küstenprofile sind das Resultat. Sinkt der Meeresspiegel schnell, wird die Küste tiefgründig erodiert.

Die Sequenzstratigraphie legt also die Wanderung von randmarinen Sedimentationsräumen durch die Zeit fest, verbindet marine mit kontinentaler Sedimentation. So ist die Arbeitsweise der Sequenzstratigraphie eine integrierende Interpretation von Sedimentfazies, Raum und Zeit, und sie weist der interpretierten Sedimentfazies einen Platz im Sedimentmodell zu.

Sedimentbildung

© Springer-Verlag GmbH Deutschland, ein Teil von Springer Nature 2019
A. Schäfer, *Klastische Sedimente*, https://doi.org/10.1007/978-3-662-57889-6_2

Die Beschreibung sedimentärer Bodenformen *(bedforms)* siliciklastischer Gesteinsabfolgen ist Grundlage für deren sedimentologische Analyse. Das ehedem dreidimensionale Relief eines vergangenen Ablagerungsraumes hat sich oft auf einen zweidimensionalen Aufschlussanschnitt reduziert und bedarf daher der ausführlichen Deutung.

2.1 Sedimenttransport

2.1.1 Zustandsformen strömenden Wassers

Laminares Fließen eines Wasserkörpers in scheinbarer Ruhe findet durch Gleitvorgänge einzelner Wasserlaminae statt. Sie können losgelöst voneinander, ohne Vermischung, sich relativ zueinander bewegen. Bei sehr geringer Strömung gleiten die Wasserlaminae langsam übereinander, im Freiwasserraum der durchströmten Rinne dagegen schneller. An deren Boden werden sie durch die Bodenrauigkeit des Reliefs aus ruhenden Sedimentpartikeln jeder Größe abgebremst ($\square$ Abb. 2.1). Hindernisse im Wasserkörper werden von den laminar fließenden Wasserfäden umflossen. Sie teilen sich vor dem Hindernis und schließen sich nach ihm wieder, ohne eine Turbulenz zu bilden (Leeder 1999).

Laminares Fließen wird durch die Reynolds-Zahl (R) definiert. Sie ist eine dimensionslose Größe und beschreibt Strömungsvorgänge eines strömenden Mediums (z. B. Wasser) ohne interne Vermischungen (Tanner 1978).

$$R = \frac{v \cdot l \cdot d}{p}$$

$v =$ Geschwindigkeit des Wassers (cm/s)
$l =$ Länge des Transportweges (cm)
$d =$ Dichte des Wassers (g/cm^3)
$p =$ dynamische Viskosität (dyn $\cdot$ s/cm^2)

Für Wasser bei Raumtemperatur ist $R_\text{w} = v \cdot l$. Für Luft bei Raumtemperatur ist $R_\text{a} = 6{,}6\, v \cdot l$,

wobei der Faktor 6,6 die Unterschiede von Dichte und Viskosität zwischen Wasser und Luft enthält. R wird im natürlichen Fließgewässer von dessen hydraulischem Radius bestimmt, der sich ortsspezifisch aus Tiefe und Breite des Fließgewässers zusammensetzt. So hat ein Fließgewässer mit einem hydraulischen Radius von beispielsweise 5 m (d. h. von 5 m Tiefe und 10 m Breite bei halbkreisförmigem Tiefenprofil) im laminaren Strömungszustand eine Fließgeschwindigkeit von etwa 0,1–0,3 mm/s und eine Luftschicht von 10 m Dicke eine Geschwindigkeit von etwa 2 mm/s. Dies zeigt, dass laminare Fließvorgänge sehr langsam sind, fast Stillstand bedeuten und gefügebildender Sedimenttransport bei diesen nicht stattfindet.

Turbulentes Fließen setzt ab der Reynolds-Zahl von 500 bis 2000 ein. Die Wasserfäden sind nun nicht mehr unabhängig voneinander, Mischvorgänge erzeugen Zentren lokaler Verwirbelung und mischen den Wasserkörper ($\square$ Abb. 2.2). Hindernisse im Wasserstrom rufen nun ebenfalls Verwirbelungen hervor, die den zuvor ruhigen Fließvorgang erheblich verändern. Auch die Rauigkeit des Bodens, seine Sedimentkörnung, sein Relief, seine sedimentären Bodenformen bremsen die Stromgeschwindigkeit gegenüber dem Freiwasserraum ab. In einem natürlichen Fließgewässer existieren jedoch drei durch Grenzflächen separierte Stockwerke ($\square$ Abb. 2.3): ein laminares, sehr dünnes Stockwerk zwischen den Sedimentpartikeln am Boden, ein turbulentes Stockwerk variabler Mächtigkeit mit Sedimentpartikeln, die in einer dahin eilenden Suspensionswolke die Bodengefüge aufwerfen, und schließlich ein weitgehend suspensionsfreies Stockwerk oberhalb der bodennahen Suspensionswolke. Hierbei bestimmt die Korngröße der Sedimentoberfläche die Rauigkeit gegenüber dem fließenden Wasser. Daher kann innerhalb turbulenter Fließvorgänge zusätzlich zwischen **glattem** und **rauem** Fließen unterschieden werden.

Der Übergang von laminarem zu turbulentem Fließen vollzieht sich bei zunehmender Stromgeschwindigkeit recht allmählich und findet schon bei sehr geringer

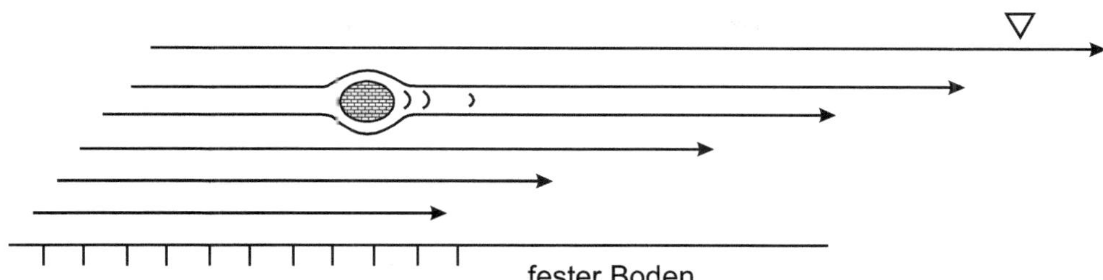

◘ Abb. 2.1 Laminares Fließen von Wasser und dessen Umströmung eines Hindernisses. (von Engelhardt 1973)

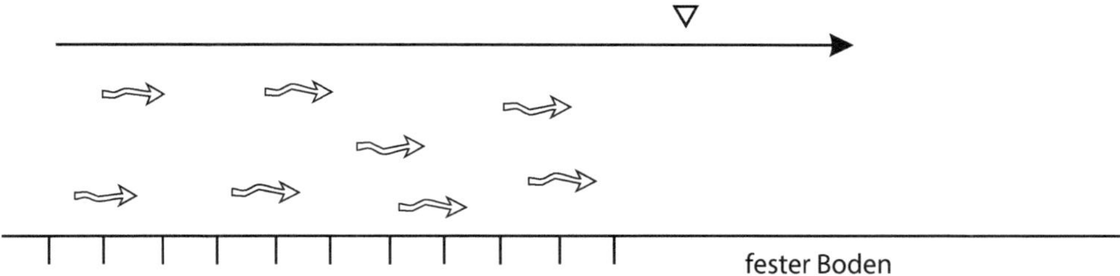

◘ Abb. 2.2 Turbulentes Fließen von Wasser, abhängig von Stromgeschwindigkeit, Talweglänge, Neigung der Rinne sowie der Rauigkeit des Gewässerbodens. (von Engelhardt 1973)

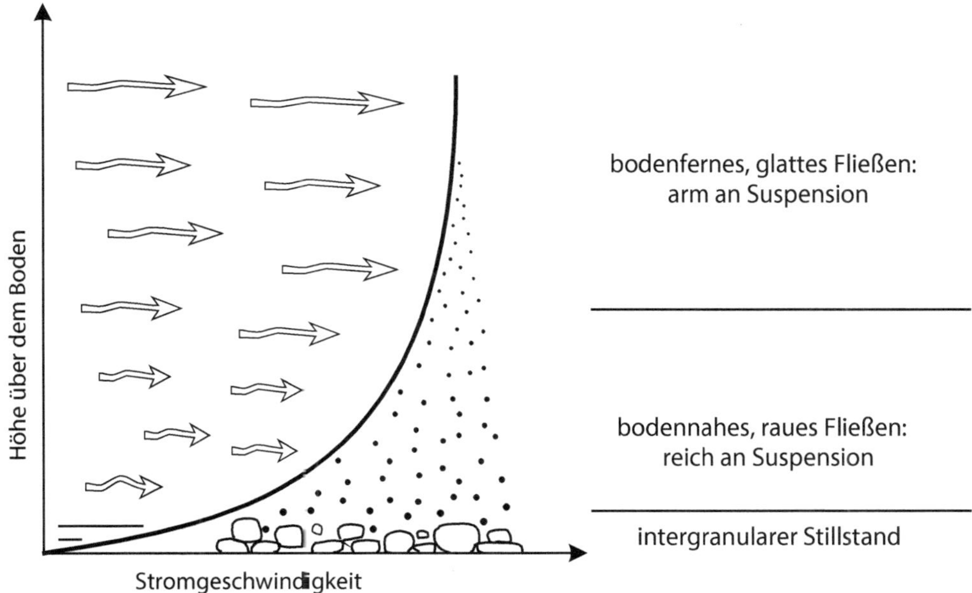

◘ Abb. 2.3 Drei Stockwerke von Fließzuständen eines Fließgewässers in Abhängigkeit von der Korngröße des Sohlenpflasters, der suspendierfähigen Sedimente und der Stromgeschwindigkeit des Transportmediums Wasser. (Allen 1979a; Church und Gilbert 1975). Durch Impulsaustausch bodennaher Turbulenz werden dem Sediment aus seinem oberflächlichen Kornverband kleinere Komponenten herausgelöst. Es bildet sich ein Rückstandssediment, in dessen Intergranularräumen die Wasserbewegung quasi ruht

Stromgeschwindigkeit statt. Daher ist praktisch jeder natürliche Fließvorgang, der sedimentäre Bodenformen bildet, turbulent.

Bei den turbulenten Fließvorgängen im Sinne von Reynolds, die für unser Auge als Fließen tatsächlich erkennbar sind, wird zwischen **ruhigem** und **schießendem Fließen** unterschieden. Ruhiges bzw. schießendes Fließen wird außer durch die Stromgeschwindigkeit des Wasserkörpers vor allem von dessen Tiefe bestimmt. Unter der Voraussetzung, dass die Durchflussmenge erhalten bleibt, steigt die Transportleistung eines Wasserkörpers bei vermindertem Stromquerschnitt erheblich. Daher kommt der Wassertiefe eines Gewässers sedimentologisch eine hohe Bedeutung zu.

Die gegenseitige Abhängigkeit von Stromgeschwindigkeit und Wassertiefe wird durch die Froude-Zahl (*F*), einem Maß für Schwere-Effekte, beschrieben (Tanner 1978):

$$F = \frac{v}{(g \cdot d)^{1/2}}$$

$v =$ Geschwindigkeit des Wassers (cm/s)
$g =$ Erdbeschleunigung (981 cm/s^2)
$d =$ Wassertiefe (cm)

Auch diese Zahl ist dimensionslos. Sie definiert etwa bei $F = 0{,}6{-}1{,}0$ einen sehr raschen Übergang vom ruhigen zum schießenden Fließen. Ein Diagramm, das die Reynolds-Zahl und die Froude-Zahl miteinander verbindet, zeigt ◘ Abb. 2.4. Mit dessen Hilfe

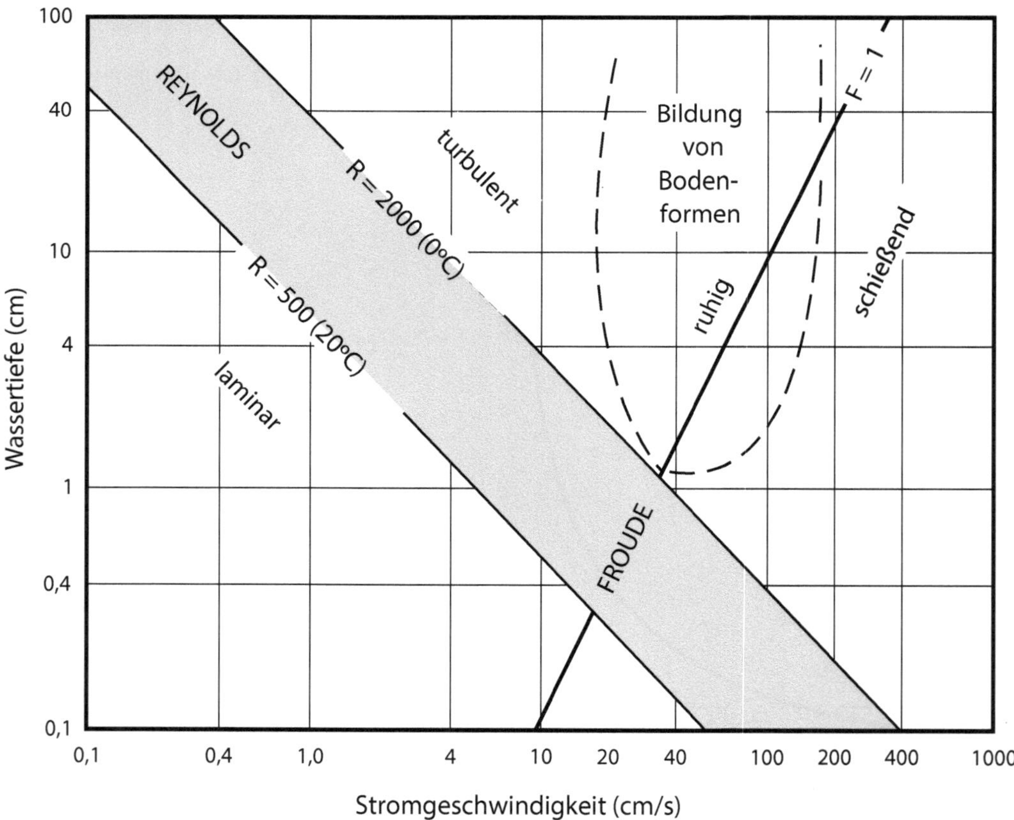

◘ Abb. 2.4 Im Diagramm Stromgeschwindigkeit vs. Wassertiefe (logarithmische Skalen) können die vier Fließregimes über die Reynolds-Zahl und die Froude-Zahl definiert werden, zugleich näherungsweise der Bereich des Auftretens sedimentärer Bodenformen, aller Klein- und Großrippeln sowie Hochenergielaminite. (Allen 1979a erweitert; von Engelhardt 1973)

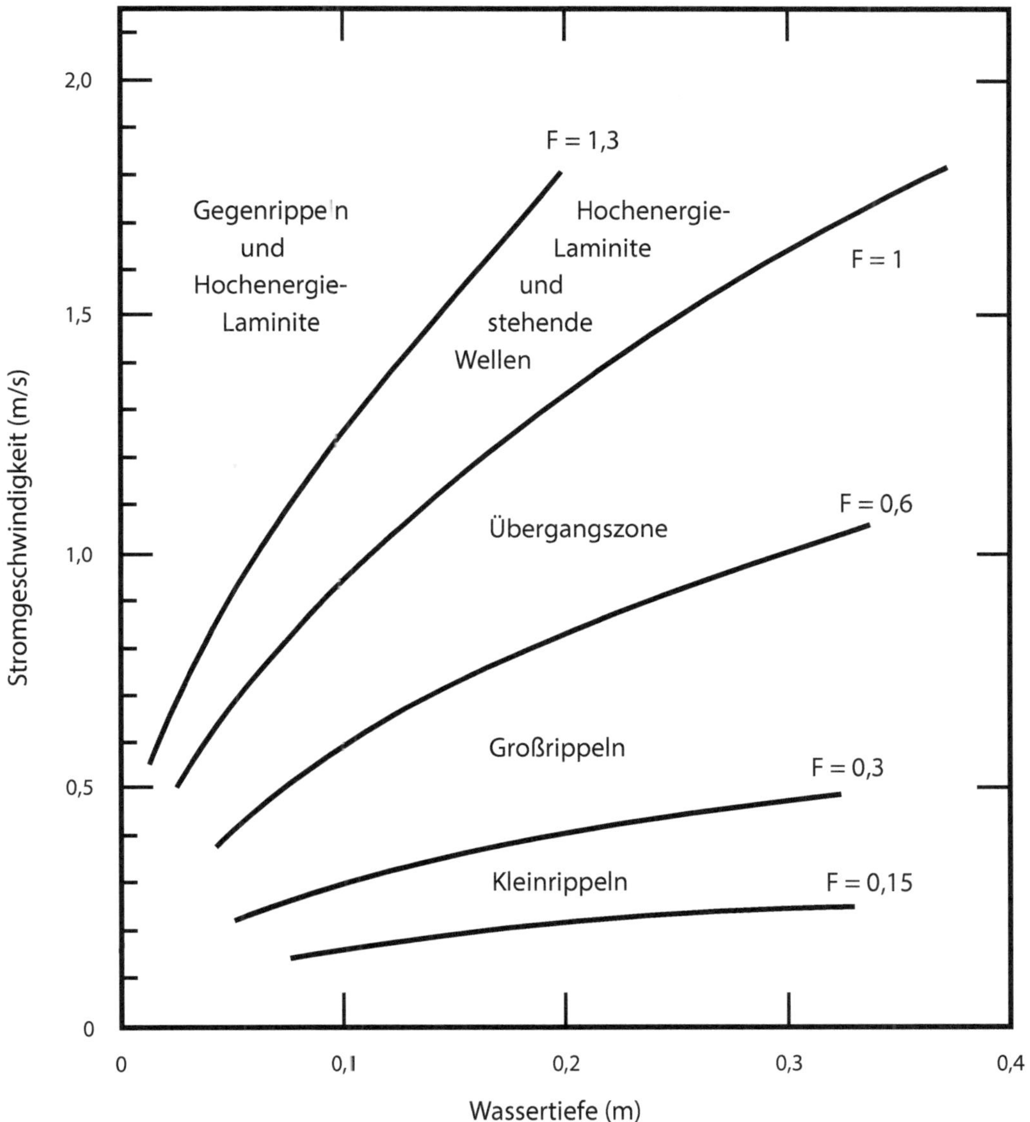

◘ Abb. 2.5 Im Diagramm Wassertiefe vs. Stromgeschwindigkeit (lineare Skalen) sind durch Froude-Zahlen definierte Bereiche der möglichen Bildung von sedimentären Bodenformen ausgewiesen. Die Korngröße der Rippeln und Laminite findet hier jedoch keine Berücksichtigung. (Nach Church und Gilbert 1975)

lässt sich zeigen, dass die Bildung der sedimentären Bodenformen bei turbulenten, vorzugsweise ruhigen, seltener schießenden Fließbedingungen vonstatten geht.

Geologisch von Bedeutung ist die Froude-Zahl dadurch, dass mit ihr hydrodynamische Bereiche definiert werden, in denen sich in Abhängigkeit von der Wassertiefe unterschiedliche sedimentäre Bodenformen, vor allem **Rippeln** aus sandigen, nicht kohärenten Sedimenten bilden (◘ Abb. 2.5). Sie entstehen während des ruhigen Fließens von Wasser ($F = 0{,}15{-}0{,}6$), sind jedoch von der Korngröße der bewegten Sedimente abhängig. Schießendes Fließen von Wasser ($F > 1{,}0$) stellt sich ein, wenn in Fließgewässern bei gleichem

◘ Tab. 2.1 Kritische Geschwindigkeit mit $F = 1{,}0$ in Abhängigkeit von der Wassertiefe (Reineck und Singh 1980)

Wassertiefe d (m)	Geschwindigkeit v (m/s)
0,01	0,31
0,1	0,99
1	3,12
10	9,90

Durchfluss die Wassertiefe vermindert und dadurch die Stromgeschwindigkeit des Wassers erheblich beschleunigt wird. Die zuvor aufgebauten Sedimentgefüge werden nun abgeflacht, und schließlich verbleiben nur noch Hochenergielaminite *(upper stage plane beds)*, die die Hochenergie-Parallelschichtung *(high-energy parallel bedding)* aufbauen.

Schießendes Fließen tritt grundsätzlich bei geringer Wassertiefe (d) und hoher Stromgeschwindigkeit (v) auf. Um hierüber einen Überblick zu geben, seien in ◘ Tab. 2.1 einige Berechnungen für die kritische Geschwindigkeit $F = 1{,}0$ aufgelistet.

Schießendes Fließen tritt also vorzugsweise bei geringen Wassertiefen bis allenfalls 50 cm auf, meist aber betragen die Wassertiefen weniger als 20–30 cm. Stromgeschwindigkeiten bis 1 m/s sind in Flüssen und Gezeitenrinnen üblich, doch auch 1,5 m/s werden noch überschritten. Die Stromgeschwindigkeit eines fließenden Gewässers lässt sich bildhaft in cm/s ausdrücken und auch recht einfach messen, wobei zwischen $v = 20$ cm/s und 120 cm/s alle geologisch signifikanten Sedimentgefüge entstehen.

Exakter ist die Stromgeschwindigkeit aus der Bestimmung des **Durchflusses** $Q = v/F$ (wobei v die Stromgeschwindigkeit und F der durchströmte Querschnitt ist). Dies ist allerdings nur in einer Strömungsrinne exakt zu messen. In natürlichen Fließgewässern muss die Verteilung der aktuellen Geschwindigkeit mit Staudruckmessern oder Propeller-Messgeräten registriert und zu Geschwindigkeitsprofilen zusammengesetzt werden.

In einer Strömungsrinne wie auch in einer natürlichen Flussrinne ist die Wassergeschwindigkeit nicht gleichmäßig verteilt. Sie hat ihr Maximum in Strommitte der Rinne etwas unterhalb des Wasserspiegels, etwa im Niveau von 1/5 der Wassertiefe. Am Rinnenboden ist die Stromgeschwindigkeit durch dessen Rauigkeit erheblich abgebremst, ebenso – jedoch geringer – auch an der Wasseroberfläche (Grenzfläche Wasser/Luft) wegen der Bildung von Oberflächenwellen. Es ist daher zweckmäßig, die Transportleistung des Wasserkörpers am Rinnenboden zu beschreiben, denn hier werden die Bodenformen, also Klein- und Großrippeln als auch die Hochenergielaminite gebildet.

Der Energieinhalt des strömenden Wasserkörpers in einer Strömungsrinne oder in einem Fluss wird durch die **Grenzflächenscherspannung** *(boundary shear stress)*, τ_0, ausgedrückt, die der Wasserkörper auf seinen Rinnenboden ausübt (Allen 1979a):

$$\tau_0 = \phi \cdot g \cdot S \cdot a/(2d + w)$$

$\phi =$ Dichte des Wassers
$g =$ Erdbeschleunigung
$S =$ Gefälle

$a/(2d + w) =$ Hydraulischer Radius eines Wasserlaufes, $a = d \cdot w$ Fläche seines durchströmten Querschnitts und $(2d + w) =$ benetzter Umfang *(wetted perimeter)*, wobei $d =$ Rinnentiefe und $w =$ Rinnenbreite bedeuten.

Stromkraft *(stream power)*, $\tau_0 \cdot v$, wird als Maß für den Energieinhalt von Transportmedien (z. B. Wasser) verwendet, die auf der überströmten Sedimentoberfläche die genannten Bodenformen erzeugen (Reineck und Singh 1980; Leeder 1982, 1999).

In diese Definition geht die Dichte des Wassers, der hydraulische Radius des Fließgewässers und die Neigung seines Strombettes und damit dessen Stromgeschwindigkeit ein; zugleich berücksichtigt die Stromkraft auch die individuelle Rauigkeit des Rinnenbodens.

So ist ein komplexes Maß gegeben, das für die Beschreibung von Bodenformen und deren Sedimentgefüge physikalisch definiert ist. Jedoch liefert der Begriff Stromkraft abstrakte und übersetzungsbedürftige Zahlen; für den praktischen Gebrauch vermittelt allein das Maß Geschwindigkeit eine bildhafte Vorstellung vom Strömungszustand des Wasserkörpers (Southard und Bogouchwal 1990).

2.1.2 Entstehung von Bodenformen

Bewegen sich zwei verschieden dichte Medien relativ zueinander, bilden sich an ihrer gemeinsamen Grenzfläche Wellen. Diese Wellen sind Abbild der auf dem Boden sich aufwerfenden, morphologisch sichtbaren Bodenformen *(bedforms)* mitsamt ihren internen Sedimentgefügen *(sedimentary structures)*. Beide sind in Abhängigkeit von der Korngröße der Sedimente sehr verschiedengestaltig. Für die Bildung von Bodenformen sandiger Sedimente müssen diese in Suspension gebracht werden (Rubin 1987; Rubin und Ikeda 1990).

Im Diagramm von Sundborg (1967) wird die Bewegung von Sedimenten (hier: Quarz mit der Dichte 2,65 g/cm³) dargestellt (■ Abb. 2.6). Es zeigt, dass hohe Transportleistungen des Wasserkörpers notwendig sind, um ein in Ruhe sich befindendes Sediment in Abhängigkeit von

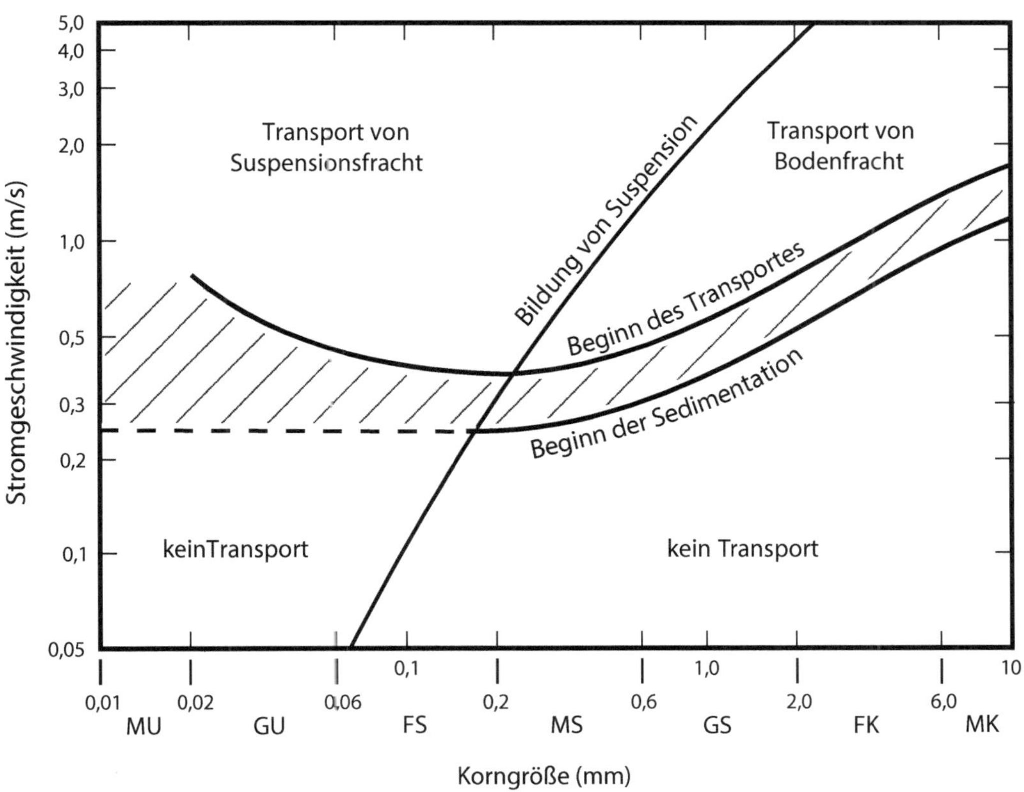

■ **Abb. 2.6** Das Diagramm Korngröße vs. Stromgeschwindigkeit; hier sind (vereinfacht gegenüber dem Original von Sundborg 1967) die Kurven für Quarz $d = 2,65$ g/cm³ verwendet. Die Stromgeschwindigkeit wurde 1 m über dem Boden gemessen. Für die Bildung von Rippeln müssen Sande suspendiert werden können (U = Schluff, S = Sand, K = Kies)

seiner Korngröße in Bewegung zu versetzen. Ist das Sediment jedoch in Bewegung, ist für die Aufrechterhaltung seiner Bewegung weniger Leistung notwendig. Sedimentbewegung, rollend und/oder springend, findet jetzt bei sehr viel geringerer Stromgeschwindigkeit statt, als für die Aufnahme des Sediments von der Sedimentoberfläche notwendig war.

Besonders gut lässt sich Feinsand mit einer Korngröße von etwa 0,2 mm in Suspension erheben; die hierfür günstigste Stromgeschwindigkeit, die sog. *entrainment velocity*, liegt nach dem Diagramm von Sundborg (1967) bei etwa 40 cm/s. Demgegenüber ist die Stromgeschwindigkeit, bei der die nahe am Boden suspendierten Sedimente wieder zur Ruhe kommen, sehr viel geringer, bei Feinsand etwa 25 cm/s; diese ist die sog. *deposition velocity*.

Ab Grobsand (>0,6 mm) wird die Suspendierung von Sediment schwierig, und die notwendige Fließgeschwindigkeit des Wassers muss zunehmen. Auch bei geringerer Korngröße ist wiederum sehr große Energie notwendig, um Sedimente von der Sedimentoberfläche in Suspension zu erheben. Schon in der Grobsiltfraktion (unterhalb von etwa 0,030 mm) abgelagerter, mehr oder weniger tonreicher Sedimente widersetzen sich die Kohäsionskräfte der Tonminerale einer Erosion. Bei zunehmendem Tonanteil können diese schließlich nur noch als größere eckige Fragmente, als Tonscherben erodiert werden, vor allem, wenn sie durch Wasserabgabe und Kompaktion bereits konsolidiert sind.

Es hat sich als praktisch erwiesen, Sedimente in drei grob umrissenen Gruppen entsprechend ihres Transportverhaltens zu unterscheiden. **Schwebfracht** bzw. **Spülfracht** *(wash load)* besteht aus Ton sowie fein- und mittelkörnigem Silt. Die **Suspensionsfracht** *(suspension load)* umfasst die Korngrößengruppe von grobkörnigem Silt bis fein- und mittelkörnigem Sand; Bodenformen mit Rippel- bzw. Schrägschichtung sowie Hochenergie-Parallelschichtung bilden sich nur aus der Suspensionsfracht. Die **Bodenfracht** *(bed load)* besteht aus mittel- bis grobsandigen Sedimenten mit zunehmendem Anteil von Kies und schließlich Geröll. Aus dieser Korngrößengruppe bilden sich Kies- und Geröllpflaster alluvialer Sedimente in quasi allen Klimaräumen. Da die Korngrößenspanne der Bodenfracht vom Kleinst- bis zum Größtkorn weit ist, werden die hierfür notwendigen Prozesse auch als *mixed load transport* zusammengefasst. Grobkörnige Komponenten der Bodenfracht rollen und springen am Boden schnell fließender Gewässer. Sie sind dadurch auch besser gerundet als die Komponenten der Suspensionsfracht. Schweb-, Suspensions- und Bodenfracht sind abhängig von der Stromgeschwindigkeit und der Turbulenz des Fließgewässers.

2.1.2.1 Schwebfracht

Tone bilden keine Bodenformen, denn sie neigen zur Koagulation. Sie sind als Phyllosilikate in Form von submikroskopischen Blättchen mit ungleicher elektrischer Ladung auf ihren Flächen und Kanten versehen (Füchtbauer 1988). Ihre großen c-Flächen haben negative Ladung, ihre kleinen a- und b-Kanten dagegen positive Ladung. In Abhängigkeit vom Salzgehalt des Meerwassers lagern sich die Tone unterschiedlich zusammen. Die Kationen des Wassers sind mit Hydrathüllen versehen (H_2O-Dipole an zweiwertig geladenen Kationen, vorzugsweise Mg^{2+} mit hoher Hydratationsenergie). Sie lagern sich bei steigendem Salzgehalt im Meerwasser an die im Überschuss mit negativen Ladungen versehenen c-Flächen der Tone an und umgeben sie dabei mit einer zunehmend dicken Packung hydratisierter Kationen. In der aufwachsenden Hydrathülle werden die positiven Ladungen der hydratisierten Kationen durch deren Hydrathülle zunehmend blockiert, sodass die ungleiche Ladung der Tone zunimmt. Durch diese bilden die Tone koagulierend große stabile Tonaggregate, sog. **Kartenhausgefüge** mit relativ festen Verbindungen von Kanten an Flächen. Als grobsilt- bis feinsandgroße Flocken sedimentieren diese Gebilde rasch, können bei Wasserturbulenz bzw. -strömung jedoch weit verfrachtet werden und vermögen dabei auch Sande zu suspendieren.

Im Süßwasser dagegen können die nur in weit geringerer Menge angebotenen hydratisierten Kationen (vorzugsweise Ca^{2+} mit geringerer Hydratationsenergie) die negative Ladung der Tonoberflächen neutralisieren. Daher sedimentieren im Süßwasser die Tone quasi ladungsfrei als Einzelpartikel, dadurch jedoch sehr viel langsamer, entsprechend den Fallgesetzen in Suspensionen und ohne die Bildung von Kartenhausgefügen. Auch hier tragen die Tone zur Bindigkeit der Sedimente bei, entwässern und kompaktieren nach der Ablagerung (Füchtbauer 1988).

Tone sind in siltigem Sediment aufgrund ihrer Kristallgröße bis in die Mittelsilt-Fraktion von Sedimenten hinein vorhanden. Daher ist bis einschließlich Mittelsilt eine Bildung von Bodenformen, die kohäsionsfrei suspendierbare Partikel für ihre Bildung benötigen, in tonreichen Schlämmen nicht möglich.

Trotz aller Unterschiede ihrer vom Elektrolytgehalt des Wasserkörpers abhängigen Sedimentation bilden Tone mehr oder weniger stabile Sedimentlagen, die je nach Alterung nur schwer durch strömendes Wasser wieder aufgearbeitet werden können. Sie geben ihr Porenwasser durch Kompaktion rasch ab, verfestigen im selben Maße und bilden stabile Substrate. Aus diesen können sie nur flächenhaft wieder erodiert und zu schnell sich verkleinernden und verrundenden Schlamm- bzw. Schlickgeröllen aufbereitet werden. Die Rückführung ehedem festgelagerter Tone in die Spülfracht vollzieht sich nur über den Umweg sehr gründlicher, fluvialer bzw. flachmariner Aufbereitung (von Engelhardt 1973).

2.1.2.2 Suspensionsfracht

Die Bildung geologisch signifikanter Bodenformen ist auf sandige Korngrößen beschränkt.

Strömung

In feinkörnigen Sanden i. w. S., etwa zwischen 0,030 und 0,3 mm Korngröße, findet die Bildung von Kleinrippeln statt. Bei 0,1 bis 0,6 mm Korngröße, also eher im Mittelsand, formieren sich Groß- bzw. Megarippeln.

Die Bildung von Bodenformen aus kohäsionslosen Sanden setzt deren Suspendierbarkeit voraus. Kleinrippeln und Großrippeln sind in nahezu allen siliciklastischen, aber auch vielen karbonatklastischen Gesteinen zu beobachten.

Im rezenten Ablagerungsraum ist Sandwanderung ein bekanntes Phänomen und setzt mäßig schnell strömendes Wasser und für das spezielle hydrodynamische Regime adäquate, suspendierbare Sedimente mit bevorzugt kleineren Korngrößen voraus. Ab etwa 1,4 cm/s Stromgeschwindigkeit fängt in Ruhe liegender Feinsand an, sich zu bewegen (Middleton 1976); ab etwa 20 cm/s bewegen sich mehr oder weniger alle Sandkörner der Sedimentoberfläche. Sie werden jetzt noch überwiegend rollend und auch springend umgelagert. Erst ab einer Stromgeschwindigkeit von etwa 40 cm/s können die Sandkörner suspendiert werden. Jetzt ist die bodennahe Suspensionswolke hinreichend dicht, dass sie auf dem Boden Relief gestaltet, einzelne Löcher kolkt und Hügel aufwirft. Die sich bildenden Unebenheiten werden allmählich deutlicher und formieren sich zu quer in der Strömung stehenden, meist sichelförmigen Kämmen. Selten wachsen sie zu längeren Kammzügen zusammen. Genauso verhalten sich die Kolke. Auch sie bleiben separiert, bilden aber zusammen mit den kurzen Rippelkämmen eine genetische Einheit. Im zweidimensionalen Anschnitt zeigt sich – wie etwa durch die Glasscheibe einer Strömungsrinne – der gesamte Umfang des Sedimenttransports (◘ Abb. 2.7a). Durch die Wasserströmung getrieben, driften die Sandkörner rollend und stoßend die Luvseite des Reliefs hinauf. Dabei werden sie vielfach quer zum Strom aus ihrer Bodenlage herausgerissen und von der stromabwärts dahineilenden Suspensionswolke eingefangen und über mehrere nachfolgende Rippelkämme leewärts verfrachtet. Andererseits kriechen die Sandkörner die Luvfläche des Rippelkörpers *(stoss side)* hinauf, bilden überhängende Sandanreicherungen

2

◘ **Abb. 2.7**   **a** Rippelbildung in der Strömungsrinne. Strömung von links nach rechts: unterkritisches, ruhiges Fließen (Strömungsrinne Geol. Inst. Uni Bonn). **b** An der stromabgewandten Seite der Rippel (Strömung nach rechts) zeigt sich unter günstigen Versuchsbedingungen die Wirkungsweise der Leewalze, wie diese die Suspensionsfracht auf der Leeseite der Rippel anlagert (Strömungsrinne Senckenberg am Meer, Wilhelmshaven; frdl. Hilfe Hans-Erich Reineck)

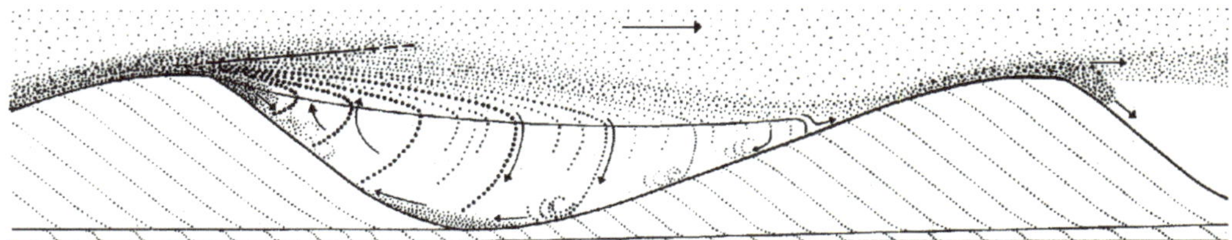

◘ **Abb. 2.8**   Wirklichkeitsnahe Zeichnung der Transportvorgänge bei der Bildung von Sandrippeln unter strömendem Wasser, beobachtet bei Versuchen in der Strömungsrinne. (Original von Jopling 1967, nach Reineck und Singh 1980, Fig. 20 B; verändert)

auf der leewärtigen Seite des Rippelkammes (*slip face*) und lassen diese von Zeit zu Zeit bei genügend Überlast als Lawine (*avalanche*) in das nachfolgende Rippeltal abgleiten (◘ Abb. 2.7b).

Die Suspensionswolke ist unmittelbar oberhalb der Rippelkämme außerordentlich dicht und besitzt auch hier die größte Transportkraft. Dabei erfahren die Stromfäden der Suspensionswolke jeweils über dem Rippelkamm eine Kompression. Über dem nachfolgenden Rippeltal dagegen hängt die Suspensionswolke durch und sinkt sogar in dieses ein (◘ Abb. 2.8). Aufgrund der Abschattung und der Verwirbelung durch den Rippelkamm formt sich am Boden des Rippeltales eine Gegenströmung, die bis zur Leeseite der Rippel reicht, an dieser aufwärts läuft und an ihrem oberen Ende schließlich

von der Suspensionswolke z. T. wieder eingefangen wird. Dieser gegenläufige Wirbel ist die sog. **Leewalze** (*leeside eddy, vortex*), die die Rippel aufbaut. Die Leewalze fängt suspendierte Sandkörner auf und lagert sie als locker gepacktes, instabiles Haufwerk auf der Rückseite der Rippel an. Auf der Luvseite wird der Rippelkörper von der Wasserströmung erodiert, die Sande ausgelesen und als Erosionsprodukte zum Rippelkamm kriechend und springend hinauf getrieben und dort in instabiler Lagerung angereichert. Gelegentliche Lawinenschüttungen vom Rippelkamm in das nachfolgende Rippeltal und Wirbelfrachten von unten aus diesem heraus bilden gemeinsam prograderende Sandlagen, die sog. Leeblätter (◘ Abb. 2.9). Diese wachsen in Strömungsrichtung an, bezeichnen damit den allgemeinen Sedimenttransport stromab, doch schaffen

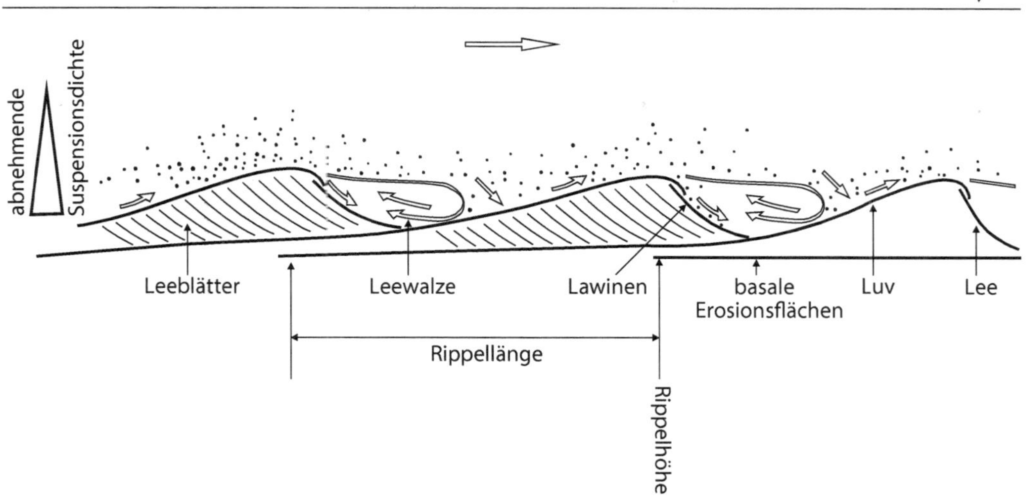

▪ Abb. 2.9 Strömungsrippeln bauen sich aus stromabwärts anlagernden Leeblättern auf. Sie werden durch in Suspension erhobene kohäsionslose Sandkörner gebildet, die von der rückrotierenden Leewalze eingefangen und an der Leeseite der Rippel angelagert werden. Zugleich schütten Lawinen abrutschenden Sand in das leewärts gelegene Rippeltal. Als Resultat entsteht eine Rippelschichtung, die darunter gelegenen Erosionsflächen aufsitzt. Positive Sedimentbilanz lässt die Rippelgefüge auf ihren Basisflächen aufsteigen, ausgewogene Sedimentbilanz erzeugt ebenmäßige, rippelgeschichtete Sandteppiche. Bei ungleicher Sedimentkörnung sammeln sich die gröberen Korngrößen an der Basis der Leeblätter. (Eigener Entwurf)

individuell nur geringe Mächtigkeiten. **Erosionsflächen** (*erosion surfaces*) trennen die einzelnen gerippelten Sandlagen, die mit Schichtgewinn einander auflaufen. Darüberhinaus erzeugen kurzfristige Unstetigkeiten der Fließgeschwindigkeit, auch geringfügige Richtungsänderungen des Weges der Suspensionswolke sog. **Reaktivierungsflächen** (*reactivation surfaces*) zwischen homogenen Leeblatt-Bereichen (▪ Abb. 2.10). Reaktivierungsflächen können unterschiedliche Dimensionen und Hierarchien haben, sie sind die Grenzflächen der leeseitig angelagerten Sande (▪ Abb. 2.11). Sie bilden zusammen mit den luvseitigen Erosionsflächen die jeweils aktuelle Sedimentoberfläche ab (▪ Abb. 2.12). Durch Strömung gerippelte Sande besitzen eine heterogene, individuell sehr verschieden gestaltete Oberfläche, sind erheblich abhängig von der jeweiligen Wassertiefe und als Kleinrippelfelder in die präexistente Morphologie der größeren Boden-

formen eingelagert. Sind die Sande, wie bei Strömungsrinnenversuchen aus technischen Gründen üblich, gut sortiert, sind zwar die sich bildenden Bodenformen eindeutig (▪ Abb. 2.13). Doch die internen Sedimentgefüge sind nur schwer zu erkennen oder fehlen nahezu (es sei denn, man gibt spezifisch gefärbte Komponenten wie etwa Backsteingrus hinzu; pers. Mitt. Klaus-Werner Tietze, Marburg). Natürliche Sande dagegen überliefern die Schichtbildung gut. Hinreichend Ton und Silt, auch Schlammgerölle bzw. Intraklaste, bilden die Schichtung ab (▪ Abb. 2.14).

Auf der Luvseite der Rippeln findet Erosion statt, auf ihrer Leeseite Anlagerung. Dadurch wandern die Bodenformen – alle großen und kleinen Rippeln – stromab. Für die Ausgestaltung der Morphologie der Rippel ist es notwendig, dass ein Mehrfaches der Rippelkammhöhe an Wassertiefe über dem Sedimentboden steht. Rippelkörper neigen dazu, ihre Kämme quer zum Strom

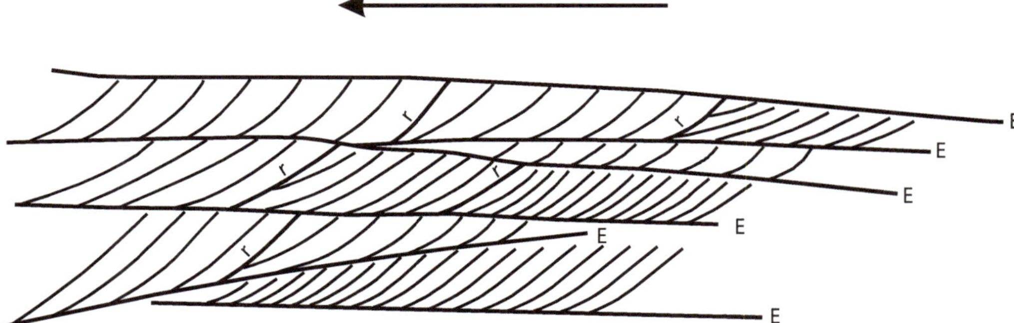

◘ Abb. 2.10   Schrägschichtung in einem zweidimensionalen Anschnitt von Sanden bzw. Sandsteinen ist das Sedimentgefüge leeseitiger Anlagerungsflächen von Rippeln. Homogene Bereiche einheitlicher Schrägschichtung werden von großen Erosionsflächen (E) begrenzt, die als quasi ebene Schichtflächen aufzufassen sind, denn wandernde Rippelfelder erodieren das jeweils ältere Rippelfeld. Daher bleiben immer nur die liegenden Partien von Rippeln erhalten. Reaktivierungsflächen (r) dagegen sind kleinere Erosionsflächen, die sich beim Aufbau und der Wanderung der Rippeln hinter den Bodenformen durch die Verwirbelung der Stromfäden und deren ständige geringfügige Richtungsänderung bilden. (Eigener Entwurf)

◘ Abb. 2.11   Sandstein mit Schrägschichtung fluvialer Großrippeln; deren Einfallsrichtung nach rechts. Reaktivierungsflächen *(reactivation surfaces)* bilden schichtinterne Diskordanzen zwischen unterschiedlich mächtigen Leeblatt-Paketen (Middle Border Group, Tournais, Unterkarbon; Colour Heugh, Northumberland; Leeder 1974; frdl. Hilfe Mike Leeder)

gerade zu strecken, wenn die Wassertiefe hinreichend ist; es bilden sich sog. 2D-Gefüge (mit geraden Kämmen). Vermindert sich die Wassertiefe, flachen die Rippelkörper ab (**◘** Abb. 2.15), der Kammverlauf wird zunehmend sichelförmig; es bilden sich sog. 3D-Gefüge (mit gebogenen Kämmen) (Southard und Bogouchwal 1990). Dies gilt gleichermaßen für Kleinrippeln wie für Großrippeln. Nach Reineck et al. (1971)

⬡ Abb. 2.12 Strömungskleinrippeln auf dem Sandwatt von Schillig, Außenjade; Strömung nach rechts

⬡ Abb. 2.13 Strömungskleinrippeln in der Strömungsrinne. Die Rippelbildung fand unter etwa 20 cm Wasserbedeckung statt (Strömungsrinne Geol. Inst. Marburg; frdl. Hilfe Klaus-Werner Tietze)

werden die Rippeln bis zu einem Kammabstand von 60 cm als **Kleinrippeln** (*small-scale ripples*) bezeichnet, von 60 cm bis 30 m als **Großrippeln** (*megaripples, dunes*) und von 30 m bis 1000 m als **Riesenrippeln** (*giant scale ripples*).

Die Konfiguration eines Kleinrippelfeldes ist von der Wasseroberfläche und deren aktuellen Form unabhängig. Bei Großrippeln kann – vor allem bei geringem Wasserstand während des Sedimentationsprozesses – die Wasseroberfläche auf die Aufeinanderfolge von Rippelkämmen und -tälern in der Weise einwirken, dass über den Rippelkämmen die Wasseroberfläche Depressionen bildet, über den Rippeltälern dagegen Aufwölbungen. Sind bei Großrippelfeldern die Rippeltäler weit genug, finden sich in ihnen eigenständige Kleinrippelfelder ein (⬡ Abb. 2.16). Hier kann die Leewalze in diesen u. U. auch stromaufwärts laufende Kleinrippeln (*backflow ripples*) erzeugen.

Die Leeblätter sind bei Klein- und Großrippeln – wie im Anschnitt parallel der Strömungsrichtung zu sehen – generell leewärts konkav wie eine Schaufel gebogen. Dabei schmiegt sich ihre schaufelförmige Basisfläche an den Boden, meist eine

2

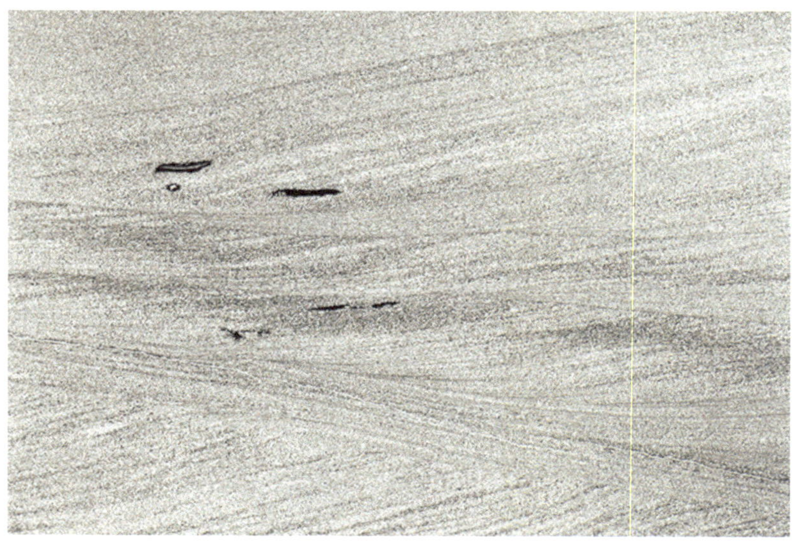

■ **Abb. 2.14** Dünnschliff eines feinkörnigen Sandsteins der Standenbühl-Formation, Nahe-Gruppe, Oberrotliegend, des Saar-Nahe-Beckens bei Weitersweiler mit Leeblattgefüge, Erosions- als auch Reaktivierungsflächen (die Basis des Dickschliffs ist 5 cm lang). Dunkel erscheinende, eckige Partien sind in die Rippelschichtung eingelagerte Schlammgerölle

■ **Abb. 2.15** Strömungskleinrippeln mit dreidimensional verstrecktem Kammverlauf als dünner Sandschleier auf gerunzeltem Schlammstein, in wenigen Zentimetern Wassertiefe gebildet (Mittlerer Buntsandstein); Strömung nach rechts oben (Slg. Geol. Inst. Uni Bonn)

Erosionsfläche, an und wird zum Rippelkamm aufwärts rasch steiler. Der Neigungswinkel der Leefläche kann allenfalls den natürlichen Hangwinkel *(angle of repose)* kohäsionsloser Sande *(cohesionless sands)* von 33° erreichen, oft jedoch weit weniger. Die Leeflächen der Rippeln bleiben als Schrägschichtung bzw. Kreuzschichtung *(cross-bedding)* in den aktuell gebildeten Bodenformen erhalten (■ Abb. 2.17), doch

Abb. 2.16 Rezentes Großrippelfeld auf der SW-Plate von Mellum, Ostfriesische Inseln, südliche Nordsee. Die Tideströmung auf der bei Niedrigwasser exponierten Sandfläche kam von rechts. Die Rippeltäler der Großrippeln konservierten zunächst Strömungskleinrippeln, wurden dann von Wellenkleinrippeln überprägt

nachfolgende sedimentäre Ereignisse können diese rasch wieder überprägen. Bodenformen in Festgesteinen sind meist nur zweidimensional als Sedimentgefüge angeschnitten und lassen dort ihre äußere, vollständige Form kaum mehr erkennen. Es werden allenfalls die basalen Teile der Schrägschichtung überliefert; exponierte Großrippelfelder in wasserreichen gut sortierten groben Sanden sind häufig nur mehr Kolklöcher (■ Abb. 2.18).

Wird die Stromgeschwindigkeit im Hinblick auf die verfügbaren Sedimentkörnungen zu groß und damit die Sandsuspension für diese relativ zu schnell, flachen die Bodenformen allmählich ab und verschwinden schließlich ganz (■ Abb. 2.19). Es bilden sich dann nur noch Laminite, deren Sedimentgefüge aus einer dichten Folge von mm- bis cm-mächtigen parallel geschichteten Sandlagen, den Hochenergielaminiten *(upper-stage plane beds)* besteht. Diese auf hohem Energieniveau gebildete Schichtung wird auch als Hochenergie-Parallelschichtung *(high-energy parallel bedding)* bezeichnet. Unstetigkeiten im

Strömungsbild können zu Verschiedenheiten der abgesetzten Kornlagen und letztlich zu Schichtung führen. Sind die Sedimente gut sortiert, ist Schichtung nur schwer erkennbar, und der Sand erscheint kompakt.

Zur Diskussion der Stabilitätsfelder möglicher Sedimentgefüge werden vielfach Versuche in Strömungsrinnen gemacht, da verschiedene Energieinhalte des Wasserkörpers offensichtlich zu erheblich voneinander verschiedenen Bodenformen bzw. Schichtungstypen führen (■ Abb. 2.20). Sande unterschiedlicher, gut definierter Körnung werden in Strömungsrinnen mit variablen Stromgeschwindigkeiten auf die Entstehung stabiler Sedimentgefüge hin untersucht. Zur Darstellung der Versuchsergebnisse werden Diagramme von Korngröße vs. Stromgeschwindigkeit (bzw. Stromkraft) gezeichnet, in denen das Feld *ruhiges Fließen* und das Feld *schießendes Fließen* ausgewiesen ist (vgl. ■ Abb. 2.4). Bei ruhigem Fließen im unterkritischen Regime bilden sich aus Feinsanden vor allem Kleinrippeln, aus Mittelsanden dagegen überwiegend Großrippeln. Die Präsenzfelder der

◻ Abb. 2.17 Mit Gießharz fixierter Reliefguss mittelkörniger Sande vom Nordstrand Wangeroog, südliche
Nordsee. Schrägschichtung, Erosionsflächen und
Reaktivierungsflächen und in diese eingelagerte Herz-
muschelklappen demonstrieren intensive Sedimentumlagerung eines Hochenergiestrandes (Skala in cm;
Foto Wilhelm Schäfer)

Gefüge sind scharf voneinander abgegrenzt und überlappen sich gegenseitig nicht (vgl. ◻ Abb. 2.19).

Das von Allen (1979a) vorgestellte Diagramm definiert die Transportleistung des Wassers mithilfe der Stromkraft; im unterkritischen Bereich werden alle Klein- und Großrippeln gebildet, im überkritischen Bereich dagegen die Hochenergielaminite sowie die Gegenrippeln. Die heutigen Diagramme mit den neu umrissenen Gefüge-stabilitätsfeldern unterscheiden sich von den älteren jedoch z. T. erheblich (Reineck und Singh 1980; Leeder 1982; Southard und Bogouchwal 1990; Boggs 1995; Friedmann et al. 1992). Im Diagramm von Southard

und Bogouchwal (1990) sind durch umfangreiche Versuchsserien die Präsenzfelder auftretender Bodenformen exakter festgelegt worden (◻ Abb. 2.21); in den umfänglich standardisierten Versuchsbedingungen ist unmittelbar die Stromgeschwindigkeit angegeben. Die Hochenergielaminite werden nach diesen Versuchsserien bereits im unterkritischen Feld gesichtet. Lediglich die Gegenrippeln bilden sich eindeutig im überkritischen Regime. Die Sedimentgefüge des unterkritischen Regimes werden jetzt zerstört.

Die sog. Gegenrippeln bzw. Antidünen *(antidunes)* laufen gegen die Strömungsrichtung. Sie bilden sich mit einer recht kurzen Übergangsphase, in der symmetrische stehende Sandwellen geformt werden, im überkritischen Bereich recht unvermittelt (◻ Abb. 2.22). Die Gegenrippeln zeigen unmittelbar vor ihrem Relief heftig schäumende Wasserwirbel und wandern – quasi an diesen hängend – zusammen mit ihnen stromauf. Aufgrund der geringen Wassertiefe von Zentimetern bis allenfalls Dezimetern ist der Bezug der Bodenformen des überkritischen Regimes zur Wasseroberfläche offenkundig. Diese hat genau dasselbe Relief wie die heftig in Umlagerung begriffene Sedimentoberfläche. Die Wasserwirbel vor den Bodenformen sind zusammen mit diesen in Strömungsrinnen generell beweglich, in natürlichen Gewässern jedoch weitgehend stationär. Denn in diesen sind sie durch die Sedimentwanderung auf dem natürlichen Gewässerboden und dessen Mobilität festgelegt, der suspendierfähiges Sediment und Bodenfracht bereitstellt (◻ Abb. 2.23), was bei Strömungsrinnen nicht der Fall ist.

Die Stabilitätsfelder der Klein- und Großrippeln sind über die Korngröße der bewegten Sedimente definiert und in den gezeigten Diagrammen lokalisiert. Die Hochenergielaminite dagegen treten über ein weites Korngrößenspektrum hinweg auf. Alle drei Sedimentgefüge können fossil überliefert werden. Gegenrippeln jedoch lassen sich im Fossilen nicht erkennen, denn

◘ Abb. 2.18 Großrippelfeld am Nordstrand von Langeoog, südliche Nordsee. Küstenparallel (nach Osten, nach rechts) entwässernder Strandpriel zeigt grobsandige Großrippelfelder, die von Strömungskleinrippeln überprägt wurden. Da die Sedimentkörnung sehr grob ist, zerfließen die Rippeln während ihrer Exposition bei Niedrigwasser rasch. In den Trögen der Großrippeln bilden sich Wasserstandsmarken durch den sanften Wellenschlag stehenden Wassers

die hohe Transportgeschwindigkeit der Suspension liest alle Feinanteile, die zur Abbildung von Schichtinhomogenitäten notwendig wären, aus und führt sie fort. Die Sande sind daher gut sortiert und kaum mit überlieferungsfähigen Schichtmerkmalen versehen (allenfalls mit dem sog. *parting lineation*, das eine Wechselschichtung aus gröberen und feineren, eben geschichteten Sandkornlagen des überkritischen Fließregimes ist, z. B. auf den glatten Sandflächen der Schwappzone des Nassen Strandes einer Hochenergieküste).

Da natürliche Fließgewässer unterschiedliche Wassertiefen haben, bildet sich bei konstantem Durchfluss über Untiefen und Hindernissen, die in natürlichen Fließgewässern zahlreich sind, quasi übergangslos schießendes Fließen (◘ Abb. 2.24). Nach einem die Wassertiefe verflachenden Hindernis entwickelt sich das dadurch erzwungene schießende Fließen jäh wieder in das ruhige Fließen zurück. Dies erzeugt einen speziellen Wirbel auf der Wasseroberfläche (◘ Abb. 2.25), der als **hydraulischer Sprung**

(hydraulic jump) bezeichnet wird (Middleton 1976). An der Wasseroberfläche vollzieht sich mit diesem ein sichtbarer Niveauausgleich auf das vorher vorhanden gewesene Maß, und auf dem Sedimentboden bilden sich die überkritischen Bodenformen wieder in unterkritische zurück.

Überkritisches Fließen lässt sich gelegentlich an vollständig erhaltener Schrägschichtung fossiler Großrippelfelder beobachten. Diese kann in ihren höchsten Teilen quasi stromabwärts „rauchen": Durch die Scherwirkung der in flachem Wasser überkritisch schießenden Suspensionswolke wird nach der Bildung eines geschlossenen Gefügesets dieses von oben her (in der Rippelkammebene) partiell wieder umgelagert: es bilden sich *boiling ripples* (◘ Abb. 2.26).

Wellen

Winddruck erzeugt auf der Wasseroberfläche Wellen. Im freien Meer bilden sie ideale Sinusschwingungen, die in direktem Bezug zur Windgeschwindigkeit stehen. Die Windgeschwindigkeit wird für den praktischen

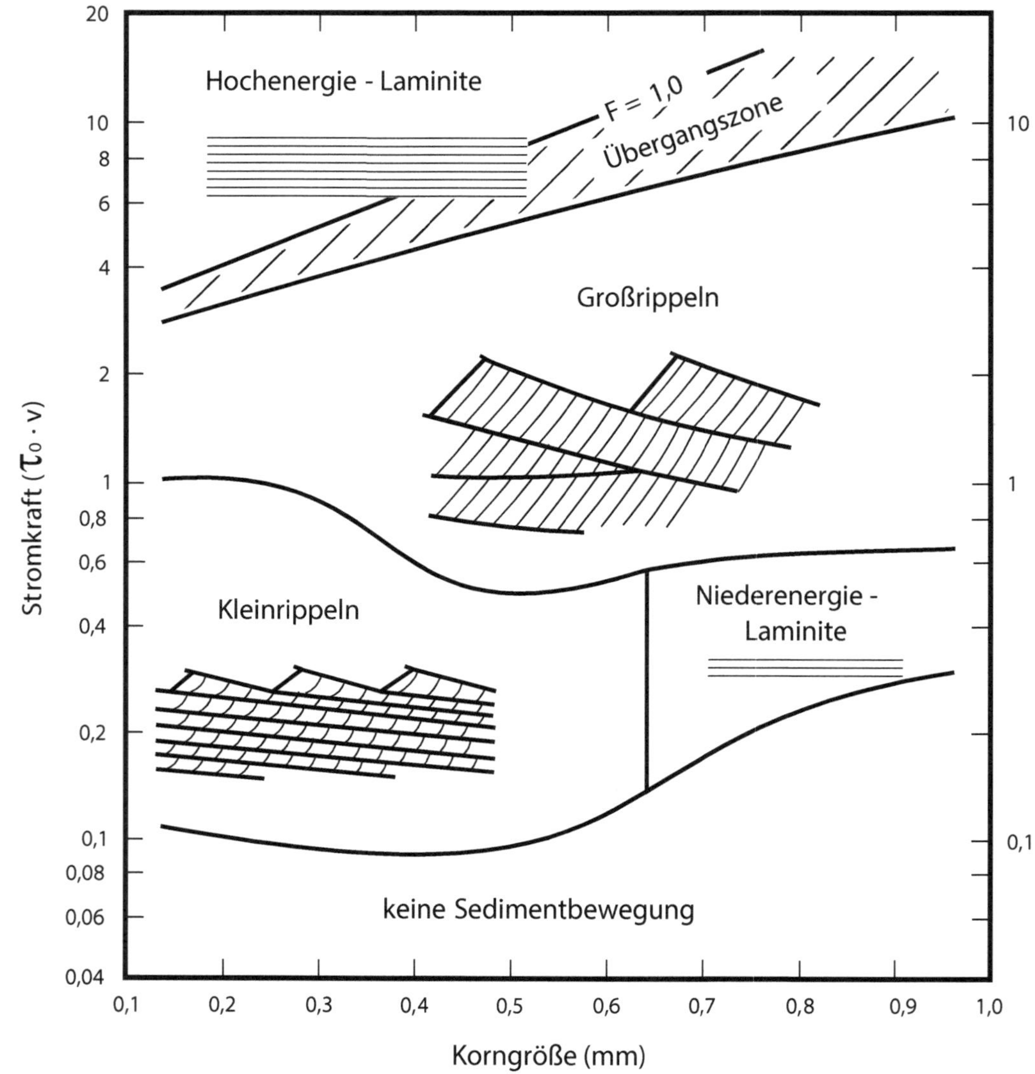

◘ Abb. 2.19 Traditionelles Diagramm aus Stromkraft des Wassers vs. Korngröße der an der Gefügebildung beteiligten Sedimente. In den jeweiligen Energiefeldern entstehen spezifische Bodenformen. Deren Sedimentgefüge sind skizziert. (Allen 1979a; Reineck und Singh 1980, verändert)

Gebrauch nach der Beaufort-Skala (Bft) unterteilt (◘ Tab. 2.2). Beispielsweise führt nach Reineck & Singh (1980) ein steifer bis stürmischer Wind von 7–8 Bft (13,9–20,7 m/s bzw. 50,0–74,5 km/h) im freien Meer zu einem Seegang mit 90 m Wellenlänge, einer 3,20 m betragenden Wellenamplitude und einer Periode von 8 s. In der südlichen Nordsee (Feuerschiff Elbe 1) erzeugt ein Sturm von 9 Bft (20,8–24,4 m/s bzw. 74,9–87,8 km/h) einen Seegang mit 120 m Wellenlänge, 4,50 m Wellenamplitude und einer Periode von 9,8 s. Starkwind bzw. Sturm im küstennahen marinen Ablagerungsraum führen auf sandigem Untergrund zur Bildung signifikanter Bodenformen.

◘ Abb. 2.20   Ein kleiner Priel auf dem Nordstrand der Insel Juist exponiert teilw. zungenförmig ausgelängte Kleinrippeln (Strömung von rechts). Er ist eingeschnitten in hochenergie-parallelgeschichtete Sande der bei Niedrigwasser exponierten Schwappzone

Die Sinusschwingungen der freien Wasseroberfläche zwingen den Wasserteilchen Orbitalbahnen auf, die mit der Wanderrichtung der Wellen umlaufen (◘ Abb. 2.27). Ihr Bewegungssinn ist auf dem Wellenberg parallel dem Winddruck und mit der Wanderrichtung der Welle orientiert, im Wellental jedoch entgegen gerichtet. Die Welle bewegt sich mit der Windrichtung vorwärts, da der Vektor des Wellenberges größer ist als derjenige des Wellentales. Der Durchmesser der Orbitalbahnen ist gleich der Wellenamplitude. Die Bewegung der Wellen wird auf kreisförmigen Orbitalbahnen nach unten in die Tiefe des Wasserkörpers abgegeben. Dabei verringert sich die Orbitalgeschwindigkeit der Wasserteilchen, sodass in der Wassertiefe der halben Wellenlänge deren Orbitalbewegungen nahezu wieder verschwunden sind. Dies begrenzt die Eindringtiefe des Seegangs in den Wasserkörper erheblich.

Die Wellenenergie der Meeresoberfläche nimmt daher mit der Wassertiefe ab. Dies lässt sich (nach der praxisorientierten Methode von Rankine, loc. zit. Reineck und Singh 1980) folgendermaßen kalkulieren:

Wassertiefe in Bruchteilen der Wellenlänge	Durchmesser der Orbits in Bruchteilen der Wellenhöhe
1/9	1/2
2/9	1/4
3/9	1/8
4/9	1/10
5/9	1/32

Daraus folgt, dass die Wellenenergie der Gewässeroberfläche in der Tiefe einer halben Wellenlänge praktisch kaum noch von Bedeutung ist.

An der Meeresküste laufen die Wellen als Brandung auf den ansteigenden Untergrund auf (◘ Abb. 2.28). Am exponierten Strand werden die Wellenbewegungen zu sich überschlagenden Brechern und Schwappbewegungen verändert, sodass überkritisches Strömungsregime bei Sturm die Regel ist, was hoch verdichtete, fest gelagerte Sandflächen bildet.

Im küstenferneren Freiwasserraum jedoch verformen sich die kreisförmigen Orbitalbahnen der Wasserteilchen auf ihrem Weg nach unten zum Grund zu einer Ellipse (◘ Abb. 2.29)

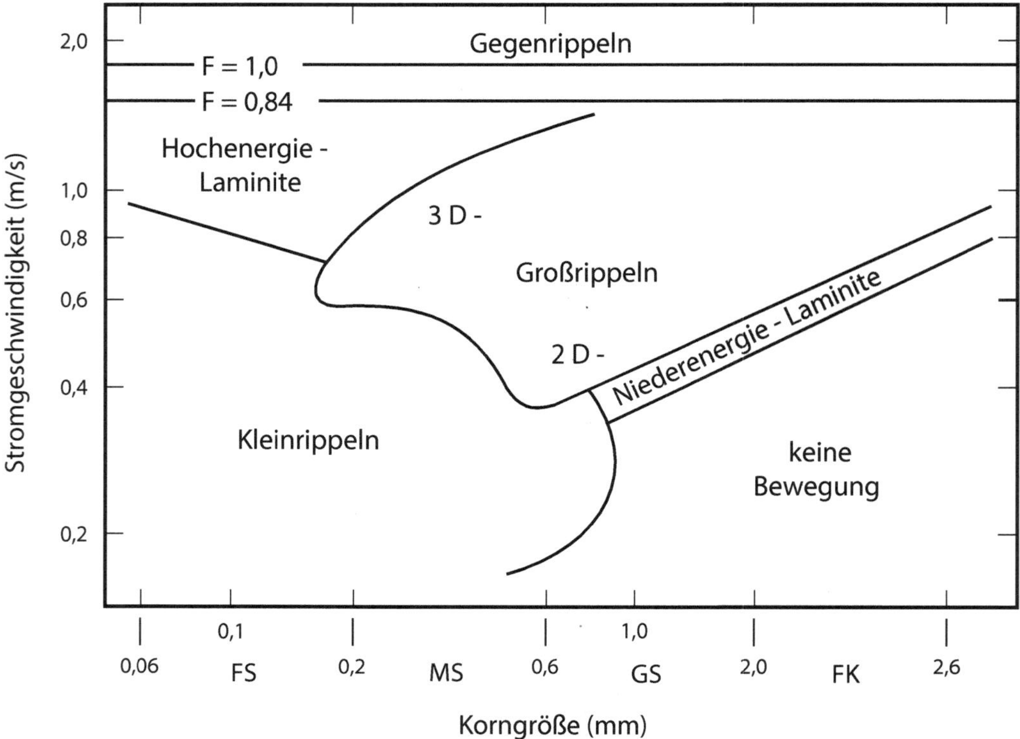

◘ Abb. 2.21   Modernes Diagramm Korngröße vs. Stromgeschwindigkeit, standardisiert auf 10 °C Wassertemperatur und gemessen in einer Strömungsrinne bei 0,25–0,40 m Wassertiefe (Southard und Bogouchwal 1990). Die Übergangszone ist hier bei $F = 0{,}84–1{,}00$ definiert; die für die Tests verwendeten Sande decken das gesamte Korngrößenspektrum ab. Die Übergänge zwischen Kleinrippeln und Hochenergielaminiten sind abrupt, ebenso zwischen Kleinrippeln und Großrippeln. Jedoch sind die Übergänge zwischen den Niederenergielaminiten, den Großrippeln und den Hochenergielaminiten sanft. 2D- bzw. 3D-Großrippeln haben gerade bzw. geschwungenen Kammverlauf (FS = Feinsand, MS = Mittelsand, GS = Grobsand, FK = Feinkies)

und schließlich zu einer einfachen Pendelbewegung. Am Gewässerboden äußern sie sich letztlich nur noch in einem einfachen Vor und Zurück kurzzeitiger Wasserströmungen (vgl. ◘ Abb. 2.27). Durch die Umformung von Orbital- zu Pendelbewegungen geht allerdings ein großer Teil der Wellenenergie verloren. Nach der oben angegebenen Methode gibt Seegang bei 7 bis 8 Bft folgende Orbitalgeschwindigkeiten in die Tiefe ab (Reineck und Singh 1980):

Wassertiefe (m)	Orbitalgeschwindigkeit (cm/s)
10	62
15	47
20	31
25	24
30	16

Danach wäre die Bildung von seegangsbedingten Bodenformen in 15 m Wassertiefe noch möglich (denn zur Suspendierung von Feinsand wird etwa 40 cm/s Stromgeschwindigkeit benötigt).

Seegang bei 9 Bft im küstennahen Raum liefert folgende Werte:

◙ Abb. 2.22 In der Strömungsrinne, bei einer Fließrichtung von rechts nach links, bilden sich bei hoher Transportleistung sog. Gegenrippeln. Signifikant ist der recht dünne Wasserfilm, der die Form des feinsandigen Rinnenbodens nachzeichnet. Vor der flach gewellten Bodenform in Bildmitte baut sich gerade ein Wasserwirbel auf, der allmählich stromauf wandert Er zieht quasi die Gegenrippel an ihrer Luvseite stromauf (Strömungsrinne Geol. Inst. Uni Bonn)

◙ Abb. 2.23 Eine von Hand gegrabene kleine Rinne auf dem Sandwatt der Insel Texel (Niederlande) entwässert meerwärts (nach links). Hohe Strömur gsgeschwindigkeit erzeugt überkritisches Fließen, sodass sich auf der Wasseroberfläche stehende Wellen bilden, die mitunter gemeinsam gegen den Strom landwärts (nach rechts) ziehen

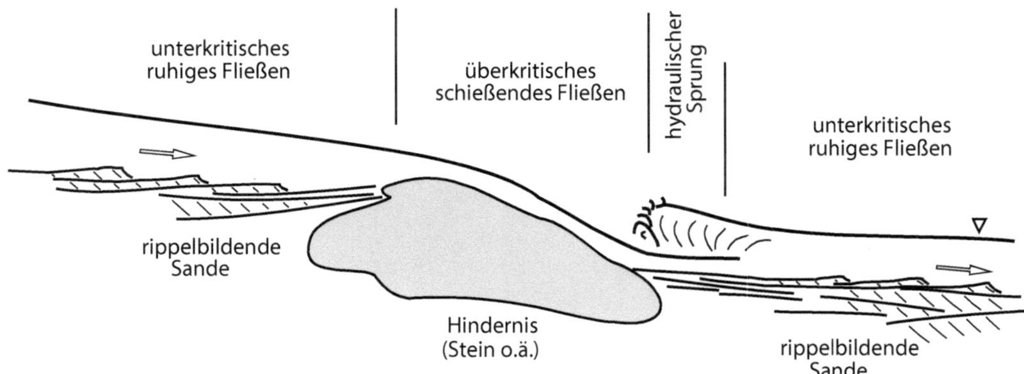

◼ **Abb. 2.24**   Der hydraulische Sprung bildet sich bei plötzlicher Rückbildung überkritischen zu unterkritischen Fließens. Er formt an der Wasseroberfläche stehende Wasserwirbel nach dem überströmten Hindernis – dies können flache Sandbänke, aber auch Steine oder künstliche Bauwerke sein. (Eigener Entwurf)

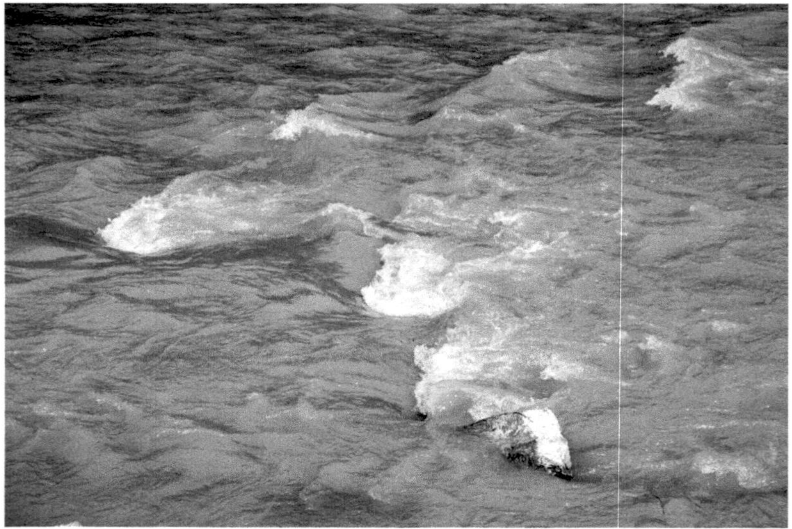

◼ **Abb. 2.25**   Wirbel auf der Wasseroberfläche schießender Gewässer verraten überkritisches Fließen; Strömung nach rechts (Loisach bei Garmisch-Partenkirchen). Die Wasserwirbel werden durch Steine auf dem Grund des Flusses verursacht

Wassertiefe (m)	Orbitalgeschwindigkeit (cm/s)
13,3	72
26,6	36
40,0	18

Nennenswerte Wasserbewegung, die Sand suspendieren kann, reicht bei 9 Bft in der Außenelbe bis in eine Wassertiefe von etwa 25 m.

Die Sandoberfläche bildet senkrecht zur Ausbreitungsrichtung der Wasserwellen sowie

Abb. 2.26 Schrägschichtungsblätter von Groß-rippeln wurden im unterkritischem Fließregime von rechts nach links angelagert. In jäh sich verflachenden Gewässern werden sie hier bei nunmehr schießendem überkritischen Fließen wieder aufgearbeitet und „rau-chen" stromabwärts (*boiling ripples*, Worange Point Fm, Merimbula Group, Oberdevon; Merimbula Wharf, NSW, Australien (frdl. Hilfe Keith A.W. Crook)

senkrecht zum jeweiligen Vor und Zurück des bodennahen Tiefenwasserkörpers zunächst flache, rundliche Sandkornrücken aus. Bei länger währendem und gleich bleibendem Seegang formen sich diese in echte Wellen-rippeln um. Sie erhalten spitze Kämme, deren Verlauf im Idealfall weitgehend ohne Vergabelung gerade ist, und weite gerundete Täler. Die Schwappbewegungen formen hinter jedem Rippelkamm kurzzeitig Lee-walzen, die wie bei den Strömungsrippeln suspendierten Sand einfangen und den Leef-lächen anlagern. Jeweils unter der halben Wellenhöhe existiert eine Nahtstelle, an der die Wanderrichtung der Bodenströmung

entweder divergiert oder konvergiert. Vom Wendepunkt auf der Luvseite bis zum Wendepunkt auf der Leeseite ist die Boden-strömung parallel der Laufrichtung der Welle. Im nachfolgenden Wellental jedoch ist die Bodenströmung der Wanderrichtung der Welle entgegengesetzt. Es existieren am Boden daher quasi Nahtstellen, an denen Leewalzen divergieren und solche, an denen Leewalzen konvergieren. Stoßen Leewalzen-wirbel zusammen, erzeugen sie charakte-ristische aufsteigende Suspensionswolken. Da die Wellen der Wasseroberfläche der Windrichtung entsprechend ihren Ort über dem Boden verändern, „rauchen" quasi alle gerippelten Bodenformen bei jedem Vor und Zurück der Bodenströmung. Als Resultat der Sandumlagerung werden im Idealfall Rippel-züge mit geraden und unvergabelten Käm-men geformt (◨ Abb. 2.30), die im Inneren der Bodenform sowohl symmetrisch als auch asymmetrisch anlagernde Leeblätter dünner Sandlagen besitzen.

Wellenrippeln werden entsprechend den Vorschlägen von Reineck et al. (1971) in Klein- und Großrippeln unterschieden, wobei die symmetrischen Formen variablere Kamm-abstände und Kammhöhen besitzen als die asymmetrischen Formen. Asymmetrische Rippeln entstehen, wenn der Wellenschlag auf eine Küstenrampe oder eine Untiefe aufläuft und dadurch die Vorwärts- und die Rück-wärtsbewegung der Wellen ungleich sind.

Im Diagramm Orbitalgeschwindigkeit vs. Korngröße (◨ Abb. 2.31) sind zwischen der Feldbegrenzung *keine Sedimentbewegung* einerseits und *Hochenergielaminite* anderer-seits Klein- und Großrippeln nicht separat ausgewiesen. Der Übergang von einer zur nächsten Größenkategorie vollzieht sich flie-ßend. Doch gilt auch für die Wellenrippeln der Kammabstand als Größenkriterium, wobei ein Kammabstand von <0,6 m als Wellen-Kleinrippeln und ein Kammabstand von >0,6 m als Wellen-Großrippeln ver-standen wird (◨ Abb. 2.32). Allen (1979b) differenziert über den Rippelindex L/H (VFI,

◘ Tab. 2.2 Windgeschwindigkeit nach der Beaufort-Skala

Windstärke (Bft)		Windgeschwindigkeit (m/s)
0	Ruhig	0–0,2
1	Leichtes Lüftchen	0,3–1,5
2	Leichte Brise	1,6–3,3
3	Sanfte Brise	3,4–5,4
4	Gemäßigte Brise	5,5–7,9
5	Frische Brise	8,0–10,7
6	Starker Wind	10,8–13,8
7	Steifer Wind	13,9–17,1
8	Stürmischer Wind	17,2–20,7
9	Sturm	20,8–24,4
10	Schwerer Sturm	24,5–28,4
11	Orkanartiger Sturm	28,5–32,6
12	Orkan	32,7–36,9 und mehr

vertical form index) sog. **Rollkorn-Rippeln** *(rolling grain ripples)* und **Vortex-Rippeln** *(vortex ripples).*

Rollkorn-Rippeln haben relativ flache, gerundete Kämme, an denen bei Strömungsrinnenversuchen die Schwappbewegung des Wassers gut beobachtet werden kann. Bei länger anhaltender Wellenbewegung werden die Rippelkämme höher, bekommen ein steiles, kegelförmiges *(trochoidal)* Relief mit breiten Tälern (◘ Abb. 2.33). Jetzt ist auch die alternierend arbeitende Leewalze *(vortex)* und die über den Rippelkämmen stehende Suspensionswolke sichtbar. Die Rippelkämme können sich von zunächst äußerst gerader Form bis hin zu einer eher kurvenförmigen Gestalt fortentwickeln, was auf sich überlagernde Windverhältnisse, vor allem

auf ein veränderliches Bodenrelief zurückzuführen ist (◘ Abb. 2.34).

Wellen-Kleinrippeln sind im angeschnittenen Schichtverband jedoch nicht einfach zu identifizieren, da sich die Rippelzüge auf vielfältige Weise überlagern und auch bei positiver Sedimentbilanz keine einheitlichen Formen aufbauen (◘ Abb. 2.35a). Hier hilft die Feststellung, dass Wellenrippeln keine bevorzugte Anlagerungsrichtung anzeigen (sollten).

Jedoch zeigen Wellenrippeln auf bei Niedrigwasser auftauchenden Sandstränden vielfach eine asymmetrische Form ihrer Kämme. Diese wird durch den auf den Strand auflaufenden Wellenschlag verursacht (◘ Abb. 2.35b). Fälschlicherweise werden diese Rippeln gern als Strömungsrippeln angesehen.

Eine spezielle Form der Wellen-Großrippeln sind **Beulenrippeln** *(hummocky ripples)*; ihr Schichtungstyp ist die Beulenrippelschichtung *(hummocky cross-stratification,* HCS; Walker 1980; ◘ Abb. 2.36). Sie entstehen am unteren Vorstrand einer Hochenergieküste und markieren die Übergangszone. Sie bilden sich als sehr charakteristischer Typ von Großrippeln mit einem sehr großen Rippelindex L/H von etwa 10 und mehr (Swift et al. 1983). Beulenrippeln sind damit eher Frühformen der Rippelbildung, denn sie haben nur wenig Zeit für ihre Bildung gehabt. Auffällig sind die flachwelligen, konkav-aufwärts gebogenen, sanft geschwungenen Laminite, die viele interne Diskordanzen zeigen und zwischen diesen zu gut definierten Stapeln zusammengefasst sind. Die HCS-gerippelten Sande lassen oft erkennen, dass sie in der tonig-siltigen Übergangszone lithologische Fremdkörper sind (Walker 1980). Ihr Material entstammt einer Verfrachtung sandiger Trübewolken aus dem Flachwasser der Brandungszone. Dm-mächtige, fein- bis mittelkörnige Sande werden bei heftigen Stürmen durch tiefreichenden Seegang zu Beulenrippeln zusammengelagert. Die hierfür erforderliche

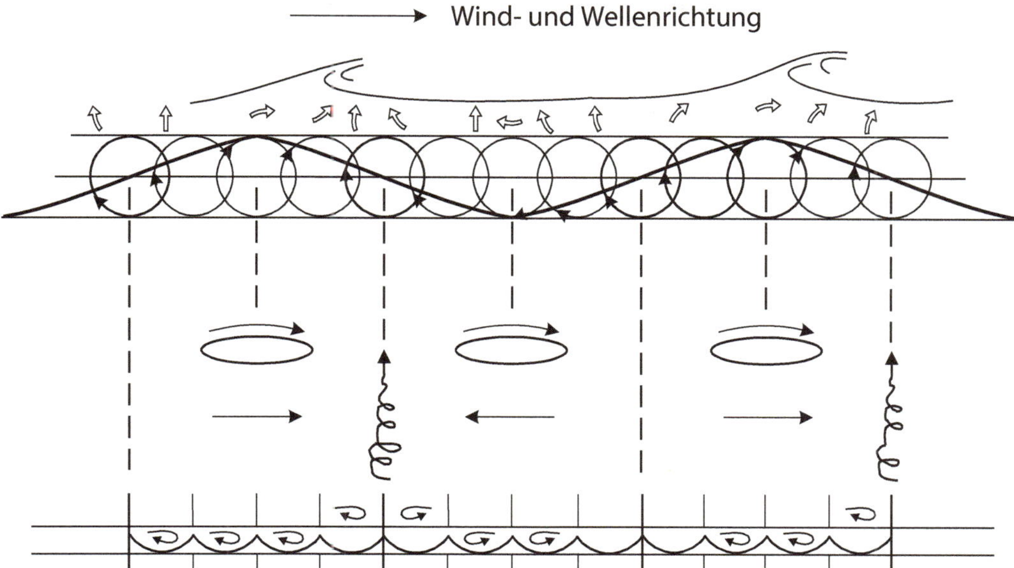

■ Abb. 2.27 Von der durch Seegang bewegten Wasseroberfläche wandert die Orbitalbewegung der Wasserteilchen in Richtung Gewässerboden. Dabei flachen die Orbitalbahnen bei Annäherung an den Boden allmählich ab, werden rasch kleiner (in der Wassertiefe der halben Wellenlänge ist nur noch 4 % der Wellenamplitude vorhanden) und gestalten sich immer mehr zu reinen Pendelbewegungen um. Diese schichten zunächst Rollkorn-Rippeln, später echte Vortex-Rippeln auf. Hinter den Rippelkämmen bilden sich kurzzeitig Leewalzen. Bei Umschlag der Strömung steigt von den Rippelkämmen je eine Suspensionswolke des sich auflösenden Leewalzenwirbels auf. (Reineck und Singh 1980, verändert)

■ Abb. 2.28 Brandung am Nordstrand der Düne von Helgoland bei Seegang etwa der Stärke 4. Die Schwappzone des exponierenden Strandes erhält durch flächenhaften Aufschlag der sich überschlagenden Wellen und überkritisches Fließen des rückströmenden Wassers die für Strandprofile signifikante Hochenergie-Parallelschichtung. (Foto Hermann Schäfer)

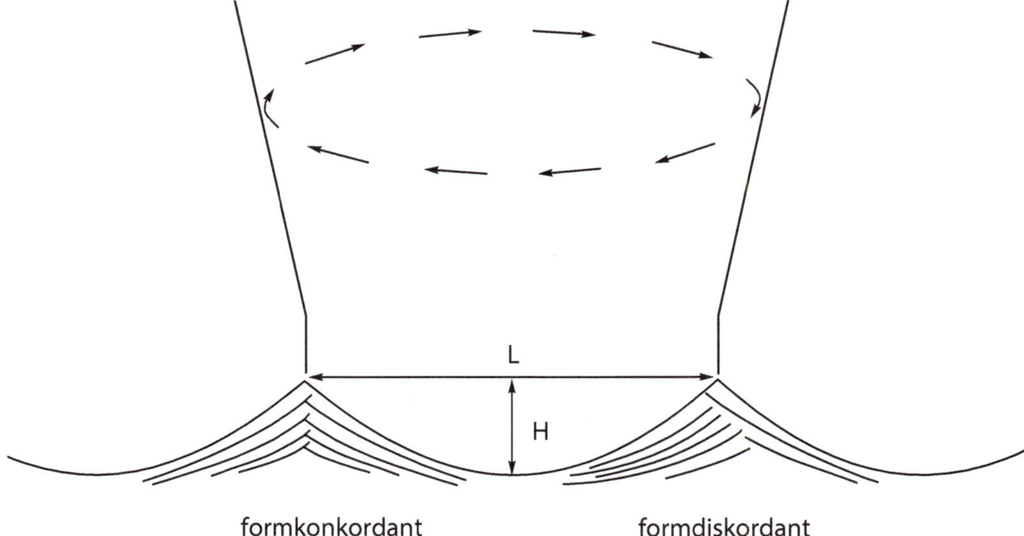

◘ Abb. 2.29   Der Internaufbau der Wellenrippeln (formkonkordant bzw. formdiskordant gegenüber der äußeren Form) weist auf unterschiedliche Bildungsbedingungen hin (Originalanlage oder Überprägung präexistenter Strömungsrippeln). Die symmetrische Vorwärts- und Rückwärtsbewegung der Bodenströmung setzt freien Auslauf der Wellen voraus; nur dann bilden sich – wie hier – symmetrische Wellenrippeln. Asymmetrische Wellenrippeln formen sich beim Auflaufen der Wellen auf die Küste. (Allen 1979b, verändert; L = Rippellänge, H = Rippelhöhe)

◘ Abb. 2.30   Symmetrische Wellenrippeln mit geraden Kämmen und nur seltenen Verzweigungen. Die Rippelkämme stumpfen wegen des Auftauchens der Wattenfläche etwas ab. (NW-Strand von Mellum, südliche Nordsee; Foto Gotthard Richter)

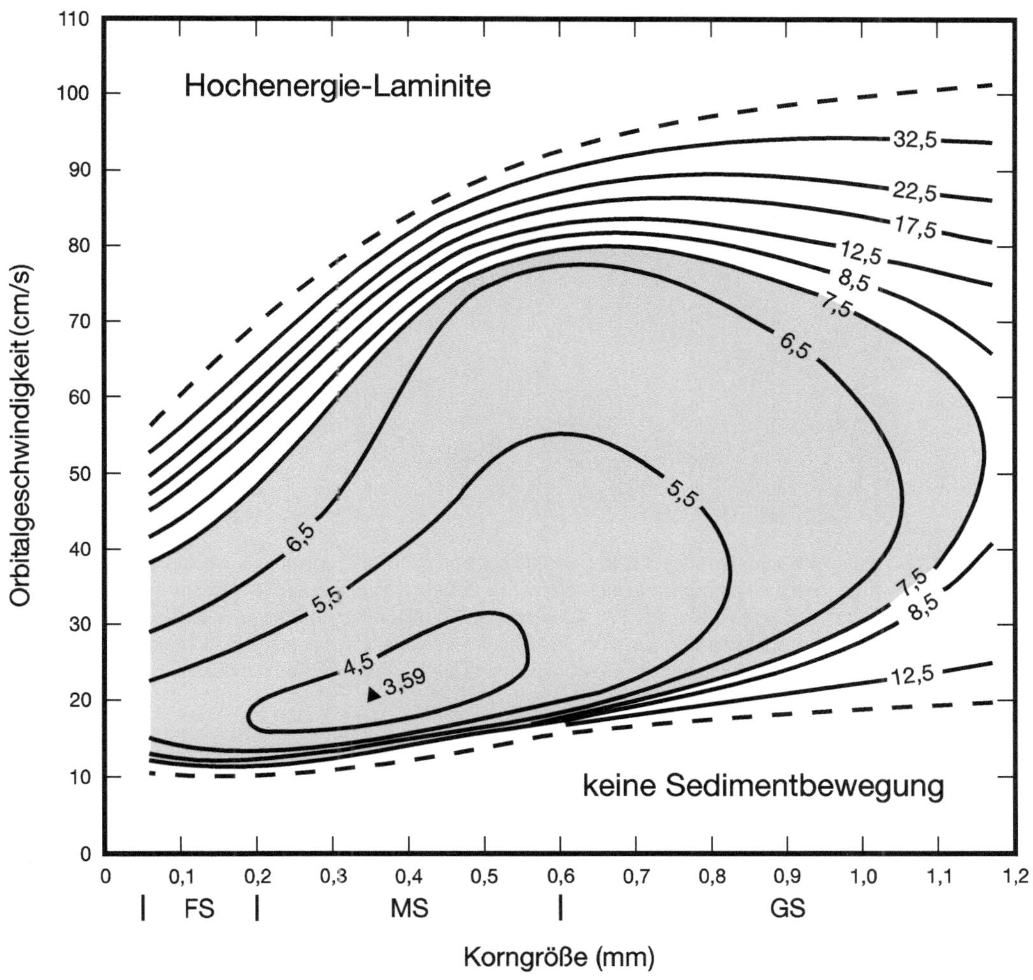

◻ Abb. 2.31 Das Diagramm Korngröße vs. Orbitalgeschwindigkeit (welleninduzierte pendelnde Strömung am Gewässerboden) definiert Wellenrippeln ohne Sprung zwischen Klein- und Großrippeln. Unterhalb von 10 cm/s findet keine Sedimentbewegung statt. Das gesamte, mit Rippeln ausgewiesene Mittelfeld liegt im unterkritischen Regime; das überkritische Regime erzeugt ebene Schichtung (Hochenergielaminite). Die Felderteilung wird durch die Rippelindices Länge/Höhe (*L/H*) vorgegeben. Hierbei wird das gesamte unterkritische Regime (graues Feld, *L/H* < 7,5) zunächst von sog. Rollkorn-Rippeln *(rolling-grain ripples)* eingenommen, nachfolgend auch von Vortex-Rippeln *(vortex ripples)* mit Bildung echter Leewalzen hinter den Kämmen. (Allen 1979b, verändert)

bodennahe Suspension benötigt etwa 60 cm/s Orbitalgeschwindigkeit. Für die Bildung der Beulenrippeln steht nur geringe Zeit während eines Sturmes zur Verfügung. Aufgrund hoher Umlagerungsrate am oberen Vorstrand können dort bevorzugt nach oben offene Schüsseln *(swales)* und nur gelegentlich dazwischenliegende flache Rücken *(ridges)* beobachtet werden. Im Rezenten ist aufgrund der Größe der Bodenformen deren Beobachtung und Bergung nur eingeschränkt möglich; daher wurde deren Bedeutung erst in fossilen Vorstrandsedimenten vollends erkannt.

HCS-gerippelte Sande definieren die Sturm-Wellenbasis, die beispielsweise in der

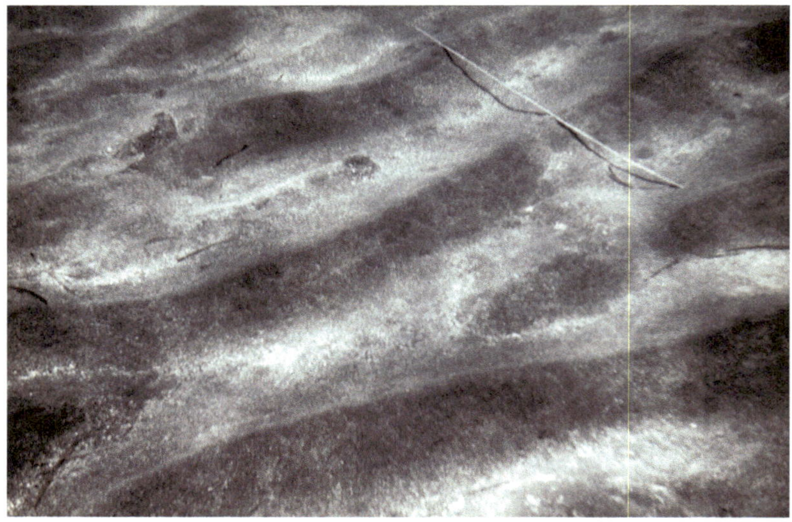

Abb. 2.32   Wellen-Kleinrippeln in ca. 4 m Wassertiefe am Südstrand von Santorin vor Akrotiri. Der Rippelkamm-abstand ist etwa 50 cm, die Kammhöhe durchaus 10 cm (die Zollstocklänge beträgt 1 m). Der grobe Mittelsand besteht aus Vulkanitfragmenten und mafischen Schwermineralen (Magnetit, Hornblende und Pyroxen) – deren spezifisches Gewicht ist insgesamt etwa 3,5 g/cm, also deutlich schwerer als reiner Quarzsand von 2,65 g/cm. Die Schwerminerale reichern sich durch den Wellenschlag entlang der höchsten Partien der Rippelkämme an

Abb. 2.33   Symmetrische Wellenrippeln im Sand 2 der Köln-Formation (Oligozän, Tertiär) im ehem. Tagebau Fortuna, Niederrhein-Becken. Die formdiskordanten Rippeln an der Oberfläche der homogenen Sande enthalten Anlagerungsgefüge früherer, nun überarbeiteter Bodenformen und konservierten ihre ideale Form wegen der nur sanften Überlagerung durch Ton und Torfgrus. (Diese gefärbt von Humusgel aus der hangenden Braunkohle; Foto Dieter Hilger)

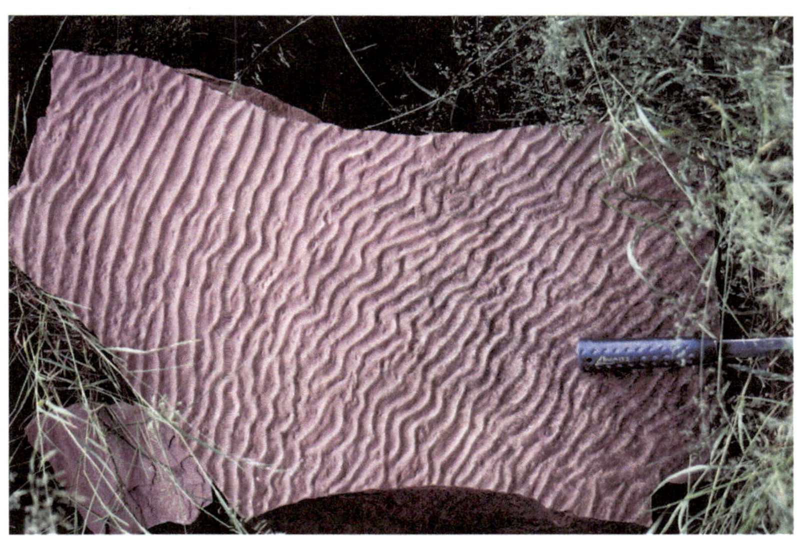

❏ Abb. 2.34 Wellen-Kleinrippeln auf einem Gesteinsblock aus dem Mittleren Buntsandstein (Volpriehausen-Folge, Nieder-Weimar bei Marburg). Die Rippeln mit geraden Kämmen links im Bild entsprechen dem Ideal von Wellenrippeln mit hinreichender Wasserbedeckung; sie zeigen jedoch bereits Ansätze von neuen Kämmen in den Tälern der großen. Nach rechts wird die Ausbildung der Rippeln durch Interferenz mindestens zweier Wellenfronten komplex (frdl. Hilfe Klaus-Werner Tietze)

❏ Abb. 2.35 **a** Zweidimensionaler Anschnitt eines Schichtstoßes mit Wellen-Kleinrippeln (Disibodenberg-Formation, Glan-Subgruppe, Unterrotliegend, Nahe-Brücke bei Staudernheim, Saar-Nahe-Becken). Die Rippel-schichtung zeigt viele gleichförmige Niederenergie-Rippeln in Feinsandstein, die von schlammreichen Lagen im Liegenden und im Hangenden eingefasst sind; auch zeigen die Rippeltäler reichlich Einlagerung von Pelit. Die Interpretation baut darauf auf, dass symmetrische Rippeltäler häufig sind; die Rippeln zeigen oft form-diskordanten Internaufbau (der Anschnitt ließe sich auch als Strömungs-Kleinrippeln in oder gegen deren Wanderrichtung interpretieren). **b** Asymmetrische Wellenrippeln auf dem Budersand am Südende von Sylt, deren Kämme eine asymmetrische Form besitzen und mit verlaufenden Kämmen und Entwässerungsstrukturen das Auftauchen der Wattenflächen bei Niedrigwasser anzeigen. (Foto Gerhard Best)

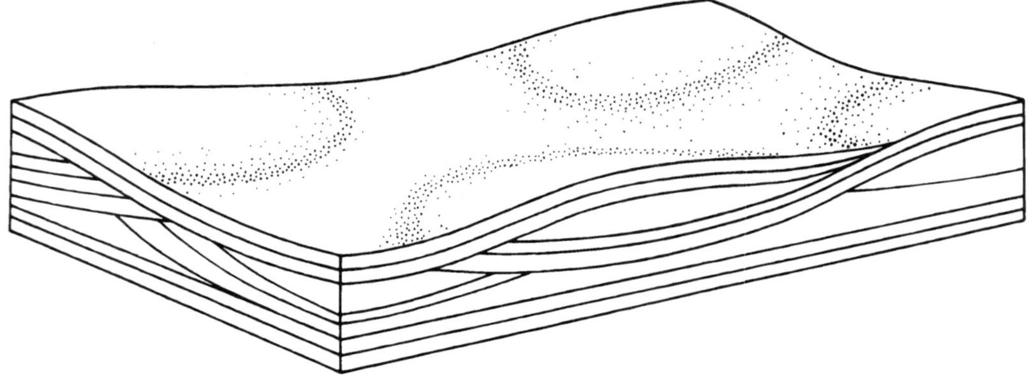

◨ Abb. 2.36 Ein Block großskaliger Wellenrippeln, gebildet am unteren Vorstrand. Dieser Schichtungstyp wird als Beulenrippelschichtung (*hummocky cross-stratification*, HCS; Walker 1980; Fig. 13, vereinfacht) bezeichnet. Die zumeist aus dem fossilen Milieu bekannten Beulen und Tröge besitzen eine Höhe von maximal 30–40 cm, eine Amplitude von 1–5 m und einen Schichtstoß von selten mehr als 25 cm Mächtigkeit

südlichen Nordsee bei etwa 10–12 m unterhalb der Niedrigwasserlinie liegt (wenn auch die Beobachtung im rezenten Ablagerungsraum rein technisch auf Schwierigkeiten stößt, da die Gefügekörper immer größer sind als die zur Probennahme verfügbaren Stechkästen) (Reineck und Singh 1980: Fig. 557). Die inzwischen umfangreichen Beobachtungen an den sehr speziellen HCS-Rippeln zeigen, dass diese Schlechtwetterbildungen nicht von Endobionten bioturbat durchwühlt sind, jedoch gerne von oben vom Schlick der Übergangzone her besiedelt werden. Die Sande zeigen einen scharfen lithologischen Wechsel gegenüber der Unterlage (◨ Abb. 2.37); außerdem gibt es keine Übergänge zu Strömungs- oder Wellen-Kleinrippeln im Hangenden der HCS-Sande. HCS ist auf den Bereich zwischen der Schönwetter- und Schlechtwetter-(Sturm)-Wellenbasis *(fair-weather and storm wave base)* eines Vorstrandes begrenzt. HCS wird während Schlechtwetterperioden gebildet (Duke 1987; darin auch reichlich Literatur), lässt sich jedoch nicht ausschließlich auf subtropische Hurrikane beziehen (Swift und Nummedal 1987). Beulenrippeln sind signifikant für Hochenergieküsten allgemein.

Oft finden sich im Aufschluss auch gekappte Formen von Beulenrippeln (die als *swales* bezeichnet werden), ebenfalls im Korngrößenbereich 125–250 μm. Der konvexe Anteil der Beulen wird aufgrund höherer Dynamik am oberen Vorstrand der Hochenergieküste gekappt bzw. gar nicht erst ausgebildet, sodass quasi nur nach oben offene, flache Schüsselstrukturen überliefert sind. Die Schichtgrenzen sind flach erosiv, manchmal auch wellig. Zwischen diesen Schüsseln liegende Beulen werden als *ridges* bezeichnet, daher wird für beide Formen gerne der indifferente Sammelbegriff *ridges and swales* gebraucht.

Flemming (2001 sowie frdl. pers. Mitt. 2002) versuchte, den Begriff der Wellenbasis physikalisch exakt einzugrenzen und schlug unter Berücksichtigung der Beobachtbarkeit der Bodenformen und ihrer relevanten Sedimentgefüge den Begriff **effektive Wellenbasis** vor. Zu Recht wandte er ein, dass allein die Sturm-Wellenbasis fossil überlieferungsfähig sei (wobei die Wellenbasis als die Wassertiefe definiert ist, die der halben Wellenlänge entspricht), denn nur diese erzeuge bei hohem Seegang signifikante Bodenformen zuunterst am Küstenklinoform (der sigmoidal geformten Küstenrampe).

◙ Abb. 2.37 Wellen-Großrippeln, Beulenrippeln *(hummocky ripples)* erzeugen Beulenrippel-Schichtung *(hummocky cross-stratification,* HCS) in der Point Lookout Fm (Mesaverde Group, Santon, Oberkreide; NW von Farmington, San Juan Basin, New Mexico, USA). Der Block zeigt seinen Internaufbau typischerweise von Front und Seite gleich (frdl. Hilfe Dag Nummedal)

Höher gelegene Horizonte der Schönwetter-Wellenbasis werden dabei vollständig wieder aufgearbeitet.

Als Zeugnis vergangenen Seegangs finden sich Beulenrippeln in fossilen fein- bis mittelsandigen Sedimenten am unteren Vorstrand und in vorzugsweise proximalen Sturmsandlagen der Übergangszone.

2.1.2.3 **Bodenfracht**

Kiese und Gerölle benötigen aufgrund ihrer außerordentlichen Komponentengröße und Masse erhebliche Transportleistung, die in natürlichen Fließgewässern für die Bildung von Bodenformen nur lokal zur Verfügung steht. Kiese und Gerölle bilden die typische Bodenfracht, die sich rollend und springend vorwärts bewegt. Sie braucht für ihre Bewegung eine hohe Suspensionsdichte oder schießendes Fließen.

Kiese und Gerölle bilden in fluvialen Rinnen allenfalls deren Sohlenpflaster (◙ Abb. 2.38). Sind Sand und Ton fortgeführt, wird die Grobfracht auf dem Strombett frei beweglich. Nun regeln sich die groben, als Bodenfracht transportierten Komponenten des Strombetts entsprechend der Strömung ein. Resultat ist ein **korngestütztes Gefüge** *(clast-supported fabric)* mit guter Sortierung und wegen der ständigen Korrasion der Komponentenoberfläche mit bevorzugter Rundung. Aufgrund fehlender Kohäsion zwischen den grobkörnigen Komponenten *(cohesionless mode)* bilden sie stromauf orientierte grobe Packungen, die sich auf gröberem, bereits festliegendem Geröll abstützen. Sind die Kiese eher plattig, vor allem in der Wasserströmung frei beweglich, lagern sie sich in sog. **Dachziegellagerung** *(imbrication)* stromaufwärts gerichtet an (◙ Abb. 2.39). Als Großmorphologie formen Kiesbänke stromparallel orientierte Zungen mit meist linsenförmigen Querschnitten. Sie schottern aufgrund ihrer seitwärts und stromabwärts gerichteten Verlagerung die Stromebene flächig auf, bilden selten Rinnenmorphologien mit ortsspezifischer Sohlenerosion.

Reine Bodenfrachtsedimente sind überwiegend alluvialen Ursprungs. Die groben Komponenten benötigen für ihren Transport das Relief proximaler Schwemmebenen,

◖ Abb. 2.38   Alluviales Tal (Shokored Valley, Sinai, W von Eilat) mit grobkörniger Sedimentfracht eines Trocken-flusses; das Tal öffnet sich ostwärts (nach rechts) zum tief gelegenen Jordangraben. Bei ephemerem Nieder-schlag werden durch Schichtfluten erhebliche Mengen gering verwittertes Sediment verfrachtet

◖ Abb. 2.39   Dachziegellagerung fluvialer Gerölle im Flusslauf des Taubergries bei Ettal (N von Garmisch-Partenkirchen). Das Wasser strömt nach rechts, die Gerölle an der Oberfläche des Kiesbettes sind frei-gewaschen und in der Wasserströmung eingeregelt

sodass sie stets in der Nähe von Gebirgs-zügen sedimentieren. Es lassen sich über-wiegend kohäsionsfreie Ablagerungen mit komponentengestützten Gefügen beobachten, da der suspendierende Pelit- und auch der Sandanteil nach längerer Transportweite und vielfacher Umlagerung letztlich ausgewaschen ist. Es werden gut sortierte Grobfrachten hinterlassen, allenfalls überdeckt von einem dünnen Schleier Schweb- und Suspensions-fracht aus der wieder zur Ruhe gekommenen Hochflut (◖ Abb. 2.40).

◼ Abb. 2.40 Trockental des Rio Toro, NO der Estacion Mauri (NW oberhalb von Salta, Ostkordillere, NW-Argentinien). Granitisches Liefergebiet bereitet schnell verrundende Gerölle, die als schlecht sortierte Bodenfracht im Flussbett zur Regenzeit bewegt werden. Die Trübstoffe des Flusses setzten sich als dichte helle Lage auf der zur Ruhe gekommenen heterogenen Sedimentfracht *(mixed load)* ab (Schwab und Schäfer 1976)

Relief findet sich auch im submarinen Raum entlang von Kontinentalhängen, wo Grobfracht in Canyons hinab verlagert werden kann, wenn ein entsprechendes Liefergebiet auf dem Kontinent für die Bereitstellung der Sedimente zur Verfügung steht. Die Grobfracht wird hier jedoch nicht am Boden rollend und springend transportiert, sondern in Schlamm suspendiert rasch das Relief des Kontinentalhanges hinunter bewegt. Es lagern sich kohärente Sedimente ab *(coherent mode)*, die nicht hinreichend Zeit gefunden haben, sich ihres Pelitanteils wieder zu entledigen. Es resultieren matrixgestützte Gefüge, die durch ihre Kornverteilung und schlechte Sortierung auffallen.

Moränen – und ihre fossilen Äquivalente, die Tillite – sind nicht durch Wasser transportierte Sedimente. Sie sind Erosionsprodukte von Gletschern, die von diesen vergleichsweise langsam in das Vorland hinaus verfrachtet worden sind. Der entstehende Geschiebemergel ist daher ein reines Erosionsprodukt des örtlichen Untergrundes, enthält dessen lokale Petrographie, zeigt keine durch strömendes Wasser verursachten sedimentären Gefüge und ist daher schlecht sortiert mit einer weiten Spanne unterschiedlicher Korngrößen.

Die pittoresken Erdpyramiden von Euseigne (Val d'Hérens, Wallis, Schweiz) zeigen Reste des Geschiebemergels des würmzeitlichen Eringergletschers, der ehedem das Tal verschloss, jedoch bis auf kleinere Reste inzwischen erodiert wurde (◼ Abb. 2.41a). Die großen Gerölle verhinderten einige Zeit die Erosion des Geschiebmergels, sodass kegelförmige „Erdmännchen" entstanden.

Durch Abschmelzen der Gletscher unmittelbar aus dem Eis abgelagerte Sedimente sind nicht frachtgesondert, sondern extrem schlecht sortiert und reich an unreifen Komponenten, die in feinstkörnigem und mehr oder weniger kalkigem Geschiebemergel eingelagert sind.

Die Anschnitte der Grundmoräne des würmzeitlichen Gletschers im Val de Nendaz bei Brignon im Wallis (◼ Abb. 2.41b) zeigen gut verrundete Gerölle in feinkörnigem Geschiebemergel, unterschiedlich groß, suspendiert in ihrem Geschiebemergel und bereit, durch Hangkriechen der Schwerkraft talabwärts zu folgen.

2

◘ Abb. 2.41   **a** Pyramiden von Euseigne (Val d'Hérens), SSO von Sion (Wallis), gebildet durch den würmzeitlichen Eringergletscher. **b** Im Val de Nendaz bei Brignon (S von Sion, Wallis) ist schlecht sortierter Grundmoränenschutt angeschnitten. **c** Geschiebemergelklasten im weichselzeitlichen Grundmoränenwall W von Heiligenhafen (Ostsee)

Moränen sind reich an geschliffener Geröllfracht, die im Geschiebemergel suspendiert ist. Moränen bilden keine Bodenformen im oben beschriebenen Sinne, sondern sind durch Gletscher geformte, girlandenförmige Erosionsrückstände. Buckelförmige Drumlins bilden sich, wenn der Moränenschutt von nachfolgenden Gletschern erneut überfahren wurde (Ehlers 1983; Ehlers et al. 1995; Eyles und Miall 1984).

Die Ostseeküste bei Heiligenhafen zeigt durch Erosion freigelegte und angeschnittene Küstenwälle (◘ Abb. 2.41c), die reich an nordischen Geschieben sind. Die Grundmoränen waren von Gletschern der Weichselvereisung vielfach erodiert und umgelagert (Stephan 1994).

2.2 Schichtung und Sedimentgefüge

Klastische Sedimente konservieren eine Vielzahl von Sedimentgefügen in der Schicht und im Schichtverband von Gesteinen. Sie lassen sich im künstlich geschaffenen oder im natürlichen Anschnitt beobachten, liefern Hinweise auf das ehemalige Ablagerungsmilieu, auf den

Sedimenttransport in diesem und erlauben auch, dessen Energieinhalt abzuschätzen. Man unterscheidet physikalische, biogene und chemische Gefüge.

2.2.1 Physikalische Gefüge

2.2.1.1 Sedimenttransport

Die Bildung von Bodenformen in sandigen Sedimenten setzt voraus, dass diese in Suspension zu erheben sind. Reine Bodenfrachten einerseits und reine Schweb- bzw. Spülfrachten andererseits können keine Bodenformen bilden.

Suspensionsfrachten jedoch werden bei steigender Transportleistung des Fließgewässers in Suspension erhoben und bilden daher sehr unterschiedliche Bodenformen. Darüber hinaus werden sie der gegenseitigen Berührung und Verrundung entzogen. Daher ist die Form der Komponenten der Suspensionsfracht immer eckiger als diejenige der Bodenfracht – hoch signifikant für aquatische Sedimente. Bei äolischen Sedimenten rundet die Windverfrachtung ein sehr viel größeres Spektrum von Körnungen. Die Oberflächen ihrer Sandkörner wird dabei mattiert (Füchtbauer 1988).

Deltaische und turbiditische Prozesse transportieren Sedimente, die durch koagulierte Tonflocken und organische Substanz suspendiert werden. Der Transport der Sedimente im Freiwasserraum findet schwebend statt, sodass die korngrößenspezifische Korrasion vermindert ist. Die aus küstennahen Ablagerungsräumen ererbten Kornformen der Sedimente bleiben daher weitgehend erhalten. Es ist also angebracht, **Traktionsprozesse** in Fließgewässern und **Suspensionsprozesse** in Freiwasserräumen stehender Wasserkörper zu unterscheiden. Resultierende sedimentäre Sequenzen enthalten daher veränderliche Korngrößen, meist mit gradierter Schichtung von Grob nach Fein; darüber hinaus enthalten sie charakteristische Wechsel von Sedimentgefügen.

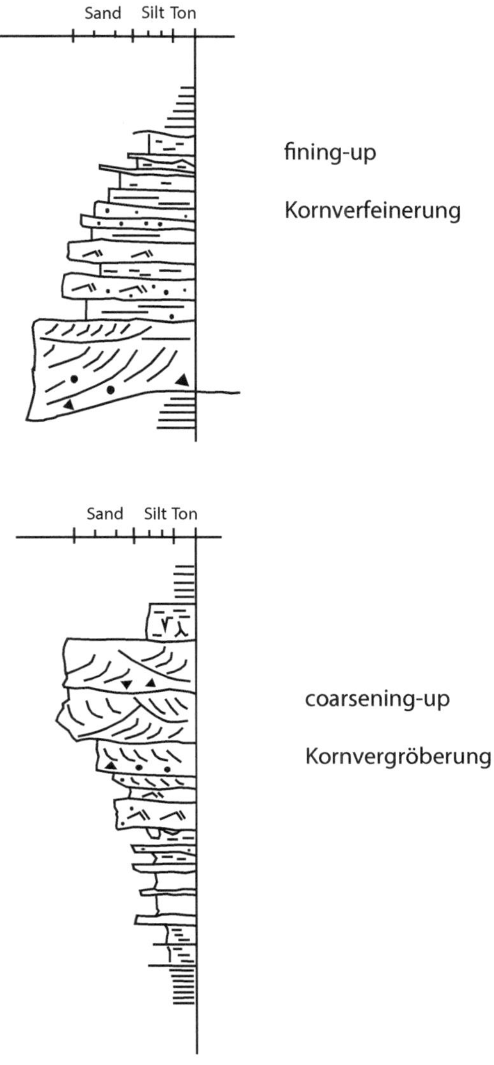

◘ Abb. 2.42 Körnungstendenzen in Sedimentsequenzen – Kornverfeinerung und Kornvergröberung mit syngenetischer Entwicklung von Sedimentgefügen. Der Schichtausbiss verschlüsselt die Korngröße. Skizzenhaft sind Rippelschichtung, Schrägschichtung und Hochenergie-Parallelschichtung als Sedimentgefüge dargestellt, dazu Trockenrisse und Pflanzenwurzeln im Pelit; letzterer ist teilw. aufgearbeitet und als Schlammklasten basal in die Sandsteine eingelagert. (Eigener Entwurf)

2.2.1.2 Sequenzen

Nach Verfügbarkeit von Sedimentfracht, nach subaquatischem Relief, nach Tiefe des Wasserkörpers und nach Art der Anlieferung wird sich bei der Schichtbildung also eine Kornverfeinerung oder eine Kornvergröberung einstellen, es bilden sich sog. Körnungssequenzen (◙ Abb. 2.42). Körnungssequenzen für sich genommen sind neutral, indem sie lediglich die mittlere (u. U. mithilfe eines Messkärtchens oder einem Zollstock ermittelte) Korngröße der sedimentären Sequenz graphisch durch korngrößenabhängigen Schichtausbiss verschlüsseln. Verbindet man Körnungssequenzen gedanklich jedoch mit Ablagerungsräumen und den dort ablaufenden sedimentären Prozessen, bekommen sie eine genetische Aussage. Körnungssequenzen sind immer für das betreffende Ablagerungsmilieu spezifisch, im kleinen Maßstab wie im großen. Eine **Kornverfeinerungssequenz** (*fining-up sequence*) schafft ein Sohlbankprofil mit grobkörniger Basis und feinkörnigem Top, eine **Kornvergröberungssequenz** (*coarsening-up sequence*) ein Dachbankprofil mit feinkörniger Basis und grobkörnigem Top. Die Schichten dieser sedimentären Sequenzen können massig, gerippelt oder parallel geschichtet sein. Die Veränderung der Gefügebildung in sedimentären Sequenzen erläutert die Veränderung des Energieinhaltes des Ablagerungsraumes.

Die Schichtung siliciklastischer Sedimente wird nur von der Korngröße der in den Sedimentationsraum eingetragenen sedimentären Komponenten bestimmt. Ist die Transportleistung über längere Zeit gleich, werden Sedimentkörner, die nicht in das aktuelle Energiefeld passen, entweder liegen gelassen oder fortgeführt. Resultat ist – bei positiver Sedimentbilanz – das Vorherrschen von Sedimentkörnungen im spezifischen Energiefenster, d. h. das Sediment ist hinsichtlich der Auswahl geeigneter Korngrößen gut sortiert. Je länger deren Auswahl dauert, umso besser wird die sog. Sortierung der Sedimentlage. Bleibt dafür keine Zeit, sind mehrere Korngrößenklassen in einer Schicht zusammengefasst, so ist deren Sedimentkörnung schlecht sortiert.

2.2.1.3 Strömungsrippeln

Reineck et al. (1971) definieren die Größe von **Strömungsrippeln** (*current ripples*) über deren Kammabstand (L) und deren Kammhöhe (H), der Quotient aus beiden ist der Rippelindex (L/H).

Kleinrippeln (*small scale ripples*) haben folgende Indices:
$L = 4$ bis 60 cm
$H =$ bis 6 cm
$L/H > 5$; 8 bis 15

Steigt die Transportkraft des Wassers und wird die Korngröße der angelieferten Sedimente gröber, bilden sich **Großrippeln** bzw. **Megarippeln** (*mega ripples, (aquatic) dunes*):
$L = 0,6$ bis 30 m
$H = 6$ cm bis 1,5 m
$L/H > 15$

Sehr große Bodenformen sind **Riesenrippeln** (*giant scale ripples*):
$L = 30$ bis 1000 m
$H = 1,5$ bis 15 m
$L/H > 30$, bis 100

Letztere haben im Gesteinsverband keine Bedeutung, da sie die übliche Aufschlussgröße übersteigen und somit nur schwer erkennbar sind.

Flemming (1988) berichtete von einem Vorschlag, kleine Dünen (mit 0,6 bis 10 m), mittlere Dünen (mit 10 bis 100 m) und große Dünen (mit mehr als 100 m Kammabstand) zu unterscheiden.

Zweidimensionale (2D)-Großrippeln sind Formen mit geraden Kämmen, die sich mit einem einzigen Querprofil vollständig beschreiben lassen. Dreidimensionale (3D)-Großrippeln haben einen bogenförmigen bis sichelförmig geschwungenen Kammverlauf und ein gedrungenes Relief. Dies deutet darauf hin, dass die ideale Wassertiefe für die Bildung der Großrippeln bereits unterschritten wurde (die ein Mehrfaches der Kammhöhe betragen muss), sodass sie beginnen, sich zur Bildung von Parallelschichtung abzuflachen.

Großrippeln lassen sich zwar im Rezenten von ihrer Oberflächenform her vermessen und klassifizieren. Im Gestein ist dies aber schwierig. Denn hier zeigt der vorherrschend

▣ Abb. 2.43 Kletterrippeln *(climbing ripples)* in Sandsteinen des Old Red an der Ostküste Schottlands, N von Aberdeen. Diese bilden sich bei reichlichem Sedimenteintrag und in Phase befindendem, schnellen Übereinanderlagern von Strömungs-Kleinrippeln während der Bildung im Übergangsbereich von unterkritischen Kleinrippeln zu überkritischer Parallelschichtung

zweidimensionale Anschnitt von Großrippeln als Schrägschichtung bzw. Kreuzschichtung *(cross-bedding)* meist nur Teile des ehemals dreidimensionalen Gefügekörpers. Die Kämme sind fast immer durch die Erosionsflächen von oben her erodiert, und die Luvflächen eigentlich nie erhalten. Die Rippel- bzw. Schrägschichtungs-Sets zeigen zwar unterschiedliche Dimension. Aber exakt lässt sich ihre ehemalige Größe nicht fassen, wenn auch Versuche unternommen werden, diese mithilfe von Rechenprogrammen zu bestimmen (Rubin 1987; Rubin und Ikeda 1990; Namikas und Sherman 1998; weitere Literatur und ausführliche Erläuterungen auf der aktuellen USGS *website* von Dave M. Rubin 2018).

Bei ausgeglichenem An- und Abtransport von Sedimenten ohne positive oder negative Sedimentbilanz (also Aufwuchs oder Abtrag) entstehen wandernde Sedimentteppiche. Je nach Korngröße der Sedimente und Transportgeschwindigkeit des strömenden Wassers ist ihre Oberfläche gerippelt. Ihr Inneres besteht aus flachen Erosionsflächen und darauf aufsitzenden Rippel-Leeblättern.

Wird rasch sehr viel Sediment eingetragen, steigen die Basisflächen an, und die Leeblätter reiten auf diesen eng geschart nach oben auf. Diese sog. **Kletterrippeln** *(climbing ripples)* formieren sich in einem Sedimentpaket nur lokal und immer nur kurzzeitig (▣ Abb. 2.43). Sie dokumentieren schnell aufwachsende Sedimentlagen, wobei die Transportkraft des Wasserkörpers sich mit der vorgegebenen Sedimentkörnung im Gleichgewicht befindet.

2.2.1.4 Wellenrippeln

Auf ebenem Gewässerboden formt der Seegang der Wasseroberfläche **symmetrische Wellenrippeln** *(wave ripples, oscillation ripples)*. Die Wellenenergie und die Tiefe des Wasserkörpers sowie die Körnung der Sande bestimmen die Größe der sich aufbauenden Rippelkörper. Die Dimension der symmetrischen Wellenrippeln beträgt nach Reineck et al. (1971):

$L = 0{,}9$ bis 200 cm
$H = 0{,}3$ bis 22,5 cm
$L/H = (4$ bis $13)$ 6 bis 7

 Abb. 2.44   Asymmetrische Wellenrippeln, gebildet durch ungleichmäßige, nach links orientierte Schwapp-bewegung des Wassers; Schillig, Wangerland. (Foto Hermann Schäfer)

Auf die Küste auflaufender Seegang schafft asymmetrischen Wellenschlag und schließlich Brandung. Die gegen die Küste gerichtete Welle ist schneller, die reflektierte langsamer. Daher sind diese Wellenrippeln asymmetrisch und haben ihre steilere Seite gegen Land orientiert (Abb. 2.44). Die Größenordnung **asymmetrischer Wellenrippeln** beträgt nach Reineck et al. (1971):

$L = 1{,}5$ bis 105 cm
$H = 0{,}3$ bis 19,5 cm
$L/H = (5$ bis 16) 6 bis 8

Je ungleichmäßiger die durch den Seegang induzierte Pendelbewegung des Wassers ist, desto ungleichmäßiger baut sich die immer asymmetrischer werdende Wellenrippel auf (Abb. 2.45). Darüber hinaus wird ihr zunächst gerader und unverzweigter Rippelkamm zunehmend verzweigt, bis er im Extremfall der aufgelösten kurzen Form von Strömungsrippeln entspricht. Auf exponierten Sedimentoberflächen überprägt der sinkende Wasserstand die nacheinander entstehenden Rippelgenerationen (Abb. 2.46). Diese Beobachtungen sind im Rezenten (Abb. 2.47) als auch im Fossilen (Abb. 2.48) schlüssig.

Bei schwerer See an der Küste formen sich die (in ▶ Abschn. 2.1.1 beschriebenen) Beulenrippeln, die im Anschnitt als *hummocky cross-stratification* (HCS) bezeichnet werden (Abb. 2.49). Deren Größenordnung beträgt nach Walker (1980):

$L = 1$ bis 5 m
$H = 10$ bis 20 cm
$L/H = 10$ bis 25

In der Brandung der Gezeitenzone einer Hochenergieküste, in der Schwappzone *(swash zone)*, werden alle Wellenrippeln zu Hochenergie-Parallelschichtung umgearbeitet (Abb. 2.50).

Wechselnde Sedimentation von gröberkörnigen und feinerkörnigen Sedimenten erzeugt sog. **Wechselschichtung** *(alternate bedding)*. Unter diesem Begriff versteht man vorzugsweise eine Wechselschichtung von Sand und Schlick randmariner Ablagerungsräume (Abb. 2.51), also ausschließlich von suspendierbarem Sediment. Wechselschichtung wird durch die in der Gezeitenströmung suspendierten Sande und Schlicke gebildet (Abb. 2.52). Die Strömungsphasen von Flut und Ebbe produzieren gerippelte

◘ Abb. 2.45 Asymmetrische Wellenrippeln am Strand der Küste von Lincolnshire, Ostengland, im Hintergrund Strandpriel und Strandriff. Der gut sortierte grobe Mittelsand entwässerte während des Auftauchens der Küste bei Niedrigwasser und flachte die landwärts geneigten Rippelkämme ab. (Foto Bettina Krumbiegel)

◘ Abb. 2.46 Landwärts, nach links, orientierte asymmetrische Wellenrippeln werden von kleineren Wellenrippeln überprägt, die erst bei Auftauchen der Sandwattfläche gebildet wurden (Nordseeküste von Schottland N von Aberdeen)

Sandlagen. Die Stauwasserphasen des Hoch- und Niedrigwassers bedeuten jeweils Stillstand der bewegten Wassermassen, sodass Schlick sedimentiert. Bei gleicher Anlieferung beider Sedimente wird die Wechselschichtung aus Sand und Schlick gleich mächtig. Meist aber überwiegt die Sedimentation von Sand, sodass die Schlicklagen eher dünn sind. Da darüber hinaus die Sande gerippelt sind, bleibt allenfalls in den Rippeltälern der Schlick erhalten (◘ Abb. 2.53); es entsteht **Flaserschichtung** *(flaser bedding)*. **Schlickflasern** in Sand sind daher das übliche Bild. Jedoch kann sich der relative Anteil beider zugunsten von Schlick verkehren, sodass **Sandflasern** resultieren. Flaserschichtung ist nur bei Kleingefügen so definiert (◘ Abb. 2.54).

In Rippeltälern bilden sich Flasern *(flasers)*, wenn bei stehendem Wasser sich dünne Schlicklagen absetzen. Sie sind oft als vergabelte Lagen in die Leeflächen von Strömungskleinrippeln eingearbeitet, wenn der Tidestrom bei Absatz der Schlicke noch nicht vollständig zur Ruhe gekommen war. Je nach Sand- bzw. Schlickanteil werden sie als Sand- bzw. Schlickflasern bezeichnet. Die Schlickfüllung in den Rippeltälern besteht aus Kotpillen, organischer Substanz, Resten biogener Hartteile und Schlick und wird auch während des Niedrigwassers bei der Exposition der Wattflächen aus dem in den Rippeltälern verbliebenen Restwasser sedimentiert. Jedoch ist Flaserschichtung nicht

◨ **Abb. 2.47**   Symmetrische Wellenrippeln, von einer zweiten Generation sehr viel kleinerer Wellenrippeln überprägt (Nordstrand Wangeroog, südliche Nordsee)

◨ **Abb. 2.48**   Nach rechts asymmetrische Wellen-Kleinrippeln, von sehr viel kleineren Wellenrippeln bei Trockenfallen der Wattenfläche überprägt (Emsquarzit, Unterdevon der Eifel, Stbr. Köppen, Waxweiler)

als alleiniges Kriterium auftauchender Wattenflächen zu werten. Gleichwohl bedeuten kleinskalige Wellenrippeln mit eingelagerten Schlickflasern immer, dass sie in sehr flachem Wasser gebildet wurden, denn die Wellenenergie reicht nicht tief. In wellengerippelten Sanden eingelagerter Schlick und Torfgrus bedeuten lediglich die Nähe zur Wasseroberfläche.

Auch Großrippelgefüge zeigen einen Typ **Sand-Schlick-Wechselschichtung,** der auf den Wechsel der Gezeiten zurückgeht. Großrippeln in Prielen dokumentieren erhebliche Sedimenttransporte in diesen. Während der Stauwasserphasen, während des Hoch- bzw. des Niedrigwassers, kommen sie zum Stillstand, und es sedimentiert bevorzugt Schlick. Die resultierende, an die trogförmige Schrägschichtung von Großrippeln gebundene, durch Tide induzierte Wechselschichtung wird als **Gezeitenbündel** (*tidal bundle*) bezeichnet. Da die Tideströmung küstenspezifisch ungleich verteilt ist, sind diese Schichtphänomene unterhalb der Niedrigwasserlinie für die Küstenmorphologie besonders aussagekräftig, vorzugsweise in Ästuaren (Visser 1980; De Boer und Smith 1994); dazu mehr in ▶ Abschn. 4.2.

◘ Abb. 2.49 Schichtung von Beulenrippeln (*hummocky cross-stratification,* HCS), typischer Anschnitt links des Bleistifts (Mesaverde Group, Santon, Oberkreide, Bighorn Basin, Wyoming) (frdl. Hilfe Bernd Klug)

◘ Abb. 2.50 Auftauchender Nasser Strand von Juist. Links der Übergang von der Schwappzone zur Brecherzone rechts, Strandpriel rechts außen, rechts im Hintergrund das Strandriff. Die Brecherzone wird beim Auftauchen von kleinen Wellenrippeln überprägt, die links asymmetrisch, rechts symmetrisch sind. In der Bildmitte breitet sich ein Fächerdelta vor einem von links kommenden Priel aus, das sich bildete, als der Wasserstand die Wellenrippeln noch überdeckte (frdl. Hilfe Bianka Petzelberger)

2

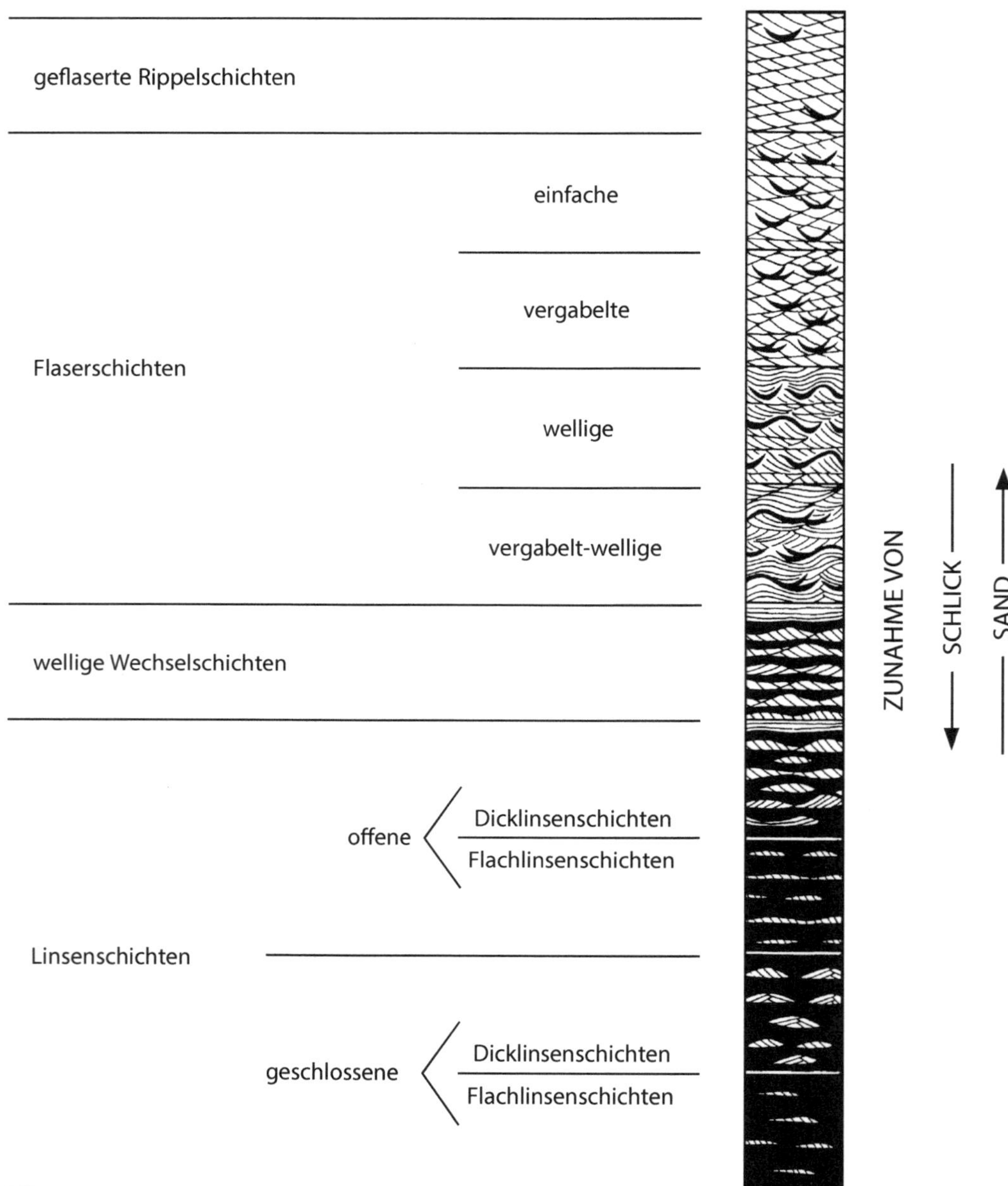

◘ Abb. 2.51 Charakteristisch und oft als alleiniges und hinreichendes Kriterium für die Genese von Gezeitensedimenten ist die Beobachtung wechselgeschichteter feinkörniger Sedimente. Hierbei ist es vor allem für die Flaserschichtung gleichgültig, ob der Ort ihrer Bildung während des Niedrigwassers auf Wattenflächen exponiert wurde, oder ob er unter der Niedrigwasserlinie verblieb. Denn diese Kleingefüge nehmen auch aus dem zwischen den Rippelkämmen verbleibenden Restwasser der auftauchenden Wattenfläche die Tontrübe als Schlicklage auf. Kleinrippeln machen für ihre Bildung keine intensive Umlagerung notwendig, daher ist das Erhaltungspotenzial für diese filigranen Sedimentgefüge recht günstig. Obendrein sind die in den Rippeltälern abgesetzten Schlicklagen recht bald zu Klei verfestigt und dann erosionsresistent. (Reineck 1984, Abb. 13)

2.2.1.5 Paläoströmung

Spezifisch für reine Suspensionssedimentation im Freiwasserraum, bei deltaischen wie turbiditischen Bildungen, ist die Entstehung von **Sohlmarken** *(sole marks)*. Diese formen sich an der Basis von Sandkörpern entlang der Grenzflächen zwischen pelitischen und sandigen Schichten. Die durch turbiditische Schüttungen angelieferten Sandsuspensionen überprägen die Schlickflächen der Tiefsee, des Schelfes bzw. des Seebodens durch **Belastungsmarken** *(load casts)* (■ Abb. 2.55), durch gerichtete Erosions- bzw. durch **Strömungsmarken** *(flute casts)* (■ Abb. 2.56). Alle diese Sedimenttexturen werden durch die Auflast der eingebrachten Sandsuspensionen

an deren Unterseite geformt und bilden mehr oder weniger deutlich die Richtung der ehemaligen Strömung ab. Gröbere Klastika, Hölzer oder Molluskenschalen reichern sich an der Basis der abgelagerten Sandkörper an und bilden dort orientierte **Driftmarken** *(drift marks)*.

Die Orientierung der Leeblätter von Mega- und Kleinrippeln zeigt den Verlauf ehemaliger Strömung, der **Paläoströmung** *(paleo flow)* an (■ Abb. 2.57). Die Leeblätter laufen vom Rippelkamm, der konkav in Strömungsrichtung geschwungen ist, trogförmig gegen die Sohlfläche des Rippelzuges aus. Das Einfallen der Leefläche *(slip face)* ändert sich von zunächst steilen zu allmählich flacheren Winkeln. Vorzugsweise mit einem **geologischen Gefügekompass** lässt sich auf einer solchen Leefläche deren Orientierung und Einfallswinkel messen und damit die Richtung der Paläoströmung festlegen. Da die Leefläche trogförmig konkav ist, bietet sie viele Messpunkte. Daher können eine Vielzahl von stromabwärts gerichteten Vektoren gemessen werden. Die auf der Leefläche des dreidimensionalen Rippelkörpers beiderseits außen liegenden Messpunkte sind die beiden Extremwerte der von der generellen Paläoströmung abweichenden Richtung. Sodann liefert ein hoher Messpunkt auf der Leefläche einen steilen Einfallswinkel, ein tiefer Messpunkt einen flachen. Im Grunde genügen die erstgenannten beiden Messpunkte an einer rezenten Großrippel, um deren Transportrichtung zweifelsfrei festzulegen. Viele Messpunkte auf ihrer Leefläche erzeugen eine sichelförmige Verteilung von Azimuth-Werten, dargestellt auf einem **Polarkoordinatenpapier** (■ Abb. 2.58). Dies wäre bei einer rezenten Rippel so nicht nötig, ist aber zwingend bei der Paläoströmungsanalyse an einer fossilen Gesteinswand mit Rippel- bzw. Schrägschichtung. Denn hier steht meist nur ein zweidimensionaler Anschnitt der Rippel-Leeblätter für die Messung zur Verfügung. Meist ist auch der Ort der Messung innerhalb einer Leefläche weitgehend unbekannt. Es ist also sinnvoll, vor allem

Abb. 2.53 Symmetrische Wellenrippeln mit allmählich abflachenden Kämmen, da der Wasserstand zwischen den Rippeln sinkt; dabei entsteht auch allmähliche Reliefumkehr. Kothäufchen des Wattpierwurms *Arenicola marina,* in den Rippeltälern darüberhinaus auch reichlich Kotpillen anderer Wattbewohner (Mischwatt Crildumersiel, Binnenjade)

Abb. 2.54 Sandflaser- und Schlickflaserschichtung im Miozän eines aufgelassenen Braunkohletagebaues bei Senftenberg, Lausitz (frdl. Hilfe Peter Suhr)

◘ Abb. 2.55 Sohlmarken (Belastungsmarken, *load casts*) mächtiger, turbiditisch geschütteter Sandsteine eines Seendeltas in der Disibodenberg-Formation, Glan-Subgruppe, Unterrotliegend des Saar-Nahe-Beckens – *Der Schillerstein* bei Odernheim/Glan

möglichst steile Partien eines Leeblattes sowie möglichst viele, gut die Orientierung zeigende Flächen zu messen. Mithilfe zahlreicher, gleichmäßig über ein aufgeschlossenes Schrägschichtungsfeld verteilter Messungen ergibt sich eine statistisch gesicherte Aussage. Auch empfiehlt sich der Gebrauch eines speziellen Messbleches aus Aluminium, der sog. **Wurster'schen Platte** (◘ Abb. 2.59), mit deren Hilfe man Schichtfugen und schlecht zugängliche Flächen für die Messung mit dem Kompass erreichbar machen kann. Innerhalb einschließender, größerer Diskordanzflächen sollte versucht werden, wenigstens 50 Messwerte zusammenzutragen. Diese Vielzahl garantiert, dass als Resultat eine gute

Verteilung von Messwerten zustande kommt. Erst diese Vielzahl erlaubt, durch Mittelung zwischen den gemessenen Extremwerten die Paläoströmung einigermaßen sicher festzulegen (Stets und Wurster 1977; Schäfer 1986).

Da ein fluviales Paläotransportsystem vielfach seine Richtung änderte, können von der generellen Richtung des **Talweges** (*thalweg*) Abweichungen von beiderseits 90° möglich sein. Es ist also notwendig, große Areale mit mehreren Messlokationen zusammenzufassen, um das Paläotransportsystem verlässlich zu dokumentieren (◘ Abb. 2.60). Für eine sinnvolle Paläoströmungsanalyse aus Schrägschichtungsmessungen ist eine Messung allein relativ wertlos; so ist bei der Festlegung der

◧ Abb. 2.56 Sohlmarken (Strömungsmarken, *flute casts*); im Bild die Strömung von unten nach oben. Proximaler Oberkreide-Flysch von Fuehli, Schweiz (frdl. Hilfe Albert Matter)

◧ Abb. 2.57 Gleithang-Schrägschichtung in einer kleinen fluvialen Rinne im devonischen OldRed-Sandstein, Pembroke-Halbinsel, westliche Nordküste des Bristol Channel, W von Tenby, W von Cardiff, Wales, UK

Mindestanzahl von Messpunkten deren statistische Signifikanz zu berücksichtigen.

Zudem ist es notwendig, vor der Messung das Paläo-Environment zu bestimmen. Verlässliche Analysen können von Sedimenttransporten verzweigter Flusssysteme hergestellt werden, auch liefert die Orientierung progradierender Deltafronten sichere Hinweise zur Paläoströmung (meist jedoch mittels einer großen Anzahl unterschiedlicher Strömungsmarken). Marine Gezeitenströmungen eignen sich für die Festlegung von wandernden Küstensanden.

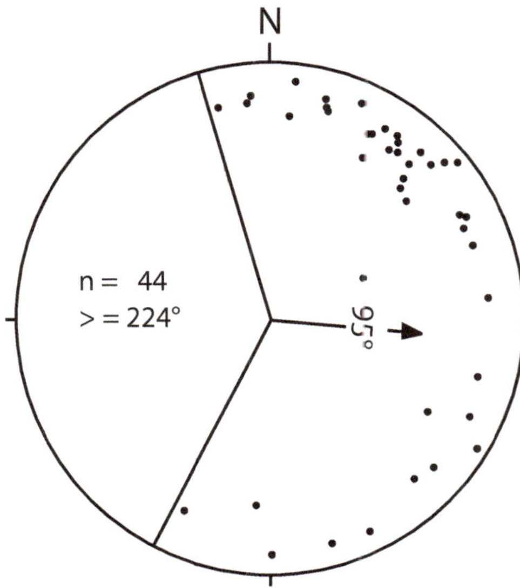

◘ Abb. 2.58 Azimuth-Werte im Polarkoordinaten-diagramm von Schrägschichtungsmessungen in fluvialen Sandsteinen der Odernheim-Sfm, Meisen-heim-Fm, Glan-Subgruppe, Unterrotliegend, im Saar-Nahe-Becken (Schäfer 1986; GK25 6213 Kriegs-feld). Der weite Öffnungswinkel des Diagramms beweist eine ausgewogene Anzahl von Messungen, die die Paläoströmung verlässlich abbilden

Alle anderen Schrägschichtungskörper sind nicht unbedingt verlässlich, da sie u. U. erhebliche Abweichungen von der ehemaligen Transportrichtung enthalten können. Mäandrierende fluviale Rinnen können Abweichungen von mehr als 90° nach beiden Seiten der generellen Transportrichtung zeigen. Daher muss eine Besetzung mit Kompassmesspunkten auf dem Polarkoordinatenpapier (bzw. auf dem **Schmidt'schen Netz** ab etwa 20° Abweichung aus der Horizontalen zur Kompensation der Schichtlagerung) möglichst ein Öffnungswinkel von 180° erhalten werden, um zu garantieren, dass man auch alle „Ausreißer erwischt" hat. Eine gute Diskussion dieses Fragenkomplexes lieferte Miall (1974), was zugleich für diesen auch Grundlage bildete, die Gesetzmäßigkeiten der fluvialen Fazesarchitektur zu umreißen (Miall 1985).

Einen sehr verlässlichen Hinweis auf die Strömungsrichtung von rezenten und fossilen Flussläufen erhält man durch die Lagerung transportierter und eingebetteter Bäume.

◘ Abb. 2.59 Messung der Paläoströmung mit dem Kompass und der sog. Wurster'schen Platte an schwer zugänglichen Schichtflächen; Strömungs-Kleinrippeln, Disibodenberg-Fm, Glan-Subgruppe, Unterrotliegend; Straßenanschnitt an der Nahe-Brücke, Staudernheim, Saar-Nahe-Becken

2

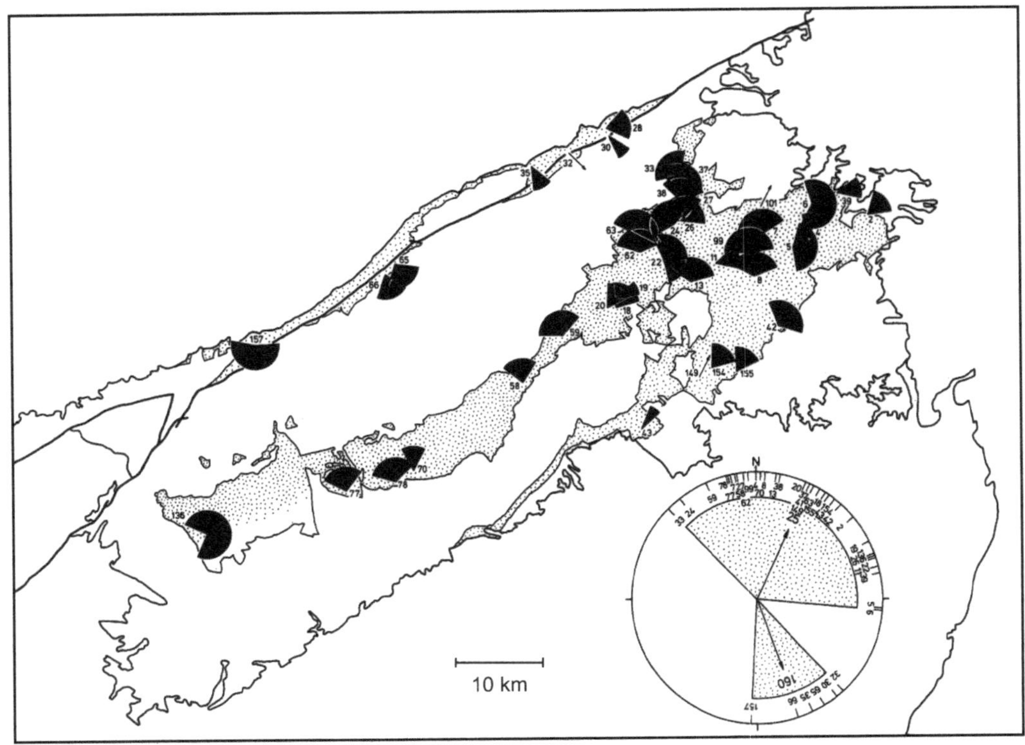

◘ Abb. 2.60   Paläoströmung in der Glan-Subgruppe, Unterrotliegend, im Saar-Nahe-Becken (Schäfer 1986). Alle Messungen in Einzelaufschlüssen des weiträumigen Schichtverbandes wurden als Mittelwerte in einem Sammeldiagramm zusammengefasst, um eine verlässliche Ermittlung der heterogenen Messwerte zu gewährleisten

Diese orientieren sich in der fluvialen Strömung grundsätzlich so, dass die Krone des Baumes stromabwärts zeigt, die Wurzel dagegen quasi als Treibanker stromaufwärts. Dies lässt sich auf verzweigten Stromebenen ebenso wie in Flussrinnen mit einheitlichem Stromstrich gleichermaßen beobachten (◘ Abb. 2.61). Die Krone des Baumes wird jedoch schnell zerlegt, sodass schließlich nur noch der Stamm mit der stromaufwärts weisenden Wurzel verbleibt.

2.2.1.6 Deformationsgefüge

Sedimente bilden als Deformationsphänomene Rutschmassen, Wickelstrukturen und Entwässerungsdiapire aus, wenn primäre Sedimentgefüge durch Ausbrechen des eingeschlossenen Porenwassers zerstört werden (Einsele 2000).

Wird bei hoher Sedimentationsrate in sandigen Sedimenten reichlich Porenwasser in das Zwischenkorngefüge aufgenommen, kann dieses für die Lagerung eines durch Kornkontakt stabilisierten Sedimentgefüges nur so lange ohne Bedeutung sein, wie sich rasch eine adäquate Lagerungsdichte des Sediments einstellt. Schwimmen jedoch einzelne Körner oder Kornverbände auf, sammelt sich Porenwasser in größeren zusammenhängenden Bereichen im Sediment (mit schlechter bis gut sortierter Kornpopulationen unterschiedlicher Körnung). Je nach Sedimentationsgeschwindigkeit und Auflast nächstfolgender Sedimente wird das Porenwasser nach oben ausgepresst. Bricht es erst einmal punktuell nach oben durch, reißt es Sedimentkörner, Kornverbände und Schichten mit, vermischt sie und strebt diapirartig nach oben und

◘ Abb. 2.61 Fläche des Gleithangs des nach rechts fließenden, gering mäandrierenden Bajou Sarah (im Bundesstaat Mississippi, USA) mit erodierten Bäumen. Diese sind durch den Treibanker ihrer Wurzeln festgelegt, haben bereits ihre Krone verloren und bilden dadurch gute Stromanzeiger – auch im Fossilen

bildet **Entwässerungsstrukturen** *(water escape structures)*. Diese sind meist auf enge Areale beschränkt und zeigen lokal mitunter eine völlige Entschichtung an.

Solche Entwässerungsstrukturen bilden Sand- bzw. Schlammdiapire *(sand* resp. *mud dykes)*. Sie treten vor allem in deltaischen und turbiditischen Ablagerungen auf, aber auch in flachmarinen und fluvialen Bildungen. Sie entstehen überall dort, wo aufgrund hoher Sedimentationsraten im Zwischenkorngefüge eingeschlossenes Porenwasser einen instabilen Lagerungszustand herbeiführt. Diapire mit sehr heterogener Kornverteilung, die von unten her in bereits gebildete, rasch abgelagerte Schichten eindringen (◘ Abb. 2.62), können durch hohe Sedimentationsraten nachfolgender Sedimente, auch durch Erdbeben, ausgelöst werden (Borradaile 1984). Cobain et al. (2017) beschreiben Injektionsstrukturen von Sanddiapiren am unteren Kontinentalhang im Karoo-Becken, Südafrika. Das paläogene San Joaquin-Becken (Kalifornien) wurde durch plattentektonisches Uplift exponiert und im Umfeld der San Andreas-Störung deformiert. Der Westrand des Beckens bildet den Tumey Giant Injection Complex. Sand-Injektionen in dessen eozäne tiefmarine Tonsteine des Kreyenhagen Shale mit Relevanz für die Erdölexploration in diesem werden seit Längerem ausführlich untersucht (Huuse et al. 2010; Hurst et al. 2011; Palladino et al. 2018).

Genetisch verwandt sind Rutschungen, die durch schnelle und überreichliche Sedimentanreicherungen ausgelöst werden. Entlang des Strandes und unweit nördlich von Agadir in Marokko aufgeschlossene Rutschphänomene bildeten sich am Relief des Vorstrandes der oberkretazischen Küste in Kalksanden des Unter-Apt, dort, wo die ausgedehnten Ablagerungen der Küstenräume des heutigen Festlandes sich mit dem sich öffnenden Atlantik während der Kreide auseinandersetzten. Das Relief der sich mehrfach wiederholenden unterkonsolidierten Vorstrand-Profile (mit Lebensspuren von *Diplocraterion* sp. und *Arenicolites* sp.) war offenbar steil und die Sedimentanlieferung aus dem Hinterland reichlich, was in den rasch abgelagerten Sanden des Küstenraumes zu Porenwasserüberdruck und dadurch zur Bildung von Rutschmassen *(slump balls)* mit Wickelstrukturen *(convolute bedding)* führte (Behrens und Siehl 1982; Einsele 1982).

Abb. 2.62 Konglomerat führender Sanddiapir *(sand dyke),* eingedrungen in geschichtete kalkige Siltsteine (Huronian Supergroup, frühes Präkambrium); Ontario, Canada (Borradaile 1984)

In der östlichen Betischen Cordillere südlich von Alicante in SO-Spanien sind obermiozäne Küstensedimente aufgeschlossen und zeigen Phänomene, die an der Sturm-Wellenbasis *soft-sediment deformation structures* bildeten. Ein ausgedehnter bis 1,50 m mächtiger Horizont, dessen Position aufgrund der Vergesellschaftung mit Tempestiten im Bereich Übergangszone bis unterer Vorstrand des Küstenklinoforms angenommen wird, legt wegen des reichlichen Auftretens von Wickelstrukturen *(ball-and-pillow structures)* (**Abb. 2.63**) die Scherwirkung von Brandungswellen nahe, die sich an der obermiozänen Küste brachen und jäh die siltigen Kalksande zum Rutschen brachten, verflüssigten und entschichteten (Alfaro et al. 2002).

Ein Übermaß an Porenwasser in Verbindung mit hoher Sedimentauflast in Deltakörpern und die geringe Stabilität schnell abgelagerter Sedimente erzeugt ebenfalls Rutschmassen, wie dies vom Mississippi-Delta beschrieben ist. Fossile Rutschmassen größeren Umfangs finden sich beispielsweise in Deltafront-Bildungen des mitteldevonischen Mühlenberg-Sandsteins im rechtsrheinischen Schiefergebirge (**Abb. 2.64**).

Ebenso weisen deformierte Rutschmassen größeren Umfangs im Hunsrückschiefer s. l. von Augustenthal bei Neuwied (Siegen-Stufe, Unter-Devon) auf reichliche Lieferung unterkonsolidierter Sedimente im Delta des Rhenohercynischen Beckens hin (Stets und Schäfer 2002). Lakustrine Deltas, die jäh mit fluvialen Schüttungen beliefert werden und dadurch ganze Sandteppiche abgleiten lassen, erzeugen schwer zu interpretierende Wickelstrukturen (**Abb. 2.65**) (Schäfer 1986).

Schichtdeformationen können auch im Mischwatt der Gezeitenmeere auftreten, wenn sie während Springtide-Niedrigwässern exponiert werden. Durch Verlust der stützenden Wirkung des Wassers im Priel können große Partien der tidalen Sand-Schlick-Wechsellagerungen entlang der Prielränder abrutschen und dabei spektakuläre Deformationsphänomene bilden (Wunderlich 1967, 1970).

◙ Abb. 2.65 Wickelstruktur abrutschender Sandteppiche in der Deltafront von Süßwasserdeltas (ehem. Sedimenttransport von rechts); Disibodenberg-Formation, Glan-Subgruppe, Unterrotliegend; Stbr. südl. Ortsende von Staudernheim, Saar-Nahe-Becken (Schäfer 1986)

◙ Abb. 2.66 Ein austrocknender See bildet eine ausgedehnte Schlammfläche mit Trockenrissen; die Schlammpolygone tragen auch Eindrücke von Regentropfen; in der Nähe des Tuz Gölü, Türkei. (Foto Andreas Slemeyer)

2.2.1.7 Trockenrisse

Trockenrisse (*mud cracks, sun cracks*) entstehen von der Oberfläche des Sediments her (◙ Abb. 2.66) und sind polygonale, auf austrocknenden Schlammflächen sich entwickelnde Schrumpfrisse. Diese können bis 50 cm tief in die Schlammflächen eindringen (◙ Abb. 2.67). Ihre Verfüllung mit durch erneute Überflutung oder Einwehung herbeigebrachten Sanden führt zu

⬛ Abb. 2.67 Tiefgründiger Trockenriss in der Meisenheim-Formation, Glan-Subgruppe, Unterrotliegend, Meisenheim, Saar-Nahe-Becken (Schäfer 1986)

signifikanten Korngrößengegensätzen zwischen dem geschrumpften und gerissenen schlammigen Sediment einerseits und dem verfüllenden, eher sandigen, Sediment andererseits, sodass sich sog. **Netzleisten** bilden (⬛ Abb. 2.68). In vielen Fällen bleiben die Trockenrisshorizonte mit ihrem verfüllenden Sediment noch in Verbindung und sind somit einfach zu erkennen (⬛ Abb. 2.69). Durch nachfolgende Aufarbeitung können die Schichten aber auch abgetragen, die Trockenrisse gekappt und zu einzelnen Sandzapfen in den verbleibenden Tonhorizonten isoliert werden (⬛ Abb. 2.70).

Bei geringer Verdunstung bzw. bei Fehlen mineralisierter Porenwässer bilden Trockenrisse in schlammigen Sedimenten die alleinigen Indikatoren für Unterbrechungen ansonsten rascher kontinentaler Sedimentation. Ihr Vorhandensein in der sedimentären Sequenz bedeutet in jedem Fall kurzzeitige Sedimentationsruhe. Aufgearbeitet zu Schlammgeröllen und meist basal in sandigen Sedimentserien eingelagert, sind Trockenrisse genetisch außerordent-

⬛ Abb. 2.68 Netzleisten austrocknender, mäßig wellengerippelter schlammreicher Feinsandsteine im Rotliegend des Beckens von Autun (Massif Central, Frankreich). Die Rippeln zeigen durch Zerfließen sog. Reliefumkehr

◨ **Abb. 2.69**   Trockenrisshorizonte bleiben meist mit ihrem verfüllenden Sediment verbunden und bilden gut erkennbar den genetischen Zusammenhang zwischen beiden ab; Old Red am Nordufer des Bristol Channel, Wales (frdl. Hilfe John R.L. Allen)

◨ **Abb. 2.70**   Wird nach der Verfüllung der Tockenrisse mit Sand dieser wieder erodiert, verbleiben u. U. nur die sandgefüllten zapfenförmigen Risse als alleinige Hinweise auf Austrocknung im schlammigen Sediment; Old Red am Nordufer des Bristol Channel, Wales (frdl. Hilfe John R.L. Allen)

lich bedeutsam und sollten bei der Faziesanalyse nicht übersehen werden. Eckige bis leicht verrundete Schlamm- bzw. Schlickgerölle (*mud clasts*, *mud chips*, *flat pebbles*) in Sandsteinfolgen sind daher immer Zeichen für die Erosion ausgetrockneter pelitischer Ablagerungen. Meist sind sie benachbart, denn die Schlammklasten überstehen nur kurze Transportweiten. Sie, die sog. Intraklaste, bilden sich in ariden Environments, in

◘ Abb. 2.71 Muschelschill von Miesmuscheln *(Mytilus edulis)* und Herzmuscheln *(Cerastoderma edule)* auf Arngastsand, Jade, südliche Nordsee (Foto Wilhelm Schäfer)

Flusssedimenten humider Klimate sowie in randmarinen Schichtenfolgen entlang der Hochwasserlinie, also immer dort, wo pelitische Sedimente abgesetzt werden und für ihre Austrocknung hinreichend Zeit bekommen, wenn auch nur für wenige Stunden. An Außenflächen von Sandsteinen sind sie gerne zu Löchern ausgewittert, behalten jedoch ihre wichtige Aussage zum Environment.

2.2.2 Biogene Gefüge

Fossilien und Fossilreste sind wichtige Anhaltspunkte für die Interpretation der ehemaligen Besiedlung eines Lebensraumes. Für die Beschreibung einer heutigen Landschaft ist die Zuordnung der Sedimentfazies zur angetroffenen tierischen und pflanzlichen Lebensgemeinschaft selbstverständlich. Oft bleibt es jedoch schwierig, in einem Gesteinsverband aus selten vollzählig gefundenen Zeugen ehemaligen Lebens einen Lebensraum zu rekonstruieren.

Palökologie kann in diesem Buch thematisch nicht im Vordergrund stehen. Es ist aber notwendig, diese in die sedimentologische Interpretation mit einzubeziehen. Vor allem ist die Frage wichtig, ob der zu untersuchende Ablagerungsraum marin oder kontinental war. Das erscheint relativ banal, lässt sich jedoch nur durch aussagekräftige Fossilfunde eindeutig lösen.

Fossilien mit palökologischer Aussage können Säugetiere, Mollusken, Cephalopoden, Crustaceen, aber auch Foraminiferen sein. Allen gemeinsam sind die Hartteile ihrer Skelette und Gehäuse, die mehr oder weniger überlieferungsfähig sind. Anreicherungen solcher Hartteile beschreiben jedoch nur selten den aktuellen Lebensraum, meist bilden sie Grabgemeinschaften (Taphozönosen) ehemaliger (u. U. entfernt gelegener) Siedlungshorizonte als Schillansammlungen auf Wattenflächen (◘ Abb. 2.71), am Spülsaum entlang der Meeresküste, als chaotische Sohlenpflaster an der Basis von Sturmsandlagen oder von Flussrinnen. Der Fundort von Fossilresten ist nur selten deren ehemaliger Lebensort (W. Schäfer 1962, 1980). Seine Dynamik hat je nach der hydraulisch wirksamen Größe der Skelett- bzw. Schalenreste eine Ansammlung und Auswahl betrieben, zudem hat sie auch viele der Hartteile zerstört. Doch die modifizierten

◘ Abb. 2.72 *Arenicola marina* (Pierwurm), ein annelider Wurm in seinem J-förmigen Wohngang mit Sackungstrichter auf der Wattfläche darüber; ausgegraben auf dem Leitdamm-Watt, Jade, südliche Nordsee. (Wehrmann & Hertweck 1998)

Reste ehemaliger Lebensgemeinschaften bleiben für die sedimentologische Analyse und die Interpretation des Ablagerungsraumes von unschätzbarem Wert.

Würmer im Watten- bzw. Meeresboden besitzen keine fossilisationsfähigen Hartteile (◘ Abb. 2.72), hinterlassen aber aufgrund ihrer endobionten Lebensweise Strukturen im Sediment (Bromley 1999). **Lebensspuren,** also Wühlbauten und Wohnbauten haben für die Faziesdiagnose einen außerordentlich hohen Stellenwert.

Lebensspuren beschreiben die Lebensgemeinschaft von Endobionten z. B. des bei Niedrigwasser exponierten Watts (◘ Abb. 2.73). Mit tiefenabhängigen Spurengemeinschaften lässt sich außerordentlich gut der marine Raum der Sedimentfazies zuordnen. Spurengemeinschaften reichen von vollständiger bioturbater Entschichtung bis zu spezifischen marinen Spuren und Bauten (◘ Abb. 2.74), die Aussagen zur Wassertiefe, zum Energieinhalt, zur Tide und zur Salinität des Meeres erlauben (Seilacher und Hemleben 1966; Seilacher 1982). Damit haben sie einen hohen faziesdiagnostischen Stellenwert und

unterstützen die sedimentfazielle Interpretation des Ablagerungsraumes.

Die Systematik der auf Wohn- und Wühlbauten beruhenden Interpretation von Spurenfossilien ist hinreichend etabliert, sodass aus dem küstennahen Flachmeer bis in die Tiefsee eine Interpretation von Lebensgemeinschaften (Biozönosen) sowie der Sedimentfazies möglich ist (Frey und Pemberton 1984; Pollard et al. 1993; Bromley 1999). Ihre Überlieferung setzt voraus, dass keine postgenetische Umlagerung der Sedimente stattfindet, die die Bauten wieder zerstört (◘ Abb. 2.75). Der an sich reich besiedelte Vorstrand überliefert daher nur wenig Zeugnisse ehemaliger Lebensgemeinschaften, denn hier findet durch Seegang und Gezeitenströmung eine intensive Umlagerung statt, die die Wohn- und Wühlbauten von Endobionten nach ihrer Anlage oft wieder auslöscht.

Biogene Reste mit hohem palökologischen Aussagewert sind auch Bäume, Pflanzen und deren Wurzeln. Die ehemalige Vegetation kann mithilfe der quantitativen Bestimmung von Palynomorphen (von Pollen und Sporen) nachgewiesen werden

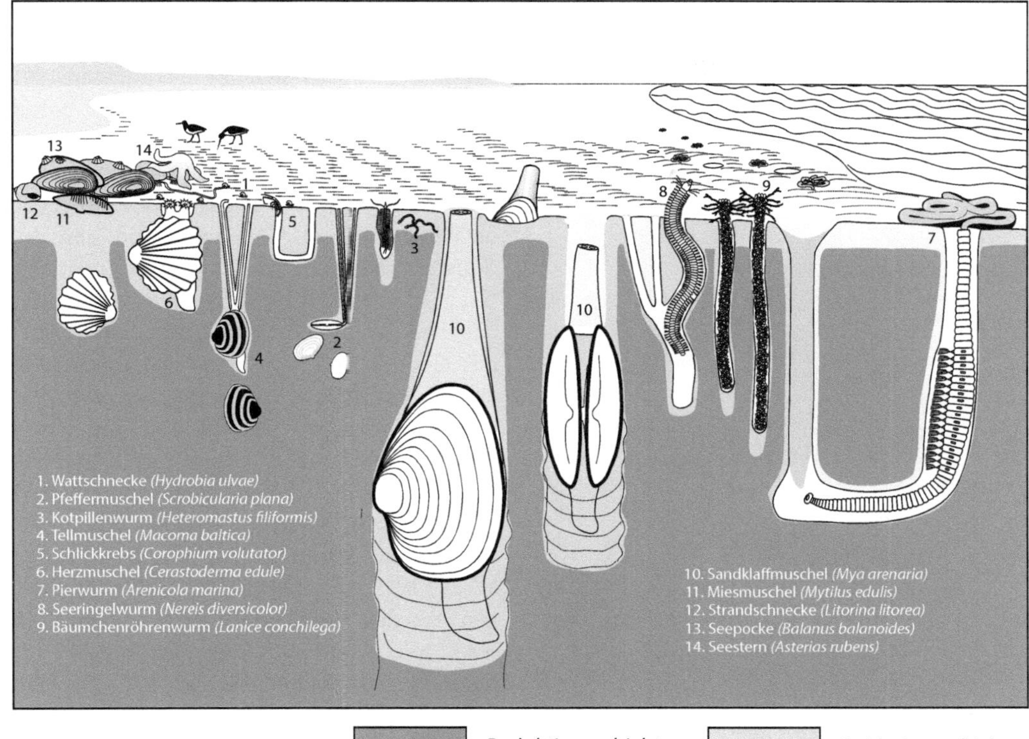

Abb. 2.73 Das Leben im Watt – künstlerisch gestaltete Szene einer Lebensgemeinschaft von Krebsen, Schnecken, Muscheln und Würmern und ihren Spuren im Wattenmeer (Entwurf und Zeichnung Hermann Schäfer)

und darüber hinaus auch Aussagen zum paläontologischen Alter liefern (Mosbrugger et al. 1994). Die Zuordnung der fossilen Vegetation (■ Abb. 2.76) zum Gefügebild kontinentaler Ablagerungen beschreibt die Paläogeographie erst vollständig (Kerp 1988). Die Paläovegetationsanalyse ordnet kontinentale Ablagerungsräume und liefert Kriterien für Klimazonen, aber auch für spezifische Standorte (Utescher et al. 2000). Zusammengeschwemmte Holzreste und Hölzer, Vegetationshorizonte, Sümpfe, Nieder- und Hochmoore, Buschwälder und ausgedehnte Hochwälder schaffen Torfhorizonte und – bei hinreichender Mächtigkeit – Braunkohleflöze (Mosbrugger et al. 1994; Schneider 1995; Prinz et al. 2016, 2017)

und schließlich Steinkohleflöze (Diessel 1992; Schäfer et al. 2002). Dies setzt gleichmäßigen Aufwuchs über einen großen Zeitraum und verminderten Sedimenteintrag während der Anreicherung der (autochthonen oder allochthonen) organischen Massen voraus sowie durch rasche Sedimentüberdeckung einen hinreichenden Luftabschluss gegenüber einem vorzeitigen Abbau der angesammelten organischen Substanz (Teichmüller und Teichmüller 1982).

Reiche Vegetationshorizonte sprechen für geringe Sedimentationsraten, hochstehenden Grundwasserspiegel und eine ehemals üppige Lebensgemeinschaft in humiden, gemäßigten oder subtropisch-tropischen Klimaten (Diessel 1992).

◘ Abb. 2.74 Fluchtspur vermutlich der Sandklaffmuschel (*Mya* sp.) in oligozänen Strandsanden im ehem. RWE-Tagebau Fortuna, Niederrheinische Bucht. (Foto Dieter Hilger)

2.2.3 Chemische Gefüge

Aride Ablagerungsräume dokumentieren durch karbonatische und kieselige Bildungen in ihren Böden eine Lösungsverwitterung des Gesteinsuntergrundes und eine nur geringe unregelmäßige Durchfeuchtung der Verwitterungsdecke.

Die Verdunstung zieht Porenwässer aus dem Untergrund und reichert die mitgebrachten gelösten Salze in oberflächennahen Bodenhorizonten an (*evaporative pumping*; Hsü und Siegenthaler 1969). Ephemere Niederschläge bringen Wässer, die dem Untergrund neues Lösungsmittel zuführen. Auch können Stoffe aus umliegenden Gebieten eingeschwemmt oder eingeweht werden (Goudie 1973). Bikarbonat und Kieselsäure lassen sich im aszendenten (aufsteigenden) Porenwasserstrom je nach pH-Werten der Bodenfeuchte aus der verwitternden Gesteinsformation mobilisieren (Bikarbonat bei sauren, Kieselsäure bei basischen Werten). Abhängig von der Verdunstungsrate und der verfügbaren Ionenfracht können sich Konkretionen und Krusten aus Kalk, aus amorphem Quarz, aber auch aus Goethit im Oberboden und unmittelbar auf verwitterndem Gestein – wie z. B. vulkanischen Tuffen – (◘ Abb. 2.77) anreichern (Schäfer 1975). Die pedogenen Präzipitate sind dauerhaft, wachsen weiter und formieren allmählich fester werdende Konkretionen (Goudie und Pye 1983; Goudie und Wells 1995; Wright 2008). Diese Bildungen werden Boden-Kalkkonkretionen, *calcrete, caliche, croute calcaire, kunkur* (je nach Sprachraum) genannt (◘ Abb. 2.78). Sie sind fossil überlieferungsfähig. Wird der Oberboden erodiert und fortgespült, können sich die Konkretionen durch Erosion der Bodenmatrix verdichten, schließlich zu einem harten Panzer verwachsen und eine Panzerkruste (*duricrust, hardpan*) bilden (◘ Abb. 2.79). Außer karbonatischen Bildungen formieren sich auch Kieselkrusten (*silcrete*) (Summerfield 1983a, b). Vor allem Kalkkonkretionen sind häufig und ein Zeichen für ungleich verteilte, geringe Niederschläge von etwa 250–500 mm/a und einer sehr viel höheren Verdunstungsrate. Diese der Bodenbildung zuzuordnenden Prozesse bekunden verminderten Sedimenteintrag (Chafetz et al. 1985). Sie weisen in fossilen kontinentalen Bildungen auf Sedimentationspausen hin.

Die karbonatischen mineralischen Anreicherungen finden sich reichlich in fossilen fluvialen Sedimenten (◘ Abb. 2.80), formieren sich in schlammigen Überflutungsebenen und begrenzen fluviale Sequenzen (Steel 1974; Reeves 1976; Schäfer 1986; Möhring und Schäfer 1990) (◘ Abb. 2.81).

◘ Abb. 2.75 Fluchtspuren im Vorstrand des Gallup Sandstone, Oberkreide, Borego Trading Post, südwestl. San Juan Basin, New Mexico (frdl. Hilfe Dag Nummedal)

◘ Abb. 2.76 *Autunia conferta,* ein Farn-Verwandter (Pteridosperme; Kerp 1988) aus der Ziegelei Eimer in Sobernheim (Nahe-Subgruppe, Oberrotliegend), Saar-Nahe-Becken (frdl. Hilfe und Foto Hans Kerp)

2

◘ **Abb. 2.77**   Rezent sich bildende Caliche, Kalkkrusten, auf vulkanischen Tuffen (Insel Kristiani, Santorin, Griechenland)

◘ **Abb. 2.78**   Caliche, Bodenkalk-Konkretionen im Old Red (Devon) am N-Ufer des Bristol Channel, Wales. Die Konkretionen sind hier relativ locker gepackt und zu unterschiedlichen Lagen im schlammigen Sediment fluvialer Überflutungsflächen verteilt

◘ **Abb. 2.79**   Rezente Caliche bei Taroudannt, Marokko. Die Bodenkalk-Konkretionen haben sich im Boden zu einer dichten Lage Kalk verdichtet und verfestigt

■ **Abb. 2.80**   Caliche, Bodenkalk-Korkretionen im Old Red (Devon) am N-Ufer des Bristol Channel, Wales. Sie reichert sich in schlammigen Überflutungsflächen an und begrenzt fluviale Sequenzen. Die Schichten stehen hier senkrecht, die Sequenz baut sich nach rechts auf (frdl. Hilfe John R.L. Allen)

2.3 Sedimentationsräume und Sedimentmodelle

Sedimentäre Prozesse sind abhängig von der Strukturbildung des Liefergebietes (Miall 1990; Friedman et al. 1992; Leeder 1999; Einsele 2000). Sodann sind sie abhängig von der Entstehung des Sedimentationsraumes, von dessen Entfernung vom Liefergebiet, vor allem aber von der zwischen beiden existierenden und sich verändernden Reliefenergie. Schließlich werden sedimentäre Prozesse vom Klima und von der Exposition des Reliefs im Liefergebiet und im Sedimentbecken modifiziert (Busby und Ingersoll 1995; Busby und Azor 2012).

Tropische, aride, humide und nivale Verwitterungsprozesse schaffen je nach Exposition der unterschiedlichen anstehenden Gesteine sehr verschiedene Sedimentfrachten (Miall 1996; McCann und Saintot 2003). Karbonatische Gesteine (Tucker und Wright 1990; Flügel 2004) können, da reich an lösbaren Substanzen, für chemische Sedimente im Absatzgebiet zur Verfügung stehen. Lediglich angelöste oder gar unverwitterte Minerale bilden klastische Sedimente. Siliciklastische Gesteine produzieren während der Verwitterung Fragmente aus Sandsteinen, Quarziten, Schiefer i. w. S.,

■ **Abb. 2.81**   **a** Caliche-Knollen in den Überflutungsebenen der fluvialen Heusweiler-Formation, Ottweiler-Gruppe, Stefan B, Oberkarbon, Wolfstein, Saar-Nahe-Becken. **b** Dünnschliff aus der Bohrung Meisenheim 1 im stratigraphischen Abschnitt des Vorkommens der Caliche (Heusweiler-Formation, Ottweiler-Gruppe, Stefan B, Oberkarbon, Saar-Nahe-Becken; teilw. verdeckter Skalenstrich ist 1 cm lang) (Möhring und Schäfer 1990)

auch Gangquarze. Granitische Gesteine schaffen klare Quarze, Feldspäte und helle Glimmer sowie meist veränderte ehemals dunkle Glimmer. Die Transportweite vom Liefer- zum Absatzgebiet entscheidet über die Rundung der transportierten Sedimente und deren letztendliche Korngröße (Walker und James 1992; von Eynatten und Dúnkl 2012). Mafische Minerale aus basischen Gesteinen, mit hohem Reichtum an Fe^{2+} und Mg^{2+} im Kristallgitter wie beispielsweise Hornblende oder Olivin, haben kaum eine Chance, das Liefergebiet zu verlassen. Sie verwittern nahezu alle vor Ort und bilden Lösungsfracht, erzeugen Fe^{3+}-reiche Pigmente in den neu zu schaffenden klastischen Sedimenten oder gar Goethit als sichtbares Zeichen einer Lösungsverwitterung. So sind dunkle Grundgebirgsgesteine und Vulkanite an einer Sedimentfracht kaum in größerem Umfange beteiligt, allenfalls in Schwemmfächerbildungen arider Gebiete. Die erodierten dunklen Komponenten reichern sich in geringerem Umfang in sandigen Korngrößen an (Mange und Maurer 1991). Dagegen sind Grund- und Oberflächenwässer sowie die abgeschwemmten Pelite reich an gelösten Stoffen jener Mafite. Aus diesen bilden sich Tonminerale bereits im Liefergebiet, vor allem jedoch im Absatzgebiet. Verwitterung und Neubildung der Minerale ist daher vom Ausgangsgestein und vom Klimaraum abhängig (Scheffer und Schachtschabel 2010). In kontinentalen und marinen Sedimentbecken finden sie sich wieder (Wignall 1994) und sind Ausgang für die submarine Diagenese (Einsele 2000).

Die Zusammensetzung des Liefergebietes, dessen Strukturentwicklung und Exposition stellt klimabezogene Sedimentfrachten bereit und entlässt diese mit unterschiedlichen Transportsystemen in das kontinentale oder marine Absatzgebiet (Miall 1996). Das dort angetroffene Klima schafft die Ablagerungsbedingungen und bestimmt die Auswahl des Sedimentationsmodells (Allen 1982; Chamley 1990; Reineck 1990 und dessen frühere Arbeiten; Reading 1996). Dieser wechselseitige Bezug ist von Bedeutung, denn beide Räumlichkeiten sind vielfach auch über eine gemeinsame tektonische Struktur miteinander verbunden (Bahlburg und Breitkreuz 2004; McCann und Valdivia-Manchego 2015). Die im Folgenden vorgestellten klastischen Sedimentmodelle gliedern sich in kontinentale (▶ Kap. 3) und marine Fazieräume (▶ Kap. 4).

Eine Auswahl aktueller sedimentologischer Literatur ist subjektiv und von der eigenen Arbeitsrichtung bestimmt. Eine Begrenzung auf Werke ab 1990 wird der unendlichen Arbeit vieler früherer Autoren leider nicht gerecht. Es existieren viele Zusammenstellungen. Zur Bildung von Sedimentgfügen und deren Modellierung sei besonders ein Blick in die Arbeiten von Rubin (2018) empfohlen. Die Trennung in siliciklastische und karbonatische Sedimente sowie Sedimentgesteine ist üblich, doch bilden Klimaräume viele Übergänge und Gemeinsamkeiten bei der Ablagerung und Gesteinsbildung, für die Lebensräume und ihren Inhalt von Pflanzen und Tieren (Bromley 1999). Die hier vorgelegte Themenstellung beabsichtigt jedoch die Beschreibung und Interpretation siliciklastischer Sedimente und Sedimentgesteine, wählt also aus. Bohrlochgeophysik (Hatsch 1994; Rider 1996) und Seismik (Allen und Allen 1990; Mitchum et al. 1993; Boggs 1995; Bechstädt et al. 1995) sind Werkzeuge moderner und meist industrieller Verfahren, die die Sedimente und Sedimentgesteine in der Erdkruste aufschließen und sie strukturell, stratigraphisch und sedimentologisch interpretieren helfen. Sedimentbecken sind die Ablagerungsräume, deren Inhalt durch die Exploration auf Erdöl, Erdgas, Kohle, Erz und Wasser (Miall 1996) entscheidend zur Festlegung auf Sedimentmodelle beigetragen haben. Voneinander sehr verschiedene sedimentologische und stratigraphische Konzepte werden seit jüngerer Zeit mithilfe der Sequenzstratigraphie (Emery & Meyers 1996; Miall 1997; Homewood et al. 2000; Coe et al. 2003; Nichols 2006; Catuneanu 2006; Strasser et al. 2006) und in Computermodellen für die Interpretation von komplexen Raum-Zeit-Strukturen und Prozessen (Slingerland et al. 1994) herangezogen.

So ist eine Zusammenstellung von geo-wissenschaftlichen Lehrbüchern vor allem historisch zu sehen – als ein Gang durch die Zeit wachsender Erkenntnis.

Literatur

Alfaro, P., Delgado, J., Estévez, A., Molina, J.M., Moretti, M. & Soria, J.M. (2002): Liquefaction and fluidization structures in Messinian storm deposits (Bajo Segura Basin, Betic Cordillera, southern Spain).- Geol. Rundschau / Int. J. Earth Sci., 91, 505–513.

Allen, J.R.L. (1979a): Physical processes of sedimentation.- 248 S., 5. Aufl., (George Allen & Unwin) London.

Allen, J.R.L. (1979b): A model for the interpretation of wave ripple-marks using their wavelength, textural composition, and shape.- J. Geol. Soc. London, 136, 673–682.

Allen, J.R.L. (1982): Sedimentary Structures. Their Character and Physical Basis.- Volume I, 594 S., volume II, 644 S., (Elsevier) Amsterdam, New York.

Allen, P.A. & Allen, J.R. (1990): Basin analysis. Principles and application.- 451 S., (Blackwell) Oxford.

Bahlburg, H. & Breitkreuz, C. (2004): Grundlagen der Geologie.- 403 S., 2. Aufl. (Elsevier Spektrum) München, Heidelberg.

Bechstädt, T., Fischer, K.C., Marschall, R., Möller, U., Zühlke, R. (1995): Seismic stratigraphy and its implication in hydrocarbon exploration.- J. Seismic Exploration, 4: 247–278.

Behrens, M. & Siehl, A. (1982): Sedimentation in the Atlas Gulf I: Lower Cretaceous clastics.- In: Von Rad, U., Hinz, K., Sarnthein, M. & Seibold, E.: Geology of the Northwest African Continental Margin.- 427–438, (Springer) Berlin, Heidelberg, New York.

Boggs, S. J. R (1995): Principles of sedimentology and stratigraphy.- 774 S., 2. Aufl., (Prentice Hall) Englewood Cliffs, New Jersey.

Borradaile, G.J. (1984): A note on sand dyke orientations.- Journal of Structural Geology, 6, 587–588.

Bromley, R.G. (1999): Spurenfossilien. Biologie, Taphonomie und Anwendungen.- 347 S., (Springer) Berlin, Heidelberg, New York.

Busby, C. & Ingersoll, R. (Hrsg. 1995): Tectonics of Sedimentary Basins.- 400 S., (Blackwell) Oxford.

Busby, C. & Azor, A. (Hrsg. 2012): Tectonics of sedimentary basins. Recent advances.- 647 S., (Wiley-Blackwell) Oxford.

Catuneanu, O. (2006): Principles of sequence stratigraphy.- 375 S., (Elsevier) Amsterdam.

Chafetz, H.S., Wilkinson, B.H. & Love, K.M. (1985): Morphology and composition of non-marine carbonate cements in near-surface settings.- In: Schneidermann, N. & Harris, P.M. (Hrsg.): Carbonate Cements.- Soc. Econ. Paleont. Mineral. Spec. Publ., 36, 337–347.

Chamley, H. (1990): Sedimentology.- 285 S., (Springer) Berlin.

Coe, A.L. (Hrsg.) [& Bosence, D.W.J., Church, K.D., Flint, S.S., Howell, J.A., Wilson, R.C.L.] (2003): The sedimentary record of sea-level change.- 287 S., (The Open University) Cambridge.

Church, M. & Gilbert, R. (1975): Proglacial fluvial and lacustrine environments.- In: Jopling, A.V. & McDonald, B.C. (Hrsg.): Glaciofluvial and Glaciolacustrine Sedimentation.- SEPM Spec. Publ., 23, 22–100.

Cobain, S.L., Hodgson, D.M., Peakall, J. & Shiers, M.N. (2017): An integrated model of clastic injectites and basin floor lobe complexes: implications for stratigraphic trap plays.- Basin Research, 29, 6, December 2017, 816–835. ▶ https://doi.org/10.1111/bre.12229.

De Boer, P.L. & Smith, D.G. (1994): Orbital forcing and cyclic sequences.- Spec. Publs. Int. Ass. Sediment., 19, 1–14.

Diessel, C.F.K. (1992): Coal-bearing depositional systems.-721 S., (Springer), Berlin, Heidelberg, New York.

Duke, W.L. (1987): Hummocky cross-stratification, tropical hurricanes, and intense winter storms.- (Reply to Swift & Nummedal 1987).- Sedimentology, 34, 344–359.

Ehlers, J. (1983): Glacial deposits in North-West Europe.- 512 S., (A.A.Balkema Publishers) Lisse.

Ehlers, J., Kozarski, S. & Gibbard, Ph.L. (eds. 1995): Glacial deposits in North-East Europe.- 640 pp., (A.A.Balkema Publishers) Lisse.

Einsele, G. (1982): Cretaceous coastline-connected mass movements, Southern Morokko.- In: Von Rad, U., Hinz, K., Sarnthein, M. & Seibold, E.: Geology of the Northwest African continental margin.- 415–426, (Springer) Berlin, Heidelberg, New York.

Einsele, G. (2000): Sedimentary basins. Evolution, facies, and sediment budget.- 792 S., 2. Aufl., (Springer) Heidelberg, Berlin, New York.

Emery, D. & Myers, K.J. (1996): Sequence stratigraphy.- 297 S. 66 rechts, (Blackwell) Oxford.

Engelhardt, W. von (1973): Die Bildung von Sedimenten und Sedimentgesteinen.- In: Engelhardt, W. von, Füchtbauer, H. & Müller, G. (Hrsg.): Sediment-Petrologie Teil III.- 378 S., (Schweizerbart) Stuttgart.

Eyles, N. & Miall, A.D. (1984): Glacial facies.- In: Walker, R.G. (Hrsg.): Facies models.- 2. Aufl., Geoscience Canada, Reprint Ser. 1, 15–38, (Geol. Soc. Canada) St. Johns.

Eynatten, H. von & Dunkl, I. (2012): Assessing the sediment factory: The role of single grain analysis.- Earth-Science Reviews, 115, 1–2, 97–120; ▶ https://doi.org/10.1016/j.earscirev.2012.08.001.

Flemming, B.W. (1988): Zur Klassifikation subaquatischer, strömungstransversaler Transportkörper.- In: Richter, D.K. (Hrsg.): 3. Treffen deutschsprachiger Sedimentologen, 23.–26. Mai 1988 in Bochum, 44–47.

Flemming, B.W. (2001): Was ist die "Wellenbasis"? Eine kritische Analyse.- In: Gaupp, R. & van der Klauw, S. (Hrsg.): Sediment 2001, Jena 6. –8.6.2001.

Flügel, E. (2004): Microfacies of Carbonate Rocks. Analysis, Interpretation and Application.- 976 S., (Springer) Berlin, Heidelberg.

Frey, R.W. & Pemberton, S.G. (1984): Trace fossils and facies model.- In: Walker, R.G.: Facies Models.- 2. Aufl., 189–207, Geoscience Canada, Reprint Series 1, (Geol. Assoc. Canada) St. Johns.

Friedman, G.M., Sanders, J.E. & Kopaska-Merkel, D.C. (1992): Principles of sedimentary deposits. Stratigraphy and sedimentology.- 717 S., (Maxwell Macmillan International) New York, Oxford, Singapore, Sydney.

Füchtbauer, H. (Hrsg. 1988): Sedimente und Sedimentgesteine.- 1141 S., 4. Aufl., (Schweizerbart) Stuttgart.

Goudie, A.S. (1973): Duricrusts in tropical and subtropical landscapes.- 174 S., (Clarendon) Oxford.

Goudie, A.S. & Pye, K. (Hrsg. 1983): Chemical sediments and geomorphology: Precipitates and residua in the near surface environment.- 439 S., (Academic Press) London.

Goudie, A.S. & Wells, G.L. (1995): The nature, distribution and formation of pans in arid zones.- Earth Science Reviews, 38, 1–69.

Hatsch, P. (1994): Bohrlochmessungen.- 145 S., (Enke) Stuttgart.

Homewood, P.W., Mauriaud, P. & Lafont, F. (2000): Best Practices in Sequence Stratigraphy.- Bull. Centre. Rech. Elf Explor. Prod., Mem. 25, 81 S., Pau.

Hsü, K.J. & Siegenthaler, C. (1969): Preliminary experiments on hydrodynamic movement induced by evaporation and their bearing on the dolomite problem.- Sedimentology, 12, 11–25.

Hurst, A., Scott, A. & Vigorito, M. (2011): Physical characteristics of sand injectites. Earth-Science Reviews, 106, 215–246. ▶ https://doi.org/10.1016/j.earscirev.2011.02.004.

Huuse, M., Jackson, C.A.L., Van Rensbergen, P., Davies, R.J., Flemings, P.B. & Dixon, R.J. (2010): Subsurface sediment remobilization and fluid flow in sedimentary basins: An overview. Basin Research, 22, 342–360. ▶ https://doi.org/10.1111/j.1365-2117.2010.00488.x.

Jopling, A.V. (1967): Origin of laminae deposited by movement of ripples along a streambed: A laboratory study.- J. Geol., 75, 287–305.

Kerp, J.H.F. (1988): Aspects of Permian palaeobotany and palynology. X. The West- and Central European species of the genus Autunia Krasser emend. Kerp (Peltaspermaceae) and the formgenus Rhachiphyllum Kerp (callipterid foliage).- Review of Palaeobotany and Palynology, 54, 249–360.

Leeder, M.R. (1974): Lower Border Group (Tournaisian) fluvio-deltaic sedimentation and palaeogeography of the Northumberland Basin.- Proceedings of the Yorkshire Geological Society, 40, 129–180, August-February 1974-75.

Leeder, M.R. (1982): Sedimentology, process and product.- 344 S., (G. Allen & Unwin) London, Boston, Sydney.

Leeder, M.R. (1999): Sedimentology and sedimentary basins. From turbulence to tectonics.- 592 S., (Blackwell) Oxford.

Mange, M. A. & Maurer, F. W. (1991): Schwerminerale in Farbe.- 148 S., (Ferdinand Enke) Stuttgart.

McCann, T. & Saintot, A. (Hrsg. 2003): Tracing tectonic deformation using the sedimentary record.- Geol. Soc. London, Spec. Publ., 208, 123 S.

McCann, T. & Valdivia-Manchego, M. (2015): Geologie im Gelände. Das Outdoor-Handbuch.- 376 S., (Springer-Spektrum) Berlin, Heidelberg.

Miall, A.D. (1974): Paleocurrent analysis of alluvial sediments – discussion of directional variance and vector magnitude.- J. Sediment. Petrol., 44, 1174–1185.

Miall, A.D. (1985): Architectural element analysis: a new method of facies analysis applied to fluvial deposits.- Earth Science Reviews, 22, 261–308.

Miall, A.D. (1990): Principles of sedimentary basin analysis.- 668 pp., 2. Aufl., (Springer) Berlin, Heidelberg, New York.

Miall, A.D. (1996): The geology of fluvial deposits, sedimentary facies, basin analysis, and petroleum geology.- 582 S., (Springer) Berlin, Heidelberg, New York.

Miall, A.D. (1997): The geology of stratigraphic sequences.- 433 S., (Springer) Heidelberg.

Middleton, G.V. (1976): Hydraulic interpretation of sand size distribution.- J. Geol., 84, 405–426.

Mitchum, R.M., Sangree, J..B, Vail, P.R. & Wornardt, W.W. (1993): Recognizing sequences and systems tracts from well logs seismic data and biostratigraphy. Examples from the Late Cenozoic of the Gulf of Mexico.- In: Weimer, P. & Posamentier, H.W. (Hrsg.): Siliciclastic sequence stratigraphy, AAPG Memoir, 58, 163–197, Boulder.

Möhring, G. & Schäfer, A. (1990): Caliche im Stefan des Saar-Nahe-Beckens.- Mainzer geowiss. Mitt., 19, 63–80.

Mosbrugger, V., Gee, C.T., Belz, G. & Ashraf, A.R. (1994): Three-dimensional reconstruction of an *in situ* Miocene peat forest from the Lower Rhine

Embayment, NW Germany – new methods in paleovegetation analysis.- Palaeogeography, Palaeoclimatology, Palaeoecology, 110, 295–317.

Namikas, S.L. & Sherman, D.J. (1998): Aeolus II: an interactive program for the simuation of aeolian sedimentation.- Geomorphology, 22, 135–149.

Nichols, G. (2006): Sedimentology and stratigraphy.- 355 S., 2. Aufl., (Blackwell) Oxford.

Palladino, G., Alsop, G.I., Grippa, A., Zvirtes, G., Phillip, R.P. & Hurst, A. (2018): Sandstone-filled normal faults: A case study from central California. Journal of Structural Geology,110, 86–101. ▶ https://doi.org/10.1016/j.jsg.2018.02.013

Pollard, J.E., Goldring, R. & Buck, S.G. (1993): Ichnofabrics containing Ophiomorpha: significance in shallow-water facies interpretation.- Journal of the Geological Society, London, 150, 149–164.

Prinz, L., McCann, T., Schäfer, A., Asmus, S. & Lokay, P. (2016): The geometry, distribution and development of sand bodies in the Miocene-age Frimmersdorf Seam (Garzweiler open-cast mine), Lower Rhine Basin, Germany: implications for seam exploitation.- Geological Magazine, Cambridge University Press – ▶ https://doi.org/10.1017/s0016756816000960.

Prinz, L., Zieger, L., Littke, R., McCann, T., Lokay, P. & Asmus, S. (2017): Syn- and post-depositional sand bodies in lignite – the role of coal analysis in their recognition. A study from the Frimmersdorf Seam, Garzweiler open-cast mine, western Germany.- International Journal of Coal Geology, 179, 173–186.

Reading, H.G. (Hrsg. 1996): Sedimentary environments: Processes, facies and stratigraphy.- 688 pp., 3rd ed., (Blackwell) Oxford.

Reeves, C.C. Jr. (1976): Caliche. Origin, classification and uses.- 233 S., (Estacado Books) Lubbock/Texas.

Reineck, H.-E. (1984): Aktuogeologie klastischer Sedimente.- 348 S., (Kramer) Frankfurt a. M.

Reineck, H.-E. (1990): Kurzgefasste Sedimentologie.- Clausthaler Tektonische Hefte, 27, 123 S., (Sven von Loga) Köln.

Reineck, H.-E. & Singh, I.B. (1980): Depositional sedimentary environments.- 549 S., 2. Aufl., (Springer) Heidelberg, Berlin, New York.

Reineck, H.-E., Singh, I.B. & Wunderlich, F. (1971): Einteilung der Rippeln und anderer mariner Sandkörper.- Senckenbergiana maritima, 3, 93–101.

Rider, M. (1996): The geological interpretation of well logs.- 280 S., 2 Aufl., (Whiltles Publishing) Caithness.

Rubin, D.M. (1987): Cross-bedding, bedforms, and paleocurrents.- Concepts in sedimentology and paleontology, 1, 1–187, (SEPM) Tulsa.

Rubin, D.M. & Ikeda, H. (1990): Flume experiments on the alignment of transverse, oblique, and longitudinal dunes in directionally varying flows.- Sedimentology, 37, 673–684.

Rubin, D.M. (2018): USGS, betr. Bildung von Rippeln und deren Modellierung - ▶ https://walrus.wr.usgs.gov/ [weiter unter Rubin, D. M.].

Schäfer, A. (1975): Kalkkrusten auf der Insel Christiani, Santorin-Gruppe, Ägäis (Griechenland).- N. Jb. Geol. Paläont. Abh., 150, 1–18.

Schäfer, A. (1986): Die Sedimente des Oberkarbons und Unterrotliegenden im Saar-Nahe-Becken.- Mainzer Geowiss. Mitt., 15, 239–365.

Schäfer, A., Drozdzewski, G. & Süss, M.P. (2002): Das Variscische Vorlandbecken. Das Aachener Kohlerevier und das Ruhr-Kohlerevier als geologische Fallstudie eines Ablagerungsraumes im Oberkarbon.- In: Busch, B. (Hrsg.): Erde.- Schriftenreihe Forum, 11, 116–125, (Kunst- und Ausstellungshalle der Bundesrepublik Deutschland GmbH) Bonn.

Schäfer, W. (1962): Aktuo-Paläontologie nach Studien in der Nordsee.- 666 S., (W. Kramer) Frankfurt a. M.

Schäfer, W. (1980): Fossilien. Bilder und Gedanken zur paläontologischen Wissenschaft.- 244 S., (W. Kramer) Frankfurt a. M.

Scheffer/Schachtschabel (2010): Lehrbuch der Bodenkunde.- 570 S.,16. Auflage, [Hrsg. Hans-Peter Blume, Gerhard W. Brümmer, Rainer Horn, Ellen Kandeler, Ingrid Kögel-Knabner, Ruben Kretzschmar, Karl Stahr, Berndt-Michael Wilke, Scheffer, Paul Schachtschabel] (Heidelberg) Spektrum Akademischer Verlag.

Schneider, W. (1995): Palaeohistological studies on Miocene brown coal of Central Europe.- Internat. J. Coal Geol., 28, 229–248.

Schwab, K. & Schäfer, A. (1976): Sedimentation und Tektonik im mittleren Abschnitt des Rio Toro in der Ostkordillere NW-Argentiniens.- Geol. Rundschau, 65, 175–194.

Seilacher, A. (1982): Distinctive features on sandy tempestites.- In: Einsele, G., Seilacher, A. (Hrsg.): Cyclic and event stratification, 333–349, (Springer) Berlin, Heidelberg, New York.

Seilacher, A. & Hemleben, Ch. (1966): Spurenfauna und Bildungstiefe der Hunsrückschiefer (Unterdevon).- Notizbl. Hess. L.-Amt Bodenforschung, 94, 40–53.

Slingerland, R., Harbaugh, J.W. & Furlong, K.P. (1994): Simulating Clastic Sedimentary Basins.- 220 S., (Prentice Hall) Englewood Cliffs, N.J.

Southard, J.B. & Bogouchwal, L.A. (1990): Bed configurations in steady unidirectional water flows. Teil 2: Synthesis of flume data.- J. Sediment. Petrol., 60, 658–679.

Steel, R.J. (1974): Cornstone (fossil caliche) – its origin, stratigraphic, and sedimentological importance in the New Red Sandstone, western Scotland.- J. Geol., 82, 351–369.

Stephan, H.-J (1994): Der Jungbaltische Gletschervorstoß in Norddeutschland.- Schr. Naturwiss. Ver. Schleswig-Holstein, 64, 1–15, Kiel.

Stets, J. & Schäfer, A. (2002): Depositional Environments in the Lower Devonian Siliciclastics of the Rhenohercynian Basin (Rheinisches Schiefergebirge, W-Germany) – Case Studies and a Model.- Contributions to Sedimentary Geology, 22, 78 S.

Stets, J. & Wurster, P. (1977): Der Lichtenauer Randstrom des Schilfsandstein-Deltas.- Z. dt. geol. Ges., 128, 99–120.

Strasser, A., Hilgen, F.J. & Heckel, P.H. (2006): Cyclostratigraphy – concepts, definitions, and applications.- Newsl. Stratigraphy, 42, 2, 75–114.

Summerfield, M.A. (1983a): Silcretes.- In: Goudie, A.S. & Pye, K. (Hrsg.): Chemical sediments and geomorphology: Precipitates and residual in the near surface environment.- 59–91, (Academic Press) London.

Summerfield, M.A. (1983b): Petrography and diagenesis of silcrete from the Kalahari basin and Cape coastal zone, Southern Africa.- J. Sediment. Petrol., 53, 895–909.

Sundborg, A: (1967): Some aspects on fluvial sediments and fluvial morphology. I. General views and graphic methods.- Geograf. Ann., 49, 333–343.

Swift, D.J., Figueireido, A.G. jr., Freeland, G.L. & Oertel, G.F. (1983): Humocky cross-stratification and megaripples: A geological double standard?- J. Sediment. Petrol., 53, 1295–1317.

Swift, D.J.P & Nummedal, D. (1987): Hummocky cross-stratification, tropical hurricanes and intense winterstorms (Discussion to Duke 1987).- Sedimentology, 34, 2, 338–344.

Tanner, W.F. (1978): Reynolds and Froude Numbers.- In: Fairbridge, Rh.W. & Bourgeois, J. (Hrsg.): The Encyclopedia of sedimentology.- Encyclopedia of earth sciences series, Volume 6, 620–622, (Reinhold et al.) New York.

Teichmüller, M. & Teichmüller, R. (1982): The geological basis of coal formation.- In: Stach, E., Mackowsky, M.T., Teichmüller, M., Taylor, G.H., Chandra, D. & Teichmüller, R. (Hrsg.): Stachs Textbook of Coal Petrography, 5e Senckenberg-Reihe, 29, 105 S., (Kramer) Frankfurt a. M.

Tucker, M.E. & Wright, V.P. (1990): Carbonate sedimentology.- 482 pp. (Blackwell) Oxford.

Utescher, T., Mosbrugger, V. & Ashraf, A.R. (2000): Terrestrial climate evolution in northwest Germany over the last 25 million years.- Palaios, 15, 430–449.

Visser, M.J. (1980): Neap-spring cycles reflected in Holocene subtidal large-scale bedform deposits: a preliminary note.- Geology, 8, 543–546.

Walker, R.G. (1980): Shallow marine sands.- In: Walker, R.G. (Hrsg.): Facies models.- 75–89, Geoscience Canada, Reprint Series 1, Toronto.

Walker, R.G. & James, N.P. (Hrsg. 1992): Facies models. Response to sea level changes.- 409 pp., (Geol. Assoc. Canada) St. Johns.

Wehrmann, A. & Hertweck, G. (1998): Lebensspuren.- In: Türkay, M. (ed.): Wattenmeer.- Kleine Senckenberg-Reihe, 29, 53–58, (Kramer) Frankfurt am Main. ISBN 978-3-510-61029-7.

Wignall, P.B. (1994): Black shales.- 127 S., (Clarendon Press) Oxford.

Wright, V.P. (2008): Calcrete.- Chapter 2 in: Nash, David J. & McLaren, Sue J.: Geochemical sediments and landscapes.- ▶ https://doi. org/10.1002/9780470712917.ch2. Published Online: 13 MAY 2008 (Blackwell Publishing Ltd).

Wunderlich, F. (1967): Die Entstehung von 'convolute bedding' an Plattenrändern.- Senckenbergiana lethaea, 48, 345–349.

Wunderlich, F. (1970): Genesis and environment of the Nellenköpfchen-Schichten (Lower Emsian, Rheinian Devon) at locus typicus in comparison with modern coastal environment of the German Bay.- J. Sediment. Petrol., 40, 102–130.

Kontinentale Fazies

© Springer-Verlag GmbH Deutschland, ein Teil von Springer Nature 2019
A. Schäfer, *Klastische Sedimente,* https://doi.org/10.1007/978-3-662-57889-6_3

Die kontinentale Sedimentfazies ist abhängig von der Strukturbildung des Gebirges und des Sedimentbeckens (Allen und Allen 1990).

Das Relief des sich aufbauenden Gebirges bedingt die Neigung der Alluvialebene, die den Sedimenttransport in Gang setzt oder durch abtragsbedingte Reliefernıedrigung wieder zur Ruhe bringt. Gebirge und Sedimentbecken sind häufig durch **Randstörungen** voneinander getrennt (Ingersoll 1988; Busby und Azor 2012). Diese können abschiebenden *(down-thrust)*, dehnenden *(extensional)* oder aufschiebenden *(up-thrust)* Charakter haben. Sie können scherend *(strike-slip)* sein, mit schräger Zerrung *(transtensional)* oder schräger Pressung *(transpressional)*. Auch bruchlose Verformung führt zur Belebung des Reliefs (Ziegler und Dèzes 2007). Eine erneute Hebung des Liefergebietes und/oder eine Absenkung des Absatzgebietes setzen weitere Sedimenttransporte in Gang (Allen und Densmore 2000; Hinderer 2001; Kuhlemann und Kempf 2002).

So ist es vor allem das tektonische Regime, das ein Sedimentbecken entstehen und aktiv werden lässt, um eine weite Spanne grob- bis feinkörniger Sedimentfrachten und gelöster Stoffe aufzunehmen. Zu tektonischen Modellen gibt es eine große Anzahl von Lehrbüchern und *case studies*. Nur eine nicht weiter erläuterte kleine Auswahl von Zitaten soll hier genannt werden, denn Sedimentbecken – gleich, ob marin oder kontinental – erfordern eine eigene Betrachtung (Bayona et al. 2008; Berthelon und Sassi 2016; Bruns et al. 2015; Cartwright 2007; Einsele 2000; D'Elia et al. 2016; Leeder 1999; McCann und Saintot 2003; Miall 1990; Scheck-Wenderoth et al. 2009; Weismann et al. 2010).

Von großer Bedeutung für Ablagerungsprozesse ist die Entwicklung des Klimas (Stocker 1999). Vor allem die kontinentale Fazies wird vom Klimaraum beeinflusst, in welchem Sedimentwanderungen stattfinden (Blum und Tornqvist 2000; Breda et al. 2016). Sie sind vom jahreszeitlichen Niederschlag im hohen Maße abhängig. Bei **perennierender** Wasserführung in den Tropen und in humiden Breiten ist der Niederschlag ganzjährig verfügbar. In ariden Klimaräumen mit **ephemerer** Wasserführung ist der Niederschlag unregelmäßig über das Jahr verteilt; hier überwiegt Verdunstung. Das hat vor allem Auswirkung auf die Sedimentfracht, auf deren Transportmodell (Soreghan 1997), aber auch auf die Partikelform der Sedimente (Barrett 1980) sowie deren petrographische Zusammensetzung (Tucker 2001; Boggs 2009).

Kontinentale siliciklastische Sedimente haben direkten Bezug zu Tektonik und Klima (Miall 1996; Whittaker 2012). Fossil geworden, hinterlassen sie Sedimentgesteine, deren Modelle sich aus der sedimentären Sequenz sicher interpretieren lassen.

3.1 Grobkörnige alluviale Sedimente

Schwemmfächer *(alluvial fans)* bilden sich vor einer tektonisch und morphologisch aktiven Gebirgsfront. Sie breiten sich als lokal begrenzte, fächerförmige Fazieskörper aus einem engen Tal oder einer Schlucht in das Vorland eines Gebirges aus (■ Abb. 3.1). Sie sind an die Verfügbarkeit und kurzfristige Mobilisierung von Sedimentfracht gebunden und reagieren empfindlich auf Klimaänderungen (Blair und McPherson 1994; D'Arcy et al. 2016). So wird je nach Klimaraum und Wasserführung zwischen trockenen und nassen Schwemmfächern unterschieden (Schumm 1977). Nasse Schwemmfächer können an Fläche erheblich zunehmen, wenn sich das belieferte Sedimentbecken schnell absenkt und die Lieferung von grobklastischen Sedimenten lange anhält. Vor allem diese bilden geologisch relevante Großstrukturen und werden als Fächerdeltas *(fan deltas)* bezeichnet.

Einen direkten Zusammenhang zwischen Klimaraum und einer Gebirgslandschaft, die der Erosion unterworfen ist, stellten D'Arcy et al. (2016) her. Sie wählten für ihre Fallstudie *mountain catchment – alluvial fan systems* das Death Valley in Kalifornien und stellten dort einen direkten Zusammenhang zwischen

Abb. 3.1 Windesheimer Fels – Schwemmfächer- über Playasedimenten im Oberrotliegend des nördlichen Saar-Nahe-Beckens. Kontinentale Bildungen im ariden Klimaraum zeigen unmittelbaren Bezug zur tektonischen Gestaltung des Ablagerungsraumes (Schäfer 2011)

Niederschlagsrate und Sedimenttransport fest, festgemacht an mittelglazialen und rezenten Schwemmfächersystemen.

Die Literaturliste zu *Gilbert-type fan deltas* ist lang und reicht über die im Folgenden zu nennenden Beispiele weit zurück (Stanley und Surdam 1978; Gloppen und Steel 1981; McPherson et al. 1987; Nemec und Steel 1988; Soegaard 1990; Colombo 1994; Dickie und Hein 1995; Fernandez und Guerra-Merchan 1996; Alasker et al. 1996; Smith und Jol 1997; Chough und Hwang 1997; Sohn et al. 1997; Falk und Dorsey 1998; Sohn 2000; Hwang und Chough 2000; Bruner und Smosna 2000). Neue Beispiele größerer Fächerdeltas finden sich bei Salamon (2003), Garcia-Garcia et al. (2006), Breda et al. (2007), McConnico Kari und Bassett (2007), Longhitano (2008).

3.1.1 Trockene Schwemmfächer

Hier sollen zunächst trockene Schwemmfächer arider Klimaräume (*dry alluvial fans*) als Sedimentbildner näher erläutert werden (Abb. 3.2). Sie zeigen charakteristische, großskalige morphologische Formen (Abb. 3.3) und auch kleinskalige architektonische Elemente (Abb. 3.4). Durch die ephemere (unregelmäßige) Wasserführung arider Klimaräume sind die Merkmale eines Schwemmfächers unverwechselbar und verschieden von den Ablagerungen anderer alluvialer Sedimente. Sie werden in der Literatur umfangreich behandelt (u. a. von Koster und Steel 1984; Nemec und Steel 1988). Beim Gebrauch des Begriffes Schwemmfächer wird üblicherweise die Existenz trockener Schwemmfächer angenommen.

Schwemmfächer haben ein proximales und ein distales Ende. Der proximale Teil des Schwemmfächers schließt unmittelbar an das Liefergebiet an, meist über eine Randstörung zwischen Gebirge und Sedimentbecken (Blair und McPherson 1994, 1995, 1999; Blair 1999a, b, c, 2001). Sein distaler Teil liegt mehr oder weniger weit draußen im Sedimentbecken (Abb. 3.5). Ein Schwemmfächer kann wenige Zehnermeter Durchmesser haben, aber auch 10–20 km. Generell entspricht die Fläche des Fächers in ihrer Ausdehnung immer der

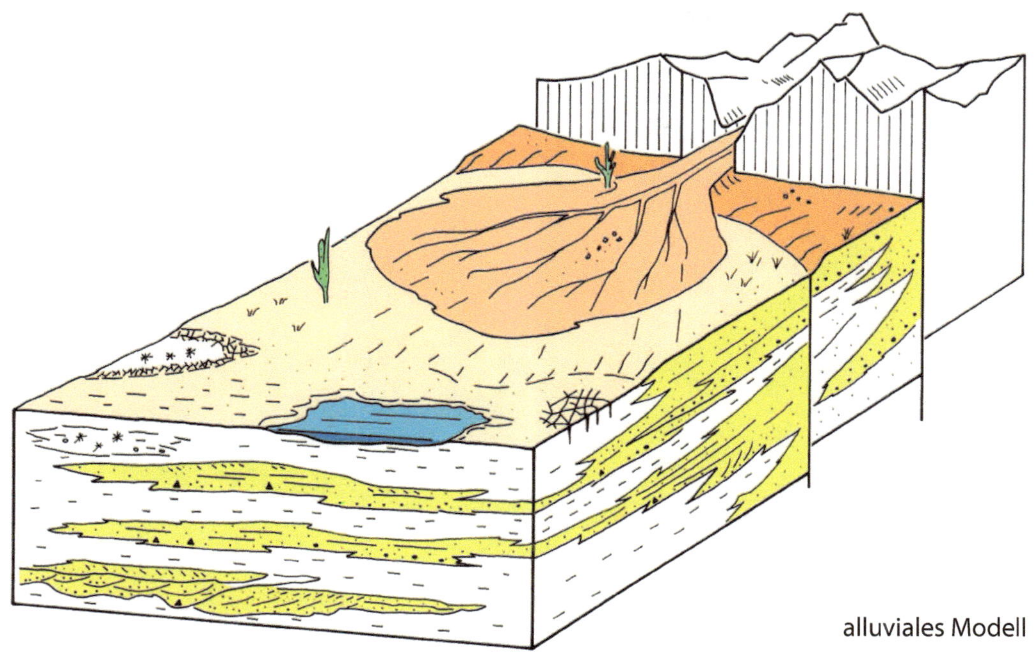

◘ Abb. 3.2 Modell eines Schwemmfächers im ariden Klimaraum (Schäfer 1986)

◘ Abb. 3.3 Fächerdelta *(fan delta)* in der nordöstlichen Baja California; im Vordergrund der östliche Rand der ausgetrockneten Laguna Salada, im Hintergrund die Gebirgskette der Sierra de los Cocopah. (Titelbild aus Nemec und Steel 1988)

Fläche des Einzugsgebiets im Gebirge. Aus dem Gebirge durch den proximalen Zufuhrkanal (FC, *feeder channel*) gespeist, dehnt sich der Schwemmfächer am proximalen Fächerapex (A, *fan apex*) am Gebirgsrand radial gegen das distale Ende des Schwemmfächers

3

■ **Abb. 3.4**   In eine trockengefallene Pfütze hinein mündet ein Schwemmfächer, der geradezu modellhaft seinen Fächerkanal am Scheitelpunkt auf die Schwemmfächerfläche austreten lässt

im Sedimentbecken aus. Dabei verbreitert er sich fächerförmig von proximal nach distal. Zugleich vermindert sich seine Höhe über dem Boden des Sedimentbeckens ständig, um schließlich allmählich in diesen überzugehen. Sein Relief ist flach und konvex. Der Fächerkanal (IC, *incised channel*) ist zunächst in die Schwemmfächerfläche eingeschnitten und taucht erst im Austrittspunkt des Schwemmfächers (IP, *intersection point*) aus jener auf. Ab dort verbreitert sich die zuvor eng gefasste und unterschiedlich tief eingeschnittene Rinne auf der Schwemmfächeroberfläche und bildet nun das eigentliche radiale Verteilersystem. Bei rezenten Schwemmfächern ist der Fächerkanal und sein Heraustreten aus der Schwemmfächeroberfläche gut zu erkennen. Ein Profilschnitt längs des Schwemmfächers zeigt die alluviale Serie (bzw. die Schwemmfächer-Sukzession, das Piedmontsystem) vor dem Gebirge (■ Abb. 3.6). Die Faziesräume der Stadien 1 bis 5 folgen aufeinander von proximal nach distal (von links nach rechts im gezeigten Profilschnitt). Sie werden nacheinander verwirklicht, wenn der freie Auslauf des Fächers in das Sedimentbecken nicht durch Schollentreppen o. ä. behindert wird (■ Abb. 3.7). Der Hangwinkel des Schwemmfächers vermindert

sich von etwa 5–15° im Stadium 2 auf 2–8° im Stadium 3. Mit diesem tritt der bis dahin noch eingeschnittene zentrale Fächerkanal am Austrittspunkt aus der Fächerfläche heraus, und der Fächer expandiert nun erheblich und läuft allmählich gegen die Playa aus. Die fluvialen Stadien 4 und 5 gehören nicht mehr unmittelbar zum Schwemmfächer, sondern verteilen die Sedimente vor der Fächerfront parallel zur Beckenachse der Sedimentbecken (■ Abb. 3.8).

Die Sedimentbewegung auf Schwemmfächern ist inzwischen gut untersucht worden. Blair und McPherson (1994) unterscheiden zwei Modelle von Schwemmfächern (■ Abb. 3.9). Diese sind, bei geringerem Anteil von Wasser, ein Schuttstrom bzw. ein Schlammstrom (*debris flow* bzw. *mud flow*) je nach Korngröße der verfrachteten Sedimente. Bei reichlich zur Verfügung stehendem Wasser bilden sich Schichtfluten (*stream flows*). Schuttströme i. w. S. bilden am distalen Ende der Fächerfläche ein erhabenes Relief, das aus verfestigtem Schlamm und den mitgebrachten Klasten besteht. Schichtfluten bereiten eine distale Schürze aus ausgespültem Sand, die gegen die Playafläche ausdünnt. Die Schichtung beider Typen von Schwemmfächern ist über lange Distanz fächerabwärts zu verfolgen (■ Abb. 3.10). Sie zeigt

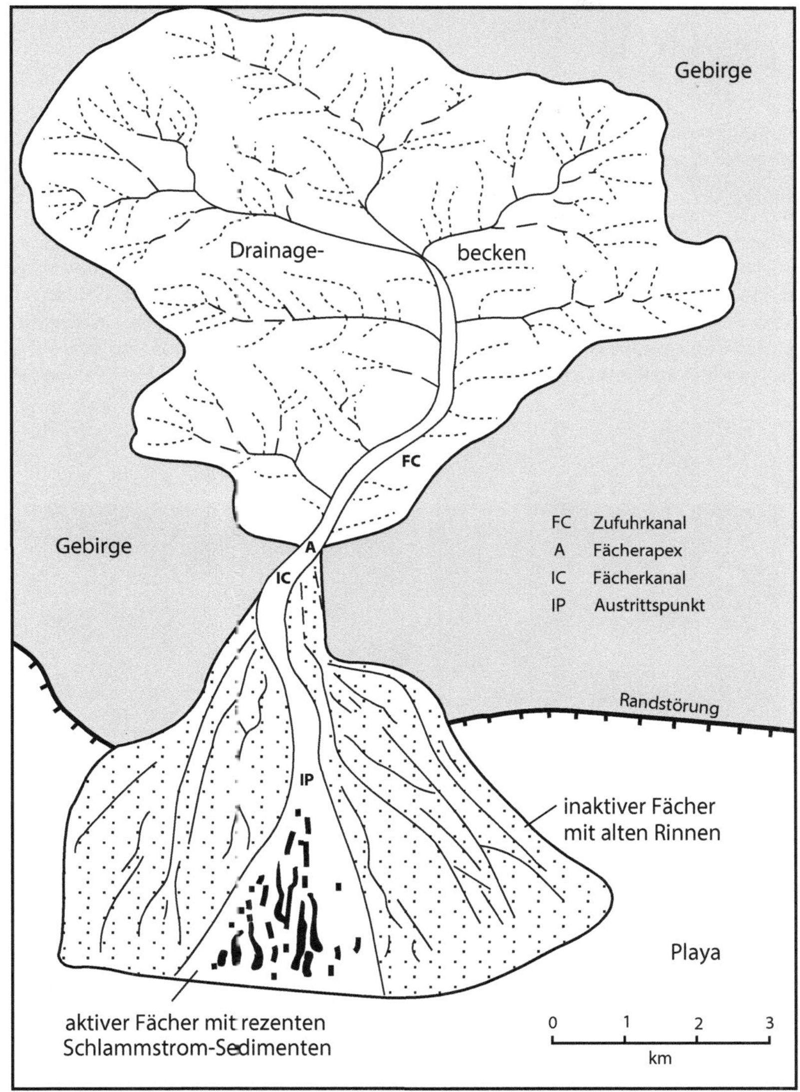

▣ Abb. 3.5   Die Karte des Trial Canyon Fan im Death Valley, Kalifornien, zeigt eine ausgewogene Balance zwischen dem Drainagebecken (oben) und dem Schwemmfächer (unten), der in die Devils Golf Course Playa progradiert. (Nach Blair und McPherson 1994, fig. 21). FC *(feeder channel)* ist der aus dem Drainagebecken zum Fächer führende Zufuhrkanal; A *(fan apex)* bezeichnet den Fächerapex, ab dem der Fächer fächerförmig divergiert; IC *(incised channel)* ist der in die Fächerfläche eingeschnittene zentrale Fächerkanal; IP *(intersection point)* ist der Austrittspunkt auf dem Fächer, an dem der bis dahin noch eingeschnittene zentrale Kanal auf die Fläche des Fächers aushebt

ähnliche Mächtigkeiten von wenigen Metern bis wenigen Zentimetern; sie reduziert sich generell von proximal nach distal, womit auch eine Reduzierung der Korngröße aller Sedimente verbunden ist. Dies ist am einfachsten anhand des sog. Größtkornes festzustellen (d. h. des größten Durchmessers einer und derselben Lithologie, also z. B. der Gangquarze). Proximal ist der Schwemmfächer grobkörnig, distal dagegen feinkörnig. Proximal ist sein Sedimentgefüge massiv und nur undeutlich geschichtet (▣ Abb. 3.11). In Richtung distal ist

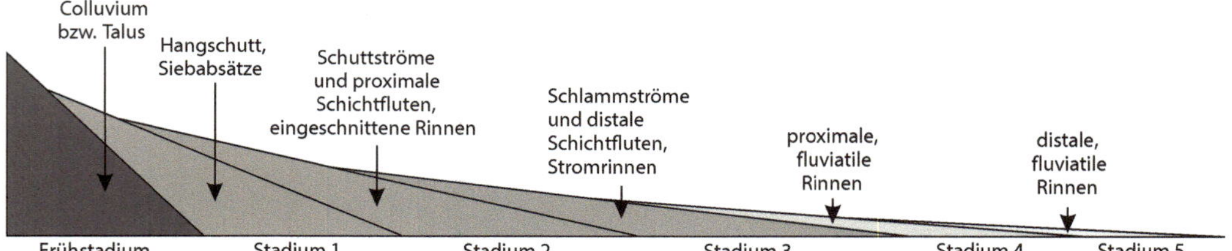

◘ Abb. 3.6   Schematischer, radialer Profilschnitt durch eine vollständige alluviale Serie bzw. Schwemm-fächer-Sukzession (etwa mit natürlichem Hangwinkel; der Profilschnitt beginnt gedanklich links mit dem Fächerapex). Der Profilschnitt führt aus dem proximalen gebirgsnahen Raum bis hinaus in den distalen Raum zur Playa (rechts; diese schließt sich an das Stadium 5 an). Entlang des Profilschnitts sind zahlreiche Faziesräume entwickelt, die jeweils charakteristische Sedimentfazies aufweisen. (Nach Blair und McPhearson 1994, fig. 20; verändert)

◘ Abb. 3.7   Quebrada del Toro, Ostkordillere, NW-Argentinien: mehrere übereinander gestapelte Schwemm-fächer aus einem Seitental werden durch Schollentreppen und vom nach rechts fließenden Rio Toro abgeschnitten

eine allmähliche Aufspaltung der Horizonte zu erkennen. Es schalten sich zwischen die Grob-horizonte dünne tonige Lagen (◘ Abb. 3.12) ein, die schließlich an Mächtigkeit und Anzahl sicht-bar überwiegen.

Generell sind die transportierten Sedi-mente eckig und behalten ihre Komponenten-form über den Schwemmfächer hinweg annähernd bei (◘ Abb. 3.13). Lediglich bei großen Systemen von mehreren Kilometern Länge ist eine Kantenrundung der Kompo-nenten zu beobachten. Die petrographische Zusammensetzung aller Gerölle, Sande und Pelite ist diejenige des Liefergebiets, im Gebirge jenseits der Randstörung. Auf-fällig ist die schlechte Sortierung der Sedi-mente. Der Sedimentwanderung auf einem Schwemmfächer bedient dessen Oberfläche in voller Breite von proximal nach distal. Jedoch ist die tatsächliche, zeitlich begrenzte

▣ Abb. 3.8   Der viele Zehner Kilometer ausgedehnte Schwemmfächer des Valle Calchaqui südlich Tucuman in der Puna der argentischen Anden bildet eine leicht geneigte Fastebene. Der entlang des distalen Endes des Fächers fließende verwilderte Rio Calchaqui bildet das fluviale Stadium 4 des weiträumigen Piedmontsystems

Breite der individuellen Lieferung von der Niederschlagsmenge, vom zuvor auf dem Schwemmfächer geschaffenen Relief sowie von der aktuell fächerabwärts transportierten Sedimentmenge abhängig.

Der Transport der schlecht sortierten Sedimente beruht im Wesentlichen auf einem hohen Anteil an Pelit, der die talwärts bewegten Komponenten suspendiert (▣ Abb. 3.14). Das suspendierende Medium ist Ton und Fein- bis Mittelsilt, also die tonmineralreiche Korngrößenfraktion der durch Schwerkraft mobilisierten Sedimentfracht. Die Feinfraktion wird durch Verwitterungsprozesse arider Klimate im hochgelegenen Liefergebiet durch laufenden Zersatz ständig neu geschaffen. Da aride Klimaräume kaum Vegetation tragen, die die Verwitterungsprodukte festhalten könnten, bleiben diese hinsichtlich ihrer Lagerung instabil. So kann ephemerer Jahresniederschlag, der heftig ist und oft nur kurze Zeit die gesamte jährliche Regenmenge bringt, alle Verwitterungsprodukte aufnehmen und als hochdichte Suspension talab verfrachten.

Hat das verwitternde Liefergebiet ein mehr oder weniger positives Relief, setzt durch einen plötzlichen und heftigen Regen ein reliefabwärts gerichteter Sedimenttransport ein. Dieser wird im Liefergebiet in einzelnen Rinnen gefasst und schließlich in einem Rinnensystem dem tiefer gelegenen Schwemmfächer mit überkritischer Fließgeschwindigkeit zugeführt. Die Geschwindigkeit eines solchen schießenden Transports ist aus Beobachtungen bis zu 60 km/h schnell (Bull 1972) und daher fähig, selbst große Komponenten zu bewegen. Die Höhe der Schlammstromstirn ist in der Größenordnung von wenigen Zentimetern bis wenigen Dezimetern. Die Schlammsuspension von der Dichte um 2 g/cm^3 nimmt kleinere und größere durch Verwitterungsprozesse gelockerte Fragmente des oberflächlich zersetzten Gesteinsverbandes auf und transportiert sie talabwärts (▣ Abb. 3.15). Die Schichtflut aus hochdichter Suspension, angereichert mit frisch erodiertem Detritus, nutzt das Rinnensystem und dessen führendes Relief, sodass der Schlammstrom gut begrenzt und ohne wesentliche Verluste an

3

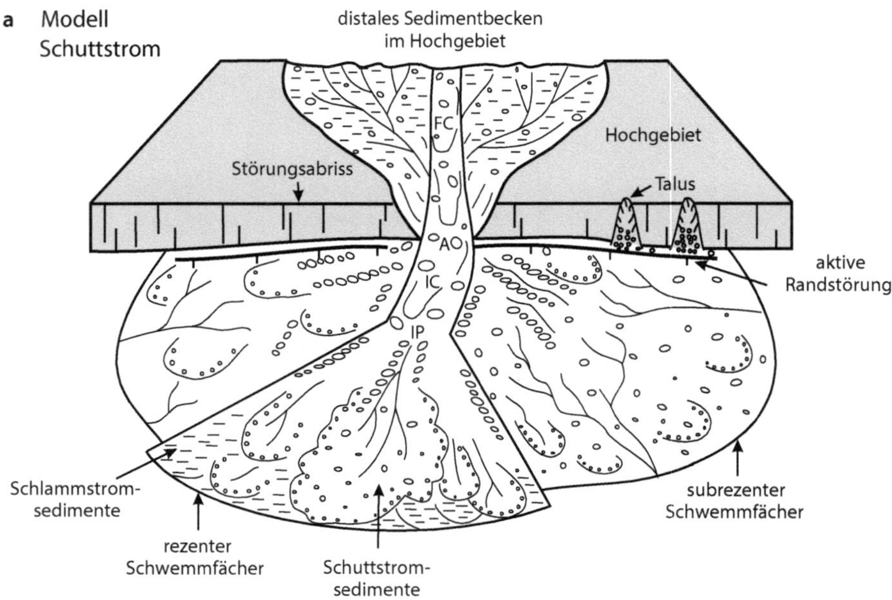

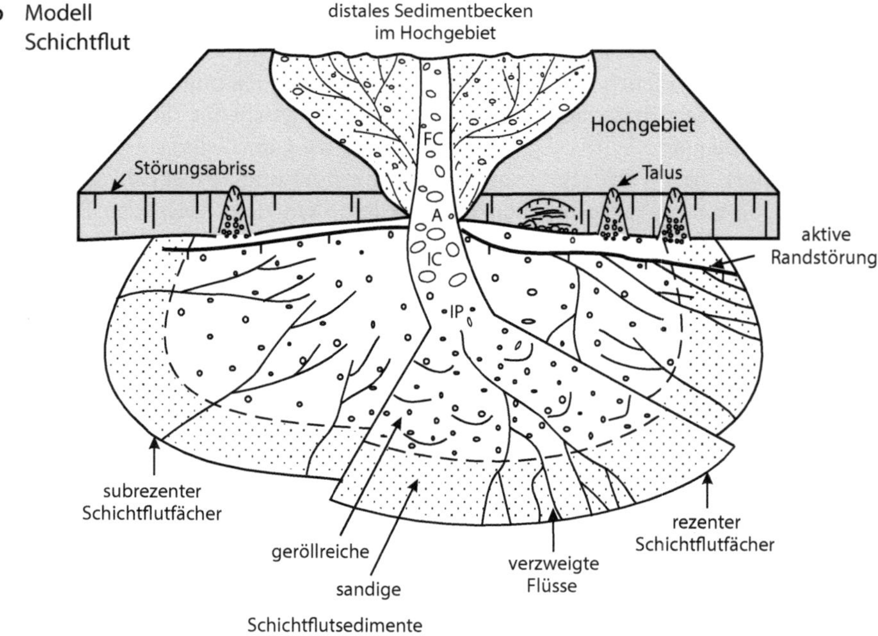

◫ Abb. 3.9   Zwei Schwemmfächer progradieren aus dem unteren Drainagebecken über die Randstörung in das alluviale Sedimentbecken. Ihr Transportmechanismus ist verschieden, (A) zeigt das Modell Schuttstrom/ Schlammstrom (*debris flow* bzw. *mud flow*), (B) das Modell Schichtflut *(stream flow)*. Die Abkürzungen FC *(feeder channel)*, A *(fan apex)*, IC *(incised channel)*, IP *(intersection point)* sind in ◫ Abb. 3.5 erläutert. (Blair und McPherson 1994, fig. 1)

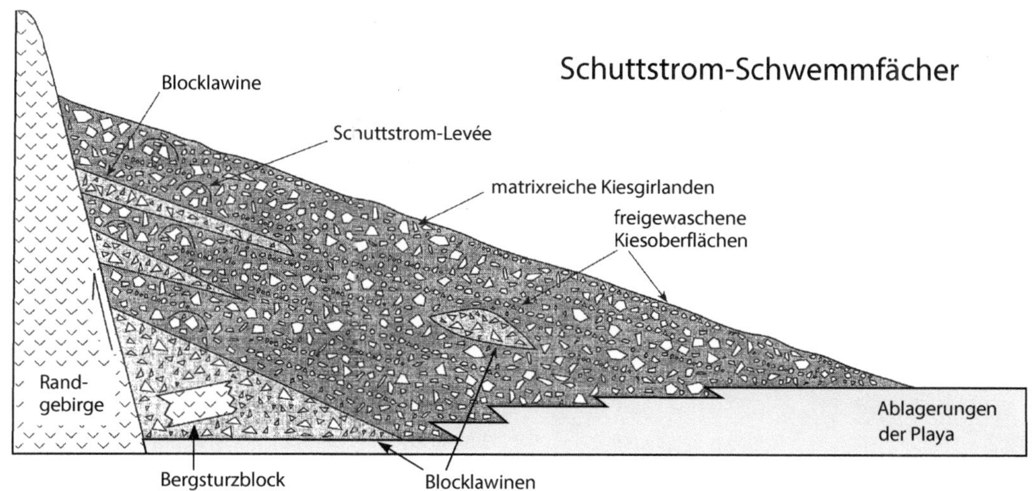

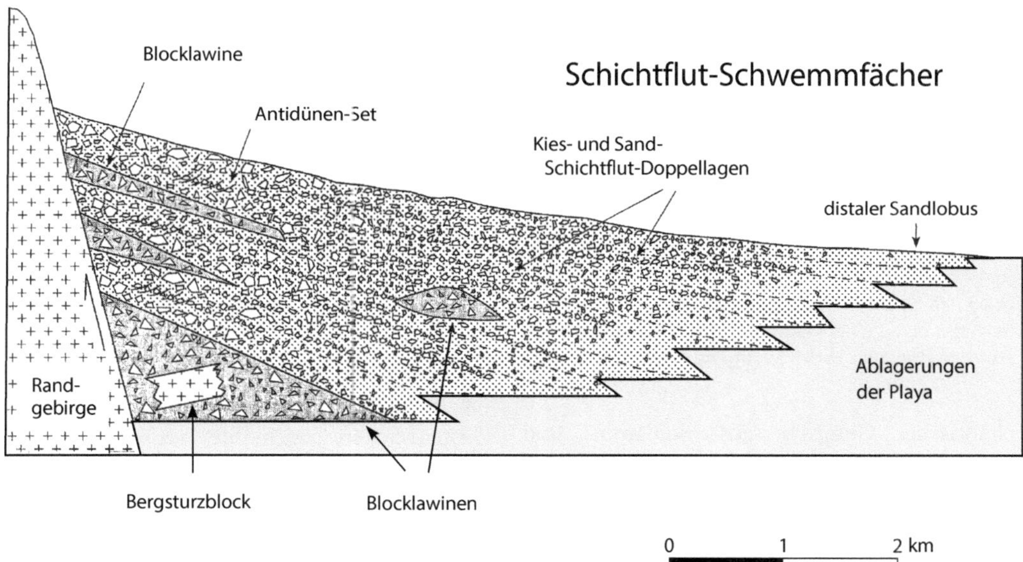

◘ Abb. 3.10 Zwei radiale Profilschnitte durch Schwemmfächer. Im Schuttstrom-Modell (oben) ist Kriterium, dass die individuelle Schutt-/Schlammstromoberfläche freigewaschen ist und die großen Komponenten aus dieser herausschauen. Im Schichtflut-Modell (unten) sind geringmächtige Doppellagen aus Kies und Sand zu beobachten, also Kornverfeinerungssequenzen *(fining-up)*. (Nach Blair und McPherson 1994, fig. 22)

transportierter Substanz den Schwemmfächer erreicht. Dort tritt die Suspension mit ihren mitgebrachten Klastika am Austrittspunkt auf die Fläche des Schwemmfächers aus und verbreitert sich in Abhängigkeit von der Menge der Schlammfracht (◘ Abb. 3.16). Aufgrund des schießenden Fließens ist die Dichte des suspendierenden Schlamms in der Lage, auch bei nun allmählich geringerer Mächtigkeit des Schlammstroms noch Gesteinsbrocken zu bewegen, auch solche, die größer sind, als die Stirn des Schlammstroms hoch ist. Solange noch in Fahrt, vermag die Suspension alle Gesteine in Bewegung zu halten, bis das

◘ Abb. 3.11 Trollfelsen im Trollbachtal, nordöstliches Saar-Nahe-Becken, Nahe-Gruppe, Rotliegend; der proximale und daher kaum entmischte Geröllstrom bewegte bis zu einem halben Meter messende Gerölle aus dem Hunsrück in das Sedimentbecken

chaotische Gemisch aus Schlamm und Gesteinsschutt endlich zur Ruhe kommt. Die großen Fragmente schauen aus der Sedimentoberfläche des Schlammstroms vereinzelt heraus, die kleinen passen sich in diesen ein (◘ Abb. 3.17). Außer Gestein werden Bäume, Kakteen und alles, was von der energiereichen Suspension erodiert werden kann, mitgeführt und zu Tal getragen. Die Suspension kann weitereilen, nachdem sie sich von den großen Komponenten befreit hat, was letztlich eine Verminderung der Komponentengröße und eine Zunahme des Feinanteils bedeutet. Schließlich bleibt allein der Schlammanteil übrig und kommt als reiner Schlammabsatz im distalen Schwemmfächer zur Ruhe (◘ Abb. 3.18).

Die mitgebrachten Klasten sind generell gleichmäßig über die Schlammlage verteilt. Bei geringer Dichte der tragenden Suspension sind sie in Dachziegellagerung (*imbrication*) angeordnet, bei hoher Dichte können sie sich auch hochkant und quer zum Schlammstrom orientieren. Nachfolgender Schlamm vermag die recht schnell fest werdende Schlammstromoberfläche, die die Festigkeit von Beton annimmt, überdecken, was zu einer Wechsellagerung von Schlamm mit Klasten und Schlamm ohne Klasten führt. Oder die Oberfläche des Schlammstromabsatzes wird durch den aktuellen, auch durch den nachfolgenden Niederschlag freigespült und exponiert die mitgebrachten eckigen Gerölle, die häufig aus der Schlammmatrix herausschauen (◘ Abb. 3.19). Im Anschnitt bilden die freigespülten Klasten komponentengestützte Horizonte (vgl. ◘ Abb. 3.12). Diese Beobachtung ist vor allem im distalen Schwemmfächer diagnostisch von Bedeutung.

Die Transportweite eines Schlammstroms kann mehrere Zehnermeter, aber auch mehrere Kilometer betragen (Schwab und Schäfer 1976; Rachocky 1981; Stapf 1982; Nilsen 1982; Marzo und Puidgefabregas 1993; Schäfer und Korsch 1998). Der aktuelle Schlammstrom erodiert ältere Schlammstromoberflächen selten, sondern sitzt auf diesen – gleich, ob aus klastenreichen Lagen oder reinem Schlamm bestehend – flächig auf. Dies zeigt zum einen, dass die Oberflächen alter Schlammströme schnell verfestigen, was für zeitlich größere Abstände zwischen einzelnen Ereignissen spricht, die zu Schlammströmen führen. Zum anderen ist die schnell transportierte Schlammsuspension zu wesentlicher Tiefenerosion nicht in der Lage, anders, als dies lang anhaltend strömendes Wasser ist. Das vor allem spricht für extrem raschen Transport und einen besonderen Transportmodus.

Die Oberfläche des sich aufbauenden Schwemmfächers wird mit einzelnen Zungen von Schlammabsätzen überdeckt, sodass dieser im Laufe der Zeit eine erhabene Morphologie gegenüber der Umgebung

◘ Abb. 3.12   Guldental, nordöstliches Saar-Nahe-Becken, Nahe-Gruppe, Rotliegend; der distale Schlamm-strom ist hier in gröbere und feinere Lagen gut entmischt. Die gröberen Lagen zeigen nach oben aus der Sedimentfläche hervortretende eckige Fragmente, die nach ihrem Absatz durch nachfolgende Niederschläge freigewaschen wurden

◘ Abb. 3.13   Quebrada del Toro, Ostkordillere, NW-Argentinien: Rezente, nach rechts transportierte Schlamm-stromsedimente im Anschnitt mit vor allem quarzitischen Lithoklasten des andinen Altpaläozoikums

bildet (◘ Abb. 3.20). Schließlich ist sie so hoch, dass neue Schlammstromtransporte sich einander ausweichen. Die seitwärts gerichtete Verlagerung der Suspensions-zungen führt letztlich zur gleichmäßigen Belieferung der gesamten Fläche des Schwemmfächers, der dadurch allmäh-lich ein positives Relief annimmt, vor allem dort, wo gröbere Sedimentfracht vor-herrscht. Dies ist besonders in der Mitte

◘ Abb. 3.14 Quebrada del Toro, Ostkordillere, NW-Argentinien: Durch die andine Einengung mit Reliefenergie versehen, progradiert ein junger, ausschließlich von Schlammströmen aufgebauter Schwemmfächer über die westliche Randstörung des Beckens. Die von Niederschlag freigewaschene Fläche exponiert schwarzen Detritus aus den im Hintergrund anstehenden altpaläozoischen Schieferserien. Die jüngste Sedimentfahne des Fächers ist durch beigemengten Schlamm hell (Foto Klaus Schwab)

◘ Abb. 3.15 Quebrada del Toro, Ostkordillere, NW-Argentinien: Der jüngste Schlammstrom suspendierte grobkörnigen Detritus; dessen Komponentengröße entspricht etwa der Mächtigkeit der Flut, die nun eine erheblich verfestigte, mit positivem Relief versehene helle Schlammschicht auf der älteren dunkel gefärbten Fächeroberfläche bildet

◨ Abb. 3.16   Quebrada del Toro, Ostkordillere, NW-Argentinien: *midfan* auf dem jungen Schlammstromfächer; die Schlammschichten überdecken einander in der Mächtigkeit des transportierten Größtkorns der suspendierten Sedimente

◨ Abb. 3.17   Quebrada del Toro, Ostkordillere, NW-Argentinien: *distal fan* des jungen Schlammstromfächers; dieser progradiert in das Flusstal des Rio Toro und bildet auf der alten Fächeroberfläche ein deutlich sichtbares, durch Detritus markiertes Relief

des Schwemmfächers zu beobachten. Zum unteren Ende des Fächers verliert sich die Reliefbildung aus dichten, aufeinander folgenden Schlammstromlagen allmählich, sodass die Großmorphologie des Schwemmfächers sich allmählich dem Talboden angleicht (Schäfer und Schwab 1975).

Im proximalen Teil der Schwemmfächer können die angelieferten groben Klasten von ihrer Matrix freigewaschen werden, sodass

Abb. 3.18 Quebrada del Toro, Ostkordillere, NW-Argentinien: Der *distal fan* des jungen Schlammstromfächers läuft in die mit Corta Dura bestandene Flussniederung aus

Abb. 3.19 Schichtung im jungen Schlammstrom aus der Quebrada del Toro, Ostkordillere, NW-Argentinien. Für die Definition von Schichtung wichtig sind die durch nachfolgenden Regen freigewaschenen, nun komponentengestützten Klasten an der jeweiligen Oberfläche der Schlammstromlagen, die die einzelnen Transportereignisse anzeigen (Transport nach links)

sie unter Kornkontakt als Siebabsatz (*sieve deposit*) als grober Rückstand (■ Abb. 3.21) angereichert werden (Bull 1972). Siebabsätze werden aus trockenen Schwemmfächern beschrieben. Sie bilden im Wesentlichen gebirgsrandnahe Schutthalden, in denen Regen wie in einem Sieb verschwindet – deshalb der bildhafte Begriff (■ Abb. 3.22). Diese Talusbildungen sind auch abhängig von der Lithologie der verwitternden, vorzugsweise resistenten Gesteine. So wurden beispielsweise die Rhyolith-Dome des Saar-Nahe-Beckens bereits im Perm zu Brekzien aus eckigen komponentengestützten Rhyolith-Bruchstücken aufbereitet (Schwab 1967; Haneke und Lorenz 1986; Stollhofen 1994, 1998) (■ Abb. 3.23). Diese formen sich auch heute noch auf gleiche Weise – wie am Kreuznacher Massiv bei Bad Münster am Stein und am Rotenfels (SW von Bad Kreuznach) an den steilen Anschnitten der Nahe zu beobachten (Geib 1974).

Durch länger dauernde und gleichmäßigere Wasserführung bilden Schwemmfächer im mittleren bis distalen Raum **Schichtfluten** (*stream flows, sheetfloods*). Dachziegellagerung von Kiespaketen (■ Abb. 3.24), zwischen ihnen eingelagerte eher gefügelose

▣ Abb. 3.20 Schwemmfächer aus altpaläozoischen Schiefern; Quebrada del Toro, Ostkordillere, NW-Argentinien. Mehrere übereinander lagernde Fächer werden an der Stirn durch den von rechts nach links talwärts ziehenden Rio Toro angeschnitten

▣ Abb. 3.21 Talus aus Blockschutt präkambrischer Gneise; an der Straße von Gunnison nach Crested Butte, etwas N von Almont, Colorado

Schlammlagen (▣ Abb. 3.25) sind für sie charakteristisch (Schwab und Schäfer 1976). Es entwickeln sich vereinzelt Stromrinnen *(stream channels)*, die im Stadium 3 der alluvialen Serie zusammengefasst sind (Blair und McPherson 1994). Sie besitzen kein festes Bett und sind durchaus als Übergangsbildung zu verzweigten Flüssen zu verstehen.

Schichtfluten *(stream flows)* machen kräftigeren Niederschlag notwendig. Es bilden sich flächig ausbreitende massive Kiesgirlanden mit z. T. recht guter Rundung der Komponenten

3

◨ **Abb. 3.22**   An der Straße von Gunnison nach Crested Butte, etwas N von Almont, Colorado – Siebsedimente, grober Blockschutt ohne Matrix, sog. *sieve deposits*

◨ **Abb. 3.23**   Rhyolith-Brekzie im Falkensteinertal am Donnersberg, Saar-Nahe-Becken. **a** Bei dessen Aufstieg im Oberrotliegend bildete sich um ihm herum ein Kranz aus grobklastischem Verwitterungsschutt. **b** Detail. Der Verwitterungsschutt erhielt Standfestigkeit durch partielle Verkieselung seiner eckigen Komponenten

und vor allem Dachziegellagerung auf ausgewaschenen Sedimentoberflächen. Auch formen sich schräg geschichtete Sande und zu Lagen angereicherter Pelit. Schichtflutabsätze können sich weit in das Becken hinein entwickeln, wo die kiesreichen Sedimente die Verbindung zwischen Liefergebiet und Sedimentbecken herstellen. Die Bildung von Rinnen ist untergeordnet, charakteristisch sind dagegen dünne Lagen von ausgebreiteten Kiesgirlanden, die von deutlich feinerkörnigen Sedimenten eingefasst sind.

◘ Abb. 3.24 Proximale Schichtflutsedimente aus kompakten Lagen angerundeter Granitgerölle; östliches Seitental der Quebrada del Rio Toro, Ostkordilliere, NW-Argentinien

3.1.1.1 Physikalische Prozesse

Die physikalischen Prozesse in Schuttströmen und Schichtfluten sind komplex und lassen sich im Wesentlichen nur aus dem Gefüge der abgesetzten Sedimente (◘ Abb. 3.26), allenfalls mithilfe der morphologischen Begleitumstände interpretieren (Nemec und Steel 1984). Aus den Ablagerungen (vor allem Korngröße und -form, Sortierung, Sedimentgefüge, Schichtmächtigkeit und -bildung) lassen sich drei verschiedene Transportphänomene ableiten:

Eine **pulsierende Strömung** (*surge*) stellt sich bei niederer Konzentration und hoher Transportgeschwindigkeit ein. Die gleichzeitig bediente Fläche beträgt weniger als einen km^2, und die transportierten Klasten sind selten mehr als 10 km von ihrem Liefergebiet entfernt zu finden. Es resultieren geringmächtige und ausgedehnte Ablagerungen, deren besonderes Merkmal ist, die angetroffene Topographie flächenhaft zu überdecken. Die Absätze erhalten diskordanzlose weiche Übergänge.

Eine **Fluidisierung** (*fluidization*) verursacht durch frei bewegliche und nach oben strebende Porenflüssigkeiten im Sediment einen aufwärts

◘ Abb. 3.25 Distale Schichtflutsedimente, Separation in vereinzelte Geröll- und Schlammlagen; östliches Seitental der Quebrada del Rio Toro, Ostkordilliere, NW-Argentinien

3

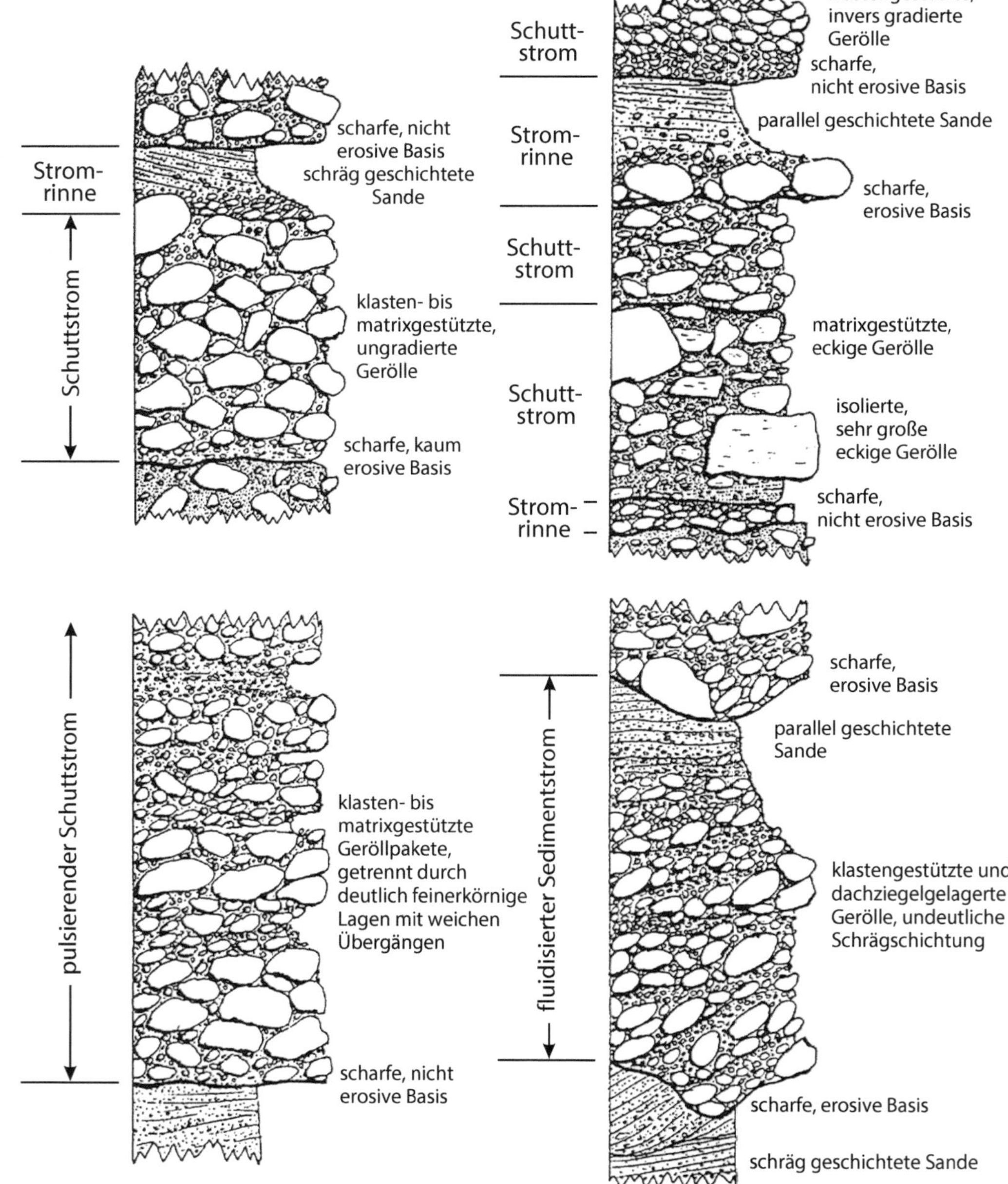

❑ Abb. 3.26 Schwemmfächer erzeugen im Detail sehr verschiedene Sedimentgefüge. Diagnostisch wichtig sind vor allem die Unterschiede von matrixgestütztem Gefüge *(matrix support)* und klastengestütztem Gefüge *(clast support)*. (Nach Nemec und Steel 1984, fig. 15)

gerichteten Auftrieb. Dieser hebt die Sedimentkomponenten gegen die Schwerkraft an. Es wird ein matrixgestütztes Gefüge gebildet, gelegentlich mit Kornvergröberungstendenz.

Eine **Verflüssigung** *(liquefaction)* der Sedimente setzt ein, wenn metastabile locker gepackte Korngerüste zusammenbrechen. Die Körner werden kurzzeitig in den Porenflüssigkeiten suspendiert, saigern jedoch durch die Suspension allmählich nach unten. Es bildet sich ein klastengestütztes Sedimentgefüge mit Kornverfeinerungstendenz; gelegentlich werden durch den Sedimenttransport Rinnen in den Untergrund erodiert.

Generell wird kohärenter *(cohesive)* Schutt- bzw. Schlammstrom, der reich ist an suspendierendem Schlamm, von kohäsionslosem *(cohesionless)* Schutt- bzw. Kornstrom unterschieden. Matrixreicher Massentransport *(mass flow)* führt zu matrixgestütztem Gefüge *(matrix supported fabric)*, matrixarmer Massentransport zu korngestütztem Gefüge *(clast supported fabric)*.

3.1.1.2 Schwemmfächer-Sukzessionen

Eine Aufeinanderfolge von Schwemmfächern, eine Schwemmfächer-Sukzession, lässt sich aufgrund der unterschiedlichen räumlichen Verteilung der Ablagerungen auf dem Schwemmfächer beschreiben. Wegen des höheren Reliefs befinden sich im proximalen Teil des Schwemmfächers bevorzugt Schuttstrom-/Schlammstrom-Absätze, die von Stromrinnen *(stream channels)* durchzogen und von diesen mit suspendiertem Schutt versorgt werden. Intensivere und länger anhaltende Versorgung des Transportsystems mit Niederschlagswasser lässt die Rinnen fächerwärts vorgreifen. Verlassen die wasserreicheren Sedimenttransporte die Rinnen, breiten sie sich flächenhaft aus. Unter Bildung von Schichtfluten bilden sie Schichtflutabsätze *(sheet flood deposits)* bzw. zu Rinnen zusammengefasste Rinnensedimente *(stream channel deposits)*. Distal sammelt sich der ausgewaschene Pelit und formt die weite ebene Schlammfläche in einem Endsee *(playa lake)*, der abflusslos, aber auch von Flussrinnen durchzogen sein kann (Schwab 1985).

Diese Schwemmfächer-Sukzession erlaubt es, bei vertikalen Sedimentprofilen das sich aufbauende bzw. abbauende Relief zwischen Liefergebiet und Sedimentationsgebiet nachzuverfolgen (◘ Abb. 3.27). Prograadierende Schwemmfächer bauen ihre proximale Fazieseinheit beckenwärts vor und überschichten

ihre distalen Fazieseinheiten: es bilden sich dadurch **Dachbankprofile** *(coarsening-up sequences)*. Retrograadierende Schwemmfächer lassen bei allgemeiner Relieferniedrigung die distalen Fazieseinheiten auf die proximalen Fazieseinheiten auflagern: es bilden sich **Sohlbankprofile** *(fining-up sequences)*.

Aus einer solchen Faziesentwicklung lässt sich die Strukturierung eines Gebirges und seines randlich gelegenen Sedimentbeckens ableiten (Alasker et at. 1996; Amorosi et at. 1996; Steel 1988). Das devonische **Hornelen Basin** in W-Norwegen nördlich von Bergen (Abb. 3.28a) ist durch die Tektonik des Gebietes (Johnston et at. 2007) lange Zeit in *strike-slip*-Aktivität gehalten worden, sodass es ein von O nach W prograadierendes, vielfach erneuertes Piedmontsystem von etwa 25 km stratigraphischer Mächtigkeit schaffen konnte (Steel & Aasheim 1978; Gloppen & Steel 1981; Nemec & Steel 1984; Steel 1988; Anderson & Cross 2001). Individuell 10–20 m mächtige Kornvergröberungssequenzen im proximalen Bereich und 2–10 m mächtige symmetrische Sequenzen im distalen Bereich bauten etwa 200 beckenweite und 100–200 m mächtige fluviale Zyklotheme, je nach Position im Piedmontsystem aus sich vielfach wiederholenden Abfolgen von Konglomeraten, Sandsteinen und Schlammsteinen, auf. Entlang der Nordstörung legte es eine mächtige Folge von übereinander gestapelten Schwemmfächern mit dextralem Verschiebungssinn im *strike-slip* an.

In einem vertikalen Profil, das durch eine der Schwemmfächersequenzen am Nordrand des devonischen Hornelen Basin in W-Norwegen aufgenommen wurde (◘ Abb. 3.28b), sind großskalige (~200 m mächtige) *coarsening-up*- und *fining-up*-Sequenzen zu sehen, die aus kleinerskaligen (~ 5–20 m mächtigen) Sequenzen zusammengesetzt sind. Im prograadierenden unteren Teil zeigen sich ausschließlich Kornvergröberungs-Trends, während im retrograadierenden oberen Teil auf solche sich noch kurze Kornverfeinerungssequenzen legen (nach Steel 1988).

Grundsätzlich verbirgt sich in der Abfolge rezenter und fossiler Piedmontbildungen

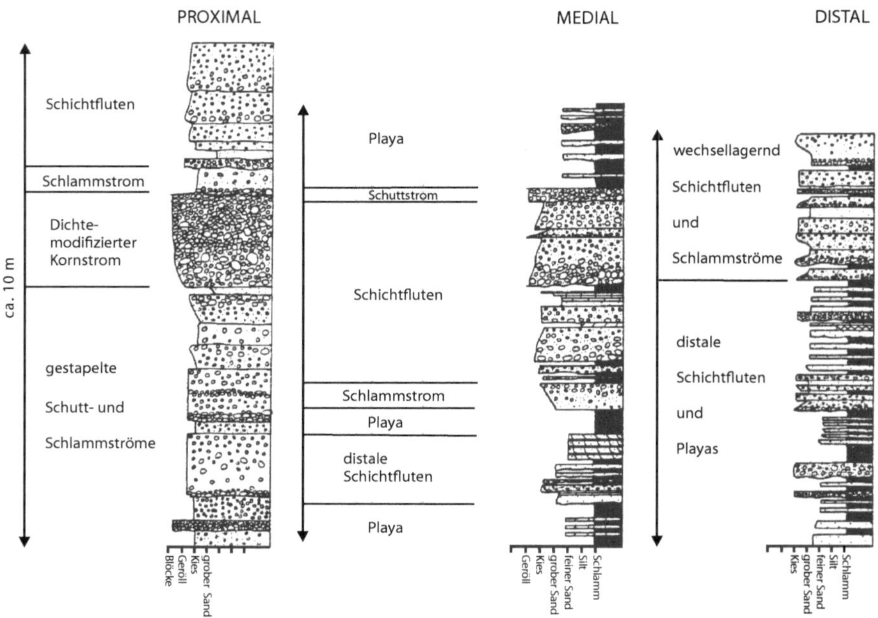

◘ Abb. 3.27   Obere Konglomerate des subaerischen Schwemmfächers der Coloso Formation (Kreide) in der Caleta Coloso, südlich Antofagasta, Chile; Einzelprofile in drei repräsentativen Faziesräumen von proximal nach distal. (Nach Flint und Turner 1988, fig. 6)

(◘ Abb. 3.29), die als alluviale Systeme in vielfältiger Gestalt auftreten, ein Abtrag von Verwitterungsschutt und dessen Transport aus dem exponierenden Gebirge. Die Stapelung der alluvialen Bildungen aus (A) Schlamm-/Schuttstrom, (B) Schichtflut, (C) verzweigter Fluss, (D) Überflutungsflächen mit unterschiedlich sinuosen Flüssen und (E) Endsee lassen sog. **Piedmontzyklen** mit wiederkehrenden interpretierbaren Sequenzen und Faziesmustern entstehen (Steel 1974). Sie sind mithilfe der erhaltenen Sedimentgefüge und der Abschätzung des Größtkorns als A-B-, A-B-C- oder B-C-Zyklen im liefergebietsnäheren (proximalen) Ablagerungsraum zu interpretieren, wohingegen die liefergebietsferneren (distalen) Bildungen D und E eher als Stillstandsphasen der Sedimentlieferung anzusehen sind und sich durch die Ausscheidung von Caliche-Konkretionen auszeichnen. Die Stapelung der alluvialen Sequenzen hat letztlich tektonische Ursachen und beschreibt die morphologisch wirksame

Balance zwischen Orogen und seinen internen bzw. externen Sedimentbecken (Rachocki 1981; Nemec und Steel 1988; Blair 2001).

3.1.2 Nasse Schwemmfächer

Den Massentransporten von Schuttströmen und Schichtfluten werden auch Schwemmfächer zugerechnet, die in stehende Gewässer hinein sedimentieren. Diese gehören zur Gruppe der nassen Schwemmfächer *(wet alluvial fans)*.

Die eigentlichen nassen Schwemmfächer *(wet alluvial fans, humid fans)* bilden sich jedoch auf dem Lande, wenn auch in humiden Klimaräumen (Reineck und Singh 1980, S. 304 ff.). Milana und Tietze (2002) modellierten in Strömungsrinnenversuchen die Bildung von nassen Schwemmfächern. Mit wechselnd geringem und hohem Sedimenttransport und verschiedenen Neigungswinkeln ließen sich sehr unterschiedliche

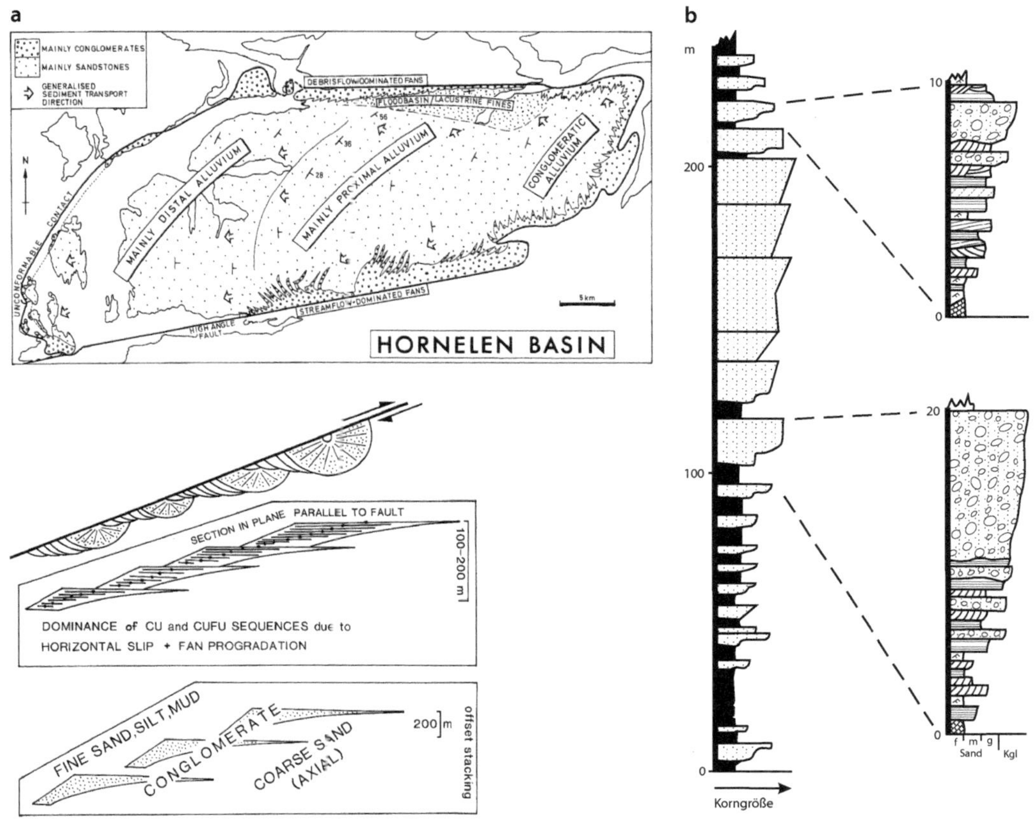

◘ Abb. 3.28 **a** Das devonische Hornelen Basin in W-Norwegen ist ein *strike-slip*-Becken mit vielfach zyklischen grob- bis feinklastischen übereinander gestapelten Schwemmfächersystemen (Steel 1988, fig. 1). Das dextrale strike-slip model wurde für die Nordrand-Störung des Hornelen Basin entworfen (nach Steel 1988: fig: 7). **b** Vertikales Profil, aufgenommen entlang des N-Randes des Hornelen Basin (Steel 1988, fig. 10)

Ausbreitungs- und Erosionsmuster übereinander gestapelter Fächergenerationen erzeugen, die in das Sedimentbecken progradierten.

Der **Napf-Schuttfächer** am Südrand des Schweizer Molassebeckens – einer der namhaften großen alpinen Schuttfächer (Keller 2000) – baute sich zur Zeit der Oberen Meeresmolasse aus wasserreichen fluvialen Schüttungen aus der alpinen Front während seiner initialen Phase zunächst als Fächerdelta *(fan delta)* in das alpine Vorlandbecken hinein. Nachfolgend, in seiner aktiven Phase, lieferte er als nasser Schwemmfächer wechselnd Schutt, Sand und Schlamm (**◘** Abb. 3.30) und bildete einen radialen reliefbildenden Schüttungskegel. Die im vertikalen Anschnitt erkennbaren Sedimentmuster sind verzweigt, auf engem Raum gebündelt und gegen das Vorland geneigt (Bürgisser 1980; Schlunegger et al. 1993, 1997; Schlunegger und Simpson 2002; Schlunegger und Norton 2015; Kuhlemann und Kempf 2002).

Ein berühmter und sehr großer *wet alluvial fan* ist der **Kosi Megafan** im Vorlandbecken des Himalaya, der aus dem östlichen Nepal in die Ganges-Ebene progradiert (Agarwal und Bhoj 1992; Agarwal et al. 2002). In den letzten zwei Jahrhunderten verlagerte er sich bis zu 170 km westwärts (Gole und Chitale 1966; Reineck und Singh 1980, fig. 374); eine andere Angabe unter Berufung auf

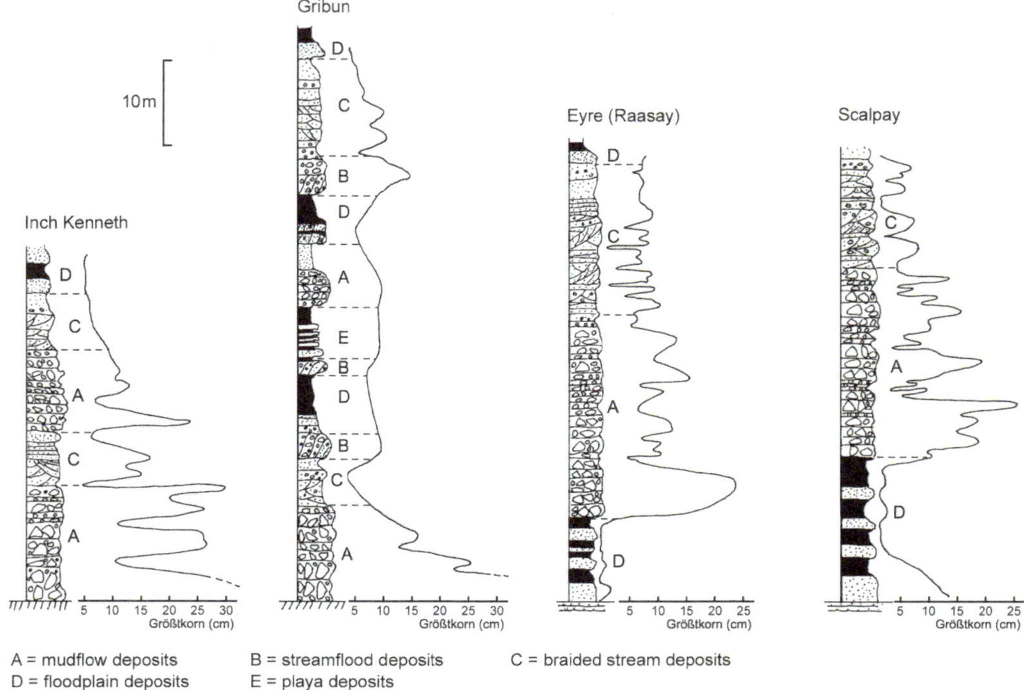

◘ Abb. 3.29   Piedmontzyklen im New Red Sandstone, Permo-Trias, der Hebriden: unterschiedliche Stapelung der alluvialen Sedimentfazies aus dem Verwitterungsschutt des präkambrischen Untergrundes (Steel 1974, fig. 14; vereinfacht)

◘ Abb. 3.30   Napf-Schuttfächer OSM, aufgebaut aus Sanden und Kiesen verzweigter Flüsse und Schichtfluten; Felswand Sandmätteli (S von Wolhusen am Flussanschnitt der Kleinen Emme, N von Luzern; Halt 3 im Exkursionsführer Keller 2000)

Satellitenbeobachtungen aus dem Weltraum legt 110 km nahe. Die Niederschlagsmenge während der Monsun-Zeiten zwischen Juni und September erreicht durchaus 5000 mm, sodass Wasserführung und ausgelöste Sedimenttransporte in den Flussläufen Nordostindiens erheblich sind (Kumar et al. 2014, fig. 1) (◘ Abb. 3.31). Seit Beginn der Dokumentation vor etwa 60 Jahren hat sich der Kosi River um die Breite seines Fächers von O nach W verlagert.

Die heute sich bildenden alpinen **Muren** sind ebenfalls nasse Schwemmfächer. Sie formen sich durch die anhaltende Reliefbildung des Alpenkörpers, leider auch aufgrund von Waldverlust und unangepasster anthropogener Nutzung des Gebirges (◘ Abb. 3.32a). Die Muren zeigen ein schlammreiches matrixgestütztes, mitunter schichtiges Gefüge, das sich auch bei diesen durch die Nacheinanderfolge der Transportprozesse ergibt (◘ Abb. 3.32b). Die in jüngerer Zeit in Graubünden/Schweiz abgegangen Bergstürze wurden durch Übersteilung des alpinen Reliefs und Frostsprengung ausgelöst; es bildeten sich Muren übergroßer Dimension und Zerstörung.

Die Entwicklung von trockenen und nassen Schwemmfächern ist oft verbunden mit Relativbewegungen zwischen dem Schutt liefernden Gebirge und dem über eine Randstörung angeschlossenen und Schutt aufnehmenden Sedimentbecken (◘ Abb. 3.33). Diese Relativbewegung kann kompressiv, also aufschiebend sein wie im holozänen **Rio-Toro-Becken** in der Ostkordillere NW-Argentiniens (Schwab und Schäfer 1976). Transpressiv sind die Bewegungen im eozänen **Montserrat-Becken** in den Katalanischen Ketten (Alasker et al. 1996; Burns et al. 1997; Parcerisa et al. 2007; Costamagna und Schäfer 2017). Der südliche Rand im **Po-Becken** baut einfache Piedmontzyklen auf, die auf Extension zurückzuführen sind (Amorosi et al. 1996).

3.1.2.1 Tagliamento

Die Entwässerung der Südalpen strebt mit vielen Wasserläufen auf weiter Fläche in die nördliche Adria. Einer von diesen ist der **Tagliamento** (◘ Abb. 3.34), ein beeindruckend wilder Fluss von etwa 100 km Länge, der aus den Julischen Alpen in die Adria entwässert und in dieser bei Bibione ein kleines Delta bildet (Tockner et al. 2003; Monegato und Stefani 2010). Der Fluss lässt sich entlang seines Weges durch das norditalienische Friaul gut verfolgen, wo er ein zunächst an Blöcken, Geröll und Kies reicher verwilderter Fluss ist.

Als Wildwasser schießt er zunächst in der Faser des Gebirges von W nach O, biegt dann nahe des Ortes Nuova Portis nach S. Von dort strebt er auf fast 90 km geradeaus nach Bibione an der Adria. Die angegebene Meereshöhe auf dieser N-S-Strecke vermindert sich dabei von 300 m + NN bis auf 0 m NN.

Auf seinem Weg durch das voralpine Piedmontsystem schneidet sich der Tagliamento zunächst in seinen Schwemmfächer ein. Bei etwa Fogaria kommt er an die Sedimentoberfläche, verbleibt an dieser zunächst als verwilderter Fluss und bildet schließlich wenig S von San Vito al Tagliamento einen mäandrierenden Fluss, dessen Sinuosität zunimmt und sich wieder in den Untergrund eintieft, bevor er sein Delta in die Adria vorbaut.

Der Oberlauf ist zunächst sichtbar tief in seinen grobklastischen Schwemmfächer eingeschnitten (◘ Abb. 3.35a). Der verzweigte Flussabschnitt baut einen sich seitlich weit und rasch verlagernden Strom mit großen Strominseln aus Kies und Grobsand (◘ Abb. 3.35b). Allmählich wird er dann sandiger und seine Wasserführung einheitlicher und beständiger (◘ Abb. 3.35c). Bei Zweidrittel seines Weges – unterhalb von San Vito al Tagliamento – formt er einem mäandrierenden Flusslauf und behält dieses Flussmuster bis zu seiner Mündung in die Adria bei Bibione bei. Der mäandrierende Flussabschnitt transportiert Sand und Pelit, organisiert einen einheitlichen Stromstrich (◘ Abb. 3.35d) und gräbt schließlich eine hoch sinuose und bis 3 m tiefe Rinne. Auf ihrer letzten Strecke verläuft sie schließlich gerade. In die Adria mündet der Fluss mit einem flussdominierten Delta. Beiderseits der Flussmündung entlang der Küste schließt sich ein stabiler Strandwall an (Gordini 2007).

3

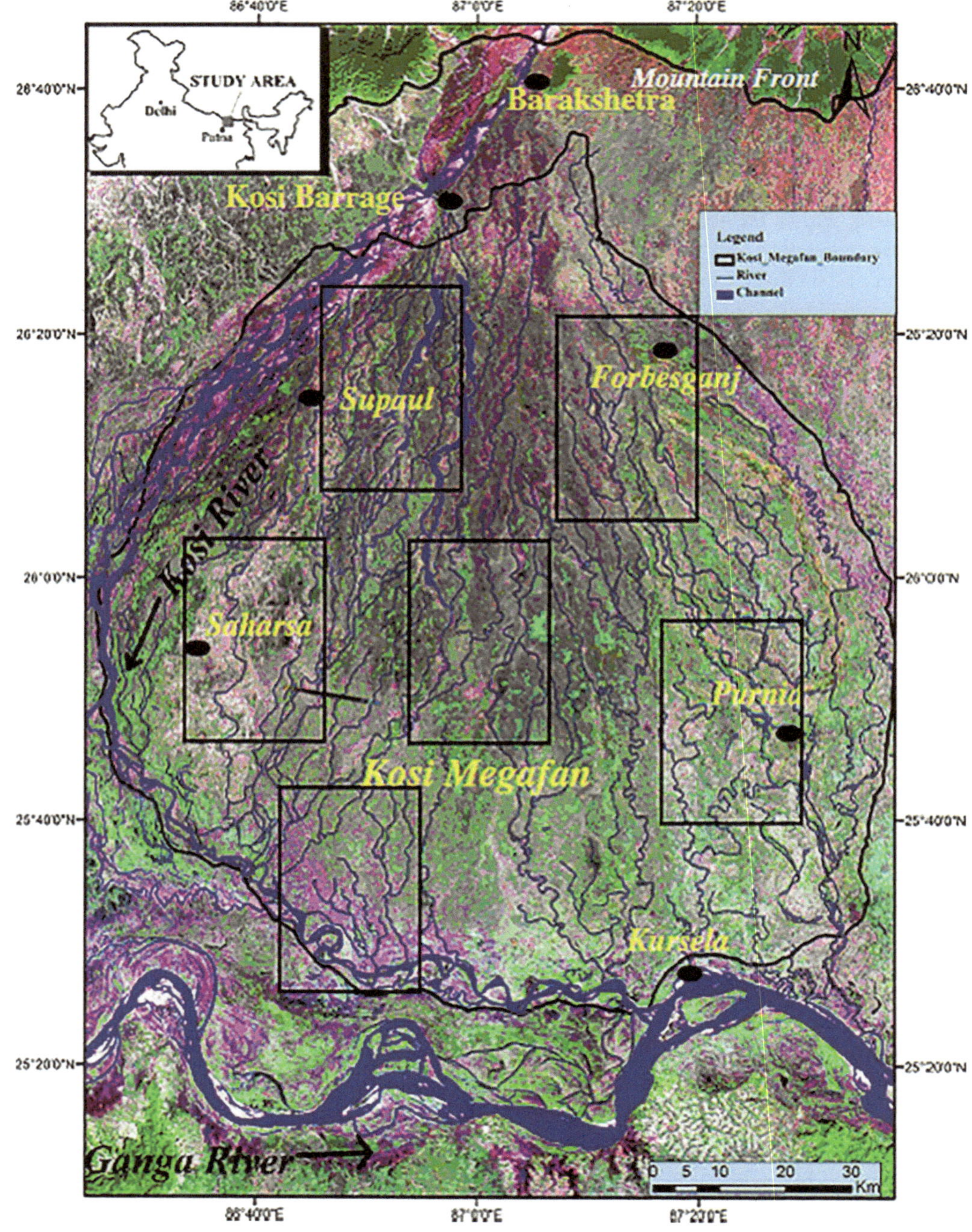

○ Abb. 3.31   Der Kosi Megafan in NO-Indien bildet einen weiten Schwemmfächer aus dem Himalaya und transportiert Grobfracht in Richtung Ganges (Kumar et al. 2014, fig. 1)

Ist die Wasserführung bei hoher Niederschlagsrate und reichlich Schmelzwasser groß, führt der verzweigte Flussabschnitt in allen Stromrinnen Wasser und transportiert gut gerundete und gut sortierte Bodenfracht, vorwiegend Karbonatgesteine aus den Südalpen

◘ Abb. 3.32 **a** Alpine Mure, ein nasser Schwemmfächer in den Lechtaler Alpen; Plansee, südlich von Füssen. **b** Detail: matrixgestütztes Sedimentgefüge der durch Schlamm-/Geröllströme aufgebauten alpinen Mure

(Bertoldi et al. 2010). Der mäandrierende Flussabschnitt bewässert aus dem kiesig-sandigen Untergrund heraus die Flussebene hinreichend für Ackerbau und Schilfwuchs.

Durch die Wasserführung und die Sedimentfracht aus den Südalpen wird die Flussebene direkt versorgt und von deren Morphometrie gesteuert, kann aber auch unvermittelt erheblich umgestaltet werden. Der Tagliamento ist der zum Schwemmfächersystem des norditalienischen Friaul gehörende Flusslauf, dessen Wasserführung und Sedimentfracht zusammen mit weiteren Rinnen die Flussebene aufschottert. Das mit Sedimentfracht beladene Flusswasser taucht an der Adriaküste hyperpycnisch (*sensu* Bates 1953) das Relief der steilen Deltastirn in die Tiefe ab und formt aus der angelieferten Grobfracht von Sand und Kies ein Gilbert-Delta. Die konsequente Entwicklung des Tagliamento von proximal nach distal ist vergleichbar mit der oben gezeigten Fallstudie von Blair und McPherson (1994) aus dem Death Valley.

3.1.2.2 Weitere Beispiele

Das eozäne **Ridge Basin** im südlichen Kalifornien ist für seine Entstehung an die San-Gabriel-Störung gebunden, die zum San-Andreas-Störungssystem gehört (Crowell 1982; May et al. 1993). Das Becken erfährt entlang der NW-SE streichenden Störungen im südlichen Kalifornien eine rechtshändige Deformation und baut nordwestwärts

anlagernde und sich schindelförmig überdeckende Schwemmfächer (sog. *shingling alluvial fans*) auf. Für die Ausdeutung der Genese von *strike-slip basins* hat die Geometrie der Violin Breccia als grobklastisches Schuttfächersystem im Modell Ridge Basin ganz wesentlich seinen Platz.

Das permokarbone **Saar-Nahe-Becken** zeigt entlang seiner im NW gelegenen Randstörung (der Hunsrück-Südrand-Störung) eine ebenfalls rechtshändige (dextrale) Scherung (◘ Abb. 3.36). Sie verursachte während des Stephan und des Rotliegend die Subsidenz des Beckens, an der Randstörung NO-wärts sich überlagernde Schwemmfächer mit Schlammströmen und Stromrinnen sowie eine NO-wärts gerichtete Orientierung aller kontinentalen Paläoströmungssysteme (Korsch und Schäfer 1995; Schäfer und Korsch 1998; Schäfer 2011). Damit ist auch das Saar-Nahe-Becken ein asymmetrisches Scherungsbecken (*strike-slip* bzw. *wrench basin*) (◘ Abb. 3.37).

Dagegen bildet die NW-SO-streichende Randstörung zwischen den Sudeten und dem östlich daran anschließenden Vorsudetischen Block ein linkshändiges (sinistrales) Scherungssystem. Der plio-pleistozäne **Pre-Kaczawa-Schwemmfächer** wurde nach SO übereinander gestapelt. Die Schindellagerung der Schwemmfächer lässt sich in diesem Beispiel ausgezeichnet erkennen (Mastalerz und Wojewoda 1993) (◘ Abb. 3.38).

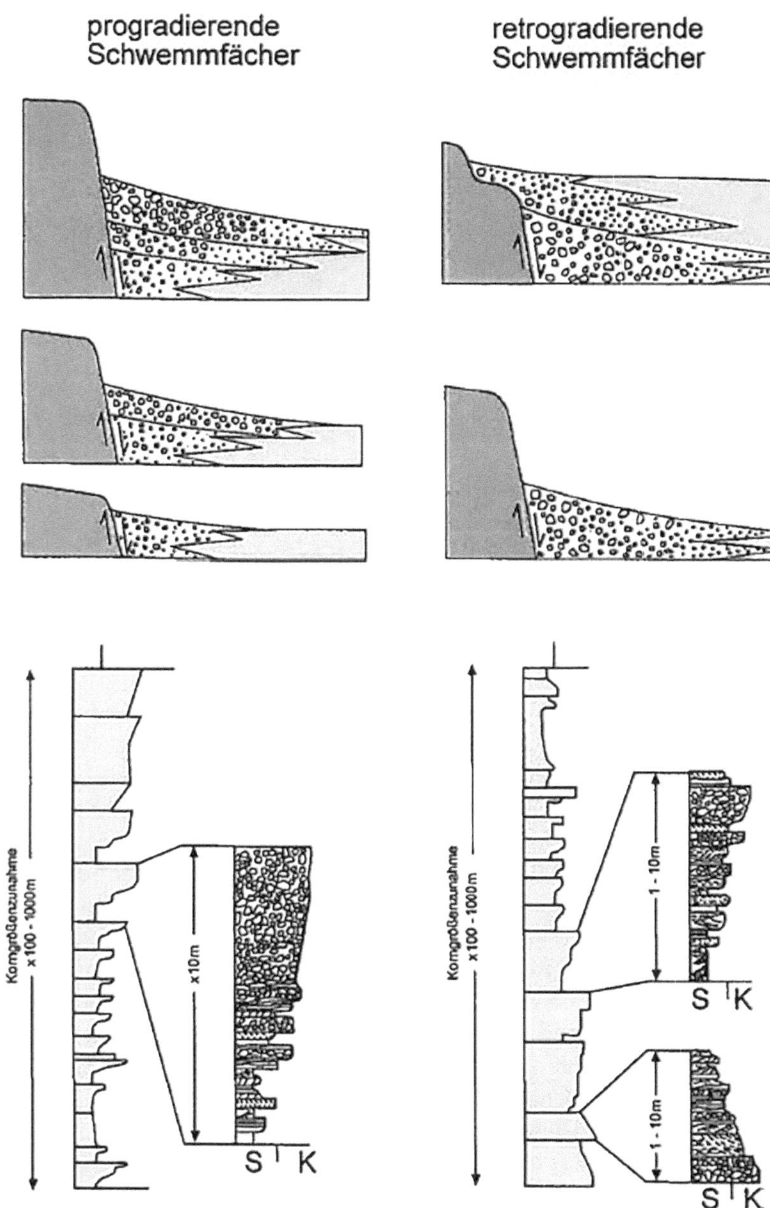

◘ Abb. 3.33 Idealisierte vertikale Sequenzen in Schwemmfächern mit großskaligen Trends der Kornvergröberung und Kornverfeinerung. Eine Kornvergröberung *(coarsening-up)* bildet die zunehmende Heraushebung des denudierenden Gebirges ab: der Schwemmfächer progradiert gegen das Sedimentbecken. Eine Kornverfeinerung *(fining-up)* bezeichnet ein allgemeines Nachlassen der Reliefenergie; gleichwohl können viele der Detailprofile dieser Sequenz ein *coarsening-up* entwickeln. (Nach Einsele 2000, fig. 2.12)

Im **südlichen Oberrheingraben** sind durch günstige Bedingungen Liefergebiete beiderseits des Grabens, in den Vogesen und im Schwarzwald, aufgeschlossen. Die Lieferung von Geröllfrachten zu Zeiten des Eozäns, in welchem sich der Oberrheingraben intensiv abzusenken begann, lässt sich von den Randgebirgen in dessen Sedimentbecken hinein

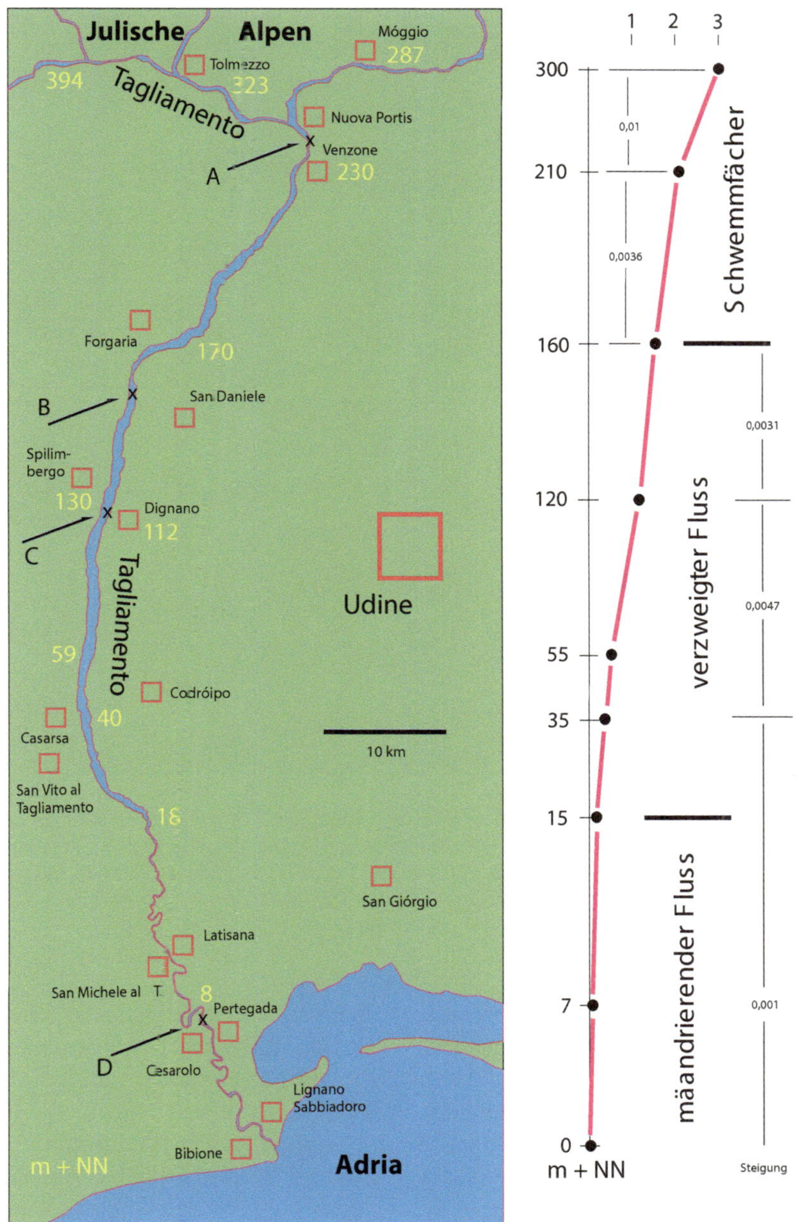

◘ Abb. 3.34 Der Tagliamento im norditalienischen Friaul entspringt in den Julischen Alpen und mündet bei Bibione in die Adria (Meereshöhe = gelbe Zahlen). Der Flusslauf wurde auf der Grundlage eines ESA-Satellitenbildes (Fa. Mundialis, Bonn) umgezeichnet. Näheres im Text

detailliert verfolgen (Pflug 1982; Duringer 1995; Hinsken et al. 2007) Eine tektonische Scherung ist kaum ausgeprägt, wenn auch der östliche Grabenrand eine leicht sinistrale Tendenz besitzt.

3.1.3 Fächerdeltas *(fan deltas)*

Trockene Schwemmfächer haben einen direkten Bezug zur Randstörung eines sich absenkenden Beckens und besitzen eine meist

▣ Abb. 3.35   Tagliamento **a** Schotterflächen im Gebirge, S von Nuova Portis (östliche Flussseite) mit Blick nach N. **b** Aus dem Flussbett des Fiume Tagliamento südlich von Fogaria mit Blick nach S. **c** Bei Dignano auf der Brücke Ponte sul Tagliamento mit Blick nach N (östliche Flussseite). Sandige Strominseln wandern auf den Betrachter zu. **d** NW-Rand von Pertegada (Spiaggia Tagliamento) mit Blick nach N (westliche Flussseite): Der Mäanderfluss fließt auf den Betrachter zu. (Alle Fotos Google Earth)

überschaubare Dimension. Nasse Schwemmfächer dagegen sind vielfach Megastrukturen. Sie reichen mitunter noch vom Land bis in den aquatischen, meist marinen Raum hinein.

Die in Meere oder Seen einmündenden Schwemmfächer bilden kurze, steile sog. Gilbert-Deltas (▣ Abb. 3.39). Namensgebend ist das von Gilbert (1885) beschriebene Kiesdelta vom Lake Michigan (▣ Abb. 3.40). Die Schüttungskegel der Gilbert-Deltas, die man heute als *fan deltas* bezeichnet (Massari 1996; Ethridge und Wescott 1984; McPherson et al. 1987; Nemec und Steel 1988), werden vor allem von Grobsedimenten aufgebaut. Darüber hinaus sind sie durch den sie umgebenden lakustrinen bzw. marinen Wasserkörper ihres ursprünglichen

Charakters als kontinentaler Schwemmfächer beraubt (▣ Abb. 3.41). Trotzdem aber sind gerade randmarine Schwemmfächer *(marine fan deltas)* dadurch sehr typisch. Ihr Internaufbau gibt den gravitativen Sedimenttransport in einen größeren Wasserkörper hinein durch Serien kleinerer Kornverfeinerungssequenzen wieder, die bei subaerischen Schwemmfächern nicht üblich sind (Dickie und Hein 1995; Fernandez und Guerra-Merchan 1996; Massari und Colella 1988) (▣ Abb. 3.42).

Fächerdeltas bilden große Sedimentkörper und besitzen die gesamte Bandbreite grobklastischer und gravitativer Sedimentation. Die sedimentfazielle Dreiteilung in Subenvironments ist sehr deutlich ausgeprägt (vgl. ▣ Abb. 3.40). Die

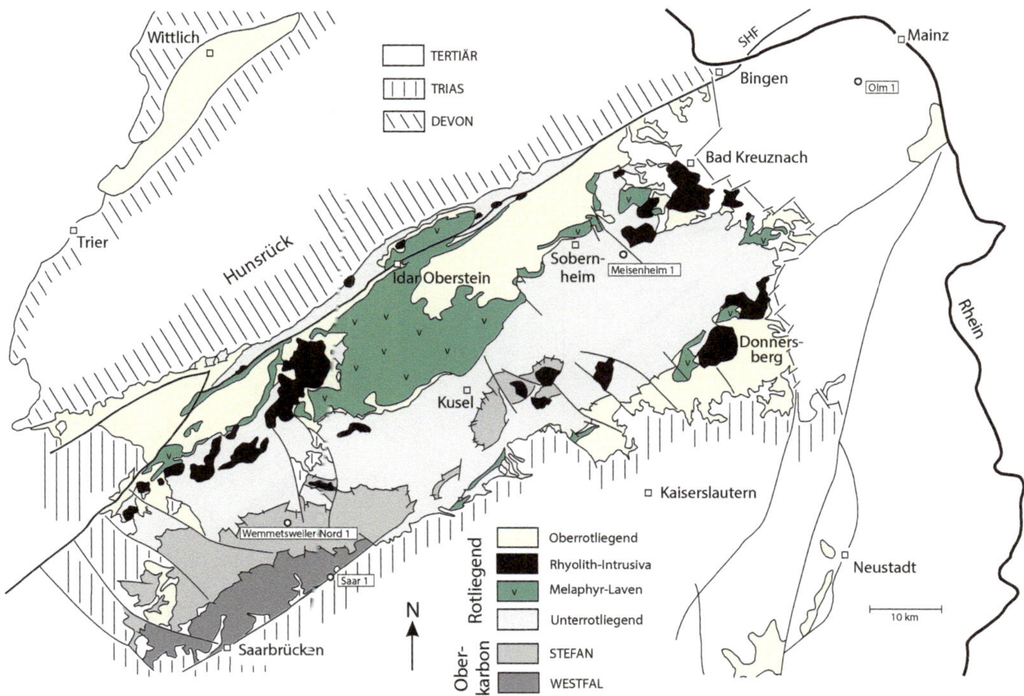

◘ Abb. 3.36   Vereinfachte geologische Karte des Saar-Nahe Beckens; SHF = Südhunsrück-Störung. (Verändert aus Schäfer 2011)

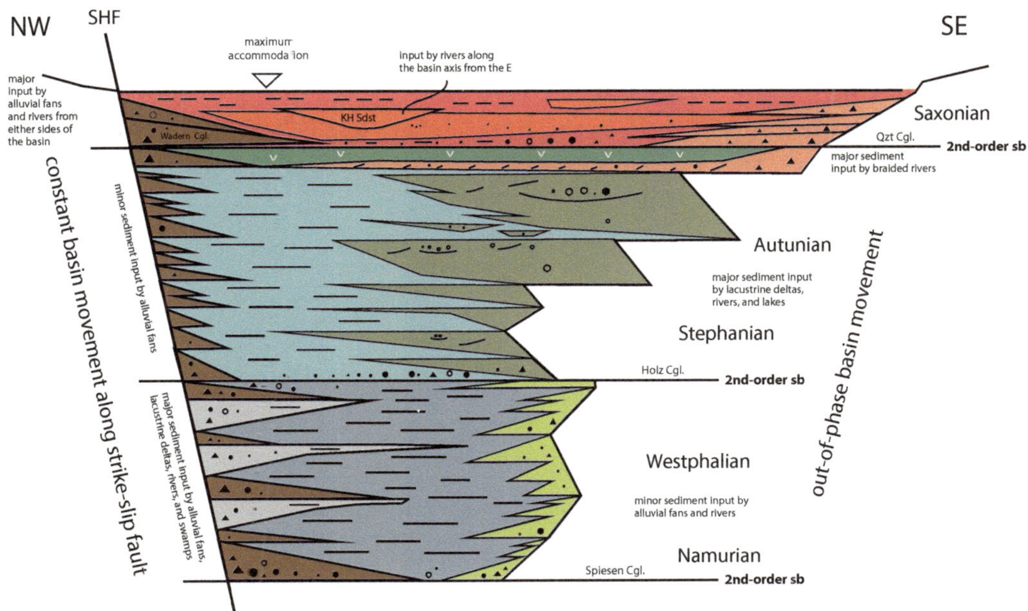

◘ Abb. 3.37   Idealisierter NW-SO-Querschnitt durch das *strike-slip*-Saar-Nahe-Becken; SHF = Südhunsrück-Störung (Schäfer 2011)

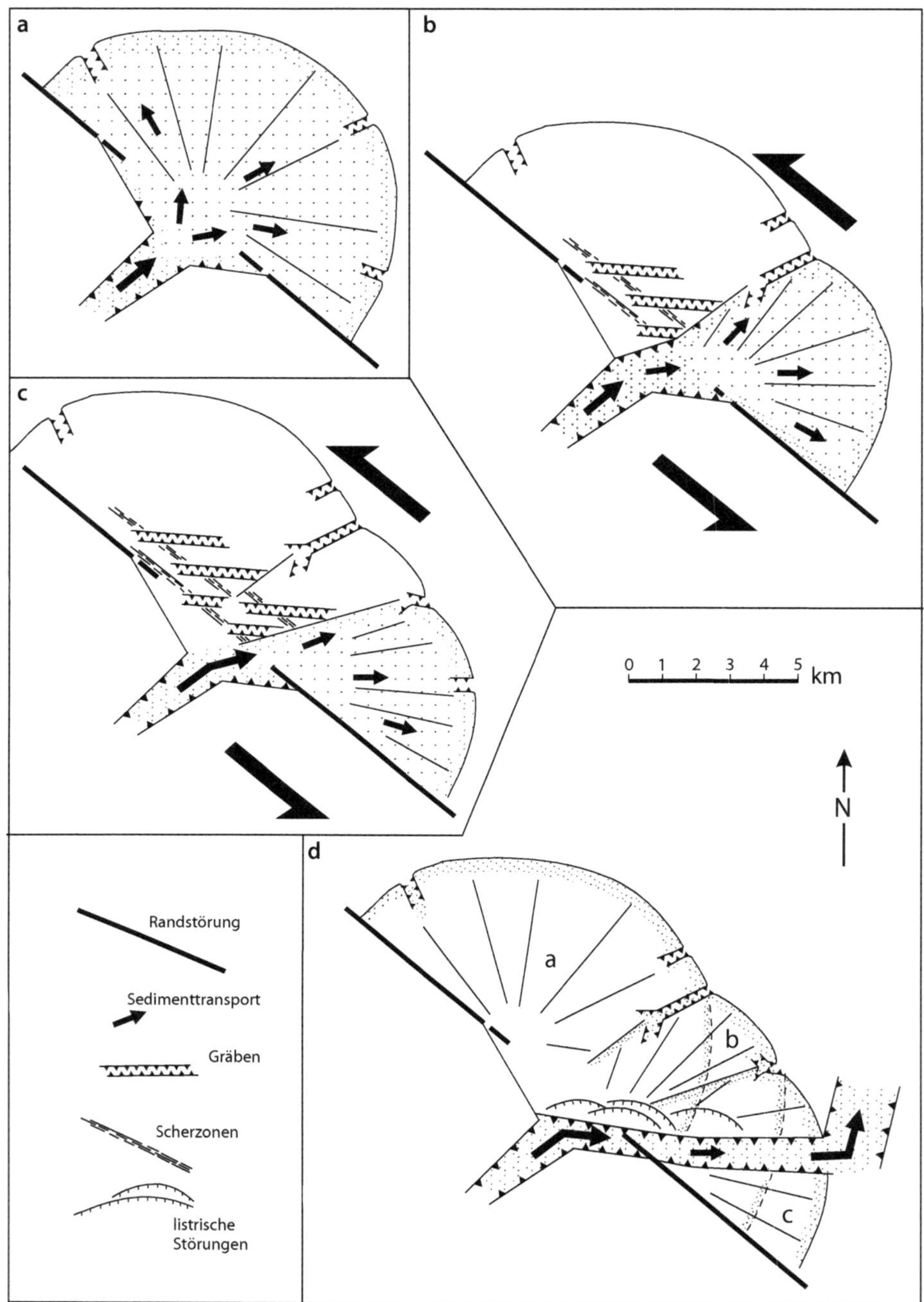

◖ **Abb. 3.38** Schindelförmig übereinander gestapelte Schwemmfächer an der (hier linkshändig bzw. sinistral) scherenden Randstörung *(strike-slip fault)* bedingen im Sedimentbecken südostwärts sich verlagernde Depozentren. Dieses Beispiel dokumentiert den plio-pleistozänen Pre-Kaczawa-Schwemmfächer an der Sudeten-Randstörung in SW-Polen. (Nach Mastalerz und Wojewoda 1993, fig. 10)

 Abb. 3.39 Würmzeitliches Kiesdelta in einem Eisstausee. Die obere horizontale Fläche des Deltas entspricht etwa dem Spiegel des Eisstausees, überlagert von Moräne; Moseltal, in der Nähe von Bussang, S-Vogesen

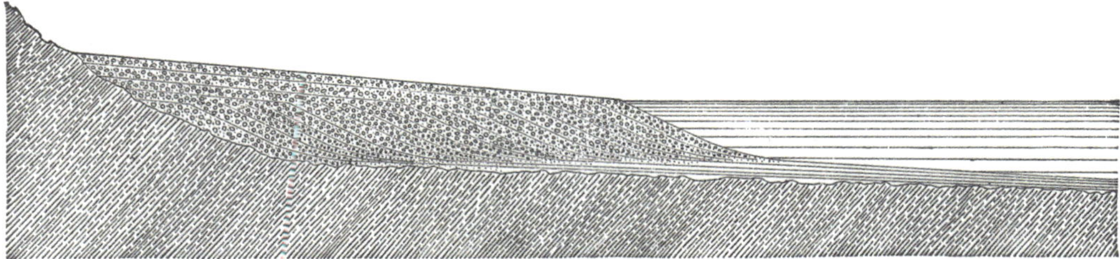

Abb. 3.40 Das Gilbert-Delta in der Originalzeichnung (Gilbert 1885)

Bezeichnung Gilbert-Delta (Gilbert 1885) hat sich seit dessen Entwurf in der Nomenklatur von Deltabildungen festgeschrieben. Die Sedimentkörper dieser Art zeichnen sich durch eine sehr steile Deltafront aus. Sie bildet sich vor allem in Süßgewässern, wenn der fluviale Trübstoffeintrag den Wasserkörper rasch unterschichtet. Gilbert fasste seine Beobachtungen an zahlreichen Kiesdeltas im Lake Michigan in einer sehr gelungenen zeichnerischen Synthese zusammen. Sein Name ist seither mit diesem Sondertyp von Deltas mit gröberen klastischen Schüttungen und einer steilen Deltafront, die von der Deltaplattform bis zum Deltafuß reicht, verbunden. Solche Fächerdeltas – jedoch in kleinem Maßstab – finden sich nach heftigen Regen mitunter auch in Pfützen am Wegesrand (◨ Abb. 3.43).

Der **Chiemsee** wird durch die Tiroler Achen geradewegs aus den Nordalpen mit Sediment beliefert. Dieses ist bei ruhiger Wasserführung des Flüsschens feinklastisch. Bei heftigem Niederschlag oder gar Schneeschmelze in den Nordalpen werden die Lieferungen jedoch unvermittelt grobklastisch. Es formt sich ein Gilbert-Delta mit steiler Deltastirn in den wenig mehr als 70 m tiefen und fast 80 km^2 großen Chiemsee hinein (◨ Abb. 3.44). Dessen Deltaplattform ist eben und durchzogen von fluvialen Rinnen der Tiroler Achen, die wegen der hohen Stromgeschwindigkeit Strominseln eines verzweigten Flussmusters bilden.

Auch im Meer kann sich ein kiesführendes Fächerdelta mit steiler Deltastirn bilden, wenn

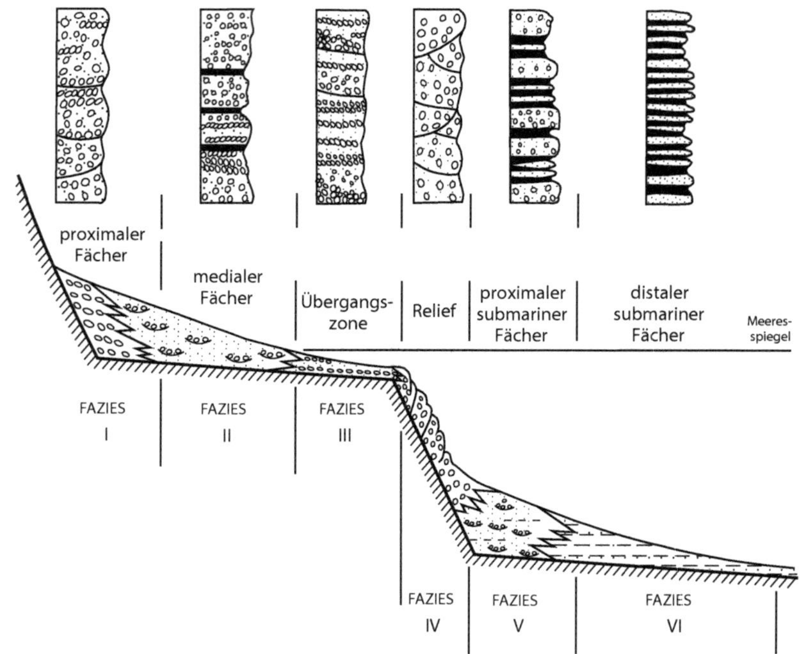

Abb. 3.41   Münden Schwemmfächer in Seen oder ins Meer, bilden sie deltaförmige Körper, sog. Fächerdeltas *(fan delta)*, hier das Ablagerungsmodell für die untereozäne Wagwater und Richmond Formation, Wagwater Trough, O-Jamaika. Das hier dargestellte sog. *slope*-Modell (in der Unterscheidung zu *shelf*- und Gilbert-Modellen) führt an den aktiven Kontinentalhang mit sehr steilem Relief (Fazies IV), wo sich keine gut entwickelten *coarsening-up*-Sequenzen bilden, weil Rutschmassen eine klare Profilentwicklung behindern. (Ethridge und Wescott 1984, fig. 12)

die fluviale Sedimentfracht grobkörnig ist und reichlich angeliefert wird. Heute hat sich für dieses Ablagerungsphänomen der Begriff *fan delta* durchgesetzt, vor allem, wenn Megastrukturen aufgebaut werden.

Eine Megastruktur dieser Art ist das **Corinth-Fächerdelta** am nordöstlichen Peloponnes zwischen Derveni im W und Akrata im O, entlang des südlichen Golfes von Corinth (**Abb. 3.45**). Ori et al. (1991), Koukouvelas et al. (2007) und Rohais et al. (2007, 2008) entwarfen ein Ablagerungsmodell für diesen gigantischen pleistozänen Konglomeratfächer. Durch den Aufstieg des Peloponnes wurde genügend Reliefenergie erzeugt, sodass die Schüttungen der Konglomerate eine mächtige mehrfach zyklische

Megastruktur bilden konnten (**Abb. 3.46**). Diese wurde im Zeitraum 1,5–0,7 Ma vor heute aufgrund der auswärts gerichteten Wanderung der Störungsaktivität in vier Systemtrakten angelegt, in unterschiedlicher Mächtigkeit und Vollständigkeit.

Es lässt sich in Geländeprofilen das *topset, foreset* und *bottomset*, ergänzt durch Turbidite im distalen Bereich, im Evrostini-Fandelta (Rohais et al. 2008, fig. 7) erkennen. Die Abfolgen wiederholen sich mehrfach. Insgesamt bildeten sich sedimentologisch gut begründete von einander trennbare Systemtrakte (*systems tracts*, s. a. ▶ Abschn. 5.7):

Der erste Systemtrakt (ST 1) ist durch das Fehlen von Schichten des *topset* und stattdessen durch die Entwicklung einer

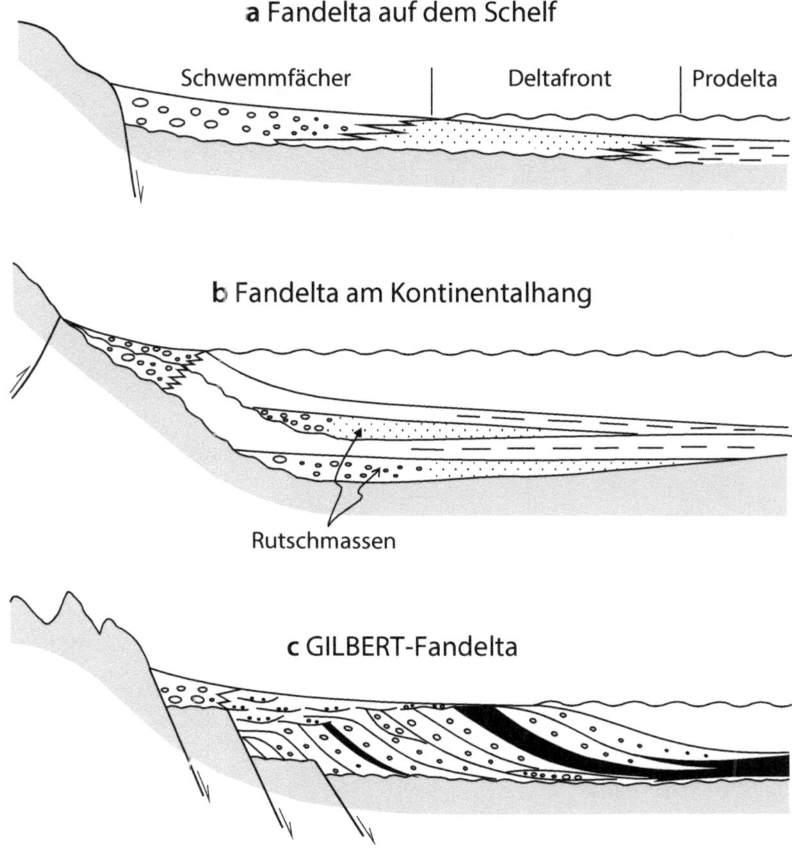

◘ Abb. 3.42   Idealisierte Querschnitte durch drei Fächerdeltas auf dem Schelf, am passiven Kontinentalrand und im lakustrinen Raum. Das Fächerdelta ist wegen seiner deutlich von seiner Umgebung abgegrenzten Ausdehnung recht übersichtlich und gut zu erkennen. Charakteristisch ist bei diesem die diskordante Auflagerung der Deltaplattform auf die Stirnsedimente, wie dies bereits Gilbert (1885) erkannte. (Nach Massari und Colella 1988, fig. 1)

bypass-Fläche sowie durch dicke *foresets* und *bottomsets* als auch gut ausgebildeter turbiditischer Systeme charakterisiert (◘ Abb. 3.47). Dieser Systemtrakt beschreibt den in den Golf von Corinth progradierenden distalen Schuttfächer.

Der zweite Systemtrakt (ST 2) hat ein nur dünnes *topset* und beinahe kein *foreset*. Dieser Systemtrakt ist nicht immer gut erhalten und retrogradiert; am „*offlap break*" springt er landwärts. *Offshore* finden sich massiv sandige Turbidite.

Der dritte Systemtrakt (ST 3) ist durch individuelle kleinskalige Deltas charakterisiert, die über die gestapelten *topsets* des gigantischen Gilbert-Fandeltas progradieren. Diese kleinen Gilbert-Fandeltas progradieren zunächst, dann aggradieren sie, um dann wiederum zu progradieren. Dadurch sind nur vereinzelt distale Ablagerungen früherer Gilbert-Fandeltas erhalten geblieben.

Der vierte Systemtrakt (ST 4) zeichnet sich durch beständig vertikal aufwachsende *topsets* aus, die seitwärts in aggradierende und

▢ Abb. 3.43 Modell eines kiesführenden Fächerdeltas mit steiler Deltafront – in einer Pfütze am Wegesrand. Die deltabildende Grobfracht ist hier unter der aus dem überstehenden Wasser abgesetzten Tontrübe verborgen

▢ Abb. 3.44 Das Achendelta am S-Ufer des Chiemsees ist ein typisches Gilbert-Delta. Seine ebene Deltaplattform ist durchzogen von sich verzweigenden fluvialen Rinnen der aus S, aus den Nordalpen, kommenden Tiroler Achen. (Foto Florian Werner)

prograadierende *foresets* übergehen (▢ Abb. 3.48). *Bottomsets* und distale Turbidite sind ausgedünnt. Dieser vierte Systemtrakt besitzt einen aggradierenden Trend.

Terrassen aus rotem Geröll der Oberen Gruppe überlagern die *foresets* und *bottomsets* des Evrostini-Fandeltas diskordant, was einen größeren Abfall des Meeresspiegels nach der Ablagerung der Mittleren Gruppe nahelegt. Das Kliff ist heute ungefähr 600 m hoch.

Alle Gilbert-Fandeltas korrespondieren mit der Füllung der Mittleren Gruppe des jungpleistozänen Corinth Rifts (Rohais et al. 2008, fig. 9). Ihre Anlage war intensiv von der

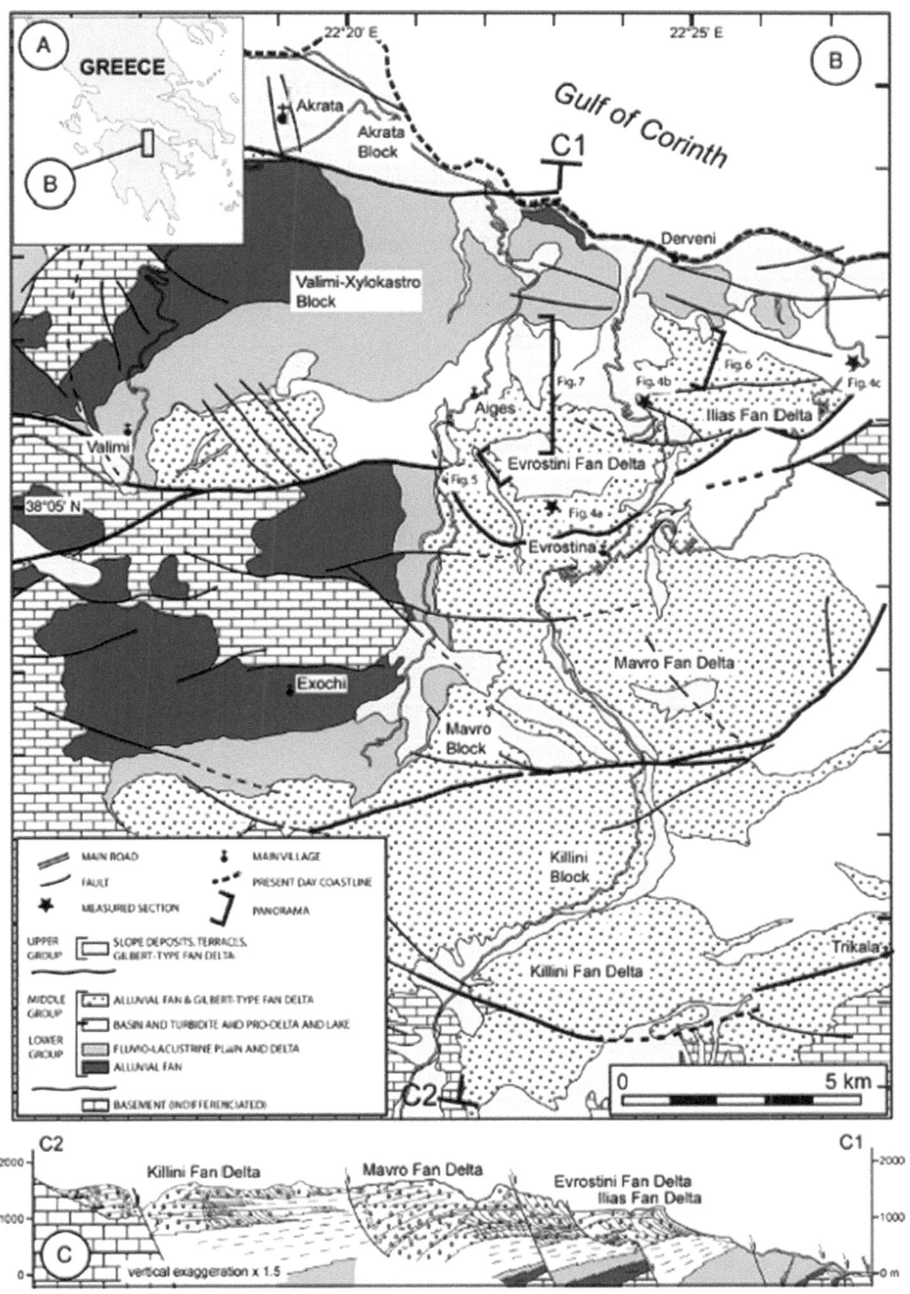

◨ Abb. 3.45 Geologische Detailkarte der zentralen Südküste des Golfes von Corinth (Rohais et al. 2008, fig. 1) **a** Lage des Studiengebietes am Nordabhang des Peloponnes. **b** Geologische Karte des Zentralteils des Golfes von Corinth mit seinem Störungsmuster und den wesentlichen lithostratigraphischen Einheiten. **c** N-S-Profil durch die Geomorphologie der Südküste des Golfes von Corinth

3

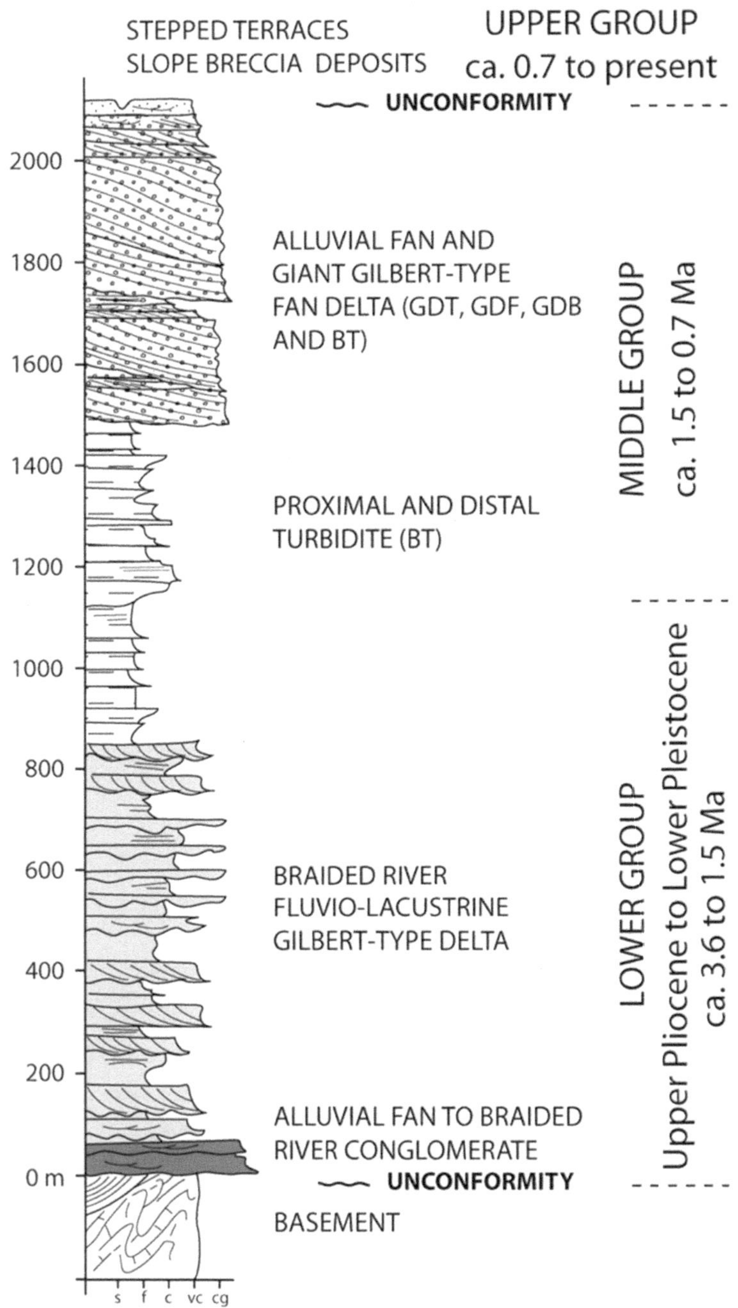

◘ **Abb. 3.46**   Synthetisches stratigraphisches Profil der Synrift-Füllung der zentralen Südküste des Golfes von Corinth (Rohais et al. 2008, fig. 2). Die aufgenommenen Fazies-Assoziationen der Mittleren Gruppe sind (a) GDT – Gilbert-type Delta Topset, (b) GDF – Gilbert-type Delta Foreset, (c) GBD – Gilbert-type Delta Bottomset, BT – Becken und Turbidite

Abb. 3.47 Von der Küste des Golfes von Corinth am Nordhang des Peloponnes das Sträßchen von Derveni nach S den Mt. Kyllini hinauf (2 km oberhalb von Evrostina). Deformierte Pro-Delta-Turbidite der Sedimentfazies „Proximal and Distal Turbidite (BT)" in Rohais et al. 2008, fig. 2; siehe Abb. 3-15. (Foto Agemar Siehl)

Abb. 3.48 Von der Küste des Golfes von Corinth am Nordhang des Peloponnes das Sträßchen von Derveni nach S den Mt. Kyllini hinauf (kurz vor Koumarias). Das Panorama im Blick nach W zeigt das pleistozäne Evrostini-Fandelta (entsprechend Rohais et al. 2008, fig. 1 und 7; siehe Abb. 3-14). Sichtbar sind *topset*, *foreset* und der Beginn des *bottomset*. (Foto Agemar Siehl)

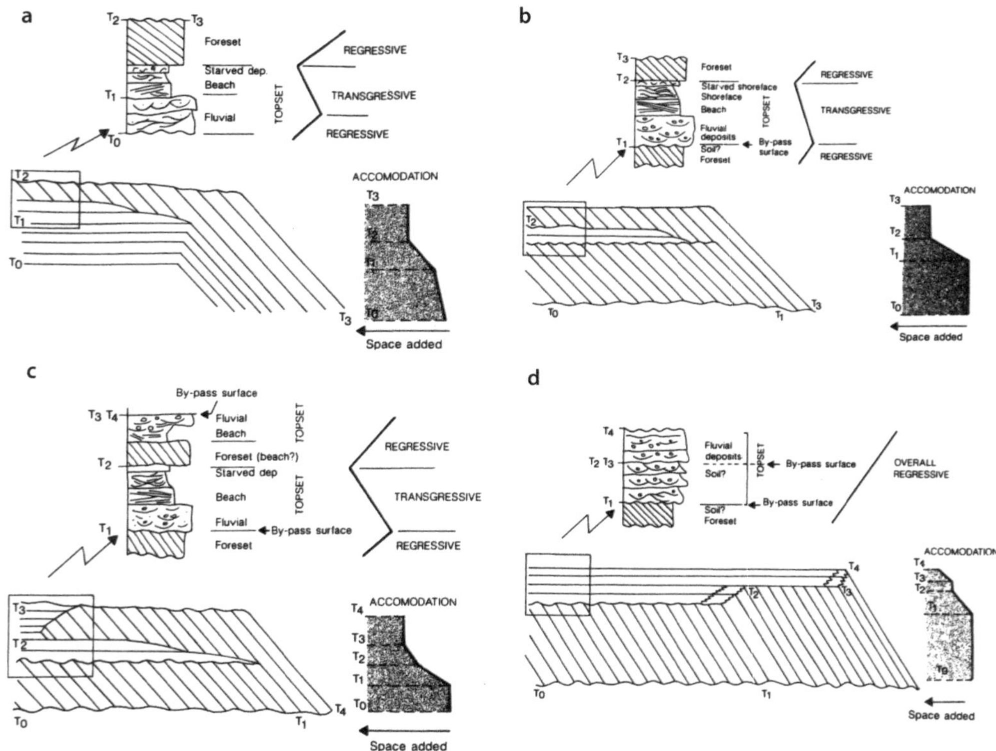

◘ Abb. 3.49   Fazies und Architektur im Gilbert-Fandelta am Nordhang des Peloponnes (Ori et al. 1992, fig. 14, verändert). A und B sind Küstenablagerungen, überlagert durch gering mächtigen sandigen Schlick mit vor allem Austern in Lebensstellung. C und D sind fluviale Bildungen aus Zeiten mit geringer Subsidenz des Untergrundes

Bildung dieser Rift-Struktur beeinflusst. Sie zeichnet die Wanderung des Depozentrums von der Riftschulter zur Riftachse in vier Sequenzen nach – abhängig von der Aktivität der Störungen. Während dieser Zeit wurde der maximale Tiefgang des Corinth Rifts erreicht.

Über dessen großes Gilbert-Fandelta berichteten schon Ori et al. (1992) und stellten ausführliche Analysen für die Bestimmung der Sedimentfazies an (◘ Abb. 3.49). Die vorgefundenen Küstensedimente und fluvialen Bildungen wechselten je nach verfügbarem Akkommodationsraum.

Im Anschluss nach W bearbeiteten Backert et al. (2010) das ebenfalls früh- bis mittelpleistozäne **Kerinitis Fandelta** (N-Rand des Peloponnes). Dieses wurde in einem frühen Flusslauf über eine steile Verwerfung in das nördlich sich absenkende brackisch-marine Becken des Golfes von Corinth hinein angelegt. Elf identifizierte Schichteinheiten waren abhängig von der tektonischen Aktivität des sich heraushebenden Hochgebietes Peloponnes. Es konnte ein unteres, ein mittleres und ein oberes Kiesdelta unterschieden werden. Die Anlage von alt nach jung entwickelte zunächst vertikal gestapelte Einheiten im unteren Delta, danach jedoch vertikal aggradierende und nordwärts progradierende Einheiten im mittleren Delta. Erst im oberen Delta fand ausschließlich Progadation statt. Zugleich endete die Aktivität der Verwerfung, was zu einer erheblichen submarinen Erosion der unteren und mittleren Deltas führte.

Tectono-sedimentary evolution of the Plio-Pleistocene Corinth rift, Greece

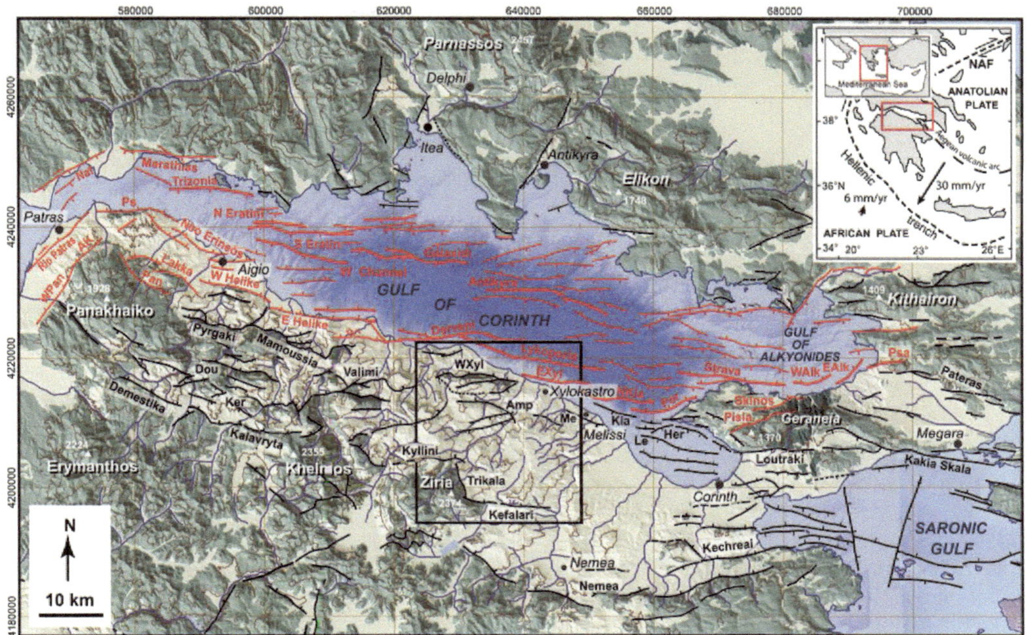

◨ **Abb. 3.50**   Karte des plio-pleistozänen Corinth Rift (Aus Gawthorpe et al. 2017, fig. 1)

Die lakustrine Valimi Formation repräsentiert das frühe Synrift-Stadium im Plio-Pleistozän. Mit reicher Sedimentfracht versehene Gilbert-Deltas progradierten (im sog. *high-accommodation setting*) in flache Seen (Ambrosetti et al. 2016). Gawthorpe et al. (2017) (◨ Abb. 3.50) und Hemelsdaël et al. (2017) bereiteten eine groß angelegte Strukturanalyse des plio-pleistozänen Corinth Rifts vom Nordabfall des Peloponnes bis in den sich nordwärts anschließenden Golf von Corinth hinein.

Die Heraushebung des Peloponnes im Pleistozän ist an vielen Lokalitäten dieser Halbinsel in unterschiedlichem Maßstab dokumentiert, so z. B. entlang der **Ostküste von Lakonien** (Argolischer Golf) gegenüber der Hafenstadt Nafplia durch Zehnermeter mächtige, gut sortierte und perfekt gerundete und in Tonmatrix eingebettete Konglomerate. Die Zyklizität der dezimeter- bis meterdicken gestapelten Schichten nimmt von unten nach oben im Aufschlussprofil deutlich zu und signalisiert eine Progradation des hier in einem Küstenaufschluss angeschnittenen Schwemmfächers (◨ Abb. 3.51). Im Detail dokumentiert sich eine sehr gute Sortierung der angelieferten karbonatischen Klasten. Deren Gerölle wurden durch einen hohen Anteil an fein- bis feinstklastischer Matrix suspendiert und vermutlich schnell talab transportiert, so auch das gezeigte von Pelit umgebene große Geröll (◨ Abb. 3.52).

Auch die von Longhitano (2008) gut aufbereiteten Beispiele aus dem **Potenza-Becken** (Apulien, im Apennin Süditaliens) beschreiben typische Fächerdeltas (*fan delta*) (◨ Abb. 3.53 und 3.54). Sie sind etwa 50 m mächtig und enthalten marine Vorstrand- als auch „offshore"-Sequenzen und sind konglomeratisch bis sandig-tonig. Sie sind typische Gilbert-Deltas, jedoch mit individuellen Unterschieden.

3

◘ **Abb. 3.51**   Küstenaufschluss an der Ostküste des Peloponnes (Xiropigado; Argolischer Golf). Exponiert sind pleistozäne Schwemmfächer, ähnlicher Genese wie die an der N-Küste. Die Sektion zeigt zusammen mit einer Abnahme an Pelit eine Kornvergröberung und Verdichtung der Gerölle – signifikant für eine Progradation des Schüttungskörpers

◘ **Abb. 3.52**   Das Detail aus der unteren Partie des Schwemmfächers an der Ostküste des Peloponnes (Xiropigado; Argolischer Golf) zeigt gut gerundete Karbonatklasten, von pelitischer Matrix umgeben. Dies legt eine Suspendierung der Komponenten bis zum Ort des Absatzes nahe. Der Transport der Schlammstromsedimente erfolgte auf den Betrachter zu

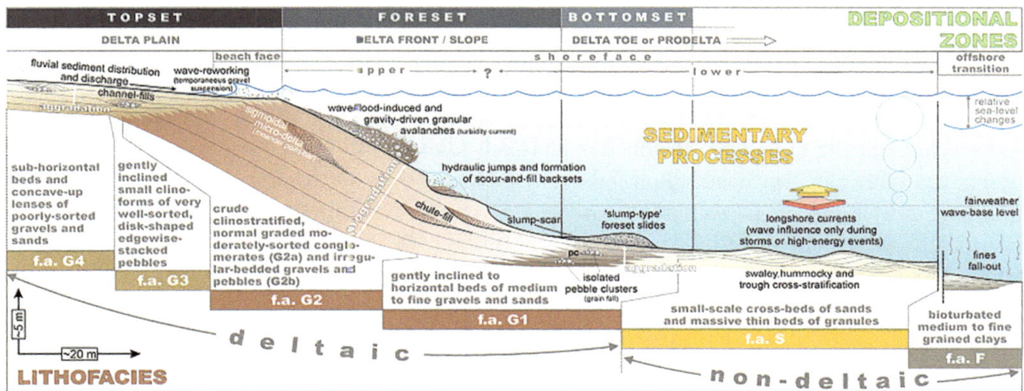

◘ Abb. 3.53 2D-Ablagerungsmodell eines vollständig interpretierten Fächerdeltas *(fan delta)* im Pliozän des Potenza-Beckens (Süditalien) mit aller drei Ablagerungsbereichen, *topset – foreset – bottomset* (Longhitano 2008)

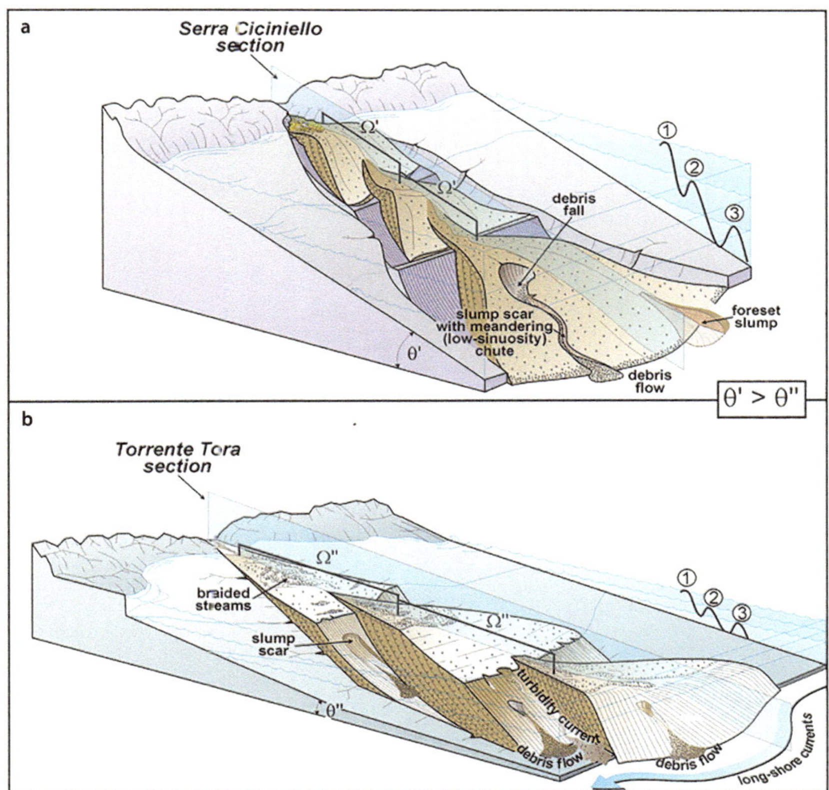

◘ Abb. 3.54 3D-Modelle zweier Fächerdeltas *(fan delta)* im Pliozän des Potenza-Beckens (Süditalien): **a** Serra Ciciniello ist von höheren synsed mentären Hebungsraten des Liefergebietes betroffen, welches die Progradation des Fächerdeltas kontrolliert. **b** Torrente Tora hat einen geringer geneigten Untergrund. Die Progradation des Fächerdeltas ist deutlicher. Es wurde während des Hochstandes des Meeresspiegels angelegt (Longhitano 2008)

3.2 Sandige fluviale Ablagerungen

Flüsse werden nach der Form ihrer Rinnen unterschieden, die abhängig ist von der Neigung des Talwegs (im Deutschen bis 1901 *thalweg,* im Englischen weiterhin so verwendet), wobei ihre Wasserführung vor allem durch die Menge und Beständigkeit des Niederschlags bestimmt wird. Flüsse können sich in immerfeucht-gemäßigten, in trocken-kalten und -heißen sowie in tropischen Klimaten der Erde bilden. Sie können einerseits einen divergierenden, andererseits einen einheitlichen Stromstrich besitzen. Flüsse entwickeln ihre Rinnengeometrie entsprechend dem Verhältnis aus Gefälle des Tales zur Transportrate von Sediment. Verzweigte Rinnen formen sich bei höherem Sedimenttransport auf steilerem Gefälle, mäandrierende Rinnen bei geringerem Sedimenttransport auf flacherem Gefälle (Schumm 1977, 1993;

Collinson und Lewin 1983). Da ein Talweg nur selten ideal geformt ist und sein Gefälle sich häufig ändert, kann ein Fluss auf seinem Weg zum Meer mehrfach zwischen beiden Grundtypen – verzweigend und mäandrierend – wechseln, je nach individuellem Gefälle des Talwegs (Leopold und Wolmann 1957) (◘ Abb. 3.55).

Flussläufe lassen sich zwar grundsätzlich in diese beiden Grundtypen trennen, weisen jedoch viele Übergangsformen in Abhängigkeit von der Tektonik des Liefergebiets, der Dimension der Alluvialebene, der Morphologie und des Gefälles des Talwegs auf. Darüber hinaus kommunizieren sie mit dem relativen Weltmeeresspiegel und werden durch den örtlichen Klimaraum modifiziert (Blum und Tornqvist 2000; Sweet und Blum 2016). Allen (1982 und in einer großen Anzahl seiner früheren Arbeiten) analysierte die Vielgestaltigkeit von Flussläufen und ihrer Sedimente. Auf seinen Vorschlägen beruhen

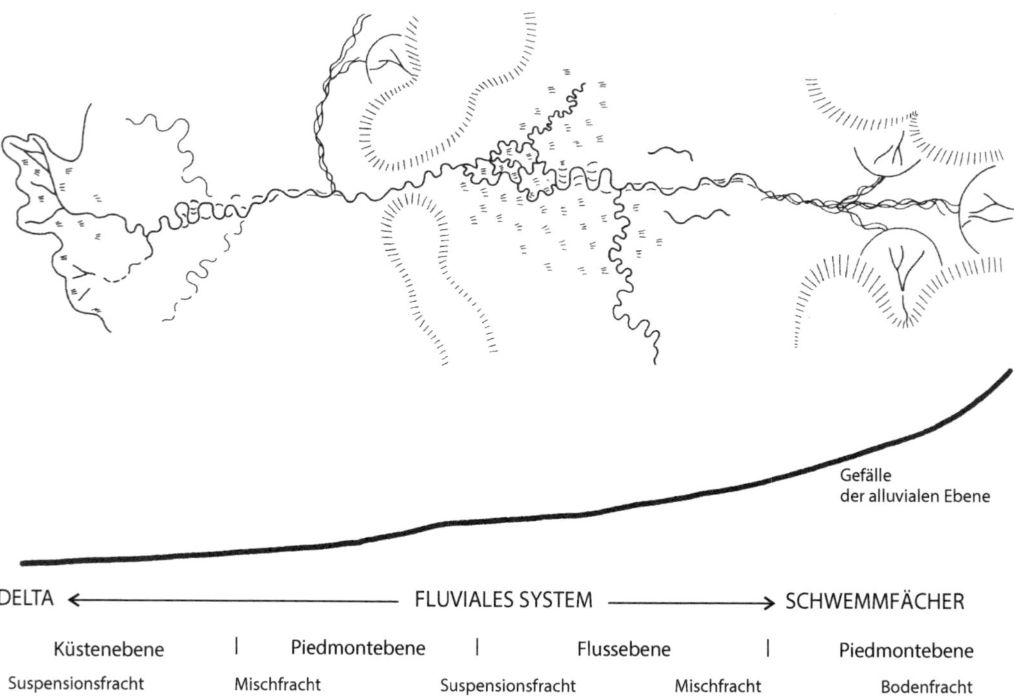

◘ **Abb. 3.55**   Das Gefälle der alluvialen Ebene modifiziert die Morphologie einer Flussrinne und entscheidet, ob sie mäandriert oder sich verzweigt. (Nach Leopold und Wolmann 1957, fig. 4)

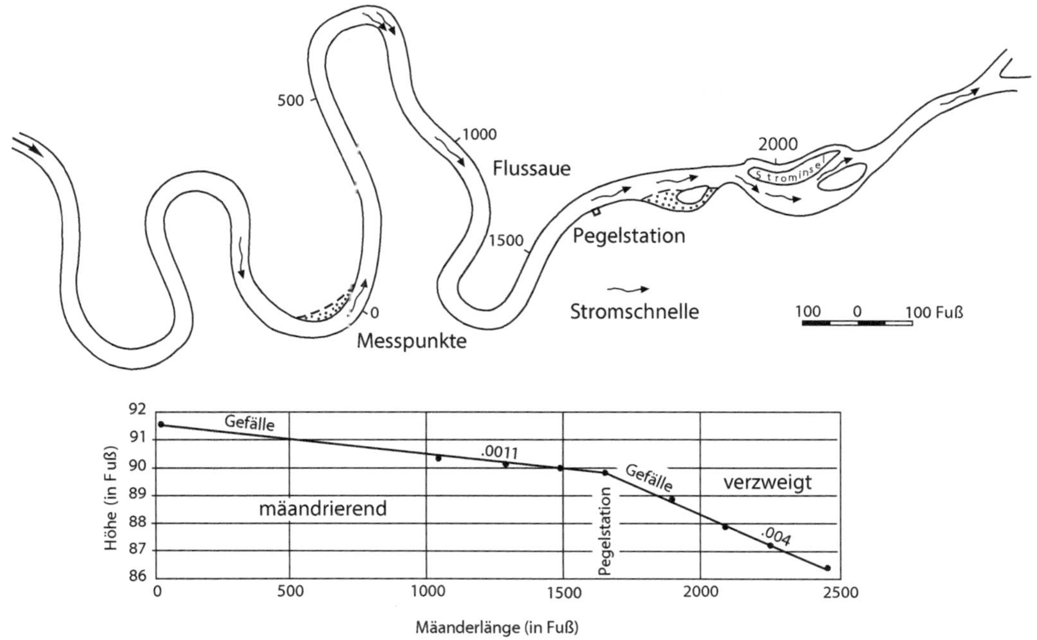

◘ Abb. 3.56   Da sich das Gefälle der alluvialen Ebene vielfach ändert, muss sich die Form des Flusslaufes ständig den verschiedenen morpholog schen Gegebenheiten der Wasserführung und der Sedimentfracht anpassen. (Nach Galloway und Hobday 1983, fig. 4-15)

eine ganze Reihe von Benennungen und Hilfen für die Faziesinterpretation.

Ein **mäandrierender Flusslauf** lässt sich am einfachsten durch seine **Sinuosität** *(sinuosity)* charakterisieren, d. h. nach der Häufigkeit seiner Windungen entlang seines Weges durch die Alluvialebene. Diese Sinuosität (Schumm 1977) wird ausgedrückt durch einen Quotienten aus Länge des Flusslaufes zur Länge des Tales; bei natürlichen Gewässern sind dies Werte zwischen geringfügig mehr als 1 und etwa 2. Gerade und verzweigte Flüsse haben eine Sinuosität von 1–1,5. Mäandrierende Flüsse besitzen eine Sinuosität von mehr als 1,5 und können auch Werte größer als 2 erreichen.

Ein **verzweigter Fluss** kann mithilfe seines **Verzweigungsparameters** *(braiding parameter)* (Rust 1978) klassifiziert werden. Hierbei werden um eine gedachte Mittellinie eines verzweigten Flusses die Anzahl von Strominseln gezählt. Einfache und gering verzweigte

Rinnen haben Werte bis etwa 2, Rinnen mit reichlicher Verzweigung solche bis etwa 6.

Die **Sedimentfracht** *(sediment load)* eines Flusses ist für seine Klassifizierung außerordentlich von Bedeutung (**◘** Abb. 3.56; Galloway und Hobday 1983): Flüsse mit überwiegend Suspensionsfracht *(suspended load)* führen weniger als 3 % Bodenfracht, haben ein Breiten/Tiefen-Verhältnis von <10 und eine Sinuosität von >2; der Talweg ist eben (<0,1 % Gefälle). Flüsse mit ausgewogener Mischfracht *(mixed load)* führen 3–11 % Bodenfracht, haben ein Breiten/Tiefen-Verhältnis von 10–40 und eine Sinuosität von 2–1,3; der Talweg ist schwach geneigt (0,1–0,5% Gefälle). Flüsse mit überwiegend Bodenfracht *(bed load)*, mehr als 11 %, haben ein Breiten/Tiefen-Verhältnis von >40 und eine Sinuosität von <1,3; der Talweg ist gemäßigt steil (>0,5 % Gefälle).

Die im Folgenden aufgeführten fluvialen Bildungen sind voneinander recht verschieden, wobei verzweigte und mäandrierende Flussläufe als wichtigste Grundtypen anzusehen sind; sie besitzen viele ineinander übergehende Modelle (■ Abb. 3.57). Gerade Rinnen und anastomosierende Flüsse sind diesen gegenüber seltener (Miall 1996; Leeder 1999; Einsele 2000).

3.2.1 Verzweigte Flüsse

Bei steilerem Gefälle der Alluvialebene – in ihrem proximalen Teil – bilden sich verzweigte bzw. verwilderte Flüsse *(braided rivers)*

(■ Abb. 3.58). Sie haben keinen einheitlichen Stromstrich, sondern zeichnen sich durch eine unregelmäßige, vielfach heftige Wasserführung aus (Williams und Rust 1969) (■ Abb. 3.59). Sie transportieren vorzugsweise grobkörnige Sedimente, Kies und Geröll als Bodenfracht (■ Abb. 3.60). Durch Strömung suspendierte mittel- bis feinkörnige Sande legen sich als Bodenformen *(bedforms)* in Gestalt von Großrippeln fest und – sowie es die Stromgeschwindigkeit des Wassers zulässt – als Kleinrippeln in kleineren, seitlichen Rinnen (■ Abb. 3.61). Der als Schwebfracht mitgeführte

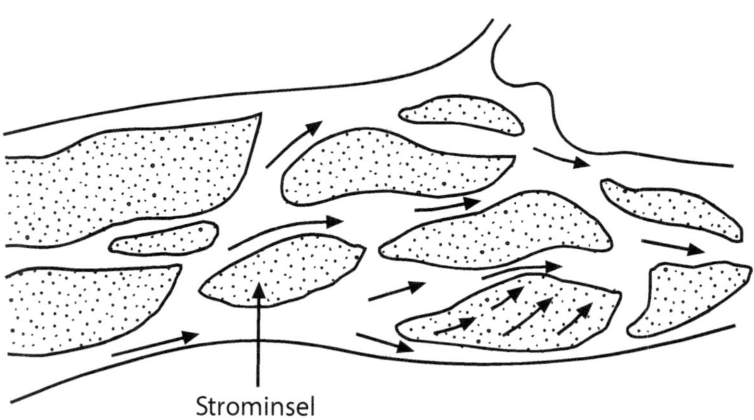

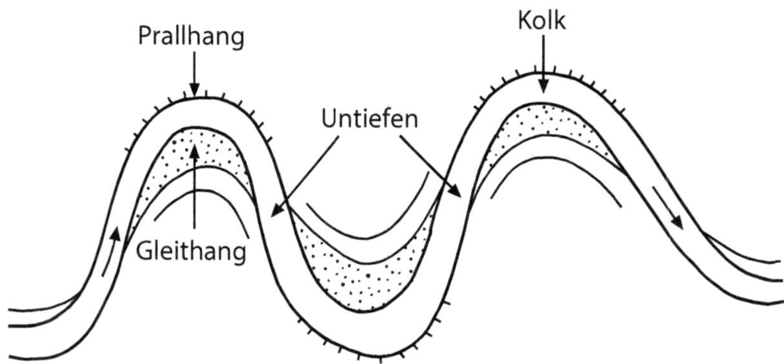

■ **Abb. 3.57** Generell werden verzweigte und mäandrierende fluviale Rinnen unterschieden. Die beiden Grundtypen gehen je nach Gefälle des Talweges, der Wasserführung und der verfügbaren Sedimentfracht mehrfach ineinander über. (Verändert aus Reineck und Singh 1980, fig. 372)

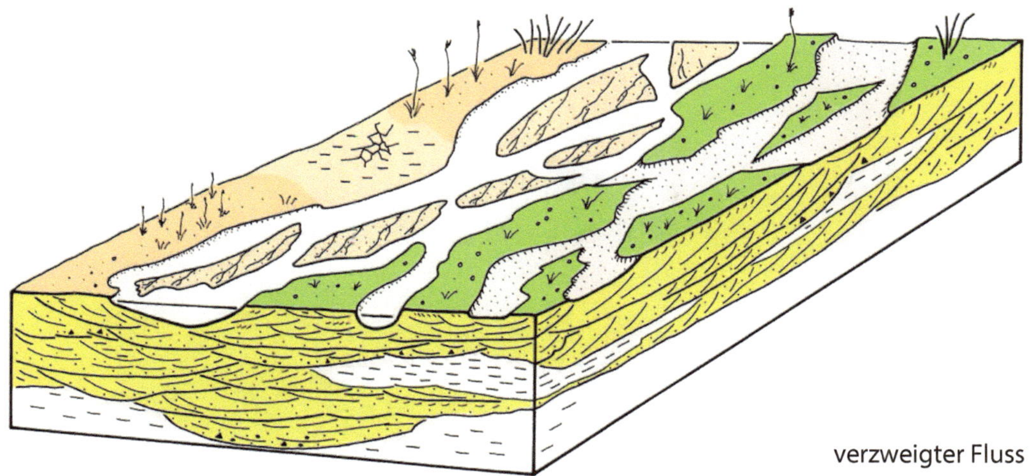

☒ Abb. 3.58 Kleiner Ausschnitt aus einer Stromebene mit einem verzweigten Fluss (Schäfer 1986). Stromab transportierte, meist gröbere Sedimente erzeugen eine diskordante Übereinanderfolge von trogförmig sowie planar schräg geschichteten Sanden und Kiesen. Graue Flächen liegen über dem Mittelwasserniveau

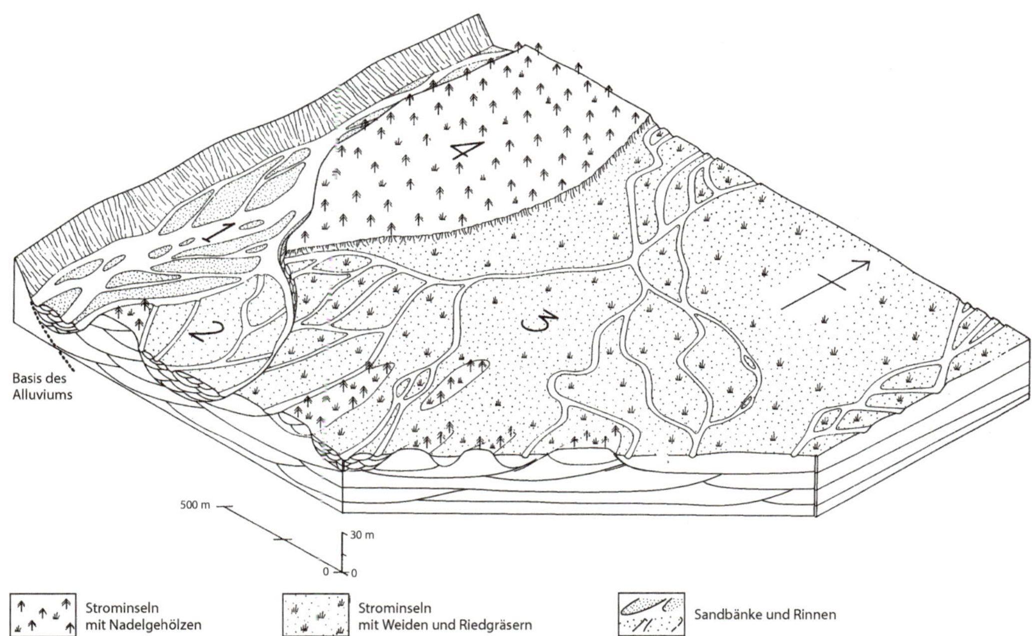

☒ Abb. 3.59 Der Donjek in Alaska dient als konzeptionelles Modell zum Verständnis verzweigter Flüsse. (Nach Williams und Rust 1969, fig. 27). Dargestellt sind vier aufeinanderfolgende Generationen von Stromebenen konkurrierender Gewässernetze. Es resultiert ein komplexer, sandig-kiesiger Sedimentkörper, der kaum Platz lässt für den Absatz von Feinanteil. Nur die älteren Strominseln (3, 4) führen ersten Bewuchs

Feinanteil sedimentiert weitgehend außerhalb der Rinnen, in den strombegleitenden Flussniederungen als flächenhafter schlammiger Absatz *(overbank fines)* und spielt für die Bildung von Bodenformen keine besondere Rolle mehr. Ein verzweigter Fluss nimmt die gesamte Stromebene eines Tales ein und überdeckt dieses je nach Wasserführung räumlich ungleich und zeitlich unregelmäßig (**☒** Abb. 3.62). Eine Verlagerung des unsteten Stromstrichs ist für

3

◘ Abb. 3.60   Der Illecilleweat River in der kanadischen Ostkordillere (westlich Calgary, Alberta, Kanada) auf seinem Weg zum Pazifik ist ein kleiner, jedoch sehr lebhafter und grobkörnige Bodenfracht führender verzweigter Fluss

◘ Abb. 3.61   Strömungskleinrippeln in einem stillen Seitenarm des Illecilleweat River (vgl. ◘ Abb. 3.60). Je nach Wassertiefe bildeten sich unterschiedliche Bodenformen (Strömung von links)

verzweigte Flüsse typisch (Best und Bristow 1993; Moreton et al. 2002; Lynds und Hajek 2006).

Verzweigte Flüsse enthalten – als wesentliches Kennzeichen – **Strominseln** (*channel bars, braid bars*) in länglicher, manchmal eckiger Form, vielfach ausgelängt entsprechend dem Lauf des Flusses (Klingeman et al. 1998) (◘ Abb. 3.63). Von ihrer stromaufwärts gelegenen Seite steigt die Oberfläche der Strominseln stromabwärts unmerklich flach an. Ihre stromabwärts gelegene Seite besitzt im mehr oder weniger ausgeprägten Unterwasserteil einen relativ steilen Leehang (◘ Abb. 3.64).

◘ Abb. 3.62 Das Quellflüsschen der Rhône zeigt bereits auf wenigen Hundert Metern vor dem Gletschertor (unten rechts) unterschiedliche Verzweigungsmuster

Über diese werden bei Hochwasser, wenn die Strominseln unter geringer Wasserbedeckung liegen, als Suspensionsfracht bewegte Sedimente geschüttet. Von der üblichen leeseitigen Anlagerung aus Leewalzen wie bei Großrippeln ist dieser Sedimenttransport verschieden. Es überwiegt ein Abgleiten von Sedimentfracht, da die Strominseln mit hoher Geschwindigkeit – wegen des flachen Wassers meist im überkritischen schießenden Fließregime – überfahren werden. Leewalzen bilden sich hier kaum, denn dafür ist die Reliefkante meist nicht hoch genug. Das stromab gerichtete Vorschütten an der Leeseite der Strominseln ist für verzweigte Flüsse diagnostisch wichtig (◘ Abb. 3.65). Es bildet sich geradflächig planare Schrägschichtung, die mit steilem Winkel auf die Basisflächen der Bodenformen trifft. Auf den Strominseln selbst bilden sich flache, ausgelängte Rippeln, meist jedoch ebene relieflose Flächen mit Hochenergie-Parallelschichtung aufgrund des überkritischen Fließens (◘ Abb. 3.66). Allenfalls bei höheren Wasserständen entwickeln sich transversale Großrippeln, die jedoch während des Auftauchens der Strominseln durch die Änderung des Fließregime wieder von Kleinrippeln überformt werden (◘ Abb. 3.67).

Die Strominseln wandern schnell stromabwärts, bei einem einzigen Hochwasser einige, durchaus auch Zehner Meter (Best et al. 2003). Außerdem verlagern sie sich seitwärts von Ufer zu Ufer innerhalb des Rinnensystems, ständig ihre Form verändernd, in Konkurrenz mit anderen Strominseln. Daher sind sie nur selten von Bewuchs bedeckt und nicht durch diesen stabilisiert (◘ Abb. 3.68). So kann der Fluss, allmählich oder sprunghaft, seinen Lauf seitwärts verlagern. Ein verzweigter Fluss ist ein lebhaftes Gebilde und nur zu Zeiten des Hochwassers randvoll mit Wasser erfüllt (*bankfull discharge*), während dem er grundlegend Veränderung erfahren kann. Stromstrich und Strominseln können danach völlig neu gestaltet sein. Ein verzweigtes Flusssystem ist grundsätzlich flach (und auch nicht schiffbar). Je nach Verfügbarkeit von Sedimentfracht kann der Fluss ein mittelsandig-feinsandiges System (*sandy braided river*) (◘ Abb. 3.69) oder ein grobsandig-kiesiges System (*gravelly braided river*) (◘ Abb. 3.70) sein. Bei beiden spielt die Spülfracht (*wash load*) allenfalls auf den (von Vegetation) stabilisierten Strominseln oder außerhalb des Flusses als mehr oder weniger feinkörniger Schlammabsatz (*overbank fines*) eine Rolle (z. B. Niobrara River, Nebraska, USA; Bristow et al. 1999).

Die Sedimentfracht baut sich in einem verzweigten Fluss stromabwärts vor. Obwohl die Strominseln bei beginnendem Hochwasser zunächst seitwärts schräg in einzelnen sich verbreiternden Rinnsalen überflossen werden, werden alle **Bodenformen** (*bedforms*) bei hohem Hochwasser als transversale Formen mit ihren Kämmen quer zum Strom orientiert (Boothroyd und Ashley 1975) (◘ Abb. 3.71). Die von diesen kurzzeitigen Überflutungen

3

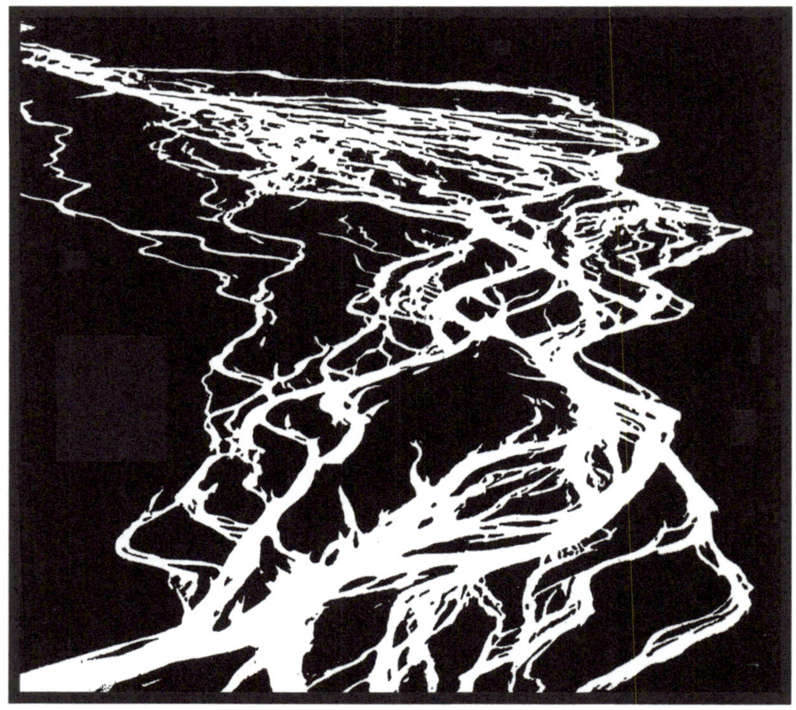

■ **Abb. 3.63**   Die Sanderfläche des Vatnajökull, Island, als Beispiel einer ausgedehnten Stromebene mit einem Netz verzweigter Flussläufe (Schwarzbach 1974). Die Stromrichtung ist auf den Betrachter zu

■ **Abb. 3.64**   Strominsel des sandigen verzweigten Rio Grande del Norte (Albuquerque, New Mexico, USA). Die Strominsel zeigt ihre steile Seite stromab. Die Fließrichtung ist auf den Betrachter zu

❏ **Abb. 3.65** Strominsel des kiesigen verzweigten Lech (südlich Reutte, Österreich). Die Strominsel zeigt ihre steile Seite stromab. Fließrichtung ist auf den Betrachter zu

❏ **Abb. 3.66** Stromabwärts wandernde Sandflächen an der Außenkurve des gering verzweigten Thompson Creek (Seitenfluss des Mississippi, nördlich Baton Rouge, Louisiana, USA). Von Strömungskleinrippeln überprägte Strominseln; deren Wanderrichtung ist auf den Betrachter zu (frdl. Hilfe Indra Bir Singh)

hinterlassenen Sedimente sind auf den freien Flächen der Strominseln mit Sand vermischte Kiese. Als auffälliges morphologisches Element finden sich transversale Rippen (*transverse ribs,* mit 40–70 cm mittlerem Kammabstand, generiert im oberen Fließregime im Bereich des hydraulischen Sprungs). Auf den eher geschützten, stromabwärts gelegenen Flächen lagern sich trogförmige großgerippelte Sande ab; in die Rinnen hinein schütten diese mit planarer Schrägschichtung (*planar cross-bedding)* (❏ Abb. 3.72).

3

Abb. 3.67 Fluviale Großrippeln im Thompson Creek (Seitenfluss des Mississippi, nördlich Baton Rouge, Louisiana, USA). Die bei Hochwasser geformten Großrippeln wurden bei sinkendem Wasserstand von Strömungskleinrippeln überprägt (frdl. Hilfe Indra Bir Singh)

Abb. 3.68 Die reichlich Sand führende Entwässerungsrinne des Stausees Embalse de Escales bei Tremp in den Südpyrenäen fließt auf den Betrachter zu. Unterschiedliche Generationen von Strominseln bilden steile stromabwärts weisende Anlagerungsflächen

Der triadische Hawkesbury Sandstone in Südostaustralien beispielsweise war ein von S kommendes verzweigtes Flusssystem. Er ist in der Umgebung von Sydney, an der Küste und in Straßenanschnitten hervorragend aufgeschlossen (Rust und Jones 1987; Miall und Jones 2003). In seinen Stromrinnen (**Abb. 3.73**) formierten sich Strömungsmegarippeln mit tiefen Trogtälern und großskaliger Gleithangschrägschichtung, durch mehr oder weniger flache Diskordanzen in einzelne Kompartimente gegliedert (**Abb. 3.74**). Bei sinkendem Wasserstand wurden die Höhen der Rippeln flacher, vor allem dort, wo die Strominseln begannen, über den Flusswasserspiegel aufzutauchen. Hier bildeten sich überkritische Fließzustände, sodass sich die Rippeln zu Hochenergie-Parallelschichtung veränderten. In den Stromrinnen blieben die Megarippeln auch bei niedrigen Wasserständen erhalten, wurden jedoch von oben her meist gekappt (**Abb. 3.75**). Im ehemaligen Stromstrich ist der Rinnenboden mit Kolklöchern und wechselnden Untiefen versehen.

Der stromabwärts gerichtete Transport aller Sedimentfrachten, verbunden mit der seitwärts gerichteten Verlagerung des heterogenen Strombetts, führt insgesamt zu einer flächigen

◘ Abb. 3.69 Die Loire unterhalb von Orléans ist ein hochaktiver, wasserreicher und sandiger verzweigter Fluss mit ausgedehnten, z. T. miteinander verwachsenen Strominseln. Nach rechts, stromabwärts, lagern sie steile Sandflächen mit planarem Sedimentgefüge an

◘ Abb. 3.70 Strominsel des kiesigen verzweigten Lech (südlich Reutte, Österreich). Die Strominseln werden von flachem Wasser diagonal überspült und oberflächlich von Feinanteil freigewaschen. Fließrichtung auf den Betrachter zu

Überdeckung der Alluvialebene mit fluvialen Sedimenten. Der Feinanteil setzt sich nur außerhalb des durchflossenen Regimes ab, sedimentiert auf den Uferbänken als Schlammabsatz und bildet dort vertikal aufwachsende, aggradierende Sedimentflächen. Es ist daher eine stromabwärts gerichtete Anlagerung in der Rinne (*downstream accretion*, DA) und ein vertikal gerichteter Aufwuchs auf der Überflutungsfläche (*vertical accretion*, VA) zu unterscheiden. Die vertikal aufwachsenden Überflutungsflächen sind jedoch nicht von Dauer, geraten immer wieder in die Erosion und werden teilweise, oft sogar vollständig aufgearbeitet.

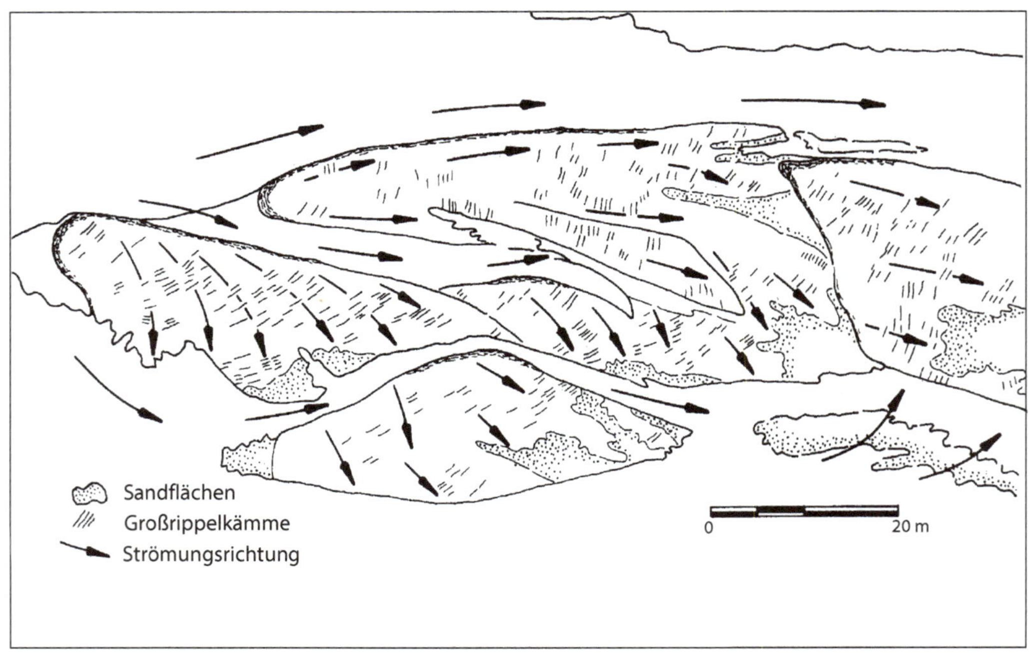

◨ Abb. 3.71   Der Yana Outwash Fan im südwestlichen Vorfeld des Malaspina-Gletschers, S-Alaska, ist modellhaft für den Aufbau von Strominseln. Er liefert während des Frühsommers bei reichlicher Schmelzwasserführung auf den Sanderflächen Sande und Kiese. Während des Hochwassers werden die Strominseln flächenhaft überströmt. Die allgemeine Sedimentwanderung ist stromabwärts, hier nach rechts (Pfeile). Die Orientierung der Rippen deutet zugleich eine seitwärtige Drift der Strominsel an. (Nach Boothroyd und Ashley 1975, fig. 12)

◨ Abb. 3.72   Planar schräg geschichteter, verzeigt fluvialer Castlegate Sandstone, Campan, Oberkreide (Nash Wash, Book Cliffs; 50 Meilen N von Moab, Utah; frdl. Hilfe Dag Nummedal)

◨ Abb. 3.73   Rinne im fluvialen Hawkesbury Sandstone (Trias; Autobahn-Anschnitt nördlich von Sydney, Australien)

◨ Abb. 3.74   Gleithangschrägschichtung im Hawkesbury Sandstone (Trias; Küste südlich von Sydney, Australien)

Diese Aufarbeitung führt zur Bildung von Schlammgeröllen *(mud clasts, flat pebbles)*, die sich aus der Erosion kompakter bzw. bereits in Trockenrissfelder zerlegter ausgetrockneter Schlammabsätze herleiten (◨ Abb. 3.76). Bei allmählicher Überflutung kann die rinnenbegleitende **Uferbank** *(levée)* auch ohne wesentliche Erosion von Sand überspült werden. Dadurch werden die Trockenrissfelder überdeckt und deren tiefgreifende Risse zu Netzleisten ausgefüllt. Alle diese Phänomene gehören zur Charakteristik verzweigter Flüsse. Morphologie, Wasserführung, Verfügbarkeit von Sedimentfracht sind in hohem Maße variabel, daher ist das Bild verzweigter Flussläufe auch außerordentlich verschieden-

Abb. 3.76   Riesenschlickgerölle an der Basis fluvialer Sande eines verzweigten Flusssystems (Tertiär im San Juan Basin, Farmington, New Mexico, USA). Die erodierten Schlammklasten entstammen dem erodierten Untergrund an der Basis des Aufschlusses (frdl. Hilfe Dag Nummedal)

gestaltig (Germanoski und Schumm 1993; Schumm 1993; Miall 1996).

Die abgelagerte Sedimentfracht besteht vor allem aus schräg geschichtetem Sand, Kies und Geröll (Abb. 3.77). Schlamm findet sich allenfalls in Form von Erosionsresten, als Schlammklasten. Kleinrippelschichtung ist nur dann vorhanden, wenn der Fluss (in Abhängigkeit vom Liefergebiet) vom Typ eines sandigen verzweigten Flusses ist. Hoch signifikant für verzweigte Flusssysteme ist der Wechsel von Lagen trogförmiger und planarer Schrägschichtung (Abb. 3.78). Trogförmige Schrägschichtung *(trough crossbedding)* stammt von in den Rinnen wandernden Strömungsmegarippeln, planare

◼ Abb. 3.77 Schrägschichtung in Grobsanden und Kiesen der verzweigt-fluvialen Hauptkies-Serie (Miozän/Pliozän, Tagebau Hambach, Niederrheinische Bucht). Fließrichtung nach links vorne

◼ Abb. 3.78 Schräg geschichtete Mittel- bis Grobsande der verzweigt-fluvialen Schichten des Mittleren Buntsandsteins der Katzensteine (Nordeifeler Trias-Dreieck, Katzvey; Schäfer und Derer 2007). Fließrichtung nach links. Signifikant für das verzweigt-fluviale Modell ist der Wechsel von trogförmiger und planarer Schrägschichtung. (Foto Klaus F. Simon)

Schrägschichtung *(planar slip-face bedding)* wird auf der Leeseite der Strominseln geformt (◼ Abb. 3.79). Beide Typen von Bodenformen unterscheiden sich in der Form voneinander gut, werden unterschiedlich häufig als Erosionsreste überliefert.

Es resultiert ein stromabwärts wandernder Sedimentteppich, der wechselnd

▢ Abb. 3.79   Stromabwärts gerichtete Anlagerung (*downstream accretion*, DA) von Strominseln in einer Rinne schafft signifikante planare Schrägschichtung. Diese gibt es nur bei verzweigten Flüssen. Der Sedimenttransport weist nach oben links

trogförmig und planar schräg geschichtet ist. Sedimentäre Sequenzen werden als schlecht ausgebildete Kornverfeinerungssequenzen konserviert, Feinanteil bleibt vor allem in Form von Schlammklasten erhalten. Stromabwärts gerichteter Sedimenttransport und seitwärts gerichtete Verlagerung bilden in der Alluvialebene für die künftige Überlieferung ein mehr oder weniger kompaktes Kies-/Sandpaket (▢ Abb. 3.80). Veränderungen der tektonischen Rahmenbedingungen des Sedimentbeckens können den Lauf des Flusssystems auch soweit beeinflussen, dass sich dieses ständig verlagert. Dadurch wird die sandbedeckte Alluvialebene immer weiträumiger in Anspruch genommen. Weithin verfolgbare Sandhorizonte, Sandsteinbänke sind das Resultat. Sie lassen lithostratigraphische Korrelationen zu, meist über ihre basalen Diskordanzen, wenn auch eine exakte Zeitgleichheit nicht gegeben sein muss (▢ Abb. 3.81).

3.2.2 Mäandrierende Flüsse

Mäandrierende Flüsse *(meandering rivers)* verhalten sich gegenüber den verzweigten Flüssen völlig anders. Sie sind wassergefüllte Rinnen und haben einen einheitlichen Stromstrich. Der Flusslauf besitzt einen vergleichsweise gleichmäßigen Tiefgang, der jedoch innerhalb des Stromstrichs variabel ist (und den maximalen Tiefgang an der maximalen Krümmung zeigt). Der Flusslauf ist gewunden und dies um so intensiver, je flacher und ausgedehnter die Alluvialebene ist. Daher finden sich mäandrierende Flüsse gegenüber verzweigten Flüssen immer in der talwärtigen Position. Schließt die Alluvialebene an Deltasysteme an, bilden sich nächst dieser auf kurzer Strecke gelegentlich gerade anastomosierende Rinnen (Makaske 2001), jedoch bevorzugt mäandrierende Flussformen. Diese beiden repräsentieren den Endzustand fluvialen Geschehens, sie sind die distalen Flussnetze.

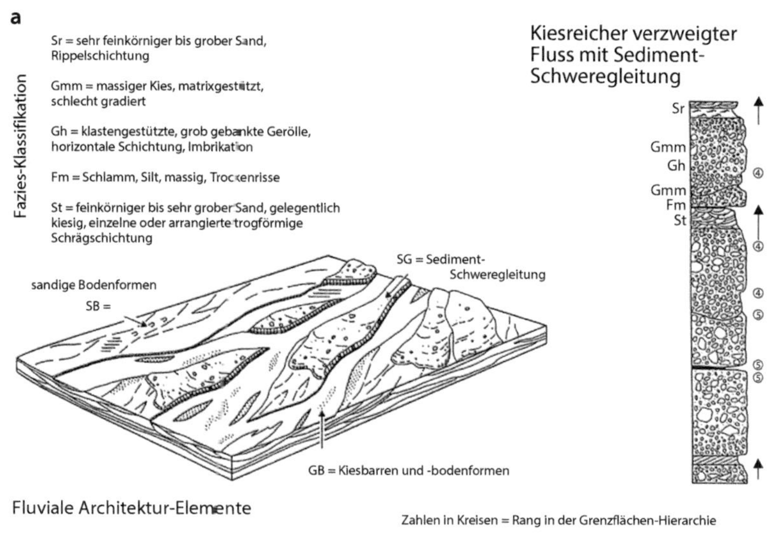

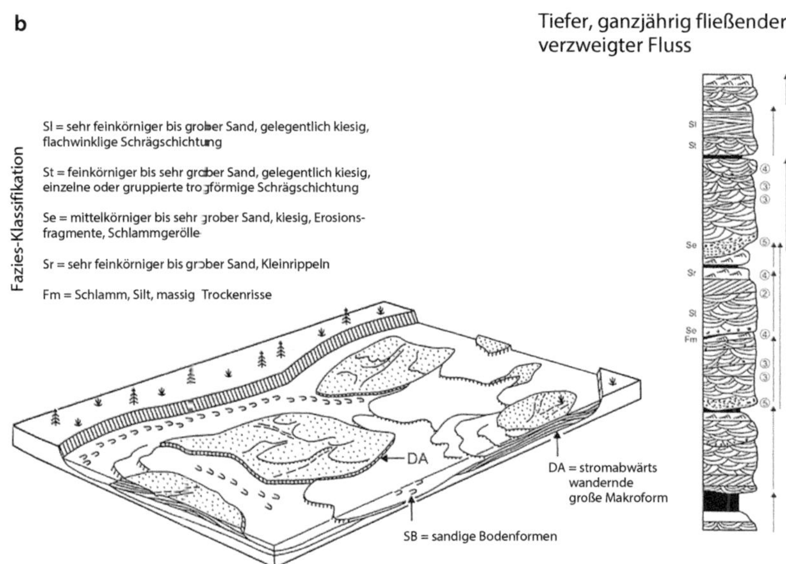

◘ Abb. 3.80 **a** Kiesführender verzweigter Fluss *(gravel-bed braided river)* mit angeschnittenen Schuttstromsedimenten; proximale Position einer alluvialen Ebene. (Nach Miall 1996, fig. 8.10 und 8.8A). Sediment-Schweregleitung wird von hochviskosen Schuttströmen verursacht. **b** Sandführender verzweigter Fluss *(sand-bed braided river)* mit trogförmiger Schrägschichtung *(trough cross-bedding)* der Großrippeln in den Rinnen und planarer Schrägschichtung *(planar slip-face bedding)* der Strominseln; mediale Position in einer alluvialen Ebene. (Nach Miall 1996, fig. 8.62 und 8.8M)

Der mäandrierende Flusslauf schneidet sich in die Alluvialebene ein und kann diese um seinen Tiefgang erodieren (◘ Abb. 3.82). Die Richtung der Erosion erfolgt seitwärts bis rechtwinklig von der allgemeinen Fließrichtung (Bluck 1971; Nanson 1980). Der mehr oder weniger gebogene Verlauf der Mäanderbögen (◘ Abb. 3.83) entsteht durch die Verringerung des Gefälles der Alluvialebene und erfordert eine vergleichsweise

◘ **Abb. 3.81**   Verzweigt-fluviale Tholey-Sandsteine (Glan-Gruppe, Stefan, Saar-Nahe-Becken; Sportplatz Hochstätten; Schäfer 1986, Schäfer und Korsch 1998). Die Tholey-Sandsteine wurden in ausführlicher Analyse von Rast und Schäfer (1978) als *low-sinuosity meander* interpretiert

◘ **Abb. 3.82**   Kleiner Ausschnitt aus einer Stromebene mit einem mäandrierenden Fluss. Stromabwärts transportierte, meist sandige Sedimente lagern vor allem seitwärts an und erzeugen asymmetrische Querschnitte von in die schlammigen Überflutungsebenen (die Auen) eingelagerten Flussrinnen. Die den Strom begleitenden Flächen erhalten bei gelegentlichen Hochwässern aus der Flussrinne flächenhaft sich ausbreitenden Sedimentauftrag (Schäfer 1986)

beständige Wasserführung (Davis und Tinker 1984; Smith 1998). Die Form des Mäanders bedingt einen entsprechend angepassten Rinnenquerschnitt (Nanson 1980). Der Stromstrich in den Mäanderbögen drückt nach außen, erodiert daher entlang deren Außenkanten und bildet ein relativ steiles Relief, einen **Prallhang** (*cut bank* bzw.

Abb. 3.83 Mäanderbogen des Mississippi zwischen Baton Rouge und New Orleans (Blick von Westen), Fließrichtung von links nach rechts. Der Gleithang lagert nach rechts an; die kleine Insel im Strom ist typisch für sehr große mäandrierende Flussläufe

Abb. 3.84 Mäanderbogen des kleinen River Endrick bei Glasgow. Der Gleithang besaß bei Hochwasser Großrippelfelder, die durch die Überprägung mit Strömungskleinrippeln nun nur noch schwach zu erkennen sind (frdl. Hilfe Brian Bluck)

concave bank). An der Innenseite des Mäanderbogens befindet sich der mitunter reich gegliederte **Gleithang** (*point bar* bzw. *convex bank*) (**Abb. 3.84**). Stromabwärts verlagert sich der Stromstrich entsprechend auf die gegenüberliegende Seite und bildet ein spiegelverkehrtes Prallhang-Gleithang-Paar.

So wird in einem mäandrierenden Fluss in jeder Stromkurve außen erodiert und innen

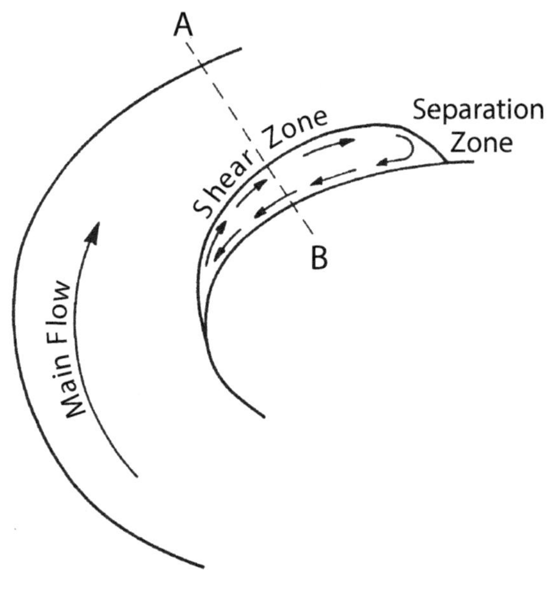

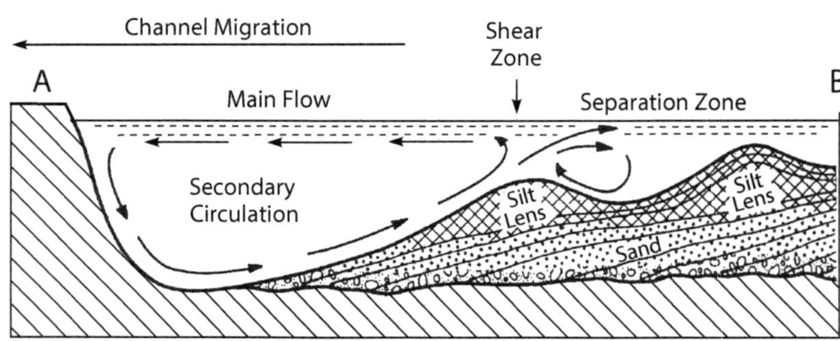

Abb. 3.85   Eine Mäanderschleife des Beatton River, British Columbia, zeigt das Arrangement von Gleithang (B) und Prallhang (A) sowie die im Rinnenquerschnitt oberflächennah nach außen laufende Wasserbewegung. Auf dem Gleithang können sich durch die Trennung in Hauptrinne und in geschützte Bereiche kleinere spiralförmige Verwirbelungen und dadurch stromparallele Rücken bilden, auf und an denen sich überwiegend feinkörnige Schwebfracht sammelt, was mitunter auch zur Bildung von Inseln führen kann. (Nach Nanson 1980, fig. 22, verändert)

angelagert. Da der Stromstrich nach außen drückt, ist der Wasserspiegel im Mäanderbogen außen am Prallhang etwas höher als innen am Gleithang (Abb. 3.85). Stromabwärts fließt das Wasser in einer langsamen Schraubenbewegung (die etwa 10–20 % der Geschwindigkeit der Strömung flussabwärts hat) entlang der Rinnensohle nach innen und trifft erst stromabwärts im nächsten gleich orientierten Mäanderbogen auf dessen Gleithang. Die

Steigung dieser schraubenförmigen Bewegung entspricht etwa der 10–20fachen Rinnenbreite, d. h. sie hat die Größenordnung von etwa einer Mäander-Wellenlänge (*meander wave-length*; Allen 1979). Solche langsamen Schraubenbewegungen sind im Mäanderlauf recht stabil und gehören zu dessen hydrodynamischem Grundinventar.

Das Maximum der Transportkraft der Mäanderrinne befindet sich im Stromstrich, wenig unterhalb des Flusswasserspiegels, und ist dort relativ ortsbeständig. Auf der Rinnensohle reichert sich ein grobkörniges **Sohlenpflaster** *(channel lag)* an, das aus Geröll, Kies, Grobsand, also dem Gröbsten der verfügbaren Sedimentfracht (Dietrich und Smith 1984; Gölz 1986, 1994; Gölz und Tippner 1985) sowie aus erodierten Komponenten des Prallhangs besteht, beispielsweise Schlammklasten, die sich jedoch schnell wieder verrunden und verkleinern. Darüber hinaus wird im Sohlenpflaster sperriges Gut erodierter Vegetation, also Baumstämme und Holz angereichert, da die tief liegende Alluvialebene dank ihrer Wasserführung auch entsprechend reichlich von Gehölzen bestanden ist (W. Schäfer 1974).

Der Gleithang ist der Ort der Anlagerung (Abb. 3.86). Sedimentation findet entlang seiner ganzen Fläche statt und ist variabel in Abhängigkeit vom aktuellen Wasserstand. Der Gleithang bildet eine schräg stehende Sedimentationsebene (Abb. 3.87), die sich am oberen Ende über die Wasseroberfläche erhebt, im unteren Teil bis zum Sohlenpflaster erstreckt und in dieses ausläuft. An der

stromaufwärts gelegenen Seite des Gleithangs wird erodiert, an der stromabwärts gelegenen dagegen intensiv angelagert (Abb. 3.88 und 3.89). Diese Verschiedenheit führt zu einer stromabwärts gerichteten Verlängerung des Gleithanges, zudem wächst der Gleithang gegen die Strommitte vor. Dadurch verschiebt sich auch der Stromstrich nach außen und erodiert den Prallhang um so intensiver.

Hohe Transportleistungen vollführt der Fluss nicht nur am Prallhang, sondern auch an tieferen Teilen seines Gleithangs (Nami und Leeder 1978) (Abb. 3.90). Hier bildet er auf den schräg stehenden Gleithang-Anlagerungsflächen Großrippelfelder aus (Abb. 3.91), die entsprechend der aktuellen Stromrichtung orientiert sind und trogförmige Schrägschichtung produzieren. Deren Sediment ist im Wesentlichen sandig, je nach generellem Sedimentbudget feiner oder gröber (Abb. 3.92). Zu höheren Teilen des Gleithangs wird die Transportenergie geringer und die Korngröße kleiner. Gelegentlich können sich überkritische Stromzustände einstellen, die Hochenergielaminite schaf-

❑ **Abb. 3.87**   Querschnitt durch die Prallhangseite einer mäandrierend-fluvialen Rinne, eingeschnitten in Siltsteine der schlammigen Überflutungsfläche (Meisenheim-Formation, Glan-Subgruppe, Unterrotliegend; Straße Odernheim – Duchroth, Saar-Nahe-Becken; Rast und Schäfer 1978). Eine der Gleithangflächen des Rinnensandsteins zieht bankintern schräg nach rechts zum tief liegenden Rinnenzentrum; Fließrichtung in die Wand hinein

❑ **Abb. 3.88**   Nach links anlagernde Gleithang-Schrägschichtung in fluvialen Sedimenten der Mesaverde Group, Campan, Oberkreide; San Juan Basin, bei Farmington, New Mexico, USA (frdl. Hilfe Dag Nummedal) (vgl. ❑ Abb. 3.89)

fen. Meist formieren sich aber Strömungskleinrippeln, die Rippelschichtung bilden und bei steigender Transportrate auch in Kletterrippeln übergehen können. Diese kleinen Bodenformen bilden sich nahe der Wasserlinie und sind vielfacher Veränderung unterworfen. Oberhalb der Hochwasserlinie, die bei Hochwasser – bei randvoller Wasserführung *(bankfull discharge)* – überschritten werden kann, werden die Sedimente

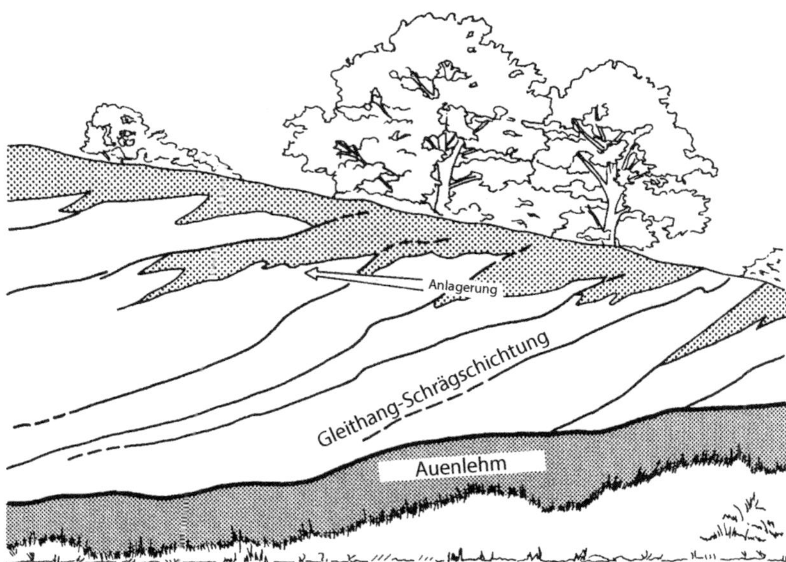

◘ Abb. 3.89 Ein Anschnitt eines mäandrierenden Flusslaufes in der Oberkreide im San Juan Basin, bei Farmington, New Mexico. Die nach links angelagerten Gleithangschichten an der Innenseite des Mäanderbogens schwänzen nach oben aus und werden von Auensedimenten überdeckt; nach unten schmiegen sie sich der Rinnensohle an. (Galloway und Hobday 1983, fig. 4.8; verändert (vgl. ◘ Abb. 3.88))

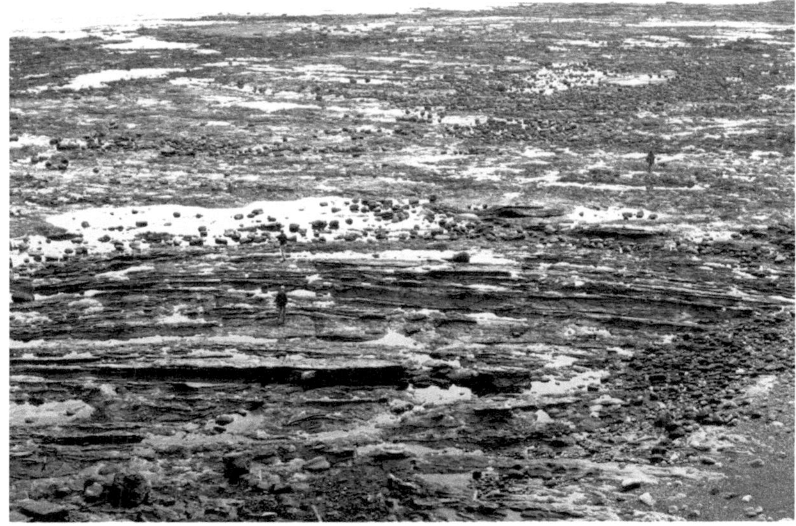

◘ Abb. 3.90 Auf der Brandungsterrasse am Long Nab, Yorkshire Coast, Ostengland, freipräparierte Schichtköpfe fossiler Gleithang-Sandsteine (Scalby Formation, Mitteljura). Die Gleithangschichtung fällt ins Bild hinein ein (vgl. fig. 15.18 in Leeder 1982; frdl. Hilfe Mike Leeder)

feinkörniger. Es setzen sich aus der Spülfracht des Flusses schlammige Sedimente ab, vornehmlich in den flussbegleitenden amphibischen Auengürteln, die je nach Klimaraum verschieden gestaltet sind (◘ Abb. 3.93) (Aslan und Autin 1999; Aslan et al. 2005). Schlamm lagert sich in dünnen Lagen je nach Strömung ab, wechselnd mit gerippeltem Sand, und kann sich zu kompakten Mächtigkeiten anreichern.

◘ Abb. 3.91   Nach rechts anlagernde Gleithangschrägschichtung (Scalby Formation, Mitteljura; Long Nab, Yorkshire Coast, Ostengland). Gleithänge sind Zeitflächen, auf denen sich je nach Position unterschiedliche Bodenformen bilden können (frdl. Hilfe Mike Leeder)

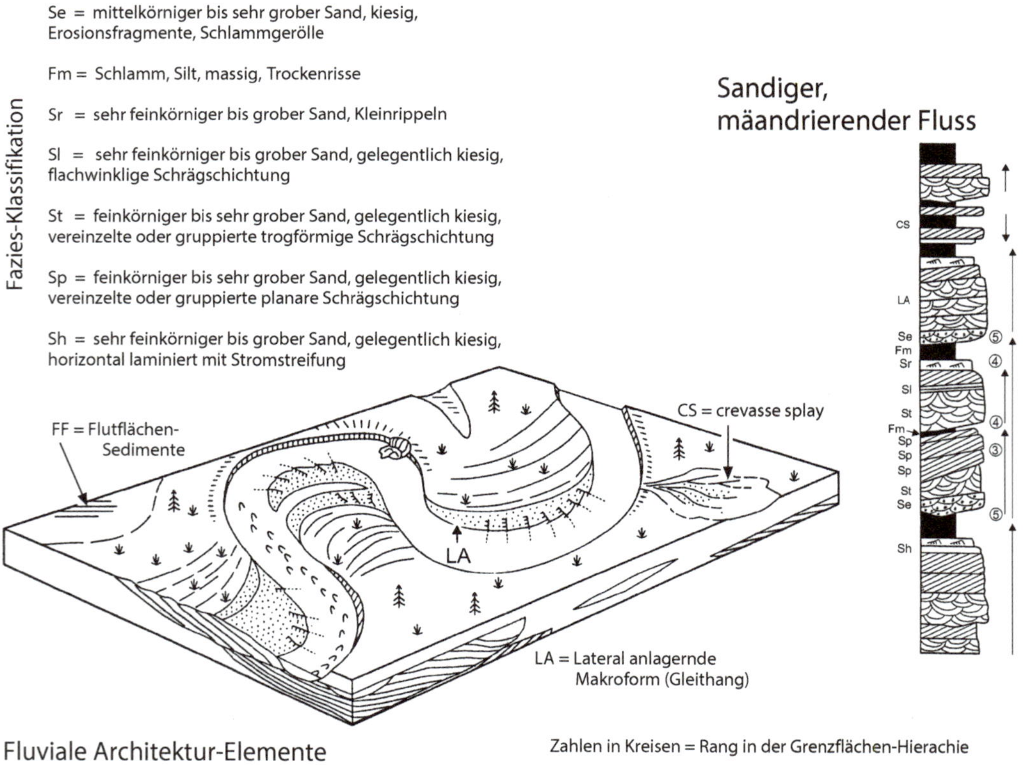

Se = mittelkörniger bis sehr grober Sand, kiesig, Erosionsfragmente, Schlammgerölle

Fm = Schlamm, Silt, massig, Trockenrisse

Sr = sehr feinkörniger bis grober Sand, Kleinrippeln

Sl = sehr feinkörniger bis grober Sand, gelegentlich kiesig, flachwinklige Schrägschichtung

St = feinkörniger bis sehr grober Sand, gelegentlich kiesig, vereinzelte oder gruppierte trogförmige Schrägschichtung

Sp = feinkörniger bis sehr grober Sand, gelegentlich kiesig, vereinzelte oder gruppierte planare Schrägschichtung

Sh = sehr feinkörniger bis grober Sand, gelegentlich kiesig, horizontal laminiert mit Stromstreifung

Fazies-Klassifikation

Sandiger, mäandrierender Fluss

FF = Flutflächen-Sedimente

CS = crevasse splay

LA

LA = Lateral anlagernde Makroform (Gleithang)

Fluviale Architektur-Elemente

Zahlen in Kreisen = Rang in der Grenzflächen-Hierachie

◘ Abb. 3.92   Sandführender mäandrierender Fluss *(sand-bed meandering river)* mit weit ausholenden Mäanderschleifen. Sie zeigen Gleithangschrägschichten (LA, *lateral accretion*), Großrippeln auf dem Rinnenboden und auf dem unteren Gleithang, sowie Überflutungssedimente auf der strombegleitenden Aue (CS, *crevasse splay*). Im Profil liegt auf den einzelnen schlammigen Überflutungssedimenten jeweils die erosive Sohle der nächsthöheren Sequenz. (Nach Miall 1996, figs. 8.34 und 8.8G, verändert)

Abb. 3.93 Mit Sumpfzypressen bewachsene und unter Wasser stehende flussbegleitende Überflutungs-fläche *(flood plain)* eines kleineren Flüsschens im östlichen Einzugsgebiet des unteren Mississippi (frdl. Hilfe Whitney Autin)

Die **Auenfläche** *(flood plain)* befindet sich außerhalb des Prallhangs und wird nur bei Hochwasser überflutet. Allmählich höher reichende Hochwässer schaffen sich erhöhende **Uferdämme** *(natural levées)*. Diese erheben sich über das Flussniveau und sind auch höher als die Auenlandschaft (**Abb. 3.94**). Sie werden flussparallel angelegt und haben ein zum Fluss hin steileres, zur Aue hin flacheres Relief (**Abb. 3.95**). Als Bodenformen kommen nach auswärts orientierte Strömungsrippeln vor, die partiell in Hochenergielaminite übergehen können. Einem mäßigen Hochwasser wird der Weg auf die Aue zunächst noch verwehrt; es staut sich vor dem Uferdamm. Bricht dieser Uferdamm jedoch bei höheren Wasserständen, überflutet das Wasser mit erheblicher Transportkraft die tiefer liegende Aue *(flood plain* bzw. *flood basin)* und bildet u. U. recht mächtige **Durchbruchsfächer** *(crevasse splay)* (**Abb. 3.96**). Die Aue hatte bisher allein pelitische Sedimente, Silt und Ton aufnehmen müssen, war auch nur flussbegleitender Boden. Nun aber schießt vom Flusslauf her suspendierter Sand und Schlamm herein, schichtet die flachen Flutbecken auf und reißt gelegent-lich auch Rinnen (Nami und Leeder 1978) (**Abb. 3.97**).

Die **vertikale Aufsedimentation** *(aggradation, vertical accretion,* VA) kann auf verschiedene Weise geschehen. Lag die Aue bislang trocken und besaß Trockenrissfelder ausgetrockneter Schlammpfützen, schafft das hereinschießende Wasser und dessen mitgebrachtes Sediment Schwemmfächer, die ein Sohlbankprofil mit Korngrößenverfeinerung *(fining-up)* aufbauen. Steht jedoch die Aue als Flutbecken *(flood basin)* unter Wasser, bilden sich kleine Deltasysteme mit Dachbankprofilen *(coarsening-up)* (**Abb. 3.98**). Der Durchbruchsfächer hat einen Lieferkanal auf der proximalen Seite. In distaler Richtung ist er zunächst uhrglasförmig nach oben gewölbt. Sein Relief flacht jedoch nach außen allmählich ab und verzahnt sich mit der Auenvegetation, wo er schließlich zum Stillstand kommt.

Das Durchbrechen von Uferdämmen ist signifikant mit der Genese mäandrierender Flüsse verbunden (Ricken et al. 1998). Die im Ganzen nur kleinräumig wirkende Transportleistung der Durchbruchsfächer ist in Bezug auf die generelle Fließrichtung

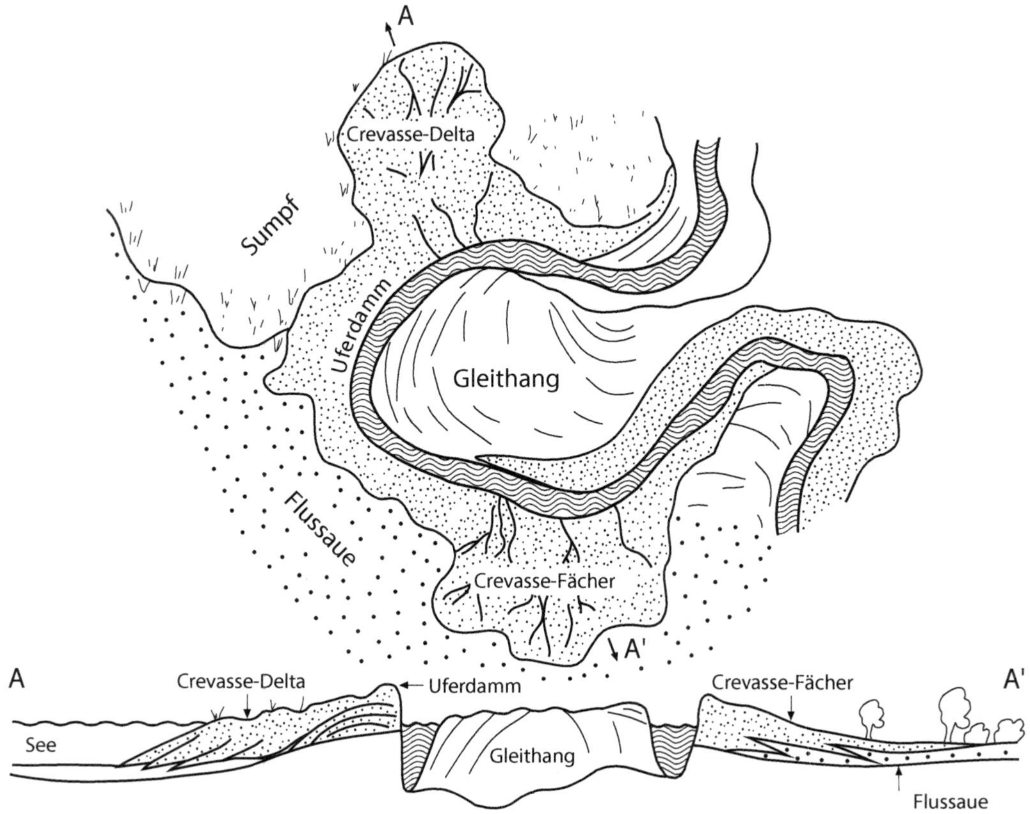

☐ **Abb. 3.94** An der Außenseite der Mäanderschleife lagern sich durch häufiges Überschwemmen bzw. Bruch des Uferdamms Überflutungssedimente fächerartig auf die Aue und schichten diese flächenhaft auf. In ein Flutbecken progradiert ein kleines Delta, und auf einer trocken liegenden Aue lagert sich ein Schwemmfächer ab. (Verändert nach Galloway und Hobday 1983, fig. 4-9)

des Flusses von untergeordneter Bedeutung, liefert andererseits jedoch ein wichtiges Kriterium für das Erkennen von fossilen mäandrierenden Flussläufen. Gerippelte dünne Sandlagen, die Trockenrissfelder überdecken bzw. aufarbeiten, Vegetation in Lebensstellung (☐ Abb. 3.99) und auch Caliche-Konkretionen bei trockeneren Standorten (☐ Abb. 3.100), dazu Sohlbank- oder Dachbankprofile mit allmählicher behutsamer Aufschichtung charakterisieren die überflutete Aue. Bei Uferbankdurchbrüchen anfangs noch mit hoher Energie und tiefgründiger Erosion versehen, läuft der Fächer nun allmählich flach aus und überschichtet Seesedimente und Moorflächen (u. a. Halfar et al. 1998).

Die vertikal gerichtete Sedimentation aggradiert auf der Auenfläche (*vertical aggradation,* VA) und steht im Gegensatz zur seitwärts gerichteten Anlagerung (*lateral accretion,* LA) am Mäandergleithang. Dadurch ist der Flusslauf im Querschnitt asymmetrisch angelegt, mit einer Innen- und einer Außenseite. Bei Hochwasser entstehen auch auf der Innenseite des Flusslaufs, auf dem Gleithang, durchgreifende Änderungen (☐ Abb. 3.101). Hier können sich **Erosionsrinnen** (*chute channels*) formieren, die heftig strömendes Wasser führen und die Schlammabsätze, ja sogar die darunter liegenden Gleithangsedimente erodieren (☐ Abb. 3.102). Als Zeichen hoher Energie können erhebliche Grobfrachten

□ Abb. 3.95 Nach links anlage¯nde hochenergie-parallelgeschichtete fluviale Levée-Sedimente eines Uferdammes (Worange Point Fm, Merimbula Group, Oberdevon; Merimbula Wharf, NSW, Australien; frdl. Hilfe Keith A.W. Crook)

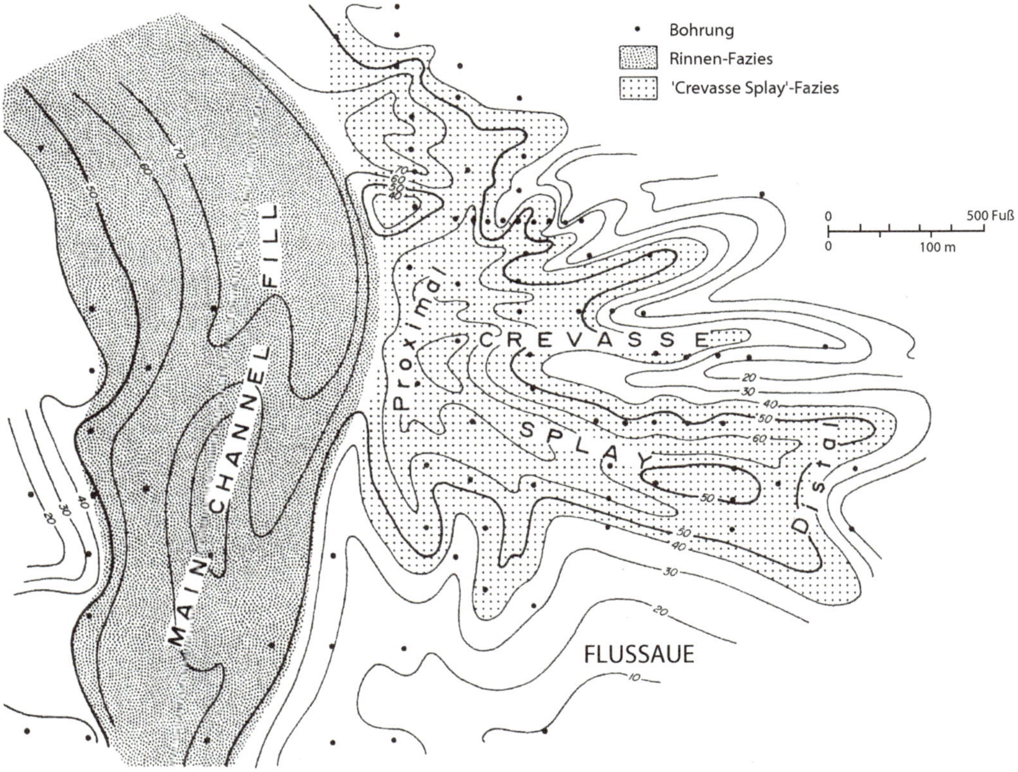

□ Abb. 3.96 *Crevasse splay* gehört zwingend zum Mäandermodell und bildet eine in Bezug auf die mäandrierende Rinne nach außen gerichtete und flächenhafte Sedimentation auf der Überflutungsebene; sie zeigt eindeutige Proximal-Distal-Orientierung. (Nach Galloway und Hobday 1983, fig. 4.10)

◘ **Abb. 3.97**   *Gully structures*, Erosionsrinnen, an der Basis von fluvialen Überflutungsfächern *(crevasse splay)*; Scalby Formation, Mitteljura; Long Nab, Yorkshire Coast, Ostengland (frdl. Hilfe Mike Leeder)

◘ **Abb. 3.98**   **a** *Crevasse-splay*-Delta (Coal Measures, Oberkarbon, Pemrickshire Coal Field, Amroth Coast, Nordküste Bristol Channel, England) in flussbegleitende Seen: überdichte Suspension erzeugte zunächst distale Wickelstrukturen (s. Hammer) und baute darüber das Profil des progradierenden Deltas auf (frdl. Hilfe John R.L. Allen). **b** Detail der Wickelstrukturen von Feinsandstein, die der eigentlichen Schüttung vorauseilen

bewegt und abgelagert werden. Ist das Mäandersystem groß, kann sich eine reiche Morphologie ausbilden, die individuell aus Rinnen, Seen und Kleindeltas besteht.

Liegen die Erosionsrinnen außen auf dem Gleithang in der Nähe des Flusslaufes, verlaufen sie weitgehend parallel zu diesem. Weiter innen auf dem Gleithang können die Erosionsrinnen schräg durch die Schichtköpfe älterer Gleithänge schneiden, auf der stromauf gewandten Seite höher, auf der stromab gewandten Seite tiefer in Bezug auf das Flussniveau. Gelegentlich schneiden die Erosionsrinnen bis auf die Rinnensohle hinunter.

■ **Abb. 3.99** *Crevasse-splay*-Sedimentation, darin Calamiten-Stengel in Lebensstellung (rechts oberhalb des Hammergriffs; Meisenheim-Formation, Glan-Gruppe, Stefan; Glan-Kante bei Meisenheim, Saar-Nahe-Becken; Schäfer 1986)

■ **Abb. 3.100** Caliche ist zwingend mit fossilen fluvialen Bildungen und ihren Auenflächen verbunden. Diese Hinweise auf fossile Böden, Bodenkalkkonkretionen, begrenzen fluviale Sequenzen und teilen einiges zum Klimaraum und dessen Wasserführung mit (Heusweiler-Formation, Ottweiler-Gruppe, Stefan; Wolfstein, Saar-Nahe-Becken; Schäfer 1986)

Dann wird der Gleithang abgetrennt und der außen verbleibende Teil bildet eine Insel im Strom *(chute cut-off)* (■ Abb. 3.103). Hat sich ein Mäanderbogen durch langwährende seitwärts gerichtete Anlagerung soweit in die Mäanderschleife hinein verlängert, kann ein Hochwasser den gesamten Mäanderbogen an dessen Ansatz mit einem tief erodierenden Kanal abtrennen *(neck cut-off)*. Der Flusslauf verkürzt sich dadurch erheblich (■ Abb. 3.104).

◪ **Abb. 3.101**   Die weiten Gleithänge des unteren Mississippi (etwas nördlich von Baton Rouge, rechte Flussseite) zeigen viele einander parallele Erosionsrinnen *(chute channels)*. Diese bilden sich auf der überfluteten Gleithangoberfläche bei extremen Hochwässern (frdl. Hilfe Kathleen Farrell)

◪ **Abb. 3.102**   Auf einem Mississippi-Gleithang (vgl. ◪ Abb. 3.101) wurde ein (noch mit Wasser gefüllter) *chute channel* erodiert, der durch schräg geschichtete Sande (rechte Person) wieder verfüllt wird (frdl. Hilfe Kathleen Farrell)

Beide Veränderungen des Flusslaufes haben erhebliche Konsequenzen für das Strömungsbild des Flusses, vor allem wenn es dem Fluss gelingt, das Hochwasser zu nutzen und den neu gerissenen Wasserweg so zu aktivieren, dass dieser allmählich, später vollständig zum Hauptwasserlauf wird. Der bisher aktive Mäanderbogen, größer oder kleiner, wird aus dem bisherigen Strom allmählich herausgenommen und durch Sedimente schließlich

◘ Abb. 3.103   Fluss in der Yukon-Ebene in Alaska, der durch mehrfaches *chute cut-off* seinen Lauf verlagerte. Der äußerste Bogen ist in Verlandung begriffen. (Foto Volker Lorenz)

◘ Abb. 3.104   Fluss in der Yukon-Ebene in Alaska, als *high-sinuosity meander* von vielen in Verlandung begriffenen *oxbow*-Seen und Toteisseen *(pingos)* begleitet. Der Mäander in Bildmitte befindet sich im Stadium des potenziellen *neck cut-off;* hm kann bei extremem Hochwasser entlang eines *chute channels* der Mäanderbogen abgeschnitten werden. (Foto Volker Lorenz)

vom Hauptwasserlauf verschlossen, stromaufwärts zuerst, stromabwärts später (Allen 1965) (◘ Abb. 3.105). Im ehemaligen Mäanderbogen stellen sich lakustrine Bedingungen ein. Es entsteht ein See, der die Form des ehemaligen Mäanderbogens beibehält und wie ein Ochsenjoch geformt ist *(oxbow lake)*. Im vertikalen Profil durch den Mäanderbogen zeigt sich bei dessen völliger Abtrennung nach zunächst sandigen Sedimenten aus der aktiven Zeit des Flusslaufes ein rascher Wechsel zu tonigen Bildungen, die nun lakustrine Bedingungen dokumentieren

3

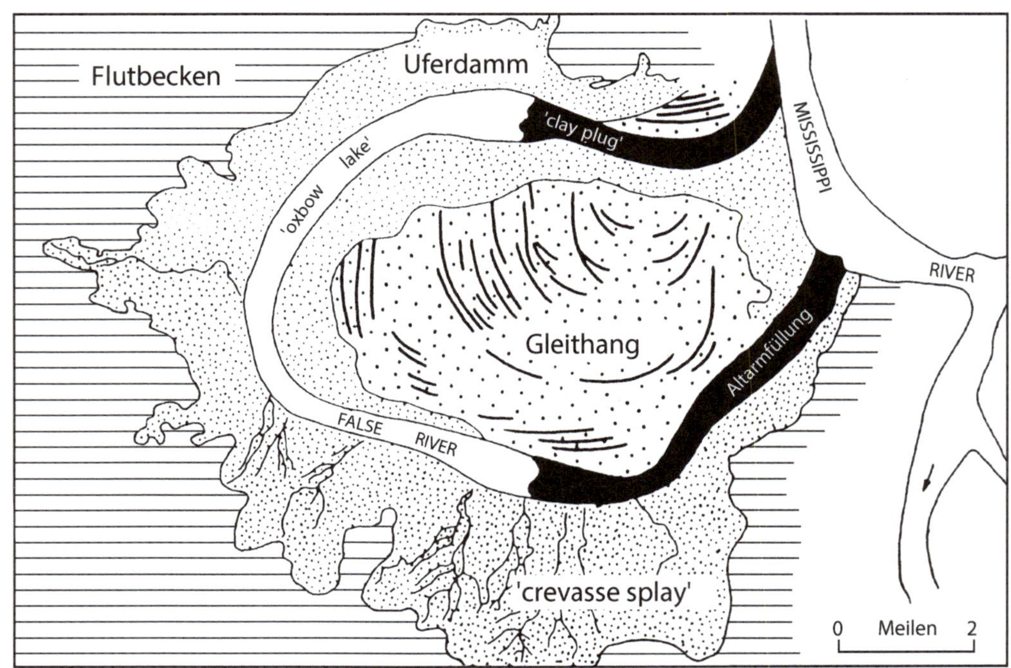

▣ Abb. 3.105 Der False River des Mississippi etwas nördlich von Baton Rouge, Louisiana, USA, ist ein exzellentes Beispiel für eine natürliche vollständige Abtrennung einer Mäanderschleife, deren *neck-cut-off*. Der gebildete Altarm des Flusses wurde schließlich vom Hauptlauf durch eingeschwemmtes Sediment verschlossen, sodass lediglich ein bogenförmiger Ochsenjoch-See *(oxbow lake)* verblieb. (Allen 1965, verändert)

▣ Abb. 3.106 Der durch die Begradigung des Rheins tot gelegte Kühkopf-Altarm bei Stockstadt als ideale Szenerie für einen verlandenden oxbow lake (frdl. Hilfe Wilhelm Schäfer)

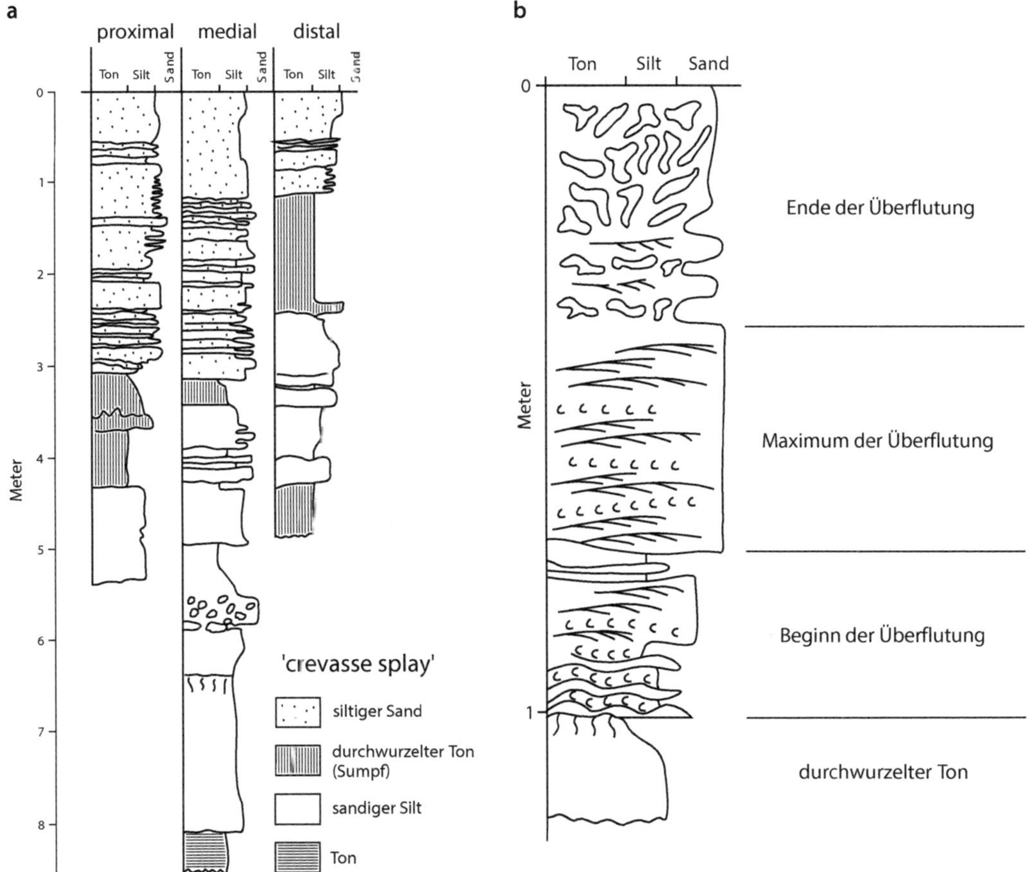

▣ Abb. 3.107 Überflutungs-(crevasse-splay-)Sedimente, erbohrt im südlichen Umfeld des False River. (Umgezeichnet nach einer Bildvorlage von Kathleen Farrell 1986). **b** Detail einer erbohrten distalen crevasse-splay-Sequenz in den Überflutungsflächen des südlichen False Rivers (Farrell 1987, fig. 10, vereinfacht)

(▣ Abb. 3.106). Je nach Zufluss aus dem fluvialen Hauptsystem ist der See von diesem noch abhängig und bildet fein/grob-wechselgeschichtete Seensedimente, auch massive Schlammabsätze (▣ Abb. 3.107). Erst ein völliger Abschluss macht den Mäanderbogen vom Flusslauf unabhängig und verwandelt ihn schließlich in einen flachen, meist eutrophen See.

Fossile Flusslaufsedimente lassen sich unter Anwendung aller dieser überwiegend im Rezenten gemachten Beobachtungen näher erläutern. Die Übertragung des rezenten Modells auf das fossile Faziesbild hat durch viele ausgezeichnete Publikationen den Interpretationsspielraum für dieses ständig

erweitert (Clift et al. 2018). In jüngster Zeit wurden Beobachtungen an Fallbeispielen sowie modellhafte Gesetzmäßigkeiten durch Adams et al. (2005), Miall (2006), Catuneanu und Erikson (eds. 2006), Hampton und Horton (2007), North und Warwick (2007), Sato und Chan (2015), Owen et al. (2017), Sambrook Smith et al. (2018) und vielen anderen auf den neuesten Stand gebracht.

Im Oberperm der SW-Karoo, Südafrika, ließen sich morphologische Daten aus dem exhumierten **Reiersvlei**-Paläomäander und dessen 2018 m² Aufschlussfläche ableiten und berechnen (Smith 1987) (▣ Abb. 3.108): 3000 m Breite des Mäandergürtels (Wm = *meander*

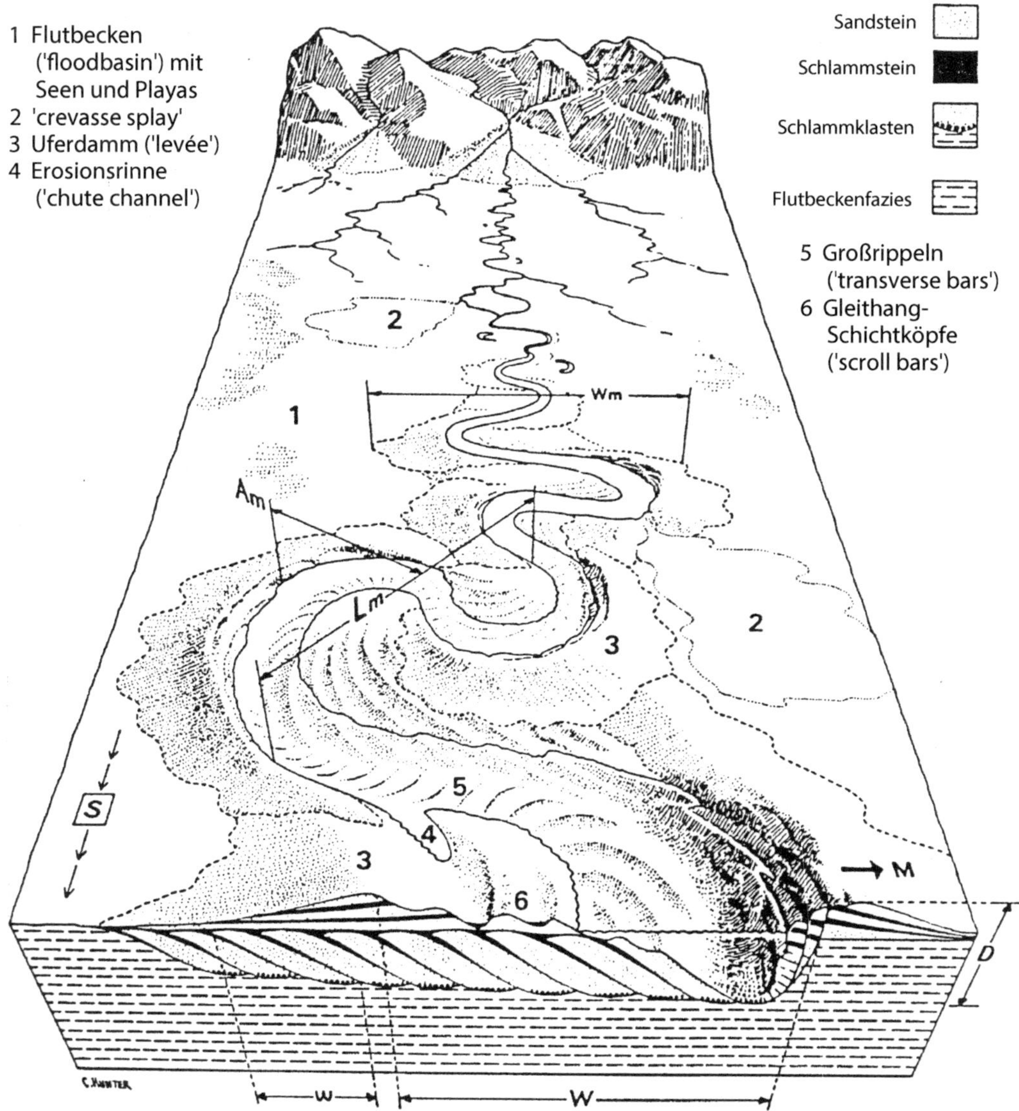

◘ Abb. 3.108   Der Reiersvlei Sandstone, Oberperm der SW Karoo, Südafrika, ist ein grandioses Beispiel eines exhumierten Paläomäanders in der Größenordnung des heutigen Mississippi. Näheres im Text. (Aus Smith 1987, fig. 12, verändert)

belt width), 3200 m Mäanderwellenlänge (Lm = *meander wavelength*), 1183 m Mäanderamplitude (Am = *meander amplitude*), 270–277 m Rinnenbreite bei Hochwasser (W = *bankfull channel width*), 225 m Gleithangbreite (w = *point bar width*), 10–11,5 m Rinnentiefe bei Hochwasser (D = *bankfull channel depth*), 0,00022 Gefälle des Flusslaufs (S = *channel slope*), 0,72 m/a seitwärtige Wanderung des Mäanders (M = *rate of meander migration*). Aus weiterführenden Berechnungen ergab sich 3467 bzw. 2114 m³/s (Q = *average bankfull discharge*, je nach Berechnungsgrundlage), 0,6–1,5 m/s Stromgeschwindigkeit, d. h. ~1,05 m/s mittl. Stromgeschwindigkeit (V = *average velocity*, entsprechend der Formel $V = Q/A$). Diese Daten stellen den Reiersvlei in die Größenordnung des Mississippi. Jedoch war der Reiersvlei möglicherweise ein ephemer fließendes Gewässer einer semiariden Alluvialfläche, dessen Durchfluss sich auf 12.000 m^3/s, dessen Wassertiefe sich auf 13 m und dessen Rinnenbreite sich auf 350 m steigern konnten. Der Flusslauf war in verfestigte Uferbänke eingefasst, die allenfalls nach einer Erosion des Rinnenquerschnitts eine etwas eckige Laufverlagerung erlaubten. Der Reiersvlei mag 1500 Jahre in dieser Form existiert haben, ehe er seinen Lauf verlagerte.

Ähnlich gute Aufschlussverhältnisse zeigt ein Paläomäander aus dem Eozän der Südpyrenäen (Abb. 3.109). Dieser wurde durch Erosion von seinen Auensedimenten befreit und liegt als gewundenes Sandrinnensystem exponiert frei zugänglich (Van Der Meulen 1982; Friend et al. 1979; Allen und Matter 1982; Anadon et al. 1989).

Mäandrierende Flussläufe sind als asymmetrische Flussquerschnitte in die pelitischen Auensedimente eingeschnitten. Doch nur selten finden sich bei fossilen Beispielen mehrere Rinnen im Zusammenhang und bauen schräg aufeinander aufsitzende Flussquerschnitte auf (Abb. 3.110). Die Pelite der Auen wachsen außerhalb der aktiven Rinnen flächig in die Höhe. Sie werden von gelegentlichen Hochwässern überflutet und können dadurch die Kompaktion der abgelagerten Sedimente, die reich sind an Tonmineralen und organischer Substanz, zumindest ausgleichen. Im zweidimensionalen Schnitt durch die schlammigen Überflutungsebenen finden sich asymmetrische bzw. symmetrische sandgefüllte Rinnenquerschnitte, die im Hangenden von einem mehr oder weniger umfangreichen Schlammabsatz abgedeckt werden. Andererseits fallen auch Altgewässer durch ihre Rinnenfüllung mit Schlamm und organischer Substanz (Abb. 3.111) in einer sandigen Umgebung deutlich auf (Abraham 1994; Schäfer et al. 2004).

Häufige Hochwässer lassen durch reichlich *crevasse splay* die Auenflächen rasch aufwachsen. Fassen diese das ständige *spillover* der mäandrierenden Flussrinnen nicht mehr, kann es zu einer **Laufverlagerung**

Abb. 3.109 Paläomäander des fluvialen Guadalope-Mataranya-Systems in der oligo-miozänen Caspe Formation (bei Caspe-Alcaniz, Südpyrenäen; Anadon et al. 1989, Exkursionsführer – Stop 15). Der Rinnen-Sandstein ist durch Verwitterung der Auensedimente erhaben herauspräpariert

Abb. 3.110   Schräg übereinander sitzende asymmetrische Querschnitte mäandrierender Flussläufe. Jura, Devil's Kitchen, Bighorn Basin, Wyoming, USA (frdl. Hilfe Carl F. Vondra)

Abb. 3.111   In den miozänen Inden-Schichten des Braunkohle-Tagebaues Hambach war ein symmetrisch geformter fluvialer Altarm angeschnitten. Seine Füllung mit an organischer Substanz reichem dunklen Ton bildete einen deutlichen Kontrast in der Färbung zu den grauen Sanden der Umgebung (frdl. Hilfe Mathias Abraham; dieser als Maßstab an der unteren Steilkante)

(avulsion) großen Ausmaßes kommen (Blum und Tornqvist 2000; Aslan et al. 2005; Millard et al. 2017). Der mäandrierende Fluss verlegt seinen Lauf als Ganzen, vor allem, wenn er sich durch räumlich begrenzte und lineare Aufsedimentation auf der Alluvialebene einen sogenannten *meander belt* mit erhabenem Relief geschaffen hatte (Campo et al. 2016). Ein typischer **Mäandergürtel** ist der Yukon River in Alaska (**Abb. 3.112**).

So wird parallel zum bisherigen Flusslauf an anderer Stelle ein neues Mäandersystem angelegt. Damit verstärkt sich der Eindruck (wie er sich in einem zweidimensionalen Schnitt durch eine Alluvialebene ergibt), dass Mäanderflüsse aus zufällig gerissenen, einzelnen sandigen Rinnen bestehen, die in schlammige Auenflächen eingelagert sind. Aufgrund der geringen Neigung der Alluvialebene und der kompaktierbaren pelitischen Sedimente flussbegleitender Auen wachsen diese nur allmählich auf (Sambrook Smith et al. 2006; Smith et al. 2016). Leicht kann es dabei zur **Reliefumkehr** *(relief inversion)* kommen, bei der die sandige Rinne gegenüber gleich alten, jedoch kompaktierten Auensedimenten nun deutlich erhaben ist. Dies wird vor allem im Anschnitt fossiler Sedimente offenkundig. Da das System von Rinne und Aue instabil und empfindlich ist, kann es durch außergewöhnliches Sinken des Wasserstands in der Rinne erheblich gestört werden. Die noch wenig konsolidierten Sedimente der schlammigen Überflutungsflächen können kollabieren, deformieren und als große Schollen in die Rinne brechen, wie dies reichlich entlang des

Flusslaufes des Brahmaputra zu beobachten ist (Coleman 1969; Sincavage et al. 2017). Über *slump features* im Tagebau Hambach des neogenen Niederrhein-Beckens berichten Williams und Flint (1990).

Als Zwischenform zwischen verzweigten und mäandrierenden Flüssen existieren **Mäanderflüsse mit geringer Sinuosität** *(low-sinuosity meander;* McGowen und Garner 1970; ◨ Abb. 3.113 und 3.114). Sie führen gröbere Sedimentfracht und weniger Pelitanteil. Und vor allem ist ihre Sinuosität (der Quotient aus Mäanderweg des Flusses zum Talweg der Alluvialebene) deutlich geringer (◨ Abb. 3.115). Laterale Anlagerung findet statt. Doch ist die Ausbreitung der Flussebene – ähnlich wie die bei verzweigten Flusssystemen – bevorzugt seitwärts gerichtet und überstreicht flächenhaft die Alluvialebene (Miall 1996) (◨ Abb. 3.116). Es findet keine räumlich bevorzugte Zusammenlagerung sandiger fluvialer Sedimente statt (wie dies bei einem *meander belt* der Fall ist). Es werden mächtige lateral anlagernde Gleithangfolgen während der Hochwasserzeiten gebildet, wohingegen während des Niedrigwassers stromabwärts anlagernde trogförmige Megarippeln sich auf die tiefen Teile

◘ Abb. 3.113   a Der Mäanderfluss mit geringer Sinuosität *(low-sinuosity river)* wurden durch eine Studie an der Magnolia Point Bar des Amite River, auf den östlichen Terrassen des unteren Mississippi, zu einem wichtigen fluvialen Modell erhoben. Im Amite River werden überwiegend sandige Sedimente bewegt, und die Flussrinne erfährt während verschiedener Wasserstände eine klare, deutlich zu unterscheidende Gliederung (McGowen und Garner 1970, verändert). **b** Idealisiertes Profil mit den Abschnitten 1–4, die den *low-sinuosity*-Mäander signifikant auszeichnen (Magnolia Point Bar, Amite River; McGowen und Garner 1970, verändert)

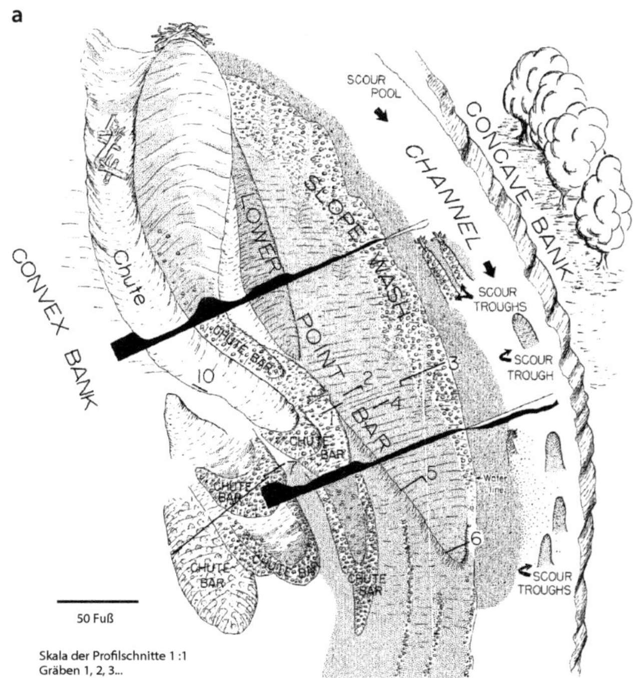

Skala der Profilschnitte 1 : 1
Gräben 1, 2, 3…

convex bank, upper and lower point bar, scour pool = Gleithangabfolge

slope wash = Kiesgirlande am unteren Gleithang entlang der Niedrigwasserlinie

concave bank = Prallhang

scour troughs = Kolklöcher auf der Rinnensohle (scour pool)

chute = Erosionsrinne auf dem oberen Gleithang

chute bars = Kies- und Sandbarren an deren stromabwärts gelegenen Ende

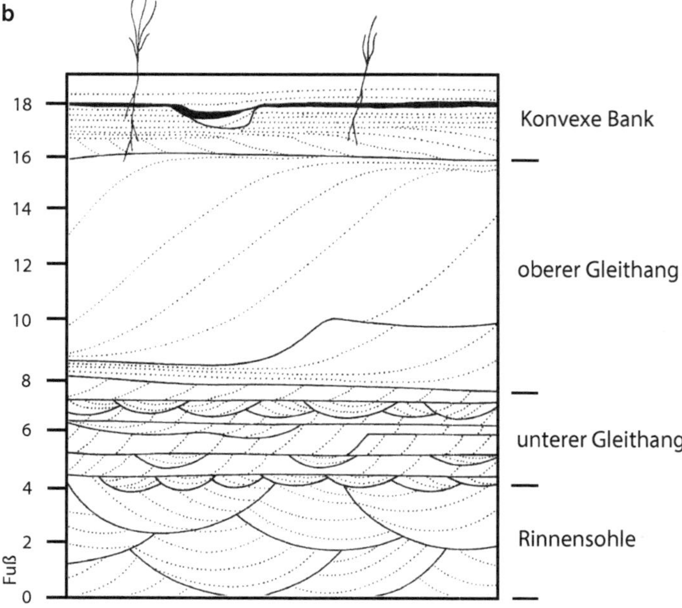

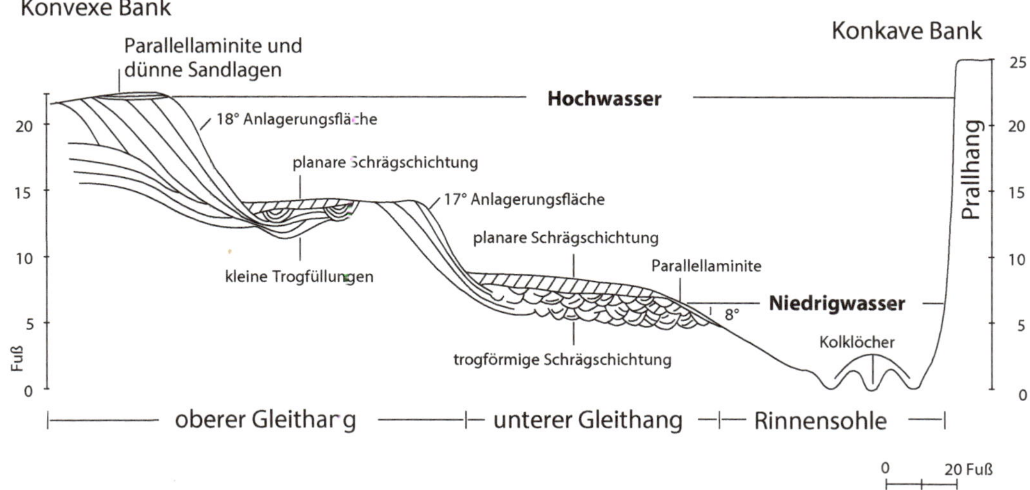

Abb. 3.114 Querschnitt durch die Magnolia Point Bar, in der die Gefügeabfolgen (in **Abb. 3.113b) sich durch die unterschiedlichen Wasserstände übereinander stapeln (Magnolia Point Bar, Amite River; McGowen und Garner 1970, verändert)

Abb. 3.115 Magnolia Point Bar, der Mäander-Bogen des Amite River, an dem McGowen und Garner (1970) das Modell des *low-sinuosity*-Mäanders entwickelten. Fließrichtung des Flusses auf den Betrachter zu (frdl. Hilfe Whitney Autin)

der Rinnen beschränken. Für die Interpretation von *low-sinuosity*-Mäandern ist die Existenz von *chute channels* auf dem oberen Gleithang wichtig, da dort in verstärktem Maße Erosion und Umlagerung stattfindet. Das resultierende Schichtungsbild aus unten trogförmigen Mega-rippeln und oben lateral anlagernden Gleithangschichten ist signifikant anders als das der beiden oben vorgestellten fluvialen Endtypen (Allen 1983).

Zu rezenten *low-sinuosity*-Flüssen in Schottland – beginnend mit dem River

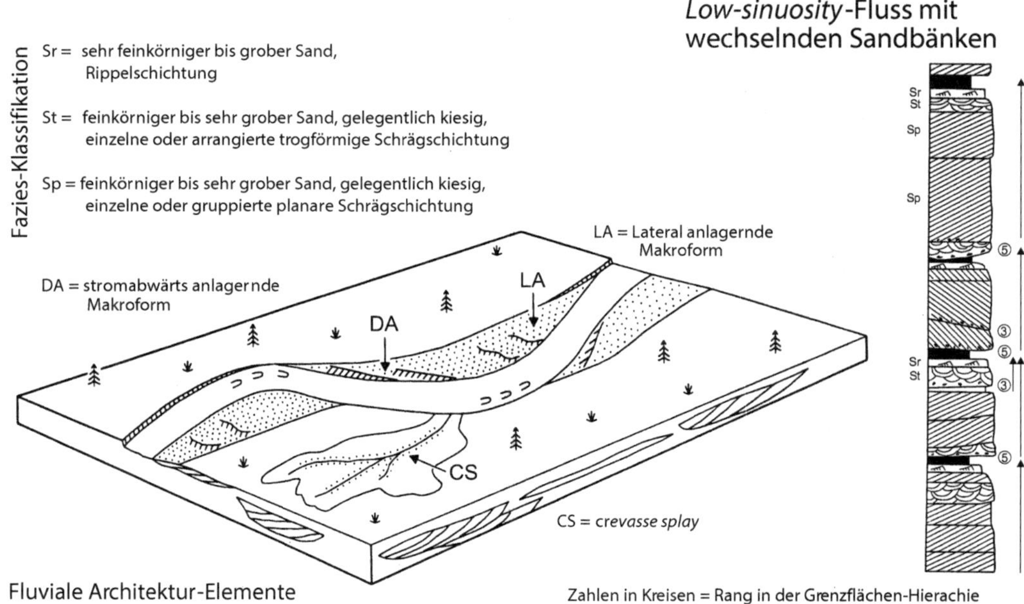

◘ Abb. 3.116   Sandführender Mäanderfluss mit geringer Sinuosität *(low-sinuosity river)*; er besitzt alternierend angeordnete Sandbänke und im vertikalen Profil überwiegend sandige, mit klarem Gefügewechsel versehene Sedimentsequenzen. (Nach Miall 1996, fig. 8.55 und 8.8K, verändert)

Endrick (unweit Glagow) – hat Bluck (1971, 1976) sehr lesenswerte Studien verfasst. Er stellt ausdrücklich den Zusammenhang zwischen der Rinnenform, der Form der in ihr wandernden Barren, der Korngröße der beteiligten Sedimente und dem Fließverhalten des Flusswassers heraus. Bei ungleicher Korngrößenverteilung der Barren (stromab mit vorauseilendem grobkörnigerem Kopf und einem nachfolgend feinkörnigeren Ende) wird individuell eine Korngrößenvergröberung in den resultierenden Barrensequenzen erzeugt, wenn diese stromab wandernd sich übereinander lagern. Diese Korngrößenvergröberung ist mit einer signifikanten Vergrößerung der trogförmigen Schrägschichtung verbunden. Auch ist die Orientierung der Schrägschichtung in Vektor-Diagrammen nicht immer entsprechend der allgemeinen Fließrichtung solcher *low-sinuosity*-Flüsse; diese kann beiderseits durchaus bis zu 90° abweichen. Den gesetzmäßigen Trend der aufwärts gerichteten Vergrößerung von Körnung

und Sedimentgefüge bezeichnet Bluck (1986) als *facies lineage*.

Die fluvialen Tholey-Sandsteine im permokarbonen Saar-Nahe-Becken – sie sind heute die Oberkirchen-Sandsteine (Boy et al. 2012) – erlaubten die Konzeption eines solchen *low-sinuosity*-Modells (Rast und Schäfer 1978; Schäfer 1986; Schäfer und Korsch 1998).

Bei ansteigendem Meeresspiegel und dadurch verursachten Rückstau des in Flüssen abfließenden Wassers oder durch morphologische Barrieren bilden sich (quasi in ihren Auen ertrinkende) **anastomosierende Mäanderflüsse** *(anastomosing rivers)* (Smith und Smith 1980; Smith 1983, 1986; Makaske 2001). Sie bleiben dabei relativ ortsfest und wachsen mit gestapelten Uferbanksequenzen auf. Ihre Flussrinnen schließen zwischen sich mächtige Auensedimente ein (◘ Abb. 3.117). Durchbrüche der Flussrinnen durch ihre Uferdämme finden oft statt, und die Deltas der Durchbruchsfächer arbeiten sich in die flussbegleitenden Flutbecken vor

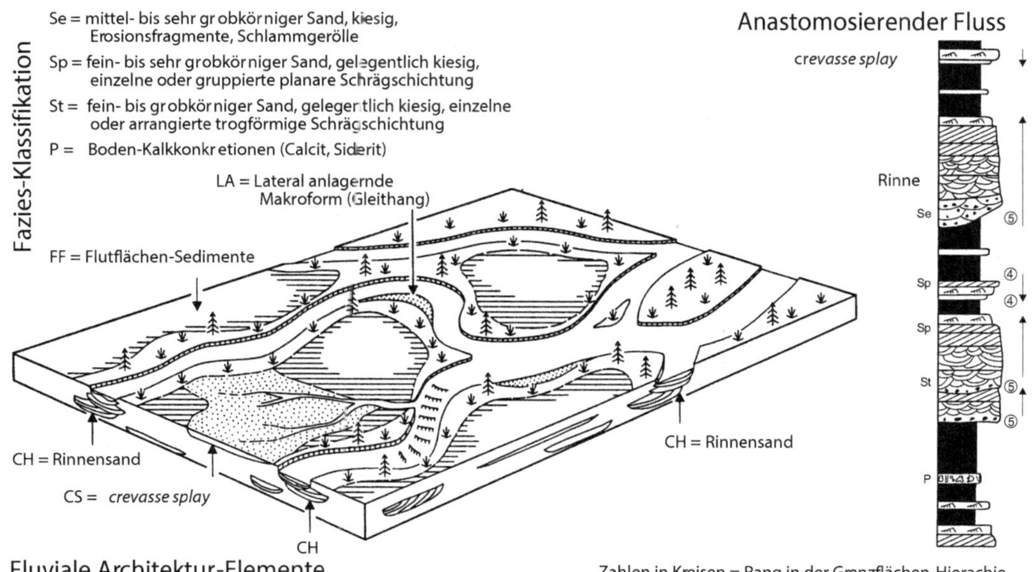

◘ Abb. 3.117   Überwiegend toniger anastomosierender Fluss *(anastomosing river)* mit geringer Sinuosität, jedoch gestapelten Uferbanksequenzen. Im vertikalen Profil sind schlammige Sedimente überproportional reichlich vorhanden. (Nach Miall 1996, figs. 8.49 und 8.8J, verändert)

(Smith 1983) (◘ Abb. 3.118). Durch das häufige *crevasse splay* werden in den Flutbecken fluviale Profile gebildet, die jedoch überreich an pelitischen Sedimenten sind. Nur vereinzelt werden in Bohrungen Rinnensedimente angetroffen; diese machen nach Smith (1983) allenfalls 10–40 % der gesamten fluvialen Sedimente aus. Das Gefälle des Talweges ist geringer als für mäandrierende Flüsse notwendig (9,6 cm/km anstatt 30 cm/km). Die Sinuosität ihrer Rinnen ist deutlich geringer als bei diesen (1,16 statt 2,1); sie sind untereinander verbunden und führen reichlich Wasser. Die Rate des vertikalen Aufwuchses *(aggradation rate)* ist sehr hoch (30–100 cm/100 a): Es bilden sich deutlich sichtbare Uferdämme, die jedoch sehr häufig durchbrochen werden, sodass die begleitenden Flutbecken mit *crevasse-splay*-Fächern gefüllt werden können. Demgegenüber gibt es kaum *oxbow*-Seen, dafür aber verlagern sich die fluvialen Rinnen oft durch Abreißen des Oberlaufes *(avulsion)*. Die Form dieser Rinnen hat Ähnlichkeit mit denjenigen auf Deltaplattformen fluvial dominierter Deltas.

Makaske et al. (2017) führen ihre Beobachtungen an anastomosierenden Flussläufen zusammen, wobei sie einräumen, dass sich diese vor allem auf den Columbia River konzentrieren. Sie diskutieren zwei Modelle: Im sog. *downstream model* kontollieren talüberschreitende alluviale Fächer die Wasserführung des Flusstales. Im sog. *upstream model* kontrolliert überreichlicher Zufluss mitsamt Bodenfrachtsedimenten aus Nebenflüssen die Wasserführung des Flusstales. Beide Modelle modifizieren Aggradation und Avulsion im Oberlauf des Columbia, was durch vermehrtem Sedimenteintrag während des Zeitraums der Kleinen Eiszeit, ~1100–1950 AD, festgemacht werden kann. Daraus leiten die Autoren ab, dass ein Anastomosieren von Flüssen in ihrem Unterlauf vorzugsweise bei überreichlicher Anlieferung von Sedimentfracht in die Flussebene eintritt, zu beobachten in intermontanen oder in Vorlandbecken.

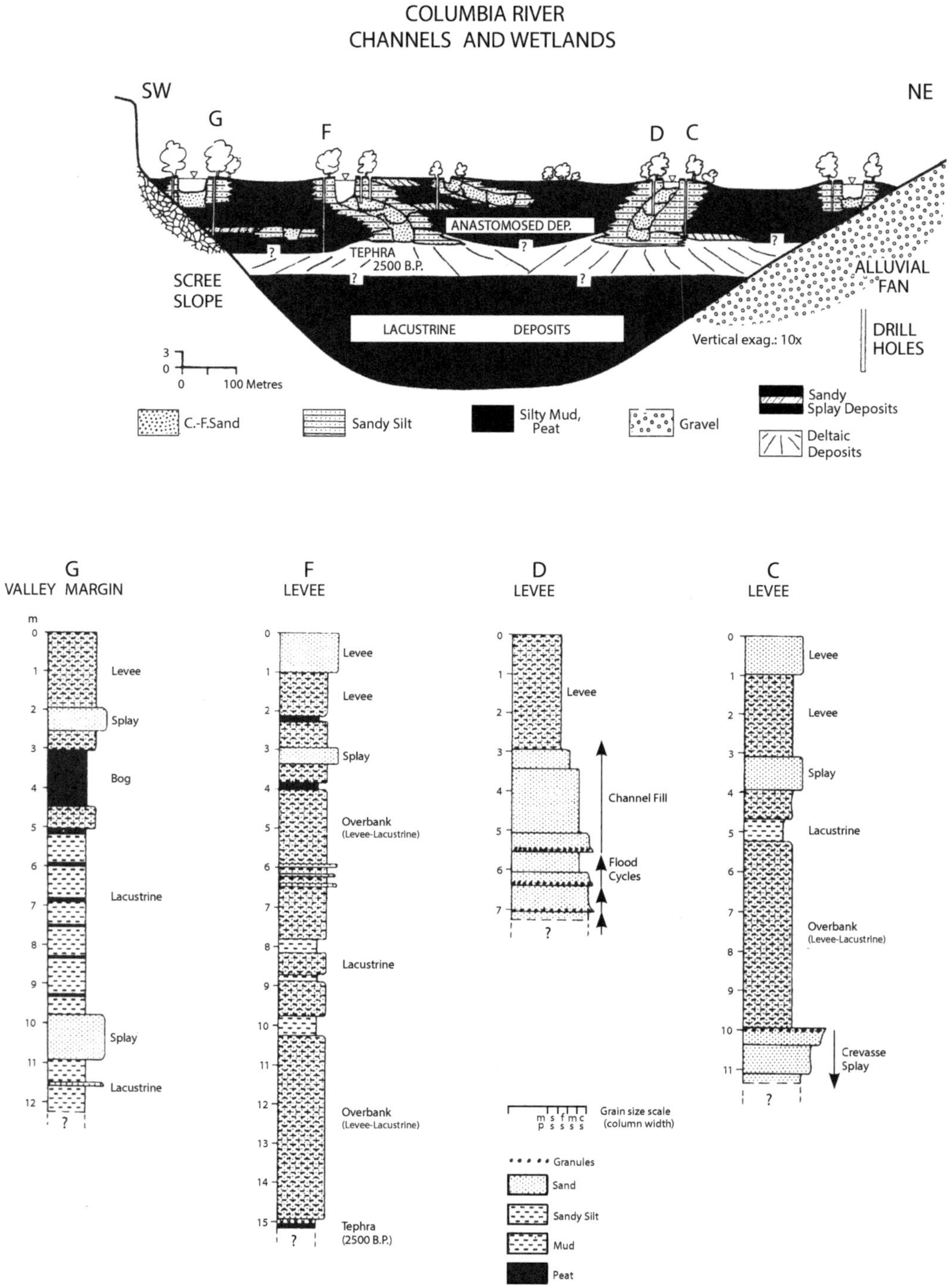

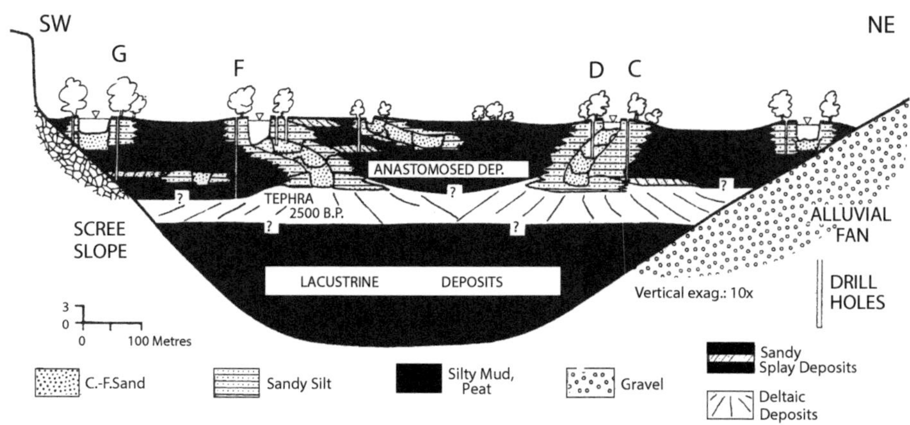

◻ Abb. 3.118   Unterer Teil des anastomosierenden oberen Columbia River im Querschnitt, aufgeschlossen durch eine Auswahl von Bohrprofilen. Das Tal ist mit holozänen lakustrinen und deltaischen Bildungen sowie einer datierten vulkanischen Tephra gefüllt. Darüber wächst die alluviale Füllung des Columbia Rivers überwiegend vertikal in seiner Auenfläche auf. (Nach Smith 1983, figs. 7 und 8, verändert)

3.2.3 Fluviale Faziesarchitektur

Miall (1985, 1996) begründete das Konzept der fluvialen Faziesarchitektur, das unterschiedliche, verzweigte als auch mäandrierende Flusstypen für die Interpretation im fossilen Aufschluss systematisierte. Er definierte anhand der Beobachtung im zweidimensionalen Anschnitt Hierarchien von Grenzflächen und beschrieb Gefüge fluvialer Bildungen unter dem Aspekt der Generalisierung – unter Berücksichtigung unterschiedlicher Liefergebiete und der Proximalität der Flussläufe (Miall 1985). Dieses Konzept baut auf einer frühen Arbeit von Miall (1974) auf und ist trotz aller Abstraktion für die Definition architektonischer Elemente von Flusssedimenten sehr gut zu verwenden und liefert Handhabe für deren sedimentologische Analyse (Miall und Turner-Petersen 1989). Die sedimentologische Bearbeitung im Aufschluss beginnt mit einer Zuordnung von **Lithofaziestypen** in Form von (hier im Original verwendeten) Buchstabenkürzeln. Es werden die Korngrößengruppen Kies (G), Sand (S) und Feinanteil (F) (ohne weitere Differenzierung) unterschieden, denen dann in nachgestellten Buchstaben die Gefügetypen massig (m), trogförmig (t), planar (p), gerippelt (r), laminiert (l) zugeordnet werden; kohlige Substanz (C) und Bodenbildung (P) werden gesondert ausgewiesen. Diese Lithofaziestypen werden zu **fluvialen Architekturelementen** zusammengefasst, wobei sie als Rinnen (CH), Kiesbarren (GB), sandige Bodenformen (Linsen, Rinnenfüllungen, *crevasse splays*, Barren) (SB), stromabwärts anlagernde Makroformen (transversale Schrägschichtung von 2D- und 3D-Großrippeln) (FM bzw. DA), seitwärts anlagernde Bodenformen (Gleithang-Schrägschichtung) (LA), Schweregleitung (Rutschmassen mit Schichtdeformation i. w. S.) (SG), Lamination (LS) und Flutfazies der Uferbänke und schlammige Überflutungsflächen (OF) unterschieden werden (Miall 1985, 1994) (◘ Abb. 3.119). Sodann wird die Grenzflächenhierarchie mithilfe von gut sichtbaren erosiven Grenzflächen – in der Hierarchie klein bis groß – unterschieden,

die von der individuellen Faziesanalyse bis zur Organisation von komplexen Alluvialsystemen reichen (◘ Abb. 3.120 und 3.121).

Jüngst machten Fielding et al. (2018) den Vorschlag, Flüsse nach der Beständigkeit ihres Fließens und ihrer Abhängigkeit vom jahreszeitlich variierenden Durchfluss zu unterscheiden, justiert an einer großen Vielzahl von Flüssen weltweit. Flüsse mit sehr geringer, mäßiger, hoher und sehr hoher Abweichung vom Jahresdurchfluss (*standard deviation of the annual peak flood discharge*) hatten Eingang in ihr Modell, unterlegt mit drei Typprofilen aus dem oberkarbonen Maritimes Basin Complex in Ostkanada (◘ Abb. 3.122). Der Anteil an Pelit in den Profilen ist augenfällig und lässt vereinfachend ein Mäandermodell annehmen.

3.2.4 Beispiele großer Flussläufe

Große Flussläufe werden durch die Interaktion des aufsteigenden Gebirges, seiner klimaabhängigen Wasserführung und Verwitterung sowie dem sich senkenden Ablagerungsraum belebt, der die Sedimente schließlich aufnimmt (u. a. Einsele 2000; Hinderer 2001; McCann und Saintot 2003; Scheffer und Schachtschabel 2018; von Eynatten und Dunkl 2012).

3.2.4.1 Ganges

Singh et al. (1999) sowie Shukla et al. (1999, 2001) haben ein außergewöhnliches Faziesmodell für das Ganges-Alluvium aus dem indischen Vorlandbecken des Himalaya beschrieben, dessen heutiger Flusslauf sich tief in ältere (pleistozäne) Überflutungsflächen eingeschnitten hat.

Die Gangesebene liegt auf der alten und konsolidierten Indischen Platte, südlich der Indisch-Asiatischen Sutur, die unmittelbar entlang des Südrandes des Himalaya die Deformation der Siwaliks verursachte (◘ Abb. 3.123). Trotz der erheblichen Mächtigkeit des Orogens Himalaya wurde die kontinentale Kruste unter der Gangesebene

◪ Abb. 3.119 Architektonische Elemente zur Klassifizierung fluvialer Sedimente, wobei diese mithilfe der Lithofazies Kies (G), Sand (S), Feinkörniges (F), Boden (P) und Kohle (C) weiter unterteilt werden. Das sedimentäre Gefüge von Kiesen und Sanden wird in Form nachgestellter Kleinbuchstaben wie m: massig, t: trogförmig, p: planar, r: gerippelt, h: horizontal-laminiert (he & ne: Hoch- und Niederenergielaminite), e: erosiv näher erläutert. Feinkörniges ist gesondert ausgewiesen: Fl feinkörnige Überflutungslaminite, Fsc *crevasse-splay*-Sand, Fcf ungeschichtetes Seensediment, Fm massive Überflutungssedimente und Fr durchwurzelte Böden. Die Fazies-klassifikationen entlang des rechten Randes sind in ◪ Abb. 3.80, 3.92, 3.116 und 3.117 erläutert (Miall und Turner-Petersen 1989, fig. 8, verändert)

nur wenig abgesenkt. Es formte sich ein weites und flaches Sedimentbecken von geringer Mächtigkeit, das etwa 5000 m Molassesedimente, die Siwaliks, im Neogen und Pleistozän aufnahm (Parkash et al. 1980). Der Sedimenteintrag in das Sedimentbecken überstieg dessen Absenkungsgeschwindigkeit. Die Mächtigkeit der neogenen Sedimente im

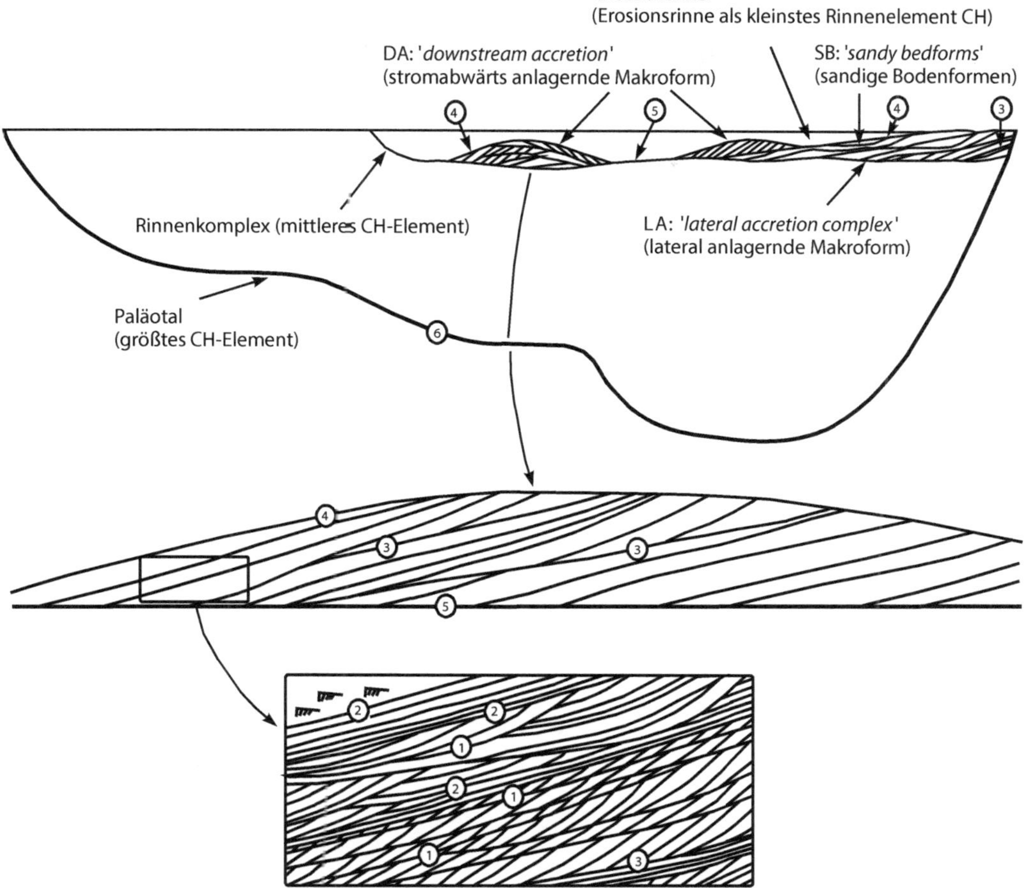

□ Abb. 3.120 Sechs Hierarchien von Grenzflächen fluvialer Sedimente, von 1 (Schräg- bzw. Kreuzschichtung) bis 6 (Basisgrenzfläche des alluvialen Tales) lassen sich unterscheiden. Sie trennen Lithofaziestypen, architektonische Elemente und ganze Flusssysteme voneinander. (Nach Miall und Turner-Petersen 1989, fig. 4, verändert)

Ganges-Vorlandbecken sind im S auf der Indischen Platte annähernd Null, erreichen ihre genannte Mächtigkeit erst vor der Überschiebungsfront des Vorgebirges Lesser-Central Himalaya (s. div. Abb. in Singh 1996). Das Sedimentbecken verblieb seit seiner Anlage im Miozän oberhalb des Meeresspiegels. Daher sind alle Sedimentprozesse in diesem fluvial.

Singh und Bajpai (1989) erläuterten anhand von Bohrungen in der südlichen Gangesebene, dass diese sich aufgrund des tektonischen Drucks des Himalaya seit dem mittleren Pleistozän um etwa 100 km nach S ausgedehnt hat.

Die Gangesebene (□ Abb. 3.124) lässt sich in drei geomorphologische Räumlichkeiten unterscheiden: die Piedmontebene, die Marginale Alluvialebene und die Zentrale Alluvialebene. Die Piedmontebene entlang des Lesser-Central Himalaya ist durch Kontraktion gekennzeichnet, die die Überschiebungsstrukturen unter den jungen Sedimenten sowie konjugierte Systeme von NO-SW und NW-SO orientierten *strike-slip*-Störungen bilden. Auf der Piedmontebene sind einzelne unterschiedlich große Schwemmfächer aufgeschüttet, die mitunter als Megafans bezeichnet werden, darunter der in

a

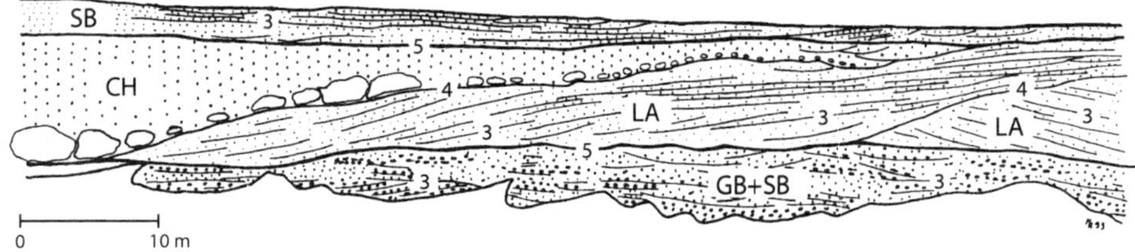

b

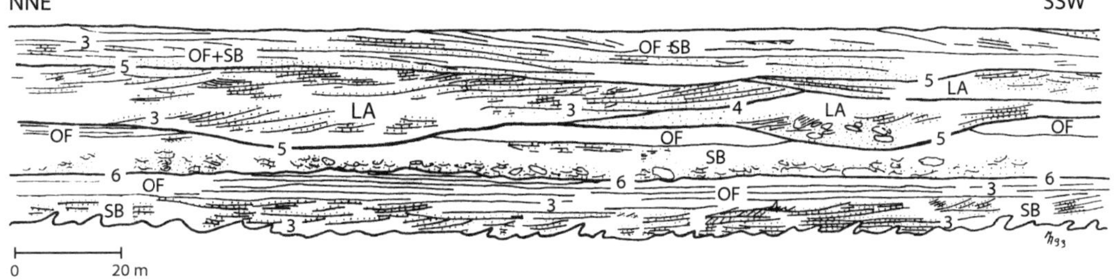

c

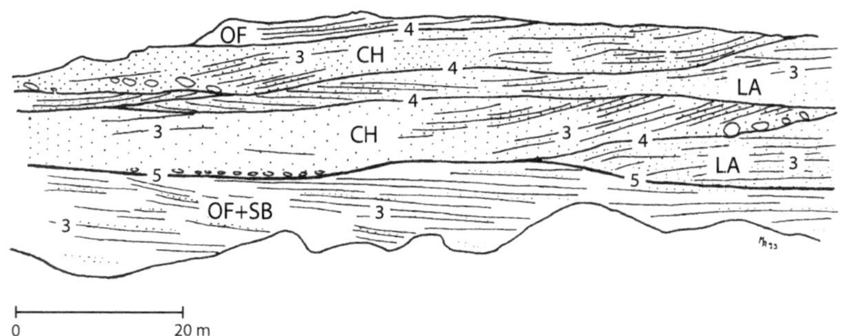

Abb. 3.121   Im Miozän und Pliozän des Niederrhein-Beckens (Südteil des Tagebaus Hambach, RWE Power AG, Köln) wurden architektonische Elementanalysen (numerische Hierarchien der Grenzflächen und Lithofaziestypen *sensu* Miall 1985) zur näheren Erläuterung der angetroffenen fluvialen Sedimente durchgeführt: **a** Übergangsschichten zwischen Inden-Schichten und Hauptkies-Serie, **b** Rotton-Serie, **c** Inden-Schichten. (Nach Abraham 1994)

▶ Abschn. 3.1.2 (erwähnte Kosi Megafan; Gole und Chitale 1966; Agarwal und Bhoj 1992; Kumar et al. 2014). Die Marginale Alluvialebene zeigt hauptsächlich W-O-Lineamente, die normale Störungen und grabenähnliche Strukturen durch Extension verursachen. Hier werden tiefe Einschnitte von Flussläufen, sanfte Falten, herausgehobene und schräggestellte Blöcke und Brüche erzeugt. Die Zentrale Alluvialebene wird durch NW-SO- und WNW-OSO-orientierte Lineamente gekennzeichnet, die als normale Störungen reagieren.

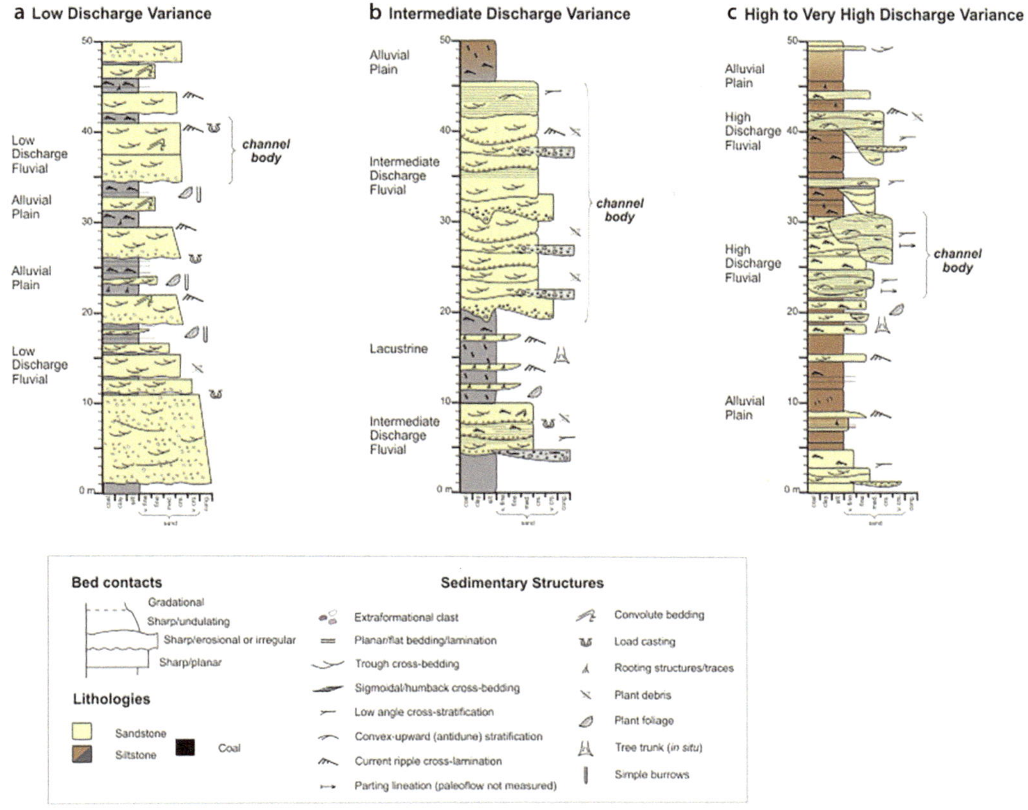

☐ Abb. 3.122   Drei Typprofile von Flussläufen, die nach ihrer Wasserführung zu Zeiten des Spitzendurchflusses durch ihre Rinnensysteme unterschieden werden (Profile aufgenommen in oberkarbonen Sedimentserien von Ostkanada) (Fielding et al. 2018, fig. 8)

Sie erlaubt jedoch kaum Einblick in den tieferen Untergrund der Alluvialebene Ebene.

Die Gangesebene nimmt die zentrale Position des Indus-Ganges-Vorlandbeckens im südlichen Vorland des Himalayas ein. Die Länge der Gangesebene beträgt Ost-West etwa 1000 km, ihre nordsüdliche Breite ist im Westen 450 km und im Osten 200 km. Die Oberfläche der zentralen Gangesebene hat ein nach SSO gerichtetes Gefälle von 10–20 cm/km.

Die meisten Flüsse der nördlichen Gangesebene folgen dem südostwärts gerichteten Gefälle. Im allgemeinen fließen die Flüsse aus dem Himalaya zunächst nach SW, doch ändern sie ihre Richtungen nach längstens 100 km nach SO. Die von S kommenden Flüsse der Alluvialebene fließen zunächst nach O bis ONO, ehe sie in den Ganges münden. In der westlichen Gangesebene ist der Yamuna der axiale Flusslauf. In der östlichen Gangesebene ist der Ganges der axiale Flusslauf (Gibling et al. 2005).

In der Gangesebene können größere geomorphologische Einheiten entsprechend ihrem Alter (von alt nach jung) unterschieden werden (Singh und Bajpai 1989; Singh und Gosh 1992):

10 ka - Holozän, aktive Überflutungsfläche; diese wurde durch den Anstieg des Meeresspiegels gebildet, Ablagerung in Flüssen, die sich in die aufwachsenden Überflutungsflächen einschneiden, Bildung des „Doab" (Singh et al. 1999) – dieser ist feinkörniger Hochflutlehm, der sich nur zu Zeiten extremer Hochwässer auf

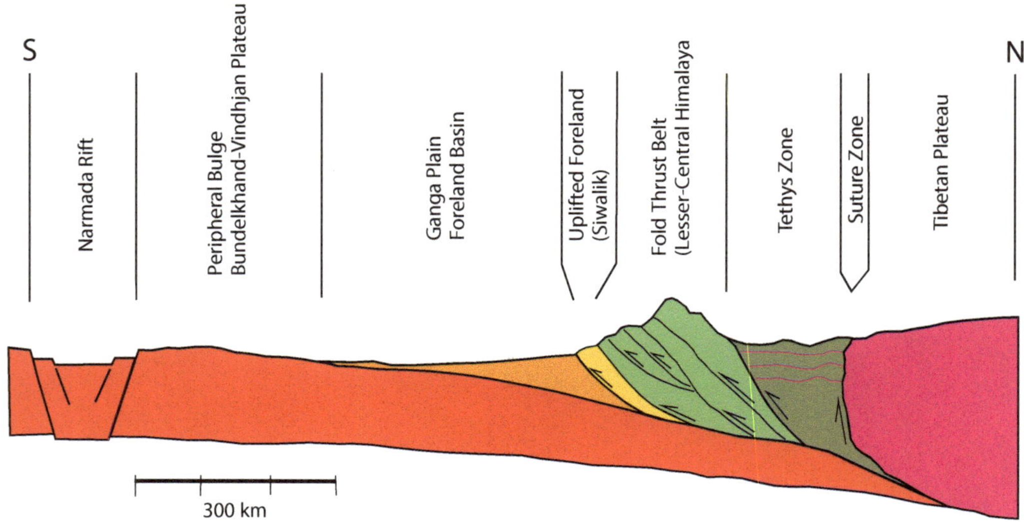

◘ Abb. 3.123   Der Strukturprofilschnitt zeigt das Abtauchen der Indischen Platte (S) unter die Asiatische Platte (N). Die strukturelle Einengung führte zur Bildung des Himalaya, dessen Südrand hier als Tibetisches Plateau ausgewiesen ist. Mehrere nach S überschiebende Struktureinheiten formen das Vorgebirge Lesser-Central Himalaya, dessen nach S gerichtete Hauptüberschiebungsfront (*Main Boundary Thrust,* siehe Abb. 3.123) die neogene Molasse des Himalayas (die Siwaliks) auf langer Front vor dem Gebirge deformierte. Das sich nach S anschließende Vorlandbecken ist die Gangesebene *(Ganga Plain).* (Nach Singh 1996, fig. 7, neu gezeichnet)

hoch gelegenen Überflutungsflächen zwischen den fluvialen Rinnen ablagert.

25–10 ka - Piedmont-Oberfläche, spätestes Pleistozän bis Holozän – geringe Wasserführung und geringer Sedimenteintrag vom Himalaya, kaltes Klima.

35–25 ka - spätes Spätpleistozän – schnell sich verlagernde mäandrierende Flüsse in breiten Flusstälern, sehr humides Klima.

74–35 ka - mittleres Spätpleistozän – Megafan-Oberfläche, anfangs humides Klima, später gefolgt von einer langen Periode ariden Klimas; zunehmender Sedimenteintrag vom Himalaya, Bildung von Flussterrassen.

128–74 ka - frühes Spätpleistozän – randliche, zwischen den Flussläufen gelegene Hochebene; größerer Zeitraum mit humidem Klima.

Das Gewässernetz aller größeren Flussläufe der alluvialen Gangesebene sind tief in die pleistozänen Decksedimente eingeschnitten (◘ Abb. 3.125) (Singh et al. 1990, 1999). Sie bestehen im Wesentlichen aus feinkörnigen, aus der Siwalik-Molasse stammenden siltig-

tonigen Erosionsprodukten, die durch heftige Niederschläge zu Zeiten des Monsun anderenorts erodiert und verschwemmt wurden. In einem Blockbild wird dies ausführlich erläutert (◘ Abb. 3.126). Die Flussrinnen sind so besehen vermutlich entlang von tektonischen Strukturlinien tief in den Untergrund eingeschnitten und damit in ihrer Lage weitgehend festgelegt worden. Im Verlauf ihres Einschneidens änderten sie ihre Flussmorphometrie von mäandrierend *(high-sinuous meandering)* zu verzweigt *(low-sinuous braided).*

Es werden drei verschieden alte Flussniveaus unterschieden – in der zeitlichen Abfolge von T2 über T1 nach T0:

T2 - regional ausgedehntes Plateau (hoch gelegene Landfläche) beiderseits des Ganges, 5–10 m über T1, aus siltigem Ton mit Caliche; totgelegte große und enge Mäandergürtel mitunter als Seen und Tümpel erhalten. Alter etwa 120 ka, letztes größeres Interglazial. Lediglich aktive Mäanderrinnen rezenter Flüsschen führen siltigen Feinsand.

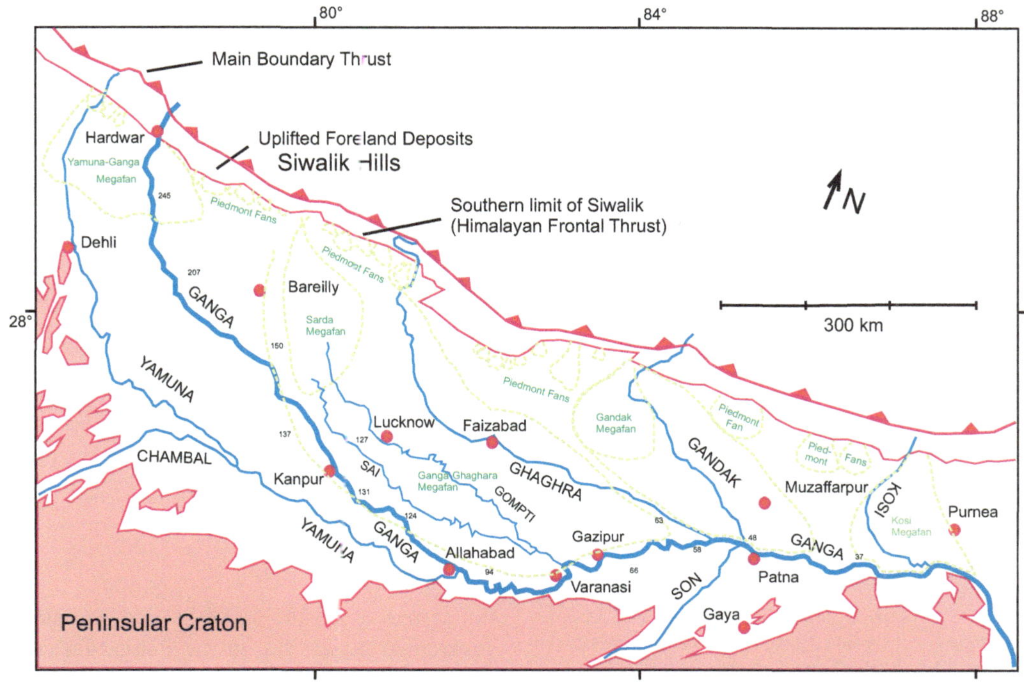

◨ **Abb. 3.124** Karte der Gangesebene *(Ganga Plain)*. Diese ist eine vereinfachende Zusammenschau mehrerer Abbildungen aus Singh (1996). Die Deformationsfront der Siwaliks erhielten eine nur ungenaue kartographische Festlegung. Jedoch folgt dieser die Piedmontebene, auf welcher einzelne unterschiedlich große Schwemmfächer aufgeschüttet sind, die mitunter als Megafans bezeichnet werden. Entlang des Ganges finden sich Höhenangaben in m (m a.s.l.), um das Gefälle des Ganges abschätzen zu können

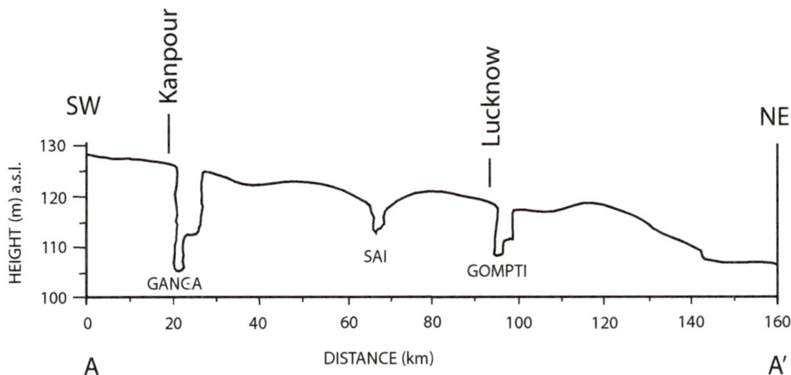

◨ **Abb. 3.125** Querprofil SS-NO durch die Alluvialebene vom Ganges bei Kanpur zum Gompti bei Lucknow (Singh et. al. 1999). Diese zeigt anschaulich die heutige Tiefenlage der beiden Flussläufe. Die zwischen diesen liegende Hochfläche wird als „Doab" („zwischen zwei Wassern") bezeichnet

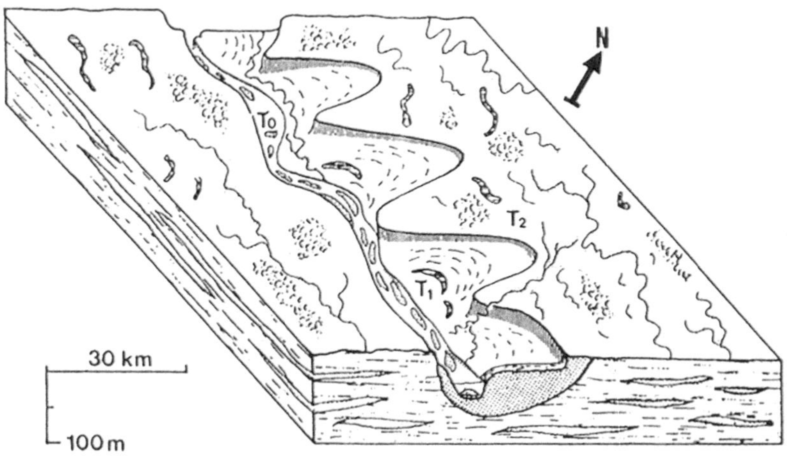

◘ Abb. 3.126   Blockbild zur Erläuterung der Veränderung des Ganges von einer Mäanderebene in einen verzweigten Fluss (Singh et al. 1990, 1999)

T1 - 5–10 m über T0, letztes Interglazial 25–30 ka vor heute, mit Erosionskanten von hoch-sinuosen Mäanderbögen (gröberes Sediment, 1,9 phi). Paläoganges mit mehr Wasser und weniger Sediment (Ganga-Yamuna Doab, d. h. Fläche zwischen diesen beiden Flussläufen, *up-land interfluve area*).

T0 - heutiges Flussniveau des Ganges, mit wenigen gering verzweigten Rinnen, aktiven Strominseln bzw. Sandbänken und aktiven Flutflächen sowie bewachsenen Sandbänken im zentralen Flusslauf (feinkörniges Sediment, 3,4 phi). Während des jüngsten glazialen Meeresspiegeltiefstandes schnitt der Fluss in die T1-Fläche ein und flutete die erodierten Flussrinnen mit verzweigter Morphometrie

Der Ganges hat also während der letzten 25.000 Jahre seine Flussmorphometrie von mäandrierend zu verzweigt verändert, zusammen mit einer Abnahme von Wassermenge und Zunahme von Sedimentfracht. Solches ist auch an anderen Flussläufen der Gangesebene zu beobachten, die heute alle auch verzweigte Flüsse sind, jedoch im letzten Interglazial vor 25 ka noch mäandrierende Flüsse waren.

In Bangladesh konvergiert der aus dem Westen kommende Ganges mit dem von Norden kommenden Brahmaputra (Coleman 1969; Bristow 1987; Pickering et al. 2017) und dem von Osten kommenden Meghna (Sincavage et al. 2017). Diese drei Flussläufe zusammen bilden das große Bengal-Delta in die Bengalische See hinein.

3.2.4.2 Amazonas

Der Amazonas wird heute ganz wesentlich von der Struktur der Anden bestimmt. Oncken et al. (2006) boten einen umfassenden Überblick über die Entwicklung des großen Orogens. Einen Bezug zum Klima stellten Strecker et al. (2009) her. Montero-Lopez et al. (2018) vertieften die strukturellen Aspekte und hoben hervor, dass die in der Kreide angelegten zunächst extensionalen Strukturen während des mittleren Eozäns wieder eingeengt wurden. Diese Kontraktion stand in direktem Zusammenhang mit der Heraushebung der Anden (Sanchez-Meseguer et al. 2010), sodass während des Neogens der Gebirgskörper seine heutige Höhe erreichte und reichlich Sedimente in sein östliches Vorland entließ (Uba et al. 2007).

Der Amazonas entspringt in den peruanischen Anden in 5170 m Meereshöhe, passiert die Städte Iquito, Manaus, Santarém und erreicht nach 6400 km (bzw. nach anderen Angaben 6990 km) bei Macapá bzw. Belém in einem weiten, mit Strominseln versehenen

Abb. 3.127a Diese Karte gibt Überblick über das Amazonas-Becken zwischen den Anden und dem Atlantik. Sie ist eine vereinfachte Synthese aus verschiedenen topographischen Vorlagen und einer brasilianischen geologischen Übersichtskarte; 10° Längenabstand entspricht 1111,2 km. (Neu gezeichneter eigener Entwurf)

Ästuar den Atlantik (■ Abb. 3.127a) (vgl. Grande Atlas Universal 3 2004, S. 24). Von links (N) und rechts (S) mündet eine große Anzahl von Nebenflüssen in seinen Hauptlauf (der mehrfach seinen Namen wechselt). Der von N kommende Rio Negro mündet bei Manaus. Der Rio Negro steht über das etwa 250 km lange Flüsschen Casiquiare mit dem Flussnetz des Orinoco in Verbindung, der seinerseits in den Atlantik entwässert (auf dem Casiquiare waren Alexander von Humboldt und Aimé Bonpland Anfang des 19. Jahrhunderts mit ihrer Piroge vom Orinoco kommend zum Rio Negro hinübergewechselt; auf dem Hinweg hatten sie ihr Boot noch durch den Urwald vom Orinoco zum Rio Negro tragen lassen, nutzten jene Verbindung jedoch für den Rückweg). Die Wassertiefe des Amazonas beträgt im Mittel etwa 30–40 m, bei Manaus nahezu 100 m. Das Volumen des Wassers ist daher beträchtlich, sodass die jahreszeitlich variable Wasserführung des Flussnetzes Amazonas im etwa 200 km messenden Umkreis von Manaus nach GPS-Messungen eine 50–75 mm messende Krustenamplitude verursacht (Bevis et al. 2005).

Das Grundgebirge des Brasilianischen Schildes unterlagert die Amazonasebene. Unter dem Flussnetz selbst, im Amazonas-Becken, stehen umfangreiche mehr als 800 m mächtige meso-känozoische Sedimentserien in vermutlich einem Graben parallel zum Lauf des Amazonas an (Sioli 1984; Putzer 1984; Almeida et al. 2000). Die siliciklastische Sedimentfracht des Amazonas analysierten Franzinelli und Potter (1983). Hoorn (1994) untersuchte die mittel- bis spätmiozänen aus den Anden stammenden Sedimente anhand von paläobotanischen und paläontologischen Aufsammlungen entlang des Flusssystems. Mit dem spätmiozänen Amazonas-Becken und der Platznahme des Flusslaufs beschäftigten

sich Latrubesse et al. (2010). Hoorn et al. (2010) erweiterten diese Platznahme zu einem Szenario über das gesamte Känozoikum hinweg (■ Abb. 3.127b). Während des Paläogens (65–23 Ma) dehnte sich das als Amazonia bezeichnete Sedimentbecken zunächst über das gesamte nördliche Südamerika aus. Als die Anden begannen, sich mit Beginn des Neogens aufzufalten und aus dem Untergrund aufzusteigen, entwässerte das östlich der sich entwickelnden andinen Struktur gelegene wasserreiche Tiefland ab dem mittleren Miozän (~12 Ma) nordostwärts über den Orinoco

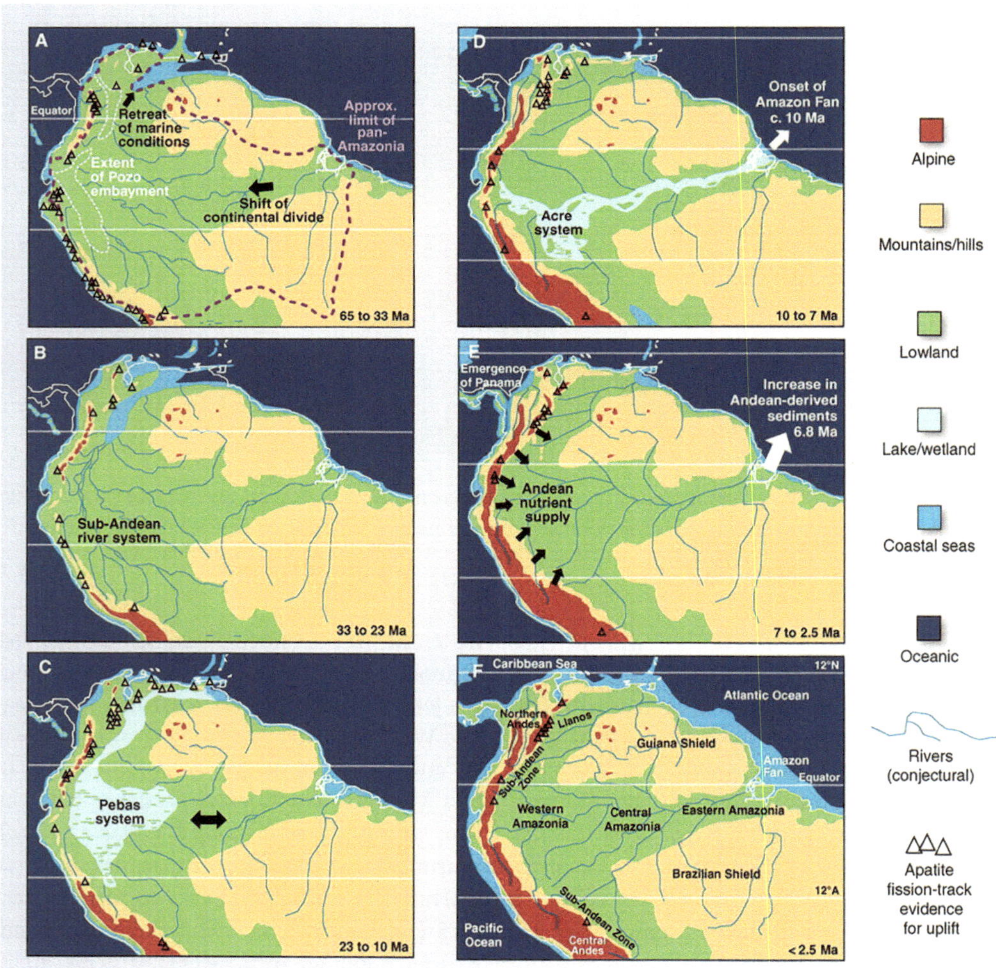

■ **Abb. 3.127b**   Szenario der Zeitenfolge für die Entwicklung des Amazonas-Beckens ab dem Beginn des Paläogens bis heute. (Aus Hoorn et al. 2010, fig. 1)

in den Atlantik. Der Aufstieg der Anden verstärkte sich, sodass ab etwa 10 Ma, ab dem oberen Miozän, die Spur des heutigen Amazonas nunmehr erneut zur Entwässerung des andinen Vorlandbeckens in Richtung Atlantik genutzt wurde. Die Anden haben also entscheidenden Anteil an der Entstehung des heutigen Amazonas.

Die Fließrichtung des Amazonas hatte sich gegenüber seiner Anlage in der Kreide und im Paläogen inzwischen vollständig umgekehrt, die während des Eozäns, des Oligozäns, des frühen Miozäns noch in den Pazifik erfolgt war (Sampaio und Northfleet 1973). Nun floss er in Richtung Atlantik. Mit der Wende zum Pliozän (~6.8 Ma) bildete sich an der Flussmündung in den Atlantik ein großes, an Sedimenten reiches, Ästuar (Stattegger und Vital 2000; Rebata-H. et al. 2006). Dieses und seinen Sedimenttransport in den tiefen Atlantik hinab untersuchten Figueiredo et al. (2009) und kürzlich auch Fricke et al. (2017). Irion und Kalliola (2010) sowie Irion et al. (2010a, b) widmeten sich den quartären Sedimenten im Niederungsgebiet des Amazonas aus limnologisch-ökologischer Sicht.

Galeazzi et al. (2018) fertigten in der Tiefe des Amazonas, an zwei Lokalitäten je unterhalb und oberhalb der Stadt Manaus, mithilfe eines modernen Echolot-Systems (*high-resolution multibeam echo-sounding*, MBES; zu diesem vgl. Ernstsen et al. 2006) eine detailreiche Studie über Riesenrippeln und ihren Internaufbau an. Diese Bodenformen wurden in Wassertiefen von mehr als 20 m gebildet. Die bis 12 m hohen und komplexen Riesenrippeln *(compound dunes)* waren von kleineren Großrippelkörpern *(superimposed dunes)* überlagert und auch intern aus diesen zusammengesetzt. Es wurden vor allem dezimetermächtige, eher seltener metermächtige, leeseitig anlagernde Schrägschichtungsblätter konserviert.

Aus dem Amazonas-Ästuar berichteten Cordeiro et al. (2015) über Funde von 38 Korallenarten, inclusive 27 Octokorallen, 9 Scleractinen, 1 Hydrokoralle und 1 schwarze Koralle. Sie fanden diese Fauna in einer Wassertiefe von 18 bis 125 m und stellten mit ihren Funden erstmals ein mesophophotisches Korallenökosystem in der Tiefe der Flussmündung unter Beweis. Im April 2016 publizierte der Guardian unter der Autorenschaft von John Vidal und Patricia Yager über ein von Französisch Guayana bis zum brasilianischen Staat Maranhão auf 960 km lang gestrecktes Korallenriff in 30–120 m Wassertiefe. Auf einer mit einem Tauchboot geführten Erkundungstour bot sich den Forschern der Universität Georgia (USA) unter der vom Flusslauf gelieferten Trübewolke eine zwar verarmte Fauna, doch dokumentierten sie auf einer Fläche von 9300 km^2 ausgedehnte Riffstrukturen mit 60 Arten von Schwämmen, 73 Arten von Fischen und vor allem krustenbildenden korallinen Rotalgen (Rhodolithen) [▶ https://www.theguardian.com//environment/reefs in the Amazonas estuary].

3.2.4.3 Oberrhein

Der Oberrheingraben ist ein Segment des känozoischen Riftsystems in Mitteleuropa. Er besitzt eine gesamte Länge von etwa 330 km und eine Breite von etwa 40 km (◘ Abb. 3.128).

Der Einbruch des Oberrheingrabens entlang seiner Randverwerfungen begann im Mittel- bis Obereozän als Folge einer Krustenaufwölbung und -zerrung durch die Bildung eines Mantelkissens im Untergrund des Rheinischen Schildes (Pflug 1982). Die Absenkung erfolgte dabei nicht kontinuierlich. Zwei Hauptphasen der Subsidenz werden unterschieden. Dem initialen Grabeneinbruch folgte eine mehr oder weniger kontinuierliche Absenkung, die bis ins Unter- bis Mittelmiozän andauerte. Während dieser Absenkung verschob sich das Gebiet größter Subsidenz von Süden nach Norden.

Die Hauptphase der Grabenbildung (sein *rifting*) fand während des Oligozäns und Miozäns statt (Sissingh 1997, 1998, 2003; Schumacher 2002) und leitete die bis ins Quartär andauernden Absenkungsbewegungen im Oberrheingraben ein (◘ Abb. 3.129; Plein 1993). Während des Tertiärs entstanden die marinen Ablagerungen der känozoischen Grabenfüllung.

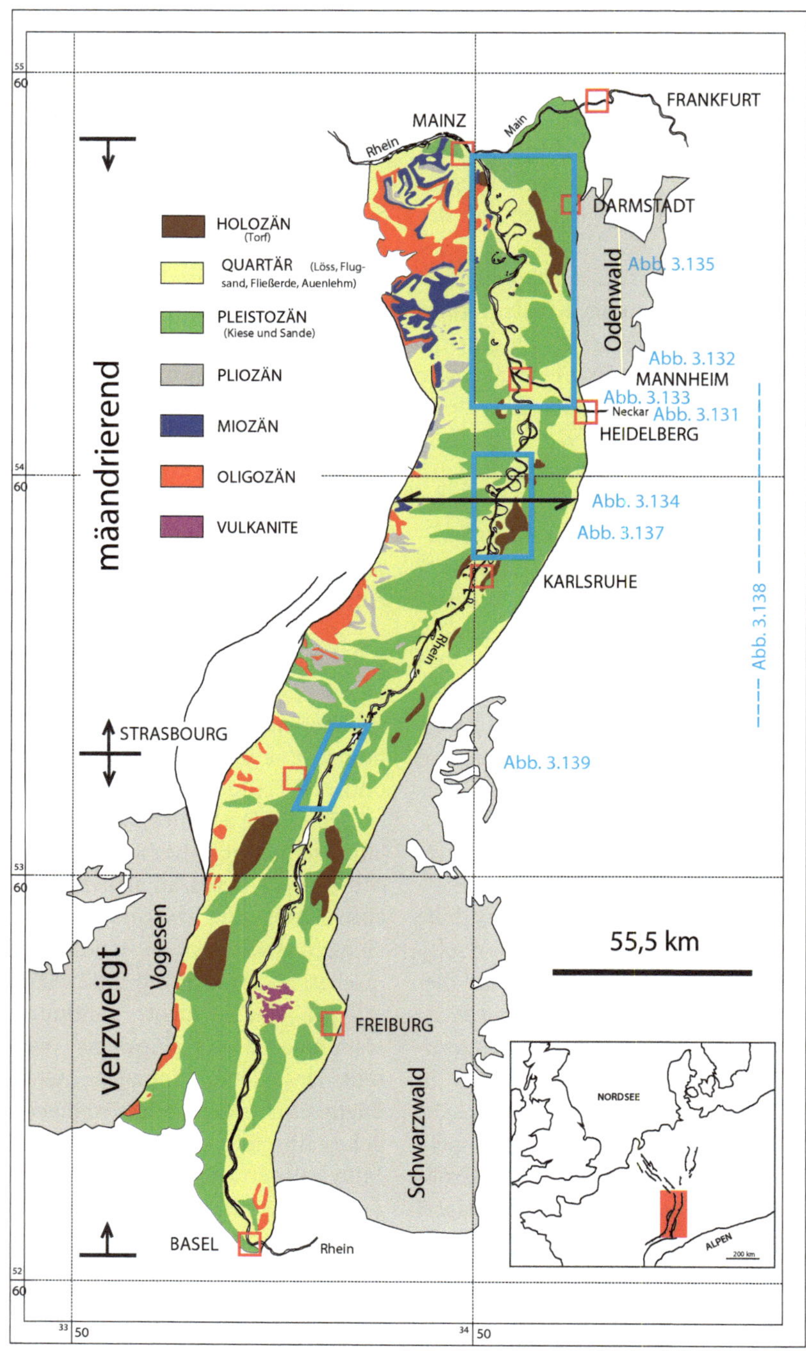

▣ Abb. 3.128   Der Oberrheingraben mit dem Lauf des Rheins (Przyrowski und Schäfer 2015). Die Karte (Ausschnitt nachgezeichnet aus der Geologischen Karte von SW-Deutschland) enthält (in blau) Verweise auf weitere Abbildungen

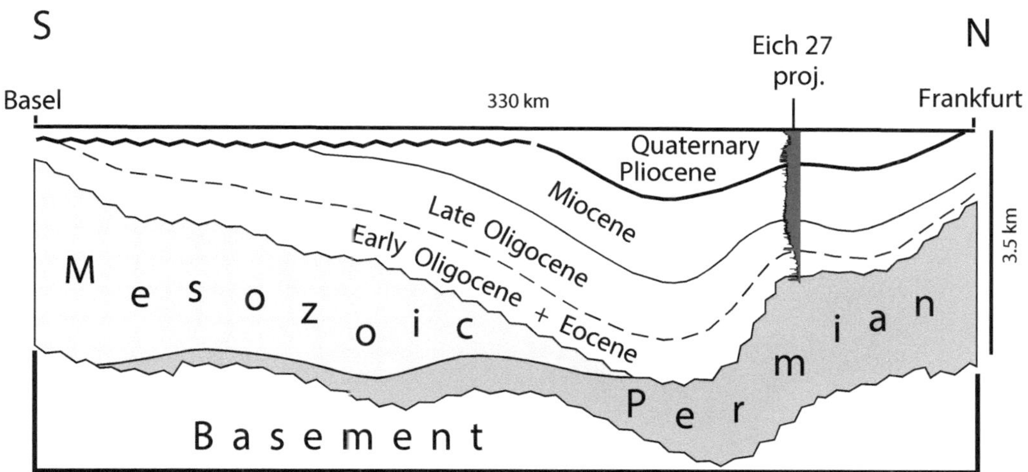

■ Abb. 3.129 Längsschnitt von S nach N durch den Oberrheingraben. In der Vereinfachung des Originals von Plein (1993) wurden die paläozoischen, mesozoischen und känozoischen Gesteinsserien je zusammengefasst. Im N des Grabens wurde das SP-Log der Bohrung Eich 27 exemplarisch eingefügt. Es benötigt viele solcher Bohrungen, um ein realistisches Tiefenmodell des Sedimentbeckens Oberrheingraben zu konstruieren (Przyrowski und Schäfer 2015)

Die zweite und bis heute andauernde Absenkungsphase begann im Pliozän. Sie ist zum einen dadurch gekennzeichnet, dass sie nur den mittleren und den nördlichen Grabenabschnitt betrifft. Zum anderen ist sie mit einer Verschiebung der Stressrichtung zu SE–NW-Richtungen verbunden. Diese Verschiebung wird mit der Wanderung der Alpen nach Norden in Zusammenhang gebracht (Neoalpiden). Sie bewirkt die Zerlegung der tertiären Sedimentfüllung in Bruchschollen sowie die Entstehung einer *strike-slip*-Umgebung

Die quartäre Füllung des Oberrheingrabens bildete eine fluviale Einheit. Sie entwickelte sich seit dem Beginn des Plio-/Pleistozän bis in die Gegenwart (Carling et al. 2000; Lauer et al. 2011). Mit der Einsenkung des Grabens während des Känozoikums ging ein gleichzeitiges Herausheben der Grabenschultern einher. Eine Terrassenstratigraphie hierfür bereiteten Peters und Van Balen (2007).

Der hohe Wärmefluss des Oberrheingrabens und die Verfügbarkeit von Bohrungen aus aufgelassenen Erdöl-Prospektionsfeldern führte zu neu erwachtem wirtschaftlichem Interesse und erhöhter Forschungsaktivität für die Konzeption von Geothermieprojekten

(Kehrer et al. 2007; GeORG-Projektteam 2013; Löschan et al. 2017). Auch die Erdölprospektion (Mauthe et al. 1993; Plein 1993) südlich von Speyer am Römerberg und im nördlichen Oberrheingraben belebte sich neu.

Die beiden den Oberrheingraben querenden seismischen Profile DEKORP 9S und 9N erläuterten Brun et al. (1991, 1992) und Derer et al. (2003, 2005). Im N enthält der Oberrheingraben eine bis zu 3500 m mächtige Füllung känozoischer Sedimente (Plein 1993), die diskordant dem Mesozoikum in größerer Tiefe des Oberrhein-Grabens auflagern (■ Abb. 3.130). Die Erdölbohrung Eich 27 mit ihren Litho- und SP-(*self potential*)-Logs veranschaulicht die aktuelle Stratigraphie des Känozoikums im Oberrheingraben. Die Stratigraphische Tabelle wurde ursprünglich von Hüttner (1991) vorgestellt, nachfolgend von Sissingh (1998), Derer et al. (2003) und Berger et al. (2005a, b) verändert. Der seismische Profilschnitt der Tiefenseismik DEKORP 9N wurde von Derer et al. (2003) neu interpretiert. Im Heidelberg-Becken, im sog. Heidelberger Loch, erfuhr der Oberrheingraben eine intensive Absenkung (■ Abb. 3.131) (Bartz 1974; Hoselmann 2008; Ellwanger et al. 2012; Ellwanger und

3

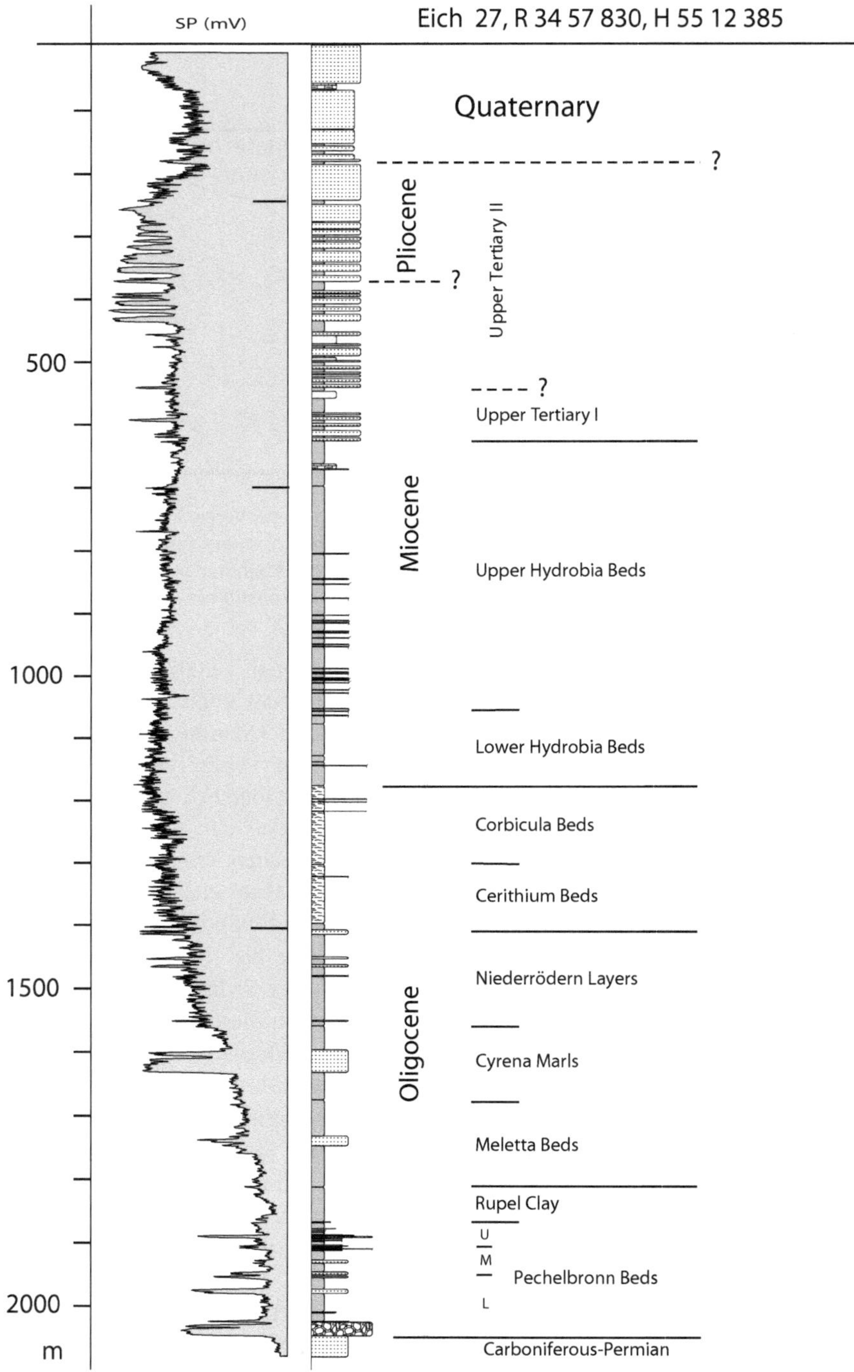

◘ Abb. 3.130   Die Bohrung Eich 27 (SP Log und Litholog) dokumentiert die Stratigraphie des Känozoikums entsprechend Derer et al. (2003)

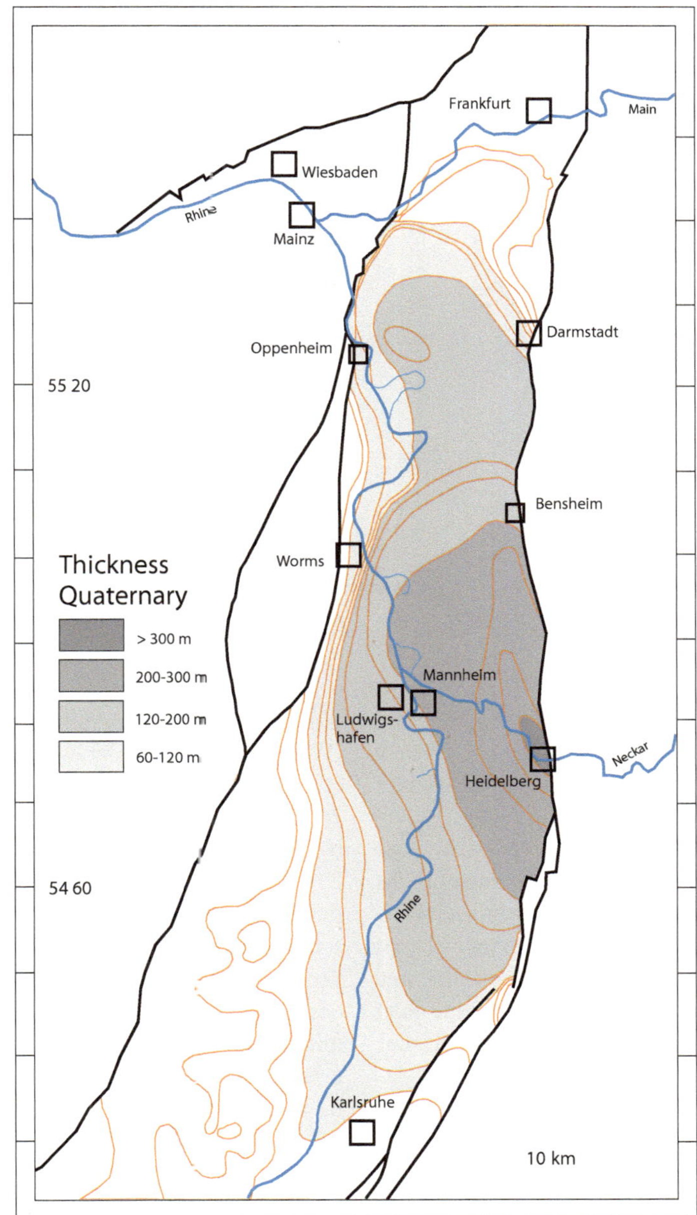

◘ Abb. 3.131   Im nördlichen Oberrheingraben wurde von Bartz (1974) eine Karte der Basis des Tertiärs entworfen. Diese wurde von Hoselmann (2008), Hoselmann et al. (2010a) und Przyrowski und Schäfer (2015) etwas verändert

Wielandt-Schuster 2012; Przyrowski und Schäfer 2015).

In der Nachbarschaft der historischen Salomon-Bohrung, die im frühen 20. Jahrhundert als Heidelberger Radium-Sol-Therme (Salomon 1927) südlich des Neckars im westlichen Heidelberger Stadtgebiet abgeteuft wurde, erhielt diese nördlich des Neckars im Universitätsgelände eine moderne Entsprechung, die Bohrung Heidelberg Uni Nord,

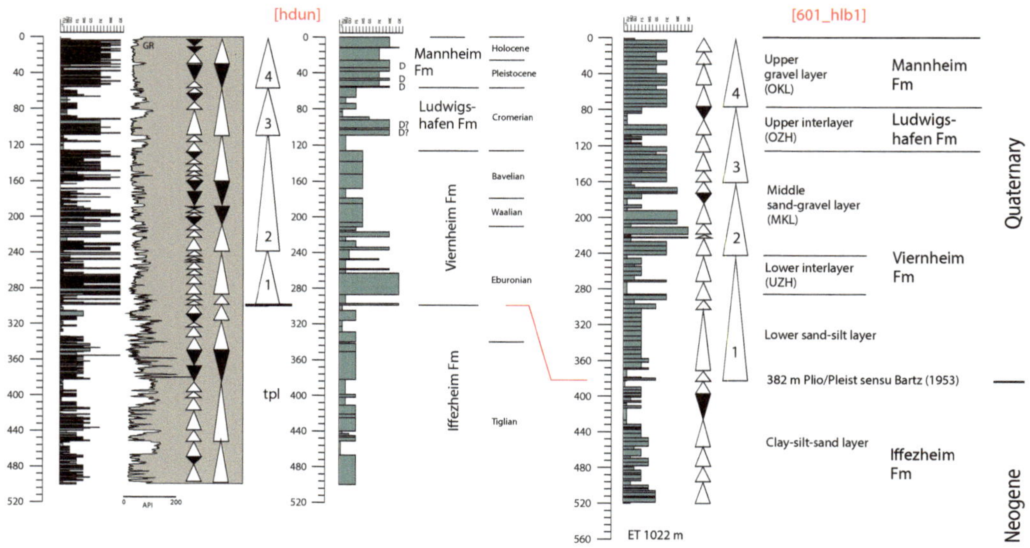

◘ Abb. 3.132   Zwei Kernbohrungen im Stadtgebiet von Heidelberg: HDUN und Salomon-Bohrung (Aus Przyrowski und Schäfer 2015); Näheres im Text

HDUN (Gabriel et al. 2013; Przyrowski und Schäfer 2015). ◘ Abb. 3.132 ist eine Übersicht unter Verwendung lithologischer und biostratigraphischer Daten von Ellwanger et al. (2008) (D = Diamicton, d. h. diamikte Klastika). Die Schichtdaten für das linke sehr ausführliche Bohrprofil stammen aus Ellwanger und Wielandt-Schuster (2012); das Gammaray-Log ist nach einer Vorlage von Hunze et al. (2012) neu gezeichnet. Die dargestellte Stratigraphie folgt Hunze und Wonik (2008) und Gabriel et al. (2013).

Die sog. Salomon-Bohrung (Bohrung Heidelberger Radium-Sol-Therme, 601_hlb1) wurde in ◘ Abb. 3.132 nach der Schichtbeschreibung von Salomon (1927) neu geplottet (Przyrowski und Schäfer 2015). Die stratigraphische Terminologie des Plio-/Pleistozän ist an die Veröffentlichungen von Weidenfeller und Knipping (2008), Weidenfeller et al. (2010), Hoselmann (2008), Hoselmann et al. (2010a, b) und Ellwanger et al. (2008, 2010a, b) angeglichen. Die Basis des Pleistozäns definierte Bartz (1953).

Es konnte neben vielen Aspekten vor allem ein Beitrag zur stratigraphischen Analyse des nördlichen Oberrheingrabens geleistet werden (Weidenfeller und Knipping 2008; Weidenfeller et al. 2010; Hoselmann 2008; Hoselmann et al. 2010a, b; Ellwanger et al. 2008). Vor allem die beiden Kernbohrungen Luwigshafen-Parkinsel P34 und Viernheim 1 (◘ Abb. 3.133), die von den anrainenden Landesämtern zur Verfügung standen und publiziert wurden, zeigen ausführlich, dass eng benachbart im fluvialen Becken des Oberrheingrabens auf engem Raum sehr unterschiedliche Mächtigkeiten und Sedimentfazies angetroffen werden. Eine Korrelation der fluvialen Bildungen im Neogen und Pleistozän ist trotz hervorragender Aufschlussbedingen mitunter recht schwierig (Przyrowski und Schäfer 2015).

Die in Bohrungen des nördlichen Oberrheingrabens aufgeschlossenen Sande und Pelite der Schichtenfolge beschreiben die Mächtigkeit und Ausdehnung des fluvialen Beckens zwischen Neckar und Main (Przyrowski und Schäfer 2015). Die Bohrungen stehen alle im Quartär, stoßen jedoch öfter in das unterlagernde Pliozän vor. Schnelle fluviale Transporte lieferten bei reichlich Schmelzwasser grobkörnige Sedimente,

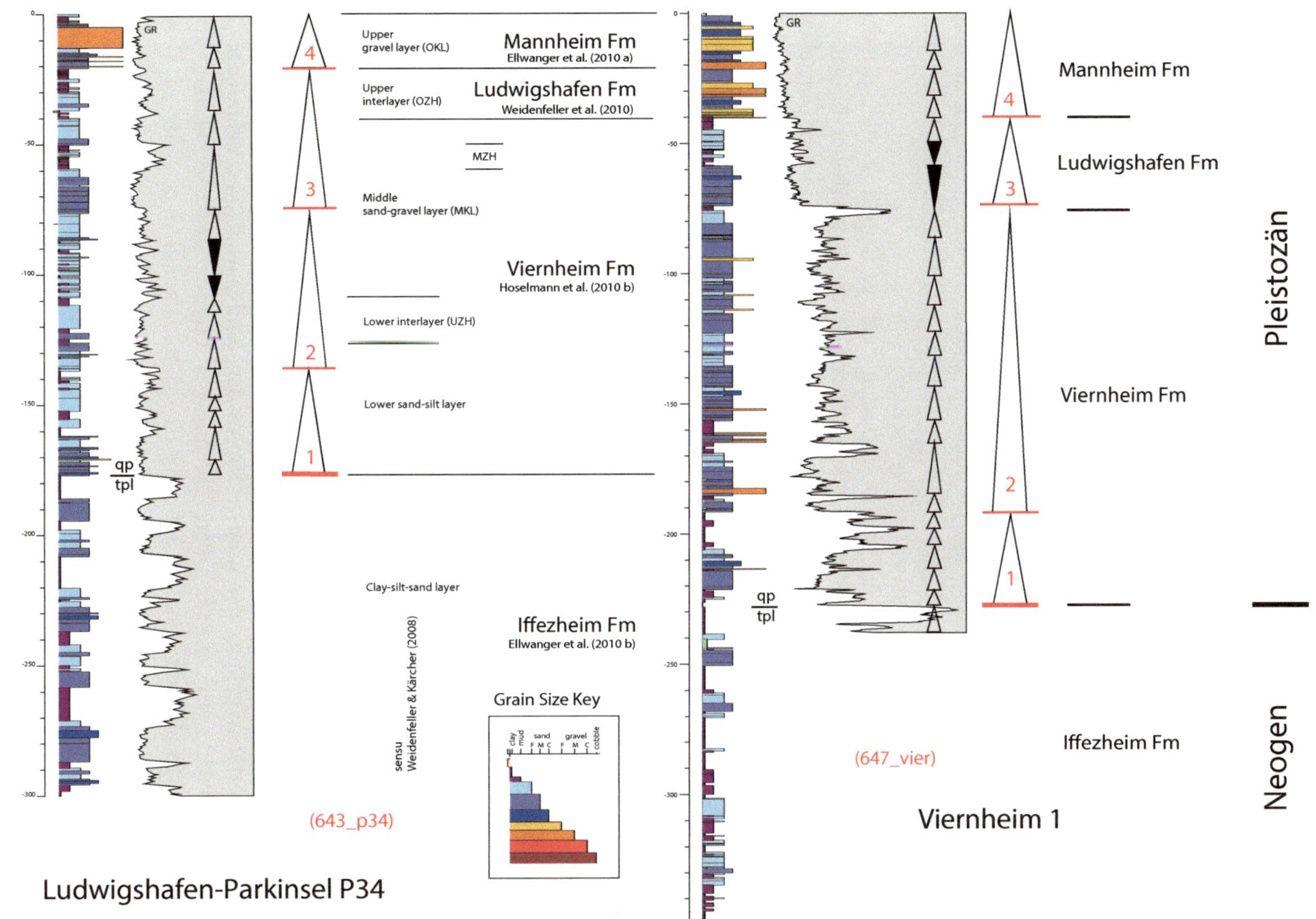

■ Abb. 3.133 Kernbohrungen Ludwigshafen-Parkinsel P34 und Viernheim 1 (Przyrowski und Schäfer 2015)

3

wohingegen feinkörnige Sedimente in zahllosen Seen abgelagert wurden, die während Stagnationszeiten miteinander verbunden die Flussebene überdeckten.

In der Tiefe des Oberrheingrabens zeigen mit zahlreichen flachgründigen Bohrungen durchgeführte hydrologische Kartierungen im Raum Karlsruhe und Speyer (Gudera et al. 2007) durchziehende Wasserträger im plio-/pleistozänen Untergrund des Oberrheingrabens, dass hier der Fluss miteinander verbundene Rinnen in sandig-kiesiger Mäanderfazies und durchhaltende feinkörnige bis gar pelitische Absätze von Überflutungsflächen hinterlassen hatte. Dies führte zur Unterscheidung von Wasserträgern und Wasserstauern, die zum einen sedimentologisch begründete Lithostratigraphie erlaubten, vor allem aber eine Dimensionierung der verfügbaren Tiefenwässer in bis etwa 100 m tiefen unterscheidbaren Stockwerken des Grabensystems. ◘ Abb. 3.134 enthält gegenüber dem Original nur eine einzige, jedoch gut dokumentierte und hier neu aufbereitete Bohrung, die mit den Bohrungen Ludwigshafen-Parkinsel P 34 und Viernheim 1 (vgl. ◘ Abb. 3.133) deutliche Ähnlichkeiten hat und wohl auch auf große Distanz stratigraphisch mit diesen korreliert werden kann.

Das sedimentologische Modell des nördlichen Oberrheingrabens lehnt sich eng an das inzwischen historische Bild der Mäanderebene des nördlichen Oberrheins, des Paläo-Neckars und des Paläo-Mains aus der Zeit vor der grundlegenden technischen Umgestaltung der Wasserläufe (◘ Abb. 3.135). Die Begradigung des Oberrheins begann Anfang des 19. Jahrhunderts. Aufgrund der großen Mächtigkeit der quartären Füllung des nördlichen Oberrheingrabens ist dessen Oberflächenmorphologie recht ausgeglichen. Bei einem Gefälle von 0,025 % ist der Oberrhein ein mäandrierender Fluss (W. Schäfer 1973). Der Kühkopf in der nördlichen Oberrheinebene ist heute beliebtes Ausflugsziel (Wiebeking 1797). An dessen Nordseite (unweit von Erfelden) geben eine große Anzahl von heute trockenen Altwasserrinnen Einblick in die ehedem aktive Flussmorphologie (◘ Abb. 3.136).

Die Rinnen besitzen eine symmetrische Form, wurden während Hochwässern durch Erosion als *chute channels* als Abkürzungen über den Mäanderbogen hinweg (vgl. ◘ Abb. 3.103) angelegt.

Wasserbauingenieur Oberst J. G. Tulla (1770–1828) begradigte Anfang des 19. Jahrhunderts den Oberrhein, um ihn schiffbar zu machen, auch, um die Folgen winterlicher Eisdrift zu mindern (W. Schäfer 1974). In einer zeitlichen Staffel (◘ Abb. 3.137) – beginnend im Jahre 1600 – ist zunächst die langzeitige Veränderung des natürlichen Flusslaufs zu sehen, schließlich die Ende des 19. Jahrhunderts durchgeführte strombautechnische Begradigung des Oberrheins zu einem schiffbaren Kanal.

Derzeit noch verfügbare Karten, die ehedem die Arbeit der Wasserbauer begleiteten, sind hier zu einer gemeinsamen Darstellung des Oberrheins von Weisenau (am S-Rand von Mainz) bis querab Lauterburg in einer Durchzeichnung zusammengefasst (◘ Abb. 3.138 und 3.139). Die Originalpläne führen mitunter Eintragungen „Thalweg 1861", wenn der neue Wasserweg bereits in den Karten ausgewiesen war. Vielfach finden sich in den Mäanderbögen aber auch Eintragungen „Thalweg 1817", wenn die Begradigung noch nicht begonnen hatte bzw. der alte Talweg noch zu erkennen war. Aufgrund des hoch liegenden moldanubischen Grundgebirges im südlichen Oberrheingraben ist hier die Absenkungsgeschwindigkeit vermindert. Der Flusslauf zeigt ein Gefälle von 0,87 % (W. Schäfer 1973) und besitzt daher ein sich ausdehnendes verwildertes Flussmuster mit uneinheitlichem Stromstrich und vielen Verzweigungen. In Richtung S nimmt dessen Sinuosität weiter ab. Es sei hier darauf hingewiesen, dass das Naturschutzgebiet Taubergießen entlang des Ostufers des südlichen Oberrheins ehemalige, heute aufgestaute fluviale Rinnen des verzweigten Flussabschnitts im „Amazonas des Oberrheins" nutzt (▸ http://freiburg-taubergiessen.de).

Die ingenieurmäßige „Rectification" betraf nicht nur den nördlichen mäandrierenden

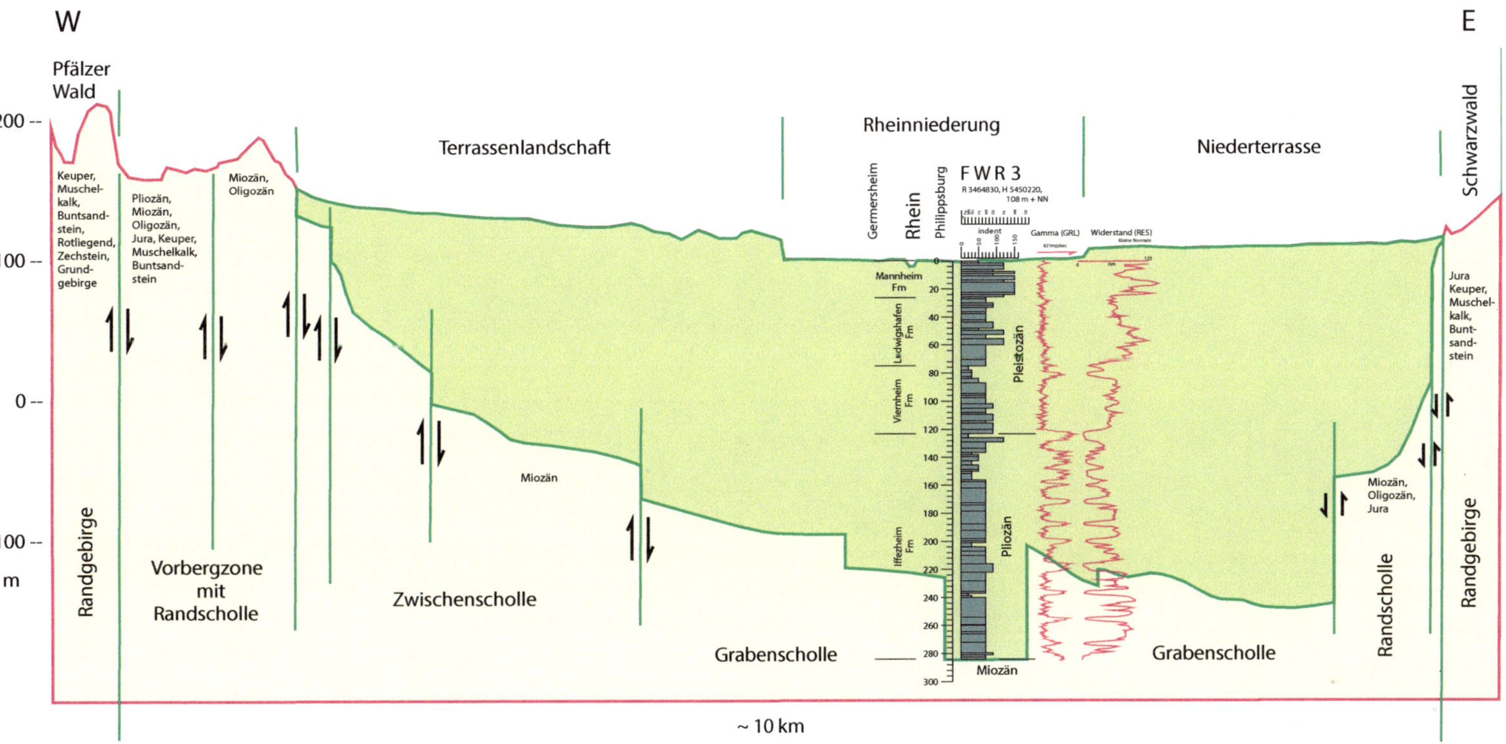

Abb. 3.134 Im Querschnitt durch den Oberrheingraben in der Höhe von Germersheim und Philippsburg (umgezeichnet aus der Hydrologischen Kartierung Karlsruhe-Speyer; Gudera et al. 2007, Abb. 3-6) ist die plio-pleistozäne Füllung des Oberrheingrabens dargestellt. Die Bohrung FWR 3 unter Verwendung von Daten vom LGRB Freiburg i. Br. (frdl. Hilfe von Michael Schwarz, Heidelberg). Diese wurden entsprechend dem von Przyrowski und Schäfer 2015 beschriebenen Verfahren bearbeitet

3

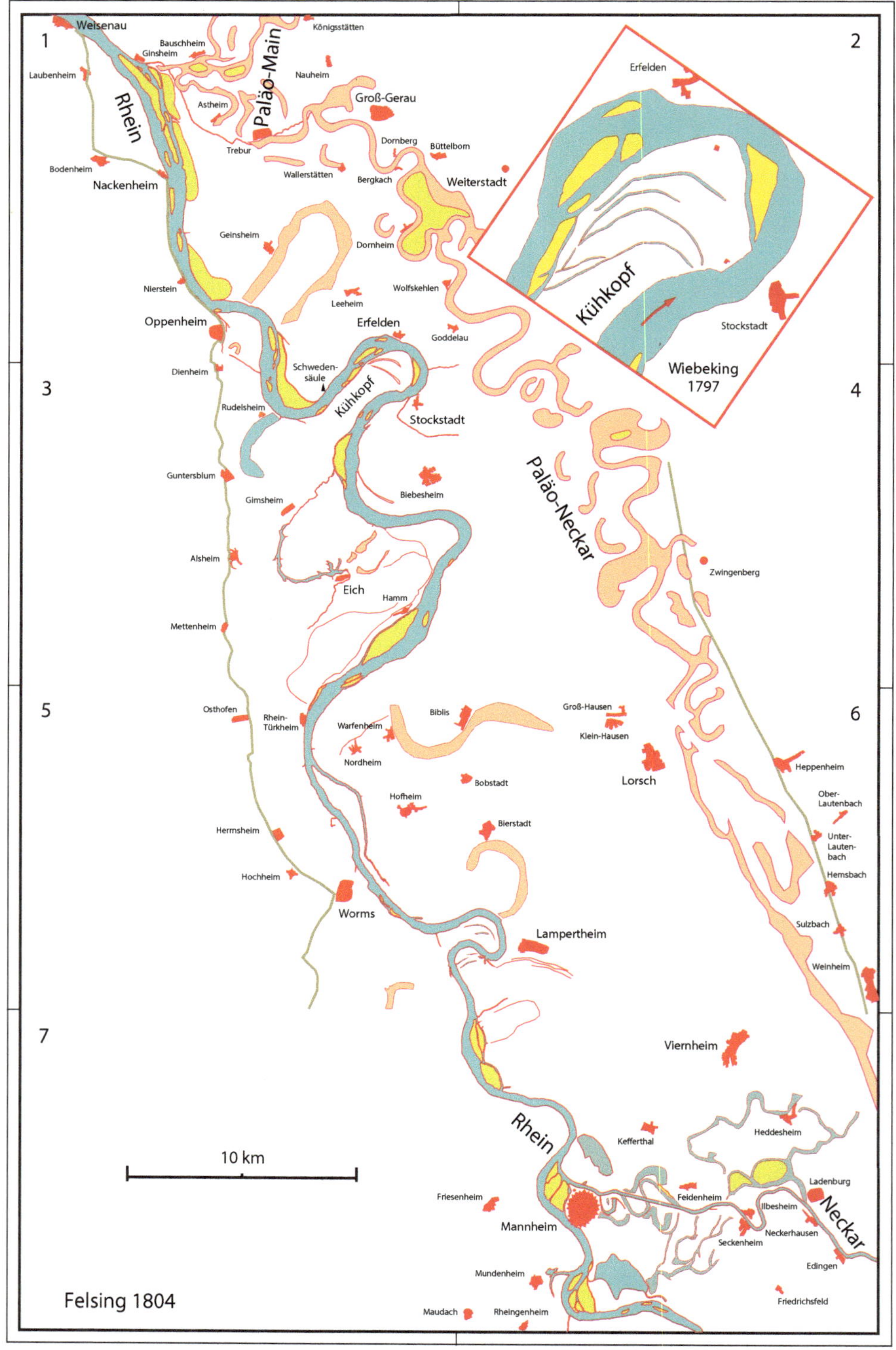

□ Abb. 3.135   Die historischen Karten von Wiebeking (1797) und Felsing (1804) bildeten die Grundlage für die Rekonstruktion der nördlichen Oberrheinebene (eigener Privatbesitz). Der Lauf des Paläo-Neckars ist der Übersichtskarte 1:300.000 der HLUG Bodenkarte 1:50.000 (Nordteil) entnommen (Przyrowski und Schäfer 2015)

Abschnitt (■ Abb. 3.140), sondern dehnte sich mit großer Intensität auch auf den verzweigten südlichen Abschnitt der Oberrheinebene zwischen Schwarzwald und Vogesen aus. Dort war sie dadurch erheblich komplizierter, da der Flusslauf wegen verminderter Subsidenzrate des Oberrheingrabens keinen einheitlichen Stromstrich besaß. Die Strominseln mussten also einzeln – damals noch von Hand gegraben – umgebaut und die Wasserläufe zwischen diesen zu neuen Kanälen zusammengefasst werden.

Es ist festzustellen, dass in den nachgezeichneten Karten der Flusslauf südlich des elsässischen Lauterburg deutlich breiter ist als nördlich von diesem. Im südlichen Abschnitt besaß der Oberrhein ein sich ausdehnendes verzweigtes Flussmuster, wie das Gemälde von Peter Birmann (1800) am Isteiner Klotz südlich von Freiburg zeigt (■ Abb. 3.141), und keinen eng gefassten Stromstrich wie im nördlichen mäandrierenden Abschnitt des Oberrheins zwischen Lauterburg und Weisenau (vgl. ■ Abb. 3.138).

3.2.5 Fossile Beispiele

3.2.5.1 Buntsandstein in Deutschland

Ein gutes Beispiel einer weit gespannten sandigen Alluvialebene ist der Buntsandstein in Deutschland (Lepper und Röhling 2013 und viele weitere von ihnen editierte Arbeiten). Aus dem Vindelizischen Land vor der Nordfront der Alpen wurde Verwitterungsschutt auf verschiedenen Wegen nordwärts transportiert und bildete mehrere 100 m mächtige Ablagerungen eines ausgedehnten verzweigten Flussnetzes. Darüber hinaus besaß die Ebene viele verschiedene kontinentale Environments wie Mäanderflüsse, Seen, Salzseen, Salztonebenen und Äolianite in einem vor allem ariden Klimaraum. In Süddeutschland ist er über Tage aufgeschlossen (Aigner und Bachmann 1992). In das Norddeutsche Becken hinein lässt er sich durch Bohrungen verfolgen (Bachmann und Lerche 1998). Auch anderenorts ist er in vielen Regionen Europas signifikant

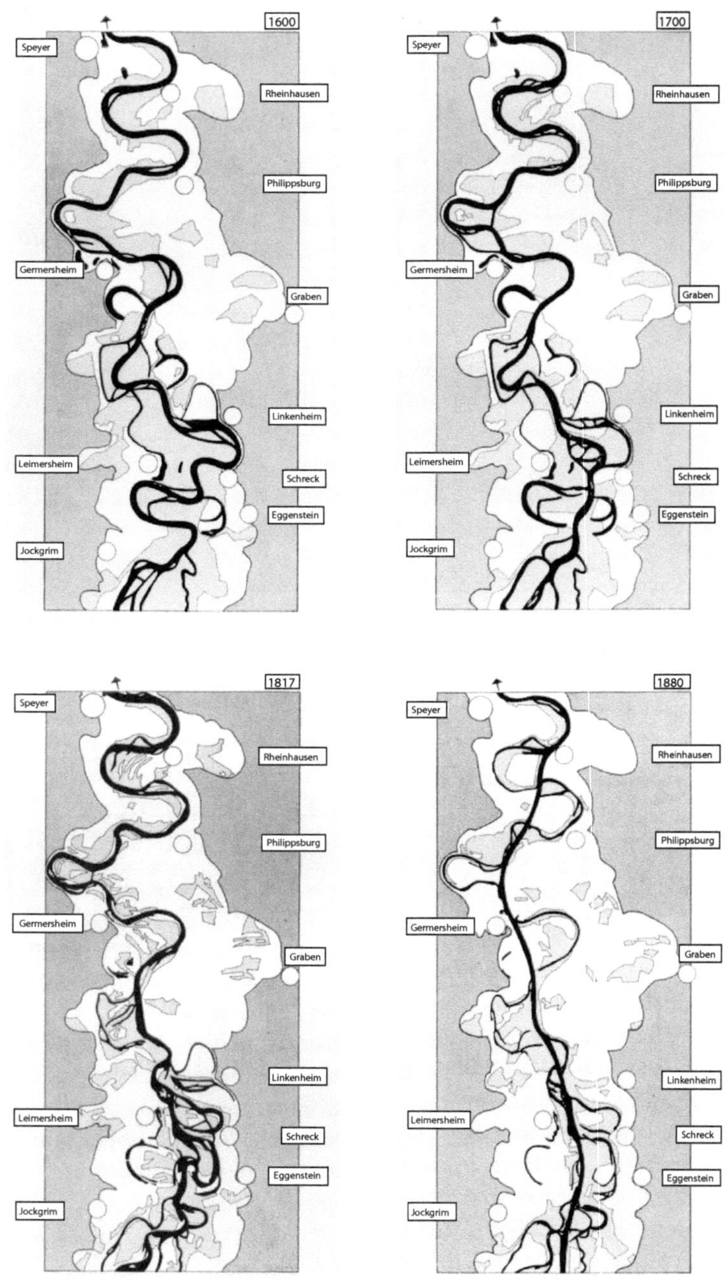

Abb. 3.137   Eine zeitliche Staffel eines Ausschnitts der Oberrheinebene zwischen Jockgrim im S (wenig nördlich von Karlsruhe) bis Speyer im N für die Jahre 1600, 1700, 1817 und 1880 (W. Schäfer 1974, Abb. 4)

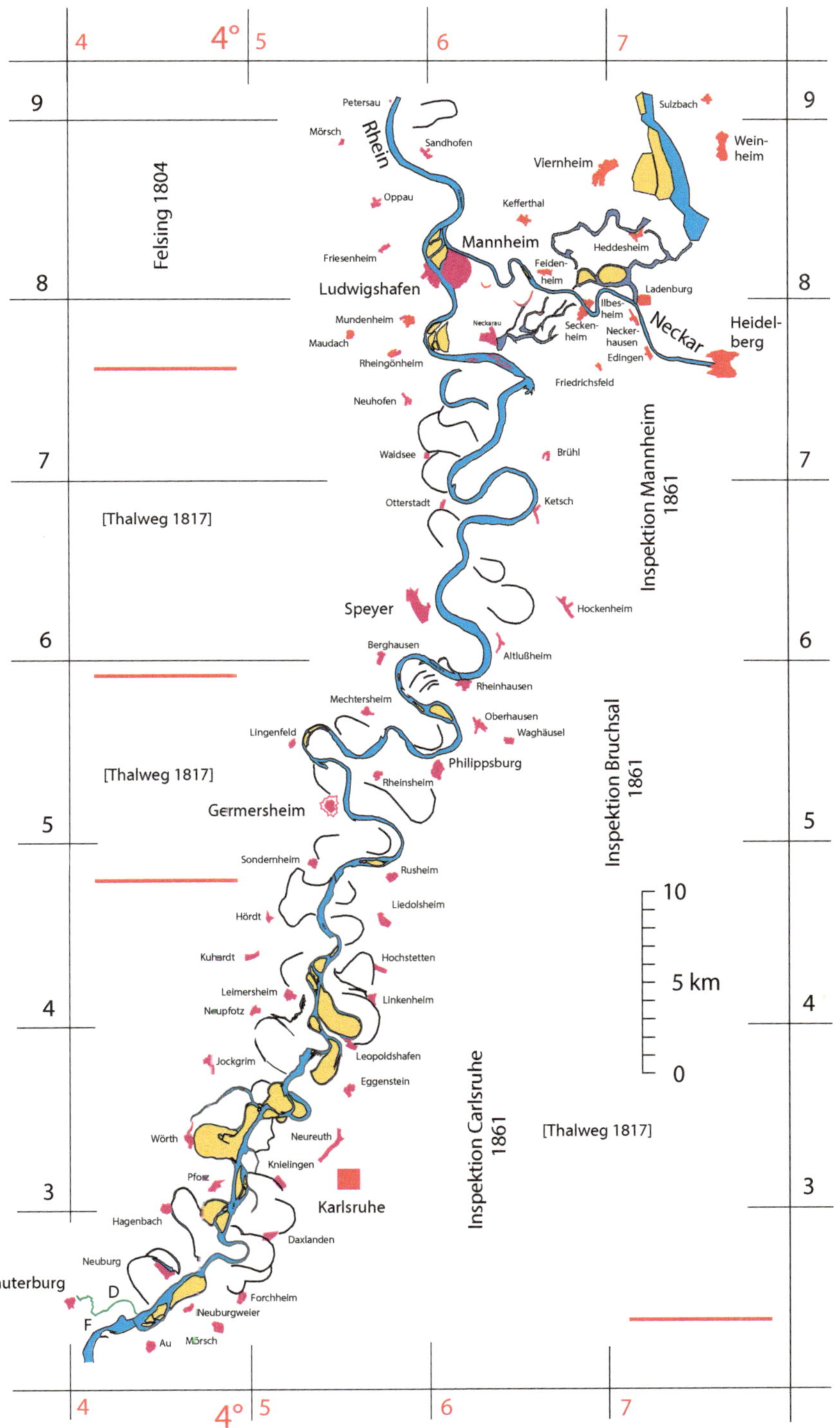

◼ Abb. 3.138 Durchzeichnung der historischen Karten aus der Zeit vom Beginn des 19. Jahrhunderts. Rote horizontale Grenzlinien markieren die ehemaligen Inspektionsbereiche des laufenden Wasserbaus durch Oberst Tulla im modernen Gitternetz. (Eigener Privatbesitz und Badische Landesbibliothek Karlsruhe)

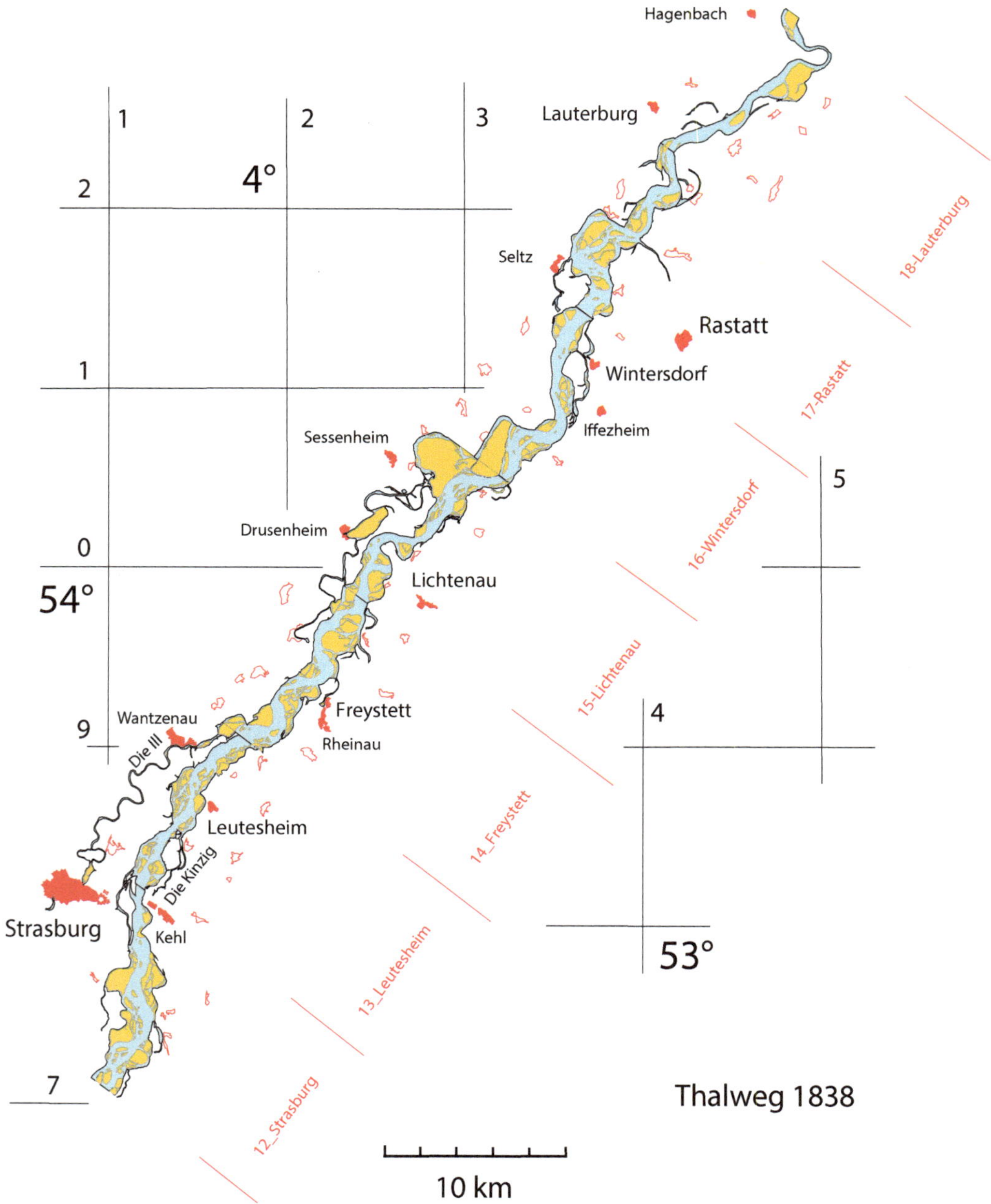

◘ Abb. 3.139   Durchzeichnung der sieben nördlichen Blätter des „Lauf des Rheins von Basel bis Lauterburg nach dem Zustand des Stroms von 1838 in 18 Blättern – Rheinkorrektion Tulla" im modernen Gitternetz
(Senckenberg-Bibliothek Frankfurt am Main)

(◘ Abb. 3.142; Bourquin et al. 2006). Für die überregionale stratigraphische Korrelation größerer stratigraphischer Einheiten sind Diskordanzen wesentlich (Lepper und Röhling 2013; vgl. dort die Tab. 3.3-1, S. 55).

Die Fließgewässer des Buntsandsteins aus den Vogesen schufen allein im vergleichsweise kleinräumigen Gebiet Pfälzer Wald faziell sehr verschiedenartige kontinentale Ablagerungen (Dittrich 2014). Am Teufelstisch

■ **Abb. 3.140** Gustav Adolf, König von Schweden, vor Oppenheim am 7. Dezember 1631 (Kupferstich von Mathias Merian d. Ä. – Theatrum Europeum Band II, Frankfurt Main 1633) – Blick nach Süden auf die Mäanderebene des Oberrheins in der Höhe von Oppenheim

■ **Abb. 3.141** Peter Birmann (1758–1844; Gemälde etwa aus dem Jahre 1800, Kunstmuseum Basel) – verzweigter Flusslauf des Oberrheins vor dem Isteiner Klotz – Blick nach Süden

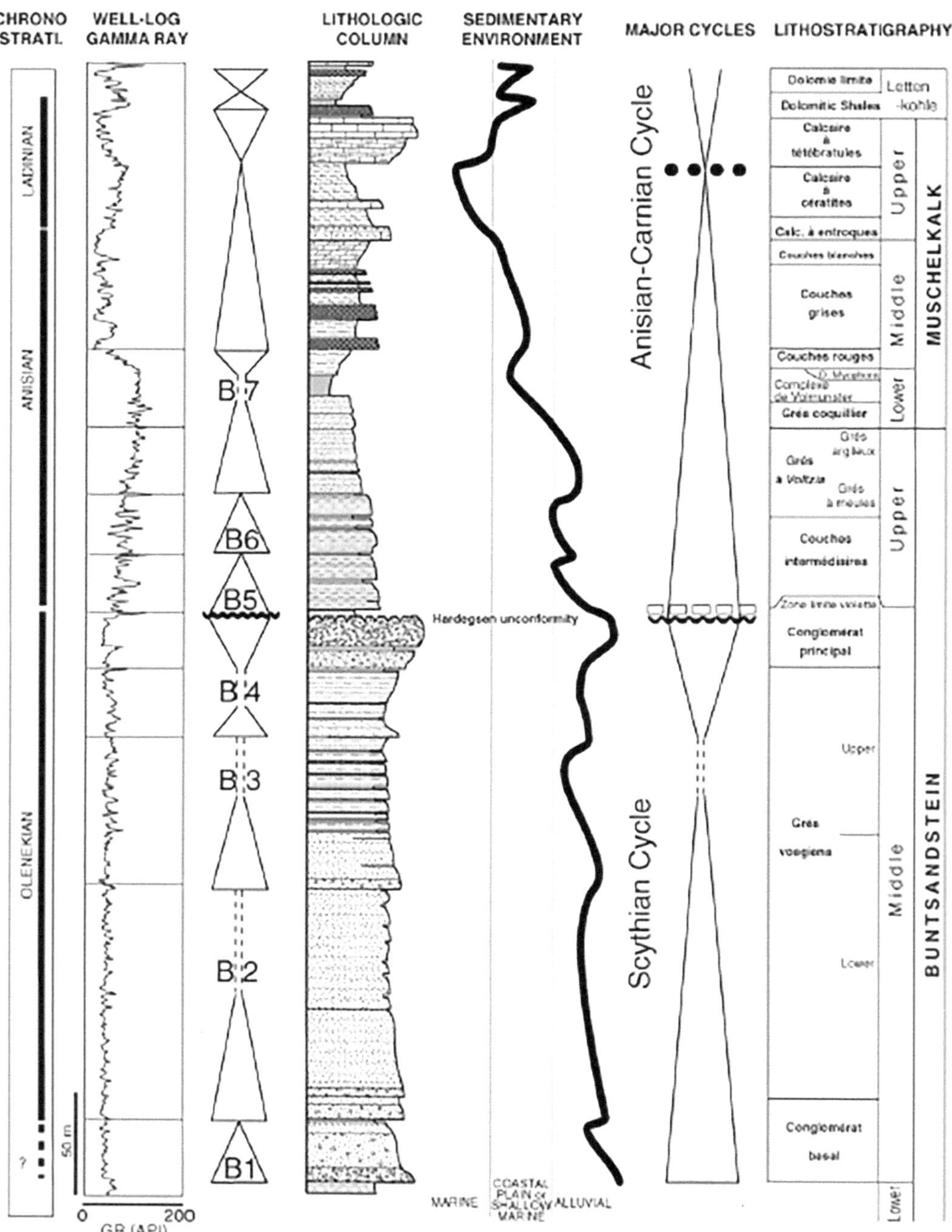

◻ Abb. 3.142   Die Bohrung Emberménil aus dem östlichen Pariser Becken mit Litho- und Gammalog, Base-Level-Zyklen und der regionalen Stratigraphie (Bourquin et al. 2006, fig. 3). Wichtig für die internationale stratigraphische Zuordnung ist die Hardegsen-Diskordanz, die auch in Deutschland die liegende Solling-Folge von der hangenden Hardegsen-Folge im Mittleren Buntsandsteins trennt

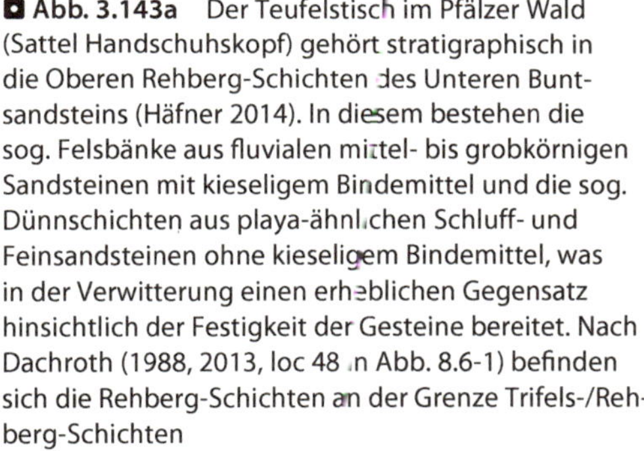

◘ Abb. 3.143a   Der Teufelstisch im Pfälzer Wald (Sattel Handschuhskopf) gehört stratigraphisch in die Oberen Rehberg-Schichten des Unteren Buntsandsteins (Häfner 2014). In diesem bestehen die sog. Felsbänke aus fluvialen mittel- bis grobkörnigen Sandsteinen mit kieseligem Bindemittel und die sog. Dünnschichten aus playa-ähnlichen Schluff- und Feinsandsteinen ohne kieseligem Bindemittel, was in der Verwitterung einen erheblichen Gegensatz hinsichtlich der Festigkeit der Gesteine bereitet. Nach Dachroth (1988, 2013, loc 48 in Abb. 8.6-1) befinden sich die Rehberg-Schichten an der Grenze Trifels-/Rehberg-Schichten

◘ Abb. 3.143b   Sandstein von Annweiler in den Klippen SO oberhalb von Annweiler/Pfalz: Grès d'Annweiler. Dieser entspricht hinsichtlich seines Alters den Unteren Stauf-Schichten, Zechstein (Dachroth 2013, loc 40 in Abb. 8.6-1)

(◘ Abb. 3.143a; Häfner 2014), in den Klippen oberhalb von Annweiler (◘ Abb. 3.143b) und in Schindhard (◘ Abb. 3.143c) (Dachroth 1988, 2013), im Saarland (Müller 2013) (◘ Abb. 3.143d, ◘ Abb. 3.144), im Trier-Bitburger Becken (◘ Abb. 3.145; Stets 1995, 2013), im Hunsrück und Saar-Nahe-Becken (Stets, Meyer et al. ~2020) sind eindrucksvolle erdwissenschaftliche Monumente konserviert. Die fluvialen Bildungen des Buntsandsteins erweiterten ihr Absatzgebiet jedoch auch nach W in die Trier-Luxemburger Bucht, wo marine Einschaltungen angenommen werden müssen (Dittrich 2019). Auf dem Weg nach Norden passierten die Flüsse des Buntsandsteins die Süd- und Nordeifel (Mader 1985; Mader und Teyssen 1985). Über die Eifeler Nord-Süd-Zone (Hoberg et al. 2000; Ribbert 2013) breiteten sie sich nordwärts in das Norddeutsche Becken hinein aus (Geluk und Röhling 1997; Bachmann und Lerche 1998; Lepper und Röhling 2013). Im E des hier angerissenen Transportweges gab es zahlreiche weitere, über die die Fließgewässer aus dem Schwarzwald und östlich von diesem über die Hessische Senke auf direktem Wege in das Norddeutsche Becken zogen. Trotz seiner im Detail recht kleinräumigen fluvialen Sedimentfazies gestattet es der Buntsandstein, im überregionalen Raum stratigraphisch beckenweit zu korrelieren (Röhling et al. 2018).

Die fluvialen Transporte reichten über die Hessische Senke (Tietze 1982, 1997; Weber und Ricken 1999; Paul und Peryt

◘ **Abb. 3.143c**   Klippen bei Schindhard, SO von Pirmasenz. Hinter den Häusern von Schindhard (Standort auf der Mauer des kleinen Friedhofs), Klippen des Eck'schen Konglomerats, smT, mittlere Trifels-Schichten, Unterer Buntsandstein (Dachroth 2013, loc 41 in Abb. 8.6-1).

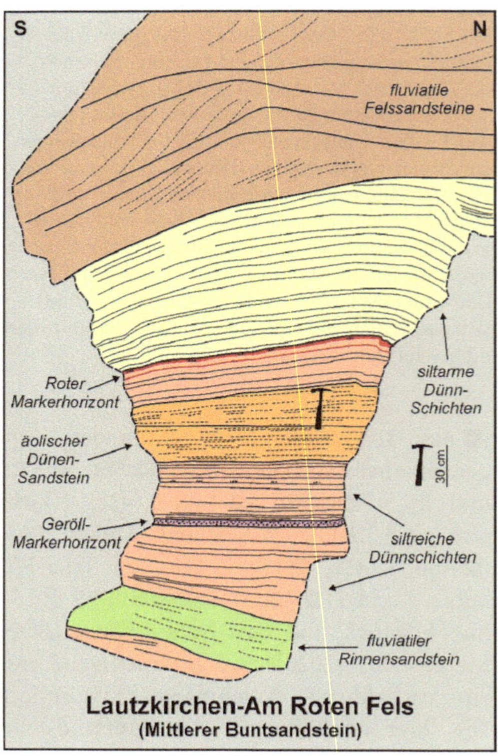

◘ **Abb. 3.143d**   Natürlicher Aufschluss am Talrand des Kirkeler Baches; Karlstal-Formation, Mittlerer Buntsandstein. Die im Saarland aufgeschlossenen Dünnschichten werden als äolisch-lakustrine Interdünen-Playa-Ablagerungen gedeutet, wechselnd mit fluvialen gröberen Felsbänken. (Aufnahme und Interpretation Mario Werner; GLA des Saarlandes)

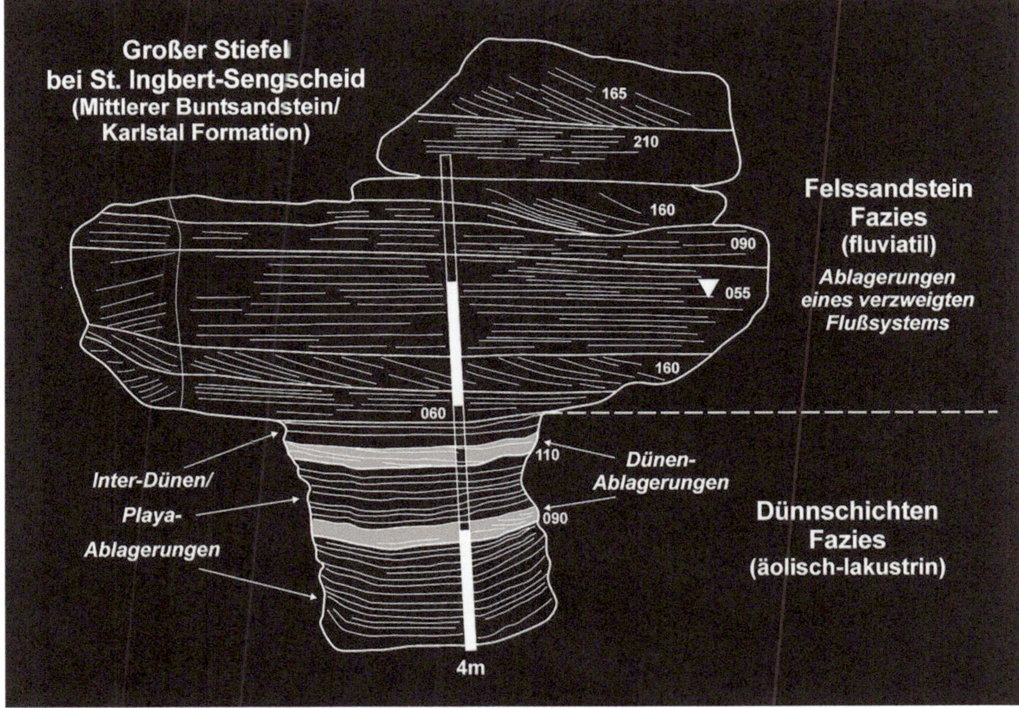

Abb. 3.144 Der Große Stiefel auf dem Stiefeler Fels, SW von Sankt Ingbert-Sengscheid, A6 – Ausfahrt St. Ingbert/West. Felssandstein und Dünnschichten der Karlstal Formation, Mittlerer Buntsandstein. (Aufnahme und Interpretation Mario Werner und Carmen Krapf; GLA des Saarlandes)

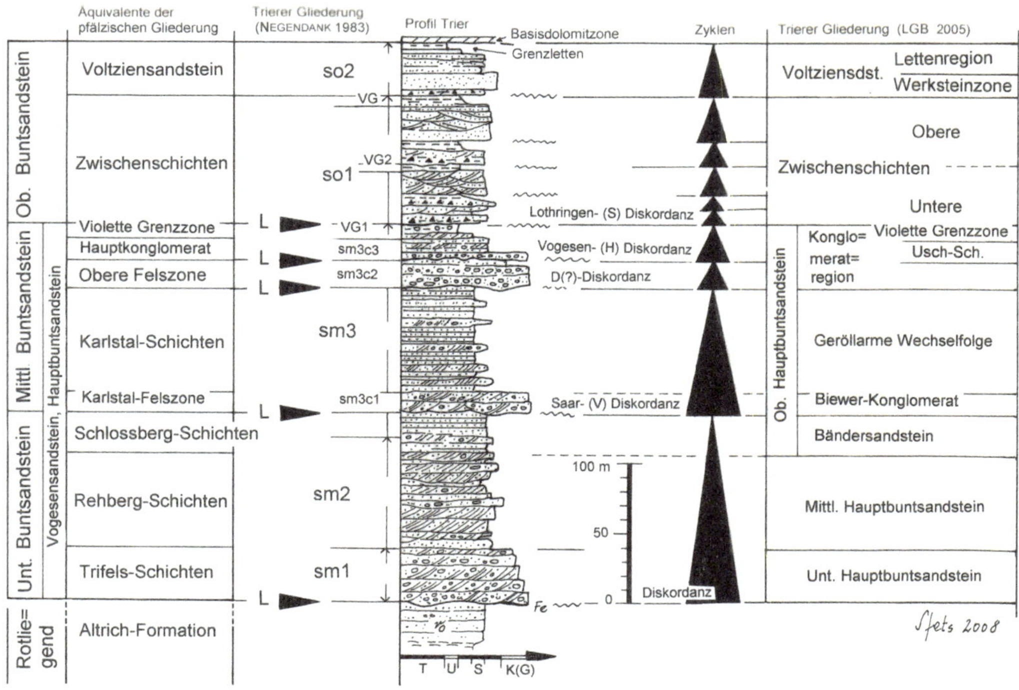

■ Abb. 3.145   Das Standardprofil Trier und dessen Stellung im Trier-Bitburger Becken (Stets 2013)

■ Abb. 3.146   Helgoland, Blick von der NW-Mole auf die Lange Anna

◘ Abb. 3.147   Roter Felsen im NW von Helgoland mit eingepasstem Gammalog (Stratigraphie im Sinne von Binot und Röhling 1988)

2000; Dersch-Hansmann et al. 2013) bis in das Norddeutsche Becken hinein (Geluk und Röhling 1999, 2013), letztlich bis nach Helgoland (◘ Abb. 3.146). Im Nordsee-Becken ist der Buntsandstein generell tief versenkt und bis weit nach Norden Ziel der internationalen Erdöl-Erdgas-Exploration (Glennie 1986; Best 1989; Röhling 1991; Lepper und Röhling 2013). Durch einen permischen Zechstein-Diapir angehoben, ist Helgoland der nördlichste begehbare Aufschluss Deutschlands (Schmidt-Thomé 1987; Röhling 2013). Seine in die Sand- und Schlammsteine eingelagerten sog. Katersande wurden als dünnschichtige Flugsandteppiche gebildet. Sie eignen sich zur stratigraphischen Korrelation zwischen der Felseninsel und umgebenden Bohrungen (◘ Abb. 3.147) (Binot und Röhling 1988).

3.2.5.2 Ridge Basin, Kalifornien

Im miozänen Ridge Basin in den San Gabriel Mts. in Kalifornien (Link 1982; May et al. 1993) zeigt der fluviale Sedimenteintrag in dieses einen direkten Bezug zu dessen *strike-slip*-Bewegungen. Die Ridge Route Formation (◘ Abb. 3.148a) bildet die mehrere

1000 m mächtige Füllung des Ridge Basin. Sie macht den steten Eintrag in das Sedimentbecken aus. In der Ridge Route Formation ist der Piru Gorge Sandstone (◘ Abb. 3.149) der turbiditisch-deltaisch-fluviale Komplex im Zentrum des Beckens. Er ist insgesamt etwa 185 m mächtig und über 5 km entlang der NW-SO orientierten tektonischen Strukturachse des *strike-slip*-Beckens nordwestwärts zu verfolgen. Er besteht zunächst aus 95 m mächtigen Turbiditen. Darüber liegt eine 30 m mächtige lakustrine Fazies und oben 60 m Rinnen-Levée-Sequenzen mäandrierender Flüsse inmitten von Marschen, Sümpfen und Seen. Das Foto des Piru Gorge Sandstone (◘ Abb. 3.149) lokalisiert im oberen Komplex der sandig fluvialen Rinnen, eingelagert in lakustrine Schlammfazies.

Der grobklastische zyklische Sedimenteintrag von SW wird durch tektonische Bewegungen des Sedimentbeckens entlang seiner Störungen, vor allem der San-Gabriel-Störung, verursacht (◘ Abb. 3.148b). Dort haben die grobkörnigen, eckigen und unreifen Konglomerate der Violin Breccia direkten Bezug zur dextralen (rechtshändischen) und

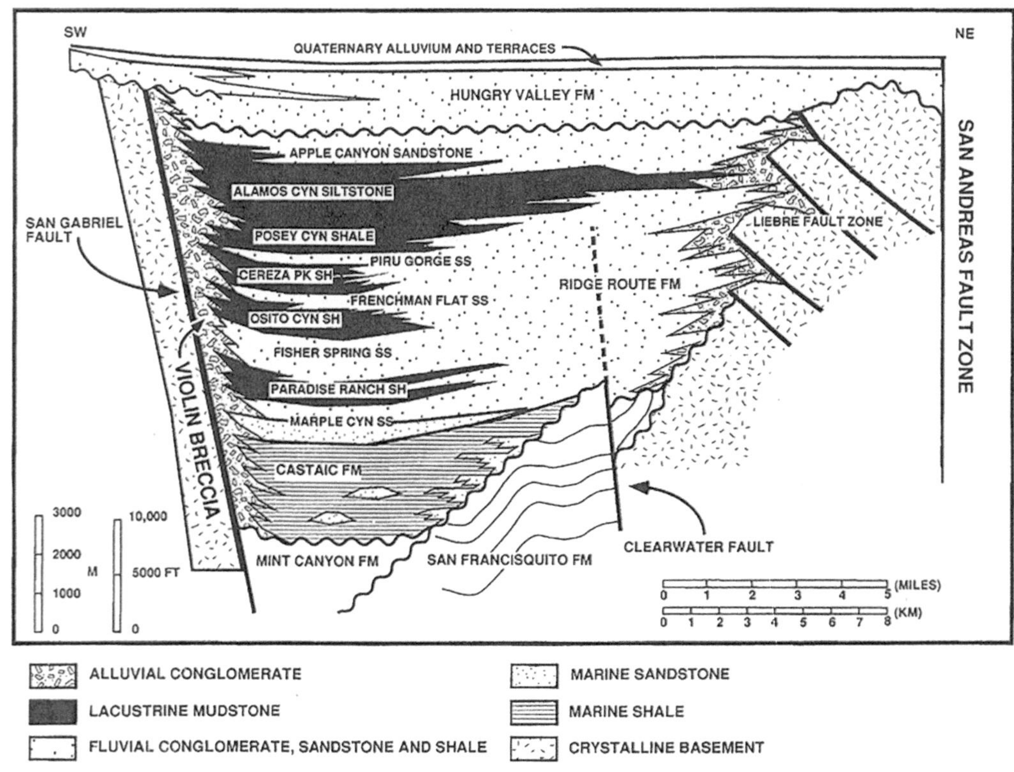

◘ Abb. 3.148a Das Rigde Basin, Kalifornien, ist eingefasst von der San-Gabriel-Störung im SW und der San-Andreas-Störung im NO, am Außenrand des Profilschnitts. Die Relativbewegung beider Störungen zueinander verursacht die Absenkung des Beckens und den Sedimenteintrag in dieses (Link 1982)

ruckhaften *strike-slip*-Bewegung der im SW des Sedimentbeckens gelegenen San-Gabriel-Störung, vor welcher das Sedimentbecken seine intensive Absenkung findet. Die Schüttungen der Violin Breccia sind auf die Nähe zur Störung begrenzt. Insgesamt gesehen wird das Ridge Basin parallel seiner Strukturachse aus südlichen Richtungen beliefert.

3.2.5.3 Der Cixerri-Graben in Sardinien

Die Rift-Strukturen von Sardinien sind komplex und bildeten größere zusammenhängende Sedimentbecken (Cherchi und Montadert 1984; ◘ Abb. 3.150). Heute sind jedoch nur noch deren initiale Strukturen erhalten, die Gräben des Sulcis, des Cixerri und des Campidano. Deren Sedimentfüllungen sind im Gelände, in Straßenanschnitten und Industriebohrungen gut aufgeschlossen (Exel 1986). Die Geologische Karte von Sardinien 1:200.000 South Sheet (Carmignani et al. 1982) erläutert die Situation (◘ Abb. 3.151). Casula et al. (2001) entwarfen nach seismischen Sektionen eine Reihe von Profilschnitten über den Campidano-Graben. Zwei von diesen, D und E, seien hier wiedergegeben (◘ Abb. 3.152).

Das ehemals größere N–S streichende sardische Sedimentbecken entstand im Paläogen, als Sardinien noch nahe oder an der Küste von Südfrankreich im Golfe du Lyon lag. Aus S-Frankreich und aus NO-Spanien erhielt es Eintrag von fluvialen Sedimenten, die vor allem am O-Rand der Riftstruktur mit flachmarinen Bildungen wechselten. Die Füllung des sardischen Riftbeckens bestand

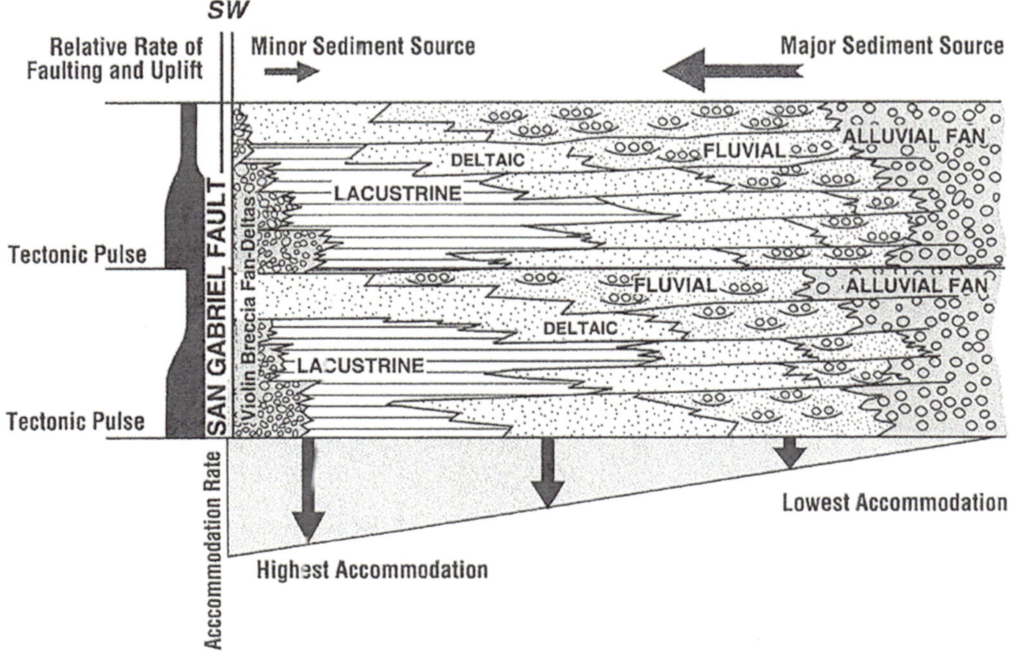

◘ Abb. 3.148b May et al. (1993) entwarfen für den zyklischen Sedimenteintrag in das Ridge Basin hinein ein eingängiges Struktur-/Sediment-Modell

◘ Abb. 3.149 Der Piru Gorge Sandstone der Ridge Route Formation im zentralen Ridge Basin ist – wie auch alle anderen Fazieskörper – ein tektonisches Sediment; Old Highway 99, Pyramid Dam, Ridge Basin, California (freundliche Hilfe Kenneth D. Ehman)

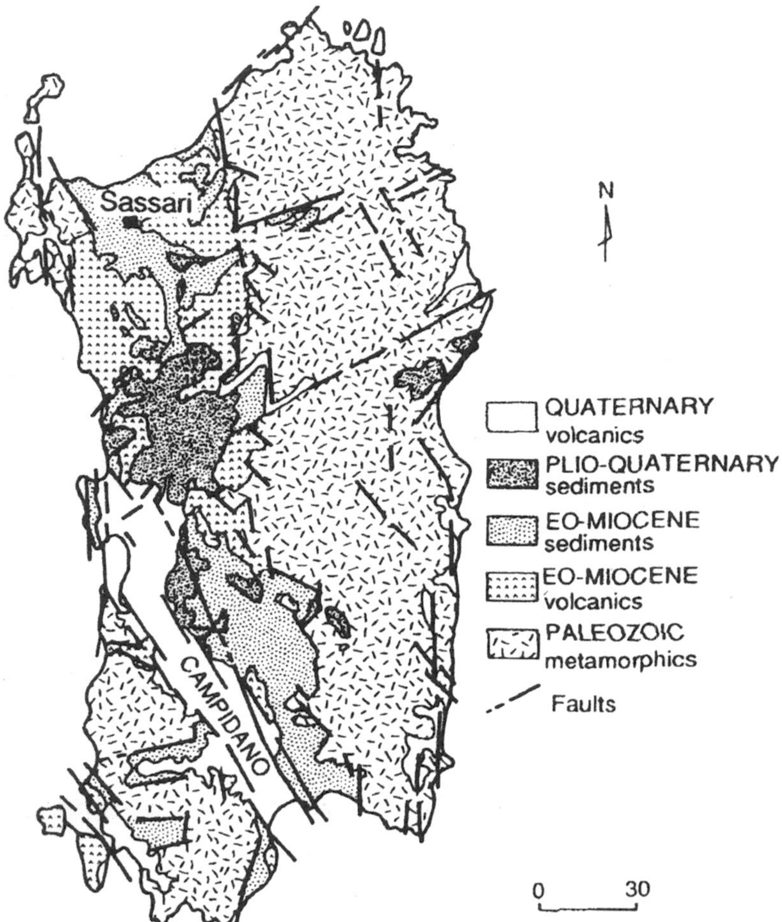

◘ **Abb. 3.150**   Die Geologische Übersichtskarte von Sardinien unterscheidet paläozoische Metamorphite, eozäne–miozäne Vulkanite und Sedimente, pliozäne–quartäre Sedimente und quartäre Vulkanite. Hervorgehoben ist der Campidano-Graben. Von diesem zweigt der Cixerri-Graben nach W ab. Die Strukturkarte wurde von Cherchi und Montadert (1984) entworfen, aus Martini et al. (1992) übernommen

zumeist aus fluvialen Siliciklastika (Cherchi und Montadert 1982, 1984), die sich im Cixerri-Graben und im Campidano-Graben ablagerten (Costamagna und Schäfer 2017; ◘ Abb. 3.153). Auf ihrem Weg nach O änderte sich ihr Flussmuster zu mäandrierend und ihre Korngröße nahm ab, lokal wurden sie nach den Lebensspuren auch flachmarin. Nahe der Ostrandstörung des Campidano-Grabens trafen die fluvialen Transporte mit den von O geschütteten proximalen verzweigt-fluvialen Rotsedimenten der Ussana Fm zusammen und sich mit diesen (Costamagna 2008; Barca und Costamagna 2010; Scano 2014; ◘ Abb. 3.154). Die Ussana Fm wird der Cixerri Fm zeitlich gleichgestellt. Die Flussläufe orientierten sich entlang des Ostrands des Campidano-Grabens schließlich südwärts (Barca und Costamagna 2010).

Die fluviale Cixerri Fm im Inneren des sardischen Riftbeckens stammt von Südfrankreich. Die andesitischen Vulkanite in diesem wurden zu Ende des Paläogens gebildet. Sie können der frühen Phase des Aufbrechens der Verbindung von Südfrankreich und Sardinien zugeordnet werden (Lecca et al. 1997). Der

Quartär
10 und Quartär
10 M-Eozän - U-Miozän
11 Andesite (Oli-Mioz.)
12 Andesite (Oli-Mioz)
Mesozoikum
Paläozoikum
Campidano -
Graben
Campidano 2
Campidano 1
Cixerri
seismic line D
seismic line E
Flumentepido
Sulcis
Carbosulcis 6/79
Isola di S. Pietro
Isola di S. Antioco
CAGLIARI
Profilschnitt
20 km

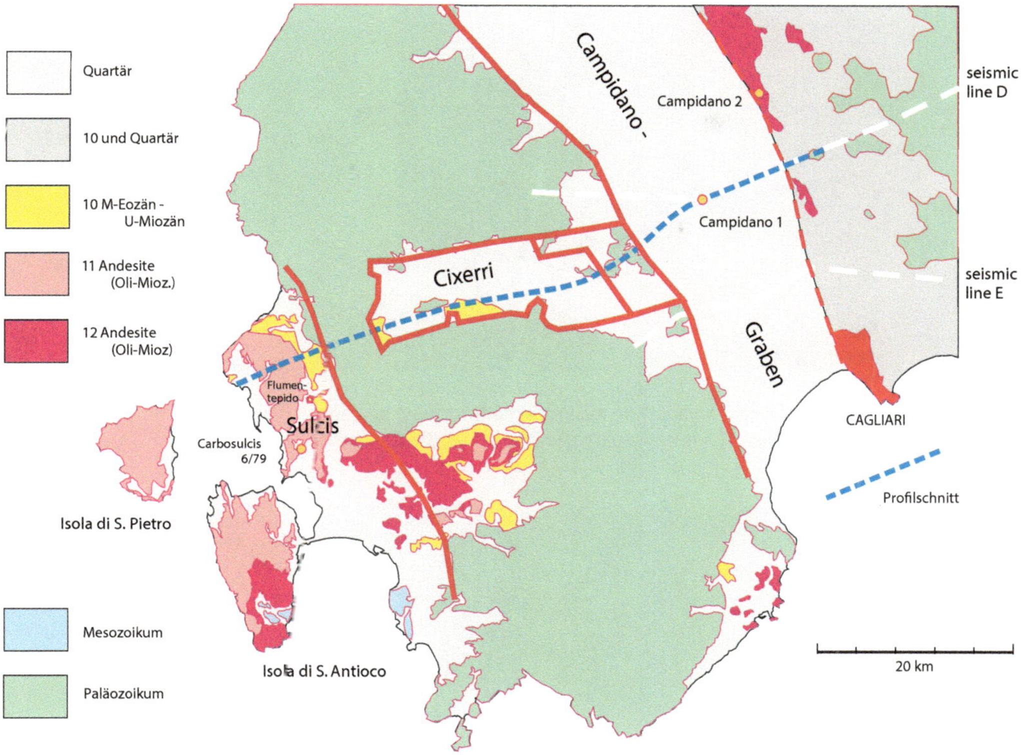

Abb. 3.151 In der vereinfacht wiedergegebenen Geologischen Karte 1:200.000 Südblatt (Carmignani et al. 1982) sind die Störungen mit roten Linien hervorgehoben. Zwei seismische Sektionen D und E aus Casula et al. (2001) sind durch weiße Linien markiert. Der von Costamagna und Schäfer (2012) entworfene Profilschnitt W–O folgt der blauen unterbrochenen Linie

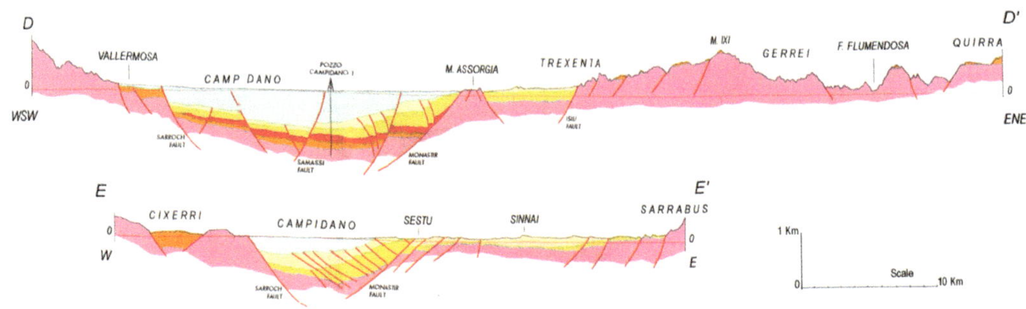

D
D'
WSW
ENE
VALLERMOSA
CAMPIDANO
M. ASSORGIA
TREXENTA
GERREI
F. FLUMENDOSA
QUIRRA
E
E'
W
E
CIXERRI
CAMPIDANO
SESTU
SINNAI
SARRABUS
1 Km
Scale
10 Km
Color code:
light blue = middle to upper Pliocene and Quaternary continental deposits
light yellow = Miocene postrift marine deposits
dark yellow = Oligo-Miocene synrift continental deposits
red = Oligo-Miocene andesite volcanics
orange = Paleocene to Eocene continental deposits
pink red = Paleozoic basement

Abb. 3.152 Zwei seismische Sektionen durch den Campidano-Graben D und E. (Aus Casula et al. 2001)

3

◼ **Abb. 3.153**   Eine nach rechts anlagernde mäandrierend-fluviale Rinne in der Cixerri Fm im Cixerri-Graben. Die Rinne ist in Pelite der Flussebene eingeschnitten. (Foto Luca Costamagna)

◼ **Abb. 3.154**   In der Näne von Monastir (Route 131, nördlich von Cagliari) bietet die Ussana Fm am Ostrand des Campidano-Grabens vorzügliche Anschnitte von *proximal stream channels* und *floodplains* (Scano 2014)

sardisch-corsische Block löste sich von Frankreich und öffnete durch seine (gegen den Uhrzeigersinn gerichteten) Rotation und Drift übers Mittelmeer in seinem Driftschatten den Ligurischen Ozean (Burrus 1989; Vigliotti und Langenheim 1995; Fais et al. 2002; Gattacceca 2007). Die Separation des sardisch-corsischen Blocks von Frankreich führte zur jähen Unterbrechung der ehedem im Paläogen noch vorhanden gewesenen sedimentologischen Gemeinsamkeit zwischen Südfrankreich und Sardinien. Nachfolgend sind die neogenen Sedimente mergelig-karbonatisch (Martini et al. 1992). Auch der Vulkanismus änderte seinen Character. Nach dem andesitischen Riftvulkanismus zuvor wurden nun nur noch ozeanische Basalte gefördert (Pecorini und Cherchi 1969).

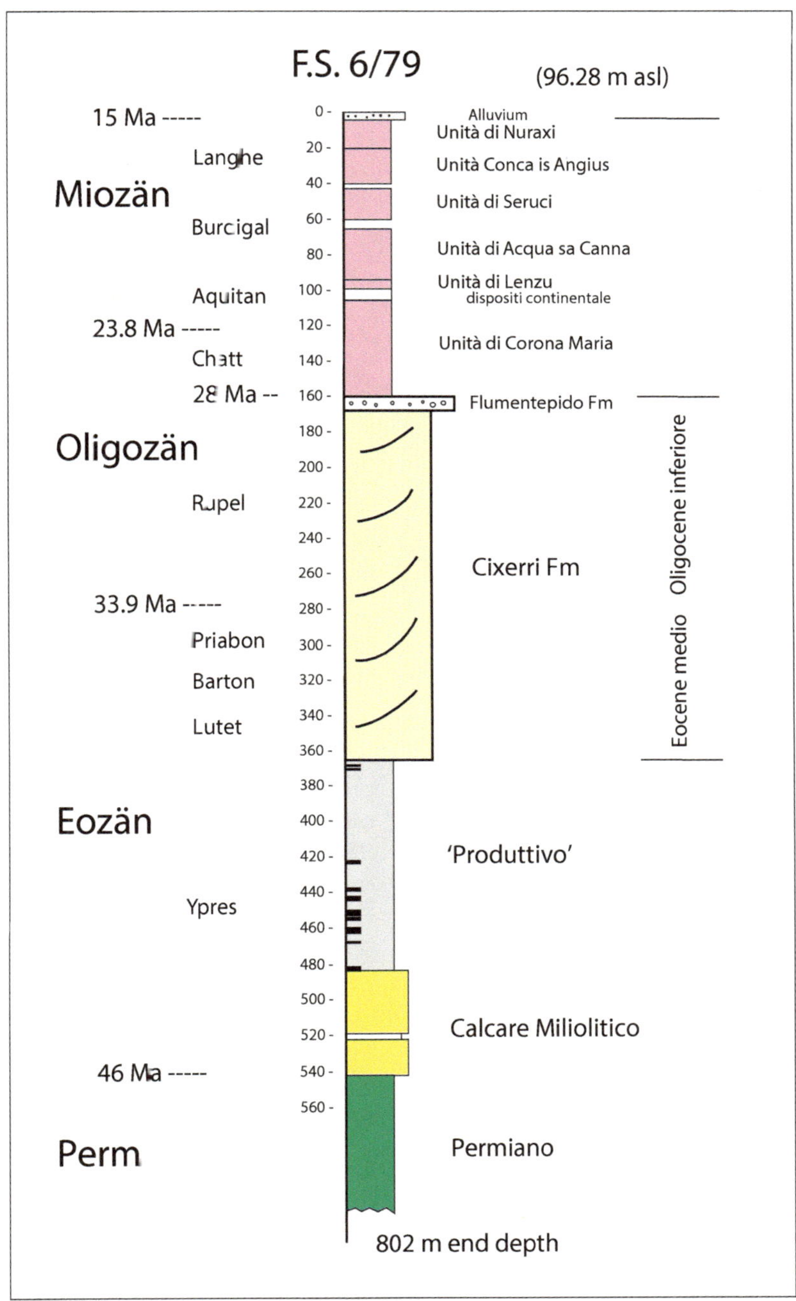

◘ Abb. 3.155   Die Daten für die Neuzeichnung der Bohrung Carbosulcis 6/79 stammen von Ottelli und Perna (1993). Nur im Sulcis-Becken hat die fluviale Serie aus Cixerri Fm und Flumentepido Fm die Mächtigkeit von gut 200 m

◙ Abb. 3.156   Die Flumentepido Fm im Sulcis-Becken zeigt dicke Pelitlagen und asymmetrische weite Sandsteinrinnen. Die Sedimente wurden unmittelbar vor der Förderung der mächtigen miozänen Andesite abgelagert

Am Westrand Sardiniens, im Sulcis, wird eozäne Braunkohle (Produttivo) von der Carbosulcis S.p.A. unter Tage abgebaut. Sie hatte sich während des Eozäns gebildet (Assorgia et al. 1992; Bandelow und Gangel 1992; Thorez et al. 1997; Dreesen et al. 1997). Darüber lagert die verzweigt-fluviale Cixerri Fm mit großer Mächtigkeit, gefolgt von ebenfalls fluvialer Flumentepido Fm. Beide Einheiten sind schließlich von miozänen Andesiten abgedeckt. Dies gibt das Profil der Bohrung Carbosulcis 6/79 im Sulcis-Becken (◙ Abb. 3.155) (Daten aus Ottelli und Perna 1993) wieder. Die Flumentepido Fm steht außerhalb des Bohransatzpunktes in einem großen Steinbruch an (◙ Abb. 3.156).

Vom Sulcis-Becken aus lässt sich ein ostwärts orientierter Profilschnitt entwerfen, der die vorhandenen Störungen und die Boh-rungen der Carbosulcis S.p.A. sowie die Bohrung Campidano 1 im Campidano-Graben (◙ Abb. 3.157) (Daten aus Pecorini und Cherchi 1969 und Cherchi 1971) berücksichtigt. Der Profilschnitt (Entwurf Costamagna und Schäfer 2012) zeigt (◙ Abb. 3.158), dass die fluviale Cixerri Fm nur im Sulcis-Becken und im Cixerri-Graben vorhanden und in letzterem in Tagesaufschlüssen zu verfolgen ist (Costamagna und Schäfer 2017). Im Campidano-Graben ist die zeitäquivalente Schichteinheit auf etwa 1600–1700 m tief versenkt und gehört vermutlich dort eher zur von O stammende Ussana Fm (Cherchi und Montadert 1982, 1984; Costamagna und Barca 2008; Barca und Costamagna 2010). Die Ussana Fm wurde durch ein proximales verwildertes *stream channel*-System auf kurzem Wege in den Campidano-Graben geschüttet (Scano 2014).

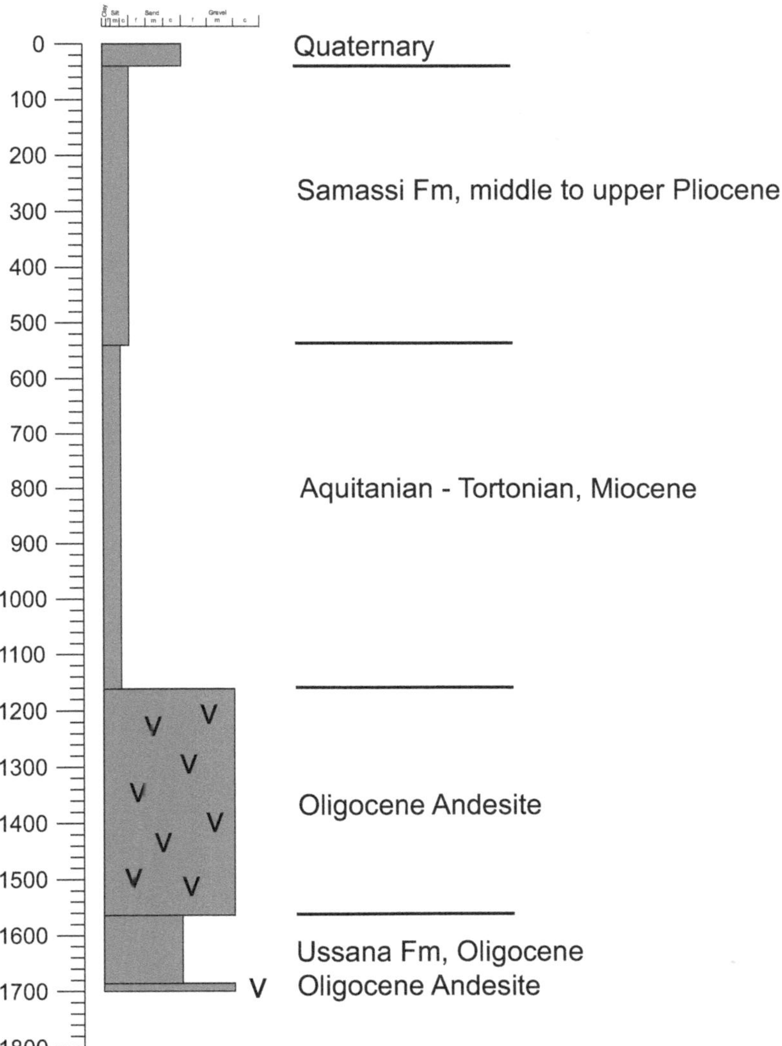

❏ **Abb. 3.157**   Die Wiedergabe der Bohrung Campidano 1 stützt sich auf Daten, die von Pecorini und Cherchi (1969) publiziert wurden. Unten im Bohrprofil ist die von oligozänen Andesiten überdeckte Ussana Fm ausgewiesen

3.3 Bildungen des Windes – Äolianite

3.3.1 Prozesse des äolischen Transports

Winddrift von Sand und Staub ist vorherrschendes Kennzeichen der Wüsten unserer Erde (Walther 1924). Aufwehungen von windverfrachtetem äolischen Staub und Sand werden als sog. **Äolianite** *(aeolianites)* zusammengefasst (Hesp und Fryberger 1988). Äolische Sedimente werden durch Windbewegung auf trockenen exponierten Flächen gebildet. Vor allem werden sie in ariden Breiten (❏ Abb. 3.159), im Passatwindgürtel

3

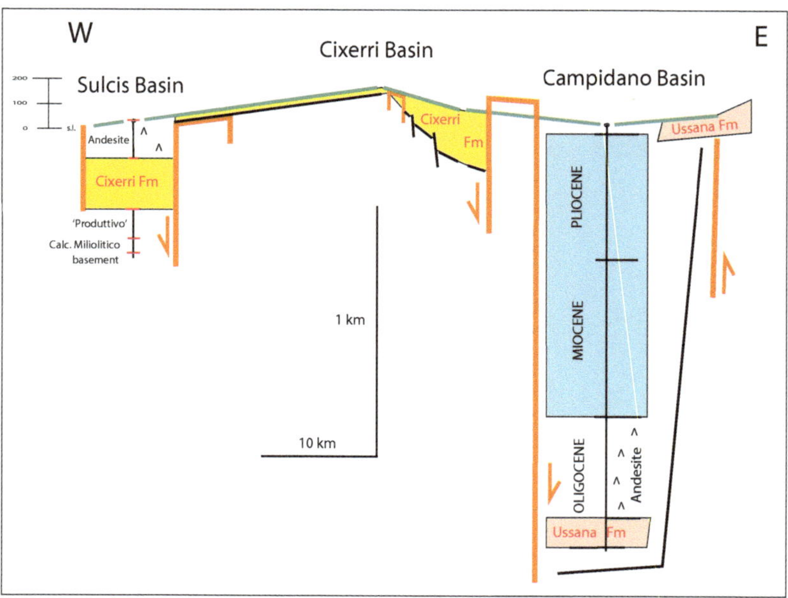

▪ Abb. 3.158   Der von Costamagna und Schäfer als Arbeitshypothese entworfene (bisher nicht publizierte) Profilschnitt berücksichtigt die genannten und noch weitere Bohrungen. Die Cixerri Fm kann nur im Sulcis-Becken und im Cixerri-Graben nachgewiesen werden (Costamagna und Schäfer 2017). Im Campidano-Graben werden unterhalb der Andesite die distalen Sedimente der Ussana Fm vermutet, die proximalen Anteile stehen am Ostrand des Beckens übertage an (Scano 2014)

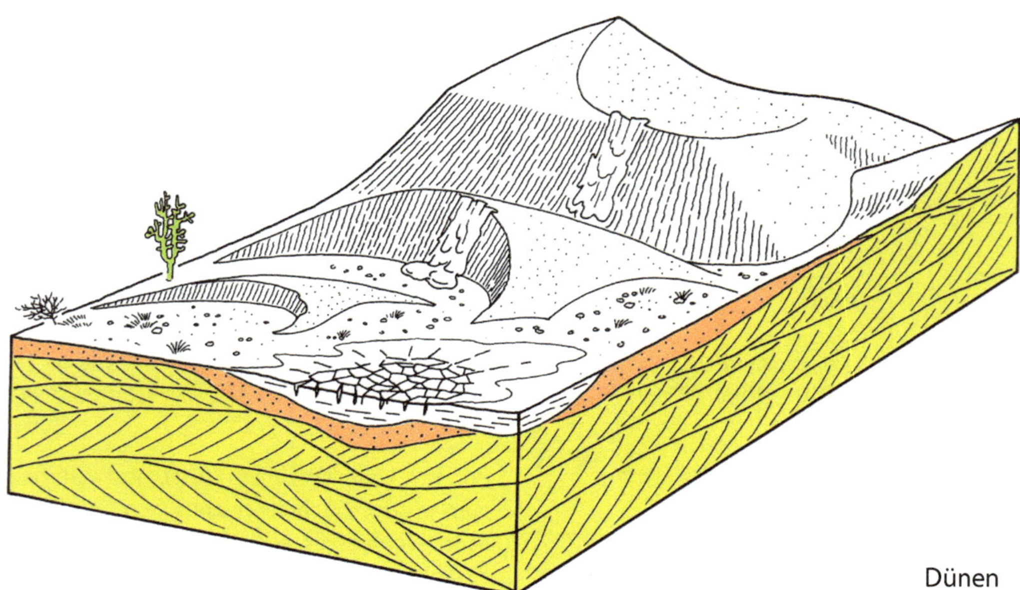

▪ Abb. 3.159   Sicheldünen (Barchane) sitzen als isolierte Sandkörper Steinwüsten bzw. Sabkhaflächen auf; der Bezug zum Untergrund ist noch erkennbar. Die offene Sichel des Dünenkörpers zeigt in die Richtung seiner Wanderung. (Eigener Entwurf, Zeichnung Hans Klinz, Bonn)

Abb. 3.161   Eine Düne am Weststrand der Insel Texel (Niederlande) zeigt im seeseitigen Anschnitt ihre Internstruktur mit flachwinkliger, laminarer Schichtung, die offenbar zyklisch gegliedert ist

der Erde, in Wüsten (Abb. 3.160) zu großen, weitgehend ortsbeständigen Sandseen angereichert (McKee 1979; Glennie 1987). Auch finden sich Äolianite im glazialen Klimaraum bei Vorhandensein größerer von Gletschern hinterlassenen Moränenlandschaften (Ahnert 1996) und in nichtglazialen Gebieten entlang größerer Flussläufe und Seenbecken mit reichlich aufbereiteten und frei liegenden Sand- und Schlammflächen (Chen et al. 1991; Nanson und Price 1998; Stanistreet und Stollhofen 2002). An Meeresküsten werden sie vom Seewind aus dem trockenfallenden Strand zu Flugsanddecken und küstenparallelen Dünen (Abb. 3.161) aufgeweht (Reineck und Singh 1980; Hunter und Richmond 1988; Clemmensen et al. 1996).

Löss ist typisches Sediment des Pleistozäns (Brodzikowski und Van Loon 1991). Er ist Flugstaub mit im Mittel 0,030 mm in der Körnung, versehen mit ortsabhängigem geringem Kalkgehalt. Er wurde aus den Moränen der Inlandgletscher und aus den nicht durch Vegetation geschützten Flächen der Periglazialgebiete ausgeblasen. Die mächtigen Staubanwehungen glichen das vorgefundene Relief aus und deckten die unvereiste Landschaft weitflächig zu. Der Flugstaub entspricht mit geringen regionalen Unterschieden petrographisch dem Geschiebelehm der Moränen (Füchtbauer 1988). Windaufwehungen aus den Vereisungsgebieten schufen größere Lössmächtigkeiten, die sich in Mitteleuropa zwischen den Moränenzügen Nordeuropas und den Alpen (Brunnacker et al. 1977; Smalley und Smalley 1983; Bosinski et al. 1985; Wintle 1987; Ehlers 1983; Ehlers et al. 1995; Weidenfeller und Zöller 1995; Zöller und Semmel 2001) und auch außerhalb Europas (Derbyshire 1983; Smalley und Smalley 1983; Liu et al. 1985) finden.

Flugsand reichert sich zu Flugsanddecken und Dünen an. Während des Pleistozäns wurden sie vorzugsweise entlang von Schmelzwasserrinnen aufgeweht. Flugsand ist im Verlandungsgebiet der südlichen Nordsee als jüngstes pleistozänes Sediment zu finden, im westlichen Vorfeld der in Schleswig-Holstein stehen gebliebenen Gletscherfront der Weichsel-Vereisung (Streif 1990; Ehlers 1983; Ehlers et al. 1995). Dieser, und auch die Flugsande im nördlichen Oberrheingebiet beiderseits des Rheins (Hanke und Maqsud 1985), haben eine mittlere Korngröße von gröberem Feinsand, vermischt mit feinerem Grobsand. Eine solche Auswahl der Körnung orientiert sich am verfügbaren Sediment und daran, was vom Wind verfrachtet werden kann. Es ist eine Windgeschwindigkeit ab etwa 4 Bft notwendig, um Flugsande auf vegetationslosen ungeschützten Sandflächen verfrachten zu können (Reineck und Singh 1980). Solche Windgeschwindigkeiten waren in den exponierten glazialen Gebieten offenbar gegeben (Ruegg 1983). Flugsande nehmen schichtbildend an der stratigraphischen Aufzeichnung teil (◘ Abb. 3.162). Geologisch signifikant sind fossile Äolianite, wenn sie in Form von mächtigeren Sandanwehungen als Monumente der Erdgeschichte (◘ Abb. 3.163) angetroffen werden (McKee 1979; Hunter und Rubin 1983; Brookfield und Ahlbrandt 1983; Dott et al. 1986; Kocurek 1988a; Tanner 1995; Blakey et al. 1996; Clemmensen und Abrahamsen 1983; Clemmensen und Hegner 1991; Clemmensen et al. 1996). Da sie als Speichergesteine ein großes, industriell nutzbares Porenvolumen für Erdöl und Erdgas besitzen, werden sie intensiv gesucht und untersucht (Stokes 1968; Horowitz 1981;

◘ **Abb. 3.162** Geringmächtige, schräg geschichtete Dünensandsteine in den Densborn-Schichten (M-Buntsandstein; Blankenheim, Eifel; Sandgrube Dahlem bei Schmidtheim; vgl. Mader 1982, 1983; Meyer 1983). (Foto Wilhelm Meyer)

Abb. 3.163 Spektakuläre erdgeschichtliche Monumente sind die wohl bekannten Zeugenberge im Monument Valley Navajo Tribal Park auf dem Colorado Plateau (Gouldings, NO-Arizona, USA); permischer äolischer Cedar Mesa Sandstone, aufsitzend auf Halgaito Shale

Abb. 3.164 Valle Calchaqui, in der Puna der Ostkordilliere der NW-argentinischen Anden (S von Tucuman); heftiger Wind verweht Sande, die sich lokal in der niederen Vegetation fangen und Flugsanddecken bilden

Fryberger und Schenk 1981; Ahlbrandt und Fryberger 1982; Steidtmann und Haywood 1982; Drong et al. 1982; Rumpel 1985; Glennie 1986; Luthi und Banavar 1988; Bristow et al. 1996; Stam 1997; Irmen 1999, 2001).

Windverfrachtung setzt Lockermaterial voraus. Aus vorwiegend physikalisch verwitterten Gesteinsoberflächen werden die meist siliciklastischen Verwitterungsprodukte arider Klimaräume aufbereitet (Abb. 3.164). Für geologisch signifikante Aufwehungen von Sand ist die konstante Windrichtung der Passatwindzone arider Breiten günstig. Bereits in der erdgeschichtlichen Vergangenheit war

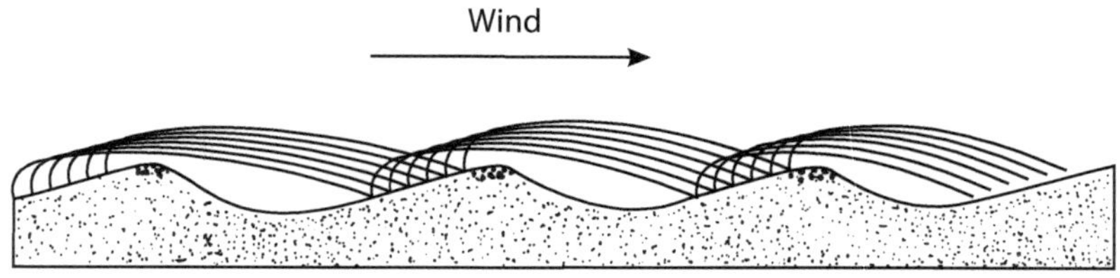

diese, entsprechend heute, im Bereich des 30. Breitengrades beiderseits des Äquators gelegen (Bigarella 1972; Clemmensen 1976; Brookfield 1978; Hubert und Merz 1980; Clemmensen und Abrahamsen 1983; Sneh 1988; Clemmensen und Hegner 1991). Die generell südwest- bzw. nordwestwärts orientierte Windrichtung konnte aber auch vom lokalen Gebirgsrelief und dessen Talsystemen kleinräumig modifiziert sein (Mader 1982, 1983). Trotz aller Beweglichkeit äolischer Sande ist deren Ortsbeständigkeit bemerkenswert. Randmarine Dünenketten (Bigarella 1972; Tanner 1995), flussbegleitende Dünen (Mader 1982, 1983; Sweet 1999) und Sandseen großer Wüsten (McKee 1979; Nanson et al. 1995; Nanson und Price 1998; Mountney und Howell 2000; Mountney 2012) blieben und bleiben in kontinentalen Ablagerungsräumen lange Zeit faziell aussagekräftig.

Sanddrift vollzieht sich nach Bagnold (1954) durch Impulsübertragung von Korn zu Korn (◘ Abb. 3.165). Das durch Winddrift herangetragene Sandkorn schlägt bei seiner Landung auf ein in Ruhe liegendes, überträgt durch seinen Aufprall die mitgebrachte kinetische Energie auf dieses und veranlasst das angestoßene Sandkorn seinerseits zum Absprung, zu einer weiten Flugbahn entsprechend seiner Korngröße und entsprechend der vorhandenen Windgeschwindigkeit (Allen 1979, 1985; Rumpel 1985). Dies ist also anders als beim subaquatischen Sedimenttransport (Werner 1990), bei dem die Leewalze die von der Wasserströmung suspendierten Sedimente

zu Leeblattgefügen ordnet und der Durchmesser der Leewalze den Kammabstand der Strömungsrippeln bestimmt (Leeder 1999).

Bei äolischen Bodenformen (*aeolian bedforms*) bestimmt die Flugweite etwa 0,1–1 mm großer Sandkörner, die von Luvseite zu Luvseite der Sandanhäufungen springen, die Form und den Kammabstand der sich bildenden Rippeln und Dünen. Die auf der Luvseite der Bodenformen aufschlagenden und dort verbleibenden, durch die Selektion des Windes gut sortierten Sandkörner kriechen vom Winddruck getrieben die Rippel bzw. Düne hinauf und bilden an deren Kamm eine überhängende Sandwächte (◘ Abb. 3.166). Wird diese größer, bekommt sie genügend Masse und kann als Lawine (*avalanche*) die Leefläche (*slip face*) der Bodenform abrutschen (◘ Abb. 3.167). Dadurch hinterlässt sie auf der bislang glatten, im natürlichen Hangwinkel von trockenem Sand (~33°) steilen Fläche eine Lawinenbahn. Das Abrutschen der Sandlawine entschichtet die oberste dünne, meist schmale Sandlage der Bodenform (◘ Abb. 3.168). Das Abrutschen des Sandteppichs deformiert und durchmischt die Sandlage gründlich (◘ Abb. 3.169). Die ständig sich wiederholende Lawinenschüttung erzeugt Schrägschichtung auf der windabgewandten Seite der Düne. Lawinenschüttungen deformieren die Leeflächen der Dünenkörper in der Größenordnung bis zu einem halben Meter Breite, meist jedoch eher weniger (Blakey et al. 1996; Kocurek und Crabaugh 1993; Benan und Kocurek 2000) (◘ Abb. 3.170).

◘ Abb. 3.166 Sandwächten rezenter Dünen, überhängende instabile Sandwächten, die als Rutschmassen das Dünenrelief hinuntergleiten können. Im Vordergrund Kleinrippeln auf geneigter Fläche. (Foto IFG-Verlag, Fliegende Kamera)

◘ Abb. 3.167 Barchan-Düren sitzen freigewehten Kiespflastern auf. An Leeflächen der Dünen gleiten Rutschmassen herunter; dabei deformieren und entschichten sich diese. (Foto Rollei-Prospekt, verändert)

◘ Abb. 3.168   Abrutschender Sand am Hang aufgeschütteter trockener Sande bereitet entschichtete, wenige mm mächtige und etwa 5 cm breite Zungen. Dieser hier mit einem Steinwurf künstlich ausgelöste Rutschprozess ist vergleichbar mit demjenigen in natürlichen Dünen

◘ Abb. 3.169   Ein künstlich ausgelöster Hangrutsch eines schlecht sortierten Sandgemischs lässt die grobe Population dunkler Sande (dunkle Gesteinsbruchstücke) aus der Rutschmasse hervortreten; der Wind dagegen selektiert auf der gerippelten Fläche hellen Quarzsand von kleinerer Korngröße (frdl. Hilfe Dag Nummedal)

Bei der Lawinenschüttung bewegen sich die größeren Körner der Kornpopulation aufgrund ihrer größeren Masse aus dem rutschenden Sandteppich nach außen, die kleineren bleiben innen. Das Abrutschen der Sandlawine auf der Leeseite der Bodenform hinterlässt deutlich sichtbare mm- bis cm-mächtige Laminite mit Dachbankprofilen *(coarsening up)*. Laminite werden an Leeseiten aller äolischer Bodenformen gebildet, an Klein- und Großrippeln sowie an Dünen. Das dünnblättrige Gefüge *coarsening-up*-gradierter Laminite ist

◘ Abb. 3.170   Im jurassischen Entrada Sandstone hatte ein natürlich ausgelöster Hangrutsch die Schichten auf der Leeseite der Düne erheblich deformiert (Gallup, New Mexico, USA; frdl. Hilfe Dag Nummedal)

◘ Abb. 3.171   Äolische Laminite im unterpermischen Yellow Sand (Rotliegend); Lawinenschüttung an der Leeseite der Dünen bzw. Windsortierung bereitete nur wenige Korndurchmesser messende Laminite; diese sind signifikante Kennzeichen von Äolianiten (Stbr. Quarrington bei Durham, Yorkshire)

für äolische Bildungen spezifisch und findet sich nur bei diesen. Alle durch Rutschungen geschaffenen Laminite – mm-, cm- oder gar dm-mächtige Schichten – werden an Leeflächen äolischer Bodenformen gebildet, bevorzugt an solchen, die durch ihre Größe genügend Relief für die Bildung von Lawinen aufweisen.

Horizontale oder nur wenig geneigte ebene Sandflächen sind auf andere Weise von Sedimentumlagerung betroffen (◘ Abb. 3.171). Bei überkritischer Windgeschwindigkeit bilden die der Sanddrift ausgesetzten Flächen zunächst Sanddecken mit gemischter Kornpopulation. Bei unterkritischer Windgeschwindigkeit

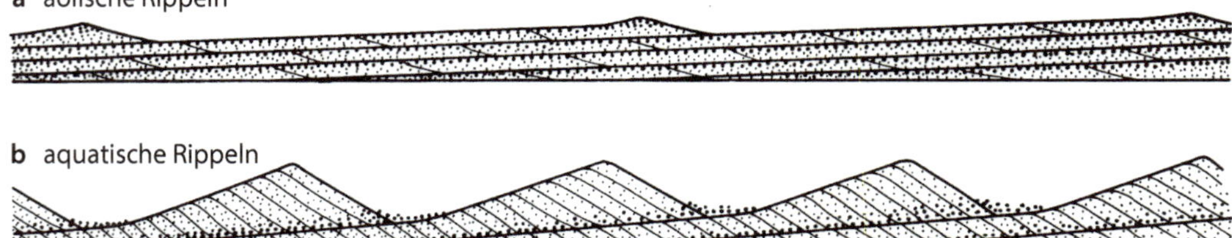

◘ Abb. 3.172   Kriechende Sandteppiche äolischer (**a**) und aquatischer Rippeln (**b**). Durch den Wind geformte Sandteppiche (**a**) bilden dünne einheitlich invers gradierte Laminite mit seltenen *foresets*. Die Strukturen von Windrippeln zeigen niedrige Amplituden und sehr weitständige Rippelkämme. Auf diesen sind die gröberen Korngrößen aus der vorhandenen Population angereichert. Die Körner werden durch Saltation und Kriechen transportiert *(climbing translatent strata)*. Wasserrippeln (**b**) besitzen vergleichsweise größere Amplituden. Ihre gröberen Korngrößen liegen in den Tälern, und es sind gut entwickelte aus Kleinlawinen gebildete *foresets* zu beobachten. Die Rippelkämme sind deutlich engständiger. Die normal gradierten kriechenden Sandteppiche sind dicker und zeigen häufig *foresets*. (Nach Kocurek und Dott 1981, fig. 3)

◘ Abb. 3.173   Durch Wind gerippelte Sandfläche, deren Sand schlecht sortiert ist. Dunkler gröberkörniger Sand wird an den Rippelkämmen freigeblasen

werden Körner mit nicht adäquater (zu geringer) Korngröße ausgeblasen. Es formieren sich Bodenformen ähnlich aquatischer Rippeln. Auch sie haben gerade, meist unvergabelte und einander parallele Kämme. Der Kammabstand ist jedoch auffällig weiter als bei aquatisch gebildeten Strömungskleinrippeln von derselben Korngröße. Das Relief der äolischen Rippeln ist flach und ihre Kammhöhe niedrig (Kocurek und Dott 1981) (◘ Abb. 3.172). Bei konstanter Windgeschwindigkeit wird das Sandgemisch weiterhin von der Oberfläche her sortiert, d. h. die bei der betreffenden Windgeschwindigkeit nicht in die Population gehörenden kleineren Korngrößen werden ausgeblasen. Es reichern sich dadurch die für die entsprechende Windgeschwindigkeit spezifischen Körnungen an, was zu einer Selektion vorzugsweise gröberer Körner auf den Rippelkämmen führt (◘ Abb. 3.173). In den Rippeltälern, im Windschutz, finden

◘ Abb. 3.174   Die Katersande, horizontale geringmächtige Flugsandteppiche, sind eingelagert in *playa-lake*-Tonsteine im Buntsandstein von Helgoland. Sie bilden charakteristische äolische Laminite (Volpriehausen-Folge, Mittlerer Buntsandstein)

sich dagegen die kleineren Körnungen. Bei anhaltendem Wind entstehen durch Sandwanderung nur wenige Millimeter mächtige *coarsening-up*-Laminite (◘ Abb. 3.174). Es bilden sich sog. *climbing translatent strata* (Kocurek und Dott 1981), d. h. flach liegende Laminite mit nur wenigen und kleinen *foresets* auf der Stirnseite der wandernden Sandlage. Äolische Laminite können nach Tränkung des rezenten Sandes bzw. Sandsteins mit gefärbtem Gießharz im Dünnschliff gut beobachtet werden (◘ Abb. 3.175).

Da äolische Dünen morphologische Großformen einer Landschaft sind, haben sie in Bezug auf die aktuelle Windrichtung eine ausgeprägte Luv- und Leeseite. Am Dünenkörper verwirbelt der Wind und bildet quasi Konturströmungen, die horizontal das Dünenrelief umstreichen (◘ Abb. 3.176). Dadurch bilden sich kleine Windrippeln, deren lange und gerade Kämme auf den großen Flächen senkrecht zum Dünenkamm und parallel zur Gefällelinie orientiert sind (◘ Abb. 3.177). Die Rippeln sind im Windschatten auf der individuellen Leeseite der Düne, die jedoch nicht die aktuell progradierende Anlagerungsfläche ist, weitgehend lagestabil. Eine grundlegende Änderung der Windrichtung oder eine vom Dünenkamm abgehende Lawine kann das filigrane Gefüge wieder zerstören.

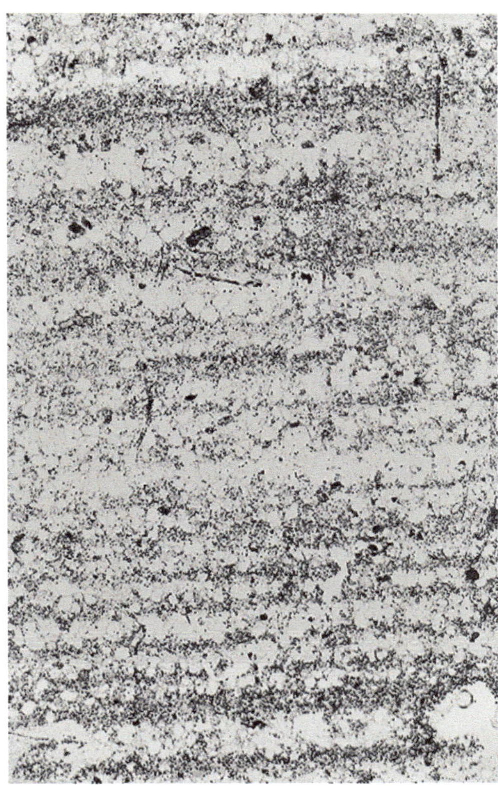

◘ Abb. 3.175   Dünnschliff einer Gesteinsprobe aus dem Lower Permian Yellow Sand (Rotliegend); Stbr. Quarrington bei Durham (Yorkshire); äolische *coarsening-up*-Laminite, gebildet durch mm-dünne Lawinenschüttung *(avalanching)* und Windsichtung der aktuellen Sedimentoberfläche (Bildhöhe 4 cm)

▣ Abb. 3.176   Konturierender Wind senkrecht zum Hang bildet Kleinrippeln – dieselbe Beobachtung lässt sich auch an großen Dünenkörpern machen

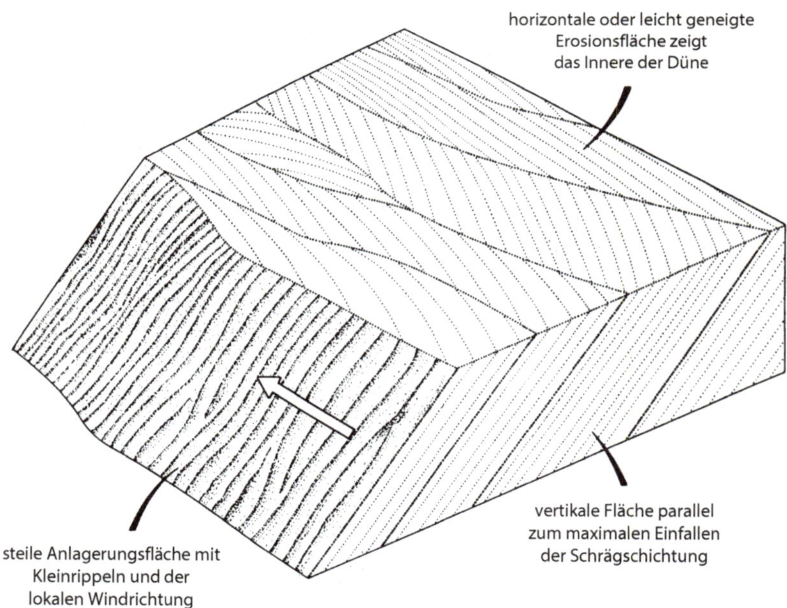

▣ Abb. 3.177   Der Wind streicht an Hindernissen bevorzugt horizontal an deren Leeseite entlang. Daher formen sich äolische Kleinrippeln mit ihren Rippelkämmen gerne parallel zur Gefällelinie des steilen Reliefs. (Nach Walker und Middleton 1980, fig. 4)

Beide Kleinrippeln – diejenigen auf den horizontalen als auch auf den geneigten Flächen – haben wenig Chance zur Überlieferung, denn ihre Morphologie ist im allgemeinen nur klein. Ihr Kammabstand beträgt etwa 5 cm und ihre Kammhöhe wenige Millimeter bis allenfalls 5 mm (▣ Abb. 3.178). Beide Kleinrippeln besitzen

◻ Abb. 3.178 Rippeln am steilen Hang eines Sand-reliefs, entlang der beinahe horizontalen Firstlinie und auf den Rippelkämmen sind die durch den konturie-renden Wind ausgelesenen Sandkörner gröber als in den Rippeltälern (Laufspur eines im Sand wohnenden Käfers; Gallup, New Mexico, USA)

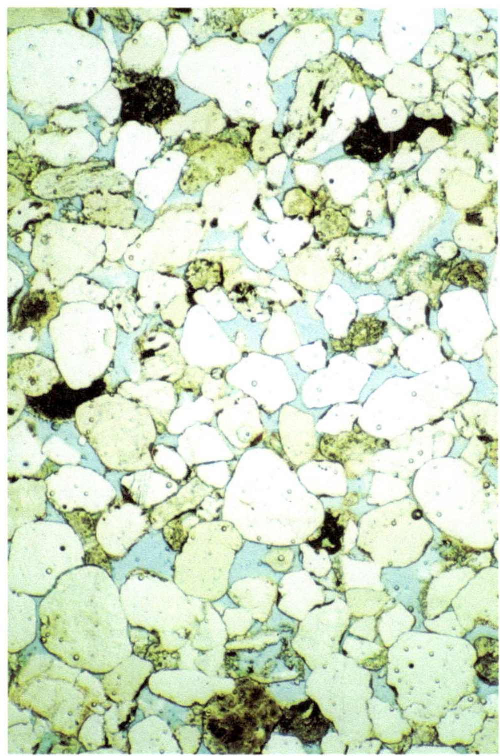

◻ Abb. 3.179 Gut sortierter äolischer Rotliegend-Sandstein, Hannover-Wechselfolge, Rotliegend II, Norddeutsches Becken (BEB; Drong et al. 1982)

als Sedimentgefüge ausschließlich ein Dach-bankprofil *(coarsening-up)* und konservie-ren ihre Schichtung makroskopisch als fein/grob-wechselgeschichteter Laminit (Hunter 1977; Fryberger und Schenk 1981; Prosser 1988; Cockersole 1988, 1989). Signifikant für äolische Bildungen sind Laminite, deren Korngrößen im Grenzbereich Feinsand/Mittelsand variieren. Die Kornform zeigt vorzugsweise gute Rundung, signifikant ist korngestütztes Gefüge (◻ Abb. 3.179). Die Mattierung der Sandsteinkörner begünstigt die Keimbildung für das Wachstum von Quarzzement (Mazzullo und Ehrlich 1983), daher beherrschen Quarzanwachssäume das Dünnschliffbild (Waugh 1970a, b).

Dünenkörper an sandigen Meeresküsten erheben sich morphologisch über den Sand der Hochwasserlinie, wo dieser trocken ist bzw. bei Niedrigwasser austrocknen kann. S der Girondemündung wurde aus Strandsanden der Biskaya die Düne von Arcachon durch auflandigen Wind zu einem für europäische Verhältnisse sehr großen morphologischen Element angereichert (◻ Abb. 3.180a). Thauront et al. (1996) als auch Doré et al. (2017) unter-suchten die tidalen Dünen südlich des Ein-lasses zur Bucht von Arcachon. Diese enthalten teilw. gut zu erkennende Dünenstrukturen (◻ Abb. 3.180b).

Entlang von Flussläufen sitzen Flugsand-decken und Dünenkörper fluvialen bzw. randlich-fluvialen Bildungen auf. Besonders verzweigte Flusssysteme stellen hinreichend Sand zur Verfügung. Steinwüsten *(serirs)*

■ **Abb. 3.180**   **a** Südlich der Bay d'Arcachon wurde entlang der Küste der Biskaya eine lange und sehr hohe Dünenkette zusammengeweht – *les dunes du* Pylas (Foto Peter Süss). **b** In der Düne von Arcachon an der Küste der Biskaya zeigen mitunter Anschnitte, dass in diesem sehr großen geomorphologischen Element sehr wohl äolische Schichtung existiert. (Foto bainketa, Capricho en Pilat, Google Earth)

■ **Abb. 3.181**   Ausgeblasene fluviale Geröllfläche, als Substrat für die bewachsenen Flugsandteppiche und die aufsitzenden Sterndünen im Hintergrund (Südalgerien; Foto Andreas Slemeyer)

werden durch physikalisch verwitterte Gesteine gebildet, aus denen der Wind den feinkörnigen Detritus fortträgt. Wüstenböden können aber auch aus Geröll- und Kiespflastern fluvialen Ursprungs bestehen, aus denen der Wind den Sand ausweht (■ Abb. 3.181). Durch die ständige Korrasion des Windes werden Windkanter *(ventifacts)* gebildet (■ Abb. 3.182). Wüstenböden können zudem salzführende Endseen *(interdune sabkhas)* bilden, wenn das ephemere Niederschlagswasser sich oberflächlich aufgrund zusammengeschwemmter toniger Sande oder gar Tone kurzzeitig halten kann (Stanistreet und Stollhofen 2002). Die Tonlagen sind aber bald zu Trockenrissfeldern zerlegt, wobei die oft nur dünnen Tonscherben sich randlich aufbiegen und als Schlammlocken *(mud curls)* von wanderndem Sand ohne Zerstörung eingebettet werden (■ Abb. 3.183). Sie sind ebenfalls signifikant für äolische Bildungen.

Denn aquatische Umlagerung würde diese delikaten Formen sofort zerstören.

Die verstärkter Winddrift unterworfenen Regionen der Erde – bevorzugt die Passatwindgürtel (Glennie 1987) – haben häufig Substrate, die zwar nicht windverfrachtet wurden, jedoch oft die Bildung der Äolianite begünstigen. Kleinere Sandverwehungen sind fest mit ihrer Unterlage verbunden (Blakey et al. 1996). Geringmächtige Sandaufwehungen formen dünne Schleier und überdecken die Morphologie (Kocurek und Crabaugh 1993). Werden diese mächtiger, verzögern sich deren zentrale Partien, die Außenseiten werden jedoch in Transportrichtung weitergezogen. Es entstehen **Sicheldünen** *(barchan dunes)*. Sicheldünen können 10 m hoch werden, und der Abstand zwischen den vorauseilenden Spitzen kann bis zu 50 m annehmen. Der Bezug zum Untergrund ist noch klar vorhanden; er kann aus Fluss-, Inlandsabkha-, Lagunen- und Küstensabkha-Sedimenten bestehen (Kocurek 1981; Clemmensen 1989; Clemmensen et al. 1996; Mazzullo et al. 1991; Chen et al. 1991). Vor allem an der leeseitigen, Lawinen auslösenden Rutschfläche *(slip face)* findet die Bildung der Dünenschichtung statt. Hier werden

◘ **Abb. 3.184**   Barchan-Düne im Vordergrund, Draa-Düne im Hintergrund, S-Tunesien. (Foto Andreas Slemeyer)

◘ **Abb. 3.185**   Die längs gestreckten Längsdünen *(seif dunes)* der Simpson Desert, Australien, sind im Passatwind der Südhalbkugel SO-NW orientiert

Kiespflaster und Sabkha-Flächen behutsam überdeckt (◘ Abb. 3.184).

Erst bei Verfügbarkeit größerer Mengen von Sand und bei beständiger Windrichtung finden sich **Längsdünen** (*seif dunes*; Tsoar 1982, 1983; Tsoar und Yaalon 1983). Bei diesen zieht der Wind und mit ihm der Sand entlang der in Windrichtung längs erstreckten Dünen, wie z. B. in den SSO-NNW-orientierten Längsdünen der Simpson Desert in den Northern Territories, Australien (Mabbutt 1983; Rubin 1990; Nanson et al. 1995; Pell et al. 2000) (◘ Abb. 3.185). Die Längsdrift durch spiralige Winde entlang der lang gezogenen Dünenform lässt diese nur an der engräumigen Stirn weiterwachsen. Hier schütten Lawinen in Wanderrichtung der Dünen beiderseits der längs gestreckten Dünenkörper. Das setzt jedoch eine stabilisierte Windrichtung voraus (Thomas und Martin 1987; Nanson et al. 1995; Nanson und Price 1998). Längsdünen haben Dimensionen von etwa 10–20 m Höhe und eine annähernd ähnliche Breite; ihre Länge aber kann viele Kilometer betragen. Auch diese Dünenform hat Bezug zum Untergrund.

Tiefgründige **Sandmeere** (*global sands, erg seas*) schließlich sind jedoch vom Untergrund

Abb. 3.186   Sterndünen *(draa dunes)* bei Beni Abbes, S-Algerien. (Foto Andreas Slemeyer)

unabhängig (McKee 1979). Der Sand bildet ein Sandmeer, findet sich in zentraler Lage großer Wüsten und formt **Sterndünen** *(draa dunes, star dunes).* Sie wachsen zu großer Höhe auf, haben von einem Gipfel drei und mehr nach allen Seiten auslaufende Kämme, die je nach Windrichtung zur einen wie zur anderen Seite schütten, im Grunde aber ortsfest sind (■ Abb. 3.186). Alle Sandformen, kleine und große, sind auch hier vorhanden. Ein Bezug zum Untergrund ist im Sandmeer oberflächennah nicht mehr zu erkennen, etwa 100 m und mehr an Sandmächtigkeit vorausgesetzt (Wilson 1973).

Fossile Dünenformen lassen sich nicht immer ohne Weiteres erkennen (Dott et al. 1986; Kocurek 1988a). Äolische Sedimentation ist zwar an sich spezifisch, doch ist es notwendig, die ihr vorangehende Sedimentfazies und auch die nachfolgende kritisch zu berücksichtigen (Mader 1983) Dünen mariner Barriereinseln bzw. Barriereküsten sitzen marinen Schichtenfolgen auf und entwickeln sich konsequent aus diesen. Hier ist der fazielle Bezug eindeutig und verständlich. Dünenkörper entlang von fluvialen Sandflächen bereiten größere Probleme. Denn verzweigte Flüsse liefern bereits trogförmige, auch pla-

nare Schrägschichtung (Strack und Stapf 1980; Schäfer und Korsch 1998). Damit ist Formenkonvergenz vorhanden (■ Abb. 3.187). Allerdings führen fluviale Sedimente Kieslagen als Sohlenpflaster von Rinnen, die in Äolianiten fehlen. Dadurch ist eine aktuelle Grenzfläche zwischen fluvialer und äolischer Schrägschichtung oft gut angezeigt, wenn auch nicht immer auf den ersten Blick erkennbar (Mader 1982, 1983) (■ Abb. 3.188). Doch unterscheiden sich beide Schrägschichtungssysteme durch *coarsening up*-Laminite, Lawinendeformation und Übergussschichtung am Fuße des auf älterem Substrat aufsitzenden Dünenkörpers signifikant voneinander. Es resultiert ein Profil aus scheinbar homogenen äolischen Sandsteinen, die sich jedoch in unterschiedliche Größenordnungen äolischer Zyklen aufgliedern lassen und sich darüber hinaus deutlich von nichtäolischen Bildungen durch deren Diskordanzen, Kieslagen mit Windkantern, Trockenrisshorizonten (■ Abb. 3.189) oder auch durch Salztonhorizonte ehemaliger Sabkha-Flächen unterscheiden (Stokes 1968; Brookfield 1977; Talbot 1985). Mit solch wichtigen Grenzflächen setzten sich Hubert und Merz (1980) auseinander (■ Abb. 3.190 und 3.191), darüber hinaus auch

Abb. 3.187   Die Rote Lay bei Bad Kreuznach im Saar-Nahe-Becken exponiert äolischen Sandstein (Kreuznach-Formation, Nahe-Subgruppe, Rotliegend)

Abb. 3.188   Die Katzensteine bei Katzvey, Mittlerer Buntsandstein, Nordeifeler Trias-Dreieck; schräg geschichtete äolische Sandsteine überdecken verzweigt-fluviale sandige Bildungen (Im tiefsten Teil des Bildes)

mit solchen, die durch übereinander wandernde Sandfelder entstehen. Dadurch werden auch innerhalb der homogenen äolischen Sande Grenzflächen erster Ordnung gebildet (Kocurek 1988b).

Werden die Mächtigkeiten äolischer Sande bzw. Sandsteine groß, verliert sich die Erkennbarkeit der Dünenform, und schließlich beeindruckt nur noch deren Tiefgründigkeit, und eine Kartierung wird schwierig (Lucas und Anderson 1998; Robertson und O'Sullivan 2001) (■ Abb. 3.192). Die Orientierung der Schrägschichtungslaminite lässt eine vorherrschende Windrichtung erkennen, deren

Abb. 3.189 Trockenrisse in einem Schlammstein-Horizont der äolischen Bildungen der Roten Lay (Kreuznach-Formation, Nahe-Subgruppe, Rotliegend; Saar-Nahe-Becken; Hangendes von **Abb. 3.187**). Eine Störung senkt den rechten Bildteil mit den Trockenriss-Sandzapfen ab

Orientierung vom Passatwind gesteuert und damit wohl langfristig angelegt ist. Die rezent so eindrucksvolle Sternform der *draa*-Dünen ist bei fossilen Äolianiten kaum zu rekonstruieren. Begrüßenswert ist daher der Deutungsversuch von Clemmensen (1989). Er analysierte den Lower Permian Yellow Sand von NO-England, den er als Sand von *draa*-Dünen deutete. Die aufgenommenen Profile bestehen aus vier übereinander folgenden genetischen Abschnitten, basal aus geringmächtigen horizontalen und schwach geneigten planar geschichteten Sanden der Zwischendünenbereiche *(inter-draa sands)*, aus bis zu 9 m mächtigen heterogenen, gerippelten und ebenflächigen Silten und Sanden des Dünenfußes *(plinth sands)*, aus massiven trogförmig schräg geschichteten 6–8 m unteren und 25 m oberen Sanden des zentralen Sterndünenfeldes *(draa sands)* und aus abschließenden, bis zu 2 m messenden, massiven Sanden, die der kurzen Aufarbeitungsphase während der Überleitung zum nächsten Dünenzyklus entstammen. Ward (1988) konnte in der Namib rezente und fossile Dünenfelder des Tertiärs miteinander vergleichen. Fluviale Rinnen, Salzpfannen *(pans)* und trogförmige als auch planare äolische Sande wechseln miteinander ab und erlauben unter den herrschenden günstigen Bedingungen die Deutung wichtiger fazieller Unterschiede zwischen diesen drei Environments.

3.3.2 Konservierung von Dünen

Zur Frage nach der Konservierung der Dünen und nach dem Schutz dieser wenig stabilen Sandkörper vor Erosion und nachfolgender Überflutung muss berücksichtigt werden, dass die Äolianite meist Substraten aufsitzen, die im Dünenkörper aufsteigendes salzreiches Porenwasser freisetzen können. Meerwasser an der Küste kann von unten her in den Dünenkörper eindringen, sodass die vom Porenwasser mitgebrachte Salzfracht den lockeren Sand stabilisiert (Clemmensen 1985; Clemmensen et al. 1996). Auch liefert landeinwärts orientierter Wind salzreiches Sprühwasser, das Sande oberflächlich verklebt (Hunter und Richmond 1988). Küstendünen wie diejenigen der Inseln der südlichen Nordsee werden von

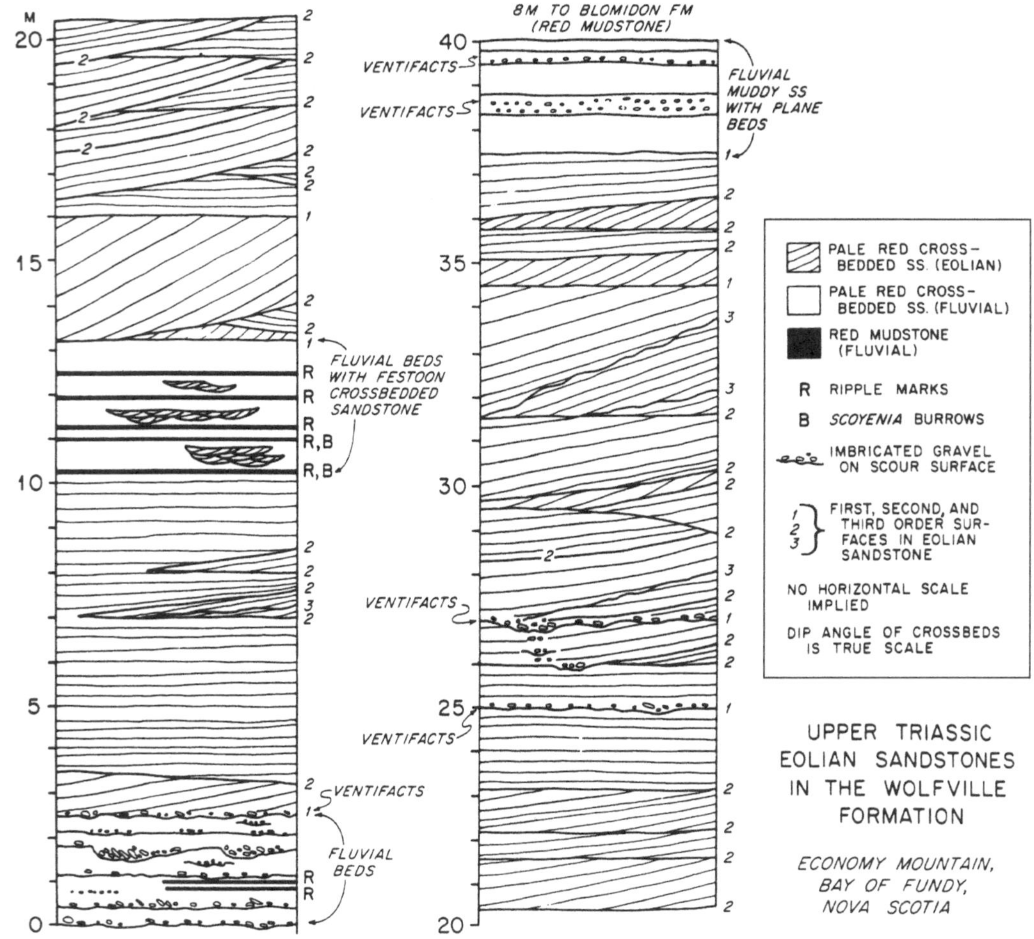

◘ Abb. 3.190   In äolischen Sandsteinen der Wolfville Formation (Obertrias), Bay of Fundy, Nova Scotia, Kanada, aufgenommene Profile. Sie zeigen vermeintlich homogenen schräg geschichteten Sandstein. Im Detail sind jedoch Diskordanzen von unterschiedlicher Gewichtung (1 großskalig, 3 kleinskalig) ausgewiesen, die durch Windkanter-Geröllhorizonte akzentuiert werden, sodass unterschiedliche Ereignisse interpretiert werden können. (Nach Hubert und Mertz 1980, fig. 2)

Vegetation (Strandhafer, Gras und Gesträuch) bewachsen, sodass ganze Dünengenerationen entstehen, die gegen Erosion auch bei Sturmfluten recht widerstandsfähig sind (Streif 1990). Bei Dünenbildungen entlang von Flussläufen und in Wüsten arider Klimate der Erde (Shearman 1980; Pye und Lancaster 1993; Sweet 1999) bildet aufgrund der hohen Verdunstungsrate das aufsteigende Porenwasser den Transporteur für Salzfracht, gleich, ob diese aus einer fluvialen Sandfläche oder aus einem salzführenden Playaboden stammt

(Benan und Kocurek 2000; Stanistreet und Stollhofen 2002) (◘ Abb. 3.193).

Alle drei Environments (randmarin, fluvial, Playa) können also Sandanwehungen von unten her behutsam stabilisieren, sie weitgehend ortsfest machen und für eine nachfolgende Zementation (durch Karbonat-, Quarz- oder Gipszemente) vorläufig fixieren. Dies bedeutet vor allem, dass äolische Sedimente besonders dann gut konserviert werden, wenn sie in eine heterofazielle Schichtenfolge „eingepackt" wurden.

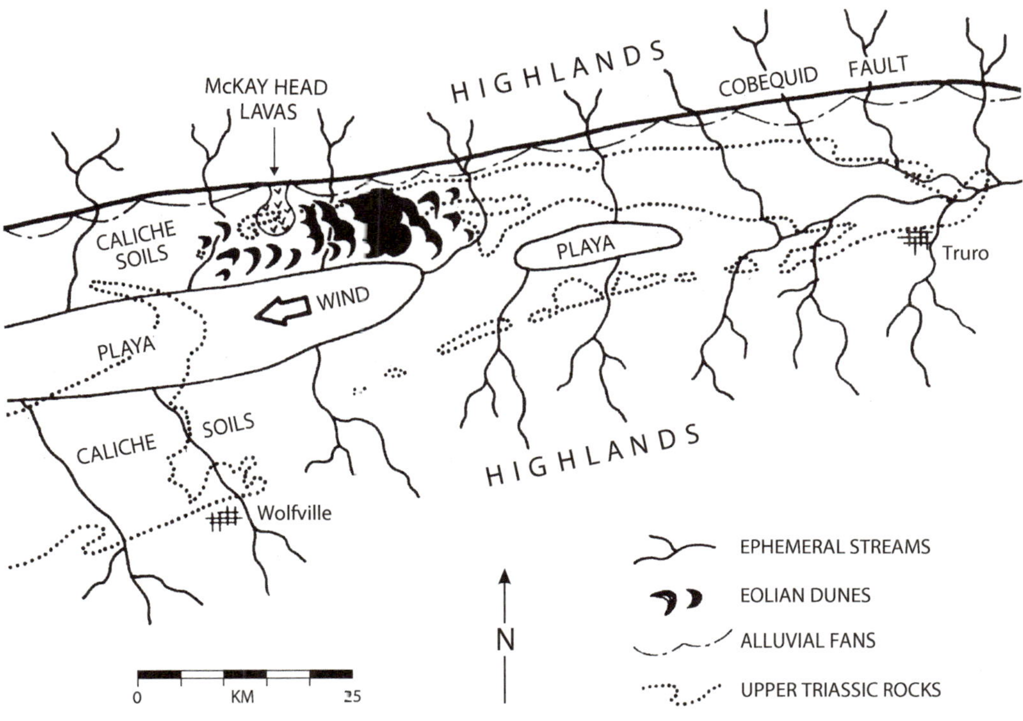

Abb. 3.191 Das Talsystem der Wolfville Formation (Obertrias; vgl. ■ Abb. 3.190) lenkte die Paläowinde der Obertrias im nordöstlichen Nordamerika, sodass die Barchandünen, die auf Flussläufen und Playaflächen aufsitzen, eher das regionale Relief als die großregionale Passatwindrichtung abbilden. (Nach Hubert und Mertz 1980, fig. 1)

Abb. 3.192 Jurassischer Entrada Sandstone, großzügig schräg geschichteter (roter) äolischer Sandstein, überlagert vom (weiß leuchtenden) lakustrinen Todilto Limestone (Gallup, New Mexico, USA; Kozurek et al. 2018)

◪ **Abb. 3.193**   Der jurassische äolische Entrada Sandstone sitzt auf tonigen Playasedimenten der Chinle Formation auf. Er wird durch ausgepresstes Porenwasser durch dessen Salzfracht von unten her zementiert (Gallup, New Mexico, USA)

◪ **Abb. 3.194**   Skeleton Coast, Namibia. Ein Dünenkamm wird bei starkem Wind erodiert und in Sandwolken nach rechts fortgetragen (GoogleEarth)

3.3.3 Rezente Küstendünen in Namibia

Rezente Dünenfelder in der Namib an der Skeleton Coast von Namibia sind auf den ersten Blick stabil, werden jedoch je nach herrschender Windrichtung und -stärke ständig umgelagert (◪ Abb. 3.194). Eine Vielzahl zueinander paralleler Dünenketten in der südlichen Namib bilden eine 6–22 km breite und bis zu 50 m hohe Barriere gegen den fluvialen Antransport des Hoanib River aus dem östlich gelegenen gebirgigen Hinterland (◪ Abb. 3.195a, b). Dessen mitunter spektakulären Durchbrüche durch

▣ Abb. 3.195   **a** Längsdünen in der Namib Sand Sea SW des Kuiseb River (Walvis Bay, Namibia); Foto aus Google Earth von Graeme Gilmour_Flying over sand dunes_Kuiseb River (Google Earth). **b** Südliches Ende einer der Längsdünen im Kuiseb River, Sossusvlei, Nambia. (Foto Priska Schäfer)

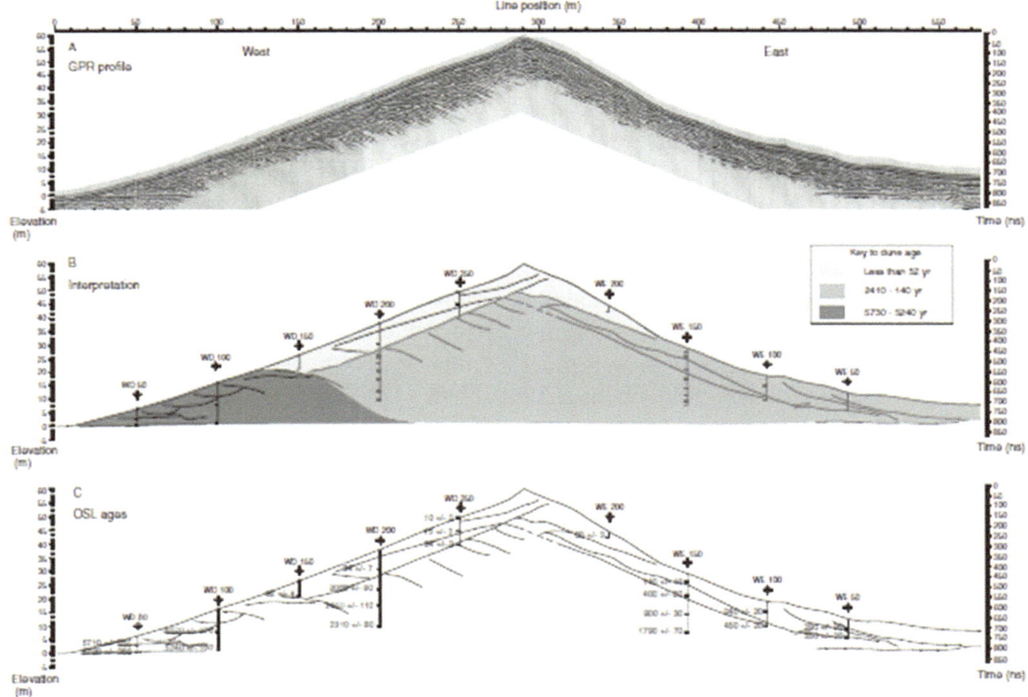

▣ Abb. 3.196   O-W-Profil durch einen der zueinander parallelen Dünenrücken des Sandmeeres der Namib, SW des Kuiseb River und SO von Walvis Bay (Namibia) (vgl. ▣ Abb. 3.195a), in drei unterschiedlichen Darstellungen, von oben nach unten: **a** die Messungen mit dem Bodenradar, **b** die stratigraphische Interpretation aufgrund von bis zu 30 m tiefen Bohrungen, **c** die optisch stimulierten (OSL) Altersdatierungen (Bristow et al. 2007, fig. 2)

die Küstendünen während der Regenfälle zu Zeiten des Monsun wurden ausführlich von Stanistreet und Stollhofen (2002), Krapf et al. (2003) und Svendsen et al. (2003) beschrieben. Im NW Namibias hatte der Etendeka-Flutbasalt in der Unterkreide barchanoide Dünen überdeckt und dadurch fossile Paläowindrichtungen aus der Zeit vor dem Zerbrechen von Gondwana konserviert (Jerram et al. 2000). Im Sandmeer der nördlichen Namib SW des Kuiseb River untersuchten Bristow et al. (2005, 2007) mithilfe von Bodenradar (GPR) und Lumineszenz-Datierungen die internen Strukturen der dortigen linearen Dünen (▣ Abb. 3.196), die einem landeinwärts wehenden SSW- und einem landauswärts wehenden O-Wind (einem sog. bimodalen Wind) ausgesetzt sind. Während der letzten 2500 Jahre wurden die linearen Dünenrücken während des Holozän um etwa 300 m landeinwärts verlagert, wobei die ehemaligen internen Strukturen pleistozänen Alters vollständig aufgearbeitet und durch ostwärts einfallende Schrägschichtung ersetzt wurden.

3.3.4 Junge Dünenfelder der Küste Nordostbrasiliens

Der Küstenabschnitt westlich von Fortaleza im Bundesstaat Cerá (NO-Brasilien) wird von strandparallelen äolischen Dünen eingenommen, die nach Süden in ein ebenes Hinterland übergehen (Dominguez et al. 1992; Nacib Ab'Sáber und Holmquist 2003; Dillenburg und Hesp 2009). Die Dünen sind vielfach auf der zum Inland geneigten Seite mit Vegetation bedeckt und dadurch recht lagestabil. Die Grenze der holozänen äolischen Sanddecke zu den sich südlich anschließenden neogenen Sedimenten der Grupo Barreiras ist wegen der überwiegend geschlossenen Vegetationsdecke kaum sicher auszumachen (Meireles 2001; Marins et al. 2002), lediglich der Unterschied in der Färbung von fast weiß bis gelb für die holozänen Sande im Gegensatz zum ocker-rötlichen Farbton der neogenen Sedimente ist erkennbar.

In **Jericoacoara** (etwa 100 km nordwestlich von Fortaleza) ist zwischen dem an der Küste anstehenden Präkambrium und den plio-/pleistozänen Sedimenten im Süden ein südliches Paläodünenfeld und ein nördliches heute aktives Dünenfeld vorhanden. Das Paläodünenfeld ist überwiegend von einer entsprechend angepassten Vegetation bedeckt. In den ursprünglichen Dünentälern bilden sich während der Regenzeit Süßwasserseen, die teilweise nur temporär sind und in der Trockenzeit meist austrocknen. Einige dieser Seen bestehen jedoch über das ganze Jahr mit entsprechend unterschiedlichen Wasserständen. Dadurch hat sich deren originäre Morphologie

verändert. Bei einem fast ständigen Ostwind entlang der brasilianischen Küste kommt es in den Seen zu einem Wellenauflauf, der den Seerändern stellenweise eine eigene Strandmorphologie aufprägt. Ebenso sind zwischen einzelnen Seen Verbindungsrinnen entstanden. Insgesamt ist die morphologische Überprägung mittlerweile so intensiv, dass das Paläodünenfeld nur dem geübten Auge sichtbar ist. Laut der örtlichen Geologischen Karte ist dieses Dünenfeld im Pleistozän entstanden.

Das weiter nördlich liegende und heute aktive Dünenfeld hat eine maximale Breite von 6 km von Ost nach West (Maia et al. 2001; Sauermann et al. 2003), mit Barchanen und barchanoiden Dünen mit einer Höhe bis zu 60 m (◘ Abb. 3.197). Entsprechend der vorherrschenden Windrichtung wandern diese von Ost nach West. In der Regenzeit bilden sich auch hier in den Dünentälern Seen, in der Regel mit Vegetation (◘ Abb. 3.198). Durch diese Pflanzendecke wird der Fuß der Düne mehr oder weniger festgelegt (Claudino-Sales und Peulvast 2002). Das hindert die Düne zwar nicht an der Migration, doch werden frühere Positionen der Dünen als Sandfelder in Form von Luvsicheln konserviert (Maia et al. 1998, 1999, 2001; Marins et al. 2002; Levin et al. 2009).

Auffallend ist, dass mit der Richtung der Winde die Höhe der Dünenkämme zunimmt, sodass die höchsten Dünen vor allem im Westen zu finden sind. Weiter westlich verschwinden die Dünen schließlich wieder im Meer. Die von Osten nachkommenden Dünen erreichen Höhen von allenfalls 10 m. Dies lässt den Schluss zu, dass die hohen Dünen unter anderen Bedingungen entstanden sind. Als Liefergebiet dient der weite Strand im Osten von Jericoacoara, der auch heute noch bei Niedrigwasser weithin trocken fällt und somit dem Wind entsprechend Material bereit stellt (◘ Abb. 3.199). Für die Bildung der großen Dünen sind die Zeiten bis zum Klimaoptimum im Atlantikum anzunehmen. Bis dahin wird für diese Region ein Meeresspiegelstand unter dem heutigen Niveau angenommen, wodurch der östliche Strand

Abb. 3.197 Barchan am Strand vor Jericoacoara (Ceará, Brasilien); der vordere Sichelteil ist durch die Flut erodiert (frdl. Hilfe Bianka Petzelberger)

Abb. 3.198 Barchanoide Dünen im Hinterland von Jericoacoara. Im Vordergrund mit Kleinrippeln versehener Flugsandteppich; im Mittelgrund: die Leeseite eines unvollständigen Barchans wandert nach links (NW) über Grodensedimente hinweg; Staunässe bildet einen Süßwassersee; im Hintergrund die Luvseite eines weiteren Barchans (frdl. Hilfe Bianka Petzelberger)

Abb. 3.199   Leeseite eines Barchans im Hinterland von Jericoacoara mit abrutschendem Sandteppich, etwas verfestigt durch Regenwasser; Lawinenschüttung ist der Mechanismus für Wanderung äolischer Dünen (frdl. Hilfe Bianka Petzelberger)

ausgedehnt trocken gelegen haben dürfte und ein entsprechend größeres Gebiet für die Deflation von Sand zur Verfügung stand.

Ein weiteres rezentes äolisches Dünenfeld sind die **Lençois Maranhenses** (Abb. 3.200) im Bundesstaat Maranhão (Goncalves 1997). Hier erstrecken sich die Dünen über einen ca. 75 km langen Küstenstreifen bis zu 30 km ins Landesinnere und bedecken eine Fläche von gut 1500 km². Es ist das größte Dünenfeld in Brasilien; dessen Dünen sind bis 40 m hoch. Auch hier sind die Liefergebiete die Strände, aus denen Küstensande ausgeweht werden. Das Liefergebiet scheint zur Zeit groß genug zu sein, denn bisher wird noch genügend Sand zur Anlage neuer Dünen nachgeliefert. Die Barchane und barchanoiden Dünen werden von Fein- bis Mittelsanden aufgebaut. In den Dünen selbst lassen sich durch Schwermineralllagen auf Schrägschichtungsflächen ihre internen Strukturen gut erkennen. An den Steilhängen der Barchane sind äolische Kleinrippeln parallel zum Gefälle zu beobachten. Die Oberflächen der Dünen sind durch den

Salzspray des nahe gelegenen Meeres leicht verfestigt. Trotzdem herrscht beständige äolische Umlagerung.

Ähnlich wie in Jericoacoara (Irion et al. 2012) bilden sich in den Dünentälern während der Regenzeit Seen, in denen z. T. Seerosen wachsen. Hier wie dort trocknen die Seen in der Trockenzeit aus. In den Lençois Maranhenses bleibt ein Dünengebiet zurück, dessen luvseitige Dünenbasis durch Vegetation und salzhaltiges Porenwasser fixiert wird (Abb. 3.201), was die früheren Positionen der Dünen besonders in Luftaufnahmen deutlich sichtbar macht. So ist es möglich, den Weg einer Düne bei ihrer westwärts gerichteten Migration zu verfolgen (Maia et al. 1999, 2001; Sauermann et al. 2003).

3.3.5 Fossile Sandmeere

Die Wahrscheinlichkeit für die Fossilisation von Äolianiten ist also bemerkenswert hoch.

⊡ Abb. 3.200 Aus der Luft die Lençóis Maranhenses (Barreirinhas, Brasilien) – barchanoide Dünenfelder werden aus dem trockenen Strand der Atlantikküste ausgeweht und ziehen über Marschen und Flussläufe landeinwärts, auch parallel zur Küste. (Foto Bianka Petzelberger)

⊡ Abb. 3.201 Barchanoide, nach NW wandernde äolische Dünen in den Lençóis Maranhenses. Der Dünenboden staut sich zu Tümpeln. Der Dünenfuß bleibt als Sandabdruck auf dem Seeboden erhalten, wenn das Dünenfeld nach links weiter wandert. (Foto Bianka Petzelberger)

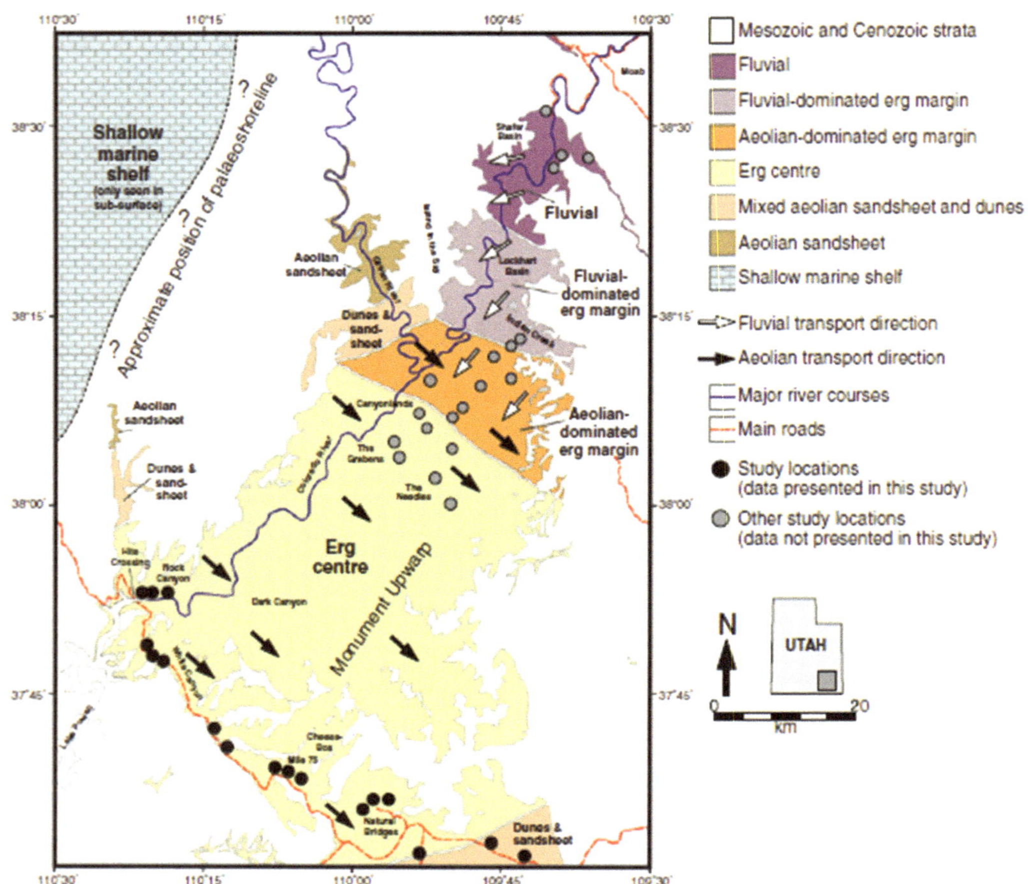

◘ Abb. 3.202   Geologische Karte des äolischen Cedar Mesa Sandstone (Wolfcampian, Permian) auf dem Colorado Plateau südöstlich des Colorado River, stromauf oberhalb des Lake Powell, SO-Utah. Das Zentrum des Sandmeeres ist als Erg Centre ausgewiesen (Mountney 2006a, fig. 3)

Oberhalb des Lake Powell entlang des Colorado River aufwärts wurde der permische **Cedar Mesa Sandstone** wiederholt gründlich untersucht (◘ Abb. 3.202). Dieser bildete einen tiefgründigen Erg (ein Sandmeer) mit 12 von einander separaten Sequenzen, je getrennt durch weitflächige Deflationshorizonte. Die einzelnen Sequenzen wechseln systematisch, bestehend aus Aufbau, nachfolgendem Abbau und abschließender Deflation bei saisonal sich ändernden Windrichtungen – dargestellt in instruktiven Blockbildern in ◘ Abb. 3.203. Es wird die Existenz ehemaliger Sterndünen (*draa dunes*) angenommen (Mountney und Jagger 2004; Mountney 2006a, b, 2012). Langford

et al. (2008) widmeten sich kürzlich erneut dieser sedimentologisch so reizvollen permischen Dünenlandschaft.

Eines der sehr bekannten und schönen Beispiele für spektakuläre Erhaltung von Dünen ist der unterjurassische **Navajo Sandstone** in Utah (◘ Abb. 3.204a, b), in welchem nicht nur seine vorzügliche trogförmige Schrägschichtung konserviert wurde (Pettijohn und Potter 1964). Auch haben in dem locker gepackten Sand Rutschungen die Anlagerungsgefüge teilweise erheblich verformt, wie dies metergroße syngenetische Deformationsstrukturen nahelegen. Es wird auf eine mögliche Tränkung des noch locker gepackten, doch bereits überdeckten

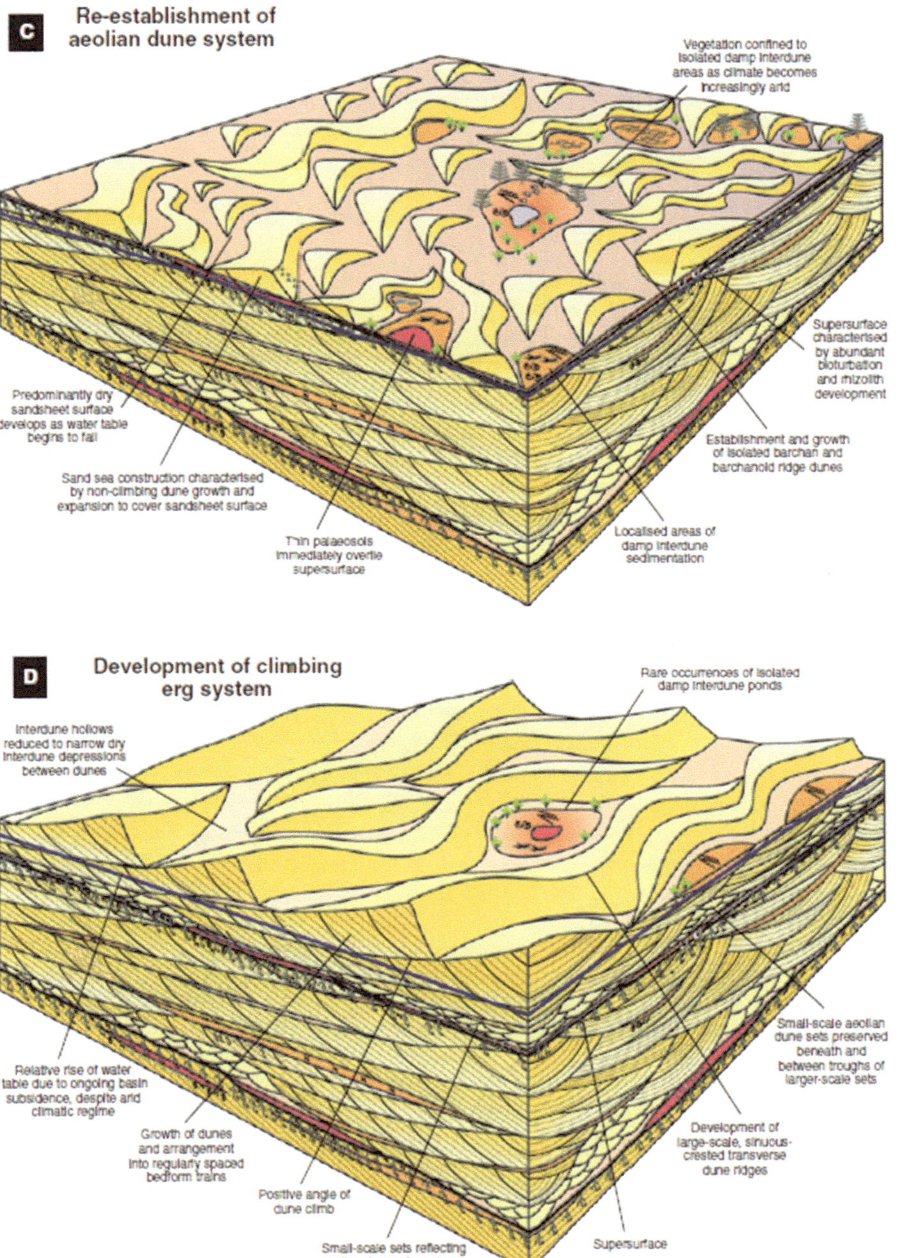

▫ Abb. 3.203 Zwei der insgesamt fünf Blockbilder zur Veranschaulichung der Ablagerungsmodelle im Zentrum des permischen Erg, des Sandmeeres des Cedar Mesa Sandstone (Mountney 2006a, fig. 17 C+D). Blockbild C – Neubeginn des Erg nach einem vollständigen Abtrag durch langwährende Deflation. Blockbild D – Aufwuchs des Erg, dessen Dünenkörper an Größe zunehmen, während die Salztonebenen zwischen diesen jedoch noch sichtbar sind

◘ **Abb. 3.204**   **a** Der berühmte Navajo Sandstone (Unterjura) im Zion National Park, östlich von Hurricane (Hunter und Rubin 1983). **b** Schrägschichtung des äolischen Navajo Sandstone (XbarH Lodge, Orderville, Utah, USA)

◘ **Abb. 3.205**   Der mitteljurassische Page Sandstone bei Page am Lake Powell (Stausee im Oberlauf des Colorado River), ein an Diskordanzen reicher äolischer Sandstein. (Nach Blakey et al. 1996)

Sandes durch Porenwasser verwiesen, und dass die dadurch ausgelöste Durchfeuchtung zu einer Deformation der Schichtung geführt haben könnte. Auch sind in der überwiegend äolisch entstandenen Schichtenfolge eine größere Anzahl eindeutig aquatischer Gefüge zu beobachten, sodass auch diese vermeintlich einheitliche Schichtenfolge in Wahrheit recht verschieden gebildet worden sein dürfte (Doe und Dott 1980; Hunter und Rubin 1983; Bryant et al. 2016).

Im mitteljurassischen **Page Sandstone** (◘ Abb. 3.205) am Lake Powell im südlichen Utah (◘ Abb. 3.206) konnten detaillierte stratigraphische Analysen durchgeführt werden (Havholm et al. 1993; Havholm und Kocurek 1994; Blakey et al. 1996). Markante Grenzflächen, sog. *super-bounding surfaces*, führten dazu, unter Anwendung sequenzstratigraphischer Interpretation jurassische Dünenfelder des Colorado Plateaus mit randmarinen Sedimentserien zu verbinden.

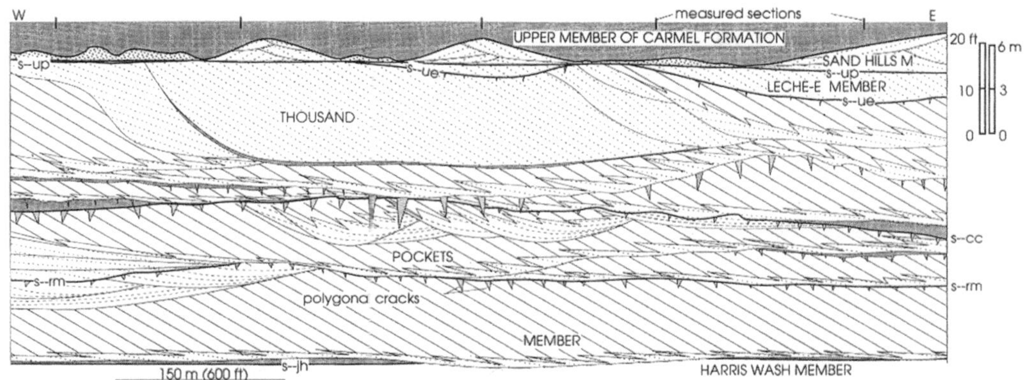

Abb. 3.206 Maßstabsgerechte, interpretierende Schichtaufnahmen im mitteljurassischen Page Sandstone am Lake Powell (Stausee im Oberlauf des Colorado River) auf dem Colorado Plateau, USA. Lokalität ist der Labyrinth Canyon, 12 Meilen östlich von Page (N-Arizona). Die zur Stratigraphie verwendeten sog. Superflächen sind durch Trockenrisshorizonte *(polygonal cracks)* in den Schlammsteinlagen (mit dunkler Rastersignatur) markiert, mit deren Hilfe die Dünensandsteine mit randmarinen Sedimentserien korreliert werden. Die unstrukturierten Felder mit planarer Schrägschichtung bezeichnen die großskaligen Rutschflächen auf den Leeseiten der Dünenkörper, die Punkt- und Strichsignaturen in der trogförmigen Schrägschichtung kennzeichnen die kleinskaligen Windrippelfelder. (Nach Blakey et al. 1996, fig. 8)

Spätere Schichtenfolgen konnten den äolischen Faziesraum konsequent fortsetzen, ohne ihn völlig um- und aufzuarbeiten (Glennie und Buller 1983).

Ebenso ist der mitteljurassische **Entrada Sandstone** auf dem Colorado-Plateau ein im San Juan Basin in New Mexico, USA, vorzüglich aufgeschlossener äolischer Sandstein, der einfach zugänglich ist und eine Reihe sedimentologischer Phänomene zeigt (vgl. ◨ Abb. 3.170, 3.192 und 3.193) (Rubin und Hunter 1987; Crabaugh und Kocurek 1993; Benan und Kocurek 2000; Robertson und O'Sullivan 2001; Kocurek und Day 2017).

Aufgrund hoher örtlicher Persistenz von Dünenfeldern fossiler Sandseen kann die Gefügeorientierung der äolischen Schrägschichtungsblätter sogar Kontinentaldrift nachweisen. So passt die gegenwärtige Orientierung des jurassischen **Botucatu Sandstone** in Südbrasilien nicht mehr zum heutigen Passatwindgürtel der südlichen Erdhalbkugel (Bigarella 1972, 1973a, b). Der Botucatu-Sandstein ist im kratonischen Paraná-Becken im Staat Rio Grande do Sul (S-Basilien), weitflächig in Südamerika (◨ Abb. 3.207a) und in Südafrika aus der Zeit des gemeinsamen Kontinents

Gondwana aufgeschlossen (Scherer 2000). Nach langer Entwicklungsgeschichte des Brasilianischen Schildes vom Altpaläozoikum bis in die Kreide wird die horizontal lagernde Schichtenfolge des Dünensandsteins (◨ Abb. 3.207b) von kretazischen Decken der Sierra Geral aus Tholeiitbasalten und Andesiten sowie schließlich aus Daziten und Rhyodaziten des Altlantik-Rifting überdeckt und dadurch konserviert (◨ Abb. 3.207c) (Scherer 2002; Waichel et al. 2008). Aus der Geometrie der Schrägschichtungskörper und deren Arrangements ließen sich Stern- und Längsdünen eines einzigen Ablagerungszyklus ohne dazwischen geschaltete Interdünensedimente (also Salztonebenen) interpretieren (◨ Abb. 3.207d). In der den Botucatu-Sandstein unterlagernden Guara-Formation stellten Scherer und Lavina (2005) einen Zusammenhang zwischen äolischen und fluvialen Sedimenten her. Franca et al. (2003) wiesen im Botucatu-Sandstein eine intensive und tiefgründige meteorische Verwitterung nach, bei der der ehedem feldspatreiche Sandstein in einen reinen Quarz-Arenit mit sekundärer Porosität umgewandelt wurde. Hierzu äußerten sich auch Cardoso und de Carvalho Balaba (2015).

Abb. 3.207 **a** Der Botucatu-Sandstein ist ein jurassischer Dünensandstein im Paraná-Becken (südliches Brasilien). Heute sind die Sandsteine durch überlagernde kretazische Vulkanite vor der Verwitterung geschützt und vielfach als Zeugenberge freigestellt, wie hier wenig östlich vom Ort Botucatu (Foto Mauro Basetto in Google Earth). **b** Der jurassische Botucatu-Sandstein S-Brasiliens gehörte zu einer großen Sandsee des großen Südkontinents Gondwana, der die Verbindung zwischen Südamerika und Südafrika herstellte. In der höchsten Kreide wurde er durch Vulkanite aus der Zeit der Öffnung des Südatlantiks überdeckt (Foto Rahman Ashraf). **c** Die Schrägschichtung des Botucatu-Sandsteins ist gut sichtbares Merkmal für die Bildung äolischer Dünen. Sie sind von basaltisch-andesitischen Vulkaniten aus der Zeit der Öffnung des Südatlantik in der Kreide überdeckt und konserviert (Foto Martin Ebner). **d** Detail der Dünen des schräggeschichteten Botucatu-Sandsteins – mit dunklen Deflationslagen, arrangiert zu unterschiedlich cm-mächtigen Kornvergröberungssequenzen

Die diagenetischen Prozesse wurden vor allem dadurch begünstigt, dass der Sandstein entlang des sich öffnenden Atlantik im SO angehoben wurde und das auf Störungen eingedrungene Niederschlagswasser im Sandstein ein landwärtiges Gefälle in Richtung auf das Zentrum des im NW gelegenen Paraná-Beckens erhalten hatte (**Abb. 3.208**). Der Sandstein ist heute in S-Brasilien ein hervorragender Wasserträger (Soares et al. 2008; Carneiro 2007).

3.3.6 Dünen im Buntsandstein von Deutschland

Mader (1982, 1983) bearbeitete den Mittleren Buntsandstein der Eifeler Nord-Süd-Zone und wies in diesem erstmals äolische Bildungen größeren Umfangs nach und definierte den Unterschied zwischen äolischen und fluvialen Bildungen in schräg geschichteten, aus Süden gelieferten Sandsteinen (vgl. **Abb. 3.162** und 3.188).

a

b

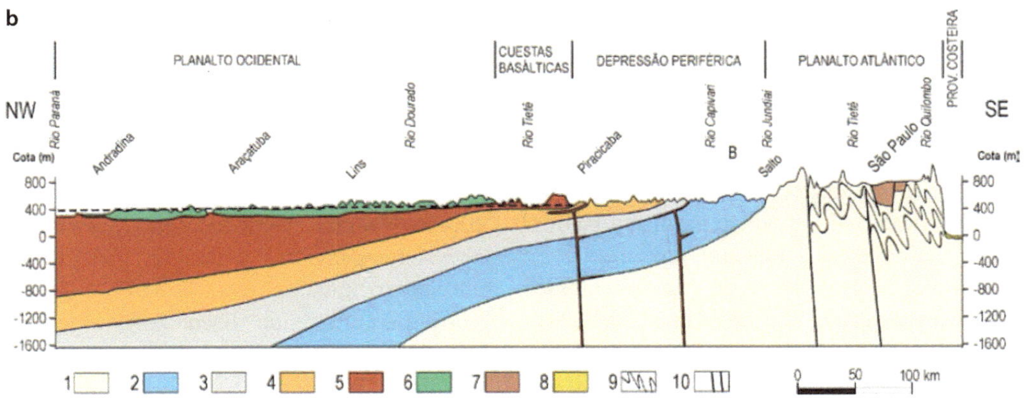

◘ Abb. 3.208 Ausstrich des Botucatu-Sandsteins in Südbrasilien (**a**) und Profilschnitt (**b**) durch diesen vom Südatlantik bis in das Zentrum des Paraná-Beckens. (Aus Carneiro 2007)

Binot und Röhling (1988) dehnten die Untersuchungen bis Helgoland aus (vgl. ◘ Abb. 3.174) und bereiteten ein Standardprofil mit einem handgemessenen Gammalog, das den Bezug zu den umgebenden Bohrungen im Norddeutschen Becken herstellte (vgl. ◘ Abb. 3.147). Clemmensen (1991), Geluk und Röhling (1997, 1999), Olivarius et al. (2015) berichteten über eine Vielzahl von Dünenbildungen im unteren Buntsandstein des Norddeutschen Beckens. Tietze wies in den Äolianiten des Mittleren Buntsandsteins von Mittelhessen (◘ Abb. 3.209) delikate äolische *coarsening-up*-Laminite nach.

3.3.7 Weitere beispielhafte Vorkommen

Über Äolianite der Mittleren Kreide in **Spanien** berichteten Rodriguez-Lopez et al. (2008).

■ **Abb. 3.209**   Bei Bühle, zwischen Nörten-Hardenberg im S und Northeim im N (Mittelhessen), lassen sich gut erkennbare *coarsening-upward*-Laminite im Mittleren Buntsandstein (Detfurth-Formation) nachweisen. Während der Pausen nach dem äolischen Transport einzelner Sandlagen wurden an ihrer Oberfläche die jeweils kleineren Korngrößen ausgeblasen und fortgetragen, die größeren dadurch angereichert. (Foto Klaus W. Tietze)

Am SO-Cliff von **Mallorca** dokumentierten Äolianite mariner Karbonatsande des pleistozänen Meeresspiegeltiefstandes die klimatische Entwicklung vor dem letzten Glazial vor etwa 40.000 Jahren, als diese im trocken gefallenen Inland der Insel zusammengeweht worden waren. Es sind 16 m mächtige und zyklische äolische Sande mit grobklastischen kolluvialen Zwischenlagen aufgeschlossen (Clemmensen et al. 2001; Nielsen et al. 2004).

Einen delikaten Zusammenhang zwischen der petrographischen Zusammensetzung und dem daraus abgeleiteten sequenzstratigraphischen Modell äolischer jungpleistozäner bis holozäner Sande im **Römischen Becken** diskutierten Tentori et al. (2016).

Mohrig et al. (2016) analysierten **Gips-Dünen der White Sands** in New Mexico und erörterten deren Morphologie in Bezug auf die Orientierung ihrer Leeflächen und der über das Jahr verteilten Windrichtungen; sie entwarfen ein Modell zur Kinematik des Sedimenttransports.

Spätpleistozäne Dünen – Megabarchane – des Umfeldes der Oase Liwa im „Leeren Viertel" (**Rub al-Khali:** Kirkby 2003) im südlichen Abu Dhabi auf der Arabischen Halbinsel untersuchten Stokes und Bray (2005).

3.4 Salzseen

Salzseen können als abflusslose Endseen im Jahreszeitengang zu ephemeren Salztonebenen austrocknen. Diesen gegenüber führen große perennierende Seen aufgrund ihrer Morphometrie und ihrem Zufluss das ganze Jahr über Wasser.

Salztonebenen in kontinentalen Sedimentbecken sind an trockene Klimaräume niederer Breiten der Erde gebunden, in welchen die Verdunstung den Niederschlag übersteigt (Subtropen bis heiße Trockenwüsten). Sie bilden die distale, feinkörnige Füllung von meist abflusslosen Becken und erhalten Zufluss aus umgebenden, in Verwitterung begriffenen Hochgebieten. In den Salztonebenen liegen vielfach Endseen, sog. *playas, sabkhas, schots, salares* – je nach Sprachraum, in dem sich das betrachtete aride Gebiet befindet; wissenschaftlich gebräuchlich ist die Bezeichnung Playasee *(playa lake)*. Das Verwitterungsprodukte liefernde Gebirge ist mehr oder weniger direkt mit der alluvialen Serie (vgl. ▶ Abschn. 3.1) aus Schuttfächern, fluvialen Rinnen und Salztonebenen verbunden. Letztere liegen fernab vom Liefergebiet im Zentrum jener kontinentalen Becken (◘ Abb. 3.210). Entsprechend dem Gang des Klimas der heiß-ariden Breiten ist die Wasserführung der Endseen extrem variabel. Die Ausfällung von Salzen aus der Lösungsfracht (Hardie und Eugster 1970) in ihnen ist abhängig vom Niederschlag im Sommer und der Verdunstung im Winter.

Küstensabkhas randmariner Niederungen stehen durch Überflutungen vom Meer und durch Porenwasseraustausch mit diesem in Verbindung; ihre Salzmineralogie hat daher marinen Charakter (Shearman 1980; Mckenzie 1981; Patterson und Kinsman 1982; Warren und Kendall 1985; Friedman und Krumbein 1985; Duane und Al-Zamel 1999; Goodall et al. 2000; Bouton et al. 2016). Auch können Salzminerale aus landeinwärts getragenem Niederschlag von Küstennebeln präzipitiert werden, wenn diese z. B. aus dem kalten Meerwasser des Benguelastromes stammend sich entlang der Küste der Namib auf der Sedimentoberfläche niederschlagen. Diese von Watson (1985) berichtete Präzipitation von Gips ist jedoch eher ein Sonderfall.

Der Wasserhaushalt von inländischen **Endseen** wird durch den jahreszeitlichen Wechsel des kontinentalen Klimaraumes bestimmt – trocken im Winter, feucht im Sommer (Neal 1975; Chivas 1991). Werden die Endseen durch den (einmal im Jahr fallenden) ephemeren Niederschlag geflutet, erhalten sie ihren Sedimenteintrag über die nun heftig wasserführenden Flussläufe. Das denudierte Relief des Gebirges im Hinterland liefert in weit ausladenden Schwemmfächer-Sukzessionen klastische Sedimente – vor allem Tontrübe und Silt, allenfalls Feinsand in vereinzelten dünnen Lagen (Hardie et al. 1978). Salztonebenen mit zentralen Endseen bilden den distalen Ablagerungsraum der alluvialen Serie (◘ Abb. 3.211). Bei einer Ausdehnung von oft vielen Quadratkilometern ist ihr Wasserstand allenfalls einen Meter tief, eher weniger. Zugleich bringt der Eintrag klastischer Sedimente auch die Lösungsfracht für die im Endsee sich bildenden salinaren

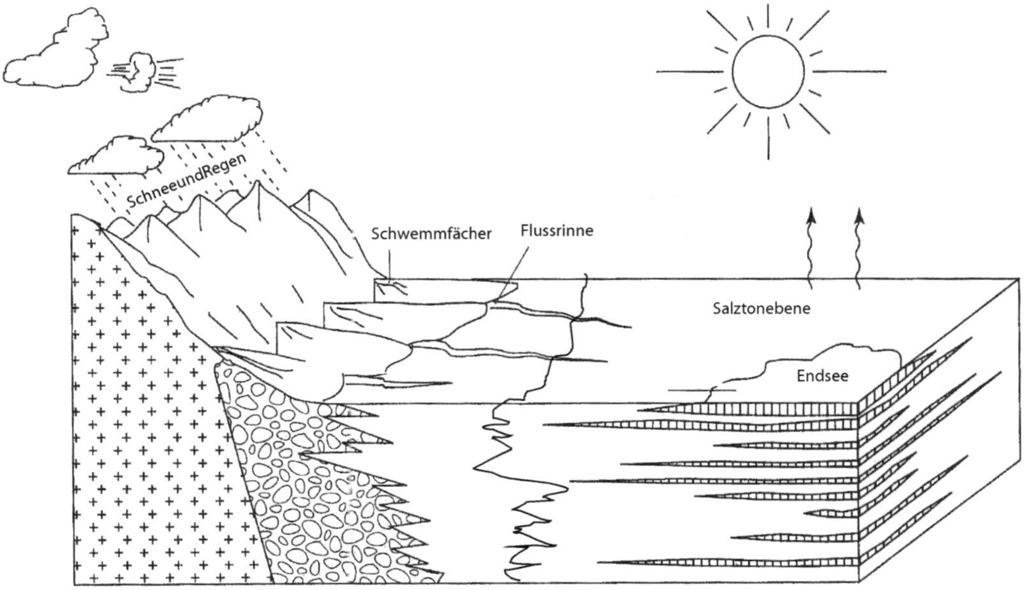

◘ **Abb. 3.210** Im ariden Klimaraum ist die Wasserführung ephemer und liefert aus dem verwitternden Gebirge über Schwemmfächer und meist auch Flüsse Detritus sowie Lösungsfracht in die distal gelegene Salztonebene, in der sich flachgründige Endseen bilden können. (Nach Eugster und Hardie 1975, fig. 19)

Eindunstungszyklen der hier entstehenden **Salz-pfann**e *(salt pan)*. Aufgrund des tektonischen Regimes befindet sich der Endsee oft nicht in der Mitte des Sedimentbeckens, sondern ist durch die Neigung seines Beckenbodens *(tilted playa floor)* an die Randstörung des Sedimentbeckens versetzt (Jones 1965; Hardie et al. 1978) (◘ Abb. 3.212). Die Entwicklung der Struktur des Ablagerungsraumes, die mineralische Zusammensetzung der verwitternden Gesteine im Liefergebiet, die ephemere Wasserführung der in den Endsee entwässernden Wasserläufe (◘ Abb. 3.213), der episodische Sedimenttransport, die chemische Zusammensetzung der Oberflächenwässer sowie der Klimaraum stellen die Randbedingungen für die Ausfällung von Salzen. Die Bildung kontinentaler Salze auf Salztonebenen aus der Lösungsfracht erfolgt, trotz aller Verschiedenheiten, nach den gleichen physiko-chemischen Gesetzen wie die der marinen Salze (Herrmann et al. 1973).

Die arabischen **Sabkhas** (Shearman 1980; Patterson und Kinsman 1982), die nordafrikanischen **Schotts** (Watson 1985), die nordamerikanischen **Playas** (Eugster und Hardie 1975; Surdam und Wolfbauer 1975)

bzw. die andinen **Salares** (Baker et al. 1987; Garcés 1996) sind gegenüber marinen Bildungen vergleichsweise geringmächtig und haben daher nur ein verschwindend geringes Fossilisationspotenzial. Sie bilden allenfalls oberflächliche Salzlagen auf eintrocknenden Salztonebenen am distalen Ende einer alluvialen Serie in kontinentalen Sedimentbecken. Die chemische Zusammensetzung kontinentaler Wässer ist abhängig von der mineralischen Zusammensetzung der im Abtrag begriffenen Gebirge in ihrer unmittelbaren Umgebung (Lerman 1978). Die Lösungsfracht aus dem Gebirge kann die Anionen Hydrogenkarbonat $(HCO_3)^-$, Sulfat $(SO_4)^{2-}$, Chlorid Cl^- enthalten, des weiteren Borat $(BO_4)^{3-}$ vor allem bei vulkanischen (besonders andesitischen) Zersetzungsprodukten. Zusammen mit den Alkalikationen Na^+ und K^+ sowie den Erdalkalikationen Ca^{2+} und Mg^{2+} und deren Mischung kann sich eine Vielzahl von Salzen bilden, die abhängig sind vom spezifischen Anteil der Lösungspartner in der aufkonzentrierenden Salzsole wie auch im Porenwasser des zur Salzpfanne eintrocknenden Endsees (Jones 1965; Eugster 1984; Lowenstein und Hardie 1985)

◘ **Abb. 3.211**   Salinas Grandes de Cordoba im Vorland der Anden, Argentinien (Blick von Osten). Der viele Quadratkilometer große Salzsee ist (im Oktober) teils zum Endsee bzw. zur Salzpfanne eingetrocknet. Salzabbau in großem Maßstab ist Ziel der heimischen Industrie

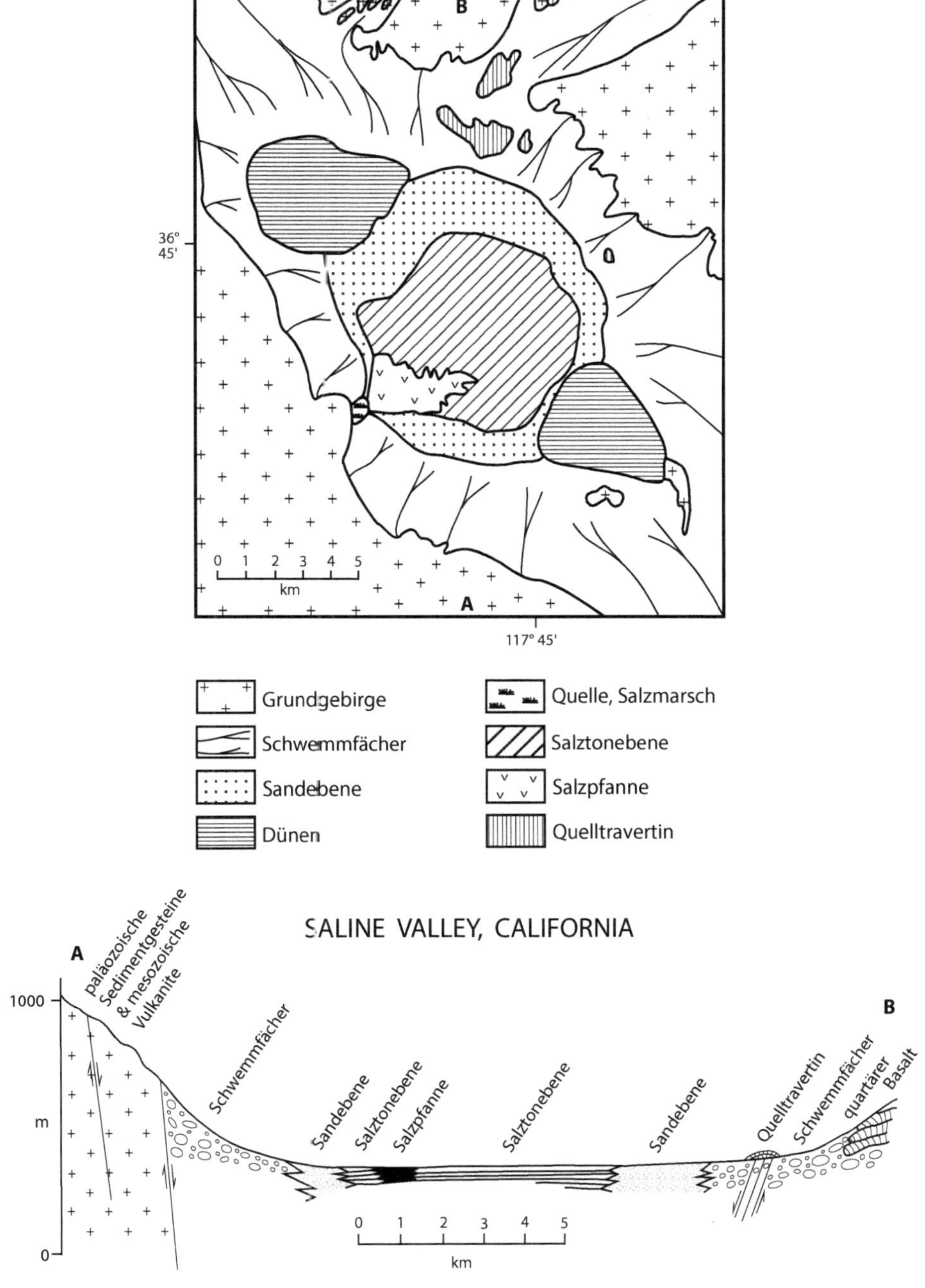

◘ Abb. 3.212 Schwemmfächersukzessionen (Saline Valley in Kalifornien, USA) bilden die Verbindung zwischen dem verwitternden Gebirge und der Salztonebene mit Endsee. Diese kann eine Salzkruste aus kontinentalem Salz aus aufkonzentrierter Lösungsfracht besitzen, oft auch noch einen verbleibenden Restsee. (Nach Hardie et al. 1978, fig. 5)

(◘ Abb. 3.214). Die Bildung von oberflächlichen Salzeffloreszenzen auf der Salztonebene und von Salzkristallen im Schlamm der zur Salzpfanne austrocknenden Salzseen erfolgt je nach Lösungsgleichgewicht der einzelnen mineralischen Phasen. Die Ausfällung der

3

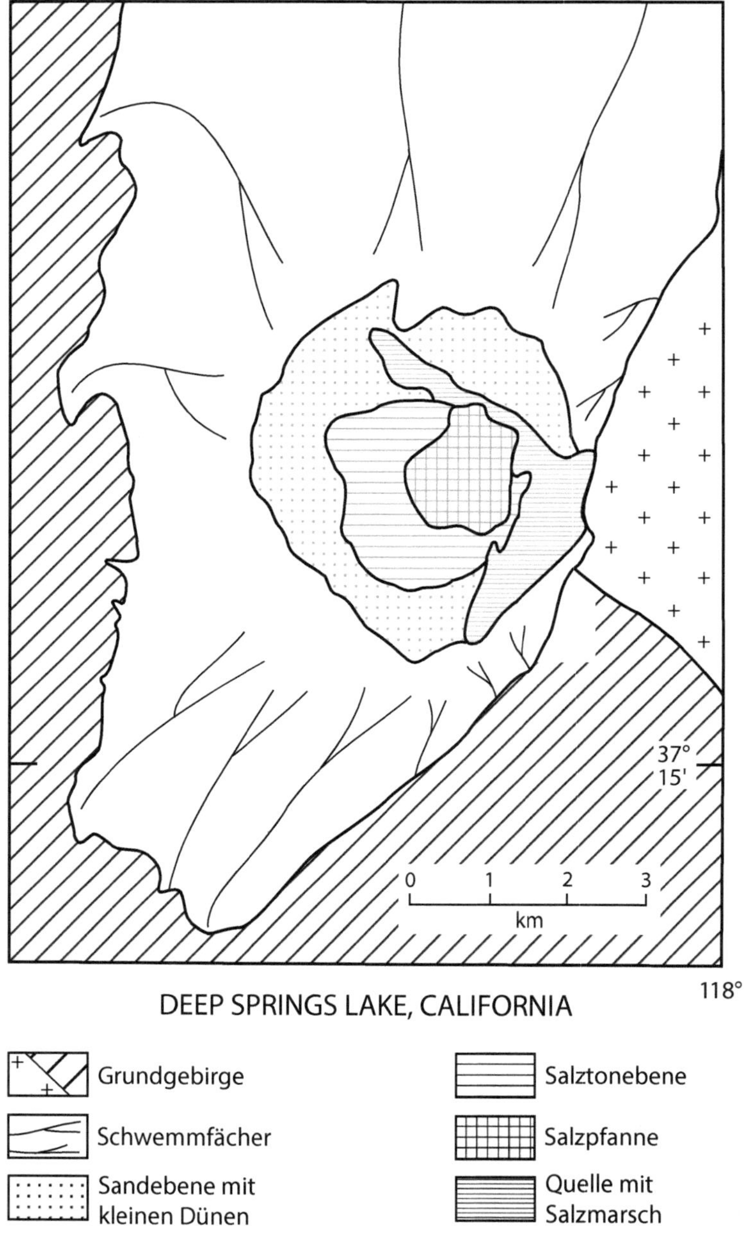

◼ Abb. 3.213   Der Deep Springs Lake in Californien ist eines von vielen Beispielen für ein kontinentales alluviales Sedimentbecken, dessen Depozentrum wegen der Lage der Randstörung asymmetrisch in Bezug auf die Beckenfläche liegt. Die zentrale Salzpfanne wird durch die auf dieser Randstörung sitzenden Quelle gespeist, in deren Umgebung sich ein Salzmarschenmilieu entwickelt hat. Während der Regenzeit dieses ariden Klimaraums wird das kontinentale Sedimentbecken flächig geflutet, sodass alle löslichen Salzpräzipitate aufgelöst werden. Auch werden neue Produkte der Lösungsverwitterung eingeschwemmt. Während der trockenen Jahreszeit dunstet die ephemere Seenlandschaft wieder ein, bildet einen Salzsee und schließlich eine trockene Salzpfanne mit einer Mineralvergesellschaftung, die die Lösungsverwitterung der umgebenden Liefergebiete abbildet. (Nach Hardie et al. 1978, fig. 6)

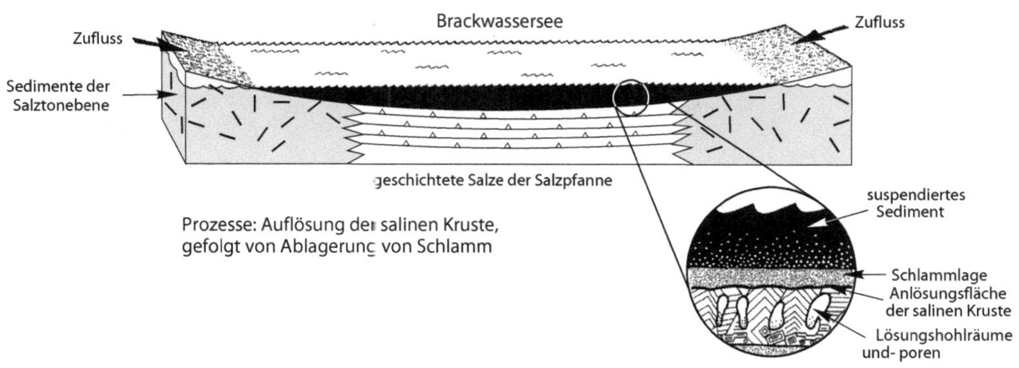

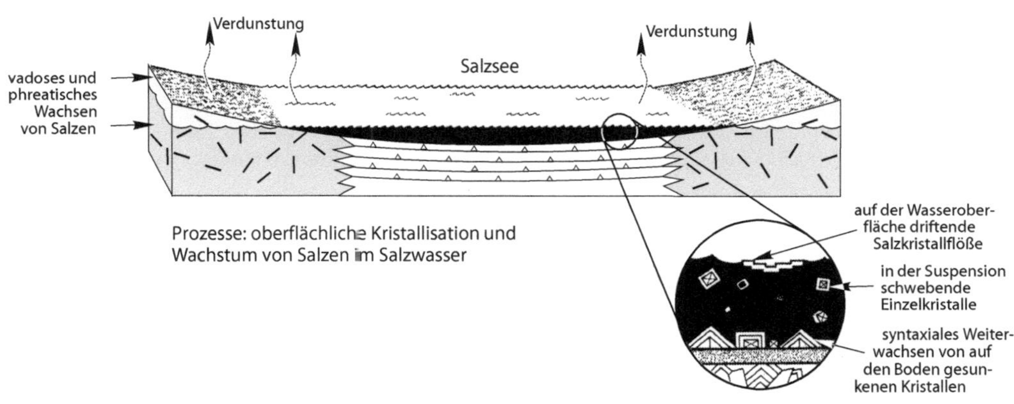

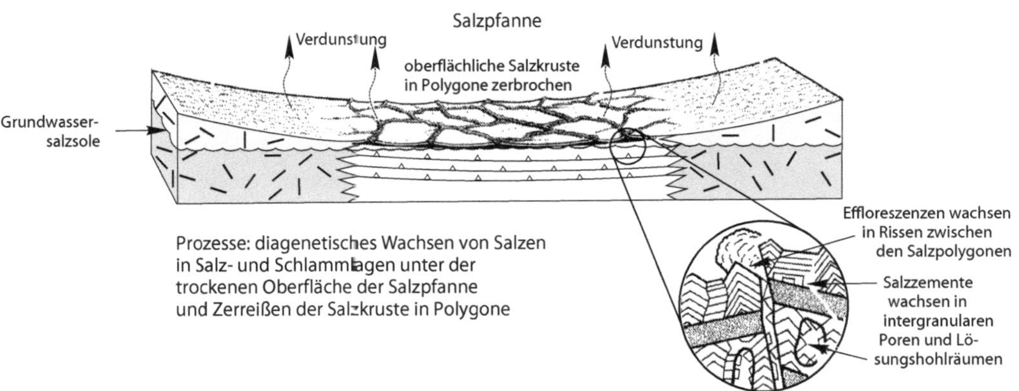

◨ Abb. 3.214 Modell der Bildung von Salzkrusten in kontinentalen Endseen in drei Schritten von der Überflutung über Konzentration durch Verdunstung des salinen Wasserkörpers bis zur völligen Austrocknung. (Nach Lowenstein und Hardie 1985, fig. 1)

Salze resultiert in einer auf der Oberfläche der Salzpfanne anwachsenden Salzkruste (◘ Abb. 3.215), die unterschiedlich dick sein kann – von einem dünnen Schleier auf dem Schlamm sitzender Einzelkristalle bis zu einer dm-dicken in Polygone zerlegten festen Decke (Irion 1970, 1973; Camur und Mutlu 1996).

Endseen sind eigenständige Systeme kontinentaler Räume. Sie werden aufgrund ihrer ephemeren Wasserführung nur selten im Jahr mit Wasser und Sedimentfracht beliefert. Im rein kontinentalen Milieu eines solchen Playasees füllt der ungleich über das Jahr verteilte Niederschlag schnell und heftig das flachgründige weite Sedimentbecken. Alle löslichen Salze früherer Bildungen lösen sich wieder auf. Die Salzausscheidung akkumuliert daher nicht und nimmt keine größere Mächtigkeiten an. Dauerhaft ausgeschiedene unlösliche Mineralneubildungen von Karbonaten, Sulfaten und Silikaten im Sediment bleiben jedoch erhalten. Die während der Trockenzeit erfolgende Eindunstung des Salztons führt zu allen Erscheinungen der Austrocknung sowie an der Salztonoberfläche zu sehr verschiedenen Präzipitaten.

3.4.1 Salare in den Anden

Rezente kontinentale Salzfolgen auf mächtigen siliciklastischen Schuttfächersukzessionen sind beispielsweise die auf der Puna bzw. dem Altiplano der Hochanden in etwa 20–30° südlicher Breite liegenden Salare (Schwab 1973, 1985). Diese sind Endseen, die in einer Höhe um 3500 m + NN der argentinisch-chilenisch-bolivianischen Hochgebirgslandschaft zwischen der bis zu 4000 m aufragenden West- und Ostkordillere der Anden in eine große, in mehreren Etagen zusammenhängende, reich gegliederte Ebene eingebunden sind (◘ Abb. 3.216, 3.217 und 3.218). Die vom Pazifik aufsteigende Feuchtigkeit ist bis in die Höhe der Puna bereits als Niederschlag weitgehend gefallen, sodass dort nur noch etwa 45 % rel. Luftfeuchtigkeit herrscht. Niederschlag bringende Wetter erreichen das Gebiet während des Südhalbkugel-Sommers von Osten. Der Jahresniederschlag von 100–300 mm ist über das Jahr sehr unregelmäßig verteilt, zwischen Oktober und März etwa 90 %, zwischen März und Oktober etwa 10 %;

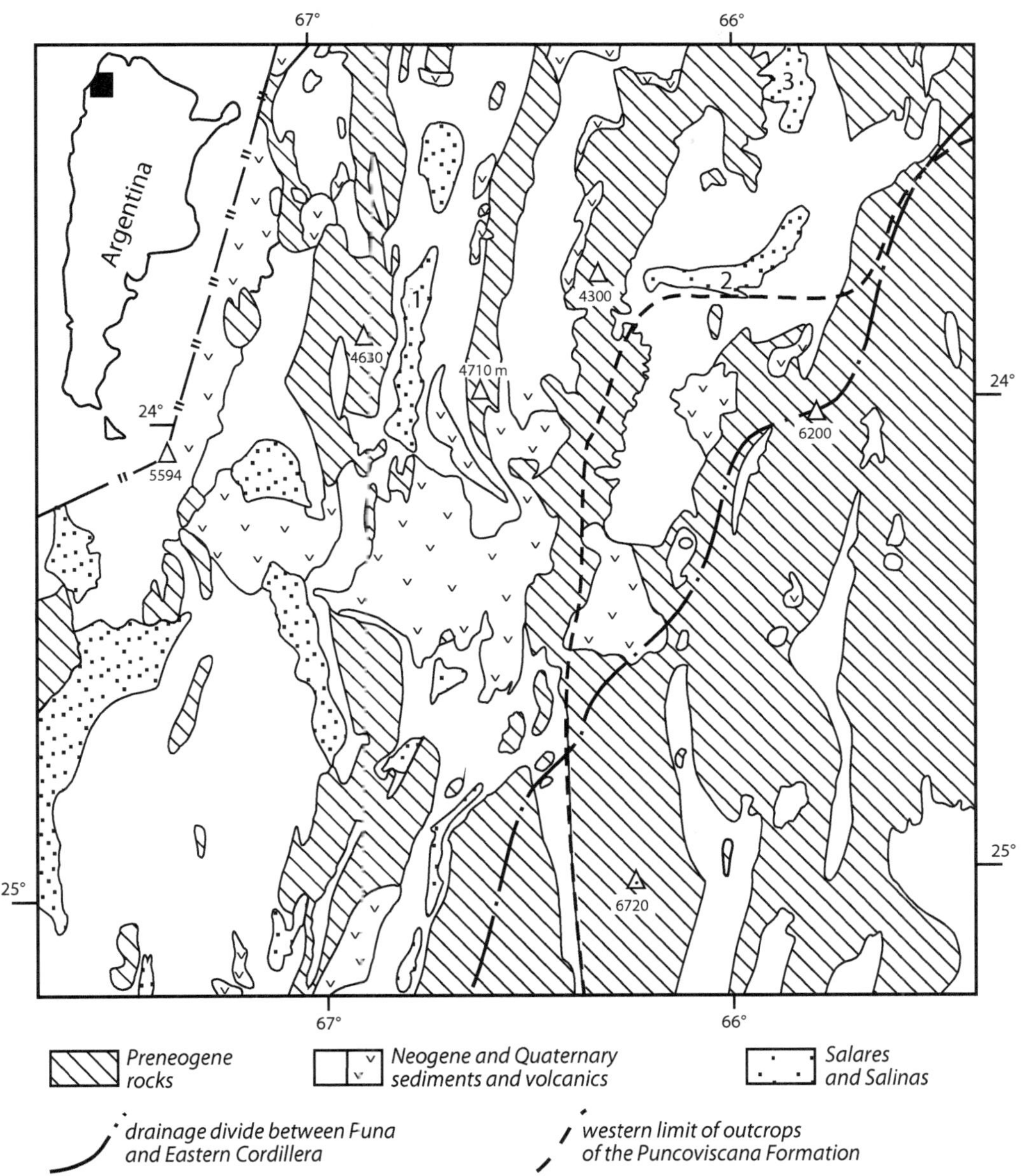

◻ Abb. 3.216 In der Puna der Hochanden NW-Argentiniens zwischen N–S-gestreckten Gebirgsketten gehören die Salztonebenen und ihre eindunstenden Endseen, die Salare, zu Alluvialsystemen, die durch die andine kompressive Tektonik entstanden sind: 1 Salar de Cauchari, 2 Salinas Grandes de Jujuy, 3 Laguna Pozuelos. (Nach Schwab 1985)

der Jahresniederschlag ist also ephemer. Die Salare sind im andinen Südsommer je nach Niederschlag mit Wasser gefüllt, im Winter dagegen trocknen sie aus und bilden auf ihrer Oberfläche eine Salzkruste (◻ Abb. 3.219). Der Luftdruck beträgt ganzjährig etwa 480 mm Hg; hierdurch und von der intensiven Sonneneinstrahlung resultiert eine hohe Verdunstungsrate. Auch herrscht oft erhebliche Windgeschwindigkeit (◻ Abb. 3.220). Die Gesteinsvielfalt des andinen Gebirgskörpers sowie dessen

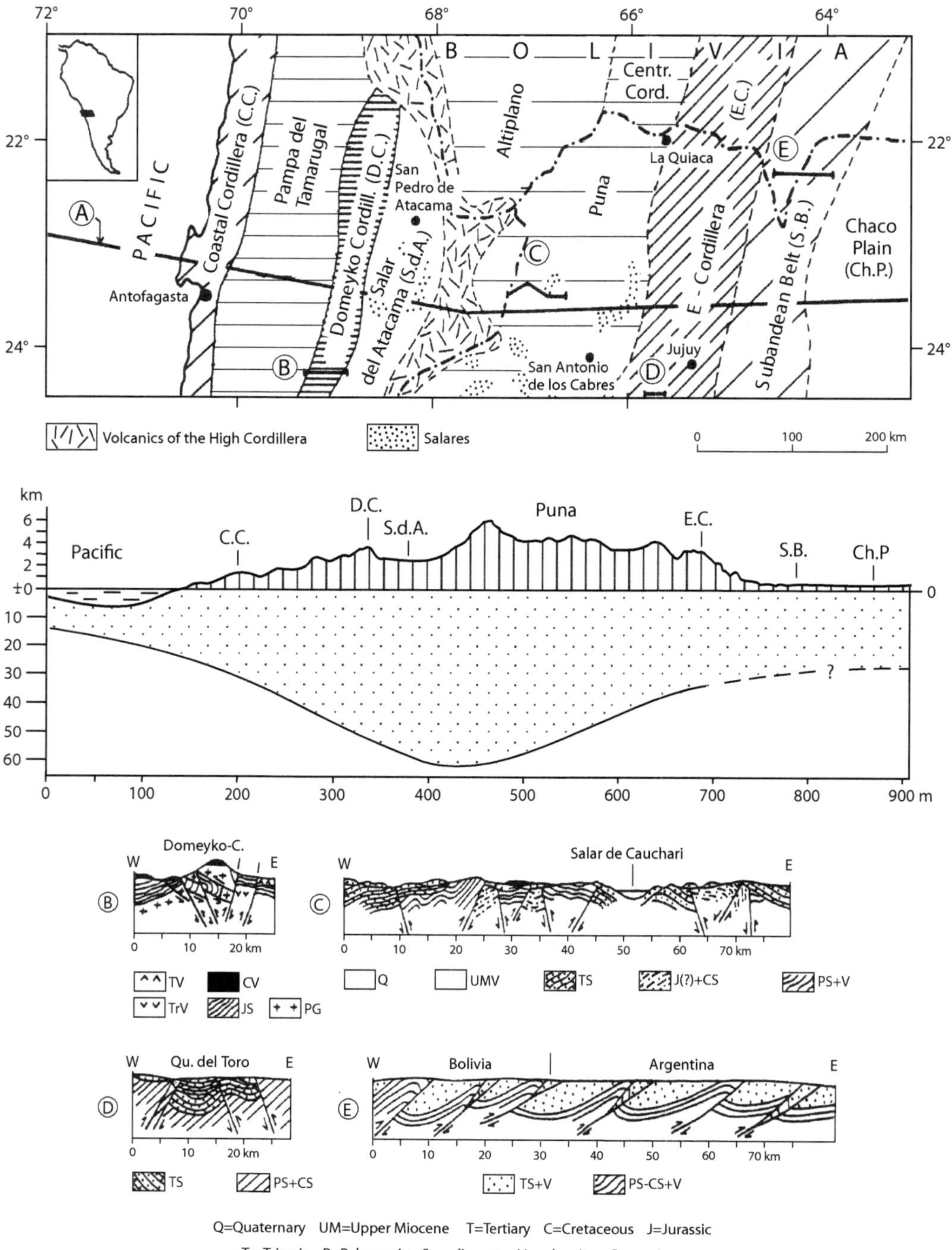

Abb. 3.217 Ein Krustenprofilschnitt durch die Anden (Linie A) sowie mehrere Strukturprofilschnitte einzelner Hochgebiete (B bis E). Der im Text beschriebene Salar de Cauchari in der Puna ist im Detailprofil C markiert und in **Abb. 3.218** ersichtlich. (Nach Schwab 1985)

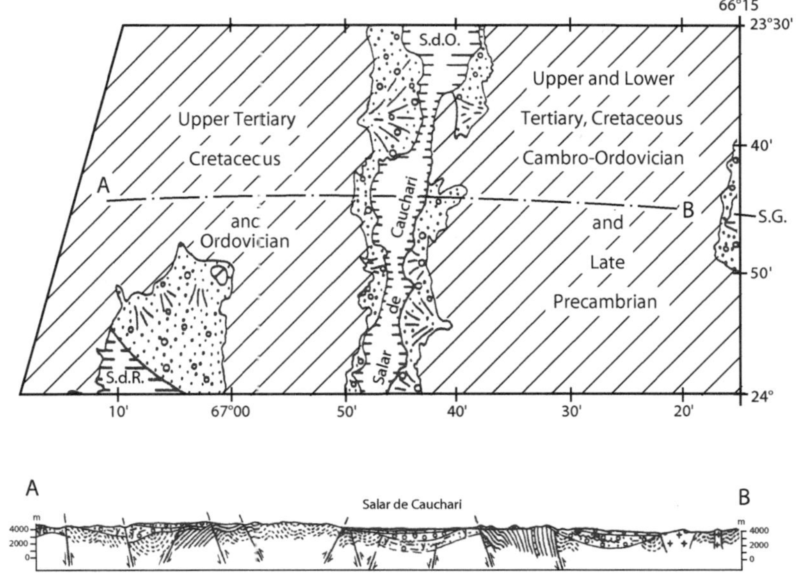

Abb. 3.218 Karte und Strukturprofilschnitt durch das Gebiet des Salar Cauchari zur Veranschaulichung seiner kontinentalen Beckenfüllung, die durch die kompressive Tektonik der Anden verursacht und aktiv gehalten wird; S. d. O. = Salar del Obispo. (Nach Schwab 1985)

andesitischer Vulkanismus liefern Verwitterungslösungen mit chemisch recht heterogener Zusammensetzung (Stoertz und Ericksen 1974; Alonso und Viramonte 1985; Chong Diaz et al. 1999; Risacher et al. 2002). Durch die einengende Tektonik des Gebirges wird zudem ein lebhaftes Relief geschaffen, das durch Abtrag grob- und feinklastische Sedimente bereitstellt.

Die argentinische Puna bildet in den zentralen Anden ein hoch gelegenes orogenes Plateau. Dessen Kompressionstektonik schuf mächtige Sedimentbecken. Das Gebiet von San Antonio de los Cobres ist Teilgebiet des Salinas-Grandes-Beckens in der östlichen Puna (Pingel et al. 2019) und heute unter ariden Klimabedingungen einer fehlenden Entwässerung unterworfen. Im mittleren Miozän formten sich im Wesentlichen intermontane Sedimentbecken. Deren einengende Strukturen wurden im späten Mio-Pliozän sowie heute im Quartär fortgesetzt, wofür die Quebrada del Toro auf halber Höhe des östlichen Andenaufstiegs, von Salta kommend, ein überzeugendes Beispiel ist (Schwab und Schäfer 1976).

Die Salare der Anden sind in die regionale Strukturbildung der Anden einbezogen und formen sehr verschiedenartige Schwemmfächer-Endsee-Systeme (Schwab 1973, 1985; Van Overmeeren und Staal 1976; Flint 1985). Meist sind die Schwemmfächer quer zu den sich N–S erstreckenden andinen Hochtälern angelegt und beliefern diese mit Grob- bis Feinklastika (Schwab 1973, 1985; Kött et al. 1995; Gaupp et al. 1999; Montero-López et al. 2016; Pingel et al. 2019). Da die Salare aufgrund der strukturellen Gegebenheiten der Anden parallel der Gebirgsfaser und eher lang als breit sind, münden die Schwemmfächer meist auf kurzem Wege quer in die Salare ein. Lösliche Präzipitate bilden sich vorzugsweise auf deren Oberfläche und gehen selten und nur unter günstigen Bedingungen in deren Stratigraphie ein. Die konnte zumindest bei drei regional relativ eng benachbarten Salaren der Puna NW-Argentiniens, im Salar Cauchari, in der Salinas Grandes de Jujuy und in der Laguna Pozuelos im Oktober 1973 (frdl. Hilfe Klaus Schwab) so angenommen werden.

3

Diese drei Salare zeigen in einem halben Meter Stechrohrprofil aufgrund der intensiven Verdunstung an der Sedimentoberfläche eine stete Zunahme der Salinität des Porenwassers um ein Mehrfaches der Ausgangssalinität in den Schlammsedimenten in der Tiefe der Salare (◘ Abb. 3.221). Die Salinität der Oberflächenwässer dürfte nach den Niederschlägen des Südsommers jedoch deutlich geringer sein. Durch die regionalen Gegebenheiten der Einzugsgebiete besitzt der **Salar Cauchari** eine Bikarbonat-Borat-Chemie. Randliche Sande werden karbonatisch zementiert, zentral werden Caliche-Krusten gebildet. An der Salaroberfläche werden Aragonit ($CaCO_3$) (◘ Abb. 3.222), Halit ($NaCl$), Gips ($CaSO_4 \cdot 2H_2O$), Thenardit ($NaSO_4$) und Blödit/Astrachanit ($Na_2Mg(SO_4)_2 \cdot 4H_2O$) präzipitiert, während im roten pelitischen Salarboden große weiße Kristalle von Ulexit bzw. Boronatrocalcit ($NaCaB_5O_6(OH)_6 \cdot 5H_2O$) (◘ Abb. 3.223) und weitere Boratsalze wachsen (Orti und Alonso 2000). In den **Salinas Grandes de Jujuy** scheidet sich aus der Wasserfläche eine etwa 10 cm mächtige Kruste aus Halit ($NaCl$) aus, die nach ihrem Verdunsten auf dem Salarboden wie

◘ **Abb. 3.219**   In der zentralen Salzpfanne des Salar Cauchari das noch verbliebene Rinnsal als hochkonzentriertes Salzgewässer, umgeben von rotem Schlamm und auf diesem weiße Salzeffloreszenzen

◘ **Abb. 3.220**   In der Salztonebene nahe des östlichen Randes des Salar Cauchari ausgetrocknete Wasserrinnsale, begleitet von Halophyten-Polstern. Im Hintergrund, an der Grenze zur zentralen Salzpfanne, durch lokale Windwirbel aufgewehter Staub

▣ Abb. 3.221 Ein in der zentralen Salzpfanne des Salar Cauchari gegrabenes Loch zeigt den typischen schwarzen Faulschlamm, der durch Luftabschluss unter der Salzkruste entsteht. In dem Loch sammelt sich rasch hochkonzentriertes Salzwasser

▣ Abb. 3.222 Im Salar Cauchari präzipitiert rhombischer Aragonit als *whisker*-Zement im Zwischenkorngefüge von Sandkörnern sich bildender Caliche-Krusten. (Foto in doppelt polarisiertem Licht; Bildlänge 1,5 mm)

eine Eisscholle aufsitzt (▣ Abb. 3.224); daneben findet sich etwas Sylvin (KCl). Kleine Gipskristalle bilden sich im tonigen, dunkelgrünen Sediment; im Beckenzentrum werden Boratkristalle abgebaut. Dieser Salar wird vom Rand her durch einen Wasserzutritt gespeist, was örtlich zu einer Salzmarschvegetation führt (▣ Abb. 3.225). In der **Laguna Pozuelos** blüht auf dem dunkelgrauen Salarboden oberflächlich Thenardit ($NaSO_4$) aus (▣ Abb. 3.226); Halit (NaCl) und Gips ($CaSO_4 \cdot 2H_2O$) findet sich im Schlamm. Die in diesen drei Salaren

◘ Abb. 3.223 Ulexit (Natroborocalcit) wächst während der trockenen Jahreszeit (Winter der südlichen Hemisphäre) im eintrocknenden Schlamm der Salarböden zu großen Kristallen. Sie bilden die Grundlage der örtlichen Salzindustrie (Salinas Grandes de Jujuy, Argentinien; Foto Klaus Schwab)

◘ Abb. 3.224 Der völlig eingedunstete Salzsee der Salinas Grandes de Jujuy. Die aus Steinsalz bestehende Salzkruste ist gleich Treibeisschollen mit Schollennähten versehen, die notwendig wurden, als das Seenwasser bei seiner völligen Verdunstung diese auf die Schlammfläche absetzte (Hammer als Maßstab)

angetroffenen Salze sind bis auf Calcit und Gips wasserlöslich und werden während der Niederschlagsperiode wieder aufgelöst, in der nachfolgenden Trockenperiode jedoch erneut ausgeschieden (Risacher et al. 2002; Bascuñán et al. 2015).

Aufgrund jahreszeitlich heftiger Niederschläge können die Salare sehr umfangreiche

◘ Abb. 3.225 Am südöstlichen Rand der Salinas Grandes de Jujuy speist ein kleiner unterirdischer Zufluss den Salzsee mit Frischwasser; das offene Wasserloch im Vordergrund ist von Halophyten-Polstern einer Salzmarsch-vegetation umwachsen

◘ Abb. 3.226 Auf der dunkelolivgrauen Schlammfläche der Laguna Pozuelos sprossen als Effloreszenzen Thenardit-Kristalle

aquatische Phasen haben, weswegen eine Schichtbildung durch klastische Sedimente in ihnen sehr wohl zustande kommt (Kött et al. 1995; Gaupp et al. 1999; Hampton und Horton 2007). Mit bis zu 14 m tiefen Bohrungen in das etwa 4100 m hoch gelegene Lauca-

Becken in N-Chile wurde dessen spätmiozäner bis rezenter Inhalt untersucht. Die erbohrten klastischen Sedimente erbrachten sehr variable, tonige bis kiesige, überwiegend rote klastische Sedimente. Diese sind an der heutigen Oberfläche vielfach mit Ignimbriten überdeckt.

Eine stratigraphische Korrelation der erbohrten Horizonte zwischen den Bohrungen war allerdings nur schwer möglich. Eine pelitische lakustrine Sedimentfazies mit Diatomeen, Ostracoden und Pflanzenresten war in geringem Umfang vorhanden. Meist wurde sie jedoch von Silten und Sanden dominiert. Gips und Kalkstein fanden sich im Zentrum des Beckens.

3.4.2 Kleinere, gut untersuchte Salzseen

Die Gesetzmäßigkeit aus Ausfällung und Auflösung gilt auch für die **nordamerikanischen Salzseen im Westen** der USA und Canada. Hier gibt es viele gut untersuchte Beispiele (neben den obigen Zitaten, hier auch u. a. Robertson Handford 1982; Spencer et al. 1984; Lowenstein und Hardie 1985; Last 1989). Weitere exzellente Beispiele finden sich in der **Türkei** (vgl. ◘ Abb. 3.215) (Irion 1970, 1973; Camur und Mutlu 1996) sowie in **Afghanistan** (Förstner 1973). Die **Salada Mediana** ist ein im Sommer eintrocknender kleiner Salzsee im zentralen Ebro-Becken in Spanien (Valero-Garcés et al. 2000; Gonzalez-Samperiz und Kelts 2000). Geochemische Gesetzmäßigkeiten im palaeogenen **Almazán Becken** (Spanien) (Paläogen, Spanien) erörterten Huerta et al. (2010). Die **Sabkha Matti** im Emirat Abu Dhabi an der Piratenküste des südwestlichen Persischen Golfes (Purser und Evans 1973; Goodall et al. 2000) ist zwar eine Küstensabkha und dadurch im Austausch mit Meerwasser, doch ist deren Position weit genug landeinwärts, um ein eigenständiges alluviales Milieu mit umgebenden Dünen zu bilden. Marines Salzwasser wird durch den Sog der Verdunstung (*evaporative pumping*; Hsü und Siegenthaler 1969) aus dem feuchten Untergrund an die Sedimentoberfläche gehoben und formiert auf dieser halitische Salzeffloreszenzen und -krusten. Dadurch entstehen in den vor allem schlammigen Sedimenten eine große Variation von fossilisationsfähigen Schichtungstypen; sie sind darüber hinaus reichlich mit Strukturen von Blaugrünalgen versehen (Duane und Al-Zamel 1999).

Die rezente **Gavish Sabka** (mit dem Solar Lake, Ras Muhammad Pool) dagegen ist eine echte Küstensabkha, wenig südlich von Eilat an der SO-Küste der Halbinsel Sinai (Golf von Aqaba, Rotes Meer). Diese Küstensabkha war Gegenstand einer intensiven internationalen und multidisziplinären Erforschung (Friedman und Krumbein 1985) geworden.

3.4.3 Das Südliche Perm-Becken in Norddeutschland

Lösliche Salze auf Salztonebenen haben generell fossil kaum eine Bedeutung. Doch das Rotliegend-Becken Norddeutschlands im Südlichen Perm-Becken (Southern Permian Basin; Doornenbal und Stevenson 2010; Van Wees et al. 2010) war im höheren Perm bis in den Zechstein (Wuchiapingium bis Wordium; Oberrotliegend II) Bildungsort für Playaseesedimente im subtropischen bis heiß-ariden Klima Mitteleuropas (Gast 1991; Turner und Smith 1997; Sweet 1999; Gaupp et al. 2000; Van Wees et al. 2000; Legler et al. 2005, 2011; Legler und Schneider 2008). Das Norddeutsche Becken senkte sich mit der ausgehenden variszischen Gebirgsbildung zunächst als Vorlandbecken, ab dem Perm jedoch als Dehnungsstruktur mit zunächst kontinentaler und anschließend mariner Sedimentation deutlich ein. Im Rotliegend bildeten sich mehr als 2,5 km mächtige feinklastische, saline Sedimente und Salze. Im nachfolgenden Zechstein reicherten sich durch intensive Eindunstung von Meerwasser vier namhafte salinare Zyklen von je 100–600 m Mächtigkeit an, gefolgt von zwei nordwärts verlagernden geringer mächtigen salinaren Zyklen. Die tektonische Strukturierung, die beständige Absenkung des Untergrundes und der fortwährende Nachschub von Meerwasser kompensierte die Eindunstung in diesen randmarinen Flachwasserbecken (Füchtbauer und Peryt 1980; Richter-Bernburg 1985; Paul 1985; Kulick und Paul 1987; Peryt 1987a, b; Strohmenger et al. 1996a, b).

Abb. 3.227 Sandige Pseudomorphosen von würfeligen Steinsalzkristallen aus dem Mittleren Muschelkalk von Thuir (Nordeifeler Trias-Dreieck)

Neben zahl- und umfangreichen Einzelveröffentlichungen über spätpermische Playaseen in Norddeutschland wurde das Südliche Perm-Becken in einer groß angelegten Studie untersucht und zusammenfassend dargestellt (Doornenbal und Stevenson 2010). Die im Titel genannte Themenstellung wurde auf eine große Anzahl stratigraphisch jüngerer Zeitscheiben bis in das jüngere Känozoikum erweitert.

Lösliche Salze in kontinentalen Environments des Rotliegend und der Trias sind im allgemeinen meist zu geringmächtig, um überlieferungsfähig zu sein. Unlösliche Präzipitate in kontinentalen Endseen, also Gips, Baryt, Quarz, besitzen dagegen ein Fossilisationspotenzial und sind für fossile salinare Bildungen von Bedeutung (Hauschke 1989). Nur die in siliciklastischen Sedimenten der Salztonebenen zu findenden Pseudomorphosen heute sandgefüllter ehemals löslicher Minerale (wie z. B. sandige Steinsalzwürfel; Abb. 3.227) geben versteckten Hinweis auf ehemalige Eindunstungsprozesse (Gast 1991; Gaupp et al. 1993; Plein 1995;

Schröder et al. 1995). Wechselnder Eintrag von Schlamm und Sand erzeugen auffällig kurzzyklische Ablagerungen (Sneh und Binot 1982). Diese spiegeln die Strukturentwicklung des Sedimentbeckens und seiner Umgebung wider, geben vor allem Auskunft über die klimatische Variabilität des kontinentalen Raumes und den dadurch verursachten Sedimenteintrag in das Sedimentbecken (Abb. 3.228). Unregelmäßig über das Jahr verteilter seltener Niederschlag und durch diesen verursachte Schichtfluten mit flächenhafter, aber binnen weniger Stunden bis Tagen schnell wieder versiegender Wasserführung bereiteten kurze cm- bis m-messende *fining-up*-Zyklen, die mit allen Zeichen der Austrocknung verbunden sind (Abb. 3.229). Gelegentlich können sich Flussrinnen in die Alluvialebene einschneiden, auch werden Flugsanddecken oder kleinere Dünen aufgeweht. Schneider et al. (2006) erweiterten den Blick auf *playa-lake environments* im Perm-Becken von Lodève, Massif Central, Frankreich.

3

3.4.4 **Buntsandstein-Becken in Norddeutschland**

Beispiel für Playaseesedimente in Verbindung mit dünnschichtigen Äolianiten ist die Detfurth- und Hardegsen-Folge des Mittleren Buntsandsteins von Helgoland (Binot und Röhling 1988; Clemmensen 1991; Glennie 1986; Schmidt-Thomé 1987; Geluk und Röhling 1997; Lepper und Röhling 2013; Tietze und Röhling 2013), zugleich repräsentativ für das zentrale Norddeutsche Becken (vgl. ◨ Abb. 3.174 und 3.209). Fossile kontinentale Salinarbildungen sind lediglich aufgrund von dauerhaften Mineralen zu beschreiben bzw. mithilfe von Pseudomorphosen ehemaliger Minerale. So bedeutet das Auftreten von Gipsrosetten in den roten Schlammsteinen von Helgoland (◨ Abb. 3.230) eine hohe Verdunstungsrate in der Salztonebene, die Trockenrisse und sog. Tepee-Strukturen zusammengeschobener Salz- und Algenmatten zeigt (◨ Abb. 3.231). Alle diese Bildungen sind für fossile Playaböden signifikant. Ohne solche Anzeiger für evaporitische Bedingungen wären fossile Endseen schwer zu

Abb. 3.230   Hohlkristalle und Netzleisten in Siltsteinen der Hardegsen-Folge des Mittleren Buntsandstein von Helgoland demonstrieren Evaporitmilieu mit der Bildung von Trockenrissen und Gipskristallen (der Gips wurde durch Verwitterung wieder herausgelöst und zeigt nun nur noch Hohlformen, die die ehemaligen Gipszwillinge bei ihrem Wachsen im Schlamm erzeugten)

Abb. 3.231   Sich aufwerfende Algenmatten (Cyanobakterien) auf Schlammflächen der Hardegsen-Folge des Mittleren Buntsandstein von Helgoland bilden sog. Tepee-Strukturen; auch finden sich vereinzelt Trockenrisszapfen (im unteren Bildteil)

identifizieren (Robertson Handford et al. 1984 beschreiben Stromatolithen dieser *playa lakes*.

3.4.5   Green River Basin

Im eozänen Green River Basin ist Lake Gosiute im südlichen Wyoming, USA, ein großer fossiler Playasee. Dieser ist das nördliche Becken des großen Green River Basin im Grenzgebiet zwischen Wyoming, Utah und Colorado (Eugster und Surdam 1973; Surdam und Wolfbauer 1975; Eugster und Hardie 1975, 1978; Surdam und Stanley 1980; Spencer et al. 1984; Roehler 1992a, b, 1993). Aus dem lakustrinen,

45 m mächtigen, Ölschiefer enthaltenden Tipton Shale Member an der Basis der mitteleozänen Green River Formation (Tank 1969) entwickelte sich durch Eindunstung ein 300 m mächtiger Playaseekomplex im Wilkins Peak Member in der mittleren Green River Formation. Im Randbereich des Green River Basin befanden sich Schwemmfächersysteme, die beckenwärts in den Playasee mündeten. Zentral wurden karbonatische Schlammsteine abgesetzt, deren Calcit sich durch intensive Verdunstung partienweise sekundär zu Dolomit umkristallisierte (Wolfbauer und Surdam 1974). Im zentralen Endsee, der von Eugster und Hardie (1975) als echter Playasee angesehen wird (im Gegensatz dazu favorisierte Desborough 1978

einen sog. *stratified lake*), wurde schließlich durch die evaporitische Einengung außer Halit (NaCl) das Na-Doppelkarbonat Trona ($Na2CO_3 \cdot NaHCO_3 \cdot 2H_2O$) ausgeschieden (welches heute im großen Maßstab industriell abgebaut wird; Goodwin 1971). Bikarbonatreicher Zufluss aus den Windriver Mountains im NO und den Uinta Mountains im S erlaubten während dieser lang währenden Eindunstungsperiode eine umfangreiche Produktion von Karbonat (Eugster und Hardie 1978). Diese lässt sich durch die Präzipitate aus kapillarer Verdunstung im Sediment nachweisen, durch die Bildung von Dolomitkrusten als Caliche, durch die Bildung von Travertin aus Quellen sowie aus ephemeren Flussläufen und durch die biogene Fällung von Algenkalken (z. B. im Bridger Basin, dem SO-Teil des Lake Gosiute; Smoot 1978). Außer während des Frühjahrs, in dem der wesentliche Zufluss von Frischwasser stattfand, dürfte der See sich vor allem im Zustand der Eindunstung befunden haben. Erst im höheren Eozän öffnete er sich wieder, um erneut reichlich Ölschiefer im Laney Shale Member zu bilden (Doebbert et al. 2010). Im südlichen Green River Basin, in den südlich der Uinta Mountains in Utah und Colorado gelegenen Seen Lake Uinta und Lake Piceance Creek, verlief die zentrale Eindunstungsphase weniger dramatisch, sodass hier lediglich Halit (NaCl) und Nahcolit ($Na2HCO_3$) gefällt wurden. Vor allem aber waren diese Seen die Orte, in denen sich richtige Freiwasser- und Deltasysteme bildeten, die sich mit Ölschiefern verzahnten (Tissot et al. 1978; Dyni und Hawkins 1981; Castle 1990; Remy 1992) und auch reich belebt waren (Ferber und Wells 1995).

3.4.6 Death Valley

Zahlreiche Autoren haben für das Death Valley (östliches Kalifornien) zur Kenntnis der Strukturgeologie des Grabenbruchs beigetragen und aus ihm heraus grobklastische Sedimentmodelle entwickelt, darunter Dooley und Mc Clay (1996), Serpa und Pavlis (1996)

und Hayman et al. (2003). Vor allem auf ephemere Salze wurde in zahlreichen Arbeiten Bezug genommen (Crowley und Hook 1996). Eine 186 m tiefe Forschungsbohrung lieferte eine 200.000 Jahre wechselvolle Ablagerungsgeschichte (Lowenstein et al. 1999), die außer feinklastischen limnischen Sedimenten mit reichlich Ostracoden (Forester et al. 2005) vor allem Halit förderte, der heute auf der Oberfläche des Playasees ins Auge fällt (Crowly und Hook 1996). Die klimatische Entwicklung beeinflusste den Abtrag des umgebenden Geländes des Grabenbruchs und steuerte den Sedimenteintrag in diesen, der einen deutlichen Bezug zur Zyklizität des Klimas aufwies (D'Arcy et al. 2016).

3.4.7 Lake Eyre

Der Große Salzsee im nördlichen Südaustralien hat eine unregelmäßige Fläche von insgesamt wenig mehr als 9000 km² und besteht aus zwei unterschiedlich großen Becken innerhalb eines Einzugsgebietes von wenig mehr 120.000 km². Die beiden Becken des Lake Eyre sind voneinander getrennt und nur durch eine schmale Rinne miteinander verbunden. Lake Eyre liegt etwa 17 m unter dem Meeresspiegel, ist abflusslos (endorheisch) und kann durch Niederschlag während der Regenzeit zwischen 1 und 4 m Wassertiefe erreichen, gespeist durch subterranen Zufluss aus dem Mosunregengebiet Nordaustraliens. Der Wasserstand kann bis 25 m ansteigen, was den See dann für Sportboote schiffbar macht. Während des Sommers kann er fast zur Trockne eindunsten, sodass seine lösliche Salzfracht als weiße Kruste von Steinsalz (NaCl) ausblüht. Darüber hinaus finden sich entlang des Ufers Ca-Karbonate und Gips (Förstner 1977b). Im nördlichen Becken ist in seinem SO-Teil der Madigan-Golf, dessen Limnologie von Magee et al. (1995) mithilfe von Bohrungen ausführlich untersucht wurde. Etwa in 18 m Sedimenttiefe begann die derzeit verfolgbare Geschichte des Lake Eyre mit der lakustrinen, miozänen Etadunna Fm. Vor allem durch periodische Deflation, während welcher Salz und Sediment durch Wind fortgetragen wurde, hatte sich der See ab dem Plio-/Pleistozän bis heute zu einem abflusslosen Playasee entwickelt (Alley 1998; Nanson und Price 1998). Hydrologische Arbeiten von DeVogel et al. (2004) und Tweed et al. (2011) erweiterten die Kenntnis über die Erneuerung des Seenwassers durch Grundwasserzufluss. Ähnliche Extrembedingen herrschten auch in Salzseen SW-Australiens (Benison et al. 2007).

3.4.8 Totes Meer

Ein sehr spezielles salinares, sehr tiefes System ist das 250 m tiefe Tote Meer, dessen Seespiegel etwa 400 m unter NN liegt (Allen und Allen 1990). Das Tote Meer ist ein tiefer Endsee im Jordangraben und hat keinen Ausfluss in Richtung Rotes Meer. Es wird durch den Jordan von den Golanhöhen im Norden aus der südlichen Levante mit Süßwasser versorgt. Das Wasser des Toten Meeres selbst hat bei einer Salinität von nahezu 30 % qualitativ die chemische Zusammensetzung von Meerwasser, jedoch in sehr hoher Konzentration aufgrund der Auslaugung von fossilen Salzstöcken im Untergrund, vor allem des Sodom-Salzstocks an seinem SW-Ufer, aber auch unter der Lisan-Halbinsel an der südlichen Ostküste (Neev und Emery 1967; Karcz und Zak 1987). Aufgrund der hohen Salinität des Seewassers findet die Präzipitation von Steinsalz, Aragonit und Gips statt, vor allem Aragonit als weiße Schleier im Wasserkörper nahe der Wasseroberfläche *(whitings)* (◧ Abb. 3.232). In der Tiefe des Toten Meeres wird Gips gefällt (Neev und Emery 1967). Durch intensiven Wasserverbrauch für Bewässerung entlang des Jordan ist der Seespiegel in den letzten 70 Jahren um etwa 30 m gefallen. Dadurch liegen die Uferbänke des Sees großenteils frei und im S weitgehend trocken – bizarr wirken dort Bäume mit umkrustenden Halitkristallen. Die Präzipitation von Aragonit als hauchzarte nadelige Kristalle *(whiskers)* hatte bereits während des Tertiär eingesetzt. Daher ist die den See umgebende Lisan-Formation (◧ Abb. 3.233) mehr oder weniger reich an dieser Karbonatphase. Offensichtlich ist für die Präzipitation der

◧ **Abb. 3.232** Im Wasserkörper entlang des Uferstreifens des Toten Meeres bilden die im hoch salinen Wasser frisch gefällten Aragonitnädelchen weiße Schleier (sog. *whitings*). Das Foto stammt vom SW-Ufer des 1978 noch reichlich Wasser führenden, heute jedoch erheblich abgesenkten, Sees

◨ Abb. 3.233   Die quartäre Lisan-Formation steht an der Oberfläche der Umgebung des Toten Meeres an. Litt et al. (2012) beschrieben deren Schichtenfolge und analysierten die in ihnen enthaltenen Pollenspektren. Das Foto entstammt einem Tagesaufschluss am NW-Rand des Sees und zeigt einen unregelmäßig vorhandenen klastischen Sedimentanteil seines Uferbereichs

Aragonitnädelchen ein mindestens mariner Salzgehalt im Wasserkörper notwendig, wie dies in den vielen inzwischen publizierten Beispielen wiederholt mitgeteilt wurde (über die Fällung von Aragonit anderenorts berichteten Sondi und Juračić 2010).

Die holozäne Klimageschichtes des Jordangrabens bearbeiteten Litt et al. (2012) anhand von Pollenspektren aus einem bei Ein Gedi (W-Rand des nördlichen Seebeckens) gewonnenen 21 m langen Bohrkern (für den Zeitraum $10^4 \times 6{,}5$ cal BP bis heute). Der gewonnene Kern durchörterte die über Tage anstehende Lisan-Formation, die der Stratigraphie des Bohrkerns entsprechend den

oberen, 10 m messenden aragonitischen lakustrinen Schichtabschnitt darstellt.

Der Reichtum an Aragonitnädelchen im Sediment hatte im Umfeld des Sodom-Salzstocks im SW des Sees zu exzeptionell spektakulärer Schichtdeformation geführt (◨ Abb. 3.234). Es wird angenommen, dass die aragonitischen Sedimente aufgrund von Sedimentüberlast und vermutlich auch durch seismische Erschütterungen des (sinistral versetzenden) Jordangrabens zu diesen Schichtdeformationen veranlasst wurden (hierzu Manspeizer 1985 sowie Allen und Allen 1990, figs. 7.55 und 7.56).

3.4.9 Van Gölü

Der Van Gölü in Ostanatolien ist ein perennierender Tiefwassersee und etwa 450 m tief, besitzt eine Ausdehnung von N–S 120 km auf O–W 80 km, liegt ungefähr 1710 m über dem Meeresspiegel und erhält seine Zuflüsse aus dem umliegenden Hochgebirge. Seine Salinität beträgt annähernd 2,3 % und besteht hälftig aus Soda und Steinsalz. In der Frischwasserzufuhr der Flussmündungen leben Fische.

Mithilfe von Tiefbohrungen von einem Schwimmponton aus wurden die holozänen und pleistozänen Sedimente des Seebodens erbohrt und ausführlich untersucht (Litt et al. 2009, 2012, 2014; Litt und Anselmetti 2014; Pickarski et al. 2015; darüber hinaus viele weitere Arbeiten). Gebohrt wurde im See auf dem Ahlat Ridge in einer Wassertiefe von 360 m. Der gewonnene Bohrkern von 219 m Länge umfasst ein Zeitspanne vom heutigen Seeboden bis 600.000 Jahre vor heute (Litt et al. 2014). Die erbohrten teilweise laminierten feinkörnigen Sedimente beschreiben mehrere glaziale und interglaziale Zyklen sowie ausgeprägte Interstadien. Die vor allem pelitischen Sedimente dokumentieren die Entwicklung der glazialen und stadialen Vegetation des Quartärs durch Zwergstrauchsteppe und Wüstensteppe des Nahen Ostens und Zentralasiens bis heute. Die Vegetation der Interglaziale ist als Eichen-Steppenwald

   Die Schichtdeformation der obersten Horizonte der Lisan-Formation im Brazim Wadi (nahe des SW-Ufers des Toten Meeres) führte zu spektakulären Rutschphänomenen durch Schweregleitung. Die hier nach links gerichteten Rutschungen wurden durch Überlast der aus dem Toten Meer präzipiterten Aaragonitnädelchen verursacht, sicherlich auch durch die sich ständig wiederholende seismische Unruhe des Jordangrabens

ähnlich dem gegenwärtigen Interglazial in dieser empfindlichen halbtrockenen Region zwischen Schwarzem Meer, Kaspischem Meer und Mittelmeer.

3.4.10 Die Messinische Salinitätskrise im Mittelmeer

Im späten Neogen unterband ein strukturell bedingter Verschluss der Straße von Gibraltar den Zustrom des Meerwassers vom Atlantik, sodass das Mittelmeer mehr oder weniger vollständig, mit Maximum im Messinium (7,1–5,3 Ma; oberes Miozän), austrocknete (Hsü et al. 1977; Hsü 1982). Durch Tiefbohrungen des *Ocean Deep Sea Drilling Project* (ODP) im Mittelmeer selbst und in seinen Uferzonen wurde durch Funde zahlreicher salinarer Minerale eine erhebliche Eindunstung nachgewiesen. Das Mittelmeer war quasi zu einem Endsee *(sabkha)* mutiert, mit nur noch geringem Bezug zu Wasserführung und Chemismus des Weltmeeres sowie seiner marinen Fauna

(Riding et al. 1998; Krijgsman et al. 1999; Blanc 2000; Cornée et al. 2008; Ryan 2009; Lofi et al. 2011; Natalicchio et al. 2014). Der Meeresspiegel des Mittelmeeres war um etwa 1300 m abgesunken, sodass dessen Austrocknung von etwa 90000 Jahren Dauer zur Bildung einer mehr als 1 km mächtigen Salzschicht geführt hatte. Submarine Canyons ehemaliger Flussläufe entwässerten die Kontinentränder in die Tiefe des Mittelmeeres (Fais et al. 1996, 2002; Cornée et al. 2008; Amadori et al. 2018; Bruno et al. 2019). Man versuchte sich vorzustellen, wie die Wiederbefüllung des schließlich leeren Mittelmeer-Beckens damals vonstatten gegangen sein musste (Rimoldi et al. 1996) – rauschende Wasserfälle an der heute etwa 300 m tiefen Straße von Gibraltar beflügelten die Phantasie.

3.5 Frischwasserseen

Aus der Limnologie stammt die Kenntnis über die Einbindung von Seen in eine Landschaft und ihren Klimaraum (Jung 1990). Seit Anfang

◘ Abb. 3.235   Modell eines ganzjährig Wasser führenden Sees, der mit klastischen Sedimenten beliefert wird (Schäfer 1986)

des 20. Jahrhunderts haben vor allem deutsche Limnologen viel zur Kenntnis der Sedimente und Wasserkörper von Seen beigetragen (u. a. Thienemann 1925; Pia 1933). Die Arbeiten konzentrierten sich auf die Seen Mitteleuropas, die hier nach der pleistozänen Vereisung entstanden. Daraus ergab sich eine ganze Zahl von Erkenntnissen (Lerman 1978), die heute noch Gültigkeit haben und für die Geologie fossiler Seen (◘ Abb. 3.235) Anwendung finden (Talbot und Kelts 1989; Anadon et al. 1991; Katz 1991; Cohen 2003; Baganz et al. 2012).

3.5.1 Limnologische Aspekte

In Abhängigkeit vom regionalen Klimaraum ist der Wasserkörper eines Sees unterschiedlich temperiert und durch seine Temperaturschichtung stabilisiert (Kelts und Hsü 1978) (◘ Abb. 3.236). Das Wasser der Seeoberfläche ist an die Temperatur der Luft und deren Tagesgang angeschlossen. Der Wasserkörper in der Tiefe des Sees ist vom Geschehen an der Seeoberfläche dagegen weitgehend unabhängig und daher gleichmäßig kühl.

Das oberflächennahe, variabel temperierte **Epilimnion** grenzt über die **Thermokline,** die

Temperatur-Sprungschicht, an das darunter gelegene, stabil kühler temperierte **Hypolimnion** (Schmidt 1974). Die Thermokline ist keineswegs eine Fläche, sondern ein Wasserkörper von etwa 0,5–1 m Mächtigkeit. Die Dimensionierung der drei Temperaturstockwerke hängt von der Morphometrie des Sees ab und kann in Bezug auf dessen Größe recht verschieden sein. So können tiefe Seen ein großes Volumen kühles Tiefenwasser besitzen, das viel CO_2 und viel O_2 enthält (beispielsweise der Bodensee-Obersee; Kiefer 1955; Jung 1990). Flache, weite Seen können ein großes Volumen an wärmerem Oberflächenwasser besitzen, das viel Bioproduktivität enthält und damit viel pflanzliche sowie tierische organische Substanz produziert. Diese baut sich in der Regel im Tiefenwasser wieder ab, was jedoch unter ungünstigen Umständen bis zur völligen Sauerstoffzehrung und schließlich zur Eutrophierung des gesamten Sees führen kann.

Die Stabilität der Temperaturschichtung eines Sees in Mitteleuropa ist von der Art, dass das Epilimnion im Sommer bis zu 20–25 °C erreicht (Hanselmann 1989). Die stabile Sprungschicht in 1–5 m Wassertiefe grenzt das Epilimnion gegen das etwa 4 °C kühle

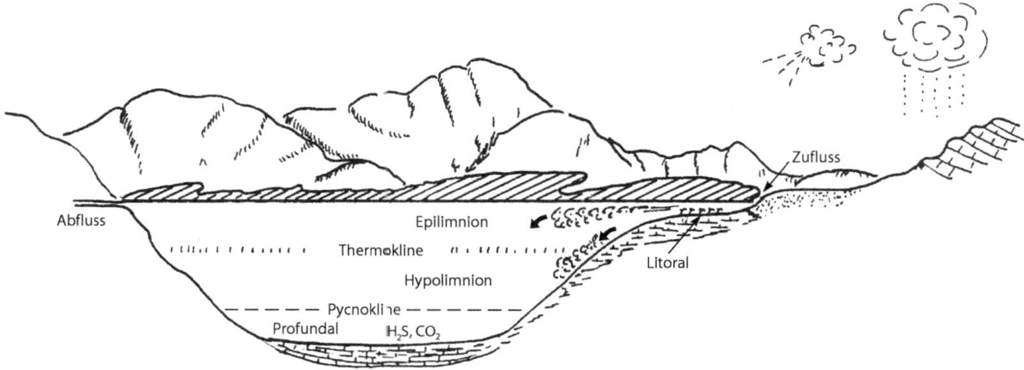

◻ Abb. 3.236   Temperaturstockwerke eines mitteleuropäischen Sees mit ausgeprägter morphometrischer Gliederung in Litoral und Profundal. Bei guter Belüftung des Tiefenwasserkörpers wird keine Pycnokline gebildet, und es unterbleibt die Bildung von Schwefelwasserstoff am und im Seeboden. (Nach Kelts und Hsü 1978, fig. 1)

Hypolimnion in der Tiefe des Sees ab. Im Herbst gleichen sich aufgrund der jahreszeitlichen Temperaturvariation beide Temperaturstockwerke, das Epi- und das Hypolimnion, aneinander an. Nun kann Winddruck den See als Ganzen durchmischen, was er zuvor wegen dessen stabiler Temperaturschichtung nicht vermochte. Er kann nun das Oberflächenwasser in die Tiefe drücken und das Tiefenwasser an die Oberfläche heben. Dadurch atmet der See, er vollführt seine sog. **Mixis** (Seeatmen). Im Winter dagegen kühlt die Seenoberfläche ggf. bis zur Eisbildung ab; die Tiefe des Seewasserkörpers bleibt jedoch mit 4 °C relativ warm. Damit bildet sich eine inverse, wiederum stabile Temperaturschichtung aus. Im Frühjahr entwickelt sich erneut Temperaturgleichheit zwischen beiden Wasserstockwerken, und eine neue Mixis setzt ein. Der beschriebene Normalfall für kleinere mitteleuropäische Seen wird als **dimikt** bezeichnet. Bei großen Wasserkörpern, wie beispielsweise dem Obersee des Bodensees, kommt es nur einmal im Spätherbst bis Frühwinter zur **monomikten** Mixis. Normalerweise greift die Mixis bis auf den Boden des Sees, was als **holomikt** bezeichnet wird. Bei extremen Tiefenprofilen kann die Mixis den Tiefenwasserkörper jedoch nicht vollständig in die Mixis einbeziehen, sodass man von **meromikt** spricht; Sauerstoffmangel im Tiefwasserbecken ist die Folge.

3.5.2 Jahreszeitenschichtung

Für **Seen gemäßigter Breiten** ist dimiktes Verhalten der Normalfall. Ihre Schichtbildung ist dem Gang der Jahreszeiten angepasst (**◻ Abb. 3.237**). Die abgesetzten Sedimente bestehen aus Ton und geringen Mengen disperser organischer Substanz, Diatomeen, Blaugrünalgen und mikritischen Calcit-Kristallen. Silte bis Feinstsande lagern sich in sehr variabler, meist größerer Menge (Quarz, Feldspat, Glimmer) ab; die feinklastischen Lagen sind meist gradiert, beginnen jedoch selten mit Sohlenerosion.

Der Gang der Jahreszeiten steuert den Absatz von vier unterschiedlichen Sedimentlagen: Im **Herbst,** wenn der Wasserkörper gleichmäßig temperiert und durchmischt ist, wird eine heterogene, 0,5–1 mm mächtige Lage aus Silt bis Feinstsand sedimentiert. Sie besitzt interne Diskordanzen und kann Sohlenerosion zeigen. Im **Winter** herrschen im Wasserkörper aufgrund seiner stabilen Temperaturschichtung von oben kalt und unten gemäßigt kühl mehr oder weniger stagnierende Bedingungen. Es setzt sich je nach Vereisung und Eisfreiheit des Gewässers eine meist homogene, auch inhomogene 0,2 mm mächtige Lage aus Ton und Silt ab. Das **Frühjahr** bringt bei wiederum Temperaturgleichheit des gesamten

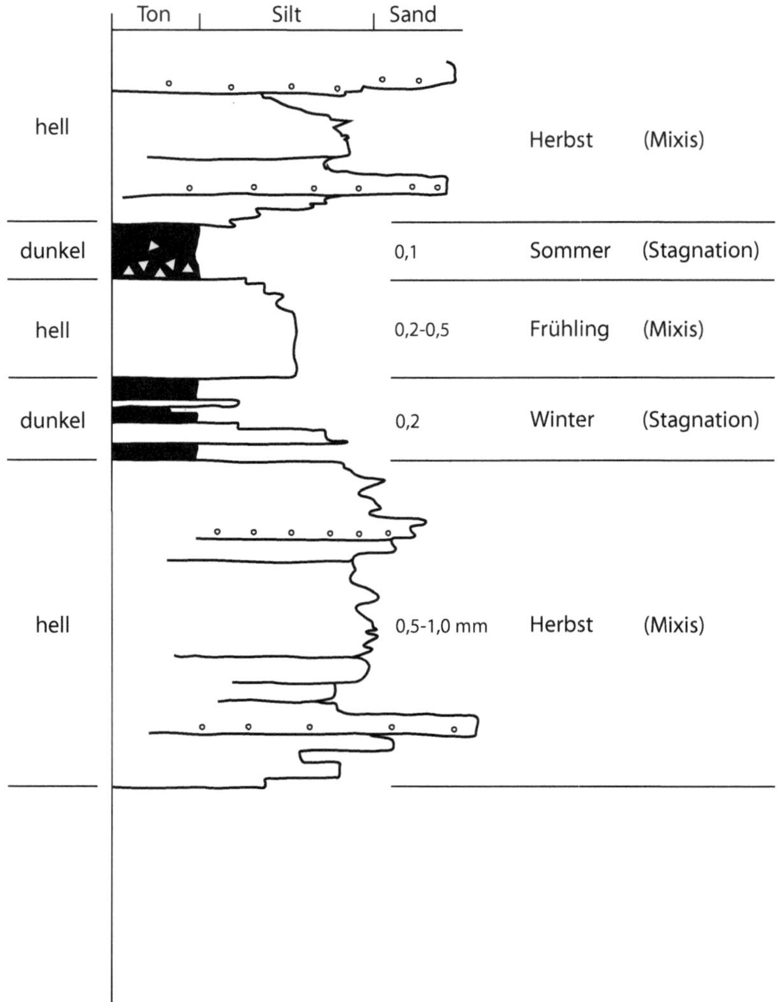

◘ Abb. 3.237   Schichtungsmodell eines dimikten Sees. Der Eintrag (silici-)klastischer Sedimente in Seen gemäßigter Breiten führt zu einer hell/dunkel laminierten Schichtung. Die Mächtigkeit der abgesetzten Laminite ist individuell verschieden und bildet den Gang der jahreszeitlichen Temperierung des Seewassers und des Sedimenteintrags ab. (Eigener Entwurf)

Wasserkörpers eine recht homogene 0,2–0,5 mm mächtige Lage aus Silt. Dieser sind erste Calcitkristalle von Assimilationsfällungskalken beigemengt. Im **Sommer** besitzt der Wasserkörper eine stabile Temperaturschichtung von oben warm und unten kühl und hat eine deutliche Thermokline ausgebildet. Es sedimentiert eine homogene 0,1 mm mächtige Lage aus Ton und organischer Substanz aus Algenfäden. Auf-fällig sind reichlich Calcitkristalle ausgefällter mikritischer Assimilationsfällungskalke. Aufgrund des Temperaturgangs gemäßigter Breiten besitzen mitteleuropäische Seen im Herbst und Frühjahr Temperaturgleichheit ihres Oberflächen- und Tiefenwassers und vollführen zweimal eine holomikte Mixis. Ist der See jedoch groß, kann die für gemäßigte Breiten übliche dimikte Zirkulation auch monomikt sein, und

die separaten Herbst- und Frühlings-Sediment-
lagen verschmelzen unter Ausfall der pelitischen
Winterlage zu einer einzigen mächtigeren Silt-
oder gar Sandlage. Darüberhinaus können je
nach Bikarbonatgehalt des Wasserkörpers und
Morphometrie des Seebeckens die Frühjahr-
bzw. Sommerlagen an Karbonat und organischer Substanz (Algenfäden, Hartteile von
Plankton) durchaus zunehmen; Blattreste reichern sich ab August an.

Seesedimente gemäßigter Breiten mit
überwiegend siliciklastischer Sedimentation
zeigen daher eine ausgeprägte Jahreszeiten-
schichtung. Sie besteht generell aus 4-lagi-
gen bzw. 2-lagigen mineralischen Laminiten,
wobei im Sommerhalbjahr (beginnend mit
April) die biogenen bzw. karbonatischen Beimengungen den detritischen Sedimentanteil
durchaus verdrängen können.

Der saisonale Zyklus des (oberflächennahen) Wasserkörpers und ein verminderter
Sedimenteintrag in den See sind auch und

vor allem Voraussetzung für die Ausbildung
von biogenen Laminiten, die sich überwiegend aus Lagen biogener Produkte aufbauen (Abb. 3.238). Im Zürichsee (Kelts und
Shü 1978) sind dies Blaugrünalgen-Fäden,
Diatomeen-Frustulen, diverse Schalen und
Skelettreste von Diatomeen sowie biogen
gefällte mikritische Calcite; daneben tritt
feinkörnige mineralische Substanz auf. Die
Schichtung wird aus Feindetritus, Fe-Sulfiden
und Blaugrünalgen im Spätherbst und Winter,
Diatomeen im späteren Frühjahr sowie mikritischen Calciten zusammen mit Plankton und
Dinoflagellaten im Sommer und Frühherbst
aufgebaut. Es resultiert ein mm-feiner Wechsel aus Detritus der kalten Jahreszeit (dunkle
Lage) und Calcitkristalliten aus der Organis-
menblüte der warmen Jahreszeit (helle Lage).

Die Ausbildung einer Sprungschicht (einer
Thermokline) zwischen den beiden Tempera-
turstockwerken, dem Epi- und Hypolimnion,
hat für die Sedimentation im See, d. h. für

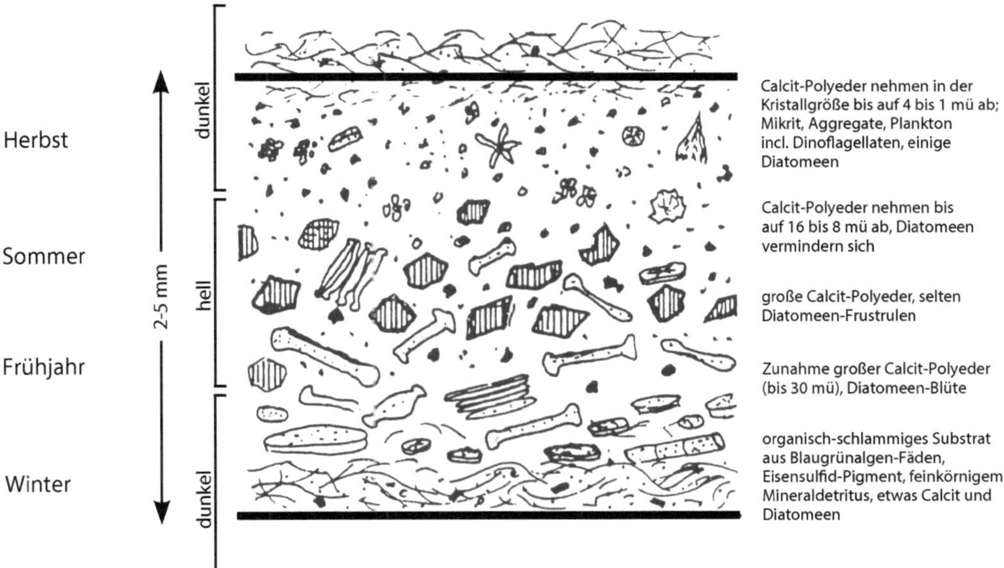

Abb. 3.238 Schichtungsmodell Zürichsee. Der Temperaturgang induziert die biogene Aktivität im Freiwasserkörper und diese den Absatz laminierter Sedimente aus biogenen Hartteilen, organischer Substanz und
biogen gefällten Calciten; daneben findet Eintrag von mineralischem Detritus infolge der Schneeschmelze
im Frühjahr statt. Das Korngrößenmaximum wird im Frühsommer durch Calcitkristalle und große Diatomeen-
gehäuse gebildet. Alle Schichtgrenzen sind weich, ebenso wie die Hell-/Dunkelschichtung. (Nach Kelts und Hsü
1978, fig. 8)

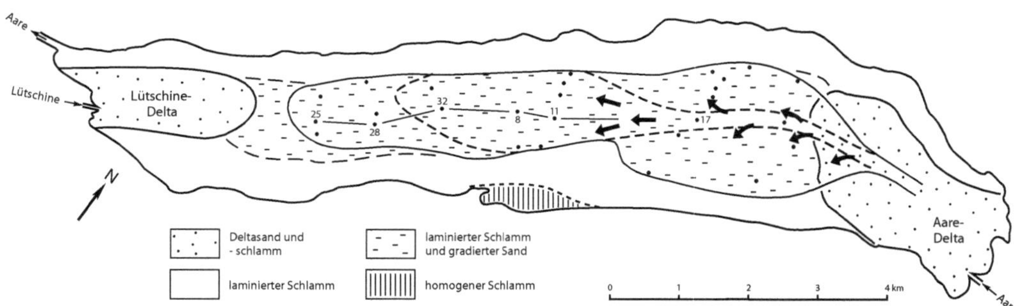

◘ Abb. 3.239   In den 14 km langen, 2,5 km breiten und 261 m tiefen Brienzer See (Schweiz) münden die Aare und die Lütschine. Beide Flüsse aus unterschiedlichen Liefergebieten bauen Deltas in den See vor (Umrisslinien aus Sturm 1976, fig. 9), wobei das der Aare ungleich größer ist und erheblichen Sedimenteintrag in den See verursacht. Dargestellt ist hier der sublakustrine Fächer des Aare-Turbidits TA-1, der auf dem Seeboden (durchgezogene Linie) gradierte Sande und laminierte Schlämme ausbreitet. (Nach Sturm und Matter 1978, figs. 4 und 9)

die Genese klastischer Laminite, eine sehr wichtige Bedeutung. Grobklastische Sedimente entlang des Ufers stammen meist aus durch Wellenschlag aufbereiteten Erosionsprodukten, wohingegen von Flüssen gelieferte Sande und Silte sich zu räumlich begrenzten Seendeltasvor Flussmündungen absetzen, wie beispielsweise je vor der Mündung der Aare und der Lütschine im **Brienzer See,** einem nährstoffarmen (oligotrophen) See im Berner Oberland (Sturm 1976; Sturm und Matter 1978; Sturm und Lotter 1995) (◘ Abb. 3.239). Der Brienzer See ist holomikt und erhält vor allem von der Aare im Frühjahr und Frühsommer erhebliche Mengen Schmelzwasser. Die Sedimente der Aare werden bodennah als turbiditische Trübewolken in einer Unterströmung *(underflow)* in den Tiefwasserraum verbracht. Entlang einer Profilserie vom Delta bis ins Seetiefste zeigt der Schüttungsfächer allmählich geringmächtiger und feinkörniger werdende Sedimente (◘ Abb. 3.240). Die Korngröße in den einzelnen Schüttungsintervallen nimmt entlang ihres Weges deutlich sichtbar ab, was als Ergebnis sich rasch absetzender turbiditischer Lieferungen (entsprechend etwa dem Bouma-A-Intervall, vgl. ► Abschn. 4.4.3) zu werten ist und durch gelegentliche katastrophale Überschwemmungen oder Rutschungen im Uferraum verursacht wird. Bei kleineren

Korngrößen überwiegt der Karbonatgehalt des Feinstdetritus (◘ Abb. 3.241).

Die tonige Schwebfracht wird durch die Temperaturschichtung des Sees vor allem an der vom April bis Oktober stabilen, etwa 25 m mächtigen Sprungschicht als *interflow* suspendiert und so weit in den See hinausgetragen und durch eine entgegen dem Uhrzeigersinn ziehende Strömung über das Seebecken verteilt. Erst bei Temperaturgleichheit und holomikter Mixis im Winter ist die stabile Temperaturschichtung aufgehoben, sodass jetzt die feinkörnige Suspension sedimentieren kann (◘ Abb. 3.242). Dies führt zu einer mixisabhängigen Ablagerung von Feinanteil. Im Gegensatz dazu liefern deltaische Turbidite grob-fein-gradierte Sande, die in distaler Richtung in ungeschichtete Silte übergehen. Die Sedimentation der von der Thermokline suspendierten Feinanteile erzeugt zyklische, von der Jahreszeit abhängige wechselgeschichtete Sedimente, die sich darüber hinaus auch auf morphologischen Hochgebieten im See absetzen können. Dort bilden sie Laminite aus dunklen, eher gröberen Lagen im Frühjahr, Sommer und Herbst, dagegen aus hellen, eher feineren Lagen im Winter (die nun von der Thermokline freigelassen werden). Das Modell des Brienzer Sees gilt ausschließlich nur für diesen, für dessen monomikte Charakteristik und dessen klastische

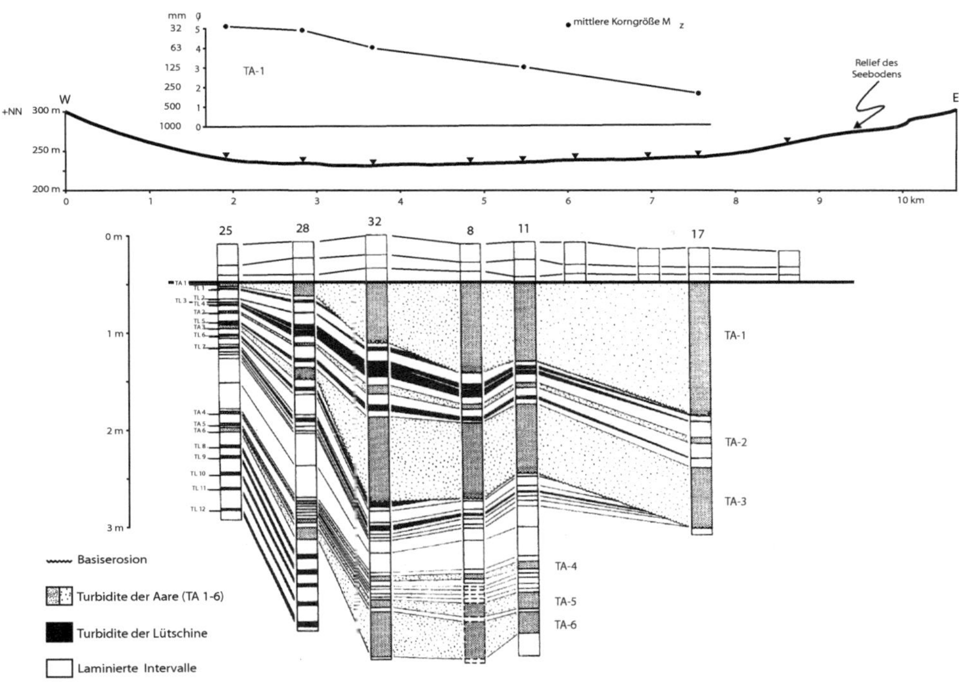

Abb. 3.240 Im Längsprofil des Brienzer Sees gewonnene Kolbenlotkerne zeigen von E nach W die Abnahme der Mächtigkeit der turbiditischen, vom Aare-Delta gelieferten Sande (gepunktet); für eine Korngrößenanalyse ist der oberste Sand TA-1 herausgegriffen. (Nach Sturm und Matter 1978, fig. 7)

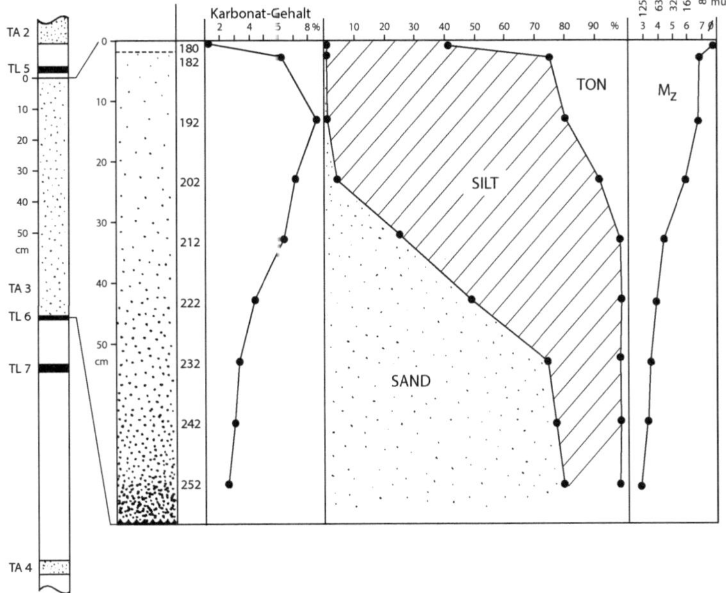

Abb. 3.241 In einem Vertikalprofil aus dem Brienzer See wird der Sedimentinhalt des Kernes 8 dargestellt, hier speziell das Intervall TA-3. Die Korngröße der aus dem Aare-Delta geschütteten turbiditischen Sande nimmt von unten nach oben signifikant ab, der Karbonatgehalt jedoch zu (TA Aare-, TL Lütschine-Turbidite). (Nach Sturm und Matter 1978, fig. 5)

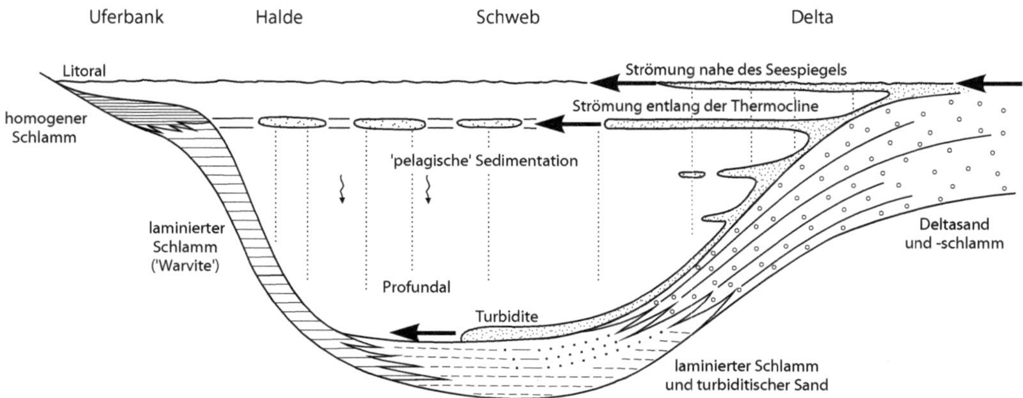

◘ Abb. 3.242   Modell des Sedimenteintrags in den Brienzer See. Schwere, gröberkörnige Suspensionen des Aare-Deltas schichten sich als Turbidite in das Profundal des Sees ein. Die Sedimentation feinkörniger Suspensionen jedoch korrespondiert mit den saisonalen Temperaturzyklen des Wasserkörpers. Die Schwebstoffe werden von der Oberfläche und der stabilen Thermokline des Sees getragen und können erst dann als Laminite sedimentieren, wenn sich im Winter im Wasserkörper eine Temperaturgleichheit einstellt. (Nach Sturm und Matter 1978, fig. 10)

Sedimente aus einem definierten Liefergebiet. Der abgesetzte helle tonige Feinanteil der Sedimente entspricht der Zeit der Temperaturgleichheit im Spätherbst bis Winter, die Silte dagegen sind die ganzjährig eingebrachten distalen Lieferungen des Aare-Deltas. Der Ton ist Kaolinit aus der Gletschertrübe des vereisten Hochalpins und daher hell, die Silte sind dagegen dunkel und kommen aus dem aufgearbeiteten Kristallin des Gotthard-Massivs. Dieses Modell ist verschieden von dem der Bildung klassischer glazigener Warven, die abgesetzten Sedimente sind daher sog. Warvite.

3.5.3 Glazigene Laminite

Zyklisch geschichtete Sedimente in Seen kalter Breiten sind echte glazigene **Warven** und aus rein mineralischen Sedimenten aufgebaut. Es sind die sog. Bändertone, Schmelzwasserabsätze aus stehenden Gewässern entlang von Eisrändern vereister Gebiete (Dean 1981). Die Schichtbildung glazigener Warven in sog. proglazialen Seen (◘ Abb. 3.243) entsteht dadurch, dass die Seen im Winterhalbjahr von Eis bedeckt sind und nur im Sommerhalbjahr

den Sedimenteintrag aus Schmelzwässern aufnehmen. Daher korrelieren hier die hellen Silte und feinerkörnigen Sande mit dem eisfreien und schmelzwasserreichen Sommer, die dunkleren Tone dagegen mit dem Winter, wenn die Seen gefroren sind und unter Eisbedeckung ein sehr langsames Absetzen der suspendierten Pelite stattfindet (Pickerill und Irwin 1983). Dies ist generell gültiges Modell für die Bildung glazigener Warven.

Warven sind feinblättrig wechselgeschichtete Laminite (◘ Abb. 3.244). Deren dunkle Lagen bestehen aus Ton und Feinstdetritus von etwa 0,1 mm Mächtigkeit. Deren helle Lagen sind Silte mit variabler Mächtigkeit von etwa 0,1–1,5 mm, je nach Ort der Bildung aus detritischem Quarz, Feldspat und Glimmer erodierter Moränen bzw. aus anstehendem Gestein. In die Laminite sind verstreut glazigene Diamiktite (*dropstones*) eingelagert, deren Durchmesser bis Faustgröße annehmen und damit ein Mehrfaches der Schichtmächtigkeit besitzen können (◘ Abb. 3.245). Die Gerölle sind auf treibenden Eisschollen aus vereisten Bereichen des Sees herangedriftet und werden bei deren Abschmelzen in die Tiefe entlassen. Die in die feinkörnigen, laminierten Sedimente des Seebodens einschlagenden

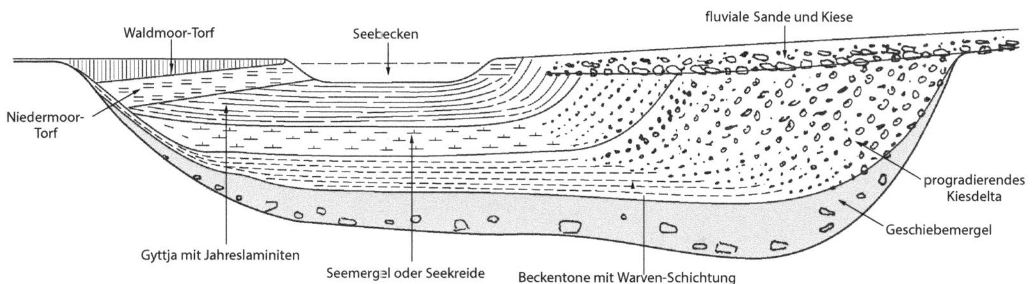

◨ **Abb. 3.243** Modell eines glaziären Schmelzwasserbeckens, das von einem progradierenden Kiesdelta mit Schmelzwasser und Sediment versorgt wurde und seine Entwicklung bis in die Gegenwart dokumentiert. Im Seebecken wurde zuunterst auf dem pleistozänen Geschiebemergel mineralreiches Seesediment, die Beckentone mit Warven-Schichtung, abgelagert. Die Füllung des Sees setzte sich durch die nacheiszeitliche Erwärmung und die Zunahme wärmeliebender lakustriner Vegetation mit der biogenen Ausfällung von Seekreide fort. Der jüngste Abschnitt der Entwicklung des Sees wird aktuell durch den Absatz von Gyttja mit Jahresschichtung vorerst abgeschlossen. (aus Dean 1981; Einsele 2000)

Gesteinsfrachten deformieren diese zum Teil erheblich.

Die Genese der glazigenen Laminite ist vom Gang der Jahreszeiten abhängig: Im Sommer, in Zeiten der Eisfreiheit wird Gletschertrübe in die Schmelzwasserseen gespült. In Abhängigkeit von der Wasserführung und der verfügbaren Sedimentfracht (glazigener Schutt auf Sanderflächen und Moränen) werden die Seebecken mit Sediment gefüllt. Randlich wird an Gilbert-Deltas die Grobfracht abgeliefert, gegen Seemitte setzen sich Beckentone ab (vgl. ◨ Abb. 3.243). Die Beckentone können je nach Ort und Umständen der Bildung überwiegend tonige Sedimente mit nur dünnen Siltbändern sein. Sie können auch (vgl. ◨ Abb. 3.244) eine deutliche Detritus-Vormacht besitzen, vor allem, wenn Eisdrift aus eingefrorenem und wieder freigesetztem Detritus jene Diamiktite bildet. Die gebildeten Warven sind je nach Bildungsort regelmäßig mit gleicher Mächtigkeit ihrer Sedimentlagen aufgebaut. Im Winter, in Zeiten der Eisbedeckung, sind die Schmelzwasserseen verschlossen und der Sedimenteintrag unterbleibt weitgehend. Aus dem Wasserkörper sedimentiert die tonige Feinfracht aufgrund der Kälte entsprechend langsam, sodass die Schichtung der tonigen Absätze sehr gleichförmig wird. Die Schmelzwassertone enthalten detritische Tonminerale wie Kaolinit, Illit und je nach Liefergebiet auch Chlorit. Als Resultat werden Beckentone mit gleichförmiger feinblättriger Wechselschichtung gebildet. Die Beckentone sedimentieren in Bezug auf die Sedimentlieferung in distaler Position des proglazialen Schmelzwasserbeckens, sodass sie feinkörnige und feinschichtige Bildungen sind. Benthonten bzw. deren Lebensspuren fehlen. Ein für Mitteleuropa wichtiges Beispiel fossiler Beckentone ist der Lauenburger Ton, der sich als Schmelzwasserabsatz der Elster-Vereisung in Norddeutschland bildete (Sindowski 1973; Streif 1990; Ehlers 1983; Ehlers et al. 1995). Da er von der nachfolgenden Saale-Eiszeit z. T. erheblich gestaucht wurde, kann er lokal beträchtliche Mächtigkeiten annehmen.

3.5.4 Biogene Karbonate

Im **Untersee** des Bodensees wurde während des Atlanticum, der postglazialen Wärmeperiode etwa 7500–5000 Jahre vor heute, in großen Mengen Seekreide auf den Uferbänken als lakustrines biogenes Kalksediment ausgeschieden (Schäfer 1972, 1973). Der Tiefwasserraum des Sees, das 20–40 m tiefe Profundal, war Ort der Sedimentation von Mergeln. Heute ist die Karbonatproduktion

3

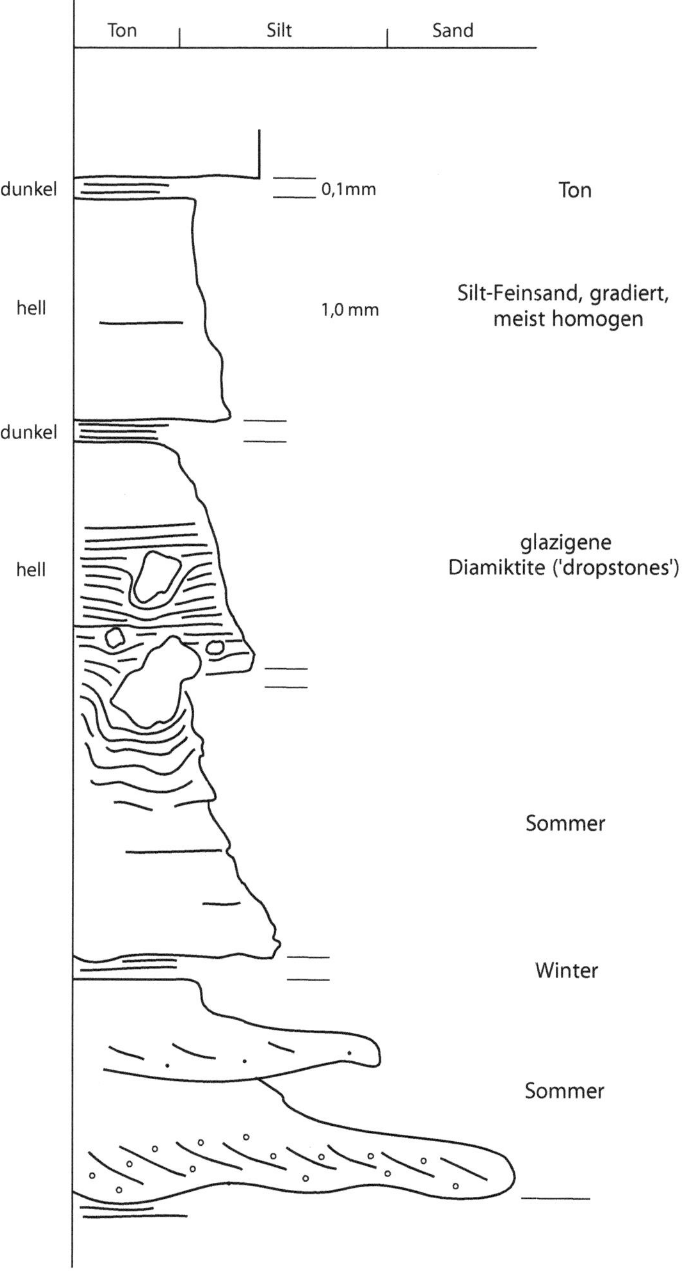

○ **Abb. 3.244**   Warvenschichtung in einem glaziären Schmelzwasserbecken des kalten Klimaraums. Hier verschließt im Winter eine Eisdecke die Seefläche, sodass der gradierte Eintrag von sedimentbeladenen Schmelzwässern unterbunden wird. Es werden dunkle, dünne Winterlagen und helle, dicke Sommerlagen abgesetzt. Die Verteilung der Mächtigkeiten der Sedimentlagen und auch deren mineralischer Inhalt können jedoch örtlich und zeitlich erheblich wechseln. (Eigener Entwurf)

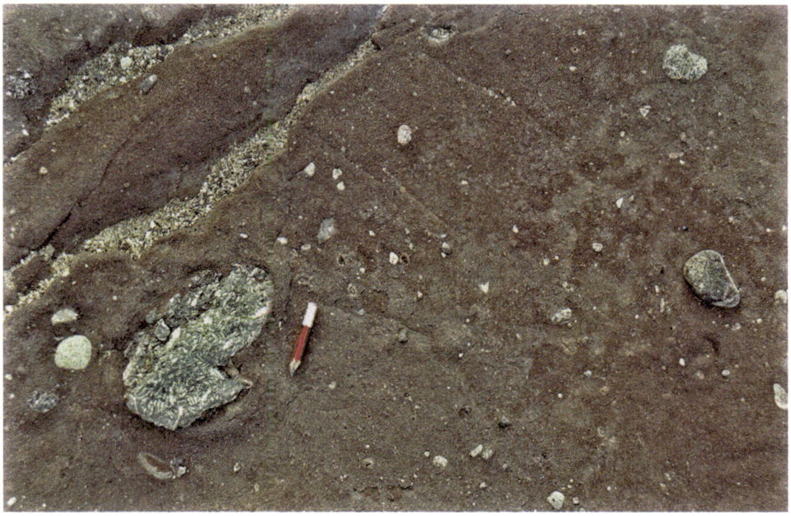

Abb. 3.245 Diamiktit (sog. *dropstone*) aus dem marinen (!) permischen Kaltwasserraum SO-Australiens – durch Drifteis transportierte und bei dessen Schmelzen abgeregnete Gesteinsfragmente im Schlamm der Gewässer. Lakustrine und marine Bildungen sind hier hinsichtlich der Sedimentation erratischen Schutts durchaus vergleichbar (Ulladulla mudstone, Permian, Sydney Basin, Warden Head, Ulladulla NSW; frdl. Hilfe Keith A.W. Crook)

auf den Uferbänken vermindert, und es werden die karbonathaltigen Sedimente und auch Klastika von dort in das Profundal umgelagert, sodass es zu einer Verwischung der ehemaligen faziellen Gegensätze kommt. Doch noch immer ist der See ein eutrophes karbonatisches Sedimentsystem (Müller 1966, 1967, 1968, 1971). Heute findet jedoch biogene Karbonatbildung auf den Uferbänken nachweisbar nur als Ausscheidung von Glanzlaichkraut (*Potamogeton* sp.) und Grünalgen (*Chara* sp.) sowie vor allem Blaugrünalgen (Cyanobakterien) statt (Schäfer 1973b; Schäfer und Stapf 1978). Von jenen sessilen Blaugrünalgen werden lakustrine Onkoide gebildet, die am Bodensee im Volksmund als ‚Schnegglisteine' bezeichnet werden (Abb. 3.246). Die Algen umkrusten Kieselsteine, auch Muschelschalen (*Unio* sp., *Anodonta* sp.) und Schneckengehäuse (*Bythinia* sp.) mit Karbonatkrusten und produzieren echte Onkoide (Pia 1933; Walter 1976; Schäfer und Stapf 1978; Peryt 1981, 1983). Diese können bis zu 30 cm im Durchmesser erreichen (Abb. 3.247) und tragen unterschiedliche, solitäre sowie koloniebildende Blaugrünalgen (Abb. 3.248).

Die Blaugrünalgen bilden schmierige grünliche Oberflächenbezüge auf den sich bildenden Kalkknollen. Durch Fotosynthese aus dem an Bikarbonat reichen Wasser des Bodensees und dem damit verbundenen Verbrauch von CO_2 fällen sie krümelig strukturierte Kalkkrusten um ihre organischen Hüllen herum aus (Schöttle und Müller 1969; Schäfer und Stapf 1978) (Abb. 3.249 und 3.250). Aufgrund unterschiedlich beteiligter und wohl auch jahreszeitlich wechselnder Algenformen sind die ausgefällten Kalkkrusten lagenweise glatt oder tuffig (Schäfer und Stapf 1978) (Abb. 3.251). Auf den Hartgründen siedeln natürlich auch gut sichtbare fädige Grünalgen. Die Zerstörung der Kalkkrusten onkoidischer Bildungen, vor allem der Umkrustungen höherer Pflanzen, auf der äußeren Uferbank durch Wellenschlag sowie die gegenüber dem Atlanticum nur noch untergeordnet stattfindende Fällung von Kalk aus dem Freiwasserraum (Rossknecht 1977; Stabel et al. 1986) schafft sog. „Krümelkalk"

3

(Schöttle und Müller 1969). Dieser ist lagig zu Seekreide *(lake chalk)* aufgeschichtet und bildet ein dauerhaftes karbonatisches Sediment von mindestens 75 % Karbonatgehalt in Flachwasserräumen von Seen. Sie wurde vor allem in räumlichem Zusammenhang mit nacheiszeitlichen Geschiebemergeln gebildet, in denen der reichlich aufbereite Kalkdetritus erheblich bikarbonatreiches Wasser in den Seen verursachte (Schäfer 1973a). Seekreide ist schlecht und undeutlich geschichtet und besteht aus mikritischem Calcit, gelegentlich auch Mikrosparit (◘ Abb. 3.252). Aufgrund der gleichmäßigen Feinkörnigkeit der Sedimente im Profundal des Untersees wird dort schichtungsloser Seemergel *(lake marl)* abgesetzt (Schäfer 1972). Wegen des niedrigen Mg/Ca-Verhältnisses des Bodenseewassers sind alle karbonatischen Bildungen in diesem calcitisch. Vergleichbare Beobachtungen zur Karbonatbildung haben Müller und Sigl (1977) und Müller et al. (1977) im Ammersee sowie Schröder und Schneider (1979, 1980) im Attersee gemacht.

Der **Plattensee** (Balaton) in Ungarn besitzt aufgrund seiner morphometrischen Gegebenheiten ein recht kleines Hypolimnion, andererseits hat er in seinem Epilimnion

◘ **Abb. 3.247**   Die Schnegglisteine des Untersees sind Bildungen von Blaugrünalgen, die Hartteile wie Steine, Muscheln und Schnecken mit aus dem Wasser gefälltem Kalk umkrusten. Sie sind echte Onkoide

❑ **Abb. 3.248**   Die Schnegglisteine des Bodensees sind morphologisch recht unterschiedlich und haben glatte oder tuffige Oberflächen. Unter günstigen Bedingungen und bei längeren Umlagerungspausen können sie zu echten Stromatolithen verwachsen. Auf ihrer tuffigen Oberfläche siedeln langfädige Grünalgen, auch nutzen Muscheln mit Byssusfäden das feste Substrat

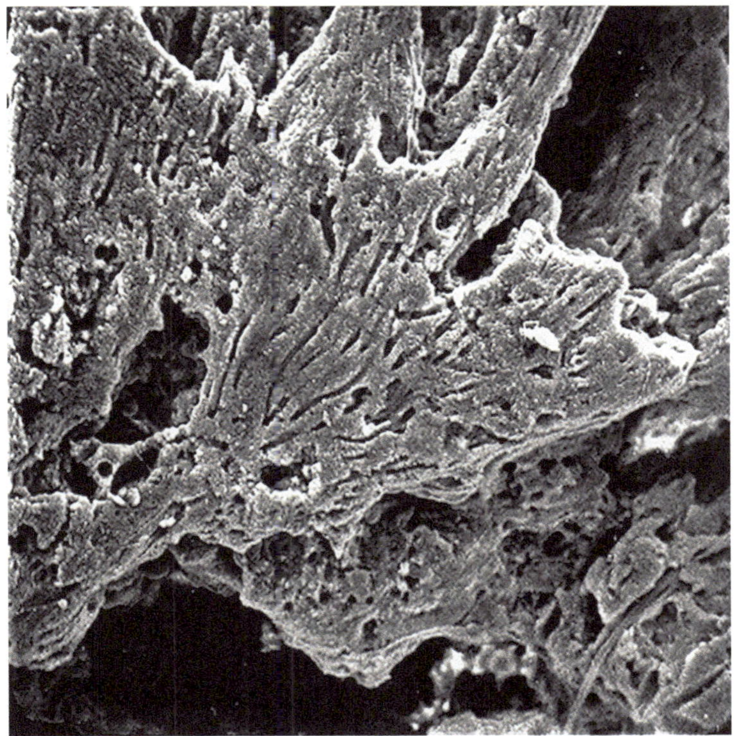

❑ **Abb. 3.249**   Das Scan der mit Epoxyharz verfestigten und angeschliffenen Algenkalkoberfläche zeigt Wuchsformen von Phormidium-Calothrix/Dichothrix als Geflecht von divergierenden Röhren, in denen sich ehedem Algenfäden befanden. Diese Kolonie von Baugrünalgen (Cyanobakterien) fällte durch ihre Assimilation den sie umkrustenden Kalk (Bilddiagonale 410 µm; Schäfer und Stapf 1978)

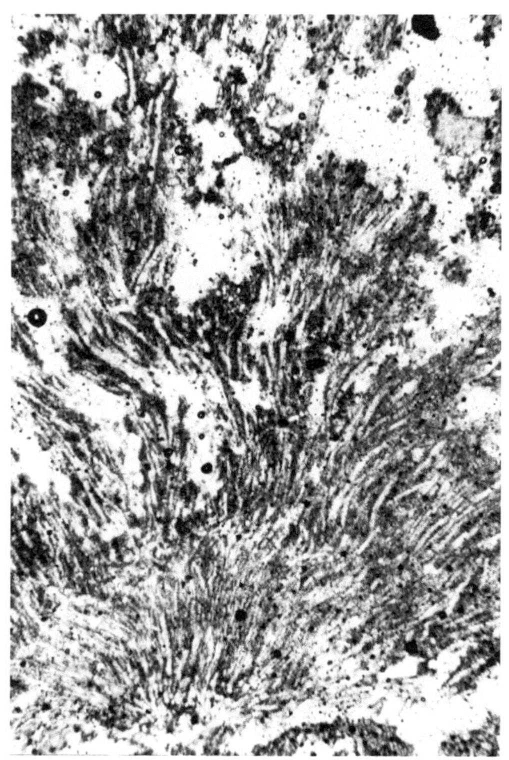

◘ Abb. 3.250 Dünnschliff von einer der sehr verschiedenartigen Wuchsformen von Blaugrünalgen in den Onkoiden. Diese gehört zur Gruppe Phormidium-Calothrix/Dichothrix (Bildhöhe ist 1,3 mm; Schäfer und Stapf 1978)

eine hohe Bioproduktivität (Müller und Wagner 1978). In diesem nährstoffreichen, eutrophen See hinterlässt die sommerliche Algenblüte ein wichtiges sedimentäres Signal. Aufgrund des hohen Bikarbonatgehaltes des vom Flüsschen Zala aus karbonatischen Gesteinen der Ostalpen zuströmenden Wassers vermögen die im sonnendurchfluteten Oberflächenwässer des Balaton flottierenden Algen reichlich Calcit zu fällen. Die Calcitkristalle in der Größe von wenigen μm werden entlang des Sees – weg von der Flussmündung – durch das steigende Mg/Ca-Verhältnis des Balaton-Wassers zunehmend als Hoch-Mg-Calcit gebildet. Darüber hinaus finden sich in einiger Tiefe im Sediment des

Seebodens (variabel zwischen 1 und 2 m) aus der Zeit von 3000 und 5000 Jahren vor heute zwei dünne Lagen Proto-Dolomit. Dieser hatte sich während Zeiten höherer Temperaturen im Atlanticum und der damit verbundenen Einengung des Seewasserkörpers aus dem Hoch-Mg-Calcit diagenetisch umgebildet (das Mg/Ca-Verhältnis wird hierfür mit etwa 7 angenommen). Bei echten salinaren Verhältnissen, wie sie beispielsweise im Toten Meer herrschen (siehe ▸ Abschn. 3.4.8), hätte ab einem Mg/Ca-Verhältnis von 12 Aragonit präzipitieren können (Müller et al. 1972); dieser wurde jedoch im Balaton nicht angetroffen. Auch konnte in den feinkörnigen, kalkreichen Mergeln des Balaton eine Feinschichtung nicht beobachtet werden.

3.5.5 Lakustrine Deltas

Werden suspendierte fluviale Frachten in einen Süßwassersee transportiert, sind die eingebrachten Sedimentsuspensionen immer dichter und schwerer als das Wasser des Sees (hyperpycnisch; Bates 1953, vgl. ◘ Abb. 4.2), und es werden in diesem typische lakustrine Deltas gebildet. Die fluvialen Frachten bekommen am Uferrelief des Seebeckens schnell Grundberührung und bauen Schüttungskörper mit etwa 6° Hangneigung auf (◘ Abb. 3.253). Die Suspensionswolke zieht unmittelbar an der Deltafront in die Tiefe des Seebeckens und läuft auf dessen Bodenrelief allmählich aus (Adams et al. 2001). Meist sind lakustrine Deltas kleinere *crevasse*-Deltas in flussbegleitenden Flutbecken mäandrierender Flussläufe. Vor allem anastomosierende Flüsse besitzen aufgrund des überwiegend vertikalen Aufwuchses ihrer Alluvialebene reichlich Gelegenheit zur Deltabildung im Zusammenhang mit häufigem Bruch der hoch anwachsenden Uferdämme (Smith und Smith 1980; King und Martini 1984; Flores und Hanley 1984; Smith 1986; Makaske 2001). Es besteht keine Notwendigkeit, sie zu systematisieren wie im Falle mariner Deltas, denn der Seespiegel ist weitgehend

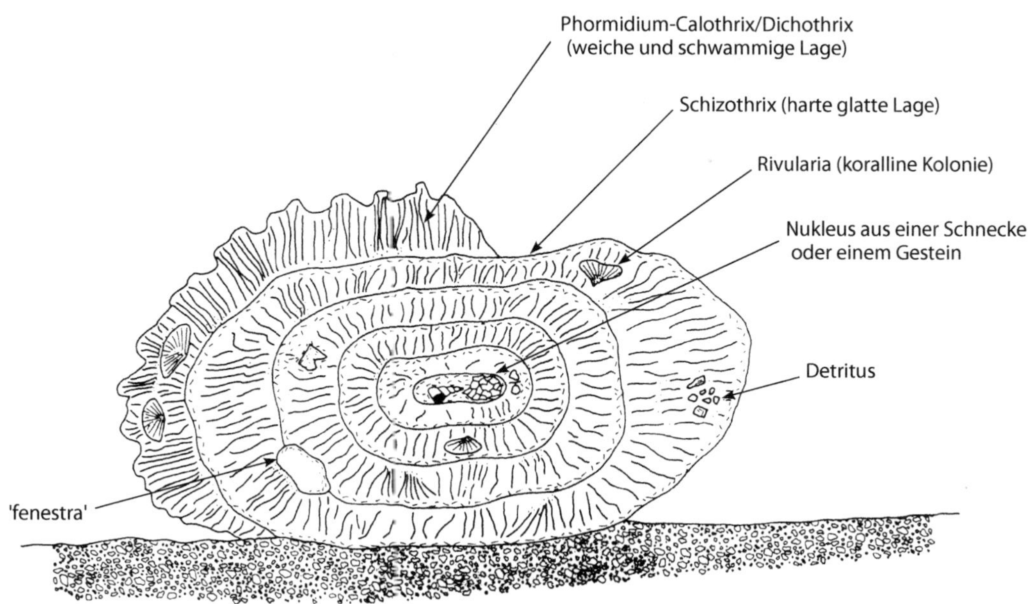

☐ Abb. 3.251 Algen-Onkoide entlang der Seerhein-Rinne im Untersee des Bodensees können bis 30 cm im Durchmesser annehmen. Ihre Textur kann tuffig weich und porös oder glatt und hart sein. Letztere sind auch kleiner, bis etwa 10 cm im Durchmesser, meist jedoch um 5 cm. Im Zentrum befinden sich Hartteile wie Steine oder auch Muscheln und Schnecken (daher regional der Name ‚Schnegglistein'). Ihre unterschiedliche Form und Textur wird durch die verschiedenen Algengemeinschaften gebildet, die den Onkoid aktuell besiedeln. (Aus Schäfer und Stapf 1978, fig. 22)

stabil und Sediment versetzender Seegang fehlt. Stattdessen ist der fluviale Eintrag meist heftig und dominiert die lakustrine Sedimentation erheblich. Es formen sich gut interpretierbare Profile mit Kornvergröberungstendenz (☐ Abb. 3.254). Auch ist die Mündungsbarre deutlich ausgebildet, jedoch in ihrer Größe eher begrenzt (Farquharson 1982). Die Untersuchung des Süßwasserdeltas der Rhône im Genfer See durch Forel (1885, 1888) setzte bereits im 19. Jahrhundert einen ersten Maßstab (siehe unten). In sehr viel jüngerer Zeit berichteten Gustavson et al. (1975), Rast und Schäfer (1978), Surdam und Stanley (1979, 1980), Singh (1982), Haszeldine (1984), Tye und Coleman (1989), Glover und Obeirne (1994), Lemons und Chan (1999), Johnson und Graham (2004), Rajchl et al. (2008), Abels et al. (2009), Fidolini und Ghinassi (2016), Mtelela et al. (2016), Normandeau et al. (2016), Ambrosetti et al. (2016) über sehr verschiedene lakustrine Deltas.

Bohrungen und die Verwendung von Bodenradar in rezenten Seen der New-England-Staaten (USA) lassen Arcone (2017) annehmen, dass turbiditische Sedimentation die Seehalde mehrfach als Weg in die Tiefe des Sees nutzen kann, ohne Ablagerungen zu hinterlassen. Andererseits weist ein See auch Spuren von durch Seendeltas angelegten Kanälen oder von Rutschungen auf, die durch episodische Stürme verursacht wurden. Über tief gelegene lakustrine Turbiditfächer berichteten Dodd et al. (2018) aus dem unterkretazischen North Falkland Basin im Südatlantik. In diesem werden gute Speichereigenschaften für Erdöl vermutet, sodass eine umfangreicher Erkundung mit Hilfe industrieller Seismik und Bohrungen vorhanden ist.

3

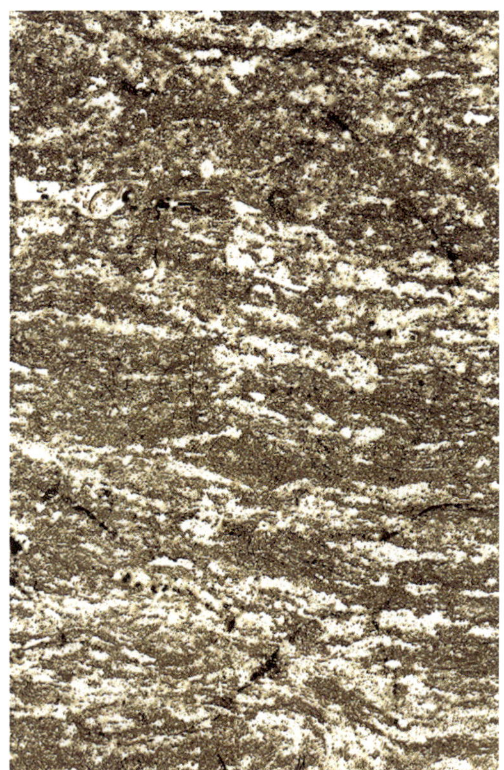

3.5.5.1 Gilbert-Deltas

Ist der Eintrag von fluvialen Sedimenten in einen See grobkörnig und dicht, bilden sich bevorzugt Gilbert-Deltas (Gilbert 1885). Diese sind recht häufig, wenn sie auch recht ungewöhnliche Bildungen sind (vgl. Abb. 3.260). Ein hinsichtlich Dimension und Sandigkeit dem Alpenrhein-Delta im Bodensee (s. u.) sehr ähnliches Gilbert-Delta beschreiben Stanley und Surdam (1978) aus der eozänen Green River Formation des Washakie Basin in Wyoming. Hier fallen die *delta foresets* mit etwa 20° ein und laufen gegen das *bottomset* mit etwa 3° aus. Die abgelagerten Sedimente sind vor allem feinsandig bis siltig, wobei die individuellen *fining-up*-Horizonte eine Mächtigkeit von etwa 1 dm besitzen; diese bestehen aus gerippelten, gefolgt von parallel geschichteten Feinsanden und abgeschlossen von laminierten Silten. Die deltaischen Sequenzen sind in der Größenordnung von etwa einem halben Meter; die *coarsening-up foresets* haben eine Größenordnung von 10 m. Die Autoren nehmen eine Wassertiefe von maximal 25 m an. Der heterogene Aufbau lakustriner Deltas lässt deren Sandsteine auch als Erdölreservoir interessant erscheinen (Moore et al. 2012). Die genannten fossilen Fallstudien aus dem Green River Basin gleichen in mancher Hinsicht den Beobachtungen von Förstner et al. (1968) und Müller und Förstner (1968) am Alpenrhein-Delta, wenn auch deren Erkenntnisse ausschließlich mithilfe von Kolbenlotkernen gewonnen werden mussten (siehe unten). Auch war der Niveauunterschied zwischen dem fluvialen Tributär Alpenrhein und dem Seeboden im Bodensee mit an die 250 m deutlich größer als für die Seebecken im Green River Basin angenommen werden muss.

In diese Kategorie von Deltas gehört ebenfalls das von Singh (1982) sehr ausführlich beschriebene Beispiel des Karewa Basin in Kashmir, wenn es auch sehr viel kleiner ist.

Ein mithilfe von Bodenradar untersuchtes rezentes Beispiel eines Gilbert-Deltas beschreiben Smith und Jol (1997) aus dem Banff National Park in Kanada. Sohn et al. (1997) erweitern mit ihrem marinen Beispiel aus dem miozänen Phang-Becken von Südkorea die Korngrößenskala bis zu Konglomeraten. Hinsichtlich seiner Schichtbildung hat dieses gut untersuchte Beispiel Ähnlichkeit mit dem in ▶ Abschn. 3.1.2 erwähnten Gilbert-Delta aus dem Pleistozän der Südvogesen (vgl. Abb. 3.39).

Ein solches Gilbert-Delta baut auch die Tiroler Achen – von Süden aus den Alpen kommend – in den Chiemsee vor (▶ Abschn. 3.1.2). Dessen Deltaplattform zeigt die Verzweigungen des Flusslaufs und deren Abtauchen in den Seekörper quasi modellhaft (vgl. Abb. 3.44).

□ Abb. 3.253 Blockmodell eines Süßwasserdeltas. Die fluviale Suspension eilt mit Bodenberührung die Deltafront hinab in den See hinein (Schäfer 1985)

Vor allem an Eisrandlagen finden hochdichte Feststofftransporte statt, sodass hier reichlich Bodenfracht zustande kommt; daher sind gerade Kaltwassersysteme für die Bildung von Gilbert-Deltas gut geeignet (Lonne et al. 2001).

Allen Gilbert-Deltas gemeinsam sind die zur Deltastirn parallelen *foresets,* die vom Top des Deltas als schräg geneigte Lagen bis zu dessen Fuß hinabziehen, so, wie dies Gilbert (1885) definierte.

3.5.5.2 Alpenrhein-Delta

Der **Obersee** des Bodensees ist aufgrund des intensiven Sedimenteintrages des Alpenrheins ein klastisches Sedimentsystem. Der Alpenrhein mündet heute bei Bregenz in den Obersee und verlässt ihn als Seerhein in den Untersee (Müller 1966, 1967, 1968, 1971). Der 250 m tiefe Obersee (□ Abb. 3.255) hat aufgrund seiner günstigen Morphometrie genügend sauerstoffreiches Tiefenwasser zur Verfügung, um den Abbau organischer Substanz zu gewährleisten, und ist daher oligotroph. Biogene Karbonatproduktion findet auf den Uferbänken nur in geringem Umfang statt.

Die Sedimentverteilung der beiden Bodensee-Becken ist in □ Abb. 3.256 dargestellt (Müller 1966). Der Lauf des Alten Rheins in den südöstlichen Bodensee-Obersee war bis 1905 aktiv gewesen. Dessen Delta am Rheinspitz war reich gegliedert, zeigt auch heute noch in seinem Unterwasserteil eine tief in die Deltastirn eingeschnittene Rinne (□ Abb. 3.257).

Diese gleicht in ihrer Morphologie derjenigen, die von Forel (1885, 1888), Houbolt und Jonker (1968) und Silva et al. (2018) aus dem Rhône-Delta im Genfer See beschrieben wurde: die vom Fluss gelieferten Suspensionen werden durch eine morphologisch markante Rinne zum Seeboden hinunter geführt.

In einem Kolbenlotkern vom Grund des Bodensee-Obersees finden sich, wenig außerhalb vor dem Rheinspitz-Delta, cm-mächtige *fining-up*-gradierte Rhythmite (□ Abb. 3.258), die offenbar noch aus der Zeit dieses ehemaligen Deltas stammen. Demgegenüber beschreibt Reineck (1974) aus dem zentralen Becken, etwa in 220 m Wassertiefe in Seemitte vor dem Rheinspitz, dass in einem der Kolbenlot-Kernprofile (vgl. Karte

3

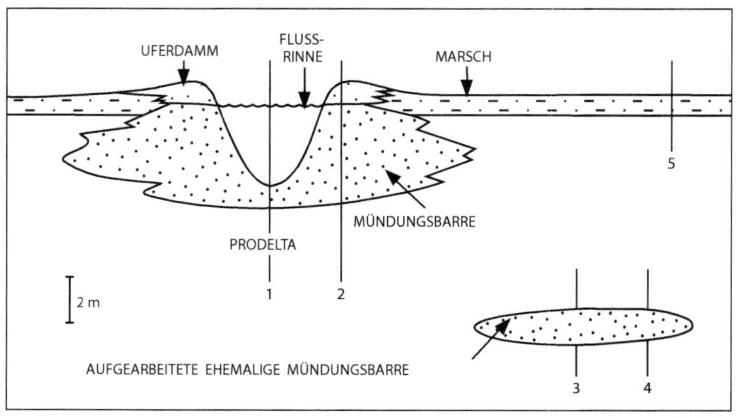

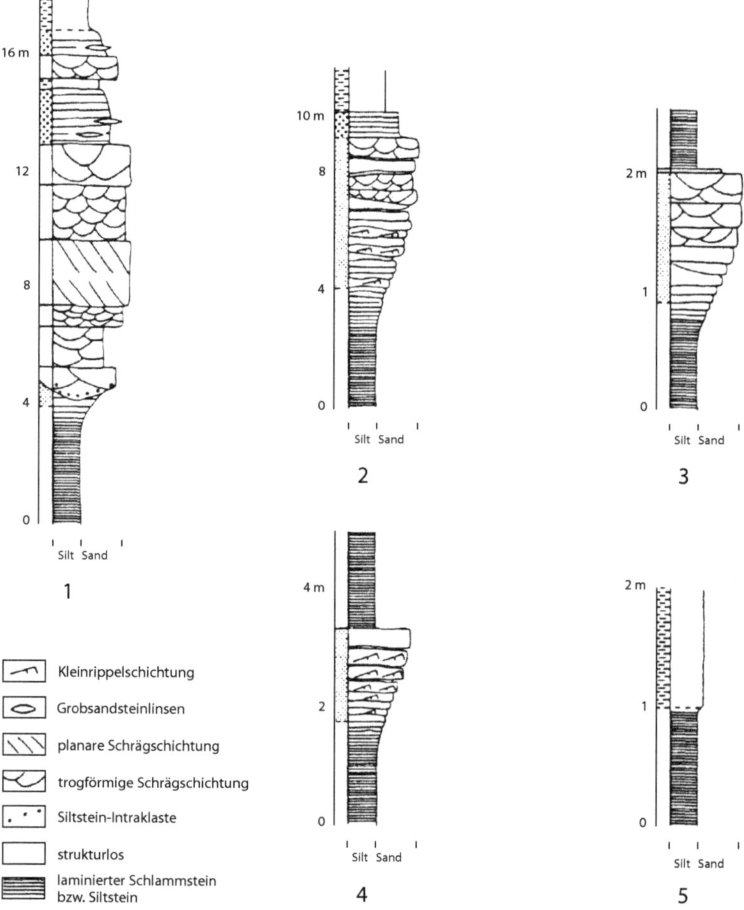

◘ Abb. 3.254   Beispiel einer Deltafront aus frühkretazischen Schichten in der NW-Antarktis; hyperpycnische Sedimentation lakustriner Bildungen. (Nach Farquharson 1982, fig. 6 und 5)

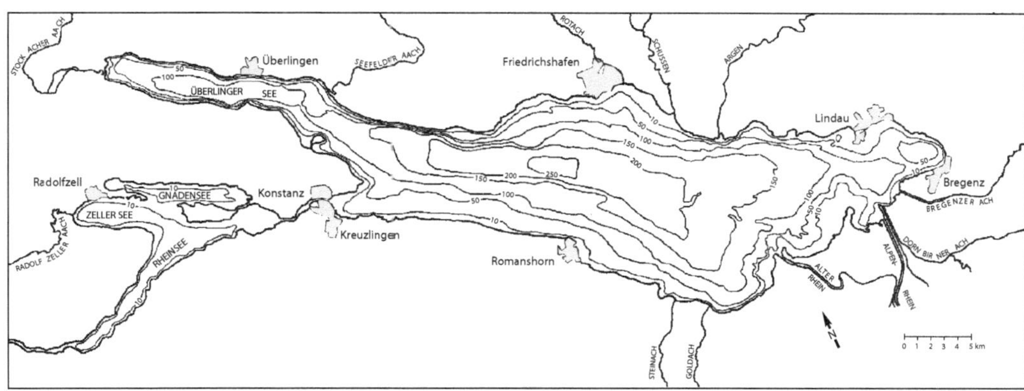

 Der Bodensee ist ein durch Gletschererosion in den tertiären Untergrund eingetieftes Seebecken. Der große Obersee ist ein 250 m tiefes, monomiktes und oligotrophes Gewässer, der kleinere Untersee
ist ein 40 m tiefes, dimiktes und eutrophes Gewässer. Die Bikarbonathärte des Seenwassers ist hinreichend hoch,
um neben dem bedeutenden Eintrag klastischer Sedimente durch den Alpenrhein bei Bregenz eine biogene
Ausfällung von Calcit in Form von Onkoiden, Kalkkrusten und Seekreide auf der Uferbank vor allem des Untersees zu erlauben (Müller 1966, 1967, 1971; Schäfer 1972, 1973; Rossknecht 1977; Schäfer und Stapf 1978)

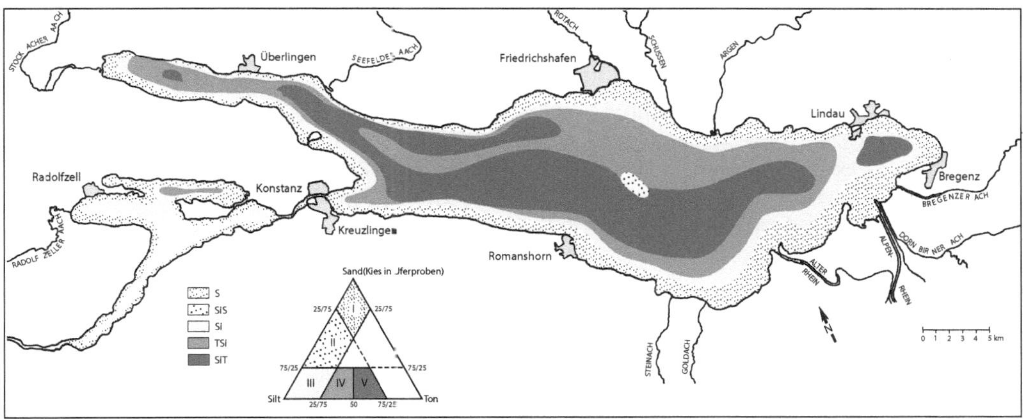

◨ **Abb. 3.256**   Die Sedimentverteilung der beiden Seen des Bodensees ist aufgrund von Wassertiefe, Sedimenteintrag, biogener Karbonatproduktion und Trophie individuell verschieden (Müller 1966, fig. 4)

der Sedimentverteilung in ◨ Abb. 3.256) in
einer Profiltiefe von 24–190 cm massiver,
schichtungsloser Sand mit blasiger Struktur
und von 190–206 cm Sand mit vier Schlammlagen angetroffen wurde. Außerhalb dieses
anomalen Sandareals bilden sich auf dem
Seeboden aus der Schwebfracht lediglich
mm-dünne Laminite, die als distale Lieferungen aus dem heutigen Delta des Alpenrheins
bei Bregenz angesehen werden (Reineck
1974). Die Sande weisen auf Ferntransport

von Sedimenten in das tiefe Seebecken hin,
ähnlich der vom Aare-Delta beschriebenen
Anlieferung turbiditischer Sande in die Tiefe
des Brienzer Sees (Sturm und Matter 1978).

In einem technischen Großprojekt wurde
1905 der Rheinlauf in eine begradigte Strecke
parallel zur Dornbirner Ach umgelegt. Seit
dieser Zeit schüttet der (neue) Alpenrhein
mit hoher Transportleistung in die Fussacher
Bucht (Förstner et al. 1968). Der Alpenrhein
liefert reichlich Silici- und Karbonatklastika

3

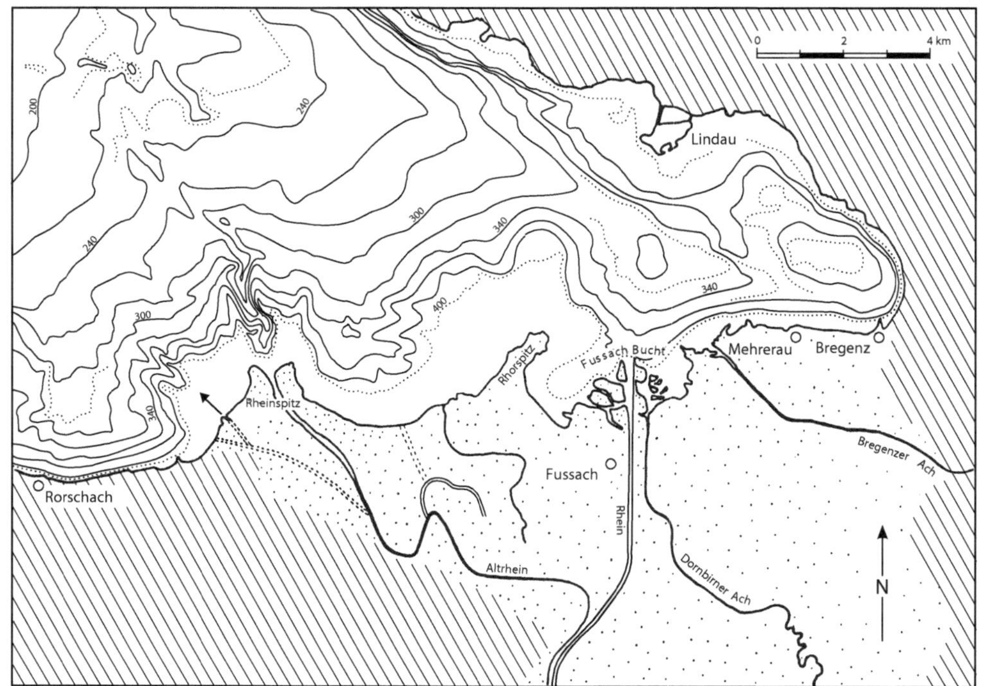

◘ Abb. 3.257   Die Karte des Alpenrhein-Deltas zeigt die verschiedenen Unterwassermorphologien beider Deltazungen im Obersee. Der Alte Rhein hatte bis 1905 ein umfangreiches lakustrines Delta mit einer zentralen Rinne angelegt. Der (neue) Alpenrhein dagegen liefert in die Fussacher Bucht ungleich viel mehr Sedimente, sodass sich ein richtiges Gilbert-Delta vergleichsweise schnell vorbaut. Spezifische Strombaukorrekturen sorgen heute dafür, dass die Sedimente nur zu einem geringen Teil in die Bregenzer Bucht gelangen. (Förstner et al. 1968, Abb. 1)

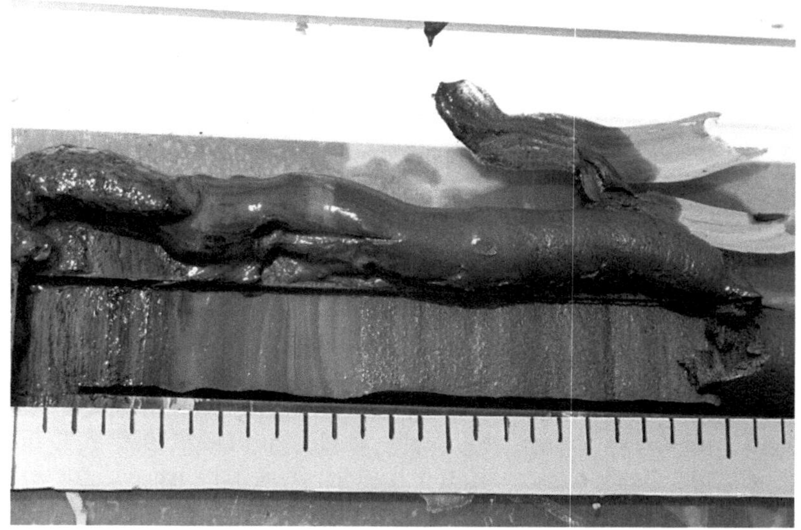

◘ Abb. 3.258   Kolbenlotkern vor dem Rheinspitz-Delta (links ist unten; Maßstab in cm). Gut sichtbar sind die hellen Grobsilte mit scharfer Basis aus der Anlieferung des Alten Rheins, die sich zu dunklen Feinsilten und Tonen der Schwebsedimentation verfeinern. (Foto anlässlich einer Befahrung mit der INQUA 1973)

aus den Alpen und baut seit seiner Verlegung in die Fussacher Bucht ein neues Delta in den Obersee vor. Dessen Transportleistung ist ungleich größer als die des alten Rheinspitz-Deltas.

Das heutige Alpenrhein-Delta des Bodensee-Obersees ist ein typisches Seendelta mit steiler Deltastirn (❏ Abb. 3.259). Es ist jedoch durch strombautechnische Maßnahmen in seiner natürlichen Gestaltung reguliert. Der Sedimenteintrag vollzieht sich rasch, die Boden- und Suspensionsfracht erreicht im geradeaus kanalisierten Lauf des Alpenrheins die Küstenlinie des Obersees und schüttet vor dieser eine weit ausgedehnte Deltaplattform auf. Nach etwa 100 m vor der Deltastirn – am „Rheinbrech" – taucht das mit Sediment beladene Wasser steil in die Tiefe des Bodensees ab. Aufgrund der beständigen und heftigen Sedimentanlieferung baut sich eine reiche, bodennahe Sedimentfracht als steiler Schüttungskegel in der Form eines schnell progradierenden Gilbert-Deltas (mit homopycnischer Charakteristik, ❏ Abb. 3.260; Bates 1953; Wright 1977) in den Freiwasserraum des Obersees vor. Es ist anzunehmen, dass die Sedimente der Deltastirn von der Deltaplattform bis in den Faziesraum Prodelta durchgehende Lagen bilden, wie dies bei Gilbert-Deltas üblich ist. Nach der Tiefenlinienkarte hat sich keine Rinne in die Deltastirn eingeschnitten. Dazu ist das System von Menschenhand zu sehr kontrolliert, die durch Strombaumaßnahmen für gleichmäßigen Sedimentaufbau sorgt (❏ Abb. 3.261).

3.5.6 **Maarseen**

Die Schichtbildung in den Maarseen der Vulkaneifel (z. B. dem **Meerfelder Maar;** ❏ Abb. 3.262) (Hansen et al. 1980; Irion und Negendank 1984; Juvigné et al. 1988; Zolitschka 1989; Neuffer et al. 1994) ist dadurch außergewöhnlich, dass die Seen im jüngeren Pleistozän nach phreatomagmatische Explosionen als Kraterseen entstanden sind. Sie besitzen als Trichterfüllungen

eine recht kleine Oberfläche, dafür jedoch einen vergleichsweise großen Tiefenwasserkörper. Sie sind heute mesotroph (im Übergang von oligotroph zu eutroph) und zeichnen sich durch im Wesentlichen feinkörnig-klastische Sedimentation umgelagerter Tuffe aus den Ringwällen und der unmittelbaren Umgebung aus; es wird **Gyttja** (feinkörniger mineralreicher lakustriner Schlamm) sedimentiert. Überdeutlich jedoch war in älteren holozänen Sedimenten das biogene Signal, sodass sich jahreszeitlich gesteuerte Warvite bilden konnten (❏ Abb. 3.263). Nach Untersuchungen der Maarsedimente durch Zolitschka (1989) wurde im Vorfrühling Chrysophyceengyttja abgelagert, im Frühling und Sommer Diatomeengyttja, im Herbst an Vivianit reiche organische Substanz. Im Winter fand klastischer Eintrag von Silt und Ton statt (❏ Abb. 3.264). Die in diesen Sedimenten durchgeführten Warvenzählungen datierten den Laacher-See-Tuff bei 11.160 ± 120 Jahren vor heute (das radiometrische Alter des Tuffs liegt bei 11.000 bis 11.400 Jahre vor heute). Da sich die Maare außerhalb der Vereisungsgebiete Europas befinden, wird von Zolitschka (1989) der Vorschlag gemacht, diesen Schichtungstyp als periglaziale Warven zu bezeichnen.

3.5.6.1 **Der See von Messel**

Maarseen sind an vielen Stellen der Welt entstanden (Lindqvist und Daphne 2009; Ebinghaus et al. 2017). Auch der See von Messel im nördlichen Odenwald, bislang als Lagerstätte für eozäne Faunen und Floren in die Erforschung eingegangen, hat sich inzwischen als lakustrine Füllung eines Maartrichters erwiesen (Felder et al. 2001; Nix und Felder 2002; Rabenstein 2002; Schulz et al. 2002; Schaal et al. 2018).

Bislang war angenommen worden, dass der See von Messel im Eozän im Bruchschollengebiet des nördlichen Odenwaldes entstanden sei, das sich zu Beginn der Absenkung des Oberrheingrabens bildete (Mauthe et al. 1993; Plein 1993; Ziegler 1992; Wuttke 1997; Sissingh 1998). Heute ist es gesichert, dass der See von

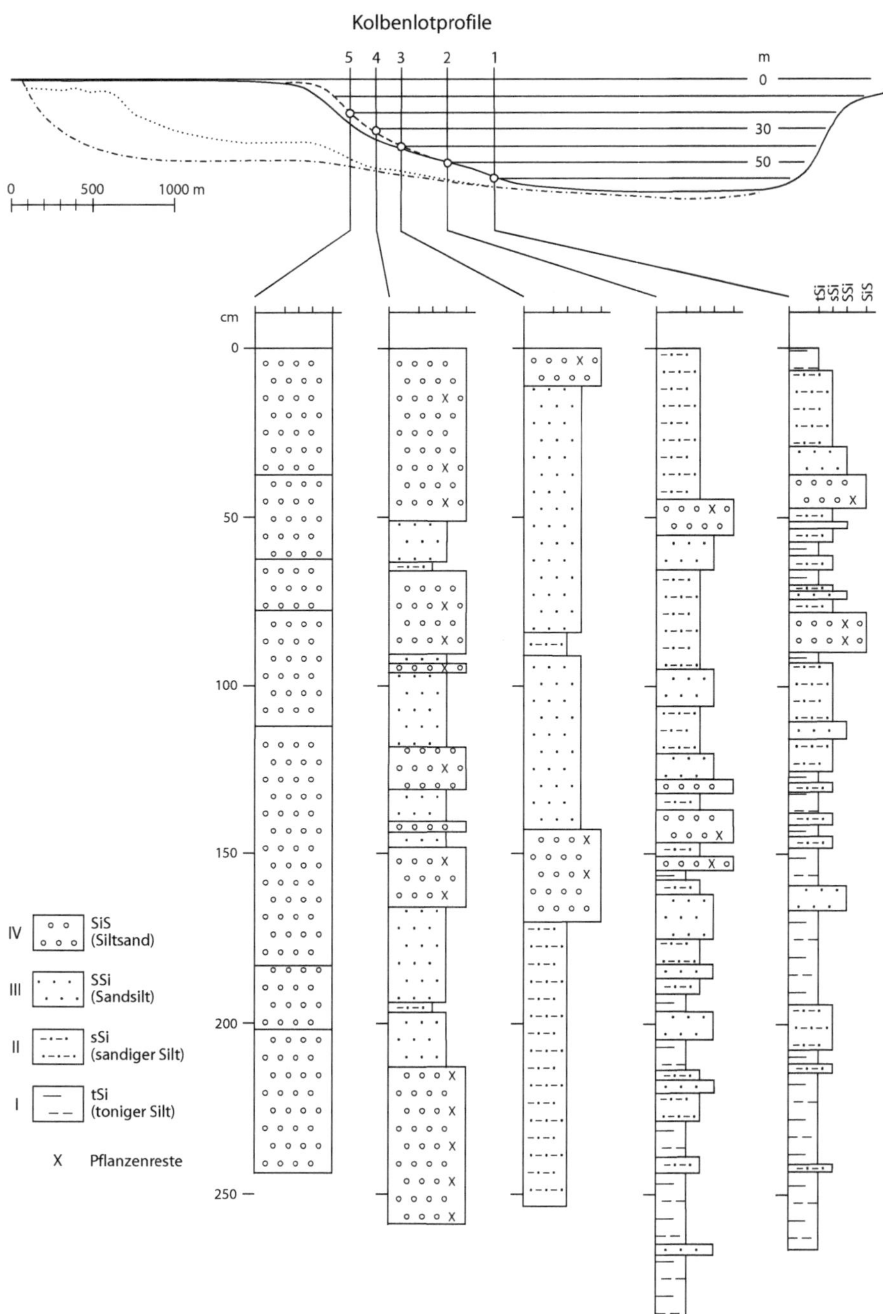

◻ **Abb. 3.259** Profilschnitt durch das Alpenrhein-Delta, dessen Sedimentinhalt durch Kolbenlotkerne von der mittleren bis zur tieferen Deltastirn dokumentiert ist. Deren Hangwinkel ist annähernd in natürlicher Neigung dargestellt. Das proximale Profil 5 zeigt noch durchgehend massiven Sand, wohingegen das distale Profil 1 vollständig in Sand- und Siltlagen aufgelöst ist. Von proximal nach distal sind in die Sande zunehmend Pflanzenreste eingelagert. (Förstner et al. 1968; umgezeichnet)

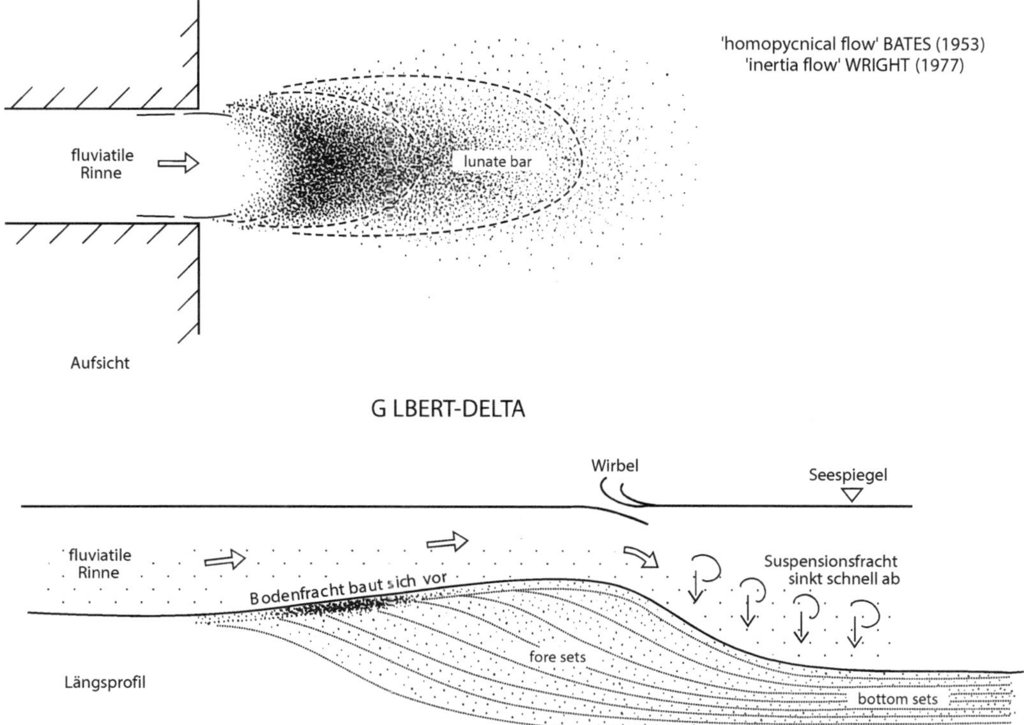

■ **Abb. 3.260**   Ein Gilbert-Delta schüttet unter intensiver Mischung mit Sediment beladenes Wasser steil die Deltafront hinab. Das eingebrachte Alpenrhein-Wasser hat dieselbe Dichte wie das Bodensee-Wasser (es ist homopycnisch; Bates 1953); aufgrund heftiger Durchmischung wird die axiale, im Flusslauf suspendierte Sedimentwolke schnell an der Deltastirn abgesetzt. (Nach Boggs 1995, fig. 11.7, aus Wright 1977). Der Wirbel, den die abtauchende Trübstoffwolke bildet, wird am Bodensee „Rheinbrech" genannt; dieser bildet eine markante Linie auf der Seeoberfläche

Messel phreatomagmatischen Ursprungs war (Jacoby et al. 2000; Liebig 2001; Schulz et al. 2002; Harms et al. 2003; Buness et al. 2003). Die ursprüngliche Dimension des Sees ist nur unzureichend abzuschätzen, da von diesem nur der zentrale Teil erhalten geblieben ist (Fläche des ehem. Tagebaues 1000 × 700 m, dessen Tiefe etwa 70 m). Zumindest lässt sich ein See mit deutlich mehr als 1 km Durchmesser annehmen, in dem außer pelitischen Laminiten sich auch gröbere, vor allem von den randlichen Flachwassergebieten abgerutschte Klastika sich beteiligten (Weber und Hofmann 1982; Reineck und Weber 1983; Liebig 2001). Die Uferrandgebiete wurden in nacheozäner Zeit erodiert. Wegen der Lage Mitteleuropas in etwa 30° nördlicher Breite zur Zeit des Eozäns

lag der See von Messel vergleichsweise in einem südmediterranen Raum. Dies führte zu einer Jahreszeitenvariation mit heißen Sommern und milden Wintern. Aufgrund seiner reichen Bioproduktion war der See eutroph. Da Karbonatgesteine im Odenwald nicht vorhanden sind, fehlt dem See auch eine Produktion von biogenem Karbonat. Jedoch bildete sich – offenbar im Sommer – als Produkt der Diagenese der herrschenden eutrophen Bedingungen im pelitischen Seensediment Siderit ($FeCO_3$) (Irion 1977). Vulkanische Aschen und Fragmente (Liebig 2001) haben sich diagenetisch partiell zu Smectit-Tonmineralen umgewandelt (Kubanek et al. 1988). Das Sediment ist im Wechsel von organischer Substanz und feinklastischen Sedimenten rhythmisch

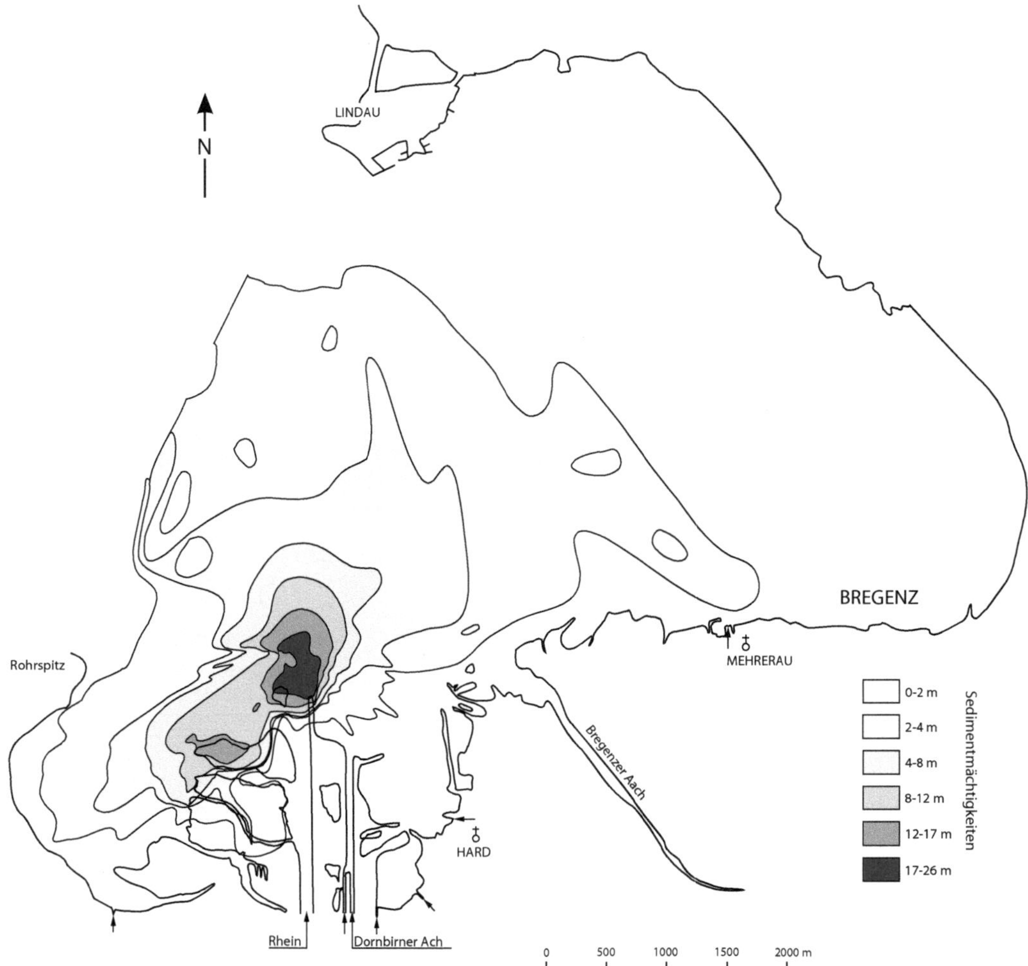

❑ Abb. 3.261   Das Alpenrhein-Delta baut sich aufgrund der Strombaukorrektur seit 1905 schnell gegen den Bodensee vor. Die Karte der Sedimentmächtigkeiten aus dem Jahre 1961 zeigt einen maximalen Absatz von Sand unmittelbar vor der Mündung des Alpenrhein-Kanals. Allein schon dieses proximale Verteilungsmuster legt die Anlage eines Gilbert-Deltas nahe. (Förstner et al. 1968, fig. 5)

geschichtet, bildet häufig 0,1 mm mächtige Rhythmite. Deren Zyklizität diskutierten El Bay et al. (2001). Die organische Substanz besteht aufgrund der hohen Bioproduktivität des Epilimnions im Wesentlichen aus abgestorbenen Algen *(Botrycoccaceae)*, sodass sich ein Algensapropel mit annähernd 30 % organischer Substanz bilden konnte (❑ Abb. 3.265). Dies führte durch die sauerstoffarmen Bedingungen im Hypolimnion zur Bildung von Kerogen, sodass das Gestein der Kategorie der Erdölmuttergesteine zuzuordnen ist (Jankowski und Littke 1986; Robinson et al. 1989; Schuler 1990; Sittler und Olivier-Pierre 1994). Der Ölschiefer des Typs Messelit ist jedoch kein tektonischer Schiefer, sondern ein feingeschichteter und etwa 140 m mächtiger Tonstein. Dieser wird als Algenlaminit definiert (Goth 1990) und brachte ehedem eine im Tagebau gewonnene Ölausbeute von 5–19 %, und

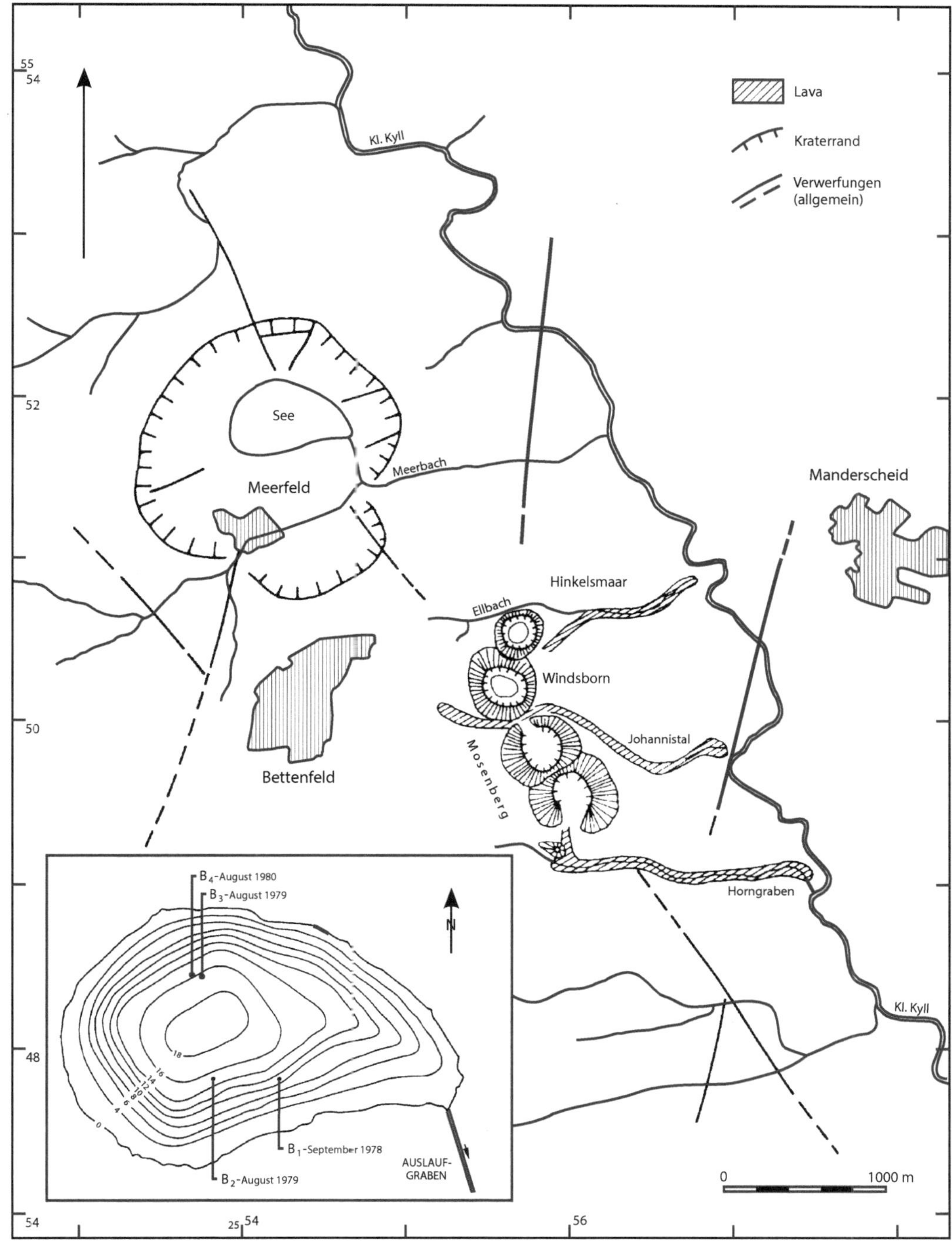

Abb. 3.262 Der Krater des Meerfelder Maars bei Bettenfeld in der Vulkaneifel ist ein gut untersuchtes Beispiel eines quartären Sees. Dieser ist durch phreatomagmatische Explosion im Pleistozän entstanden. Sein Wasserkörper reicht tief unter den Seespiegel hinab, sodass Bohrungen in den Seeboden von Flößen aus durchgeführt werden mussten. In **Abb. 3.263** werden drei der vier Bohrungen dargestellt. (Nach Irion und Negendank 1984, fig. 1 und 2)

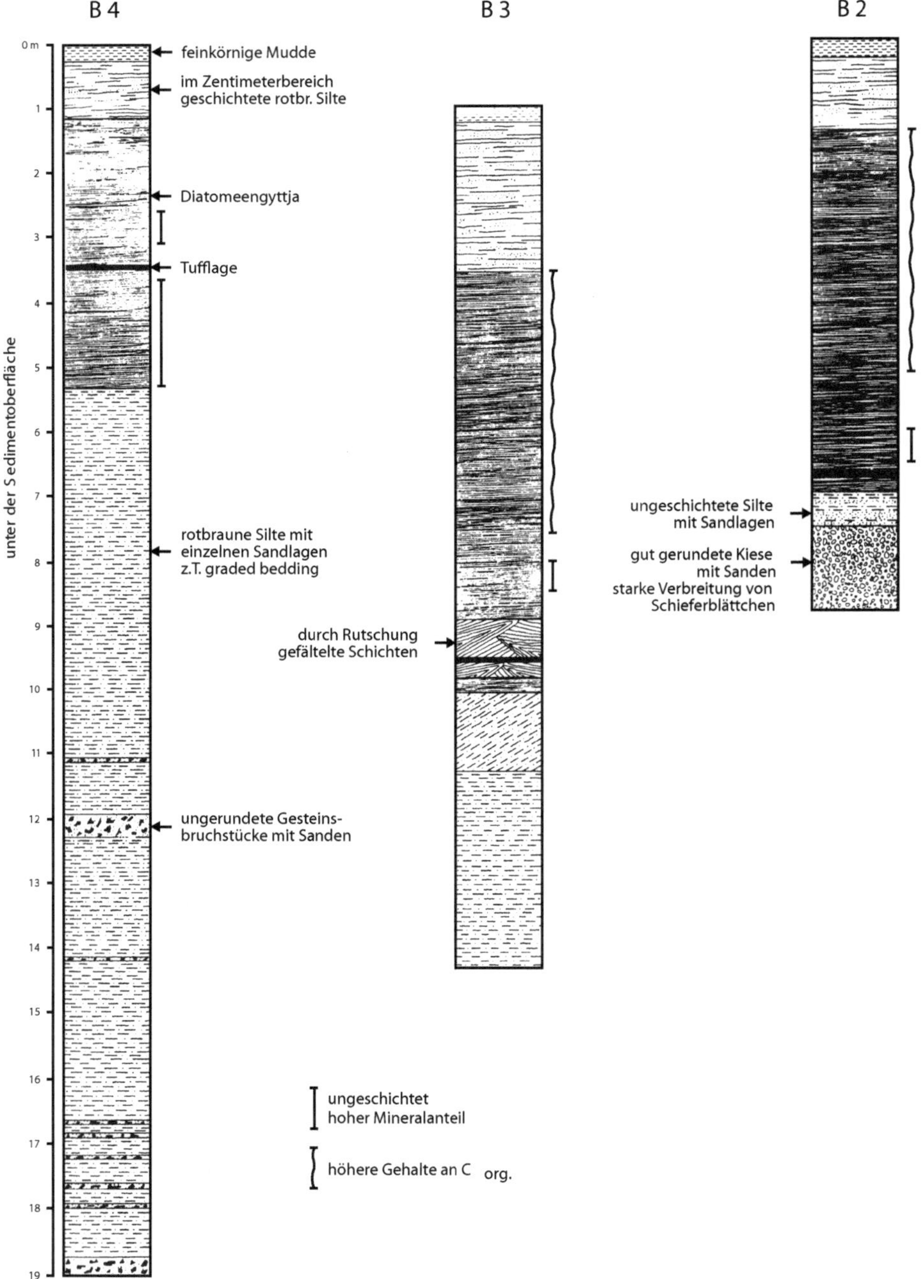

▫ Abb. 3.263   Bohrprofile im Meerfelder Maar wurden von Flößen aus erbohrt und repräsentieren je nach Bohrpunkt mehr oder weniger vollständig die Ablagerungsgeschichte des Sees. Die im Bohrprofil B 4 angetroffene Tufflage entstammt der Explosion des Laacher Sees im nacheiszeitlichen Alleröd, die umgebende Diatomeengyttja und die Sedimente darüber beschreiben das gesamte Holozän (Irion und Negendank 1984, Abb. 2)

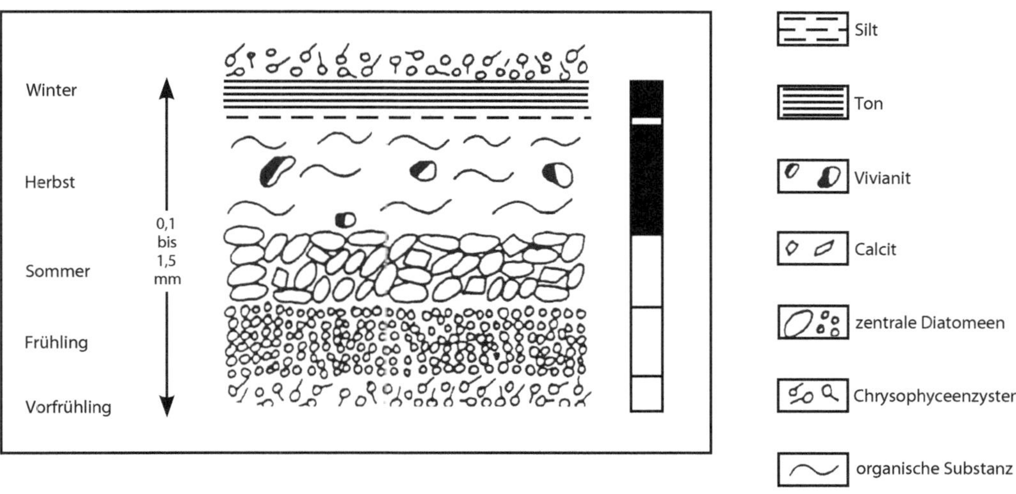

▫ Abb. 3.264   Die Bildung sog. periglazialer Warven erzeugt in der Diatomeengyttja des Meerfelder Maares ein durch Jahreszeiten gesteuertes Signal. Die Auszählung der hell/dunkel gefärbten Schichten ergab u. a. eine Präzisierung des Alters des Laacher Bimstuffes. (Zolitschka 1989, fig. 3)

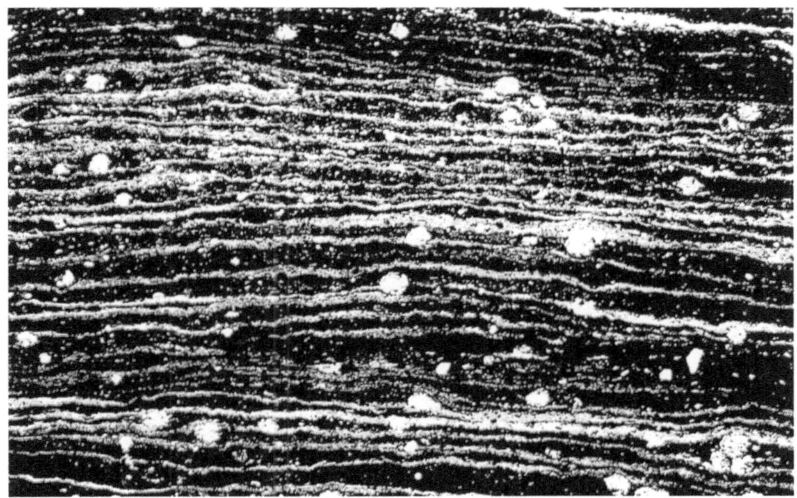

▫ Abb. 3.265   Dünnschliff durch einen rhythmisch geschichteten Messelit, Schnittebene senkrecht zur Schichtung. Messelit ist ein an organischer Substanz reicher eozäner Tonstein aus Messel bei Darmstadt (Jankowski und Littke 1986). Dieser Rhythmit wurde in einem südmediterranen Milieu mit jahreszeitlich gesteuertem Wechsel von Algenblüte, die Calcit fällte (helle Lagen), und Eintrag aus vulkanogenem Feinstdetritus und organischer Substanz von vor allem der Algen (dunkle Lagen) gebildet. Die runden Partikel sind Gipsrosetten, die sich in dem Schichtverband beim Eintrocknen bildeten, also Artefakte der Probennahme sind. Da die Schichtung nicht biogen verwühlt ist, dürfte kaum Bodenleben existiert haben (Jankowski und Littke 1986, Abb. 11; Bildhöhe etwa 8 mm)

wäre nachfolgend fast als Mülldeponie zustört worden. Heute steht die Fossillagerstätte des ehemaligen Sees von Messel als Weltnaturerbe unter Schutz. Der See war im Eozän offenbar in einem Wald gelegen. Dadurch konservierte er in seinen pelitischen Sedimenten Blätter, Holzreste und als Fossilien vor allem waldbewohnende Tiere und Vögel. Dagegen fehlen

Lebensgemeinschaften, die den freien Wasserkörper des eozänen Sees von Messel selbst bewohnten (Franzen 1976, 1977; Franzen & Michaelis 1988; Schaal & Ziegler 1988; Goth et al. 1988; Goth 1990; Schaal 1999; Habersetzer und Schaal 2004; Morlo et al. 2004; Harms & Schaal 2005; Franzen et al. 2009a und b).

Grein et al. (2011) und Collinson et al. (2012) publizierten über Floren, deren Holz- und Blattreste sowie Früchte und sagten zum eozänen Klima aus. Richter et al. (2017) analysierten Koprolithen im Seesediment, was ein Leben von Fischen zumindest in den oberflächennahen Partien des in Stockwerke separierten meromiktischen Sees, d. h. eine Zonierung von Ökosystemen im Wasserkörper, nahelegt. Der tiefe Seenwasserköper besaß offenbar ein oberes mixolimnisches, eingeschränkt aerobes, und unter einer wahrscheinlich sehr stabilien Chemokline ein monimolimnisches, anaerobes, und damit lebensfeindliches Stockwerk, in dem alle tierischen Überreste aus dem See und vor allem aus dessen Uferräumen vorzüglich erhalten blieben. Schaal et al. (2018) fassten die derzeitige Kenntnis über die Palökologie des Sees zusammen.

3.5.6.2 Der See von Enspel

Ebenfalls in einem Maarkrater ist die Schichtenfolge des Sees von Enspel im Westerwald während des Oberoligozäns entstanden (Sieber et al. 1993; Felder et al. 1998; Pirrung et al. 2001; Herrman 2007; Wuttke et al. 2010, 2015; Mertz et al. 2007). Vor allem durch Insekten und Wasserkrebse, aber auch durch Säugetiere (u. a. Pferde; Mörs und Koenigswald 2000) wurde die Fossillagerstätte Enspel berühmt. Sie konnte, obwohl Abbaugebiet für Keramikton, ihre Schichtenfolge zum großen Teil unter effusivem Basalt bewahren.

3.5.7 Das Nördlinger Ries

Eine ähnliche Bildung eines engen, in sich geschlossenen Wasserkörpers war der Trichter des Nördlinger Rieses in der Schwäbischen Alb (Lemcke 1977; Bringemeier 1994). Als Meteoritenkrater aus der Zeit des höheren Miozäns (der Meteoriteneinschlag fand 14,9 Mio. Jahre vor heute statt) bildete er in der Folgezeit einen gut geschützten See. Entlang seines Ufers wuchsen Stromatolithe auf, denn es war wegen der umgebenden Kalksteine des Malm im Wasser des Ries-Sees genügend Bikarbonat gelöst (Riding 1979). Die etwa 310 m mächtigen zentralen Sedimente bildeten zunächst eine basale zyklisch geschichtete Playafolge, danach die eigentlichen lakustrinen Laminite. Darauf folgten Mergel und zuletzt eine abschließende Ton-Kalk-Folge mit div. Kohleflözen (❏ Abb. 3.266). In den etwa 120 m mächtigen Laminiten bilden wechselgeschichtete Siderite bzw. Siderit führende pelitische Sedimentgesteine die vorherrschende Lithologie (Wolff und Füchtbauer 1976; Füchtbauer et al. 1977; Förstner 1977a, b; Förstner und Rothe 1977; Rothe und Hoefs 1977; Jankowski 1977, 1981; Heizmann und Hesse 1995). Deren Existenz weist auf verminderten Sauerstoffgehalt des Bodenwasserkörpers hin. Denn auch dieser See war offenbar tief und still. Die jahreszeitlich bedingte Mixis des Wasserkörpers dürfte dessen Grund wohl nur unvollständig erreicht haben.

3.5.8 Das Saar-Nahe-Becken

Im tropischen Klimaraum bleibt die Temperaturschichtung eines Sees über das Jahr gesehen weitgehend stabil, denn eine jahreszeitliche Temperaturvariation ist in tropischen Breiten wenig ausgeprägt. Für die Charakterisierung tropischer Seen werden die lakustrinen Bildungen im permokarbonen Saar-Nahe-Becken als Modell herangezogen (vgl. ❏ Abb. 3.36 und 3.37). Das Saar-Nahe-Becken enthält in seiner etwa 2000 m mächtigen Glan-Gruppe reichlich Seensedimente (Stapf 1974, 1990, 2001a, b; Schäfer und Stapf 1978; Clausing 1989, 1990, 1991, 1993a, b; Clausing et al. 1992; Schäfer und Korsch 1998; Boy et al. 2012), was durch Kartierung und Bohrungen nachgewiesen

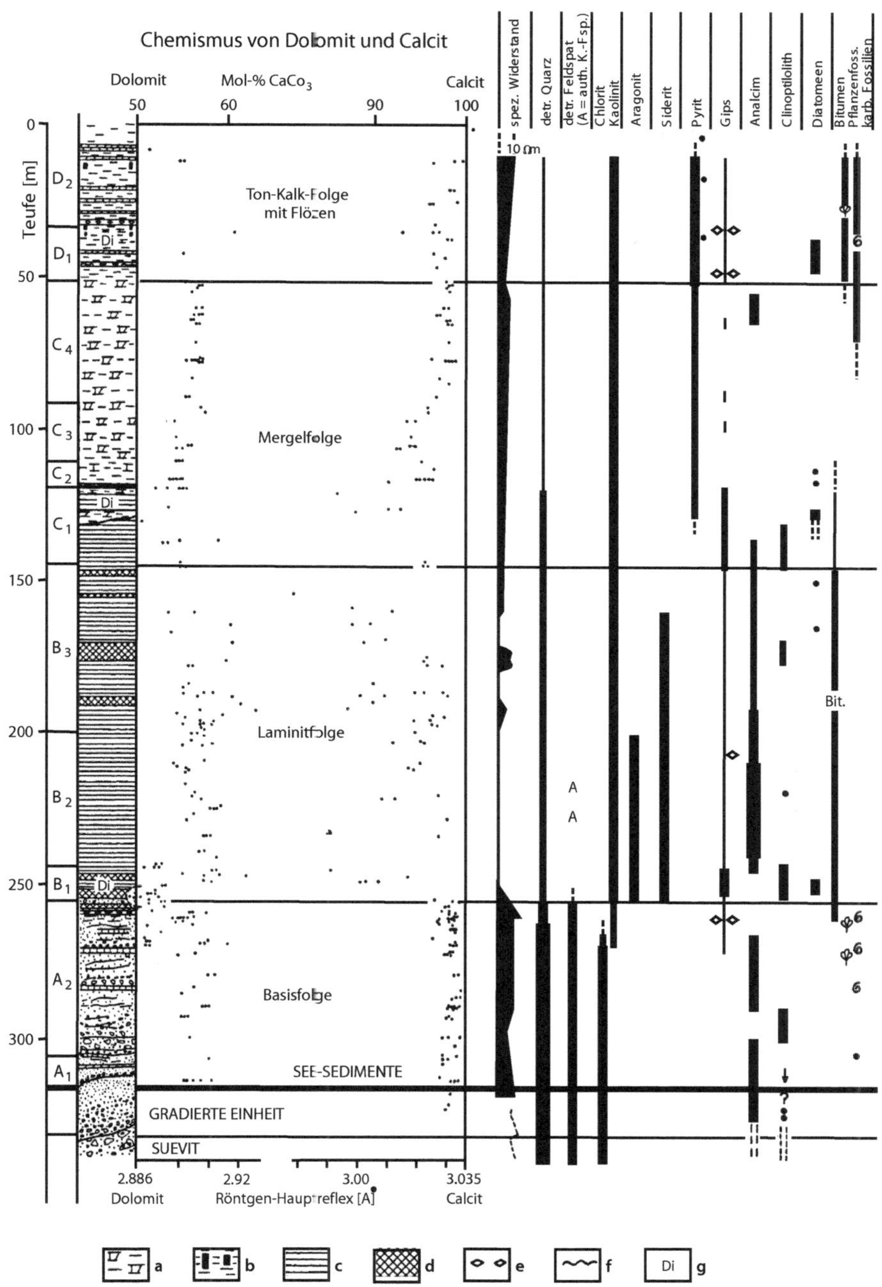

Abb. 3.266 Der Krater des Nördlinger Rieses war im Miozän offenbar ein eng begrenzter tiefer See, denn dessen 250 m mächtigen Sedimente in seinem Zentrum führen in den dunklen Laminiten (der Lithologie c) reichlich Siderit, sodass zumindest im Sediment reduzierende Bedingungen anzunehmen sind. Erst darüber entwickelt sich die Schichtenfolge allmählich zu mergeligen und schließlich zu braunkohleführenden Bildungen. Dies legt eine allmähliche Zunahme der Geschwindigkeit der Aufsedimentation und schließlich eine Verlandung nahe. Der Suevit (die basale sog. Trümmerbrekzie) markiert den Meteoriteneinschlag vor 14,9 Mio. Jahren (Jankowski 1977; verändert)

ist (Schäfer 2011, 2012). Die Seensedimente sind eingelagert in teilweise recht grobklastische fluviale Lieferungen, wie dies u. a. die Kernbohrung Meisenheim 1 zeigt. Alle in ihr ausgewiesenen Sandsteine und lakustrinen Schwarzpelite (Tonsteine mit einem hohen Anteil an organischer Substanz) sind im Gelände durch Kartierungen bekannt (◨ Abb. 3.267). Sie ist mit vielen anderen Bohrungen eine der Grundlagen für die stratigraphische Ansprache der Schichtenfolge im Saar-Nahe-Becken (Boy et al. 2012) und deren sedimentologischer Analyse (Schäfer 1986, 2005, 2011, 2012; Becker und Schäfer 2019). Die Seen bildeten sich lokal unter günstigen paläogeographischen, letztlich von den durch die Strukturentwicklung des Sedimentbeckens abhängigen Bedingungen. Das Saar-Nahe-Becken lag während jener Zeit auf etwa 10° nördlicher Breite, war also ein Sedimentationsraum der Tropen (Schäfer und Stamm 1989; Schäfer 2012; ◨ Abb. 3.268, Scotese und Ziegler 1985).

Die Seen bildeten sich generell in flussbegleitenden Mäanderbögen *(oxbow lakes)* und hatten oft nur begrenztes Ausmaß. Zeitweise allerdings wurde das intermontane Sedimentbecken flächig überflutet, sodass großräumige Seenbildungen zeitlich begrenzt möglich waren (Stapf 1990). Der Straßenaufschluss in Altenglan (Stapf 1990, 2001a, b) steht als Typprofil für lakustrine Bildungen (◨ Abb. 3.269; Schäfer 1986; Schäfer und Stapf 1978; Schäfer und Stamm 1989; Schäfer 2012) und fügt sich in die stratigraphische Neudefinition des permokarbonen Saar-Nahe-Beckens ein (Boy et al. 2012).

Lakustrine Deltas im permokarbonen Saar-Nahe-Becken bildeten massive, nicht gradierte und parallel geschichtete Sandsteinpakete (◨ Abb. 3.270) mit oft deutlich ausgebildeten Sohlmarken (vgl. ◨ Abb. 2.55). Sie sind vor allem durch ihren bodenberührenden Trübstoffeintrag gekennzeichnet, der deformierte kleinere und größere Silttropfen in die basalen Pelite des Seebodens einschichtet und dadurch die hohe Dichte einer herannahenden deltaischen Suspension anzeigt. Auch folgen in den generell recht kurzen, nur wenige Meter mächtigen Profilen die nachfolgenden Sande mit Hochenergie-Parallelschichtung und weisen schnellen Sedimenteintrag nach. Es bildeten sich vor allem proximale Turbidit-Sequenzen (◨ Abb. 3.271), die marinen Bouma-Sequenzen (vgl. ▶ Abschn. 4.4.3) nicht unähnlich sehen (Negendank 1972). Lakustrine Deltas sind jedoch überwiegend vom *crevasse-splay*-Typ begrenzter räumlicher Ausdehnung und mit mäandrierenden Flussläufen auf rasch subsidierenden schlammigen Überflutungsflächen verbunden (Rast und Schäfer 1978; Schäfer und Sneh 1983; Schäfer 1986; Schäfer und Korsch 1998; Schäfer 2011, 2012). Auch in distalen Positionen gebildete schichtige und gradierte Siltsteine zeigen, dass sie als Suspensionen in stehende Süßwasserkörper eingelagert wurden (◨ Abb. 3.272).

Die Sedimentation in den Seen des Saar-Nahe-Beckens war überwiegend siliciklastisch, denn sie war Teil der Prozesse der Sedimentbildung des gebirgsinternen variszischen Sedimentbeckens (Schäfer und Korsch 1998). In unterschiedlichen stratigraphischen Niveaus des Unterrotliegend formierten sich bis 2 m mächtige Kalklager, die heute vor allem aus Calcit (partienweise und untergeordnet aus Dolomit), Ankerit und Siderit bestehen (Stapf 1990, 2001a, b). Letztere beiden Karbonatphasen überwiegen und sind diagenetisch sekundär aus zunächst calcitischen Bildungen entstanden (Schäfer und Stamm 1989; Schäfer et al. 1990; Schäfer 2012). Rand- und Beckenfazies der Seen lassen sich voneinander unterscheiden. Die randliche Fazies besteht aus siltigen und feinstsandigen, oft wellengerippelten Gesteinen (◨ Abb. 3.273), zeigt den ehemaligen Bewuchs der permokarbonen Flora (trockene Standorte: Farne; feuchte Standorte: Schachtelhalmgewächse), Trockenriss-Netzleisten, auch Caliche-Karbonatkonkretionen, vor allem Algenkarbonate mit Onkoiden und Stromatolithen (Stapf 1974, 1990, 2001b; Schäfer und Stapf 1978; ◨ Abb. 3.274 und 3.275). Über biogene

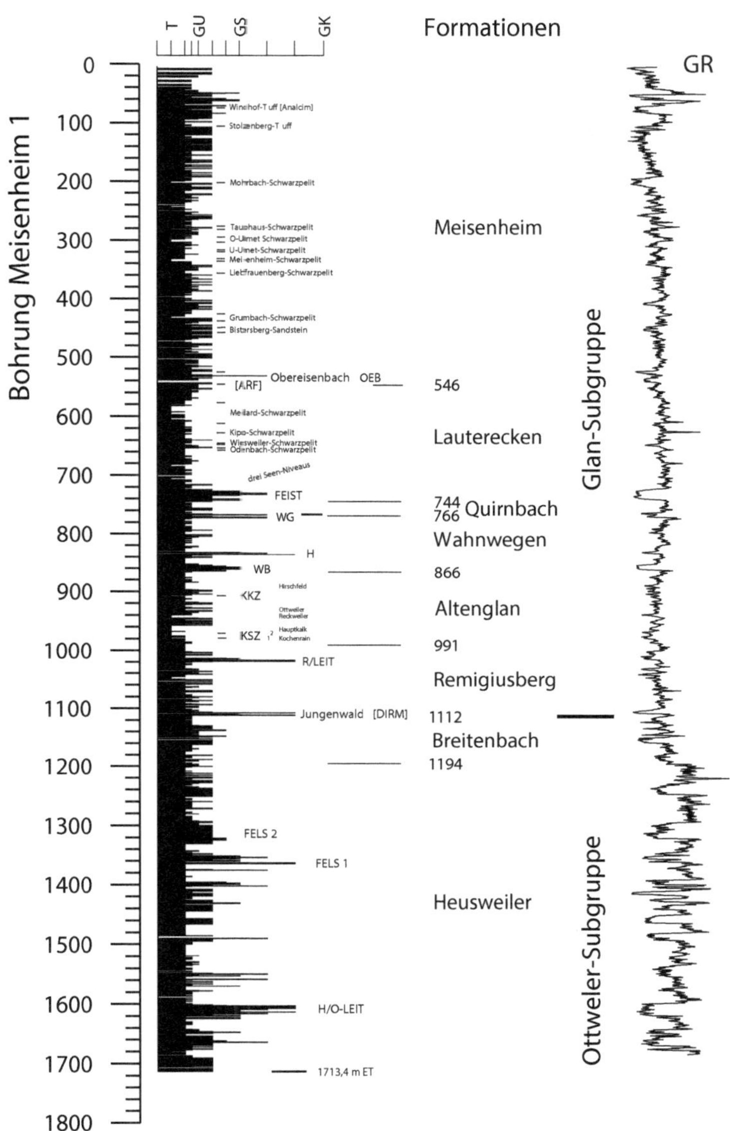

 Die 1700 m tiefe Kernbohrung Meisenheim 1 der WIAG (Kassel) ist reprozessiert und mit allen derzeit verfügbaren stratigraphischen Markern und dem Gamma Ray versehen (Schäfer 2005, 2011, 2012; Becker und Schäfer 2019). Das Bohrprofil hat nur einen nachweisbaren Schichtausfall in der Größenordnung von etwa 100 m an der Basis der Quirnbach-Subformation (schwarzer horizontaler Balken bei WG)

Kalkfällung im lakustrinen Milieu berichteten Wagner und Lamprecht (1974), Stapf (1974), Schröder (1982) und Gand et al. (1993).

Die zentrale Fazies der permokarbonen Seen bildete pelitische Sedimente, die sog. „Papierschiefer" (Becker et al. 2012; Boy et al. 2012; Schwarz et al. 2011). Diese sind lakustrine Schwarzpelite *(black pelites),* rhythmisch wechselgeschichtete Feinlaminite (Stapf 1990) (). Sie sind schwer zu präparieren, doch mitunter zu Kalkstein (wechselnd Calcit, Ankerit und Siderit) verfestigte Blöcke erlauben guten Einblick in das schichtige Gefüge (). Kalksteine und

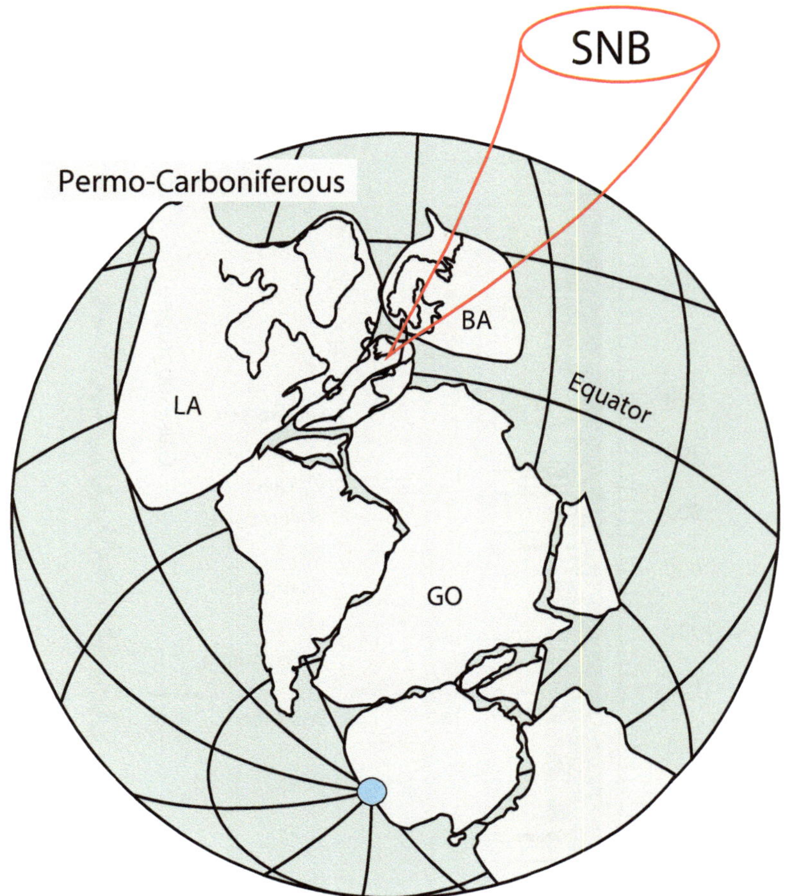

Abb. 3.268   Pangäa an der Wende Karbon/Perm wird als Megakontinent verstanden, der aus Laurentia (LA), Gondwana (GO), Baltica (BA) und vielen weiteren kleineren Terranen bestand. Zentraleuropa trägt das Saar-Nahe-Becken (SNB), das sich inmitten des Variszischen Orogens befindet, das in Europa und im östlichen Nordamerika gerade durch eine intensive Gebirgsbildung entstanden war. Das Saar-Nahe-Becken lag damals auf einer Paläobreite wenig nördlich des Äquators (Globuskarte von Scotese und Ziegler 1985; etwas verändert)

„Papierschiefer" besitzen gleichen Gefügetyp und unterscheiden sich nur durch den sehr variablen Karbonatgehalt, der darüber hinaus teils primär, teils sekundär sein kann. Sie zeigen etwa 1 mm mächtige helle Siltlagen mit erosiver Basis und etwa 0,1 mm mächtige dunkle Lagen, die reich sind an organischer Substanz (**Abb. 3.278**). Letztere enthalten Calcitkristallite, die sich aber auch zu dickeren Kalklagen verdichten können und heute sekundäre Bildungen von Ankerit und Siderit sind (Schäfer und Stamm 1989; Schäfer et al. 1990; Schäfer 2012).

Autochthone Fauna ist spärlich und besteht aus Resten von Schmelzschuppenfischen und Süßwasserhaien. Allochthone Faunen dagegen sind reichlich. Diese sind zentimetergroße Tetrapoden, kleine Saurier. Sie lebten um die Wasserflächen herum und wagten sich auf flottierenden Algenmatten wohl auch auf die Wasserflächen hinaus. Sie wurden im Seesediment hervorragend konserviert, blieben nicht nur ganzkörperlich erhalten, sondern hinterließen auf den Schlämmen der Uferzonen auch reichlich Fährten. Die aquatische und amphibische Lebensgemeinschaft

▫ Abb. 3.269 Das Straßenprofil von Altenglan an der B 420 (ehedem Drahtwerke Altenglan) im Saar-Nahe-Becken schließt eine große Anzahl von lakustrinen Details auf. Sie sind beckenweit bekannt und bilden u. a. Grundlage für die stratigraphischen Überlegungen von Boy et al. (2012) (Schäfer 2012, fig. 10)

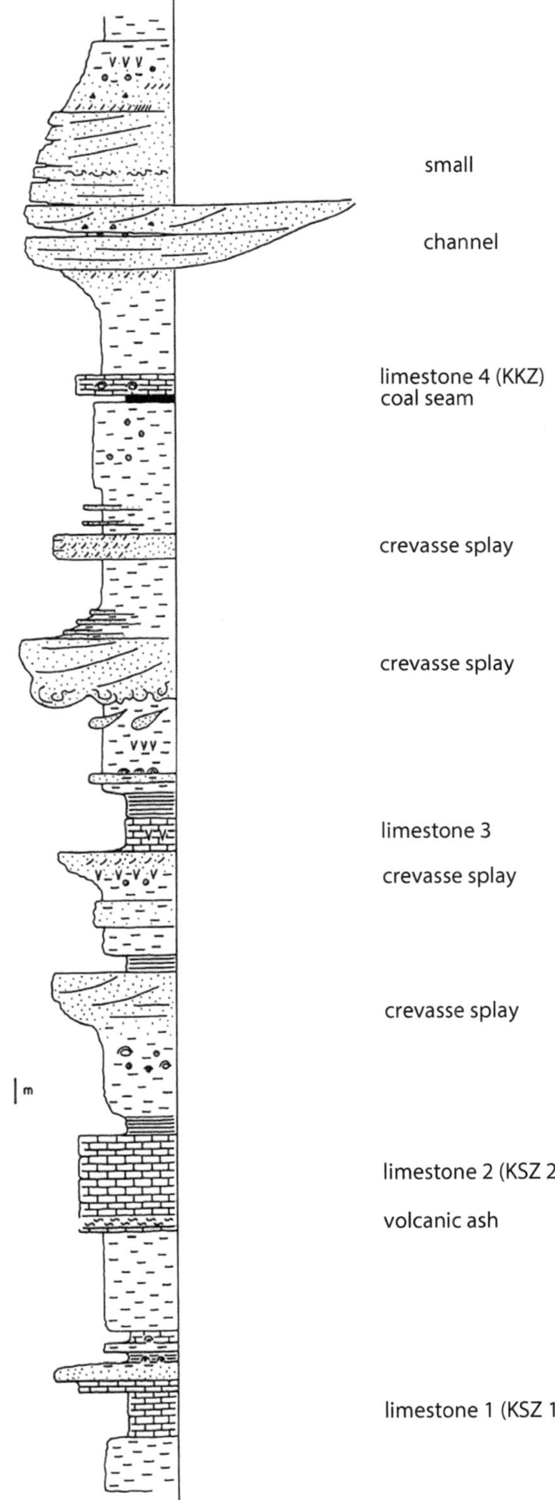

3

◘ **Abb. 3.270** Lakustrine Deltas in den Schichten der Meisenheim-Formation (Glan-Gruppe, Unterrotliegend) im Saar-Nahe-Becken formen ebenmäßig gebankte, durchaus metermächtige Sandsteine ohne Schrägschichtung, meist auch ohne Gradierung, dafür jedoch mit deutlicher Hochenergie-Parallelschichtung (Stbr. Hintersteinerhof bei Rockenhausen)

◘ **Abb. 3.271** Turbiditsequenzen proximaler lakustriner Deltabildung im Saar-Nahe-Becken (Meisenheim-Formation, Glan-Gruppe, Unterrotliegend) am Schillerstein (Straße Odernheim–Duchroth). Meter bis Zentimeter messende, vielfach gradierte Schichtung mit Gefügeentwicklung wie in echten Bouma-Sequenzen

findet sich daher vollständig und erlaubt die Rekonstruktion der palökologischen Verhältnisse (Boy 1986, 1987a, b; Boy und Fichter 1988; Boy und Schindler 2000; Boy et al. 2012).

Wie aus den lakustrinen Sedimenten des Saar-Nahe-Beckens zu lernen ist, finden in **tropischen Seen** anorganische Trübstoff-Einschwemmungen zu Zeiten der täglichen heftigen Niederschläge statt. In den Niederschlagspausen liefert die lokale Bioproduktion organische Substanz. In Abhängigkeit vom Bikarbonatgehalt des Seewassers bilden sich Calcitkristallite infolge des photosynthetischen Verbrauchs von CO_2 (Gibling et al. 1985; Schäfer 2012), die sich zusammen mit der organischen Substanz ablagern. In den Wintermonaten vermindert sich der Trübstoffeintrag oder hört ganz auf. Da es in den Tropen keine Vegetationspause wie in höheren Breiten gibt, überwiegt nun die Bioproduktion, denn diese kann bei immer noch hoher Sonneneinstrahlung auch im Winterhalbjahr weiter vonstatten gehen (◘ Abb. 3.279).

Tropische lakustrine Systeme liefern also ebenfalls rhythmisch wechselgeschichtete Sedimente, wobei helle Silte und dunkle Tone mit organischer Substanz inclusive Calcitkristalliten im täglichen Wechsel produziert werden. Mächtigere Siltlagen sprechen für reichliche Trübstofffrachten im Sommer, deren Verminderung bzw. Fehlen für die

⬛ Abb. 3.272 Fein laminierte und gradierte Siltsteine distaler deltaischer Turbidite aus dem lakustrinen Saar-Nahe-Becken (Meisenheim-Formation, Glan-Gruppe, Unterrotliegend); angeschnittenes Kernstück der Bohrung Meisenheim 1 (schwarzes Feld der Skala = 1 cm)

⬛ Abb. 3.273 Diese feinkörnigen, gut angewitterten lakustrinen Sedimente aus der Meisenheim-Formation (Glan-Gruppe, Unterrotliegend; Straßenanschnitt an der Glan-Brücke von Staudernheim, Saar-Nahe-Becken) in einem von vielen Aufschlüssen der Randfazies sehr verschiedenartiger Seenbildungen mit feinschichtigen Siltsteinen und wellengerippelten Feinstsandsteinen

ausgeglichene Sedimentation im Winter. Die Rhythmite werden daher unterschiedlich mächtig. Die rhythmische Schichtung der Laminite dokumentiert eine Schön-/Schlechtwetter-Zyklizität. Sie baut sich aus Ton und disperser organischer Substanz auf. In den dunklen feinkörnigen Lagen schwimmen mikritische Calcitkristalle, sind jedoch diagenetisch oft zu Ankerit und Siderit, seltener zu Dolomit umgewandelt (Schäfer und Stamm 1989; Schäfer 2012). Silte (Quarz, Feldspat, Glimmer) bilden die mächtigeren hellen Lagen mit Kornverfeinerungstendenz, gelegentlich mit Sohlenerosion und verschwemmtem Organodetritus (Pflanzen, Holzkohle, Knochen von Wirbeltieren sowie Schalen und Gehäuse von Mollusken).

Das tropische Sedimentmodell des Saar-Nahe-Beckens im Permokarbon (Schäfer 2012) lässt sich folgendermaßen charakterisieren: Winter (heiß und trocken) haben eine niedrige Sedimentationsrate, stagnierende und eutrophe Bedingungen, flottierende Blaugrünalgen im Epilimnion, und es herrscht Fällung von Calcit durch deren Assimilationsprozesse. Der Wasserkörper des Hypolimnions ist aufgrund der im Übermaß reichlich vorhandenen organischen Substanz reduzierend. Aufgrund der unzersetzten, organischen Substanz bilden sich eutrophe Bedingungen, und es entsteht sog. Sapropel. Da die Sedimentation langsam vonstatten geht, erhalten die Pelite eine engständige Schichtung. Sommer (heiß und niederschlagsreich)

3

◘ Abb. 3.274   Prächtiger Stromatolith aus der Randfazies der lakustrinen Bildungen der Altenglan-Formation (Glan-Gruppe, Unterrotliegend); Blaugrünalgen formen heterogene blumenkohlartige Gebilde und geben Hinweis auf die Exposition in belichtetem Flachwasser permokarboner Seen im Saar-Nahe-Becken. (Leg. und Foto Karl Stapf)

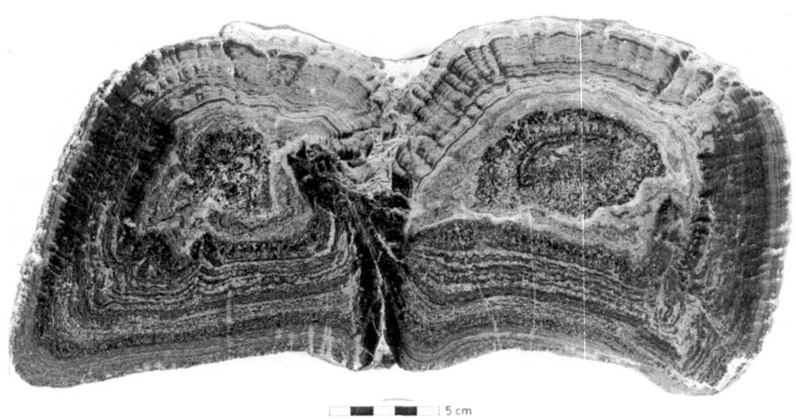

◘ Abb. 3.275   Anschliff von zwei großen, miteinander verwachsenen Onkoiden aus den Schichten der Altenglan-Formation (Glan-Gruppe, Unterrotliegend, Saar-Nahe-Becken). Die Wuchsformen der beiden Onkoide ist asymmetrisch, da diese aufgrund ihrer erreichten Größe unbeweglich wurden und aus der zunächst onkoidischen Gestalt zu Stromatolithen sich umzuformen begannen. (Leg. und Foto Karl Stapf)

bewirken eine hohe Sedimentationsrate mit einer Schlechtwetter/Schönwetter-Zyklizität. Tägliche Gewitter verschwemmen Trübstoff und sedimentieren gradierte Silte. Es herrschen (holo-)miktische, oligotrophe Bedingungen. Das Epi- und Hypolimnion ist oxidierend, und aufgrund des reichlichen Sedimenteintrags bilden die Sedimente eine weitständige Schichtung. Es sedimentiert mineralreicher Schlamm, die sog. Gyttja. Als Resultat der Schichtbildung existiert keine Jahreszeiten-Zyklizität, sondern eher eine Ereignis-Zyklizität (◘ Abb. 3.280). Die Jahreszeiten müssen aufgrund der Zu- bzw. Abnahme der Ereignis-Zyklen abgeschätzt werden (Schäfer

Abb. 3.276 Hanganschnitt am ehem. Bahnhof von Rehborn, Glan-Brücke, exponiert sog. Papierschiefer. Diese Schwarzpelite sind feinschichtige Tonsteine, reich an disperser organischer Substanz und tierischen Resten ehemaliger permokarboner Seen des Saar-Nahe-Beckens

Abb. 3.277 Der Kalkstein der Odernheimer Kalksteinbank (Lebach-Subformation, Glan-Gruppe, Odernheim, Saar-Nahe-Becken) zeigt in guter Erhaltung die hauchfeinen hell/dunkel geschichteten Laminite. Die Kalksteine sind Bildungen der permokarbonen Seen unterhalb der Wellenbasis. Die eher ereignisgeschichteten Laminite bilden wechselnd eng- und weitstänc ige Gruppen, die evtl. jahreszeitlich angelegt wurden (Schäfer und Stamm 1989)

◘ Abb. 3.278 Dünnschliffbild des Papierschiefers aus der Bohrung Meisenheim 1 (die Bildhöhe beträgt 1,6 mm, Lebach-Schichten, Glan-Gruppe, Saar-Nahe-Becken; Schäfer 1986; Schäfer und Stamm 1989). Beachtenswert ist die Ausbildung der rhythmischen Wechselschichtung, die durch wetterabhängige Sedimentation tropischer Breiten erzeugt wurde; die hellen Siltlagen haben eine scharf geschnittene Basis und bilden darauf aufsitzende *fining-up*-geschichtete Rhythmite

2012). Die niederschlagsreichen Sommermonate bilden mächtigere Siltlagen, während die niederschlagsarmen Wintermonate einen geringeren Trübstoffeintrag haben, die Siltlagen sind dann dünner. Die Tonlagen sind dagegen etwa gleich mächtig. Eine Verringerung der Niederschlagshäufigkeit reduziert zwangsläufig auch den Trübstoffeintrag in die Seen, sodass der Tonanteil und zugleich auch der Anteil der organischen Substanz zunimmt.

3.5.9 Seen in tektonischen Gräben

Es ist bemerkenswert, dass die Bildung von Seen vorzugsweise in tektonischen Gräben stattfindet und ihr Tiefenwasserkörper daher im Vergleich zu ihrer Oberfäche generell sehr viel größer ist bzw. war (Johnson und Graham 2004, 2005; Jiang et al. 2007; Rajchl et al. 2008; Karp et al. 2012; Picalli und Abreu 2012; Mtelela et al. 2016; Murphy et al. 2016). Dies führt dazu, dass Schwebstoffe quasi behutsam eingetragen werden und die pelitischen Sedimente entfernt von Flussmündungen allenfalls als warvenähnliche Eventlagen abgesetzt werden (Mangili et al. 2005).

Vor den Flussmündungen bilden sich Gilbert-Deltas (Lemons und Chan 1999; Calvo et al. 2000; Adams et al. 2001; Sáez et al. 2007; Hovikoski et al. 2016; Fidolini und Ghinassi 2016; Dietrich et al. 2016; Ambrosetti et al. 2016).

Der kleine Iznik-See in der nordwestlichen Türkei ist entlang des westwärts ziehenden Astes der Nordanatolischen Störung als *Strike-Slip*-Becken angelegt. Der See schließt nach sedimentologischer, petrographischer, geochemischer und paläobotanischer Analyse von Sedimenten aus Forschungsbohrungen aragonitische und pollenreiche pelitische Seesedimente der letzten 36.000 Jahre auf (Islamoglu 2009; Roeser et al. 2012, 2016).

Im Tal des Flüsschens Ombrone in der südlichen Toskana (W-Italien) lieferten zwei annähernd 70 m tiefe Bohrkernprofile eine sedimentologisch und paläobotanisch detailreich aufbereitete lagunäre und ästuarine Postglazialgeschichte (Breda et al. 2016).

Das Seengebiet des Doba-Beckens, südlicher Tschad, entstand während der Oberkreide (Cenoman–Coniac) im zentralafrikanischen NW–SO streichenden Rift und wurde mit alluvialen Sedimenten von etwa 13 km Mächtigkeit aus südlicher Richtung beliefert (Patterson et al. 2012). Vor allem komplexe fluviale Sandsteine mit amalgamierter und *low-sinuosity*-Rinnengeometrie sind erhalten (◘ Abb. 3.281).

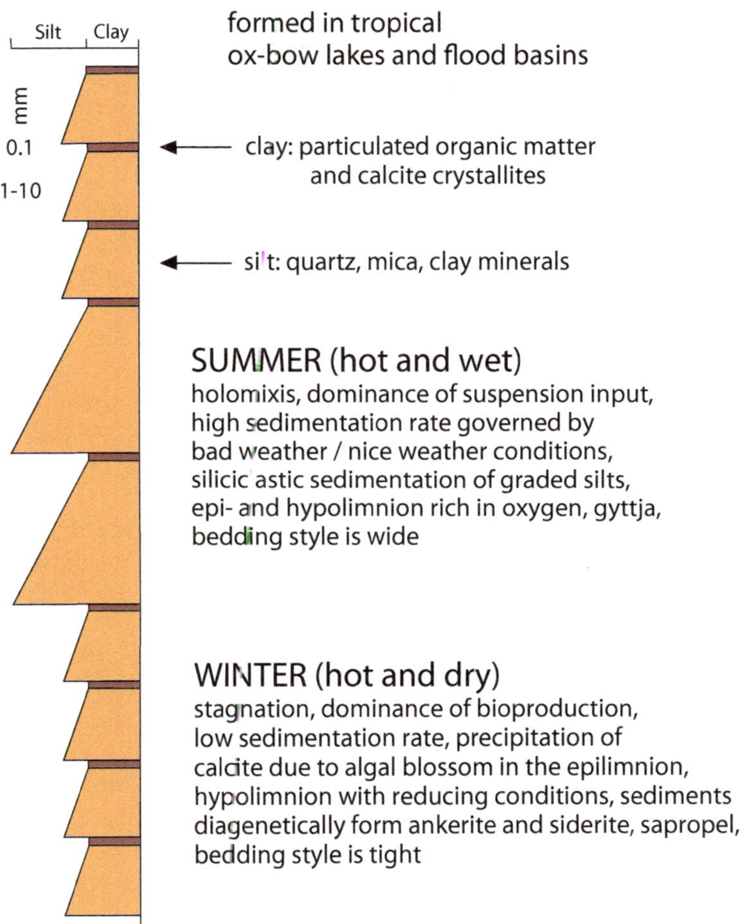

◼ **Abb. 3.279**   Die Schichtung von „Papierschiefern" bzw. Schwarzpeliten im Permokarbon des Saar-Nahe-Beckens liefert ein Modell für tropische Seen. Sie dokumentiert unausgeprägte Jahreszeiten, bildet eher Schön-/Schlechtwetter-(Ereignis)-Zyklen ab, ist hell/dunkel geschichtet und enthält unterschiedliche Anteile Karbonat und organische Substanz (Schäfer 2012)

Die zwischen diesen eingelagerten Seen hatten nur kurze Dauer und schlossen die fluvialen Zyklen jeweils mit Schlammsteinen ab. Hochfrequente 200–500 ka während Variationen des Klimas interferierten mit den langzeitigen Klimaänderungen von 1–3 Ma. Die Entstehungsgeschichte des kontinentalen Sedimentbeckens war komplex. Es entstand zunächst als sog. *sag basin*, dehnte sich und invertierte mehrfach. In der Gegenwart schließt es mit dem heutigen Tschadsee ab. Die an Diskordanzen reiche Struktur des Riftbeckens ist gegenwärtig Ziel der internationalen Erdölexploration.

3.5.10 Green River Basin

Das mitteleozäne Green River Basin im Grenzgebiet Wyoming, Utah und Colorado im Westen der USA war ein ausgedehntes,

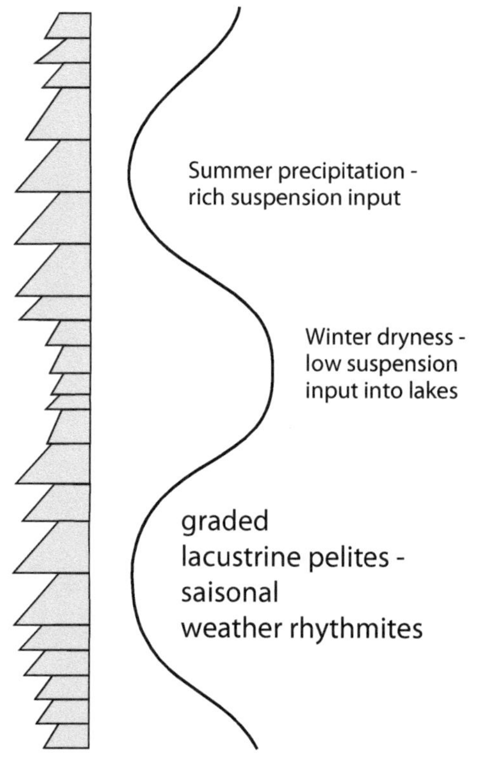

D Abb. 3.280 Großskaliges Modell für die Papierschiefer im Saar-Nahe-Becken – deren Abhängigkeit vom Wetter, im Sommer und Winter (Schäfer 2012)

überwiegend fluviales Sedimentbecken in Form von einzelnen lakustrinen bis salinaren Teilbecken (Picard und High 1972; Eugster und Hardie 1978; Roehler 1992a, b, 1993; Doebbert et al. 2010; Moore et al. 2012; Mason 2012).

Auf die untereozäne fluviale Wasatch Formation (Braunagel und Stanley 1977) folgte die mitteleozäne Green River Formation mit dem lakustrinen Tipton Shale Member (45 m), dem salinaren Wilkins Peak Member (300 m) (Pietras und Caroll 2006) und dem wiederum lakustrinen Laney Shale Member (150 m), begleitet von zunehmender vulkanischer Aktivität mit rhyolithischen bis andesitischen Tuffen. Abgeschlossen wurde das Mitteleozän mit der fluvialen Bridger Formation.

Jedes dieser Teile des komplexen Greater Green River Basin beiderseits des Uinta Uplift besaß eine zentrale und eine randliche Fazies

und zeigten über ihre Geschichte hinweg Phasen der Überschwemmung (Ryder et al. 1976; Surdam und Stanley 1979, 1980; Stanley und Surdam 1978) und der Austrocknung (Eugster und Surdam 1973; Eugster und Hardie 1978; Smoot 1978; Castle 1990; Tänavsuu-Milkeviciene et al. 2017). Die Randbereiche waren daher von variablen Wasserständen betroffen und mit allen Phänomenen der Eindunstung und der Überflutung versehen. Die Eindunstung verursachte die Bildung von Caliche, von frühdiagenetischem Dolomit (Wolfbauer und Surdam 1974) und auch von Trona (Goodwin 1971).

Die Überflutung steuerte die hohe Bioproduktivität des flachen und eutrophen Wasserkörpers. In Seemitte wurden Sapropelite abgelagert (Tank 1969; Dyni und Hawkins 1981), entlang der Seeränder bildeten sich biogene, onkoidische Kalke und Stromatolithe. Die zentralen pelitischen, zyklisch geschichteten Gesteine werden ebenfalls der Kategorie der Erdölmuttergesteine zugerechnet (Donnell und Shaw 1977; Desborough 1978; Tissot et al. 1978).

Surdam und Stanley (1979) lieferten für das Laney Shale Member ein vorzügliches Sedimentmodell zur Entwicklung des zentralen **Lake Gosiute,** der zwischen lakustrin *(freshwater lacustrine),* eingeengt *(restricted lacustrine)* und salinar *(saline)* wechselte. Lake Gosiute besaß verschiedene signifikante Faziesräume: 1) marginal eine *terrigenous alluvial plain* einer Wechselfolge aus mit Caliche und Trockenrissen versehenen Tonsteinen und gerippelten Siltsteinen; 2) randlich bei steigendem Seewasserspiegel entweder eine Vertiefungssequenz von Dolomikriten einer *carbonate mud flat,* die oberflächlich in Schlickgerölle aufgelöst wird, über Algenkalke (Ooide und Stromatolithe) und gerippelte Feinsandsteine bis zu *kerogenous laminated mudstone* bzw. *varved oil shale* (Ölschiefer mit 1–40 μm messenden Laminiten), oder bei sinkendem Seewasserspiegel eine *shoreline deltaic sequence,* eine Verflachungssequenz von Ölschiefer über Schlammstein über rippelgeschichteten Feinsandstein zu schräg

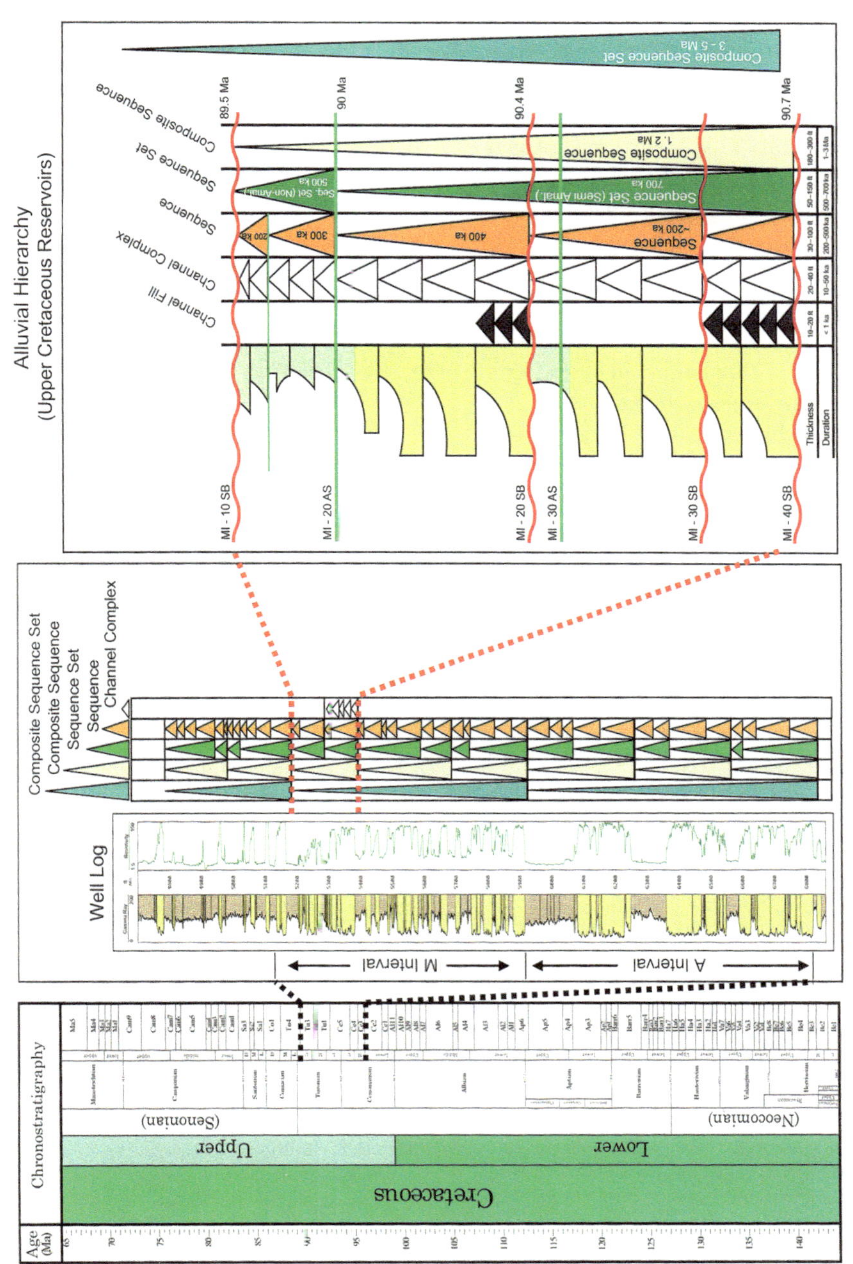

■ **Abb. 3.281** Aus Gammaray- und Widerstandslogs abgeleitetes und chronostratigraphisch justiertes Gesamtprofil sowie ein Ausschnitt daraus (Cenoman–Turon) zur Interpretation der alluvialen Sedimentfüllung des Doba-Beckens, südlicher Tschad, versehen mit Baselevel-Zyklen in unterschiedlicher Auflösung (Patterson et al. 2012, fig. 2)

geschichtetem Mittelsand (in Form von Gilbert-Deltas); 3) zentral wird eine vor allem calcitische Karbonatsedimentation beobachtet (und etwa 25 m Wassertiefe angenommen), sodass eine Wechselfolge resultiert, die einerseits aus gut belüftetem kalkigem, wechselnd massigem oder plattigem Schlammstein mit Mollusken und Ostracoden, andererseits aus schlecht belüftetem Ölschiefer mit Algen und Fischen besteht; 4) schließlich können bei evaporitischer Einengung des zentralen Seeteiles Sequenzen resultieren, die sich aus Kalksteinen *(grain-supported calcarenite)* bzw. Algenkalksteinen *(algal boundstone)* über Ölschiefer *(varved oilshale)* zu einem Dolomikrit mit Salinarmineralen, Cherts und Trockenrissen einer *carbonate mud flat* entwickeln. Die Faziesanalyse dieses komplexen Seesystems nutzt also vor allem die Interpretation vertikaler Sedimentsequenzen.

Literatur

Abels, H.A., Aziz, H.A., Ventra, D. & Hilgen, F.J. (2009): Orbital climate forcing in mudflat to marginal lacustrine deposits in the Miocene Teruel Basin (Northeast Spain).- Journal of Sedimentary Research, 79, 831–847.

Abraham, M. (1994): Untersuchungen zur sedimentologischen Entwicklung der fluviatilen Deckschichten (Miozän Pliozän) der Rheinischen Braunkohle.- Bonner Geowiss. Schr. 15, 227 pp, Bonn.

Adams, E.W., Schlager, W. & Anselmetti, F.S. (2001): Morphology and curvature of delta slopes in Swiss lakes: lessons for the interpretation of clinoforms in seismic data.- Sedimentolgy, 48, 661–679.

Adams, M.M. & Bhattacharya, J.P. (2005): No change in fluvial style across a sequence boundary, Cretaceous Blackhawk and Castlegate Formations of Central Utah, U.S.A.- J. Sediment. Research, 75, 1038–1051.

Agarwal, R.P. & Bhoj, R. (1992): Evolution of Kosi river fan, India: structural implications and geomorphic significance.- International Journal of Remote Sensing, 13, 10, 1891–1901; ▶ https://doi.org/10.1080/01431169208904238.

Agarwal, K.K., Singh, I.B., Sharma, M., Sharma, S. & Rajagopalan, G. (2002): Extensional tectonic activity in the cratonward parts (peripheral bulge) of the Ganga Plain foreland basin, India.- Int. Jour. Earth Sci. (Geol. Rundsch.), 91, 5, 897–905.

Ahlbrandt, T.S. & Fryberger, S.G. (1982): Introduction to eolian deposits.- In: Scholle, P.A. & Spearing, D. (ed): Sandstone depositional environments.- Amer. Assoc. Petrol. Geol. Mem., 31, 1–47.

Ahnert, F. (1996): Einführung in die Geomorphologie.- 440 S., (Ulmer) Stuttgart.

Aigner, T. & Bachmann, G.H. (1992): Sequence-stratigraphic framework of the German Triassic.- Sediment. Geol., 80, 115–135.

Alasker, E., Gabrielsen, R.H. & Roca, E. (1996): The significance of the fracture pattern of the Late Eocene Monserrat fan-delta, Catalan Coastal Ranges (NE Spain).- Tectonophysics, 266, 1–4, 465–491.

Allen, J.R.L. (1965): A review of the origin and characteristics of recent alluvial sediments.- Sedimentology, 5, 89–191.

Allen, J.R.L. (1979): Physical processes of sedimentation.- 248 S., 5. Aufl., (Allen & Unwin) London.

Allen, J.R.L. (1982): Sedimentary structures. Their character and physical basis.- Volume I, 594 S.; Volume II, 644 S., (Elsevier) Amsterdam, New York.

Allen, J.R.L. (1983): Studies in fluviatile sedimentation: bars, bar complexes and sandstone sheets (low sinuosity braided streams) in the Brownstones (L. Devonian), Welsh Borders.- Sediment. Geol. 33, 237–293.

Allen, J.R.L. (1985): Experiments in physical sedimentology.- 63 pp, (Allen & Unwin) London.

Allen, P.A. & Allen, J.R. (1990): Basin analysis. Principles and application.- 451 S., (Blackwell) Oxford.

Allen, P.A. & Densmore, A.L. (2000): Sediment flux from an uplifting fault block.- Basin Research, 12, 367–380.

Allen, P.A. & Matter, A. (1982): Oligocene meandering stream sedimentation in the eastern Ebro Basin, Spain.- Eclogae geol. Helv., 75, 33–49.

Alley, N.F. (1998): Cainozoic stratigraphy, palaeoenvironments and geological evolution of the Lake Eyre Basin.- Palaeogeography, Palaeoclimatology, Palaeoecology, 144, 239–263.

Almeida, F.F.M., Brito Neves, B.B. & Dal Ré Carneiro, C. (2000): The origin and evolution of the South American Platform.- Earth-Science Reviews, 50, 77–111. ▶ www.elsevier.comrlocaterearscirev.

Alonso, R.N. & Viramonte, J.G. (1985): Provincia Boratifera Centroandina.- IV. Congreso Geologico Chileno, Antofagasta, Agosto 1985, 2, 45–63.

Amadori, C., Garcia-Castellanos, D., Toscani, G., Sternai, P., Fantoni, R., Ghielmi, M. & Di Giulio, A. (2018): Restored topography of the Po Plain – Northern Adriatic region during the Messinian base-level drop – Implications for the physiography and compartmentalization of the palaeo-Mediterranean basin.- Basin Reasearch, First published: 25 May 2018 ▶ https://doi. org/10.1111/bre.12302.

Ambrosetti, E., Martini, I. & Sandrelli, F. (2016): Shoalwater deltas in high-accommodation settings: Insights from the lacustrine Valimi Formation (Gulf of Corinth, Greece).- Sedimentology, 64, 2, 425–452, Record online: 30 NOV 2016 ▶ https:// doi.org/10.1111/sed.12309.

Amorosi, A., Farina, M., Severi, P., Preti, D., Caporale, L. & Di Dio, G. (1996): Genetically related alluvial deposits across active fault zones: an example of alluvial fan-terrace correlation from the Upper Quaternary of the southern Po Basin, Italy.- Sediment. Geol., 102, 3–4, 275–295.

Anadon, P., Cabrera, L., Colldeforns, B., Co ombo, F., Cuevas, J.L. & Marzo, M (1989): Alluvial fan evolution in the SE Ebro Basin: Response to tectonics and lacustrine base level changes.- In: Marzo, M. & Puigdefàbregas, C.: 4th nternational Conference on Fluvial Sedimentology, Barcelona; Excursion Guidebook, 9, 91 S.

Anadon, P., Cabrera, L. & Kelts, K. (eds 1991): Lacustrine facies analysis.- IAS Spec. Publ, 13, 318 S.

Anderson, D.S. & Cross, T.A. (2001): Large-scale architecture in continental strata, Hornelen Basin, (Devonian), Norway.- J. Sediment. Research, 71, 2, 255–271.

Arcone, S.A. (2017): Sedimentary architecture beneath lakes subjected to storms: Control by turbidity current bypass and turbidite armcuring, interpreted from ground-penetrating radar images.- Sedimentology, Accepted manuscript online: 25 October 2017; ▶ https://doi.org/10.1111/ sed.12429.

Aslan, A. & Autin, W.J. (1999): Evolution of the Holocene River floodplain, Ferriday, Lousiana: Insights on the origin of fine-grained floodplains.- J. Sediment. Research, 69, 800–815.

Aslan, A., Autin, W.J. & Blum, M.D. (2005): Causes of river avulsion: Insights from the Late Holocene avulsion history of the Mississippi River, U.S.A.- J. Sediment. Research, 75, 650–664.

Assorgia, A., Barca, S., Cocozza, T., Decandia, F.A., Fadda, A., Gandin, A. & Ottelli, L. (1992): Characters of the Cainozoic sedimentary and volcanic succession of Western Sulcis (SW Sardinia).- In: Carmignani, L. & Sassi, F.P. (eds): Contributions to the Geology of Italy with special regard to the Paleozoc basements. A volume dedicated to Tommaso Cocozza. IGCP No 276, Newsletter Vol. 5, 17–20, Siena.

Bachmann, G.H. & Lerche, J. (eds 1998), Epicontinental Triassic, Volume 1.- International Symposium, Halle/Saale, September 21–23, 1998; Zbl. Geol. Paläont., 12, 7/8, 1–402; ISBN 978-3-510-66011-7.

Backert, N., Ford, M. & Malartre, F. (2010): Architecture and sedimentology of the Kerintis Gilbert-type fan delta, Corinth Rift, Greece.- Sedimentology, 57, 543–586.

Baganz, O.W., Bartov, Y., Bohacs, K. & Nummedal, D. (eds 2012), Lacustrine sandstone reservoirs and hydrocarbon systems.- AAPG Memoir, 95, pp 1–520. ▶ https://doi.org/10.1306/132913 82m953444.

Bagnold, R.A. (1954): The physics of blown sand and desert dunes.- 265 pp (Methuen) London.

Baker, P.E., Gonzales-Ferran, O. & Rex, D.C. (1987): Geology and geochemistry of the Ojos del Salado volcanic region, Chile.- J. Geol. Soc., 144, 85–96.

Bandelow, F.-K. & Gangel, L. (1992): Die tertiäre Braunkohlenlagerstätte von Monte Sinni im Sulcisbecken (Sardinien).- Z. angewandte Geologie, 39, 2, 90–95.

Barca, S. & Costamagna, L.G. (2010): New stratigraphic and sedimentological investigations on the Middle Eocene – Early Miocene continental successions in southwestern Sardinia (Italy): Palaeogeographic and geodynamic implications.- Comptes Rendus Geoscience, 342, 116–125.

Barrett, P.J. (1980): The shape of rock particles, a critical review.- Sedimentology, 27, 291–303.

Bartz, J. (1953): Revision des Bohr-Profils der Heidelberger Radium-Sol-Therme.- Jber. u. Mitt. Oberrhein. Geol. Ver., N.F. 33, 101–125.

Bartz, J. (1974): Die Mächtigkeit des Quartärs im Oberrheingraben.- In: Illies, J.H., Fuchs, K. (eds): Approaches to Taphrogenesis.- Inter-Union Comm. Geodynamics Sci. Rep., 8: 78–87, Stuttgart.

Bascuñán, S., Arriagada, C., Le Roux, J. & Deckart, K. (2015): Unraveling the Peruvian Phase of the Central Andes: stratigraphy, sedimentology and geochronology of the Salar de Atacama Basin (22°30–23°S), northern Chile.- Basin Research, Volume 28, Issue 3, pages 365–392, June 2016. ▶ https://doi.org/10.1111/bre.12114.

Bates, C.C. (1953): Rational theory of delta formation.- AAPG Bulletin, 37, 2119–2164.

Bayona, G., Cortés, M., Jaramillo, C., Ojeda, G., Aristizabal, J.J. & Reyes-Harker, A. (2008): An integrated analysis of an orogen–sedimentary basin pair: Latest Cretaceous–Cenozoic evolution of the linked Eastern Cordillera orogen and the Llanos foreland basin of Colombia.- Geological Society of America Bulletin, 120, 9–10, 1171–1197.

Becker, A. & Schäfer, A. (2019): Stratigraphic reinterpretation of the Rotliegend from a series of wells in the Saar-Nahe Basin (Carboniferous-Permian, SW Germany). – Z. Dt. Geowiss., 170, 47–72, Stuttgart.

Becker, A., Schwarz, M. & Schäfer, A. (2012): Lithostratigraphische Korrelation des Rotliegend im östlichen Saar-Nahe-Becken.- Jber. Mitt. oberrhein. geol. Ver., N.F. 94, 105–133.

Benan, C.A.A. & Kocurek, G. (2000) Catastrophic flooding of an aeolian dune field: Jurassic Entrada and Todilto Formations, Ghost Ranch, New Mexico, USA. Sedimentology, 47, 1069–1080.

Benison, K.C., Bowen, B.B., Oboh-Ikuenobe, F.E., Jagniecki, E.A., LaClair, D.A., Story, S.L., Mormile M.R. & Hong, B.-Y. (2007): Sedimentology of acid saline lakes in Southern Western Australia: Newly described processes and products of an extreme environment.- Journal of Sedimentary Research, 77 (5), 366–388. DOI: ► https://doi.org/10.2110/jsr.2007.038.

Berger, J.-P., Reichenbacher, B., Becker, D., Grimm, M., Grimm, K., Picot, L., Storni, A., Pirkenseer, C. & Schäfer, A. (2005 a): Eocene-Pliocene time scale and stratigraphy of the Upper Rhine Graben (URG) and the Swiss Molasse Basin (SMB).- International Journal of Earth Sciences/Geologische Rundschau, 94, 711–731.

Berger, J.-P., Reichenbacher, B., Becker, D., Grimm, M., Grimm, K., Picot, L., Storni, A., Pirkenseer, C., Derer, Ch. & Schäfer, A. (2005 b): Paleogeography of the Upper Rhine Graben (URG) and the Swiss Molasse Basin (SMB) from Eocene to Pliocene.- International Journal of Earth Sciences/Geologische Rundschau, 94, 697–710.

Berthelon, J. & Sassi, W. (2016): A discussion on the validation of structural interpretations based on the mechanics of sedimentary basins in the northwestern Mediterranean fold-and-thrust belts.- Bull. Soc. géol. France, 187, 2, 83–104.

Bertoldi, W., Zanoni, L. & Tubino, M. (2010): Assessment of morphological changes induced by flow and flood pulses in a gravel bed braided river: The Tagliamento River (Italy).- Geomorphology, 114, 348–360.

Best, G. (1989) Die Grenze Zechstein/Buntsandstein in Nordwestdeutschland und in der südlichen deutschen Nordsee nach Bohrlochmessungen.- Z. dt. geol. Ges., 140. 73–85.

Best, J.L. & Bristow, C.S. (1993): Braided rivers.- Geol. Soc. London Spec. Publ., 75, 419 S., London.

Best, J.L., Ashworth, P.J., Bristow, C.S. & Roden, J. (2003): Three-dimensional sedimentary architecture of a large, mid-channel sand braid bar, Jamuna River, Bangladesh.- J. Sediment. Research, 73, 516–530.

Bevis, M., Alsdorf, D., Kendrick, E., Fortes, L.P., Forsberg, B., Smalley, R. Jr. & Becker, J. (2005): Seasonal fluctuations in the mass of the Amazon River system and Earth's elastic response.- Geophysical Research Letters, volume 32, issue 16, 4 pages ► https://doi.org/10.1029/2005gl023491.

Bigarella, J.J. (1972): Eolian environments; their characteristics, recognition, and importance.- In: Rigby, J.K. & Hamblin, W.K. (eds): Recognition of ancient sedimentary environments.- SEPM Spec. Publ., 16, 12–62.

Bigarella, J.J. (1973 a): Paleocurrents and continental drift.- Geol. Rundschau, 62, 447–477.

Bigarella, J. J. (1973 b): Textural characteristics of the Botucatu Sandstone.- Boletim Paranaense de Geociencias, 31, 85–94.

Binot, F. & Röhling, H.G. (1988): Lithostratigraphie und natürliche Gammastrahlung des Mittleren Buntsandsteins von Helgoland.- Ein Vergleich mit der Nordseebohrung J/18-1.- Z. dt. geol. Ges., 139, 33–49.

Blair, T.C. (1999a): Sedimentary processes and facies of the waterlaid Anvil Spring Canyon alluvial fan, Death Valley, California.- Sedimentolgy, 46, 5, 913–940.

Blair, T.C. (1999b): Sedimentology of the debris-flow-dominated Warm Spring Canyon alluvial fan, Death Valley, California.- Sedimentology, 46, 5, 941–965.

Blair, T.C. (1999c): Cause of dominance by sheetflood vs. debris-flow processes on two adjoining alluvial fans, Death Valley, California.- Sedimentology, 46, 6, 1015–1028.

Blair, T.C. (2001): Outburst flood sedimentation on the proglacial Tuttle Canyon alluvial fan, Owens Valley, California, U.S.A.- J. Sediment. Research, 71, 5, 657–679.

Blair, T.C. & McPherson, J.G. (1994): Alluvial fans and their natural distinction from rivers based on morphology, hydraulic processes, sedimentary processes, and facies assemblages.- J. Sediment. Research, A64, 3, 450–489.

Blair, T.C. & McPherson, J.G. (1995) Alluvial fans and their natural distinction from rivers based on morphology, hydraulic processes, sedimentary processes, and facies assemblages.- (discussion & reply with Kim, S.B.) J. Sediment. Research, A 65, 706–711.

Blair, T.C. & McPherson, J.G. (1999): Grain-size and textural classification of coarse sedimentary particles.- J. Sediment. Res., 69, 1, 6–19.

Blakey, R.C., Havholm, K.G. & Jones, L.S. (1996): Stratigraphic analysis of eolian interactions with marine and fluvial deposits, Middle Jurassic Page Sandstone and Carmel Formation, Colorado Plateau, U.S.A.- J. Sediment. Research, 66, 324–342.

Blanc, P.-L. (2000): Of sills and straits: a quantitative assessment of the Messinian Salinity Crisis.- Deep Sea Research, Part I, 47, 1429–1460.

Bluck, B.J. (1971): Sedimentation in the meandering River Endrick.- Scottish Jour. of Geology, 7, 93–138.

Bluck, B.J. (1976): Sedimentation in some Scottish rivers of low sinuosity.- Transact. Royal Soc. of Edinburgh, 69, 18, 425–456.

Bluck, B.J. (1986): Upward coarsening sedimentation units and facies lineages, Old Red Sandstone, Scotland.- Transact. Roy. Soc. Edinburgh, Earth Sciences, 77, 251–264.

Blum, M.D. & Tornqvist, T.E. (2000): Fluvial responses to climate, sea-level change: a review, look forward.- Sedimentology, 47, Suppl. 1, 2–48.

Boggs, S. jr. (1995): Principles of Sedimentology and Stratigraphy.- 774 S., 2. Aufl., (Prentice Hall) Englewood Cliffs, N.J.

Boggs, S. jr. (2009): Petrology of Sedimentary Rocks.- 600 S., 2. Aufl., (Cambridge Univ. Press) Cambridge.

Boothroyd, J.C. & Ashley, G.M. (1975): Processes, bar morphology, and sedimentary structures on braided outwash fans, northeastern Gulf of Alaska.- In: Jopling, A.V. & McDonald, B.C. (eds): Glaciofluvial and glaciolacustrine sedimentation.- SEPM Spec. Publ., 23, 193–222.

Bosinski, G., Brunnacker, K., Krumsiek, K., Hambach, U., Tillmans, W. & Urban-Küttel, B. (1985): Das Frühwürm im Lößprofil von Wallertheim/Rheinhessen.- Geol. Jb. Hessen, 113, 187–215.

Bourquin, S., Peron, S. & Durand, M. (2006): Lower Triassic sequence stratigraphy of the western part of the Germanic Basin (west of Black Forest): Fluvial system evolution through time and space.- Sedimentary Geology, 186, 3–4, 187–211.

Bouton, A. et al. (2016): External controls on the distribution, fabrics and mineralization of modern microbial mats in a coastal hypersaline lagoon, Cayo Coco (Cuba).- Sedimentology, 63, 972–1016.

Boy, J.A. (1986): Studien über die Branchiosauridae (Amphibia: Temnospondyli). 1: Neue und wenig bekannte Arten aus dem mitteleuropäischen Rotliegenden (Oberstes Karbon bis Unteres Perm).- Paläont. Z., 60, 131–166.

Boy, J.A. (1987a): Studien über die Branchiosauridae (Amphibia: Temnospondyli; Ober-Karbon – Unter-Perm). 2. Systematische Übersicht.- N. Jb. Geol. Paläont., Abh., 174, 75–104.

Boy, J.A. (1987b): Die Tetrapoden-Lokalitäten des saarpfälzischen Rotliegenden (Oberkarbon-Unterperm, SW-Deutschland) und die Biostratigraphie der Rotliegend-Tetrapoden.- Mainzer geowiss. Mitt., 16, 31–65.

Boy, J.A. & Fichter, J. (1988): Ist die stratigraphische Verbreitung der Tetrapodenfährten im Rotliegend ökologisch beeinflusst?.- Z. geol. Wiss., 16, 877–883.

Boy, J.A. & Schindler, T. (2000): Ökostratigraphische Bioevents im Grenzbereich Stephanium/Autunium (höchstes Karbon) des Saar-Nahe-Beckens (SW-Deutschland) und benachbarter Gebiete.- Neues Jahrbuch für Geologie und Paläontologie, Abhandlungen, 216, 89–152.

Boy, J.A., Haneke, J., Kowalczyk, G., Lorenz, V., Schindler, Th., Stollhofen, H. & Thum, H. (2012): Rotliegend im Saar-Nahe-Becken, am Taunus-Südrand und im nördlichen Oberrheingraben.- In: Lützner, H. & Kowalczyk, G. (Hrsg.): Stratigraphie von Deutschland, X. Schriftenreihe der deutschen Gesellschaft für Geowissenschaften, SDGG, 61, Stratigraphie von Deutschland X, 254–377.

Braunagel, L.H. & Stanley, K.O. (1977): Origin of variegated redbeds in the Cathedral Bluffs Tongue in the Wasatch Formation (Eocene), Wyoming.- J. Sediment. Petrol., 47, 1201–1219.

Breda, A., Mellere, D. & Massari, F. (2007): Facies and processes in a Gilbert-delta-filled incised valley (Pliocene of Ventimiglia, NW Italy).- Sediment. Geol., 200, 31–55.

Breda, A., Amorosi, A., Rossi, V. & Fusco, F. (2016): Late-glacial to Holocene depositional architecture of the Ombrone palaeovalley system (Southern Tuscany, Italy): Sea-level, climate and local control in valley-fill variability.- Sedimentology, 63, 5, 1124–1148. ► https://doi.org/10.1111/sed.12253.

Bringemeier, D. (1994): Petrofabric examination of the main suevite of the Otting Quarry, Nordlinger Ries, Germany.- Meteoritics, 29, 417–422.

Bristow, C.S. (ed. 1987): Brahmaputra River: channel migration and deposition.- In: Bristow, C.S. Recent Developments in Flvial Sedimentology. Special Publications of SEPM, 39.

Bristow, C.S., Pugh, J. & Goodall, T. (1996): Internal structure of eolian dunes in Abu Dhabi determined using ground-penetrating radar.- Sedimentology, 43, 995–1003.

Bristow, C.S., Skelly, R.L. & Ethridge, F.G. (1999): Crevasse splay from the rapidly aggrading, sand-bed, braided Niobrara River, Nebraska: effect of base-level rise.- Sedimentology, 46, 1029–1047.

Bristow, C.S., Lancaster, N. & Duller, G.A.T. (2005): Combining ground penetrating radar surveys and optical dating to determine dune migration in Namibia.- Journal of the Geological Society, 162, 315–321. ► https://doi.org/10.1144/0016-764903-120.

Bristow, C.S., Duller, G.A.T. & Lancaster, N. (2007): Age and dynamics of linear dunes in the Namib Desert.- Geology 35, 6, 555–558. ► https://doi.org/10.1130/g23369a.1.

Brodzikowski, K. & Van Loon, A.J. (1991): Glacigenic Sediments.- Developments in Sedimentology, 49, 674 S., (Elsevier) Amsterdam.

Brookfield, M.E. (1977): The origin of bounding surfaces in ancient eolian sandstones.- Sedimentology, 24, 303–332.

Brookfield, M.E. (1978): Revision of the stratigraphy of Permian and supposed Permian rocks of Southern Scotland.- Geol. Rundschau, 67, 110–149.

Brookfield, M.E. & Ahlbrandt, T.S. (eds 1983): Eolian sediments and processes.- Dev. in Sedimentology, 38, 660 S., (Elsevier), Amsterdam, Oxford, New York, Tokyo.

Brun, J.P., Wenzel, F., Ecors-Dekorp team (1991): Crustal-scale structure of the southern Rhinegraben from ECORS-DEKORP seismic reflection data.- Geology, 19, 758–762. Boulder.

Brun, J.P., Gutscher, M.-A., Dekorp-Ecors Team (1992): Deep crustal structure of the Rhine Graben from DEKORP-ECORS seismic reflection data: a summary.- Tectonophysics, 208. 139–147.

Bruner, K.R. & Smosna, R. (2000): Stratigraphic-tectonic relations in Spain's Cantabrian Mountains: fan delta meets carbonate shelf.- J. Sediment. Research, 70, 6, 1302–1314.

Brunnacker, K., Urban, B. & Alexander, W. (1977): Der jungpleistozäne Löss am Mittel- und Niederrhein anhand neuer Untersuchungsmethoden.- N. Jb. Geol. Paläont., Abh., 155, 253–273.

Bruno, L., Campo, B., Di Martino, A., Hong, W. & Amorosi, A. (2019): Peat layer accumulation and post-burial deformation during the mid-late Holocene in the Po coastal plain (Northern Italy).- Basin Research, First published: 11 January 2019 ▶ https://doi.org/10.1111/bre.12339.

Bruns, B., Littke, R., Gasparik, M., van Wees, J.-D. & Nelskamp, S. (2015): Thermal evolution and shale gas potential estimation of the Wealden and Posidonia Shale in NW-Germany and the Netherlands: a 3D basin modelling study.- ▶ https://doi.org/10.1111/bre.12096.

Bryant, G., Cushman, R., Nick, K. & Miall, A. (2016): Paleohydrologic controls on soft-sediment deformation in the Navajo Sandstone.- Sedimentary Geology, 344, October 2016, 205–221. ▶ http://dx.doi.org/10.1016/j.sedgeo.2016.06.005.

Buness, H., Gabriel, G., Pucher, R., Rolf, C., Schulz, R. & Wonik, T. (2003): Grube Messel: Die Geophysik blickt unter die Abbausohle.- Natur und Museum, 134, 65–76.

Bürgisser, H.M. (1980): Zur mittelmiozänen Sedimentation im nordalpinen Molassebecken: Das „Appenzellergranit"-Leitniveau des Hörnli-Schuttfächers (Obere Süßwassermolasse, Nordostschweiz).- Mitt. geol. Inst. ETH, Univ. Zürich, N.F. 232, 196 S., Zürich.

Bull, W.B. (1972): Recognition of alluvial-fan deposits in the stratigraphic record.- In: Rigby, J.K. & Hamblin, W.K. (eds): Recognition of ancient sedimentary environments.- SEPM Spec. Publ., 16, 63–83, Tulsa.

Burns, B.A., Heller, P.L., Marzo, M. & Paola, C. (1997): Fluvial response in a sequence stratigraphic framework: Example from the Montserrat fan delta, Spain.- J. Sediment. Research, 67, 2, 311 – 321.

Burrus, J. (1989): Review of geodynamic models for extensional basins: the paradox of stretching in the Gulf of Lion (northwest Mediterranean).- Bull. Soc. Geol. France, 8, 377–393.

Busby, C. & Azor, A. (eds 2012): Tectonics of sedimentary basins. Recent advances.- 647 S., Oxford (Wiley-Blackwell).

Calvo, J.P., Gomez-Gras, D., Alonzo-Zarza, A.M. & Jimenez, S. (2000): Architecture of a bench-type carbonate lake margin and its relation to fluvially dominated deltas, Las Minas Basin, Upper Miocene, Spain.- J. Sediment. Research, A 70, 240–254.

Campo, B., Amorosi, A. & Bruno, L. (2016): Contrasting alluvial architecture of Late Pleistocene and Holocene deposits along a 120 km transect from the central Po Plain (northern Italy).- Sedimentary Geology, 341, 265–275. ▶ https://doi.org/10.1016/j.sedgeo.2016.04.013.

Camur, M.Z. & Mutlu, H. (1996): Major-ion geochemistry and mineralogy of the Salt Lake (Tuz Gölü) basin, Turkey.- Chemical Geology, 127, 313–329.

Cardoso, O.R. & de Carvalho Balaba, R. (2015): Comparative study between Botucatu and Berea sandstone properties.- Journal of South American Earth Sciences, 62, 58–69. ▶ https://doi.org/10.1016/j.jsames.2015.04.004.

Carling, P.A., Goelz, E., Orr, H.G., Radecki-Pawlik, A. (2000): The morphodynamics of fluvial sand-dunes in the River Rhine, near Mainz, Germany. I. Sedimentology, morphology.- Sedimentology, 47, 227–252.

Carmignani et al. (1982): Carte Geologica della Sardegna 1:200000; South Sheet.

Carneiro, C.D.R. (2007): Viagem virtual ao Aqüífero Guarani em Botucatu (SP): Formações Pirambóia e Botucatu, Bacia do Paraná.- Terræ Didatica, 3, 1, 50–73. ▶ http://www.ige.unicamp.br/terraedidatica/.

Cartwright, J (2007): The impact of 3D seismic data on the understanding of compaction, fluid flow and diagenesis in sedimentary basins.- J. Geol. Soc. London, 164, 881–893.

Castle, J.W. (1990): Sedimentation in Eocene Lake Uinta (lower Green River Formation), northeastern Uinta Basin.- In: Katz, B. (ed): Lacustrine basin exploration; case studies and modern analogs.- AAPG Memoir, 50, 243–263.

Casula, G., Cherchi, A., Montadert, L. & Sarria, E. (2001): The Cenozoic graben system of Sardinia (Italy): geodynamic evolution from new seismic and field data.- Marine and Petroleum Geology, 18, 863–888.

Catuneanu, O. & Erikson, P. (eds 2006): Sedimentology and sequence stratigraphy of fluvial deposits: A tribute to Andrew Miall.- Sediment. Geol., 190, 1–4, 1–351. ▶ https://doi.org/10.1016/j.sedgeo.2006.05.004.

Chen, Y.C., Bowler, J.M. & Magee, J.W. (1991): Aeolian landscapes in central Australia: gypsiferous and quartz dune environments from Lake Amadeus.- Sedimentology, 38, 519–538.

Cherchi, A.P. (1971): Studio stratigrafico e micropaleontologico del Pozzo Oristano1 (Sardegna).- Mem. Soc. Geol. It., 10, 1–16.

Cherchi, A.P. & Montadert, L. (1982): The Oligo-Miocene rift of Sardinia and the early history of the Western Mediterranean Basin.- Nature, 298, 5876, 736–739.

Cherchi, A.P. & Montadert, L. (1984): Il sistema di rifting oligo-miocenico des Mediterraneo occidentale e sue consequenze paleographiche sul Tertiario sardo.- Mem. Soc. Geol. Ital., 224, 378–400.

Chivas, A.R. (1991): Palaeoenvironments of Salt Lakes.- Palaeogeography, Palaeoclimatology Palaeoecology, Spec. Issue, 84, 1–424.

Chong Diaz, G., Mendoza, M., Garcia-Veigas, J., Pueyo, J.J. & Turner, P. (1999): Evolution and geochemical signatures in a Neogene forearc evaporitic basin: the Salar Grande (Central Andes of Chile).- Palaeogeography, Palaeoclimatology, Palaeoecology, 151, 39–54.

Chough, S.K. & Hwang, I.G. (1997): The Duhsung Fan Delta, SE Korea: Grouwth of delta lobes on a Gilbert-type topset in response to relative sea-level rise.- J. Sediment. Research, 67, 725–739.

Claudino-Sales, V. & Peulvast, J.P. (2002): Dune generation and ponds on the coast of Ceara State (Northeast Brazil).- In: Allison, R.J. (eds) Applied geomorphology; theory and practice. Geomorphology Publication – International Association of Geomorphologists, 10, 443–460.

Clausing, A. (1989): Verbreitung und lithologische Charakterisierung lakustriner Karbonathorizonte in den Lauterecken-Schichten des Saar-Nahe-Beckens (Rotliegend; SW-Deutschland).- Mainzer geowiss. Mitt., 18, 125–156.

Clausing, A. (1990): Mikrofazies lakustriner Karbonathorizonte des Saar-Nahe-Beckens (Unterperm, Rotliegend, SW-Deutschland).- Facies, 23, 121–140.

Clausing, A. (1991): Zur Anwendung der Fluoreszenzmikroskopie bei der Untersuchung von Sedimenten, mit Beispielen aus dem saarpfälzischen Rotliegend (Unter-Perm; SW-Deutschland).- Mainzer Geowiss. Mitt., 20, 131–142.

Clausing, A., Schmidt, D. & Schindler, T. (1992): Sedimentologie und Palökologie unterpermischer Seen in Mitteleuropa. 1. Meisenheim-See (Rotliegend; Saar-Nahe-Becken).- Mainzer Geowiss. Mitt., 21, 59–198.

Clausing, A. (1993a): Eine Bestandsaufnahme der Süßwasser-Algenflora des mitteleuropäischen Permokarbon.- Festschrift Prof. W. Krutsch, 73–83, Museum für Naturkunde, Berlin.

Clausing, A. (1993b): Mikro-Organofazies lakustriner Horizonte im saarpfälzischen Rotliegend (Permokarbon; SW-Deutschland).- Festschrift Prof. W. Krutsch, 61–72, Museum für Naturkunde, Berlin.

Clemmensen, L.B. (1976): Eolian "sandy lignite" and associated sediments from the Miocene of the Lower Rhine Basin, Western Germany.- Geologie en Mijnbow, 55, 73–82.

Clemmensen, L. B. (1985): Desert sand plain and sabkha deposits from the Bunter Sandstone Formation (L. Triassic) at the northern margin of the German Basin.- Geol. Rundschau, 74, 519–536.

Clemmensen, L.B. (1989): Preservation of interdraa and plinth deposits by lateral migration of large linear draas (Lower Permian Yellow Sands, northeast England).- Sediment. Geol., 65, 139–151.

Clemmensen, L.B. (1991): Controls on aeolian sand sheet processes exemplified by the Lower Triassic of Helgoland.- Acta Mechanica, Suppl. 2, 161–170.

Clemmensen, L.B. & Abrahamsen, K. (1983): Aeolian stratification and facies association in desert sediments, Arran basin (Permian), Scotland.- Sedimentology, 30, 311–339.

Clemmensen, L.B., Andreasen, F., Nielsen, S.T. & Sten, E. (1996): The late Holocene coastal dunefield at Vejers, Denmark: characteristics, sand budget and depositional dynamics.- Geomorphology, 17, 79–98.

Clemmensen, L.B. & Hegner, J. (1991): Eolian sequence and erg dynamics: The Permian Corrie Sandstone, Scotland.- J. Sediment. Petrol., 61, 768–774.

Clemmensen, L.B., Lisborg, Th., Fornós J.J. & Bromley, R.G. (2001): Cliff-front aeolian and colluvial deposits, Mallorca, Western Mediterranean: a record of climatic and environmental change during the last glacial period.- Bull. Geol. Soc. Denmark, 48, 217–232.

Clift, P.C., Olson, E.D., Lechnowskyj, A., Moran, M.G., Barbato, A. & Lorenzo, J.M. (2018): Grainsize variability within a megascale pointbar system, False River, Louisiana.- Sedimentology, Volume 66, Issue 2, First published: 06 August 2018, ▶ https://doi.org/10.1111/sed.12528.

Cockersole, F.J. (1988): Excursion to the Penrith Sandstone.- Proceedings – Cumberland Geological Society, 5, 86–89.

Cockersole, F.J. (1989): The depositional environment and dune morphology of the Penrith Sandstone.- Proceedings – Cumberland Geological Society, 5, 169–186.

Cohen, A.S. (2003): Paleolimnology. The History and Evolution of Lake Systems.- 500 S., University Press, Oxford.

Coleman, J.M. (1969): Brahmaputra River: channel processes and sedimentation.- Sedimentary Geology, 13, 129–239.

Collinson, J.D. & Lewin, J. (eds 1983): Modern and Ancient Fluvial Systems.- Internat. Assoc. Sedimentol. Spec. Publ., 6, 155–168.

Collinson, M.E., Manchester, S.R. & Wilde, V. (2012): Fossil Fruits and Seeds of the Middle Eocene Messel biota, Germany.- Abhandlungen der Senckenberg Gesellschaft für Naturforschung, 570, 251 pp, 2 figures, 3 tables, 76 plates, ISBN 978-3-510-61400-4.

Colombo, F. (1994): Normal and reverse unroofing sequences in syntectonic conglomerates as evidence of progressive basinward deformation.- Geology, v. 22, no. 3, p. 235–238.

Cordeiro, R.T.S., Neves, B.M., Rosa-Filho, J.S. & Pérez, C.D. (2015): Mesophotic coral ecosystems occur offshore and north of the Amazon River.- Bulletin of Marine Science, 91, 4, 491–510. DOI: ▶ https://doi.org/10.5343/bms.2015.1025.

Cornée, J.-J., Maillard, A., Conesa, G., García, F., Saint Martin, J.-P., Sage, F., & Münch, P. (2008): Onshore to offshore reconstruction of the Messinian erosion surface in Western Sardinia, Italy: Implications for the Messinian salinity crisis.- Sediment. Geol., 210, 48–60.

Costamagna, L.G. (2008): Depositional architecture and facis analysis of the continental environments of the Ussana Fm. (Chattian-Aquitanian, Late Oligocene – Early Miocene, Southern Sardinia).- Rendiconti online Geol. Soc. It., 2, 1–2, Note Brevi.

Costamagna, L.G. & Barca, S. (2008): Stratigraphy and depositional achitecture of the continental Middle Eocene – Early Miocene successions of southwestern Sardinia: changing tectostratigraphic significance of the "Cixerri Fm" Auct. along times?- Rendiconti online Soc. Geol. It., 2, 1–3, Note Brevi.

Costamagna, L.G. & Schäfer, A. (2017): Evolution of a Pyrenean molassic basin in the Western Mediterranean area: The Eocene–Oligocene Cixerri Formation in Southern Sardinia (Italy).- Geological Magazine, Volume 53, Issue 1, Pages 424–437. ▶ https://doi.org/10.1002/gj.2911.

Crabaugh, M. & Kocurek, G. (1993): Entrada Sandstone: an example of a wet aeolian system. In: Pye, K. (ed): The Dynamics and Environmental Context of Aeolian Sedimentary Systems.- Geological Society, London, Spec. Publ., 72, 103–126.

Crowley, J.K. & Hook, S.J. (1996): Mapping playa evaporite minerals and associated sediments in Death Valley, California, with multispectral thermal infrared images.- Journal of Geophysical Research, 101, Issue B1, 643–660. ▶ https://doi.org/10.1029/95jb02813.

Crowell, J.C. (1982): The tectonics of the Ridge Basin, southern California.- In: Crowell, J.C. & Link, M.H. (eds): Geologic history of the Ridge Basin, Southern California.- Soc. Econ. Paleontol. Mineral., Pacific Section, 25–42, Tulsa/Oklahoma.

Dachroth, W. (1988): Genese des linksrheinischen Buntsandsteins und Beziehungen zwischen Ablagerungsbedingungen und Stratigraphie.- Jber. Mitt. oberrhein. geol. Ver., N.F., 70, 267–333.

Dachroth, W.R. (2013): Der Buntsandstein der Lothringen-Pfalz-Senke.- In: Deutsche Stratigraphische Kommission (Hrsg.; Koordination und Redaktion: J. Lepper & H.-G. Röhling für die Subkommission Perm-Trias): Stratigraphie von Deutschland XI. Buntsandstein.- SDGG, 69, 487–513.

D'Arcy, M., Alexander C. Whittaker, A.C. & Roda-Boluda, D.C. (2016): Measuring alluvial fan sensitivity to past climate changes using a self-similarity approach to grain-size fining, Death Valley, California.- Sedimentology, 64, 2, 388–424, Version of Record online: 25 OCT 2016 | ▶ https://doi.org/10.1111/sed.12308.

Davis, T.R.H. & Tinker, C.C. (1984): Fundamental characteristics of stream meanders.- Geol. Soc. Amer. Bull., 95, 505–512.

Dean, W.E. (1981): Carbonate minerals and organic matter in sediments of modern north temperate hard-water lakes.- SEPM Spec. Publ., 31, 213–231.

D'Elia, L., Martí, J., Muravchik, M., Bilmes, A. & Franzese, J.R. (2016): Impact of volcanism on the sedimentary record of the Neuquén rift basin, Argentina: Towards a cause and effect model.- Basin Research, ▶ https://doi.org/10.1111/bre.12222.

Derbyshire, E. (1983): Origin and characteristics of some Chinese loess at two locations in China.- In: Brookfield, M.E. & Ahlbrandt, T.S. (Hrsg.): Eolian Sediments and Processes.- Developments in Sedimentology, 38, 69–90, (Elsevier) Amsterdam, Oxford, New York, Tokyo.

Derer, C.E., Kosinowski, M., Luterbacher, H., Schäfer, A. & Süss, M.P. (2003) Sedimentary response to tectonics in extensional basins: the Pechelbronn Formation (late Eocene to early Oligocene) in the northern Upper Rhine Graben, Germany.- In: McCann, T., Saintot, A. (Hrsg.) Tracing Tectonic Deformation Using the Sedimentary Record. Geol. Soc. London Spec. Publ. 208, 55–69.

Derer, C.E., Schumacher, M.E. & Schäfer, A. (2005): The northern Upper Rhine Graben: basin geometry and early syn-rift tectono-sedimentary evolution.- Internat. J. Earth Sci. / Geol. Rundschau, 94, 4, 640–656.

Dersch-Hansmann, M., Lepper, J., Rambow, D., Tietze, K.-W. & Wenzel, B. (2013): Der Buntsandstein in der zentralen Hessischen Senke.- In: Deutsche Stratigraphische Kommission (Hrsg.; Koordination und Redaktion: J. Lepper & H.-G. Röhling für die Subkommission Perm-Trias): Stratigraphie von Deutschland XI. Buntsandstein.- SDGG, 69, 385–420.

Desborough, G.A. (1978): A biogenic-chemical stratified lake model for the origin of oil shale of the Green River Formation: An alternative to the playalake model.- Geol. Soc. Amer. Bull., 89, 961–971.

DeVogel, S.B., Magee, J.W., Manley, W.F. & Miller, G.H. (2004): A GIS-based reconstruction of late Quaternary paleohydrology: Lake Eyre, arid central Australia.- Palaeogeography, Palaeoclimatology, Palaeoecology, 204, 1–2, 1–13. ▶ http://doi.org/10.1016/S0031-0182(03)00690-4.

Dickie, J.R. & Hein, F.J. (1995): Conglomeratic fan deltas and submarine fans of the Jurassic Laberge Group, Whitehorse Trough, Yukon Territory, Canada: fore-arc sedimentation and unroofing of a volcanic island arc complex.- Sediment. Geol., 98, 1–4, 263–292.

Dietrich, P., Ghienne, J.-F., Schuster, M., La eunesse, P., Nutz, A., Deschamps, R., Roquin, C. & Duringer, P. (2016): From outwash to coastal systems in the Portneuf-Forestville deltaic complex (Québec North Shore): Anatomy of a forced regressive deglacial sequence.- Sedimentology; Accepted manuscript online: 4 NOV 2016 11:07PM EST | ▶ https://doi.org/10.1111/sed.12340.

Dietrich, W.R. & Smith, J.D. (1984): Bedload transport in a river meander.- Water Resources Research, 20, 1355–1380.

Dillenburg, S.R. & Hesp, P.A. (2009 Hrsg.) Geology and Geomorphology of Holocene coastal barriers of Brazil.- Lecture Notes in Earth Sciences, 107, Heidelberg (Springer) [ISBN: 978-3-540-25008-1].

Dittrich, D. (2014): Besonderheiten des Buntsandsteins im Nordwestteil der Pfälzer Mulde (Exkursion G am 25. April 2014).- Jber. Mitt. oberrhein. geol. Ver., N.F., 96, 129–163, Stuttgart.

Dittrich, D. (2019): Marine Signale im höheren Buntsandstein der Trier-Luxemburger Bucht? Teil III: Die Rolle der Tektonik als Steuerungsfaktor der regionalen Sedimentation. – Mainzer geowiss. Mitt., 47, 69–146.

Dreesen, R., Bossiroy, D., Swennen, R., Thorez, J., Fadda, A., Ottelli, L. & Keppens, E. (1997): A depositional and diagenetic model for the Eocene Sulcis coal basin of SW Sardinia.- In: Gayer, R. & Pesek, J.: European coal geology and technology. Geological Society, Special Publication, 125, 49–75.

Dodd, T.J.H., McCarthy, D.J. & Richards, P.C. (2018): A depositional model for deep-lacustrine, partially confined, turbidite fans: Early Cretaceous, North Falkland Basin.- Sedimentology, 66, 1, First published: 14 April 2018; | ▶ https://dci.org/10.1111/sed.12483.

Doe, T.W. & Dott, R.H. jr. (1980): Genetic significance of deformed cross bedding – with examples from the Navajo and Weber sandstones of Utah.- J. Sediment. Petrol, 50, 793–812.

Doebbert, A.C. et al. (2010): Geomorphic controls on lacustrine compositions: Evidence from the Laney Member, Green River Formation, Wyoming.- GSA Bull., 122, 1/2, 236–252.

Dominguez, J.M.L., Bittencourt, A.C.S.P. & Martin, L. (1992): Controls on Quaternary coastal evolution of the east-northeastern coast of Brazil: roles of sea-level history, trade winds and climate.- Sediment. Geol., 80, 213–232.

Donnell, J.R. & Shaw, V.E. (1977): Mercury in oil shale from the Mahogany Zone of the Green River Formation, eastern Utah and western Colorado.- Jour. Research U.S. Geol. Survey, 5, 221–226.

Dooley, T.P. & McClay, K.R. (1996): Strike-slip deformation in the Confidence Hills, southern Death Valley fault zone, eastern California, USA.- J. Geol. Soc. London, 153: 375–387.

Doornenbal, J.C. & Stevenson, A.D. (Hrsg. 2010): Petroleum geological atlas of the Southern Permian Basin Area.- pp 1–342, EAGE Publications b.v. (Houten) [ISBN 978-90-73781-61-0].

Doré, A., Bonneton, P., Marieu, V. & Garlan, T. (2017): Observation and numerical modeling of tidal sand dune dynamics.- Coastal Dynamics, Paper No. 090, 17–21.

Dott, R.H. jr., Byers, C.W., Fielder, G.W., Stenzel, S.R. & Winfree, K.F. (1986): Aeolian to marine transition in Cambro-Ordovician cratonic shelf sandstones of the northern Mississippi valley, U.S.A.- Sedimentology, 33, 345–367.

Drong, H.J., Plein, E., Sannemann, D., Schuepbach, M. & Zimdars, J. (1982): Der Schneverdingen-Sandstein des Rotliegenden – eine äolische Sedimentfüllung alter Grabenstrukturen.- Z. dt. geol. Ges., 133, 699–725.

Duane, M.J. & Al-Zamel, A.Z. (1999): Syngenetic textural evolution of modern sabkha stromatolites (Kuwait).- Sedimentary Geology, 127, 237–245.

Duringer, P. (1995): Dynamik der detritischen Ablagerungen am Rande des Oberrheingrabens (Obereozän-Unteroligozän). (Exkursion G am 21. April 1995).- Jber. u. Mitt. oberrhein. geol. Ver., N.F. 77, 167–200.

Dyni, J.R. & Hawkins, J.E. (1981): Lacustrine turbidites in the Green River Formation, northwestern Colorado.- Geology, 9, 235–238.

Ebinghaus, A., Jolley, D.W., Andrews, S.D. & Kemp, D.B. (2017): Lake sedimentological and ecological response to hyperthermals: Boltysh impact crater, Ukraine.- Sedimentology 64, 2; Accepted manuscript online: 17 January 2017; ▶ https://doi.org/10.1111/sed.12360.

Ehlers, J. (Hrsg. 1983): Glacial deposits in North-West Europe.- 512 S., (A.A.Balkema Publishers) Lisse.

Ehlers, J., Kozarski, S. & Gibbard, Ph.L. (Hrsg. 1995): Glacial deposits in North-East Europe.- 640 S., (A.A. Balkema Publishers) Lisse.

Einsele, G. (2000): Sedimentary Basins. Evolution, Facies, and Sediment Budget.- 792 S., 2. Aufl., (Springer) Heidelberg, Berlin, New York.

El Bay, R., Jacoby, W. & Wallner, H. (2001): Milankovitch signals in Messel "oilshales".- Kaupia, 11, 69–72.

Ellwanger, D., Gabriel, G., Simon, T., Wielandt-Schuster, U., Greiling, R.O., Hagedorn, E.-M., Hahne, J. & Heinz, J. (2008): Long sequence of Quaternary rocks in the Heidelberg Basin depocentre.- Eiszeitalter und Gegenwart / Quaternary Science Journal, 57: 316–337.

Ellwanger, D., Gabriel, G., Hoselmann, C., Weidenfeller, M. & Wielandt-Schuster, U. (2010a): Mannheim-Formation.- In: Litholex [Online-database]. Hannover: BGR. Last update: 03.11.2010. [cited 23.09.2010]. Record No. 1000011. Available from: ► http://www.bgr.bund.de/litholex.

Ellwanger, D., Grimm, M., Hoselmann, C., Hottenrott, M., Weidenfeller, M. & Wielandt-Schuster, U. (2010b): Iffezheim-Formation.- In: Litholex [Online-database]. Hannover: BGR. Last update: 03.11.2010. [cited 23.09.2010]. Record No. 1000014. Available from: ► http://www.bgr.bund. de/litholex.

Ellwanger, D., Franz, M. & Wielandt-Schuster, U. (2012): Zur Einführung: Heidelberger Becken, Oberschwaben-Rhein, Geosystem Rhein.- LGRB-Informationen, 26, 7–24, (Landesamt für Geologie, Rohstoffe und Bergbau) Freiburg i.Br.

Ernstsen, V.B., Noormets, R., Hebbeln, D., Bartholomä, A. & Flemming, B.W. (2006): Precision of high-resolution multibeam echo sounding coupled with high-accuracy positioning in a shallow water coastal environment.- Geo-Marine Letters, 26, 3, 141–149.

Ellwanger, D. & Wielandt-Schuster, U. (2012): Fotodokumentation und Schichtenverzeichnis der Forschungsbohrungen Heidelberg UniNord I und II.- LGRB-Informationen, 26, 25–86, (Landesamt für Geologie, Rohstoffe und Bergbau) Freiburg i.Br.

Ethridge, F.G. & Wescott, W.A. (1984): Tectonic setting, recognition and hydrocarbon reservoir potential of fan delta deposits.- In: Koster, E.H. & Steel, R.J. (Hrsg): Sedimentology of Gravels and Conglomerates.- Canadian Society of Petroleum Geologists, Memoir, 10, 217–235.

Eugster, H.P. (1984): Geochemistry and sedimentology of marine and non-marine evaporites.- Eclogae geol. Helv., 77, 237–248.

Eugster, H.P. & Hardie, L.A. (1975): Sedimentation in an ancient playa-lake complex: the Wilkins Peak Member of the Green River Formation of Wyoming.- Geol. Soc. Amer. Bull., 86, 319–334.

Eugster, H.P. & Hardie, L.A. (1978): Saline Lakes.- In: Lerman, A. (ed): Lakes: Chemistry, Geology, Physics.- 237–294, (Springer) New York.

Eugster, H.P. & Surdam, R.C. (1973): Depositional environment of the Green River Formation of Wyoming: a preliminary report.- Geol. Soc. Amer. Bull., 84, 1115–1120.

Exel, R. (1986): Sardinien: Geologie, Mineralogie, Lagerstätten, Bergbau.- Sammlung Geologischer Führer, 80, 177 S., 70 Abb. (Borntraeger Verlag) Stuttgart. ISBN 978-3-443-15047-1.

Eynatten, H. von & Dúnkl, I. (2012): Assessing the sediment factory: The role of single grain analysis.- Earth-Science Reviews, Volume 115, Issues 1–2, October 2012, Pages 97–120. ► https://doi. org/10.1016/j.earscirev.2012.08.001.

Fais, S., Klingele, E.E. & Lecca, L. (1996): Oligo-Miocene half graben structure in Western Sardinian shelf (western Mediterranean): reflection seismic and aeromagnetic data comparison.- Marine Geology, 133, 203–222.

Fais, S., Klingele, E.E. & Lecca, L. (2002): Structural features of south-western Sardinian shelf (Western Mediterranean) deduced from aeromagnetic and high-resolution reflection seismic data.- Eclogae geol. Helv., 95, 169–182.

Falk, P.D. & Dorsey, R.J. (1998): Rapid development of gravelly high-density turbidity currents in marine Gilbert-type fan deltas, Loreto Basin, Baja California Sur, Mexico.- Sedimentology, 45, 331–349.

Farquharson, G.W. (1982): Lacustrine deltas in a Mesozoic alluvial sequence from Camp Hill, Antarctica.- Sedimentology, 29, 717–725.

Farrell, K. (1987): Sedimentology and facies architecture of overbank deposits of the Mississippi River, False River region, Louisiana.- In: Ethridge, F.G., Flores, R.M. & Harvey, M.D. (eds.): Recent developments in fluvial sedimentology.- SEPM, Spec. Publs., 39, 111–120.

Felder, M., Weidenfeller, M. & Wuttke, M. (1998): Lithologische Beschreibung einer Forschungsbohrung im Zentrum des oberoligozänen, vulkano-lakustrinen Beckens von Enspel/Westerwald.- Mainzer geowiss. Mitt., 27, 101–136.

Felder, M., Harms, F.-J. & Liebig, V. (2001) mit Beitr. von Hottenrott M., Rolf, C. & Wonik, T.: Lithologische Beschreibung der Forschungsbohrungen Groß-Zimmern, Prinz von Hessen und Offenthal sowie zweier Lagerstättenbohrungen bei Eppertshausen (Sprendlinger Horst, Eozän, Messel-Formation, Süd-Hessen).- Geol. Jb. Hessen, 128, 29–82.

Felsing, C. (1804): Oberrhein-Ebene in 8 Blättern (Kupferstiche; Conrad Felsing 1766–1819).

Ferber, C.T. & Wells, N.A. (1995): Paleoclimatology and taphonomy of some fish deposits in fossil and Uinta lakes of the Eocene Green River Formation, Utah and Wyoming.- Palaeogeography, Palaeoclimatology, Palaeoecology, 117, 185–210.

Fernández, J. & Guerra-Merchán, A. (1996): A coarsening-upward megasequence generated by a Gilbert-type fan-delta in a tectonically controlled context (Upper Miocene, Guadix-Baza Basin, Betic Cordillera, southern Spain).- Sedimentary Geology, 105, 191–202.

Fidolini, F. & Ghinassi, M. (2016): Friction- and inertia-dominated effluents in a lacustrine, river-dominated deltaic succession (Pliocene Upper Valdarno Basin, Italy).- Journal of Sedimentary Research, 86, 1083–1101; ▶ https://doi.org/10.2110/jsr.2016.65.

Fielding, C.R., Alexander, J. & Allen, J.P. (2018): The role of discharge variability in the formation and preservation of alluvial sediment bodies.- Sedimentary Geology, 365, 1–20.

Figueiredo, J., Hoorn, C., van der Ven, P. & Soares, E. (2009): Late Miocene onset of the Amazon River and the Amazon deep-sea fan: Evidence from the Foz do Amazonas Basin.- Geology (2009) 37 (7): 619–622. ▶ https://doi.org/10.1130/g25567a.1.

Flint, S. (1985): Alluvial fan and playa sedimentation in an Andean arid closed basin: the Facencia Group, Antofagasta Province, Chile.- J. Geol. Soc. London, 142, 533–546.

Flint, S. & Turner, P. (1988): Alluvial fan and fan-delta sedimentation in a forearc extensional setting: the Cretaceous Coloso Basin of northern Chile.- In: Nemec, W. & Steel, R.J. (Hrsg): Fan Deltas: Sedimentology and Tectonic Settings.- 387–399, (Blackie) Glasgow, London.

Forel, F.-A. (1885): Les ravins sous-lacustres des fleuves glaciaires.- Compte rendue, 101, 725–728.

Forel, F.-A. (1888): Le ravin sous-lacustrine du Rhône.- Bull. Soc. Vaudoise Sci. Nat., 23, 96, 85–107.

Flores, R.M. & Hanley, J.H. (1984): Anastomosed and associated coal-bearing fluvial deposits: Upper Tongue River Member, Palaeocene Fort Union Formation, northern Powder River Basin, Wyoming, U.S.A.- IAS Spec. Publ., 7, 85–103.

Forester, R.M., Lowenstein, T.K. & Spencer, R.J. (2005): An ostracode based paleolimnologic and paleohydrolic history of Death Valley.- GSA Bull., 117, 11/12, 1379–1386.

Förstner, U. (1973): Petrographische und geochemische Untersuchungen an afghanischen Endseen.- N. Jb. Miner. Abh., 118, 268–312.

Förstner, U. (1977a): Geochemische Untersuchungen an den Sedimenten des Ries-Sees (Forschungsbohrung Nördlingen 1973).- Geol. Bavarica, 75, 37–48.

Förstner, U. (1977b): Mineralogy and geochemistry of sediments in arid lakes of Australia.- Geol. Rundschau, 66, 146–156.

Förstner, U., Müller, G. & Reineck, H.-E. (1968): Sedimente und Sedimentgefüge des Rheindeltas im Bodensee.- N. Jb. Mineral., Abh., 109, 33–62. ▶ www.schweizerbart.de/journals/njma.

Förstner, U. & Rothe, P. (1977): Bildung und Diagenese der Karbonatsedimente im Ries-See (Forschungsbohrung Nördlingen 1973).- Geol. Bavarica, 75, 49–58.

Franca, A.B., Araujo, L.M., Maynard, J.B. & Potter, P.E. (2003): Secondary porosity formed by deep meteoric leaching: Botucatu eolianite, southern South America.- AAPG Bulletin, 87, 7, 1073–1082.

Franzen, J.L. (1976): Die Fossilfundstelle Messel. Ihre Bedeutung für die paläontologische Wissenschaft.- Naturwissenschaften, 63, 418–425.

Franzen, J.L. (1977): Die Entstehung der Fundstelle Messel.- Ber. Naturf. Ges. Freiburg i.Br., 67, 53–58.

Franzen, J.L. & Michaelis, E. (Hrsg 1988): Der eozäne Messelsee.- Courier Forsch.-Inst. Senckenberg, 107, 1–452.

Franzen, J.L., Gingerich, P.D., Habersetzer, J., Hurum, J.H., von Koenigswald, W. & Smith, B.H. (2009a) Complete Primate Skeleton from the Middle Eocene of Messel in Germany: Morphology and Paleobiology. PLOS ONE 4(5): e5723. ▶ https://doi.org/10.1371/journal.pone.0005723.

Franzen, J.L., Gingerich, P.D., Habersetzer, J., Hurum, J.H., von Koenigswald, W. & Smith, B.H. (2009b); Correction: Complete Primate Skeleton from the Middle Eocene of Messel in Germany: Morphology and Paleobiology.- PLOS ONE 4(7): ▶ https://doi.org/10.1371/annotation/18555b51-1fd1-47b6-a362-acaaa24a53da. ▶ https://doi.org/10.1371/annotation/18555b51-1fd1-47b6-a362-acaaa24a53da.

Franzinelli, E. & Potter, P.E. (1983): Petrology, Chemistry, and Texture of Modern River Sands, Amazon River System.- The Journal of Geology, 91, 1, 23–39. ▶ https://doi.org/10.1086/628742.

Friedman, G.M. & Krumbein, W.E. (Hrsg. 1985): Hypersaline Ecosystems. The Gavish Sabkha.- 485 S., (Springer) Berlin, Heidelberg, New York, Tokyo. ISBN-13-978-3-642-70292-1; ▶ https://doi.org/10.1007/978-3-642-70290-7.

Friend, P.F., Slater, M.J. & Williams, R.C. (1979): Vertical and lateral building of river sandstone bodies, Ebro Basin, Spain.- J. Geol. Soc. London, 136, 39–46.

Fricke, A.T., Nittrouer, C.A., Ogston, A.O., Nowacki, D.J., Asp, N.E., Souza Filho, P.W.M. & da Silva, M.S. (2017): River tributaries as sediment sinks: Processes operating where the Tapajós and Xingu rivers meet the Amazon tidal river.- Accepted manuscript online: 23 MAR 2017 10:00AM EST | ▶ https://doi.org/10.1111/sed.12372.

Fryberger, S.G. & Schenk, C. (1981): Wind sedimentation tunnel experiments on the origins of aeolian strata.- Sedimentology, 28, 805–821.

Füchtbauer, H. (ed. 1988): Die Bildung von Sedimenten und Sedimentgesteinen.- 1141 S., 4. ed, (E. Schweizerbart'sche Verlagsbuchhandlung) Stuttgart.

Füchtbauer, H. & Peryt, T. (Hrsg 1980): The Zechstein basin with emphasis on carbonate sequences.- Contr. Sedimentol., 9, 328 S., (Springer) Heidelberg.

Füchtbauer, H., Von Der Brelie, G., Dehm, R., Förstner, U. et al. (1977): Tertiary lake sediments of the Ries, research borehole Nördlingen 1973 – a summary.- Geologica Bavarica, 75, 13–19.

Gabriel, G., Ellwanger, D., Hoselmann, C., Weidenfeller, M., Wielandt-Schuster, U. & The Heidelberg Basin Project Team (2013): The Heidelberg Basin, Upper Rhine Graben (Germany): A unique archive of Quaternary sediments in Central Europe.- Quaternary International, 292: 43–58.

Galeazzi, C.P., Almeida, R.P., Mazoca, C.E.M., Best, J.L., Freitas, B.T., Ianniruberto, M., Cisneros, J. & Tamura, L.N. (2018): The significance of superimposed dunes in the Amazon River: Implications for how large rivers are identified in the rock record.- Sedimentology, 65, 7, Accepted manuscript online: 5 March 2018; ► https://doi.org/10.1111/sed.12471.

Galloway, W.E. & Hobday, D.K. (1983): Terrigenous Clastic Depositional Systems. Application to Petroleum, Coal, and Uranium Exploration.- 423 S., (Springer) Berlin, Heidelberg, New York.

Gand, G., Stapf, K.R.G., Broutin, J. & Debriette, P. (1993): The importance of silicified wood, stromatolites, and conifers for the paleoecology and the stratigraphy in the Lower Permian of the north-eastern Blanzy-Le-Creusot Basin (Massif Central, France).- Newsl. Strat., 28, 1–32.

Garcés, I. (1996): Caracteristicas geochimicas generales des sistema salino del Salar Llamara (Chile).- Estudios Geol., 52, 23–35.

Garcia-Garcia, F., Fernandez, J., Viseras, C. & Soria, J.M. (2006): High-frequency cyclicity in a vertical alternation of Gilbert-type deltas and carbonate bioconstructions in the late Tortonian, Tabernas Basin, Southern Spain.- Sediment. Geol., 192, 123–139.

Gast, R.E. (1991): The perennial Rotliegend saline lake in Northwest Germany.- Geol. Jb., A 119, 25–59.

Gattacceca, J., Deino, A., Rizzo, R., Jones, D.S., Henry, B., Beaudoin, B. & Vadeboin, F. (2007): Miocene rotation of Sardinia: New paleomagnetic and geochronological constraints and geodynamic implications.- Earth and Planetary Science Letters, 258, 359–377.

Gaupp, R., Matter, A., Platt, J., Ramseyer, K. & Walzebuck, J. (1993): Diagenesis and fluid evolution of deeply burried Permian (Rotliegend) gas reservoirs, northwest Germany.- AAPG Bull., 77, 1111–1128.

Gaupp, R., Gast, R. & Forster, C. (2000): Late Permian playa lake deposits of the Southern Permian Basin (Central Europe).- In: Gierlowski-Kordesch, E.H. & Kelts, K.R. (Hrsg.): Lake basins through space and time. AAPG Studies in Geology, 46, 75–86.

Gaupp, R., Kött, A. & Wörner, G. (1999): Palaeoclimatic implications of Mio–Pliocene sedimentation in the high-altitude intra-arc Lauca Basin of northern Chile.- Palaeogeography, Palaeoclimatology, Palaeoecology, 151, 1–3, 79–100. ► https://doi.org/10.1016/S0031-0182(99)00017-6.

Gawthorpe, R., Leeder, M., Kranis, H., Skourtsos, E., Andrews, J., Henstra, G., Mack, G., Muravchik, M., Turner, J. & Stamatakis, M. (2017): Tectono-sedimentary evolution of the Plio-Pleistocene Corinth rift, Greece.- Basin Research (2017) 1–32; ► https://doi.org/10.1111/bre.12260.

Geib, W.K. (1974): Exkursion in die Umgebung von Bad Münster am Stein – Ebernburg am 16. April 1974. Heilquellengeologie, Rhyolith des Kreuznacher Massivs und Morphologie des Rotenfels.- Jber. u. Mitt. oberrh. geol. Ver., N.F., 56, 21–25 und 41–45.

Geiger, M. (Hrsg.): Die Landschaften der Pfalz entdecken – Geotouren für Familien. – 225 S.; Landau (Verlag Pfälzische Landeskunde).

Geluk, M.C. & Röhling, H.-G. (1997): High-resolution sequence stratigraphy of the Lower Triassic 'Buntsandstein' in the Netherlands and northwestern Germany.- Geologie en Mijnbouw, 76, 3, 227–246.

Geluk, M.C. & Röhling, H.-G. (1999): High-resolution sequence stratigraphy of the Lower Triassic Buntsandstein: A new tool for basin analysis.- In: Bachmann, G.H. & Lerche, J. (Hrsg.), Epicontinental Triassic, Volume 1.- Zbl. Geol. Paläont., Teil I, 1998, 727–745.

Geluk, M.-C. & Röhling, H.-G (2013): Der Buntsandstein in den Niederlanden und Nordost-Belgien. – In: Deutsche Stratigraphische Kommission (Hrsg.; Koordination und Redaktion: J. Lepper & H.-G. Röhling für die SubkommissionPerm-Trias): Stratigraphie von Deutschland XI. Buntsandstein. – Schriftenreihe der Deutschen Gesellschaft für Geowissenschaften, 69, 583–597.

GeORG-Projektteam (2013): Geopotenziale des tieferen Untergrundes im Oberrheingraben.- LGRB-Informationen, 28, 104 S., (Fachlich-technischer Abschlussbericht des INTERREG-Projekts GeORG) Freiburg i.Br, Mainz, Strasbourg, Basel (► www.geopotenziale.org).

Germanoski, D. & Schumm, S.A. (1993): Changes in braided river morphology resulting from aggradation and degradation.- J. Geol., 101, 451–466.

Gibling, M.R., Tantisukrit, C., Uttamo, W., Thanasuthipitak, T. & Haraluk, M. (1985): Oil shale sedimentology and geochemistry in Cenozoic Mae Sot Basin, Thailand.- Amer. Assoc. Petrol. Geol. Bull., 69, 767–780.

Gibling, M.R., Tandon, S.K., Sinha, R. & Jain, M. (2005): Discontinuity-bounded alluvial sequences of the southern Gangetic Plains, India: Aggradation and degradation in response to monsoonal strength.- J. Sediment Research, 75, 3, 369–385.

Gilbert, G.K. (1885): The topographic features of lake shores.- U.S. Geol. Survey, 5th Annual Report (1883 – 1884), 69–123.

Glennie, K.W. (ed. 1986): Introduction to the Petroleum Geology of the North Sea.- 236 S., (Blackwell Sci. Publ.) Oxford.

Glennie, K.W. (1987): Desert sedimentary environments, present and past – a summary.- Sediment. Geol., 50, 125–165.

Glennie, K.W. & Buller, A.T. (1983): The Permian Weissliegend of NW Europe: The partial deformation of aeolian dune sands caused by the Zechstein transgression.- Sediment. Geol., 35, 43–81.

Gloppen, T.G. & Steel, R.J. (1981): The deposits, internal structure and geometry in six alluvial fan-fan delta bodies (Devonian-Norway) – a study in the significance of bedding sequence in conglomerates.- In: Ethridge, F.G. & Flores, R.M. (Hrsg.): Recent and Acient Nonmarine Depositional Environments: Models for Exploration.- SEPM, Spec. Publ., 31, 49–69.

Glover, B.W. & Obeirne, A.M. (1994): Anatomy, hydrodynamics and depositional setting of a Westphalian C lacustrine delta complex, West Midlands, England.- Sedimentology, 41, 115–132.

Gole, C.V. & Chitale, S.V. (1966): Inland de ta building activity of Kosi River.- J. Hydraul. Proc. Am. Soc. Civ. Eng., 92, 111–126.

Gölz, E. (1986): Das rezente Rheingeschiebe; Herkunft, Transport und Ablagerung.- Z. deutsch. geol. Ges., 137, 587–611.

Gölz, E. (1994): Bed degradation – nature, causes, countermeasures.- Wat. Sci. Tech., 29, 325–333.

Gölz, E. & Tippner, D. (1985): Korngrößen, Abrieb und Erosion am Oberrhein.- Deutsche Gewässerkundliche Mitt., 29, 115–122.

Goncalves, R.A. (1997): A dinamica costeira e os campos de dunas dos lencois maranhenses [Coastal dynamics of the Maranhao dune fields].- Anais da Academia Brasileira de Ciencias, 69, 1, pp 136.

Gonzalez-Samperiz, P. & Kelts, K. (2000): Quaternary palaeohydrolgical evolution of a playa lake: Salada Mediana, central Ebro Basin, Spain.- Sedimentology, 47, 6, 1135 – 1156.

Goth, K., de Leeuw, J.W., Püttmann, W. & Tegelaar, E.W. (1988): Origin of Messel Oil Shale kerogen.- Nature, volume 336, pages 759–761. ► https://doi.org/10.1038/336759a0.

Goth, K. (1990): Der Messeler Ölschiefer – ein Algenlaminit.- Courier Forschungsinstitut Senckenberg, 131, 1–143.

Goodall, T.M., North, C.P. & Glennie, K.W. (2000): Surface, subsurface sedimentary structures produced by salt crusts.- Sedimentology, 47, 99–118.

Goodwin, J.H. (1971): Geochemical history of Lake Gosiute.- Contrib. Geol. (Trona Issue), 10, 9–13, Univ. Wyoming, Laramie.

Gordini, E. (2007): Evolutionary trends in the beaches of the Tagliamento river delta.- Bollettino di geofisica teorica ed applicata, 48, 3, 287–304.

Grande Atlas Universal, 3: Américas do Sule, Central e Antártida (2004); Barcelona. [ISBN 85-98559-23-1].

Grein, G., Konrad, W., Wilde, V., Utescher, T. & Roth-Nebelsick, A. (2011): Reconstruction of atmospheric CO2 during the early middle Eocene by application of a gas exchange model to fossil plants from the Messel Formation, Germany.- Palaeogeography, Palaeoclimatology, Palaeoecology, Volume 309, Issues 3–4, Pages 383–391. ► https://doi.org/10.1016/j.palaeo.2011.07.008.

Gudera, T., Kärcher, T., Schwebler, W., Wirsing, G. & Luz, A. (2007): Hydrologische Kartierung und Grundwasserbewirtschaftung im Raum Karlsruhe-Speyer. Fortschreibung 1986–2005. Beschreibung der geologischen, hydrogeologischen und hydrologischen Situation.- 90 S., (Umweltministerium Baden-Württenberg, Ministerium für Umwelt, Forsten und Verbraucherschutz Rheinland-Pfalz), Stuttgart – Mainz.

Gustavson, T.C., Ashley, G.M. & Boothroyd, J.C. (1975): Depositional sequences in glaciolacustrine deltas.- In: MacDonald, B.C. & Jopling, A.V. (eds): Glaciofluvial and Glaciolacustrine Sedimentation.- SEPM, Spec. Publ., 23, 264–280.

Habersetzer, J. & Schaal, S. (Hrsg 2004): Current Geological and Paleontological Research in the Messel Formation.- Courier Forschungsinstitut Senckenberg, 252, 1–245, 89 figures, 21 tables, 12 plates (Schweizerbart) Stuttgart.

Häfner, F. (2014): Buntsandstein und was daraus geworden ist: Rohstoffgewinnung-Naturdenkmäler-Baudenkmäler (Exkursion D am 24. April 2014).- Jahresberichte und Mitteilungen des Oberrheinischen Geologischen Vereins, N.F. 96, 49–72.

Halfar, J., Riegel, W. & Walther, H. (1998): Facies architecture and sedimentology of a meandering fluvial system: a Palaeogene example from the Weisselster Basin, Germany.- Sedimentology, 45, 1–17.

Hampton, B.H. & Horton, B.K. (2007): Sheetflow fluvial processes in a rapidly subsiding basin, Altiplano plateau, Bolivia.- Sedimentology, 54, 1121–1147.

Haneke, J. & Lorenz, V. (1986): Der Donnersberg – Zur Genese eines permokarbonen Rhyolith-Domes im Saar-Nahe-Gebiet.- Fortschr. Miner., 64, Beih.1, 62 S.

Hanke, L. & Maqsud, N. (1985): Pedologisch-stratigraphische Untersuchungen in Flugsanden westlich von Mainz (Sandgrube Walter und Lennebergwald).- Mainzer Naturw. Archiv, 23, 201–222.

Hanselmann, K. (1989): Rezente Seesedimente, Lebensräume für Mikroorganismen.- Die Geowissenschaften, 7, 98–112.

3

Hansen, R., Irion, G. & Negendank, J. (1980): Geochemie und sedimentologische Untersuchungen an Sedimentkernen aus dem Meerfelder Maar (Eifel).- Senckenbergiana maritima, 12, 269–280.

Hardie, L.A. & Eugster, H.P. (1970): The evolution of closed-basin brines.- In: Morgan, B.A. (ed): Mineralogy and geochemistry of non-marine evaporites.- Miner. Soc. America, Spec. Paper, 3, 273–290.

Hardie, L.A., Smoot, J.P. & Eugster, H.P. (1978): Saline lakes and their deposits: a sedimentological approach.- In: Matter, A. & Tucker, M.E. (Hrsg.): Modern and Ancient Lake Sediments.- Spec. Publs. Int. Ass. Sediment., 2, 7–41.

Harms, F.-J., Nix, T. & Felder, M. (2003): Neue Darstellungen zur Geologie des Ölschiefervorkommens Grube Messel.- Natur und Museum, 135, 140–148.

Harms, F.-J. & Schaal, S. (Hrsg 2005): Current Geological and Paleontological Research in the Messel Formation.- Courier Forschungsinstitut Senckenberg, 255, 1–236, 158 figures, 28 tables, (Schweizerbart) Stuttgart.

Haszeldine, R.S. (1984): Muddy deltas in freshwater lakes, and tectonism in the Upper Carboniferous coalfield of NE England.- Sedimentology, 31, 811–822.

Hauschke, N. (1989): Steinsalzkristallmarken – Begriff, Deutung und Bedeutung für das Playa-Playasee-Faziesmodell.- Z. dt. geol. Ges., 140, 355–369.

Havholm, K.G., Blakey, R.C., Capps, M., Jones, L.S., King, D.D. & Kocurek, G. (1993) Aeolian genetic stratigraphy: an example from the Middle Jurassic Page Sandstone, Colorado Plateau.- Sedimentology, 16, 87–107.

Havholm, K.G. & Kocurek, G. (1994): Factors controlling aeolian sequence stratigraphy – Clues from super bounding surface-features in the Middle Jurassic Page sandstone.- Sedimentology, 41, 913–934.

Hayman, N.W., Knott, J.R., Cowan, D.C., Nemser E. & Sarna-Wojcicki, A.M. (2003): Quaternary low-angle slip on detachment faults in Death Valley, California.- Geology, 31, 4, 343–346.

Heizmann, E.P.J. & Hesse, A. (1995): Die mittelmiozänen Vogel- und Säugetierfaunen des Nördlinger Ries (MN6) und des Steinheimer Beckens (MN7); ein Vergleich.- Courier Forschungsinstitut Senckenberg, 181, 171–185.

Hemelsdaël, R., Ford, M., Malartre, F. & Gawthorpe, R. (2017): Interaction of an antecedent fluvial system with early normal fault growth: Implications for syn-rift stratigraphy, western Corinth rift (Greece).- Sedimentology, First published: 13 July 2017; ▶ https://doi.org/10.1111/sed.12381.

Herrmann, A.G., Knake, D., Schneider, J. & Peters, H. (1973): Geochemistry of modern seawater and brines from salt pans: Main components and bromine distribution.- Contr. Mineral. and Petrol., 40, 1–24.

Herrman, M. (2007): Eine Palynologische Analyse der Bohrung Enspel – Rekonstruktion der Klima- und Vegetationsgeschichte im Oberoligozän.- Diss Uni Tübingen ▶ http://nbn-resolving.de/urn:nbn:de:bsz:21-opus-31098; ▶ http://hdl.handle.net/10900/49098.

Hesp, P. & Fryberger, S.G. (Hrsg. 1988): Eolian sediments.- Sediment. Geol., 55, 1–322.

Hinderer, M. (2001): Late Quaternary denudation of the Alps, valley and lake fillings and modern river loads.- Geodinamica Acta, 14, 4, 231–263.

Hinsken S., Ustaszewski K. & Wetzel A. (2007): Graben width controlling syn-rift sedimentation: The Palaeogene southern Upper Rhinegraben as an example.- International Journal of Earth Sciences, 96, 979–1002.

Hoberg, K., Lorenz, G. & Ricken, W. (2000): Proximale Sedimentationsbedingungen im Buntsandstein – erste Beobachtungen zur fluviatilen Architektur der Mechernicher Trias.- Zbl. Geol. Paläont. Teil I, 1999, 261–273.

Hoorn, C. (1994): An environmental reconstruction of the palaeo-Amazon River system (Middle–Late Miocene, NW Amazonia).- Palaeogeography, Palaeoclimatology, Palaeoecology, 112, 3/4, 187–238; ▶ https://doi.org/10.1016/0031-0182(94)90074-4.

Hoorn, C., Wesselingh, F.P., ter Steege, H., Bermudez, M.A., Mora, A., Sevink, J., Sanmartín I., Sanchez-Meseguer, A., Anderson, C.L., Figueiredo, J.P., Jaramillo, C., Riff, D., Negri, F.R., Hooghiemstra, H., Lundberg, J., Stadler, T., Särkinen, T. & Antonelli, A. (2010): Amazonia Through Time: Andean Uplift, Climate Change, Landscape Evolution, and Biodiversity.- Science 12 Nov 2010, Vol. 330, Issue 6006, pp. 927–931; ▶ https://doi.org/10.1126/science.1194585.

Horowitz, D.K. (1981): Eolian processes.- In: Dott, R.H. & Byers, C.W. (conveners), SEPM Research Conference on modern shelf and ancient cratonic sedimentation – the orthoquartzite-carbonate suite revisited.- J. Sediment. Petrol, 51, 336–337.

Hoselmann, C. (2008): The Pliocene and Pleistocene fluvial evolution in the northern Upper Rhine Graben based on results of the research borehole at Viernheim (Hessen, Germany).- In: Gerald Gabriel, Dietrich Ellwanger, Christian Hoselmann & Michael Weidenfeller (Hrsg.): The Heidelberg Basin Drilling Project. Eiszeitalter und Gegenwart / Quaternary Science Journal, 57, 3/4, 286–315.

Hoselmann, C., Ellwanger, D., Gabriel, G., Lauer, T. & Weidenfeller, M. (2010 a): Research boreholes in the Heidelberg Basin: Development of a new lithostratigraphic system in the northern Upper

Rhine Graben.- abstract GeoDarmstadt 2010, 10.-13.10.2010.

Hoselmann, C., Ellwanger, D., Gabriel, G., Weidenfeller, M. & Wielandt-Schuster, U. (2010 b): Viernheim-Formation.- In: Litholex [Online-database]. Hannover: BGR. Last update: 03.11.2010. Record No. 1000013. Available from: ▶ http://www.bgr.bund.de.

Houbolt, L.L.H.C. & Jonker, J.B.M. (1968): Recent sediments in the eastern part of the Lake of Geneve (Lac Léman).- Geol. en Mijnbow, 47, 131–148.

Hovikoski, J., Therkelsen, J., Nielsen, L.H., Bcjesen-Koefoed, J.A., Nytoft, H.P., Petersen, H.I., Abatzis, I., Tuan, H.T., Phuong, B.T.N., Dao, C.V. & Fyhn, M.B.W. (2016): Density-flow deposition in a fresh-water lacustrine rift basin, Paleogene Bach Long Vi Graben, Vietnam.- Journal of Sedimentary Research, 86: 982–1007; ▶ https://doi.org/10.2110/jsr.2016.53.

Hsü, K.J., Montadert, L., Bernoulli, D., Cita, M.B., Erickson, A., Garrison, R.E., Kidd, R.B., Mèlierés, F., Müller, C. & Wright, R. (1977): History of the Mediterranean salinity crisis.- Nature 267, 5610, 399–403; ▶ https://doi.org/10.1038/267399a0.

Hsü, K.J. (1982): Origin of saline giants: a critical review after the discovery of the Mediterranean evaporite.- Earth Sci. Rev., 8, 371–396.

Hsü, K.J. & Siegenthaler, C. (1969): Preliminary experiments on hydrodynamic movement induced by evaporation and their bearing on the dolomite problem.- Sedimentology, 12, 11–25.

Hubert, J.F. & Mertz, K.A. (1980): Eolian dune field of late Triassic age, Fundy Basin, Nova Scotia.- Geology, 8, 516–519.

Huerta, P., Armenteros, I., Recio, C. & Antonio, J. (2010): Palaeogroundwater evolution in p aya–lake environments: Sedimentary facies and stable isotope record (Palaeogene, Almazán basin, Spain).- Palaeogeography, Palaeoclimatology, Palaeoecology, 286, 3–4, 135–148 ▶ http://doi.org/10.1016/j.palaeo.2009.12.008.

Hunter, R.E. (1977): Basic types of stratification in small eolian dunes.- Sedimentology, 24, 361–387.

Hunter, R.E. & Richmond, B. (1988): Daily cycles in coastal dunes.- Sediment. Geol., 55, 43–67.

Hunter, R.E. & Rubin, D.M. (1983): Interpreting cyclic crossbedding, with an example from the Navajo Sandstone.- In: Brookfield, M.E. & Ahlbrandt, T.S. (Hrsg.), Eolian Sediments and Processes. 429–454, (Elsevier) Amsterdam.

Hunze, S. & Wonik, T. (2008): Sediment input into Heidelberg Basin as determined from downhole logs.- In: Gabriel, G., Ellwanger, D., Hoselmann, C. & Weidenfeller, M.: The Heidelberg Basin drilling project.- Quaternary Science Journal / Eiszeitalter & Gegenwart, 57, 3–4, 367–381.

Hunze, S., Baumgarten, H. & Wonik, T. (2012): Zyklostratigraphie der Forschungsbohrung Heidelberg UniNord und Korrelation lithostratigraphischer Formationen im Heidelberger Becken aus Bohrlochmessungen.- LGRB-Informationen, 26, 181–194, Freiburg i.Br. (Regierungspräsidium Freiburg, Landesamt für Geologie, Rohstoffe und Bergbau).

Hüttner, R. (1991): Bau und Entwicklung des Oberrhein-Grabens. Ein Überblick mit historischer Rückschau.- Geologisches Jahrbuch, E 48, 17–42.

Hwang, I.G. & Chough, S.K. (2000): The Maesan fan delta, Miocene Pohang Basin, SE Korea: architecture and depositional processes of a high-gradient fan-delta-fed slope system.- Sedimentology, 47, 995–1010.

Ingersoll, R.V. (1988): Tectonics of sedimentary basins.- GSA Bull., 100, 1704–1719.

Irion, G. (1970): Mineralogisch-sedimentpetrographische und geochemische Untersuchungen am Tuz Gölü (Salzsee), Türkei.- Chemie der Erde, 29, 163–226.

Irion, G. (1973): Die anatolischen Salzseen, ihr Chemismus und die Entstehung ihrer chemischen Sedimente.- Arch. Hydobiol., 71, 517–557.

Irion, G. (1977): Der eozäne See von Messel.- Natur und Museum, 107, 213–218.

Irion, G. & Kalliola, R. (2010): Fluvial landscape evolution in lowland Amazonia during the Quaternary.- In: Hoorn, C. & Wesselingh, F. (Hrsg.), Amazonia, landscape and species evolution.- Blackwell Publishing p. 185–197. ISBN 978-1-4051-8113-6.

Irion, G. & Negendank, J.F.W. (1984): Der Sedimentaufbau.- In: Irion, G. & Negendank, J.F.W. (Hrsg): Das Meerfelder Maar – Untersuchungen zur Entwicklungsgeschichte eines Eifelmaares.- Courier Forsch.-Inst. Senckenberg, 65, 17–20.

Irion, G., Buchas, H., Junk, W. J., Nunes Da Cunha, C., De Morais, J.O. & Kasbohm, J. (2010a): Aspects of the geological and sedimentological evolution of the Pantanal plain during the Pleistocene.- In: Junk, W.J., Nunes Da Cunha, C., Wantzen, K.M. & Da Silva, C.J. The Pantanal: Ecology, biodiversity and sustainable management of a famous South American wetland. Pensoft Publishers p. 47–70.

Irion, G., De Mello, J.N., De Morais, J.O., Piedade, M.T., Junk, W.J. & Garming, L. (2010b): Development of the Amazon valley during the Middle to Late Quaternary: sedimentological and climatological observations.- In: Junk, W.J., Piedade, M.T.F., Parolin, P., Schöngart, J. & Wittmann, F.: Ecophysiology, biodiversity and sustainable management of Central Amazonian floodplain forests. Springer Ecological Studies 27–42.

Irion, G., De Morais, J.O. & Bungenstock, F. (2012): Holocene and Pleistocene sea-level indicators at the coast of Jericoacoara, Ceará, NE Brazil.- Quaternary Research, 77, 251–257.

Irmen, A. (1999): Faziesarchitektur fossiler arid-klastischer Ablagerungsräume als Rotliegend-Reservoiranalog – Literaturstudie.- DGMK-Bericht, 546, 146 S., Hamburg.

Irmen, A. (2001): Ein geostatistisches Modell zur Faziesarchitektur und internen Heterogenität von Rotliegend-Reservoirs, entwickelt an Aufschlussanalogen – Aufschlussanalogiestudie Cutler Group (Utah/USA).- DGMK-Bericht, 546–2, 123 S., Hamburg.

Islamoglu, Y. (2009): Middle Pleistocene bivalves of the Iznik lake basin (Eastern Marmara, NW Turkey) and a new paleobiogeographical approach.- Int. J. Earth Sci. (Geol. Rundschau), 98, 1981–1990.

Jacoby, W.R., Wallner, H. & Smilde, P. (2000): Tektonik und Vulkanismus entlang der Messel-Störungszone auf dem Sprendlinger Horst: Geophysikalische Ergebnisse.- Z. dt. geol. Ges., 151, 493–510.

Jankowski, B. (1977): Die Postimpaktsedimente in der Forschungsbohrung Nördlingen 1973.- Geologica Bavarica, 75, 21–36.

Jankowski, B. (1981): Die Geschichte der Sedimentation im Nördlinger Ries und Randecker Maar.- Bochumer geol. u. geotechn. Arb., 6, 315 S.

Jankowski, B. & Littke, R. (1986): Das organische Material der Ölschiefer von Messel.- Geowissenschaften in unserer Zeit, 4, 73–80.

Jerram, D.A., Mountney, N.P., Howell, J.A., Long, D. & Stollhofen, H. (2000): Death of a sand sea: an active aeolian erg systematically buried by the Etendeka flood basalts of NW Namibia.- Journal of the Geological Society, 157, 513–516.

Jiang, Z., Chen, D., Qiu, L., Liang, H. & Ma, J. (2007): Source-controlled carbonates in a small Eocene half-graben lake basin (Shulu Sag) in central Hebei province, North China.- Sedimentology, 54, 265–292. ▶ https://doi.org/10.1111/j.1365-3091.2006.00834.x.

Johnson, C.L. & Graham, S.A. (2004): Sedimentology and reservoir architecture of synrift lacustrine delta, southeastern Mongolia.- J. Sediment. Research, 74, 6, 770–785.

Johnson, C.L. & Graham, S.A. (2005): Cycles in perilacustrine facies of Late Mesozoic rift basins, southeastern Mongolia.- J. Sediment. Research, 74, 6, 786–804.

Johnston, S., Hacker, B.R. & Ducea, M.N. (2007): Exhumation of ultra-pressure rocks beneath the Hornelen segment of the Nordfjord-Sogn detachment zone, western Norway.- GSA Bull., 119, 9/10, 1232–1248.

Jones, B.F. (1965): The hydrology and mineralogy of Deep Springs Lake, Inyo County, California.- Geol. Surv. Prof. Paper, 502-A, 1–56.

Jung, G. (1990): Seen werden, Seen vergehen: Entstehung, Geologie, Geomorphologie, Altersfrage, Limnologie und Ökologie.- 207 S., (Ott-Verlag) Thun/Schweiz.

Juvigné, E. et al. (1988): Zur Schlotfüllung des Hinkelsmaares (Eifel, Deutschland): Alter und Genese.- N. Jb. Geol. Paläont., Mh., 9, 544–562.

Katz, B.J. (ed 1991): Lacustrine Basin Exploration. Case Studies and Modern Analogs.- AAPG Memoir, 50, 1–340.

Karcz, I. & Zak, I. (1987): Bedforms in salt deposits of the Dead Sea brines.- J. Sediment. Petrol., 57, 723–735.

Karp, T., Scholz, C.A. & McGlue, M.M. (2012): Structure and stratigraphv of the Lake Albert Rift, East Africa: Observations from seismic reflection and gravity data.- In: Baganz, O.W., Bartov, Y., Bohacs, K. & Nummedal, D. (Hrsg. 2012), Lacustrine sandstone reservoirs and hydrocarbon systems. AAPG Memoir, 95, Chapter 12, 299–318. ▶ https://doi.org/10.1306/13291382m953444.

Kehrer, P., Orzol, J., Jung, R., Jatho, R. & Junker, R. (2007): The GeneSys project – a contribution of Geozentrum Hannover to the development of Enhanced Geothermal Systems (EGS).- Zeitschrift der Deutschen Gesellschaft für Geowissenschaften, 158, 1, 119–132.

Keller, B. (2000): Fazies der Molasse anhand eines Querschnitts durch das zentrale Schweizer Mittelland (Exkursion D am 27. April 2000).- Oberrhein. Geol. Ver., Jber. u. Mitt., NF, 82, 55–92.

Kelts, K. & Hsü, K.J. (1978): Freshwater carbonate sedimentation.- In: Lerman, A. (Hrsg.): Lakes: Chemistry, Geology, Physics.- 295–323, (Springer) New York.

Kiefer, F. (1955): Naturkunde des Bodensees.- 169 S., (Jan Thorbecke Verlag) Lindau, Konstanz.

King, W.A. & Martini, I.P. (1984): Morphology and recent sediments of the lower anastomosing reaches of the Attawapiskat river, James Bay, Ontario, Canada.- Sediment. Geol., 37, 295–320.

Kirkby, B. (2003): Im Leeren Viertel: Auf dem Kamel durch die arabische Wüste.- 284 S., (Pieper) München, Zürich.

Klingeman, P.C., Beschta, R.L., Komar, P.D. & Bradley, J.B. (Hrsg. 1998): Gravel-bed braided rivers in the environment.- Forth International Gravel-Bed Rivers Workshop 1995, Vol. 4, 832 S., (Water Resources Publ.) Gold Bar, WA, USA.

Kocurek, G. (1981): Significance of interdune deposits and bounding surfaces in aeolian dune sands.- Sedimentology, 28, 753–780.

Kocurek, G. (ed. 1988a): Late Paleozoic and Mesozoic eolian deposits of the Western Interior of the United States.- Sediment. Geol. (Spec. Issue), 56, 1–413.

Kocurek, G. (1988b): First-order and super-bounding surfaces in eolian sequences – bounding surfaces revisited.- In: Kocurek, G. (ed): Late Paleozoic and Mesozoic eolian deposits of the Western Interior of the United States.- Sediment. Geol. (Spec. Issue), 56, 193–206.

Kocurek, G. & Crabaugh, M. (1993): Significance of thin sets of eolian cross-strata – discussion.- J. Sediment. Petrol., 63, 1165–1169.

Kocurek, G. & Dott, R.H., jr. (1981): Distinctions and uses of stratification types in the interpretation of eolian sand.- J. Sediment Petrol., 51, 579–595.

Kocurek, G. & Day, M. (2017): What is preserved in the aeolian rock record? A Jurassic Entrada Sandstone case study at the Utah–Arizona border.- Sedimentology, Accepted manuscript online: 9 October 2017. ▶ https://doi.org/10.1111/sed.12422.

Kocurek, G., Martindale, R.C., Day, M., Goudge, T.A., Kerans, C., Hassenruck-Gudipati, H.J., Mason, J., Cardenas, B.T., Petersen, E.I., Mohrig, D., Aylward, D.S., Hughes, C.H. & Nazworth, C.M. (2018): Antecedent aeolian dune topographic control on carbonate and evaporite facies: Middle Jurassic Todilto Member, Wanakah Formation, Ghost Ranch, New Mexico, USA.- Sedimentology, ▶ https://doi.org/10.1111/sed.12518.

Korsch, R.J. & Schäfer, A. (1995): The Permo-Carboniferous Saar-Nahe Basin, south-west Germany and north-east France: basin formation and deformation in a strike-slip regime.- Geol. Rundschau, 84, 2, 293–318.

Koster, E.H. & Steel, R.J. (eds 1984): Sedimentology of Gravels and Conglomerates.- Canad. Soc. Petrol. Geol. Mem., 10, 1–441.

Kött, A., Gaupp, R. & Wörner, G. (1995): Miocene to Recent history of the western Altiplano in northern Chile revealed by lacustrine sediments of the Lauca Basin (18°15' – 18°40' S / 69°30' – 69°05' W).- Geol. Rundschau, 84, 770–780.

Koukouvelas, I., Roberts, G. & Burg, J.-F. (eds 2007): Deep structure, fault arrays and surface processes within an active graben: The Gulf of Corinth.- Tectonophysics, 440, 1–4, 1–158.

Krapf, C.B.E., Stollhofen, H. & Stanistreet, I.G. (2003): Contrasting styles of ephemeral river systems and their interaction with dunes of the Skeleton Coast erg (Namibia).- Quaternary International, 104, 1, 41–52.

Krijgsman, W., Hilgen, F.J., Raffi, L., Sierro, F.J. & Wilson, D.S. (1999): Chronology, causes and progression of the Messinian salinity crisis.- Nature 400, 6745, 652–655.

Kubanek, F., Nöltner, T., Weber, J. & Zimmerle, W. (1988): On the lithogenesis of the Messel oil shale.- Courier Forsch.-Inst. Senckenberg, 107, 13–28.

Kuhlemann, J. & Kempf, O. (2002): Post-Eocene evolution of the North Alpine Foreland Basin and its response to Alpine tectonics.- Sediment. Geol., 152, 45–78.

Kulick, J. & Paul, J. (Hrsg 1987): ZECHSTEIN '87, Exkursionsführer 1 + 2.- Int. Symp. Zechstein 87, I 1–173, II 1–310, Wiesbaden.

Kumar, R., Jain, V., Babu, G.P. & Sinha, R. (2014): Connectivity structure of the Kosi megafan and role of rail-road transport network.- Geomorphology, 227, 73–86. ▶ https://doi.org/10.1016/j.geomorph.2014.04.031.

Langford, R.P., Pearson, K.M., Duncan, K.A., Tatum, D.M., Luqman Adams, L. & Depret, P.-A. (2008): Eolian topography as a control on deposition incorporating lessons from modern dune seas: Permian Cedar Mesa sandstone, SE Utah, USA.- J. Sediment. Res., 78, 410–422.

Last, W.M. (1989): Sedimentology of a saline playa in the northern Great Plains, Canada.- Sedimentology, 36, 109–123.

Latrubesse, E.M., Cozzuol, M., da Silva-Caminha, S.A.F., Rigsby, C.A., Absy, M.L. & Jaramillo, C. (2010): The Late Miocene paleogeography of the Amazon Basin and the evolution of the Amazon River system.- Earth-Science Reviews, Volume 99, Issues 3/4, Pages 99–124; ▶ https://doi.org/10.1016/j.earscirev.2010.02.005.

Lauer, T., Krbetschek, M., Frechen, M., Tsukamoto, S., Hoselmann, C. & Weidenfeller, M. (2011): Infrared radiofluorescence (Ir-Rf) dating of Middle Pleistocene fluvial archives of the Heidelberg Basin (Southwest Germany).- Geochronometria, 38, 1, 23–33.

Lecca, L., Lonis, R., Luxoro, S., Mellis, E., Secchi, F., & Brotzu, P. (1997): Oligo-Miocene volcanic sequences and rifting stages in Sardinia: a review.- Per. Mineral., 66, 7–61.

Leeder, M.R. (1982): Sedimentology, Process and Product.- 344 pp, (G. Allen & Unwin) London, Boston, Sydney.

Leeder, M.R. (1999): Sedimentology and Sedimentary Basins. From Turbulence to Tectonics.- 592 pp, (Blackwell Science) Oxford.

Leopold, L.B. & Wolman, M.G. (1957): River channel patterns; braided, meandering, and straight.- U.S. Geological Survey, Professional Papers, 282-B, 1–84.

Legler, B., Gebhardt, U. & Schneider, J.W. (2005): Late Permian non-marine – marine transitional profiles in the central Southern Permian Basin, northern Germany.- International Journal of Earth Sciences, 94, 5, 851–862. ▶ https://doi.org/10.1007/s00531-005-0002-5.

Legler, B. & Schneider. J.W. (2008): Marine ingressions into the Middle/Late Permian saline lake of the Southern Permian Basin (Rotliegend, Northern Germany) possibly linked to sea-level highstands in the Arctic rift system.- Palaeogeography, Palaeoclimatology, Palaeoecology, 267, 1–2, 102–114. ► http://doi.org/10.1016/j.palaeo.2008.06.009.

Legler, B., Schneider, J.W., Gebhardt, U., Merten, D. & Gaupp, R. (2011): Lake deposits of moderate salinity as sensitive indicators of lake level fluctuations: Example from the Upper Rotliegend saline lake (Middle – Late Permian, Northeast Germany).- Sediment. Geol., 234, 56–69.

Lemcke, K. (1977): Ölschiefer im Meteoritenkrater des Nördlinger Rieses.- Erdöl-Erdgas-Zeitschrift, 93, 393–397.

Lemons, D.R. & Chan, M.A. (1999): Facies architecture and sequence stratigraphy of fine-grained lacustrine deltas along the eastern margin of Late Pleistocene Lake Bonneville, Northern Utah and Southern Idaho.- AAPG Bulletin, 83, 4, 635–665.

Lepper, J. & Röhling, H.-G. (Hrsg. 2013): Stratigraphie von Deutschland XI – Buntsandstein.- Schriftenreihe der Deutschen Gesellschaft für Geowissenschaften, 69, 1–657, Stuttgart (Schweizerbart).

Lerman, A. (ed 1978): Lakes: Chemistry, Geology, Physics.- 363 pp., (Springer) New York.

Levin, N., Tsoar, H., Herrmann, H.J., Maia L.P. & Claudino-Sales, V. (2009): Modelling the formation of residual dune ridges behind barchan dunes in Northeast Brazil.- Sedimentology, 56, 1623–1641.

Liebig, V. (2001): Neuaufnahme der Forschungsbohrungen KB 1, 2, 4 und 7 von 1980 aus der Grube Messel (Sprendlinger Horst, Südhessen).- Kaupia, 11, 3–68.

Lindqvist, J.K. & Daphne E.L. (2009): High-frequency paleoclimate signals from Foulden Maar, Waipiata Volcanic Field, southern New Zealand: An Early Miocene varved lacustrine diatomite deposit.- Sedimentary Geology, 222, 1–2, 98–110.

Link, M.H. (1982): Sedimentology of the Upper Miocene Piru Gorge sandstone member of the Ridge Route Formation. Ridge Basin, Southern California.- In: Crowell. J.C. & Link, M.H. (editors): Geologic History of Ridge Basin, Southern California.- Pacific Section of the Society of Economic Paleontologists and Mineralogists, SEPM, 127–134.

Litt, T. & Anselmetti, F.S. (2014): Lake Van deep drilling project PALEOVAN.- Quaternary Science Reviews 104, 1–7.

Litt, T., Krastel, S., Sturm, M., Kipfer, R., Örcen, S., Heumann, G., Franz, S.O., Ülgen, U.B., Niessen, F. (2009). „PALEOVAN", International Continental Scientific Drilling Program, (ICDP): Results of a recent site survey and perspectives. Quaternary Science Reviews 28, 1555–1567.

Litt, T., Ohlwein, C., Neumann, F.H., Hense, A. & Stein, M. (2012): Holocene climate variability in the Levant from the Dead Sea pollen record.- Quaternary Science Reviews, 49, 95–105. ► http://dx.doi.org/10.1016/j.quascirev.2012.06.012.

Litt, T., Pickarski, N., Heumann, G., Stockhecke, M. & Tzedakis, P.C. (2014): A 600,000 year long continental pollen record from Lake Van, eastern Anatolia (Turkey).- Quaternary Science Reviews 104, 30–41.

Liu, T. et al. (1985): Loess and the environment.- 251 pp, (China Ocean Press) Bejing.

Lofi, J. et al. (2011): Seismic Atlas of the Messinian salinity crisis markers in the Mediterranean and Black Sea.- Mém. de la Société de France, n.s., 179, 72 pp (incl. CD containing seismic data).

Longhitano, S.G. (2008): Sedimentary facies and sequence stratigraphy of coarse-grained Gilbert-Type deltas within the Pliocene thrust-top Potenza Basin (Southern Apennines, Italy).- Sediment. Geol., 210, 87–110.

Lonne, I., Nemec, W., Blikra, L.H. & Lauritsen, T. (2001): Sedimentary architecture and dynamic stratigraphy of a marine ice-contact system.- J. Sediment. Research, 71, 922–943.

Löschan, G., Emmerich, K., Reinhold, C. & Reinecker, J. (2017): Clay mineralogy of Tertiary formations in the northern Upper Rhine Graben – New insights from geothermal and hydrocarbon exploration.- Zeitschrift der Deutschen Gesellschaft für Geowissenschaften (ZDGG) Band 168 Heft 2 (2017), pp 233–244; ► https://doi.org/10.1127/zdgg/2017/0083.

Lowenstein, T.K. & Hardie, L.A. (1985): Criteria for the recognition of salt-pan evaporites.- Sedimentology, 32, 627–644.

Lowenstein, T.K., Li, J., Brown, C., Roberts, S.M., Ku, T.-L., Luo, S. & Yang, W. (1999): 200 k.y. paleoclimate record from Death Valley salt core.- Geology, 27, 1, 3–6. ► https://doi.org/10.1130/0091-7613(1999) 027<0003:KYPRFD> 2.3.CO;2.

Lucas, S.G. & Anderson, O.J. (1998): Jurassic stratigraphy and correlation in New Mexico.- New Mexico Geology, 20, 97–104.

Luthi, S.M. & Banavar, J.R. (1988): Application of bore-hole images to three-dimensional geometric modeling of eolian sandstone reservoirs, Permian Rotliegende, North Sea.- AAPG Bull., 72, 1074–1089.

Lynds, R. & Hajek, E. (2006): Conceptual model for predicting mudstone dimensions in sandy braided-river reservoirs.- AAPG Bull., 90, 8, 1273–1288.

Mabbutt, J.A. (1983): Analysis of longitudinal dune patterns in the northwestern Simpson Desert, central Australia.- Zeitschrift für Geomorphologie, Supplementband, 45, 51–69, (Borntraeger) Berlin-Stuttgart.

Mader, D. (1982): Aeolian sands in continental red beds of the middle Buntsandstein (Lower Triassic) at the western margin of the German Basin.- Sediment. Geol., 31, 191–230.

Mader, D. (1983): Aeolische und fluviatile Sedimentation im mittleren Buntsandstein der Nordeifel.- N. Jb. Geol. u. Paläont., Abh., 165, 254–302.

Mader, D. (1985): Fluvial conglomerates in continental red beds of the Buntsandstein (Lower Triassic) in the Eifel (F.R.G.) and their palaeoenvironmental, palaeogeographical and palaeotectonic significance.- Sediment. Geol., 44, 1–64.

Mader, D. & Teyssen, T. (1985): Paleoenvironmental interpretation of fluvial red beds by statistical analysis of paleocurrent data: examples from the Buntsandstein (Lower Triassic) of the Eifel and Bavaria in the German Basin (Middle Europe).- Sediment. Geol., 41, 1–74.

Magee, J.W., Bowler, J.M., Miller, G.H. & Williams, D.L.G. (1995): Stratigraphy, sedimentology, chronology and palaeohydrology of Quaternary lacustrine deposits at Madigan Gulf, Lake Eyre, south Australia.- Palaeogeography, Palaeoclimatology, Palaeoecology, 113, 1, 3–42. ▶ https://doi.org/10.1016/0031-0182(95)00060-Y.

Maia, L.P., Jimenez, J.A., Serra, J., Morais, J.O. & Sanchez-Arcilla, A. (1998): The Fortaleza (NE Brazil) waterfront; port versus coastal management.- Journal of Coastal Research, 14, 4, 1284–1292.

Maia, L.P., Jimenez, J.A., Freire, G.S. & Morais, J.O. (1999): Dune migration and aeolian transport along Ceara (NE Brazil); downscaling and upscaling aeolian induced processes.- In: Kraus, N.C. & McDougal, W.G. (eds): Coastal sediments '99. 4th international symposium on Coastal engineering and science of coastal sediment processes; Scales of coastal sediment motion and geomorphic change. Hauppauge, NY, United States, June 21–23, 1999, Proceedings, 4, 2, 1220–1232.

Maia, L.P., Freire, G.S., De Morais, J.O., Rodrigues, A.C.B., Pessoa, P.R. & Magelhaes, S.H.O. (2001): Dynamics of coastal dunes at Ceará State, northeastern Brasil: Dimensions and migration rate.- Arq. Cien. Mar, Fortaleza, 34, 11–22.

Makaske, B. (2001): Anastomosing rivers: a review of their classification, origin and sedimentary products.- Earth-Science Reviews, 53, 149–196.

Makaske, M., Lavooi, E., de Haas, T., Kleinhans, M.G. & Smith, D.G. (2017): Upstream control of river anastomosis by sediment overloading, upper Columbia River, British Columbia, Canada.- Sedimentology, 64, 6, 1488–1510; ▶ https://doi.org/10.1111/sed.12361.

Mangili, C., Brauer, A., Moscariello, A. & Naumann, R. (2005): Microfacies of detrital event layers deposited in Quaternary varved lake sediments of the Pianico-Sellere Basin (southern Italy).- Sedimentology, 52, 927–943.

Manspeizer, W. (1985): The Dead Sea rift: impact of climate and tectonism on Pleistocene and Holocene sedimentation.- In: Biddle, K.T. & Christie-Blick, N. (eds): Strike-Slip Deformation, Basin Formation, and Sedimentation.- SEPM Spec. Publ., 37, 143–158.

Marins, R.V., Freire, G.S.S., Maia, L.P., Lima, J.P.R & Lacerda, L.D. (2002): Impacts of land-based activities on the Ceará coast, north-eastern Brazil.- In: De Lacerda, L.D., Kremer, H.H., Kjerfe, B., Salomons, W., Marshall Crossland, J.I. & Crossland, C.J. (eds): Land-ocean interaction in the coastal zone (LOICZ: Global change assessment and synthesis of river catchment – coastal sea interaction and human dimensions); Core project of the International Geosphere-Biosphere Programme: A study of global change (IGBP), 20–26 + 112–115.

Martini, I.P., Oggiano, G. & Mazzei, R. (1992): Siliciclastic-carbonate sequences of Miocene grabens of northern Sardinia, western Mediterranean Sea.- Sediment. Geol., 76, 63–78.

Marzo, M. & Puidgefabregas, C. (eds 1993): Alluvial Sedimentation.- Int. Ass. Sediment., Spec. Publs., 17, 586 pp, (Blackwell) Oxford.

Mason, G.M. (2012): Stratigraphic distribution and mineralogic correlation of the Green River Formation, Green River and Washakie Basins, Wyoming, U.S.A.- In: Baganz, O.W., Bartov, Y., Bohacs, K. & Nummedal, D. (eds 2012), Lacustrine sandstone reservoirs and hydrocarbon systems. AAPG Memoir, 95, Chapter 9, 223–254. ▶ https://doi.org/10.1306/13291382m953444.

Massari, F. (1996): Upper-flow regime stratification types on steep-face, coarse-grained, Gilbert-type progradational wedges (Pleistocene, Southern Italy).- J. Sediment Research, B 66, 2, 364–375.

Massari, F. & Colella, A. (1988): Evolution and types of fan-delta systems in some major tectonic settings.- In: Nemec, W. & Steel, R.J. (eds): Fan deltas: Sedimentology and tectonic settings.- 103–122, (Blackie) Glasgow, London.

Mastalerz, K. & Wojewoda, J. (1993): Alluvial-fan sedimentation along an active strike slipfault: Plio-Pleistocene Pre-Kaczawa fan, SW Poland.- Int. Ass. Sediment. Spec. Publs., 17, 293–304, (Blackwell) Oxford.

Mauthe, G., Brink, H.-J. & Burri, P. (1993): Kohlenwasserstoffvorkommen und -potential im deutschen Teil des Oberrhein-Grabens.- Bull. Ver. schweiz. Petroleum-Geol. u. -Ing., 60, 15–29.

May, S.R., Ehman, K.D., Gray, G.G. & Crowell, J.C. (1993): A new angle on the tectonic evolution of the Ridge Basin, a "strike slip" basin in southern California.- GSA Bull., 105, 1357–1372.

Mazzullo, J.M. & Ehrlich, R. (1983): Grain-shape variation in the St. Peter sandstone: A record of eolian and fluvial sedimentation of an early Paleozoic cratonic sheet sand.- J. Sediment. Petrol., 53, 105–119.

Mazzullo, J.M., Malicse, A. & Siegel, J. (1991): Facies and depositional environments of the Shattuck Sandstone on the northwest shelf of the Permian Basin.- J. Sediment. Petrol., 61, 940–958.

McCann, T. & Saintot, A. (eds 2003): Tracing tectonic deformation using the sedimentary record.- Geol. Soc. London, Spec. Publ., 208, 123 pp.

McConnico Kari, T.S. & Bassett, N. (2007): Gravelly Gilbert-type fan delta on the Conway Coast, New Zealand: Foreset depositional processes and clast imbrications.- Sedimentary Geology, 198, 3–4, 147–166.

McGowen, J. H. & Garner, L. E. (1970): Physiographic features and stratification types of coarse-grained point bars: Modern and ancient examples.- Sedimentology, 14, 77–111.

McKee, E.D. (ed. 1979): A Study of Global Sand Seas.- U.S. Geological Survey Professional Paper, 1052, 429 pp.

Mckenzie, J.A. (1981): Holocene dolomitization of Calcium carbonate sediments from the coastal sabkhas of Abu Dhabi, U.A.E.: a stable isotope study.- J Geol., 89, 185–198.

McPherson, J.G., Shanmugam, G. & Moiola, R.J. (1987): Fan-deltas and braid deltas: Varieties of coarsgrained deltas.- GSA Bull, 99, 331–340.

Meireles, A.J.A. (2001): Morfología Litoral y Sistema Evolutivo de la Costa de Ceará – Nordeste de Brasil.- Dissertation, 353 pp, Departamento der Géografia Física y Análisis Geográfico Regional, Universidad Barcelona.

Mertz, D.F., Renne, P.R., Wuttke, M. & Mödden, C. (2007) A numerically calibrated reference level (MP28) for the terrestrial mammal-based biozonation of the European Upper Oligocene.- Int. J. Earth Sci., 96, 353–361.

Meyer W. (1983): Geologischer Wanderführer: Eifel. Ein Reiseführer für Naturfreunde.-111 S., (Franck'sche Verlagsbuchhandlung) Stuttgart.

Miall, A.D. (1974): Paleocurrent analysis of alluvial sediments – discussion of directional variance and vector magnitude.- J. Sediment. Petrol., 44, 1174–1185.

Miall, A.D. (1985): Architectural Element Analysis: a new method of facies analysis applied to fluvial deposits.- Earth-Science Reviews, 22, 261–308.

Miall, A.D. (1990): Principles of Sedimentary Basin Analysis.- 668 pp, 2nd ed, (Springer) Berlin.

Miall, A.D. (1994): Reconstructing fluvial macroform architecture from two-dimensional outcrops: examples from the Castlegate Sandstone, Book Cliffs, Utah.- J. Sediment. Research, B 64, 146–158.

Miall, A.D. (1996): The Geology of Fluvial Deposits, Sedimentary Facies, Basin Analysis, and Petroleum Geology.- 582 pp, (Springer) Berlin, Heidelberg, New York.

Miall, A.D. (2006): Reconstructing the architecture and sequence stratigraphy of the preserved fluvial record as a tool for reservoir development: A reality check.- AAPG Bulletin, 90, 7, 989–1002.

Miall, A.D. & Jones, B.G. (2003): Fluvial architecture of the Hawkesbury Sandstone (Triassic), near Sydney, Australia.- J. Sediment. Research, 73, 531–545.

Miall, A.D. & Turner-Petersen, C.E. (1989): Variations in fluvial style in the Westwater Canyon Member, Morrison Formation (Jurassic), San Juan Basin, Colorado Plateau.- Sediment. Geol., 63, 21–60.

Milana, J.P. & Tietze, K.-W. (2002): Three-dimensional analogue modelling of an alluvial basin margin affected by hydrological cycles: processes and resulting depositional sequences.- Basin Research, 14, 237–264.

Millard, C., Hajek, E. & Edmonds, D.A. (2017): Evaluating Controls On Crevasse-Splay Size: Implications For Floodplain-Basin Filling.- Journal of Sedimentary Research, 87, 7, 722–739; ▶ https://doi.org/10.2110/jsr.2017.40.

Mohrig, D., Swanson, T. & Kocurek, G. (2016): Aeolian dune sediment flux variability over an annual cycle of wind.- Sedimentology; DOI: ▶ https://doi.org/10.1111/sed.12287.

Monegato, G. & Stefani, C. (2010): Stratigraphy and evolution of a long-lived fluvial system in the southeastern Alps (NE Italy): the Tagliamento conglomerate.- Austrian Journal of Earth Sciences, 103, 2, 33–49.

Montero-López, C., del Papa, C., Hongn, F., Strecker, M.R. & Aramayo, A. (2016): Synsedimentary broken-foreland tectonics during the Paleogene in the Andes of NW Argentine: new evidence from regional to centimeter-scale deformation features.- Basin Research. ▶ https://doi.org/10.1111/bre.12212.

Montero-López, C., del Papa, C., Hongn, F., Strecker, M.R. & Aramayo, A. (2018): Paleogene in the Andes of NW Argentine: new evidence from regional to centimetre-scale deformation features.- Basin Research, Volume 30, Issue Supplement S1, Pages 142–159. ▶ https://doi.org/10.1111/bre.12212.

Moore, J., Taylor, A., Johnson, C., Ritts, B.D. & Archer, R. (ed 2012): Facies analysis, reservoir characterization, and LIDAR modeling of an Eocene Lacustrine Delta, Green River Formation, southwest Uinta Basin, Utah.- In: Baganz, O.W., Bartov, Y., Bohacs, K. & Nummedal, D., Lacustrine sandstone reservoirs and hydrocarbon systems. AAPG Memoir, 95, Chapter 7, 183–208. ▶ https://doi.org/10.1306/13291382m953444.

Moreton, D.J., Ashworth, P.J. & Best, J.L. (2002): The physical scale modelling of braided alluvial architecture and estimation of subsurface permeability.- Basin Research, 13, 3, 265 – 285.

Mörs, T. & Koenigswald, W. (2000): *Potamotherium valletoni* (Carnivora, Mammalia) aus dem Oberoligozän von Enspel im Westerwald.- Senckenbergiana lethaea, 80, 1, 257–273.

Morlo, M., Schaal, S., Mayr, G. & Seiffert, C. (2004): An annotated taxonomic list of the Middle Eocene (MP 11) Vertebrata of Messel.- In: Habersetzer, J. & Schaal, S.: Current Geological and Paleontontological Research in the Messel Formation.- Courier Forschungsinstitut Senckenberg, 252, 95–108, (Schweizerbart) Stuttgart.

Mountney, N.P. (2006a): Periodic accumulation and destruction of aeolian erg sequences in the Permian Cedar Mesa Sandstone, White Canyon, southern Utah, USA.- Sedimentology, 53, 789–823.

Mountney, N.P. (2006b) Eolian facies models.- In: Facies Models Revisited. Eds: Posamentier, H., Walker, R., SEPM Spec. Publ., 84, 19–83.

Mountney, N.P. (2012): A stratigraphic model to account for complexity in aeolian dune and interdune successions.- Sedimentology, 59, 964–989.

Mountney, N.P. & Jagger, A. (2004): Stratigraphic evolution of an aeolian erg margin system: the Permian Cedar Mesa Sandstone, SE Utah, USA.- Sedimentology, 51, 4, 713–743.

Mountney, N. & Howell, J. (2000): Aeolian architecture, bedform climbing and preservation space in the Cretaceous Etjo Formation, NW Namibia.- Sedimentology, 47, 825–849.

Mtelela, C., Roberts, E.M., Downie, R. & Hendrix, M.S. (2016): Interplay of structural, climatic, and volcanic controls on Late Quaternary lacustrine-deltaic sedimentation patterns in the Western Branch of the East African Rift System, Rukwa Rift Basin, Tanzania.- Journal of Sedimentary Research, 86, 1179–1207; ▶ https://doi.org/10.2110/jsr.2016.73.

Müller, E.M. (2013): Buntsandstein im Saarland.- In: Deutsche Stratigraphische Kommission (Hrsg.: Koordination und Redaktion: Lepper, L. & Röhling, H.-G. für die Sub-Kommission Perm-Trias): Stratigraphie von Deutschland, XI. Buntsandstein.- Schriftenreihe Dt. Ges. Geowiss, 69, 515–523, Hannover.

Müller, G. (1966): Die Sedimentbildung im Bodensee.- Naturwissenschaften, 1966, 237–247.

Müller, G. (1967): Beziehungen zwischen Wasserkörper, Bodensediment und Organismen im Bodensee.- Die Naturwissenschaften, 1967, 454–466.

Müller, G. (1968): Exceptionally high Strontium concentrations in fresh water onkolites and mollusk shells of Lake Constance.- In: Müller, G. & Friedman, G.M. (eds): Recent developments in carbonate sedimentology in Central Europe.- 116–127, (Springer) New York.

Müller, G. (1971): Sediments of Lake Constance.- In: Müller, G. (ed): Sedimentology of Parts of Central Europe. Guidebook VIIIth International Sedimentological Congress, 237–252, Heidelberg.

Müller, G. & Förstner, U. (1968): Sedimenttransport im Mündungsgebiet des Alpenrheins.- Geol. Rundschau, 58, 229–259.

Müller, G., Irion, G. & Förstner, U. (1972): Formation and diagenesis of inorganic Ca-Mg-carbonates in the lacustrine environment.- Naturwissenschaften, 59, 158–164.

Müller, G. & Wagner, F. (1978): Holocene carbonate evolution in Lake Balaton (Hungary): a response to climate and impact of man.- Spec. Publs Int. Ass. Sediment. 2, 57–81.

Müller, J. & Sigl, W. (1977): Morphologie und rezente Sedimentation des Ammersees.- N. Jb. Geol. Paläont., Abh., 154, 155–185.

Müller, J., Sigl, W., Michler, G. & Sommerhoff, G. (1977): Die Sedimentationsbedingungen im Ammersee – untersucht an Sedimentkernen aus dem Delta-, Profundal- und Litoralbereich.- Mitt. Geogr. Ges. München, 62, 75–88.

Murphy, B.S., Gaines, R.R. & Lackey, J.S. (2016): Co-evolution of volcanic and lacustrine systems in Pleistocene Long Valley Caldera, California, U.S.A.- Journal of Sedimentary Research 86:1129–1146; ▶ https://doi.org/10.2110/jsr.2016.70.

Nacib Ab'Sáber, A. & Holmquist, C. (2003): Litoral do Brasil. Brazilian Coast.- 286 pp, São Paulo (Metalivros); ISBN 85-85371-35-8.

Nami, M. & Leeder, M.R. (1978): Changing channel morphology and magnitude in the Scalby Formation (M. Jurassic) of Yorkshire, England.- In: Miall, A.D. (ed): Fluvial Sedimentology.- Mem. Can. Soc. Petrol. Geol., 5, 431–440.

Nanson, G.C. (1980): Point bar and floodplain formation of the meandering Beatton River, northeastern British Columbia, Canada.- Sedimentology, 27, 3–29.

Nanson, G.C. & Price, D.M. (eds 1998): Quaternary environmental changes in the Lake Eyre Basin of Central Australia.- Palaeogeography, Palaeoclimatology, Palaeoecology (Spec. Issue), 144, 1–122.

Nanson, G.C., Chen, X.Y. & Price, D.M. (1995): Aeolian and fluvial evidence of changing climate and wind patterns during the past 100 ka in the western Simpson Desert, Australia.- Palaeogeography, Palaeoclimatology, Palaeoecology, 113, 3–42.

Natalicchio, B., Schreiber, C., Taviani, M. & Turco, E. (2014): The Messinian salinity crisis in Cyprus: a further step toward a new stratigraphic framework for Eastern Mediterranean.- Basin Research, DOI: ▶ https://doi.org/10.1111/bre.12107.

Neal, J.T. (ed. 1975): Playas and Dried Lakes. Occurrence and Development.- Benchmark Papers in Geology, 411 pp, (Dowden, Hutchinson & Ross) Stroudsburg, PA.

Neev, D. & Emery, K.O. (1967): The Dead Sea. Depositional processes and environments of evaporites.- Ministry of Development, Geological Survey, Bulletin, 41, 1–147, Jerusalem.

Negendank, J.F.W. (1972): Turbidite aus dem Unterrotliegenden des Saar-Nahe-Gebiets.- N. Jb. Geol. u. Paläont., Mh. 1972, 561–572.

Nemec, W. & Steel, R.J. (1984): Alluvial and coastal conglomerates: their significant features and some comments on gravelly mass-flow deposits.- In: Koster, E.H. & Steel, R.J. (Hrsg.): Sedimentology of Gravels and Conglomerates.- Can. Soc. Petrol. Geol. Mem., 10, 1–31.

Nemec, W. & Steel, R.J. (eds 1988): Fan Deltas: Sedimentology and tectonic settings.- 444 pp, (Blackie) Glasgow, London.

Neuffer, F.O., Gruber, G. & Lutz, H. (Hrsg. 1994): Fossillagerstätte Eckfelder Maar. Schlüssel zur eozänen Entwicklungsgeschichte der Eifel.- Mainzer Naturwissenschaftliches Archiv, Beiheft 16, 1–222.

Nielsen, K.A., Clemmensen, L.B & Fornós, J.J. (2004): Middle Pleistocene magnetostratigraphy and susceptibility stratigraphy: data from a carbonate aeolian system, Mallorca, Western Mediterranean.- Quaternary Science Reviews, 23, 16–17, 1733–1756. ► https://doi.org/10.1016/j.quascirev.2004.02.006.

Nilsen, T.H. (1982): Alluvial fan deposits.- In: Scholle, P.A. & Spearing, D. (eds): Sandstone Depositional Environments.- Amer. Assoc. Petrol. Geol. Mem., 31, 49–86.

Nix, T. & Felder, M. (2002): Weltnaturerbe Grube Messel.- Schr.-R. Deutsch. Geol. Ges., 18, 45–56, Hannover. – [Exkursionsführer Sediment 2002].

Normandeau, A., Lajeunesse, P., Poiré, A.G. & Francus, P. (2016): Morphological expression of bedforms formed by supercritical sediment density flows in four fjord-lake deltas of the south-eastern Canadian Shield (Eastern Canada).- Sedimentology; DOI: ► https://doi.org/10.1111/sed.12298.

North, C.P. & Warwick, G.L. (2007): Fluvial Fans: myths, misconceptions, and the end of the terminal-fan model.- J. Sed. Res., 77, 693–701.

Olivarius, M., Weibel, R., Friis, H., Boldreel, L.O., Keulen, N. & Thomsen, T.B. (2015): Provenance of the Lower Triassic Bunter Sandstone Formation: implications for distribution and architecture of aeolian versus alluvial-fluvial reservoirs in the North German Basin.- Basin Research, Accepted manuscript online: 3 JUN 2015 09:52AM EST | ► https://doi.org/10.1111/bre.12140.

Oncken, O., Chong, G., Franz, G., Giese, P., Götze, H.-J., Ramos, V.A., Ramos, V.A., Strecker, M.W. & Wigger, P. (eds 2006): The Andes. Active Subduction Orogeny.- 568 pp, (Springer) Berlin, Heidelberg.

Ori, G.G., Roveri, M. & Nichols, G. (1991): Architectural patterns in large-scale Gilbert-type delta complexes, Pleistocene, Gulf of Corinth, Greece.- In: Miall, A.D. & Tyler, N. (eds): The three-dimensional facies architecture of terrigenous clastic sediments and its implications for hydrocarbon discovery and recovery.- Concepts in Sedimentology and Paleontology, 3, 207–216, (SEPM) Tulsa.

Orti, F. & Alonso, R.N. (2000): Gypsum-hydroboracite association in the Sijes Formation (Miocene, NW Argentina): implications for the genesis of Mg-bearing borates.- Journal of Sedimentary Research, Section A, 70, 3, 664–681.

Ottelli, L. & Perna, G. (1993): Carta Geologica del Bacino Carbonifero del Sulcis (Sardegna Sud Occidentale). 1:25000 (Carbosulcis S.p.A.).

Owen, A., Ebinghaus, A., Hartley, A.J., Santos, M.G.M & Weissmann, G.S. (2017): Multi-scale classification of fluvial architecture: An example from the Palaeocene–Eocene Bighorn Basin, Wyoming.- Sedimentology, 64, 6, 1572–1596; ► https://doi.org/10.1111/sed.12364.

Parcerisa, D., Gómez-Gras, D., Roca, E. & Madurell, J. (2007): The Upper Oligocene of Montgat (Catalan Coastal Ranges, Spain): new age constraints to the western Mediterranean Basin opening.- Geologica Acta, 5, 1, 3–17.

Parkash, B., Sharma, R.P. & Roy, A.K. (1980): The Siwalik Group (Molasse) – sediments shed by collision of continental plates.- Sed. Geol., 25, 127–159.

Patterson, P.E., Skelly, R.L. & Jones, C.R. (2012): Climatic controls on depositional setting and alluvial architecture, Doba Basin, Chad.- In: Baganz, O.W., Bartov, K., Bohacs, Y. & Nummedal, D. (eds) Lacustrine sandstone reservoirs and hydrocarbon systems. AAPG, Memoir, 95, 265–298.

Patterson, R.J. & Kinsman, D.J.J. (1982): Formation of diagenetic dolomite in coastal sabkha along Arabian (Persian) Gulf.- Amer. Assoc. Petrol. Geol. Bull., 66, 28–43.

Paul, J. (1985): Stratigraphie und Fazies des süddeutschen Zechsteins.- Geol. Jb. Hessen, 113, 59–73.

Paul, J. & Peryt, T.M. (2000): Kalkowsky's stromatolites revisited (Lower Triassic Buntsandstein, Harz Mountains, Germany).- Palaeogeography, Palaeoclimatology, Palaeoecology, 161, 435–458.

Pecorini, G. & Cherchi, A.P. (1969): Ricerche geologiche e biostratigrafiche sul Campidano meridonale (Sardegna).- Mem. Soc. Geol. It., 8, 421–451. [Campidano 1 well].

Pell, S.D., Chivas, A.R. & Williams, I.S. (2000): The Simpson, Strzelecki and Tirari deserts; development and sand provenance.- Sedimentary Geology, 130, 107–130.

Peryt, T.M. (1981): Phanerozoic oncoids – an overview.- Facies, 4, 197–214.

Peryt, T.M. (ed 1983): Coated Grains.- 655 pp, (Springer) Berlin, Heidelberg.

Peryt, T.M. (ed 1987a): The Zechstein Facies in Europe.-
Lecture Notes in Earth Sciences, 10, 272 pp,
(Springer) Berlin, Heidelberg.

Peryt, T.M. (ed 1987b): Evaporite Basins.- Lecture Notes
in Earth Sciences, 13, 188 pp, (Springer) Berlin,
Heidelberg.

Peters, G. & Van Balen, R. (2007): Pleistocene tectonics
inferred from fluvial terraces of the northern
Upper Rhine Graben, Germany.- Tectonophysics,
430, 41–65.

Pettijohn, F.J. & Potter, P.E. (1964): Atlas and glossary
of sedimentary structures.- 370 pp, (Springer)
Berlin, Göttingen, Heidelberg, New York.

Pflug, R. (1982): Bau und Entwicklung des Oberrhein-
grabens.- Erträge der Forschung, 184, 145 S.,
(Wissenschaftliche Buchgesellschaft) Darmstadt.
[ISBN 3-534-07186-7].

Pia, J. (1933): Die rezenten Kalksteine.- 420 S., 4 Tafeln
(Akademische Verlagsgesellschaft m.b.H.) Leipzig.

Picalli, A. & Abreu, V. (2012): Sequence stratigraphy
applied to continental rift basins: Example from
Recôncavo Basin, Brazil.- In: Baganz, O.W., Bartov,
Y., Bohacs, K. & Nummedal, D. (eds 2012), Lacustrine sandstone reservoirs and hydrocarbon systems. AAPG Memoir, 95, 14, 347–366. ▶ https://
doi.org/10.1306/13291382m953444.

Picard, M.D. & High, L.R. (1972): Criteria for recognizing lacustrine rocks.- In: Rigby, J.K. & Hamblin,
W.K. (eds): Recognition of ancient sedimentary
environments.- SEPM Spec. Publ., 16, 108–145.

Pickarski, N., Kwiecien, O., Djamali, M. & Litt, T. (2015):
Vegetation and environmental changes during
the last interglacial in eastern Anatolia (Turkey):
a new high-resolution pollen record from Lake
Van.- Palaeogeography, Palaeoclimatology,
Palaeoecology, 435, 145–158.

Pickerill, P.A. & Irwin, J. (1983): Sedimentation in a
deep glacier-fed lake – Lake Tekapo, New Zealand.- Sedimentology, 30, 63–75.

Pickering, J.L., Goodbred, S.L. Jr, Beam, J.C., Ayers, J.C.,
Covey, A.K., Rajapara, H.M. & Singhvi, A.K. (2017): Terrace formation in the upper Bengal basin since the
Middle Pleistocene: Brahmaputra fan delta construction during multiple highstands.- Basin Research, 29,
1; Accepted manuscript online: 9 FEB 2017 07:05AM
EST | ▶ https://doi.org/10.1111/bre.12236.

Pietras, J.T. & Caroll, A.R. (2006): High-resolution stratigraphy of an underfilled lake basin: Wilkins Peak
Member, Eocene Green River Formation, Wyoming, U.S.A.- J. Sediment. Res., 76, 1197–1214.

Pingel, H., Alonso, R.N., Altenberger, U., Cottle, J. & Strecker, M.R. (2019): Miocene to Quaternary basin evolution at the southeastern Andean Plateau (Puna)
margin (~24°S lat, Northwestern Argentina).- Basin
Research, ▶ https://doi.org/10.1111/bre.12346.

Pirrung, M. & Büchel, G. & Jacoby, W. (2001): The
Tertiary volcanic basins of Eckfeld, Enspel and
Messel (Germany).- Z. dt. geol. Ges. 152, 1, 27–59.

Plein, E. (1993): Voraussetzungen und Grenzen der
Bildung von Kohlenwasserstoff-Lagerstätten im
Oberrheingraben.- Jber. Mitt. oberrhein. geol.
Ver., N.F. 75, 227–253.

Plein, E. (ed. 1995): Norddeutsches Rotliegendbe-
cken. Rotliegend-Monographie Teil II.- Courier
Forschungsinstitut Senckenberg, 183, 1–193.

Przyrowski, R. & Schäfer, A. (2015): Quaternary fluvial
basin of northern Upper Rhine Graben.- Z. Dt.
Ges. Geowiss., 166, 1, 71–98.

Prosser, D.J. (1988): The sedimentology and diagenesis
of Lower Permian (Rotliegend) sediments (onshore UK and southern North Sea).- 582 pp, Diss.
Aston University.

Purser B.H.& Evans G. (1973): Regional sedimentation
along the Trucial Coast, SE Persian Gulf.- In:
Purser B.H. (eds) The Persian Gulf. 211–231,
(Springer) Berlin, Heidelberg.

Putzer, H. (1984): The geologic evolution of the Amazon
basin and its resources.- In: Sioli, H. (ed 1984): The
Amazon. Limnology and landscape ecology of
a mighty tropical river and its basin.- Monographiae biologicae, 56, 15–46 (W. Junk Publishers,
Dordrecht).

Pye, K. & Lancaster, N. (eds 1993): Aeolian sediments,
ancient and modern.- IAS Spec. Publ., 16, 167 pp,
(Blackwell) Oxford.

Rabenstein, R. (2002): Fossilienfundstätte Grube
Messel. Deutschlands Weltnaturerbe im Bildungs-
kontext der UNESCO.- UNESCO heute, 49. Jg.,
2002(3): 18–19, Bonn.

Rachocky, A. (1981): Alluvial Fans. An attempt at an
empirical approach.- 161 pp, (Wiley & Sons) Chichester, New York, Brisbane, Toronto.

Rajchl, M., Ulicny, D. & Mach, K. (2008): Interplay between
tectonics and compaction in a rift-margin lacustrine delta system: Miocene of the Eger Graben,
Czech Republic.- Sedimentology, 55, 1419–1497.

Rast, U. & Schäfer, A. (1978): Delta-Schüttungen in
Seen des höheren Unterrotliegenden im Saar-
Nahe-Becken.- Mainzer Geowiss. Mitt., 6, 121–159.

Rebata-H., L.A., Gingras, M.K., Räsänen, M.E. & Barberi,
M. (2006): Tidal-channel deposits on a delta plain
from the Upper Miocene Nauta Formation, Maranon Foreland Subbasin, Peru.- Sedimentology, 53,
971–1013.

Reineck, H.-E. (1974): Schichtgefüge der Ablagerungen
im tieferen Seebecken des Bodensees.- Senckenbergiana maritima, 6, 47–63.

Reineck, H.-E. & Singh, I.B. (1980): Depositional
Sedimentary Environments.- 549 pp, 2nd ed,
(Springer) Berlin, Heidelberg, New York.

Reineck, H.-E. & Weber, J. (1983): Trümmer- und Trübeströme im eozänen See von Messel.- Natur und Museum, 113, 307–312.

Remy, R.R. (1992): Stratigraphy of the Eocene part of the Green River Formation in the south-central part of the Uinta Basin, Utah.- U.S. Geol. Surv. Bull., 1787, 79 pp.

Rheinkorrektion Tulla – Lauf des Rheins von Basel bis Lauterburg nach dem Zustand des Stroms von 1838 in 18 Blättern.

Ribbert, K.-H. (2013): Raum Mechernich und angrenzende Gebiete.- In: Lepper, J. & Röhling, H.-G.: Stratigraphie von Deutschland XI – Buntsandstein.- Schriftenreihe der Deutschen Gesellschaft für Geowissenschaften, 69, 457–465, (Schweizerbart) Stuttgart.

Richter, G., Baszio, S. & Wuttke, M. (2017): Discontinuities in the microfossil record of middle Eocene Lake Messel: clues for ecological changes in lake's history? – Palaeobiodiversity and Palaeoenvironments, 97, 2, 295–314.

Richter-Bernburg, G. (1985): Zechstein-Anhydrite – Fazies und Genese.- Geol. Jb., A 85, 3–82.

Ricken, W., Aigner, T. & Jacobsen, B. (1998): Levee-crevasse deposits from the German Schilfsandstein.- N. Jb. Geol. Paläont. Mh., 1998, 77–94.

Riding, R. (1979): Origin and diagenesis of lacustrine algal bioherms at the margin of the Ries crater, Upper Miocene, southern Germany.- Sedimentology, 26, 645–680.

Riding, R. et al. (1998): Mediterranean Messinian salinity crisis: constraints from a coeval marginal basin, Sorbas, southeastern Spain.- Marine Geology, 146, 1–4, 1–20.

Rimoldi, B., Alexander, J. & Morris, S. (1996): Experimentally turbidity currents entering density-stratified water: analogues for turbidites in the Mediterranean hypersaline basin.- Sedimentology, 43, 527–540.

Risacher, F., Alonso, H. & Salazar, C. (2002): Hydrochemistry of two adjacent acid saline lakes in the Andes of northern Chile.- Chemical Geology, 187, 1–2, 39–57. ▶ http://doi.org/10.1016/S0009-2541(02)00021-9.

Robertson, J.F. & O'Sullivan, R.B. (2001): The Middle Jurassic Entrada Sandstone near Gallup, New Mexico.- Mountain Geologist, 38, 53–69.

Robertson Handford, C. (1982): Sedimentology and evaporite genesis in a Holocene continental sabkha playa basin – Bristol Dry Lake, California.- Sedimentology, 29, 239–253.

Robertson Handford, C., Kendall, A.C., Prezbinowski, D.R., Dunham, J.B. & Logan, B.W. (1984): Salina margin tepees, pisoliths, and aragonite zements, Lake MacLeod, Western Australia: Their significance in interpreting ancient analogs.- Geology, 12, 523–527.

Robinson, N., Eglinton, G., Cranwell, P.A. & Zeng, Y.B. (1989): Messel oil shale (western Germany): Assessment of depositional paleoenvironment from the content of biological marker compounds.- Chem. Geol., 76, 153–173.

Rodriguez-Lopez, J.P., Melendez, N., De Boer, P.L. & Soria, A.R. (2008): Aeolian sand sea development along the mid-Cretaceous western Tethyan margin (Spain): erg sedimentology and palaeoclimate implications.- Sedimentology, 55, 1253–1292.

Roehler, H.W. (1992a): Introduction to Greater Green River Basin geology, physiography, and history of investigations.- U.S. Geol. Surv., Prof. Papers, 1506-A, 14 pp.

Roehler, H.W. (1992b): Correlation, composition, areal distribution, and thickness of Eocene stratigraphic units, greater Green River basin, Wyoming, Utah, and Colorado.- U.S. Geol. Surv., Prof. Papers, 1506-E, 1–49.

Roehler, H.W. (1993): Eocene climates, depositional environment, and geography, Greater Green River Basin, Wyoming, Utah and Colorado.- U.S. Geol. Surv., Prof. Papers, 1506-F, 74.

Roeser, P.A., Franz, S.O., Litt, T., Ülgen, U.B., Hilgers, A., Wulf, S., Wennrich, V., Ön, S.A., Viehberg, F.A., Ça gatay, M.N. & Melles, M. (2012): Lithostratigraphic and geochronological framework for the paleoenvironmental reconstruction of the last 36 ka cal BP from a sediment record from Lake Iznik (NW Turkey).- Quaternary International, 274, 73–87.

Roeser, P.A., Franz, S.O. & Litt, T. (2016): Aragonite and calcite preservation in sediments from Lake Iznik related to bottom lake oxygenation and water column depth.- Sedimentology, 63, 7, 2253–2277; ▶ https://doi.org/10.1111/sed.12306.

Rohais, S., Eschard, R., Ford, M., Guillocheau, F. & Moretti, I. (2007): Deep structure, fault arrays and surface processes within an active graben: The Gulf of Corinth. Stratigraphic architecture of the Plio-Pleistocene infill of the Corinth Rift: Implications for its structural evolution.- Tectonophysics, 440, 1–4, 5–28.

Rohais, S., Eschard, R. & Guillocheau, F. (2008): Depositional model and stratigraphic architecture of rift climax Gilbert-type fan deltas (Gulf of Corinth, Greece).- Sediment. Geol., 210, 132–145.

Röhling, H.-G. (1991) A Lithostratigraphic subdivision of the Early Triassic in the Northwest German Lowlands and the German Sector of the North Sea, based on Gamma Ray and sonic Logs-Geol.- Geol. Jb., 119, 3–23.

Röhling, H.-G. (2013): Der Buntsandstein im Norddeutschen Becken.- In: Lepper, J. & Röhling, H.-G.: Stratigraphie von Deutschland XI – Buntsandstein.- Schriftenreihe der Deutschen Gesellschaft für Geowissenschaften, 69, 269–384, (Schweizerbart) Stuttgart.

Röhling, H.-G., Lepper, J., Diehl, M., Dittrich, D., Freudenberger, W., Friedlein, V., Hug-D egel, N. & Nitsch, E. (2018): Der Buntsandstein in der Stratigraphischen Tabelle von Deutschland 2016. – Z. dt. Ges. Geowiss., 169 (2): 151–180, 6 Abb.; Stuttgart (Schweizerbart).

Rossknecht, H. (1977): Zur autochthonen Calcitfällung im Bodensee-Obersee.- Arch. Hydrobiol., 81, 35–64.

Rothe, P. & Hoefs, J. (1977): Isotopen-geochemische Untersuchungen an Karbonaten der Ries-See-Sedimente der Forschungsbohrung Nördlingen 1973.- Geologica Bavarica, 75, 59–66.

Rubin, D.M. & Hunter, R.E. (1987) Field guice to sedimentary structures in the Navajo and Entrada sandstones in southern Utah and northern Arizona.- In: Field-trip guidebook, GSA 100th annual meeting (Phoenix), 126–139.

Rubin, D.M. (1990): Lateral migration of lir ear dunes in the Strzelecki Desert, Australia.- Earth Surface Processes and Landforms, 15, 1–14.

Ruegg, G.H.J. (1983): Periglacial eolian ever ly laminated sandy deposits in the Late Pleistocene of NW Europe, a facies unrecorded in modem sedimentological handbooks.- In: Brookfield, M.E. & Ahlbrandt, T.S. (eds): Eolian Sediments and Processes.- Developments in Sedimentology, 38, 455–482, (Elsevier) Amsterdam, Oxford, New York, Tokyo.

Rumpel, D.A. (1985): Successive aeolian saltation: studies of idealized collisions.- Sedimentology, 32, 267–280.

Rust, B.R. (1978): A classification of alluvial channel systems.- In: Miall, A.D. (ed): Fluvial Sedimentology.- Can. Soc. Petrol. Geol. Mem, 5, 187–198.

Rust, B.R. & Jones, B.G. (1987): The Hawkesbury Sandstone south of Sydney, Australia: Triassic analogue for the deposit of a large braided river.- J. Sediment. Petrol., 57, 222–233.

Ryan, W.B.F. (2009): Decoding the Mediterranean salinity crisis.- Sedimentology, 56, 95–136.

Ryder, R.T., Fouch, T.D. & Elison, J.H. (1976): Early Tertiary sedimentation in the western Uinta Basin, Utah.- Geol. Soc. Amer. Bull., 87, 496–512.

Sáez, A., Anadón, P., Herrero, M.J. & Moscariello, A. (2007): Variable style of transition between Palaeogene fluvial fan and lacustrine systems, southern Pyrenean foreland, NE Spain.- Sedimentology, 54, 367–390.

Salamon, M. (2003): Grobklastische Beckensedimente (Olisthostrome) des Oberen Mitteldevons im Lahn-Dill-Gebiet – Zeugnis einer aktiven Rift-Tektonik.- Geol. Abh. Hessen, 111, 209 S., Wiesbaden.

Salomon, W. (1927): Die Erbohrung der Heidelberger Radium-Sol-Therme und ihre geologischen Verhältnisse.- Abhandlungen der Heidelberger Akademie der Wissenschaften, 14. Abhandlung, 104 S., (Walter de Gruyter & Co., Berlin, Leipzig.

Sambrook Smith, G.H., Ashworth, P.J., Best, J.L., Woodwards, J. & Simpson, C.J. (2006): The sedimentology and alluvial architecture of the sandy braided South Saskatchewan River, Canada.- Sedimentology, 53, 413–434.

Sambrook Smith, G.H., Nicholas, A.P., Best, J.L, Bull, J.M., Dixon, S.J., Goodbred, S., Sarker, M.H. & Vardy, M.E. (2018): The sedimentology of river confluences.- Sedimentology, First published: 07 June 2018; ▶ https://doi.org/10.1111/sed.12504.

Sampaio, A., & Northfleet, A. (1973): Estratigrafia e correlaçâo das bacias sedimentares brasileiras.- In: Ann. 27 Congr. Soc. Bras. Geol., Aracajú, 3, 189–206.

Sanchez-Meseguer, C.L., Anderson, J.P., Figueiredo, C., Jaramillo, D., Riff, F.R., Negri, H., Hooghiemstra, J., Lundberg, T., Stadler, T., Särkinen & A. Antonelli (2010): Amazonia through time: Andean uplift, climate change, landscape evolution, and biodiversity.- Science, 330, 6006, 927–931; ▶ https://doi.org/10.1126/science.1194585.

Sato, T. & Chan, M. (2015): Fluvial facies architecture and sequence stratigraphy of the Tertiary Duchesne River Formation, Uinta Basin, Utah, USA.- J. Sediment. Research, 85, 1438–1454.

Sauermann, G., Andrade, J.S., Maia, L.P., Costa, U.M.S., Araújo, A.D. & Herrmann, H.J. (2003): Wind velocity and sand transport on a barchan dune.- Geomorphology, 54, 245–255.

Scano, D. (2014): Architectural and sedimentary analysis in continental environments of the Ussana Formation (Central-Western Sardinia, Italy).- 130 pp., Master-Thesis, Università degli Studi di Cagliari, Sardinia.

Schaal, S. (ed 1999): Current geological and paleontological research in the Messel Formation.- Courier Forschungsinstitut Senckenberg, 216, 1–223.

Schaal, S. F. K., Smith, K. T. & Habersetzer, J. (2018): Messel. Ein fossiles Tropenökosystem.- Senckenberg-Buch, 79, 355 S., (Schweizerbart) Stuttgart.

Schaal, S. & Ziegler, W. (Hrsg. 1988): Messel – ein Schaufenster in die Geschichte der Erde und des Lebens.- Senckenberg-Buch, 64, 315 S., (W. Kramer) Frankfurt.

Schäfer, A. (1972): Petrographische und stratigraphische Untersuchungen an den rezenten Sedimenten des Untersees / Bodensee.- N. Jb. Miner. Abh., 117, 117–142.

Schäfer, A. (1973): Zur Entstehung von Seekreide – Untersuchungen am Untersee (Bodensee).- N. Jb. Geol. Paläont. Mh., 1973, 216–230.

Schäfer, A. (1986): Die Sedimente des Oberkarbons und Unterrotliegenden im Saar-Nahe-Becken.- Mainzer Geowiss. Mitt., 15, 239–365.

Schäfer, A. (2005): Sedimentologisch-numerisch begründeter Stratigraphischer Standard für das Permo-Karbon des Saar-Nahe-Beckens.- Courier

Forschungs-Institut Senckenberg, 254, 369–394, Frankfurt am Main.

Schäfer, A. (2011): Tectonics and sedimentation in the continental strike-slip Saar-Nahe Basin (Carboniferous-Permian, West Germany).- Z. dt. Ges. Geowiss., 162, 2, 127–155.

Schäfer, A. (2012): Lacustrine environments in Carboniferous-Permian Saar-Nahe Basin, southwest Germany.- In: Baganz, O.W., Bartov, Y., Bohacs, K. & Nummedal, D. (eds), Lacustrine sandstone reservoirs and hydrocarbon systems. AAPG Memoir, 95, 367–384.

Schäfer, A. & Derer, C. (2007): Die Katzensteine bei Satzvey.- In: Koenigswald, W. von & Simon, K.-F. (Hrsg): Georallye – Spurensuche zur Erdgeschichte; Bonn und Umgebung, Eifel.- 100–105, (Bouvier) Bonn.

Schäfer, A. & Korsch, R.J. (1998): Formation and fill of the Saar-Nahe Basin (Permo-Carboniferous, Germany).- Z. dt. geol. Ges., 149, 2, 233–269.

Schäfer, A., Rast, U. & Stamm, R. (1990): Lacustrine paper shales in the Permocarboniferous Saar-Nahe Basin (West Germany) – depositional environment and chemical characterization.- In: Heling, D., Rothe, P., Förstner, U. & Stoffers, P. (eds): Sediments and environmental geochemistry. Selected aspects and case histories.- 220–238, (Springer) Heidelberg.

Schäfer, A. & Schwab, K. (1975): Schlammströme in den Anden – Sedimentation in der Quebrada del Toro, Ostkordillere, NW-Argentinien.- Natur und Museum, 105, 305–311.

Schäfer, A. & Sneh, A. (1983): Lower Rotliegend fluviolacustrine sequences in the Saar-Nahe Basin.- Geol. Rundschau, 72, 1135–1145.

Schäfer, A. & Stamm, R. (1989): Lakustrine Sedimente im Permokarbon des Saar-Nahe-Beckens.- Z. dt. geol. Ges., 140, 259–276.

Schäfer, A. & Stapf, K.R.G. (1978): Permian Saar-Nahe Basin and Recent Lake Constance (Germany): two environments of lacustrine algal carbonates.- In: Matter, A. & Tucker, M.E. (eds): Modern and Ancient Lakes.- Spec. Publs. Int. Ass. Sediment., 2, 83–107, Oxford.

Schäfer, A., Utescher, T. & Mörs, T. (2004): Stratigraphy of the Cenozoic Lower Rhine Basin, northwestern Germany.- Newsletters on Stratigraphy, 40, 73–110.

Schäfer, W. (1973): Der Oberrhein, sterbende Landschaft?- Natur und Museum, 103, 1–29.

Schäfer, W. (1974): Der Oberrhein, sterbende Landschaft?- Natur und Museum, 104, 331–343.

Scheck-Wenderoth, M., Roure, F. & Bayer, U. (eds 2009): Progress in understanding sedimentary basins.- Tectonophysics, Spec. Issue, 470, 1–2, 1–194.

Scheffer/Schachtschabel (2018): Lehrbuch der Bodenkunde.- Amelung, W., Blume, H.-P., Fleige, H., Horn, R., Kandeler, E., Kögel-Knabner, I., Kretzschmar, R., Stahr, K., Wilke, B.M. (Eds.); XXII+ 750 S., überarbeitete und ergänzte 17. Auflage. (Springer-Spektrum) Heidelberg. ISBN 978-3-662-55870-6

Scherer, C.M.S. (2000): Eolian dunes of the Botucatu Formation (Cretaceous) in southernmost Brazil; morphology and origin.- Sedimentary Geology, 137, 63–84.

Scherer, C.M.S. (2002): Preservation of aeolian genetic units by lava flows in the Lower Cretaceous of the Paraná Basin, southern Brazil.- Sedimentology, 49, 97–116.

Scherer, C.M.S. & Lavina. E.C. (2005): Sedimentary cycles and facies architecture of aeolian-fluvial strata of the Upper Jurassic Guara Formation, southern Brazil.- Sedimentoloogy, 52, 1323–1341.

Schlunegger, F., Matter, A. & Mange, M.A. (1993): Alluvial fan sedimentation and structure of the southern Molasse Basin margin, Lake Thun area, Switzerland.- Eclogae geol. Helv., 86, 3, 717–750.

Schlunegger, F., Leu, W. & Matter, A. (1997): Sedimentary sequences, seismic facies, subsidence analysis, and evolution of the Burdigalian Upper Marine Molasse Group, Central Switzerland.- AAPG Bull., 81, 7, 1185–1207.

Schlunegger, F. & Norton, K.P. (2015): Climate vs. tectonics: the competing roles of Late Oligocene warming and Alpine orogenesis in constructing alluvial megafan sequences in the North Alpine foreland basin.- Basin Research, 27, 2, 230–245. ▶ https://doi.org/10.1111/bre.12070.

Schlunegger, F. & Simpson, G. (2002): Possible erosional control on lateral growth of the European Central Alps.- Geology, 30, 10, 907–910.

Schmidt, E. (1974): Ökosystem See. Das Beziehungsgefüge der Lebensgemeinschaft im eutrophen See und die Gefährdung durch zivilisatorische Eingriffe.- Biologische Arbeitsbücher, 12, 170 S., (Quelle & Meyer Verlag) Heidelberg.

Schmidt-Thomé, P. (1987): Helgoland. Seine Dünen-Insel, die umgebenden Klippen und Meeresgründe.- Sammlung geologischer Führer, Band 82, 111 S., (Borntraeger) Stuttgart.

Schneider, J.W., Körner, F., Roscher, M. & Kroner. U. (2006): Permian climate development in the northern peri-Tethys area – The Lodève basin, French Massif Central, compared in a European and global context.- Palaeogeography, Palaeoclimatology, Palaeoecology 240, 161–183.

Schöttle, M. & Müller, G. (1969): Recent Carbonate Sedimentation in the Gnadensee (Lake Constance), Germany.- In: Müller, G. & Friedman, G.M. (eds): Recent Developments in Carbonate Sedimentology in Central Europe.- 148–156, (Springer) NewYork.

Schröder, H.G. (1982): Biogene benthische Ertkalkung als Beitrag zur Genese limnischer Sedimente. Beispiel: Attersee (Salzkammergut, Oberösterreich).- 179 S., Diss. Univ. Göttingen.

Schröder, H.G. & Schneider, J. (1979): Sedimentologische Untersuchungen zum Karbonat-Kreislauf und zur Sedimentationsgeschichte des Attersees.- Arbeiten Labor Weyregg, 3, 229–242.

Schröder, H.G. & Schneider, J. (1980): Hydrochemische Untersuchungen zum Karbonatkreislauf des Attersee.- Arbeiten Labor Weyregg, 4, 235–257.

Schröder, L., Plein, E., Bachmann, G.H., Gast, R.E., Gebhardt, U., Graf, R., Helmuth, H.J., Pasternak, M., Porth, H. & Süssmuth, S. (1995): Stratigraphische Neugliederung des Rotliegend im Norddeutschen Becken.- Geol. Jb., A 148, 3–21.

Schuler, M. (1990): Environnement et paléoclimate paléogènes. Palynologie et biostratigraphie de l'Eocène et de l'Oligocène inférieur dans les fossés rhénan, rhodanien et de Hesse.- Documents BRGM, 190, 1–503.

Schulz, R., Harms, F.-J. & Felder, M. (2002): Die Forschungsbohrung Messel 2001: Ein Beitrag zur Entschlüsselung der Genese einer Ölschieferlagerstätte.- Z. angew. Geol., 48, 9–17.

Schumacher, M.E. (2002): Upper Rhine Graben: Role of preexisting structures during rift evolution.- Tectonics, 21, 1, 6–1 – 6–17.

Schumm, S.A. (1977): The Fluvial System.- 338 S., (John Wiley & Sons) New York, London, Sydney, Toronto.

Schumm, S.A. (1993): River response to baselevel change: Publications for sequence stratigraphy.- J. Geol., 101, 279–294.

Schwab, K. (1967): Zur Geologie der Umgebung des Donnersberges.- Mitt. Pollichia, III. Reihe, 14, 13–55, Bad Dürkheim.

Schwab, K. (1973): Die Stratigraphie in der Umgebung des Salar de Cauchari (NW-Argentinien).- Geotektonische Forschungen, 43, 168 S.

Schwab, K. (1985): Basin formation in a thickening crust – the intermontane basins in the Puna and the Eastern Cordillera of NW-Argentina (Central Andes).- IV. Congreso Geologico Chileno, Antofagasta, Agosto 1985, 2, 138–158.

Schwab, K. & Schäfer, A. (1976): Sedimentation und Tektonik im mittleren Abschnitt des Rio Toro in der Ostkordillere NW-Argentiniens.- Geol. Rundschau, 65, 175–194.

Schwarz, M., Becker, A. & Schäfer, A. (2011): Seismische Leithorizonte im nordöstlichen Saar-Nahe-Becken.- Erdöl Erdgas Kohle, 127, 1, 28–34.

Schwarzbach, M. (1974): Das Klima der Vorzeit – Eine Einführung in die Paläoklimatologie.- 380 S., (Enke) Stuttgart.

Scotese, C.R. & Ziegler, A.M. (1985): Carboniferous paleogeographic, phytogeographic and paleoclimatic reconstructions.- In: Phillips, T.L., Cecil, C.B. (eds): Paleoclimatic controls on coal resources of the Pennsylvanian system of North America.- Internat. J. Coal Geol., 5, 7–42.

Serpa, L. & Pavlis, T.L. (1996): Three-dimensional model of the late Cenozoic history of the Death Valley region, southeastern California.- Tectonics, 15, 6, 1113–1128.

Shearman, D.J. (1980): Sebkha facies evaporites.- In: Evaporite Deposits.- Editions Technip, Paris, 19, 96–109.

Shukla, U.K., Singh, I.B., Srivastava, P. & Singh, D.S. (1999): Paleocurrent patterns in braid-bar and point-bar deposits: Examples from the Ganga River, India.- J. Sediment. Research, 69, 992–1002.

Shukla, U.K., Singh, I.B., Sharma, M. & Sharma, S. (2001): A model of alluvial megafan sedimentation: Ganga megafan.- Sediment. Geol., 144, 243–262.

Sieber, G., Wuttke, M. & Radtke, G. (1993): Zur Geologie von Enspel.- In: Dorfgemeinde Enspel (Hrsg.), 100 Jahre Industrie-Dorf Enspel, Gestern und Heute! Ein Dorf erzählt: 268–273, Enspel.

Silva, T.A., Girardclos, S., Stutenbecker, L., Bakker, M., Costa, A., Schlunegger, F., Lane, S.N., Molnar, P. & Loizeau, J.-L. (2018): The sediment budget and dynamics of a delta-canyon-lobe system over the Anthropocene timescale: The Rhone River Delta, Lake Geneva (Switzerland/France).- Sedimentology, First published: 05 July 2018. | ▶ https://doi.org/10.1111/sed.12519.

Sincavage, R., Goodbred, S. & Pickering, J. (2017): Holocene Brahmaputra River path selection and variable sediment bypass as indicators of fluctuating hydrologic and climate conditions in Sylhet Basin, Bangladesh.- Basin Research, ▶ https://doi.org/10.1111/bre.12254.

Sindowski, K.-H. (1973): Das ostfriesische Küstengebiet – Inseln, Watten und Marschen.- Sammlung geologischer Führer, 57, 162 S., (Borntraeger) Berlin, Stuttgart.

Singh, I.B. (1982): Sedimentation pattern in the Karewa Basin, Kashmir Valley, India, and its geological significance.- J. Paleont. India, 27, 71–110.

Singh, I.B. (1996): Geological evolution of Ganga Plain – an overview.- Journal of The Palaeontological Society of India, 41, 99–137.

Singh, I.B. & Bajpai, V.N. (1989): Significance of syndepositional tectonics in facies development, Gangetic Alluvium near Kanpur, Uttar Pradesh.- J. Geol. Soc. of India, 34, 61–66.

Singh, I.B., Bajpai, V.N., Kumar, A. & Singh, M. (1990): Changes in the channel characteristics of Ganga River during Late Pleistocene – Holocene.- J. Geol. Soc. India, 36, 67–73.

Singh, I.B. & Gosh, D.K. (1992): Interpretation of Late Quaternary geomorphic and tectonic features

3

of Gangetic plain using remote sensing techniques.- Proc. Nat. Symp. on Remote Sensing for Sustainable Development, 273–278.

Singh, I.B., Srivastava, P., Sharma, S., Singh, D.S., Rajagopalan, G. & Shukla, U.K. (1999): Upland interfluve (doab) deposition: Alternative model to muddy overbank deposits.- Facies, 40, 197–210.

Sioli, H. (ed 1984): The Amazon. Limnology and landscape ecology of a mighty tropical river and its basin.- Monographiae biologicae, 56, 1–762 (W. Junk Publishers) Dordrecht. ISBN: 90-6193-108-8, ► https://doi.org/10.1007/978-94-009-6542-3.

Sissingh, W. (1997): Tectonostratigraphy of the North Alpine Foreland Basin correlation of Tertiary depositional cycles and orogenic phases.-Tectonophysics 282, 223–256.

Sissingh, W. (1998): Comparative Tertiary stratigraphy of the Rhine Graben, Bresse Graben and Molasse Basin: correlation of Alpine foreland events.- Tectonophysics, 300, 249–284.

Sissingh, W. (2003): Tertiary paleogeographic and tectonostratigraphic evolution of the Rhenish Triple Junction.- Palaeogeography, Palaeoclimatology, Palaeoecology, 196, 229–263.

Sittler, C. & Olivier-Pierre, M.F. (1994): Palynology and palynofacies analyses: West-European Tertiary, relative high and low stands, three Eocene and Oligocene sections in France.- Bull. Centres Rech. Explor. Prod. Elf-Aquitaine, 18, 475–488.

Smalley, I.J. & Smalley, V. (1983): Loess material and loess deposits: formation and consequences.- In: Brookfield, M.E. & Ahlbrandt, T.S (eds): Eolian Sediments and Processes.- Developments in Sedimentology, 38, 51–68.

Smith, C.E. (1998): Modeling high sinuosity meanders in a small flume.- Geomorphology, 25, 19–30.

Smith, D.G. (1983): Anastomosed fluvial deposits: modern examples from Western Canada.- In: Collinson, J.D. & Lewin, J. (eds): Modern and ancient fluvial systems.- Internat. Assoc. Sedimentol. Spec. Publ., 6, 155–168.

Smith, D.G. (1986): Anastomosing river deposits, sedimentation rates and basin subsidence, Magdalena River, northwestern Columbia, South America.- Sed. Geol., 46, 177–196.

Smith, D.G. & Jol, H.M. (1997): Radar structure of a Gilbert-type delta, Peyto Lake, Banff National Park, Canada.- Sediment. Geol., 113, 195–209.

Smith, D.G. & Smith, N.D. (1980): Sedimentation in an anastomosed river system: examples from alluvial valleys near Banff, Alberta.- J. Sediment Petrol., 50, 157–164.

Smith, G.H.S., Best, J.L., Leroy, J.Z. & Orfeo, O. (2016): The alluvial architecture of a suspended sediment dominated meandering river: the Río Bermejo, Argentina.- Sedimentology, 63, 5, 1187–1208.

Smith, R.M.H. (1987): Morphology and depositional history of exhumed Permian point bars in the southwestern Karoo, South Africa.- J. Sediment. Petrol., 57, 19–29.

Smoot, J.P. (1978): Origin of the carbonate sediments in the Wilkins Peak Member of the lacustrine Green River Formation (Eocene), Wyoming, U.S.A.- In: Matter, A. & Tucker, M. E. (eds): Modern and ancient lake sediments. Spec. Publ. Internat. Assoc. Sediment., 2, 109–127.

Sneh, A. (1988): Permian dune patterns in Northwestern Europe challenged.- J. Sediment. Petrol., 58, 44–51.

Sneh, A. & Binot, F. (1982): Interpretation of the depositional environment of Upper Rotliegend red beds in the Wittlich Basin (W-Germany).- Mainzer geowiss. Mitt., 11, 207–216.

Soares, A.P., Soares, P.C. & Holz, M. (2008): Correlações estratigráficas conflitantes no limite Permo-Triássico no sul da Bacia do Paraná: O contato entre duas seqüências e implicações na configuração espacial do aqüífero Guarani.- Revista Pesquisas em Geociências, 35, 2, 115–133.

Soegaard, K. (1990): Fan-delta and braid-delta systems in Pennsylvanian Sandia Formation, Taos Trough, northern New Mexico.- GSA Bull., 102, 1325–1343.

Sohn, Y.K. (2000): Depositional processes of submarine debris flows in the Miocene Fan Deltas, Pohang Basin, SE Korea with special reference to flow transformation.- J. Sediment. Research, A70, 491–503.

Sohn, Y.K., Kim, S.B., Hwang, I.G., Bahk, J.J., Choe, M.Y. & Chough, S.K. (1997): Characteristics and depositional processes of large-scale gravelly Gilbert-type foresets in the Miocene Doumsan fan delta, Pohang Basin, Korea.- J. Sediment. Research, 67, 130–141.

Sondi, I. & Juračić, M. (2010): Whiting events and the formation of aragonite in Mediterranean Karstic Marine Lakes: new evidence on its biologically induced inorganic origin.- Sedimentology, 57, 1, 85–95; ► https://doi.org/10.1111/j.1365-3091.2009.01090.x.

Soreghan, G.S. (1997): Walthers law, climate change, and Upper Paleozoic cyclostratigraphy in the Ancestral Rocky Mountains.- J. Sediment. Research, 67, 1001–1004.

Spencer, R. J., Baedecker, M.J., Eugster, H.P., Forester, R.M., Goldhaber, M.B., Jones, B. F., Kelts, K., Mckenzie, J., Madsen, D.B., Rettig, S.L., Rubin, M. & Bowser C.J. (1984): Great Salt Lake and precursors, Utah: the last 30.000 years.- Contrib. Mineral. Petrol., 86, 321–334.

Stabel, H.-H., Küchler-Krischun, J., Kleiner, J. & Merkel, P. (1986): Removal of Strontium by coprecipitation in Lake Constance with Calcite.- Naturwissenschaften, 73, 551–553.

Stam, J.M.T. (1997): On the modelling of two-dimensional aeolian dunes.- Sedimentology, 44, 127–141.

Stanistreet, I.G. & Stollhofen, H. (2002): Hoanib River flood deposits of Namib Desert interdunes as analogues for thin permeability barrier mudstone layers in aeolianite reservoirs.- Sedimentology, 49, 719–736.

Stanley, K.O. & Surdam, R.C. (1978): Sedimentation on the front of Eocene Gilbert-type deltas, Washakie Basin, Wyoming.- J. Sediment. Petrol., 48, 557–573.

Stapf, K.R.G. (1974): Lakustrische Stromatolithen aus dem Permokarbon des Saar-Nahe-Beckens (SW-Deutschland). Ein Zwischenbericht.- Stromatolite Newsletter, 2, 26.

Stapf, K.R.G. (1982): Schwemmfächer und Playa-Sedimente im Ober-Rotliegenden des Saar-Nahe-Beckens (Permokarbon, SW-Deutschland). Ein Überblick über Faziesanalyse und Faziesmodell.- Mitt. Pollichia, 20, 7–64, Bad Dürkheim.

Stapf, K.R.G. (1990): Fazies und Verbreitung lakustriner Systeme im Rotliegend des Saar-Nahe-Beckens (SW-Deutschland).- Mainzer Geowiss Mitt., 19, 213–234.

Stapf, K.R.G. (2001a): Die Altenglaner Kalksteine (Altenglan-Formation) des Rotliegend im Saar-Nahe-Becken (SW-Deutschland) – exzellente, früher untertage abgebaute Leitbänke.- Pollichia-Buch, 41, 78 S., Bad Dürckheim.

Stapf, K.R.G. (2001b): Mikrofazies und Geochemie der Altenglaner Kalksteine (Altenglan-Formation, Rotliegend, Saar-Nahe-Becken, SW-Deutschland).- Mitt. Pollichia, 88, 7–113.

Stattegger, K. & Vital, H. (2000): Sediment dynamics in the Amazon mouth.- In: Miller, H. & Hervé, F.: Geoscientific cooperation with Latin America, 31st Int. Geol. Congr. Rio de Janeiro 2000.- Z. Angew. Geol., SH 1, 117–124.

Steel, R.J. (1974): New Red Sandstone floodplain and piedmont sedimentation in the Hebridean Province, Scotland.- J. Sediment. Petrol., 44, 336–357.

Steel, R. (1988): Coarsening-upward and skewed fan bodies: symptons of strike-slip and transfer fault movement in sedimentary basins.- In: Nemec, W. & Steel, R.J. (eds), Fan Deltas: Sedimentology and Tectonic Settings.- 75–83, (Blackie and Son) Glasgow, London.

Steel, R. & Aasheim, S.M. (1978): Alluvial sand deposition in a rapidly subsiding basin (Devonian, Norway).- In: Miall, A.D. (eds): Fluvial Sedimentology.- Can. Soc. Petrol. Geol., Memoir 5, 385–412.

Steidtmann, J.R. & Haywood, H.C. (1982): Settling velocities of quartz and tourmaline in eolian sandstone strata.- J. Sediment. Petrol., 395–399.

Stets, J. (1995): Die Rolle der Quarzitschwelle von Mettlach-Sierck im Mittleren Buntsandstein des Saargaues (Südwestliches Rheinisches Schiefergebirge).- Mainzer geowiss. Mitt., 24, 217–236.

Stets, J. (2013): Buntsandstein im Trier-Bitburg-Becken und dessen Umfeld (Südwest-Eifel und West-Hunsrück).- In: Lepper, J. & Röhling, H.-G.: Stratigraphie von Deutschland XI – Buntsandstein – Schriftenreihe der Deutschen Gesellschaft für Geowissenschaften, 69, 467–486, (Schweizerbart) Hannover.

Stets, J., Meyer, W. et al. (~2020): Der Hunsrück. Paläozoischer Sockel und mesozoisch-känozoisches Deckgebirge.- in Vorbereitung, (Schweizerbart) Stuttgart.

Stocker, T.F. (1999): Abrupt climate changes: from the past to the future – a review.- Int. J. Earth Sciences / Geol. Rundschau, 88, 365–374.

Stokes, W.L. (1968): Multiple parallel-truncation bedding planes: a feature of wind-deposited sandstone formations.- J. Sediment. Petrol., 38, 510–515.

Stokes, S. & Bray, H.E. (2005): Late Pleistocene eolian history of the Liwa region, Arabian Peninsula.- GSA Bull., 117, 11–12, 1466–1480.

Stollhofen, H. (1994): Vulkaniklastika und Siliziklastika des basalen Oberrotliegend im Saar-Nahe-Becken (SW-Deutschland). Terminologie und Ablagerungsprozesse.- Mainzer Geowiss. Mitt., 23, 95–138.

Stollhofen, H. (1998): Facies architecture variations and seismogenic structures in the Carboniferous-Permian Saar-Nahe Basin (SW Germany): evidence for extension-related transfer fault activity.- Sediment. Geol., 119, 1–2, 47–83.

Strack, D. & Stapf, K.R.G. (1980): Ist der Kreuznacher Sandstein des Rotliegenden äolisch oder fluvial entstanden?- Geol. Rundschau, 69, 892–921.

Strecker, M.R., Alonso, R., Bookhagen, B., Carrapa, B., Coutand, I., Hain, M.P., Hilley, G.E., Mortimer, E., Schoenbohm, L. & Sobel, E.R. (2009): Does the topographic distribution of the central Andean Puna Plateau result from climatic or geodynamic processes?- Geology, 37, 7, 643–646. DOI: ▶ https://doi.org/10.1130/G25545A.1.

Streif, H. (1990): Das ostfriesische Küstengebiet – Nordsee, Inseln, Watten und Marschen.- Samml. Geol. Führer, 57, 376 S., 2. Aufl., (Borntraeger) Berlin, Stuttgart.

Stoertz, G.E. & Ericksen, G.E. (1974): Geology of salars in northern Chile.- U.S. Geol. Surv. Prof. Paper, 811, 65 pp.

Strohmenger, C., Antonini, M., Jaeger, G., Rockenbauch, K. & Strauss, C. (1996a): Zechstein Carbonate reservoir facies distribution in relation to Zechstein sequence stratigraphy (Upper Permian, Northwest Germany): an integrated approach.- Bull. CNRS Elf-Aquitaine, 20, 1–35.

Strohmenger, C., Voigt, E. & Zimdars, J. (1996b): Sequence stratigraphy and cyclic development of basal Zechstein carbonate-evaporite deposits with emphasis on Zechstein 2 off-platform carbonates (Upper Permian, Northeast Germany).- Sedim. Geol., 102, 33–54.

Sturm, M. (1976): Die Oberflächensedimente des Brienzer Sees.- Eclogae geol. Helv., 69, 111–123.

Sturm, M. & Lotter, A.F. (1995): Seesedimente als Umweltarchive. Was ist natürlich, was vom Menschen verursacht?- EAWAG News, 38 D, 69, Dübendorf/Schweiz.

Sturm, M. & Matter, A. (1978): Turbidites and varves in Lake Brienz (Switzerland): deposition of clastic detritus by density currents.- Spec. Publs Int. Ass. Sediment., 2, 147–168.

Surdam, R.C. & Stanley, K.O. (1979): Lacustrine sedimentation during the culminating phase of Eocene Lake Gosiute, Wyoming (Green River Formation).- Geol. Soc. Amer. Bull., 90, 93–110.

Surdam, R.C. & Stanley, K.O. (1980): Effects of changes in drainage-basin boundaries on sedimentation in Eocene Lakes Gosiute and Uinta of Wyoming, Utah, and Colorado.- Geology, 8, 135–139.

Surdam, R.C. & Wolfbauer, C.A. (1975): Green River Formation, Wyoming: A playa-lake complex.- Bull. Geol. Soc. Amer., 86, 335–346.

Svendsen, J., Stollhofen, H., Krapf, C.B.E. & Stanistreet, I.G. (2003): Mass and hyperconcentrated flow deposits record dune damming and catastrophic breakthrough of ephemeral rivers, Skeleton Coast Erg, Namibia.- Sedimentary Geology, 160, 7–31.

Sweet, M.L. (1999): Interaction between aeolian, fluvial and playa environments in the Permian Upper Rotliegend Group, UK, southern North Sea.- Sedimentology, 46, 171–187.

Sweet, M.L. & Blum, M.D. (2016): Connections between fluvial to shallow marine environments and submarine canyons: Implications for sediment transfer to deep water.- Journal of Sedimentary Research, 86, 10, 1147–1162; ▶ https://doi.org/10.2110/jsr.2016.64.

Talbot, M.R. (1985): Major bounding surfaces in aeolian sandstones – a climatic model.- Sedimentology, 32, 257–265.

Talbot, M.R. & Kelts, K. (eds 1989): The Phanerozoic record of lacustrine basins and their environmental signals.- Palaeogeography, Palaeoclimatology, Palaeoecology, 70, 1–304.

Tänavsuu-Milkeviciene, K., Sarg, J.F. & Bartov, Y. (2017): Depositional cycles and sequences in an organic-rich lake basin: Eocene Green River Formation, Lake Uinta, Colorado and Utah, U.S.A.- Journal of Sedimentary Research, 87, 210–229. ▶ https://doi.org/10.2110/jsr.2017.11.

Tank, R. (1969): Clay mineral composition of the Tipton Shale Member of the Green River Formation (Eocene) Wyoming.- J. Sediment. Petrol., 39, 1593–1595.

Tanner, W.F. (1995): Origin of beach ridges and swales.- Marine Geology, 129, 149–161.

Tentori, D., Marsaglia, K.M. & & Milli, S. (2016): Sand compositional changes as a support for sequence-stratigraphic interpretation: The Middle Upper Pleistocene to Holocene deposits of the Roman Basin (Rome, Italy).- Journal of Sedimentary Research, 86,1208–1227; ▶ https://doi.org/10.2110/jsr.2016.75.

Thauront, F., Berne, S. & Cirac, P. (1996): Evolution saisonnière des dunes tidales dans le bassin d'Arcachon, France = Tidal dune morphology and seasonal changes in the Bay of Arcachon, France.- Comptes rendus de l'Académie des sciences. Série 2. Sciences de la terre et des planètes, vol 323, no 5, pp 411–418.

Thienemann, A. (1925): Die Binnengewässer Mitteleuropas. Eine limnologische Einführung.- Sammlung: Die Binnengewässer, Band 1, 255 S., (Schweizerbart) Stuttgart.

Thomas, D.S.G. & Martin, H.E. (1987): Grain-size characteristics of linear dunes in the southwestern Kalahari – Discussion (reply by Lancaster, N.).- J. Sediment. Petrol., 57, 572–574.

Thorez, J., Bossiroy, D. & Dreesen, R. (1997): A sequence stratigraphy framework of the Eocene Sulcis coal deposits in SW-Sardinia (Italy).- Kolloquium in Mol (Belgien) am 13. und 14. März 1997; Tagungsunterlagen.

Tietze, K.-W. (1982): Zur Geometrie einiger Flüsse im Mittleren Buntsandstein (Trias).- Geol. Rundsch., 71, 813–828.

Tietze, K.-W. (1997): Ein Buntsandstein-Profil am Westrand der Hessischen Senke (Raum Marburg).- Geologica et Palaeontologica, 31, 285–294.

Tietze, K.-W. & Röhling, H.-G. (2013): Sequenz-, Base-Level- und Zyklo-Stratigraphie im Buntsandstein. Ein Statusbericht.- In: Lepper, J. & Röhling, H.-G.: Stratigraphie von Deutschland XI – Buntsandstein.- Schriftenreihe der Deutschen Gesellschaft für Geowissenschaften, 69, 233–268, (Schweizerbart) Stuttgart.

Tissot, B.P., Deroo, G. & Hood, A. (1978): Geochemical study of the Uinta Basin: formation of petroleum from the Green River Formation.- Geochim. Cosmochim. Acta, 42, 1469–1485.

Tockner, K., Ward, J.V., Arscott, D.B., Edwards, P.J., Kollmann, J., Gurnell, A.M., Petts, G.E. & Maiolini, B. (2003): The Tagliamento River: A model ecosystem of European importance.- Aquatic Sciences, 65, 3, 239–253.

Tsoar, H. (1982): Internal structure and surface geometry of longitudinal (seif) dunes.- J. Sediment. Petrol., 52, 823–831.

Tsoar, H. (1983): Dynamic processes acting on a longitudinal (seif) sand dune.- Sedimentology, 30, 567–578.

Tsoar, H. & Yaalon, D. H. (1983): Deflection of sand movement on a sinuous longitudinal (seif) dune:

use of fluorescent dye as tracer.- Sediment. Geol., 36, 25–39.

Tucker, M.E. (2001): Sedimentary Petrology: an Introduction to the origin of sedimentary rocks.- 260 pp, 3rd ed, (John Wiley) Chichester.

Turner, B.R. & Smith, D.B. (1997): A playa deposit of pre-Yellow Sands age (Upper Rotliegend / Weissliegend) in the Permian of northwest England.- Sediment. Geol., 114, 305–319.

Tweed, S., Leblanc, M., Cartwright, I., Favreau, G. & Leduc, C. (2011): Arid zone groundwater recharge and salinisation processes; an example from the Lake Eyre Basin, Australia.- Journal of Hydrology, 408, 3–4, 257–275. ▶ http://doi.org/10.1016/j.jhydrol.2011.08.008.

Tye, R.S. & Coleman, J.M. (1989): Depositional processes and stratigraphy of fluvially dominated lacustrine deltas: Mississippi delta plain.- J. Sediment. Petrol., 59, 973–996.

Uba, C.E., Strecker, M.R. & Schmitt, A.K. (2007): Increased sediment accumulation rates and climatic forcing in the central Andes during the late Miocene.- Geology, 35, 11, 979–982. DOI: ▶ https://doi.org/10.1130/G224025A.1.

Valero-Garcés, B.L., Delgado-Huertas, A., Navas, A., Machín, J., González-Sampériz, P. & Kelts, K. (2000): Quaternary palaeohydrological evolution of a playa lake: Salada Mediana, central Ebro Basin, Spain.- Sedimentology, 47, 6, 1135–1156. ▶ https://doi.org/10.1046/j.1365-3091.2000.00346.x.

Van Der Meulen, S. (1982): The sedimentary facies and setting of Eocene point bar deposits, Montllobat Formation, southern Pyrenees, Spain.- Geologie en Mijnbow, 61, 217–227.

Van Overmeeren, R.A. & Staal, J.H. (1976): Floodplain sedimentation and gravitational anomalies in the Salar de Punte Negra, Northern Chile.- Geol. Rundschau, 65, 195–211.

Van Wees, J.-D., Stephenson, R.A., Ziegler, P.A., Bayer, U., McCann, T., Dadlez, R., Gaupp, R., Narkiewicz, M., Bitzer, F. & Scheck, M. (2000): On the origin of the Southern Permian Basin, Central Europe.- Marine and Petroleum Geology, 17, 43–59.

Vigliotti, L. & Langenheim, V. E. (1995): When did Sardinia stop rotating? New palaeomagnetic results.- Terra Nova, 7, 4, 424–435.

Wagner, F. & Lamprecht, G. (1974): Limnische Algen-Stromatolithe aus dem Perm des Saar-Nahe-Beckens.- N. Jb. Miner. Mh., 1974, 63–68.

Waichel, B.L., Scherer, C.M.S. & Frank, H.T. (2008) Basaltic lava flows covering active aeolian dunes in the Paraná Basin in southern Brazil: Features and emplacement aspects.- Journal of Volcanology and Geothermal Research, 171, 59–72.

Walliser, O.H. & Michels, D. (1983): Der Ursprung des Rheinischen Schelfes im Devon.- N. Jb. Geol. u. Palaeont., Abh., 166, 3–18.

Walker, R.G. & Middleton, G. (1980): Eolian Sands.- In: Walker, R.G. (ed): Facies Models.- Geoscience Canada, Reprint Series 1, 33–41, (Geol. Assoc. of Canada) Toronto.

Walter, M.R. (ed 1976): Stromatolites.- Developments in Sedimentology, 20, 1–790.

Walther, J. (1924): Das Gesetz der Wüstenbildung in Gegenwart und Vorzeit.- 421 S., 4. Aufl., (Quelle & Meyer) Leipzig.

Ward, J.D. (1988): Eolian, fluvial and pan (playa) facies of the Tertiary Tsondab Sandstone Formation in the Central Namib Desert, Namibia.- In: Hesp, P. & Fryberger, S.G. (eds): Eolian Sediments (Spec. Issue).- Sediment. Geol., 55, 143–162.

Warren, J.K. & Kendall, C.G.S.C. (1985): Comparison of sequences formed in marine sabkha (subaerial) and salina (subaqueous) settings – modern and ancient.- AAPG Bull., 69, 1013–1023.

Watson, A. (1985): Structure, chemistry and origin of gypsum crusts in southern Tunesia and in the central Namib Desert.- Sedimentology, 32, 855–875.

Waugh, B. (1970a): Petrology, provenance and silica diagenesis of the Penrith sandstone (Lower Permian) of northwest England.- J. Sedimentary Petrology, 40, 1226–1240.

Waugh, B. (1970b): Formation of quartz overgrowths in the Penrith Sandstone (Lower Permian) of northwest England as revealed by scanning electron microscopy.- Sedimentology, 14, 309–320.

Weber, J. & Hofmann, U. (1982): Kernbohrungen in der eozänen Fossillagerstätte Grube Messel bei Darmstadt.- Geol. Abh. Hessen, 83, 58 S.

Weber, J. & Ricken, W. (1999): Fluvial architecture and silica diagenetic pattern of the Solling Folge (Reinhardswald trough, Solling area, NW Germany).- In: Bachmann, G.H. & Lerche, J. (eds), Epicontinental Triassic, Volume 1.- Zbl. Geol. Paläont. Teil I, 1998, 747–767.

Weidenfeller, M. & Knipping, M. (2008): Correlation of Pleistocene sediments from boreholes in the Ludwigshafen area, western Heidelberg Basin.- Eiszeitalter und Gegenwart / Quaternary Science Journal, 57: 270–285.

Weidenfeller, M. & Zöller, L. (1995): Mittelpleistozäne Tektonik in einer Löss-Paläoboden-Abfolge am westlichen Rand des Oberrheingrabens.- Mainzer Geowiss. Mitt. 24, 87–102.

Weidenfeller, M., Ellwanger, D., Gabriel, G., Hoselmann, C. & Wielandt-Schuster, U. (2010): Ludwigshafen-Formation.- In: Litholex [Online-database]. Hannover: BGR. Last update: 02.11.2010. [cited

23.09.2010]. Record No. 1000012. Available from: ► http://www.bgr.bund.de/litholex.

Weismann, G.S., Hartley, A.J., Nichols, G.J., Scuderi, L.A., Olson, M., Buehler, H. & Banteah, R. (2010): Fluvial form in modern continental sedimentary basins: Distributive fluvial systems.- Geology, 38, 1, 39–42.

Werner, B.T. (1990): A steady-state model of wind-blown sand transport.- J. Geol., 98, 1–17.

Whittaker, A.C. (2012): How do landscapes record tectonics and climate?- Lithosphere, 4, 2, 160–164.

Wiebeking (1797): Stromkarte von der Rhein-Krüme bey Erfelden.- (getönte Handzeichnung).

Williams, H. & Flint, S. (1990): Anatomy of a channel-bank collapse structure in Tertiary fluvio-lacustrine sediments of the Lower Rhine Basin, Germany.- Geol. Mag., 127, 445–451.

Williams, P.F. & Rust, B.R. (1969): The sedimentology of a braided river.- J. Sediment. Petrol., 39, 649–679.

Wilson, J.G. (1973): Ergs.- Sediment. Geol., 10, 77–106.

Wintle, G.A. (1987): Thermoluminescence dating of loess at Rocourt, Belgium.- Geol. en Mijnbouw, 66, 35–42.

Wolfbauer, C.A. & Surdam, R.C. (1974): Origin of non-marine dolomite in Eocene Lake Gosiute, Green River Basin, Wyoming.- Geol. Soc. Amer. Bull., 85, 1733–1740.

Wolff, M. & Füchtbauer, H. (1976): Die karbonatische Randfazies der tertiären Süßwasserseen des Nördlinger Ries und des Steinheimer Beckens.- Geol. Jb., D-14, 52 S.

Wright, L.D. (1977): Sediment transport and deposition at river mouths: A synthesis.- Geol. Soc. Amer. Bull., 88, 857–868.

Wuttke, M. (1997): Excursion A4; Messel Mine; lithogenesis of the sediments of Eocene Lake Messel.- Gaea Heidelbergensis, 4, 29–36.

Wuttke, M., Uhl, D. & Schindler, T. (2010): The Fossil-Lagerstätte Enspel – exceptional preservation in an Upper Oligocene maar.- Palaeobiodiversity and Palaeoenvironments, Volume 90, Issue 1, pp 1–2; ► https://doi.org/10.1007/s12549-010-0026-0.

Wuttke, M., Schindler, T. & Smith, K.T. (2015): The Fossil-Lagerstätte Enspel – reconstructing the palaeoenvironment with new data on fossils and geology.- Palaeodiversity and Palaeoenvironments, 95, 1, 1–147.

Ziegler, P.A. (1992): European Cenozoic rift system.-Tectonophysics, 208, 91–111.

Ziegler, P.A. & Dèzes, P. (2007): Cenozoic uplift of Variscan Massifs in the Alpine foreland: Timing and controlling mechanisms.- Global and Planetary Change, 58, 1.4, 237–269.

Zolitschka, B. (1989): Jahreszeitlich geschichtete Seesedimente aus dem Holzmaar und dem Meerfelder Maar.- Z. dt. geol. Ges., 140, 25–33.

Zöller, L. & Semmel, A. (2001): 175 years of loess research in Germany – long records and "unconformities".- Earth Science Reviews, 54, 19–28.

Marine Fazies

© Springer-Verlag GmbH Deutschland, ein Teil von Springer Nature 2019
A. Schäfer, *Klastische Sedimente,* https://doi.org/10.1007/978-3-662-57889-6_4

Die marine Fazies ist abhängig von der Strukturbildung des Kontinents, von dessen Bereitstellung von Sedimenten, von der Exposition der Küste gegenüber einem Ozean, Schelfmeer oder Nebenmeer (Seibold und Berger 1982). Sie ist eingebunden in den großregionalen Klimaraum (P. Schäfer et al. 2001), der detritisch-siliciklastische Sedimentation in höheren Breiten und biogen-karbonatische Sedimentation in niederen Breiten begünstigt. Schließlich wird sie erheblich modifiziert vom Einfluss der Gezeitenamplitude, die sehr verschiedene Wasserstände bringen kann. Diese werden vor allem in Küstenräumen wirksam. Hier verursacht die Gezeitenwelle einen beobachtbaren Effekt und tritt sedimentologisch in Erscheinung. Schließlich prägen vor allem wetterbedingte Gesetzmäßigkeiten die Morphodynamik der Küsten.

Die Subsidenz des Kontinentsockels steht in Beziehung zur Tektonik des Kontinents. Dieser kann einen aktiven oder einen passiven Kontinentalrand unterschiedlicher Ausdehnung haben (Seibold 1974). Aktive Kontinentalränder haben schmale, passive Kontinentalränder dagegen breite Schelfmeere. Über den Kontinentalrand hinaus steht das Schelfmeer mit dem ozeanischen Raum in Verbindung (Kennett 1982). Der Kontinent beliefert den Küstenraum, den Schelf und schließlich die Tiefsee.

Küstenräume sind Orte der Auseinandersetzung zwischen Land und Meer (Flemming und Bartholomä 1995). Kräftige Sedimentfracht vom Land her lässt fluviale Schüttungskörper entstehen. Die Dynamik des Meeres formt diese jedoch in energiereiche Brandungsküsten um (Galloway und Hobday 1983). Die im Folgenden behandelten marinen Ablagerungsräume umfassen Küsten, Schelfmeere und Bildungen der Tiefsee. Vor allem die Sedimentfazies von Küste und Schelf stehen in engem thematischen Bezug zueinander. Sie bilden die Grundlage für eine sequenzstratigraphische Analyse (Davies et al. 2006).

4.1 Deltas

Der Begriff Delta wurde bereits von den Griechen in der Antike verwendet. Die Mündung des Nils in das Mittelmeer war für sie Anlass, zur Beschreibung der morphologisch auffälligen Form den Buchstaben Delta (Δ) ihres Alphabets zu verwenden. Marine Küstenräume können sich auf unterschiedliche Weise mit dem Meer auseinandersetzen – gegen dieses vorwachsen oder von diesem erodiert werden (◘ Abb. 4.1).

Die Bildung lakustriner und mariner Deltas zeigt erhebliche Unterschiede (Galloway und Hobday 1983; ◘ Abb. 4.2). Hier sollen marine Deltas behandelt werden. Lakustrine Deltas fanden bereits im ► Abschn. 3.5.5 Berücksichtigung.

4.1.1 Fluvialer Sedimenteintrag

Deltaische Sedimentation setzt fluviale Transporte voraus, die in ein hinreichend tiefes stehendes Gewässer münden. Sedimente in Flüssen – am Boden rollend, kurzzeitig suspendiert oder dauernd schwebend – werden jetzt mit neuen physikalischen Gesetzmäßigkeiten konfrontiert und als Suspensionstransporte weitergeleitet und abgelagert. Als mehr oder minder schwere Sedimentwolken gleiten und schweben sie das subaquatische Relief der Küste hinunter und schichten sich zu sehr verschiedenen Deltakörpern auf (Elliott 1978; Whateley und Pickering 1989; Orton und Reading 1993; Nemec 1995).

Wird reichlich grobkörnige Sedimentfracht als Bodenfracht in einen Freiwasserraum transportiert, setzt sie sich unmittelbar vor der Flussmündung ab und bildet einen subaquatischen Schwemmfächer (*fan delta*). Ist das Becken tief und die Sedimentfracht reichlich und grobkörnig, wird ein sog. Gilbert-Delta (Gilbert 1885) mit homogener und steiler Deltafront (vgl. ◘ Abb. 3.54) aufgebaut.

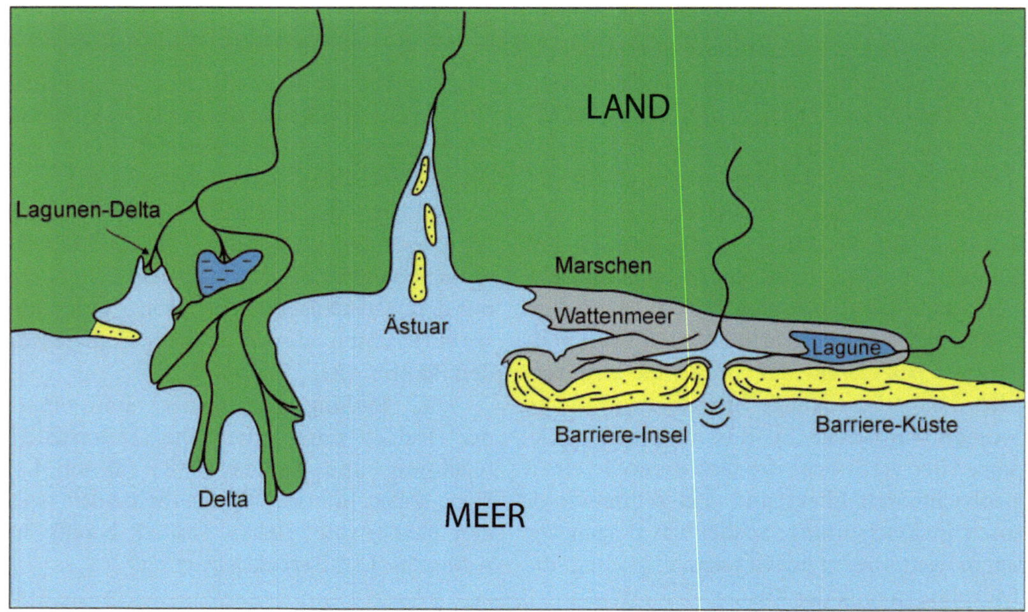

⬛ Abb. 4.1   Randmarine Ablagerungsräume bilden Deltas, Ästuare und Barriereküsten, je nach Lieferung der Sedimente und der Energie des Meeres. (Galloway und Hobday 1983, Fig. 6.1; verändert)

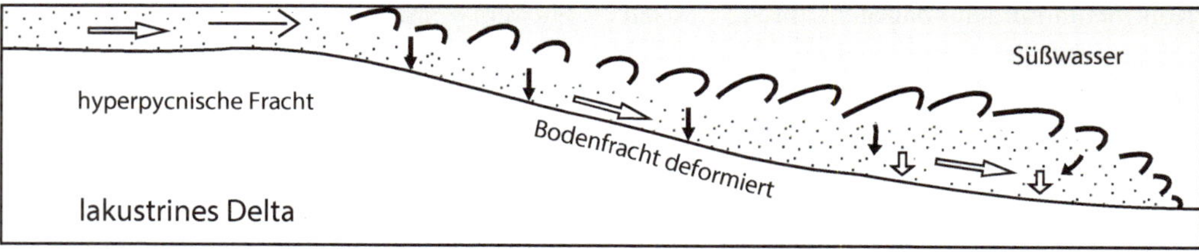

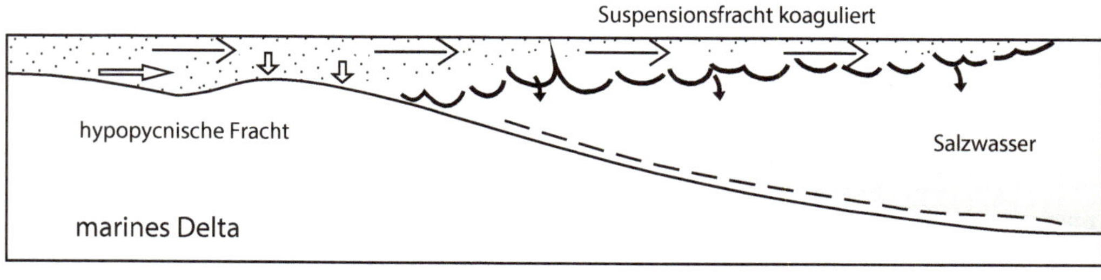

⬛ Abb. 4.2   Bates (1953) unterscheidet Deltas in Abhängigkeit von der eingebrachten fluvialen Suspension. Bei lakustrinen Deltas unterschichtet sie das Seewasser (hyperpycnischer Transport), bei marinen Deltas wird sie vom dichteren Meerwasser weit hinausgetragen (hypopycnischer Transport). (Galloway und Hobday 1983)

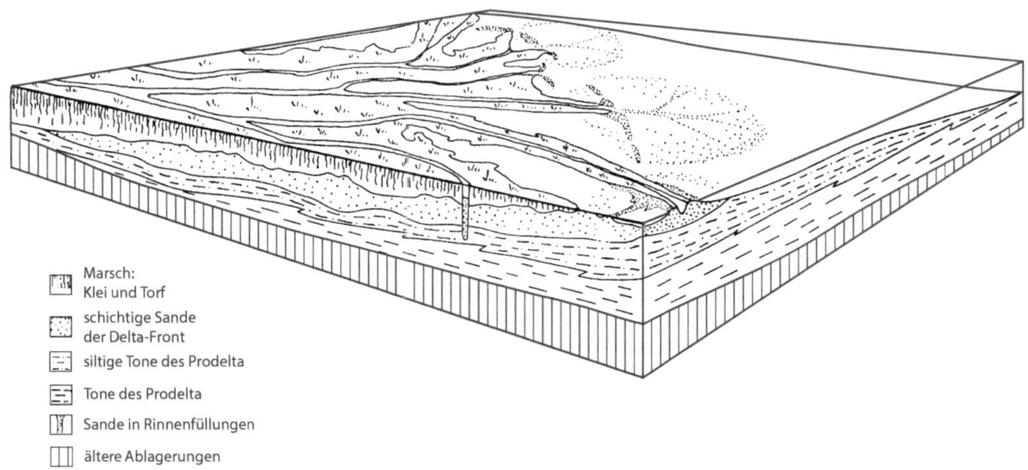

Abb. 4.3 Das generalisierende Blockbild beschreibt das Sedimentmodell meerwärts progradierender Sedimente eines flussdominierten Deltas. (Gould 1970, Fig. 11)

Ins Meer getragene fluviale Sedimentfrachten bilden **marine Deltas,** die sich im Einzelfall erheblich voneinander unterscheiden. Feinkörnige fluviale Frachten sind gegenüber dem Meerwasser weniger dicht (hypopycnisch; Bates 1953). Zudem koaguliert ihr fluvialer Tonanteil durch den Salzgehalt des Meerwassers, sodass sich Suspensionen aus leicht transportierbaren Sedimentflocken bilden. Die Suspensionswolken aus diesen werden mit der Strömung ins Meer hinaus getragen und sedimentieren weit vor der Küste. Marine Deltakörper bauen daher sehr flache, seewärts progradierende Sedimentkörper mit allenfalls 1° Hangneigung auf (**Abb. 4.3). Die Verschiedenheit mariner deltaischer Bildungen ist erheblich, je nach Größe und Küstenrelief des randmarinen Raumes, je nach Intensität der fluvialen Lieferungen, die überdies vom Seegang und vom Gezeitenregime des Meeres vor der Küste modifiziert werden. Es bilden sich komplexe Deltasysteme mit einer Vielzahl einzelner Schüttungskörper, die sich in Raum und Zeit unterscheiden (Coleman und Prior 1982a, b).

Die fluviale Sedimentfracht wird auf der gegen das Meer vorbauenden Deltaplattform durch Flussläufe zum fluvialen Mündungstrichter gebracht. Dort werden sie wie aus einer Düse als Suspensionswolke in den Freiwasserraum entlassen. Diese sinkt erst küstenfern zu Boden (**Abb. 4.4). Zwar sind die Sedimentsuspensionen je nach Liefergebiet und Salinität des Freiwasserraums verschieden, doch immer werden sie entsprechend der Korngröße der mitgebrachten Sedimente gradiert abgesetzt und bauen proximal gröberkörnige und distal feinerkörnige Ablagerungen auf (Galloway und Hobday 1983). Mit zunehmender Entfernung von der Küste verliert sich die Signifikanz der deltaischen Schüttung. Im vor dem Delta gelegenen Prodelta überwiegt schließlich wieder die Tiefwassersedimentation mit ihren eigenen Gesetzmäßigkeiten.

Deltabildung ist ein sehr komplexer sedimentologischer Vorgang (Elliott 1978; Coleman und Prior 1982a, b; Clevis et al. 2004). Deltas fossiler Sedimentbecken sind vielfach sehr große Systeme, die sich unter Umständen aus unterschiedlichen kleineren Ablagerungsräumen zusammensetzen. Richtig verstanden wurden die Deltabildungen fossiler Ablagerungsräume erst durch das Studium rezenter Deltas (Morgan und Shaver 1970). Denn in der Regel übersteigt die Dimension eines fossilen Deltas die Größe eines geologischen Aufschlusses, sodass lediglich eine begrenzte

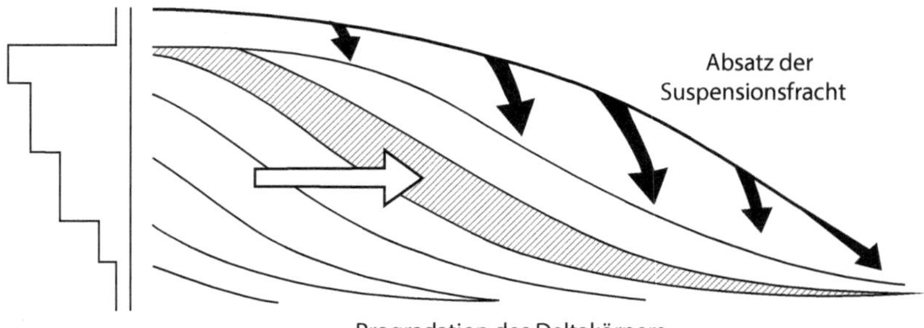

◘ Abb. 4.4   Schema zur Veranschaulichung der Progradation eines Deltakörpers. Der Aufbau von Kornvergröberungsprofilen lässt sich in jedem Maßstab und an jeder Stelle des Deltas beobachten. (Nach Galloway und Hobday 1983, Fig. 2–1)

Auswahl signifikanter Details für die Interpretation des vollständigen Schüttungskörpers herangezogen werden kann (Barrell 1917; Whateley und Pickering 1989). Eine komplexe Analyse von Deltamodellen führten Muto et al. (2016) in Strömungsrinnen durch.

Ein Delta baut sich durch die Aktivität des Flusssystems vor. Die Vielfalt der Sedimente liefernden und verteilenden Kräfte sowie die daraus resultierende Morphologie mariner Deltas erlaubt es, ihre Abhängigkeit vom Flusssystem, vom Seegang und/oder von der Gezeitenvariation abzuschätzen. Die durch Nummedal et al. (2001) und Vorautoren (u. a. Galloway und Hobday 1983) vorgeschlagene Systematik gilt ausschließlich für marine Deltas und führt alle bekannten Bildungen weltweit zu einem Nomenklaturdreieck (◘ Abb. 4.5) zusammen. Kürzlich haben Rossi und Steel (2016) einen neuen Vorschlag zur Ansprache von Deltabildungen vorgelegt und versuchten, diese in vertikalen Profilsequenzen zu verdichten (◘ Abb. 4.6), denn solche sind der erste Zugang zu eigenen Fallstudien – eine Interpretation deltaischer Sedimentserien muss ja oft aus vielen Einzelbeobachtungen zusammengesetzt werden.

4.1.2 Flussdominierte Deltas

Das flussdominierte Delta hat seine Definition durch das **Mississippi-Delta** erhalten. Es ist durch fluviale Transportkraft bei mikrotidaler Gezeitenvariation (Pegel Mobile/Alabama: 0,2 m Nipp- und 0,7 m Springtide) sowie weitgehend fehlendem auflandigen Seegang ausgezeichnet. Der landeinwärts gerichtete Winddruck der Hurrikane reicht nicht für lang anhaltenden Seegang mit hoher Umlagerungsrate (Swift und Nummedal 1987). Das große und sehr komplex aus einer Anzahl älterer Deltas zusammengesetzte heutige Mississippi-Delta baute sich auf der seewärts abfallenden Prairie Formation (jüngste Vereisung, Wisconsin) durch den holozänen Meeresspiegelanstieg südwärts vor (Gould 1970). Dabei verlagerte es sich mehrfach seitwärts, sowie in als auch gegen die Transportrichtung. Die fluviale Lieferung hatte zu allen Zeiten genügend Freiraum in den Golf von Mexiko hinein (◘ Abb. 4.7). Auf der seewärts abfallenden Prairie-Terrasse lagern als >200 m mächtiges holozänes Onlap-System (s. a. ► Abschn. 5.2) zunächst fluviale Sande und Strandsande, darauf deltaische Silte und Tone und schließlich marine Silte und Tone (in beide eingelagert finden sich lokale Sandlinsen); darüber folgen als 100 m mächtiges Offlap-System deltaische Sande, Silte und Tone. Der heute zu beobachtende seewärtige Abfall der Prairie-Terrasse wird zu einem erheblichen Anteil (mehr als 150 m) auch durch die Auflast des holozänen Deltakörpers mitverursacht.

Auf dem heute aktiven Vogelfußdelta, dem Plaquemines-Modern-Delta (◘ Abb. 4.8),

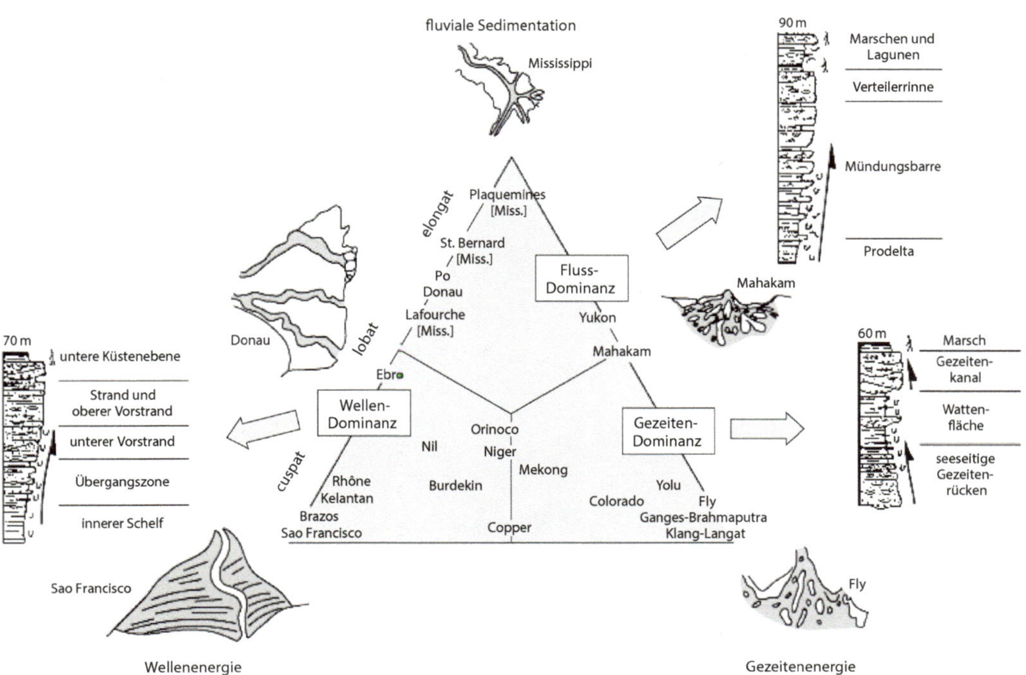

Abb. 4.5 Deltas im Klassifikationsdreieck. Je nach Fluss-, Seegangs- oder Gezeitendominanz der involvierten sedimentären Prozesse bilden sich unterschiedliche Deltakörper. (Nach Nummedal et al. 2001, Fig. 13)

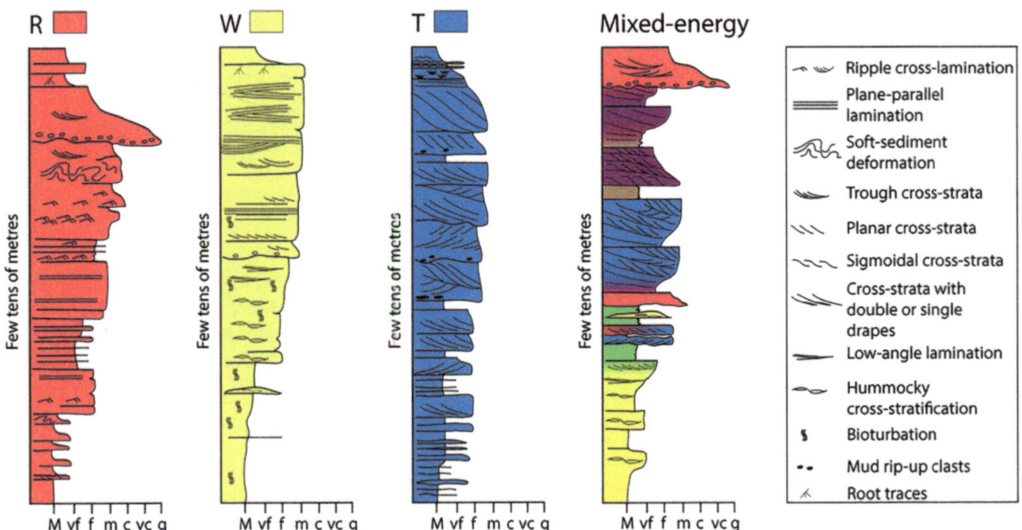

Abb. 4.6 Geländeprofile, ausgestattet mit vielen Beobachtungen zu Sedimentkörnungen, Sedimentgefügen, biogenem Inhalt und individuellen Mächtigkeiten, lassen erkennen, dass die Interpretation von den Aufschlussverhältnissen und der eigenen Erfahrung abhängt. Die dargestellten Profilsequenzen (R = *river*, W = *waves*, T = *tide* sowei einer guten Mischung aller drei Kräfte als *mixed energy*) leiten sich aus flachmarinen, sand- und gemischt energiereichen Deltasystemen der jurassischen Lajas Fm im Neuquén Basin in Argentinien ab. (Rossi und Steel 2016, Fig. 20)

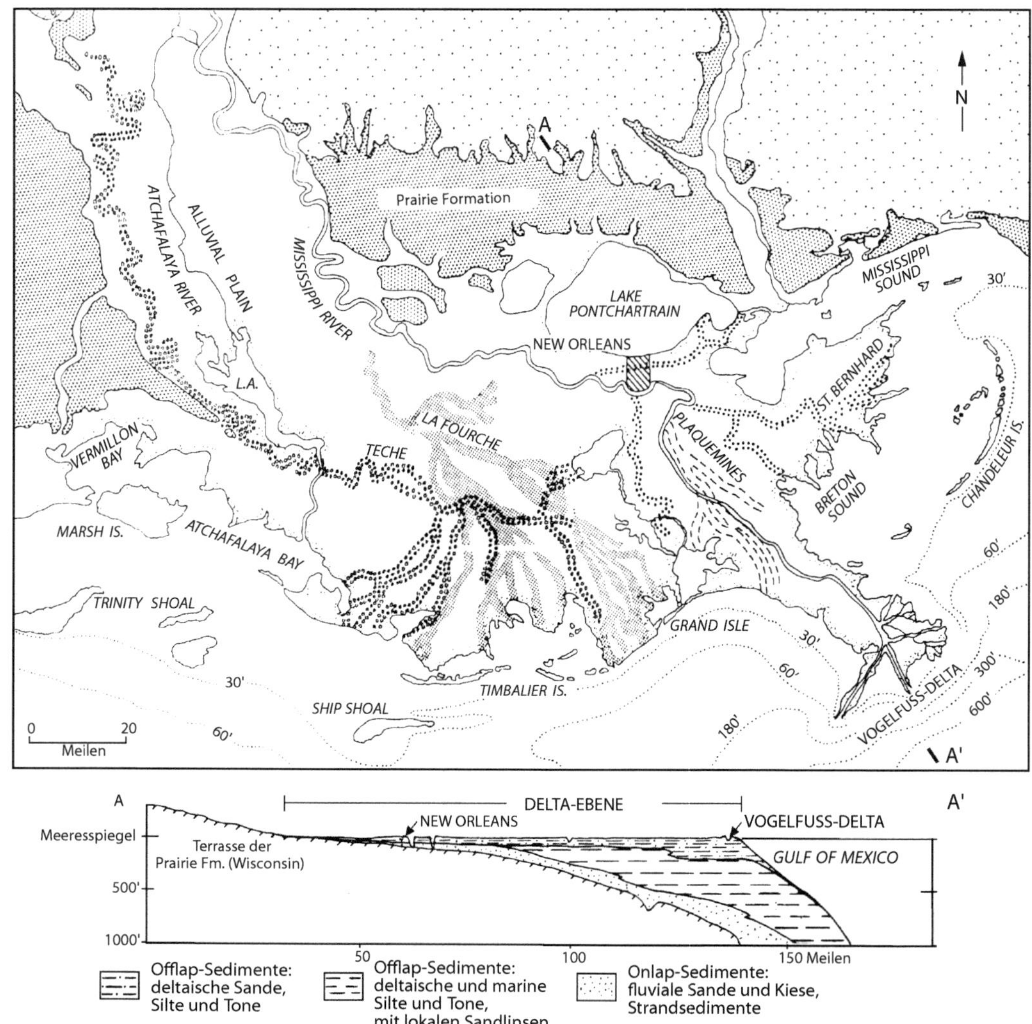

⬛ Abb. 4.7   Das Mississippi-Delta gilt als *das* Beispiel eines flussdominierten Deltas mit einer langen, bis weit ins Känozoikum zurückreichenden Vorgeschichte. Auf der Oberfläche der heutigen Deltaplattform lassen sich alte Flussläufe kartieren. Aus diesen geht hervor, dass sich auch der postpleistozäne Deltakomplex aus vielen Deltakörpern zusammensetzt, die im Wesentlichen vom Mississippi mit Sediment beliefert wurden. (Nach Gould 1970, Fig. 3 und 5)

arbeiten sich die fluvialen Verteilerrinnen *(distributary channels)* einzeln oder zusammen mit parallelen Systemen, zwischen sich Buchten *(interdistributary bays)* einschließend (⬛ Abb. 4.9), gegen das Meer vor. In den Verteilerrinnen herrscht fluviale Sedimentation, in den Buchten finden sich dagegen weite, landwärts zurückbleibende Watten- und Lagunensysteme (⬛ Abb. 4.10). In Abhängig-

keit von der Küstenlängsdrift werden diese unterschiedlich von Sedimenten eingedeckt. Sie können schlickig, aber auch sandig sein, je nach Anlieferung und Aufarbeitung vor Ort. Je größer das Deltasystem insgesamt ist, desto vielfältiger und unabhängiger von einander werden die außerhalb der eigentlichen Deltamündungen gelegenen Küstenabschnitte (Coleman 1988).

■ Abb. 4.8   Das Vogelfußdelta des Mississippi bildet dessen heutige aktive Flussmündung, aus der Trübstoff in den Golf von Mexiko entlassen wird. Sie formt eine weitflächige amphibische Landschaft, die sich aufgrund des mikrotidalen Tidenhubs an dieser Küste und (trotz der Hurrikane!) bei ganzjährig relativ geringem Seegang in einzelne Deltaarme verästelt, die sich unabhängig voneinander meerwärts vorarbeiten [▶ http://visibleearth.nasa.gov]

■ Abb. 4.9   Zwischen den aktiven Flussmündungen des Mississippi-Deltas befinden sich weitflächige amphibische Landschaften des Intertidal, bestanden mit Schlickgras *Spartina* sp. (*Interdistributary bay* nördlich des Southern Pass; Foto John Suter)

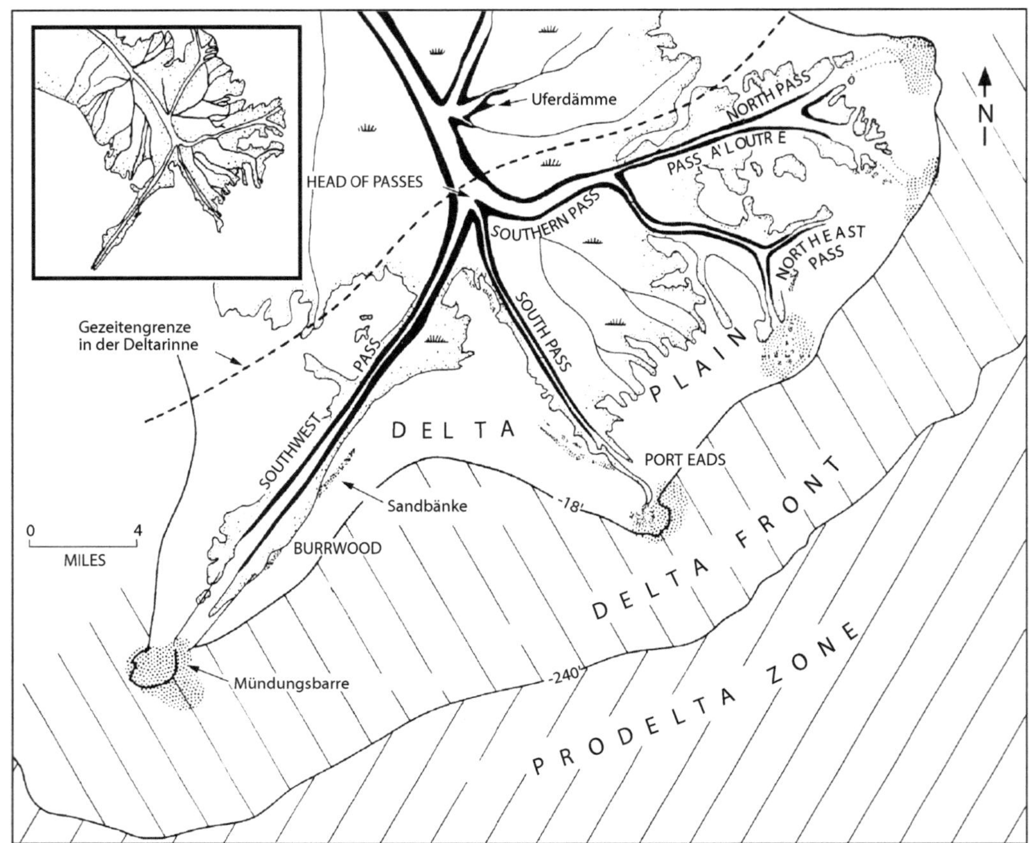

D Abb. 4.10   Fluviale Verteilerrinnen und zwischen diesen liegende Marschen bilden gemeinsam die Plattform eines Deltas; beide Ablagerungsräume tauchen unter den Meeresspiegel ab. Es existieren daher über und unter diesem gelegene Bereiche, die beide wesentlich mit einem flussdominierten Delta verbunden sind. Das Mississippi-Delta trug wesentlich zur Begriffsbestimmung von Deltasedimenten bei. (Nach Gould 1970, Fig. 17 und 19)

Die in das Meer mündenden Flussrinnen ziehen ihre Uferdämme *(levées)* mit in den Freiwasserraum hinaus, bis sie allmählich seewärts unter dem Meeresspiegel verschwinden (**D** Abb. 4.11). Dort verwischen sich die Gegensätze fluvial/marin, und die fluvialen Traktionstransporte schaffen Sand- und Schlickbänke vor der Flussmündung *(distributary mouth bars)* als ersten Absatz von fluvialen Lieferungen ins Meer (**D** Abb. 4.12). Diese Sedimentkörper sind keineswegs stabil, sind von Rinnen durchzogen, werden weiter gegen das tiefere Wasser verlagert und rutschen und gleiten den Deltahang abwärts (Prior und Coleman 1982). Dabei verändert

sich ihr Relief ständig. Bei schnellem Absatz kann viel Wasser im Zwischenkorngefüge der äußerst schlecht sortierten Sedimente eingeschlossen sein, was nur eine instabile Lagerung zulässt. Viel Sedimentauflast aus neuen Lieferungen steigert die Instabilität, die schließlich durch jähen Wasseraustritt *(water escape)* zur Deformation *(soft sediment deformation)* und Rutschung *(slumping and gliding)* größerer Sedimentpakete führt (Coleman 1988). Es bilden sich den Deltahang abwärts gebogene Abrisskanten *(crown cracks)*, die als mehr oder weniger steile Schaufelflächen über den Deltahang verteilt sind.

Abb. 4.11 Mississippi-Delta, Nordarm des Northeast Pass. Die fluviale Verteilerrinne – eingebettet in die Marschen der Deltaplattform im Hintergrund – vergabelt sich. Die auf uns zulaufende Rinne taucht unter den Meeresspiegel ab, und vor deren Mündung bilden sich weitflächige Sand- und Schlickbänke. Man beachte das trübstoffreiche Flusswasser. (Foto John Suter)

Abb. 4.12 Mississippi-Delta; im Hintergrund der nach rechts fließende North Pass, der sich nach vorn zum Pass à Loutre verzweigt. Die trübstoffreichen Sedimente des Mississippi formen sehr heterogen aufgebaute Sand-/Schlickbänke. Im Vordergrund der Wellenschlag über der Grenzlinie zwischen subaquatischer Deltaplattform und Deltastirm. (Foto John Suter)

Deltaische Sedimentation bedeutet seewärts gerichtete Lieferung von fluvialen Sedimenten. Die Flussmündungen bauen sich gegen das Meer vor. Dadurch verlängern sich die Flussläufe im Verbund mit den um sie herum verteilten eher feinkörnigen Sedimentabsätzen in Form von Sand transportierenden Sedimentsträngen *(bar fingers)*. Sie sind mehr

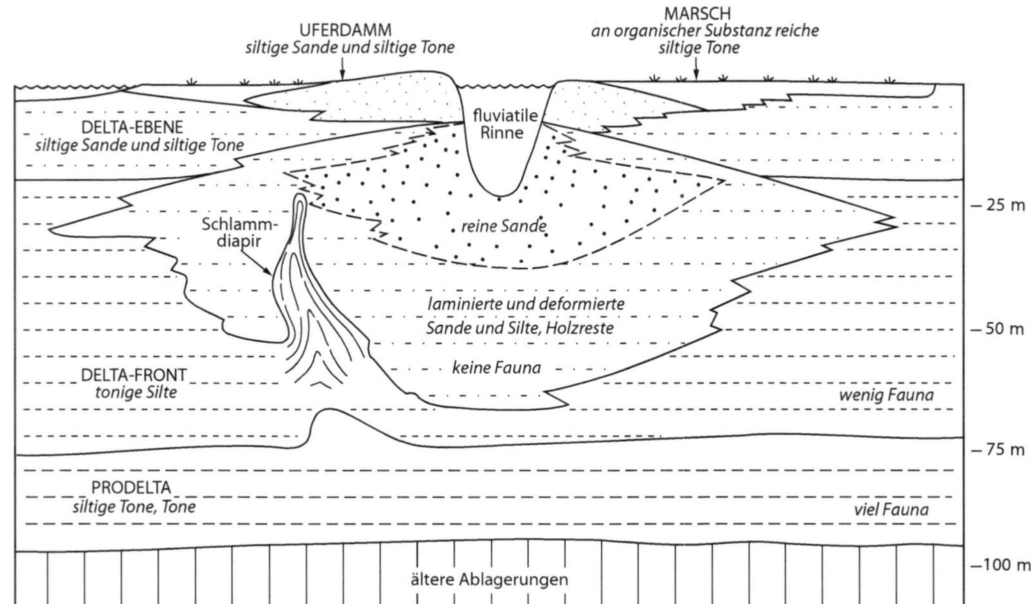

◘ Abb. 4.13   Dieses Fisk'sche Schemabild des Querschnittes eines *bar finger* des Mississippi-Deltas, einer aktiven Flussmündung auf seiner Deltaplattform, hat die sedimentologische Interpretation vieler Fallstudien wesentlich beeinflusst, vielleicht auch erst möglich gemacht. (Nach Gould 1970, Fig. 22 und 25)

oder weniger entsprechend dem Flusslauf orientiert, langgestreckt und im Querschnitt linsenförmig (◘ Abb. 4.13). Die Sedimentstränge tragen den Flusslauf. Deren seitliche Begrenzung ist abhängig von Schüttung und Verteilung der Sedimentführung und kann durch raschen Korngrößenwechsel scharf von der Marschenfläche der Deltaplattform abgegrenzt sein.

Der schnelle Sedimentabsatz bewirkt in den distalen und feinkörnigen, noch instabilen, Sedimentmassen neben jenen Rutschungen eine zunehmende Instabilität (Törnqvist et al. 2006), was auch die küstennahen Schelfschlicke betrifft. Die jähe Auflast treibt deren Porenwasser aus. Aufgrund ihrer Plastizität und ihrer hohen Wasserkapazität werden die Schlicke nach oben aufsteigend mitgenommen (Van Rensbergen et al. 1999). Schlickdiapire durchdringen, aus dem Prodelta kommend, die sich vorbauenden Sedimentflächen der Deltaplattform und erzeugen in diesen kleinere und größere Inseln aus verfestigtem Schlick *(mud lump islands)*

(◘ Abb. 4.14). Da der aufgedrungene Schlick rasch konsolidiert und erheblich verfestigt, lässt er sich vom Seegang nur schwer erodieren (◘ Abb. 4.15).

Die fluviale Lieferung wird entlang des Abhangs der Deltafront gradiert, sodass proximal grobkörnige und distal feinkörnige Sedimente abgelagert werden. Der allmähliche Vorbau der Deltafront überschichtet die distalen Sedimente und bildet ein Dachbankprofil *(coarsening up)*, das für deltaische Sedimentfolgen signifikant ist. Dessen vertikale Höhe beschreibt zugleich auch das Relief, über das hinweg die fluvialen Sedimente geschüttet wurden (◘ Abb. 4.16).

Das Mississippi-Delta baute ein komplexes Gebilde aus mehreren zu unterschiedlichen Zeiten angelegten Deltas auf. Das jüngste ist das heute weit in den Golf von Mexiko hinausreichende vogelfußförmige Deltasystem. Dies ist jedoch nur ein Teil des Mississippi-Deltakomplexes. Da die fluviale Transportkraft des Mississippi gegenüber anderen Prozessen wie Seegang oder

◻ Abb. 4.14 *Mud lump islands* vor dem Mississippi-Delta, verursacht durch Schlickdiapire, die die subaquatische Deltaplattform durch deren Sedimentauflast auf dem Schlick der höheren Deltafront pilzförmig durchdringen und Inseln bilden. (Foto John Suter)

◻ Abb. 4.15 *Mud lump island* auf der seewärtigen Seite westlich des heute aktiven Vogelfußdeltas des Mississippi; Caminada Coast, Küste des ehem. Lafourche-Deltas (zwischen Grand Isle und Timbalier Isle). Die subrezenten zu Klei verfestigten Schlickrücken werden mühsam von der Brandung aufgearbeitet

Tidenhub dominiert, lässt diese die anderen Flüsse weit hinter sich zurück. So erreicht der aus NW kommende Atchafalaya River derzeit die Front des Deltasystems nicht. Stattdessen füllt er auf der Mississippi-Deltaplattform den Lake Atchafalaya mit einem Süßwasserdelta (Tye und Coleman 1989; ◻ Abb. 4.17, 4.18 und 4.19).

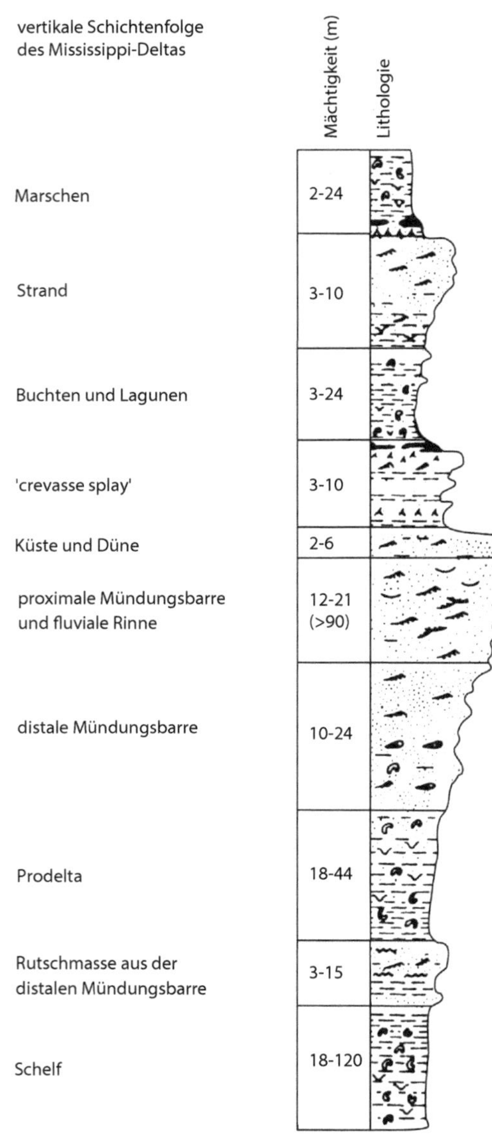

D Abb. 4.16 Dieses aus mehreren Bohrungen kompilierte Profil im Mississippi-Delta ist aus dem aktiven Vogelfußdelta und auch auf der weiter zurückliegenden Deltaplattform zu gewinnen. Das Profil ist reich an sog. Subfazies und zeigt im unteren Teil eine signifikante Kornvergröberung vom Schelfschlick bis zu den äolischen Dünensanden, darüber die tonreichen Marschensedimente der Plattform (Nach Coleman 1981)

Solche Subsysteme deltaischer Bildungen existieren mehrfach. Lagunen im Außenbereich der großen Deltaplattform sind zahlreich, hängen miteinander zusammen oder sind voneinander unabhängig. Fluviale Lieferungen unterschiedlicher Größenordnung und Dauerhaftigkeit schaffen deltaische Sequenzen mit nach oben kornvergröbernden Dachbankprofilen, allerdings kleiner als die Schüttung am Vogelfußdelta, dem heutigen Hauptsystem. Dort betreibt das oft sich wiederholende Brechen der Uferdämme (*crevasse splay*) eine Deltabildung mit nach auswärts strebenden, nach oben sich vergröbernden Sedimentsequenzen (Van Heerden und Roberts 1988; D Abb. 4.20). Die Deltaplattform rückt in Abhängigkeit von allen fluvialen Transporten gegen das Meer vor, formt aus Marschen und Lagunen der Deltabuchten (*interdistributary bays*) allmählich standfeste Substrate einer Marschenküste mit dem Schlickgras *Spartina* sp. mit Moor- und schließlich Buschvegetation (Kosters et al. 1987; Kosters und Suter 1993). Und auf den Sandrücken ehemaliger älterer Uferdämme (*chenier ridges*) siedeln Eichen (Penland und Suter 1989). Die Lagunen-Marschen-Chenier-Landschaft (*chenier plain*) der Delta-Plattform ist neben den großen Flussläufen und ihren Verzweigungen von einer großen Anzahl von Rinnen durchzogen, die sich auf die Küste zu allmählich in brackische, schließlich Salzwasser führende Gezeitenkanäle entwickeln (D Abb. 4.21). Entlang des Meeres werden diese durch Sandbarren verschlossen, die enge Einlässe haben (D Abb. 4.22) und durch Hurrikane als sandige Schwemmfächer (*overwash fans*) gelegentlich landwärts rückverlagert werden (D Abb. 4.23). Der organische Aufwuchs der Deltaplattform ist eingebettet in verlandende Schlickflächen mit Trockenrissbildungen und Pflanzenwurzeln. Sümpfe und Seen wechseln sich ab. Für das Mississippi-Delta sind Sumpfzypressen typisch, die in gefluteten Sümpfen stehen, andererseits auch Eichen, die mit Spanischem Moos behangen auf den Sandrücken der ehemaligen Uferdämme (*chenier ridges*) wachsen.

Der deltaische Vorbau hatte in zurückliegender Zeit unterschiedliche Reichweiten. So waren weit außerhalb der heutigen Deltafront

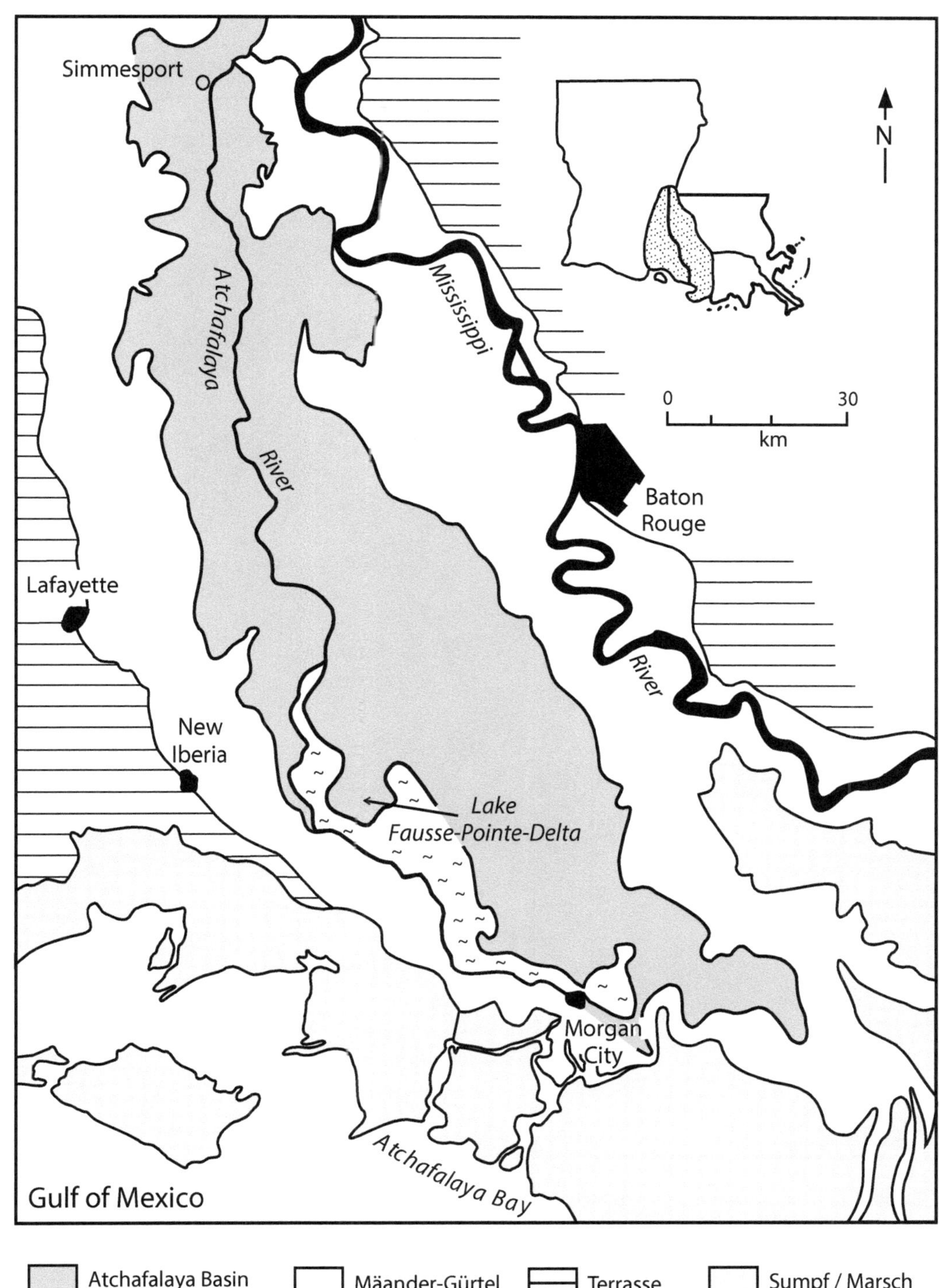

◨ **Abb. 4.17** Auf der weiten Mississippi-Deltaplattform bilden sich unzählige Sub-Environments. Hier formt der Atchafalaya River im Lake Fausse Pointe ein Süßwasserdelta. (Nach Tye und Coleman 1989)

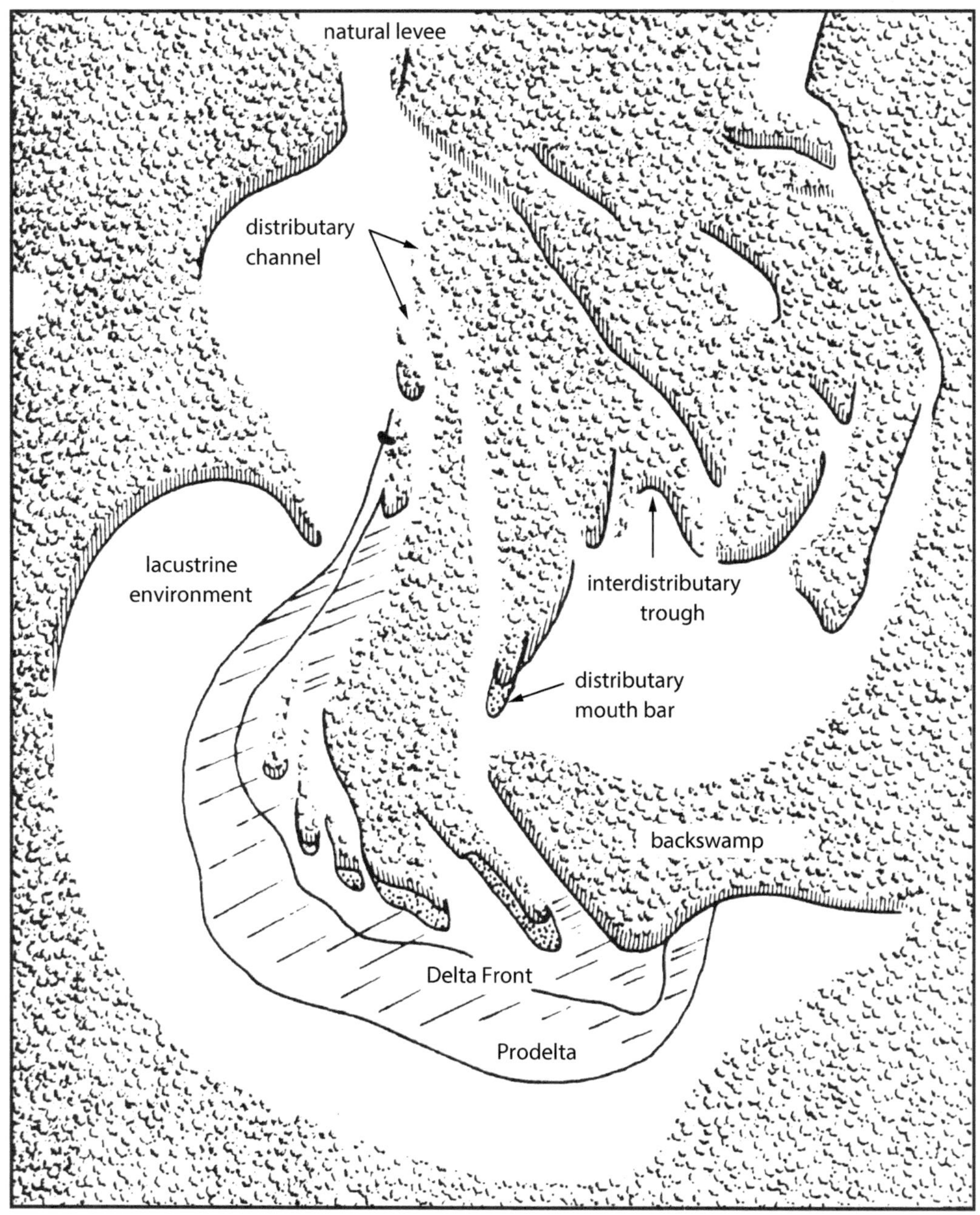

◘ Abb. 4.18   Das Süßwasserdelta des Atchafalaya River progradiert in den von Urwald aus Sumpfzypressen umgebenen Lake Fausse Pointe hinein. (Nach Tye und Coleman 1989)

die St.-Bernhard- und die Timbalier-Inseln ehedem in deltaische Sedimentlieferungen einbezogen (◘ Abb. 4.24). Der pleistozäne Meeresspiegelabfall schuf eine progradierende Deltabildung. Das Abschneiden fluvialer Lieferungen im Hinterland beendete in jüngerer Zeit gerichtete Entwicklungen. Die ehemals deltaischen Sande wurden von der

Abb. 4.19   Das Delta des Atchafalaya River bildet ein Süßwasserdelta im Lake Fausse Pointe (Blick aus N)

Abb. 4.20   *Crevasse splay* eines Durchbruchs des Uferdammes des Pass à Loutre (Southern Pass des Mississippi-Vogelfußdeltas). Dadurch kürzt der Flusslauf meerwärts ab und bildet ein Subdelta. (Foto John Suter)

Deltaplattform getrennt (■ Abb. 4.25) und von der Meeresbrandung zu Barriereinseln umgearbeitet (Penland et al. 1988; Kosters und Suter 1993).

In einem großen Deltasystem wie dem des Mississippi sind eine sehr große Zahl verschiedener sedimentärer Environments miteinander verbunden. Vom Hinterland her bilden zunächst kontinentale Gesetzmäßigkeiten fluviale und lakustrine Landschaften (Kosters und Suter 1993). Diese formen sich in randmarinen Marschenküsten allmählich zu Lagunen mit Lagunendeltas *(bay-head deltas)* um (■ Abb. 4.26; van Heerden und Roberts

◘ Abb. 4.21   Salzwasser führender Priel auf der Mississippi-Plattform; das Schlickgras *Spartina* sp. ist als Halophyt an die randmarine amphibische Lebensweise angepasst (ein Priel bei Fourchon City, Caminada Coast)

◘ Abb. 4.22   Mit Schlickgras *Spartina* sp. bestandene amphibische Flächen der Plattform des Mississippi-Deltas aus Sand und Schlick werden auf der seewärtigen Seite durch Wellenschlag zu Wällen aufgeworfen. Hinter diesen bilden sich geschützte Lagunen; Marschenküste zwischen South Pass und Southern Pass. (Foto John Suter)

1988; Bailey et al. 1998). Relativ gesehen sind die Lagunendeltas des Mississippi-Systems viel kleiner als das große Vogelfußdelta, doch tragen sie in ihrer Vielzahl sehr wesentlich zur Erweiterung der Deltaplattform bei (Kim et al. 2009). Die Lagunendeltas werden vom Meer rasch wieder getrennt, wenn die Lagunen durch küstenparallele Sanddrift von Sandbänken und Strandbarrieren *(coastal ridges and spits)* verschlossen werden. Die ehemals

□ Abb. 4.23 Strandsande werden durch heftigen Wellenschlag, vor allem bei auflandigem Seegang von Hurrikanen (durch deren barometrischen Tiefdruck wird der Meeresspiegel angehoben) weit landeinwärts zu Küstenschwemmfächern *coastal overwash fans* rückverlagert (Caminada Coast, östlich von Furchon City)

aktiven kleineren Flussläufe bilden nun die zahlreichen „Bayous" der Mississippi-Plattform (Fitzgerald et al. 2004).

Vom Kontinentalschelf erfahren große Deltasysteme ihre für den Aufbau notwendige Stützung (Miall 1991). Jüngste Untersuchungen im Mississippi-Delta und in seinem Umfeld zeigen, dass der Untergrund des Deltakörpers stabil ist. So lässt sich der Verlust an Marschenland nur durch dessen Kompaktion erklären (Törnqvist et al. 2006; Frederick et al. 2018). Die ungestörte fluviale Lieferung trägt ganz wesentlich zur Form und internen Organisation des Deltakörpers bei. Oben in □ Abb. 4.27 ist das Mississippi-Delta in einem N–S-Schnitt abgebildet, welches dünne, sich überlappende (numerierte) seewärts progradierende Loben zeigt. Der älteste Lobus 3 ist 4600 Jahre alt (Frazier 1967). Unten in □ Abb. 4.27 ist das Rhône-Delta abgebildet, ebenfalls in einem N–S-Schnitt; es erhält seine größere Mächtigkeit wahrscheinlich dadurch, dass es an der Kante des mediterranen Kontinentalrandes liegt. Außerdem baute dieses Delta seinen Körper nicht unter seitwärtiger Verlagerung auf, sondern aufgrund stetiger seewärts gerichteter Progradation von Barrenkomplexen, hinter denen Flussläufe und Lagunendeltas aggradierten (Oomkens 1970). Andererseits behindert die laterale Verlagerung des Deltakörpers durch Wellenschlag und Meeresströmung dessen Progradation erheblich (Fitzgerald et al. 2004; Kim et al. 2009). Kleinskalige, meist autozyklische Prozesse modifizieren die Form des sich bildenden Deltakörpers. Wegen der beständigen Sedimentfracht des Flusses Mississippi während des Holozäns progradierte dessen Delta mit 6–12 m pro 1000 Jahren; das Rhône Delta dagegen rückt derzeit lediglich mit 0,6 m pro 1000 Jahre vor (Miall 1991).

4.1.2.1 Weitere flussdominierte Deltas

Das **Fraser-Delta** im südwestlichsten Kanada ist durch den aus den nördlichen Rockies kommenden Fraser River flussdominiert. Östlich von Vancouver Island schüttet dieser in die Strait of Georgia, letztlich in den Pazifik (Luternauer und Murray 1973; Mwenifumbo et al. 1994; Lintern et al. 2016).

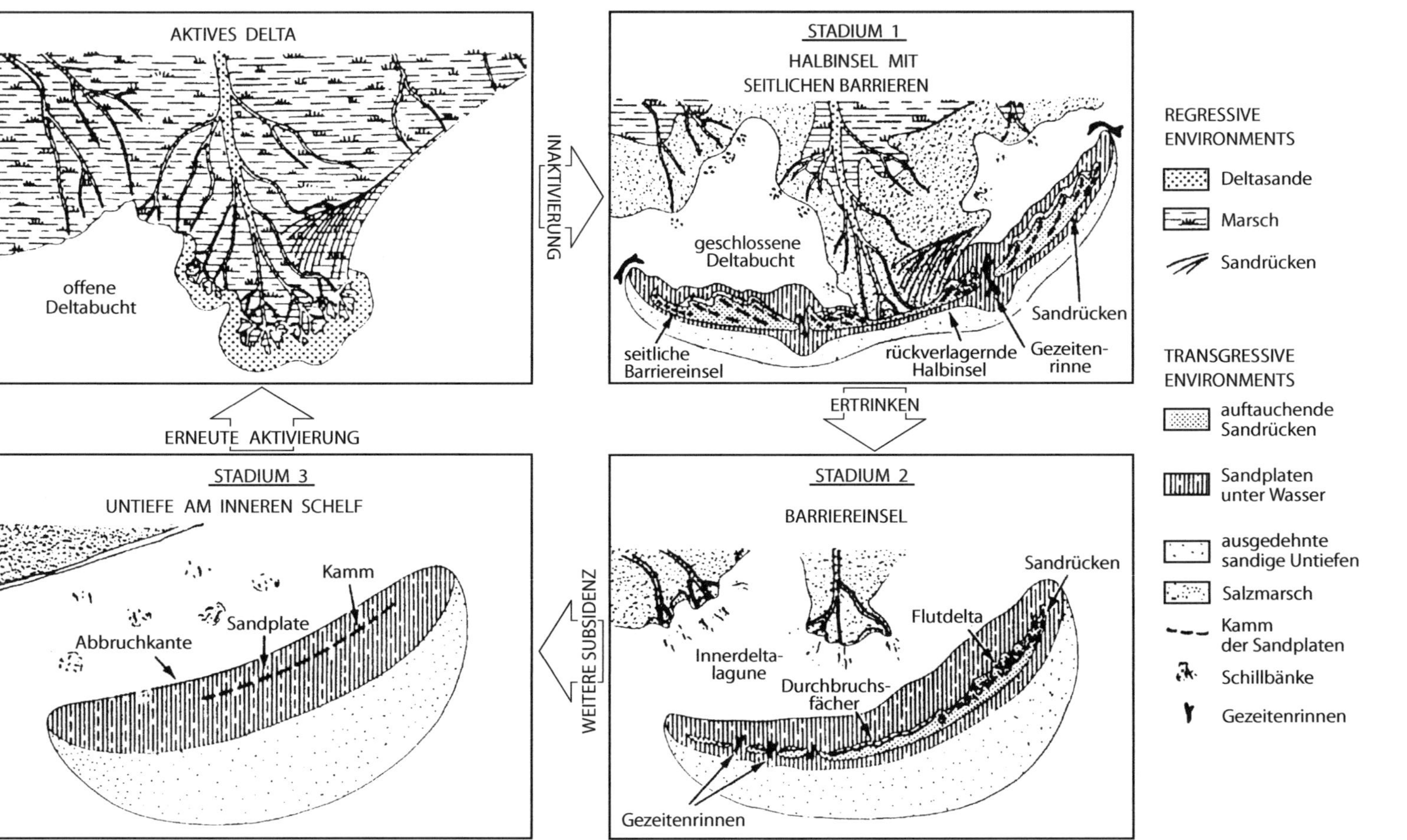

Abb. 4.24 Modell der postpleistozänen Entwicklung von Barriereinseln vor dem Mississippi-Delta (z. B. dem St.-Bernhard-Delta und den vorgelagerten Chandeleur-Inseln im SO des Deltakomplexes); hierin spiegelt sich die veränderliche Balance aus fluvialer Sedimentfacht, der Variation des Meeresspiegels und der Subsidenz des kompaktierenden deltaischen Untergrundes wider. (Nach Coleman 1988, Fig. 3)

◘ Abb. 4.25 Eine Kette von Sandbänken vor dem Nordarm des Southern Pass (links im Hintergrund) bilden aus fluvialen Trübstofffrachten erste Barriereinseln. (Foto John Suter)

Der Anstieg des Meeresspiegels im Holozän veranlasste die Rhône, reichlich Trübstoff zu liefern und das flussdominierte **Rhône-Delta** mit einer ausgedehnten Plattform gegen das Mittelmeer vorzubauen (Oomkens 1970; Vella et al. 2016). Noch im Pleistozän legte sie am Abhang des Golfe du Lyon ein Tiefwasserdelta an, das weit in das Mittelmeer hinein reicht (Aloisi und Duboul-Razavet 1974; Gensous und Tesson 1996; Torres et al. 1995). Heute formt die Plage Napoléon mit der Trübstofffracht aus dem Fluss und aufgrund des Wellenschlags des Mittelmeers einen ostwärts ausgelängten Nehrungshaken (◘ Abb. 4.28).

Das **Po-Delta** (Nelson 1970) erwies sich aufgrund einer umfangreichen Neubearbeitung zunächst als weit in die oberitalienische Tiefebene eingreifendes wellendominiertes Ästuar. Im Verlauf des holozänen Meeresspiegelanstiegs wurde dieses vor allem durch Lagunendeltas *(bayhead deltas)* vom Po beliefert und bis zur heutigen Flussdominanz angefüllt (Bruno et al. 2017).

Das unter dem Meeresspiegel der Adria gelegene holozäne **Gargano-Delta** lässt auf einen sehr umfangreichen Eintrag karbonatklastischer Sedimente aus dem Apennin schließen (Cattaneo et al. 2003). Das Gargano-Delta bildet auf dem Schelf in der Tiefe der Adria ein echtes *fan delta*.

Eine sehr detailreiche und zeitlich gut aufgelöste Geschichte seiner Entwicklung liefert das **Ebro-Delta** (Aloisi und Duboul-Razavet 1974; Jiménez et al. 1998; Somoza et al. 1998). Aus diesen Studien wird offenkundig, dass alle größeren Deltas in ihrem Kern Vorläufersysteme enthalten, die sich erst in jüngster Zeit dem heutigen Meeresspiegel angepasst haben. Dabei änderte sich zumeist auch die Charakteristik ihres Sedimenteintrages.

Hill et al. (2001) fertigten eine sehr detaillierte Studie zum flussdominierten **Mackenzie-Delta** (nördliches Kanada) an, das in die mikrotidale Beaufort Sea progradiert. Es ist dadurch außergewöhnlich, dass dessen wenig geneigte Deltafront unter der Eisfläche der Beaufort Sea zur Schmelzwasserzeit in erosiven Rinnen durch *bypassing* feinkörnige Sedimente in das flache Meer entlässt. Von diesen Rinnen ausgehend progradieren vor allem feinsandig-siltige Tempestite als *hyperpycnic*

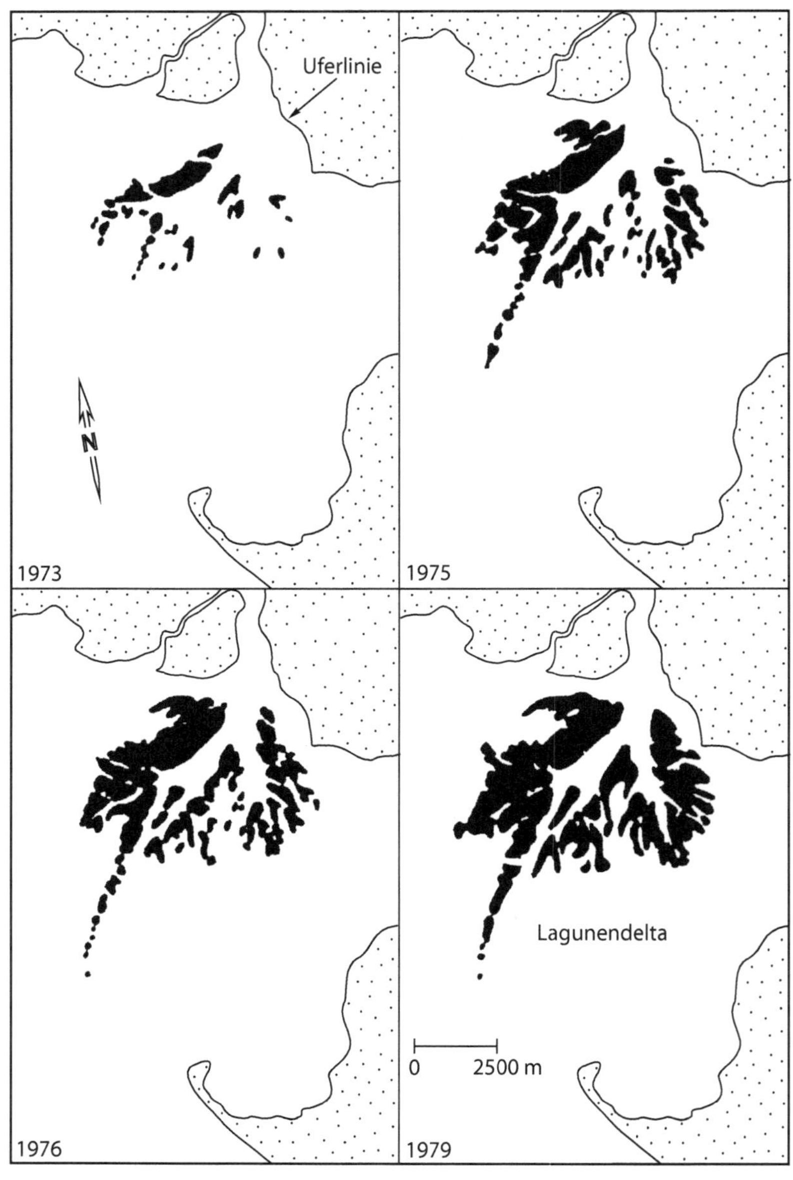

◩ Abb. 4.26   Ein Lagunendelta *(bay-head delta)* ist eines von vielen kleinen Deltas am oberen Ende einer Lagune. Sie liefern in ihrer Gesamtheit mindestens ebenso viel Sediment wie die zentrale Hauptverteilerrinne des Deltakomplexes. (Umgezeichnet nach Van Heerden und Roberts 1988, Fig. 4; das Lagunendelta liegt unterhalb von Morgan City in der zum Meer offenen Atchafalaya Bay; vgl. ◩ Abb. 4.17)

underflows. Auf der subaquatischen Deltaplattform überwiegen feinkörnige bioturbate Sedimente, die durch auflandige Stürme und daraus resultierender Umlagerung landwärts aggra-

dieren. Auf der Deltaplattform formen sich anastomosierende fluviale Rinnen mit hoher Sinuosität als Antwort auf den Rückstau von See her. Auf der Deltaplattform sind sog.

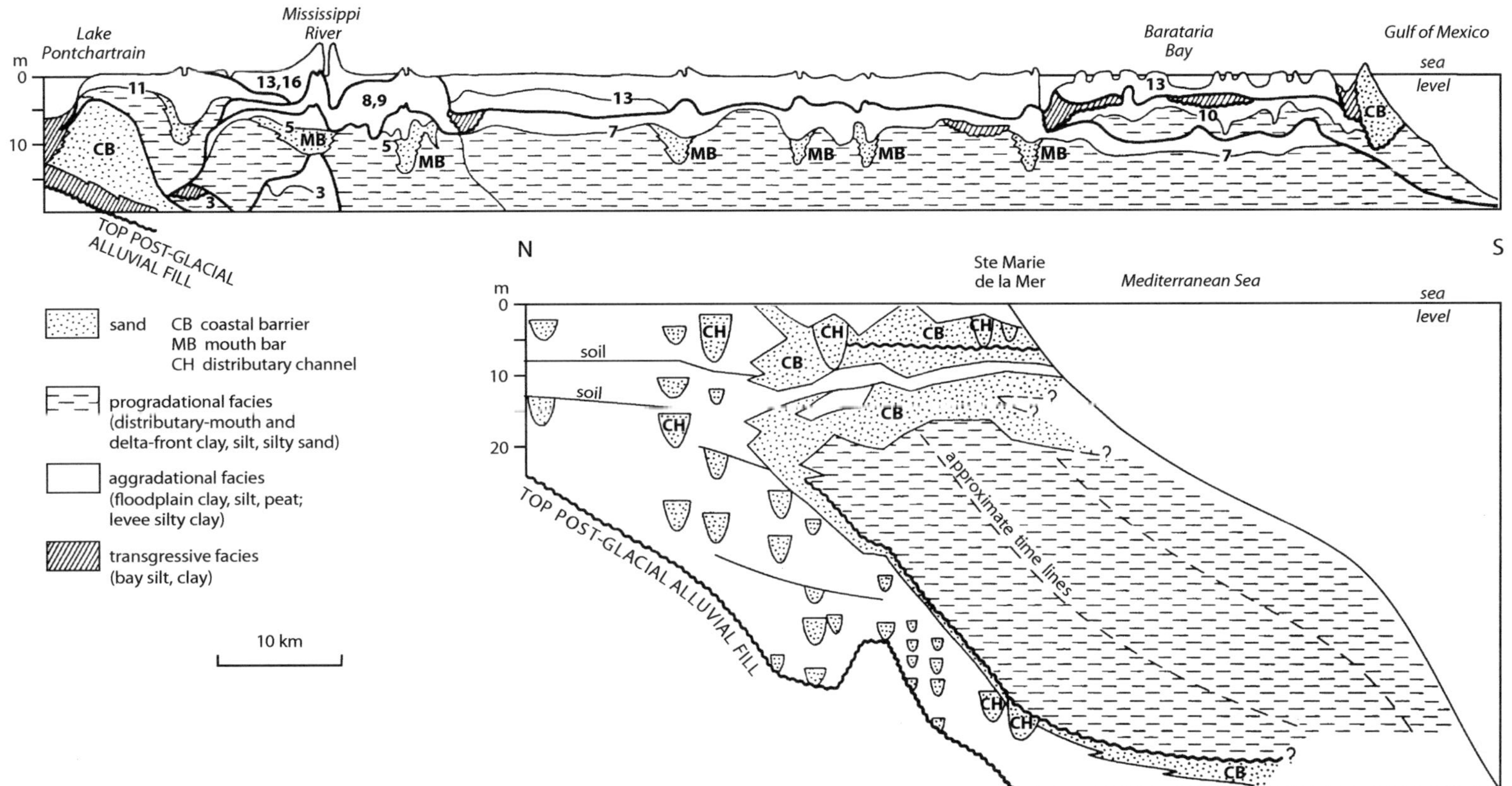

■ **Abb. 4.27** Zwei Beispiele postglazialer Deltas, die sich während der letzten 6000 bis 8000 Jahre bildeten (Miall 1991, Fig. 5: von diesem aus Angaben der Literatur gleichmaßstäblich aufbereitet): Mississippi-Delta (oben), Rhône-Delta (unten)

■ **Abb. 4.28**   Auf der Rhône-Delta-Plattform südlich von Port Saint-Louis-du Rhône, am O-Ufer der Rhône, ein wenig nördlich der Plage Napoléon. Im Hintergrund der Wasserfläche des Golfe de Fos liegt Port-de-Bouc

Thermokarstseen mit sehr steilem Relief für die lakustrinen Bildungen in Kaltklimaten typisch, die nur bei kurzzeitiger Auftauphase zwischen Frühjahr und Sommer einen gradierten Sedimenteintrag erfahren. Die Gesamtgeometrie des Deltas zeigt die Form eines Hochstandsystems. Da das Delta ein nur flacher Sedimentkörper ist, progradiert er weitgehend linear. Wegen der Dauergefrornis ist seine kompaktionsbedingte Subsidenz und dadurch auch das (rückwärts bzw. seitwärts gerichtete) Verlagern der Deltaloben *(delta lobe switching)* nur gering.

4.1.3 Wellendominierte Deltas

Das wellendominierte Delta hat seine Definition durch das **Niger-Delta** erhalten. Nach seinem langen Weg aus dem Sahel Nigerias (wo er im Seengebiet von Massina, Mali, bereits ein Inlanddelta gebildet hatte) erreicht der Niger den Atlantik im Golf von Guinea. Das moderne Niger-Delta ist die holozäne Bildung des bereits seit der Kreide existierenden Benue Trough (Allen und Allen 1990; Reijers et al. 1997; Corredor et al. 2005; ■ Abb. 4.29). Das moderne Niger-Delta besteht seit etwa 29 Ma (Grimaud et al. 2017). Durch die auflaufende Dünung des Atlantik wird die fluviale Traktionsfracht des Niger entlang der Küste zu aggradierenden Strandwällen zusammengeschoben (■ Abb. 4.30). Die feinkörnigen Sedimente der Flussfracht werden ausgelesen und fortgeführt, sodass recht grobkörnige Küstenabschnitte verbleiben. Dies ist auch anderenorts an der westafrikanischen Küste zu beobachten (Anthony 1995; Anthony et al. 1996). Die aufgeworfenen Strandwälle arrangieren sich küstenparallel, sind durch den überschwappenden Seegang landwärts planar schräggeschichtet und haben in den zum Strandwall parallelen Rinnen trogförmige Megarippeln. Diese bilden sich durch das schnell in Richtung der Flussrinnen abfließende Wasser. Das Strandwall-Fluvial-System des Niger-Deltas ist in Bezug auf den Meeresspiegel stabil, da hier der Gezeitenunterschied

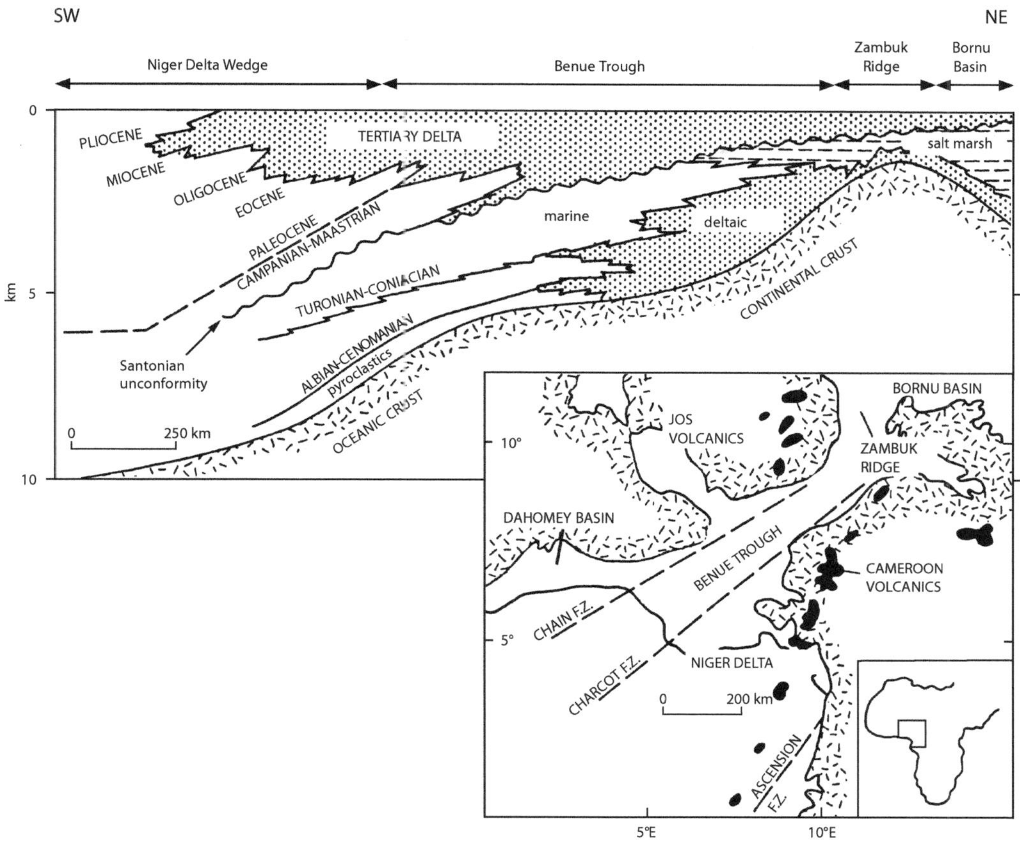

◘ Abb. 4.29 Durch die Öffnung des frühen Atlantiks formte sich in der Kreide entlang der Elfenbeinküste ein großes Sedimentbecken, der Benue Trough. In dieses hinein lieferte bereits der Vorläufer des heutigen Niger viel Sediment und schuf ein großes Delta. Mit dem Tertiär baute sich dieses erneut gegen den Atlantik westwärts vor, bildet jedoch erst im Holozän ein modernes Delta – heute Standort für Erdölfelder, Sedimentmodelle und politische Auseinandersetzungen. (Nach Allen und Allen 1990, Fig. 7.40)

im mikrotidalen Bereich liegt (Pegel Akassa: Nipptide 0,8–1,2 m und Springtide 1,2–1,6 m Tidenhub). Allein die Dünung des Atlantik arrangiert die Front der Deltaplattform und sortiert deren Flussfrachten. Das mehrrippige Strandwallsystem *(beach ridge system)* schützt das dahinter liegende distale Fluvialnetz des Niger, sodass hier in großem Umfang in flussbegleitenden Seen feinkörnige Sedimente abgesetzt werden (◘ Abb. 4.31). Die distalen Flussrinnen selbst aggradieren vorzugsweise und bilden lang gestreckte, transversal angelagerte Rinnensande. Das Niger-Delta ist vor allem in seinen fossilen Stockwerken eine reiche Erdöllagerstätte

(Bustin 1988; Oti und Postma 1995; Magbagbeola und Willis 2007).

Seewärts, außerhalb des Strandwallsystems, bildet sich eine recht steile Küste, da der seegangsbedingte Sedimentversatz ein gegliedertes Relief nicht zulässt. Da die geographische Breite (5° N) zudem keine Sommer/Winter-Variation des Wetters aufweist (tropisch-heiß, auflandiger SW-Monsun mit höchsten Niederschlägen im Frühsommer und Herbst mit mehr als 3000 mm), sind die hydrodynamischen Bedingungen ganzjährig wegen des offenen Atlantiks von hoher Energie. Es bildet sich wegen des recht kurzen Schelfsockels und seegangsbedingt ein

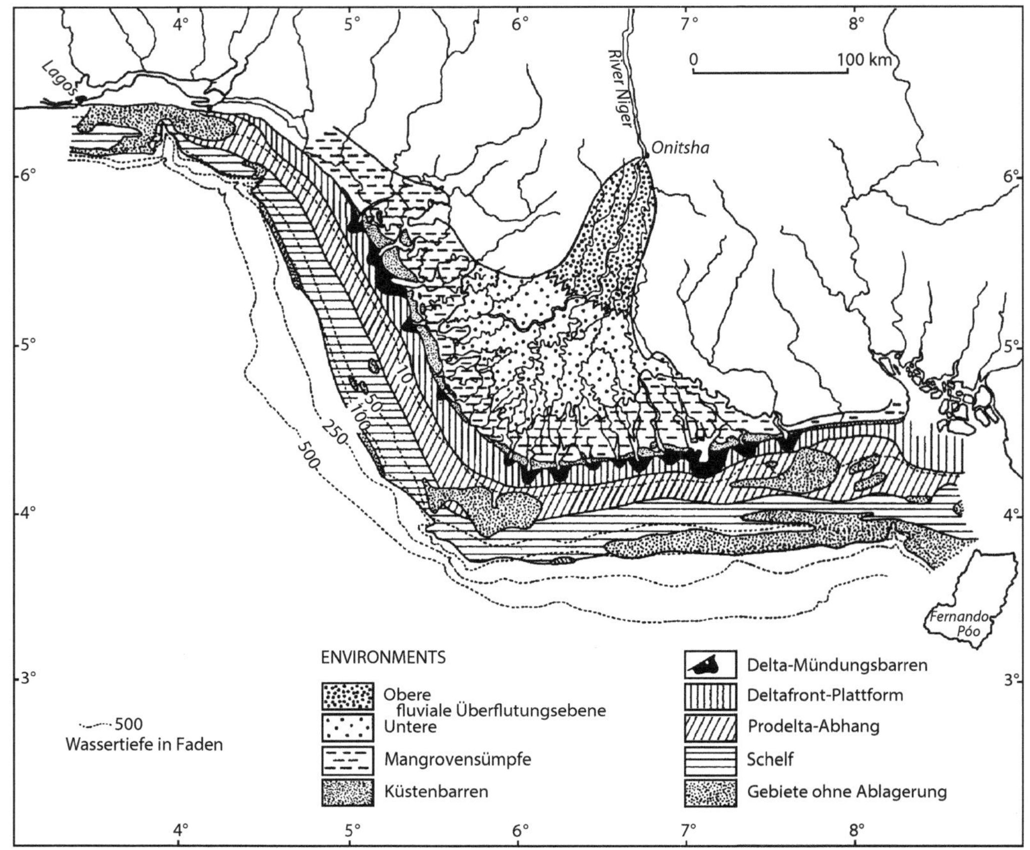

◻ Abb. 4.30 Die Karte des modernen Niger-Deltas beschreibt ein durch den Seegang des Alantiks entlang der Küste sich bildendes komplexes Uferwallsystem, hinter dem sich der Flusslauf des Nigers fächerförmig zu zahllosen mäandrierenden kleineren Rinnen erweitert. Wesentlich für diesen Deltatyp ist die atlantische Küste und deren steiler Abfall in große Meerestiefe. Hier bildet sich kein divergierendes Deltasystem, sondern eine Hochenergieküste mit untypischem Deltaprofil. (Nach Allen 1970, Fig. 2)

gleichmäßiger, wenig gegliederter Abfall die Deltafront hinab. Die Schönwetter-Wellenbasis *(fair-weather wave base)* dürfte bei etwa 15 m unter dem Meeresspiegel liegen. Bis dorthin reichen die Einflüsse des normalen Seegangs des Atlantik, bei Sturm dürfte sich diese Grenze jedoch auf mindestens 18 m absenken *(storm-weather wave base)*. Erst unter dieser umlagerungsbedingten Grenze werden die Sedimente allmählich feinkörniger, die schließlich zu den Schlickabsätzen des Schelfs überleiten. Der gleichmäßige Abfall der Deltafront sowie die intensive Vorsortierung der fluvialen Frachten durch die atlantische Dünung verhindert eine

Überladung der abgesetzten Sedimente und die Bildung von Rutschmassen.

Von der Schelfplattform bis zur Küstenniederung bildet sich bei reichlich von Land her angelieferter Sedimentfracht die eigene Form eines sog. **Schelfranddeltas** *(shelf margin delta, shelf edge delta;* Winkler und Edwards 1983; Pitman und Golovchenko 1983; Suter und Berryhill 1985; Uroza und Steel 2008; Dasgupta et al. 2016; Laugier und Plink-Björklund 2016). Dieses zeigt ein Dachbankprofil mit markanter Korngrößenvergröberung vom Schelf bis nach oben zur Deltaplattform. Auf dieser wäscht der Seegang die Sande der Deltastirn aus und formt eine

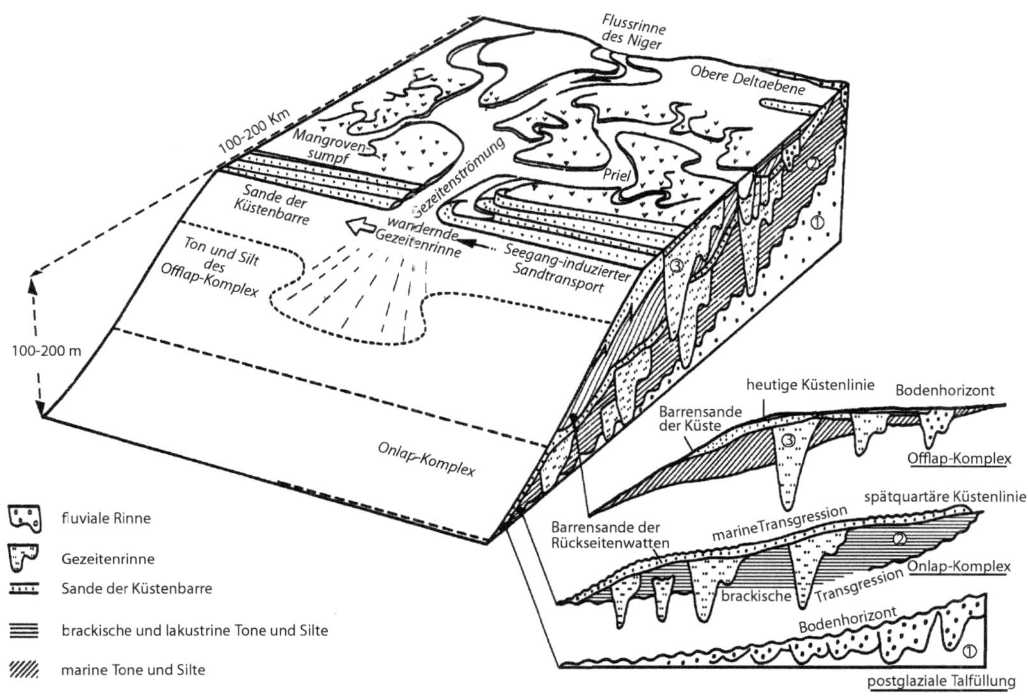

◘ Abb. 4.31 Das spätquartäre Niger-Delta hat wie kein anderes zum Verständnis einer Hochenergie-Brandungsküste beigetragen. Schneller nacheiszeitlicher Meeresspiegelanstieg schuf zunächst eine transgressive Faziesabfolge. Die allmähliche Verflachung der Meeresspiegelanstiegskurve formte jedoch nachfolgend ein regressives, durch die Brandung des Atlantik aufgeworfenes Küstenwallsystem. (Nach Oomkens 1974, Fig. 18)

Serie einander paralleler Strandwälle. Hinter diesen schließt sich eine schlammreiche Überflutungsfläche mit Flutbecken und mäandrierenden Flussrinnen an. Die Signifikanz des seegangsdominierten Deltas ergibt sich vor allem durch die Gesamtsituation aus fluvialer Lieferung in einem reich gegliederten Küstenabschnitt mit energiereicher Umlagerung durch die Dünung der freien See und der Ausbildung eines *coarsening-up*-Profils. In Bohrprofilen durch den jungen Sedimentkörper bis annähernd 50 m Teufe erläutert Oomkens (1974) die Postglazialgeschichte des Niger-Deltas (◘ Abb. 4.32). Durch den postglazialen Anstieg des Meeresspiegels laufen zunächst brackische Deltafolgen landwärts auf, werden bei weiterhin steigendem Meeresspiegel von marinen, nun progradierenden Sedimentserien überdeckt und mit heutigen Bildungen verlangsamt progradierend

abgeschlossen. Das wellendominierte Deltamodell von Allen (1970) bezieht sich also allein auf den jüngsten energiereichen Küstenabschnitt.

Bhattacharya und Giosan (2003) verglichen eine Reihe gut untersuchter wellendominierter Deltas, unter anderem das **Donau-Delta**. Die untersuchten Bildungen besitzen ausgeprägte küstenparallel angeordnete Strandwälle, die durch die Wellen des offenen Schwarzen Meeres küstenwärts aufgeworfen werden. Grundlage für diese Studie war u. a. die Analyse des **Sao-Francisco-Deltas** in NO-Brasilien (Dominguez et al. 1992). Für dieses wurde zum Verständnis der Holozän-Transgression ein Profilschnitt entworfen, der durch transgressive Erosionsflächen (*transgressive surfaces of marine erosion, ravinement surfaces*; vgl. ► Kap. 5) voneinander getrennte Abschnitte zeigt. Es ist anzunehmen, dass die von Bhattacharya und

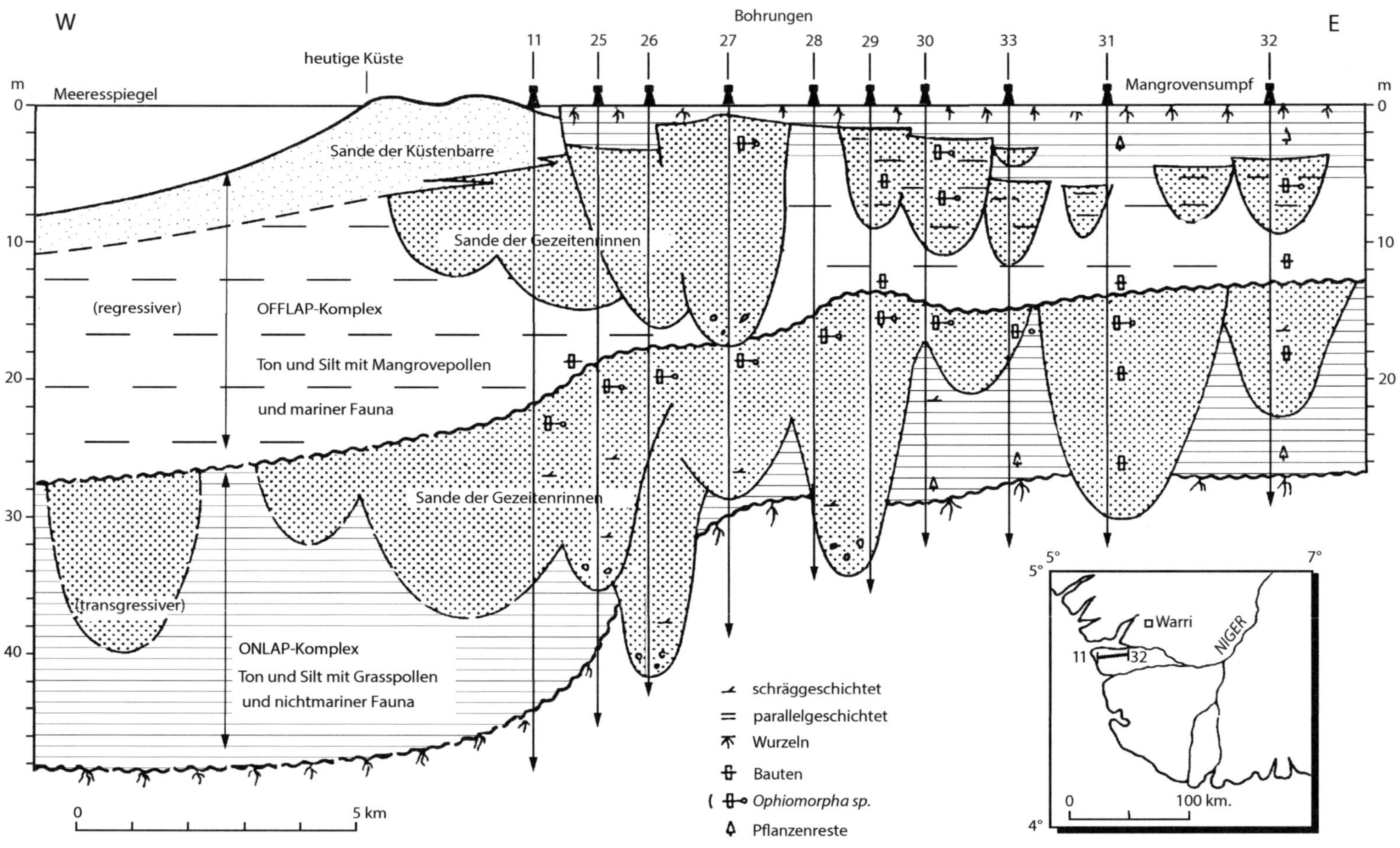

Abb. 4.32   Ein O–W-Profil durch das spätquartäre Niger-Delta veranschaulicht die Entwicklung einer Transgressions-/Regressions-Abfolge, wie sie weltweit in Deltas und Küstenräumen aufgrund der Verflachung der nacheiszeitlichen Meeresspiegel-Anstiegskurve zu beobachten ist. Die sog. brackische Transgression unterscheidet sich durch ihre Sedimentfazies deutlich von der nachfolgenden marinen Regression. (Nach Oomkens 1974, Fig. 17)

◙ Abb. 4.33 Strandwälle des wellendominierten Deltas des Burdekin River, Townsville, NO-Australien. Im Vordergrund mit Mangroven bestandene Schlickgebiete, im Hintergrund jenseits der Lagunen die küstenparallelen linearen Strandwälle. Am äußersten Strandwall bricht sich die Brandung des Pazifik

Giosan (2003) angeführten Beispiele intern solche *ravinement*-Flächen besitzen, denn alle waren ja – wie auch das Donau-Delta – von derselben Transgression des holozänen Meeresspiegelanstiegs betroffen (Giosan et al. 2006).

Das holozäne **Burdekin-Delta,** südlich von Townsville in NO-Australien, ist ebenfalls ein wellendominiertes Delta. Der Burdekin River entspringt in den ostaustralischen Gebirgsketten, entwickelt sich auf seinem Weg zur Küste von einem verzweigten Fluss rasch zu einem mäandrierenden Fluss relativ geringer Transportleistung. Darüber hinaus wird sein Mündungsgebiet vom Pazifik her recht weit landeinwärts von der Gezeitenwelle rückgestaut (Pegel Townsville: 2 m Nipp- und 3,8 m Springtidenhub), sodass die Flussarme durch Vermischung mit Seewasser Brackwasser führen, was zu reichlichem Bewuchs mit Mangrovenwäldern führt (Fielding et al. 1997, 2005; Amos et al. 2004). Das Mündungsgebiet wird durch die auflaufende Brandung des Pazifiks zu einem mittel- bis grobsandigen Strandwallsystem rückgebaut. Die küstenparallelen Strandwälle befinden sich teils über dem Meeresspiegel unmittelbar entlang der Küste, bilden jedoch weiter draußen submerse Strandwälle, an denen sich der auf die Küste auflaufende Seegang des Pazifik bricht (◙ Abb. 4.33). Die Strandwälle vor der Küste liegen etwa 200–500 m voneinander entfernt, an der Küste dagegen etwa 50 m. Im kleineren Maßstab formt die in den Mündungstrichter des Burdekin ein- und aus diesem wieder auslaufende Tide parallel zur Tideströmung ausgerichtete Sandbänke, wie Fielding et al. (2005) die Geometrie der Flussmündung ausdeuteten.

4.1.4 Gezeitendominierte Deltas

- **Fly-Delta**

Das gezeitendominierte Delta hat seine Definition durch das **Fly-Delta** in Papua-Neuguinea erhalten (Baker et al. 1995). Die sedimentologischen Detailstudien von Baker et al. (1995), Harris et al. (1996) und Dalrymple et al. (2003) erläutern das Ästuar des Fly River mithilfe von kurzen und auch längeren Bohrungen und vor allem Seismik (◙ Abb. 4.34a). Die Strominseln im Ästuartrichter sind von der Tideströmung parallel zum Flusstrichter ausgelängt, in welchem die halbtägige Gezeitenwelle zur Springtide 3,8 m

4

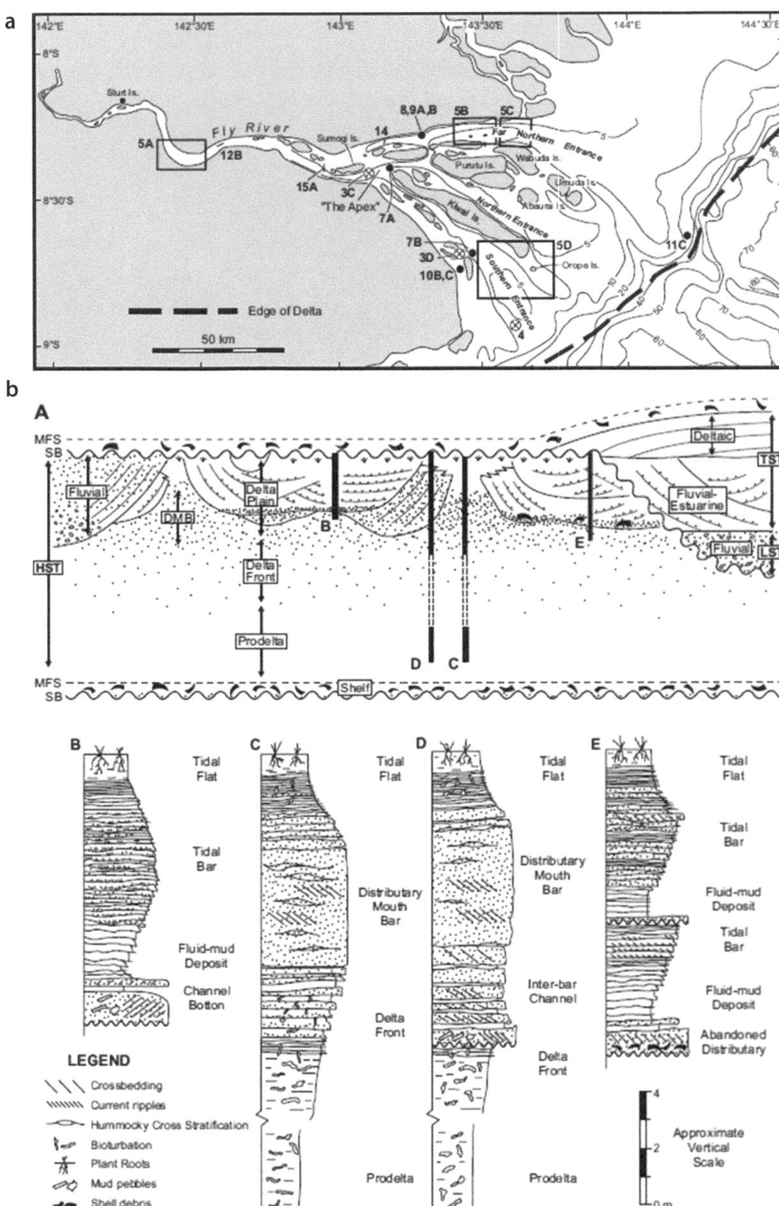

◘ Abb. 4.34   a Der heutige Fly River im südöstlichen Papua bildete sich während des Meereshochstands erst im jüngeren Holozän. Heute progradiert er seewärts und bildet den Ästuartrichter und in diesem durch die wechselnde Strömung von Fluss und Gezeiten lang gezogene Strominseln. Der Ästuartrichter ist seit langem Forschungsziel für die Untersuchung flussdominierter Deltabildungen (Dalrymple et al. 2003 Fig. 2). **b** Etwa 50–80 km langer durch den Ästuartrichter schematischer N–S-verlaufender (eher virtueller) Modellprofilschnitt während des Meeresspiegelhochstandes (HST, von mfs bis sb). Der Schnitt ist von proximal links nach distal rechts orientiert und vor allem dadurch ausgezeichnet, dass in den Profilsäulen die in zahlreichen Bohrungen und seismischen Profilschnitten angetroffene Sedimentfazies in guter Vereinfachung dokumentiert ist. Vor allem ist das Erkennen von Gezeitenwechselschichtung für Ästuartrichter signifikant (Dalrymple et al. 2003 Fig. 18)

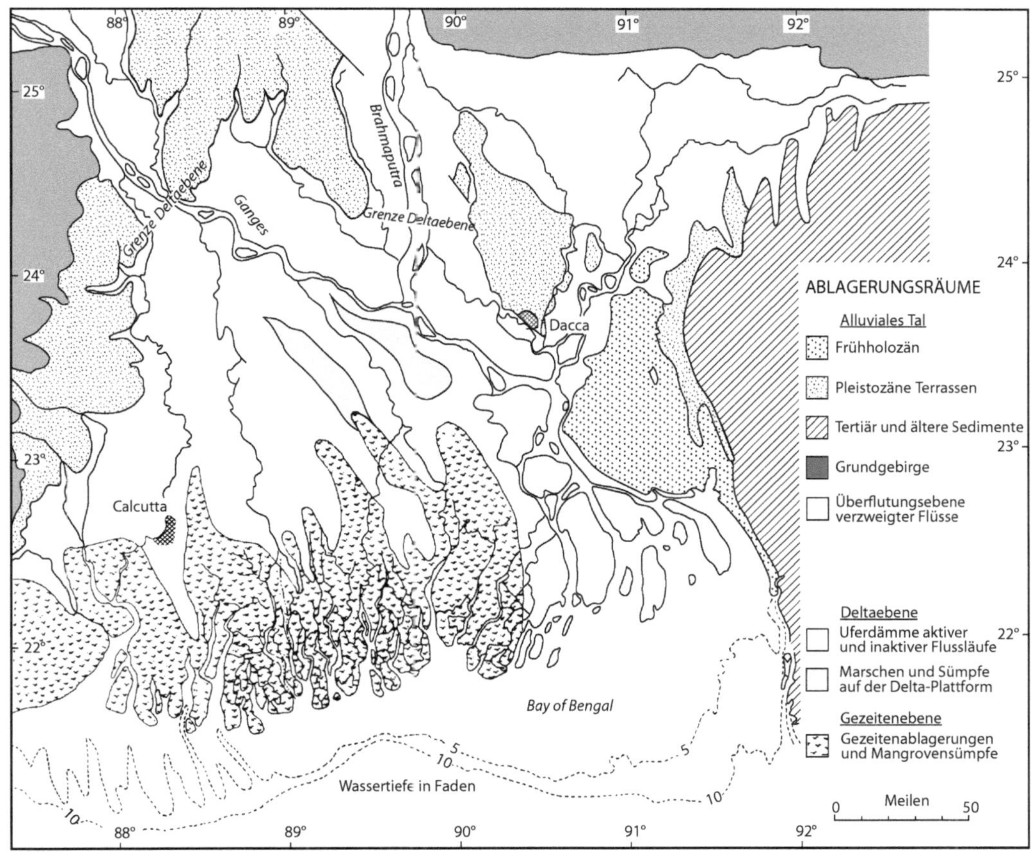

◘ Abb. 4.35 Die Karte des Golfs von Bengalen veranschaulicht den Zusammenfluss von Ganges und Brahmaputra. Beide Flussläufe haben einen weiten, voneinander getrennten Weg aus dem Himalaya hinter sich, treffen in einem ausgedehnten Schwemmland des heutigen Bangladesh zusammen und formen hier ein komplexes Deltasystem. Dieses wird durch den makrotidalen Gezeitenunterschied des Golfs von Bengalen in einzelne, von Mangroven umsäumte, an Schwebstoffen reiche Ästuarmündungen aufgegliedert, in denen sich lang gestreckte Strombänke bilden. (Nach Morgan und Shaver 1970, Fig. 6)

und zur Nipptide weniger als 1 m Tidenhub bereitet. Daraus resultiert auf dem Boden der Flussmündung eine mm- bis dm-mächtige Gezeitenwechselschichtung *(tidal rhythmites).* Der aus den Beobachtungen idealisierte N–S-orientierte Profilschnitt durch das Ästuar bereitet während des holozänen Meeresspiegelhochstandes mehrere virtuelle Sektionen vom Prodelta bis zur Gezeitenebene (◘ Abb. 4.34b). Canestrelli et al. (2013) erweiterten diese Detailstudien im Ästuartrichter bei verschiedenen Sedimentationsraten mithilfe einer eindimensionalen numerischen Modellierung.

▪ Bay of Fundy

Die Kenntnis der tideabhängigen Dynamik in Ästuartrichtern stammt vor allem aus der **Bay of Fundy,** auf der landwärtigen Seite von Nova Scotia (USA/Kanada) und wurde von Dalrymple et al. (1992) entworfen (vgl ◘ Abb. 4.135). In diesen Ästuartrichter läuft eine 13–16 m hohe Tidewelle ein und aus und erzeugt eine beeindruckend umfangreiche Sedimentumlagerung. In deren Arbeit wird die Abhängigkeit der Trichtermündungen von Tide und Seegang unterschieden. Interessant ist jedoch vor allem die tidedominierte Situation bei Makrotiden.

4

◘ Abb. 4.36   Das Delta des Ganges/Brahmaputra in der Bengal Bay zeigt ein typisches gezeitendominiertes Delta. Die vom Meer weitflächig gefluteten Deltaarme sind von mit Mangrove bestandenen Inseln eingefasst. (Blick nach SW; Foto Rahman Ashraf)

■ **Bengal Fan**

Das **Bengal-Delta** in Bangladesh (◘ Abb. 4.35), das die Wassermassen aus Ganges und Brahmaputra zu bewältigen hat, wird im Wesentlichen mit feinkörnigen Sedimentfrachten beliefert. Der Ganges arbeitet die pliozäne feinsandige Siwalik-Formation Nordindiens auf (Shukla et al. 1999). Der Brahmaputra hat vor Erreichen seines Unterlaufes bereits weitgehend alles an Grobfracht abgesetzt, was er aus dem Himalaya mitgebracht hatte. Gleichwohl ist sein distaler Abschnitt ein verzweigtes Flusssystem, bevor er in den Ganges mündet (Coleman 1969; Bristow 1993; Pickering et al. 2018). Der unterste Abschnitt von Ganges und Brahmaputra gemeinsam besteht aus relativ geraden anastomosierenden Rinnen. Der Rückstau der Flutwelle aus dem Indischen Ozean flutet diese weit landeinwärts. Vor der Küste existiert ein Tidenhub mesotidaler Gezeiten (Pegel Chittagong/Bangladesh: 1,9 m Nipp- und 3,1 m Springtidenhub). Dies reicht bei den örtlichen Gegebenheiten der weitflächig flachen Küstenlandschaft mit Monsunklima, die allein mit feinkörnigen Sedimenten beliefert wird, die Deltaplattform tideabhängig von See her zu fluten (◘ Abb. 4.36). Da sich keine Uferdämme bilden, gibt es auch keine klar begrenzten Flussläufe. Die auf die Deltaplattform rückstauende Hochwasserwelle überschwemmt die rinnenbegleitenden amphibischen, mit Mangrovesümpfen bestandenen Landschaften und bedingt durch das Zusammengehen von feinkörnigen wasserreichen Absätzen und reichlichem Gehalt an organischer Substanz eine erhebliche Kompaktion der aggradierend aufwachsenden Ablagerungen und damit auch eine ständige Subsidenz des Küstenabschnitts (Goodbred und Kuehl 1998; Goodbred et al. 2014). Die subsidierende Deltaplattform geht aus der allmählich ertrinkenden distalen fluvialen Schwemmebene hervor. Sie bildet kein Strandwallsystem und lässt das Meerwasser bis weit in das Hinterland stromaufwärts vordringen. Das zumindest schizohaline (wechselnd salzig/süße) Milieu bedingt daher eine salzverträgliche Halophyten-Flora, die im Wesentlichen aus den genannten Mangroven besteht, jedoch gegenüber Umwelteinflüssen sehr empfindlich ist (◘ Abb. 4.37).

Ganges, Brahmaputra und Jamuna gemeinsam liefern reichlich Trübstofffrachten, die in den Golf von Bengalen als *Bengal Fan* transportiert werden (Stow et al. 1989; Kuehl et al.

◘ Abb. 4.37 Auf der randmarinen seewärts abtauchenden Plattform des Bengal-Deltas ist die vorherrschende Vegetation ein dichter Bewuchs mit Mangroven. Diese sind an das randmarine Milieu auf häufig vom Meer überfluteten Küstenarealen vorzüglich angepasst, doch können sie leicht durch den Menschen mit seinen Ansprüchen in Bezug auf Siedlung, Seefahrt und Industrie hart geschunden werden. (Foto Herrud Kudrass)

1998; Michels et al. 1998; Alam und Curray 2003; Dixon et al. 2018). Der submarine Schwemmfächer formt sein Relief mit gleichmäßiger und flacher Inklination weit hinaus bis auf den Tiefseeboden des Indischen Ozeans. Submarine Rinnen mit überwiegend Trübstofftransport sind tief in den *Bengal Fan* eingegraben (Hübscher et al. 1997; Weber et al. 1997, 2003; Wiedicke 1998; Wiedicke-Hombach et al. 2003; Palamenghi et al. 2011).

Eindrucksvoll ist die Größe des *Bengal Fan,* zugleich auch dessen Verschiedenheit von den beiden oben beschriebenen Beispielen, dem Mississippi- und dem Niger-Delta. Die fluvialen Frachten aus dem Zusammenfluss des Ganges, des Brahmaputra und des Meghna (Nishat und Rahman 2009) führen einen hohen Tongehalt. Dieser erfährt im Kontakt mit dem Meerwasser eine Koagulation zu Tonflocken, die als Aggregate auch feinkörnige Sedimente suspendieren können. Daher trägt die Dichte des Meerwassers die Suspensionswolken weit aufs Meer hinaus (hypopycnischer Transport; Bates 1953). Dies erklärt den sehr flachen Winkel der Deltafront des *Bengal Fan* (Goodbred und Kuehl 1998, 2000; Jacobsen 2002; Goodbred et al. 2014). Eine Korngrößenvergröberung von distal nach proximal die Deltafront hinauf ist nicht ausgeprägt. Ein markantes Dachbankprofil wird daher nicht gebildet. So schließt die Deltaplattform mit ähnlich schlickiger Konsistenz nach oben ab, wie diese sich an der Deltastirn findet.

Seismostratigraphische Untersuchungen wurden im unter dem Meeresspiegel gelegenen höheren Teil des vom Anstieg des Weltmeeresspiegels bedrohten Deltas (Palamenghi et al. 2011; ◘ Abb. 4.38) durchgeführt. Die Kompaktion der Deltaplattform ist erheblich, sodass weite Flächen derselben täglich bei Hochwasser, vor allem auch unter Einfluss des Monsun, unter Wasser stehen. Die Akkumulation von Schwebstoffsedimenten hat jedoch seit den von Mitte des 18. Jahrhunderts bis heute angestellten Beobachtungen deutlich abgenommen. Nicht zuletzt dadurch ist die höhere Deltastirn heute sehr verschiedengestaltet Sie lässt sich großräumig in einen östlichen und einen westlichen Teil unterscheiden. Die veränderte Akkumulationsrate modifizierte die individuellen Morphometrien der höheren Deltastirn hinsichtlich ihrer im höheren Teil konkaven und im tieferen Teil konvexen Gestalt (hierzu auch Laugier und Plink-Björklund 2016). Die Achse des Sedimenttransports verschob

4

▢ Abb. 4.38   Karte des Bengal Basin mit dem Zusammenfluss von Ganges, Brahmaputra und Meghna; seeseitig reichen die Tiefenlinien bis 2000 m. (Palamenghi et al. 2011, Fig. 1)

sich darüber hinaus von O nach W, nicht zuletzt modifiziert aufgrund windinduzierter Umlagerung durch Zyklone. Michels et al. (1998) dokumentieren die Sand-Silt-Sedimentation in Bohrkernen aus einer Wassertiefe von geringer als 100 m (▢ Abb. 4.39), platziert in hochauflösenden seismischen Profilen.

▪ Mekong-Delta

Während des über einen langen Zeitraum dauernden Aufbaus eines großen Deltas verändert sich der Stil deltaischer Sedimentation. So entwickelte sich das **Mekong-Delta** in Vietnam im Holozän von einem rein tidedominierten zu einem heute tide- und wellendominierten Delta (Ta et al. 2002) mit klar gezeichneten

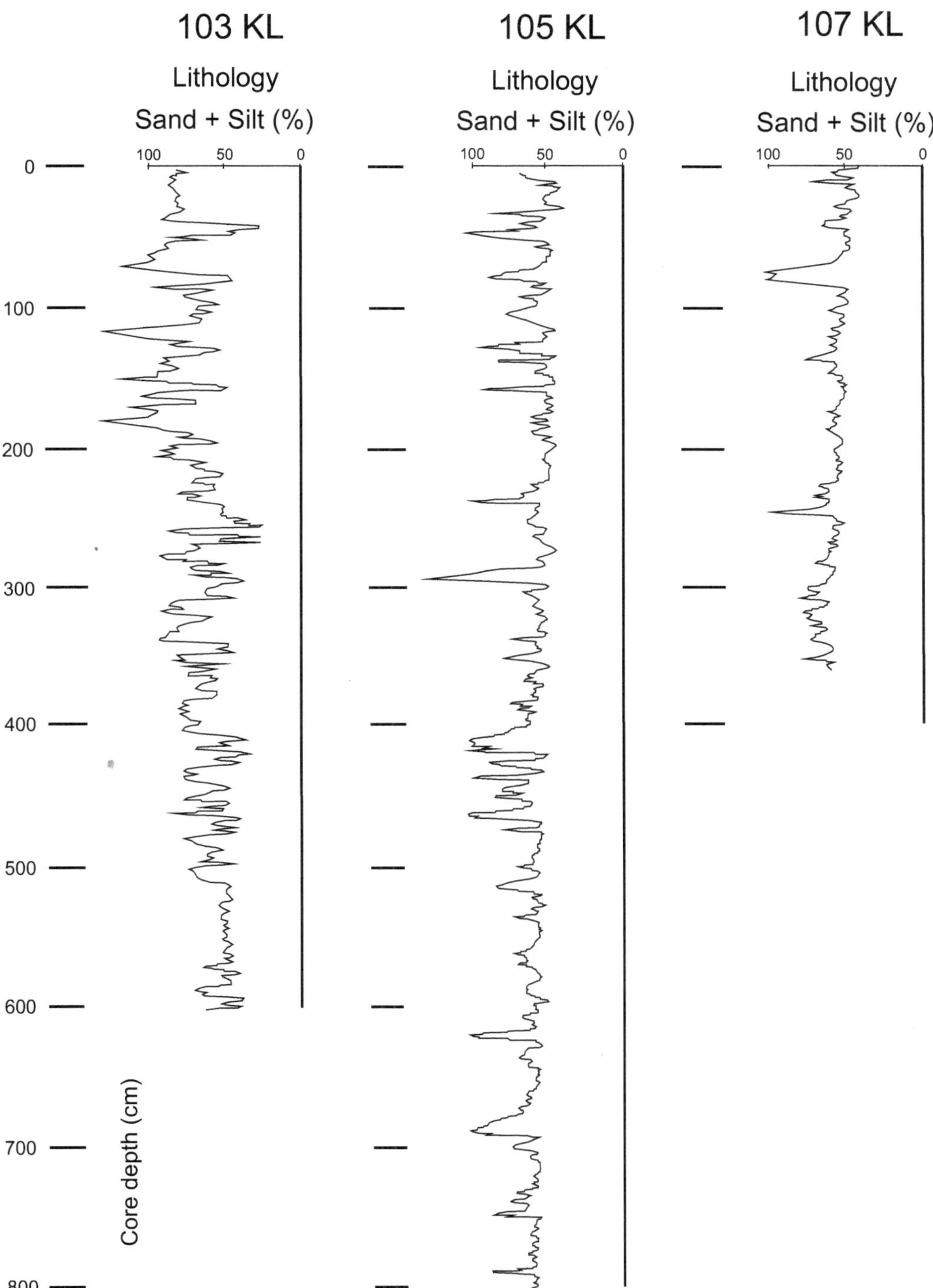

◘ Abb. 4.39 Drei Bohrkerne vom Deltaabhang des *Bengal Fan* entlang eines Profilschnitts 103–105–107, aus einer von N nach S zunehmenden Wassertiefe von etwa 20 bis 80 m, lokalisiert 25 km östlich des Kopfes von *Swatch of no ground* (aus Michels et al. 1998). Die Bohrkerne dokumentieren die an der Deltafront herrschende tide- und wetterabhängige Sand-Silt-Sedimentation, die seewärts deutlich feinkörnig wird

4

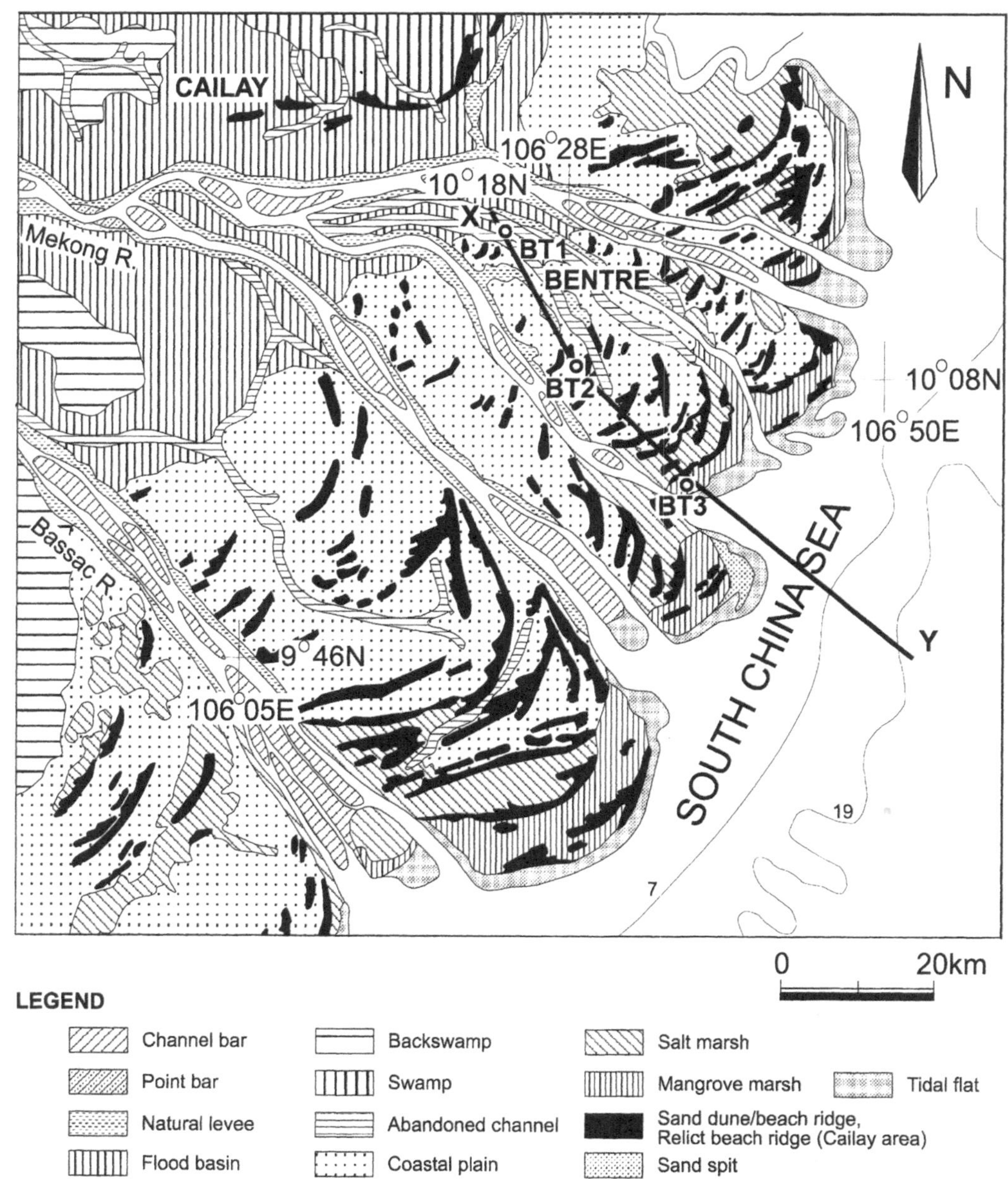

◘ Abb. 4.40   Mekong-Delta in Vietnam (Ta et al. 2002, Fig. 1). Die Fazieskarte der subaerischen Plattform des Deltas zeigt durch die strandparallelen Strandbarren eine Beeinflussung der fluvialen Lieferung durch den Wellenschlag des Südchinesischen Meeres

und strandparallelen Rücken aus Küstensanden, die das sehr heterogene Schwemmland der Deltaplattform gliedern (◘ Abb. 4.40). Letztlich sind es kleinskalige, klimabedingte Prozesse im Zusammenspiel der fluvialen Sedimentanlieferung und der Interaktion des Meeres vor der Küste (Gugliotta et al. 2019), die die Form und die Umgestaltung des Deltakörpers während seiner Geschichte bewirken. Dessen verschieden gestalteter Aufbau während der Geschichte des Holozän (◘ Abb. 4.41) wird korreliert mit der unterschiedlichen

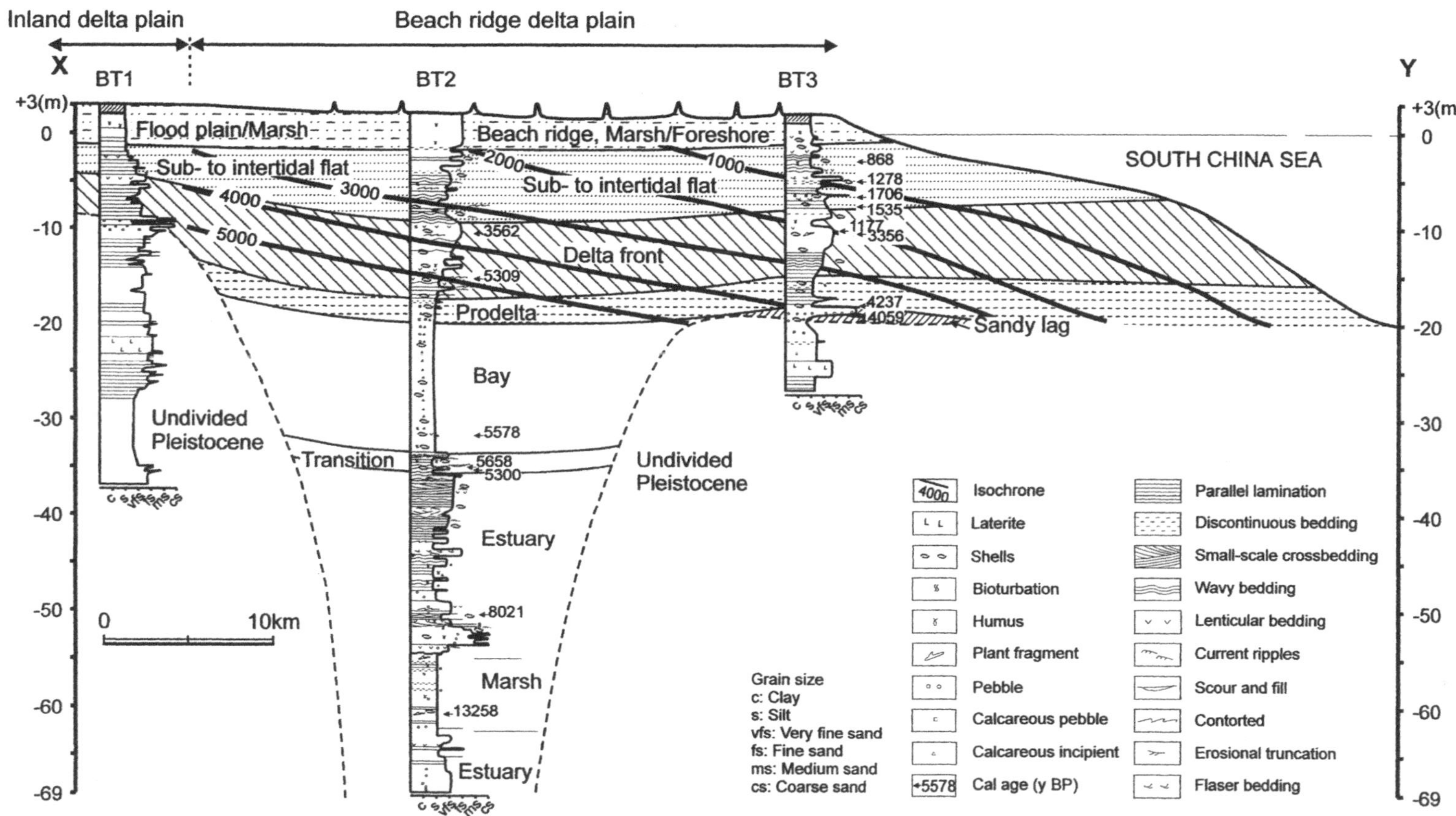

Abb. 4.41 Längsschnitt durch das Mekong-Delta (Ta et al. 2002, Fig. 2). Der mit numerischen Altersangaben versehene Längsschnitt zeigt die für die Interpretation verwendeten Bohrkernprofile und die aus diesen abgeleitete Sedimentfazies (Näheres im Text)

Steigung der Meeresspiegelanstiegskurve, die weltweit allmählich mit geringer Steigung begann (sodass sich hier zunächst vorzugsweise ästuarine Sedimente bildeten), dann rasch sehr steil wurde (und sich tidedominierte Deltafazies bildete) und schließlich zwischen 6000 und 4000 Jahren vor heute wieder deutlich abflachte, sodass der interne Aufbau der Deltas heute aus einer Mischung von tide- und wellendominierter Sedimentfazies besteht.

Die Füllung des randmarinen Ablagerungsraumes vollzieht sich generell in diskreten Schritten. Mithilfe von Bohrungen, Seismik und vorzüglichen Aufschlüssen lassen diese sich beobachten und interpretierend zusammensetzen. In einem Modell für randmarine Sedimentationsprozesse (Teyssen et al. 1987), das bei genügend Beckensubsidenz und Sedimentzufuhr – vielfach modifiziert – so ablaufen kann, lässt es sich auf viele andere Feldstudien übertragen (◘ Abb. 4.42):

1. Die Progradation der Küstenlinie und die Ablagerung von Sanden an der Küste und ihrem Küstenvorfeld.
2. Ein geringer Anstieg des Meeresspiegels (verbunden mit etwas Subsidenze des Ablagerungsraumes) veranlasst die Küstenlinie, sich landwärts zurückzuverlagern. Daraufhin progradiert die Küstenlinie durch reichlich Sedimentzufuhr, und die Küstenebene aggradiert.
3. Das Ende der regressiven (progradierenden) Megasequenz führt zur Bildung von ausgedehnten Torfmooren und Kohlesümpfen auf der unteren Deltaebene.
4. Ein kräftiger Anstieg des Meeresspiegels verursacht daraufhin eine Transgression. Die Kohle (sie ist ein seismischer Markerhorizont) wird von flachmarinen Sedimenten überlagert.
5. Eine erneute schnelle Progradation der Küstenlinie während der Ablagerung der regressiven Megasequenz baut intern eine Reihe von Verflachungszyklen auf, die nur von kleineren Base-Level-Rise-Zyklen unterbrochen sind.

4.1.4.1 Ästuare

Echte gezeitendominierte Deltas besitzen tief in die Deltaplattform greifende Trichtermündungen, die Ästuare (vgl. ◘ Abb. 4.1). In diesen richtet der Gezeitenstrom Sandbänke parallel zur Außenbegrenzung des Trichters aus. Außerhalb des Trichters und unterhalb der Niedrigwasserlinie formieren sich Gezeitenrücken. Ästuare unterscheiden sich sehr voneinander. Sie können einerseits als Teil des Deltas angesehen werden, andererseits sind sie Teil des Gezeitenmeeres (vgl. ► Abschn. 4.2).

Ästuare bilden sich, wenn die distalen fluvialen Sedimentlieferungen aus dem Hinterland nicht ausreichen, um zu einem Delta zusammenzulagern (Lessa und Masselink 1995). Die Bildung von Ästuaren wird gefördert, wenn das Relief der Küste für die morphologische Ausgestaltung eines Deltakegels zu flach ist, und wenn der auf die Küste auflaufende Seegang bzw. ihr Gezeitenunterschied zu hoch ist. Auch wird die Bildung von Ästuaren durch transgressive Bedingungen begünstigt, wenn sich die Küstenlinie landeinwärts verlagert und die seewärts gerichtete fluviale Lieferung von Sediment vermindert ist. Eine kurzfristige Änderung der sedimentären Bedingungen ist jedoch immer möglich (Stouthammer und Berendsen 2007; Milli et al. 2013; Sampath et al. 2015; Mourelle et al. 2015). In Ästuaren setzen sich fluviale Bildungen als ästuarine Schichtung seewärts fort. Solch eine Schichtung ist die Gezeitenschichtung *(tidal bedding)* unterhalb der Niedrigwasserlinie (Lanier et al. 1993; Porebski 1995). Die landeinwärts in die Trichtermündung einlaufende Gezeitenwelle kann mehrere Zehner Kilometer weit in das Hinterland eindringen, sodass eine Vermischung von mariner und fluvialer Sedimentation und Ökologie zu den wesentlichen Kriterien von Ästuaren gehört (Scheinfeld und Adams 1980; Kranck 1981; Dalrymple et al. 1992; Washington und Chisak 1994; Young et al. 2007; Bostok et al.

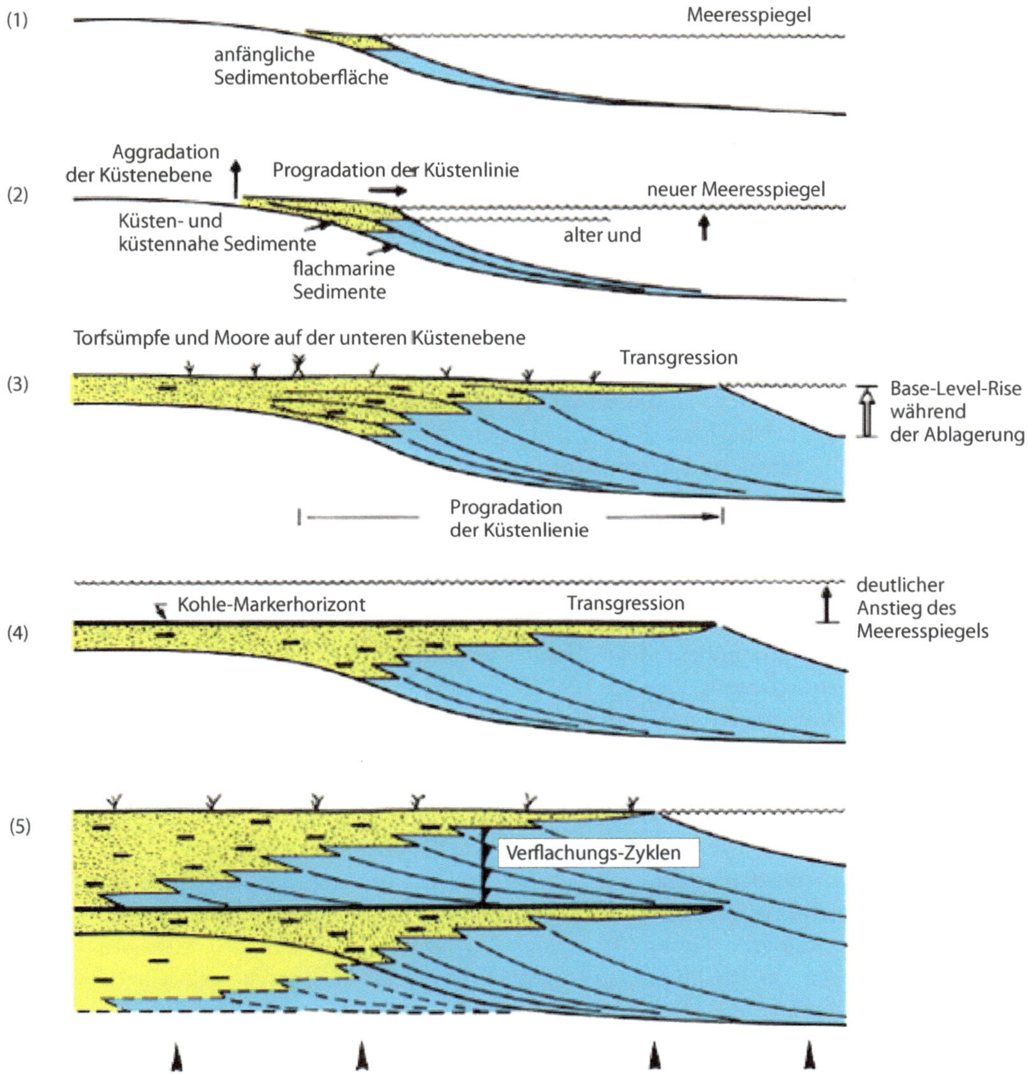

◘ Abb. 4.42 Füllung eines flachmarinen Sedimentbeckens – aus einem Beispiel an der NO-Küste von Borneo. Die Bildvorlage ist gegenüber Teyssen et al. 1987 erheblich verändert (freundliche Hilfe Thomas Teyssen)

2007; Van der Plassche et al. 2010; Toublanc et al. 2015; Pinet et al. 2015).

Dem **Mahakam-Delta** in Ost-Borneo (Gastaldo et al. 1995; McClay et al. 2000; Storms et al. 2005), dem **Fly-Delta** in Papua-Neuguinea (Baker et al. 1995; Harris et al. 1996; Dalrymple et al. 2003) sowie dem **Bengal-Delta** (Palamenghi et al. 2011) ist gemeinsam, dass die meso- oder gar makrotidale Gezeiten-welle weit in die Flussläufe hineinreicht und bei ablaufendem Wasser genügend Strom-geschwindigkeit hat, um alle Bodenformen in den Flussmündungen einheitlich mit ebb-orientierten Anlagerungsgefügen zu versehen. Eine Ebborientierung von Groß- und Klein-rippeln ist anzunehmen, da die ablaufende Gezeitenwelle meist kräftiger ist und darü-ber hinaus durch die Wasserführung des sich landwärts anschließenden Flusses verstärkt wird.

Das **Schelde-Ästuar** in den Niederlanden und in Belgien wird in ▶ Abschn. 4.2 näher behandelt.

4.1.5 Fossile Deltas

Fossile Deltabildungen werden generell danach beurteilt, ob die zu untersuchende Schichtenfolge ein Dachbankprofil *(coarsening-up)* ausgebildet hat (Bristow und Meyers 1989; Ulicny 2001; Huuse 2002; Plint und Wadsworth 2003; Uroza und Steel 2008; Bhattacharya und Mac Eachern 2009; Longhitano et al. 2010; Enge und Howell 2010; Fielding 2014; Rossi und Steel 2016; Gugliotta et al. 2016; Burton et al. 2016; Hutsky und Fielding 2017). Durch Wechsel in der Anlieferung von Sedimenten und durch Änderungen des relativen Meeresspiegels wiederholen sich progradierender Profilaufbau und erneute Überflutung; Flussläufe aus dem Hinterland greifen gelegentlich seeseitig auf die Deltaplattform über. Deltaische Sedimentserien sind Bildungen randmariner Räume und verbunden mit heftiger Subsidenz des Sedimentbeckens sowie einem aktiven Orogen, das Sedimente bereitstellt.

Der **Sego Sandstone** und der **Twentymile Sandstone** der Mesaverde Group (Campan, Oberkreide) in den Book Cliffs (Utah) werden als gezeitendominierte Deltas interpretiert (Willis und Gabel 2001; Seidler und Steel 2001; Van Cappelle et al. 2016; Burton et al. 2016).

Der **Ferron Sandstone** (Turon, Oberkreide) in den Henry Mountains, Utah, wird als flussdominiertes Delta interpretiert (Gardner 1992; Enge und Howell 2010; Deveugle et al. 2011; Fielding 2010, 2014; Korus und Fielding 2017; Braathen et al. 2017). Er findet derzeit als Reservoiranalog vermehrtes Interesse der Ölindustrie.

■ **Ruhr-Becken**

Das oberkarbone **Ruhr-Becken** (Süss et al. 2000, 2001, 2002, 2007, 2008) ist ein randmariner Ablagerungsraum mit zunächst deltaischen (■ Abb. 4.43a) und nachfolgend fluvialen (■ Abb. 4.43b) Sedimentsequenzen und Kohleflözen, verbunden zu einem tektonischen Modell im Vorland des Variszikums Mitteleuropas (Drozdzewski et al. 2008; McCann et al. 2008). Kernbohrungen und Tagesaufschlüsse bilden die Grundlage für die sedimentologische und sequenzstratigraphische Bearbeitung (Süss et al. 2000, 2002). In seinem liegenden deltaischen Schichtabschnitt entwickelten sich *coarsening-up*-Sedimentsequenzen (■ Abb. 4.44) mit einer vertikalen Länge, die etwa dem Relief entsprach, das an aktiven Flussmündungen existierte (■ Abb. 4.45).

Die Literatur im oberkarbonen Ruhr-Becken ist vorzüglich aufbereitet. Es gibt eine große Zahl von Facharbeiten (u. a. Holl und Schäfer 1992; Drozdzewski 2007; Menning et al. 2012; Wrede 2016). Wissenschaftliche Exkursionsführer (Drozdzewski et al. 1996; Drozdzewski und Koetter 2008; Drozdzewski et al. 2008) und schließlich ein touristischer Exkursionsführer führen zu Aufschlüssen (Mügge et al. 2005), die zur Einsichtnahme in dessen Struktur, Stratigraphie und Sedimentologie beitragen.

Der Aufschluss am Gut Schede gibt Einblick in den Kaisberg-Sandstein (Sprockhövel-Fm) im Namur C (■ Abb. 4.46). Gestapelte fluviale Sandsteine sind durch pelitische Zwischenlagen gut voneinander getrennt. Der untere Teil der Schichtenfolge enthält lateral anlagernde Schrägschichtung großer mäandrierender Flussrinnen. Die nach dem unteren Pelitband auftretende planare Schrägschichtung wird Strominseln verzweigter Flüsse zugeordnet, die eine Fließrichtung nach SW zeigen: Der Kaisberg-Sandstein im südlichen Ruhrbecken ist ein wichtiger *(coarsening-up)* fluvialer Markerhorizont in der überwiegend deltaischen Schichtenfolge (Drozdzewski et al. 2008).

Im Kaisberg-Sandstein auf dem Kaisberg selbst könnte die Hohlform einer Wurzel eines großen Baumstamms von einem bis 40 m hohen *Lepidodendron* sp. stammen (Mügge et al. 2005; ■ Abb. 4.47). Wichtig ist hier vor

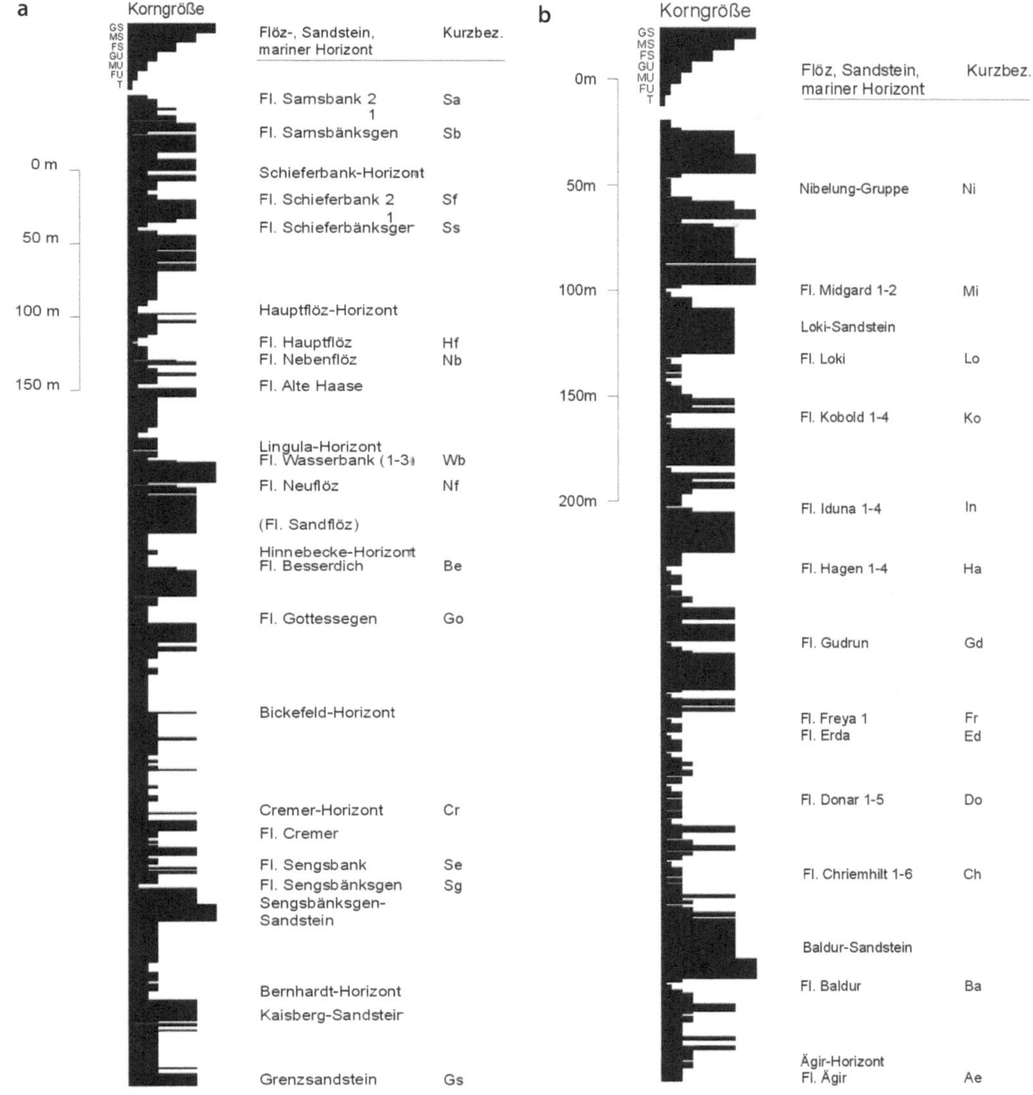

▣ Abb. 4.43 Stratigraphische Standardprofile **a** der Sprockhövel-Formation (Namur C) und **b** der Dorsten-Formation (Westfal C1) in Bohrprofilen aus dem oberkarbonen Ruhr-Becken (Süss et al. 2000, Fig. 12 und 25)

allem die Annahme, dass der Baum als Driftholz in der Strömung des mäandrierenden Kaisberg-Flusses mit seiner Krone stromab verschwemmt wurde. Da die Paläoströmung während der Ablagerung der Sprockhövel-Fm lokal westwärts orientiert war, zeigt die ehemalige Wurzel stromauf nach O, auf den Betrachter zu.

Die oberkarbone Schichtenfolge enthält eine große Fülle von Kohleflözen, wie z. B. das Flöz Gottessegen in der Sprockhövel-Formation (Namur C) (▣ Abb. 4.48), bislang Ziel der inzwischen eingestellten Abbautätigkeit, sodass jetzt nach anderen Energieträgern Ausschau gehalten werden muss (Wrede 2016).

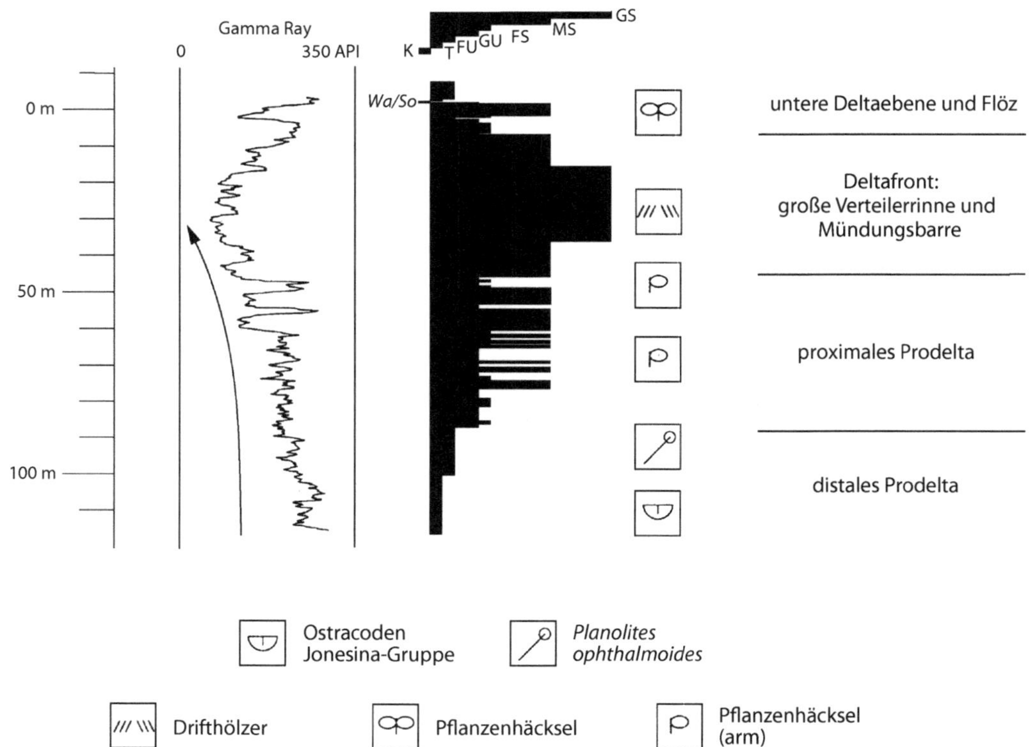

◘ Abb. 4.44 Grundsätzlicher Aufbau eines Deltaprofils mit von unten nach oben in diesem sich zeigender Korngrößenzunahme, entsprechend einem Abfall des Gamma-Ray-Logs. Dieses sog. Dachbankprofil stammt aus der Bohrung Mosfeld 1 im oberkarbonen Ruhr-Becken (Bochum-Formation, Westfal A2). Das am Top des Profils angeschnittene Kohleflöz gehört in das Flözniveau Wasserfall/Sonnenschein, das Sümpfe und Torfmoore einer ertrinkenden Deltaplattform repräsentiert. (Süss et al. 2000, Abb 3)

Generell lassen sich im Fossilen nur flussdominierte Deltas gut ansprechen. Sie sind durch ihr deutlich entwickeltes *coarsening-up*-Profil signifikant. Durch die oben aufgeführten Beispiele lässt sich annehmen, dass fossile Bildungen zahlreich sein sollten. Jedoch ist deren Erkennbarkeit wegen oft ungenügender Aufschlüsse meist eingeschränkt; dies ändert sich, wenn Bohrungen zur Verfügung stehen (◘ Abb. 4.49). Flussdominierte Deltas im marinen Raum bilden marine Sedimentsequenzen, die mit (durch die Fossilführung eindeutigen) feinkörnigen Schelfsedimenten beginnen und mit einem deutlichen *coarsening-up* in den fluvialen Abschnitten der Deltaplattform enden und dort (je nach Paläobreite und stratigraphischem Alter) Kohle führen (Diessel 1992 und vgl. ◘ Abb. 4.48). Trotz allem ist eine fossile Deltamündung *(distributary mouth)* höchst selten zu beobachten, jedenfalls weitaus seltener, als das Mississippi-Modell mit seiner vorbildlichen sedimentologischen Aufbereitung suggeriert. Vielmehr arbeitet sich die Deltaplattform mit vielen kleinen Lagunendeltas *(bayhead deltas)* vor (vgl. ◘ Abb. 4.1). Diese sind die häufigsten Bildungen eines großen beckenfüllenden Deltasystems (Van Heerden und Roberts 1988; Rebata-H. et al. 2006; Aschoff et al. 2018; Bruno et al. 2017).

Feinkörnige deltaische Klinoforme sind im Fossilien, wie in der Trias der Barent See (Klausen et al. 2017), eher selten zugänglich.

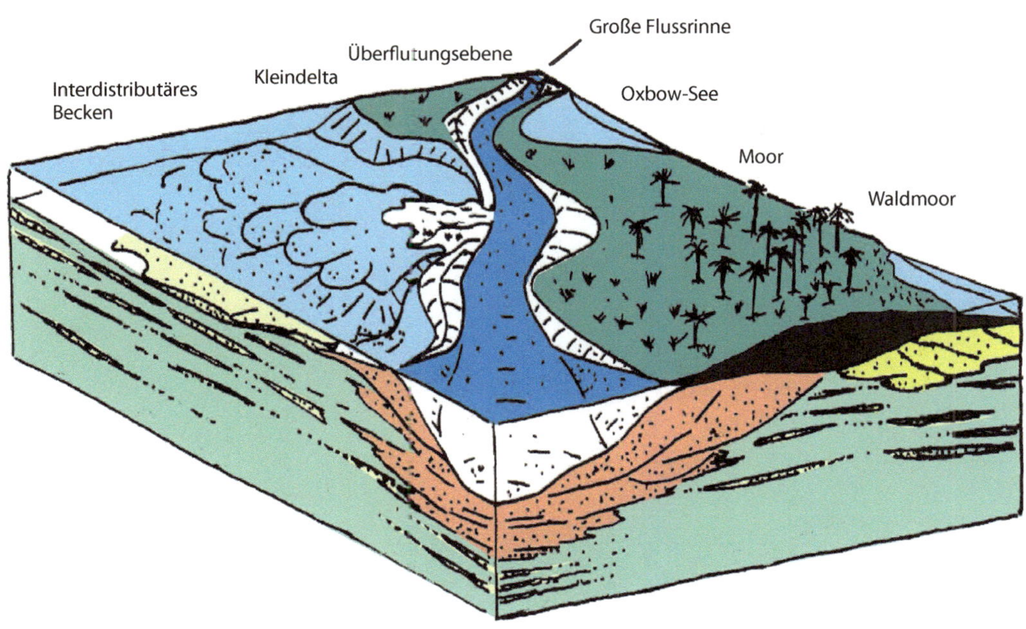

■ Abb. 4.45 Schematisierte Landschaft einer Deltaplattform im oberkarbonen Ruhr-Becken: Mündung eines mäandrierenden Flusses auf der unteren Deltaebene (mit Blick in dessen *distributary mouth*), die in das Meer bzw. in eine Küstenlagune progradiert. Dargestellt ist das komplexe Zusammenspiel aus fluvialen und deltaischen Prozessen. (Süss et al. 2000, Abb. 10)

In sandigen deltaischen Sedimentfolgen liefert Gezeitenschichtung eine eindeutige Faziesaussage. Was üblicherweise energiereichen Küstensanden des Vorstrandes *(shoreface)* vorbehalten ist, akzeptiert auch die Interpretation von gezeitendominierten Deltafolgen wie in unterjurassischen Sandsteinen der Gule Horn Fm von Grönland (Eide et al. 2016).

■ Rhenoherzynisches Becken

Für das unterdevonische **Rhenoherzynische Becken** – zentraler Teil des heutigen Rheinischen Schiefergebirges – bereitete ein nach Süden exponierter passiver Kontinentalrand die strukturelle Basis zur Ablagerung eines südwärts progradierenden Deltas (Stets und Schäfer 2002, 2004, 2008, 2009, 2011). Die hierfür notwendigen fluvialen Transporte stammten aus dem Norden, aus dem Kaledonischen Gebirge Englands und Skandinaviens, dem *Old Red Continent*. Die Sedimente waren Silte und Fein-, allenfalls Mittelsande. Die fluvialen Bildungen gehen in der Höhe von Bonn allmählich in deltaische über und formen mit der unterdevonischen Siegener Normalfazies Sedimente einer weiten Deltaplattform (■ Abb. 4.50). Fluviale Rinnen, Marschenbildungen und Wattenmeerablagerungen dokumentieren eine kontrastreiche amphibische Landschaft. Sie war besiedelt vor allem von Braunalgen sowie randmarinen Faunen mit Brachiopoden und Muscheln. Eine Überprägung der abgesetzten Sedimente durch Seegang ist kaum festzustellen; es finden sich daher keine Anzeichen für wellenbedingte Sedimentumlagerung großen Ausmaßes. Stattdessen vollzog sich der Sedimenteintrag von Norden und Nordosten mit recht hoher und gleichmäßiger Ablagerungsrate. Größtenteils herrschten Wattenmeer-Bedingungen mit wechselnd Überflutung und Trockenfallen; lokal finden sich Gezeitenbündel mesotidaler Gezeitenvariation. Ab etwa Bonn progradiert ein großes, komplexes fluvial dominiertes Delta südwärts in das zentrale

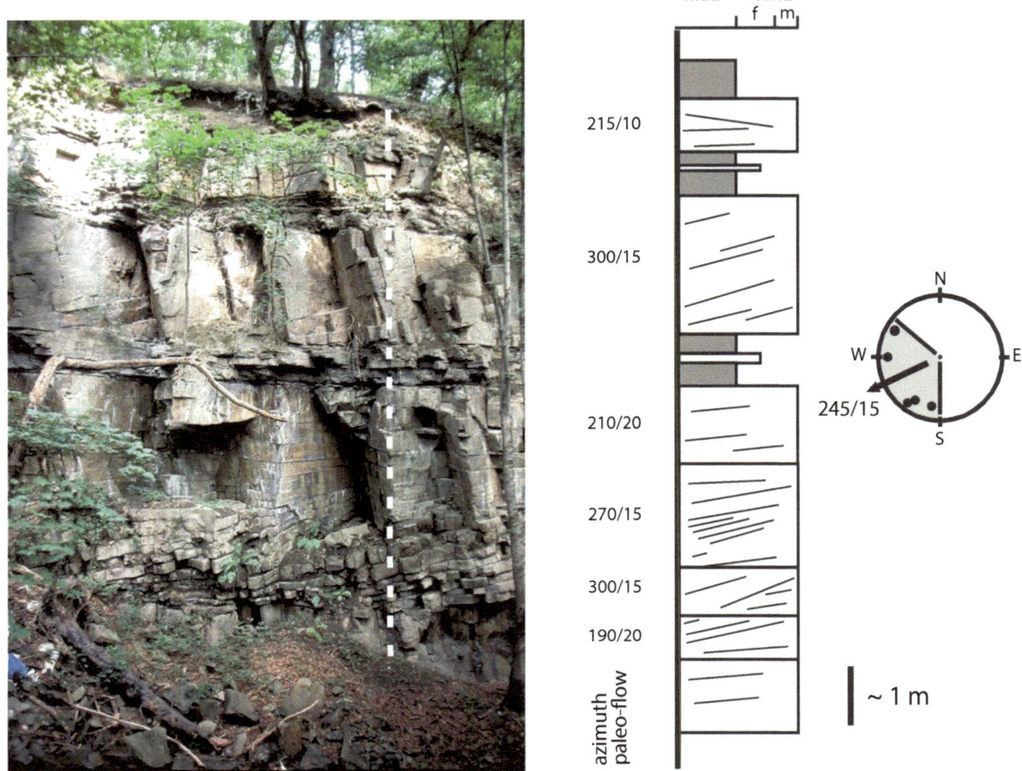

◘ Abb. 4.46   Der kleine Aufschluss an der B 226 von Wetter nach Witten ist am Gut Schede gelegen und exponiert den Kaisberg-Sandstein (Sprockhövel-Formation) im Namur C (Drozdzewski et al. 2008). Im Aufschlussprofil (entlang der weißen gestrichelten Linie) ist die Schrägschichtung und mithilfe dieser das Environment der Sandsteine abgeschätzt. Die als fluvial angesehene Schichtenfolge ist Teil eines Flusslaufes der im Hangenden folgenden deltaischen Sedimentserie. (Näheres im Text und bei Drozdewski et al. 2008)

Hunsrückschiefer-Becken im Mosel-Raum (Schäfer und Stets 1995; Schäfer et al. 2007; siehe auch ► Abschn. 4.2). Ab der Siegen-Mayener Hauptaufschiebung ändert sich die nördliche Flachwasserfazies. Nach Süden setzt eine allmähliche Vertiefung des Ablagerungsraumes ein und geht heute übergangslos in die Schelffazies des Hunsrückschiefers über. Rutschmassen und gradierte Schichtung sind die Anzeichen für mobile deltaische Sedimentsuspensionen. Dessen Fauna ist typisch für Schelfmilieu. Das unterdevonische Rhenoherzynische Becken erhielt seinen Sedimenteintrag durch ein komplexes Delta mit unübersehbaren Gezeitensignalen (vgl. ◘ Abb. 4.145, 4.146 und 4.148). Von der Mitteldeutschen Schwelle im Süden rücken zur selben Zeit energiereiche Küsten- und Flachschelf-Sande (Taunus-Quarzit) nordwärts vor.

■ **Catskill-Delta**

Das **Catskill-Delta** im Appalachian Foreland Basin ist Beispiel für ein flussdominiertes Delta (Ettensohn 1985; Dalziel et al. 1994; Van Tassel 1994a, b; Cotter und Driese 1998; Elick 2002). Die oberdevonische Catskill-Formation lässt sich westwärts in das Vorlandbecken der nördlichen Appalachen hinein verfolgen. Viele der gut aufgeschlossenen sedimentären, besonders der deltaischen Bildungen (◘ Abb. 4.51) haben große Ähnlichkeit mit denen der Sedimentserien im Rhenoherzynischen Becken. Auch

 Abb. 4.47 Hohlform eines Baumstamms im Kaisberg-Sandstein Sprockhövel-Fm, Namur C (Mügge et al. 2005)

 Abb. 4.48 Flöz Gottessegen (Sprockhövel-Fm, Namur C) in Sandsteinen, die durch die ehem. Ruhrsandsteinbrüche Külpmann in Abringhausen (Wetter/Ruhr) abgebaut wurden (frdl. Hilfe Günter Drozdzewski)

finden sich viele klimatische Gemeinsamkeiten (Streel et al. 2000), denn beide gehörten ehedem zu Laurussia bzw. Euramerica, dem großen Old-Red-Kontinent.

■ **Mam Tor**

Der spektakuläre **Mam Tor** im Namur Nordenglands (Übersicht und div. Deutungen in Selley 1970) ist Teil des Central

4

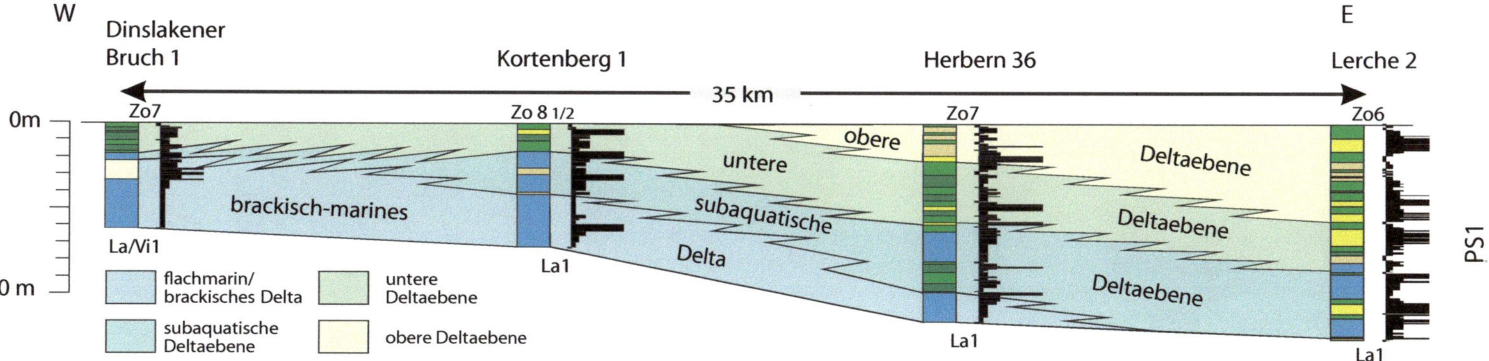

◘ **Abb. 4.49** Der O–W-orientierte Profilschnitt entlang einer Reihe von Bohrungen in der Explorationszone durch den westlichen Teil des oberkarbonen Ruhr-Beckens beschreibt ein in östlicher Richtung progradierendes Delta mit Zunahme der Schichtmächtigkeiten und Aufspaltung der Kohleflöze. Der Profilschnitt befindet sich zwischen den Flözen Laura im Liegenden und den Flözen Zollverein 7/8 im Hangenden; der obere Horizont ist zugleich die Datumslinie, anhand derer die Profile paläogeographisch korrigiert miteinander verbunden sind (Untere Essen-Formation, Westfal B1). (Süss et al. 2000, Abb. 9)

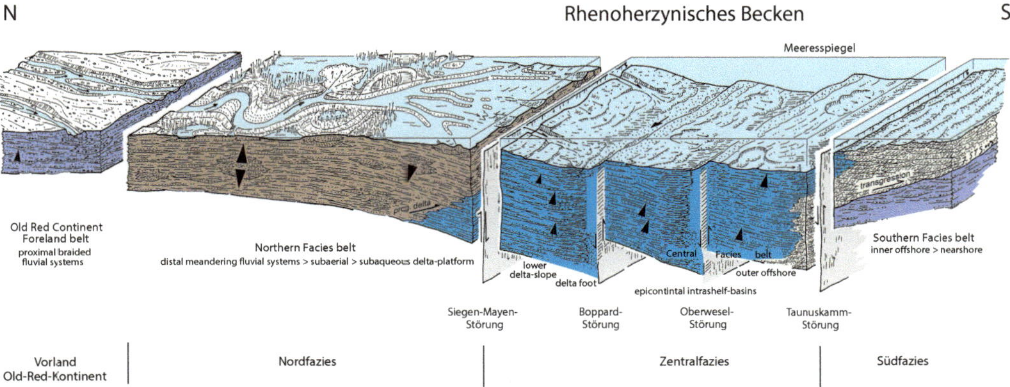

◘ Abb. 4.50 Deltamodell des Rhenoherzynischen Beckens im Unterdevon des Rheinischen Schiefergebirges. Aus vielen Einzelbeobachtungen resultiert die Interpretation der Anlieferung fluvialer Sedimentfracht aus dem kaledonischen Old-Red-Festland im N Europas (Stets und Schäfer 2011)

Pennine Trough, der zunächst reichlich mit turbiditischen, recht heterogenen Siliciklastika beliefert wurde. Die aufgeschlossene Mächtigkeit beträgt etwa 150 m (◘ Abb. 4.52). Die Schichtenfolge wurde als distale Bildung eines großen Deltasystems interpretiert (Allen 1960; Walker 1966; Collinson 1986). Mam Tor baut ein nur allmählich sich vergröberndes *coarsening-up*-System aus einer Vielzahl etwa 0,5 m mächtiger Grauwackenbänke mit reichlich intraformationellen Schlickgeröllen und 0,5 m mächtigen Peliten auf (◘ Abb. 4.53a, b). Die darüber folgenden proximalen, wesentlich mächtigeren, grobkörnigeren und massiven Bildungen des Millstone Grit zeigen deutlich progradierende Sequenzen schließlich flussdominierter Deltas (Collinson et al. 1977; Bristow und Myers 1989; Hodge und Dunham 1991).

▪ Eridanos-Delta

Das **Eridanos-Delta** baute sich während des Neogens von Osten her in das südliche Nordseebecken vor (Overeem et al. 2001; Thöle et al. 2014). Durch die im späten Känozoikum beginnende Heraushebung des Baltischen Schildes hatte sich ein großes fluviales Entwässerungsnetz entwickelt (Knox et al. 2010; Rasmussen et al. 2013), das vor Jütland und Schleswig-Holstein in die jungtertiäre Nordsee mündete

(◘ Abb. 4.54). Das Delta – mit der Ausdehnung des heutigen Orinoco-Deltas (Peng et al. 2017) vergleichbar – setzte der mittelmiozänen Diskordanz auf (◘ Abb. 4.55). Es besaß zunächst als wellendominiertes Delta einen geradlinigen, später als flussdominiertes Delta einen lobaten Küstenverlauf. Während seiner Geschichte, die durch die stete Absenkung des Nordseebeckens begünstigt wurde, schwenkte das Drainagesystem allmählich nach Norden und progradierte schließlich mehr oder weniger entlang der N–S-verlaufenden zentralen Achse des Nordseebeckens (Vinken 1989; Rasmussen et al. 2005; Dybkjaer und Rasmussen 2007; Rasmussen 2009) nach Norden. Der Sedimentinhalt des über lange Zeit existierenden komplexen Deltakörpers wurde in reflexionsseismischen Profilen erkannt. Die Entwicklung des Deltas spiegelt vor allem das sich allmählich abkühlende neogene Klima wider.

▪ Brent-Delta

Das jurassische **Brent-Delta** im Viking-Graben der nördlichen Nordsee ist seit einiger Zeit Ort intensiver Erdölexploration (Glennie 1986; Helland-Hansen et al. 1992; Martinsen und Hellend-Hansen 1994; Mussard et al. 1994; Bray et al. 1995; Johannessen et al. 1995; Olsen und Steel 1995; Emery und Myers 1996). Das Delta progradierte entlang

▣ Abb. 4.51 Das oberdevonische Catskill-Delta in den nördlichen Appalachen progradiert westwärts in das Appalachian Foreland Basin. Die hier gezeigten Rutschmassen sind gut vergleichbar mit den Bildungen des Rhenoherzynischen Beckens. Wickelstrukturen bildeten sich überreichlich in den feinkörnigen unterkonsolidierten Sedimenten der tieferen Deltafront, verursacht durch den Ausbruch von Porenwasser

▣ Abb. 4.52 Mam Tor in den Pennines in Mittelengland zeigt einen Ausschnitt aus distalen deltaischen Schüttungen in den Central Pennine Trough (Namur von Nordengland). Die Grauwacken-Bänke sind annähernd gleichmäßig geschichtet (frdl. Hilfe Peter Friend)

◘ Abb. 4.53   Die Grauwacken der Deltasequenzen des Mam Tor (frdl. Hilfe Peter Friend): **a** Im Profilanschnitt zeigt sich die Schichtung als sehr heterogen, doch die Grauwacken sind gut geschichtet. **b** Im Detail sind sie schlecht entmischt und überreichlich mit intraformationellen eckigen Schlickgeröllen versehen. Dies unterstellt die unmittelbare Nähe des Liefergebiets

des Viking-Grabens zwischen Norwegen und Schottland nordwärts und baute sich aus Schichtenfolgen des Unter- und Mitteljuras in einzelnen Zeitabschnitten auf. Der Aufbau des Deltas wurde vor allem durch die strukturelle Entwicklung des Viking-Grabens und durch die Heraushebung des Hochgebietes der zentralen Nordsee im Süden verursacht. Ebenso die Hochgebiete zu beiden Seiten des

Grabens, die Ostshetland-Plattform und das norwegische Hochgebiet, lieferten klastische Sedimente (◘ Abb. 4.56). Die Entwicklung begann im Lias (Pliensbachium und Toarcium) mit initialer Subsidenz des Viking-Grabens, sodass das Delta nordwärts progradierte. Jedoch steigerte sich mit Beginn des Doggers die Subsidenz des Grabens erheblich. Eine mit Erosion verbundene Transgression bis an

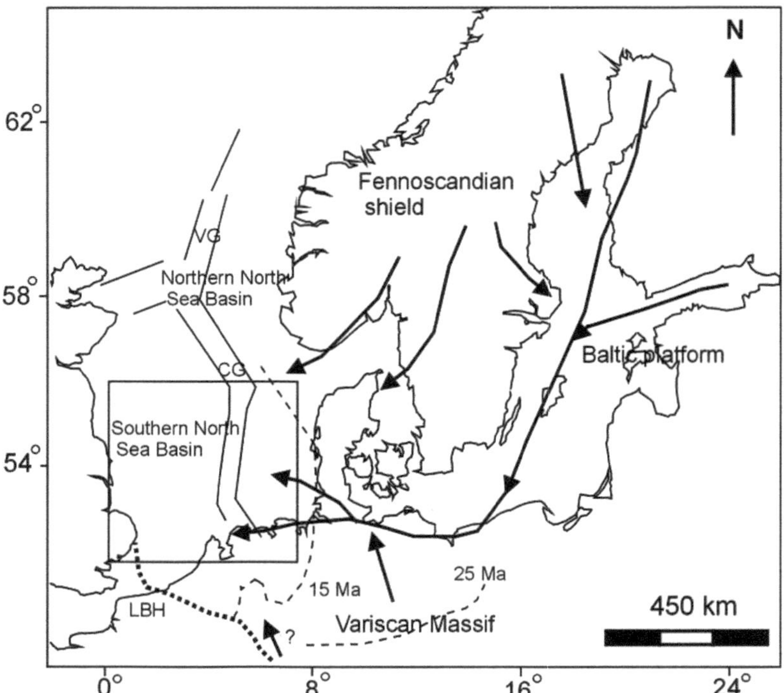

◘ Abb. 4.54   Der Eridanos war ein ausgedehntes Flusssystem, welches im Neogen das südliche Baltische Schild in die Nordsee entwässerte. Beim Eintritt in das Nordseebecken entwickelte sich ein großer heterogener Deltakörper (Overeem et al. 2001, Fig. 1)

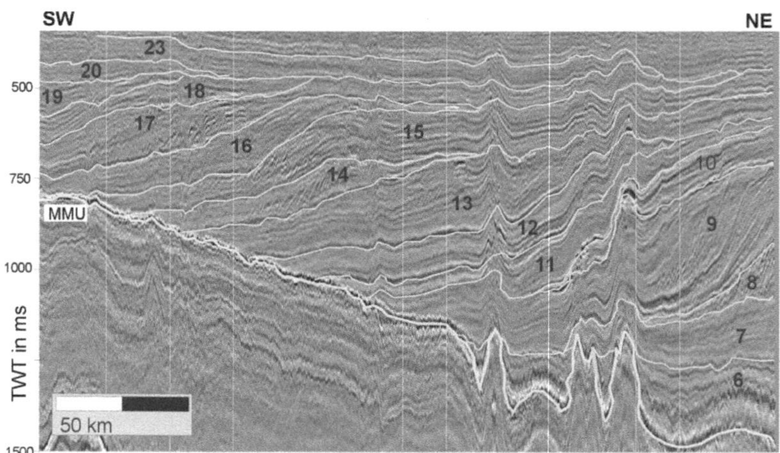

◘ Abb. 4.55   Das NO–SW orientierte reflexionsseismische Profil von 280 km Länge durch das zentrale südliche Nordseebecken zwischen England und Jütland (etwa zwischen 2° und 7° ö. L. entlang des SO-Randes der Doggerbank) zeigt einen Ausschnitt des über der mittelmiozänen Diskordanz (MMU) hier westwärts progradierenden Eridanos-Deltas. (Overeem et al. 2001, Fig. 6)

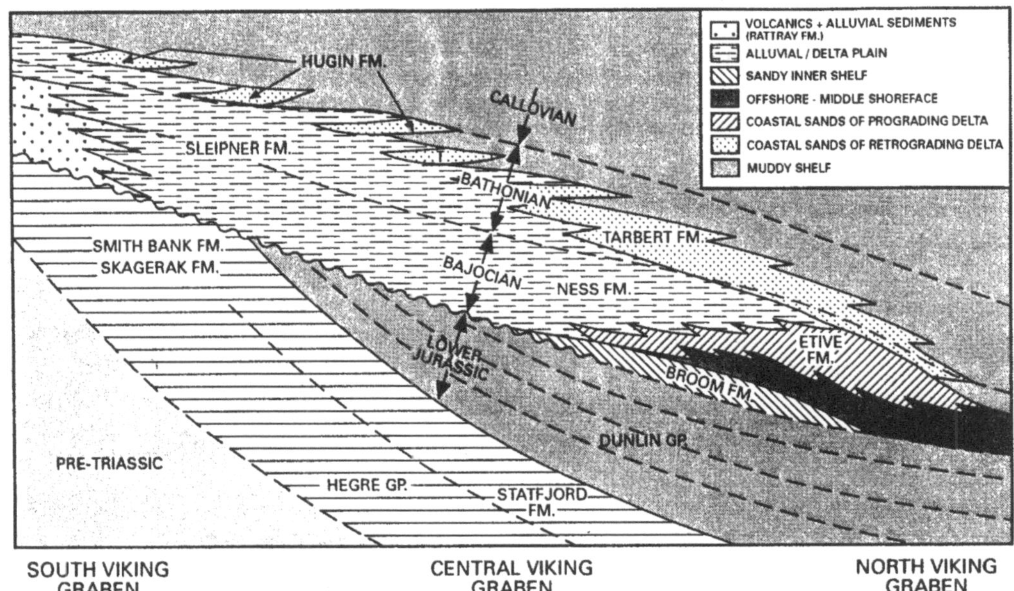

◘ **Abb. 4.56** Profilschnitt durch das Brent-Erdölfeld im Viking-Graben in der nördlichen Nordsee zwischen N-Schottland und Norwegen. Hier gezeigt ist das in mehreren Schritten während des Unter- bis Mitteljura (Pliensbach bis Bathon) zunächst progradierende und dann wieder retrogradierende Delta. Seine Geschichte hat vor allem Bezug zur strukturellen Entwicklung des Viking-Gabens (Bray et al. 1995 Fig. 3A, verändert)

das südliche Hochgebiet setzte ein, und das Delta zog sich bis dorthin zurück. Im Verlauf des Unteren Doggers (Aalenium und Bajocium) progradierte es erneut, um sich danach wiederum (im Bathonium) – nun jedoch schrittweise – unter Ausbildung einzelner Deltakörper zurückzuziehen. Die Entwicklung der Sedimentfazies des komplexen Deltas und dessen Progradation und Retrogradation im Verlauf seiner Geschichte wurde durch die Bewegungen des relativen Meeresspiegels einerseits, vor allem aber durch die Balance von Beckensubsidenz und Sedimentlieferung andererseits verursacht.

Aktuell fertigten Wei et al. (2018) eine ausführliche sequenzstratigraphische Studie über die zunächst regressiven, dann transgressiven Sedimentkörper des Brent-Deltas

an. Eingespannt zwischen begrenzende Störungen beiderseits des Nordseegrabens formte das Brent-Delta einen heterogenen ästuarinen Sandsteinkörper. Als wichtigste Erdöllagerstätte der nördlichen Nordsee ist dieser intensiv mit Hilfe von Seismik und Bohrungen bearbeitet und in vielen Publikationen (s. o.) ausführlich beschrieben.

Während des Zeitabschnitts vom ausgehenden Lias (Toarcium) bis in den mittleren Dogger (Bajocium) wurde die Nordsee allmählich landfest, reduzierte sich im Wesentlichen auf den Viking-Graben und bildete das Zentrale Hochgebiet der Nordsee (Ziegler 1990). So wandelte es sich zu einem Liefergebiet für das sich südwärts gegen das **Norddeutsche Becken** vorbauende und vor allem flussdominierte Delta um. Durch günstige

Verfügbarkeit von Bohrungsdaten konnten Zimmermann et al. (2017) ein komplexes Deltasystem mit einer Vielzahl deltaischer Subfazies nachzeichnen.

4.2 Barriereküsten und Ästuare

Meeresküsten außerhalb deltaischer Bereiche (vgl. ◘ Abb. 4.1) sind der Gestaltung durch Seegang und Gezeiten unterworfen, doch können die wirksamen Kräfte der freien See – wetterabhängige Sedimentumlagerungen und/oder die tägliche Ebbe und Flut – sehr unterschiedlich sein (Davis und Ethington 1976; Bridges 1982; Davis 1985; Fan et al. 2002; Chang und Flemming 2006; Dillenburg und Hesp 2009; Choi und Park 2000; Choi 2010; Hunt et al. 2015; Toublanc et al. 2015; Pinet et al. 2015; Tessier und Reynaud 2016). Sie hinterlassen charakteristische Bodenformen und Morphologien und machen dadurch randmarine Ablagerungsräume für eine künftige fossile Überlieferung signifikant (Ginsburg 1975; McCubbin 1982; Runkel et al. 2010). Dies ist wichtig hervorzuheben, denn das zu Zeiten eines Niedrigwassers begehbare Watt erfährt während des nächsten Tidezyklus jeweils erneut erhebliche Veränderungen seiner Oberfläche (Abrahamse et al. 1976; Ehlers 1987; Flemming und Hertweck 1994; Flemming und Bartholomä 1995; Bungenstock et al. 2002; Fruergaard et al. 2015).

4.2.1 Küstenraum Südliche Nordsee

Die südliche Nordsee (vgl. ◘ Abb. 4.103) ist durch zahlreiche und gründliche Untersuchungen quasi zu einem Standard flachmariner Meeresgeologie mit vielen Publikationen geworden (Reineck und Singh 1980; Nio et al. 1981; Reineck 1984; Streif 1989, 2004; Flemming 1992; Flemming und Bartholomä 1998; Türkay 1998; Hoffmann

2004; Mauz und Bungenstock 2007; Wartenberg und Freund 2012; Wartenberg et al. 2013; Wehrmann 2016).

Der pleistozäne Küstenraum der Nordsee wurde durch den holozänen Meeresspiegelanstieg nachhaltig verändert (Behre 2003; Bungenstock und Schäfer 2009; Bungenstock und Weerts 2010, 2012). Die unter dem heutigen Nordseeboden in geringer Tiefe anstehenden bzw. großflächig freiliegenden Moränen der drenthestadialen Saale-Eiszeit wurden von der Transgression der Nordsee um etwa 100 m Meeresspiegelanstieg zu marinen Sedimenten aufbereitet und diese landeinwärts quasi wie ein Teppich nach Süden aufgerollt (Figge 1983). Unter den Inseln der südlichen Nordsee blieben Geestkerne erhalten (z. B. Bungenstock und Weerts 2010, 2012; Tillmann et al. 2013). Wesentlicher Sedimenteintrag von außen hat seit dieser Transgression nicht mehr stattgefunden (Roep und Beets 1988; Figge 1980; Streif und Hinze 1980; Streif 1990a, 1998, 2004).

Die Bohrung Cuxhaven-Lüdingworth 1/1 A (◘ Abb. 4.57) im Land Hadeln, wenig südöstlich von Cuxhaven, ist eine von vielen tiefen Bohrungen in das Küstenholozän und dessen Untergrund (Binot und Wonik 2015). Die auf Obermiozän aufsitzenden 60 m mächtigen pleistozänen und holozänen Sedimente dieser Bohrung repräsentieren hier die klastische Sequenz, aus der das Küstenklinoform der südlichen Nordsee besteht. Dessen Schichtenfolge ist heterogen und bildet Grundlage für die Diskussion stadialer und interstadialer Sedimente, aus welchen im Verlauf der Transgression der Nordsee deren heutigen marinen Sedimente hervorgegangen sind. Die pleistozänen Geschiebemergel von Drenthe und Weichsel befinden sich erheblich im Kontrast zu den marinen Sedimenten von Eem und Holozän.

Karle et al. (2017) beschrieben ein größeres Feld von Bohrungen aus dem Raum des Schwemmlandes zwischen dem südlichem Jadebusen und der Wesermarsch und deuten deren Stratigraphie und Sedimentfazies

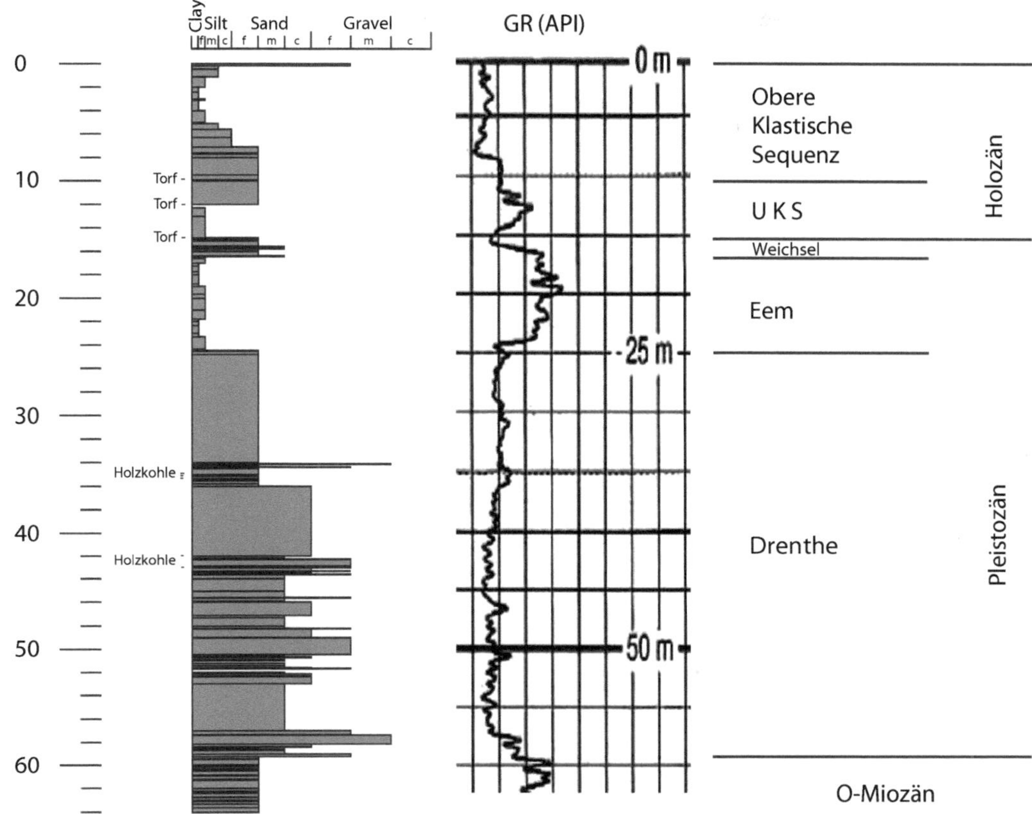

◻ Abb. 4.57 Die Bohrung Cuxhaven-Lüdingworth (Daten aus Binot und Wonik 2015) 1/1 A ist eine 120 m tiefe Kernbohrung in das Küstenschwemmland südöstlich von Cuxhaven (Binot und Wonik 2015) und ließ sich unter Verwendung von publizierten Bohrdaten soweit aufbereiten, dass die oberen 64 m der Schichtenfolge, das Pleistozän und das Holozän, in einem Korngrößenprofil zusammen mit dem Gammalog dargestellt werden konnte

anhand eines sequenzstratigraphisch interpretierten Profilschnitts.

Detailreiche Untersuchungen auf den Nordfriesischen Inseln und der Westküste Schleswig-Holsteins – dem SO der Deutschen Bucht – widmen sich der Genese und der Sedimentumlagerung auf diesen, so auf Sylt (Lindhorst et al. 2008, 2010) und auf Amrum (Tillmann et al. 2013). Auf der Halbinsel Eiderstedt wurde die 240 m tiefe Bohrung Garding-2 abgeteuft. In dieser liegt die Grenze Pliozän/Pleistozän bei 182,87 m und die Grenze Pleistozän/Holozän bei 20 m (Proborukmi et al. 2017). Eine sehr ausführliche Studie wurde von Ricklefs und Asp Neto (2005) in der Meldorfer Bucht angefertigt.

4.2.2 Gezeitenströmung

Im gedanklichen Modell einer Erde mit Wasserhülle und ohne Kontinente existieren zwei Flutberge – durch die Anziehungskraft des Mondes diesem gegenüber und durch die Fliehkraft auf der vom Mond abgewandten Seite. Aufgrund der Rotation der Erde wandern beide Flutberge im Zwölfstundenabstand von W nach O um die Erde, Ebbtäler je zwischen diesen. Besonders große Gezeitenunterschiede ergeben sich etwa alle 15 Monate, wenn der Mond durch die langsame Drehung der elliptischen Mondbahn sich wieder in nächster Nähe zur Erde befindet: dies erzeugt Springtiden. Die Gezeitenkräfte der Sonne betragen zwar nur etwas weniger als die Hälfte der Gezeitenkräfte des Mondes, doch können sie bei der Stellung von Sonne-Erde-Mond in einer Linie diese Kräfte verstärken und besonders hohe Flutberge und besonders tiefe Ebbtäler erzeugen. Zusätzlich ergibt sich durch die zur Erdachse veränderliche Neigung der Mondbahn eine etwa jährliche Variation der Tiden (Sager 1959).

Da jedoch der Seeweg durch Kontinente verlegt ist, bilden die großen Wasserflächen der Ozeane und Nebenmeere lediglich regionale stationäre Wirbel, deren Zentren die sog. amphidromischen Punkte sind, um welche die Wasserstandsänderungen zirkular herumlaufen (**□** Abb. 4.58). Diese amphidromischen Punkte selbst haben keine Tidevariation. Der Umlauf der Flutwelle um den amphidromischen Punkt ist im freien Ozean ideal kreisförmig, wird jedoch in Küstennähe und in Nebenmeeren erheblich deformiert (Sager 1959; Dietrich et al. 1975). Es bilden sich sog. Sekundärwellen, bei der beispielsweise im Inneren der Deutschen Bucht die Springflut mit einer Verspätung von drei Tagen nach Neu- bzw. Vollmond auftritt (Reineck et al. 1982).

Die wirksame Tidevariation an der Küste wird aufgrund des Zusammenspiels der halbtägigen Mondtide M_2 und der halbtägigen Sonnentide S_2 bestimmt (Sager 1959). Bei halbtägigen Gezeiten steuert die M_2-Tide mit der Periode eines halben Mondtages (12 h 25 min) die Eintrittszeiten der Hoch- und Niedrigwässer. Da die S_2-Tide die M_2-Tide mit der Periode eines halben mittleren Sonnentages überlagert, bleibt die M_2-Tide pro Tag etwa 50 min hinter der S_2-Tide zurück, sodass sie nach 29 ½ Tagen sozusagen überrundet wird. Während dieses Zeitraums (also von nicht ganz einem Monat) verstärken bzw. vermindern sich beide Tiden, sodass es zweimal zur Situation $M_2 + S_2$ **(Springtide)** und zweimal zur Situation $M_2 - S_2$ **(Nipptide)** kommt. Springtidezeiten folgen also dem Voll- bzw. Neumond.

Außer diesen halbtägigen Tiden gibt es auch eintägige Tiden, die eintägige Mond-Sonnen-Tide K_1 (mit der Periode eines Sternentages von 23 h 56 min) und die eintägige Mondtide O_1

(mit einer Periode von etwa 26 h). Die Eintrittszeiten der eintägigen Hoch- und Niedrigwässer werden vor allem von der K_1-Tide bestimmt und verfrühen sich von Tag zu Tag um 4 min. Auch K_1 und O_1 besitzen Spring- und Nipptide-Variation.

Eine sog. Formzahl der Gezeiten F ergibt sich aus dem Quotienten von $K_1 + O_1$ zu $M_2 + S_1$. Ist er klein, unterscheiden sich die beiden täglichen Hoch- und Niedrigwässer kaum von einander; sie können jedoch erheblich voneinander abweichen, wenn der Quotient groß ist. Die reine halbtägige Gezeitenform gibt es in der Nordsee (und auch im Atlantik) und zeigt nur geringe Verschiedenheit in der Aufeinanderfolge zweier Tidewellen. Gemischte, überwiegend halbtägige Gezeitenformen (mit zwei ungleich verteilten Hoch- und Niedrigwässern pro Tag) finden sich beispielsweise im Golf von Mexiko und in den kanadischen Ästuaren. Im Pazifik, im Japanischen Meer und im Roten Meer finden sich gemischte, überwiegend eintägige Gezeitenformen (mit zwei sehr ungleich verteilten Hoch- und Niedrigwässern pro Tag und nur einem Hoch- und einem Niedrigwasser zur Zeit der größten Monddeklination). Bei speziellen kleinräumigen Land-Meer-Verteilungen, z. B. in Ost- und Südostasien, kommen auch rein eintägige Gezeitenformen (mit täglich nur einem Hoch- und einem Niedrigwasser) vor (Sager 1959). Wochenweise Vorausberechnungen der Tide und örtliche Tidekurven weltweit finden sich im Netz unter ▶ http://www.ukho.gov.uk/easytide/EasyTide/index.aspx.

Die astronomische Tidekurve von Spiekeroog für den September 1996 (Flemming und Bartholomä 1998) zeigt für unser Verständnis den Normalfall einer Tidevariation (**□** Abb. 4.59). Diese bedeutet für die Nordsee, dass zweimal täglich die sog. **Silberrinnenwelle** von N kommend entlang der Küste Schottlands und Englands nach S läuft. Sie biegt vor dem Ärmelkanal (östlich von dessen kleiner Amphidromie) nach O ab, zieht entlang der West- und Ostfriesischen Inseln nach O und schließlich vor den Nordfriesischen Inseln wieder nach N. Der Weg dieser großen für die Nordsee wichtigen

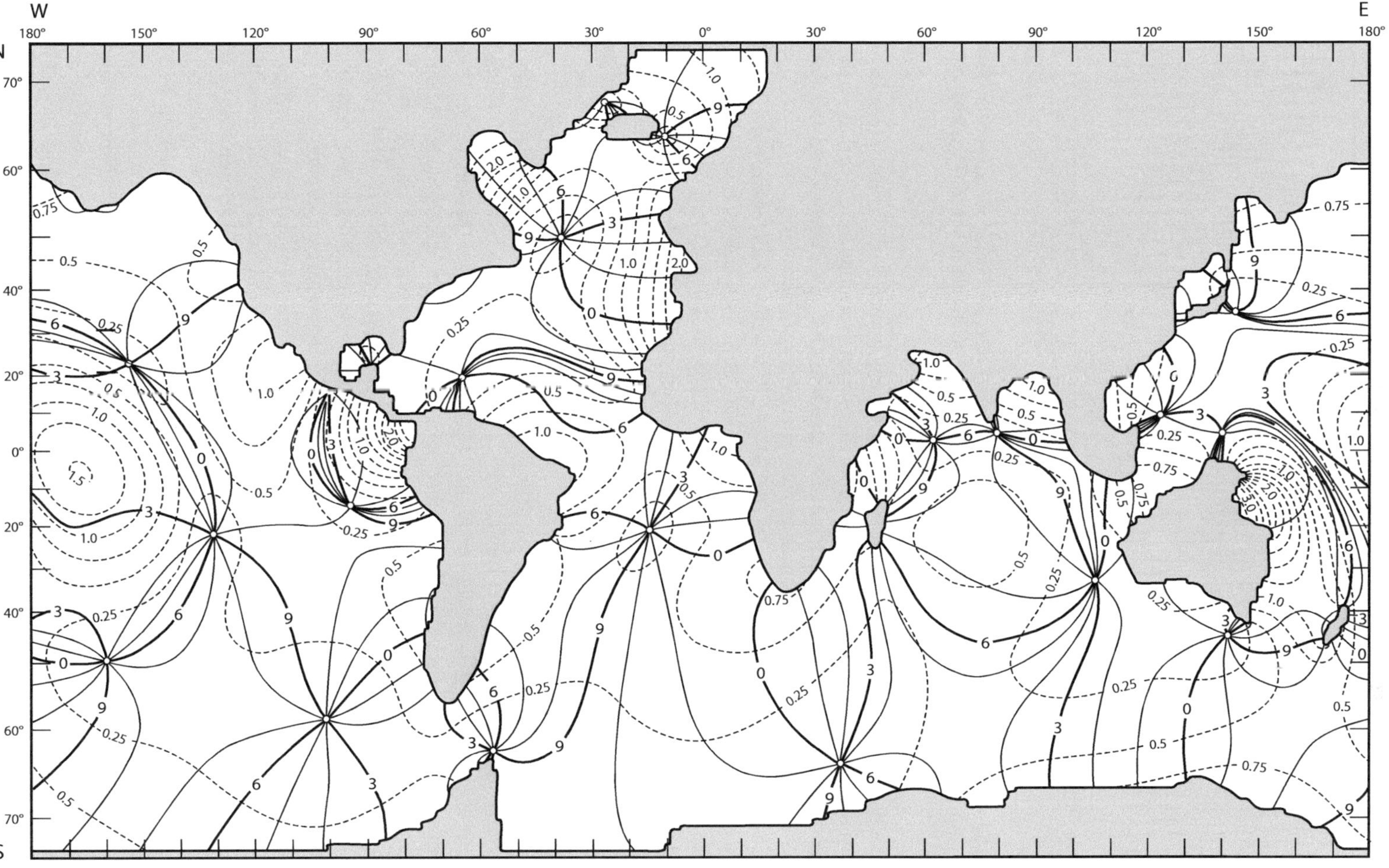

◨ Abb. 4.58 Modell der Amphidromien von M_2-Tiden der Ozeane, die Zeitlinien der umlaufenden Flutwellen und ihr Gezeitenunterschied. (Dietrich et al. 1975, Abb. 9.11; vereinfacht)

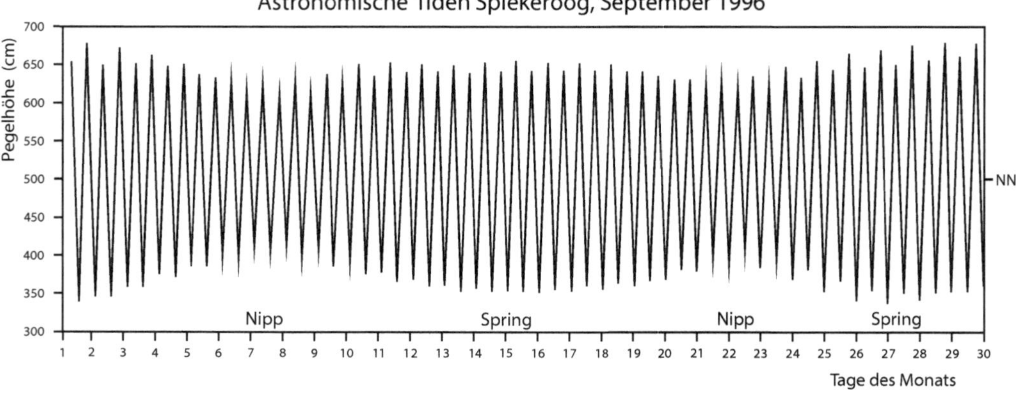

▣ Abb. 4.59   Tidekurve des Pegels Spiekeroog für den September 1996; die Tidekurve zeigt den für die Nordsee typischen Tideverlauf einer reinen halbtägigen Gezeitenform mit relativ gleich hohen Tidespitzen. (Flemming und Bartholomä 1998, Abb. 3)

Gezeitenwelle wird durch die Amphidromie weit nördlich von Helgoland, in Höhe von Jütland, gesteuert (▣ Abb. 4.60). Die Silberrinnenwelle kennt nur diese eine, durch jene große Amphidromie vorgegebene Richtung. In der freien Nordsee ist der Tidenhub gering, entlang der Küste, vor allem in der inneren Deutschen Bucht, staut sich die Flutwelle erheblich.

Die halbtägige Tidewelle weist zwei gleich hohe Flutberge und zwei gleich tiefe Ebbtäler auf. Der Zeitunterschied von Hochwasser zu Hochwasser beträgt 12 h 25 min (= ½ Mondtag). Daher verschiebt sich die tägliche Wiederkehr der Flutwelle in der Deutschen Bucht um etwa 50 min. Das macht nötig, die astronomische Tidevariation für die Seefahrt vorausschauend exakt zu berechnen und in Tidekalendern jahresweise für wichtige Pegel entlang der Küste zusammenzustellen (Bundesanstalt für Seeschifffahrt und Hydrographie, BSH, Bernhard-Nocht Straße 78, 20359 Hamburg; ▶ http://www.bsh.de/de/index.jsp).

Die Gezeitenunterschiede entlang von Küsten können gering sein und nur wenige Dezimeter Tidenhub besitzen, sie können aber auch mehr als 10 m erreichen. Auch wird die Dominanz des Ebbstromes oder des Flutstromes durch die örtlichen Gegebenheiten einer Küste bestimmt, d. h. die an der Küste wirksame Gezeitenströmung fällt lokal also sehr unterschiedlich aus. Meist ist jedoch Ebbstrom-Dominanz die Regel, d. h. die Ebbströmung hat die längere Zeitdauer und auch die größere Geschwindigkeit.

Das jeweilige Tideregime einer Küste wird nach den Gezeitenunterschieden benannt. Weniger als 1,8 m Tidenhub wird als mikrotidal bezeichnet, 1,8–3,6 m Tidenhub ist mesotidal und mehr als 3,6 m makrotidal (Davis 1985). Generell ist zu beobachten, dass der Tidenhub auf freier See geringer ist als unter Land. In der Deutschen Bucht weisen Helgoland 2 m, Borkum 2,40 m, Wangeroog 3,00 m und der Jadebusen bei Wilhelmshaven 3,60 m Tidenhub auf (▣ Abb. 4.61).

Die Tidewelle zeigt generell einen sinusförmigen Verlauf, der durch die Spring- und Nipptiden moduliert wird. Wind oder gar Sturm kann jedoch die astronomisch vorausberechenbaren Gezeiten und Tidehöhen erheblich verändern. Auflandiger oder ablandiger Winddruck zeigt verschiedene, durch Erfahrung historisch seit langem bekannte Effekte. Zur besonderen Situation in der Deutschen Bucht kam es bei der Jahrhundertsturmflut in der Nacht vom 16. auf den 17. Februar 1962. Hier verband sich die astronomisch fixierte Springtide mit einem rechtsdrehenden Wind (von SW auf NW), der sich zu einem Orkan steigerte. Die

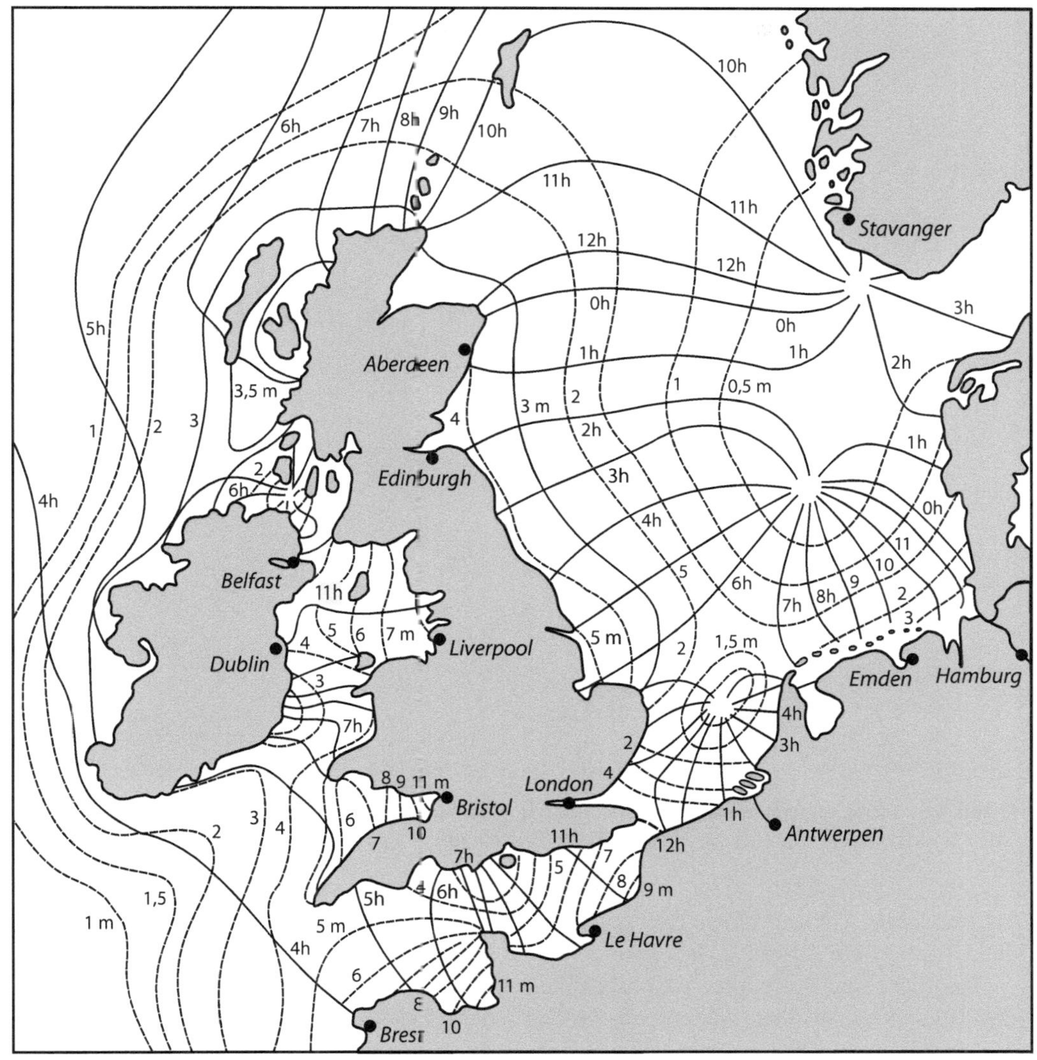

◘ Abb. 4.60 Die amphidromischen Punkte der Nordsee, die Zeitlinien der umlaufenden Flutwellen und der Gezeitenunterschied zwischen Hoch und Niedrigwasser (Springtide). (Sager 1959, Bild 47)

Tidewelle schaukelte sich auf und führte zu einem 3,5 m höheren Hochwasser am Pegel Wilhelmshaven (◘ Abb. 4.62). Entlang der Küste der südlichen Nordsee, vor allem in und um Hamburg tief im Ästuar der Elbemündung, brachen die Deiche.

An der Küste der südlichen Nordsee herrscht aufgrund der morphologischen Situation Ebbstrom-Dominanz, d. h. die Ebbströmung läuft schneller als die Flutströmung.

Die Geschwindigkeit der Gezeitenströmung übersteigt bei ablaufendem Wasser auf den Watten selten 1 m/s, in großen Rinnen und Prielen kann sie jedoch 2 m/s und mehr annehmen. Die Geschwindigkeit der Tideströmung ist also hinreichend, sowohl für die Bildung aller großen und kleinen Rippeln in tieferem Wasser unter der Niedrigwasserlinie als auch für die Bildung von Hochenergie-Parallelschichtung in flachem Wasser

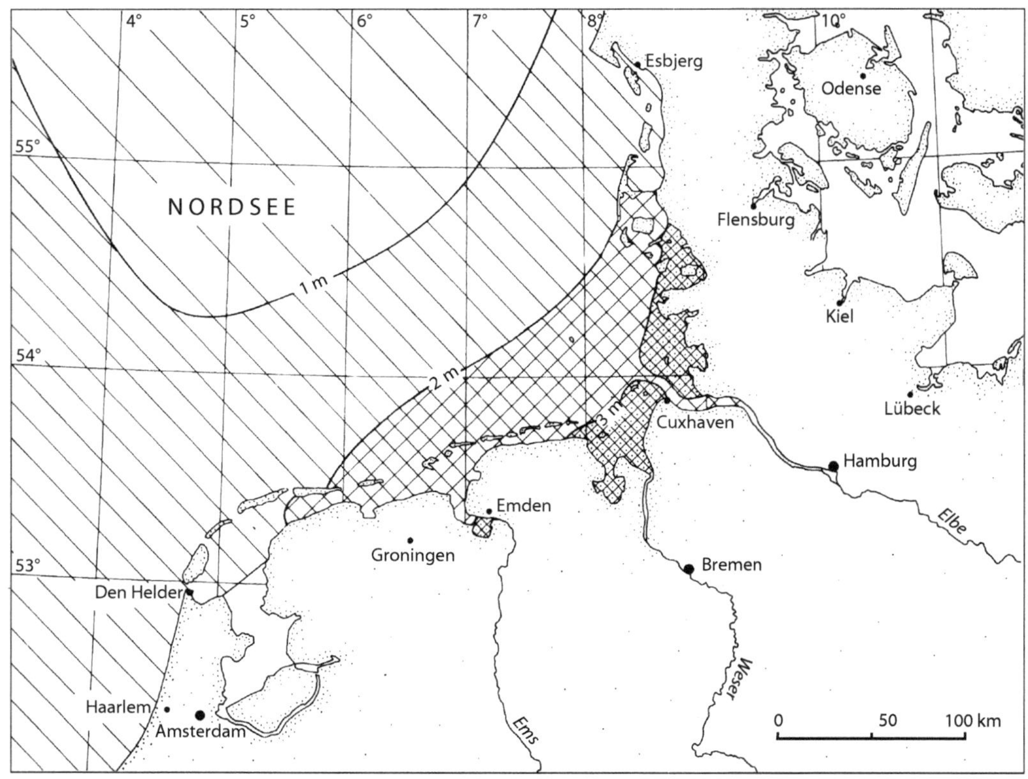

□ Abb. 4.61   Die Gezeitenunterschiede der Springtide in der inneren Deutschen Bucht; durch Rückstau der Gezeitenwelle kommt es hier zu einem mesotidalen Tideregime mit 1,80–3,60 m Tidenhub. (Reineck 1982)

bei kurzfristig überkritischen Fließgeschwindigkeiten (siehe ▶ Abschn. 2.1).

Darüber hinaus ist die Verschiedenheit des Tidestroms auf den Watten und in den dazwischenliegenden Rinnen zum Teil erheblich (De Boer et al. 1989). Aus Versuchen wird von Wunderlich (1969) abgeleitet, dass auf auftauchenden Wattflächen die Ebbströmung annähernd die doppelte Geschwindigkeit der Flutströmung erreichen kann. Dies führt u. a. dazu, dass vorzugsweise nur während der ablaufenden Tide Sande bewegt werden, die Schichtbildung von Sanden also nur während der Ebbphase stattfindet (□ Abb. 4.63). In der für Gezeitenmeere diagnostisch wichtigen Gezeitenschichtung sind die abgelagerten Sande also höchst ungleichmäßig verteilt. Auf den Watten sind die Ebbsande relativ mächtiger als die Flutsande. Darüber hinaus

lagert sich auf den bei Ebbe auftauchenden Wattflächen auch kaum Schlick während des Stauniedrigwassers ab, allenfalls aus dem Restwasser zwischen den zuvor gebildeten größeren und kleineren Bodenformen (Pasierbiewicz 1982).

Eine ähnliche Beobachtung hinsichtlich der Ungleichverteilung von Tidesignalen konnte in einer Tiderinne der östlichen Jadewatten gemacht werden. Tiderinnen zwischen den Watten werden bei höherem Tidewasser zusammen mit diesen flächig überflutet – sie lenken die Tideströmung also nicht während der ganzen Tidephase. Reineck et al. (1982) kamen zu dem Ergebnis, dass Ebb- und Flutstromgeschwindigkeit zwar annähernd gleich kräftig waren. Jedoch wurde die Tiderinne lediglich in den ersten 3,5 h der auflaufenden Tide und dann wieder in den letzten 4 h der

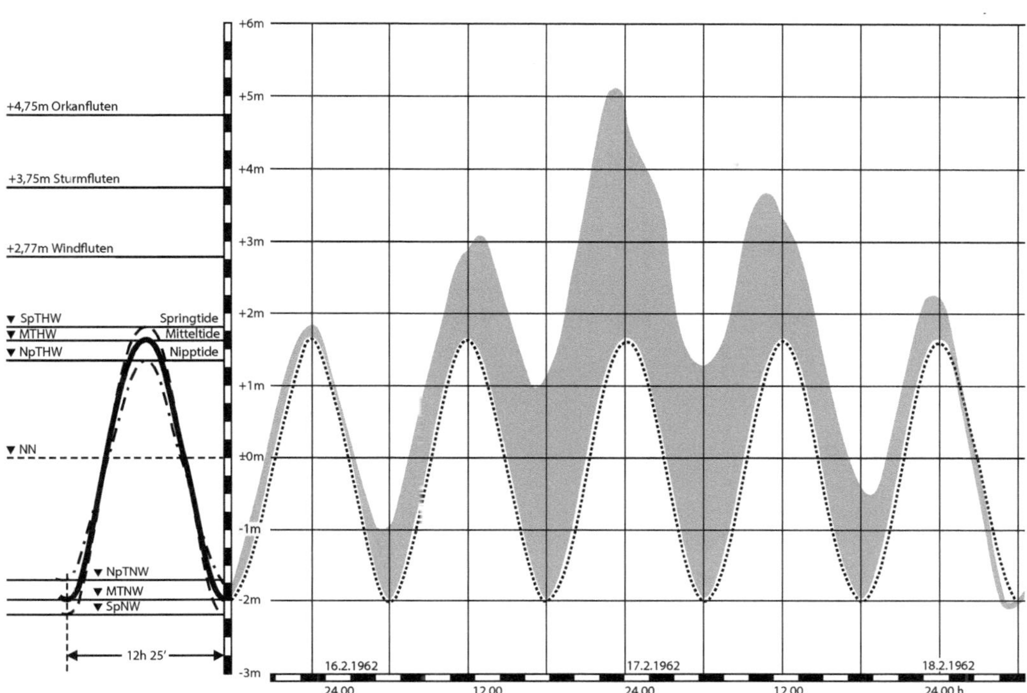

◨ Abb. 4.62 Tidewelle des Pegels Wilhelmshaven, aufgesetzt die Orkanflut 16. und 17. Februar 1962. (Reineck et al. 1982)

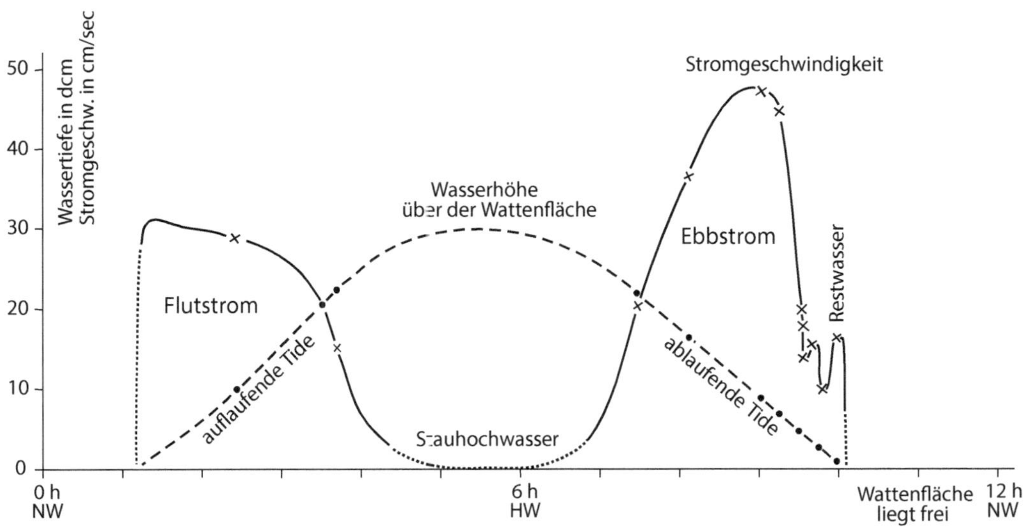

◨ Abb. 4.63 Veränderliche Wasserhöhen und voneinander abweichende Geschwindigkeiten von Flut- und Ebbstrom bieten unterschiedliche Bedingungen für die Bildung von Sedimenten auf Wattflächen. (Reineck et al. 1982)

ablaufenden Tide durchströmt. In der Zeit dazwischen, während des Stauhochwassers, setzte sich ein sehr mächtiger Schlick ab – mehr, als man in einer durchströmten Rinne erwartet hatte. Das Resultat dieser ungleich verteilten Tideströmung war vor allem ein verschwindend geringer Flutsand und ein sehr viel mächtigerer, deutlich gröberer Ebbsand, dessen Ablagerung offenbar allein durch die um eine halbe Stunde länger laufende Ebbströmung möglich geworden war.

4.2.3 Seegang

Sedimenttransport an der Küste wird nicht nur durch die Gezeitenströmung verursacht, sondern vor allem durch die Wirkung des Seegangs. Die spezifische Form der Küste wird durch auflaufenden Seegang gebildet (Davis 1985; Nyandwi und Flemming 1995; List und Terwindt 1995). Die Fläche, bis zu

der die Turbulenz des Seegangs der freien See bzw. der Brandung an der Küste hinabreicht, wird als Wellenbasis bezeichnet. Die Tiefenlage dieser Wellenbasis ist abhängig von der saisonalen Großwetterlage, also jahreszeitlich verschieden. Im Sommerhalbjahr liegt die **Schönwetter-Wellenbasis** *(fair-weather wave base)* wenige Meter unter der Tide-Niedrigwasserlinie, dort, wo von der Wasseroberfläche her die allmählich abflachenden Orbitalbewegungen der Wasserteilchen gerade noch eine pendelnde Wasserströmung verursachen können (vgl. ▶ Abschn. 2.1.2). In dieser Jahreszeit ist das Küstenprofil vergleichsweise steil; es bildet sich ein „reflektiver" Strand (Flemming 1992; ◘ Abb. 4.64). Im Bereich der Niedrigwasserlinie und darunter bilden sich Strandriffe (Reineck 1984). Während der Stürme des Winterhalbjahres ist die Wellenbewegung heftiger und die Wellenbasis tiefer gelegt, auf durchaus 15 m und mehr unterhalb der Tide-Niedrigwasserlinie, und

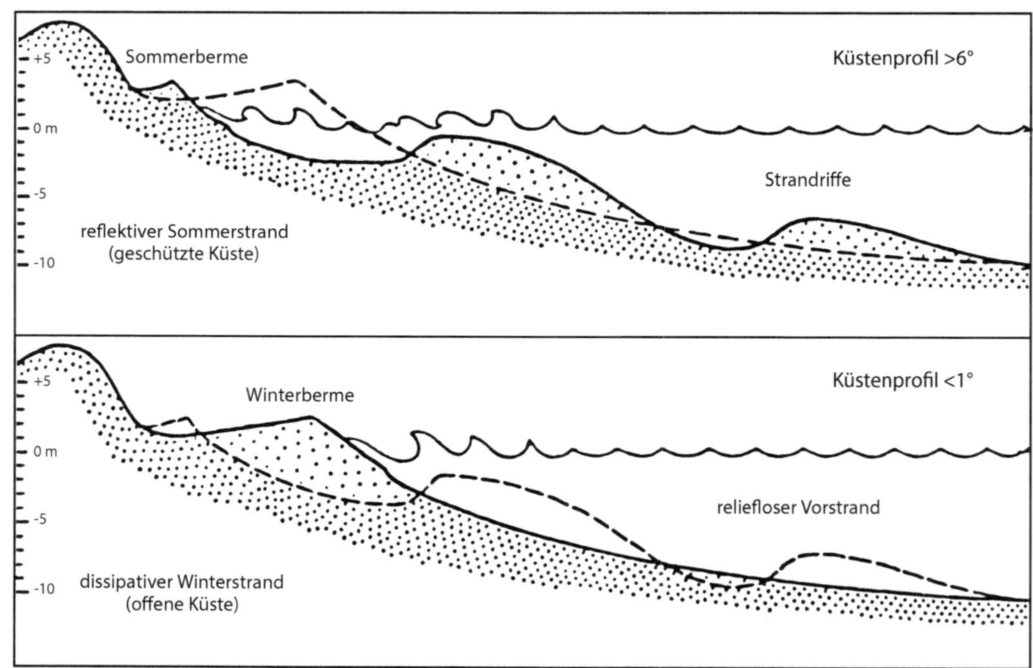

◘ **Abb. 4.64** Das Relief der Küstenprofile wird durch die vom Seegang umgesetzte Energie gestaltet. Im Sommer finden sich Strandriffe überwiegend unter der Niedrigwasserlinie, im Winter dagegen wandern sie über diese hinauf auf den unteren nassen Strand. (Flemming 1992)

bildet hier die **Sturm-Wellenbasis** *(storm-weather wave base)*. Da die Brandung die Sedimente ständig aufarbeitet und entlang des Küstenprofils verteilt, ist der Strand deutlich flacher und wird als „dissipativer" Strand bezeichnet. Entlang der Hochwasserlinie schließt dieser mit einer Berme *(berm)*, einem Strandwall, ab (Reineck 1984). Aus Reineck und Singh (1980) lässt sich für die Halbinsel Eiderstedt die Lage der Sturm-Wellenbasis bei 10 m und weniger entnehmen, wobei jene eine *medium- to high-energy coast* besitzt und auch recht feinkörnige Sedimente aus der Elbe geliefert bekommt (◪ Abb. 4.65). Das Wattenmeer hat je nach Exposition gegenüber der Nordsee unterschiedliche Sedimentfazies. Die Nordergründe und die gesamte ost- und westfriesische Inselkette westlich dieser bilden an ihrer Nordseite eine sandige *high-energy coast*; die Sturm-Wellenbasis liegt hier bei etwa 20 m Tiefe unter der Niedrigwasserlinie.

Die Sturm-Wellenbasis ist für die Küstenmorphologie ein wichtiger Horizont, auch wenn sich dieser durch die individuelle Gliederung der Küste in recht unterschiedlichen Tiefen befindet (◪ Abb. 4.66). Die Sturm-Wellenbasis sowie die Tide-Niedrigwasser- und Hochwasserlinie erlauben Handhabe zur Gliederung des Küstenklinoforms. Es werden als Subenvironments einer Küste von unten nach oben der **Vorstrand** (Subtidal; *shoreface*), der **nasse Strand** (Tidal, *fore shore*) und der **trockene Strand** (Supratidal, *back shore*) unterschieden. Unterhalb des

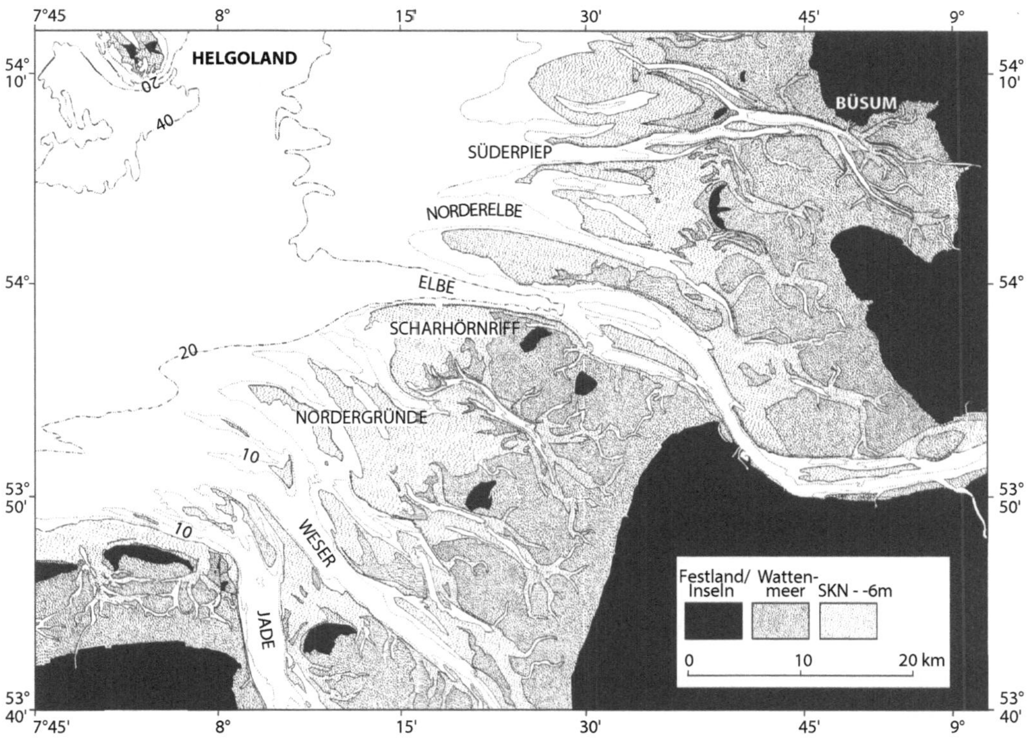

◪ **Abb. 4.65**   Die Seekarte des südöstlichsten Teils der inneren Deutschen Bucht mit den für dieses Gebiet wichtigen Ästuarmündungen zeigt das bei Tide-Niedrigwasser exponierte Wattenmeer (enge Punktierung; an dessen seewärtiger Seite liegt das Seekarten-Null, SKN, auf das sich die Meerestiefen beziehen). Seine Korngröße reicht von feinkörnigem Schlick bis grobkörnigem, gut sortiertem Sand (in diesem sog. Mahlsand wurden schon viele Anker und Schiffe verloren!). Die Zone SKN bis -6 m (weite Punktierung) ist der Vorstrand mit unterschiedlicher, tideströmungs- und seegangsabhängiger Ausdehnung und Relief; hier wird alle Energie der auflaufenden See umgesetzt. (Reineck und Singh 1973, Fig. 463)

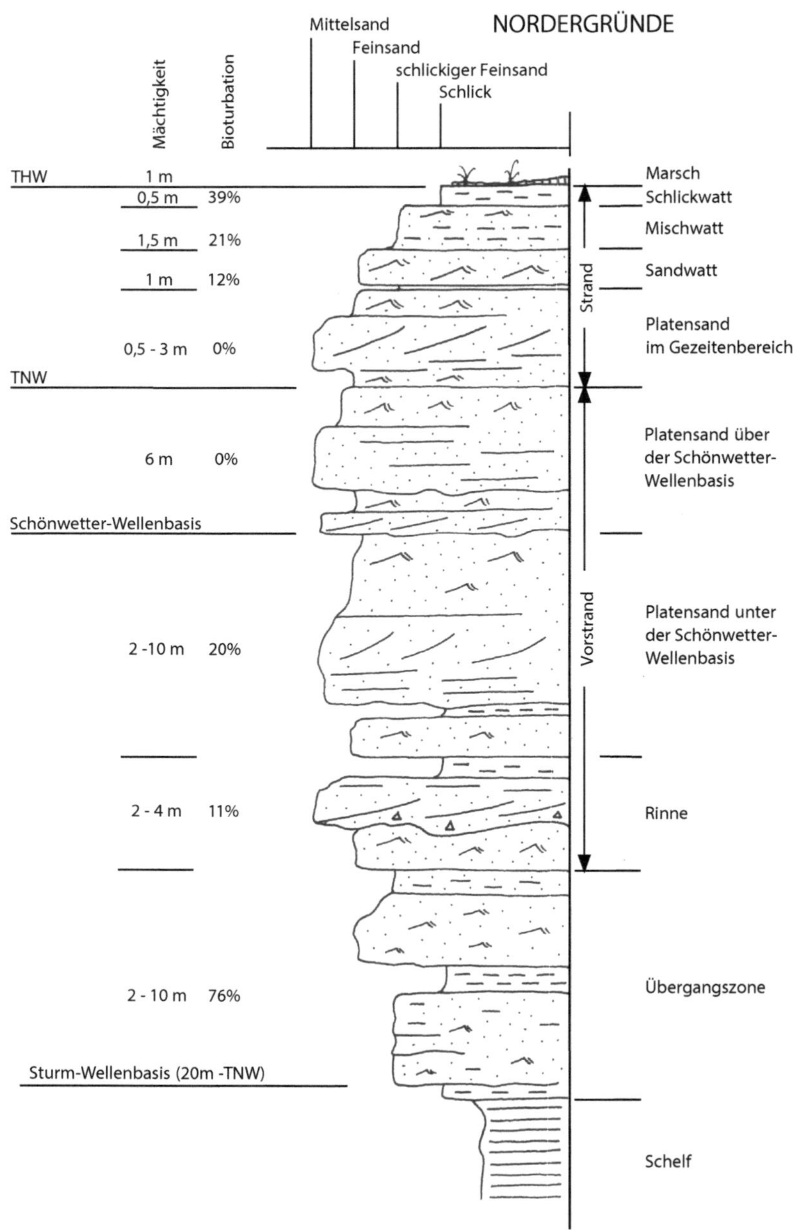

▣ Abb. 4.66   Virtuelles Sedimentprofil auf der Brandungsseite der Nordergründe (Nordsee), aus vielen Einzelbeobachtungen zusammengesetzt. Das interpretierende Profil enthält alle fazieskritischen Sedimentgefüge, Schichtmächtigkeiten und Angaben zur Bioturbation, die für die Interpretation einer *high-energy coast* notwendig sind. (Reineck und Singh 1973, Fig. 473; umgezeichnet)

Vorstrandes leitet die Übergangszone *(transition zone)* zur Tiefe des Schelfs über. Der Vorstrand enthält ausschließlich Sande; mit der Übergangszone beginnend wird dieser allmählich durch Schelfschlick ersetzt. Je nach Exposition des Meeresraumes und auch unabhängig von seiner Tidevariation kann ein solches Küstenprofil sehr verschieden gestaltet sein. Jeder der Subfaziesbereiche ist durch Korngröße, Sedimentgefüge und Lebensinhalt charakterisiert (◘ Abb. 4.67).

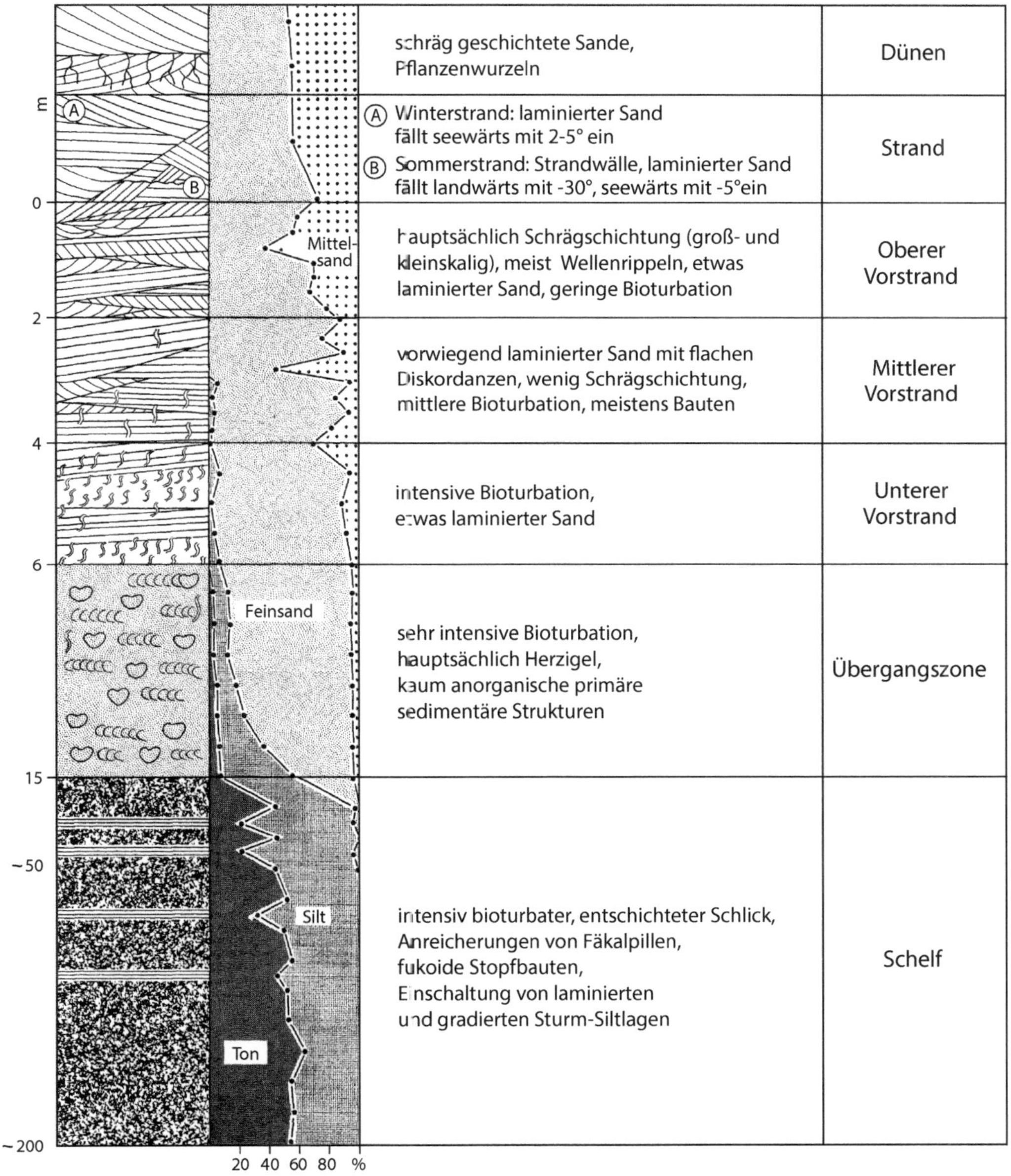

◘ **Abb. 4.67** Küstenprofil von Gaeta im Golf von Neapel, einer Küste ohne Gezeitenunterschied. Da das Profil aufgrund fehlender tideabhängiger Umlagerung ortsfest ist, sind die bioturbaten Gefüge und Sedimenttexturen recht genau positioniert; man beachte das fazieskritische Auftreten des Herzigels *Echinocardium* sp. (Reineck und Singh 1973, Fig. 462; umgezeichnet)

4.2.4 **Hochenergieküste**

Eine Hochenergieküste *(high-energy coast)* wird durch die Dynamik des Meeres geformt. Gezeitenströmung zieht entlang des Küstenklinoforms (der zum Meer abfallenden Küstenrampe unterhalb des Meeresspiegels), dringt aber auch über Seegaten und Priele zwischen den Barriereinseln in die Rückseitenwatten ein (Wehrmann 2016). Durch Tidenhub wird ein erheblicher Anteil von Sedimentfracht mobilisiert und verlagert (Davies und Ethington 1976). Darüber hinaus wird die Küste durch auflandigen Seegang gestaltet. Er kann senkrecht auf die Küste auflaufen, trifft meist aber schräg auf diese (d. h. ellipsenförmige Brandungswalzen, die sich entlang des Strandes durch Wind und Seegang rotierend leewärts verlagern) und bildet dabei sog. Strandellipsen. Durch die Brandung werden die Sedimente entsprechend ihrem hydraulisch wirksamen Durchmesser ausgelesen. Leichtere, meist kleinere Kornfraktionen werden fortgespült, wohingegen größere und schwerere verbleiben. Schwerminerale werden zu Strandseifen angereichert (wobei deren Korngrößen kleiner als die der Strandsande sind). Je länger die Auswahl stattfindet, desto besser wird das verbleibende Sediment, vorzugsweise Sand, sortiert und verrundet. Durch die Gezeiten wird der Strand im Tide-Rhythmus exponiert. Der von Seewasser überspülte und wieder freigelegte **nasse Strand** wird in einen unteren Teil, die **Brecherzone** *(breaker zone;* ◘ Abb. 4.68), und in einen oberen Teil, die **Schwappzone** *(swash zone, surf zone;* ◘ Abb. 4.69) untergliedert. Oberhalb der Hochwasserlinie folgt der **trockene Strand** *(back shore)* mit den durch Winddrift angewehten Flugsanden und aufgeschichteten Dünen. Weiter landeinwärts schließen sich die mit seewasserresistenter Vegetation bedeckten **Marschen** *(salt marshes)* an (◘ Abb. 4.70).

Intensive Sedimentumlagerung findet entlang der Niedrigwasserlinie und darunter statt, also am Übergang vom nassen Strand zum Vorstrand. Die auflandige Brandung winterlicher

◘ **Abb. 4.68**   Brecherzone am Nordstrand der Insel Langeoog bei Seegang etwa der Stärke 8. Die aus NW auflaufende See bricht sich bei Niedrigwasser an den äußeren küstenparallelen Strandriffen. Die unter Küstenschutz liegenden sind bereits trocken gefallen. Die ausgedehnten Strandpriele zwischen diesen zeigen strandparallel nach rechts (Osten) orientierte Großrippelfelder. Auf dem ersten Strandriff treibt der Wind schon trockenen Sand zu Flugsanddecken zusammen

Abb. 4.69 Schwappzone des Nordstrands der Insel Juist. Im Vordergrund die von der Brandung hoch-verdichtete Sandfläche. Von rechts (N) leckt der letzte Wellenschlag über die Fläche und glättet unter überkritischem Fließen die verbliebenen Unebenheiten. Von W nähern sich strandparallel, vom Wind getrieben, erste Schleier trockenen Flugsandes (frdl. Hilfe Bianka Petzelberger)

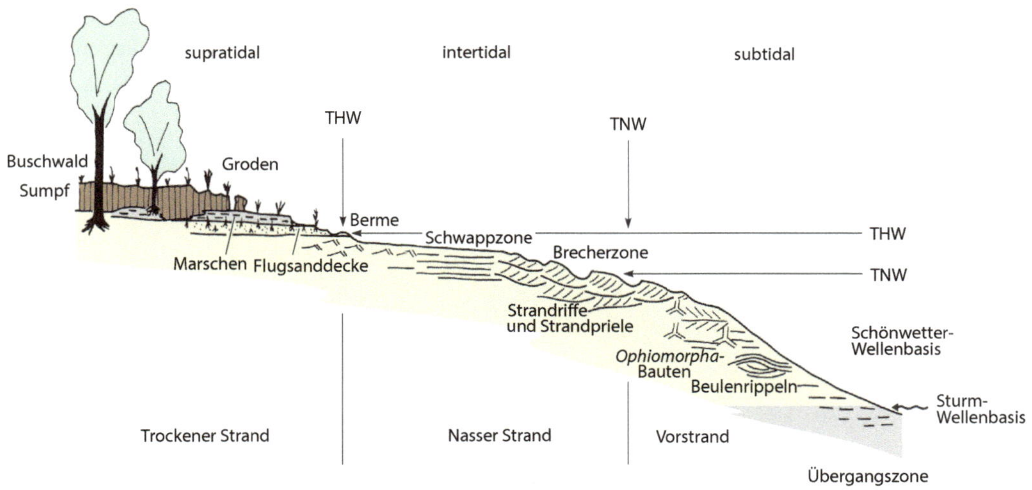

Abb. 4.70 Modell einer Hochenergieküste, entwickelt für die Unterflözgruppe (Oligozän/Miozän) im Niederrhein-Becken (Schäfer et al. 1996), jedoch übertragbar auf vergleichbare Faziesräume anderenorts. Der Profilschnitt reicht von der Übergangszone bis hinauf in die Marschen

Stürme reicht durchaus bis 20 m tief unter die Niedrigwasserlinie hinab und formt in sandigen Küstensedimenten großskalige Wellenrippeln. Ihr Bildungsort ist spezifisch für alle Brandungsküsten und charakterisiert deren hohe Dynamik (Chang und Flemming 2006; Dalrymple et al. 2006). Es bilden sich sog. Beulenrippeln *(ridges and swales)* (Tanner 1995) mit einem Kammabstand von 0,5–1 m Länge und 10 cm Rippelhöhe und weisen intern eine flache, wellige Schrägschichtung *(hummocky cross-stratification*, HCS) auf (vgl. **Abb. 2.37** und 2.49). Im dünnblättrig laminierten Schichtpaket werden die jeweils liegenden Schrägschichtungssets mit flachem Diskordanzwinkel von übergreifenden, sanft geschwungenen Lagen überdeckt (Bourgeois 1980); Dott und Bourgeois 1982; Swift et al. 1983; Swift und Nummedal 1987).

Auflandiger Sturm in Flachwassergebieten der Küste erzeugt hohe Wasserstände, die erwartungsgemäß außergewöhnlich erosiv sind (◘ Abb. 4.71). Das abfließende Wasser trägt die Erosionsprodukte seewärts fort und setzt sie in der Übergangszone und im küstennahen Schelf als sog. Sturmsandlagen bzw. Tempestite wieder ab (Aigner und Reineck 1982, 1983; Aigner 1985; Einsele und Seilacher 1991). Näheres zu diesen proximal-distal angelegten Sandschüttungen folgt in ▶ Abschn. 4.3.

Die vom aktuellen Wetter abhängige Wellenfront läuft selten senkrecht auf den nassen Strand (fore shore) auf. Schlägt die landwärts gerichtete Welle schräg auf die Küste, zieht sich die rücklaufende Welle normal zu dieser zurück. Dadurch wird das durch die Wellen

suspendierte Sediment die Küste entlang getrieben (Reineck und Singh 1980). In der **Brecherzone**, kurz unterhalb bis kurz oberhalb der Niedrigwasserlinie, wird ein System aus mehreren flachen strandparallelen Sandrücken, Strandriffen bzw. Strandwällen (beach ridges) aufgeworfen (Reineck 1984; ◘ Abb. 4.72). Die **Strandriffe** bilden annähernd strandparallele mehrfach aufeinander folgende Sandbänke, dort, wo die Brandung senkrecht die Küste aufläuft. Sie reichen mitunter so weit den Strand hinauf, dass sie an den trockenen Strand anschließen. Zur Zeit der Winterstürme bzw. entlang energiereicher offener Küsten bildet sich hier ein Strandwall, die sog. Berme (Reineck 1984; Lindhorst et al. 2008). Die Brandung trifft jedoch meist schräg auf die Küste und spreizt in Richtung der von der Brandung abgewandten Seite von der Küste ab (◘ Abb. 4.73). Die Seeseite der Strandriffe ist flach, ihre Landseite ist steil (◘ Abb. 4.74). Die hereinbrechende See schlägt mit hoher Energie über das Strandriff hinweg, glättet dessen Oberfläche mit Hochenergie-Parallelschichtung

◘ **Abb. 4.71**   Ostküste der Assateague Island, Maryland, USA. Hier herrscht mikrotidales Gezeitenmilieu in Verbindung mit hoher Brandungsenergie atlantischer Dünung. Daher wäscht diese den Strand zu weiten glatten Schüsseln aus. Weit strandeinwärts schwappendes Meerwasser erreicht mitunter – unter Ausbildung von Schwemmfächern (wash-over fans) – sogar die Rückseite der Küstenbarre, um in die dahinter liegende Lagune einzubrechen

⬛ Abb. 4.72 Luftfoto des Nordstrands der Insel Juist. Fast der ganze nasse Strand ist mit Strandriffen versehen (helle Bänke). Zwischen diesen liegen die Strandpriele (dunkle, gegen den Bildhintergrund transportierende Kanäle), in denen sich durch die küstenparallel ablaufenden Wässer Großrippelfelder bildeten. (Foto FLN, Frisia Luftverkehr Juist)

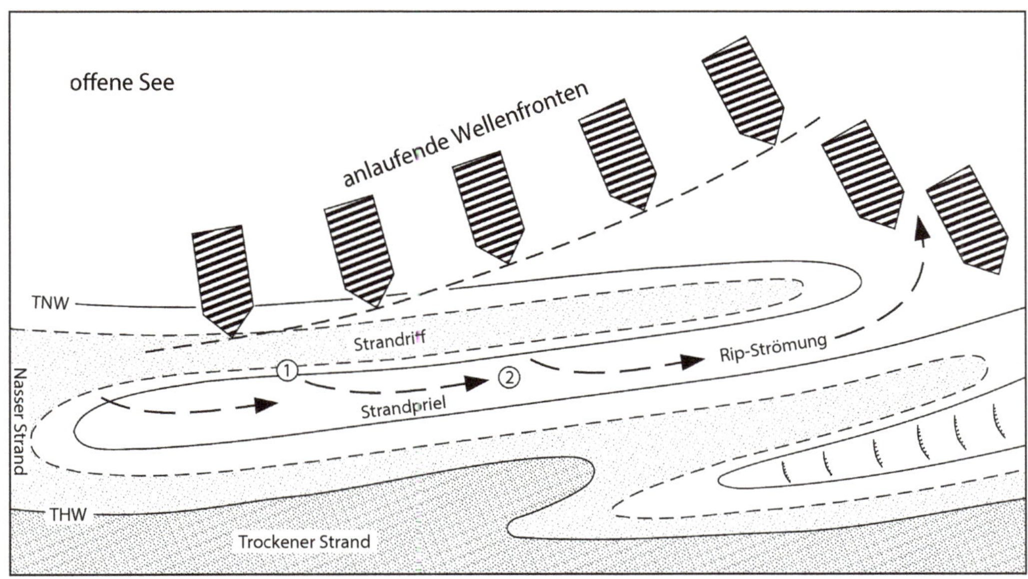

⬛ Abb. 4.73 Strandwall bzw. Strandriff an der Niedrigwasserlinie einer Hochenergieküste mit dahinter gelegenem Strandpriel. Auf den Strand schlagende Wellen schwappen über den Strandwall mit überkritischer Fließgeschwindigkeit hinweg, formen an der Position (1) landwärts orientierte Riffstirn-Schrägschichten (d. h. planare Schrägschichtung) und ziehen als Ripströmung im Strandpriel (2) unter Bildung von trogförmigen Groß- und Kleinrippeln wieder seewärts. (Reineck 1984, Abb. 6–12; verändert)

◘ Abb. 4.74   Querschnitt durch einen Strandwall bzw. ein Strandriff an der Niedrigwasserlinie von Hochenergieküsten mit ortspezifischen Schrägschichtungsgefügen. Die seeseitigen Riffschichten bestehen vor allem aus Hochenergie-Parallelschichtung, vielfach auch Antidünen bzw. Gegenrippeln, ebenso kleinskaligen Rhomboederrippeln. Auf der Seite zum Strandpriel orientieren sich steile reliefparallele Riffstirnschichten landwärts in Bezug auf die allgemeine Küstenlinie. Im Strandpriel erzeugt das wieder seewärts ablaufende Wasser die Ripströmung und formt eine große Vielfalt von trogförmigen Strömungsgroßrippeln bis Strömungskleinrippeln; im Strömungsschatten bilden sich Wellenrippeln. (Reineck 1984, Abb. 6–7)

◘ Abb. 4.75   Rhomboederrippeln auf der Oberfläche eines an der Niedrigwasserlinie exponierten Strandriffs am Nordstrand von Wangeroog. Sie weisen den Übergang zwischen unterkritischem und überkritischem Fließen nach, in sehr flachem Wasser, das (im Bild nach links) über das Strandriff schießt

und lässt nur stellenweise landwärts gerichtete Felder mit Strömungskleinrippeln bzw. Rhomboederrippeln zu (**◘** Abb. 4.75). Hinter dem Strandriff liegt jeweils ein **Strandpriel** *(runnel)*. In diesen schießt die See und schüttet den suspendierten Sand über die Strandriffkante landwärts vor. Die landwärts anlagernde Fläche wird von Reineck (1984) als Riffstirn bezeichnet (**◘** Abb. 4.76). Sie bildet die sog. Riffstirnschichtung aus steilen landwärts orientierten Anlagerungsflächen mit planarer Schrägschichtung und überschichtet im Strandpriel die dort vorhandenen kleineren Bodenformen (**◘** Abb. 4.77). Im mitunter beträchtlich tiefen Strandpriel können sich durch strandparallel schnell ablaufendes Wasser Großrippeln bilden (**◘** Abb. 4.78). Das Wasser im Strandpriel wird durch neu hereinbrechende Wassermassen strandparallel leewärts fortgetrieben. Ist dieser jedoch geschlossen, entweicht

Abb. 4.76 Eines der zueinander parallelen, nahe der Niedrigwasserlinie gelegenen Strandriffe von Wangeroog zeigt die steile, landwärts anlagernde Fläche. Diese bildet in der Sandbank die planare Riffstirnschichtung

Abb. 4.77 Planare Riffstirn-Schrägschichtung in der Oberen Meeresmolasse progradiert in den Strandpriel hinein; in diesem werden Kleinrippeln überdeckt. Im Liegenden und Hangenden dominiert die Hochenergie-Parallelschichtung des nassen Strandes (Gletschergarten Luzern: links des Löwenreliefs; frdl. Hilfe Beat Keller)

das Wasser aus ihm durch enge und senkrecht durch den Strandwall führende Kanäle *(rip channels)* mit kurzzeitig heftiger **Ripströmung** *(rip current)* (■ Abb. 4.79) wieder Richtung See (Reineck und Singh 1980; Reineck 1984; Petzelberger 1999).

In der Brandungszone am unteren nassen Strand wird in erheblichem Maße Sediment umgelagert, wobei sich scheinbar desorganisierte Kreuzschichtung formt (■ Abb. 4.80) – planare und trogförmige verschieden orientierte Schrägschichtung, dazu Erosionsflächen sowie Strömungs- und Wellenkleinrippeln.

Durch die schräg auf den Strand auflaufende Brandung wird der Küstensand strandparallel versetzt, was zu erheblicher

4

◨ **Abb. 4.78** Strandpriel am Nordstrand von Langeoog; die Transportrichtung war strandparallel auf den Betrachter zu. Die Löcher, in denen noch Wasser steht, sind die Kolke auf der jeweiligen Leeseite der Großrippelfelder, überlagert von Kleinrippelflächen. Die Zerstörung der Bodenformen durch deren Entwässerung und Zerfließen wird durch die gute Sortierung der Sande begünstigt. Die eingeebneten großen Bodenformen sind mit Kleinrippeln bedeckt

◨ **Abb. 4.79** Luftfoto multipler Strandwallsysteme der Nordseeinsel Juist bei ruhigem sommerlichem Wetter. Es fallen die zahlreichen zueinander parallelen Ripkanäle auf, die das breite Strandriff durchschneiden. Durch diese strömte das Wasser der rechtwinklig auf den Strand schlagenden Brandung wieder seewärts. (Foto FLN, Frisia Luftverkehr Juist)

Massenverlagerung führen kann. An der Inselkette der südlichen Nordsee landet die Wellenfront vorwiegend aus westlichen bis nordwestlichen Richtungen an. Der Sand verlagert sich daher ostwärts und formt Strandriffsysteme, die mit ihrem Westende mit der Strandfläche verbunden sind und deren Ostende von dieser abspreizen und sich

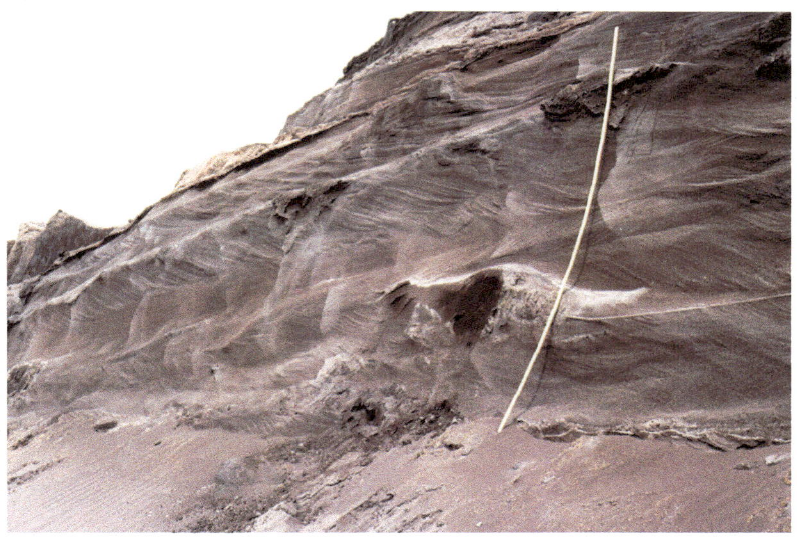

■ Abb. 4.80 Die planare Riffstirnschichtung bildet sich auf der landwärtigen Seite eines Strandriffs. Hier liegen mehrere relativ gleich mächtige Sets dieser Anlagerungsflächen übereinander (Köln-Schichten, Sand 5D, Oligozän, Tagebau Fortuna, Niederrheinische Bucht)

■ Abb. 4.81 Nach vorne, nach Osten, abspreizende Strandriffe der Nordseeinsel Spiekeroog. Die Inselfläche bildet einen weiten küstenwärts gebogenen Nehrungshaken, in dessen Rückseite und Schutz sich unmittelbar das Rückseitenwatt anschließt. Die dunkle Fläche ist das Grünland aus bewachsenen Dünen und Grodenflächen. Im Vordergrund ist das Seegat Blaue Balje bei ausnahmsweise ruhiger See. (Foto Bianka Petzelberger)

schließlich lösen (■ Abb. 4.81). Die Strandwallsysteme bilden im allgemeinen 3 bis 5 separate, zueinander parallele Rücken, wobei der tiefste bereits weit in der freien See legt und dort eine für die Seefahrt gefährliche Untiefe bildet. Hier finden sich die gröbsten Sedimente eines Strandprofils, deren Sande sehr gut gerundet und extrem gut sortiert sind.

Werden die strandparallelen Strandpriele bei ablaufender Tide nicht mehr von neuen Brechern geflutet, fallen sie allmählich trocken. Dadurch werden die

Strandpriele stehende Gewässer, und die zuvor gebildeten Strömungsgroß- und -kleinrippeln werden mit symmetrischen und asymmetrischen Wellenrippeln überprägt (■ Abb. 4.82). Oberflächlich abfließendes Wasser zerstört sie oft durch Rieselmarken (■ Abb. 4.83). Da der Sand gut sortiert und wenig standfest ist, setzt alsbald eine Reliefumkehr aller Bodenformen ein: die wasserreichen Rippelgefüge zerfließen und formen runde Kämme und spitze Täler (■ Abb. 4.84).

◘ Abb. 4.84 Reliefumkehr asymmetrischer Wellenrippeln am NW-Strand von Mellum (Seegang von rechts), durch Regen und nachfolgend windverdriftetem trockenem Sand allmählich wieder verfüllt und eingeebnet (frdl. Hilfe Friedrich Wunderlich)

◘ Abb. 4.85 Hochenergie-Parallelschichtung in der Schwappzone eines Strandes (Braunkohlensande im Liegenden des Flözes Morken; Köln-Schichten im Niederrhein-Becken, Oligozän, Tertiär; Tagebau Garzweiler; frdl. Hilfe Bianka Petzelberger)

Oberhalb der Strandwall-Strandprßel-Systeme der Brecherzone, die bei Niedrigwasser etwa zur Hälfte exponiert werden, fclgt die **Schwappzone** des nassen Strandes Hier schlägt die Brandung mit großen Wassermassen auf die Küste und fließt als dünne Wasserschicht nur weniger heftig wieder zurück. Beide Bewegungen führen gleichermaßen zu überkritischem Fließregime (vgl. ◘ Abb. 2.28), sodass in der Schwappzone ebene Hochenergie-Parallelschichtung *(high-energy parallel bedding)* gebildet wird (◘ Abb. 4.85). In der Schwappzone formt der Seegang bei mittlerer Tide harte und glatte Sandflächen: sie sind ohne Relief, intern hochenergie-parallelgeschichtet und dicht gelagert. Hier finden sich allenfalls disartikulierte Muschelschalen in stabiler gewölbt-oben-Position und eine große Vielfalt von divergierenden Strömungsstreifen *(parting lineation)* (Abb. 4.86). Die Sande werden den Strand hinauf allmählich feinkörniger und konservieren hier und da kleinskalige asymmetrische Wellenrippeln. Deren landwärtige Seite ist steiler, deren seewärtige dagegen flacher. Entlang der Hochwasserlinie bildet sich unter sommerlichen Schönwetterbedingungen ein niedriger Strandwall, eine Sommerberme (vgl. Abb. 4.64, 4.70). Sie wird von dem hier vergleichsweise nur noch gering wirksamen Seegang aufgeworfen, bei extremen Hochwässern und bei Sturmfluten jedoch wieder zerstört und landwärts verlagert. Entlang der Berme wird ein Spülsaum mit Treibgut aller Art angereichert.

Weiter landwärts schließt sich der **trockene Strand** *(back shore)* an, der vom Wind verfrachtete Sande enthält. Diese sind deutlich feinkörniger als die vom Wellenschlag bewegten Sande des Vorstrandes und auch des nassen Strandes. Sie werden aus den bei Niedrigwasser exponierten Sandflächen ausgeweht und sind in Abhängigkeit von der herrschenden Windgeschwindigkeit daher vor allem Feinsande (Abb. 4.87). Die Sande verwehen auf die bei Niedrigwasser auftauchenden, noch nassen Wattenflächen. Dort bleiben sie als helle und dichte Lagen haften und schichten allmählich auf. Sie ziehen strandparallel und formen weiche tiefgründige Sandteppiche mit Blasensand, in dem durch oberflächliche Durchfeuchtung des nachfolgenden Tidehochwassers Luftblasen eingeschlossen werden und kurzzeitig erhalten bleiben (Abb. 4.88). Diese Sandteppiche bilden cm- bis dm-mächtige äolische Flugsanddecken, die gelegentlich oberflächlich und entlang ihrer Reliefkanten vom Wind gebildete Kleinrippeln besitzen, meist jedoch parallel geschichtete Lagen Flugsand. Sie werden durch den Salzspray der Brandung oberflächlich verfestigt und sind dadurch relativ widerstandsfähig (Abb. 4.89).

 Abb. 4.86   Divergierende Strömungsstreifen *(parting lineation)* des nach links oben rücklaufenden Wellenschlages in der Schwappzone des Hochenergiestrandes von Jericoacoara (Cerá, NO-Brasilien; frdl. Hilfe Bianka Petzelberger)

◘ Abb. 4.87 Auf dem trockenen Strand von Juist exponieren frei gewehte, durch Salzspray stabilisierte Schichtköpfe von Großrippeln große, gut sortierte Kornpopulationen. Zwischen den nach rechts einfallenden Leeblättern befinden sich die kleineren, weniger gut sortierten Körnungen (frdl. Hilfe Bianka Petzelberger)

◘ Abb. 4.88 Blasensand vom N-Strand Wangerooge: Von feinkörnigen gerippelten Sandlagen (deren Oberfläche durch rote Bleimennige für die Probennahme mit dem Stechkasten signiert wurde) ist Luft in Sanden ehemaliger Flugsandteppiche eingeschlossen, sodass deren Gefüge und Porosität erhalten blieb (frdl. Hilfe Hans-Erich Reineck)

◘ Abb. 4.89 Sand einer Flugsanddecke, deren Oberfläche von Schwappwasser durchfeuchtet und als Blasensand konsoldiert wurde; von einer Prielkante angeschnitten, N-Strand von Juist Juni 1987 (frdl. Hilfe Bianka Petzelberger)

Äolische Kleingefüge sind fossil jedoch kaum zu erkennen – dominant ist Parallelschichtung bzw. flache, nahezu planare Schrägschichtung (◗ Abb. 4.90).

Die Sandverwehungen des trockenen Strandes schließen Strandprofile nach oben ab (Petzelberger 1994). Dünnschichtige Flugsanddecken bis meterhohe Dünen konservieren planare als auch trogförmig schräg geschichtete, gut sortierte feinkörnige Sande – ausgeweht aus den aquatischen Teilen des Strandes (◗ Abb. 4.91). Diese äolischen Bildungen, die Äolianite, werden entsprechend ihres Alters als Weiß-, Braun- oder Graudünen bezeichnet, was vom Bewuchs mit zunächst Strandhafer, Gras und schließlich Sanddorn und Weiden abhängig ist (Sindowski 1973; Streif 1990a). Die Dünenketten können bei Sturmfluten gelegentlich durchbrochen werden, sodass Durchbruchsfächer *(wash-over fans)* landwärts vordringen (◗ Abb. 4.92). Ausgedehnte Salzwiesen formieren sich im Schutze der Dünenzüge auf der rückwärtigen Front der Inselketten. Sie wachsen hier auf Sandflächen auf und bilden die erste Vegetationsdecke des allmählich aussüßenden Inselkörpers

◗ **Abb. 4.90**   Flach gelagerte, weitgehend planar schräggeschichtete äolische Sande im seeseitig vom Wind erodierten Dünenkörper der westfriesischen Nordseeinsel Texel

◗ **Abb. 4.91**   Mehrfach zyklische Sande eines pleistozänen Dünenkörpers auf der Ostseite der Insel Sylt 2010 – hier mit planarer Riffstirn-Schrägschichtung eines Strandwalls

Abb. 4.92 Durchbrüche durch die Dünenkette geschehen häufig und bereiten charakteristische Durchbruchsfächer, die bis weit in die Grodenwiesen hinter der Dünenkette reichen können. Bleibt diese offen, bilden sich bei Hochwasser weit landeinwärts reichende Tidekanäle (NW-Strand der Insel Texel, De Slufter; Foto Rijkswaterstaat Texel)

(■ Abb. 4.93). Ebenso gedeihen Salzwiesen auf den vom Meer über die Rückseitenwatten noch erreichten Gebiete der Marschenküste (Dörjes 1978; s. u.). Bei Sturmfluten können auch die unter Landschutz liegenden Küstensäume von Sturmflutsanden überschichtet werden. Sie bilden eine charakteristische cm-mächtige Wechselschichtung aus an Torf reichen Lagen der Grodenwiese und den meist gerippelten, eingeschwemmten Feinsanden (■ Abb. 4.94).

Je nach Weite des trockenen Strandes bilden sich auf ihm Depressionen, mitunter mit flachen Tümpeln des letzten außergewöhnlichen Hochwassers, während Springtide oder Sturmflut. Bei genügend Feuchtigkeit kann der Sand in jenen von Blaugrünalgen verfestigt sein (Gerdes et al. 1985a, b, 1987; Noffke et al. 2001). Solche Sande bilden ein spezifisches Feuchtbiotop, sind durch Algenfilamente verklebt, verfestigt und mm-geschichtet (■ Abb. 4.95). Sie haben unter der oft nur eine Sandkornlage dicken Oberfläche eine grün gefärbte, ein bis wenige Millimeter dicke Schicht (■ Abb. 4.96). Diese enthält vor allem Blaugrünalgen (phototrophe Cyanobakterien), die durch den Porenraum des Bodenkorngefüges assimilieren können. Unter diesem grünen Horizont finden sich karminrote Purpurbakterien, die ebenfalls zu einer dünnen, mm-feinen Lage angereichert sind (■ Abb. 4.97). Zur Tiefe hin schließt sich durch Schwefeleisen ($FeS \cdot n\ H_2O$) schwarz

Abb. 4.93 Die Grodenkante auf der Rückseite der Insel Spiekeroog wird häufig von Sturmflutsanden überschichtet und lässt die Salzwiese rasch aufwachsen

■ Abb. 4.94 Grodenschichtung ist typisches Phänomen einer Transgression. Hier wird das Braunkohleflöz Frimmersdorf von den marinen Neurather Sanden überlagert. Zunächst werden vereinzelt cm-dünne Sturmflutsande in die Torflager eingearbeitet, die sich nach oben dann allmählich verdichten (Niederrheinische Bucht, Tagebau Hambach, Ville-Schichten, Obermiozän; frdl. Hilfe Fritz von der Hocht)

gefärbtes Pigment an, dessen Farbintensität sich allerdings nach wenigen Zentimetern bis Dezimetern wieder verliert. Die Blaugrünalgen-Matten *(cyanobacterial mats)* verfestigen das Sediment derart, dass leichter Wellenschlag keine Rippeln mehr bilden kann. Allenfalls können bei Sturmfluten durch auflandige Brandung Erosionskolke gerissen werden, in denen die Sande wieder zu Wellenrippeln umgelagert werden (■ Abb. 4.98). Die sog. Farbstreifensandwatten bilden weite Flächen und finden Schutz hinter Dünenzügen seitlich des exponierten Strandes, hinter hakenförmigen Dünengürteln (sog. Nehrungshaken) an der Leeseite von Barriereinseln (■ Abb. 4.99 und 4.100). Die Algenmatten selbst sind fossil nicht überlieferungsfähig. Doch werden charakteristische Spuren vom hier siedelnden Garnelenkrebs *Corophium volutator* und dem anneliden Borstenwurm *Pygospio elegans* hinterlassen. Beide sind an der heutigen Nordseeküste typische Vertreter des Bodenlebens entlang der Hochwasserlinie. Da deren Spuren genügend fossiles Überlieferungspotenzial haben (Gerdes et al. 1985a, b), können sie stellvertretend als Spurenfossilgemeinschaft der Hochwasserlinie gelten (Schäfer et al. 2004; ■ Abb. 4.101).

4.2.4.1 Tideabhängige Küstenmorphologie

Mikrotidale Küsten bilden bevorzugt Lagunen (■ Abb. 4.102a). Bei mesotidalem Gezeitenunterschied formen sich vor der Küste Barriereinseln mit Rückseitenwatten (■ Abb. 4.102b). Bei makrotidalem Gezeitenunterschied sind die Küsten zu ästuarinen Bildungen umgearbeitet (■ Abb. 4.102c). Flussrinnen aus dem Hinterland öffnen sich seewärts zu weiten Trichtern, in welche die Tidewellen ein- und auslaufen (Galloway und Hobday 1983; Bungenstock und Schäfer 2009; ■ Abb. 4.103.) Diese tideabhängigen Verschiedenheiten werden jedoch durch den auf die Küstenlinie stehenden Seegang massiv überprägt. Mesotidale Küsten ohne flachgehenden Festlandssockel, jedoch mit hoher Wellenenergie, formen grobkörnige Sandbarrieren, beispielsweise die niederländische Küste südlich von Texel (Nio et al. 1981). Die mesotidale Hochenergieküste unmittelbar nördlich von Sydney ist eine von Prielen durchzogene, fest gelagerte grobkörnige, allmählich zum Pazifik abfallende Sandfläche (■ Abb. 4.104). Weiter im Norden von dieser, auf der pazifischen Seite der Halbinsel York und auch hier im mesotidalen Gezeitenregime, formen sich – dem Seegang des Pazifik und den einlaufenden Zyklonen ausgesetzt – entlang der Hochwasserlinie komplexe Strandwallsysteme *(beach ridges)*, die sich aus Flugsand und progradierender Schönwetterküste aufbauen

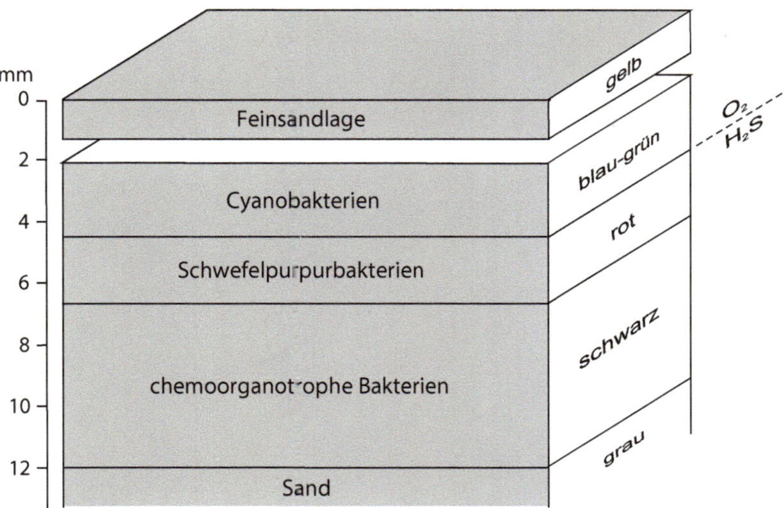

❏ Abb. 4.95 Modell der Algenschichtung an der Hochwasserlinie geschützter sandiger Strände. Die mm-feinen, durch Algenfilamente verfestigten Schichten aus schwarzen, roten und blaugrünen Lagen haben diesen Watten die Bezeichnung Farbstreifensandwatten eingetragen. Die bunten Lagen sind empfindliche Biostrome, verfestigen jedoch die Sedimentoberfläche derart, dass sich keine Rippeln mehr bilden können – allenfalls in Kolklöchern. (Gerdes et al. 1985b, Abb. 1)

❏ Abb. 4.96 Das Farbstreifensandwatt ist ein spezifischer begrenzter Ablagerungsraum entlang der Hochwasserlinie sandiger Küstenstriche, im Schutz von Inselkörpern (wie hier der Südseite von Mellum). Die millimeterfein wechselgelagerten Cyanobakterien verkleben und verfestigen durch ihre Lebensprozesse den Sand und verhindern dessen weitere Umlagerung, sodass in diesen allenfalls Kolklöcher erodiert werden können

(Tamura et al. 2017). Der niederenergetischen, mikrotidalen Küste Westfloridas ist eine Kette symmetrischer Barriereinseln in Form von Trommelschlägeln (daher der Name *drum stick islands*) vorgelagert (Parkinson 1989). Zwischen diesen bilden sich vorzugsweise landwärts

 Abb. 4.97 Farbstreifensandwatt auf Inseln der West Florida Coast. Purpurbakterien (wie hier) herrschen immer dann vor, wenn das Sediment sehr feucht ist; ist es trockener, überwiegen Cyanobakterien. Die unterschiedlich durchfeuchteten Biotope zeigen daher auf engem Raum wechselnd karminrote und blaugrüne Färbung

 Abb. 4.98 Auf sandigen Küsten der Unterkreide von Denver lebten Saurier (Dinosaur Ridge, Dakota Sandstone, M-Cenoman; Morrison, W von Denver). Sie zogen ihre Spuren über die recht standfesten, durch Algenfilamente verkitteten Sandwatten. Durch erodierte Kolklöcher und Wellenrippeln in diesen wird offenbar, dass Wellenschlag erheblich sein konnte

orientierte Flut-Gezeitendeltas (Abb. 4.105). Die Küste der Assateague Island, östlich von Washington am Atlantik, ist bei ebenfalls mikrotidalen Verhältnissen durch die Brandung zu einer lang gestreckten Barriere zusammengeschoben (vgl. Abb. 4.71) und bildet eine idealtypische Hochenergieküste (Niedoroda et al. 1985; Belknap und Kraft 1985; Mixon

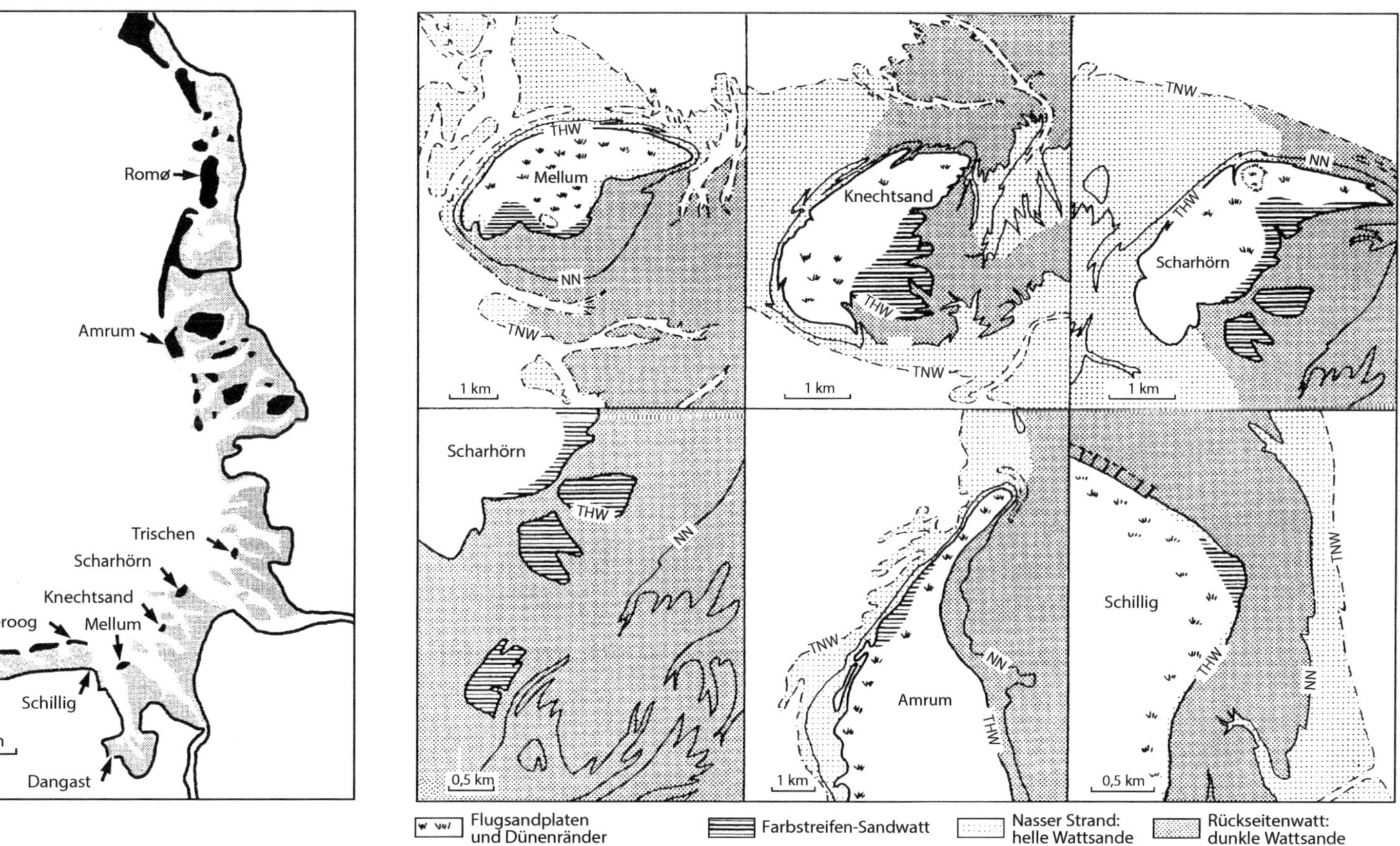

■ **Abb. 4.99** Die Hochwasserlinie geschützter sandiger Küstenstriche der südlichen Nordsee, vor allem die der Rückseiten der Ost- und Nordfriesischen Inseln, sind reich an Biotopen für die Bildung von Farbstreifensandwatten. (Gerdes et al. 1985b, Abb. 2 und 3)

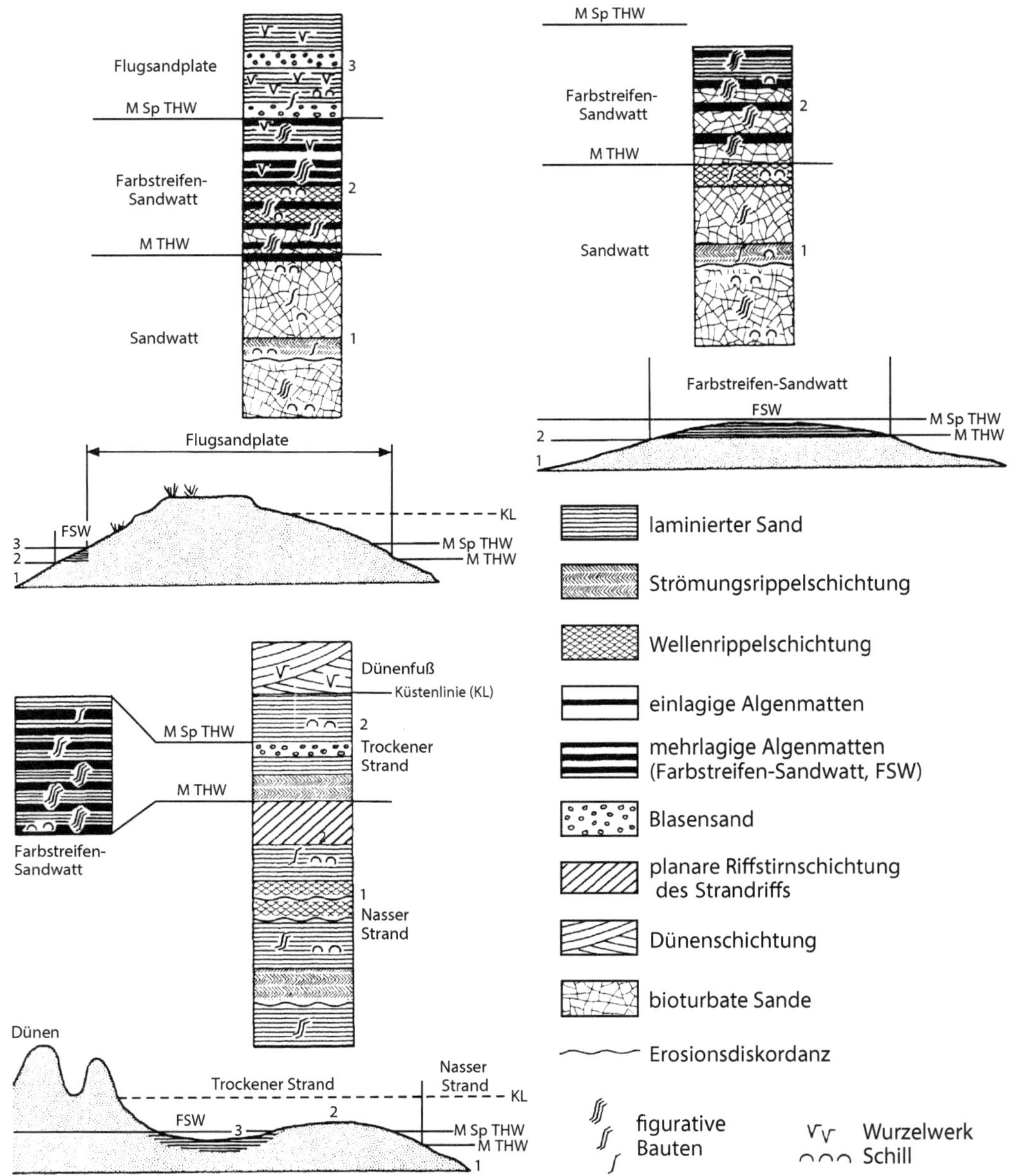

⬛ Abb. 4.100   Farbstreifensandwatten plombieren die Strandprofile entlang der Hochwasserlinie geschützter Küsten und liegen im Niveau zwischen dem mittleren Hochwasser (M THW) und dem Springtide-Hochwasser (M Sp THW). (Gerdes et al. 1985b, Abb. 4)

1985; Demerest und Leatherman 1985). Hinter dieser hat sich das rückseitige Marschen- und Lagunensystem der Chincoteague Bay entwickelt, die nur über einzelne Durchlässe in der Barriere zu erreichen ist (⬛ Abb. 4.106). Entlang der Küste von Georgia formten sich bei mesotidalen Verhältnissen Barriereinseln (z. B. Sapelo Island; Howard et al. 1972).

◘ Abb. 4.101   Farbstreifensandwatt im Oligozän von Bornheim-Brenig (Südostende der Niederrheinischen Bucht; Schäfer et al. 2004). Dieses gibt sich ausschließlich durch die Lebensspuren entlang der horizontal gelagerten Sedimentflächen zu erkennen. Sie werden verglichen mit den Lebenspuren der Krebschen *Corophium* sp. und anneliden Würmern wie u. a. *Pygospio* sp. Diese leben heute in Farbstreifensandwatten der südlichen Nordsee (Gerdes et al. 1985a, b)

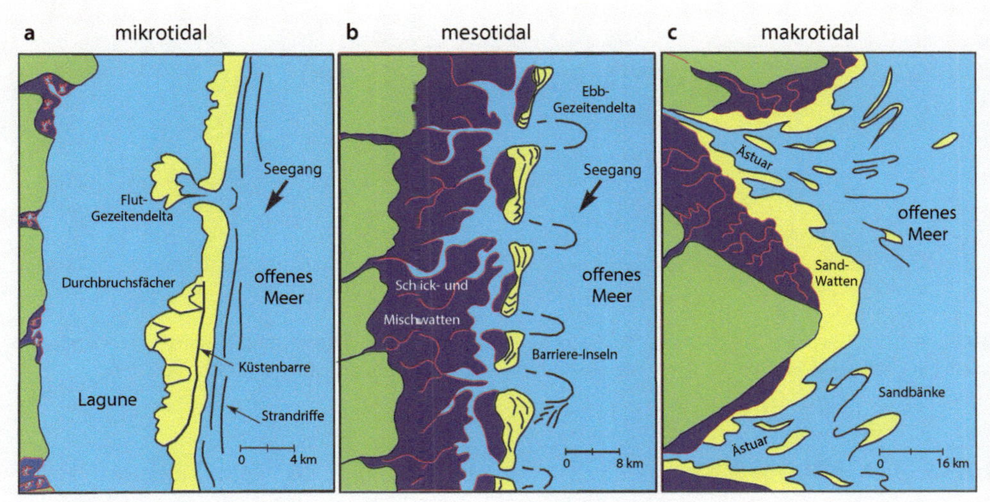

◘ Abb. 4.102   Die Meeresküste und ihre Gestalt bei unterschiedlichem Tidenhub. **a** Bei mikrotidalen Verhältnissen (Tidenhub < 1,8 m) formt sich eine weitgehend durchziehende Sandbarriere mit nur wenigen Durchlässen zur rückseitigen Lagune, in die sich Flut-Gezeitendeltas landwärts vorarbeiten. **b** Bei mesotidalen Verhältnissen (Tidenhub 1,8–3,6 m) bildet sich eine Küste mit vorgelagerten Barriereinseln und ausgedehnten Rückseitenwatten; zur See orientiert sind Ebb-Gezeitendeltas. **c** Bei makrotidalen Verhältnissen (Tidenhub >3,6 m) entwickeln sich Küsten mit Ästuaren, d. h. Flussmündungen, in die die Tidewelle weit landeinwärts vordringt; lang gestreckte Inseln formen sich im Ästuartrichter. (Nach Galloway und Hobday 1983, Fig. 6–4)

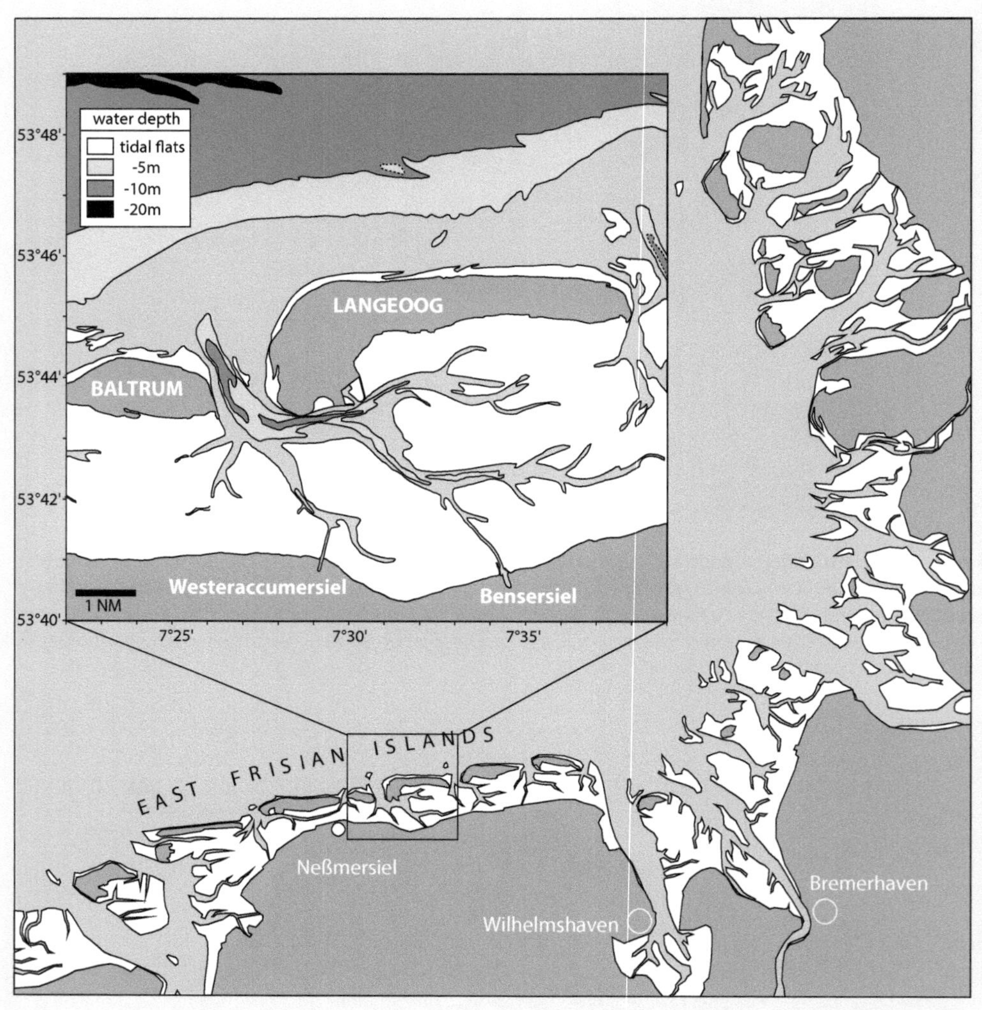

◨ Abb. 4.103   Die Deutsche Bucht mit der Kette der Ostfriesischen und Nordfriesischen Inseln, vergrößert die Inseln Langeoog und Baltrum an der Küste der südlichen Nordsee (Bungenstock und Schäfer 2009)

4.2.4.2 Gezeitendeltas

Die Kette der Barriereinseln bildet die Hochenergiestirn des Wattenmeeres (◨ Abb. 4.107) und ist der Schutz für die Rückseitenwatten zwischen Inselkette und Festland (Nummedal 1982; Oertel und Leatherman 1985; Fruergaard et al. 2015). Das Meer erreicht die Rückseitenwatten über Seegats, die Rinnen zwischen den Inseln *(tidal channels)* der südlichen Nordsee (Seegat ist die örtliche Bezeichnung für den Tidekanal zwischen den Barriereinseln der südlichen Nordsee). In diesen hat der Gezeitenstrom hohe Geschwindigkeit, sodass hier beträchtliche Sedimentumlagerung stattfindet. Über die subtidalen Schwellen zwischen den Inseln werden vor allem seewärts orientierte **Ebb-Gezeitendeltas** *(ebb tidal deltas)* in Abhängigkeit von der Vorherrschaft des regionalen Gezeitenstromes gebildet (◨ Abb. 4.108). Denn

◘ Abb. 4.104   Die Küste unmittelbar nördlich von Sydney hat einen tideabhängigen Mangrovengürtel, dem ein kompakter Strandwall aus grobkörnigem Sand vorgelagert ist (Alva Beach). Dieser ist verschiedentlich von mäandrierenden Prielen durchschnitten, die den Eintritt der See in das Hinterland gestatten

◘ Abb. 4.105   Das Luftfoto der Küste von Westflorida zeigt den Gezeitenkanal zwischen zwei der Inseln. Deutlich erkennbar ist das landeinwärts (nach Osten, rechts) orientierte Flut-Gezeitendelta. Dieses wird durch die recht geringe landeinwärts gerichtete Tideströmung verursacht, verstärkt durch den Wellenschlag der offenen See (frdl. Hilfe R.A.jr. „Skip" Davis)

der Ebbstrom ist hier stärker, sodass das Ebb-Gezeitendelta sehr viel umfangreicher ausgebildet wird und vielgestaltiger ist als das deutlich kleinere **Flut-Gezeitendelta**. Die meist untermeerischen **Platen** (d. h. ausgedehnte Sandbänke) dieser Gezeitendeltas sind Orte intensiver Sedimentumlagerung und tragen vorherrschend seewärts orientierte Großrippelfelder. Jedes dieser Ebb-Gezeitendeltas hat eine eigene Gestalt (Hanisch 1981; Nummedal und Penland 1981; Flemming 1991). Da entlang der Inselkette der südlichen Nordsee gegenüber den dominierenden Wetterfronten aus NW eine ostwärts gerichtete Sanddrift stattfindet, wandern Sandbänke ostwärts von Insel zu Insel, indem sie die Seegats zwischen diesen überqueren (Nummedal und Penland 1981; Streif 2004; ◘ Abb. 4.109). Auf den Westplaten der jeweils östlich gelegenen Inseln landen die Sandbänke an. Sie sind dort allerdings nur selten ortsfest, sind ihrerseits der Erosion unterworfen und ziehen als Strandriffe an der Hochenergieseite der Inseln weiter. Auf diesen bilden sich mitunter

◨ **Abb. 4.106**   Der durch die Barriere der Assateague Island führende Gezeitenkanal von Ocean City (Maryland) ist felsenbewehrt. Er zeigt den durch die Dünung des Atlantik landeinwärts gebogenen Nehrungshaken des südlichen Endes der sich nach Norden fortsetzenden lang gestreckten Insel

◨ **Abb. 4.107**   Das Seegat der Oster-Ems zwischen Juist (im Bild) und Borkum (außerhalb des Vordergrundes) bildet ein großes seewärts orientiertes Ebb-Gezeitendelta. Der Nehrungshaken von Juist wird durch die bevorzugt aus NW anlaufende schwere See landwärts gebogen und bildet die hier bei Niedrigwasser exponierte weite Sandfläche. Die morphologisch reich gegliederten Rückseitenwatten und der Hochenergiestrand von Juist mit seinen Strandriffen sind gut sichtbar. (Foto FLN, Frisia Luftverkehr Juist)

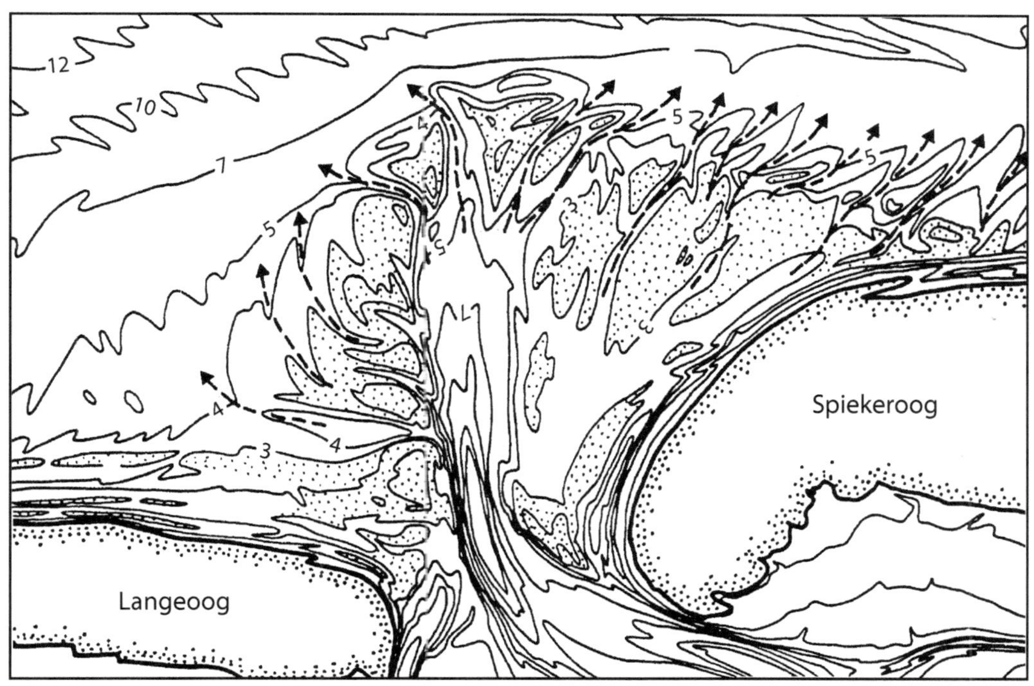

□ Abb. 4.108   In der Otzumer Balje zwischen den Inseln Langeoog und Spiekeroog formt sich ein reich gegliedertes Ebb-Gezeitendelta aus Sandbänken. Nach außen, seewärts, steigt es allmählich bis unter die Niedrigwasserlinie an – was dessen Sandbänke für die Seefahrt gefährlich macht. Solche Ebb-Gezeitendeltas finden sich in verschiedenen Formen zwischen allen West- und Ostfriesischen Inseln und sind in den amtlichen Seekarten zu erkennen. (Flemming 1991, Abb. 21)

ausgedehnte Flächen mit hart gelagerten Sandrücken und zwischen diesen liegenden Prielen (□ Abb. 4.110; vgl. □ Abb. 4.111). Als Großsystem ist die Kette der Barriereinseln über alten pleistozänen Kernen im Inselsockel insgesamt ortsfest (Streif 1986, 1990a, 1998, 2004; Bungenstock und Weerts 2010). Mobil und morphologisch variabel sind jedoch die Gezeitendeltas. Durch Buhnenbauten des technischen Küstenschutzes ist die Sedimentumlagerung und Sandwanderung entlang der Küste jedoch künstlich verlangsamt.

4.2.5 **Niederenergieküste**

Die Sedimentfazies der Niederenergieküste *(low-energy coast)* ist schlickig (siltig-tonig)

und enthält einen hohen Anteil organischer Substanz. Die Niederenergieküste bildet sich unter Landschutz, an Küstenstrichen mit vorherrschend ablandigem Wind, und in schützenden Buchten wie z. B. der Jade (Flemming und Hertweck 1994; Wartenberg und Freund 2012) oder The Wash (Evans 1965, 1975). Größere, zusammenhängende Flächen sind die Rückseitenwatten *(back-barrier tidal flats)* (□ Abb. 4.111) hinter den Barriereinseln der südlichen Nordsee (Terwindt 1977, 1981; Reineck et al. 1986; Streif 1989; Flemming und Hertweck 1994; Türkay 1998; Hodgkinson et al. 2008; Bungenstock und Schäfer 2009; Fruergaard et al. 2015).

Kaltklimate haben einen sehr eigenen Typ vorzugsweise schlickiger Küsten, da sie durch Eisflächen zwar geschützt sind, durch

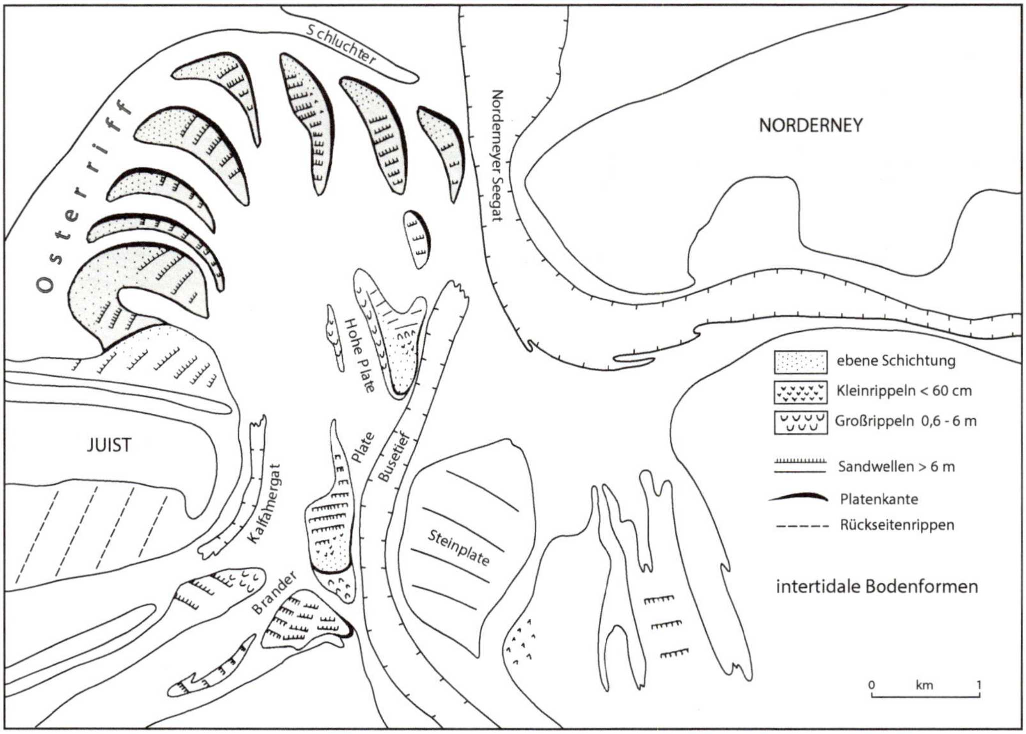

Abb. 4.109   Das Norderneyer Seegat wird von den Sandbänken des zu Juist gehörenden Osterriffs, eines großen Ebb-Gezeitendeltas vor dem Kalfamergat, übersprungen (nach Nummedal und Penland 1981, Figs. 9, 16). Deren Sande nehmen dann auf Norderney an der allgemein ostwärts gerichteten Sanddrift teil. Prinzipiell ist dieses Phänomen an der gesamten ostfriesischen Inselkette zu beobachten, wenn auch die Inseln auf pleistozänen Geestkernen mehr oder weniger festliegen (Streif 2004)

Abb. 4.110   Die Nordküste der Insel Minsener Old Oog zeigt bei Niedrigwasser durch die ständig mit hoher Energie auflaufende See ausgedehnte, reliefarme und hart gelagerte Sandflächen. Sie werden von großen Prielen seewärts, nach links, nach N entwässert. (Foto Wilhelm Schäfer)

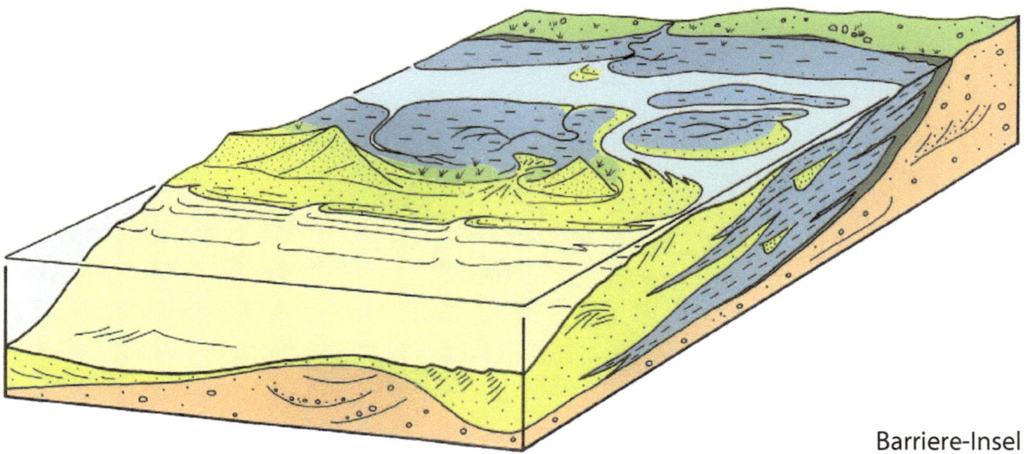

◘ Abb. 4.111 Die Sedimentbildung in geschützter Position führt zur Ablagerung von suspendiertem Schlick, so z. B. auf den Rückseitenwatten hinter Barriereinseln. Entlang der Küste der südlichen Nordsee sitzt der Inselsockel Erosionsresten pleistozäner Moränen auf. Das rückseitig hinter den Inseln gelegene Wattengebiet folgt mit einem basalen Torf und liegt flach auf dem landseitigen glazialen Relief. (Unter Verwendung eines Entwurfes von Streif 1989, Fig. 1)

Frost und Eisdrift jedoch ständig tiefgründig umgelagert und verändert werden (Freeland et al. 1981; Reinson und Rosen 1982; Ricketts 1994; Lonne et al. 2001).

Rückseitenwatten sind Niederenergiebildungen (Carter 1978; Hodgkinson et al. 2008), haben feinerkörnige, meist schlickige Sedimente und leiten landwärts über Verlandungsbildungen zu Lagunen, Salzwiesen und Mooren der Marschen *(salt marshes)* über (◘ Abb. 4.112). Die Rückseitenwatten werden bei Hochwasser geflutet und fallen bei Niedrigwasser, von Rinnen und Prielen durchzogen, weitflächig wieder trocken (◘ Abb. 4.113). Die Wattenflächen besitzen eine landwärtige und eine seewärtige Seite, jeweils mit ungleichen Energieinhalten. Die Hochwasserlinie genießt den Windschutz der Küste und ist nur bei Hochwasser einer relativ geringen Sedimentumlagerung unterworfen. In den Rückseitenwatten finden sich daher überwiegend Schlicke und sandige Schlicke (Reineck 1982).

Die Niedrigwasserlinie dagegen ist von Wellenschlag und Gezeitenströmung betroffen. Daher bilden sich hier **Sandwatten** (◘ Abb. 4.114), vor allem mit Kleinrippeln, mitunter auch Großrippeln. Entlang von Prielen *(tidal channels)*, die in allen Wattengebieten vorhanden sind (◘ Abb. 4.115), findet mit dem Tidestrom z. T. erheblicher Sedimenttransport vor allem während des ablaufenden Wassers statt, sodass sich Großrippelsysteme auf ihrer Rinnensohle bilden können. Sohlenpflaster aus Schlick- und Torfgeröllen, Holz und Schill von Muschelschalen und Schneckengehäusen, schließlich u. U. Extraklaste des partiell freigelegten prähistorischen oder gar fossilen Untergrundes sind zu beobachten. Die Flächen der Sandwatten sind darüber hinaus mitunter erheblich von der Umlagerung während Stürmen betroffen, sodass sie jahreszeitlich recht verschiedene Gestalt annehmen können (Veenstra 1982; Bungenstock et al. 2002).

Landeinwärts hinter den Sandwatten schließen sich die **Mischwatten** an. Diese führen wechselgeschichtete Sande und Schlicke, die sich im Wechsel der Gezeiten als unterschiedlich mächtige, cm- bis mm-dünne tidale Laminite ablagern (◘ Abb. 4.116). Die schnell konsolidierenden Schlicklagen jener wechselgeschichteten Laminite können jedoch schnell wieder zu Schlickgeröllen aufgearbeitet werden,

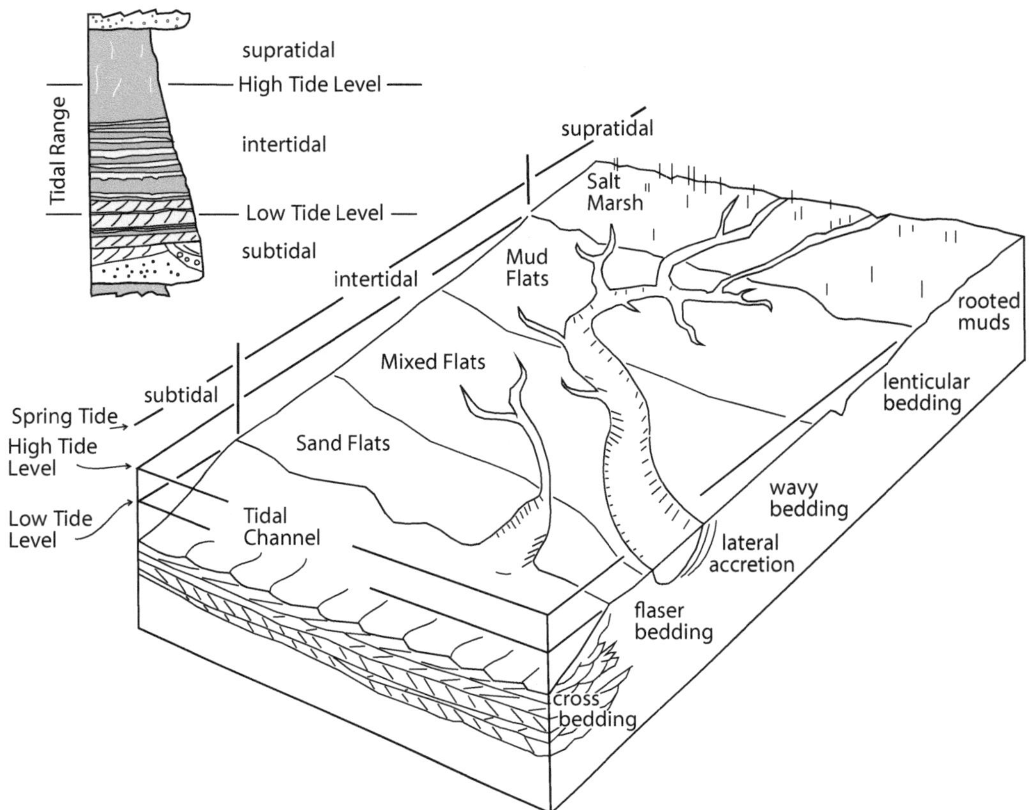

◘ Abb. 4.112   Modell einer Niederenergieküste, übertragbar auf die Rückseitenwatten der südlichen Nordsee (Bungenstock und Schäfer 2009, Fig. 7; nach einem Entwurf von Dalrymple 1992, verändert). Das Intertidal beschreibt Sandwatten an der Niedrigwasserlinie, Mischwatten im Bereich des Mittelwassers, Schlickwatten an der Hochwasserlinie und die Marschen im Supratidal; Priele durchziehen die Wattenfläche

wenn Seegang die Wattenflächen bearbeitet (◘ Abb. 4.117). Die Mischwattflächen sind ausgezeichnete und schützenswerte Biotope mit reicher Besiedlung vor allem von Würmern und Mollusken (W. Schäfer 1962), sind durchzogen von großen und kleinen Prielen und bilden einen Sedimentationsraum, der signifikant zur Schichtbildung der Wattenmeere beiträgt (Black et al. 1998). Da die Schlicklagen der sandig/schlickigen Gezeitenwechselschichtung rasch entwässern und verfestigen, werden die Mischwattgebiete nach wenigen Tiden recht standfest (◘ Abb. 4.118). Allenfalls die aktuelle Oberfläche vermittelt noch den Eindruck, dass der Absatz der feinkörnigen tidalen Bildungen vor allem während des Tidehochwassers aus der zum Stillstand gekommenen Suspension erfolgte. Je nach Ort auf der Wattenfläche messen die zum Absatz gekommenen sandig-schlickigen Doppellagen tidaler Laminite Mächtigkeiten von Millimetern bis Dezimetern (Wunderlich 1969; Reineck et al. 1982; Reineck 1984). Deren Schlick ist meist strukturlos massiv, der Sand zeigt Strömungskleinrippeln, mitunter auch kleinskalige Lamination.

Zur Hochwasserlinie schließen sich die **Schlickwatten** an (◘ Abb. 4.119). Sie enthalten tonig-siltige, feinblättrig wechselgeschichtete, oft jedoch massive Sedimente. Sie sind reich an organischer Substanz (tierischer und pflanzlicher Reste), bilden Lebensraum für die arten- und individuenreiche Fauna und Flora unter Landschutz liegender Wattenflächen

◨ Abb. 4.113   Weite sandig-schlickige Flächen kennzeichnen die Rückseitenwatten, durchzogen von seichten Prielen, die Flächen reichlich von örtlicher Fauna besiedelt (hier Kolonien des Pierwurms *Arenicola marina* auf dem Südwatt von Mellum). (Foto Wilhelm Schäfer)

◨ Abb. 4.114   Die Fläche des Sandwatts von Schillig wird vor allem zur seewärts führenden Rinne der Jade (der Außenjade; hier mit Blick nach Osten) entwässert. Kleinrippeln und flache Priele zeigen Sedimentumlagerung in geringem Maße. Stürme können jedoch erhebliche Veränderungen der Morphologie der Wattenfläche herbeiführen

(Dörjes 1978; Türkay 1998). Hierher kommt die Flut während normaler Tidewasserstände regelmäßig, bringt neuen Trübstoff, schichtet auf und liefert Nahrung und Frischwasser für die eng lebende Besiedlung (◨ Abb 4.120).

Außergewöhnlich hohe oder niedrige tidale, auch sturmbedingte Wasserstände, Niederschlag oder gar Eisdrift verlangen von diesem Raum viel Toleranz gegenüber Austrocknung, Umlagerung und wechselnden

◨ Abb. 4.115   Priele haben immer die Form mäandrierender Flussläufe und sind nur während des Niedrigwassers zu betrachten; sie sorgen während diesem für die Entwässerung der Wattenflächen. Während des Hochwassers entziehen sie sich der Beobachtung und werden während diesem in die Sedimentation der umgebenden Wattenfläche mit einbezogen. Daher sind sie in vieler Hinsicht untypische Flussläufe, zeigen jedoch viele Konvergenzen mit diesen, wie Sohlenpflaster aus Intraklasten, Holz, Gehäusen und Schalen, und sie besitzen Prall- und Gleithang mit seitwärts gerichteter Verlagerung. Der Prallhang des hier dargestellten Priels in einem Mischwatt ist recht standfest und zeigt in guter Präparation die Sedimente der unmittelbaren Umgebung; der Gleithang dagegen besteht aus noch unkonsolidiertem Schlick und ist für den Wattwanderer fast bodenlos (!). (Aus Reineck 1984, Abb. 48; Zeichnung Hermann Schäfer)

◨ Abb. 4.116   Tidale Laminite im Mischwatt von Dangast (Jadebusen) zeigen, dass der Wechsel der Gezeiten ständig Sediment bringt und im Kleinen eine spezifische dünnblättrige Wechselschichtung bildet. Diese jedoch ist oft nicht von Dauer, da sie erheblich von Erosion und Umlagerung betroffen ist

⬛ Abb. 4.117   Erosion durch Tideströmung, vor allem Wellenschlag von Sturmfluten arbeitet die wechselgeschichteten Sand- und Schlicklagen schnell wieder auf und es bleiben rasch verrundende und sich verkleinernde Schlickgerölle zurück

⬛ Abb. 4.118   Die Mischwattfläche entlang der Westseite des Dangaster Tiefs (Jadebusen) zeigt standfeste Flächen, die aus konsolidierten wechselgeschichteten tidalen Laminiten aufgebaut sind. Ehemalige Priele der Wattenfläche sind inzwischen wieder verlandet und nur noch an ihrer Gleithangschichtung zu erkennen, die sie entlang der tief eingeschnittenen Hauptrinne exponieren. Die Besiedlung der Wattenfläche durch die Sandklaffmuschel *Mya arenaria* fand nicht den Tiefgang mobiler sandiger Sedimente vor, sondern konsolidierte zähen Klei, dieser wird nun erodiert und als Muschelschill mit Schlickgeröllen umgelagert

Salinitäten. Weiter landwärts in der Grenzzone Wattenmeer/Groden sind die Schlickwattflächen mit allen Anzeichen von Verlandung versehen. Hochwässer bringen feinkörnigen Schlick, der sich flächig absetzt, alsbald austrocknet, Trockenrisse bildet und

◘ **Abb. 4.119**   Entlang der Westküste der Innenjade, wie hier auf dem Watt von Crildumersiel, bilden sich ausgedehnte Schlickwatten unter Landschutz und unter Schutz der davor gelagerten bis zur Fahrwasserrinne reichenden Misch- und Sandwattflächen. Feinkörnige, aus der Suspension abgesetzte Sedimente sind empfindlicher Lebensraum für die Endofauna schlickiger Substrate, aber auch erster Standort für das Schlickgras *Spartina townsendii*. Ein kleiner Priel findet hier seinen Ursprung, entlang diesem Fußspuren von Wattwanderern

◘ **Abb. 4.120**   Die Schlickwattfläche von Crildumersiel (westliche Innenjade) zeigt ausgespülte Klappen der Herzmuschel *Cerastoderma edule*, der Baltischen Tellmuschel *Macoma baltica,* zeigt sternförmige Fressspuren der Pfeffermuschel *Scrobicularia plana,* Kothäufchen des Fadenwurmes *Heteromastus filiformis* und schließlich Schaummarken des Wellenschlages des abgelaufenen Tidewassers

Standort für eine Salzflora aus typischen Halophyten wird (◘ Abb. 4.121). Das Schlickgras *(Spartina townsendii)* ist die typische Pionierpflanze der unregelmäßig vom Meer überfluteten Bereiche. Zur Landseite schließt sich der Queller *(Salicornia herbacea)* an

◘ Abb. 4.121 Die Schlickwattfläche von Crildumersiel zeigt an ihrer Hochwasserlinie konsolidierte, entwässerte und oft mit Trockenrissen versehene schlicksandige Flächen. Die gelegentliche rote Färbung der Oberfläche wird durch Purpurbakterien verursacht; normalerweise ist sie aber grünlich aufgrund der Besiedlung mit Cyanobakterien. Der Queller *Salicornia herbacea* und das Schlickgras *Spartina townsendii* (mit seinen charakteristischen Bulten) bilden die Pionierbesiedlung des Hochwassersaumes

(Dörjes 1978; ◘ Abb. 4.122). In kurzem Abstand folgt die Salzwiese mit Strandastern, Strandnelken, Erika und schließlich Heidekraut (◘ Abb. 4.123). Das zunächst ausschließlich haline Environment hat sich über einen schizohalinen Verlandungsgürtel zu einem immer mehr aussüßenden und über lange Zeiten entwässernden und kompaktierenden **Groden** verändert. Der Groden wächst auf schlickigem Substrat auf. Das Wurzelwerk der Pionierflora verdichtet sich zu braunen, verfilzten Lagen. Gelegentlich werden sie flächig von cm-dicken Sandlagen überdeckt, die von Sturmfluten als **Sturmflutsande** (*storm flood sands*) auf die Salzwiesen geworfen werden (vgl. ◘ Abb. 4.93). Diese landwärts gerichteten zungenförmigen Sandlagen sind rippelgeschichtet, auch hochenergielaminiert; doch liegen sie meist ohne nennenswerte Erosion den Salzwiesen der Seeseite des Grodens auf und können kurzfristigen Ereignissen zugerechnet werden, auf die Wartenberg et al. (2013) aufmerksam machten. Die auf die Salzwiesen aufgebrachten Sandlagen werden bald durchwurzelt und als Grodenschichtung (*groden bedding*) in die aufwachsenden Verlandungsflächen einbezogen (◘ Abb. 4.124). Entlang der natürlichen Küste der südlichen Nordsee – vor dem Bau der Deiche im Mittelalter – bildeten sich Lagunen, die sich zwischen den aufwachsenden Grodenflächen halten konnten. Sie waren quasistationäre, mit Brackwasser gefüllte und von Schilf gesäumte Tümpel, in die Hochwasser nur gelegentlich Zutritt hatte (Streif 1990a, 2004). Zunehmende Verlandung bzw. Drainage trocknete sie jedoch allmählich aus und bezog sie in die Bildung von Marschen ein (Meier 2006). Mehr oder weniger ausgesüßte, entwässerte oder abgebaute sowie heute längst kultivierte und besiedelte ehemalige Moore und Marschenböden treffen erst im Hinterland auf den unterlagernden Geschiebelehm, auf die pleistozänen Moränenflächen der Geest.

4.2.6 Küstenlinie der südlichen Nordsee

Im 13. Jahrhundert wurde die belgische, niederländische und deutsche Nordseeküste von einem durchgehend angelegten

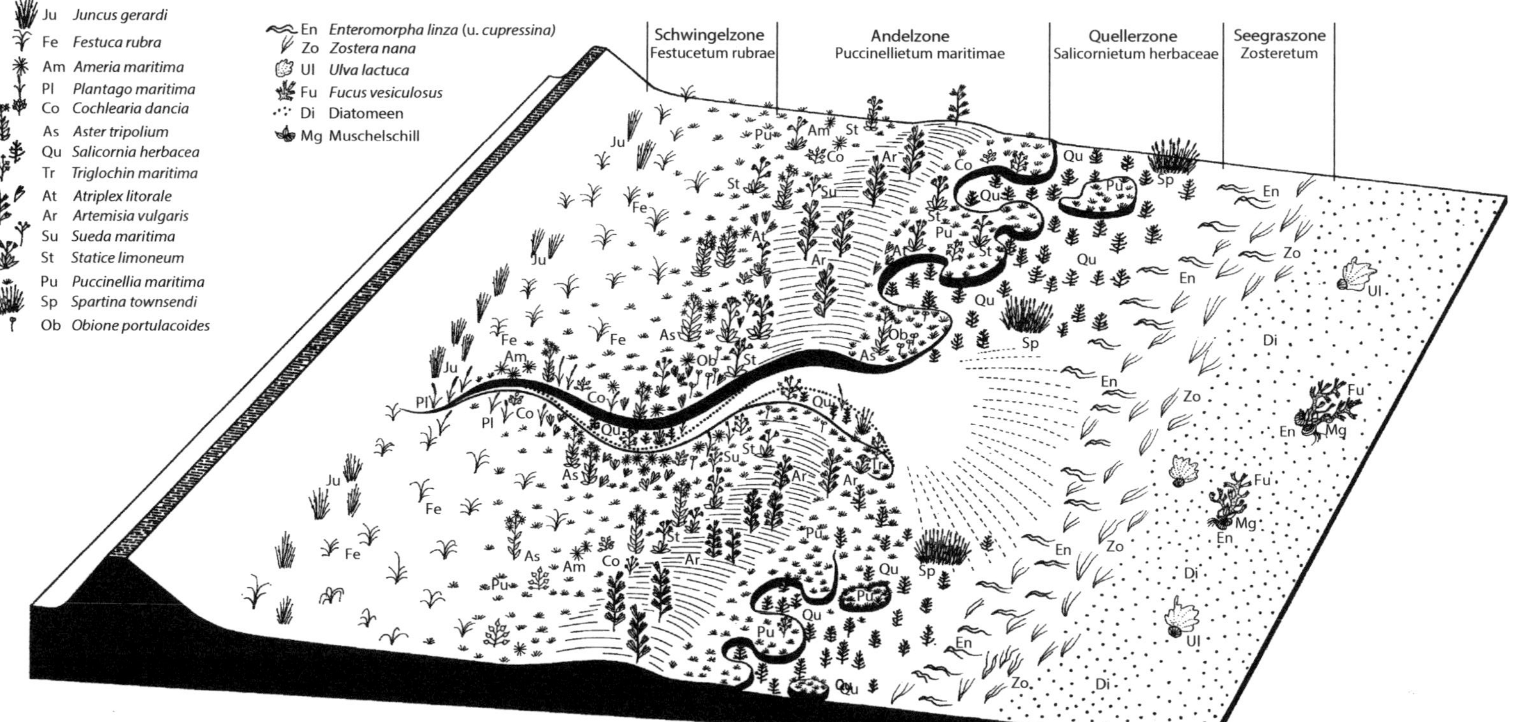

◘ Abb. 4.122   Die verlandende Landschaft des Außendeichgeländes Crildumersiel ist typisch für alle Niederenergie-Hochwasserlinien in der südlichen Nordsee. Es ist der Benetzung durch das regelmäßige Tidehochwasser und durch Niederschläge unterworfen, kann jedoch auch während Spring- und Sturmfluten völlig unter den Meeresspiegel geraten. Dann kann es partienweise erodiert werden. Oder es werden wenigstens Sturmflutsande auf den Salzwiesen abgesetzt, die ihren Beitrag zu einer ortspezifischen Grodenschichtung leisten. Die Pflanzengemeinschaften eines schizohalinen Milieus reichen von reinen Halophyten entlang der Wattenkante bis zu Salzwasser ertragenden Süßwassergewächsen auf der landwärtigen Seite (Dörjes 1978, Abb. 64)

⬛ Abb. 4.123   Alle Außendeichgebiete der südlichen Nordsee zeigen typische Verlandungsgürtel auf ebenen Wattenflächen. Die Schlickwatten gehen in von salzwasserliebenden Pflanzen besiedelte Gebiete, schließlich in allmählich aussüßende Grodenflächen über (Dangast, südlicher Jadebusen)

⬛ Abb. 4.124   Grodenschichtung ist charakteristisch für die noch unter Einwirkung der Hochwasserlinie sich befindenden verlandenden randmarinen Flächen. Hier schwappt bei Sturmflut das Meer mit suspendiertem Wattensand auf das mit Grodenwiese bestandene Verlandungsgebiet (Baie St. Michel, Frankreich)

Deichsystem erheblich verändert. Heute lassen sich ehemals natürliche Verhältnisse nur noch mithilfe von Bohrungen und Seismik rekonstruieren (Streif 1990, 2004). Immerhin stellt die holländische Karte von 1708 einen recht frühen Zustand der Küstenlinie der friesischen Nordseeküste zwischen der niederländischen Insel Vlieland und der nordfriesischen Halbinsel Eiderstedt dar (⬛ Abb. 4.125). Es ist zwar nicht gewiss, wie sehr die Karte bei der Anfertigung als Kupferstich „geschönt" wurde, doch sind viele der

4

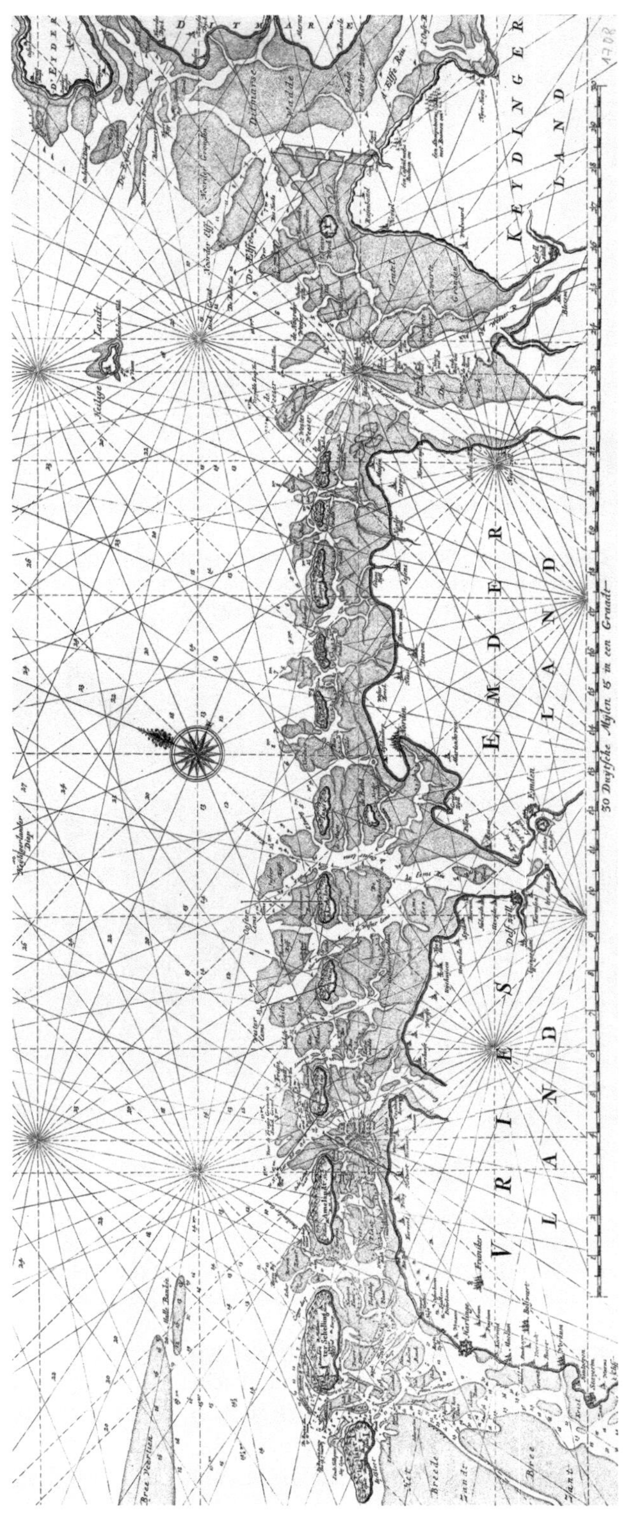

■ **Abb. 4.125** Die alte holländische Karte von 1708 zwischen Vlieland und Eiderstedt beschreibt die Küste der südlichen Nordsee aus einer Zeit, als der Küstenschutz zwar bereits einen Deich, jedoch noch keine begradigte Küstenlinie gebaut hatte. Das Wattenmeer ist noch weitgehend natürlich (Weiteres im Text)

angezeigten Lokalitäten heute noch bekannt und recht genau lokalisiert, wenn auch die Deichlinie des 13. Jahrhunderts viele der historischen morphologischen Besonderheiten zum Verschwinden gebracht hat. Die Ausdehnung der Rückseitenwatten hinter der friesischen Inselkette war jedenfalls beträchtlich größer und ihre Morphologie sehr verschieden gegenüber heute. Schon damals hatten die Küstenbewohner alles getan, um sich gegen Hochwasser und Sturmflut zu schützen. Die durchgehende Deichlinie lässt annehmen, dass die Zeit der frühen Wurten inzwischen längst Geschichte geworden war (Behre et al. 1979).

Aktuell ist man bemüht, mithilfe von Bohrungen die historische Ausdehnung der Küste zu rekonstruieren (◘ Abb. 4.126; Behre 1999; Streif 1998, 2004). Die Ansprache der holozänen Sedimente und ihre numerischen Alter eröffnen zeitbezogenen Zugang zur Sediment- und Biofazies. Zwischen Langeoog und der südlich gelegenen Marschenküste wurden mit einer großen Anzahl von Bohrungen und in diesen mithilfe von Grenzflächen die Schichtenverbände zu einem stratigraphischen Konzept zusammengefügt (◘ Abb. 4.127) und für das „Tidebecken Langeoog" eine Sektion durch das Küstenholozän bereitet. Es wurde der Versuch unternommen, das sequenzstratigraphische Konzept das Küstenholozäns zu erläutern (◘ Abb. 4.128). Die Transgressionskurve zeigt einen steilen Anstieg bis etwa 4600 Jahre (BC), flacht dann jedoch deutlich ab und legt auch im weiteren Verlauf ihrer Transgression mehrere Verzögerungen ein (◘ Abb. 4.129).

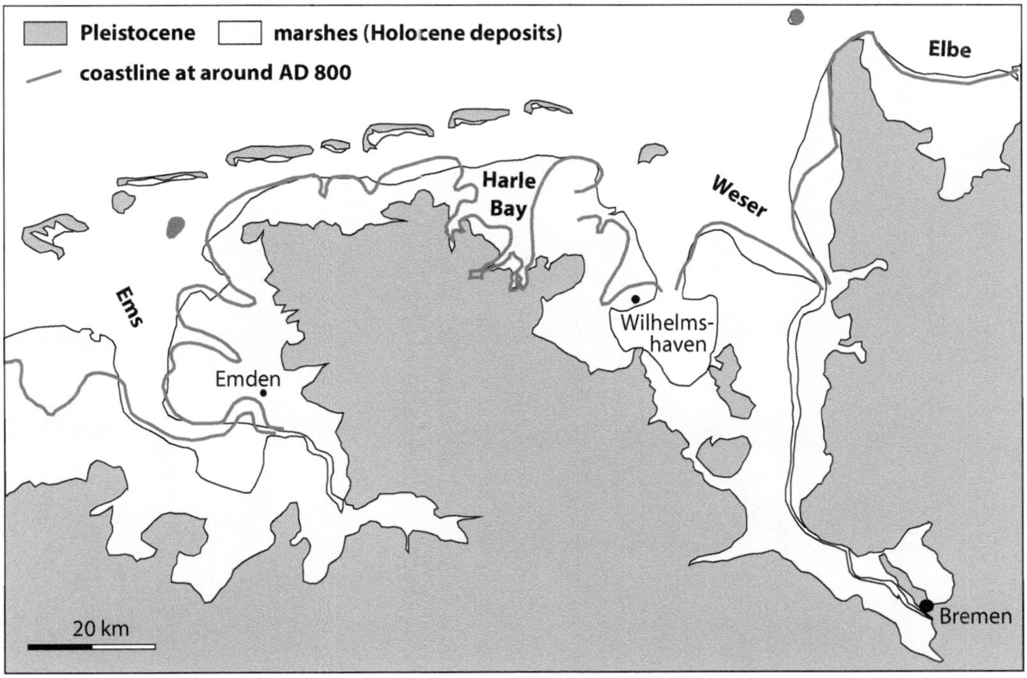

◘ **Abb. 4.126** Rekonstruktion der friesischen Küste für das Jahr 800 vor heute (Behre 1999). Unterschieden sind Pleistozän und Holozän, in Kartenwerken für die Küste als Geest und Marsch ausgewiesen. (Bungenstock und Schäfer 2009, Fig. 15)

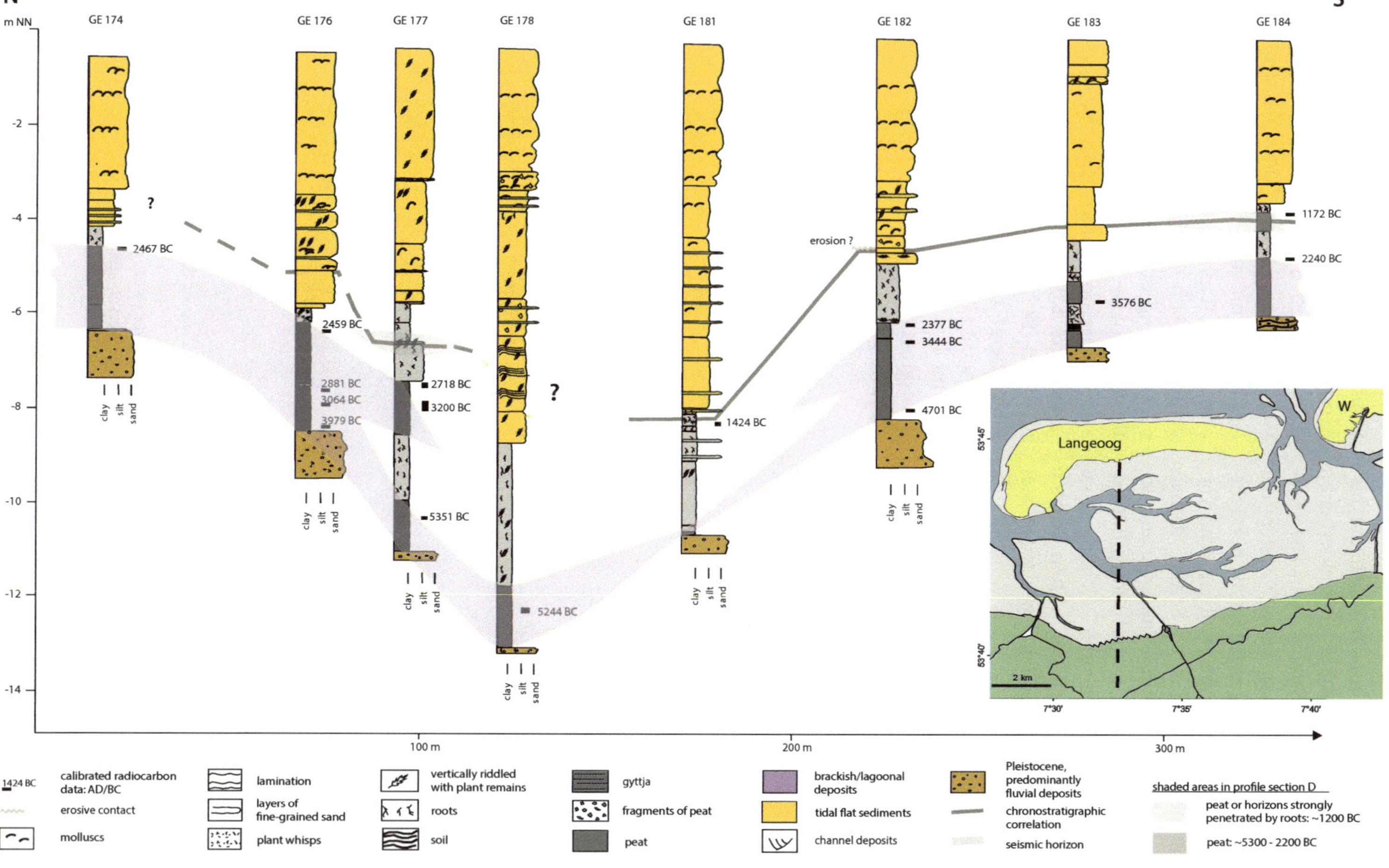

Abb. 4.127 Profilschnitte und deren Interpretation erläutern die Stratigraphie im Tidebecken Langeoog. Altersdaten und sog. Base-Level-Zyklen (vgl. ▶ Kap. 5) ergänzen die stratigraphische Ansprache (Bungenstock und Schäfer 2009, Fig. 11)

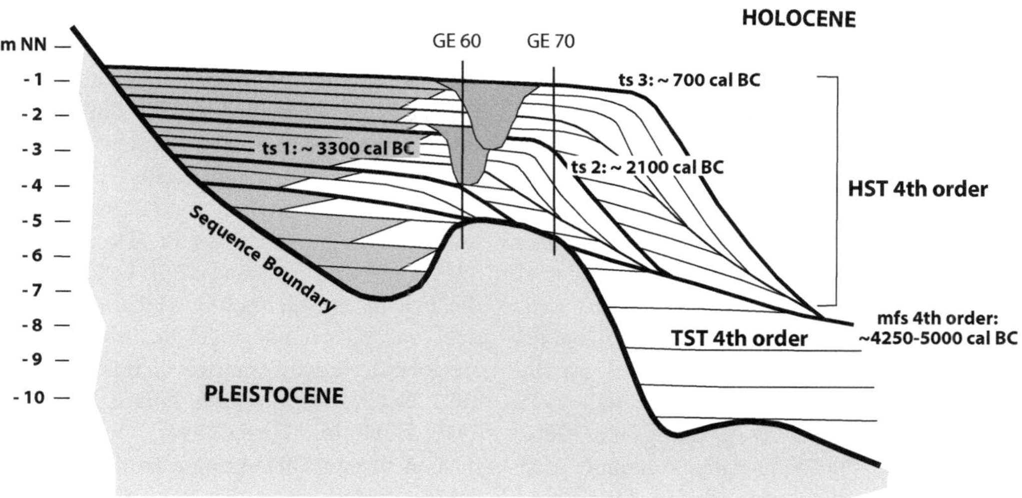

Abb. 4.128 Sequenzstratigraphisches Konzept für die Interpretation der Schichtenverbände im Tidebecken Langeoog. Die erarbeiteten Altersdaten liefern zunächst die Definition des Hochstandsystemtraktes 4. Ordnung, darin die kürzeren Zyklen der 5. und 6. Ordnung (Bungenstock und Schäfer 2009, Fig. 14b)

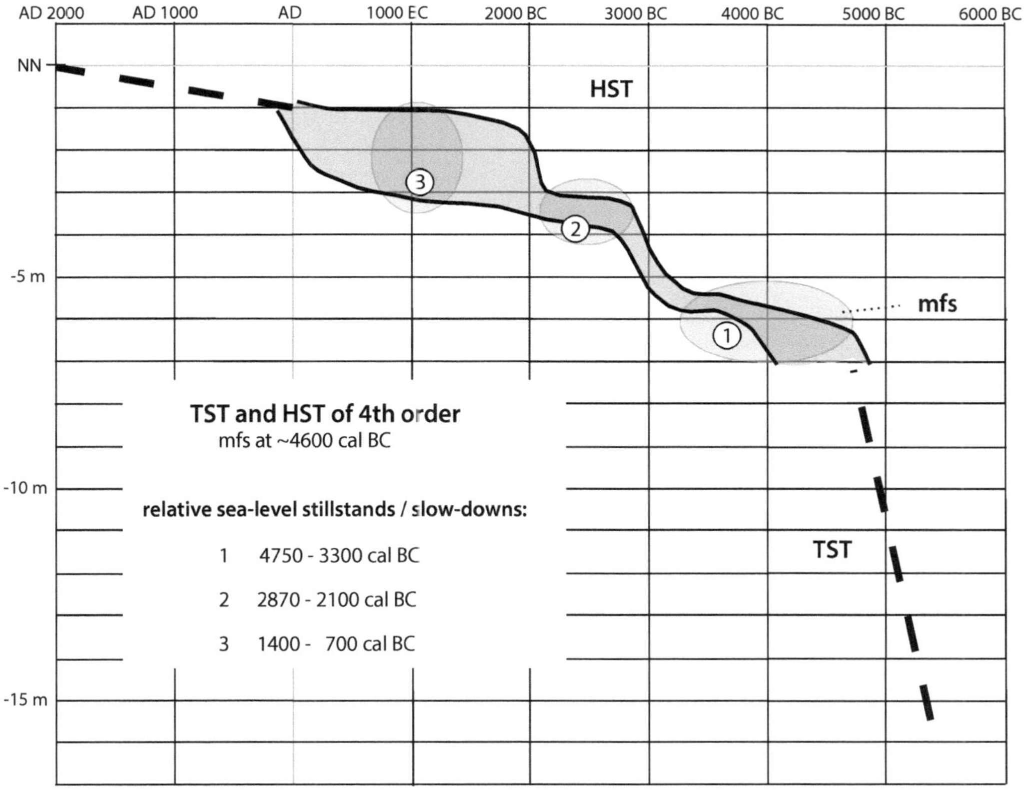

Abb. 4.129 Die Meeresspiegelkurve für die Tidebecken Langeoog zeigt mehrere Abflachungen ihrer Transgressionskurve im Holozän, was verminderten Anstieg des Meeresspiegels oder gar dessen Sinken bedeutet (Bungenstock u Schäfer 2009, Fig. 13)

4.2.7 Ästuare

Ästuare *(estuaries)* wurden bereits in
▶ Abschn. 4.1.4 angesprochen (vgl. ◘ Abb. 4.1).
Doch lässt sich deren Bedeutung auch und
vor allem als Teil von Gezeitenmeeren erkennen. Ästuare sind Flussmündungen, die sich
im intensiven Austausch mit dem davor
gelegenen Wattenmeer befinden (Heggie et al.
2002; Mourelle et al. 2015). Die Bildung eines
Ästuars setzt Gezeitenvariation voraus, bei der
die Gezeitenwelle in die Flussmündung ein-
dringt (Lauff 1967; Leckie und Singh 1991;
Van Der Wal et al. 2002; Young et al. 2007;
Bostok et al. 2007). Je nach Tidenhub greift
sie unterschiedlich weit in den Mündungstrichter des Flusses hinein, staut während
der Flut die fluviale Wasser- und Sedimentfracht zurück und schafft weit flussaufwärts
für kurze Zeit brackische oder gar marine
Verhältnisse. Dadurch resultieren intensive
Austauschprozesse zwischen den aus dem
Hinterland stammenden fluvialen Lieferungen und dem marinen Wasserkörper. Die als
Schwebfracht vom Fluss herangebrachten
Tonminerale koagulieren zu großen Aggrega-
ten, zu Tonflocken, die nun partikuläre organische Substanz wie beispielsweise Blattreste
suspendieren und sogar Sand transportieren
können. Es findet die Bildung neuer Gleich-
gewichte zwischen den vom Land stammenden Ca^{2+}-geladenen Tonmineralen und der
marinen Salinität mit hoher Konzentration
von vor allem Mg^{2+}-Ionen statt (Prentice
1968; Kranck 1981).

Fluvialer Sedimenttransport hängt zum
einen vom Sedimente liefernden Hinterland
und von der Wasserführung des Gewässer-
netzes ab. Tieflandflüsse setzen ihre Sedimentfracht weitgehend auf ihrem langen Weg
durch die Alluvialebene ab, sodass allenfalls
ihre Schwebfracht die Küste erreicht. Zum
anderen begünstigt ein flacher Meeresraum
mit hoher Dynamik von Gezeiten und/oder
Seegang den Aufbau von Ästuaren der südlichen Nordsee wie der **Elbe** und **Weser.** Den
deutschen Küstenraum beschrieben Behre
et al. (1979).

Bei mesotidaler Gezeitenvariation werden
sie von der Flut rückgestaut und ihre fluvialen
Schwebfrachten zur Koagulation und schnellen Sedimentation veranlasst. Entlang der
im Tidewechsel überschwemmten Flusstäler
bilden sich weite Schlickflächen (Irion und
Busquet 2006), auf denen sich marine und
brackische Biotope ansiedeln (Howard et al.
1972; Frey und Howard 1986). Letztlich sind
die beiden norddeutschen Tieflandflüsse für
den Transport feinkörniger Sedimente in das
Helgoländer Loch verantwortlich (Figge 1980,
1983; Hertweck 1983, 1988; Zöllmer und Irion
1993; Müller und Furrer 1994).

Gut untersuchte Ästuare sind die beiden
Scheldemündungen in den Niederlanden
(◘ Abb. 4.130). Die **Westerschelde** ist direkt
an die von Antwerpen kommende Schelde
angebunden und heute ein wichtiger Seeweg für große Schiffe. Der Gezeitenunterschied beträgt mehr als 4 m, genug, um
als aktives Ästuar zu gelten (Johnson et al.
1981). Die Westerschelde bildet eine weite
Trichtermündung, in der die Dynamik der
Tide deutlich wichtiger ist als der fluviale
Zustrom der Schelde aus dem Hinterland
(Boersma 1969). Es bilden sich große,
langgestreckte Sandbänke mit Großrippeln darauf (◘ Abb. 4.131). Auch die kleineren Seitenpriele des Westerschelde-Ästuars
sind erheblich von Tideströmung betroffen
und bilden hochaktive Entwässerungskanäle
(◘ Abb. 4.132). Die **Oosterschelde** erhielt
1986 ein technisch großartiges Sturmflutbauwerk (Deltawerk) bei Zierikzee (Schou-
wen-Duiveland), das nur bei Bedarf die
Mündung der Oosterschelde verschließen
lässt. Die Oosterschelde mit einem Tidenhub von 3,5 m bei mittlerer Springtide und
2,3 m bei mittlerer Nipptide ist durch das
Sturmflutbauwerk mittlerweile erheblich
verändert, hatte jedoch im Zusammenhang
mit diesem intensives sedimentologisches
Interesse gefunden. Während der Konstruktion der Anlage wurde in den Sandbänken in einer Tiefe von 5–10 m unter der
Niedrigwasserlinie das Schichtgefüge von
Großrippeln angeschnitten und in diesen die

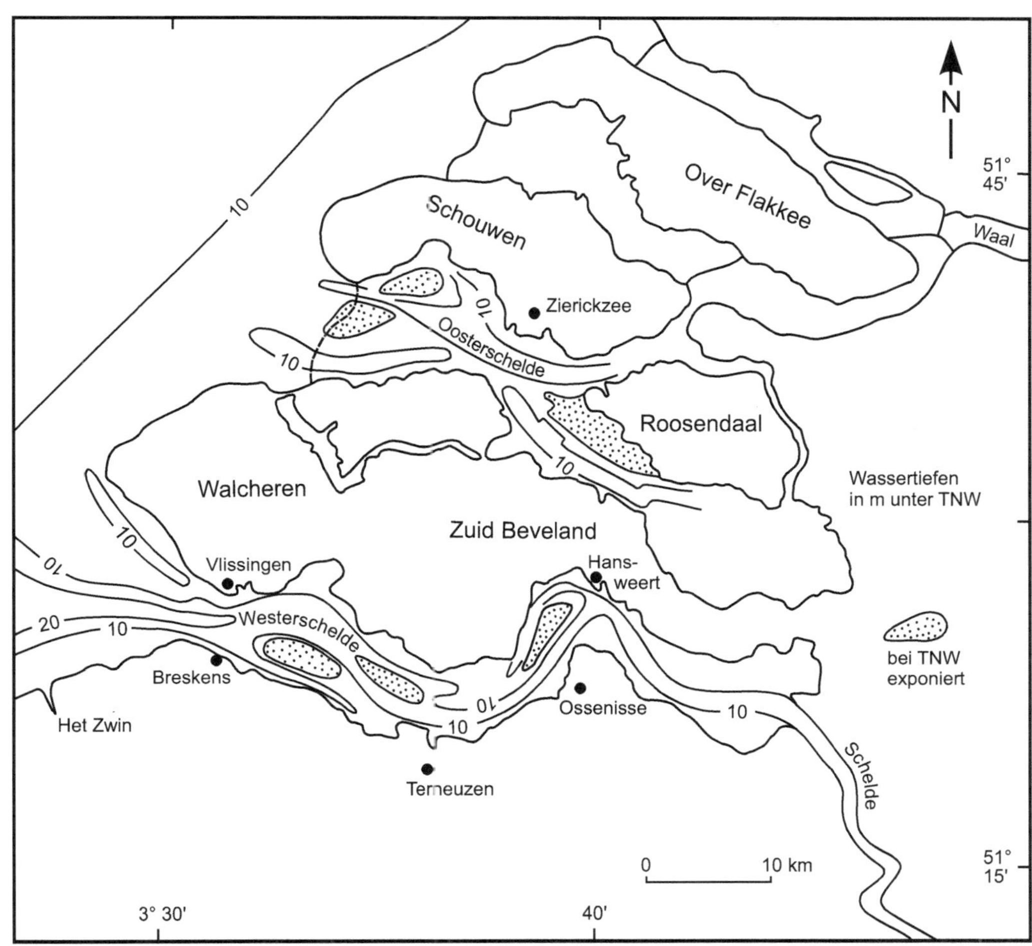

Abb. 4.130 Die Mΰndungen der Schelde bilden ein ausgedehntes System von Ästuaren, die sich hervorragend zum Studium ästuariner Bildungen eignen (Diese Karte ist ein eigener Entwurf unter Verwendung amtlicher Seekarten und der im Text genannten Autoren)

sedimentologische Bedeutung von **Gezeitenbΰndeln** erkannt (vgl. ■ Abb. 4.142 und ■ Abb. 4.143). Visser (1980), Van Den Berg (1981), De Mowbray und Visser (1984), De Boer et al. (1989) und von Van Der Spek (1997) bereiteten sie nachfolgend wissenschaftlich auf (vgl. ■ Abb. 4.141). Sie werden in ▶ Abschn. 4.2.8 ausfΰhrlich behandelt.

Im **Ästuar der Sienne**, am Ärmelkanal bei Agon-Containville (Manche, Frankreich), an der Westkΰste der Halbinsel Cotentin (■ Abb. 4.133), herrscht bei Springtide ein Tidenhub von 13 m, bei Nipptide ein solcher von immer noch 5 m. Die tägliche makrotidale Tidewelle dringt auf dem Wasserweg der mäandrierenden Sienne weit in das Hinterland ein und setzt dabei erhebliche Mengen Schlick ab. Seewärts dehnen sich im Mΰndungstrichter weite Sandflächen aus.

4.2.7.1 Ästuare außerhalb des Nordseeraums

Ist der Mΰndungstrichter randmarinen Umlagerungsprozessen vor der Kΰste ausgesetzt, bildet er im Mΰndungsgebiet ausgedehnte Sandflächen. Diese können durch Seegang

■ **Abb. 4.131**   Die parallel zur Trichtermündung der Westerschelde orientierte Sandbank liegt nahe ihres Süd-
ufers bei Breskens (vgl. ■ Abb. 4.130). Bei Ebbe bilden sich auf ihr aktive seewärts orientierte Großrippelfelder,
die sich kurz vor ihrer Exposition bei Niedrigwasser in planare Schichten umformen. Bei Flut entwickeln sich
erneut, nun landeinwärts orientierte, Großrippelfelder, die bei Erreichen des Hochwassers schließlich von Kleinrippeln überzogen werden

■ **Abb. 4.132**   Het Zwin, ein Priel am südwestlichen Ufer der Westerschelde, mit Blick nach seewärts (vgl.
■ Abb. 4.130). Der makrotidale Tidenhub der Westerschelde greift weit in die begleitenden Marschen hinein. Da
die Tideströmung erheblich ist, werden als Bodenformen ausschließlich Großrippeln gebildet. Da darüber hinaus
unter dem kleinen Kanal Sedimente des Tertiärs anstehen, werden deren Erosionsprodukte als grobkörniger
Detritus in die Sedimentfracht des Ästuarkanals mit aufgenommen. Diese sind daher grobsandig bis kiesig, was
auch die rundlich zerflossenen Formen der exponierten Großrippeln erklärt

überprägt werden (Larcombe und Jago 1996;
Anthony et al. 1996). So sind in die Mün-
dung der **Gironde** durch Wellen zusammen-
geschobene Strandwallsysteme der Biskaya
eingelagert (Jouanneau und Latouche 1981;
Allen und Posamentier 1993; Martinsen und
Hellend-Hansen 1994; Fenies et al. 1999).
Auf dem Schelf der Biskaya, etwa in 50 m

◘ Abb. 4.133 Der Ästuartrichter der Sienne bei Agon-Containville (Manche), Westküste der Halbinsel Cotentin, öffnet sich weit gegen das Meer

Wassertiefe vor der Girondemündung, werden die fluvialen Trübstoffe als etwa 4 m mächtiger und 600 km² ausgedehnter Fächer abgesetzt (Lesueur et al. 2002). Er besteht aus diskreten Schlicklagen mit vereinzelten, von proximal nach distal rasch ausdünnenden feinsandigen Einschaltungen. Der Schlickfächer bildete sich in den letzten 5000 Jahren während des heutigen Hochstandes des Meeresspiegels, der die Lieferung von Flusstrübe aus der Gironde verstärkte. *Clay coatings* von bis zu mehr als 200 μm dicken Tonhüllen in den tonreichen Sanden dieser Suspensionsfracht verändern deren hydraulische Eigenschaften und verursachen einen erheblichen Einfluss auf ihre Porosität und Permeabilität (Virolle et al. 2018).

Auch die Mündung des **Changjiang** (deutsch Jangtsekiang, engl. *Yangtze*) liefert Schlick weit hinaus auf den Schelf des Ostchinesischen Meeres. Im Mündungstrichter herrschen mesotidale Tideverhältnisse. Der mittlere Tideunterschied des Ostchinesischen Meeres beträgt etwa 2,7 m, kann aber auch 4,6 m erreichen. Der Changjiang bildet ein tidedominiertes schlickiges Ästuar, dessen Trichter sich etwa 250 km tief im Inland seewärts allmählich öffnet. Das Flusswasser transportiert erhebliche Mengen suspendierte

Schwebfracht, die koaguliert, sobald sie mit Seewasser in Kontakt kommt, und dann rasch sedimentiert (Milliman et al. 1985). Zu Zeiten geringer Stromgeschwindigkeit wird so viel koagulierte Schwebfracht in der Trichtermündung abgesetzt, dass der Schlick nahezu flüssig bleibt und kaum konsolidiert. Unzählige langgestreckte Schlickinseln liegen in der schiffbaren, annähernd 50 km breiten Trichtermündung (◘ Abb. 4.134). Die Strömungsverhältnisse in den einzelnen Flussarmen sind sehr verschieden, was sich erheblich auf die Konzentration der Schwebfracht in diesen und auf die Sedimentation von Schlick auswirkt (Jiufa und Chen 1998). Das Changjiang-Ästuar hat seit dem Pleistozän – seit dessen Hochstand zwischen 19 und 2 ka BP – bis heute eine wechselvolle Geschichte durchlaufen (Hori et al. 2002; Fan et al. 2002; Xu et al. 2016). Das heutige tidedominierte Ästuar sitzt auf einem pleistozänen fluvialen Tieflandsystem auf. Es entstand erst mit dem holozänen Anstieg des Meeresspiegels seit den letzten 5000 Jahren vor heute. Seewärts wurde und wird aus schlickigen Sedimenten ein ausgedehnter submariner Fächer gebildet.

Gelfenbaum (1983) untersuchte das mesotidale Ästuar des **Columbia River** in

◘ Abb. 4.134   Begegnung auf der Weite des Changjiang-Ästuars, Sommer 1987 (frdl. Hilfe Peter Stoffers)

den nordöstlichen USA und stellte drei verschiedene Maxima *(turbidity maxima)* in dessen Schwebstofffracht fest. Die Schwebstofffrachten sind von der halbtägigen Tideströmung (die etwa 20 km flussaufwärts reicht), von der Verschiedenheit der Nipp-/Springtide-Wasserstände und schließlich von der saisonal bedingten Wasserführung des Columbia River abhängig. Jedoch sind die Größenordnungen dieser drei verschiedenen Schwebstoffkonzentrationen einander recht ähnlich, sodass sie in den resultierenden Ablagerungen nicht unterschieden werden können.

Bei extrem großer Gezeitenvariation ist die Strömung im fluvialen Mündungstrichter so stark, dass im Flusslauf längs orientierte Sandbänke das Ergebnis der Frachtsonderung sind. Hierfür ist vor allem die **Bay of Fundy** zwischen New Brunswick und Nova Scotia (Kanada) mit etwa 10 m Tidenhub eindrucksvolles Beispiel (Dalrymple et al. 1978, 1992; ◘ Abb. 4.135). Da in Ästuaren randmarine Sedimente weitgehend vollständig dokumentiert werden, liefern sie gut interpretierbare sedimentäre Sequenzen (Dalrymple et al. 1992) und können mit diesen einen Bezug zu sequenzstratigraphischen Vorstellungen eröffnen.

Boyd et al. (1992), Dalrymple et al. (1992), Washington und Chisak (1994) und Harris et al. (2002) bereiteten vorzügliche Modellvorstellungen zur Bildung von Küsten und zeigten wichtige Zusammenhänge für die Klassifizierung von Ästuaren. Sie unterschieden progradierende Hochenergieküsten, Deltas und niederenergetische Wattenmeere von retrogradierenden (transgressiven) ästuarinen und lagunären Bildungen (◘ Abb. 4.136). Alle diese Küstenräume sind variabel im Hinblick auf Seegang und Tidevariation, vor allem aber sind sie abhängig von der Sedimentanlieferung aus dem Hinterland, die die Küste seewärts oder landwärts verschieben kann (vgl. ▶ Kap. 5). Die Bay of Fundy ist das anerkannt überzeugende Beispiel für ein Ästuar mit Makrotidenhub und wird gern zu Vergleichen mit anderen Ästuaren herangezogen (Archer 2013).

Das Ästuar des **Hudson River,** in Verbindung mit der Hudson Bay im arktischen Kanada und offen zur Labradorsee, wurde von Freeland et al. (1981) und von Woodruff et al. (2001) vorgestellt. Dessen halbtägige Tidevariation zeigt 6 m für die Nipptide und 9 m für die Springtide (Pegel Quaqtaq am Südufer des Ästuars). Zur Zeit der Schneeschmelze im Frühjahr (lokal als *spring freshet* bezeichnet) werden im seewärtigen Teil des Ästuars erste Sedimente abgesetzt. Jedoch werden sie während den nachfolgenden 2 Monaten wieder

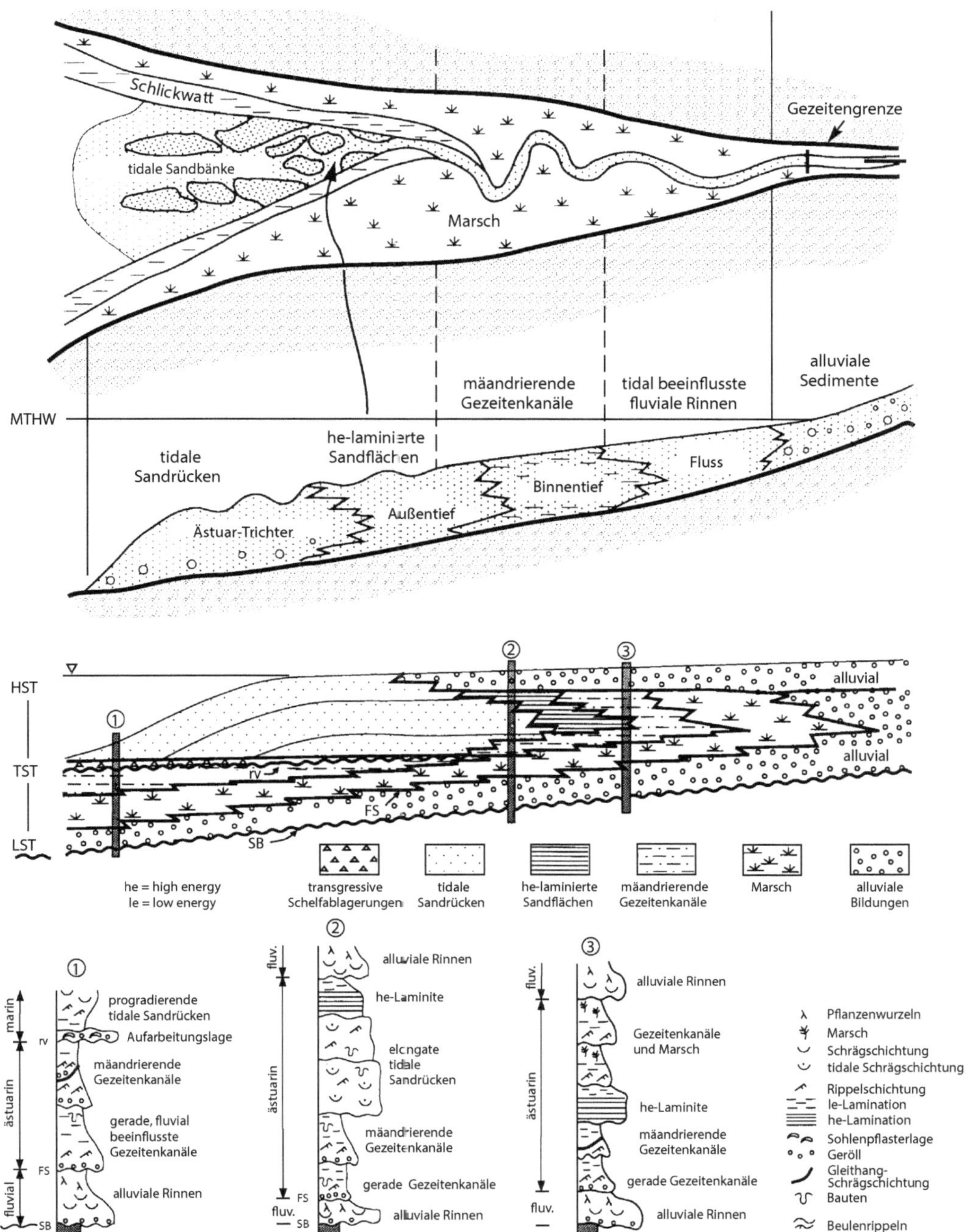

◘ **Abb. 4.135** Ästuare erfahren seit jüngerer Zeit erhöhte wissenschaftliche Aufmerksamkeit und orientieren sich vor allem an der Bay of Fundy bei Nova Scotia, Kanada. Die in Karte und Profilschnitt dargestellte Ansicht eines gezeitendominierten Ästuars beschreibt idealisiert die aktuellen Faziesverhältnisse in diesem. Das Transgressions-Regressions-Modell als Profilschnitt mit sedimentologischen Profilsäulen vermittelt eine Vorstellung, was in einer Feldaufnahme, Bohrkampagne bzw. Reflexionsseismik zu erwarten ist. (Nach Dalrymple et al. 1992, Figs. 7, 14; verändert)

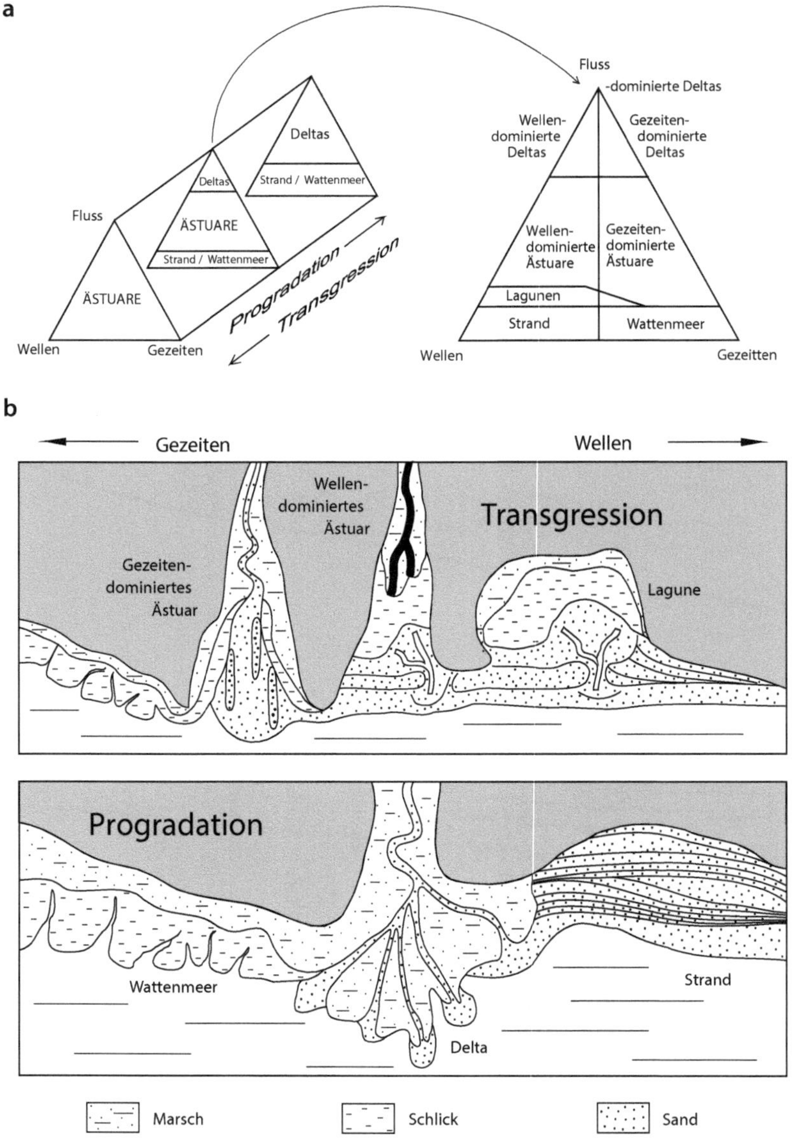

a

Deltas
Deltas   Strand / Wattenmeer
Fluss
ÄSTUARE
Strand / Wattenmeer
ÄSTUARE
Wellen   Gezeiten
Progradation
Transgression

Fluss-dominierte Deltas
Wellen-dominierte Deltas   Gezeiten-dominierte Deltas
Wellen-dominierte Ästuare   Gezeiten-dominierte Ästuare
Lagunen
Strand   Wattenmeer
Wellen   Gezeitten

b

← Gezeiten   Wellen →

Wellen-dominiertes Ästuar
Gezeiten-dominiertes Ästuar
Transgression
Lagune

Progradation
Wattenmeer
Strand
Delta

Marsch   Schlick   Sand

◘ Abb. 4.136 Wichtig ist die Unterscheidung transgressiver und progradierender Verhältnisse an der Küste aufgrund des Hebens und Senkens des relativen Meeresspiegels, wobei fluviale Lieferung, Seegang und Tidevariation deren letztendliche Morphologie bereiten. Die beiden Darstellungen – **a** Nomenklatur und **b** morphologische Elemente von Küstenräumen – entstammen den Arbeiten von Boyd et al. (1992), Dalrymple et al. (1992) und Harris et al. (2002); die hier gezeigten Darstellungen sind jedoch gegenüber der aus Harris et al. (2002) entnommenen Zeichenvorlage sehr verändert

fortgeräumt und erst 10–30 km oberhalb der *estuarine turbidity maximum zone* mit einer Mächtigkeit von etwa 40 cm erneut abgelagert. Die Sedimentation ist schneller Wechsel von Erosion und Wiederablagerung während der sich ändernden Jahreszeiten. Fluvialer Eintrag aus dem Hinterland findet eher nicht statt.

Das Ästuar des **St. Lawrence River** behandelten Pinet et al. (2015). Am Hafen von Chemin Haut Shippegan (Südufer des St. Lawrence, Halbinsel Gaspé) herrscht gemischte Tide mit zwei enger liegenden und ungleich hohen Tidemaxima, mit einer Variation Nipptide von etwa 1 m und Springtide von etwa 1,4 m. Stromauf in Richtung Quebec, im Estuaire du Saint Laurent, beträgt die Variation der gemischten Tide etwa 4 bis 5,5 m.

Das Ästuar des **Rio de la Plata** wurde von Mourelle et al. (2015) vorgestellt. Am Hafen von Buenos Aires herrscht ebenfalls gemischte Tide mit einer Amplitude von 0,3–1,5 m.

Die Form der Tidewelle hängt von der Lage der amphidromischen Punkte im Atlantik und der Interaktion der Meeresgezeiten und der jeweiligen Aktivität der Flussläufe ab.

4.2.8 Schichtbildung im randmarinen Ablagerungsraum – Gezeitensedimente

Alle drei Environments, die Hochenergie- und die Niederenergieküste sowie die Ästuare, beschreiben den randmarinen Ablagerungsraum. Für diesen sind vor allem die Tideströmung und deren sedimentologisches Signal von Bedeutung. Die Gezeitenschichtung wird gebildet von vier aufeinanderfolgenden Strömungszuständen: Flut, Hochwasser, Ebbe, Niedrigwasser. Der regelmäßige Tiderhythmus wird durch Springtide bzw. Nipptide aufgrund der astronomischen Gegebenheiten modifiziert. Im freien Meeresraum ist der Tidenhub geringer, vor der Küste durch Aufstau des Wassers erheblich höher.

Wie bereits oben gezeigt, herrschen in der Deutschen Bucht vor allem mesotidale Bedingungen mit einem Tidenhub zwischen 2,0 m (Helgoland) und 3,6 m (Wilhelmshaven). Entlang der Küste bewirkt die Springtide bis zu 2 m höhere Wasserstände über normalem Hochwasser, die Nipptide vermindert den Wasserstand auf etwa 1 m unter dem sog. Mittelwasser. Extreme Sturmfluten können nochmals 4 m über dem Springtidehöchsten zulegen (nochmals sei hier der Februar 1962 in Erinnerung gerufen).

Die Flutwelle dringt über die Seegaten, Rinnen und Priele in die Wattenflächen ein

und treibt Wolken aus suspendierten Schlickflocken vor sich her. Die Wattenflächen werden recht behutsam geflutet, sodass Sande nur in geringem Umfang landwärts verfrachtet werden. Erreicht die Flutwelle bei Stauwasser ihren Höchststand, sinken die suspendierten Schlickflocken ab und bilden eine Schlicklage, die rasch konsolidiert, d. h. sich verdichtet und verfestigt. Das mit dem Ebbstrom von den Wattenflächen wieder ablaufende Wasser zieht sich vergleichsweise schnell zurück. Es wird nun auf den Wattenflächen und in allen Gezeitenrinnen viel Sand bewegt. Werden die Wattenflächen schließlich freigelegt, zeigen die Rinnen kräftige Sandtransporte. Kommt der Ebbstrom bei Stauniedrigwasser schließlich wieder zum Stillstand, sinken die vom ablaufenden Tidestrom mitgebrachten suspendierten Schlickflocken auf den noch von Wasser bedeckten Gebieten der Watten und in den Rinnen zu Boden. Das Resultat sind vier Lagen Sediment: Sand, Schlick, Sand, Schlick – jeweils unterschiedlich mächtig und unterschiedlich vollständig.

Rhythmisch geschichtete Gezeitensedimente bilden ebene und dünnblättrige Lagen auf den Wattenflächen. Sie sind gut zu erkennen auf Mischwatten, wo eine flächenhafte Sedimentation Laminite aus wechselnd Schlick und Sand aufbaut. Diese ebenen und dünnen als auch dickeren Lagen Schlick/Sand werden als **Gezeitenrhythmite** bzw. Gezeitenwechselschichtung (*tidal rhythmites, tidal laminites, tidal bedding*) bezeichnet. Doch bilden sie nicht immer alle Tidephasen ab. Auf den bei Niedrigwasser freigelegten Wattenflächen findet sich lediglich Hochwasserschlick und Ebbsand als dünne Doppellage (Reineck et al. 1982; ⬣ Abb. 4.137). Die hier abgesetzten wechselgeschichteten Sedimente haben meist sehr geringe Mächtigkeiten und bilden sehr charakteristische mm-dünne Laminite. Allerdings sind sie keinesfalls auf die auftauchenden Wattenflächen beschränkt, sondern finden sich reichlich auch in Prielen wenig unterhalb der Niedrigwasserlinie (⬣ Abb. 4.138), meist in Form von rhythmisch geschichteten Wechsellagen aus nunmehr cm-mächtigem Schlick und dm-mächtigem

4

◘ **Abb. 4.138**   Der sog. Liegendrücken im ehemaligen Braunkohlentagebau Fortuna (Oligozän, Niederrheinische Bucht) zeigt ein gutes Stück unterhalb der Oberkante (auf der das dort ehedem gelegene Flöz Morken bereits abgetragen war) eine weitgespannte Rinnenstruktur. Sie zeigt einen doppeltspitzen Rinnenquerschnitt, etwas asymmetrisch beiderseits aktive Anlagerungsflächen und Gezeitenschichtung. Dies spricht für eine subtidale Rinne in einer Ästuarmündung (Schäfer et al. 1996)

Sand (■ Abb. 4.139). Beide sind horizontal gelagert und oft nur als mehr oder weniger biogen erodierte und verwühlte Horizonte erhalten. Ebene Wechselschichtung ist signifikant für tidales Milieu (Ginsburg 1975). Doch kann deren Schichtung einzelnen Flut- und Ebbereignissen nicht immer zweifelsfrei zugeordnet werden (de Boer et al. 1989; Archer 1991; Flemming und Bartholomä 1998; Choi und Park 2000; Choi 2010). Meist bleibt Flaserschichtung als das einzig verlässliche pauschale Kriterium für tidales Signal, denn Schlicklagen füllen Kleinrippeltäler aus und haben im Falle geringer Umlagerung von Wattenflächen und auch in tieferen Bereichen unterhalb der Niedrigwasserlinie alle Chancen, erhalten zu bleiben und überliefert zu werden (■ Abb. 4.140). Flaserschichtung ist aber kein Tiefenanzeiger per se (Martino und Sanderson 1993; Miller und Eriksson 1997). Wells et al. (2005) mutmaßten aufgrund ihrer Modellrechnungen, dass im Urmeer vor 300 Ma in NW-Europa lediglich Mikrotiden existiert hätten. Tidesignale hätten daher kaum konserviert werden können. Lediglich in großen Flussmündungen sei hinreichend Strömung für die Bildung von Rhythmiten (also tidalen Laminiten) vorhanden gewesen.

Gegenüber den Bildungen auf den Wattenflächen können sich unter der Niedrigwasserlinie in Rinnen und Prielen alle vier Gezeitenphasen abbilden. In den Gezeitenrinnen baut die Ebbströmung Großrippelfelder auf, die die seewärts anlagernden Leeblattgefüge der Ebbsande bevorzugt dokumentieren. Die Schlickabsätze der Stauwasserphasen und die aus der sehr viel schwächeren Flutströmung stammenden dünnen kleingerippelten Sandlagen können bei energiereichen Sandtransporten leicht wieder abgetragen werden. Im Idealfall werden doppellagige **Gezeitenbündel** (*tidal bundles*) als Anlagerungsgefüge in einen Schrägschichtungskörper eingearbeitet, wobei die beiden Schlicklagen aufgrund ihrer raschen Konsolidierung und Erhaltung besonders auffällig und dadurch namensgebend sind (Visser

■ **Abb. 4.139** Gezeitenwechselschichtung in den Köln-Schichten (Oligozän; Liegendrücken, ehem. Tagebau Fortuna) der Niederrheinischen Bucht. Unterschiedlich mächtige Lagen aus Sand und Schlick signalisieren sehr verschiedenen Sedimenttransport und -absatz während einzelner Tidephasen. Die dunkle Färbung der Sande stammt von braunem Humusgel, das sich auf den sehr viel dünneren Tonlagen staut. (Foto Dieter Hilger)

1980; ■ Abb. 4.141). Großrippeln aus diesen Rinnen und Prielen zeigen vergleichsweise nur dünne Schlicklagen gegenüber deutlich kräftigeren Sandlagen (■ Abb. 4.142). Die dünnen landwärts orientierten Flutsande bleiben oft nur in Rippeltälern erhalten, wenn sie vor der Erosion durch die nachfolgende Ebbströmung geschützt blieben. Seewärts orientierte Ebbsande tragen vor allem zur Mächtigkeit der Leeblätter von Großrippeln bei. So können bevorzugt ausgedehnte Großrippelfelder in Rinnen und Prielen bei günstiger Konservierung der Schrägschichtung alle vier Tidephasen und während eines Zeitraums von mehreren Tagen sogar die Mondgezeiten abbilden – im Falle der südlichen Nordsee M2-Tide im zeitlichen Abstand 12 h 50 min. Die größeren und kleineren Mächtigkeiten

4

der Leeblätter werden durch die Spring- und Nipptidevariation der Mondgezeiten mit einem Abstand von 7–8 Tagen verursacht (De Boer et al. 1989 und eine große Zahl früherer Autoren) (• Abb. 4.143).

Gezeitenschichtung der Wattenmeere findet sich auf auftauchenden Wattenflächen, aber auch in unter der Niedrigwasserlinie liegenden Prielen und Rinnen. Erst bei größerer Wassertiefe, mit der Übergangszone, verliert sich die Gezeitenschichtung, denn der randmarine Ablagerungsraum ist nun nicht mehr von der ständigen tidalen Umlagerung abhängig.

Fossile randmarine Systeme konservieren nur unter günstigen Bedingungen die gesamte Vielfalt der für sie typischen Bodenformen, Gefüge und Sequenzen. Mithilfe von Fossilgemeinschaften gelingt zwar die Zuordnung zum marinen Lebensraum, mithilfe von Glaukonit zum marinen Diagenesemilieu, mithilfe von gut sortierten Sanden auch die Feststellung, dass hohe Energie der Meeresbrandung wirksam war. Doch die Zuordnung

zu einer Subfazies und deren zeitliche Aufeinanderfolge aufgrund von Trans- und Regressionen bleibt oft schwierig. Im Vergleich mit Deltabildungen werden randmarine Sedimentfolgen vorzugsweise als regressive Gefügesequenzen dargestellt (• Abb. 4.144). Diese Vorgehensweise ist nicht immer begründet, allerdings können die Strandprofile so am ehesten dargestellt werden.

Hoch- bis Mittelenergieküsten wurden von Ginsburg (1975), Carter (1978), Greenwood und Davis (1984), Davis und Hayes (1984), Davis (1985), Oertel und Leatherman (1985), Nummedal et al. (1987), Boersma (1991), Boyd et al. (1992), Komar und McDougal (1994), Flemming und Hertweck (1994), Flemming und Bartholomä (1995), Black et al. (1998), Chang und Flemming (2006), Dalrymple et al. (2006), Dillenburg und Hesp (2009) behandelt. Ästuarine Sedimentserien lassen sich durch ihre Gezeitenschichten gut interpretieren (Lanier et al. 1993; Leckie und Singh 1991; Mellere 1994; Porebski 1995; Choi und Park

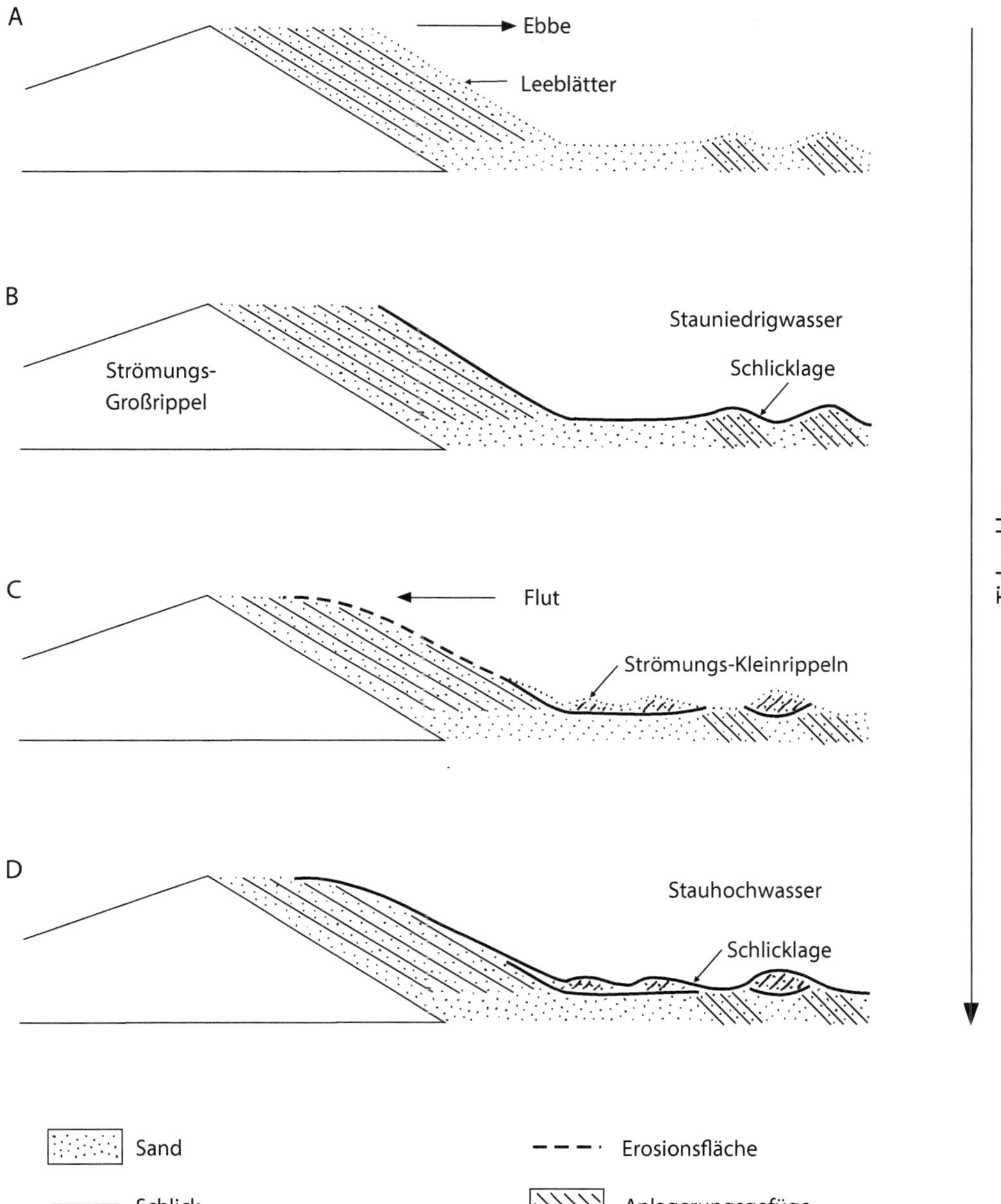

Abb. 4.141 Das Modell zur Genese der Gezeitenbündel in Großrippeln lässt sich fast aus jedem randmarinen tidalen Rinnensand herauslesen. Trogförmige Schrägschichtung transversaler Großrippeln in subtidalen sandigen Prielmündungen mit eindeutiger Ebborientierung sind die besten Bedingungen zur Beobachtung und Deutung. Immerhin lässt sich an rezenten und fossilen Schrägschichtungssets aus diesem Milieu wenigstens vereinzelt die notwendige Beobachtung mm-dicker Laminite machen, um die angeschnittenen Sandkörper faziell sicher zuzuordnen (Visser 1980)

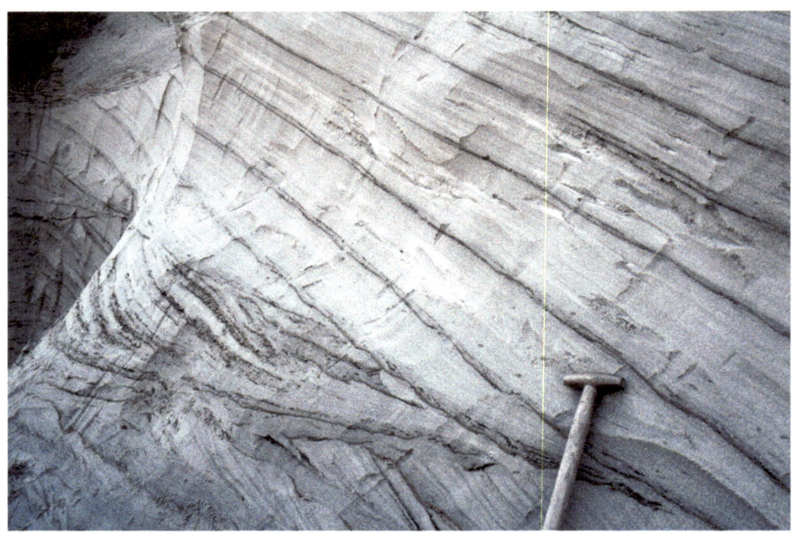

◧ **Abb. 4.142**   Tidale Schrägschichtung in randmarinen Sanden unter der Niedrigwasserlinie. Die Doppellagen aus Schlick werden als Gezeitenbündel bezeichnet und sind die Absätze während der Stauwasserphasen. Der dünne Sand zwischen diesen bildete sich während der Flutströmung, der mächtige Sand während der Ebbströmung (Konstruktionsfeld Oosterschelde bei Zierikzee; frdl. Hilfe Thomas Teyssen)

◧ **Abb. 4.143**   Eine sedimentäre Sequenz mit Gezeitenbündelschichtung bildet unter günstiger Erhaltung mit den seewärts orientierten Leeblättern der Großrippeln in subtidalen Rinnen die täglichen Tidewellen ab. Bei Springtide bilden sich darüber hinaus größere Sandmächtigkeiten, bei Nipptide geringere (Konstruktionsfeld Oosterschelde bei Zierikzee; frdl. Hilfe Thomas Teyssen)

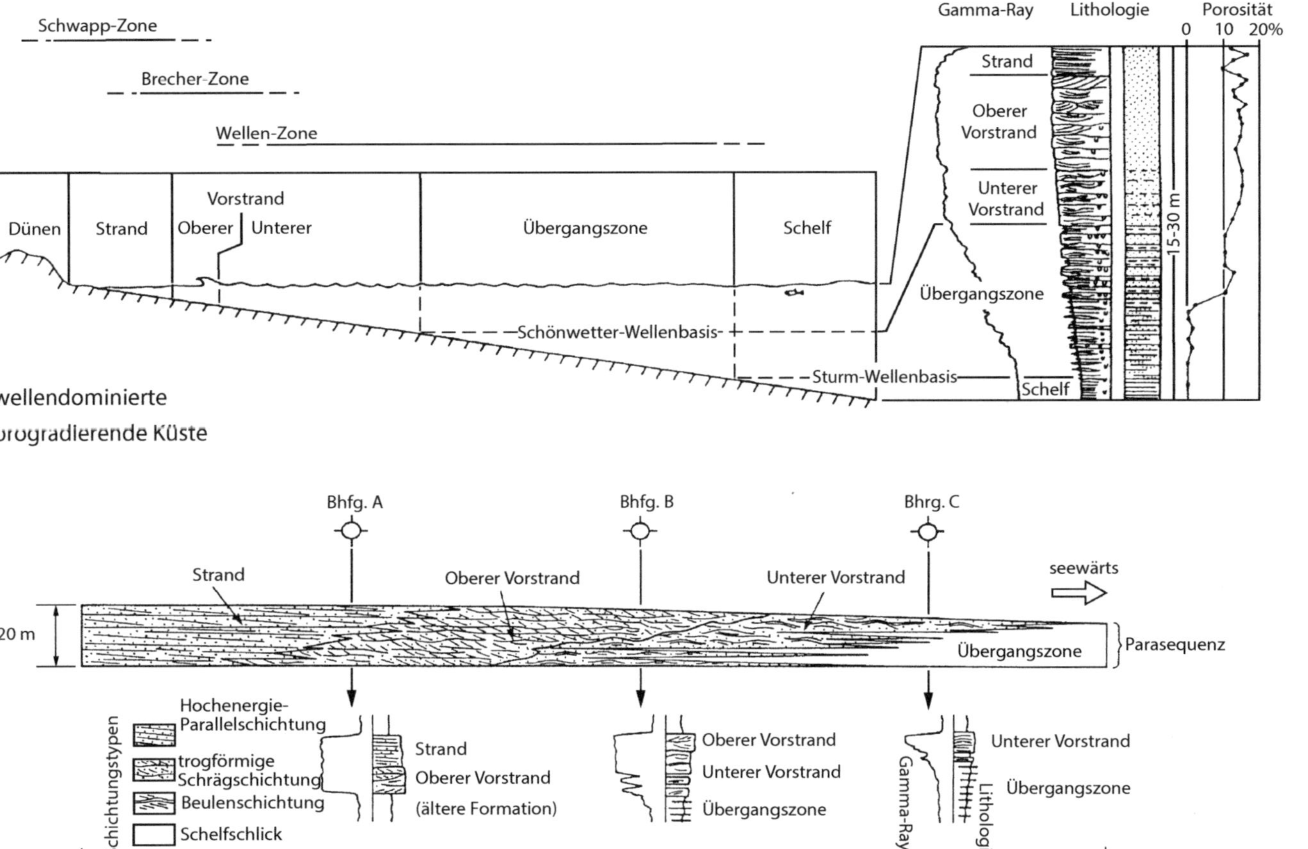

■ **Abb. 4.144** Wellendominiertes Strandprofil einer progradierenden Hochenergieküste. Im oberen Teil der Abbildung ist die Küstenrampe und ihre Nomenklatur dargestellt, verbunden mit einem vollständigen Säulenprofil unter der Annahme, dass dieses ein regressives Profil sei. Die sandigen Einschaltungen im Schelfschlick, die Tempestite, reichen bis an die Sturm-Wellenbasis. Im unteren Teil der Abbildung werden die individuellen Strandbildungen zu einem komplexen progradierenden Küstensaum zusammengefasst. (Nach Nummedal et al. 2001, Fig. 16)

2000; Shukla und Bachmann 2007; Choi 2010). Konvergenzen und Unterschiede von Ästuaren und Deltas wurden von Milli et al. (2013) diskutiert. Fruergaard et al. (2015, 2018) konzentrierten sich auf Barriereinseln und deren Dynamik, Karle et al. (2017) dagegen auf die Niederenergieküste einer geschlossenen Bucht.

4.2.8.1 Rhenoherzynisches Becken, Unterdevon, Rheinisches Schiefergebirge

Die Erkennung von Gezeitensignalen im Unterdevon des Rheinischen Schiefergebirges haben entscheidend zur Interpretation der Sedimentfazies im Rhenoherzynischen Becken beigetragen (vgl. ◘ Abb. 4.50; Stets und Schäfer 2002).

Gezeitenwechselschichtung ist sicheres Kriterium für die Ansprache fossiler randmariner Ablagerungsräume, beispielsweise im Emsquarzit (Grenzsandstein Unter/Ober-Ems bei **Lahnstein** am Mittelrhein). Hier ist feinblättrige Wechselschichtung alleiniger Hinweis auf subtidales Subenvironment (Schäfer und Stets 1995). In dieser horizontal gelagerten feinkörnigen Schichtenfolge ändert sich das Verhältnis von Feinsand- zu Siltlagen rhythmisch in dm-Abständen, sodass ein mehrfacher Wechsel Springtide/Nipptide interpretiert werden kann (◘ Abb. 4.145). Die feinblättrigen tidalen Rhythmite finden sich in direktem Verbund mit der sandigen Fazies des Emsquarzits (◘ Abb. 4.146a). Dessen sigmoidal geformten Schrägschichtungskörper ehemaliger Großrippeln enthalten wiederholt vollständige Leeblattgefüge mit doppelten Tonlagen, die als Gezeitenbündelsequenzen interpretiert werden können. Sie wurden in der Zeit der Stauhoch- und der Stauniedrigwasserphase abgesetzt (◘ Abb. 4.146b). Aufgrund der einheitlichen Orientierung der Schrägschichtung und seiner Bündelsequenzen wird der Emsquarzit als Ablagerung tidaler Rinnen unterhalb der Niedrigwasserlinie interpretiert. Das gemeinsame Auftreten von tidalen Laminiten und schräg geschichteten makroskaligen Gefügekörpern mit Gezeitenbündeln ergänzt sich gegenseitig gut.

Eine im Zentimeter- bis Dezimeterabstand wechselnde parallel geschichtete Sandstein/Siltstein-Folge, inmitten von angeschnittenen großen subtidalen Rinnen am **Nellenköpfchen** (Unterems von Ehrenbreitstein bei Koblenz am Mittelrhein; die Schichtenfolge steht heute senkrecht!) wurde von Wunderlich (1970) als Gezeitenschichtung nicht auftauchender Wattengebiete (◘ Abb. 4.147) interpretiert und von Stets und Schäfer (2002) dem Vorstrand zugeordnet.

Auch der Taunusquarzit (Siegen-Stufe) des Hunsrück bei **Sooneck** am Mittelrhein enthält trogförmige Schrägschichtung mit gut entwickelten Gezeitenbündeln. Es werden

◘ **Abb. 4.145** Feinkörnige und feinschichtige, sedimentär horizontal gelagerte (auch heute noch horizontal liegende) Laminite im Emsquarzit (Friedrichssegen bei Lahnstein). Der Schichtstoß ist durchgehend feinblättrig laminiert, die Schichtabschnitte mit vermehrt sandigen Laminiten werden als Springtidezeiten, ohne solche als Nipptidezeiten interpretiert (Schäfer und Stets 1995)

◘ Abb. 4.146 **a** Gezeitenbündel im schräg geschichteten Emsquarzit (Friedrichssegen bei Lahnstein; Bildhöhe etwa 1,5 m). Angeschnittene Großrippelfelder zeigen das Leeblattgefüge mit den charakteristischen Tondoppellagen sowie geringere und größere Mächtigkeiten ihrer Leeblätter. Darüber hinaus sind horizontal gelagerte, cm-mächtige wechselgeschichtete tidale Rhythmite zu beobachten, die die Fußpartien der großen Leeblätter bilden (Schäfer und Stets 1995). **b** Zwei Tonstege in der Großrippel (a) je abgsetzt bei Stauniedrig- und bei Stauhochwasser. Eingeschlossen zwischen diesen st der mm-dünne Sand der Flutphase

Sandbänke und -platen einer Hochenergieküste angenommen. Zwischen den schräg geschichteten Mittelsandsteinen waren darüber hinaus cm-mächtige Silt- und Feinsandsteine konserviert (◘ Abb. 4.148), die als tidale Rhythmite interpretiert werden konnten (Stets und Schäfer 2002).

4.2.8.2 **Luxemburger Sandstein**

Der Luxemburger Sandstein ist ein zu geringem Teil auf Deutschland und Südbelgien, vor allem zentral über Luxemburg ausgedehnter Sedimentkörper (◘ Abb. 4.149), der unter Tage bis weit nach Frankreich in das Pariser

4

■ **Abb. 4.147** Dezimetermächtige Gezeitenwechselschichtung im Intertidal des nicht auftauchenden Vorstrandes. Erosion und Umlagerung fand nicht statt, sodass die zueinander parallelen Schichten erhalten blieben. Die Lokalität des Fotos ist etwa 10 m über der Basis des mühevoll begehbaren Aufschlusses am Nellenköpfchen (Wunderlich 1970; Stets und Schäfer 2002). (Foto Matthias Hinderer)

■ **Abb. 4.148** Tidale Laminite in Peliten bilden einen Verband mit dem schräg geschichteten und reichlich Gezeitenbündel enthaltenden Taunusquarzit (Unter-Siegen; Steinbruch an der Burg Sooneck, südlicher Mittelrhein). Die Gruppierung ihrer feinschichtigen Laminite wird als Springtide/Nipptide-Variation interpretiert (Stets und Schäfer 2002)

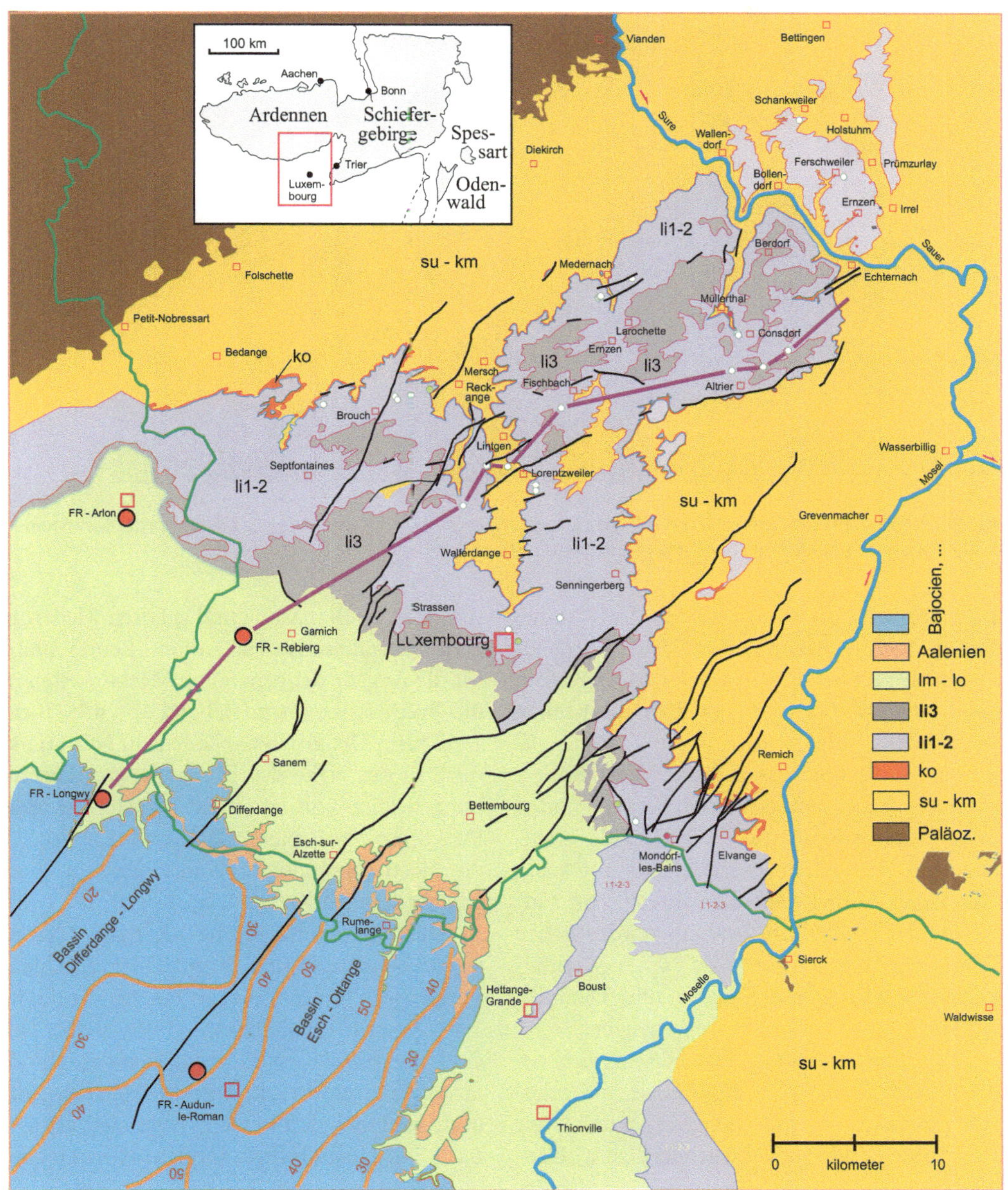

Abb. 4.149 Der Luxemburger Sandstein, Unterer Lias, in seiner Verbreitung in NO-Frankreich, in S-Belgien und in W-Deutschland, ebenso in Frankreich untertage die Verbreitung der Minette, Unterer Dogger (Isopachen nach Teyssen 1989; fig. 2). Die rote Linie bezeichnet die Lage des Profilschnitts SW-NO (■ Abb. 4.157).

Becken hinein zu verfolgen ist (Berners et al. 1984). Er ist über Tage gut aufgeschlossen, in seiner Eigenschaft als hervorragender Wasserträger und darüber hinaus wegen jüngster Straßenbaumaßnahmen durch viele Bohrungen erkundet (Colbach 2005; Robert Colbach,

Service Géologique de Luxembourg, sei für seine freundliche Hilfe bei der Bereitstellung der verwendeten Bohrunterlagen gedankt).

Der Luxemburger Sandstein wurde entlang des Südrandes der Ardennen in der Trier-Luxemburger Bucht während des unteren

Abb. 4.150   An den Kasematten der Stadt Luxemburg liegt etwa das Zentrum des Luxemburger Sandsteins – hohe Mauern mit der für den Sandstein typischen Anwitterung

Lias (Hettangium und Sinemurium) durch fluviale Lieferungen aus der Eifeler Nordsüdzone von NO nach SW in das Pariser Becken geschüttet (*Abb. 4.150*). Er überlagert bunte kontinentale Mergel des Rhät *(Marnes de Levallois),* die über das gesamte Verbreitungsgebiet des Sandsteins an dessen Basis zu finden sind (Guérin-Franiatte 1989; Guérin-Franiatte et al. 1991, 1995; weitere Literatur s. u.). Der Luxemburger Sandstein erreicht im südwestlichen Luxemburg und im nordöstlichen Frankreich deutlich mehr als 100 m Mächtigkeit, reduziert sich in Belgien und Deutschland jedoch auf etwa 50 m und weniger.

Der Luxemburger Sandstein setzt sich aus drei Schichtabschnitten zusammen, die lithostratigraphisch li 1–3 benannt sind. Diese Abschnitte sind vom Liegenden zum Hangenden zunächst die wechselnd feinsandigsiltigen bis zu 40 m mächtigen Mergel von Elvingen (li1, *Marnes d'Elvange*); sie gehören zum Lothringischen Faziesraum. Der Luxemburger Sandstein (li2, *Grès de Luxembourg*) ist ein schräg geschichteter, fein- bis mittelsandiger, bis zu 130 m mächtiger Sandsteinkörper (*Abb. 4.151*). Überlagert wird der Sandstein durch die Mergel von Strassen (li3, *Marnes de Strassen*), wechselnd feinsandig und siltig. Diese werden durch fossilarme Mergel (li4, *Marnes pauvres en fossiles*) überlagert. Beide zusammen

sind etwa 35 m mächtig und gehören wiederum zum Lothringischen Faziesraum. Repräsentativ für die Angabe der genannten Mächtigkeiten ist die Bohrung Longwy (siehe *Abb. 4.157*), die 1908 beim Ort gleichen Namens in NO-Frankreich in der Nähe des Dreiländerecks Luxemburg, Belgien und Frankreich abgeteuft wurde. Die Bohrung Rebierg (*Abb. 4.152*) ist für die biostratigraphische Position der einzelnen Schichten in der Karte gültig.

Das biostratigraphische Alter des Luxemburger Sandsteins (li 1, 2 und 3) leitet sich aus Funden von Ammoniten ab (Guérin-Franiatte 1989; Guérin-Franiatte et al. 1991, 1995). Der *Grès de Luxembourg* bildete die sandige Randfazies des nordöstlichen Pariser Beckens, die in dieses hinein auf kurzem Wege ausläuft. Die Basis des Luxemburger Sandsteins in Luxemburg liegt bei etwa 250 m + NN annähernd horizontal, taucht jedoch zum Pariser Becken südwestwärts um den gleichen Betrag und mehr deutlich ab. Vom Liegenden zum Hangenden zeigt er eine Zunahme der Korngröße, was gleichermaßen für eine progradierende Küstenlinie, für ein Delta-*offlap* oder für einen fluvialen Schwemmfächer signifikant ist.

Der Luxemburger Sandstein befand sich in einem randmarinen Raum auch bei Niedrigwasser noch unter der Wasserlinie, sodass in den Gezeitenbündeln die gegenläufige

◨ Abb. 4.151 Der Luxemburger Sandstein am Ortseingang Lernzen, südlich von Larochette, ist auffallend in einzelne Bänke aufgelöst, gerippelt und schräg geschichtet. Er zeigt eine Zunahme der Bankmächtigkeit von unten nach oben und führt als Bildung des tidalen Vorstrandes Gezeitenbündel

Flutströmung entsprechend aktualistischer Beobachtungen (vgl. ◨ Abb. 4.141) nur als dünner Flutsand dokumentiert ist. Die Schlicklagen jeweils des Stauhoch- und des Stauniedrigwassers sind meist beide erhalten; es sind daher echte Gezeitenbündel (◨ Abb. 4.153). Daraus folgt, dass der Luxemburger Sandstein in einem Gezeitenmeer abgelagert wurde, eingebettet in die schelfmarinen Pelite der Lothringischen Fazies, was durch den Fauneninhalt von vor allem Ammoniten bestimmt ist (Guérin-Franiatte et al. 1991, 1995).

Die basale Schichtenfolge des Luxemburger Sandsteins (Hettangium) enthält gut sichtbar trogförmige Schrägschichtung mit den genannten Gezeitenbündeln. Es kann die Interpretation einer deltaischen Sedimentfazies zugelassen werden, die unmittelbar dem Rhät aufsitzt und sich durch stetige Kornvergröberung auszeichnet. Die sich darüber

anschließende jüngere Schichtenfolge (Sinemurium) setzt den Luxemburger Sandstein bis zu seiner Hangendgrenze mit trogförmiger Schrägschichtung in teils massiven, teils diskordanzreichen Sandsteinbänken fort (Berners 1983; Berners et al. 1984; Mertens et al. 1983). Vielfach finden sich Sets mit planarer Schrägschichtung (◨ Abb. 4.154), sog. Riffstirnschichtung der Brecherzone entlang der Niedrigwasserlinie (nach Reineck 1984; vgl. ◨ Abb. 4.73 und ◨ Abb. 4.74).

Der Luxemburger Sandstein (li 2) schließt an seinem Top mit der sogenannten *surface taraudée* ab. Dieser Horizont ist mit allen Zeichen der Aufarbeitung, mit Bohrlöchern von Endobionten und nachfolgenden diagenetischen Veränderungen versehen; er ist vorzugsweise aus Tagesaufschlüssen bekannt und in Luxemburg weit verbreitet (Lucius 1948; Berners et al. 1984; Bintz

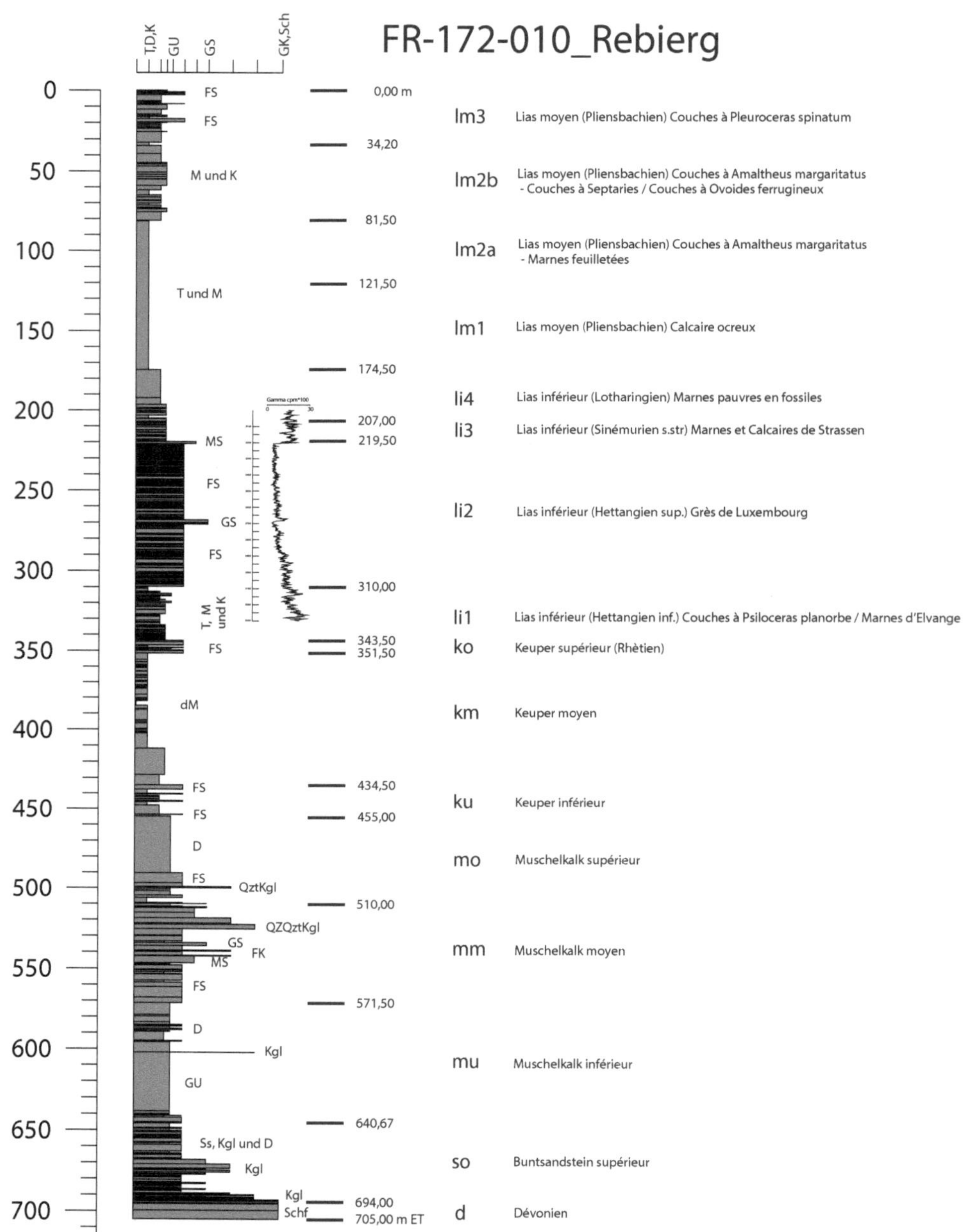

◘ **Abb. 4.152**   Die Bohrung Rebierg als lithologisches Gesamtprofil, das vom devonischen Sockel bis in den Mittleren Lias reicht. Der Schichtabschnitt Luxemburger Sandstein führt zusätzlich ein Gamma-Ray-Profil, das die Zunahme der Korngröße von unten nach oben deutlich zeigt

2001). Die *surface taraudée* lässt sich als Aufarbeitungshorizont (als *ravinement, rv*) im Sinne sequenzstratigraphischer Nomenklatur interpretieren. Der fragliche Horizont zeigt sich auch in Litho- und Gammalogs gut dokumentierter Bohrungen. Über diesem wird der flachmarine Luxemburger Sandstein (evtl. nach einer kurzen Phase der Exposition) von schelfmarinen Peliten der Mergel von Strassen (li 3) überlagert. Aufgrund ihrer Fauna (z. B. reichlich *Gryphea* sp.) sind diese der Schelffazies des nordöstlichen Pariser Beckens zuzurechnen.

Abb. 4.153 Gut sichtbare Gezeitenbündel in schräg geschichteten Sandsteinen an der Steilkante des Ferschweiler Plateaus unterhalb der Liboriuskapelle

Abb. 4.154 Trogförmige und planare Schrägschichtung im Luxemburger Sandstein, Perekopp bei Berdorf, W Echternach

Der Luxemburger Sandstein ist fossilreich, sodass sein biostratigraphisches Alter durch Ammoniten bestimmt werden kann (Maubeuge 1967; Berners et al. 1984; Bock und Muller 1989; 2004; Guérin-Franiatte 1989; Guérin-Franiatte et al. 1991, 1995; Abb. 4.155). Insgesamt ist er intensiv durch Calcit zementiert (Van Den Bril und Swennen 2008; Van Den Bril et al. 2007). In höheren Profilteilen sind bis dm mächtige Kalksteinlagen reichlich vorhanden. Diese sind durch Verwitterung erheblich klüftig geworden (Abb. 4.156), was die lithologisch in sich geschlossene Einheit des

4

Série	Étage	Sous-étage	Zone (8 zones à ammonoïdées)	NW — VIRTON / LONGWY	LUXEMBOURG	SE — LORRAINE
Lias supérieur	Toarcien	supérieur			Minette (Fm ferrugineuse)	
					Grès supraliassique	Grès supraliassique
		moyen		Marnes de Grandcourt	Marnes de Grandcourt	Marnes de Grandcourt
				Schistes à Posidonomies	Schistes à Posidonomies	Schistes bitumineux de Grandcourt
		inférieur			Marnes sableuses et bancs calcaire	
Lias moyen	Pliensbachien	Domérien	16. Spinatum	Macigno d'Aubagne	Couches à *P. spinatum*	
			15. Margaritatus	Macigno de Messancy	Couches à *A. margaritatus*	Couches à *A. margaritatus*
			14. Stokesi			
		Carixien	13. Davoei	Schistes d'Ethe	Calcaire ocreux	Calcaire ocreux
			12. Ibex	Marne sableuse de Hondelange	Calcaire ocreux	Calcaire ocreux
			11. Jamesoni			
Lias inférieur	Sinémurien	(Sin. supérieur) Lotharingien	10 Raricostatum	Grès de Virton	Calcaire ocreux	Calcaire ocreux
			9. Oxynotum		Marnes pauvres en fossiles	Marnes pauvres en fossiles
			8. Obtusum			
		Sin. inférieur	7. Birchi	Grès de Florenville	Marnes de Strassen	Marnes de Strassen
			6. Semicostatum			
			5. Bucklandi		Calcaire siliceux d'Orval	Marnes de Strassen
			4. Rotiforme			
	Hettangien		3. Angulata		Grès du Luxembourg / Grès de Metzert	Grès d'Hettange
			2. Liassicus	Marnes de Jamoigne		
			1. Planorbis		Marnes de Jamoigne	Couches à Planorbis
Keuper	Rhétien				Marnes de Levallois / Sables de Martinsart	

◼ Abb. 4.155   Gezeitenbündel im höheren Luxemburger Sandstein (liz) in den Bock-Kasematten

◼ Abb. 4.156   Der Luxemburger Sandstein in der Wolfsschlucht bei Echternach – ebenmäßig geschichteter und fossilreicher Kalksandstein und Kalkstein. Vor allem letzterer ist klüftig verwittert und gibt einen guten Wasserspeicher für die örtliche Wasserversorgung

Luxemburger Sandsteins als Wasserspeicher auszeichnet. Schintgen und Förster (2013) und Kremb-Wagner et al. (2014) untersuchten die stratigraphische und strukturelle Geometrie des Luxemburger Sandsteins.

Mithilfe von vielen Bohrungen des Service Géologique ließen sich viele Profilschnitte konstruieren, die stratigraphisch korreliert und sedimentologisch interpretiert den Entwurf eines sequenzstratigraphischen Modells stützen (◘ Abb. 4.157). Die Kombination von Bohrungen und Tagesaufschlüssen lässt den Entwurf eines Sedimentmodells zu, das sedimentfaziell der unterjurassichen Gule Horn

Fm in Südgrönland (Eide et al. 2016) durchaus ähnlich sieht (denn beide Lokalitäten waren ja gleichermaßen vom Anstieg des Weltmeeresspiegels im Unterjura betroffen).

4.2.8.3 Luxemburger Minette

Die Luxemburger Minette war im unteren Dogger ein Schüttungssystem mittleren Energieinhaltes, das sich aus der Eifeler Nord-Süd-Zone nach SW gegen das Pariser Becken vorarbeitete. Das Eisenerz der Minette wurde im südlichen luxemburgisch-französischen Grenzgebiet in beeindruckend großen Tagebauen abgebaut (◘ Abb. 4.158), die offen gelassen (◘ Abb. 4.159),

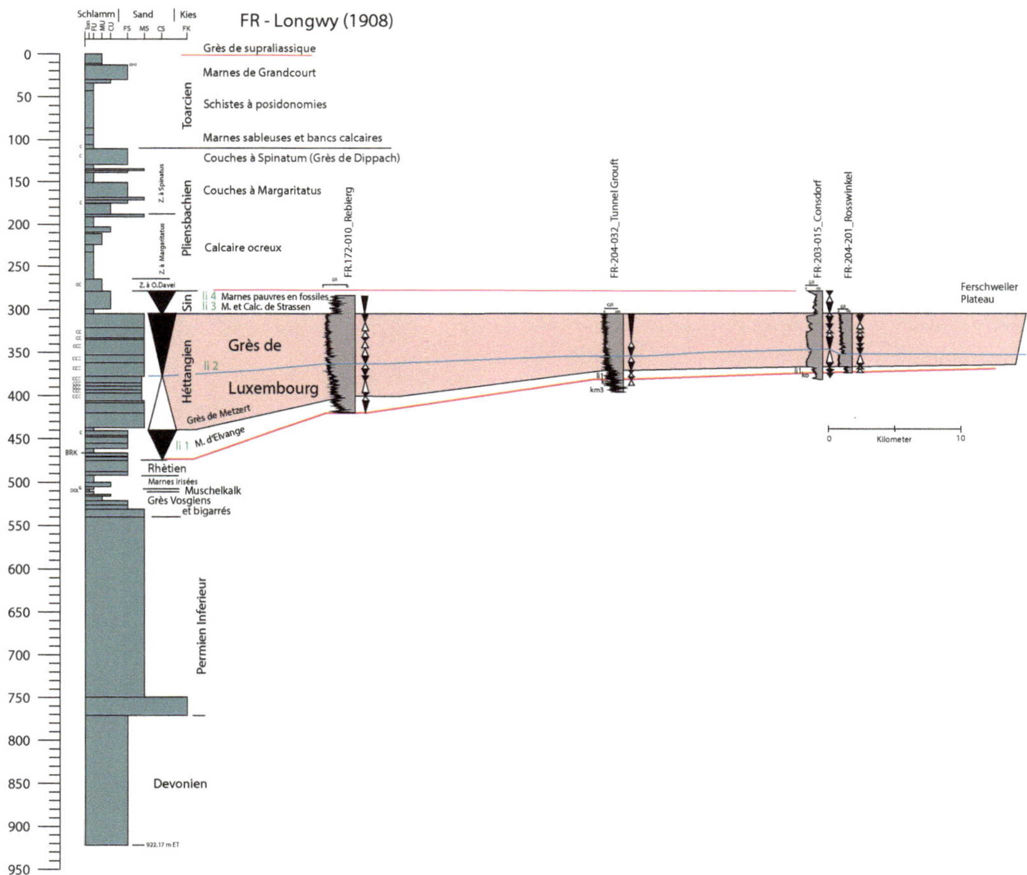

◘ Abb. 4.157 Der horizontierte Profilschnitt reicht von der Bohrung Longwy in NO-Frankreich über eine Reihe von Bohrungen bis Echternach. Er ist justiert an biostratigraphischen Befunden und interpretiert unter sequenzstratiphischen Gesichtspunkten (die Lage des Profilschnitts ist in ◘ Abb. 4.149 eingetragen).

4

◘ Abb. 4.158   Der ehemalige Tagebau Prinzenberg, wenig östlich von Rumelange in SW-Luxemburg, zeigt eine stratiforme Schichtenfolge des unteren Dogger. Hier wurde im großen Stil das Erz der Minette für die Verhüttung auf Eisenerz abgebaut. (Foto Agemar Siehl)

jedoch seit Ende der 90er Jahre wieder verfüllt wurden. Durch den Aufstieg des variszischen Blocks hatte sich dessen Erosionsniveau in den Untergrund sichtlich eingetieft. Die aus diesem erodierte fluviale Sedimentfracht bestand aus Sanden und Bohnerzen einer lateritischen Bodenbildung in einem subtropischen Klimaraum (◘ Abb. 4.160; Siehl und Thein 1978, 1987, 1989). Im Absatzgebiet der Minette Luxemburgs (im SW des Landes) erfolgte der Schichtaufbau in zyklischen Abfolgen schräg geschichteter und rippelgeschichteter sandiger Gesteine (◘ Abb. 4.161), versehen mit reichlich flachmariner Molluskenfauna und deren Lebensspuren, ebenso Ammoniten. Die nach SW orientierte Schrägschichtung randmariner Faziesräume der Minette zeigt ebenfalls Gezeitenbündel (Teyssen 1984, 1989). Das im Jura aktive SW–NO orientierte Störungssystem veranlasste die Bildung dreier aneinander grenzender Sedimentbecken, das Becken von Differdange-Longwy, das Becken von Esch-Ottange (in ◘ Abb. 4.149 mit größter Mächtigkeit von 50 m ausgewiesen) und das Becken von Briey. Die Minette-Erze gaben Anlass zu intensiver Forschung und Diskussion (◘ Abb. 4.162) (Siehl

◘ Abb. 4.159   Das sog. Gelbe Lager der Minette östlich von Rumelange, küstenmarine Sandsteine mit Bohnerzen, Grundlage der ehemaligen Eisenerzindustrie Luxemburgs. (Foto Fréderic, J. 2011; GoogleEarth)

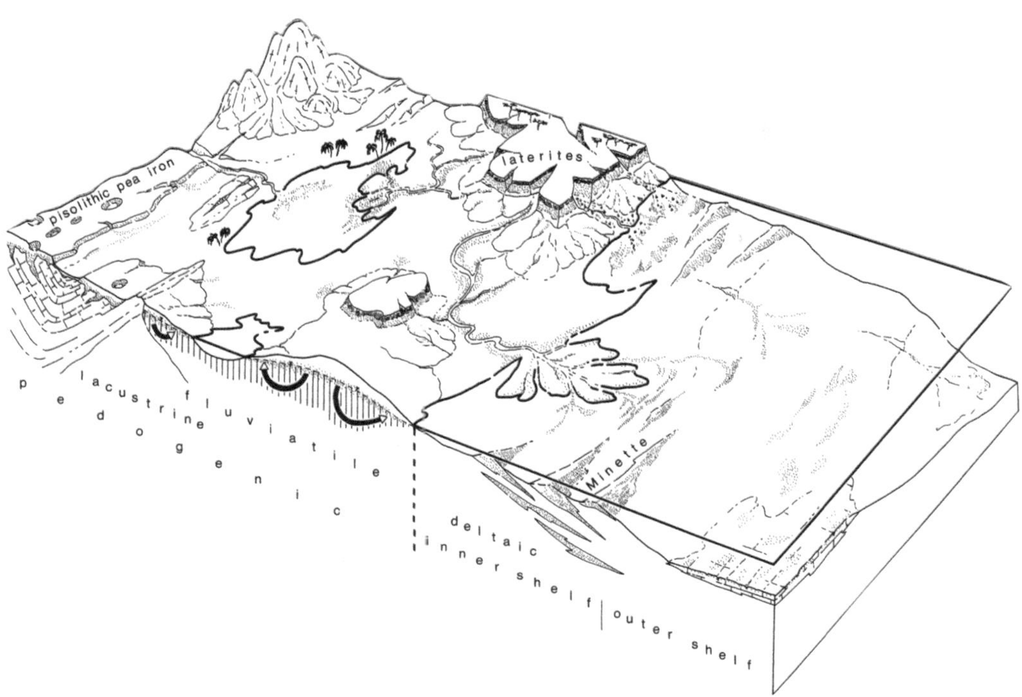

□ Abb. 4.160 Modell für die Genese der Luxemburger Minette (Siehl und Thein 1978, 1987, 1989). Die angesprochenen kontinentalen und randmarinen Räume schließen viele subtropische Environments in den niederen Breiten ein. Es wird ein gedanklicher Zusammenhang zwischen kontinentaler Entstehung und randmariner Umlagerung hergestellt. Der Modellblock ist gegenüber dem Original verändert (frdl. Hilfe Agemar Siehl)

und Thein 1978, 1987, 1989). Heute jedoch sind die Erze abgebaut und alle Tagebaue offen gelassen, verfüllt und inzwischen begrünt.

4.2.8.4 Die luxemburger jurassischen Sandsteine und ihr Bezug zum Meeresspiegel

Beide verschieden alten Schüttungskörper mit Ursprung in der Eifeler Nord-Süd-Zone – der Luxemburger Sandstein im Unterlias und die Luxemburger Minette im Unterdogger (vgl. □ Abb. 4.163) – lassen gezeitendominierte sandige Schwemmfächer in einem ausgedehnten Ästuar annehmen. Seegang ist in beiden Sandsteinen nicht nachzuweisen. Guérin-Franiatte (1989) betrachtete den Luxemburger Sandstein im Lias und die Minette im Dogger als Ergebnis zunehmender

Erosion des variszischen Blocks. Teyssen (1989) bezog die im Aufbau begriffene Meeresspiegelkurve des Pariser Beckens (Haq und Van Eysinga 1987; Haq et al. 1987, 1988) zur Justierung der jurassischen Schichtenfolgen vom Luxemburger Sandstein (Hettangium) bis zur Minette (Aalenium) in seine Diskussion der klastischen Schüttungen in der Minette ein. Das fand durch die aktuelle Meeresspiegelkurve von De Graciansky et al. (1998) seine Bestätigung, zeigte vor allem, dass die Ablagerung dieser großen Zyklen als Regressionszyklen mit nachvollziehbarem *coarsening-up* angelegt waren. In der Minette schließlich konnte durch den Abbau der Minette-Erze eine größere Anzahl kleinerer Kornvergröberungszyklen (*coarsening-up cycles*) nachgewiesen werden, deren Tops jeweils

◨ **Abb. 4.161**   Im Detail ist die Minette ein eher feinkörniges Sediment, bestehend aus einer Wechsellagerung von Siltstein und eingelagerten dm-mächtigen rippelgeschichteten Feinsandsteinen, entstanden in einem randmarinen Raum, wie tidale Sedimentgefüge und flachmarine Faunen nahelegen. (Foto Agemar Siehl)

die Anreicherung der Minette-Lager erfahren hatten. Nach diesen klastischen Schüttungen entwickelte sich seewärts, in westlicher Richtung, schließlich wieder die pelitisch-karbonatische Lothringische Normalfazies des Pariser Beckens (Mégnien 1980).

4.2.8.5 Cornbrash-Sandstein

Der oberjurassische Cornbrash-Sandstein (Oxford, Malm) entlang des Nordrandes des Weser-Wiehen-Gebirges ist über Tage aufgeschlossen und in Bohrprofilen nach Norden in das Norddeutsche Jura-Becken hinein zu verfolgen. Der Cornbrash-Sandstein ist eine etwa 30 m mächtige Sandsteinserie, die vom nördlich gelegenen Pompecki-Block (Klassen 1991; Gramann et al. 1997) geschüttet wurde und sich entlang der Rheinisch-Böhmischen

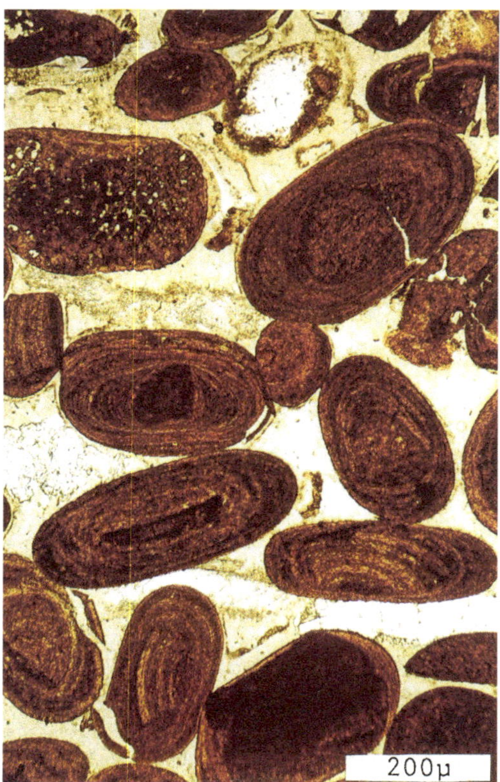

◨ **Abb. 4.162**   Minette-Erze sind Goethit führende Rindenkörner einer lateritischen Bodenbildung mit konzentrisch-schaligem Aufbau. Sie schlossen unterschiedliche, klastische und biogene, Fragmente ein. Sie wurden vom Variszischen Block erodiert, als Sande umgelagert und in der Minette Luxembourgs zu erzführenden randmarinen Sedimentgesteinen aus Ooiden, Bioklasten und Sandfragmenten im unteren Dogger zusammengeschwemmt – hier z. B. „typische" marine Eisenoolithe des Grauen Lagers (Aalenien) aus dem ehem. Steinbruch Hutberg bei Differdingen, Luxemburg (Dünnschliff-Foto Agemar Siehl)

Schwelle als flachmariner Küstenraum entwickelt hatte (Bininda 1986). Glaukonit und Fossilien führende Sandsteine einer an Großgefügen nicht sehr reichen Schichtengruppe mit *coarsening-up*-Trend beschreibt eine Küstenlinie geringerer Energie. Der Cornbrash-Sandstein geht zum Hangenden in den Korallenoolith über (Lorenz 1975). Die in großem Stil im Gehn abgebauten kalksandigen Gesteine werden bis zur Weser an

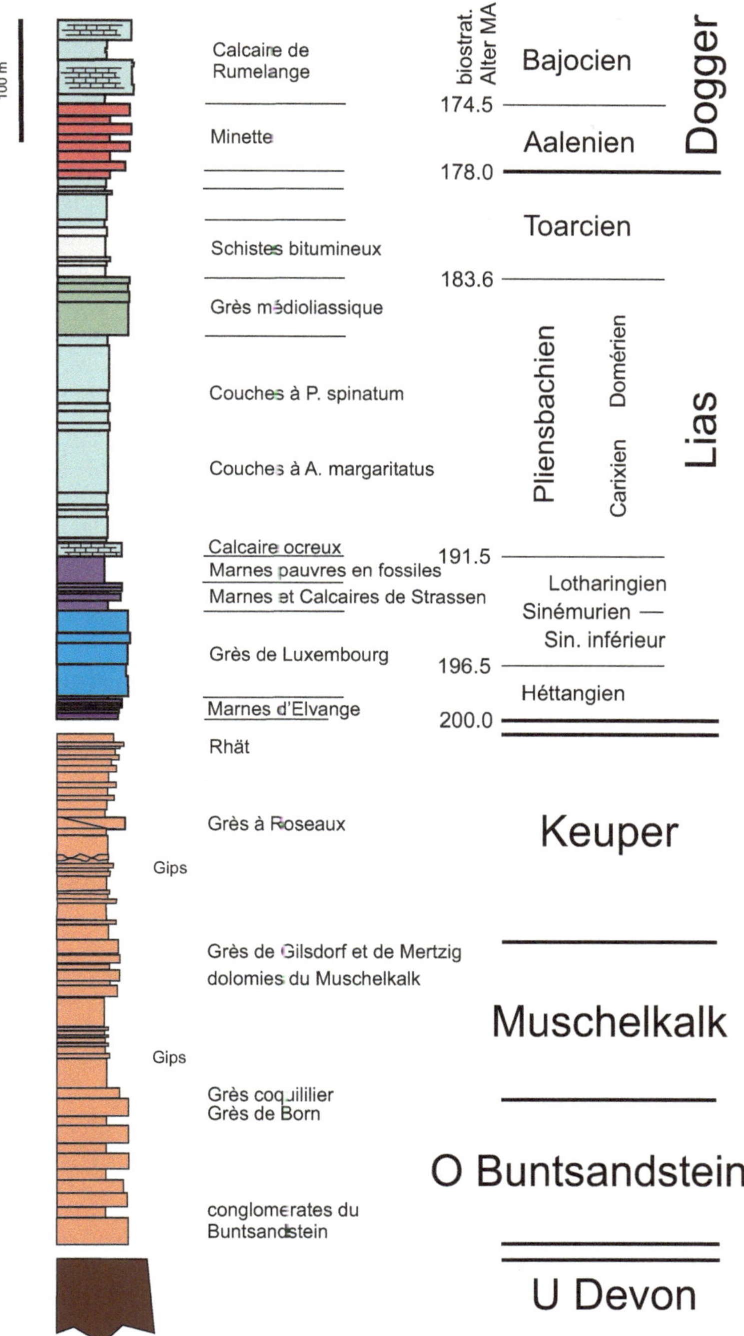

Abb. 4.163 Ein Übersichtsprofil für den Unteren und Mittleren Jura in Luxemburg (Aperçú Jurassique LU; verändert)

der Porta Westfalica als großes südostwärts transportierendes Delta interpretiert (Rumohr 1973). Der am Gehn abgebaute Korallenoolith exponiert eine Schichthöhe von annähernd 30 m, beginnt basal mit gut sichtbarer Gezeitenwechselschichtung und vergröbert zum Hangenden Korngröße, Sedimentgefüge und Bankmächtigkeiten, um oben mit fluvialen Bildungen abzuschließen. Aufgrund der dm-mächtigen tidalen Rhythmite (◨ Abb. 4.164) an der Basis der Schichtenfolge, die dem als Schelfsediment angesehenen Blauen Stein aufsitzt. Für die marine sandiger werdende Schichtenfolge lässt sich ein ästuarines Faziesmodell interpretieren. Im südöstlich gelegenen distalen Raum im Osterwald besteht der Korallenoolith schließlich vollständig aus Karbonatgesteinen (Helm et al. 2002).

4.2.8.6 Osning-Sandstein

Der unterkretazische Osning-Sandstein ist entlang des steil aufgerichteten Südrandes des Teutoburger Waldes zugänglich (Baldschuhn und Kockel 1999). Er bildete eine nach N zum Norddeutschen Becken exponierte Küste auf dem während der Ablagerung des Osning-Sandsteins noch hoch gelegenen Nordrandes des Variszikums. Die Externsteine und viele westlich (entlang des Osning) und südlich (entlang der Egge) heute still gelegte Steinbrüche geben Einblick in die Sedimentfazies des Küstenraumes (Speetzen et al. 1974; Hendricks und Speetzen 1983). Fast durchgehend grobkörnige und schräg geschichtete Sedimente, durch Verwitterung kaum noch erkennbare Faunen von Ammonoideen und Würmern sowie *Ophiomorpha* sp., darüber hinaus vor allem die häufig zu beobachtende Gezeitenbündelschichtung verhelfen zur Interpretation eines Vorstrandes einer mesotidalen Hochenergieküste. Bei steigendem Meeresspiegel verändern sich zum stratigraphisch Hangenden der Kreide die zunächst sandreichen und glaukonitführenden Schichtenfolgen zu reinen Karbonatserien (Hiss und Speetzen 1986; Mutterlose et al. 1995, 1997).

4.2.8.7 Elbsandsteingebirge

Das Meer des subherzynen Oberkreidebeckens in Mitteleuropa dehnte sich bis weit nach SO in die Böhmische Masse hinein aus

◨ **Abb. 4.164** Im Gehn (bei Bramsche) wird in einem sehr großen Steinbruch der Korallenoolith (Oxford, Malm) abgebaut. Das annähernd 30 m mächtige, sich nach oben vergröbernde und bankmächtiger werdende Profil beginnt mit tidaler Schichtung

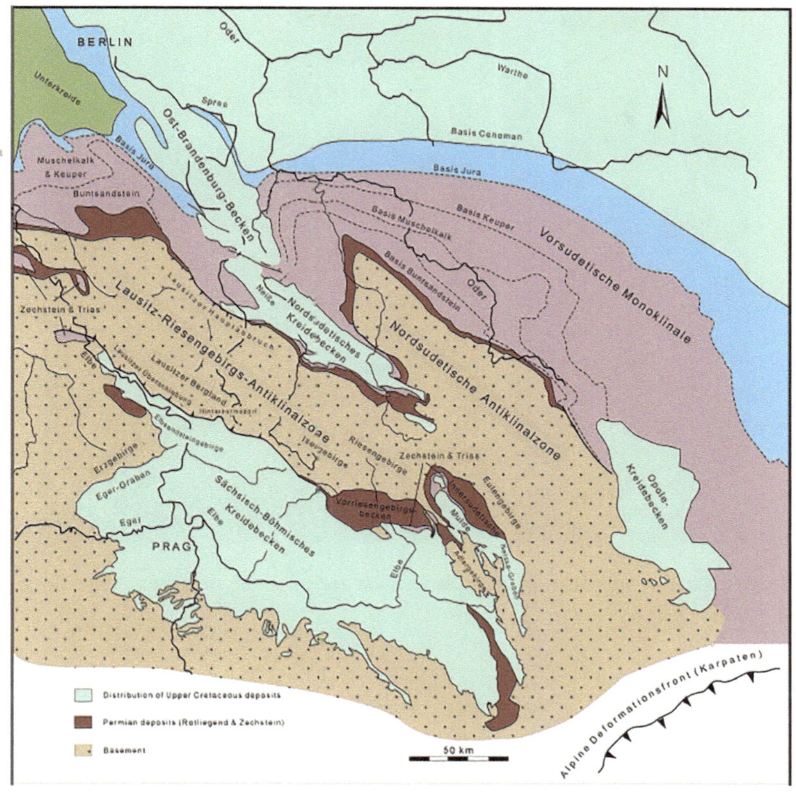

Abb. 4.165 Karte der Lausitz-Riesengebirgs-Antiklinalzone – durch die Lausitzer Überschiebung wurde das Elbsandstein-Becken eingeengt und zur Ausbildung eines Riftbeckens mit grobkörniger ästuariner Sedimentfazies veranlasst (Voigt 2009, Abb. 1)

und bildete entlang von Bruchstrukturen im sich heraushebenden Untergrund zahlreiche regionale Sedimentbecken (Voigt et al. 2006). Jene Bruchstrukturen zeichneten selten die Küstenlinien der entstehenden Sedimentbecken nach, gestalteten deren Sedimentfazies jedoch erheblich (**Abb. 4.165**; Voigt 2009). Im Elbtal-Becken wurden während des Cenoman und Turon vorzugsweise grobklastische Sedimente des Elbsandsteins abgelagert (**Abb. 4.166**). Dessen Sedimentbecken dehnte sich, die Elbe aufwärts, bis in die Tschechei in das Böhmische Kreide-Becken aus (Uličný et al. 2008, 2009; Janetschke und Wilmsen 2014; Olde et al. 2015).

Aufwärts entlang der Elbe zwischen Dresden, Pirna und dem Elbsandsteingebirge entwarfen Voigt et al. (2007) einen stratigraphischen Schnitt (**Abb. 4.167**). Es beeindrucken die als mächtige Felsnadeln vorzüglich herausgewitterten Sandsteine, die sich mit stratigraphischer Ortskenntnis gliedern lassen (**Abb. 4.168**). In ihnen fallen neben Anlagerungsgefügen wie Schrägschichtung, Wellenrippelschichtung, Gezeitenschichtung (*tidal bundles*) und Sturmsandlagen (*tempestites*) (Voigt 2011) vor allem Lebensspuren von Krebsen (*Ophiomorpha* sp.) auf. Ein sequenzstratigraphisches Modell für den Elbsandstein entwarfen Janetschke und Wilmsen (2014).

Offensichtlich ist, dass die Progradation des Elbsandsteins aus dem böhmischen Hinterland im SO (Uličný et al. 2008, 2009) entlang der herzynischen Bruchstrukturen des heutigen Elbtals in Richtung NW erfolgte (Voigt et al. 2007; Voigt 2009). Das mit

❏ **Abb. 4.166**   Der Bildausschnitt zeigt etwa die Sandsteine der mittel- bis oberturonischen Postelwitz-Formation in ❏ Abb. 4.165

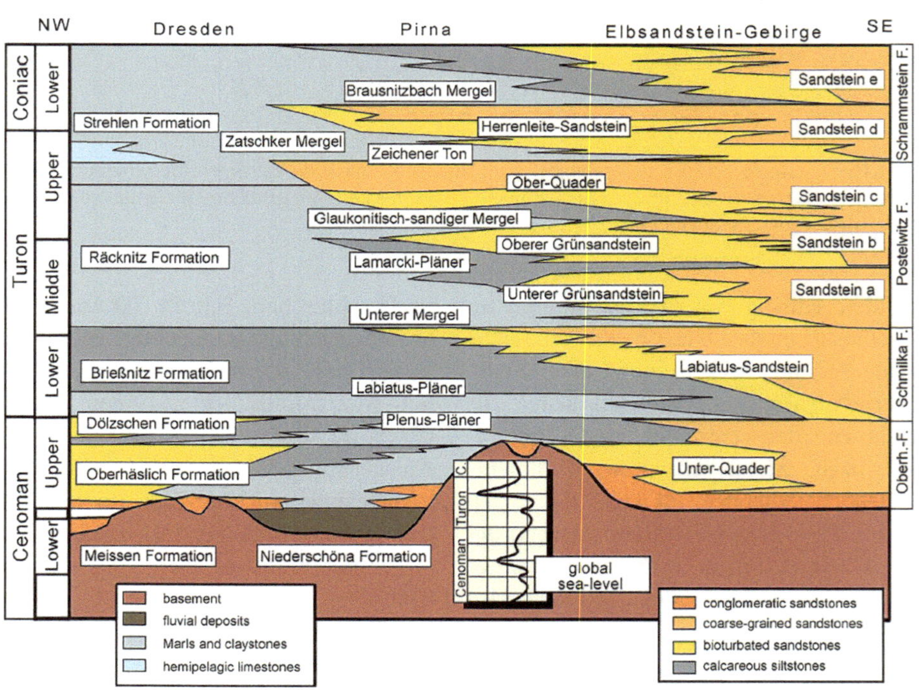

❏ **Abb. 4.167**   Stratigraphisch-fazielles Schema der sächsischen Kreide entlang des Elbtals. Im als Elbsandstein-gebirge bezeichneten südöstlichen Teil des Profilschnitts stapeln sich marine Sandsteine unterschiedlicher, meist grober Körnung. Nur an der Basis der Schmilka-Formation stößt die Beckenfazies weit in Richtung des südöstlich gelegenen Hinterlandes vor. Die Tagesaufschlüsse sind im Wesentlichen die dicht gepackten Sandsteine a–e der Postelwitz- und der Schrammstein-Formation (Voigt et al. 2007)

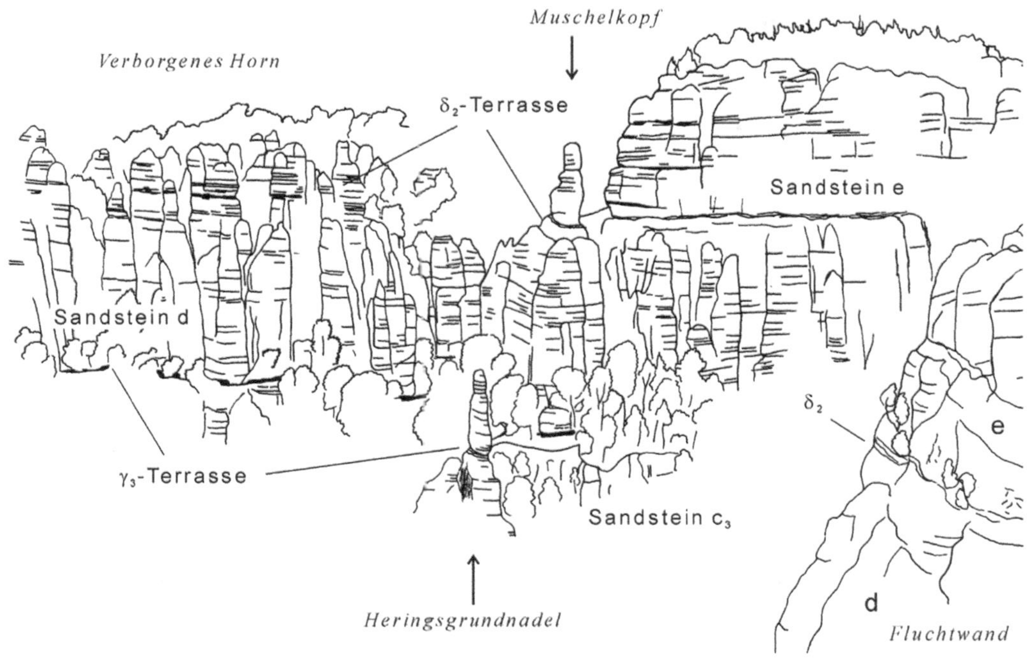

◘ Abb. 4.168 Feldzeichnung von Felsen des Elbsandsteingebirges, versehen mit der stratigraphischen Nomen-klatur von ◘ Abb. 4.167. Die stratigraphische Untergliederung der Schrammstein-Formation d und e am Großen Winterberg gelingt durch die in die grobkörnigen Sandsteine eingelagerten feinkörnigen Sandsteine (Voigt et al. 2007)

grobklastischen und randmarinen Sedimenten belieferte Riftbecken kann aufgrund seiner Gezeitenschichtung als gezeitendominiertes Ästuar interpretiert werden. Darüber hinaus dürfte der Ästuartrichter recht weit gewesen sein, sodass auflaufender Seegang wirksam werden und Seegangsschichtung nachgewiesen werden konnte (Voigt 2011).

4.2.8.8 Niederrhein-Becken

Im SW des Southern Permian Basin (Knox et al. 2010; ◘ Abb. 4.169) senkte sich am NW-Rand des Rheinischen Schiefergebirges in einer sich dehnenden Riftstruktur während des Tertiärs das Niederrhein-Becken ein. Dieses ist zum Rurtal-Graben in den Niederlanden offen (Geluk et al. 1994; Klett et al. 2002; Schäfer und Utescher 2014). Beide Becken zusammen bilden den känozoischen Deutsch-Holländi-schen Zentralgraben, mehr oder weniger par-allel zu SO–NW verlaufenden Störungen im

Untergrund (Michon et al. 2003; Grützner et al. 2016). Im Niederrhein-Becken wird seit langem Braunkohle (Lignit) in offenen Tage-bauen abgebaut, sodass ein veränderlicher Tageszugang vorhanden ist (Becker und Asmus 2005). Der Gewinnung von Braunkohle mit einer Gesamtmächtigkeit von 100 m (Hager 1986, 1993) erfordert eine große Anzahl von Bohrungen (◘ Abb. 4.171), die dreidimensional geologische und ingenieurtechnische Informa-tionen vor und während des Abbaus geben.

Die Unterflözgruppe des Oligozäns und Miozäns im Niederrhein-Becken in der Nie-derrheinischen Bucht (Schäfer et al. 1996, 1997, 2004, 2005; Schäfer und Utescher 2014) bildet die marine Füllung des Niederrhein-Beckens. Die transgressive Schichtenfolge der Nordsee im Paläogen folgte bei der Subsidenz der Niederrheinischen Bucht den Bruch-linien parallel des Mittelrheins. In der relativ engen und sich dehnenden Grabenstruktur

◼ Abb. 4.169 Deutsch-Holländischer Zentralgraben (verändert nach Knox et al. 2010, aus Schäfer und Utescher 2014)

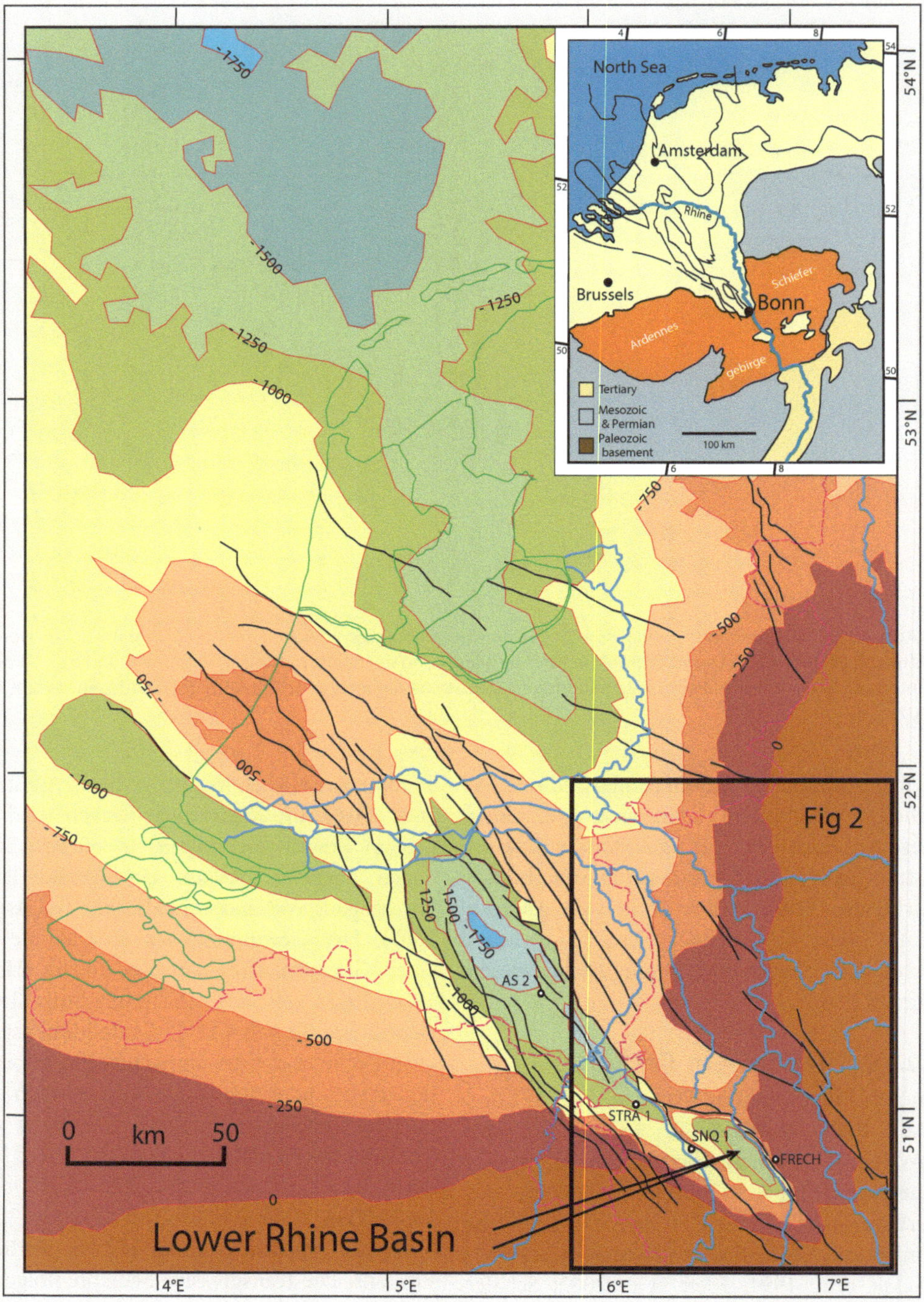

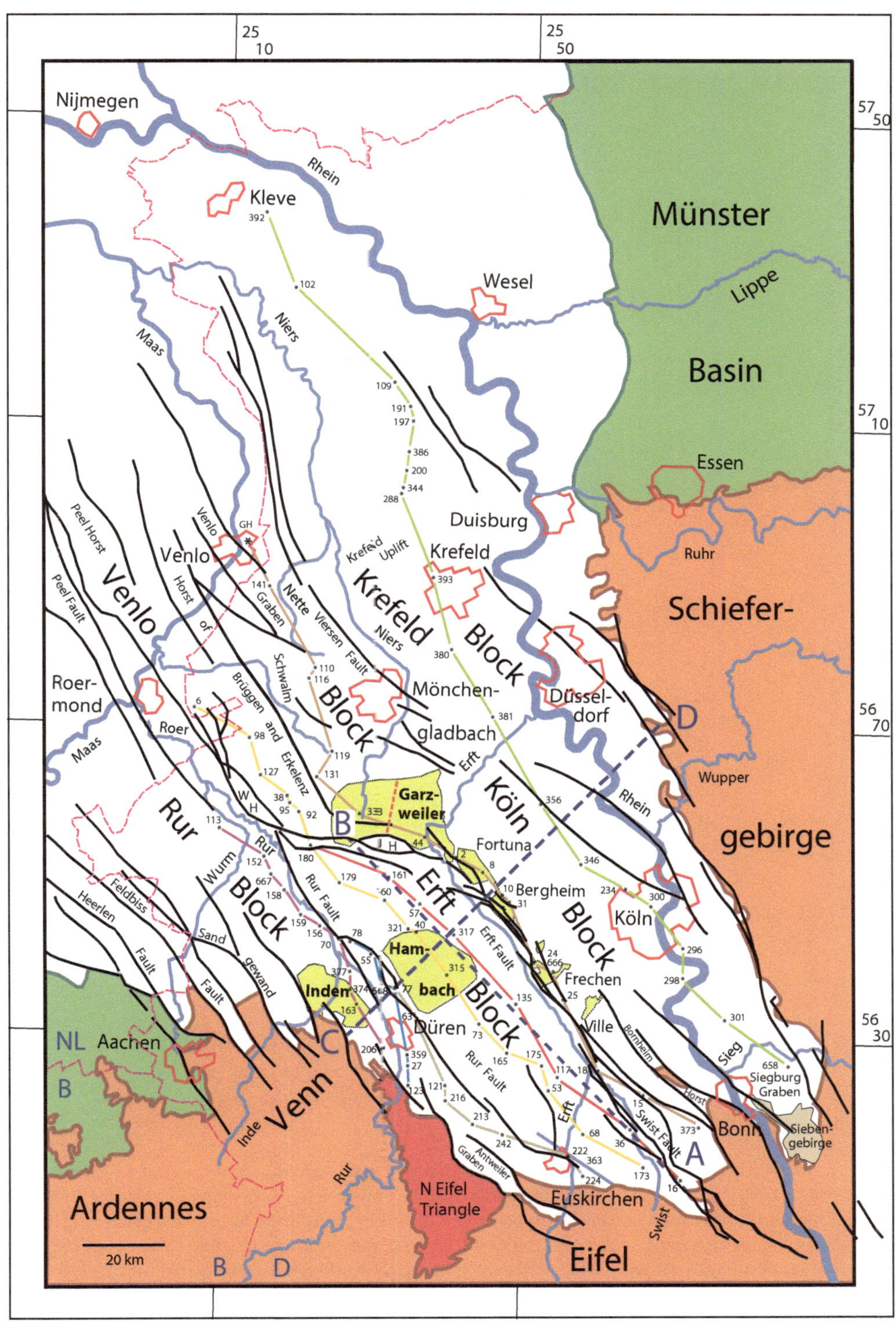

Abb. 4.170 Das Niederrhein-Becken mit Störungen (schwarz), Braunkohle-Tagebauen (gelb) und einem Profilschnitt (rot), der sich auf die ◨ Abb. 4.230 und 4.231 bezieht. (Schäfer und Utescher 2014)

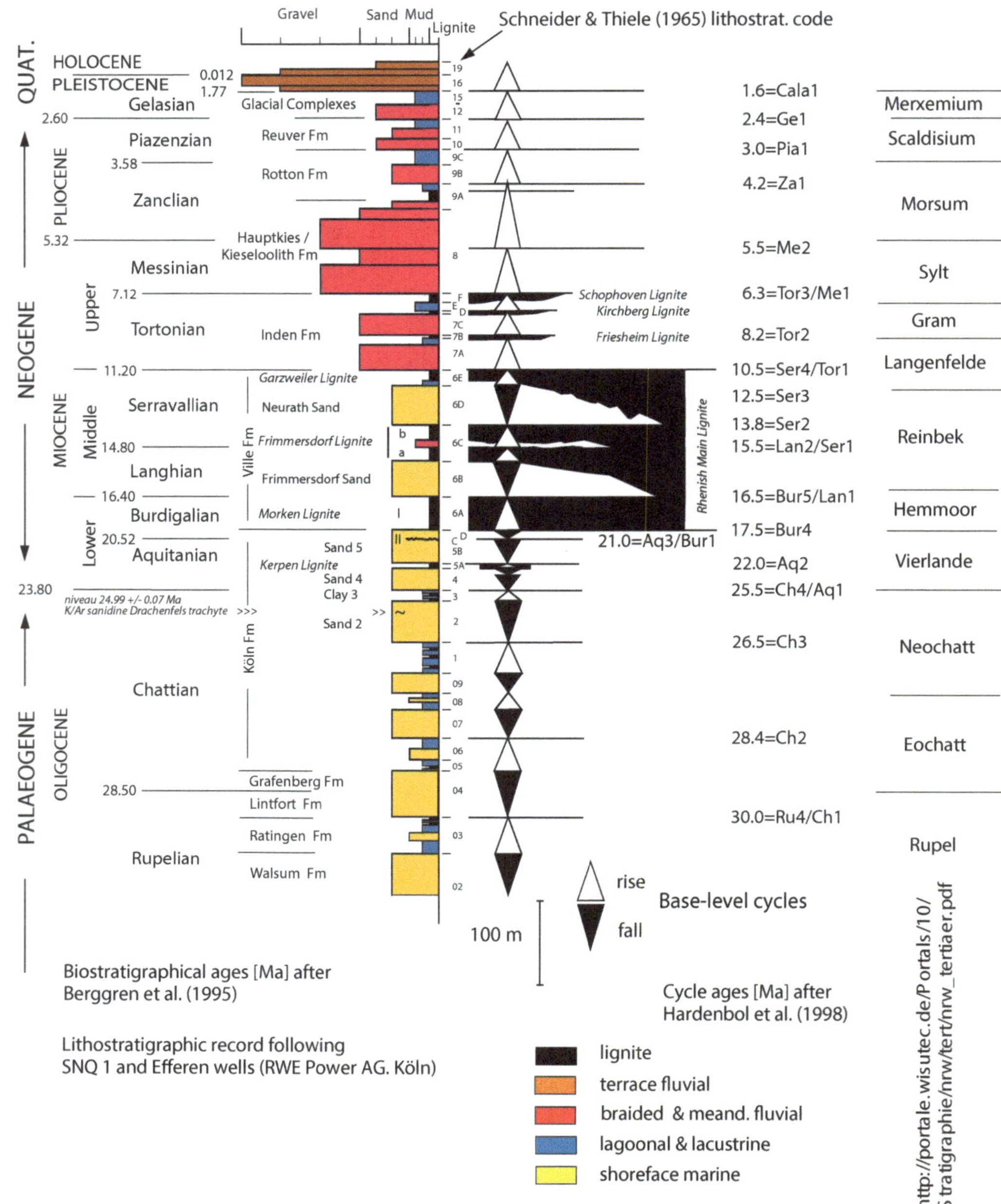

■ **Abb. 4.171**   Stratigraphisches Standardlog für das Niederrhein-Becken, zusammengesetzt aus zwei Bohrungen, SNQ 1 (078) und Efferen (SW von Köln; Daten der RWE Power, Köln). Angegeben sind die lithostratigraphischen Schichtbezeichnungen und Nummerncodes (Schneider und Thiele 1965), die biostratigraphische Stufengliederung (Berggren et al. 1995), interpretiert sind die sequenzstratigraphischen Zyklen (Hardenbol et al. 1998), die Base-Level-Zyklen sowie die ungefähre Zuordnung der norddeutschen Tertiärgliederung. (Schäfer et al. 1997, 2004, 2005; Schäfer und Utescher 2014)

schichtete sich im Oligozän ein landwärts vorrückender mariner Faziesraum auf, der im Miozän von einer reichen Torfmoorbildung (der heute abgebauten Braunkohle) fortgeführt wurde (Huhn et al. 1997; Utescher et al. 2012). Nachfolgend, im Pliozän und Pleistozän, wurde diese von einem seewärts orientierten, meist energiereichen fluvialen Transportsystem abgelöst (Schirmer 1995; Boenigk 1995, 1998, 2002; Jansen und Schollmayer 2014; Lauer et al. 2017).

Untersuchungen in den Tagebauen und an Bohrungen gestattet die Interpretation der Sedimentfazies (Schäfer et al. 1997, 2004, 2005; Schäfer und Utescher 2014). Der liegende Teil der Schichtenfolge des Niederrhein-Beckens besteht aus Ablagerungen eines mesotidalen Ästuars. Die sog. Liegendschichten am Liegendrücken des ehem. Tagebaus Fortuna in den Köln-Schichten (Übergang Oligozän/ Miozän) wurden sedimentfaziell ausführlich untersucht (vgl. ◘ Abb. 4.138; Schäfer et al. 1996). Mehrfach sich wiederholende Vorstrand-Strand-Sequenzen wurden mithilfe der Sedimentkörnung, der Sedimentgefüge (vgl. ◘ Abb. 4.139) und Spurenfossilien interpretiert (◘ Abb. 4.172; Schäfer et al. 1996). Die Liegendschichten werden von Buschwald-Torfmooren überdeckt, die heute das Niederrheinische Braunkohlenflöz bilden. Der Aufwuchs des Buschwald-Torfs unter dem subtropischen Klima des Neogen war erheblich (Naeth et al. 2004; Prinz et al. 2016). Während der Zeit ihres Aufwuchses auf ausgesüßten Wattenflächen ingredierte das Meer zweimal und hinterließ wiederholt marine Sande, den Frimmersdorfer Sand (◘ Abb. 4.173) und den Neurather Sand (◘ Abb. 4.174; Petzelberger 1994; Prinz et al. 2017).

Die marine Schichtenfolge der Unterflözgruppe ist zyklisch aufgebaut (vgl. ◘ Abb. 4.172) und enthält mehrfach Sequenzen aus dem unter der Niedrigwasserlinie gelegenen Vorstrand bis hinauf auf den trockenen Strand (◘ Abb. 4.175; Prinz et al. 2017). Spurenfossilien und Schichttypen dienten für die Interpretation der Ablagerungsbedingungen. Die Bildungen des Vorstrandes besitzen reichlich Lebensspuren

von *Ophiomorpha nodosa*, eines dekapoden Krebses der Gruppe *Callianassa* sp., *Uppogebia* sp. (Frey et al. 1978; Frey und Pemberton 1984; Suhr 1982, 1989; ◘ Abb. 4.176). Zu dekapoden Krebsen gehören vermutlich auch die spiraligen Bauten von *Xenohelix* sp. (◘ Abb. 4.177). Sehr viel seltener sind gerade gestreckte Gänge annelider Würmer von vermutlich der Gattung *Cylindrichnus* sp. (◘ Abb. 4.178).

Der Abschnitt des nassen Strandes ist zweigeteilt in die Brecherzone unten (vgl. ◘ Abb. 4.80) und die Schwappzone oben (vgl. ◘ Abb. 4.85). Der Gegensatz der Gefüge beider Subfazies ist deutlich. Nahe der Niedrigwasserlinie findet sich trogförmige und planare Schrägschichtung von Strandriffen. Die Schwappzone zeichnet sich durch Hochenergie-Parallelschichtung aus. Der trockene Strand schließt mit Flugsanddecken an, die auch Kleingefüge enthalten können. Auf diese folgen Torfmoore, die heute die Braunkohleflöze des Niederrhein-Beckens sind (Prinz et al. 2017). Die Zyklen des nassen Strandes sind 4–8 m mächtig. Dies gibt ein Maß für den damals makrotidalen Gezeitenunterschied in einer relativ engen, ästuarinen Bucht mit landseitig angeschlossenen Flussläufen, die reichlich Sedimente lieferten (Schäfer et al. 1996).

Flöz Morken wird durch den Frimmersdorfer Sand meist mit einem chaotischen Blockwerk von Schlickgeröllen eingedeckt. Stellenweise ist dieser Horizont jedoch gut geschichtet und enthält Lebensspuren von unterschiedlichen im Sand lebenden Faunen. Die Lebensspuren von *Pholas* sp. in Drifthölzern legen randmarinen (lagunären, ästuarinen) Lebensraum nahe, sodass eine allmähliche Überflutung durch das Meer anzunehmen ist, die zunächst mit brackischen Bildungen einsetzte (Bertling et al. 1995; ◘ Abb. 4.179 und 4.180). Erst mit dem Aufbau der zunehmend sandigen marinen Schichtenfolge dürfte es zu heftigen Umlagerungen gekommen sein. Ähnlich ist der Beginn des Neurather Sandes (◘ Abb. 4.181), der das Flöz Frimmersdorf überlagert. Das Torfmoor des Flözes Frimmersdorf wurde lokal von Sturmflutsandlagen (vgl. ◘ Abb. 4.94) überdeckt, die nach etwa 3 m

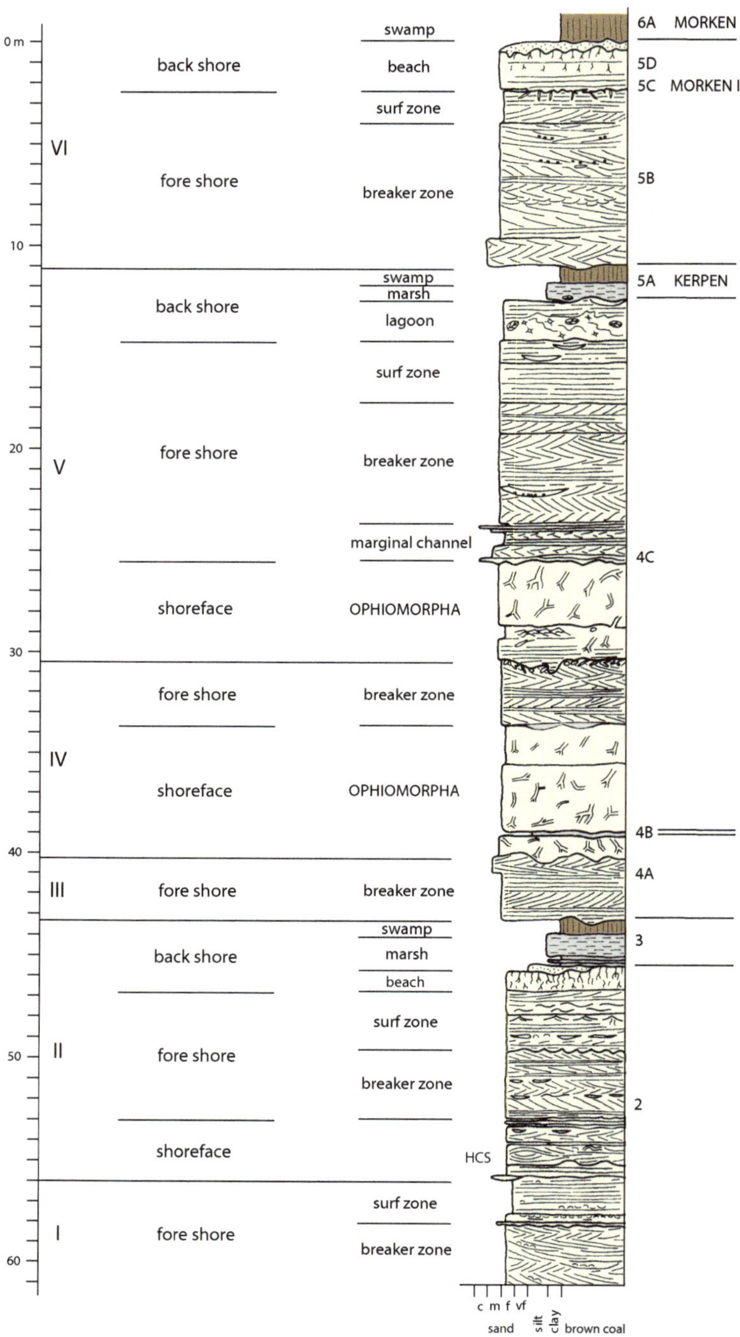

■ Abb. 4.172   Profil des Liegendrückens im ehem. Tagebau Fortuna (Niederrheinische Bucht) (Bearbeitung Dieter Hilger; Schäfer et al. 1996)

◨ Abb. 4.173   Der marine Frimmersdorfer Sand sitzt Flöz Morken auf und ist überlagert vom hier abgebauten und nur in Resten noch erhaltenen Flöz Frimmersdorf (Ville-Schichten, Obermiozän). Unmittelbar unter der oberen Profilkante befinden sich die weißen und glatten, planar schräg geschichteten, äolischen Flugsanddecken (Tagebau Garzweiler, Niederrheinische Bucht)

Profil bereits Stopfbauten von Herzseeigeln (*Echinocardium* sp.) enthalten. Diese Ichnofauna ist spezifisch für ein Ablagerungsmilieu in der Übergangszone im Vorfeld der Küste. Anderenorts wird diese Beobachtung dadurch unterstützt, dass die Basispartie des Neurather Sandes Schlick der Übergangszone enthält (vgl. ◨ Abb. 4.174; Petzelberger 1994; vgl. ◨ Abb. 4.175; Prinz et al. 2017).

Die marine Schichtenfolge des Niederrhein-Beckens weist trogförmige Schrägschichtung mit augenfällig viel Gezeitenbündeln auf. Diese Beobachtung und die große Mächtigkeit des Profilabschnitts nasser Strand legt nahe, dass eine recht große Gezeitenvariation geherrscht haben dürfte. Deswegen und in Verbindung mit der intensiven Anlieferung klastischer Sedimente könnte die Niederrheinische Bucht im Tertiär als ein weites, vermutlich gezeitendominiertes, Ästuarsystem interpretiert werden (Schäfer et al. 2004, 2005; Schäfer und Utescher 2014). Jedoch fehlen in den individuellen Strandsequenzen der Unterflözgruppe wie auch in den sandigen Zwischenmitteln der Braunkohleflöze basale Schichtabschnitte

mit einleitender Gezeitenschichtung (vgl. ◨ Abb. 4.172). Andererseits wurden in den Strandsequenzen auch keine Beulenrippeln beobachtet, mit deren Hilfe auf eine hohe Umlagerungsrate durch Seegang geschlossen werden könnte.

Der hangende Teil der Schichtenfolge (roter und brauner Schichtabschnitt des Generalprofils; ◨ Abb. 4.171) zeigt in den Schichten 7 mändrierende Flüsse (vgl. ◨ Abb. 3.111). In den Schichten 8, 9, 10, 11, 12, 16 und 19 ist die häufig angeschnittene planare Schrägschichtung typisch für Strominseln verzweigter Flussläufe, so z. B. in den Schichten 8 (vgl. ◨ Abb. 3.77). Die feinkörnigen Sande und Tone in der ◨ Abb. 4.182 sind Füllungen von Flutbecken, die auch bei verzweigten Flüssen oft anzutreffen sind.

4.2.8.9 Sandstein von Arén

Der oberkretazische Sandstein von Arén (Obercampan und Maastricht, Oberkreide) im südlichen Vorland der Pyrenäen bildet eine 1500 m mächtige deltaische Abfolge entlang des Nordrandes der Boixols-Vortiefe (Mutti

4

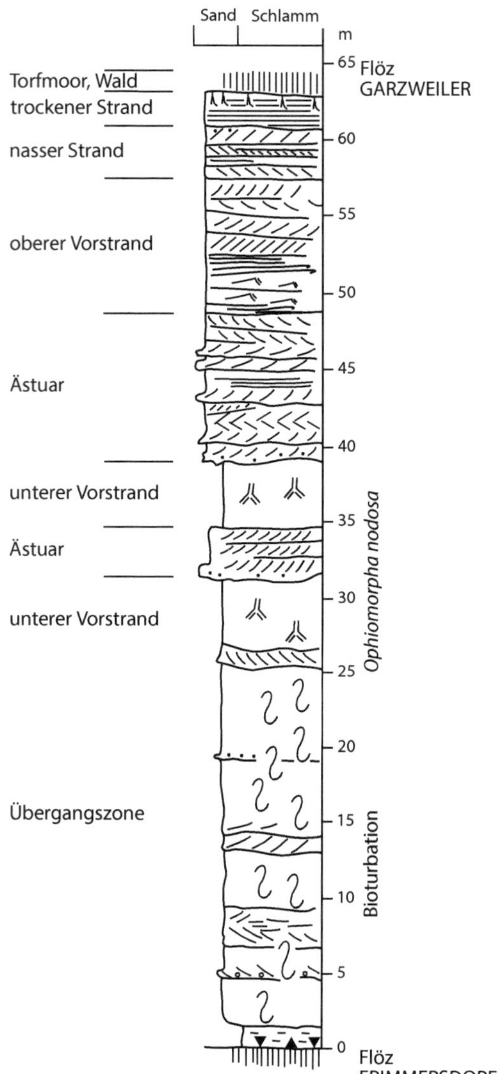

☐ Abb. 4.174 Profil des Neurather Sandes im Tagebau Hambach (Petzelberger 1994; Schäfer et al. 2004). Der Küstensand zeigt einen großen Unterwasserteil im Bereich Übergangszone und Vorstrand, darüber hinaus schalten sich ästuarin gedeutete Abschnitte ein. Höherer Vorstrand und Strand sind gegenüber den vorhergehenden Profilabschnitten recht kurz. Rinnenbildung fehlt, Äolianite sind vorhanden

et al. 1975; Puigdefàbregas 1986; Puigdefàbregas und Souquet 1986; Puigdefàbregas und Simo 1986). In einem Straßenaufschluss im Tal des Flusses Ribagorzana bei der Ortschaft

Arén (15 km NW von Tremp) ist der höhere Teil der Arén-2-Sequenz von etwa 50 m aufgeschlossen (Ardèvol 2000). Der Sandstein zeigt eine klassische Sequenz einer Kornvergröberung von schlammigen zu sandigen Sedimenten. Die Sequenz beginnt im Liegenden mit feinkörnigen blaugrauen Kalksandsteinen, die sich als Bildungen der Übergangszone interpretieren lassen. Das darauf folgende, zunehmend sandige Profil zeigt trogförmige Schrägschichtung und als Fauna die großklappige Muschel *Mya* sp. sowie U-Spreiten von *Diplocraterion* sp. Das Sandsteinprofil endet unvermittelt mit 400 m mächtigen roten kontinentalen Schlammsteinen (der unteren Tremp-Formation, dem sog. Garumnium, Maastricht, Oberkreide), in die Saurierfährten eingetreten sind. Die Auflagerung der roten Schlammsteine auf die liegenden marinen Sandsteine impliziert eine Progradation einer mit Flussläufen versehenen Küstenebene, die einen Lebensraum für Saurier bildete (Lopez-Martinez 2001; Peitz 2001). Der Energieinhalt des Küstenprofils (regressiver Küstenkomplex; Mutti et al. 1975) lässt sich aufgrund des Fehlens von Beulenrippeln und Gezeitenbündeln als eher gering annehmen.

4.2.8.10 **Mesaverde Group der Book Cliffs**

Die oberkretazische Mesaverde Group (Campan/Oberkreide) entlang der Ostfront der Rocky Mountains in Nordamerika ist eine komplexe Schichtenfolge randmariner Bildungen mit mittlerem Energieinhalt und füllt das Vorlandbecken des Western Interior Seaway von Westen her mit Sand- und Siltsteinen (zu den Vorkommen in Wyoming sei hier auf Klug 1993, 1994 verwiesen; mehr in ► Kap. 5).

Auf dem Colorado Plateau in Utah, Colorado und New Mexico sind die **Book Cliffs** wiederholt untersucht und zu Modellen aufbereitet worden (z. B. Van Wagoner et al. 1992; Van Wagoner 1995; Mjøs et al. 1998). Die Schichtenfolge zeigt progradierende Tendenz (☐ Abb. 4.183). Das Profil reicht vom Schelf

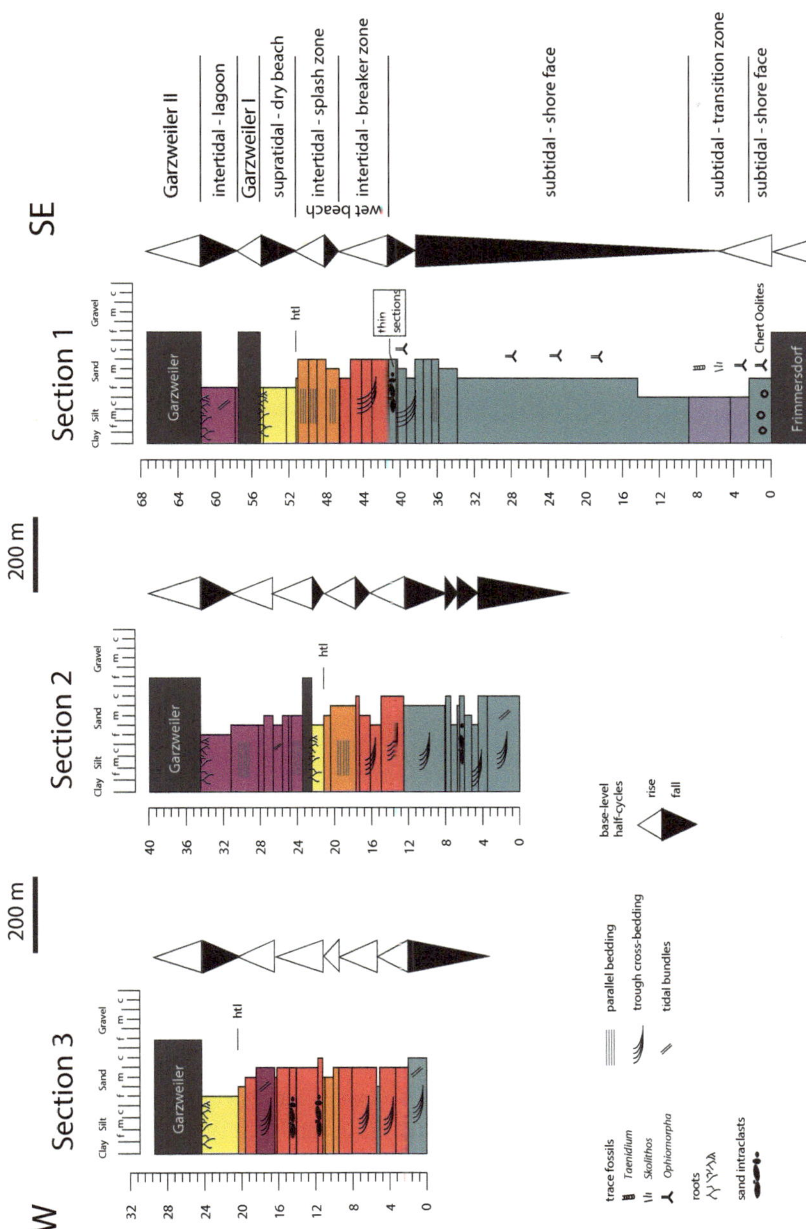

◘ **Abb. 4.175** Der Neurather Sand ist Ablagerung der jüngsten marinen Ingression und wurde ausführlich von Prinz et al. (2017) anhand von 3 zueinander parallelen Profilschnitten an der aktiven Abbaukante im Tagebau Garzweiler untersucht

4

◼ **Abb. 4.177**   Sehr selten sind spiralig gewickelte, agglutinierte Krebsbauten von vermutlich der Gattung *Xenohelix* sp. (Frimmersdorfer Sand, Tagebau Garzweiler Süd; frdl. Hilfe Bianka Petzelberger)

◼ **Abb. 4.176**   Die Spurenfossilien der dekapoden Callianassa-ähnlichen Krebse *Ophiomorpha nodosa* im Sand 4 (Köln-Schichten, Untermiozän; ehem. Tagebau Bergheim) legen den Lebensraum an den Vorstrand unterhalb der Niedrigwasserlinie. (Schäfer et al. 1996)

bis in die Marschenküste und ist wechselnd tidal, deltaisch, ästuarin und fluvial. Nummedal et al. (2001) stellen aus Utah und Colorado die Faziesräume in vier Normalprofilen vor (◼ Abb. 4.184). Sie werden aufgrund des verschieden tiefen Einschneidens der abschließenden Rinnenfazies in die unterlagernden Vorstrand- und Strandprofile unterschieden. Pflanzliche organische Substanz *(carbonaceous matter)* aus dem Hinterland kann auf unterschiedliche Weise am Sedimentinhalt beteiligt sein. Deltaische Verteilerrinnen *(distributary channels)* zeigen Erosion bis in die Sandsteine des unterlagernden Strandes und Vorstrandes. Schlickgerölle sind vor allem an der tiefsten Erosionsfläche reichlich vorhanden. Die Rinnensandsteine sind fein- bis mittelkörnig,

mittelmäßig bis gut sortiert, schräg geschichtet und gerippelt, oft mit organischer Substanz und örtlich mit Spuren von Endobionten versehen. Die Sandsteine von Gezeitenrinnen *(tidal inlets)* schneiden sehr tief in die unterlagernden Schichtabschnitte des Küstenklinoforms ein. Sie sind fein- bis mittelkörnig, gut sortiert, führen wenig organische Substanz und zeigen moderate biogene Aktivität. Ästuarine Rinnen *(estuarine channels)* bestehen aus Sandsteinen mit bemerkenswert heterolithischen Gesteinskomponenten und sehr feinkörnigen bis mittelkörnigen Korngrößen und Siltsteinen. Diese sind als Schichten, Lagen oder in der Schrägschichtung der Sandsteine als Auskleidung von Schlamm *(mud drapes)* eingebettet. Ästuarine Rinnen schneiden generell bis in den oberen Vorstrand hinab. Die Sandsteine sind schlecht

sortiert, enthalten viel Pflanzendetritus, sind mit Bauten versehen (meist von *Teredolites* sp.) und enthalten geringmächtige Stapel planarer und trogförmiger Schrägschichtung. Die oberen Partien der ästuarinen Rinnen zeigen Kletterrippeln *(climbing-ripple lamination)* und können bioturbat sein. Die o.g. Autoren heben hervor, dass gezeitendominierte deltaische Verteilerrinnen regressive Systeme sind und durchaus Ähnlichkeiten mit ästuarinen Rinnen haben können, die ja transgressive Systeme sind.

Fluviale Rinnen *(fluvial channels)* sind üblicherweise dadurch charakteristisch, dass auch sie tief in das unterlagernde Profil einscheiden, vor allem aber eine in mehreren Stockwerken sich wiederholende Architektur *(multistorey architecture)* besitzen. Fluviale Sandsteine sind üblicherweise durch meistenteils fein- bis grobkörnig, mäßig sortiert und besitzen nur wenig organische Substanz. Sie sind kaum bioturbat und signifikant mit trogförmiger als auch planarer Schrägschichtung versehen. Basale Erosionsflächen mit Schlammklasten sind häufig.

Das wissenschaftliche Interesse an den Book Cliffs hat seit ihrer ersten Aufbereitung

■ **Abb. 4.179**　Sedimentfüllungen von Bohrlöchern der Bohrmuschel *Pholas* sp. in Drifthölzern, Schichten 6 E bis 7 im Tagebau Hambach. (Foto Rahman Ashraf)

◘ Abb. 4.180   Mit Sand ausgefüllte Bohrlöcher der Bohrmuschel *Pholas* sp. in Driftholz, Inden-Schichten 7 (Tagebau Hambach)

◘ Abb. 4.181   Die Ingression des Neurather Sandes (Ville-Schichten; Obermiozän) in die Niederrheinische Bucht lässt einen nach SO vorstoßenden Profilkeil erkennen. Dieser zwängt sich zwischen das Flöz Frimmersdorf im Liegenden und Flöz Garzweiler im Hangenden (Tagebau Hambach)

durch Young (1955) bisher nicht nachgelassen, was viele neue Arbeiten hervorgebracht hat (Pattison 2005; Davies et al. 2006; Pattison et al. 2007; Hampson 2010; Aschoff et al. 2018).

Der Ablagerungsraum des Bildausschnitts (◘ Abb. 4.182) aus dem Neurather Sand des Tagebaus Hambach befindet sich aufgrund des gemeinsamen Vorkommens von Gezeitenschichtung und Herzseeigeln in der Über-

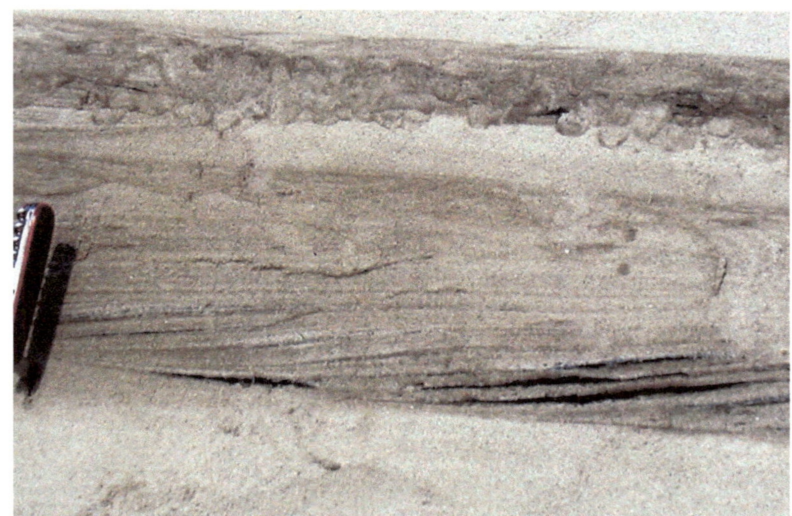

Abb. 4.182 Spuren des Herzseeigels *Echinocardium* sp. finden sich an der Basis des Neurather Sandes (6D) im Tagebau Hambach. Die sog. Stopfbauten sind in der Übergangszone der sandigen Hoch-Energie-Küste des Niederrhein-Beckens reichlich vorhanden und bezeichnen das Tiefste des Ablagerungsraumes

Abb. 4.183 Mesaverde Group (Campan, Oberkreide) im Mancos Canyon (San Juan Basin, New Mexico, Ute Indian Tribal Park). Etwa 2 Meilen in den Mancos Canyon hinein ist entlang der Nordseite der Piste der Point Lookout Sandstone zu beobachten. Dieser bildet *coarsening-up*-Sequenzen aus dem Schelfschlick der Übergangszone (Mancos Shale mit reichlich Tempestiten) zu massiven Sanden des Vorstrandes und schließt oben mit Strandsanden ab (vgl. ■ Abb. 4.220 - Chimney Rock Draw am Eingang des Mancos Canyon)

gangszone. Er liegt etwa 3 m über der in ■ Abb. 4.94 gezeigten Grodenschichtung des Flözes Frimmersdorf. Das lässt den Schluss zu, dass Transgressionen schnell ablaufen, was auch durch die Profilaufnahmen an der Abbau-

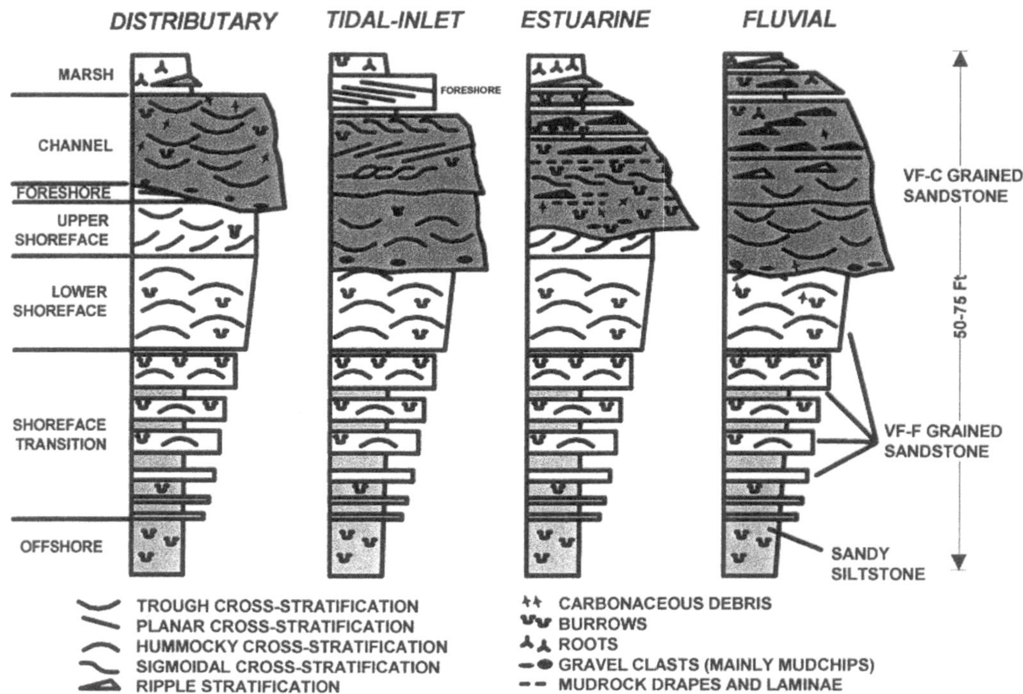

◻ Abb. 4.184   Küstenmodell-Profile erodiert von fluvialen Rinnen (dunkelgrau). Die fazielle Interpretation – abgeleitet aus den Aufschlüssen der Book Cliffs – folgt der Beobachtung von tidaler Schichtung an der Basis. Das Gezeitensignal wird nur in einem Ästuar deutlich sichtbar (Nummedal et al. 2001, Fig. 17)

kante des Tagebaus Garzweiler so zu erkennen ist (vgl. ◻ Abb. 4.175; Prinz et al. 2017).

4.3 Sedimente auf dem Schelf

Unterhalb des Vorstrands *(shoreface)* einer Flachmeerküste, ab deren Übergangszone *(transition zone)*, beginnen die Bildungen des Schelfs. Sie reichen von etwa 20 m unterhalb der Niedrigwasserlinie (vgl. ► Abschn. 4.2) bis zur Schelfkante (vgl. ► Abschn. 4.4) in einer Wassertiefe von im Mittel 130 m im offen marinen Raum (◻ Abb. 4.185). Auf dem Schelf wirken Sedimentationsprozesse, die vom Klima der Breitenlage und vom Freiwasserkörper des Schelfmeeres gesteuert werden (Reineck 1968a; ◻ Abb. 4.186). Auf dem inneren Schelf sind tief reichender Seegang und Gezeiten die wesentlichen Kräfte der Sedimentation und vom Sedimenteintrag vom

Kontinent abhängig (z. B. Bruner und Smosna 2000). Wetterbedingte geostrophische Strömungen bewirken langzeitigen Sedimentversatz (Leckie und Krystinik 1989; Snedden und Swift 1991). Von proximal nach distal nehmen die Korngrößen aller Sedimente allgemein ab. Am äußeren Schelf, an der Schelfkante *(shelf break)*, werden die Prozesse des näheren und fernerer Küstenraumes allmählich von Dichteschichtungen und ozeanischen Strömungen abgelöst (Stanley und Moore 1983).

4.3.1 Dimension der Schelfmeere

Schelfsedimente werden im kontinentalen Raum bereitet und aus diesem über Flussläufe ins freie Meer verfrachtet (Reineck 1968a; De Batist und Jacobs 1996). Schelfsedimente bilden daher die stoffliche Zusammensetzung, die geologische Struktur und die Geomorphologie

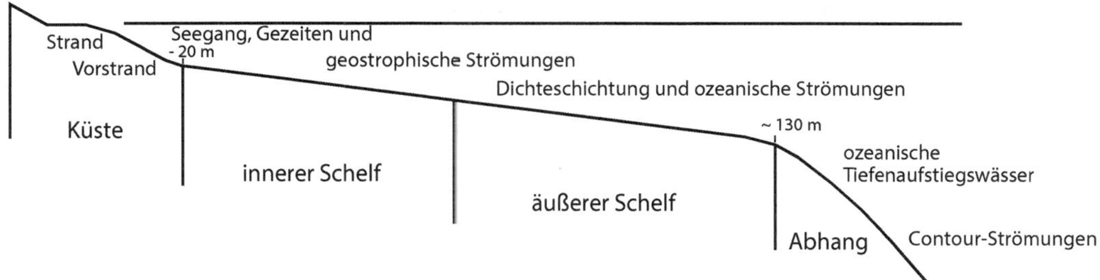

◘ Abb. 4.185 Der konzeptionelle Profilschnitt durch die Faziesräume von der Küste bis in das freie Meer hinaus ist grundsätzlich der Meerestiefe zugeordnet, wird jedoch erheblich durch die individuelle Gestalt des Festlandsockels modifiziert. Je nach Lage des Schelfes auf der geographischen Breite und aufgrund seiner Exposition gegenüber dem Ozean greifen unterschiedliche Meeresströmungen in seine Sedimentbildung ein. (Boggs 1995)

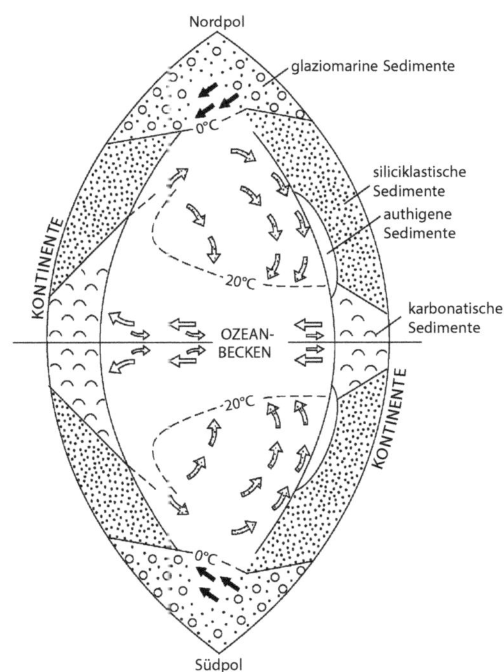

◘ Abb. 4.186 Die Bildung der marinen Schelfsedimente ist abhängig vom Klima der Erde. (Reineck 1968a, Abb. 2)

des Liefergebiets auf dem Kontinent ab, ebenso den Klimaraum, dem er ausgesetzt ist (vgl. ◘ Abb. 4.186). Sie werden jedoch vor allem von den marinen Bedingungen des offenen Meeres intensiv überprägt, was sich u. a. in der Verbreitung der Tonminerale in den marinen Sedimenten äußert (Füchtbauer und Müller 1970; Füchtbauer 1988; Bialik und Waldmann 2017).

Aufgrund der Struktur des Kontinentalsockels können Schelfmeere unterschiedlich breit sein, wenige Zehner Kilometer auf einem

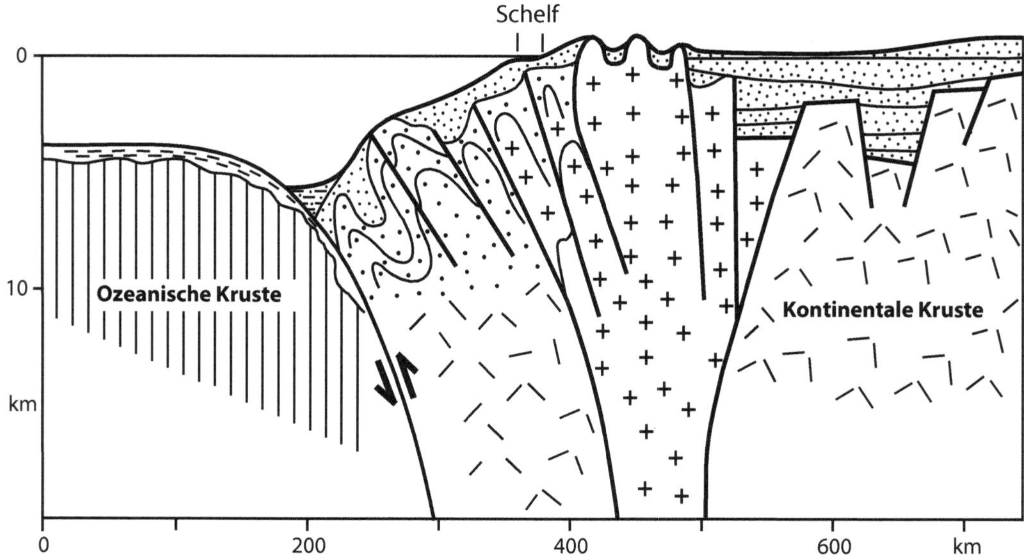

◙ Abb. 4.187   Der Schelf eines aktiven Kontinentalrandes. (Nach Seibold 1974)

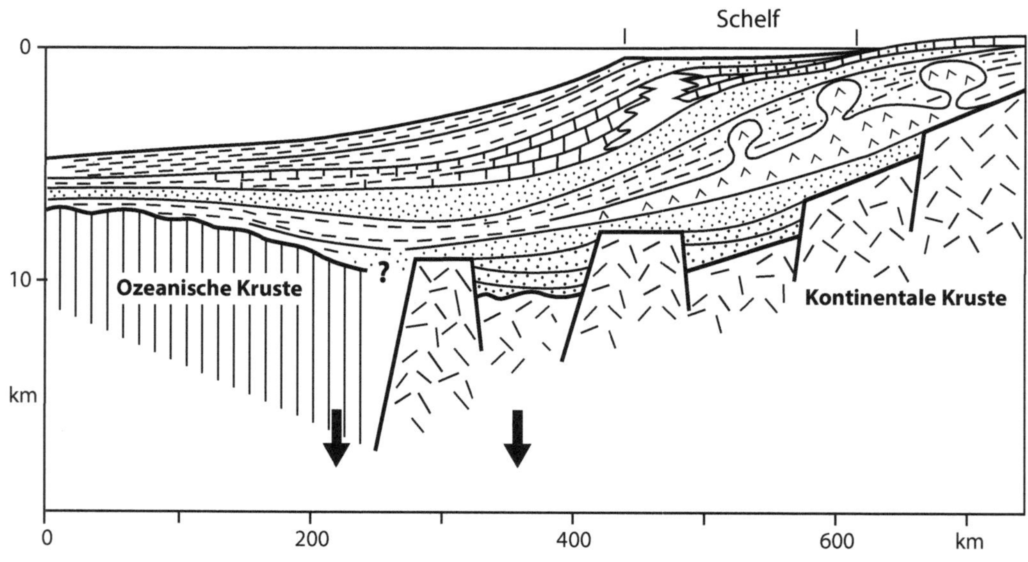

◙ Abb. 4.188   Der Schelf eines passiven Kontinentalrandes. (Nach Seibold 1974)

aktiven Kontinentalrand, einige Hundert Kilometer auf einem passiven Kontinentalrand (vgl. ◙ Abb. 4.187 und 4.188; Seibold 1974). Schelfsedimente sitzen dem tektonisch zerblockten Kontinentalsockel auf und können bei genügender Subsidenz desselben ein Schelfrandbecken *(marginal basin)* bilden. Bekannt ist beispielsweise das Baltimore Canyon Basin, das sich mit Öffnung des Atlantik seit der Trias am passiven nordamerikanischen Kontinentalrand bildete (Reading 1996, Figs. 14.13, 14.20 und 14.21). Suter und Berryhill, jr. (1985) liefern Einsicht in Schelfranddeltas am nördlichen Rand des Golfes von Mexiko unweit vom Mississippi-Delta. Peng et al. (2017) beschreiben ausführlich den pliozänen Schelfrand vor Trinidad im Mündungsgebiet des Orinoco-Deltas.

4.3.2 Mineralogie der Schelfsedimente

Flachmarine Sedimente sind generell feinkörnig. Vor allem wird Schwebfracht aus entfernten Flussläufen abgelagert. Doch in Küstennähe werden Sande aus dem Küstenraum durch Bioturbation dem Schelfschlick beigemischt, sodass die Korngrößenspanne der Schelfsedimente tonigen Schlick bis schlickigen Sand umfasst (Swift et al. 1991; Tillman und Siemers 1984). Zu berücksichtigen bleibt, dass keineswegs nur Schelfschlick abgelagert wird, in Küstennähe können Schelfsedimente erheblichen Sandgehalt besitzen – doch ist die Verallgemeinerung „Schelfschlick" üblich.

In höheren Breiten sind die Tonminerale der Schelfsedimente vorzugsweise **Illit,** da humide Bedingungen die Verwitterung auf dem Kontinent sowie die hohen K^+-Gehalte des Meerwassers die Neubildung von Illit begünstigen (Füchtbauer 1988; Irion 1998). Bei geringfügig reduzierenden Eh-Werten im Sediment und einem Vorhandensein von reichlich Fe^{2+} bildet sich im Flachmeer **Glaukonit,** der ein an Fe^{2+} reicher Illit ist. Das Mineral kann als frühdiagenetischer Zement in Form von mm-großen Konkretionen in sandigen Sedimenten entstehen oder auch Schalen- und Gehäusefragmente von Mollusken umkrusten bzw. ausfüllen (Odin und Letolle 1980; Kohler und Köster 1982; Valeton et al. 1982; Van Houten und Puzucker 1984; Rudmin et al. 2017). **Kaolinit** ist eine Bildung äquatornaher Breiten und typisch für intensive lateritische Verwitterung humider Tropen und Subtropen auf dem Kontinent, von wo er in den Küstenraum

gelangt (Lange 1982). Schelfschlick kann auch einen erheblichen Karbonatgehalt biogenen Ursprungs besitzen (Dill et al. 1997; Kuss et al. 2015).

4.3.3 Bodenleben im Schelfschlick

Der Schelf und seine Ablagerungen sind durch den marinen Wasserkörper mit guter Belüftung versehen. Daher ist der Lebensinhalt der Schelfmeere vielfältig. Das Bodenleben hinterlässt zahlreiche Lebensspuren (Bromley 1999). Die Kenntnis der Lebensspuren der Bodenfauna hat sich gegenüber früheren, einfacheren Konzepten inzwischen erheblich erweitert und ist komplexer geworden. Bathymetrisch unterhalb des Auftretens der für die gemischt sandig/schlickige Übergangszone so typischen Stopfbauten des Herzigels *Echinocardium cordatum* (Reineck 1968b; vgl. ◘ Abb. 4.140) setzt in den Schlickgebieten der tieferen Nordsee die Spurenfazies des spreitbildenden Wurmes *Echiurus echiurus* ein (Reineck et al. 1967; Reineck und Singh 1980). Durch diese und andere Endobionten werden Schelfsedimente weitgehend entschichtet (◘ Abb. 4.189, 4.190, 4.191). Delikate Sturmsandlagen werden derart in den Schelfschlick eingearbeitet, dass letztlich sandiger Schlick bis schlickiger Sand resultiert (Reineck et al. 1967). Es können im Schelfschlick auch erhebliche Mengen unzersetzter organischer Substanz konserviert werden (Stow 2001; Röhl et al. 2001).

4.3.4 Gezeitenströmung und Sedimentversatz

Distale Räume vor fernen Flussläufen erhalten aus diesen Suspensionstransporte. So kann der Absatz von Schlick bei hoher Sedimentationsrate recht massiv werden, wie beispielsweise im Helgoländer Loch vor der Mündung der Elbe (Hertweck 1983, 1988). Bei hinreichender Nähe zum Liefergebiet sind durchaus Rinnenstrukturen möglich (Woolfe et al. 1998). Sand der Nordsee dagegen stammt

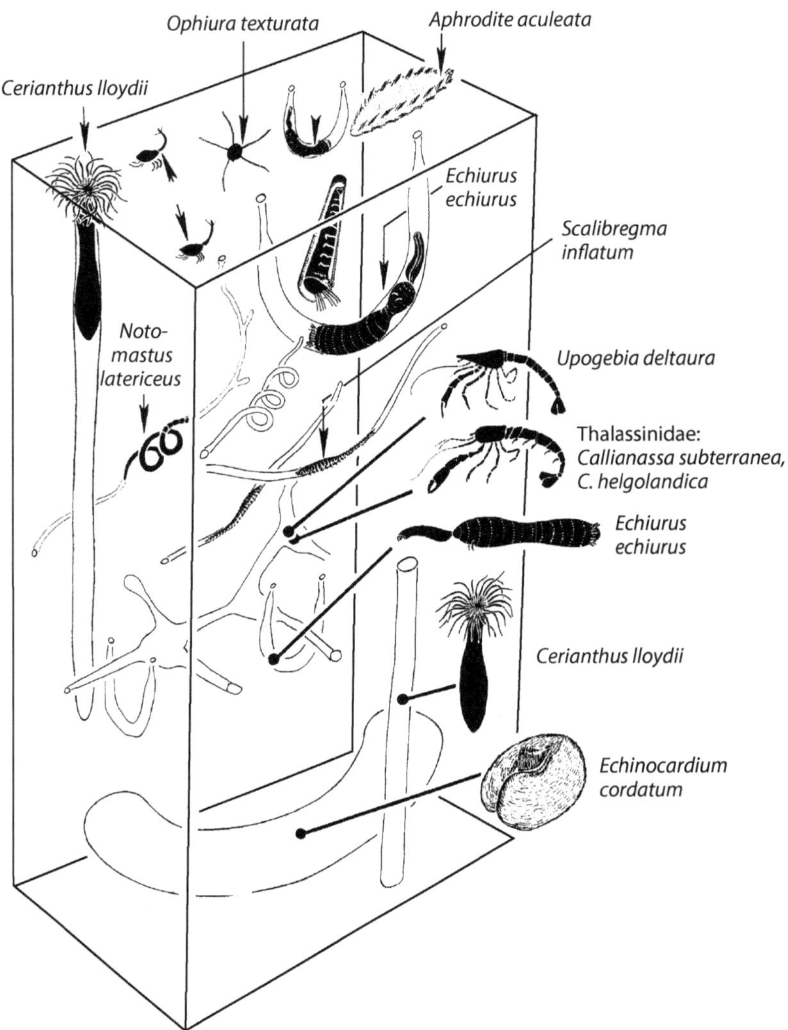

◘ Abb. 4.189 Im feinsandigen Schlickgebiet südlich von Helgoland endobiont lebende Tierarten, dargestellt in einer 35 cm hohen Kastengreiferprobe. (Reineck et al. 1967, Abb. 12)

aus aufgearbeiteten, reliktischen pleistozänen Ablagerungen, bildet sog. **Palimpsestsedimente** (Swift et al. 1971; Reineck 1984), und ist an den Ausbiss saalezeitlicher Moränen gebunden. Solche gibt es in der Deutschen Bucht viele (Figge 1980, 1983). Sand gelangt nach der Aufarbeitung der pleistozänen Ablagerungen des Nordseebodens und der angrenzenden Flachwassergebiete durch die Tideströmung in den Tiefwasserraum des Schelfs. Dort erhebt er sich morphologisch deutlich sichtbar zu Bodenformen, die von der aktiven Bodenströmung der Gezeiten abhängig sind. Es bilden sich Großrippeln und zueinander parallel ausgerichtete, transversale flache Riesenrippeln (mit mehr als 100 m Kammabstand), die hier als **Gezeitenrücken** bezeichnet werden (Belderson et al. 1982; ◘ Abb. 4.192). Diese können zu lang gestreckten Rücken parallel zur Gezeitenströmung geordnet sein (Houboldt 1968; Reineck und Singh 1980; Kenyon et al. 1981; Van

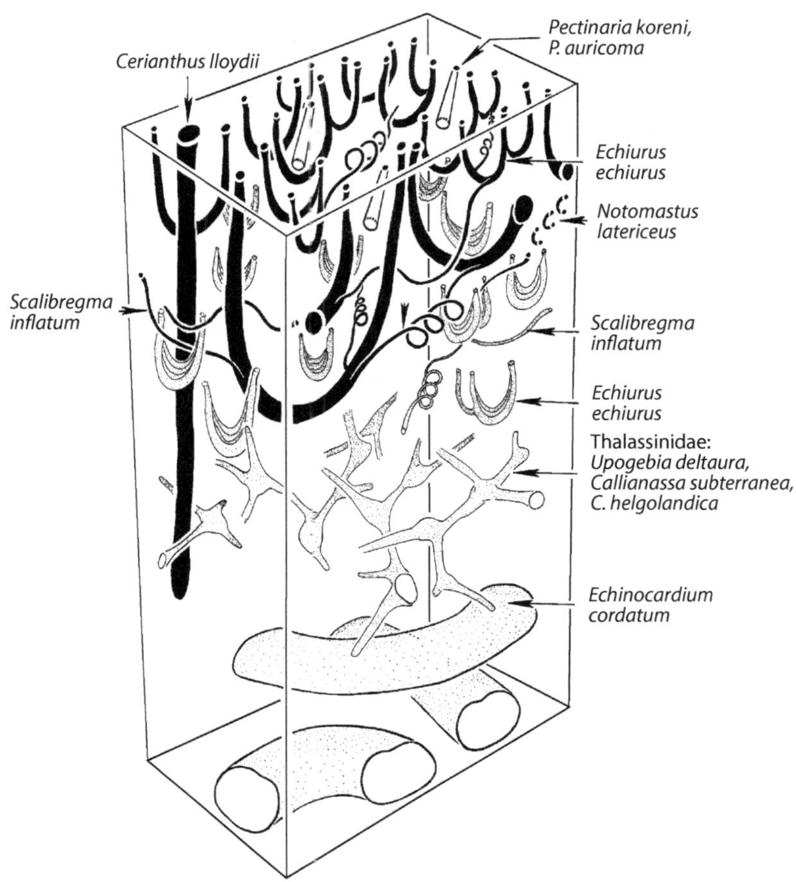

◘ Abb. 4.190 Die in ◘ Abb. 4.189 dargestellten, im feinsandigen Schlickgebiet südlich von Helgoland endobiont lebenden Tiere schaffen vielfältige Wohngänge in einem räumlichen Gefüge. (Reineck et al. 1967, Abb. 11)

Der Molen 1998; ◘ Abb. 4.193). Ihre maximale Länge beträgt 65 km, ihre Breite bis zu 5 km und ihre Höhe bis zu 40 m. Im Gebiet 7 (Norfolk Banks) sitzen sie unmittelbar auf pleistozänem Geschiebemergel auf, bestehen aus schräg geschichteten Sanden, sind asymmetrisch und transportieren entsprechend ihrer Schrägschichtung offenbar nach NO. Gezeitenrücken finden sich beispielsweise im nordöstlichen Ausgang des Ärmelkanals *(English Channel)*, in der Themsemündung, auf den Norfolk Banks und schließlich in der Strait of Dogger (◘ Abb. 4.194). Die Norfolk Banks und die nördlicheren Rücken liegen im Gezeitenstrom der Silberrinnenwelle, wohingegen die Rücken in der Strait of Dover der

Gezeitenströmung der kleinen Amphidromie (deren Wirbel etwa auf der Höhe von Nordholland liegt) ausgesetzt sind (Van der Molen 1998). Die Sandrücken liegen nicht nur einfach parallel zur Gezeitenströmung, sondern orientieren sich schräg zu dieser, wobei sie meistens etwa 7–15° (bis maximal 20°) gegen den Uhrzeigersinn verdreht sind. Die Sedimentanlagerung erfolgt dadurch individuell nach rechts (Kenyon et al. 1981). Harris et al. (1995) spezifizierten mit ihren Beobachtungen zu Gezeiten-Sandrücken das sog. *bedload parting*, d. h. Divergenzen des Transportweges von Sedimentbodenfracht. Die heutige Verteilung der Sedimente in der Nordsee ist wesentlich von den unterlagernden Moränen

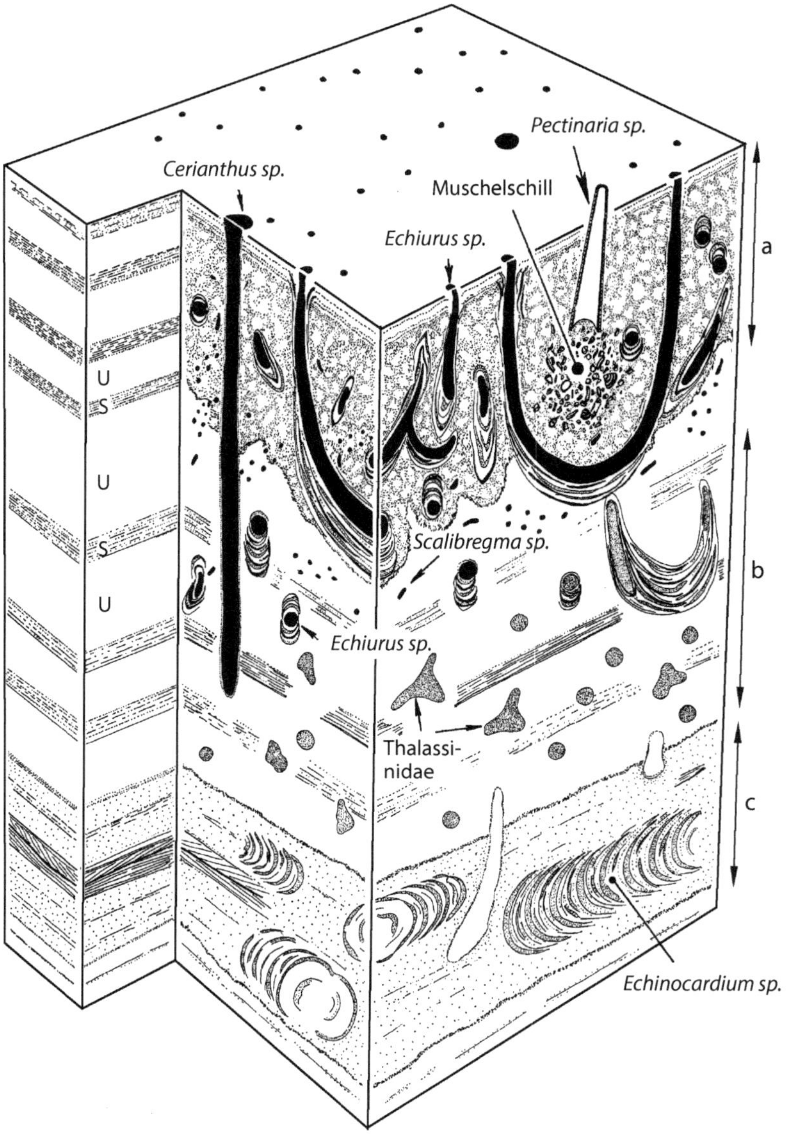

4

◘ **Abb. 4.191**   Die in ◘ Abb. 4.189 und 4.190 dargestellten, im feinsandigen Schlickgebiet südlich von Helgoland endobiont lebenden Tiere verwühlen Sturmsandlagen bzw. Tempestite und entschichten das zunächst wechselgeschichtete gradierte Sediment in Abhängigkeit ihrer Lebensgewohnheiten und bereiten einen bioturbaten, völlig homogenen feinsandigen Schelfschlick. (Reineck et al. 1967, Abb. 10)

der Saale-Eiszeit (Drenthe-Stadium) bestimmt. Im Holozän arbeitete die Transgression der Nordsee den pleistozänen Untergrund auf und überformte dessen Relief. Da derzeit der Sedimenteintrag vom Lande her nur gering ist, kann bei kräftiger Tideströmung und energiereichem Seegang der pleistozäne Untergrund partiell immer noch exponiert sein. Die großen Sedimentkörper bilden vor allem die aktuelle Dynamik des Meeres ab (Harris et al. 1995; ◘ Abb. 4.195). Die Lage der amphidromischen Punkte in der Nordsee (vgl. ◘ Abb. 4.60) und das daraus sich ergebende Tideregime definieren in engen Meeresstraßen Grenzzonen mit

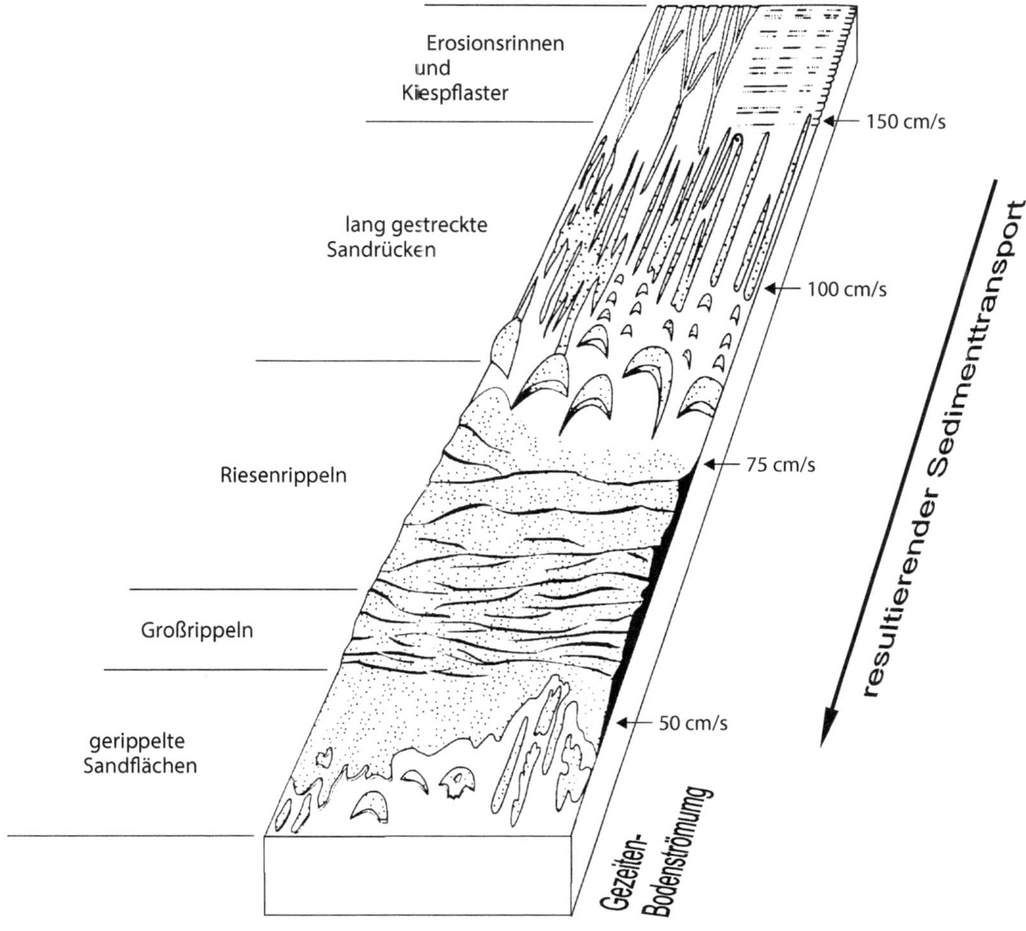

◘ Abb. 4.192 Unter enger Begrenzung und dadurch heftiger Tideströmung können sich in der Straße von Dover/Calais sandige Schelfsedimente anreichern und hier sehr spezifische Bodenformen gestalten, vorzugsweise Gezeitenrücken und Riesenrippeln. (Nach Belderson et al. 1982)

divergierenden Sedimenttransporten (bedload parting, 1–6). Da die Sedimente der holozänen Nordsee Erosionsprodukte des pleistozänen Untergrundes sind, beschreiben die dargestellten Transportwege der Bodenfracht vor allem lokale Erosion und Umlagerung. Darüber hinaus tragen die großen Flussmündungen derzeit nicht wesentlich zur Füllung des Nordseebeckens bei (Harris et al. 1995; ◘ Abb. 4.196). Die gezeitenabhängige Sedimentwanderung wurde anhand von oberflächennahen Gezeitenströmungen, der Anlagerungsrichtung von Riesenrippeln und der Orientierung von Sandrücken bestimmt (vgl. ◘ Abb. 4.192; Belderson et al. 1982). Die Gezeiten-Amphidromien (vgl. ◘ Abb. 4.60) verursachen entgegengesetzt orientierte bodennahe Sedimenttransporte. Jedoch muss auch zur Kenntnis genommen werden, dass vor der ostenglischen Küste Sedimenttransporte gegen die Wanderrichtung der Silberrinnenwelle stattfinden. Leeder (1999, S. 455 ff.) gibt zu bedenken, dass die aktuelle Sedimentverteilung in der Nordsee wesentlich auf die pleistozänen Moränen im Untergrund zurückgeht, und auch Figge (1983) erläutert, dass

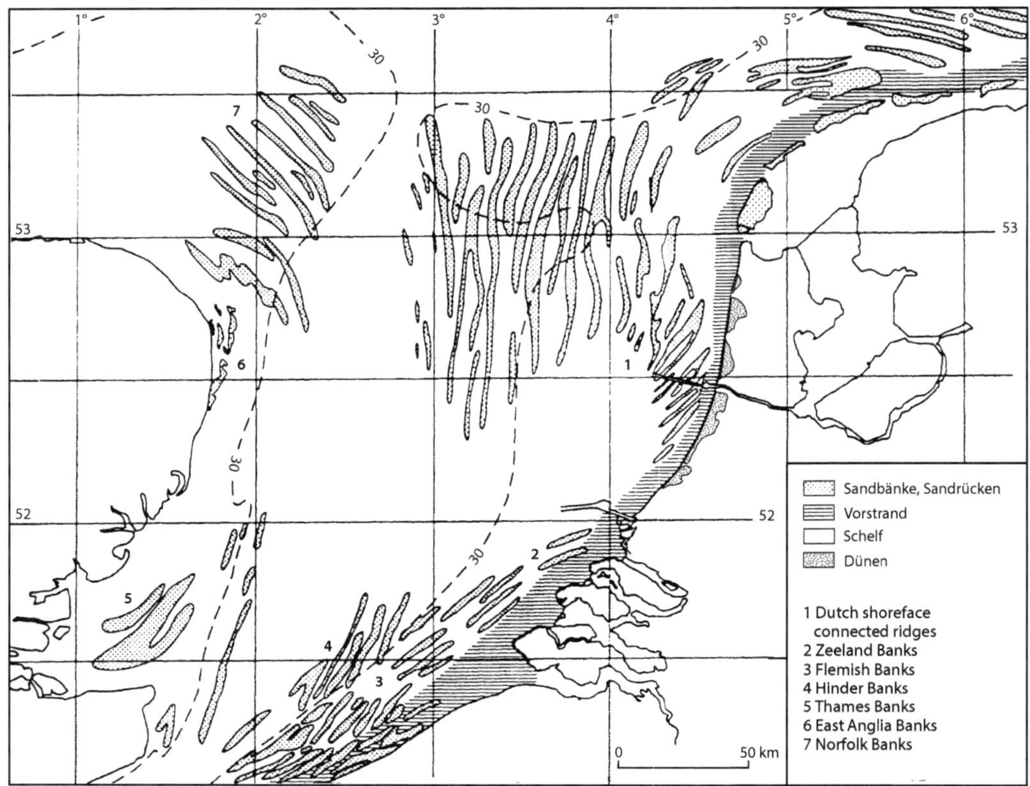

◘ Abb. 4.193 Lang gestreckte Gezeitenrücken in der südwestlichen Nordsee werden durch kräftige Tide-strömung verursacht und bilden sich im Ärmelkanal parallel zum Gezeitenstrom. (Nach Reineck und Singh 1980, Fig. 523; van der Molen 1998, Fig. 2)

die auf den Moränen liegende rezente marine Sedimentdecke nur dünn ist. Dies lässt sich vor allem entlang der Außenseite der Ost-friesischen Inseln, in tief eingeschnittenen Rinnen wie die der Innenjade und östlich von Helgoland beobachten, in denen saalezeitliches Pleistozän ansteht. Das Borkum Riff, Ort der Gründung eines deutschen Windparks, besitzt hoch liegende Moränen und damit Stand-sicherheit für den Aufbau und Betrieb der Windräder.

4.3.5 Herkunft des Schelfschlicks

Die Nordsee ist ein typisches Schelfmeer, deren Anlage im Wesentlichen durch die Saale-Vereisung (Drenthe-Stadium) gestaltet

wurde (Ludwig und Figge 1979; Ludwig et al. 1979; Figge 1980, 1983; Nio et al. 1981). Ihre Wassertiefe nimmt nach Norden allmählich zu, und erst 300 km vor der Küste wird die 100-m-Tiefenlinie erreicht (Streif 1990b). Das Bodenrelief ist weitgehend ausgeglichen, was auf die erosive Aufarbeitung des saalezeitlichen Geschiebelehms während des postglazialen Meeresspiegelanstiegs zurückzuführen ist. Da eine Anlieferung von Sedimenten aus aktiven Flussläufen heute weitgehend fehlt, wurden und werden die glazialen Ablagerungen zu marinen Bildungen umgearbeitet (Behre et al. 1979, 1984). Schwebstoffe für die Bereitung der feinerkörnigen Ablagerungen (Schlick) werden überwiegend durch fluviale Lieferun-gen beigesteuert (Irion 1994, 1998; Zöllmer und Irion 1993). Diese stammen zu einem

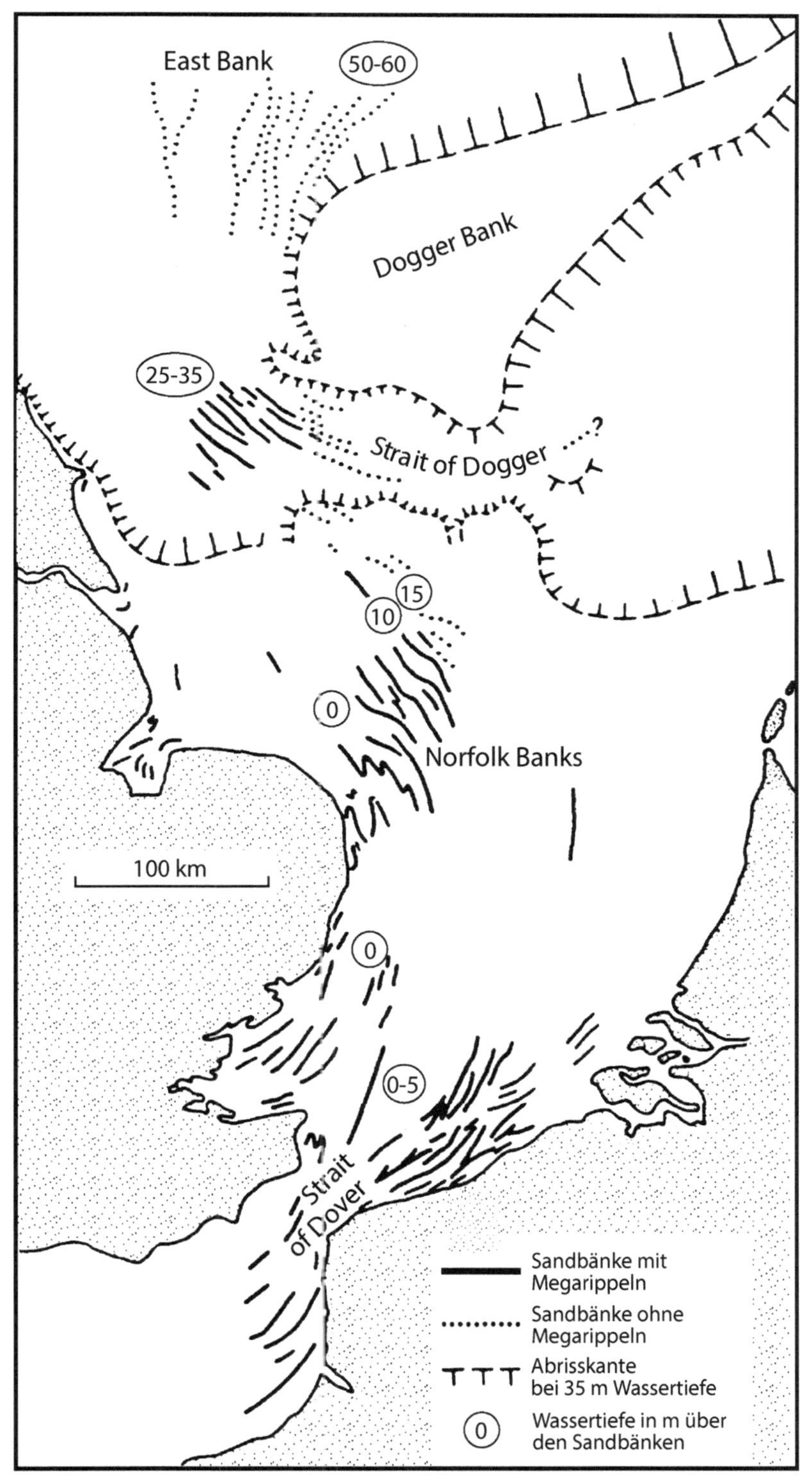

■ **Abb. 4.194** Gezeiten-Sandrücken in der südwestlichen Nordsee treten meist gehäuft auf. Sie liegen deutlich außerhalb der Küsten, jedoch auch im Themse-Ästuar, wobei der Sand hier vermutlich aus diesem stammt. Sonst finden sie sich oft hinter Hindernissen. (Kenyon et al. 1981, Fig. 2)

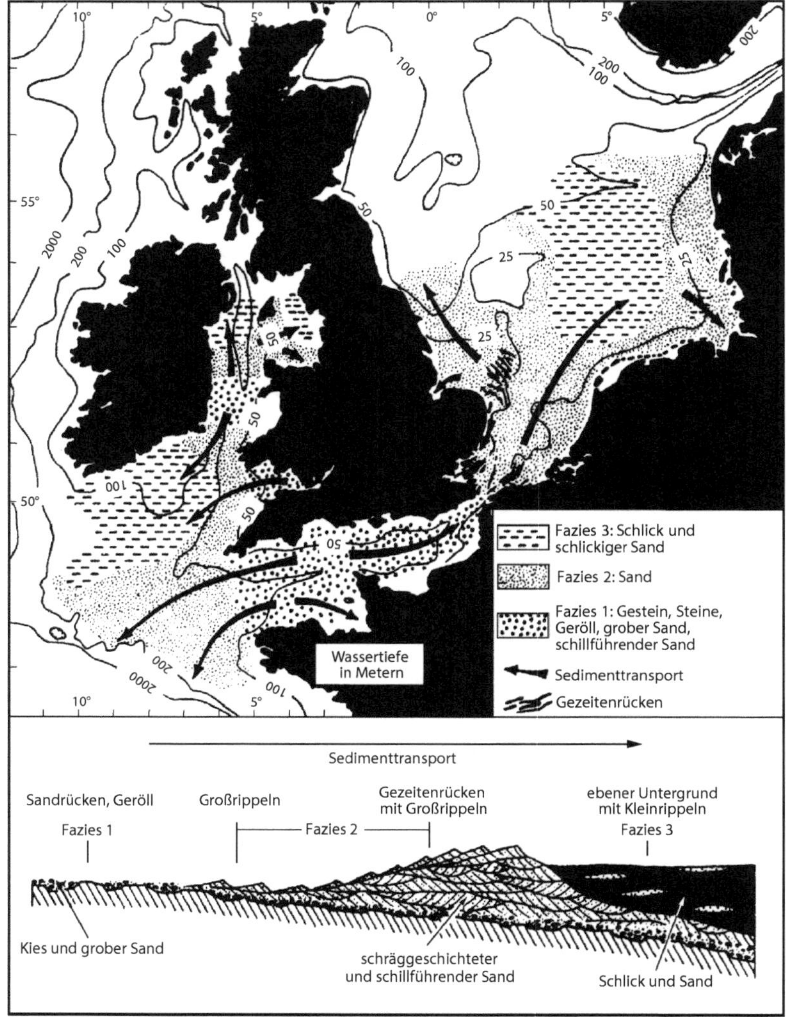

◨ **Abb. 4.195**   Die heutige Verteilung der Sedimente in der Nordsee hängt wesentlich von den unterlagernden Moränen der Saale-Eiszeit (Drenthe-Stadium) ab. (Nach Harris et al. 1995, Fig. 1a)

wesentlichen Teil aus dem Rhein (Terwindt 1977), aus der Elbe (Reineck et al. 1967; Hertweck 1983, 1988) und aus der Themse (Prentice 1972). Ein kleinerer Teil wird von der Gezeitenwelle vom Nordatlantik herangeführt (Eisma 1981). Die Mineralogie des Schlicks der Nordsee ist regional recht verschieden. Irion (1998) führt die Herkunft von Chlorit vor allem auf aufgearbeitete skandinavische Moränen zurück, Kaolinit leitet sich aus der Aufarbeitung des Mesozoikums der englischen Küste ab, wohingegen quellfähiger Smektit der Gruppe Illit/Montmorillonit offenbar aus dem Trübstoffeintrag der Flüsse der südlichen Nordsee stammt. Schlick ist ein stark wasserhaltiger und mit 5–10 % organischer Substanz (tierischen als auch pflanzlichen Ursprungs) angereicherter, tonig-sandiger Silt, der durchaus bis zu 50 % Sand enthalten kann (Reineck 1984). Im Gezeitenstrom wird er als koagulierte

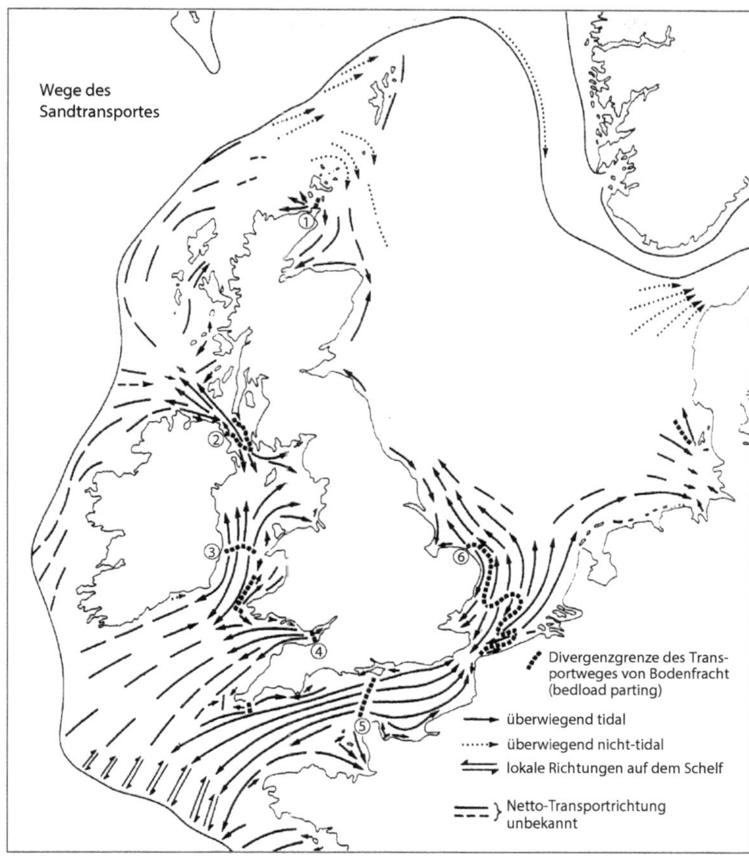

Abb. 4.196 Die Lage der amphidromischen Punkte in der Nordsee (vgl. Abb. 4.60) und das daraus sich ergebende Tideregime definieren in engen Meeresstraßen Grenzzonen mit divergierenden Sedimenttransporten (*bedload parting*, 1–6). (Nach Harris et a . 1995, Fig. 1b)

Flocken transportiert (und kann daher gröberen Detritus tragen). Bei Stauwasser jedoch sinken die Koagulate rasch ab und bilden vor allem durch Wasserabgabe bei Kompaktion und Zusammenbruch der bis dahin stabilen Kartenhausgefüge aus Tonmineralen aufarbeitungsresistente Substrate (den sog. Klei der südlichen Nordsee).

4.3.6 Tsunamite

Auflandiger Sturm erzeugt durch Winddruck in Flachwassergebieten der Küste höhere Wasserstände als normal und durch die Brandung des Meeres außergewöhnliche Erosion, Resuspension und Umlagerung von Sedimenten. Auch muss an Tsunamis gedacht werden, die eine erhebliche Umlagerung und Sedimentation von Sand und Schlick bedeuten können und in frühhistorischer und historischer Zeit (~3600–2400 cal BC und 1000–400 cal BC) auf die Küste der südlichen Nordsee jeweils einmal aufliefen und deren Ablagerungen heute in nur wenigen Metern Tiefe unter der Sedimentoberfläche der Jade vermutet werden (Wartenberg et al. 2013). Der auf die Küste auflaufende hohe Seegang verursacht im Vorfeld der Küste durch die bodennah wieder abfließenden Wassermassen eine seewärts gerichtete Strömung, die mehr oder weniger senkrecht zur Küstenlinie

4

■ **Abb. 4.197**   Ein *gutter cast* im Old Thompson Canyon, Book Cliffs (Mesaverde Group, Campan, Oberkreide; N Grand Junction, Colorado, USA), ist eine Rinne am Vorstrand des Küstenklinoforms. Diese führt durch landwärtigen Sturm remobilisiertes Sediment vom Strand hinunter zum küstennahen Schelf zurück (Nummedal et al. 2001)

orientiert ist. Durch Tsunamis ausgelöste Katastrophen sind durch die zerstörenden Ereignisse vor den Küsten von Sumatra (Banda Aceh; 26. Dezember 2004) und Japan (Fukushima; 11. März 2011) jüngst wieder in das Bewusstsein nicht nur der Küstenbewohner aufgenommen worden (Bourrouilh-Le Jan et al. 2007; Tappin et al. 2007). Vor etwa 8150 Jahren verursachte der submarine Hangrutsch des Schelfs vor Storegga, vor der Küste Norwegens, einen gewaltigen Tsunami in der weiteren Nordsee (Rydgren und Bondevik 2015).

4.3.7 Sturmsandlagen

Rip-Kanäle von Strandriffen entlang der Niedrigwasserlinie veranschaulichen den seewärts gerichteten Wasser- und Sedimenttransport (vgl. ■ Abb. 4.79). Die auf die Küste auflaufende Wellenfront erzeugt unmittelbar darauffolgend eine energiereiche seewärts gerichtete Strömung aus den Rip-Kanälen heraus, wenn der Strandpriel die

eingebrachten Wassermassen nicht fasst und strandparallel weiterführen kann. Die rücklaufende Strömung kann mitunter in Rinnen den Vorstrand hinunter geleitet werden und erzeugt dort Rinnenstrukturen (*gutter casts*; ■ Abb. 4.197). Am Fuß des Küstenklinoforms bilden sich sogenannte Sturmsandlagen (*storm sand layers*; Reineck et al. 1967, 1968) bzw. Tempestite (*tempestites*; Aigner und Reineck 1982; Aigner 1982, 1985; Einsele und Seilacher 1991).

Auflandige Stürme bereiten eine für Schelfablagerungen im küstennahen Raum sehr charakteristische Sedimentation. Gemeinsamer Effekt von Winddruck, Erosion und küstennaher, windinduzierter Strömung ist die Erosion von im Wellenschlag liegenden Sandbänken. Dies verursacht seewärts gerichteten Transport von resuspendiertem Sand, der sich vor der Küste oberhalb der Sturmwellenbasis und in geringem Umfang auch unter dieser auf dem küstennahen Schelf wieder absetzt (■ Abb. 4.198; Aigner und Reineck 1982). Die seewärts gerichteten Strömungen haben Geschwindigkeiten von bis zu 0,5 m/s. Dies

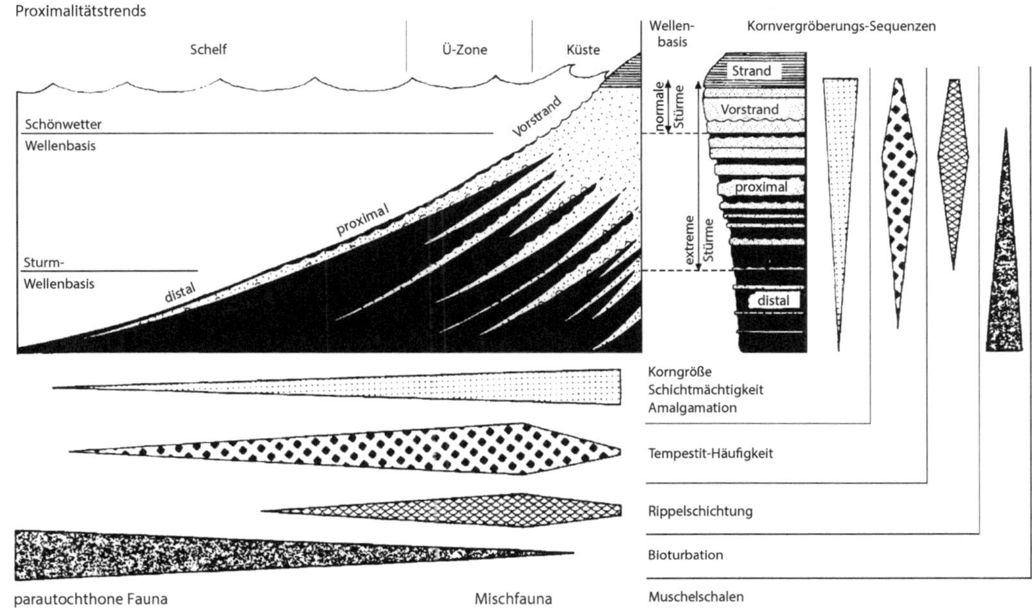

Abb. 4.198 Proximalitätstrends von Sturmsandlagen (Tempestite) in der Nordsee, entwickelt aus einem durch Fallrohrprofile gestützten Profilschnitt von Büsum (O, proximal) nach Helgoland (W, distal). In diesem aus dem Rezenten entwickelten Modell finden sich alle Kriterien, die in fossilen Fallbeispielen beobachtet werden können. (Aigner und Reineck 1982, Fig. 9)

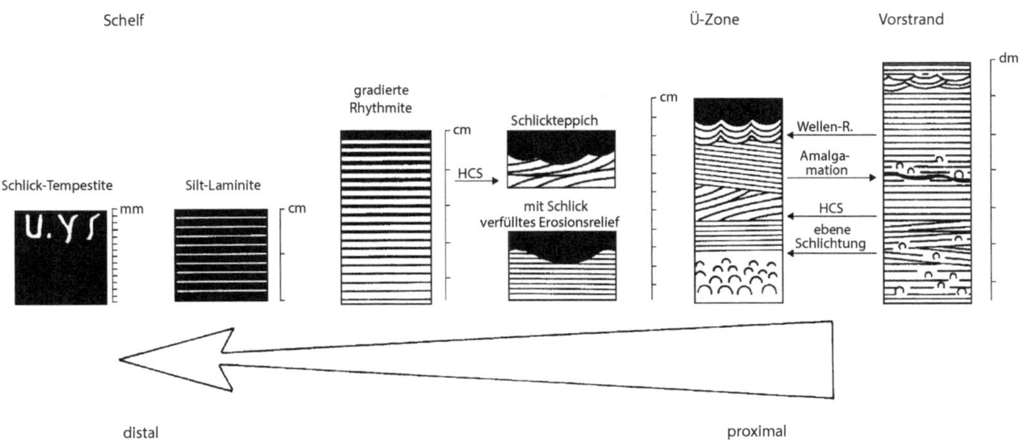

Abb. 4.199 Proximal-distal-Variabilität der auf dem Nordseeboden abgesetzten Tempestite, durch Stürme an der Küste mobilisierter Sedimentsuspensionen. Die in rezenten Sturmsandlagen angetroffenen Gefüge lassen sich auch im fossilen Gestein beobachten (Aigner und Reineck 1982, Fig. 3)

genügt, um aus dem Flachwasser der Küste erodierte Sande und Molluskenschalen seewärts mitzunehmen und sie als charakteristische gradierte Sande in der Übergangszone und weiter draußen wieder abzusetzen. Sie zeigen eindeutige Proximal-Distal-Trends und nehmen von der Küste meerwärts allmählich an Häufigkeit, Mächtigkeit und Korn-

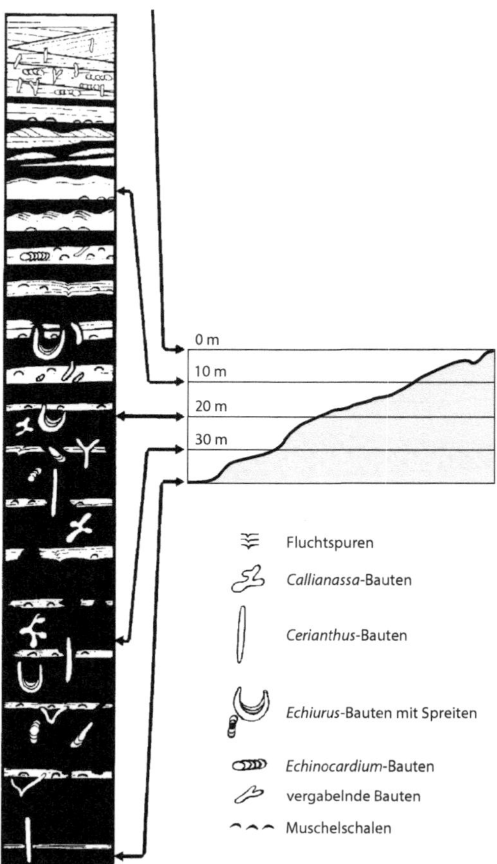

■ Abb. 4.200   Aus vielen Einzelbeobachtungen vor Büsum (vgl. ■ Abb. 4.65) kompilierte Profilsäule für eine 40 m umfassende Übersicht aus dem Bereich unterer Vorstrand abwärts bis in den Schelf. Die hypothetische Profilsäule veranschaulicht die zur Tiefe hin allmähliche Abnahme der im Küstenraum mobilisierten Sturmsandlagen, gleichbedeutend mit deren Abnahme in distaler Richtung, nach seewärts. (Nach Reineck und Singh 1973, Fig. 485 bzw. Reineck und Singh 1980, Fig. 554)

größe ab (■ Abb. 4.199). Tempestite werden in der Übergangszone abgelagert und bilden die sedimentologische Verbindung zwischen dem Küstenklinoform und dem Schelf. Von der Übergangszone dehnen sie sich in Richtung Schelfmeer aus, nehmen dabei an Häufigkeit und Mächtigkeit ab. Vereinzelte dünne Sandlagen werden vom Bodenleben des küstennahen Schelfschlicks besiedelt, durchwühlt, entschichtet, sozusagen wieder inkorporiert (■ Abb. 4.200; Reineck et al. 1967, 1968; Reineck und Singh 1980). Resultat ist ein Schelfschlick mit deutlich sandigen Anteilen im küstennahen Gebiet (■ Abb. 4.201). Die

Mächtigkeit der Sturmsandlagen nimmt von >20 cm unter der Küste (Nummedal et al. 2001; ■ Abb. 4.202) bis auf <10 mm in 30 km Entfernung von dieser ab (Keller 2000; ■ Abb. 4.203); weiter seewärts verschwinden sie schließlich ganz (Aigner und Reineck 1982). Ablagerung und biogene Aufarbeitung von Sturmsandlagen auf dem küstennahen Schelf. Die an diesen Umlagerungsprozessen in den Sturmsandlagen beteiligte Endofauna ist anhand ihrer Lebensspuren im Sediment entsprechend. ■ Abb. 4.189, 4.190 und 4.191 dargestellt. Resultat dieses häufigen und wetterbedingten Sedimenteintrages aus dem Küsten-

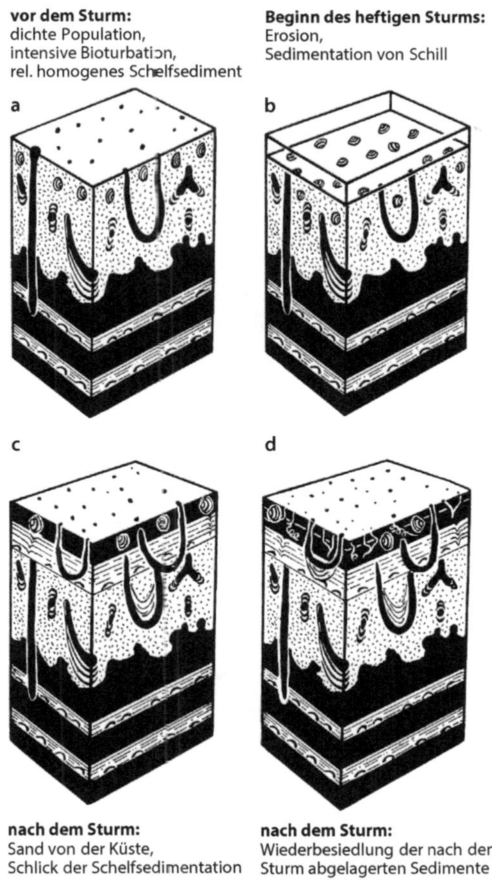

◘ Abb. 4.201 Ablagerung und biogene Aufarbeitung von Sturmsandlagen auf dem küstennahen Schelf. (Nach Reineck et al. 1968; aus Reineck und Singh 1980, Fig. 550)

klinoform und der beständigen Inkorporation der Sande mitsamt seiner Flachwasserfaunen (im Wesentlichen als Schill) durch die an solche Arbeit angepasste Bodenfauna ist ein weitgehend homogener und schwach sandiger Schelfschlick.

Fossile Tempestite sind von Aigner (1982, 1985) aus dem Muschelkalk Deutschlands beschrieben und dort für die Geologie fossiler Ablagerungen in ihrer vollen Bedeutung erkannt worden. Tempestite zeigen individuell in ihren meist geringmächtigen Profilen von wenigen Zentimetern an ihrer Basis selten Erosionsspuren, allenfalls Sohlmarken (Schleifspuren). Je nach Erosionsprodukt auf dem Küstenklinoform folgt darauf ein meist kurzes

Profil von zunächst gröberem Detritus und/ oder Mollusken- bzw. Brachiopoden-Schalen (◘ Abb. 4.204) und ein kurzes hochenergielaminiertes und/oder strömungsgerippeltes Profil aus Sand, das an seiner Oberfläche mit Wellenrippeln abschließen kann.

Die bodennahe Strömung kann die Küstenrampe auf verschiedene Weise erodieren und unterschiedliche Erosionsformen wie Kolklöcher (*pot casts*) und tief eingeschnittene Erosionsrinnen (*gutter casts*) schaffen (Pérez-Lopez 2001; ◘ Abb. 4.205). Außer der vereinzelt auftretenden kolkenden Erosion durch lokale Wasserwirbel nahe der Brandungszone findet vor allem lineare Erosion am Vorstrand bis hinunter in die Übergangszone

◧ **Abb. 4.202**   Im unteren Bildteil dm-mächtige Tempestite im Schelfschlick (Mesaverde Group, Campan, Ober-kreide; Nash Wash, Book Cliffs; N Grand Junction, Colorado, USA) mit Beulenrippeln HCS (Nummedal et al. 2001) (vgl. ◧ Abb. 4.183, 4.220)

◧ **Abb. 4.203**   Die Felsböschung am Flüsschen Luthern (nördlich von Wollhusen, bei Gattnau), Obere Meeres-molasse der Schweiz, exponiert ein Küstenprofil mit Prielfüllungen oben, Tempestiten unten und Schelfschlick unterhalb der Sturm-Wellenbasis (Keller 2000)

statt (vgl. ◧ Abb. 4.197). Diese Erosions-rinnen werden unter der Niedrigwasser-linie bis in die Übergangszone hinab gebildet und sind lineare, senkrecht in das Küsten-relief eingegrabene rinnenförmige Kanäle, die 0,5 m breit und tief werden können. Sie werden mit am Strand und Vorstrand ero-diertem Sand gefüllt und sind vor allem hochenergie-parallelgeschichtet, auch klein-rippel-laminiert. Da die Erosionsprodukte das Relief der Rinne übersteigen, werden sie auch und vor allem auf die Umgebung

flächenhaft übergreifend abgesetzt. Sie haben alle Anzeichen schnellen Sedimenttransports, wie Sohlmarken *(sole marks)* und basale Strömungsstreifen *(parting lineation)* fossiler Beispiele nahelegen. Nach Ende des Sturmes, der durch seine auflaufende See die Erosion und Sedimentumlagerung verursacht, beruhigt sich der Seegang wieder. Daher schließen generell kleinskalige Wellenrippeln diese flächenhaften Sandlagen nach oben ab (Leckie und Krystinik 1989). Die Orientierung der Kämme der Wellenrippeln ist wegen des auf die Küste auflaufenden Wellenschlags küstenparallel (◨ Abb. 4.206).

Ein gut untersuchtes Beispiel stammt aus der Unterkreide Westgrönlands (Midtgaard 1996). Eine große Vielzahl sandiger Tempestite gibt Gelegenheit, auch das Gefüge von Beulenrippeln zu erkennen. Solches ist für Tempestite im allgemeinen typisch (◨ Abb. 4.207) und wurde auch bereits von Aigner und Reineck (1982) in der Nordsee beobachtet, wobei jedoch die genetische Deutung gerade dieses Schichtungstyps aus Kastenlotkernen nicht ohne Schwierigkeiten ist. Denn Beulenrippeln sind große Bodenformen und deren Schichtung, die Beulen(rippel)schichtung (*hummocky cross-stratification*, HCS; Harms 1975), kann nur mithilfe räumlich sicher platzierter Kastengreiferproben im rezenten Ablagerungsraum richtig erkannt werden (Reineck 1984). Direkte Beobachtung ist nirgendwo möglich, denn ihr Bildungsort befindet sich am unteren Vorstrand.

Cheel und Leckie (1992) interpretieren konglomeratische Sandsteine aus der Unterkreide von S-Alberta, Kanada, als Sturmsandlagen (◨ Abb. 4.208). Die basalen kiesigen Horizonte werden einem während eines Sturms seewärts gerichteten Sedimenttransport im proximalen Raum der Küste zugeordnet. Die darüber folgenden, in das Relief der basalen Kiese eingelagerten Sande sind im Wesentlichen hochenergie-parallelgeschichtet und schließen ihrerseits mit Wellenkleinrippeln ab. Diese Sandlagen bezeichnen den küstenwärts gerichteten Wellenschlag der Küste während des abnehmenden Sturms. Während derselben Zeit, während des Sturms und dessen abnehmender Phase, reichert sich in mehr distaler Position Sand mit Beulenrippelschichtung an. Beide Profile lagern diskordant auf Schelfschlick und werden in der wiederkehrenden Ruhe nach dem Sturm von solchem wieder überdeckt.

4.3.8 Geostrophische Strömungen

Duke (1990) nimmt an, dass im Verlauf von Stürmen seewärts gerichtete, zur Küste senkrechte Sandtransporte durch kombinierte

4

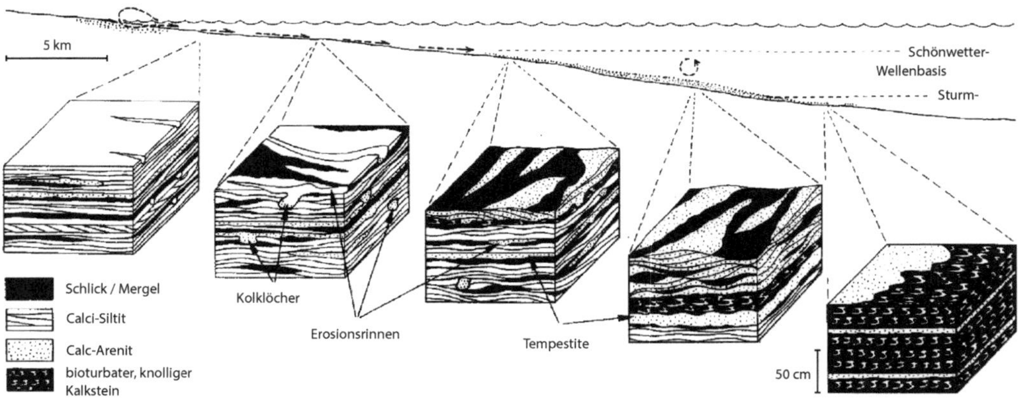

Tempestit-Modell

◘ Abb. 4.205   Die am oberen Vorstrand bei heftigem auflandigem Seegang mobilisierte Sedimentfracht wird in Erosionslöcher (Kolklöcher, *pot casts*) und erodierte Rinnen (Erosionsrinnen, *gutter casts*) umgelagert, seewärts verfrachtet und oberhalb der Sturmwellenbasis flächig als Tempestite (bzw. Sturmsandlagen) wieder abgesetzt. (Nach Pérez-Lopez 2001, Fig. 16)

Strömungen *(combined flows)* unter den oszillierenden Bedingungen der Wellen und der Brandung verursacht werden. Zugleich besitzen die seewärts gerichteten Sandtransporte eine unidirektionale Richtung schräg zur Küste aufgrund geostrophischer Strömungen, die durch die allgemeine Anlage der Küste bedingt sind. Geostrophische Strömungen bzw. Gradientenströmungen werden durch die Corioliskraft verursacht (Leckie und Krystinik 1989; Ramsay et al. 1996). Durch die Rotation der Erde werden Strömungen initiiert, die auf der Nordhalbkugel der Erde links herum laufen, auf der Südhalbkugel rechts herum. Der Meeresspiegel besitzt weitflächige Niveauunterschiede und sucht diese durch Ausgleichsströmungen zu kompensieren. Geostrophische Winde werden durch globale Temperaturdifferenzen und deren Ausgleich verursacht. Sie wehen parallel zu den Isobaren, vor allem in höheren Breiten, und je enger die Isobaren sind, desto stärker ist ihre Geschwindigkeit. Im Wasserkörper der Schelfmeere ist die Corioliskraft für die küstenparallele Ablenkung der vor allem durch Stürme verursachten Zirkulation verantwortlich. Die Strömungen entlang von Schelfmeerküsten der nördlichen Hemisphäre sind nach rechts orientiert (blickt man von der Küste aus), diejenigen der südlichen Hemisphäre nach links (Duke 1990, S. 871). Die durch die geostrophischen Strömungen verursachten Sedimenttransporte sind daher annähernd küstenparallel, wie es im Gefügeblockbild von Duke (1990) dargestellt wird (◘ Abb. 4.209). Allerdings können geostrophische Strömungen durch Winddruck von Stürmen von mehreren Stunden Dauer modifiziert werden. Leeder (1999, S. 452) führt dazu aus, dass beispielsweise in der Nordsee 1953 ein kräftiger Sturm die Amphidromie der Silberrinnenwelle erheblich gestört hatte, was als Konsequenz zu einer Sturmflut von ~3 m Höhe an der belgischen und holländischen Küste führte.

4.3.9 Stürme

Wasserstandserhöhungen können vor allem infolge küstenwärts ziehender schwerer Sturmfronten (in niederen Breiten vor allem bei Wirbelstürmen, Hurrikanen und Taifunen) durch ihre im steilen Winkel auf die Küste auflaufenden Winde und Wellen in der Größenordnung von Metern verursacht werden (Swift und Nummedal 1987; Leckie und

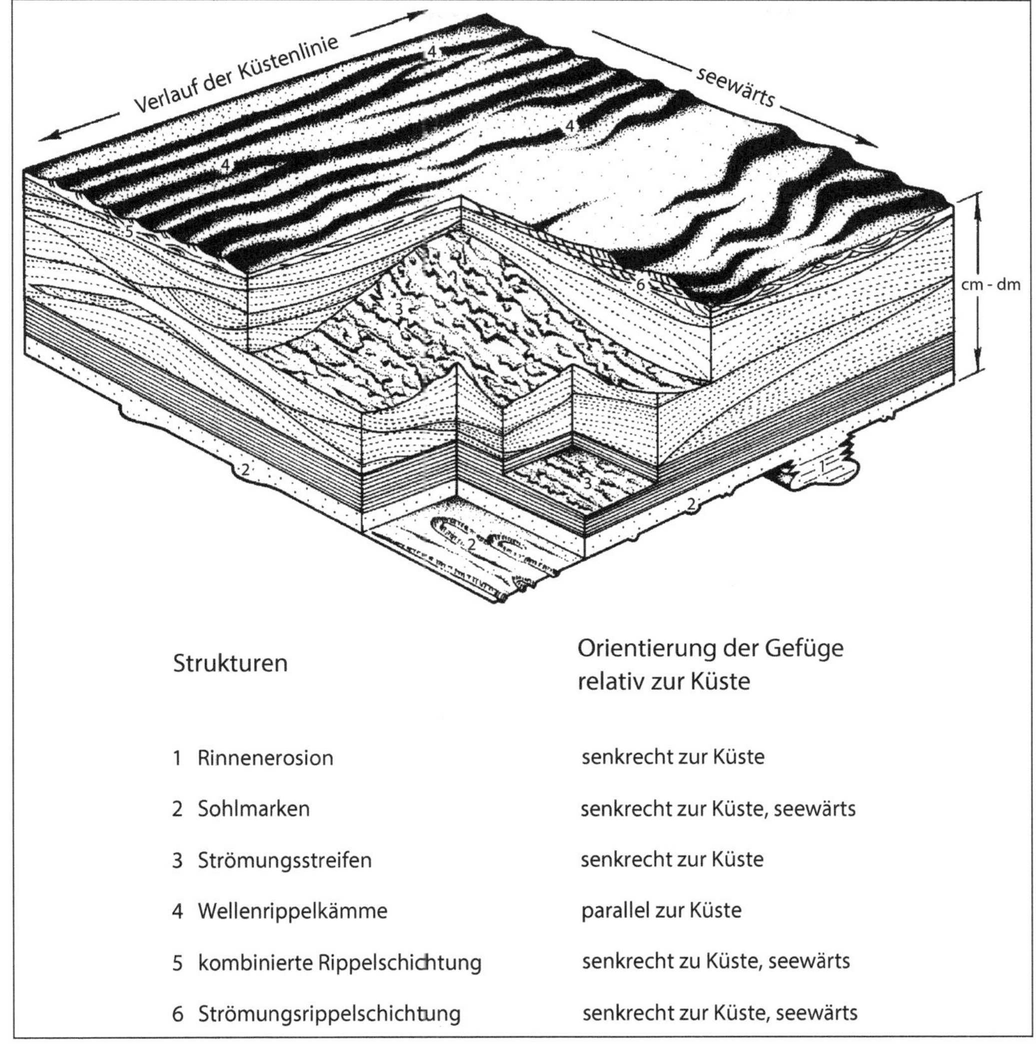

⬛ Abb. 4.206 Die abgesetzten Sandlagen der Tempestite und ihre Gefügeorientierung lassen einen Bezug zur Paläoküste erkennen. Der dargestellte Profilblock ist in Bezug auf die abgelaufenen Ereignisse zweigeteilt, der größte untere Teil wird durch das Sturmereignis eingenommen; erst die wellengerippelte Sedimentoberfläche bildet das Normalwetter ab. (Nach Leckie und Krystinik 1989, Fig. 4)

Krystinik 1989; Duke 1990; Snedden und Swift 1991; Swift et al. 1991; Ramsay et al. 1996). Sie erzeugen neben den luftdruckbedingten Erhöhungen des Meeresspiegels hohe Wellen, die im Rückstrom von der Küste auf den Schelf aus geostrophischen Komponente und einer hochfrequente Wellen-Orbitalen bestehen (meteorologische und hydrodynamische Daten für Hurrikane an der nördlichen Golfküste werden von Swift und Nummedal 1987, S. 339 mitgeteilt). Diese Turbulenzen reichen aus, großskalige Wellenrippeln, *swales* und *hummocks,* zu generieren, die intern die spezifische Beulenrippelschichtung (*hummocky cross-stratification,* HCS) zeigen (⬛ Abb. 4.210, vgl. ⬛ Abb. 2.36, 2.37 und 2.49).

Schelfsedimente enthalten also reichlich klastische Einschüttungen sandiger und auch

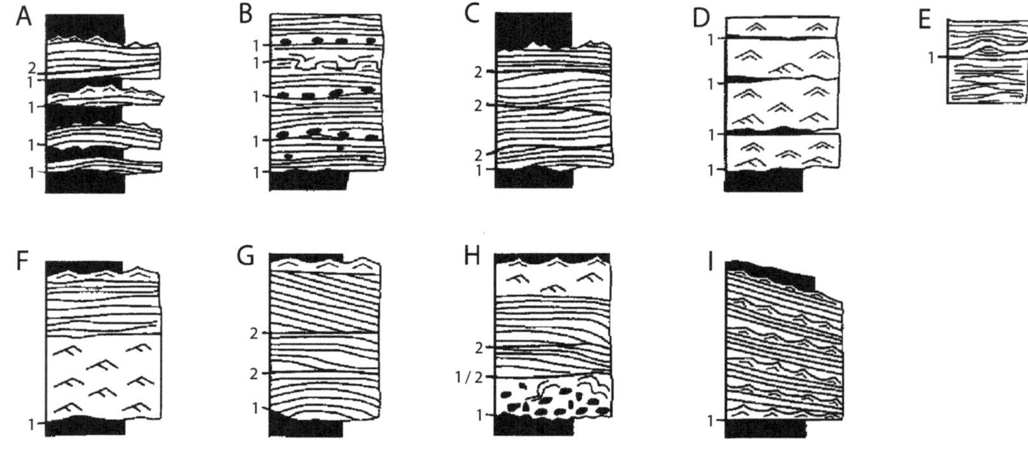

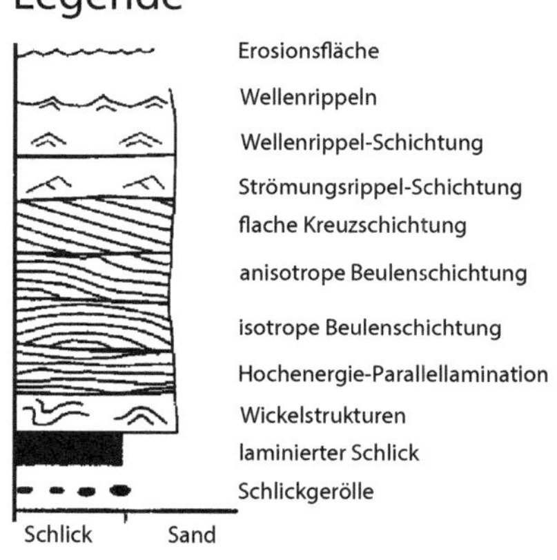

Legende

◘ **Abb. 4.207**   Tempestite aus der Unterkreide Westgrönlands zeigen verschiedene Schichtungstypen, die von kleinskaliger Wellenrippelschichtung und Strömungsrippelschichtung bis zu großskaliger Beulenschichtung und flacher Kreuzschichtung reichen, auch Hochenergie-Parallelschichtung kommt vor. Die Beulenschichtung findet sich in einzelnen Schichten von 2–35 cm Mächtigkeit, auch in Sets von insgesamt bis zu 2 m, getrennt durch Schlicklagen und Grenzflächen 2. Ordnung. Grenzflächen 1. Ordnung sind die basalen Erosionsflächen, mit denen die Sande dem Schelfschlick aufliegen. (Nach Midtgaard 1996, Fig. 10)

gröberer Lieferungen (Reineck 1967; Colquhoun 1995; Campbell et al. 2006; Peng et al. 2017). Die pelitische Normalsedimentation betont dagegen die Ruhe des Schelfs, und Schüttungen gröberer Sedimente treffen in der Tiefe selten ein (Laugier und Plink-Björklund 2016). Wetterunabhängige distale Sandlagen aus einem fernen Deltasystem sind weitgehend periodisch aufgebaut und an dessen fluviale Einträge gekoppelt, wie beispielsweise auf dem Schelf vor dem Ästuar des Amazonas (Nittrouer et al. 1986, 1995; Nittrouer und Kuehl 1995; Stattegger und Vital 2000; Fricke et al. 2017) oder in der Tiefe des Golfes von Mexiko vor dem Mississippi-Delta (Weimer 1989a). Alle in die ebenmäßig geschichteten Schelfsedimente eingelagerten temporären Sandeinschüttungen sind nicht von der Strukturentwicklung des Hinterlandes abhängig, sondern allenfalls von den Jahreszeiten und der aktuellen Niederschlagsverteilung. Erst die Änderungen des relativen

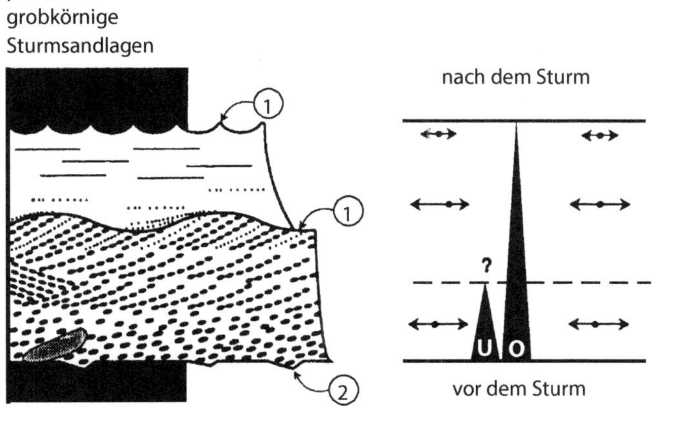
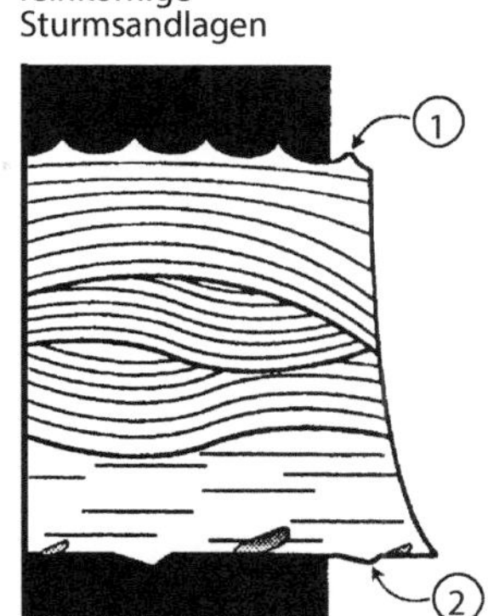

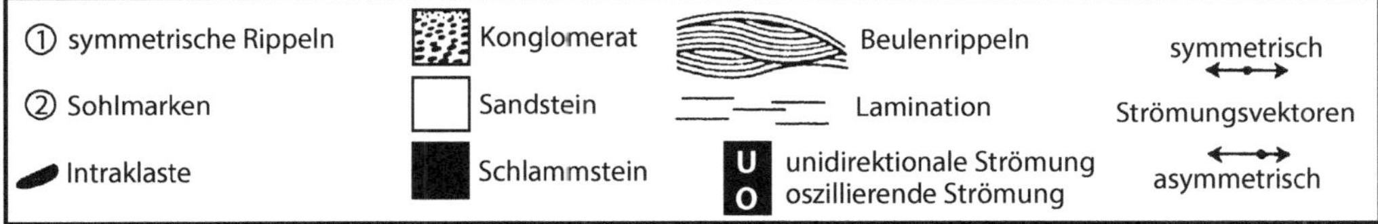

■ Abb. 4.208   Proximale konglomeratische und distale sandige Tempestite aus einem Beispiel der Unterkreide in Süd-Alberta, Kanada. Die proximalen Bildungen links sind deutlich zweigeteilt aufgrund der Verschiedenheit der Küste unter Sturmbedingungen (unten), wenn Kiese von der Küste seewärts geliefert werden, sowie unter den Bedingungen des abnehmenden Sturmes (oben), wenn Sande wieder küstenwärts verlagert werden. Die distalen Bildungen rechts formen während desselben Sturms relativ homogene Beulenrippeln, wie das HCS-Gefüge zeigt. Die Längen der abgebildeten Strömungsvektoren sind proportional zur Stärke der Strömung in Bezug auf deren Richtung, weniger in Bezug auf deren Dauer. (Nach Cheel und Leckie 1992, Fig. 14)

Meeresspiegels in geologischen Zeiträumen dokumentieren sich durch grundsätzliche Zu- bzw. Abnahme klastischer Lieferungen. Diese betreffen den Raum von der Alluvialebene bis hinunter zum Schelf und werden vor allem in letzterem durch veränderte Schichtbildung offenbar (Koss et al. 1994; Milli et al. 2016).

4.3.10 Beispiele

4.3.10.1 Rezente Schelfsedimente

Die **nordamerikanische Ostküste** ist gut untersuchtes Beispiel für die Bildungen eines Schelfmeeres (Greenlee et al. 1988). Der Schelf ist durch seine Subsidenz seit seiner Entstehung mit Beginn der Öffnung des Atlantiks mit großer Sedimentmächtigkeit ausgestattet und nach der Seibold'schen Definition der typische atlantische Schelf (vgl. ■ Abb. 4.187; Seibold 1974). Aufgrund der Exposition gegenüber dem offenen Meer und seiner Dynamik findet ein umfangreicher Wasseraustausch statt. Entlang der langen nordamerikanischen Ostküste wechseln unterschiedliche Tideregimes und Ablagerungsräume (Tillman und Siemers 1984). Den Tiefschelf vor dem Hudson-Ästuar beschreiben Freeland et al. (1981). Winkler und Edwards (1983) beschäftigten sich mit der Schelfkante; bei Stanley und Moore (1983) findet sich eine größere Anzahl Arbeiten zu

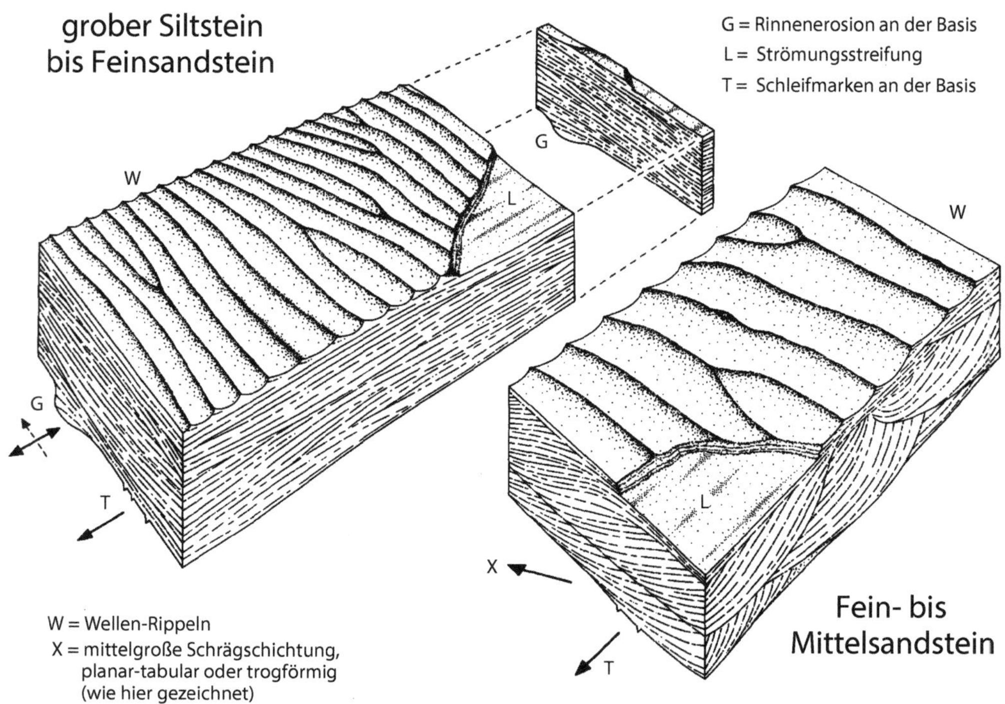

◨ Abb. 4.209   Zwei Blockbilder zur Thematik verschiedener Richtungen von Paläoströmungen in flachmarinen Sturmsanden, rechts ein proximaler Block mit gröberen Sanden, links ein distaler Block mit feineren Sanden (die Küste ist im NO der Blöcke). Nach der Anlage der streng seewärts gerichteten Sohlmarken folgen annähernd küstenparallele, trogförmige Großrippeln (sowie hier nicht weiter orientierter Parallellaminite). Auf der Oberfläche der Blöcke schließlich bildet die Normalwetterlage küstenparallel kleinskalige Wellenrippeln. (Nach Duke 1990, Fig. 5)

diesem Thema. Denn während des pleistozänen Meeresspiegeltiefstandes bildete die heutige Schelfkante die Küstenlinie, sodass an dieser eine von heute sehr verschiedene Dynamik herrschte (Sydow und Roberts 1994). Pilkey et al. (1981) liefern Informationen zum Georgia-Schelf, also seewärts der Watten, die Sapelo Island bekannt gemacht haben (Howard et al. 1972; Howard und Reineck 1981; Frey und Howard 1986). Stubblefield et al. (1984) interpretierten sandige Sedimente auf dem Schelf von New Jersey und der dort beobachteten Bildung von Sandrücken (wie in der Nordsee; s. ▶ Abschn. 4.3.4). Penland et al. (1988) liefern eine gute Beurteilung der Tiefwasserbildungen vor dem **Mississippi-Delta;** hier findet reichlicher und schneller Sedimenteintrag statt, was zur Sedimentdeformation durch Entwässerung und

Rutschung instabiler prodeltaischer Sedimente führt. Suter und Berryhill (1985) tragen durch ihre Untersuchungen von sog. Schelfranddeltas *(subaqueous deltas)* zur Kenntnis des Schelfs vor dem Mississippi-Delta während des pleistozänen Meeresspiegeltiefstandes bei.

Tonige Sedimente auf dem Schelf werden vorzugsweise von ästuarinen Flussmündungen geliefert (vgl. ▶ Abschn. 4.2.7) und vor diesen als mehr oder weniger weit ausladende Fächer abgesetzt – beispielsweise der Schlick der Elbe im **Helgoländer Loch** (Hertweck 1983, 1988), der Schlick vor der **Girondemündung** (Lesueur et al. 2002), vor der Mündung des **Jangtsekjang** *(Changjiang)* (Milliman et al. 1985; Xusheng et al. 1991; Fan et al. 2002; Fan und Li 2002; Lin et al. 2017) oder des **Song Hong** (Hori et al.

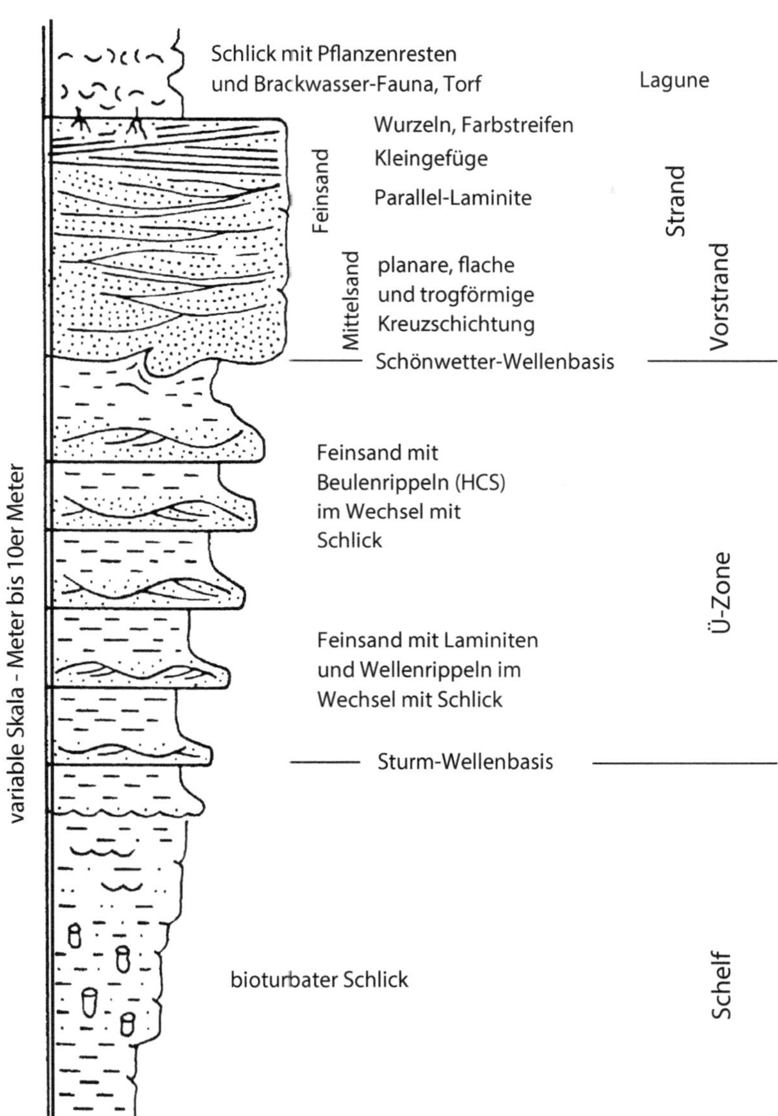

◘ Abb. 4.210   Ein aus der Literatur wohlbekanntes Hochenergieküstenprofil, versehen mit erweiterter Nomenklatur faziesspezifischer Sedimentgefüge und einer Zuordnung der beiden Wellenbasen, die das Profil gliedern. In der Übergangszone sind reichlich Sedimentgefüge von Beulenrippeln vermerkt, die typisch für einen mächtigen Übergang vom Schelf zum Vorstrand sind (Walker 1990, Fig. 1, verändert) (vgl. ◘ Abb. 4.220)

2004). Dies ereignete sich, als sich beim holozänen Meeresspiegelanstieg der Einzug der Tieflandflüsse landeinwärts erweiterte (Uroza und Steel 2008; Bialik und Waldmann 2017).

▪ Mittelmeer
Einen direkten Bezug zum Sedimenttransport aus den Südalpen besitzt die **nördliche Adria** (Venetien): unübersehbar formt der Grobfracht führende Tagliamento (Bertoldi

et al. 2010; Monegato und Stefani 2010; vgl. ▶ Abschn. 3.1) bei Bibione ein in intensiver Umlagerung begriffenes Delta (Gordini 2007). Bei **Gargano** im Golf von Manfredonia (Foggia, nördliches Apulien) baut sich ein Schelfranddelta gegen den Tiefwasserraum der Adria vor (Cattaneo et al. 2003). Die Deltaplattform der **Rhône** bildet das Flachland der Camargue, doch in der Tiefe des *Golfe du Lion* baut der Fluss ein großes Tiefschelfdelta mit eingeschnittenem Rinnenlauf und liefert Schwebstoffe ins Mittelmeer, letztlich in die Alboran-See südlich von Spanien (Torres et al. 1995; Gensous und Tesson 1996; Marsset und Bellec 2002). Stanley und Moore (1983) und Soria et al. (2003) betonen die Wichtigkeit des äußeren Schelfs und dessen Schelfkante *(shelf break)*. Denn bis zu diesem hatte sich weltweit der Meeresspiegel während der pleistozänen Vereisung abgesenkt, sodass die kontinentalen Sedimenttransporte hier mehr oder weniger endeten. Darüber hinaus ist die Schelfkante aktuell die Obergrenze des Kontinentalabhangs und damit vielfach Ausgang für die Mobilisation von turbiditischen Sedimenten, wenn diese nicht von distalen submarinen Rinnen vom Kontinent direkt in die Tiefsee verfrachtet werden.

4.3.10.2 Fossile Schelfsedimente

Fossile Schelfsedimente unter offen marinen Bedingungen sind im Unterkarbon des **Velberter Sattels** im Rheinischen Schiefergebirge vor allem als mehr oder weniger karbonatführende, sandige Silt- und Tonsteine dokumentiert (Franke et al. 1975; Walliser und Michels 1983). Mitunter wechsellagern sie mit Sandsteinen bzw. Kalkareniten in Küstennähe. Schelfmeeresedimente sind dadurch ausgezeichnet, dass sie große Mächtigkeiten vorzugsweise feinkörniger Gesteine enthalten. Um so mehr fallen grobkörnige, große klastische Kornverbände, sog. Olisthostrome, auf (Salamon und Königshof 2010).

Je nach Alter der Schichtenfolge und deren Zugehörigkeit zum entsprechenden Orogenzyklus können gerade die Schelfsedimente große

Probleme bei ins Detail gehender sedimentologischer Interpretation bereiten (Colquhoun 1995; Markello und Read 1981). Andererseits bieten gerade sie gute Gelegenheit zur detailgenauen Untersuchung (Edwards 1981; Puigdefabregas 1986; Puigdefabregas und Simo 1986; Mellere und Steel 1995; Vecsei und Sanders 1997; Dill et al. 1997; Higgs 1998; Winsemann und Jonen 2000). Im rezenten Ablagerungsraum machen sie zumindest erheblichen technischen Aufwand nötig (Reineck et al. 1967, 1968a; Freeland et al. 1981; Nittrouer et al. 1995; Gensous und Tesson 1996; Fais et al. 1996, 2002; Dunbar et al. 2000).

▪ Hunsrückschiefer

Der **Hunsrückschiefer** im Rheinischen Schiefergebirge (◘ Abb. 4.211) gliedert sich in einen Hunsrückschiefer s. l. *(sensu lato)* der Siegen-Stufe sowie in einen Hunsrückschiefer s. str. *(sensu stricto)* der Unterems-Stufe (Meyer und Stets 1996; Gad 2006; Elkholy und Gad 2006). Die Schichtenfolge des Hunsrückschiefers s. l. erreicht mehr als 5 km, die Schichtenfolge des Hunsrückschiefers s. str. etwa 4 km (Meyer und Stets 2000) und demonstriert dadurch die erhebliche Subsidenz des Rhenoherzynischen Beckens (◘ Abb. 4.212). Dessen Ablagerungsraum zur Zeit der Siegen-Stufe befand sich zwischen der Deltaplattform der Siegener Normalfazies im Norden und dem mit Gezeitenschichtung versehenen Hochenergie-Flachwassergebiet des Taunusquarzits im Süden (Stets und Schäfer 2002, 2011). Das Sedimentbecken wurde noch während des Klerf mit distalen deltaischen Sedimenten von Norden beliefert (Reineck 1983). Flachmarine, feinkörnige Sedimente mit ebenmäßiger Schichtung sind vor allem für den Hunsrückschiefer s. l. typisch (◘ Abb. 4.213) und stammen als nunmehr distale Lieferung ebenfalls aus dem nördlichen Deltasystem (◘ Abb. 4.214). Sie enthalten Sandlagen von 2–20 cm Mächtigkeit, gelegentlich auch mehr, und weisen reichlich Sohlmarken und Wickelstrukturen auf.

Der Hunsrückschiefer s. l. bei Kamp-Bornhofen (◘ Abb. 4.215 und 4.216) befindet sich

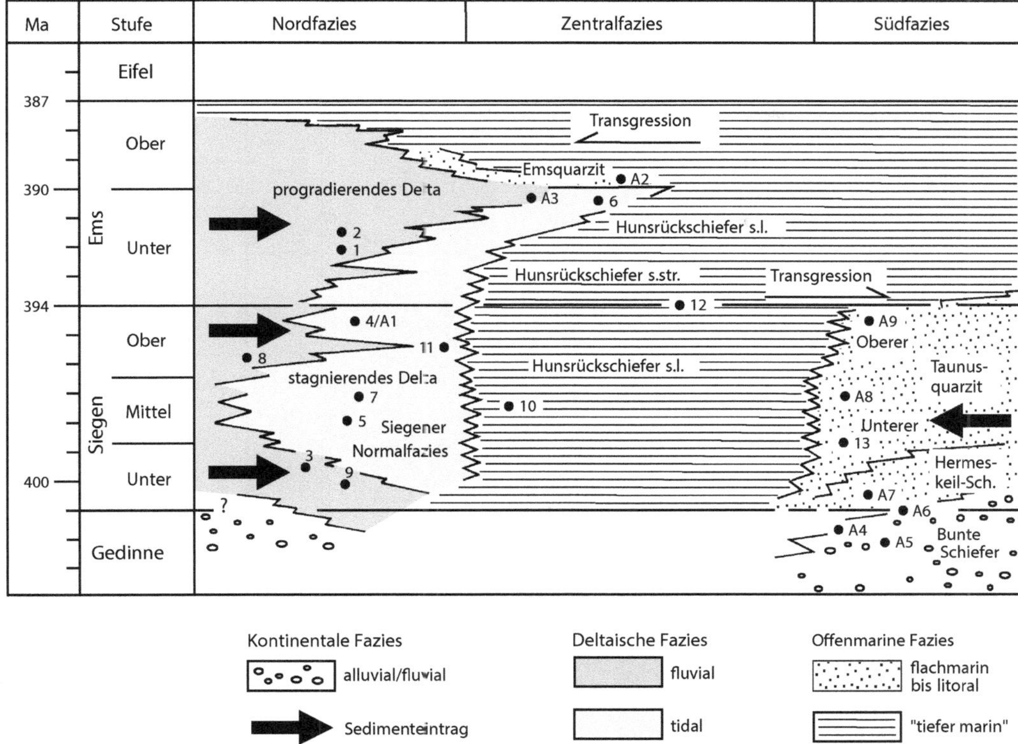

◘ Abb. 4.211 Das Rhenoherzynische Becken entwickelte sich im Unterdevon und ist heute als wesentlicher Teil des Rheinischen Schiefergebirges entlang des Mittelrheintales aufgeschlossen. Die für diesen Raum gültige stratigraphische Tabelle erläutert die fazielle Entwicklung des Sedimentbeckens: die südwärts gerichtete Progradation des Deltas der Siegener Normalfazies, das sich allmählich nach Süden ausweitende Schelfbecken des Hunsrückschiefers und die von Süden aus dem Raum der Mitteldeutschen Schwelle progradierenden Küstensande. Die Positionen der Profilaufnahmen 1 bis 13 und der wesentlichen Aufschlüsse A1–A9 sind vermerkt. (Stets und Schäfer 2002, Fig. 26)

stratigraphisch im Grenzbereich von oberster Siegen-Stufe (Herdorf-Unterstufe) und tiefster Unterems-Stufe (Ulmen-Unterstufe; Mittmeyer 1996, 2008). Aufgrund der Fauna, die Siegen- und Unterems-Leitformen enthält, ist dieser Schichtverband ausschließlich vollmarin. Der Ablagerungsort gehört unterhalb der Wellenbasis des Schelfmeeres im zentralen Teil des Rhenoherynischen Beckens (Meyer und Stets 1996).

Der Hunsrückschiefer s. str. im höheren Unterems führt an den Loreleyfelsen bei St. Goarshausen im Mittelrheintal. Der dort hervorragend aufgeschlossene Schichtenverband (◘ Abb. 4.217) besteht aus mächtigen Ton- und Siltschiefern im Wechsel mit hellgrauen, max. 0,3 m mächtigen Quarzitbänkchen. Er gehört nach den Aufnahmen von Anderle (1967) in die „Singhofener Schichten" (Singhofen-Unterstufe; jedoch nach Mittmeyer 1996 zu den Bornich-Schichten) der Unterems-Stufe (Näheres dazu in Meyer und Stets 1996, 2000). Zahlreiche Lagen mit Brachiopoden-Klappen deuten auf intensive Umlagerung in den pelitischen Sedimenten des Schelfs im Rhenoherzynischen Becken (Stets und Schäfer 2002).

Der Hunsrückschiefer s. str. aus der Zeit des Unterems greift nach Süden auf den Hunsrück und Taunus über (◘ Abb. 4.218), folgt dort im Unterems stratigraphisch über dem Taunusquarzit (Meyer und Stets

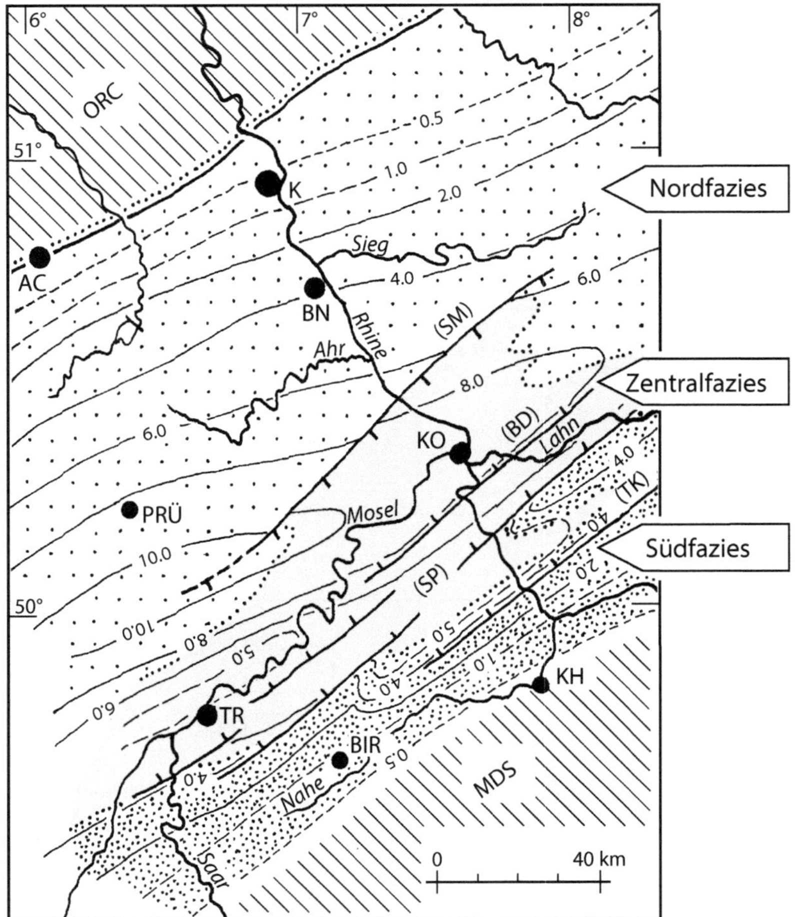

○ **Abb. 4.212** Das Rhenoherzynische Becken ist eingepasst in alte kaledonische Landmassen (schräg schraffiert) und wird von N (ORC = Old Red Continent) und S (MDS = Mitteldeutsche Schwelle) mit Sediment beliefert. Die Mächtigkeit der Isopachen von Siegen und Unterems ist in km angegeben. Die Nordfazies, die Zentralfazies und die Südfazies sind lithologisch, sedimentologisch und zugleich auch tektonisch sehr verschiedene Bereiche. Der Zentrale Faziesraum wird vom Hunsrückschiefer-Becken (graue Fläche; Siegen und Unterems) eingenommen. Die wichtigsten hier eingetragenen Störungen entwickelten sich während der Gebirgsbildung zu namhaften Überschiebungen, anhand derer der Faziesraum eingeengt wurde (SM = Siegen-Mayen, BD = Boppard-Dausenau, SP = Sackpfeife, TK = Taunuskamm; Striche an den Überschiebungen zeigen deren Einfallsrichtung an) (Stets und Schäfer 2002, Fig. 3)

1996). Zum Hangenden nehmen die distalen klastischen Sedimenteinträge ab, der Anteil pelitischer Sedimente nimmt zu. Der Fauneninhalt des Hunsrückschiefers s. str. enthält weiterhin Crinoidenkolonien und Brachiopoden, daneben Schlangensterne, die das Bodenleben repräsentieren, sodann vor allem Fische aus dem Freiwasserraum (Erben 1994; Sutcliffe 1997; Sutcliffe et al. 1999; Gad 2006;

Kühl et al. 2011; Kneidl 2016). Die Schichtung besteht aus millimeterdünnen Laminiten aus Ton-/Feinsilt- und Grobsiltstein, die mitunter zu noch kleineren Korngrößen gradieren (○ Abb. 4.219). Die Wassertiefe des Hunsrückschiefer-Meeres bezifferten Seilacher und Hemleben (1966) mit etwa 600 m. Unter Berücksichtigung von faunistischen Betrachtungen durch Mittmeyer (1980) und

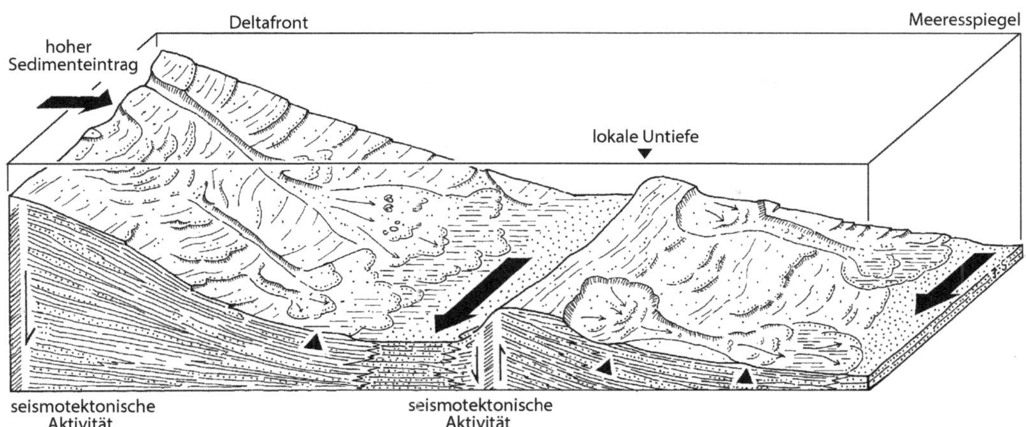

☐ Abb. 4.213 Das Zentrale Hunsrückschiefer-Becken (der südliche Faziesraum ist hier nicht dargestellt) beschreibt ein etwa 100 m tiefes Schelfmilieu in welches aus nördlicher Richtung das Delta der Siegener Normalfazies progradiert und feinkörnige Siliciklastika liefert. Im Becken sorgen seismotektonische Unruhen für Relief und lokale Umlagerung der distalen Sedimente, sodass vielfältige Sedimentsequenzen sich entwickeln; schwarze Pfeile zeigen den Eintrag von Sedimenten, schwarze Dreiecke symbolisieren Körngrößentrends. (Stets und Schäfer 2002, Fig. 29)

unter tektonischen, paläogeographischen und sedimentologischen Überlegungen kamen jedoch Stets und Schäfer (2002, 2011) auf eine Tiefe, die durchaus weniger als 100 m betragen haben kann.

▪ Posidonienschiefer

Das Schelfmeer des **Posidonienschiefers** (Lias ε [epsilon], Toarcium) in Mitteleuropa hatte auffällig wenig Sedimenteintrag (Savrda und Bottjer 1989; Prauss et al. 1991; Kuhn und Etter 1994; Röhl et al. 2001; Stow 2001; Bruns et al. 2015). Seine Ablagerungen sind rhythmisch geschichtete, z. T. sapropelreiche Pelite mit der Muschel *Posidonia bronni* als endemische Bodenfauna. Ebenso finden sich üppige Seelilienkolonien, die sich an treibenden Hölzern festgeheftet hatten. Freiwasserbewohner waren Ammonoideen, deren Gehäuse in die Schichtfolge als Leitfossilien eingelagert sind (Hoffmann und Jordan 1982). Fischsaurier ergänzen den endemischen Faunenbestand. Landlebende Faunen fehlen, dafür sind Flugsaurier vorhanden (Oschmann 2000). Lieferungen klastischer Sedimente von umliegenden

Küsten sind kaum dokumentiert. Stattdessen ist der unterjurassische Schichtabschnitt stratiform über große Entfernung biostratigraphisch sicher einzustufen (seine Mächtigkeit beträgt in Holzmaden 15 m, im Oberrheingraben und in N-Deutschland 30 m). Die Sedimente wurden deutlich unterhalb der Wellenbasis abgelagert. Allerdings muss die Frage nach der tatsächlichen Wassertiefe offen bleiben. Aufgrund der regionalen Einbindung in die Strukturen Mitteleuropas dürften die Sedimente jedoch nicht tiefer als 100 m abgelagert worden sein.

▪ Mesaverde

Hervorragende Küstenprofile sind in der Point Lookout Formation der **Mesaverde Group** (Campan, Oberkreide) zwischen Cortez (Südcolorado) und Farmington (New Mexico) aufgeschlossen (Olsen et al. 1999; ☐ Abb. 4.220). Die Mesaverde Group auf dem Colorado Plateau ist der landseitige Teil des Western Interior Seaway; sie verzahnt sich im Vorlandbecken der Rocky Mountains mit dem schelfmarinen **Mancos Shale**. Der Mancos Shale ist ein feinkörniges, klastisches und dunkles

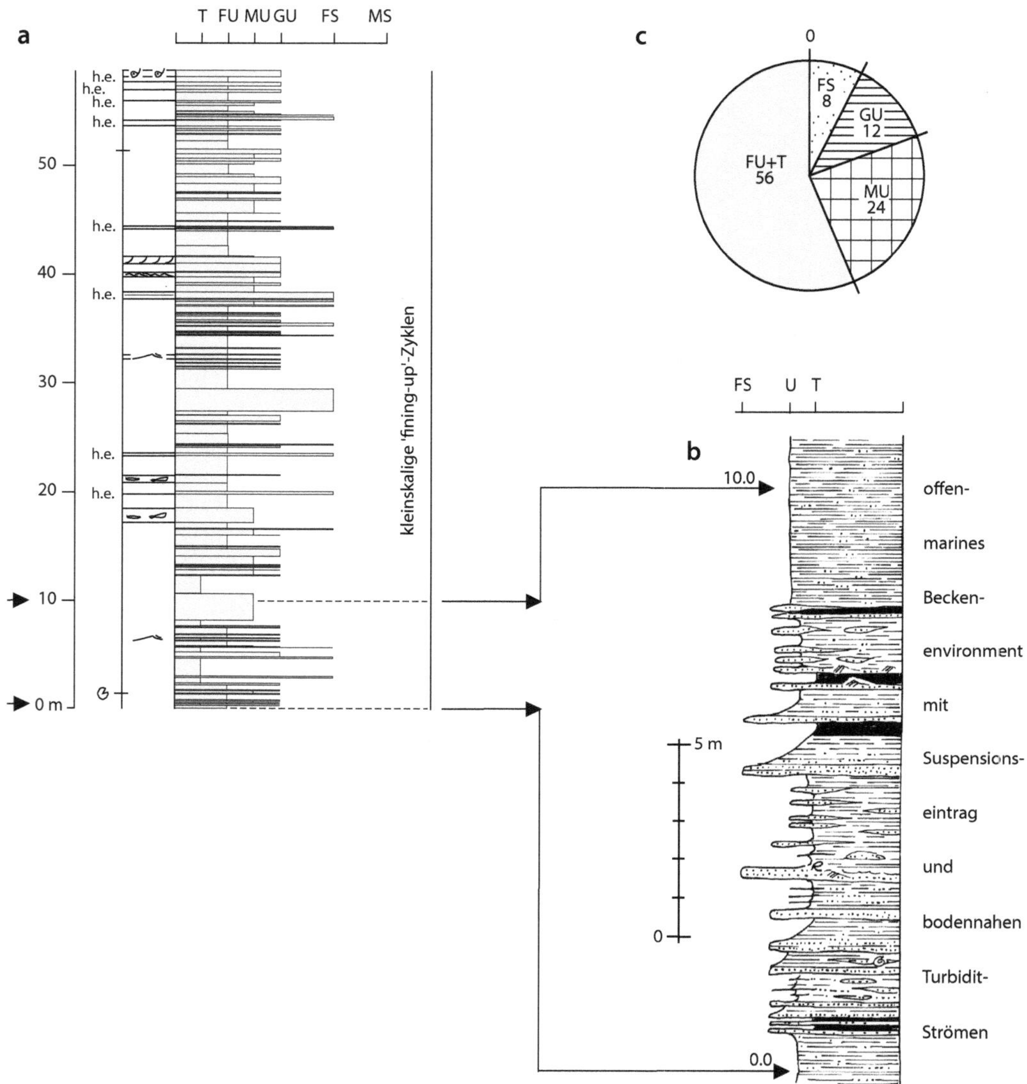

◨ Abb. 4.214   Das im Gelände aufgenommene Profil von Kamp-Bornhofen (Position Nr. 12, Hunrückschiefer s. l. der Bornhofen-Schichten im Grenzbereich Siegen/Unterems, Übersichtsprofil (a), Detailprofil (b) und summarisches Korngrößendiagramm (c), zeigt überwiegend siltige Sedimente. In diese sind Feinsande eingelagert, die Strömungsrippeln und Hochenergie-Parallellaminite bilden; es entwickelten sich ausschließlich *fining-upward*-Korngrößentrends. In der Nähe der Lokalität angetroffene Faunen beschreiben ein offenes Milieu des Schelfs. Distale feinkörnige Sedimente stammen von fernen turbiditischen Lieferungen, die vor allem durch seismo-tektonische Unruhen initiiert worden sind. (Stets und Schäfer 2002, Fig. 18)

Sediment mit reichlich offenmariner Fauna (◨ Abb. 4.221; Molenaar 1988; Molenaar und Baird 1991; Kirkland 1991; Leckie et al. 1997; El Attar und Pranter 2016; Birgenheier et al. 2017) und wechselt mehrfach mit den von Westen progradierenden Küstensedimenten der Kreide (vgl. (◨ Abb. 4.183, 4.202 und 4.220). Die Bildungstiefe des

▣ Abb. 4.215   Der Hunsrückschiefer s. l. (Siegen-Stufe, Unterdevon), Kamp-Bornhofen am Mittelrhein, ist ein heterogenes Sediment, gebildet aus wechselnd Schelfschlick und erheblichen Anteilen sandiger Einschüttungen (Stets und Schäfer 2002)

▣ Abb. 4.216   Der Hunsrückschiefer s. l. (Siegen-Stufe, Unterdevon), Kamp-Bornhofen im Mittelrheintal, führt außer Tonschiefern ebenmäßig geschichtete cm-mächtige Sandsteine (Detail der ▣ Abb. 4.215), die als distale Lieferungen deltaischer Sedimentation angesehen werden können (Stets und Schäfer 2002)

Mancos Shale im Becken des Western Interior Seaway wird mit etwa 80 m unterhalb der Sturm-Wellenbasis angenommen. Die Schichtenfolge lässt bei horizontaler Lagerung regional sehr weitflächig (nicht nur am Mesa-Verde-Nationalpark bei Cortez/Colorado) die Entwicklung aus dem schelfmarinen Mancos Shale in die Küstensande

◘ Abb. 4.217   Der Hunsrückschiefer s. str. (Obererems-Stufe, Unterdevon) an der Loreley im Mittelrheintal, Schelfsedimente im Rhenohercynischen Becken – Johannes Stets (†) als Maßstab (Stets und Schäfer 2002)

der Point Lookout Formation beobachten (Van Wagoner et al. 1992; Hampson et al. 1999; Olsen et al. 1999; Nummedal et al. 2001; Storms und Hampson 2005; Pattison et al. 2007; Hampson 2010; Mack et al. 2016). Die Bearbeitung der Mesaverde Group im Bighorn Basin von Wyoming (Klug 1993, 1994) liefert eine detailgenaue Faziesstudie des Übergangs vom Schelf (der Mancos Shale wird dort als Cody Shale bezeichnet) in den Küstenraum mit Flussläufen und Kohleflözen (◘ Abb. 4.222 und 4.223). Dieser Übergang bietet eine große Vielfalt von halbmetermächtigen Tempestiten, die Beulenrippeln enthalten (vgl. ◘ Abb. 2.49).

▪ Israel

Im östlichen Mittelmeer auf dem **Schelf vor Israel** lagerten sich im Neogen karbonatische und siliciklastische Sedimente ab (Buchbinder und Zilberman 1997). Auf der heutigen Küstenebene vor Beer Sheva bildete sich eine Sukzession eines bis zu 1500 m dicken Keils aus meist feinkörnigen Siliciklastika.

Während des Miozän setzte tektonischer Auftrieb des Schelfsockels ein. Es kam zu vertikalen Bewegungen. Zudem sank der Meeresspiegel, sodass im obermiozänen Messin das Mittelmeer schließlich ganz austrocknete. Dies führte in Summe zunächst zur Inzision des etwa 280 m tiefen Canyons von Beer Sheva, der sich vom landseitigen Hochgebiet der Küstenebene und vom Küstensaum her mit Sedimenten füllte. Während der Austrocknung des Mittelmeers wurde der Schelf von Beer Sheva mit Evaporiten überdeckt, die trotz Erosion und Umlagerung umfangreich erhalten geblieben sind.

Im Zeitraum Spätes Messin bis Pliozän erfuhr der Schelf des Levante-Küstenbeckens erhebliche Subsidenz (Kartveit et al. 2019), und es formten sich diskordant darüber sechs Sequenzen aus zunächst sandigen Einheiten, darüber karbonatisch-siliciklastische Einheiten und abschließend Mergel- und Sandsteine, vermischt mit gelegentlichen Einschüttungen von Konglomeraten. Im Plio-Pleistozän erfolgte eine Hebung der bis dahin schelfmarinen Sedimentfolge und ließ sie landfest werden. Dies führte zu ihrer Überdeckung mit pleistozänen Konglomeraten. Die Autoren führten eine sequenzstratigraphische Analyse durch und nahmen eine genetische

Korrelation mit Sizilien als gesichert an (u. a. Pinter et al. 2017).

■ **W-Afrika**

In hoch aufgelösten akustisch-seismischen Profilen und datierten Bohrkernen auf dem Schelfsockel vor **Mauretanien** (W-Afrika) unterschieden Hanebuth et al. (2013) acht spätpleistozäne bis holozäne stratigraphische Einheiten mit verschiedenen kontinentalen bis marinen Ablagerungsmilieus. Diese sind 1) zuunterst das nicht weiter differenzierte Pleistozän; darüber 2) ein kontinentaler Dünenkomplex (MIS-4), der wechselnde Veränderungen von Klima und Meeresspiegel dokumentiert; darüber 3) ein mächtiges regressives Flachwasser-Klinoform (spätes MIS-3); darüber 4) küstenmarine regressive bis Tiefstand-Ablagerungen (spätestes MIS-3); darüber 5) lokale transgressive Überdeckung durch Schmelzwassersedimente (LGM); darüber 6) eine Überdeckung während des Meeresspiegelhochstandes durch Ablagerungen eines offen-marinen Schelfs; darüber 7) Sedimente des äußeren Schelfs aus der Zeit eines Meeresspiegelhochstands; und abschließend darüber 8) Schlick des mittleren Schelfs, abgelagert

■ **Abb. 4.218** Hunsrückschiefer s. str. (Unterems) im Steinbruch Backes in Bundenbach (Süd-Hunsrück) zeigt bis cm-mächtige gradierte Silte, eingeschwemmt in den tonigen Schelfschlick des Hunsrückschiefer-Meeres

■ **Abb. 4.219** Hunsrückschiefer s. str. (Unterems) aus dem Steinbruch Backes in Bundenbach; distale, episodisch gelieferte, feinstgradierte Fein- bis Mittelsilte in tonigem Schelfschlick

◧ **Abb. 4.220** Südliche Teilansicht des etwa 40 m hohen Chimney Rock Draw, monumentaler Wächter am Eingang zum Mancos Canyon im Ute Indian Tribal Park, San Juan Basin, New Mexico (Mesaverde Group, Campan, Oberkreide). Er zeigt zuunterst ein mächtiges Profil von Mancos Shale, der in der Übergangszone reichlich Tempestite enthält. Nach oben gradiert das Profil zu Sandsteinen des Vorstrandes und schließt mit den Strandbildungen der Point Lookout Formation am Top des Felsens ab; unterhalb des untersten durchziehenden Sandsteins in der Mitte des Felsens bildeten sich mächtige Rutschmassen (vgl. ◧ Abb. 4.183 – im Mancos Canyon)

während des holozänen Meeresspiegelhochstands. Vom mauretanischen Schelf lösten sich bis in die Jetztzeit turbiditische Schüttungen größeren Umfangs in die Tiefe des Atlantiks (Gee et al. 2001; vgl. ◧ Abb. 4.241), letztlich verursacht durch den überreichen äolischen Eintrag von Sand und Staub aus der Sahara (Zühlsdorff et al. 2008), und gaben Anlass für umfangreiche seegehende seismische Projekte und Untersuchungen an Bohrungen (Krastel et al. 2006; Henrich et al. 2008; Hanebuth und

Henrich 2009; Förster et al. 2010). Der Timiris Canyon (◧ Abb. 4.224) ist eine im Golf d'Arguin (Mauretanien) in den Kontinentalhang 270 m tief eingeschnittene mäandrierende und 2,5 km breite sowie 450 km lange Rinne mit Seitenwällen. Sie befördert äolische (und ehedem auch fluviale) Sedimente aus der Gegend von Tamanrasset (zentrale Sahara) über die annähernd 200 m tiefe Schelfkante bis in den 4000 m tiefen Atlantik. Ihr ist in den genannten Arbeiten viel Aufmerksamkeit gewidmet (Henrich et al. 2015).

Diese Studien wurden nach Süden auf den Schelf von **Senegal** erweitert (Henrich et al. 2010; Nizou et al. 2010; Pierau et al. 2011).

Mit 2D-seismischen Profilen und Bohrungen dehnten Neumaier et al. (2016) die Untersuchungen auf den Schelf von Marokko, in das Agadir, Essaouira und Safi Basin aus. Großräumige spättriadische bis frühjurassische Salzdiapire wurden durch vulkanische Intrusionen im frühen Paläogen reaktiviert und schufen eine Diskordanz an der Basis des Tertiärs. Die Faltenachsen der mesozoischen Sedimente verlaufen heute senkrecht zur Atlantikküste.

■ **Nordsee**

Die seismische Studie im gesamten Deutschen Hoheitsgebiet der Nordsee und in diesem im nach NW weisenden „Entenschnabel" ließ erkennen (◧ Abb. 4.225), dass das **Nordseebecken** zwischen spätem Miozän und spätem Pliozän durch die Heraushebung des Baltischen Schildes von einem großen Delta mit Sediment beliefert wurde (Thöle et al. 2014). Die Studie nutzt ein außerordentlich dichtes Netz von seismischen 2D- und 3D-Sektionen, deren stratigraphische Übereinanderfolge durch biostratigraphisch justierte bis zu 1300 m tiefe Bohrungen bestimmt werden konnte (◧ Abb. 4.226). Hierfür war vor allem die sog. *Mid-Miocene Unconformity* (MMU) wichtig (◧ Abb. 4.227). Köthe (2007) und Köthe et al. (2008) identifizierten die MMU in der 1600 m tiefen G 11–1 (◧ Abb. 4.228). Sedimente des Paläogen (1550–1020 m) und des Neogen (1020–410 m) im Nordseebecken gelten als

◘ Abb. 4.221 Detail des Mancos Shale: brüchiger feinsandiger Schlammstein mit reichlich Lebensspuren, organischer Substanz und Tuffen (Pagosa Springs, Col., Hwy. 160, San Juan Mts.; Taschenmesser als Skala) (vgl. auch ◘ Abb. 4.202)

vollmarin. Die MMU wird dort in der Tiefe von 950 m passiert, wobei die umgebenden Sedimente als mittleres Mittelmiozän angesehen werden. Dinoflagellatenzysten legen ihr biostratigraphisches Alter auf DN5/DN8 und ihr numerisches Alter auf 14,8–13,2 Ma fest. Nach Huuse und Clausen (2001) und Huuse (2002) korreliert die MMU mit dem mittleren Teil der Nannoplankton-Zone NN 5 und dem Mi 2 Event, das eine Erosion des Bodenreliefs in der Dänischen See verursachte. Dort war der untersuchte schelfmarine Raum zentraler Teil des Eridanos-Deltas (◘ Abb. 4.229; Overeem et al. 2001). Deren Diskordanzfläche taucht im Nordseebecken nach NW ab.

■ **Niederrhein**

Im **Niederrhein-Becken** wird die MMU mit dem sequenzstratigraphischen Zyklenalter 15,5 = Lan2/Ser1 (vgl. ◘ Abb. 4.171) im sog. fluvialen Zwischenmittel a/b des Flözes Frimmersdorf (6C) angenommen, Mit diesem wurde die kontinuierliche Torfentwicklung unterbochen (Schäfer et al. 2005; Schäfer und Utescher 2014; ◘ Abb. 4.230). Ohne deren Ursache recht zu kennen, ist die MMU lokal und weltweit aus einigen neogenen Sedimentbecken bekannt (u. a. Hutchison

2008) und wird zur sequenzstratigraphischen Ansprache seismischer Sektionen und Bohrprofile herangezogen (◘ Abb. 4.231).

4.4 Tiefwasserbildungen im Ozean

Flachmarine Bildungen auf dem Schelf sind mit den Verwitterungsprozessen auf dem Kontinent und mit dem Sedimenteintrag von dort eng verbunden. Der individuelle Aufbau der Kontinente und ihre Verwitterung in breitenabhängigen Klimaräumen liefert stofflich sehr verschiedene Sedimentfrachten in das Schelfmeer (Reineck 1968a; vgl. ◘ Abb. 4.186) und von dort in die Tiefsee (Lisitzin 1974; Seibold 1974; Dietrich et al. 1975; Füchtbauer und Müller 1970); Seibold und Berger 1982; Seibold und Thiede 1997).

Die distalen Lieferungen vom Kontinent erreichen die Schelfkante bei etwa 130 m (bzw. 105–400 m) Wassertiefe (Boggs 1995) und werden dort zunächst zwischengelagert (◘ Abb. 4.232).

Tiefmarine Räume sind der Kontinentalhang (Neumaier et al. 2016), der Kontinentalfuß

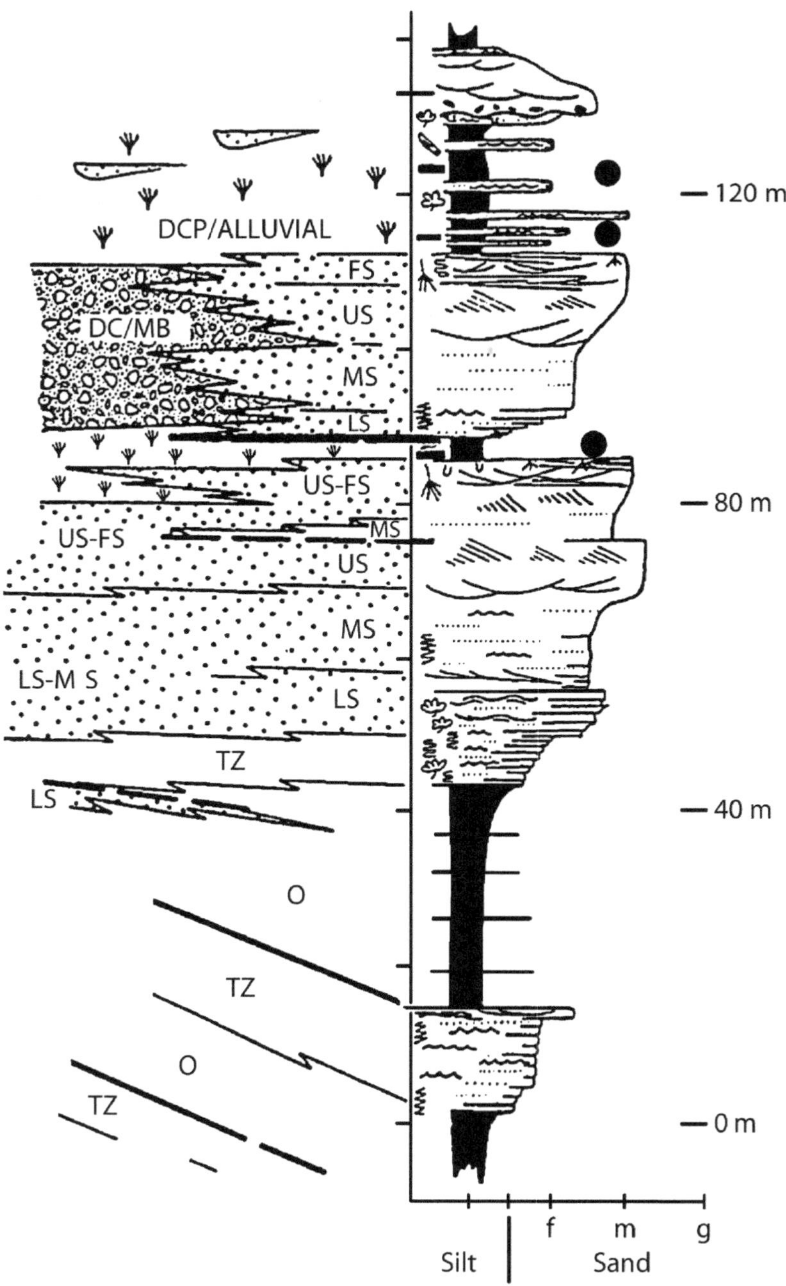

◧ Abb. 4.222   Das Profil von Meeteetsee im Bighorn Basin in Wyoming (Mesaverde Group, Campan, Ober-kreide) leitet vom Schelf bis in die Küstenniederung mit Flussläufen. (Aus Klug 1994, Fig. 35; verändert; schwarze Kreise = Kohleflözchen; o = *offshore*, TZ = *transition zone*, LS, MS, US = *lower, middle, upper shoreface*, DC = *distributary channel*, MB = *delta mouthbar*, DCP = *delta/coastal plain*)

▣ Abb. 4.223 Strandbildungen der Mesaverde Group (Campan, Oberkreide) von Meteetsee im Bighorn Basin, Wyoming; unten: höherer Teil der Übergangszone, oben: unterer Teil des Vorstrandes (vgl. ▣ Abb. 4.222)

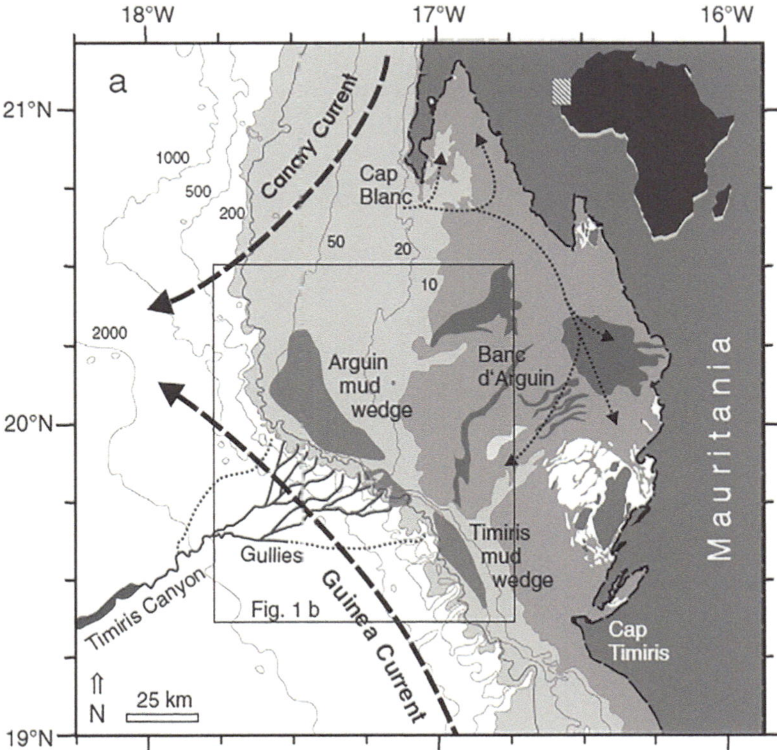

▣ Abb. 4.224 Der Golf d'Arguin, querab von Nouakschott (Mauretanien) ist Kopfpunkt des Timiris Canyon, der in einer in den Kontinentalhang tief eingeschnittenen mäandrierenden Rinne turbiditische Sedimente in die Tiefsee befördert (Hanebuth et al. 2011, Fig. 1a; Henrich et al. 2015)

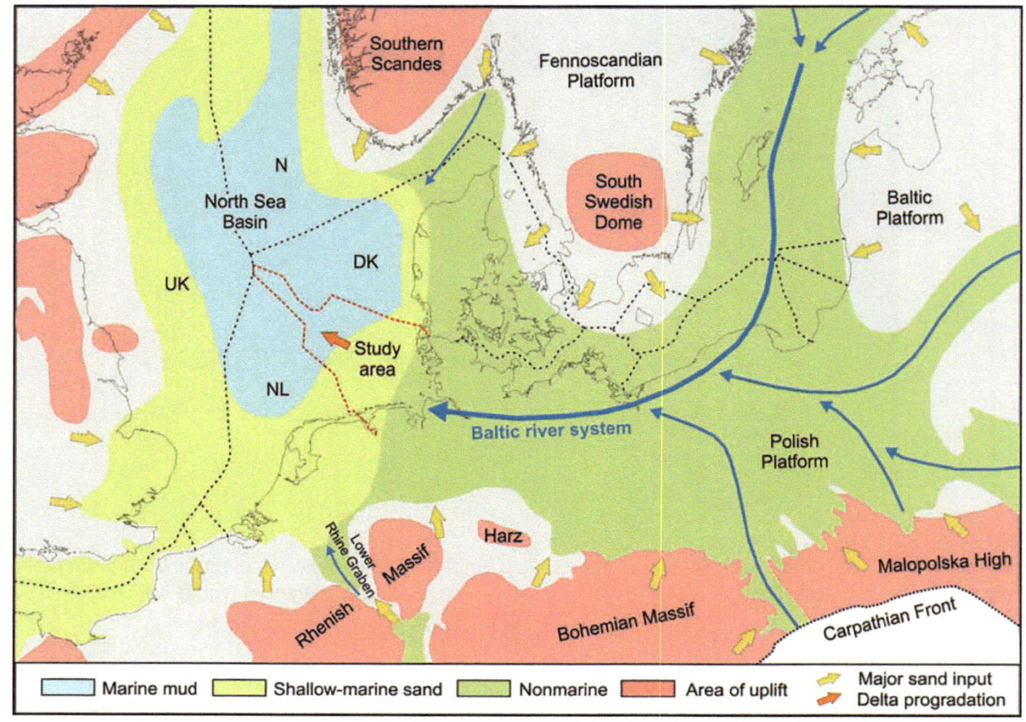

Abb. 4.225 Paläogeographie des Nordsee-Beckens in der Zeit des Pliozäns und der Sedimenteintrag des Baltischen Flusssystems. (Aus Thöle et al. 2014, Fig. 1)

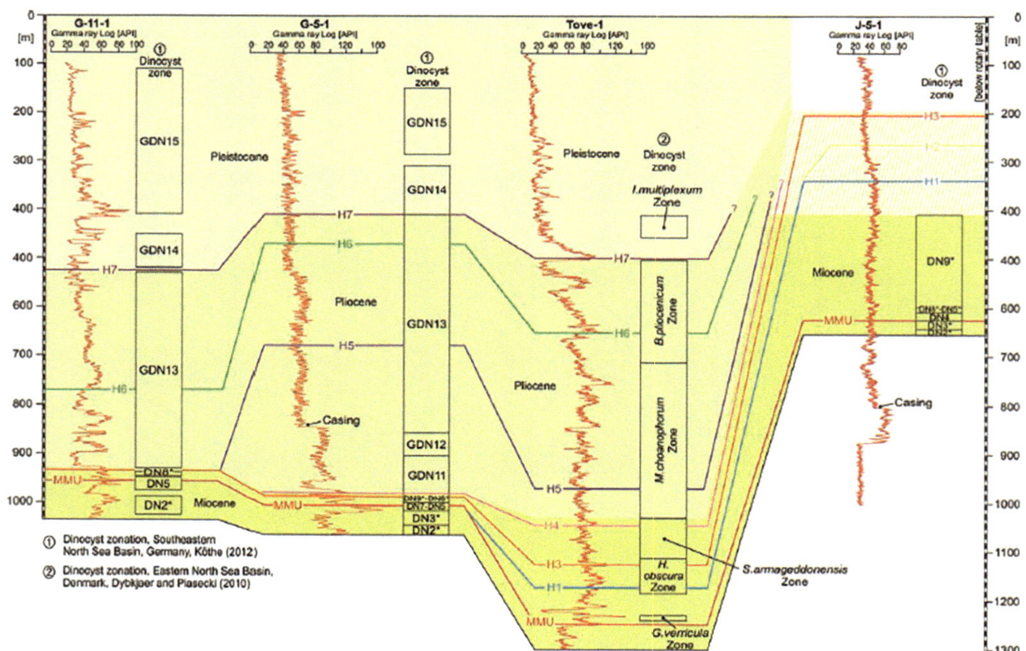

Abb. 4.226 Einige wichtige Bohrungen im Nordsee-Becken, die die Position der MMU *(Mid-Miocene Unconformity)* erläutern. (Aus Thöle et al. 2014, Fig. 7)

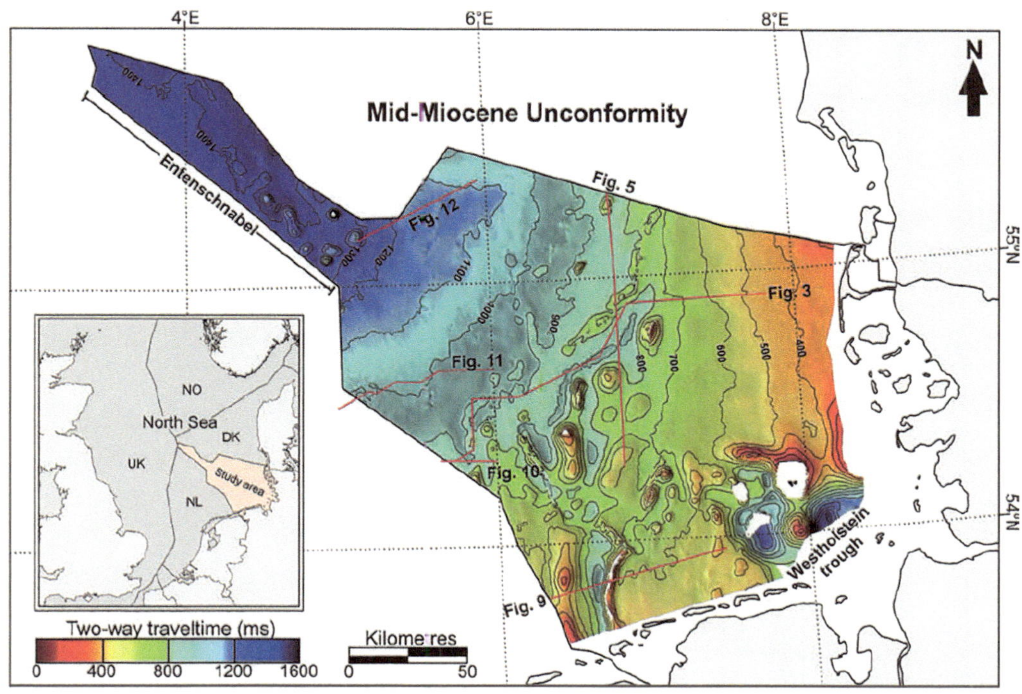

☑ **Abb. 4.227**　Seismische Konturkarte der *Mid-Miocene Unconformity* (MMU) im Nordsee-Becken, mit TWT-Konturlinien in je 100 ms Abstand. Die Fläche bildet die Basis für das Eridanos-Delta und symbolisiert den nach NW abtauchenden Nordseeboden. (Aus Thöle et al. 2014, Fig. 4)

(Palamenghi et al. 2011) und der Ozeanboden (Ricci Lucchi und Valmori 1980). Der Reliefunterschied zwischen Schelfkante und Ozeanboden beträgt etwa 3000–4000 m; Tiefseegräben sind tiefer als 6000 m und an tektonisch aktive Zonen gebunden. Das submarine Relief ist durch den Kontinentalhang und dessen Übergang zur Tiefseeebene vorgezeichnet (Seibold und Berger 1996). Aktive Kontinentalränder sind steil und münden am Kontinentalfuß in den Tiefseegraben, der durch die Subduktion der ozeanischen Platte unter den Kontinent gebildet wird (vgl. ☑ Abb. 4.187). Passive Kontinentalränder sind dagegen flach und formen einen weit auf den Ozeanboden hinausreichenden Kontinentalfuß (vgl. ☑ Abb. 4.188; Seibold 1974). Kontinentalhang und Kontinentalfuß sind hemipelagische Bereiche und durch den Schweretransport der Sedimente mit dem Schelfrand verbunden (Stow und Bowen 1980; Stanley und Moore

1983; Weaver et al. 2000). Der tiefmarine Raum dagegen wird nur noch selten von dort beliefert (Steinmann 1925; De Boer 1991; Tripsanas et al. 2004; Forster et al. 2008; Van Daele et al. 2017). Hier vielmehr trägt der ozeanische Wasserkörper vermehrt mit dem Absatz von biogenen Resten zur Sedimentbildung bei (Lisitzin 1974; Honjo et al. 1982; Immenhauser et al. 2005).

Ozeanische Sedimentation wird vor allem durch die **Zirkulation des ozeanischen Wasserkörpers** gesteuert. Die dazu beitragenden Prozesse sind Gezeitenkräfte und Winddruck. Die Dichte des Meerwassers wird durch seine Temperatur und seine Saliniät sowie deren Unterschiede kontrolliert. Die daraus resultierende Zirkulation des ozeanischen Wasserkörpers wird als thermohaline Zirkulation *(thermohaline circulation)* bezeichnet. Diese ist die global wirksame Strömung des ozeanischen Wasserkörpers und wird durch das Absinken des nordpolaren Kaltwassers des nördlichen

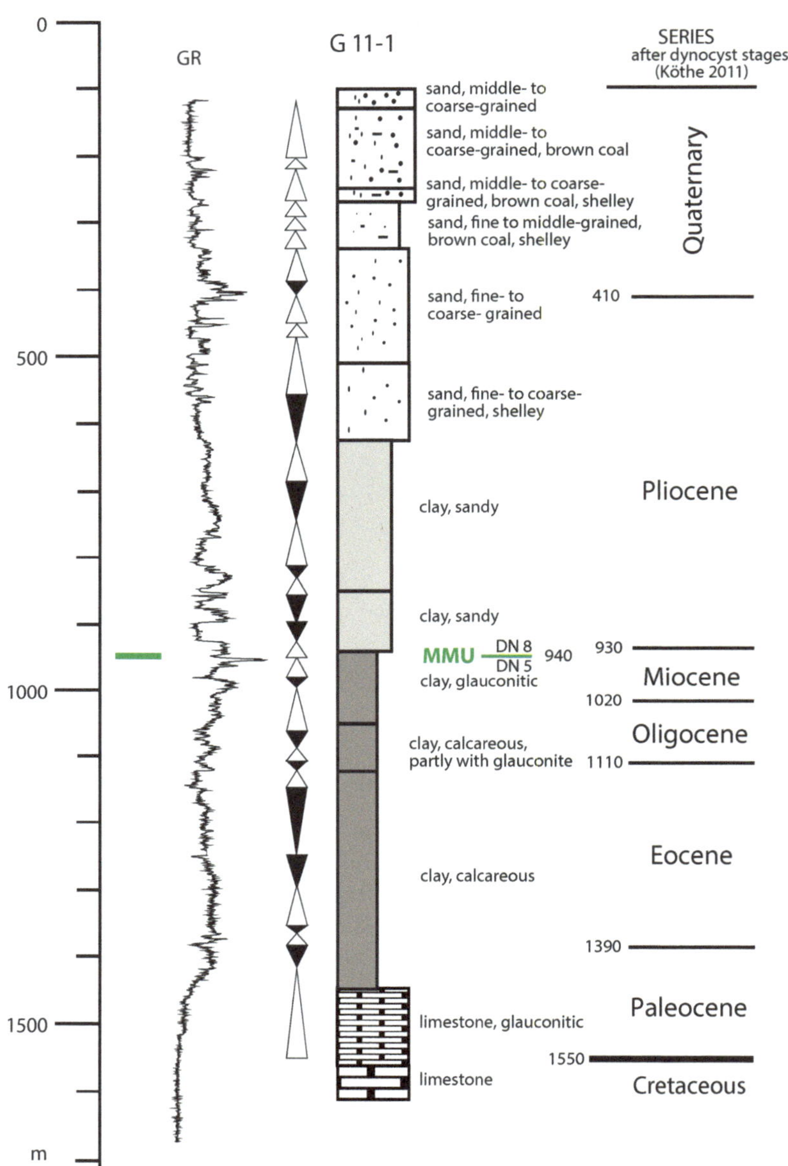

Abb. 4.228   Litholog und Gammalog der Bohrung G 11–1 (eigener Entwurf mithilfe von Daten aus Köthe 2007; Köthe et al. 2008)

Atlantiks auf den Ozeanboden initiiert. Das kalte Wasser der Labradorstraße sinkt in den Atlantik hinein ab und fließt als tiefe Konturströmung *(contour current)* (s. ▶ Abschn. 4.4.2) entlang der Ostküste beider Amerika nach Süden und in der Tiefe auf gewundenen Pfaden auf langem Weg in den Indik, von dort in den nördlichen Pazifik. Auf seinem Weg wird es allmählich erwärmt, steigt auf und kehrt als warme Oberflächenströmung zum nördlichen Atlantik zurück, um dort wieder abzukühlen und erneut abzusinken (Broecker 1991; **Abb. 4.233**). Viele Seitenpfade erweitern dieses vereinfacht wiedergegebene

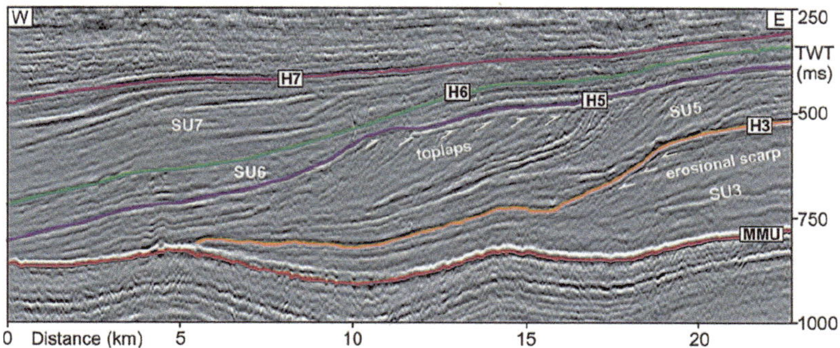

Abb. 4.229   Seismischer Schnitt O–W entlang des Eridanos-Deltas (Thöle et al. 2014, Fig. 10). Dieses enthält die im Text genannten Diskordanzen

generelle Modell (Maier-Reimer 1993). Vielleicht trägt das veränderliche Weltklima eines Tages zur Modifikation des Wanderweges bei, denn dieser ist überaus empfindlich (Broecker et al. 1999). Der heute durch aufwendige Messungen so zu beobachtende aktuelle Wanderweg der globalen ozeanischen Zirkulation wird bildhaft als *global thermohaline conveyor belt*, auch als „*ozeanische Schlange*", bezeichnet (u. a. Ballarotta et al. 2014) und unter ▶ http://www.ocean-sci.net/10/907/2014/ ins Internet gestellt. Dort sind für die Öffentlichkeit vereinfacht gehaltene illustrierte Darstellungen zu finden. Die Strömungen im Atlantik werden von Sarnthein et al. (2001) ausführlich diskutiert und zur Beurteilung des tatsächlichen Wasserumsatzes getrennter Wasserstockwerke mit Mengenangaben versehen (■ Abb. 4.234). Der warme Golfstrom (*North Atlanic Drift*, NAD) bildet das oberflächennahe Ende der „ozeanischen Schlange" und zeichnet für das moderate atlantische Klima Europas (Harry et al. 2005).

die Trübstofffracht gefangen und beckenwärts verfrachtet. Sie bildet flächenhaft sich ausbreitende Trübewolken *(nepheloid layers)*. Deren Transport in den ozeanischen Freiwasserraum könnte nach der Vorstellung von McCave (1972) in Form von Suspensionskaskaden *(suspension cascades)* in voneinander getrennten Horizonten stabiler Dichteunterschiede vonstatten gehen (■ Abb. 4.235). Ergebnis dieses Weiterleitens von Trübstoff auf Dichteunterschiede des Tiefseewasserkörpers ist der massive Absatz von strukturlosem Schlamm *(unifites)*, der sich weit außerhalb des reliefnahen Absatzgebietes findet (Stanley 1981; Tripsanas et al. 2004). Rimoldi et al. (1996) knüpften an diese Vorstellung der tragenden Dichteunterschiede Versuche zur Sedimentation in hypersalinen Becken wie dem Mittelmeer zur Zeit seiner Salinitätskrise im Messin (Obermiozän). Ein ähnliches Modell hatten ja auch Sturm und Matter (1978) für die Trübstoffsedimentation im Brienzer See entwickelt (vgl. ▶ Abschn. 3.5).

4.4.1 Massive Schlammabsätze

Auf dem Schelf nicht abgesetzte pelitische Sedimente driften, von Dichteströmungen getragen, als Suspensionswolken über die Schelfkante hinaus und sinken dort allmählich in den hemipelagischen Tiefseeraum hinab (vgl. ■ Abb. 4.185). Entlang unterschiedlich temperierter Sprungschichten wird

4.4.2 Contourite

Strömungen in der Tiefsee werden vom Relief des Kontinentalhangs quasi gefangen und an diesem entlang geleitet; sie sind Bodenströmungen, sog. Konturströmungen *(contour currents)* und bewegen sich mit 15–20 cm/s

4

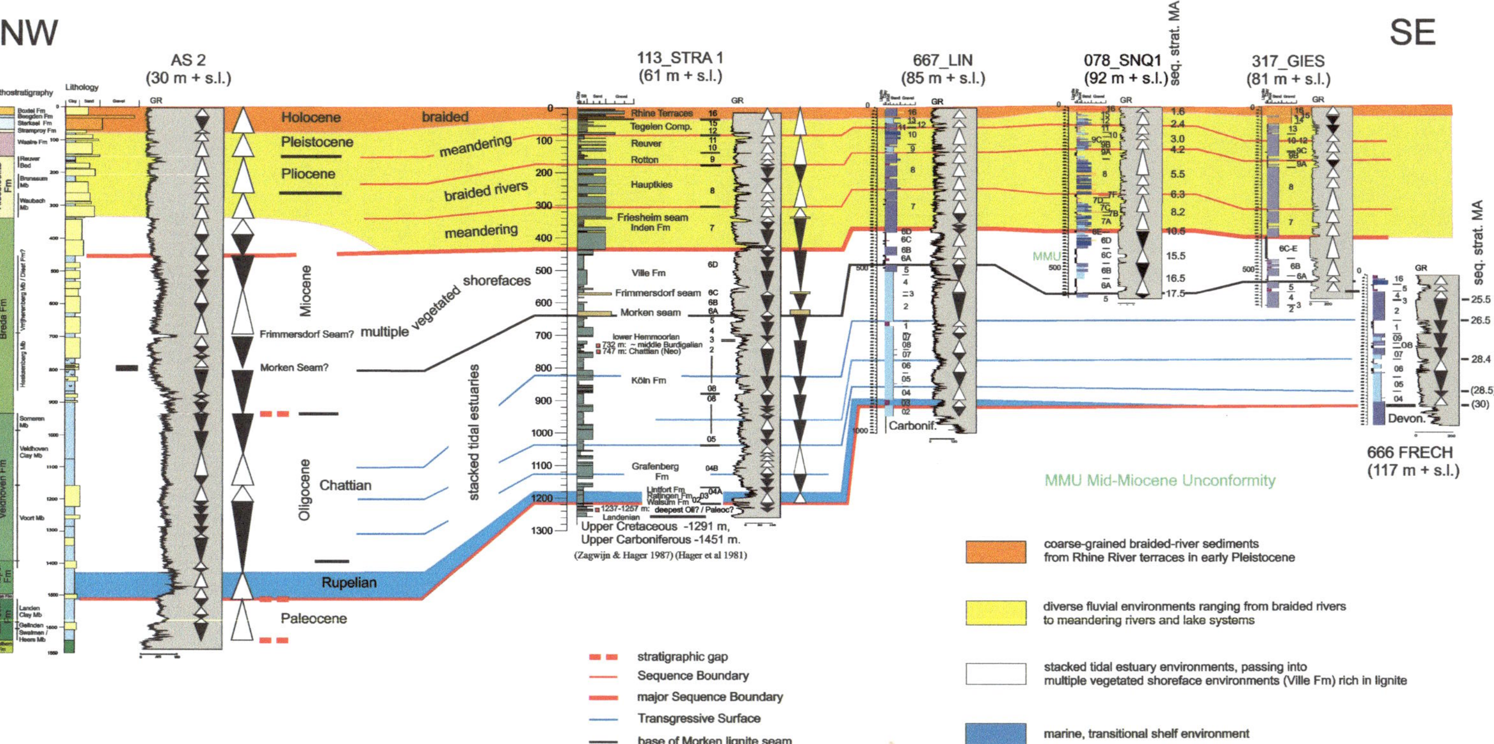

■ **Abb. 4.230** Dieser nicht maßstabsgerechte Profilschnitt verbindet die Bohrungen AS2, 113_STRA 1, 667_LIN, 078_SNQ 1, 317_GIES und 666_FRECH (Schäfer & Utescher 2014, fig.12). Er reicht von der Peel-Scholle im NW bis zur Köln-Scholle im SE des Niederrhein-Beckens. Der Bezug auf die Bohrung AS 2 (Asten 2) führt nach außerhalb des Blattschnitts, nach NW in den niederländischen Peel-Graben. Verwendung für die Korrelation der Bohrungen fanden deren Lithologs und Gamma-Logs; es wurden Base-Level-Zyklen interpretiert. Die sequenzstratigraphischen Zyklen-Alter in 078_SNQ 1 folgen Hardenbol et al. (1998). Der liegende weiße Teil des Profilschnitts ist marin, der hangende gelbe und schließlich braune ist kontinental. Die MMU, die Mid-Miocene Unconformity, ist eingepasst

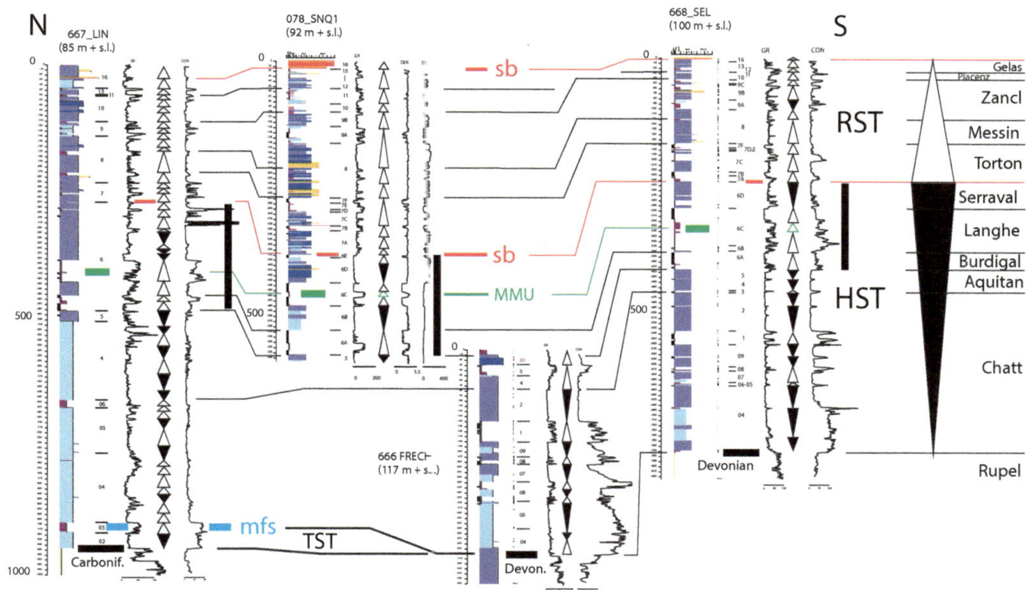

☐ **Abb. 4.231**   Vier Bohrungen aus dem Niederrhein-Becken mit der Position der Mid-Miocene Unconformity (MMU, grün) (Schäfer und Utescher 2014). Weitergehende Erläuterungen zur Verwendung von Base Levels in
► Abschn 5.3

Kontinentalschelf	Kont.-hang	Kontinentalfuß	Tiefsee-ebene
mittlere Breite 75 km	Breite 10 - 100 km	Breite 0 - 600 km	
mittleres Gefälle 1,7 m / km (0,1°)	Gefälle 70 m / km (4°)	Gefälle 1 - 10 m / km (0,05 - 0,6°)	Gefälle 1m / km (0,05°)

——————————————— Meeresspiegel ———————————————

130 m
(105 - 400 m)

Überhöhung 20-fach

2000 m (1500 - 3500 m)

(1500 - 5000 m)
4000 m

keine Überhöhung

☐ **Abb. 4.232**   Klassifikation des Kontinentalrandes, seiner Wassertiefen und seines Gefälles (zusammengestellt unter Verwendung von Seibold 1974, Abb. 2–6; Boggs 1995, Fig. 12.15)

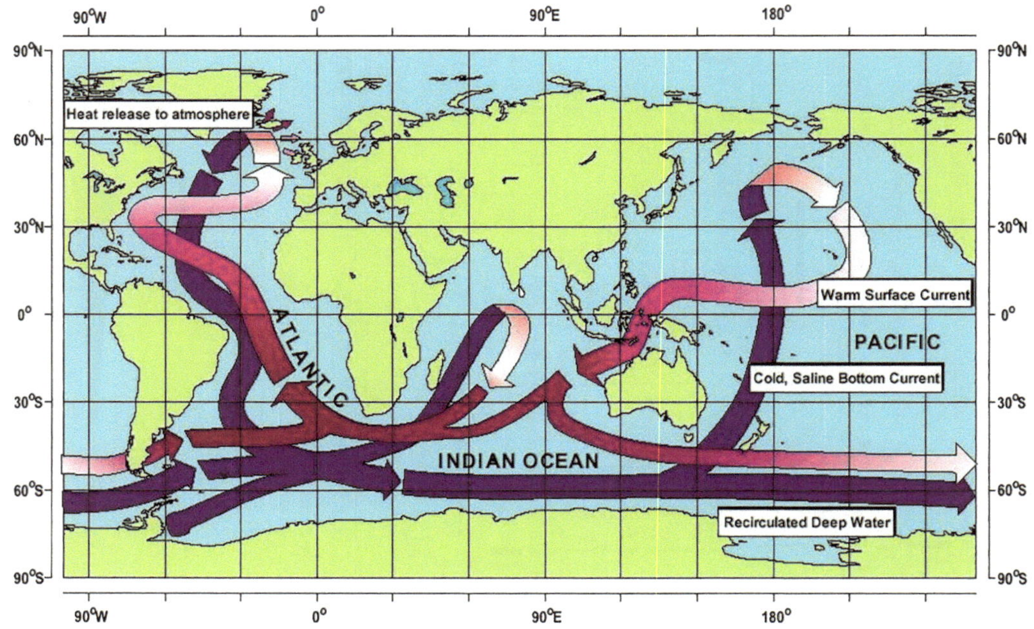

Abb. 4.233 Die „ozeanische Schlange" ist die thermohaline Zirkulation des Weltozeanwassers und von Dichteunterschieden durch Salinität und Temperatur gesteuerter weltweit wirksamer ozeanischer Motor. Sie verursacht Meeresströmungen und hat überaus große Bedeutung für unser Weltklima (unter Verwendung von Broecker 1991; Broecker et al. 1999; Maier-Reimer 1993)

und mehr. Im Atlantik entstehen sie – wie oben erläutert – durch das absinkende kalte Oberflächenwasser im nördlichen Atlantik und fließen als tiefozeanische kalte Wassermasse entlang des westatlantischen Schelfrandes zunächst in Richtung Äquator (**Abb. 4.236**). Da das Ozeanwasser temperaturgeschichtet ist, werden die Strömungen im Tiefenniveau des Kontinentalfußes gehalten (Weaver et al. 2000). Durch diese Bodenströmungen werden Grobsilte und Feinsande flächenhaft zu sog. Contouriten *(contourites)* angereichert, wie dies vor allem an der nordamerikanischen Atlantikküste beobachtet wird (Heezen und Hollister 1964; Heezen et al. 1966; Bouma und Hollister 1973; Stow und Faugeres 1998). Über Contourite im Golf von Cadiz, die von der Straße von Gibraltar nordwestwärts entlang des iberischen Kontinentalhangs ziehen, berichten Hernandéz-Molina et al. (2003), Marchès et al. (2010) und jetzt Brackenridge et al. (2018). Contourite bilden auf dem tieferen Kontinentalhang geringmächtige, meist normal gradierte, auch invers gradierte Horizonte von einigen Millimetern bis wenigen Zentimetern Mächtigkeit, haben einen signifikant scharfen Hangendkontakt, sind in die hemipelagischen Schlämme eingelagert, weisen recht gute Sortierung auf, sind rippelgeschichtet und auch laminiert (Reineck und Singh 1980, Fig. 658), führen jedoch keine der für distale Turbidite üblichen vertikalen Gefügeabfolgen. Sie können in vielfacher Wiederholung als wenige Zentimeter mächtige Lagen mit hemipelagischen Schlämmen wechsellagern (Bouma 1972). Contourite kommen jedoch nicht nur als singuläre dünne Lagen vor. Ito (1996, 1997) beschreibt von Land aus zugängliche plio-pleistozäne Contourite an der Ostküste Japans (**Abb. 4.237**). Sie sitzen mit mehrfacher Wiederholung turbiditisch geschütteten Tiefseefächern auf, erodieren deren Sande von der Oberfläche her, lagern sie teilweise um und bilden Laminite, kleinskalige Strömungsrippeln und Flasern – und haben vor allem ein scharf gezeichnetes

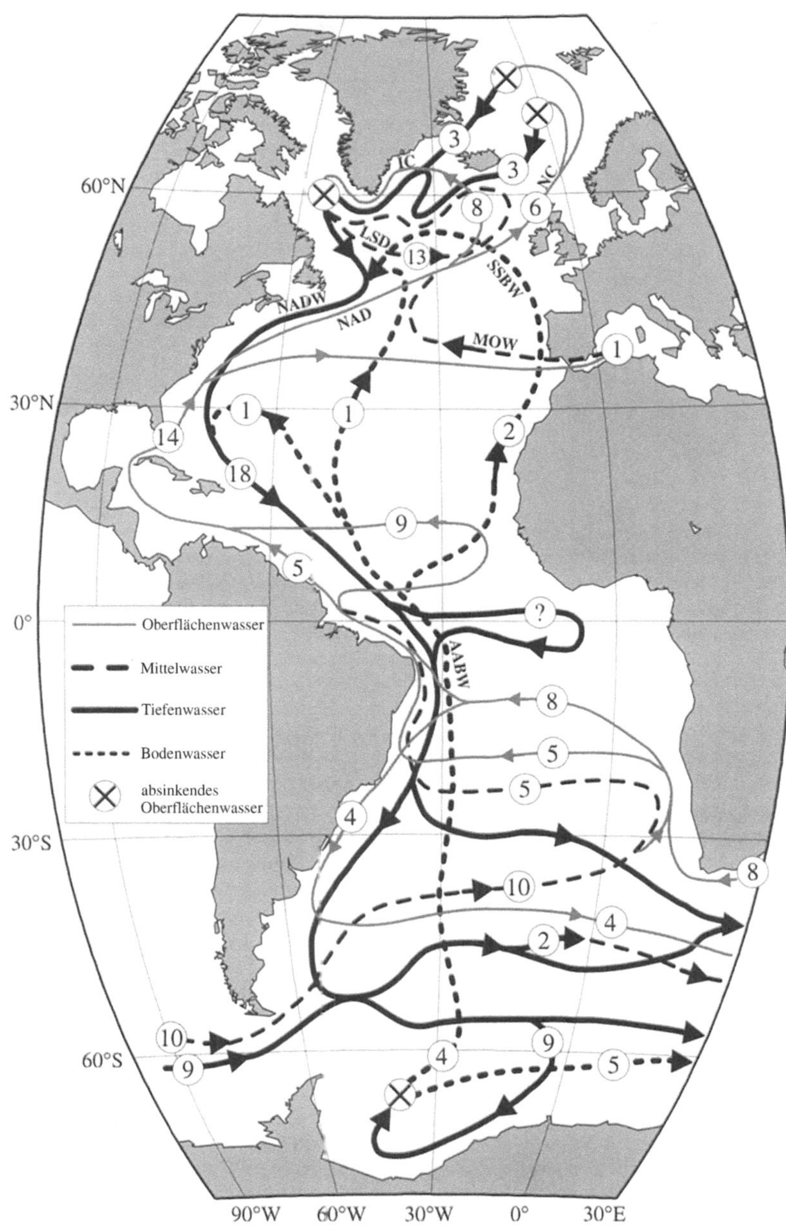

Abb. 4.234 Die Details der thermohalinen Zirkulation im Atlantik, getrennt in vier Wasserstockwerke. Die Zahlen bedeuten Mengenangaben des Wassertransports in Millionen m³/s (AABW: Antarctic Bottom Water, IC: Irminger Current, LSD: Labrador Sea Water, MOW: Mediterranean Outflow Water, NAD: North Atlantic Drift, NADW: North Atlantic Deep Water, NC: Norwegian Current, SSBW: Southern Source Bottom Water). Die Kreuze markieren Positionen von in die Tiefe absinkendem Wasser (Sarnthein et al. 2001, Fig. 1)

Oberflächenrelief (■ Abb. 4.238 und 4.239). Dieses wird schließlich wieder von hemipelagischem Schlamm überdeckt. Über Contourite, einfache Wechsellagen aus Silt und Ton ohne eine erkennbare systematische Variation und zusammengesetzt aus organischen Resten mit etwas terrigenem Material, berichten Chough und Hesse (1985). Sie werden am Eirik Ridge, südlich von Grönland in einer Wassertiefe von 2000–3500 m

4

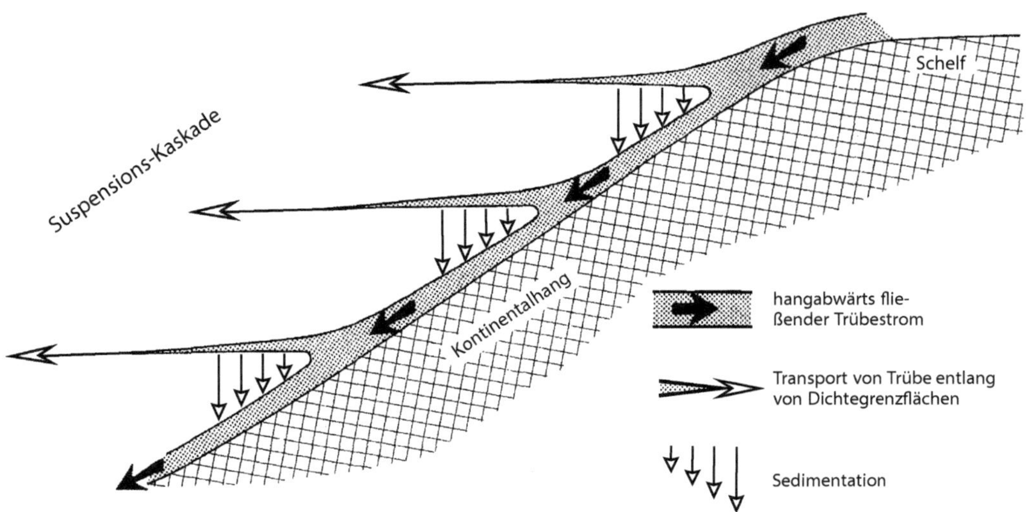

◘ Abb. 4.235 Modell für die Entstehung von Suspensions-Kaskaden *(suspension cascades)*. An Dichtegrenz-flächen am Rand des Kontinentalschelfes werden feinkörnige Suspensionsschleier *(nepheloid layers)* seewärts getragen (McCave 1972; umgezeichnet aus Reineck und Singh 1980, Fig. 654)

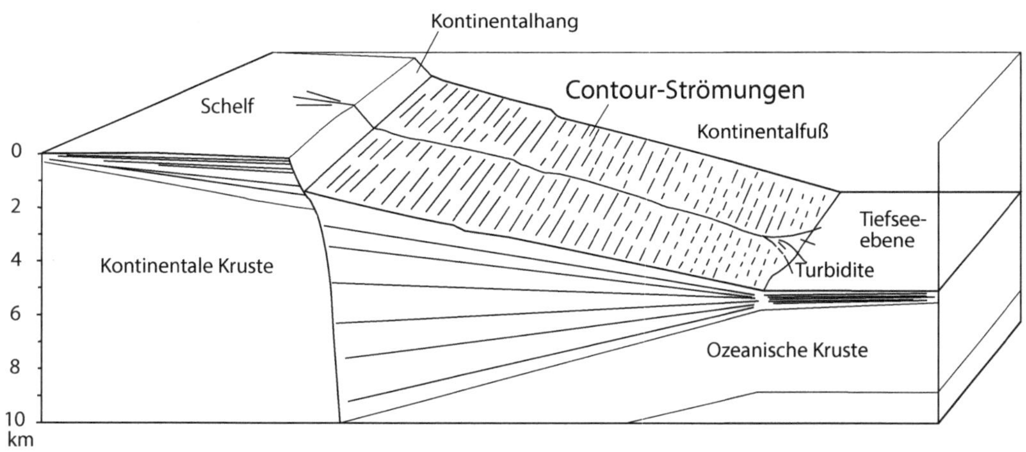

◘ Abb. 4.236 Modell für die Bildung von Konturströmungen am Kontinentalfuß, das für den westatlantischen Kontinentalfuß Nordamerikas entwickelt wurde (Heezen et al. 1966; umgezeichnet aus Reineck und Singh 1980, Fig. 656); die kalte Labradorströmung zieht in der Tiefe des Atlantik südwärts, auf den Betrachter zu (gestrichelte Linien)

gebildet; hier fließt Tiefenwasser aus der Dänemarkstraße in südwestlicher Richtung zur Labradorsee. Auch fossil sind sie charakteristisch und lassen sich als außergewöhnliche Ablagerungen im ozeanischen Tiefwasser gut erkennen (Surlyk und Lykke-Andersen 2007; Neumaier et al. 2016; Capella et al. 2017).

4.4.3 Turbidite

Beständige und schnelle Anlieferung distaler Bildungen aus fernen Deltas (Kolla und Perlmutter 1993) führen zur Anreicherung wenig konsolidierter Sedimente entlang der Schelfkante (*shelf break*; Stanley und Moore 1983). Die schnell abgesetzten, instabil

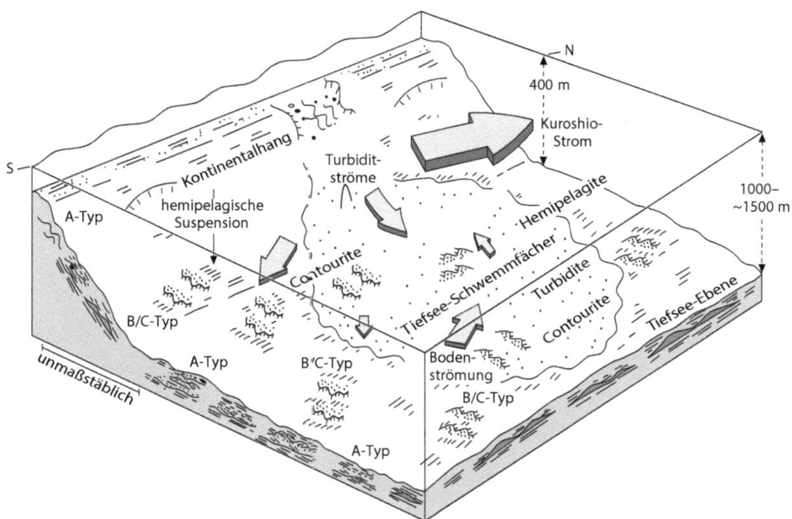

Abb. 4.237 Blockmodell zur Erläuterung der Genese von plio-pleistozänen Contouriten im Kuroshiostrom an der Ostküste von Japan (Nach Ito 1997, Fig. 14)

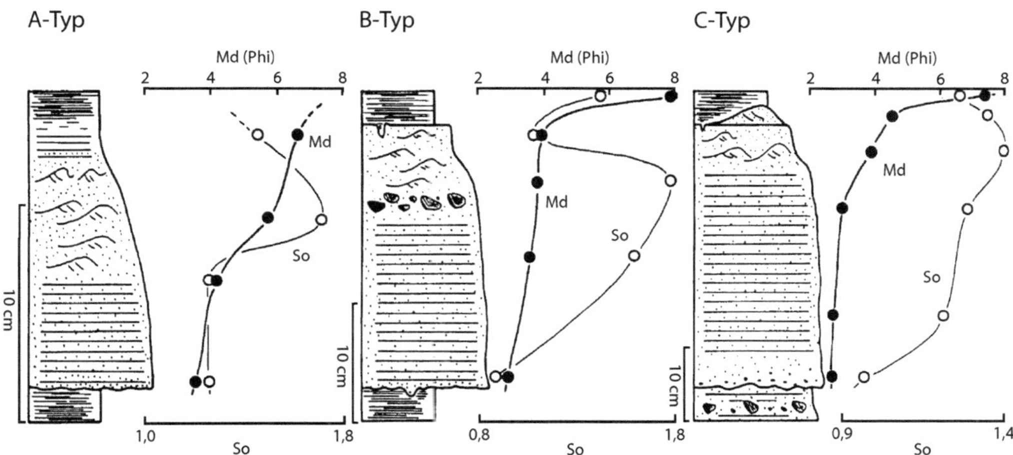

Abb. 4.238 Contouritsequenzen mit Sedimentstrukturen und Korngrößenentwicklung (Md = Median in Phi-Einheiten, So = *inclusive graphic standard deviation*) plio-pleistozäner Contourite an der Ostküste von Japan; die drei dargestellten Sedimenttypen sind in **Abb.** 4.237 lokalisiert (Nach Ito 1997, Fig. 5)

konsolidierten Ablagerungen können durch heftige Bewegungen des Festlandsockels, also durch Tektonik, Erdbeben und Vulkanismus, zu Turbiditen veranlasst werden. Auch Hurrikane und ihre tiefreichenden Turbulenzen können Turbidite aktivieren (Dengler und Wilde 1983). Nicht konsolidierte Absätze lassen sich durch sedimentäre Überlast in einem Grundbruch remobilisieren (Eyles und Clark 1985). Weltje und De Boer (1993) beschreiben Turbiditbildungen, die durch hochfrequente Meeresspiegelschwankungen ausgelöst wurden. Kompaktion, Entweichen von Porenwasser und Zusammenbruch instabiler Porenraumgefüge sind die Folge überreichlicher fluvialer Lieferungen (Prior und Coleman 1982).

Die durch äußere Einwirkung instabil gewordenen Sedimente gleiten, der Schwerkraft

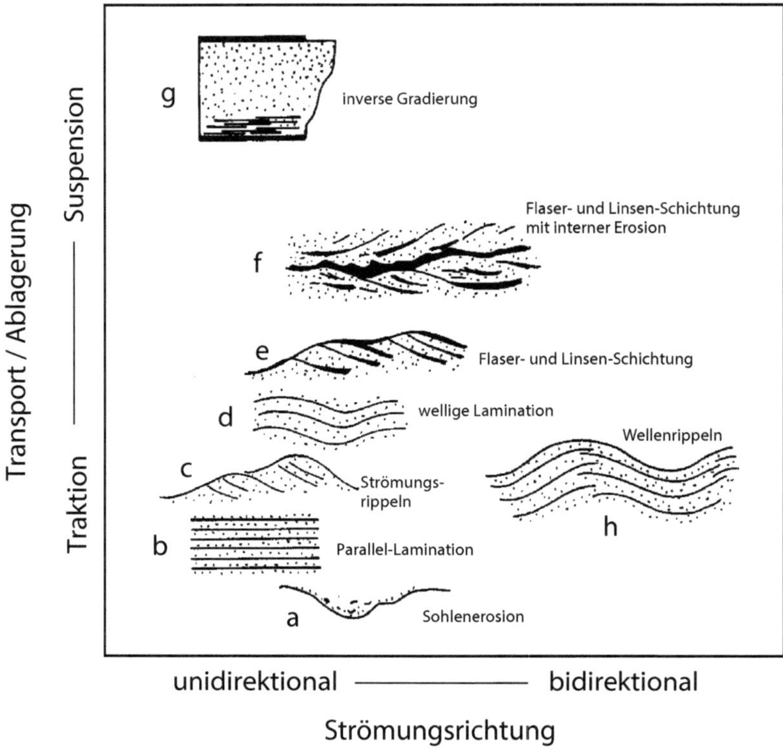

◘ Abb. 4.239   Sedimentgefüge plio-pleistozäner Contourite an der Ostküste von Japan; die Zeichnung ist nicht maßstäblich und erläutert die in ◘ Abb. 4.238 dargestellten Sedimentsequenzen (Nach Ito 1996, Fig. 7)

folgend, von der Schelfkante den Kontinentalhang abwärts. Wiederholte Gleitvorgänge schaffen regelrechte Wanderwege, tief in die Schelfkante eingeschnittene Schluchten und Rinnen, denen die in Bewegung geratenen Sedimente in die Tiefsee folgen (Reimnitz 1971; Ditty et al. 1977; Piper und Normark 1983; Porebski et al. 1991). Sie werden durch den Zusammenbruch instabiler wasserreicher Gefüge und durch Schwerkrafttransport zu Rutschmassen, Schlammströmen und dichten turbiditischen Suspensionen aufbereitet. Vor allem bei diesen kommt es zu einer gründlichen Durchmischung, zur Bildung einer dichteren bodennahen Lage und einer darüber gleitenden sehr turbulenten Suspensionswolke (Leeder 1999: S. 215–225; Kneller und Buckee 2000; Gladstone und Sparks 2002; Gladstone et al. 2017; ◘ Abb. 4.240). Das allgemein flache Relief des Kontinentalhangs (vgl. ◘ Abb. 4.232)

genügt, die in Bewegung geratenen, unterschiedlich dichten turbulenten Massen unter weiterer Durchmischung in die Tiefsee hinabzuführen. Die Suspensionen können hohe Transportgeschwindigkeiten annehmen. Leeder (1999, S. 476) macht eine Geschwindigkeit von sehr viel mehr als 1 m/s solcher hangabwärts gerichteter Strömungen wahrscheinlich, auch, dass sie durchaus mehrere Stunden, manchmal Tage lang andauern. So wurden aufgrund des Erdbebens an den Grand Banks von Neufundland im Jahre 1929 Turbidite (bestehend aus hochdichten verflüssigten Sanden und Kiesen) ausgelöst, die durch aufeinanderfolgendes Reißen von Telefonkabeln Anlass gaben, die Geschwindigkeit bis etwa 20 m/s und die Mächtigkeit des Sedimentstroms auf mehrere hundert Metern zu schätzen. Die Länge des in der Sohm Abyssal Plain zur Ruhe gekommenen Turbidits betrug etwa 1000 km und hatte ein

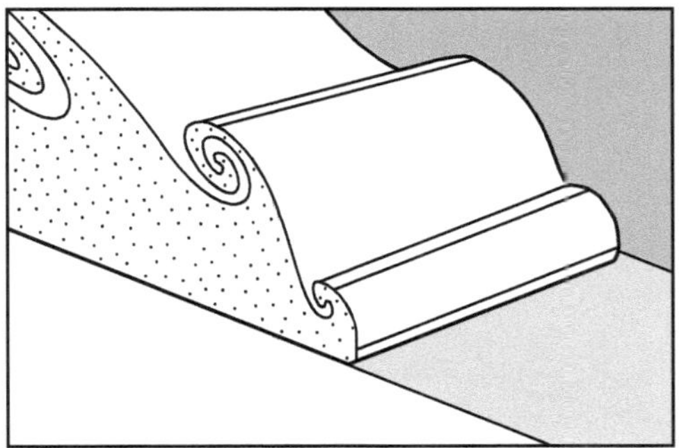 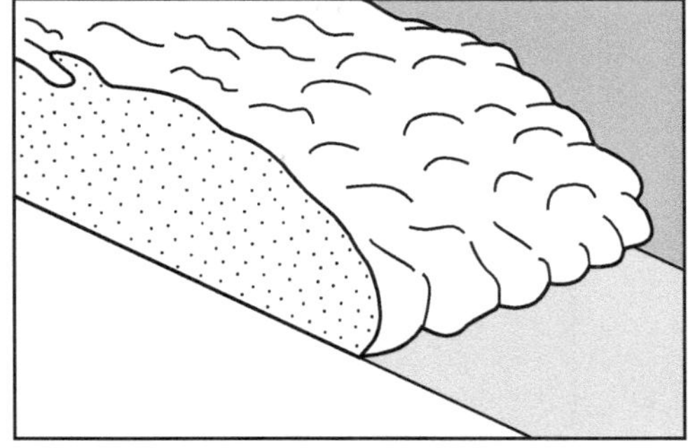

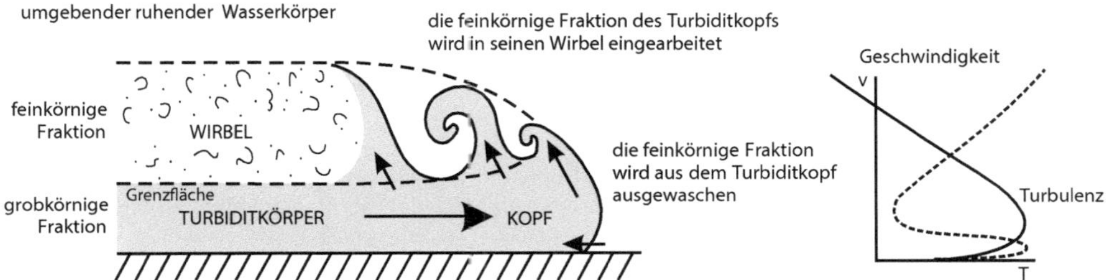

■ Abb. 4.240 Die Suspensionswolke schneller Turbidite vermischt sich ständig, zeigt jedoch eine Organisation nach den Gesetzen hochdichter Suspensioner. Es bildet sich eine dichtere und dadurch schnellere Bodenlage sowie eine darüber schwebende, etwas langsamere, weniger dichte turbiditische Suspensionswolke (oben: Leeder 1999, Fig. 11.16; unten: nach Gladstone und Sparks 2002, Fig. 10)

Volumen von mindestens 175 km³ (Walker 1992, S. 239). Über ein vergleichbares Beispiel eines Turbidits, der sich 2012 am Deltahang des Fraser River Delta vor Vancouver Island quasi messbar ereignete, berichteten Lintern et al. (2016).

Die Transportkraft von Turbiditen vermag praktisch jede Sedimentkorngröße in Suspension zu erheben. Je nach Bereitstellung können dies Silte, Sande, Kiese und auch Geröll sein. Da die Turbidite in fossilen Ablagerungsräumen mächtige Sandsteinfolgen bilden, müssen die dafür notwendigen Sedimentfrachten durch Flüsse und Deltas auf dem Kontinent zuvor reichlich angeliefert worden sein (Johnson et al. 2001; Fricke et al. 2017).

Der Transport der Suspensionswolken den Kontinentalhang hinab erfolgt vorzugsweise entlang von Rinnensystemen, die bereits vielfach als Transportwege gedient haben. Submarine Canyons mit z. T. erheblichem Relief leiten die Trübeströme relativ eng begrenzt den Kontinentalhang hinunter. Diese Transportwege stellen quasi die distale Fortsetzung der kontinentalen Flussläufe dar, auch wenn der Transportmodus sich mehrfach grundlegend ändert. Ein solches Beispiel liefert die weit seewärts bis in über 4000 m Meerestiefe zu verfolgende Tiefenrinne des Amazonas (Cramp et al. 1995; Leeder 1999). Auf der Ostseite des Atlantik erlaubt der Sahara Debris Flow und seine unterschiedliche Dichte die Trennung des zunächst gemeinsamen Transportwegs in bodennahe Schlammströme und suspendierte Turbidite durch den Rückstau an Hindernissen auf dem Ozeanboden (Gee et al. 2001; ■ Abb. 4.241). Weaver et al. (2000) geben mit ihrer Karte des NO-Atlantiks einen großräumigen Überblick über die beobachteten Massenverlagerungen vom Kontinentalrand in die Tiefsee und unterscheiden ebenfalls Transporte von Schuttströmen und Turbiditen. Im betrachteten Gebiet entlang des ostatlantischen Kontinentalabhangs findet

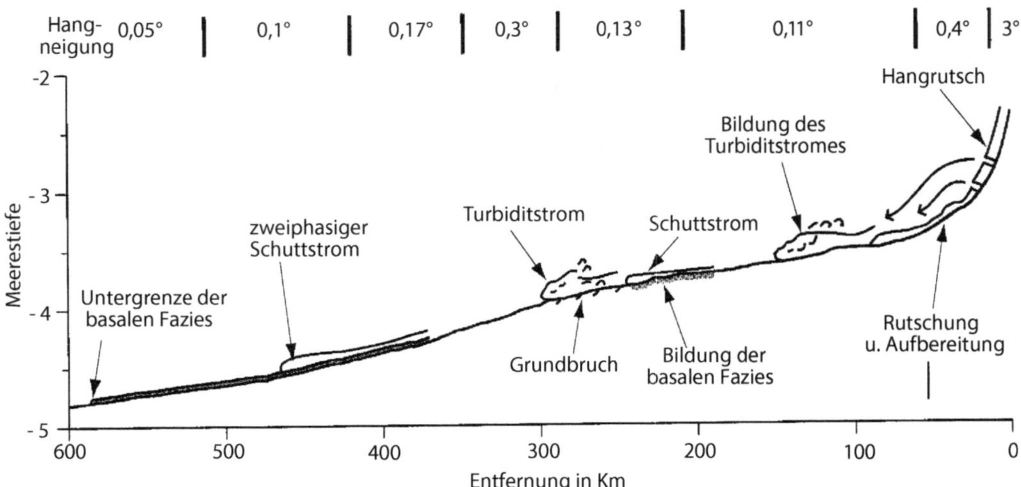

☐ **Abb. 4.241**   Unmittelbar südlich der Insel El Hierro (südwestliche Kanarische Inseln) in einer Wassertiefe von 3000 bis fast 5000 m wurde mithilfe eines 30-kHz-Sidescan-Sonar der Lauf eines gemischten Schutt- und Turbiditstromes nachverfolgt: dessen Entstehung und schließlich Trennung nach einem gemeinsamen Weg vom afrikanischen Kontinentalhang etwa 600 km weit in den Atlantik hinaus (nach Gee et al. 2001, Fig. 14)

durch erhöhte *upwelling*-Raten eine erhebliche Sedimentakkumulation statt, wodurch Schuttströme zur Massenverlagerung führen. Sedimenteintrag durch Flüsse, der Turbidite auslösen könnte, ist hier nur unterordnet. Zu einer beträchtlichen Sedimentakkumulation führen jedoch kanalisierte bodennahe Dichteströmungen aus der Straße von Gibraltar (vgl. MOW in ☐ Abb. 4.234) in den Golf von Cadiz (Habgood et al. 2003) mit Geschwindigkeiten von weniger als 0,5 bis mehr als 1 m/s. Durch diese bilden sich turbiditische Sand- und Schlammfächer auf dem Tiefschelf. Die mäandrierenden Rinnen ließen sich über etwa 40 km Länge bis in 700 m Meerestiefe hinunter verfolgen. Die Transportkraft der Strömungen endete mit Erreichen des Kontinentalhangs, um noch auf dem Tiefschelf 8,5 m mächtige und 7 km lange Sedimentloben aus Sand und Schlamm zu bilden. An der Schelfkante jedoch hebt die Dichteströmung aus der Straße von Gibraltar durch sog. *flow separation* in den Freiwasserraum des Atlantiks ab, um sich als Contouritsystem (Hernandéz-Molina et al. 2003) weiterhin an geostrophischen Strömungen zu beteiligen. Turbiditsysteme des Tiefwasserraumes werden von jenen submersen mäandrierenden Rinnen auf dem Tiefschelf offenbar nicht gespeist. Zu einer Weiterführung der Sedimentfracht in den Tiefwasserraum des Atlantiks im Sinne von Sinclair und Tomasso (2002) durch *flow stripping* (Überwindung des Reliefs an der Tiefschelfkante) und nachfolgendem *flow bypass by incision* (Einschneiden der Rinne in den Kontinentalhang, die das gelieferte Sediment weiterführt) kommt es jedoch nicht.

Generell erfordern es große Volumina permanenter fluvialer Anlieferung (Meybeck 1980; Fricke et al. 2017), um durch Entwässerung und/oder Erdbebenschocks an der Schelfkante ins Rutschen geratener Sedimentmassen in der Tiefsee entlang des Kontinentalfußes wesentlich zur Sedimentbildung beitragen zu können (Mulder und Etienne 2010). Es werden submarine Schwemmfächer mit eindeutigen Proximal-/Distal-Beziehungen und einer generell weitflächigen Ausdehnung geschaffen (☐ Abb. 4.242). Die Mächtigkeit submariner Schwemmfächer kann proximal Meterbeträge haben (☐ Abb. 4.243), distal laufen sie in dm- und cm-dünnen Lagen aus (Talling 2001). Proximale turbiditische

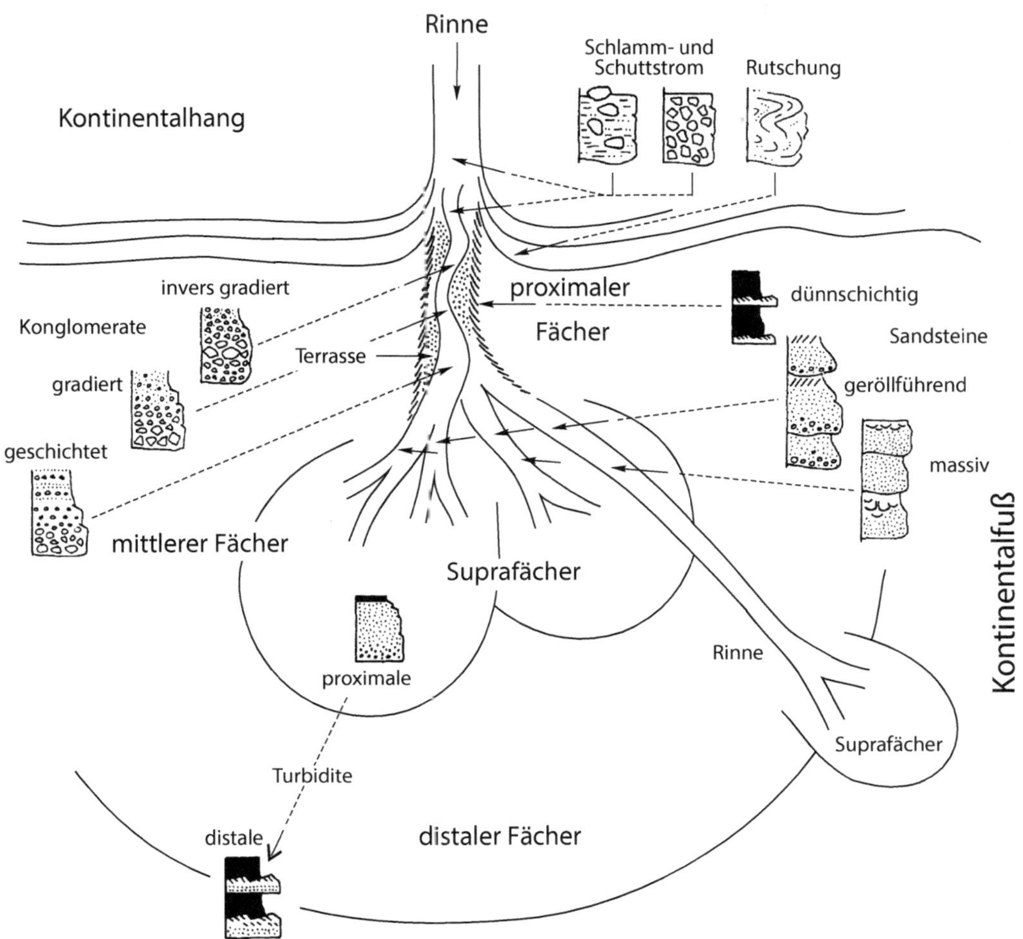

▣ Abb. 4.242   Das submarine Schwemmfächermodell vereint proximale und distale Bildungen unterschiedlicher Korngröße, Mächtigkeit und Gefüge, und gibt Übersicht über proximale Schuttströme und distale turbiditische Suspensionen. Die in Bezug auf eine Rinne am Kontinentalhang radiale Form des submarinen Schwemmfächers gibt Anlass, über einen längeren Zeitraum wiederholte und ortsbeständige Anlieferung von Sediment anzunehmen (Walker 1980, Fig. 13, verändert)

Sedimente können Gerölle führen (▣ Abb. 4.244). Auch Sande variieren hinsichtlich Korngröße und Sortierung erheblich (▣ Abb. 4.245).

Der gravitative Sedimenttransport den Kontinentalhang hinunter kann in Abhängigkeit vom Suspensionsgrad der Sedimente erfolgen. In der Reihenfolge 1 bis 4 der nachfolgenden Aufstellung von Middleton und Hampton (1973, 1976) nimmt die Dichte der Sedimentsuspension zu (▣ Abb. 4.246):

1. **Turbiditstrom** *(turbidite current)* – vor allem sandiges Sediment wird durch die Turbulenz des Wassers getragen. Es bildet sich Fluid-Turbulenz *(fluid turbulence)* klassischer Turbidite, die einen seit Bouma (1962) wohlbekannten Gefügeaufbau zeigen (s. u.).

2. **Fluidstrom**, verflüssigter Sedimentstrom *(liquefied sediment flow, fluidized flow)* – während des Absetzens der suspendierten Fracht durchströmt das Wasser

4

◘ Abb. 4.243   Schlierenflysch (Oberkreide bis Unter-eozän) im Stbr. Guber (S des Alpnacher Sees, Schweiz), dm-mächtige und m-mächtige im Tiefwasser gebildete Turbidite zeigen wechselnde, jedoch meist proximale Fazies (frdl. Hilfe Albert Matter)

◘ Abb. 4.244   Geröllreiche turbiditische Serien der Flühli-Nagelfluh (Spierberg-Serie, Obereozän) als Rinnenfazies landnaher submariner Rinnen mit gerundeten Geröllen (frdl. Hilfe Albert Matter)

den Sedimentstrom aus vorzugsweise Sanden und vermindert deren Absetz-geschwindigkeit. Die Verflüssigung (*liquefaction*) zum Transport erlaubt den Absatz massiger Sandsteine mit Entwässerungsstrukturen (Schüssel-strukturen, *dish structures*).

3. **Körnerstrom** (*grain flow*) – Sande und Gerölle halten sich durch gegenseitige Kollision in Suspension. Aufgrund der Kollision der Körner bilden sich sog. Fluxoturbidite (*fluxoturbidites*), und das Resultat sind geröllführende Sandsteine und Konglomerate (*pebbly sandstones and conglomerates*).

4. **Schuttstrom** (*debris flow*) bzw. **Schlamm-strom** (*mud flow*) – Komponenten aus

Sand und Geröll werden von unter-schiedlich dichter Tonmatrix getragen; sie sind abhängig von ihrer Dichte (*matrix strength*). In Abhängigkeit von der Komponentengröße bildet sich ein mehr oder weniger durch Tonmatrix gestützter Schutt (*pebbly mudstone*). Diese Trans-portvariante findet sich als sehr typische Bildung auch in kontinentalen Schwemm-fächern arider Klimate sowie in Muren humider Breiten (vgl. ▶ Abschn. 3.1).

Proximale hochdichte Turbidite sowie Schutt-/ Schlammströme werden durch Schwere-gleitung (*inertia flow*) erklärt und als Flu-xoturbidite (*fluxoturbidites*) bezeichnet (Carter 1975; Ferentinos et al. 1988). Die

◪ Abb. 4.245   Detail einer dm-mächtigen Grobsand führenden, mit ihrer Unterlage amalgamierten Turbiditlage. Schlierenflysch (Oberkreide bis Untereozän) im Stbr. Guber (S des Alpnacher Sees, Schweiz; frdl. Hilfe Albert Matter)

mathematischen Grundlagen für subaquatische Dichteströmungen und ihre Ablagerungen stellten Mulder und Alexander (2001) zusammen. Postma et al. (1988) lieferten aus Versuchen in Strömungsrinnen für den Transport grobkörniger flyschoider Bildungen eine ausführliche hydrodynamische Analyse (◪ Abb. 4.247). Im Schlamm suspendierte Klastika heterogener Korngrößenverteilung werden in drei Stockwerken transportiert. An der Basis des Dichtestroms befindet sich quasi ein Teppich *(traction carpet)* mit überkritischer Fließgeschwindigkeit *(laminar inertia-flow)*. Darüber gleitet eine hochdichte Lage aus durch Pelit suspendierter übergroßer Gerölle *(outsized clasts)* mit deutlich höherer Geschwindigkeit. Zuoberst gleitet die Hauptmasse

der eigentlichen Suspension als *low-density suspension*; ihre Geschwindigkeit ist zunächst noch überkritisch schnell und turbulent *(tubulent flow)*, nimmt jedoch nach oben durch die Verwirbelung gebremst rasch ab (◪ Abb. 4.248). In einer Bildfolge detailreicher Zeichnungen von Gefügesequenzen werden die hydrodynamisch wirksamen Transportbedingungen interpretiert (◪ Abb. 4.249). In allen Beispielen sind die übergroßen Komponenten auffällig, die in der Matrix aus Sand und Schlamm suspendiert quasi schweben.

Turbiditische Sedimenttransporte werden allein durch Schwerkraft verursacht. Sedimente der tieferen Deltastirn und des Deltafußes erfuhren bereits einen Suspensionstransport, der vom Reliefunterschied zwischen der Alluvialebene und dem Schelf gesteuert wurde. Der Reliefunterschied zwischen Schelfkante und hemipelagischem Raum am unteren Kontinentalfuß ist vergleichsweise sehr viel größer. Daher können alle Sedimentfrachten in die Tiefsee zu unterschiedlich dichten Suspensionen aufbereitet werden. Einmal ins Rutschen geraten, können sie bei hinreichender Verfügbarkeit von Sedimentfracht ein breites Korngrößenspektrum transportieren (Rupke und Stanley 1974; Rupke 1976; Mutti 1977; O'Brien et al. 1980; Einsele und Kelts 1982; Loew 1982; Howell und Normark 1982; Walker 1984a, b, 1992; Mastalerz 1995; Murray et al. 1996; Shanmugam 1996; Carlson und Grotzinger 2001).

Am Kontinentalfuß läuft die unterschiedlich dichte Suspension aus und setzt entlang ihres Weges die mitgebrachten Sedimente radial ähnlich wie in einem kontinentalen Schwemmfächer auf einem Tiefseefächer ab. Die Sedimente bilden eine Gradierung von grob nach fein sowie eine spezifische Aufeinanderfolge von Sedimentgefügen aus (Bouma 1962; Bouma et al. 1985; Bouma und Stone 2000). Es werden Zyklen aus sog. Bouma-Intervallen mit fünf signifikanten Lagen geformt (◪ Abb. 4.250):
A) Sie beginnen mit einem massiven, deutlich von grob nach fein gradierten Intervall, das an der Sohle richtungslose

Turbiditstrom

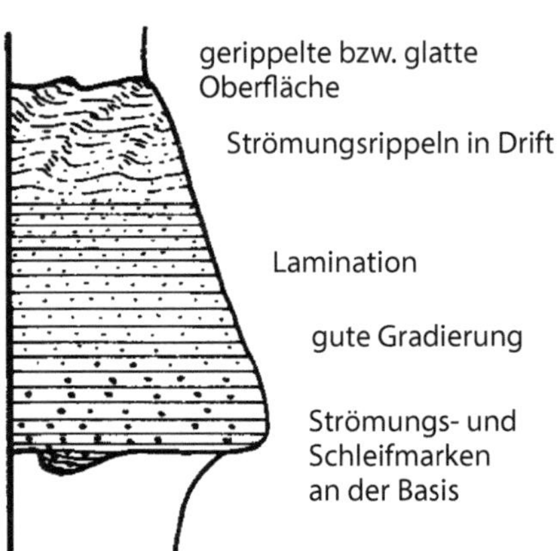

Fluidstrom

Körnerstrom

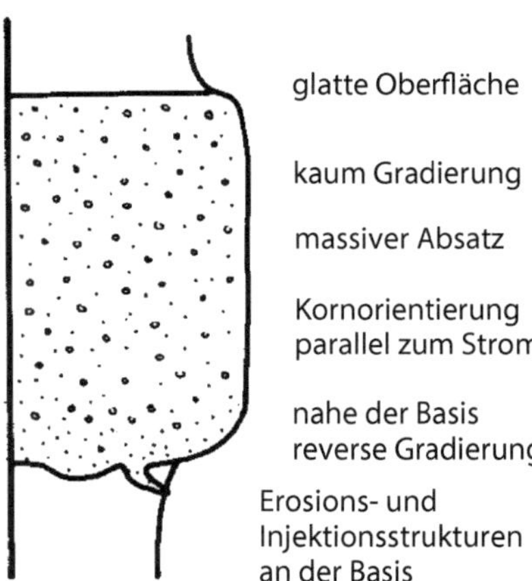

Schutt-/Schlammstrom

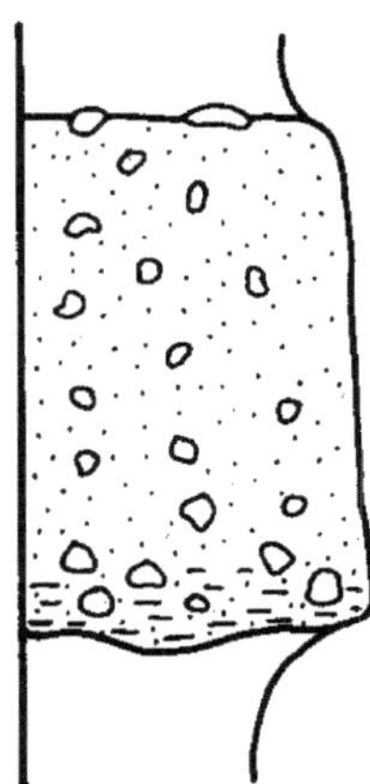

◘ Abb. 4.246   Vier unterschiedliche Varianten des Sedimenttransports, abgeleitet aus typischen Sedimentsequenzen von Sandsteinen. Diese können sehr variable Mächtigkeiten von Zentimetern bis Metern besitzen. Sie unterscheiden sich durch die Position des Ablagerungsraumes in Bezug auf das Liefergebiet und die dadurch unterschiedliche Beteiligung von Wasser an der Aufbereitung zu einer Suspension (Middleton und Hampton 1976; umgezeichnet nach einer Vorlage aus Reineck und Singh 1980, Fig. 643)

Belastungsmarken (vgl. ◘ Abb. 2.55) und/oder durch die Strömung gerichtete Erosionsmarken besitzt (vgl. ◘ Abb. 2.56). Die Sohlmarken grenzen den basalen Grobhorizont gegen die unterlagernden feinkörnigen Tiefseesedimente ab.

B) Auf dieses basale gradierte Intervall folgt ein Abschnitt, der wegen der nun noch verfügbaren Korngröße eine überkritische Transportgeschwindigkeit hat und dadurch eine Hochenergie-Parallelschichtung bildet (◘ Abb. 4.251).

C) Die Transportgeschwindigkeit nimmt nun rasch wieder in den unterkritischen Bereich hinein ab, sodass sich jetzt Feinsande mit Strömungskleinrippeln

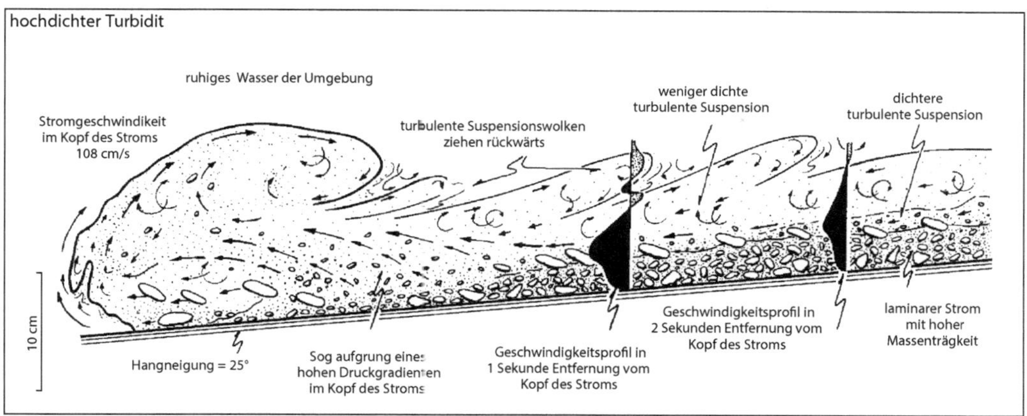

◱ Abb. 4.247 Zeichnung der Szenenfolge aus Strömungsrinnenversuchen mit hochdichten geröllführenden Schlämmen zur Untersuchung von Transporten proximaler Turbidite (Postma et al. 1988, Fig. 2, verändert); nähere Erläuterungen im Text

Turbiditstrom hoher Dichte

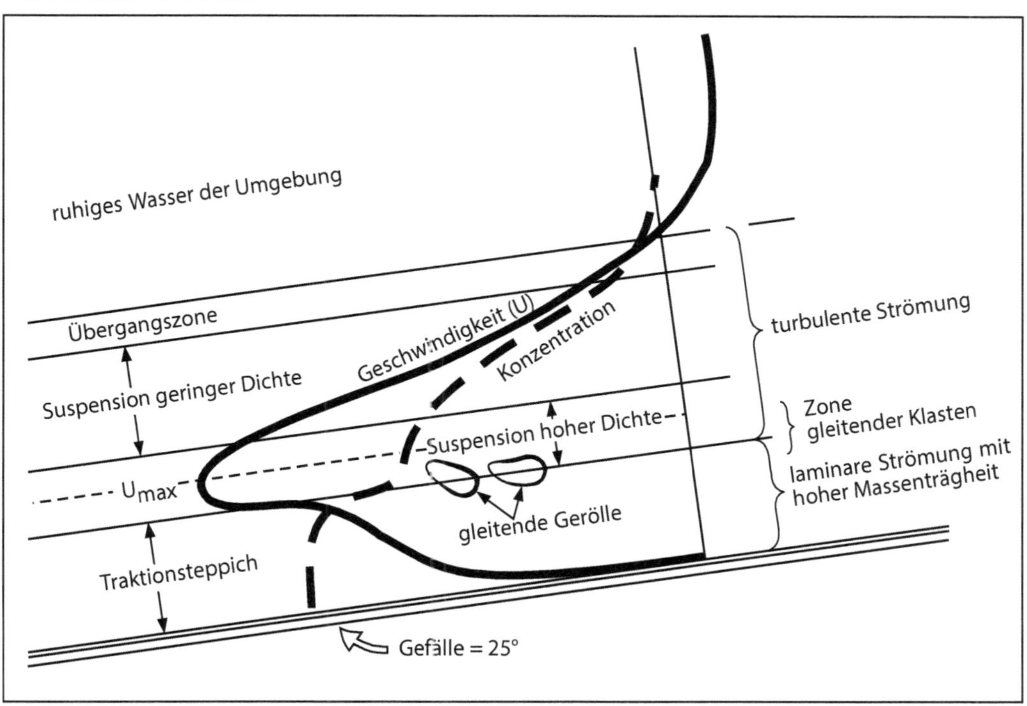

◱ Abb. 4.248 Geschwindigkeitsverteilung geröllführender Suspensionstransporte in Strömungsrinnenversuchen (Postma et al. 1988, Fig. 5, verändert); nähere Erläuterungen im Text

4

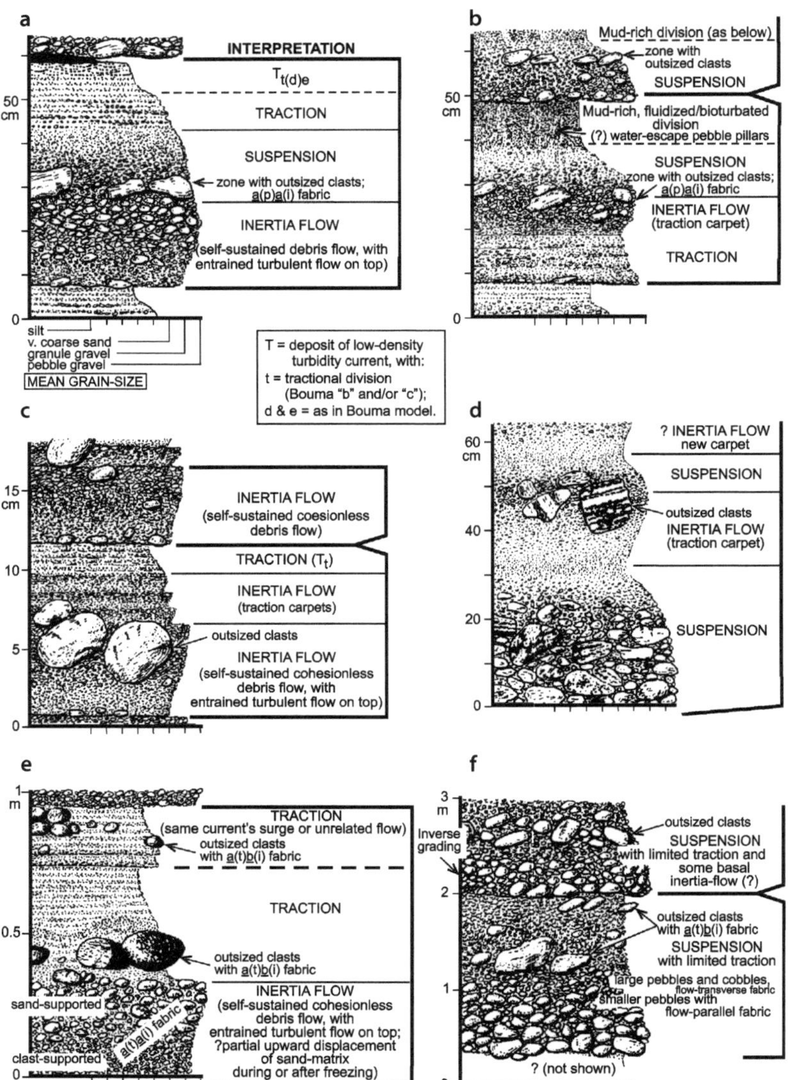

◘ **Abb. 4.249** Geländebeispiele von hochdichten, geröllführenden und turbulent transportierten, flyschoiden Sedimenten. **a** Lakustrines Fächerdelta *(fan delta)*, Devon, Hornelen Basin, Norwegen; **b** Marines Gilbert-Delta, Pliozän, Espiritu Santo Fm., Spanien; **c** Lakustrines Fächerdelta, Domba Fan, Devon, Hornelen Basin, Norwegen; **d** Hochdichter submariner Fächer, Jura-Kreide, Grönland; **e** Schweregleitung, submariner Canyon, Paläozän, Point Lobos, Kalifornien; **f** hoch konzentrierter, subaerischer, turbulenter Sedimentstrom, Neogen, Oregon. **g, h, i** Fluxoturbidite (hochdichte marine Turbidite), Paläogen, polnische Karpaten; **j** normaler mariner Turbidit, Paläogen, polnische Karpaten (Postma et al. 1988, Fig. 1)

ablagern. Wegen der hohen Sedimentationsrate können sie auch Kletterrippeln und Wickelstrukturen bilden.

D) Weiter nachlassende Transportkraft sowie schnell abnehmende Korngrößen der Suspensionsfracht liefert nun nur noch gradierte Feinsande und Silte, die den allmählichen Stillstand der Trübewolke anzeigen. Rippelmarken werden keine mehr gebildet; es endet die turbiditische Sedimentfracht.

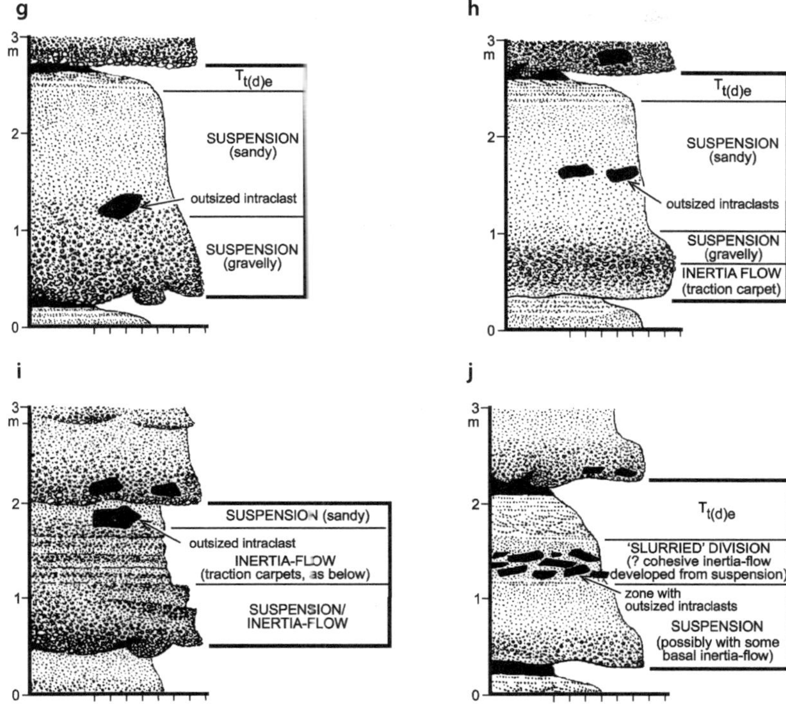

◨ Abb. 4.249   (Fortsetzung)

E) Schließlich werden nur noch Tone sedimentiert. Es kehrt damit wieder ozeanische Ruhe ein. Die jetzt abgesetzten pelitischen Sedimente sind hemipelagischen Ursprungs, die die nicht turbiditische regionale Sedimentfracht repräsentieren. Diese wird durch die klimaabhängige Verwitterung auf den Kontinenten bereitgestellt. Die Sedimente sind belebt von der ortsspezifischen Tiefwasserfauna (z. B. der Zoophycos- bzw. Nereites-Ichnofazies; Bromley 1996; ◨ Abb. 4.252).

Die Turbiditsande sind in der Regel durch hemipelagische Schlicke (des Intervalls Bouma E) voneinander getrennt, was die relative Seltenheit der turbiditischen Frachten anzeigt. Auch sind die distalen Partien der submarinen Schwemmfächer nur dünne Lagen im hemipelagischen Schlamm. Hier weisen sie u. U. noch durch ihre Tonminerale

ihre unterschiedliche Herkunft aus (O'Brien et al. 1980). Proximale Turbidite folgen dicht aufeinander, erodieren sich gegenseitig und verdichten sich zu kompakten Lagen *(amalgamation)*, zeigen erhebliche Mächtigkeiten und lassen wenig Platz für hemipelagische Schlammlagen zwischen sich. Gladstone und Sparks (2002) heben hervor, dass turbiditisch abgesetzte Sedimente deutliche Korngrößensprünge zwischen drei Gruppen von Bouma-Intervallen enthalten. Die Horizonte der Intervalle A, B und gelegentlich auch C sind sandig und bilden den schweren, basalen, eigentlichen Turbiditkörper *(turbidite body)*. Die Horizonte der Intervalle B, C und D sind siltig und bilden die eher nachgeschleppte Trübewolke *(turbulent wake)*. Der Horizont des Intervalls E *(pelagic interval)* ist tonig und sedimentiert als pelagischer Sedimenteintrag aus dem ozeanischen Wasserkörper.

Die Heraushebung von Gebirgen verursacht deren Erosion und die Bereitung von

4

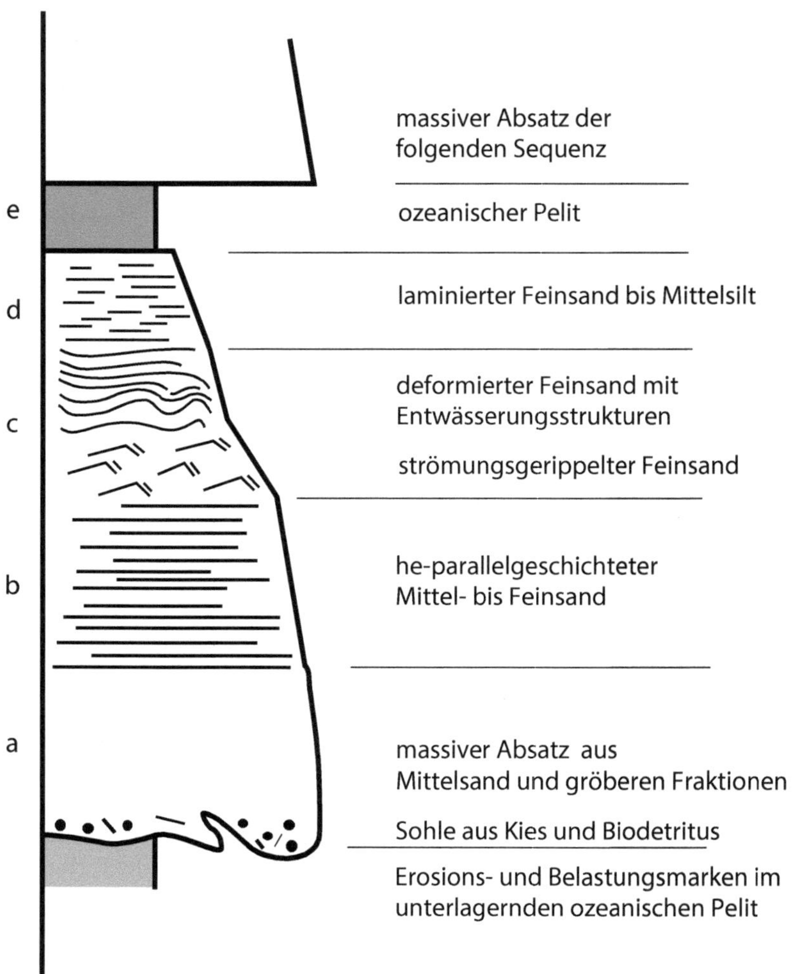

D Abb. 4.250   Turbiditsequenz *sensu* Bouma (1962). Dieser sog. Bouma-Zyklus stellt den Normalfall medialer Turbidite dar. Die Sequenz aus Korngröße und Sedimentgefüge kann cm bis mehrere m mächtig sein und variiert je nach proximaler oder distaler Position. In Transportrichtung (in Richtung distal) verlieren sich vor allem die basalen Teile der Sequenzen. Die Einheiten A bis D gehören zum Turbidit und bestehen aus eingeschwemmten Bildungen des Schelfes, stammen letztlich aber aus dem Küstenraum bzw. vom Kontinent. Die Einheit E ist der ozeanische Pelit (hemipelagischer Schlick des Kontinentalfußes). In der Bildung des Pelits steckt die meiste Zeit, generell ein Vielfaches der Bildung des Turbidits. Im Pelit siedeln Tiefseebewohner, deren Lebensspuren sich an der Unterfläche des nächstfolgenden Turbidits (Einheit A) konservieren können

Verwitterungsmassen. Kontinentale Frachten gelangen über kontinentale Transportsysteme an die Küste. Von hier transportieren marine Transportsysteme die Sedimente an den Rand des Schelfes und schließlich in die Tiefsee. So werden diese Transporte letztlich von tektonischen Kräften der Erde verursacht – gleich, ob es sich um den Oberkreide-Flysch der Alpen (Bouma et al. 1985) oder den unterkarbonischen Flysch des Variszikums (Engel et al. 1983; Ricken et al. 2000) oder den Tertiär-Flysch des Apennins (Ricci Lucchi und Valmori 1980; Mutti 1992) handelt. Progradierende Gebirgsfronten bauen im ozeanischen Ablagerungsraum Profilsequenzen auf, die deutlich ausgebildete

progressive Sequenzen *(coarsening and thickening)* haben (Abb. 4.253; Walker 1992). Anhand dieser lässt sich nicht nur die variable Dynamik im Ablagerungsraum nachverfolgen, sondern vor allem die tektonisch gesteuerte Abtragungsgeschichte des aufsteigenden und einrumpfenden Gebirges (Walker 1992; Bernoulli und Jenkyns 2008).

■ **Beispiele**

Die submarinen Schwemmfächer können beträchtliche Ausdehnung erreichen, wie z. B. der **Bengal-Fächer** (Bouquillon et al. 1990; France-Lanord et al. 1993; Galy et al. 1996; Hübscher et al. 1997; Weber et al. 1997; Michels et al. 1998; Goodbred und Kuehl 2000; Alam und Curray 2003; Palamenghi et al. 2011).

Dieser wurde in ► Abschn. 4.1.4 ausführlich behandelt.

Der **Mississippi-Fächer** (Weimer 1989a, b; Schwab et al. 1996; Dixon und Weimer 1998; (Abb. 4.254) ist ein submariner Megafächer des rezenten Mississippi in der Tiefe des Beckens der Karibik setzt sich aus zahlreichen einzelnen Turbiditfächern (1–9) unterschiedlichen Alters zusammen und enthält tief eingeschnittene Rinnen. Im Plio-Pleistozän belieferte das damals aktive Atchafalaya-Delta, westlich des heutigen Vogelfußdeltas, das mehr als 3000 m tiefe Tiefseebecken. Heute dient die proximale Rinne des Atchafalaya-Deltas über den Tiefschelf hinab als Zulieferkanal für die Flussfrachten des Mississippi. Der jüngste Turbiditfächer 8 wurde mit

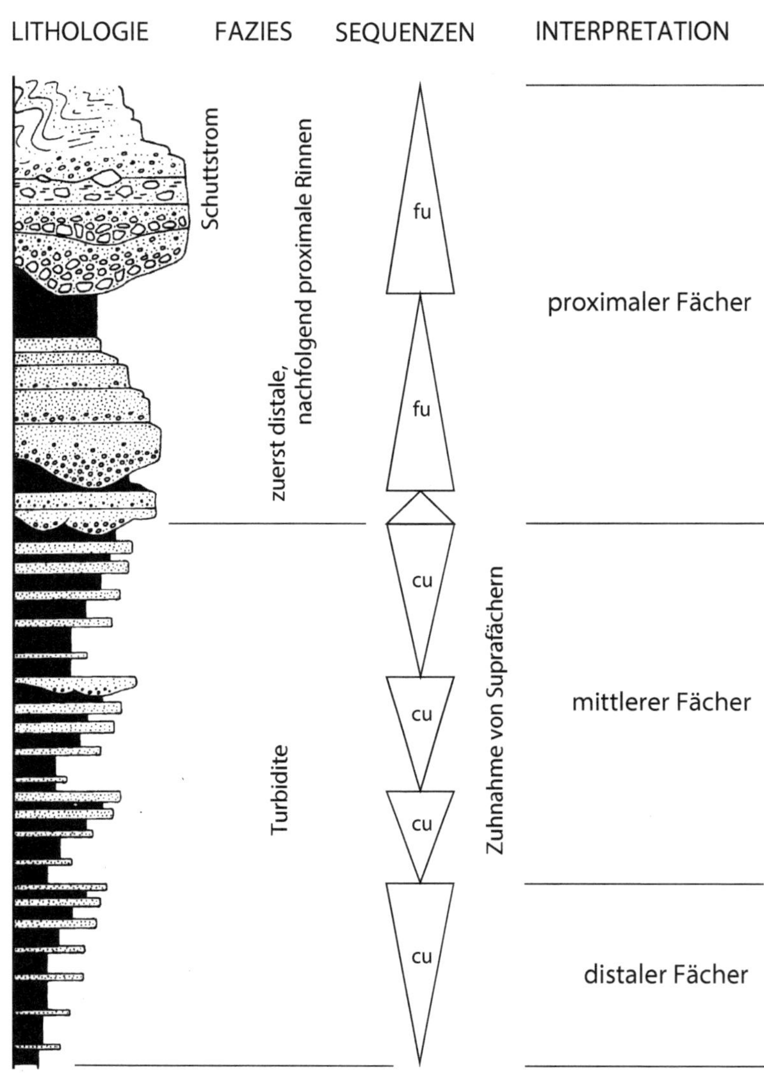

◘ Abb. 4.253   Schichtenfolgen in Flyschbecken können progradierende zyklisch gebaute Turbiditsequenzen besitzen, wenn die Lieferung von Verwitterungsschutt zunimmt und das Sedimentbecken tiefer wird bzw. das denudierende Gebirge aufsteigt. Dieses nicht maßstäbliche Profil ist mit einer abstrakt wirkenden Zusammenfassung von Dachbankprofilen (cu, *coarsening up*) und Sohlbankprofilen (fu, *fining up*) gekennzeichnet (Walker 1992, Fig. 14; verändert)

Reflexionsseismik, Sidescan-Sonar und Kolbenlotkernen im Detail kartiert.

Der **Rhône-Fächer** im Golfe du Lyon schüttet ostwärts in Richtung Korsika, erhält von dort und von Sardinien zusätzlich Sedimente (Stanley et al. 1980) und transportiert schließlich alle Frachten in das zentral im westlichen Mittelmeer südlich von Spanien gelegene Alborán-Meer (in 3000 m Wassertiefe). Vergleichsweise wenig Sediment werden dorthin aus Nordafrika und Spanien geliefert (Aloisi und Duboul-Razavet 1974; Rupke und Stanley 1974; Torres et al. 1995; Gensous und Tesson 1996). Alle diese Bildungen werden von Flussdeltas gespeist und sind durch ihre Schichtbildung echte

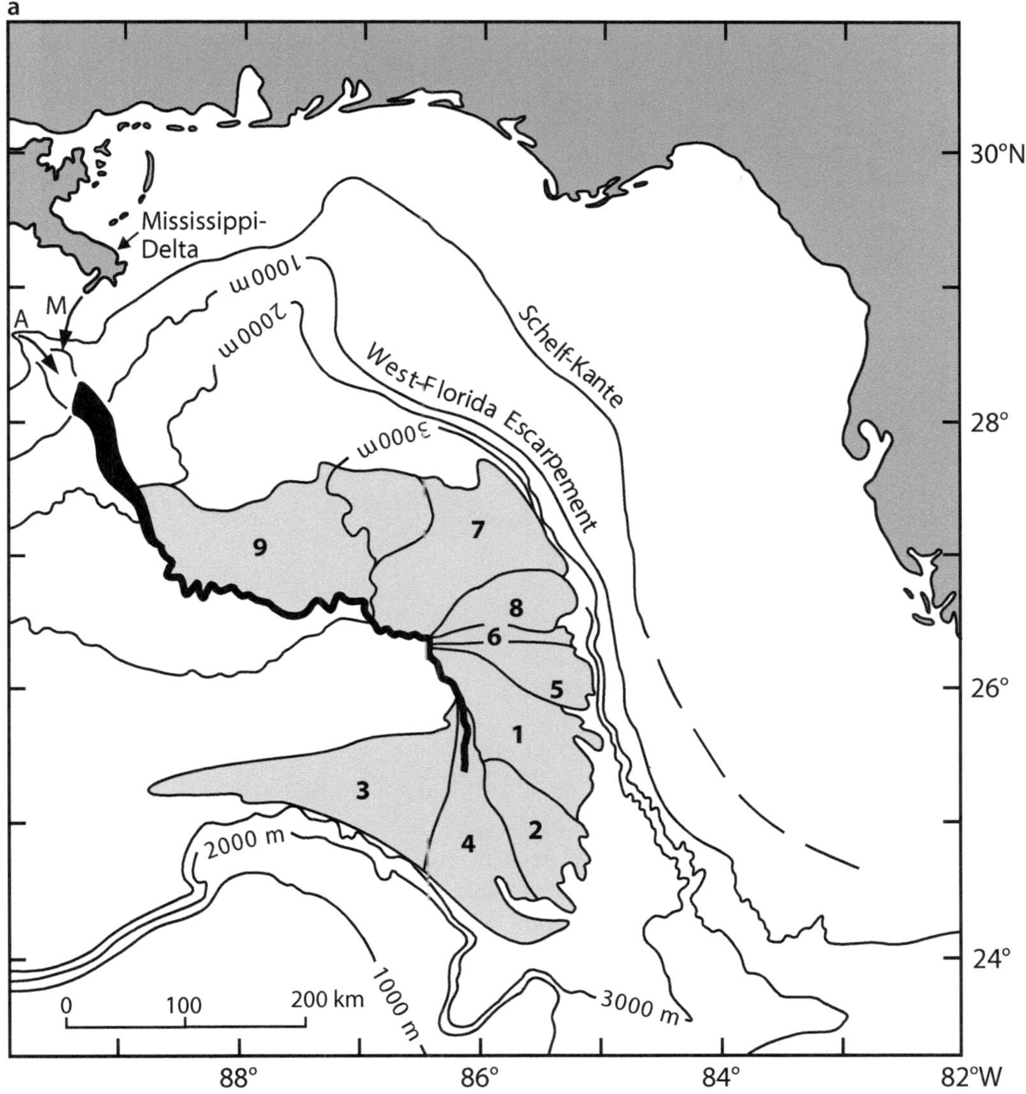

A = Rinne des pleistozänen Atchafalaya-Deltas
M = Rinne des heutigen Mississippi-Deltas

◨ Abb. 4.254 Rezente Flyschbildung im Tiefsee-Becken der Karibik. **a** Der submarine Megafächer des rezenten Mississippi bildet ein äußerst komplexes und regional unterschiedlich altes Fächersystem. **b** Der jüngste Turbiditfächer 8 enthält zehn weitflächige und distal auslaufende, dendritenhaft zerlappte Zungen (umgezeichnet aus Schwab et al. 1996, Fig. 1 und 2)

Flyschsedimente, wenn sie auch nicht vor tektonisch aktiven Orogenfronten abgelagert werden.

Dies bekräftigen auch Plink-Bjҫrklund und Steel (2004). Sie stellten anhand einer im eozänen Zentralbecken von **Spitzbergen** untersuchten Fallstudie fest, dass dort hyperpycnische – also überdichte – und lang anhaltende Sedimentströme mächtige ungradierte und laminierte sandreiche

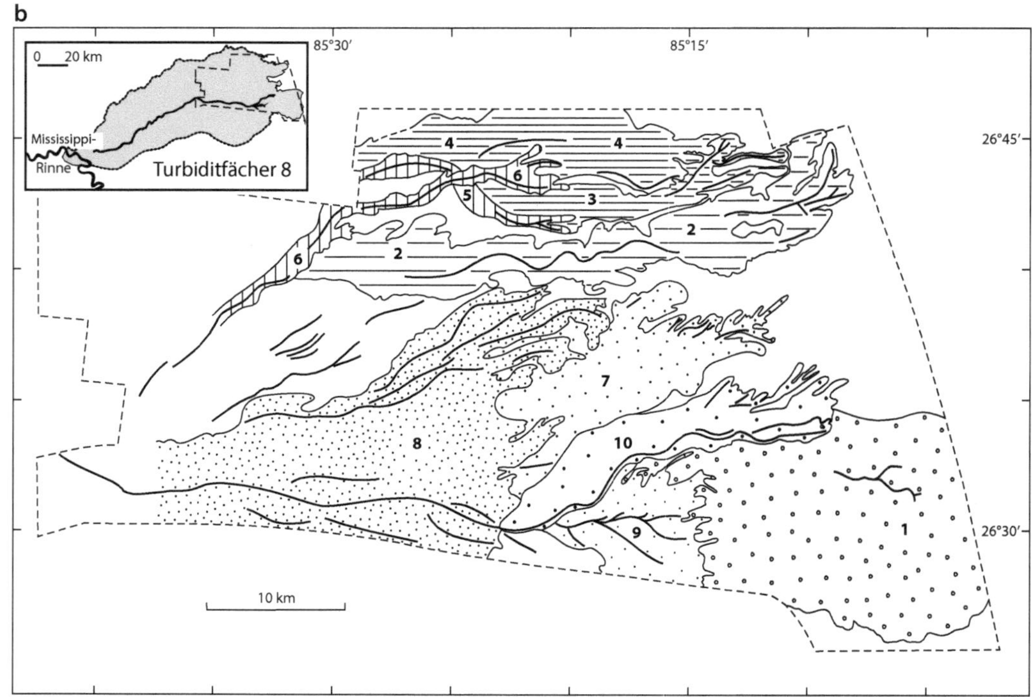

■ Abb. 4.254   (Fortsetzung)

Turbidite bildeten. Diese beständigen Sedimentströme *(sustained turbidite flows)* erwiesen sich als dauerhaft und annähernd stetig, da sie von einem langlebigen Flusseintrag gespeist wurden. Ihre hyperpycnische Natur ergab sich vor allem durch die beobachtete Verbindung fluvialer und turbiditischer Rinnen am Schelfrand, durch die Mächtigkeit der individuellen Sandsteinlagen, durch die Dominanz der sandigen Horizonte, durch deren schnelle Verminderung und ihr rasches Auskeilen in Richtung des Transports, durch die reichliche Beteiligung an kontinentalem Material (Blätter und Kohle), durch die geringe Beteiligung von Rutschmassen und Schuttströmen und schließlich durch ihr Auftreten jenseits eines Schelfrandes während des sinkenden Meeresspiegels.

4.4.4 Tiefsee

Außerhalb dieser hemipelagischen Gebiete werden auf den Tiefseeebenen je nach Klimaraum und Wassertemperatur pelagische Sedimente gebildet (Honjo et al. 1982; Seibold und Thiede 1997; Luan Ho et al. 2017). Bei mangelnder Belüftung bzw. einem Übermaß an biogener Produktion formen sich **Schwarzpelite** *(black pelites)* (Katz und Pheifer 1986; Simoneit 1986; Meyers und Mitterer 1986; Dunham et al. 1988; Stein et al. 1989; De Boer 1991; Meyers 2003; Forster et al. 2008). Bei guter Belüftung sind dies **biogene Kalkschlämme** *(calcareous oozes* mit Foraminiferen, Coccolithen, Pteropoden) oder **Kieselschlämme** *(siliceous oozes* mit Diatomeen, Radiolarien, Silicoflagellaten, Schwammnadeln) (Immenhauser et al. 2005). Bei Fehlen von biogenen Beimengungen bildet sich der **Rote Tiefseeton** *(red deep-sea clay)*. Dieser enthält Tonminerale, Zeolithe, Eisenoxide, Manganoxide, (mit vielen Schwermetallen angereicherte) Manganknollen, äolischen Staub und vulkanische Asche (Füchtbauer 1988). Er ist auf Gebiete mit sehr geringer Sedimentationsrate unterhalb von etwa 4500 m Wassertiefe beschränkt. In dieser

Wassertiefe unterhalb der sog. **Karbonat-Kompensationstiefe** (*carbonate compensation depth* CCD), die sich für Calcit im Pazifik bei etwa 2–3 km, im Atlantik bei etwa 4–5 km Wassertiefe befindet, werden durch den hohen CO_2-Gehalt des kalten Tiefenwassers die aus der Wassersäule absinkenden Kalkschalen wieder aufgelöst. Die Karbonat-Kompensationstiefe für Aragonit liegt jeweils einige 100 m flacher.

Die klassische Lokalität für Turbidite ist der Flysch der Oberkreide und des Alttertiärs in den **Alpen** (Bouma 1962, 1972; Bouma und Hollister 1973; Bouma et al. 1985; Bouma und Stone 2000). Turbidite bauen mächtige gradierte Wechsellagen von Sanden und Peliten auf. Das alpine Sedimentbecken durchlief bei der Auffaltung zum heutigen Alpenkörper ein ozeanisches Stadium, wodurch je ein nördliches und ein südliches **Flyschbecken** (Mutti 1992; Mutti et al. 2009) gebildet wurden. In diese wurden durch die tektonische Aktivität des sich über das Erosionsniveau heraushebenden Alpenkörpers große Mengen klastischer Sedimente geschüttet (Bernoulli und Jenkyns 2008). Sie formten zum Alpenrand parallele, langgezogene Sedimenttröge, die gegenüber den vorhergehenden und den nachfolgenden Gesteinsserien Tiefwasserbildungen sind und charakteristische ozeanische Spurenfossilien führen. Der petrographische Inhalt der Flyschserien besteht je nach tektonischer Position und je nach angeschnittenem Liefergebiet aus siliciklastischen und karbonatklastischen Komponenten. Alle alpinen Flyschablagerungen finden sich in durch Deckentektonik deformierten Sedimentbecken (Roeder 1992) und enthalten unreife, heterolithische Sedimente (Mutti 1985) mit angularen Komponenten und eingeschwemmten allochthonen Flachwasserfaunen. Die autochthonen Tiefwasserfaunen sind auf die pelitischen ozeanischen Zwischenmittel beschränkt und zeigen Zoophycos- und Nereites-Spurenfossilgemeinschaften (vgl. ◻ Abb. 4.252). Die Sedimentfolgen sind liefergebietsnahe proximale

Bildungen. Die strukturelle Heraushebung der Flyschbecken veränderte deren Bathymetrie (Ori et al. 1981) und formte sie zu randmarinen und schließlich kontinentalen Molassebecken um. Sinclair (1993, 1994, 1997) fertigte hierzu umfangreiche Studien in den Molasse-Serien von Südostfrankreich an.

Es sei hier hervorgehoben, dass **Gustav Steinmann** bereits 1925 die damals provokante Frage nach Tiefseeablagerungen von erdgeschichtlicher Bedeutung stellte (Steinmann 1925) und im Verlauf seiner Arbeiten in den Alpen den wechselseitigen Bezug der sog. „Steinmann-Trinität" (bestehend aus serpentinisiertem Peridotit, aus doleritbasaltischem Diabas und aus Radiolarit) in ozeanischen Sedimentbecken alpin deformierter Gesteinsserien erkannte und deren geodynamischen Zusammenhang hervorhob (Steinmann et al. 2003; Bernoulli und Jenkyns 2008).

Mit der Strukturbildung des **Kantabrischen Gebirges** in Nordspanien und der Bildung der Biskaya ist der Kreide-Flysch von Zumaya verbunden. Das Baskische Becken (Pujalte et al. 2009) besteht aus einer distalen Sedimentfolge (◻ Abb. 4.255; Hanisch 1972; Crimes 1973; Gawenda et al. 1999) und unterscheidet sich von den oben beschriebenen proximalen Beispielen: dm-dünne, ebenmäßig geschichtete Sandsteine (◻ Abb. 4.256) wechseln mit Ton- und Feinsandsteinen ab. Erosion und Amalgamation der Sandsteine ist nicht zu beobachten. Die Sandsteine und ihre ozeanischen Zwischenmittel haben etwa gleiche Mächtigkeit. Feinkörnige Turbiditsysteme erfuhren durch das Sammelwerk von Bouma und Stone (2000) erhöhte Aufmerksamkeit.

Flysche bilden sich vorzugsweise an aktiven Kontinentalrändern (vgl. ◻ Abb. 4.187) und lagern sich in mit diesen verbundenen Tiefseegräben als mächtige Absätze geschichteter klastischer Sedimente ab. Sie können sich im Verlauf der geologischen Geschichte der konvergierenden Gräben zu einem mächtigen Sedimentkeil (*clastic wedge*) anreichern. Da dieser in die einengende Deformation des Grenzbereichs Kontinent/Ozean intensiv einbezogen wird, kann der Sedimentkeil intensiv

4

■ **Abb. 4.255**   Der oberkretazische Flysch von Zumaya (bei Bilbao, Nordspanien) bildete km-mächtige ebenmäßig geschichtete distale Wechselfolgen aus Sand und Siltsteinen und entstand im Zusammenhang mit der Öffnung der Biskaya. Dieser ist echtes Tiefwassersediment

■ **Abb. 4.256**   Der oberkretazische Flysch von Zumaya (bei Bilbao, Nordspanien) zeigt auch im Detail viele Hinweise auf seine Entstehung. Oft beginnen die dm-mächtigen Sandlagen mit den Lagen der Sequenz Bouma B oder Bouma C, was als Ergebnis der Entstehung im distalen Ablagerungsraum interpretiert werden muss

verfaltet und auf den Kontinent geschoben werden. Ein solch hoch deformierter silurischer Akkretionskeil *(accretionary complex)* bildete sich beispielsweise in SO-Australien östlich von Canberra entlang des Lachlan Fold Belt an der Küste zwischen Narooma und Bateman's Bay (Miller und Gray 1996). Dieser ist heute auf der Brandungsplattform der Pazifikküste aufgeschlossen und enthält hier vorzugsweise distale Flysche (■ Abb. 4.257). In diese wurden größere eratische Brocken derselben Formation eingelagert (■ Abb. 4.258).

Abb. 4.257 Lachlan Accretionary Complex, Narooma bei Bateman's Bay (NSW, Australien). Über der Subduktionszone Ostaustraliens bildeten sich im Silur distale, feinkörnige Flysche mit vereinzelt eingeschalteten Sandsteinen (frdl. Hilfe Russell J. Korsch, Canberra)

Abb. 4.258 Lachlan Accretionary Complex, Narooma bei Bateman's Bay (NSW, Australien). Die Flysche wurden als sog. *accretionary wegde* zunehmend mit Einschüttungen großer erratischer Blöcke beliefert, schließlich intensiv verfaltet und dem Lachlan Fold Belt angegliedert (frdl. Hilfe Russell J. Korsch)

Turbiditische Bildungen lassen sich auch im Vorlandbecken vor der variszischen Deformationsfront entlang des Nordrands des **Rheinischen Schiefergebirges** betrachten (Meischner 1971, 1991; Engel und Franke 1983; Engel et al. 1983; Eder et al. 1983; Sadler 1983; Franke et al. 1989). Während des Unterkarbons wurden hier zunächst feinkörnige Pelite abgesetzt, die als Kieselschiefer (d. h. Lydite, Hornsteine, *cherts*) überliefert sind. Sie sind verkieselte, schwarze und grüne, feingeschichtete ehemalige Tonsteine mit reichlich biogenem Inhalt (Braun und Gursky 1991; Gursky 1996). Das tiefmarine (jedoch nicht ozeanische) Becken wurde unter Korngrößenvergröberung wechselnd mit Schlamm und Sand, auch Geröll beliefert (Ricken et al. 2000). Die Nähe des Liefergebiets ließ proximale Turbidite entstehen, die heute als mächtige flyschähnliche – flyschoide – Grauwackenfolgen erhalten sind (Abb. 4.259; Brauckmann et al. 1993; Drozdzewski et al. 1996). Die als Suspensionsfracht gelieferten Sedimente zeigen gradierte Schichtung, mitunter gut sichtbare und für Turbidite typische Gefügewechsel. Meist jedoch sind es massige amalgamierte (d. h. mit einander verwachsene)

Abb. 4.259   Flyschoide etwa 0,5 m mächtige Grauwacken-Bänke der Vorhaller Schichten mit reichlich eingeschwemmten Blattresten und Insekten (Hagen-Vorhalle, Namur A/B, südliches Ruhr-Becken). Es darf daher (nur) proximale deltaische Lieferung in das flachgründige variszische Vorlandbecken interpretiert werden

Sandsteinpakete, die sich nur zögernd zu pelitischen Bildungen weiterentwickelten.

Oberkarbonische Flysche sind von Lien et al. (2003) entlang des **Shannon Estuary** in W-Irland beschrieben worden (Ross Fm., Basis Namur). Zunächst kanalisierte distale Bildungen entwickelten sich mit *coarsening-up*-Sequenzen progradierend zu dickbankigen proximalen Sandsteinpaketen, die die mit Uferdämmen auf der Prallhangseite versehenen submarinen Rinnen mit sog. *spill-over lobes* (vergleichbar mit dem fluvialen *crevasse splay*) überwanden. Auch hier finden sich keine ozeanischen Pelite.

Folgt man Seilacher (1959, 1967), Dzulynski und Walton (1965), Einsele und Seilacher (1982), Einsele et al. (1991), Mutti (1992), Walker (1992) und Bouma und Stone (2000), definieren in Flyschbecken ausschließlich die Pelite (Bouma-Intervall E) mit ihrer Ökologie die Biofazies des ozeanischen Tiefwasserraumes. Die aus diesen überlieferten Spurenfossilien werden von Bromley (1996) zusammengefasst. Steinmann (1925), Meybeck (1980), Honjo et al. (1982), Katz und Pheifer (1986), Simoneit (1986), Meyers und Mitterer (1986), Dunham et al. (1988), Stein et al. (1989), de Boer (1991), Meyers (2003), Tripsanas et al. 2004), Forster et al. (2008) stellten die Bedeutung ozeanischer Pelite unter verschiedenen Aspekten heraus, in jüngerer Zeit vor allem die organische Geochemie ozeanischer Schwarzpelite. Hübscher et al. (1997), Bouquillon et al. (1990), Alam und Curray (2003), Palamenghi et al. (2011) fokussierten auf die ozeanischen Pelite im Tiefsten des Bengal Basin.

Literatur

Abrahamse, J., Joenje, W. & van Leeuwen-Seelt, N. (Hrsg. 1976): Wattenmeer. Ein Naturraum der Niederlande, Deutschlands und Dänemarks.- 371 S., Landelijke Vereniging tot Behoud van de Waddenzee, Harlingen; Vereniging tot Behoud van Natuurmonumenten in Nederland, 's-Graveland. (Deutsche Ausgabe Karl Wachholtz Verlag) Neumünster. ISBN 3-529-05304-X.

Aigner, T. (1982): Calcareous tempestites: Storm-dominated stratification in Upper Muschelkalk limestones (Middle Trias, SW Germany).- In: Einsele, G. & Seilacher, A. (eds): Cyclic and Event Stratification.- 180–198, (Springer) Berlin, Heidelberg, New York.

Aigner, T. (1985): Storm depositional systems. Dynamic stratigraphy in modern and ancient shallow-marine sequences.- Lecture Notes in Earth Sciences, 3, 174 pp, (Springer) Berlin.

Aigner, T. & Reineck, H.-E. (1982): Proximality trends in modern storm sands from the Helgoland Bight (North Sea) and their implications for basin analysis.- Senckenbergiana maritima, 14, 183–215.

Aigner, T. & Reineck, H.-E. (1983): Seasonal variation of wave-base on the shoreface of the barrier island Norderney, North Sea.- Senckenbergiana maritima, 15, 87–92.

Alam, M. & Curray, J.R. (2003): The curtain goes up on a sedimentary basin in south-central Asia: unveiling the sedimentary geology of the Bengal Basin of Bangladesh.- Sedimentary Geology 155, 175–178.

Allen, J.R.L. (1960): The Mam Tor sandstones, a turbidite facies of the Namurian deltas of Derbyshire, England.- J. Sediment. Petrol., 30, 193–203.

Allen, J.R.L. (1970): Sediments of the modern Niger Delta: A summary and review.- In: Morgan, J.P. & Shaver, R.H. (eds): Deltaic Sedimentation, Modern and Ancient.- SEPM, Spec. Publ., 15, 138–151.

Allen, P.A. & Allen, J.R. (1990): Basin Analysis. Principles and Application.- 451 pp, (Blackwell) Oxford.

Allen, G.P. & Posamentier, H.W. (1993): Sequence stratigraphy and facies models of an incised valley fill: the Gironde Estuary, France.- J. Sediment. Petrol., 63, 378–391.

Aloisi, J.-C. & Duboul-Razavet, C.A. (1974): Deux exemples de sedimentation deltaique actuelle en Méditerranée: Les deltas du Rhône et de l'Ebre.- Bull. Centre Rech. Pau – SNPA, 8, 227–240.

Amos, K.J., Alexander, J., Horn, A., Pocock, F.D. & Fielding, C.R. (2004): Supply limited sediment transport in a high-discharge event of the tropical Burdekin River, North Queensland, Australia.- Sedimentology, 51, 145–162.

Anderle, H.-J. (1967): Neufassung der Spitznack-Schichten des Lorelei-Gebietes (Unter-Ems, Rheinisches Schiefergebirge).- Notizbl. hess. L.-Amt Bodenforsch., 95, 45–63, Wiesbaden.

Anthony, E.J. (1995): Beach-ridge development and sediment supply: examples from West Africa.- Marine Geology, 129, 175–186.

Anthony, E.J., Lang, J. & Oyede, L.M. (1996): Sed mentation in a tropical, microtidal, wave-dominated coastal-plain estuary.- Sedimentology, 43, 665–675.

Archer, A.W. (1991): Modeling of tidal rhythmites using modern tidal periodicities and implications for short-term sedimentation rates.- In: Franseen, E.K., Watney, W.L., Kendall, C.G.St.C. & Ross W.: Sedimentary modeling. Computer simulations and methods for improved parameter definition.- Kansas Geol. Survey, Bulletin, 233, 185–194, Lawrence.

Archer, A.W. (2013): World's highest tides: Hypertidal coastal systems in North America, South America and Europe.- Sedimentary Geology, 284–285, 1–25.

Ardèvol, L. (2000): Depositional sequence response to foreland deformation in the Upper Cretaceous of the southern Pyrenees, Spain.- AAPG Bulletin, 84, 566–587.

Aschoff, J.L., Olariu, C. & Steel, R.J. (2018): Recognition and significance of bayhead delta deposits in the rock record: A comparison of modern and ancient systems.- Sedimentology, Volume 65, Issue 1, Pages 62–95; ▶ https://doi.org/10.1111/sed.12351.

Bailey, A.M., Roberts, H.H. & Blackson, J.H. (1998): Early diagenetic minerals and variables influencing their distributions in two long cores (>40 m), Mississippi River Delta Plain.- J. Sediment. Res., 68, 185–197.

Baker, E.K., Harris, P.T., Keene, J.B. & Short, S.A. (1995): Patterns of sedimentation in the macrotidal Fly River delta, Papua New Guinea.- In: Flemming, B.W. & Bartholomä, A. (eds): Tidal signatures in modern and ancient sediments.- Spec. Publ. Int. Ass. Sedimentol., 24, 193–211.

Baldschuhn, R. & Kockel, F. (1999): Das Osning-Lineament am Südrand des Niedersachsen-Beckens.- Z. dt. geol. Ges., 150, 673–695.

Ballarotta, M., Falahat, S., Brodeau, L., & Döös, K. (2014): On the glacial and interglacial thermohaline circulation and the associated transports of heat and freshwater.- Ocean Sci., 10, 907–921, ▶ https://doi.org/10.5194/os-10-907-2014.

Barrell, J. (1917): Criteria for the recognition of ancient delta deposits.- Geol. Soc. Amer. Bull., 28, 745–904.

Bates, C.C. (1953): Rational theory of delta formation.- AAPG Bulletin, 37, 2119–2164.

Becker, B. & Asmus, S. (2005): Beschreibung und Korrelation der känozoischen Lockergesteinsschichten der Grundgebirgsbohrungen im Umfeld des Tagebau Hambach.- scriptum 13, 61–74.

Behre, K.-E. (1999): Die Veränderung in den niedersächsischen Küstenlinien in den letzten 3000 Jahren und ihre Ursachen.- Probleme der Küstenforschung im südlichen Nordseegebiet, 26, 9–33, Oldenburg.

Behre, K.-E. (2003): Eine neue Meeresspiegelkurve für die südliche Nordsee – Transgressionen und Regression in den letzten 10.000 Jahren.- Probleme der Küstenforschung im südlichen Nordseegebiet, 28, 9–63.

Behre, K.-E., Menke, B. & Streif, H. (1979): The Quaternary geological development of the German part of the North Sea.- In: Oele, E., Schüttenhelm, R.T.E. & Wiggers, A.J. (eds): The Quaternary history of the North Sea.- Acta Univ. Upsala., 2, 85–113.

Behre, K.-E., Dörjes, J. & Irion, G. (1984): Ein datierter Sedimentkern aus dem Holozän der südlichen Nordsee.- Probl. Küstenforschung, 15, 135–148.

Belderson, R.H., Johnson, M.A. & Kenyon, N.H. (1982): Bedforms.- In: Stride, A.H. (ed.): Offshore Tidal Sands: Processes and Deposits.- 27–57, (Chapman & Hall) London.

Belknap, D.F. & Kraft, J.C. (1985): Influence of antecedent geology on stratigraphic preservation potential and evolution of Delaware's barrier systems.- Marine Geology, 63, 235–262.

Berggren, W.A., Kent, D.V., Swisher, C.C. & Aubry, M.P. (1995): A revised Cenozoic geochronology and chronostratigraphy.- SEPM Spec. Publ., 54, 129–212, Tulsa.

Berners, H.-P. (1983): A Lower Liassic offshore bar environment, contribution to the sedimentology of the Luxembourg Sandstone.- Ann. Soc. Géol. Belgique, 106, 87–102.

Berners, H.-P., Bock, H., Courel, L., Demonfaucon, A., Hary, A., Hendriks, F., Müller, E., Muller, A., Schrader, E. & Wagner, J.F. (1984): Vom Westrand des Germanischen Trias-Beckens zum Ostrand des Pariser Lias-Beckens: Aspekte der Sedimentationsgeschichte.- Jber. u. Mitt. oberrh. geol. Ver., N.F. 66, 357–395, Stuttgart.

Bernoulli, D. & Jenkyns, H.C. (2008): Ancient oceans and continental margins of the Alpine-Mediterranean Tethys: deciphering clues from Mesozoic pelagic sediments and ophiolites.- Sedimentology, 56, 1, 149–190. ▶ https://doi.org/10.1111/j.1365-3091.2008.01017.x.

Bertling, M., Hermanns, K. & von der Hocht, F. (1995): Sedimentologie und Paläontologie autochthoner Muschel-Bohrungen in Kohleflözen (Neogen der Niederrheinischen Bucht).- N. Jb. Geol. Paläont. Mh., 1995, 711–736.

Bertoldi, W., Zanoni, L. & Tubino, M. (2010): Assessment of morphological changes induced by flow and flood pulses in a gravel bed braided river: The Tagliamento River (Italy).- Geomorphology 114 (2010) 348–360.

Bhattacharya, J.P. & Giosan, L. (2003): Wave-influenced deltas: geomorphological implications for facies reconstruction.- Sedimentology, 50, 187–210.

Bhattacharya, J.P. & Mac Eachern, J.A. (2009): Hyperpycnal river sand prodeltaic shelves in the Cretaceous Seaway of North America.- J. Sed. Res., 79, 184–209.

Bialik, O.M. & Waldmann, N. (2017): The drowning of a siliciclastic shelf: insights into oceanographic reconstructions of the northern Arabian Platform during the Early Cretaceous.- Basin Research, ▶ https://doi.org/10.1111/bre.12234.

Bininda, R. (1986): Cornbrash-Sande im zentralen Teil des Niedersächsischen Beckens.- Osnabrücker naturwiss. Mitt., 12, 7–45.

Binot, F. & Wonik, T. (2015): Lithologie und Salz-/Süßwassergrenze in der Forschungsbohrung Cuxhaven Lüdingworth 1/1A.- Z. Angew. Geol. 1/2015, 14–23.

Bintz, J. (2001): Les faciès du Bajocien moyen sur le plateau du Katzenberg.- Bull. Soc. Nat. luxemb. 102, 145–148.

Birgenheier, L.P., Horton, B., McCauley, A.D., Johnson, C.L. & Kennedy, A. (2017): A depositional model for offshore deposits of the lower Blue Gate Member, Mancos Shale, Uinta Basin, Utah, USA.- Sedimentology, ▶ https://doi.org/10.1111/sed.12359.

Black, K.S., Paterson, D.M. & Cramp, A. (eds 1998): Sedimentary processes in the intertidal zone.- Geol. Soc. London, Spec. Publ., 139, 1–321.

Bock, H. & Muller, A. (1989): Environnements sédimentaires et écologiques dans le Quart NE du Bassin Pariesien au Trias terminal et au Lias inférieur.- Atti 3° Simposio di Ecologia e Paleoecologia delle Communita Bentoniche, 157–178, Catania.

Bock, H. & Muller, A. (2004): Der Luxemburger Sandstein in der Südeifel, in Luxemburg und in Nordlothringen: Aspekte der Sedimentation und der Resedimentation (Exkursion I am 16. April 2004).- Jber. Mitt. oberrhein. geol. Ver., N.F. 86, 249–270.

Boenigk, W. (1995): Terrassenstratigraphie des Mittelpleistozaen am Niederrhein und Mittelrhein.- Meded. Rijks Geol. Dienst, 52, 71–81.

Boenigk, W. (1998): Die Tertiaer-/Quartärgrenze am Niederrhein.- In: Ikinger, A. (Hrsg.): Festschrift Wolfgang Schirmer, Geschichte aus der Erde, GeoArchaeoRhein, 2: 25–34; Münster.

Boenigk, W. (2002): The Pleistocene drainage pattern in the Lower Rhine Basin.- In: Schäfer, A., Siehl, A. (eds): Rift tectonics and syngenetic sedimentation – the Cenozoic Lower Rhine Graben and related structures. Netherlands Journal of Geosciences, Geologie en Mijnbouw, 81: 201–209, Utrecht.

Boersma, J.R. (1969): Internal structure of some tidal megaripples on a shoal in the Westerschelde estuary, The Netherlands.- Geologie en Mijnbouw, 48, 409–414.

Boersma, J.R. (1991): A large flood-tidal delta and its successive spill-over apron: Detailed proximal-distal facies relationships (Miocene Lignite Suite, Lower Rhine Embayment, Germany).- In: Smith, G.D., Reinson, G.E., Zaitlin, B.A. & Rahmani, R.A. (eds): Clastic tidal sedimentology.- Can. Soc. Petrol. Geol. Memoir, 16, 227–254, Calgary.

Boggs, S. jr. (1995): Principles of Sedimentology and Stratigraphy.- 774 pp, 2nd ed, (Prentice Hall) Englewood Cliffs, N.J.

Bostok, H.C., Brooke, B.P., Ryan, D.A., Hancock, G., Pietsch, T., Packett, R. & Harle, K. (2007): Holocene and modern sediment storage in the subtropical macrotidal Fitzroy River estuary, Southeast Queensland, Australia.- Sediment. Geol., 201, 321–340.

Bouma, A.H. (1962): Sedimentology of some flysch deposits.- 168 pp, (Elsevier) Amsterdam.

Bouma, A.H. (1972): Fossil contourites in Lower Niessenflysch, Switzerland.- J. Sediment. Petrol., 42, 917–921.

Bouma, A.H. & Hollister, C.D. (1973): Deep ocean basin sedimentation. Turbidites and deep water sedimentation.- SEPM Pacific Section, Short Course, 79, 118 pp.

Bouma, A.H. & Stone, C.G. (eds 2000): Fine-grained turbidite systems.- AAPG Memoir 72, SEPM Special Publication 68, 1–342.

Bouma, A.H., Normark, W.R. & Barnes, N.E. (1985): Submarine fans and related turbidite systems.- 351 pp, (Springer) New York, Berlin, Heidelberg, Tokyo.

Bouquillon, A., France-Lanord, C., Michard, A. & Tiercelin, J.-J. (1990): Sedimentology and isotopic chemistry of the Bengal fan sediments: the denudation of the Himalaya.- In: Cochran, J.R & Stow, D.A.V., Proceedings of the Ocean Drilling Program, Scientific Results, 116, 43–58.

Bourgeois, J. (1980): A transgressive shelf sequence exhibiting hummocky stratification: The Cape Sebastian sandstone (Upper Cretaceous), southwestern Oregon.- J. Sediment. Petrol., 50, 681–702.

Bourrouilh-Le Jan, F.G., Beck, C. & Gorsline, D.S. (2007): Catastrophic events (hurricanes, tsunami and others) and their sedimentary records: Introductory notes and new concepts for shallow water deposits.- Sediment. Geol., 199, 1–2, 1–11.

Boyd, R., Dalrymple, R. & Zaitlin, B.A. (1992): Classification of clastic coastal depositional environments.- Sediment. Geol., 80, 139–150.

Braathen, A., Midtkandal, I., Mulrooney, M.J., Appleyard, T.R., Haile, B.G. & van Yperen, A.E. (2017): Growth-faults from delta collapse – structural and sedimentological investigation of the Last Chance delta, Ferron Sandstone, Utah.- Basin Research, 30, 4, 688–707, Version of Record online: 19 DEC 2017 | ► https://doi.org/10 1111/bre.12271.

Brackenridge, R.E., Stow, D.A.V., Hernández-Molina, F.J., Jones, C., Mena, A., Alejo, I., Ducassou, E., Llave, E., Ercilla, G., Nombela, M.A., Perez-Arlucea, M. & Frances, G. (2018): Textural characteristics and facies of sand-rich contourite depositional systems.- Sedimentology, First published: 02 February 2018; ► https://doi.org/10.1111/sed.12463

Brauckmann, C., Schäfer, A., Drozdzewski, G. & Wrede, V. (1993): Stratigraphie, Sedimentologie und Tektonik im Oberkarbon des Subvariszikums.- Exkursion A 3, 145. Hauptversammlung der Deutschen Geologischen Gesellschaft, 28.9.-1.10.93 in Krefeld, GLA Krefeld.

Braun, A. & Gursky, H.-J. (1991): Kieselige Sedimentgesteine des Unter-Karbons im Rhenoherzynikum; eine Bestandsaufnahme.- Geologica et Palaeontologica, 25, 57–77.

Bray, A.A., Butler, N., Kimber, R.N. & Draper, L. (1995): Evolution of the Brent delta: An overview of patterns and controls.- In: Oti, M.N. & Postma, G. (eds): Geology of Deltas.- 97–123, (A.A. Balkema) Rotterdam, Brookfield.

Bridges, P.H. (1982): Ancient offshore tidal deposits.- In: Stride, A.H. (ed): Offshore Tidal Sands, 172–192, (Chapman & Hall) London.

Bristow, C.S. (1993): Sedimentary structures exposed in bar tops of the Brahmaputra River, Bangladesh.- In: Best, J.L. & Bristow, C.S. (eds): Braided Rivers.- Geol. Soc. London, Spec. Publ., 75, 277–289.

Bristow, C.S. & Myers, K.J. (1989): Detailed sedimentology and gamma-ray log characteristics of a Namurian deltaic succession. Sedimentology and facies analysis.- In: Whateley, M.K. & Pickering, K.T. (eds): Deltas: Sites and traps for fossil fuels.- Geol. Soc. Spec. Publ., 41, 75–80.

Broecker, W.S. (1991): The great ocean conveyor.- Oceanography, 4, 79–89.

Broecker, W.S., Sutherland, S. & Peng, T.-H. (1999): A possible 20th-century slowdown of Southern Ocean deep water formation.- Science, 286, 1132–1135.

Bromley, R.G. (1996): Spurenfossilien. Biologie, Taphonomie und Anwendungen.- 347 S., (Springer) Berlin, Heidelberg, New York.

Bruner, K.R. & Smosna, R. (2000): Stratigraphic-tectonic relations in Spain's Cantabrian Mountains: fan delta meets carbonate shelf.- J. Sediment. Research, 70, 6, 1302–1314.

Bruno, L., Bohacs, K.M., Campo, B., Drexler, T.M., Rossi, V., Sammartino, I., Scarponi, D., Hong, W. & Amorosi, A. (2017): Early Holocene transgressive palaeogeography in the Po coastal plain (northern Italy).- Sedimentology, ► https://doi.org/10.1111/sed.12374.

Bruns, B., Littke, R., Gasparik, M., van Wees, J.-D. & Nelskamp, S. (2015): Thermal evolution and shale gas potential estimation of the Wealden and Posidonia Shale in NW-Germany and the Netherlands: a 3D basin modelling study.- ► https://doi.org/10.1111/bre.12096.

Buchbinder, B. & Zilbermann, E. (1997): Sequence stratigraphy of Miocene-Pliocene carbonate-siliciclastic shelf deposits in the eastern Mediterranean margin (Israel): effects of eustasy and tectonics.- Sediment. Geol., 112, 1–2, 7–32.

Bungenstock, F. & Schäfer, A. (2009): The Holocene relative sea-level curve for the tidal basin of the barrier island Langeoog, German Bight, Southern North Sea.- In: Gilbert Camoin (ed.), SEALAIX 2006, Global and Planetary Change, 66, 34–51.

Bungenstock, F. & Weerts, H.J.T. (2010): The high-resolution Holocene sea-level curve for Northwest Germany: global signals, local effects or data-artefacts?- International Journal of Earth Sciences, 99, 8, 1687–1706.

Bungenstock, F. & Weerts, H. J. T. (2012): Reply: Holocene relative sea-level curves for the German North sea coast. *International Journal of Earth Sciences (Geol. Rundschau)*, 101 (4): 1083–1090.

Bungenstock, F., Wehrmann, A., Hertweck, G. & Schäfer, A. (2002): Modifikation von Strömungssystemen und Sohlformen im Gezeitengang auf den Rückseitenwatten der Nordseeinsel Baltrum.- Zbl. Geol. Paläont. Teil I, 2001, 283–295.

Burton, D., Flaig, P.F. & Prather, T.J. (2016): Regional controls on depositional trends in tidally modified deltas: Insights from sequence stratigraphic correlation and mapping of the Loyd and Sego Sandstones, Uinta and Piceance Basins of Utah and Colorado, U.S.A.- Journal of Sedimentary Research, 86, 7, 763–785; ▶ https://doi.org/10.2110/jsr.2016.48.

Bustin, R.M. (1988): Sedimentology and characteristics of dispersed organic matter in Tertiary Niger delta: origin of source rocks in a deltaic environment.- Bull. Amer. Ass. Petr. Geol., 72, 277–298.

Campbell, K.A., Nesbitt, E.A. & Bourgeois, J. (2006): Signatures of storms, oceanic floods and forearc tectonism in marine shelf strata of the Quinault Formation (Pliocene), Washington, USA.- Sedimentology, 53, 945–969.

Canestrelli, A., Lanzoni, S. & Fagherazzi, S. (2013): One-dimensional numerical modeling of the long-term morphodynamic evolution of a tidally-dominated estuary: The Lower Fly River (Papua New Guinea).- Sedimentary Geology; ▶ https://doi.org/10.1016/j.sedgeo.2013.06.009.

Capella, W., Hernández-Molina, F.J., Flecker, R., Hilgen, F.J., Hssain, M., Kouwenhoven, T.J., van Oorschot, M., Sierro, F.J., Stow, D.A.V., Trabucho-Alexandre, J., Tulbure, M.A. & de Weger, W. (2017): Sandy contourite drift in the late Miocene Rifian Corridor (Morocco): Reconstruction of depositional environments in a foreland-basin seaway.- Sedimentary Geology, 355, 31–57. https://doi.org/10.1016/.

Carlson, J. & Grotzinger, J.P. (2001): Submarine fan environment inferred from turbidite thickness distributions.- Sedimentology, 48, 1331–1351.

Carter, R.M. (1975): A discussion and classification of subaqueous mass-transport wih particular application to grain-flow, slurry-flow, and fluxoturbidites.- Earth-Science Reviews, 11, 145–177.

Carter, C.H. (1978): A regressive barrier and barrier-protected deposit: depositional environment and geographic setting of the Late Tertiary Cohansey Sand.- J. Sediment. Petrol., 48, 933–950.

Cattaneo, A., Correggiari, A., Langone, L. & Trincardi, F. (2003): The late-Holocene Gargano subaqueous delta, Adriatic shelf: Sediment pathways and supply fluctuations.- Marine Geology, 193, 61–91.

Chang, T.S. & Flemming, B.W. (2006): Sedimentation on a wave-dominated, open-coast tidal flat, southwestern Korea: summer tidal flat – winter shoreface – discussion.- Sedimentology, 53, 687–691.

Cheel, R.J. & Leckie, D.A. (1992): Coarse-grained storm beds in the Upper Cretaceous Chungo Member (Wapiabi Formation), Southern Alberta, Canada.- J. Sediment. Petrol., 62, 933–945.

Choi, K. (2010): Rhythmic climbing-ripple cross-lamination in inclined heterolithic stratification (IHS) of a macrotidal estuarine channel, Gomso Bay, West coast of Korea.- J. Sediment. Res., 80, 550–561.

Choi, K.S. & Park, Y.A. (2000): Late Pleistocene silty tidal rhythmites in the macrotidal flat between Youngjong and Yongyou Islands, west coast of Korea.- Marine Geol., 167, 231–241.

Chough, S.K. & Hesse, R. (1985): Contourites from Eirik Ridge, south of Greenland.- Sediment. Geol., 41, 185–199.

Clevis, Q., De Boer, P.L. & Nijman, W. (2004): Differentiating the effect of episodic tectonism and eustatic sea-level fluctuations in foreland basins filled by alluvial fans and axial delta systems: insights from a three-dimensional stratigraphic forward model.- Sedimentology, 51, 809–835.

Colbach, R. (2005): Overview of the geology of the Luxembourg Sandstone(s).- Ferrantia 44, 155–160.

Coleman, J.M. (1969): Brahmaputra River: channel processes and sedimentation.- Sediment. Geol., 13, 129–239.

Coleman, J.M. (1981): Deltas: Processes of deposition and models for exploration.- 141 pp, 2nd ed, (Burgess) Boston.

Coleman, J.M. (1988): Dynamic changes and processes in the Mississippi River delta.- GSA Bulletin, 100, 999–1015.

Coleman, J.M. & Prior, D.B. (1982 a): Deltaic environments of deposition.- In: Scholle, P.A. & Spearing, D. (eds): Sandstone depositional environments.- Amer. Assoc. Petrol. Geol. Mem., 31, 139–178.

Coleman, J.M. & Prior, D.B. (1982 b): Deltaic sand bodies.- AAPG Short Course, 15, 171 pp.

Collinson, J.D. (1986): Submarine ramp facies model for delta-fed, sand-rich turbidite systems; discussion.- AAPG Bulletin, 70, 1742–1743.

Collinson, J.D., Jones, C.M. & Wilson, A.A. (1977): The Marsdenian (Namurian R (sub 2)) succession west of Blackburn; implications for the evolution of Pennine delta systems.- Geological Journal, 12, 59–76.

Colquhoun, G.P. (1995): Siliciclastic sedimentation on a stormand tide-influenced shelf and shoreline: the Early Devonian Roxburgh Formation, NE Lachlan Fold Belt, southeastern Australia.- Sediment. Geol., 97, 69–98.

Corredor, F., Shaw, J.H. & Bilotti, F. (2005): Structural styles in the deep-water fold and thrust belts of the Niger Delta.- Amer. Assoc. Petrol. Geol., Bull., 89, 6, 753–780. ▶ https://doi.org/10.1306/02170504074.

Cotter, E. & Driese, S.G. (1998): Incised-valley fills and other evidence of sea-level fluctuations affecting deposition of the Catskill Formation (Upper Devonian), Appalachian Foreland Basin, Pennsylvania.-J. Sediment. Research, 68, 347–361.

Cramp, A., Maslin, M., Long, D. & the Shipboard Scientific Party, Leg 155 (1995): The Amazon submarine fan: sedimentary processes and cl mate change: initial results from ODP Leg 155.- Geoscientist, 5, 13–25.

Crimes, T.P. (1973): From limestone to distal turbidites: a facies and trace fossil analysis in the Zumaya flysch (Paleocene – Eocene), North Spain.- Sedimentology, 20, 105–131.

Dalrymple, R.W., Knight, R.J. & Lambiase, J.J. (1978): Bedforms and their hydraulic stability relationships in a tidal environment, Bay of Fundy. Canada.- Nature, 275, 100–104.

Dalrymple, R.W., Zaitlin, B.A. & Boyd, R. (1992): Estuarine facies models: Conceptual basis and stratigraphic implications.- J. Sediment. Petrol., 62, 1130–1146.

Dalrymple, R.W., Baker. E.K., Harris, P.T. & Hughes, M.G. (2003): Sedimentology and stratigraphy of a tide-dominated, foreland-basin delta (Fly River, Papua New Guinea).- SEPM Special Publication, Tropical Deltas of Southeast Asia – Sedimentology, Stratigraphy, and Petroleum Geology 76, 147–173.

Dalrymple, R.W., Yang, B.C. & Chun, S.S. (2006): Sedimentation on a wave-dominated, open-coast tidal flat, south-western Korea: summer tidal flat – winter shoreface – reply.- Sedimentology, 53, 693–696.

Dalziel, I.W.D., Dalla Salda, L.H. & Gahagan, L.M. (1994): Paleozoic Laurentia-Gondwana interaction and the origin of the Appalachian-Andean Mountain systems.- Geol. Soc. Amer. Bull., 106, 243–252.

Dasgupta, S., Buatois, L.A. & Mángano, M.G. (2016): Living On the Edge: Evaluating the impact of stress factors on animal-sediment interactions in subenvironments of a shelf-margin delta, the Mayaro Formation, Trinidad.- Journal of Sedimentary Research, 86, 1034–1066; ► https://doi.org/10.2110/jsr.2016.47.

Davies, R., Howell, J., Boyd, R., Flint, S. & Diessel, C. (2006): High-resolution sequence-stratigraphic correlation between shallow-marine and terrestrial strata: Examples from the Sunnyside Member of the Cretaceous Blackhawk Formation, Book Cliffs, eastern Utah.- AAPG Bulletin, 90, 7, 1121–1140.

Davis, R.A. jr. (ed 1985): Coastal sedimentary environments.- 716 pp, (Springer) New York, Heidelberg, Berlin.

Davis, R.A. jr. & Ethington, R.L. (1976): Beach and nearshore sedimentation.- SEPM Spec. Publ., 24, 187 pp, Tulsa/Okl.

De Batist, M. & Jacobs, P. (eds 1996): Geology of siliciclastic shelf seas.- Geol. Soc. London, Spec. Publ., 117, 345 pp.

De Boer, P.L. (1991): Pelagic black shale-carbonate rhythmus: Orbital forcing and oceanographic response.- In: Einsele et al. (eds): Cycles and events in stratigraphy.- 63–78, (Springer) Berlin, Heidelberg.

De Boer, P.L., Oost, A.P. & Visser, R.J. (1989): The diurnal inequality of the tide as a parameter for recognizing tidal influences.- J. Sediment. Petrol., 59, 912–921.

De Graciansky, C., Hardenbol, J., Jacquin, T. & Vail, P.R. (eds 1998): Mesozoic and Cenozoic sequence stratigraphy of European Basins.- SEPM Spec. Publ., 60, 1–485, Tulsa.

De Mowbray, T. & Visser, M.J. (1984): Reactivation surfaces in subtidal channel deposits, Oosterschelde, Southwest Netherlands.- J. Sediment. Petrol., 54, 811–824.

Demerest, J.M. & Leatherman, S.P. (1985): Mainland influence on coastal transgression: Delmarva Peninsula.- Marine Geology, 63, 19–33.

Dengler, A.T. & Wilde, P. (1983): Turbidity currents generated by hurricane Iwa.- Geol. Soc. Amer. Abstr., 15, 556.

Deveugle, P.E.K., Jackson, M.D., Hampson, G.J., Farrell, M.E., Sprague, A.R., Stewart, J. & Calvert, C.S. (2011): Characterisation of stratigraphic architecture and its impact on fluid flow in a fluvial-dominated deltaic reservoir analog: Upper Cretaceous Ferron Sandstone Member, Utah.- AAPG Bull., 95, 5, 693–727.

Diessel, C.F.K. (1992): Coal-bearing depositional systems.- 721 pp, (Springer), Berlin, Heidelberg, New York.

Dietrich, G., Kalle, K., Krauss, W. & Siedler, G. (1975): Allgemeine Meereskunde.- 593 S., 3. Aufl., (Borntraeger) Berlin.

Dill, H.G., Scheel, M., Koethe, A., Botz, R. & Henjes-Kunst, F. (1997): An integrated environment analysis – lithofacies, chemofacies, biofacies – of the Oligocene calcareous siliciclastic shelf deposits in northern Germany.- Palaeogeography, Palaeoclimatology, Palaeoecology, 131, 145–174.

Dillenburg, S.R. & Hesp, P.A. (eds 2009): Geology and Geomorphology of Holocene Coastal Barriers of Brazil.- Lecture Notes in Earth Sciences, 107, 1–380, (Springer) Heidelberg. ISBN: 978-3-540-25008-1.

Ditty, P.S., Harmon, C.J., Pilkey, O.H., Ball, M.M. & Richardson, E.S. (1977): Mixed terrigenous-carbonate sedimentation in the Hispaniola-Caicos turbidite basin.- Marine Geology, 24, 1–20.

Dixon, B.T. & Weimer, P. (1998): Sequence stratigraphy and depositional history of the eastern

Mississippi Fan (Pleistocene), northeastern deep Gulf of Mexico.- AAPG Bulletin, 82, 1207–1232.

Dixon, S.J., Sambrook Smith, G.H., Best, J.L., Nicholas, A.P., Bull, J.M., Vardy, M.E., Sarker, M.H. & Goodbred, S. (2018): The planform mobility of river channel confluences: Insights from analysis of remotely sensed imagery.- Earth-Science Reviews, Volume 176, January 2018, Pages 1–18: ▶ https://doi.org/10.1016/j.earscirev.2017.09.009.

Dominguez, J.M.L., Bittencourt, A.C.S.P. & Martin, L. (1992): Controls on Quaternary coastal evolution of the east-northeastern coast of Brazil: roles of sea-level history, trade winds and climate.- Sediment. Geol., 80, 213–232.

Dörjes, J. (1978): Das Watt als Lebensraum.- In: Reineck, H.-E. (Hrsg.): Das Watt. Ablagerungs- und Lebensraum.- 107–143, 2. Aufl., (Kramer) Frankfurt am Main.

Dott, R.H. jr. & Bourgeois, J. (1982): Hummocky cross stratification: Significance of its variable bedding sequences.- Geol. Soc. Amer. Bull., 93, 663–680.

Drozdzewski, G, (2007): Lagerstätten nutzbarer Festgesteine in Nordrhein-Westfalen.- 163 S. Geologischer Dienst NRW, Krefeld. [ISBN 978-3-86029-933-3].

Drozdzewski, G. & Koetter, G. (2008): Geologie und Bergbau im südlichen Ruhrgebiet: das Muttental bei Witten (Exkursion I am 28. März 2008).- Jber. Mitt. oberrhein geol. Ver., N.F., 90, 287–316.

Drozdzewski, G., Juch, D., Süss, M.P. & Wrede, V. (1996): Das Karbon des Ruhrbeckens: Sedimentation, Struktur, Beckenmodell.- In: Schäfer, A. & Thein, J. (Hrsg.): Geologische Stoffkreisläufe und ihre Veränderungen durch den Menschen.- Exkursionsführer der 148. Hauptversammlung der Deutschen Geologischen Gesellschaft in Bonn (29.30. – 4.10.1996), Terra Nostra, 96/7 43–62, (Alfred-Wegener-Stiftung) Bonn.

Drozdzewski, G., Schäfer, A., Brix, M. R. (2008): Field trip PRE2 – Late Carboniferous clastic sequences of the southern Ruhr Basin (Germany). – 26th IAS Regional Meeting held jointly with the SEPM-CES SEDIMENT Meeting 2008 – Bochum, Germany, September 1–3, 2008 – Excursion Guidebook – Exkurs. f. und Veröffentl. DGG, 237: 5–20; Hannover.

Duke, W.L. (1990): Geostrophic circulation of shallow marine turbidity currents? The dilemma of paleoflow patterns in storm-influenced prograding shoreline systems.- J. Sediment. Petrol., 60, 870–883.

Dunbar, G.B., Dickens, G.R. & Carter, R.M. (2000): Sediment flux across the Great Barrier Shelf to the Queensland Trough over the last 300ky.- Sediment. Geol., 133, 49–92.

Dunham, K.W., Meyers, P.A. & Ho, E.S. (1988): Organic Geochemistry of Cretaceous Black Shales and Adjacent Strata from the Galicia Margin, North Atlantic Ocean.- In: Boillot, G., Winterer, E.L. et al.: Proc. ODP, Sci. Results, 103, 557–565, Washington.

Dybkjaer, K. & Rasmussen, E.S. (2007): Organic-walled dinoflagellate cyst stratigraphy in an expanded Oligocene-Miocene boundary section in the eastern North Sea Basin (Frida-1 Well, Denmark) and correlation from basinal to marginal areas.- J. Micropalaeont, 26: 1–17, London.

Dzulynski, S. & Walton, E.K. (1965): Sedimentary features of flysch and greywackes.- Developments in sedimentology, 7, 274 pp, (Elsevier) Amsterdam.

Eder, F.W., Engel, W. & Sadler, P.M. (1983): Devonian and Carboniferous limestone-turbidites of the Rheinisches Schiefergebirge and their tectonic significance.- In: Martin, H. & Eder, F.W. (eds): Intercontinental fold belts.- 93–124, (Springer) Berlin, Heidelberg.

Edwards, M.B. (1981): Upper Wilcox Rosita delta system of South Texas: Growth-faulted shelf-edge deltas.- Amer. Assoc. Petrol. Geol. Bull., 65, 54–73.

Ehlers, J. (1987): The morphodynamics of the Wadden Sea.- 320 pp, (A.A. Balkema) Issel/Nederland.

Eide, C.H., Howell, J.A., Buckley, S.J., Martinius, A.W., Oftedal, B.T. & Henstra, G.A. (2016): Facies model for a coarse-grained, tide-influenced delta: Gule Horn Formation (Early Jurassic), Jameson Land, Greenland.- Sedimentology, 63, 6, 1474–1506. ▶ https://doi.org/10.1111/sed.12270.

Einsele, G. & Kelts, K. (1982): Pliocene and Quaternary mud turbidites in the Gulf of California: Sedimentology, mass physical properties and significance.- In: Curray, J.R., Moore, D.G. et al. (pp): Initial Reports of DSDP, 64, 511–528.

Einsele, G. & Seilacher, A. (eds 1982): Cyclic and event stratification.- 536 pp, (Springer) Berlin, Heidelberg, New York.

Einsele, G. & Seilacher, A. (1991): Distinction of tempestites and turbidites.- In: Einsele, G., Ricken, W. & Seilacher, A. (eds.): Cycles and Events in Stratigraphy.- 377–382, (Springer) Heidelberg, New York.

Einsele, G., Ricken, W. & Seilacher, A. (eds 1991): Cycles and events in stratigraphy.- 955 pp, (Springer) Berlin, Heidelberg, New York.

Eisma, D. (1981): Supply and deposition of supended matter in the North Sea.- In: Nio, S.-D., Schüttenhelm, R.T.E. & Van Weering, Tj.C.E. (eds): Holocene marine sedimentation in the North Sea Basin.- Internat. Assoc. Sedimentologists, Spec. Publ., 5, 415–428.

El Attar, A. & Pranter, M.J. (2016): Regional stratigraphy, elemental chemostratigraphy, and organic richness of the Niobrara Member of the Mancos Shale, Piceance Basin, Colorado.- AAPG Bull., 100, 3, 345–377.

Elick, J.M. (2002): Paleoenvironmental interpretation of a marginal-marine environment; the Catskill Formation (Upper Devonian) at Wyalusing Rocks,

PA.- Guidebook for the Annual Field Conference of Pennsylvania Geologists, 67, 8–14.

Elkholy, H. & Gad, J. (2006): Die Wied-Gruppe (vormals Hunsrückschiefer): Eine neue lithostratigraphische Einheit am Nordrand der Moselmulde – Untersuchungen zu ihrer faziellen und stratigraphischen Einordnung.- Mainzer geowiss. Mitt., 34, 49–72.

Elliott, T. (1978): Deltas.- In: Reading, H.G. (ed): Sedimentary environments and facies.- 576 pp, (Blackwell) Oxford.

Emery, D. & Myers, K.J. (1996): Sequence stratigraphy.- 297 pp, (Blackwell) Oxford.

Enge, H. & Howell, J.A. (2010): Impact of deltaic clinothems on reservoir performance: Dynamic studies of reservoir analogs from the Ferron Sandstone Member and Panther Tongue, Utah.- AAPG Bull, 94, 2, 139–161.

Engel, W. & Franke, W. (1983): Flysch-Sedimentation: its relations to tectonism in the European Variscides.- In: Martin, H. & Eder, F.W. (eds): Intracontinental fold belts.- 289–322, (Springer) Berlin, Heidelberg, New York.

Engel, W., Flehmig, W. & Franke, W. (1983): The mineral composition of the Rhenohercynian flysch sediments and its tectonic significance.- In: Martin, H. & Eder, F.W. (eds): Intracontinental fold belts.- 171–184, (Springer) Berlin, Heidelberg, New York.

Erben, H.K. (1994): Das Meer des Hunsrückschiefers.- In: von Koenigswald, W. & Meyer, W. (Hrsg.): Erdgeschichte im Rheinland, 49–56, (Pfeil) München.

Ettensohn, F.R. (1985): Controls on development of Catskill Delta complex basin-facies.- In: Woodrow, D.L. & Sevon, W.D. (eds): The Catskill Delta.- Geol. Soc. Amer. Spec. Paper, 201, 65–77.

Evans, G. (1965): Intertidal flat sediments and their environments of deposition in the Wash.- Quaterly J. Geol. Soc. London, 121, 209–245.

Evans, G. (1975): Intertidal flat deposits of the Wash, eastern margin of the North Sea.- In: Ginsburg, R.N. (ed): Tidal deposits.- 13–20, (Springer) New York.

Eyles, N. & Clark, B.M. (1985): Gravity-induced soft-sediment deformation in glaciomarine sequences of the Upper Proterozoic Port Askaig Formation, Scotland.- Sedimentology, 32, 789–814.

Fais, S., Klingele, E.E. & Lecca, L. (1996): Oligo-Miocene half-graben structure in Western Sardinian shelf (western Mediterranean): reflection seismic and aeromagnetic data comparison.- Marine Geology, 133, 203–222.

Fais, S., Klingele, E.E. & Lecca, L. (2002): Structural features of south-western Sardinian shelf (Western Mediterranean) deduced from aeromagnetic and high-resolution reflection seismic data.- Eclogae geol. Helv., 95, 169–182.

Fan, D. & Li, C. (2002): Rhythmic deposition on mudflats in the mesotidal Changjiang Estuary, China.- Jour. Sediment. Res., 72, 543–551.

Fan, D., Li, C., Archer, A.W. & Wang, P. (2002): Temporal distribution of diastems in deposits of an open-coast tidal flat with high suspended sediment concentrations.- Sediment. Geol., 152, 173–181.

Fenies, H., de Resseguier, A. & Tastet, J.-P. (1999): Intertidal clay-drape couplets (Gironde estuary, France).- Sedimentology, 46: 1–15.

Ferentinos, G., Papatheodorou, G. & Collins, M.B. (1988): Sediment transport processes on an active submarine fault escarpment: Gulf of Corinth, Greece.- Marine Geology, 83, 43–61.

Fielding, C.R (2010): Planform and facies variability in asymmetric deltas: Facies analysis and depositional architecture of the Turonian Ferron Sandstone in the western Henry Mts, South-Central Utah, USA.- J. Sed. Research, 80, 455–479.

Fielding, C.R. (2014): Anatomy of falling-stage deltas in the Turonian Ferron Sandstone of the western Henry Mountains Syncline, Utah: growth faults, slope failures, and mass transport complexes.- Sedimentology, DOI: ▶ https://doi.org/10.1111/sed.12136.

Fielding, C.R., Alexander, J. & Mewman-Sutherland, E. (1997): Preservation of in situ, arborescent vegetation and fluvial bar construction in the Burdekin River mouth of north Queensland, Australia.- Palaeogeography, Palaeoecology, Palaeoclimatology, 135, 123–144.

Fielding, C.R., Trueman, J.D. & Alexander, J. (2005): Sharp-based, flood-dominated mouth bar sands from the Burdekin River delta of northeastern Australia: Extending the spectrum of mouth-bar facies, geometry, and stacking patterns.- J. Sediment. Research, 75, 1, 55–66.

Figge, K. (1980): Das Elbe-Urstromtal im Bereich der Deutschen Bucht (Nordsee).- Eiszeitalter und Gegenwart, 30, 203–211.

Figge, K. (1983): Morainic deposits in the German Bight area of the North Sea.- In: Ehlers, J., (ed): Glacial deposits in North-West-Europe.- 299–304, Rotterdam.

Fitzgerald, D.M., Kulp, M., Penland, S., Flocks, J. & Kindinger, J. (2004): Morphologic and stratigraphic evolution of muddy ebb-tidal deltas along a subsiding coast: Barataria Bay, Mississippi River delta.- Sedimentology, 51, 1157–1178.

Flemming, B.W. (1991): Zur holozänen Entwicklung, Morphodynamik und faziellen Gliederung der ostfriesischen Insel Spiekeroog (Südliche Nordsee).- Senckenberg am Meer, Bericht 91/3: Sediment 1991 – Exkursion 1: Insel Spiekeroog.- 51 S., Forsch.-Inst. Senckenberg, Wilhelmshaven.

Flemming, B.W. (1992): Spiekeroog – A mesotidal barrier island complex.- Excursion Guide Book, Tidal Clastics 25.-28.8.1992, Wilhelmshaven.

Flemming, B.W. & Bartholomä, A. (1995): Tidal signatures in modern and ancient sediments.- Int. Ass. Sedimentol., Spec. Publ., 24, 358 pp.

Flemming, B.W. & Bartholomä, A. (1998): Die Gezeiten. Ursache und Erscheinungsformen.- In: Türkay, M. (ed.): Wattenmeer.- Kleine Senckenberg-Reihe 29, 3–9, (Kramer) Frankfurt am Main.

Flemming, B.W. & Hertweck, G. (eds 1994): Tidal flats and barrier systems of continental Europe: a selected overview.- Senckenbergiana maritima, 24, 1–211.

Forster, A., Kuypers, M.M.M., Turgeon, S.C., Brumsack, H.-J., Petrizzo, M.R. & Damsté J.S.S. (2008): The Cenomanian/Turonian oceanic anoxic event in the South Atlantic: New insights from a geochemical study of DSDP Site 530A.- Palaeogeography, Palaeoclimatology, Palaeoecology 267 (2008) 256–283; ▸ https://doi.org/10.1016/j.palaeo.2008.07.006.

Förster, A., Ellis, R., Henrich, R., Krastel, S. & Kopf A.J. (2010): Geotechnical characterization and strain analyses of sediment in the Mauritania Slide Complex, NW-Africa.- Marine and Petroleum Geology 27, 1175–1189.

France-Lanord, C., Derry, L. & Michard, A. (1993): Evolution of the Himalaya since Miocene time: isotopic and sedimentological evidence from the Bengal Fan.- In: Treloar, P.J. & Searle, M.P. (eds): Himalayan Tectonics.- Geol. Soc. Spec. Publ., 74, 603–621.

Franke, W., Eder, W. & Engel, W. (1975): Sedimentology of a lower Carboniferous shelf-margin, Velbert Anticline, Rheinisches Schiefergebirge, W-Germany).- N. Jb. f. Geol. u. Paläont., Abh., 150, 314–353.

Franke, W., Floyd, P.A., Holder, M. & Leveridge, B. (1989): The Rhenohercynian ocean revisited.- Terra cognita, EUG V, S. 365; Strasbourg.

Frazier, D.E. (1967): Recent deltaic deposits of the Mississippi River: their development and chronology.- Transactions of the Gulf Coast Association of Geological Societies, 17, 287–315.

Frederick, B.C., Blum, M., Fillon, R. & Roberts, H. (2019): Resolving the contributing factors to Mississippi Delta subsidence: Past and Present.- Basin Research, 31, 171–190. ▸ https://doi.org/10.1111/bre.12314.

Freeland, G.L., Stanley, D.J., Swift, D.J.P. & Lambert, D.N. (1981): The Hudson Shelf valley: its role in shelf sediment transport.- In: Nittrouer, C.A. (ed): Sedimentary dynamics of continental shelves.- Developments in Sedimentology, 32, 399–427.

Frey, R.W. & Howard, J.D. (1986): Mesotidal estuarine sequences: a perspective from the Georgia Bight.- J. Sediment. Petrol., 56, 911–924.

Frey, R.W. & Pemberton, S.G. (1984): Trace fossils and facies model.- In: Walker, R.G.: Facies Models.- 189–207, 2nd ed, Geoscience Canada Reprint Series 1, (Geol. Assoc. Canada) St. Johns.

Frey, R.W., Howard, J.D. & Pryor, W.A. (1978): Ophiomorpha: its morphologic, taxionomic and environmental significance.- Palaeogeography, Palaeoclimatology and Palaeoecology, 23, 199–229.

Fricke, A.T., Nittrouer, C.A., Ogston, A.O., Nowacki, D.J., Asp, N.E., Souza Filho, P.W.M. & da Silva, M.S. (2017): River tributaries as sediment sinks: Processes operating where the Tapajós and Xingu rivers meet the Amazon tidal river.- Accepted manuscript online: 23 MAR 2017 10:00AM EST | ▸ https://doi.org/10.1111/sed.12372.

Fruergaard, M., Andersen, T.J., Nielsen, L.H., Johannessen, P.N., Aagaard, T. & Pejrup, M. (2015): High-resolution reconstruction of a coastal barrier system: impact of Holocene sea-level change.- Sedimentology, 62, 3, 928–969; ▸ https://doi.org/10.1111/sed.12418.

Fruergaard, M., Johannessen, P.N., Nielsen, L.H., Nielsen, L., Møller, I., Andersen, T.J., Piasecki, S. & Pejrup, M. (2018): Sedimentary architecture and depositional controls of a Holocene wave-dominated barrier-island system.- Sedimentology, 65, 1170–1212, ▸ https://doi.org/10.1111/sed.12418.

Füchtbauer, H. (ed 1988): Sedimente und Sedimentgesteine. Sedimentpetrologie Teil II.- 1141 S., 4. Aufl., (Schweizerbart) Stuttgart.

Füchtbauer, H. & Müller, G. (1970): Sedimente und Sedimentgesteine. Sedimentpetrologie Teil II.- 726 S., (Schweizerbart) Stuttgart.

Gad, J. (2006): Was ist eigentlich Hunsrückschiefer?- Jahresberichte und Mitteilungen des Oberrheinischen Geologischen Vereins, N.F., 88, 53–65; ▸ https://doi.org/10.1127/jmogv/88/2006/53.

Galloway, W.E. & Hobday, D.K. (1983): Terrigenous clastic depositional systems. Application to petroleum, coal, and uranium exploration.- 423 pp, (Springer) Berlin, Heidelberg, New York.

Galy, A., France-Lanord, C. & Derry, L.A. (1996): The Late Oligocene – Early Miocene Himalayan Belt. Constraints deduced from isotopic compositions of Early Miocene turbidites in the Bengal Fan.- Tectonophysics, 260, 109–118.

Gardner, M.H. (1992): Variations in fluvial-deltaic architecture related to preservational trends in a Cretaceous clastic wedge, Ferron Sandstone, Utah.- American Association of Petroleum Geologists, 1992 Annual Convention Program, 44–45.

Gastaldo, R.A., Allen, G.P. & Huc, A.-Y. (1995): The tidal character of fluvial sediments of the modern Mahakam River delta, Kalimantan, Indonesia.- In: Colella, A. & Prior, D.B. (eds): Coarse-Grained

Deltas.- Spec. Publ. Int. Ass. Sedimentol., 10, 193–211.

Gawenda, P., Winkler, W., Schmitz, B. & Adate, T. (1999): Climate and bioproductivity control on carbonate turbidite sedimentation (Paleocene to earliest Eocene, Gulf of Biscay, Zumaya, Spain.- J. Sediment. Research, 69, 1253–1261.

Gee, M.J.R., Masson, D.G., Watts, A.B. & Mitchell, N.C. (2001): Passage of debris flows and turbidity currents through a topographic constriction: seafloor erosion and deflection of flow pathways.- Sedimentology, 48, 1389–1409.

Gelfenbaum, G. (1983): Suspended-sediment response to semidiurnal and fortnightly tidal variations in a mesotidal estuary: Columbia River, U.S.A.- Marine Geology, 52, 39–57.

Geluk, M.C., Duin, E.J.T., Dusar, M., Rijkers, R.H.B., van den Berg, M.W. & van Rooijen, P. (1994): Stratigraphy and tectonics of the Roer Valley Graben.- Geologie en Mijnbouw, 73, 129–141.

Gensous, B. & Tesson, M. (1996): Sequence stratigraphy, seismic profiles, and cores of Pleistocene deposits on the Rhône continental shelf.- Sediment. Geol., 105, 183–190.

Gerdes, G., Krumbein, W.E. & Reineck, H.-E. (Hrsg. 1987): Mellum, Portrait einer Insel.- 344 S., Senckenberg-Buch 63, (Kramer) Frankfurt a.M.

Gerdes, G., Krumbein, W.E. & Reineck, H.-E. (1985a): The depositional record of sandy, versicolored tidal flats (Mellum Island, southern North Sea).- J. Sediment. Petrol., 55, 265–278.

Gerdes, G., Krumbein, W.E. & Reineck, H.-E. (1985b): Verbreitung und aktuogeologische Bedeutung mariner mikrobieller Matten im Gezeitenbereich der Nordsee.- Facies, 12, 75–96.

Gilbert, G.K. (1885): The topographic features of lake shores.- U.S. Geol. Survey, 5th Annual Report (1883–1884), 69–123.

Ginsburg, R.N. (ed 1975): Tidal Deposits.- 428 pp, (Springer) Berlin, Heidelberg, New York.

Giosan, L., Donnelly, J.P., Constantinescu, S., Filip, F., Ovejanu, I., Vespremeanu-Stroe, A., Vespremeanu, E. & Duller, G.A.T. (2006): Young Danube delta documents stable Black Sea level since the middle Holocene: Morphodynamic, paleogeographic, and archaeological implications.- Geology 34, 9, 757–760; DOI: ▶ https://doi.org/10.1130/ G22587.1.

Gladstone, C. & Sparks, R.S.J. (2002): The significance of grain-size breaks in turbidites and pyroclastic density current deposits.- J. Sediment. Research, 72, 182–191.

Gladstone, C., McClelland, H.M.O., Woodcock, N.-I., Pritchard, D. & Hunt, J. (2017): The formation of convolute lamination in mud-rich turbidites.- Sedimentology, 65, 5, 1800–1825; ▶ https://doi. org/10.1111/sed.12447.

Glennie, K.W. (ed. 1986): Introduction to the Petroleum Geology of the North Sea.- 236 pp, (Blackwell Sci. Publ.) Oxford.

Goodbred, S.L. jr. & Kuehl, S.A. (1998): Floodplain processes in the Bengal Basin and the storage of Ganges-Brahmaputra river sediment: an accretion study using 137Cs and 210Pb geochronology.- Sediment. Geol., 121, 239–258.

Goodbred, S.L. jr. & Kuehl, S.A. (2000): The significance of large sediment supply, active tectonism and eustasy on margin sequence development: Late Quaternary stratigraphy and evolution of the Ganges-Brahmaputra delta.- Sediment. Geol., 133, 227–248.

Goodbred, S.L. jr., Paolo, P.M., Ullah, M.S., Pate, R.D., Khan, S.R., Kuehl, S.A., Singh, S.K. & Rahaman, W. (2014): Piecing together the Ganges-Brahmaputra-Meghna River delta: Use of sediment provenance to reconstruct the history and interaction of multiple fluvial systems during Holocene delta evolution.- GSA Bulletin, 126, 11–12, 1495–1510; ▶ https://doi.org/10.1130/b30965.1.

Gordini, E. (2007): Evolutionary trends in the beaches of the Tagliamento river delta.- Bollettino di geofisica teorica ed applicata 48, 3, 287–304.

Gould, H.R. (1970): The Mississippi delta complex.- In: Morgan, J.P. & Shaver, R.H. (eds): Deltaic Sedimentation, Modern and Ancient.- SEPM Spec. Publ., 15, 3–30.

Gramann, F., Heunisch, C., Klassen, H., Kockel, F., Dulce, G., Harms, F.-J., Katschorek, T., Mönnig, E., Schudack, M., Schudack, U., Thies, D. & Weiss, M. (1997): Das Niedersächsische Oberjura-Becken – Ergebnisse interdisziplinärer Zusammenarbeit.- Z. dt. geol. Ges. 148, 165–236.

Greenlee, S.M., Schroeder, F.W. & Vail, P.R. (1988): Seismic stratigraphic and geohistory analysis of Tertiary strata from the continental shelf off New Jersey. Calculation of eustatic fluctuations from stratigraphic data.- In: Sheridan, R.E & Grow, J.A. (eds): The Atlantic Continental Margin: U.S.- The Geology of North America, vol. I-2, 437–444.

Greenwood, B. & Davis, R.A. jr. (eds 1984): Hydrodynamics and sedimentation in wave-dominated coastal environments.- Marine Geology, 60, 1–473.

Grimaud, J.-L., Rouby, D., Chardon, D. & Beauvais, A. (2017): Cenozoic sediment budget of West Africa and the Niger delta.- Basin Research, 30, 2, ▶ https://doi.org/10.1111/bre.12248.

Grützner, C., Fischer, P. & Reicherter, K. (2016): Holocene surface ruptures of the Rurrand Fault, Germany – insights from palaeoseismology, remote sensing and shallow geophysics.- Geophysical Journal International 204, 1662–1677.

Guérin-Franiatte, S. (1989): Données recentes sur les facies transgressif (Grès du Luxembourg) et regressif (Minette) du Lias dans les quart Nord-Est du Bassin Parisien.- Comptes Rendus du Congrès National de Societes Savantes. Section des Sciences, 114, 105–118.

Guérin-Franiatte, S., Hary, A. & Muller, A. (1991): La formation des grès du Luxembourg au Lias inférieur: reconstitution dynamique du paléoénvironnement.- Bulletin de la Societé Geologique de France, Huitieme Série, 162/4, 763–773.

Guérin-Franiatte, S., Hary, A. & Muller, A. (1995): Paléoénvironnements et facteur temps: Observations dans le Lias inférieur du Nord-Est du Bassin Parisien.- Geobios, 28, Supplement 1, 207–219.

Gugliotta, M., Flint, S.S., Hodgson, D.M. & Veiga, G.D. (2016): Recognition criteria, characteristics and implications of the fluvial to marine transition zone in ancient deltaic deposits (Lajas Formation, Argentina).- Sedimentology, 63, 7, 1971–2001; ▶ https://doi.org/10.1111/sed.12291.

Gugliotta, M., Saito, Y., Nguyen, V.L., Ta, T.K.O. & Tamura, T. (2019): Sediment distribution and depositional processes along the fluvial to marine transition zone of the Mekong River delta, Vietnam.- Sedimentology, Volume, 66, 1, 146–164; ▶ https://doi.org/10.1111/sed.12489|.

Gursky, H.-J. (1996): Siliceous rocks of the Culm Basin, Germany.- In: Strogen, P., Somerville, I.D. & Jones, G.L. (eds): Recent advances in Lower Carboniferous geology.- Geol. Soc. London, Spec. Publs., 107, 303–314.

Habgood, E.L., Kenyon, N.H., Masson, D.G., Akhmetzhanov, A., Weaver, P.P.E., Gardner, J. & Mulder, Th. (2003): Deep-water sediment wave fields, bottom current sand channels and gravity flow channel-lobe systems, Gulf of Cadiz, NE Atlantic.- Sedimentology, 50, 483–510.

Hager, H. (1986): Peat accumulation and syngenetic clastic sedimentation in the Tertiary of the Lower Rhine Basin (F.R. Germany).- Mémoires de la Société Géologique de France, 149, 51–56.

Hager, H. (1993): The origin of the Tertiary lignite deposits in the Lower Rhine region, Germany.- International Journal of Coal Geology, 23, 251–262.

Hampson, G.J. (2010): Sediment dispersal and quantitative stratigraphic architecture across an ancient shelf.- Sedimentology, 57, 96–141.

Hampson, G.J., Howell, J.A. & Flint, S.S. (1999): A sedimentological and sequence stratigraphic reinterpretation of the Upper Cretaceous Prairie Canyon Member (Mancos B) and associated strata, Book Cliffs Area, Utah, USA.- J. Sediment Research, 69, 414–433.

Hanebuth, T.J.J. & Henrich, R. (2009): Recurrent decadal-scale dust events over Holocene western Africa and their control on canyon turbidite activity (Mauritania).- Quaternary Science Reviews, 28, 261–270.

Hanebuth, T.J.J., Mersmeyer, H., Kudrass, H.R. & Westphal, H. (2013): Aeolian to shallow-marine shelf architecture off a major desert since the Late Pleistocene (northern Mauritania).- Geomorphology, 203, 132–147; ▶ https://doi.org/10.1016/j.geomorph.2013.08.031.

Hanisch, J. (1972): Vertikale Verteilung der Ichnofossilien im Tertiär-Flysch von Zumaya (N-Spanien).- N. Jb. Geol. Paläont., Mh., 1972, 511–526.

Hanisch, J. (1981): Sand transport in the tidal inlet between Wangerooge and Spiekeroog.- In: Nio, S.D., Schüttenhelm, R.T.E. & Van Weering, Tj.C.E. (eds): Holocene marine sedimentation in the North Sea Basin. IAS Spec. Publ., 5, 175–185.

Haq, B.U. & Van Eysinga, F.W. (1987): Geological time table.- (4. rev ed), (Elsevier) Amsterdam.

Haq, B.U., Hardenbol, J. & Vail, P.R. (1987): Chronology of fluctuating sea levels since the Triassic.- Science, 235, 1156–1166, Washington D.C.

Haq, B.U., Hardenbol, J. & Vail, P.R. (1988): Mesozoic und Cenozoic chronostratigraphy and cycles of sea-level change.- In: Wilgus, C.K., Hastings, B.S., Kendall, C.G.St.C., Posamentier, H.W., Ross, C.A. & van Wagoner, J.C. (eds): Sea-level changes. An integrated approach.- SEPM Spec. Publ., 42, 71–108, Tulsa.

Hardenbol, J., Thierry, J., Farley, M.B., Jacquin, T., de Graciansky, P.C. & Vail, P.R (1998): Mesozoic and Cenozoic Sequence Stratigraphic Framework of European Basins - Charts 1–8.- In: De Graciansky, C., Hardenbol, J., Jacquin, T. & Vail, P.R. (eds.): Mesozoic and Cenozoic Sequence Stratigraphy of European Basins.- SEPM Spec. Publ., 60, 1–485, Tulsa.

Harms, J.C. (1975): Stratification and sequence in prograding shoreline deposits.- SEPM, Short Course, 2, 81–102.

Harris, P.T., Pattiarachi, C.B., Collins, M.B. & Dalrymple, R.W. (1995): What is a bedload parting?- In: Flemming, B.W. & Bartholomä, A.: Tidal signatures in modern and ancient sediments.- Spec. Publ. Int. Ass. Sedimentol., 24, 3–18.

Harris, P.T., Pattiaratchi, C.B., Keene, J.B., Dalrymple, R.W., Gardner, J.V., Baker, E.K., Cole, A.R., Mitchell, D., Gibbs, P. & Schroeder, W.W. (1996): Late Quaternary deltaic and carbonate sedimentation in the Gulf of Papua foreland basin: response to sea-level change.- Journal of Sedimentary Research, 66, 801–819.

Harris, P.T., Heap, A.D., Bryce, S.M., Porter-Smith, R., Ryan, D.A. & Heggie, D.T. (2002): Classification of Australian clastic coastal depositional environments based upon a quantitative analysis of wave, tidal, and river power.- J. Sediment. Research, 72, 858–870.

Harry, L.B., Longworth, H.R. & Cunningham, S.A. (2005): Slowing of the Atlantic meridional overturning circulation at 25° N.- Nature, 438, 655–657; ▶ https://doi.org/10.1038/nature04385.

Davis, R.A. jr & Hayes, M.O. (1984): What is a wave-dominated coast?- Marine Geology, 60, 313–329.

Heezen, B.C. & Hollister, C.D. (1964): Deep-sea current evidence from abyssal sediments.- Marine Geology, 1, 141–174.

Heezen, B.C., Hollister, C.D. & Ruddiman, W.F. (1966): Shaping the continental rise by deep geostrophic contour currents.- Science, 152, 502–508

Heggie, D., Smith, C., Radke, L., Murray, E., Ryan, D. & Brooke, B. (2002): 9-page special on Estuaries.- Ausgeo News, 65, April/May, 3–11, (Geoscience Australia) Canberra. [▶ www.ga.gov.au/about/corporate/ausgeo_news.jsp].

Helland-Hansen, W., Ashton, M., Lømo, L. & Steel, R. (1992): Advance and retreat of the Brent delta: recent contributions to the depositional model.- Geological Society, London, Special Publications 61, 109–127. ▶ https://doi.org/10.1144/gsl.sp.1992.061.01.07.

Helm, C., Reuter, M. & Schülke, I. (2002): Der Korallenoolith (Oberjura) im Osterwald (NW-Deutschland, Niedersächsisches Becken): Fazielle Entwicklung und Ablagerungsdynamik.- Z. dt. Geol. Ges., 153, 159–186.

Hendricks, A. & Speetzen, E. (1983): Der Osning-Sandstein im Teutoburger Wald und im Egge-Gebirge (NW-Deutschland) – ein marines Küstensediment aus der Unterkreide-Zeit.- Abh. Westf. Mus. Naturkde., 45, 1–11, Münster.

Henrich, R., Hanebuth, T.J.J., Krastel, S., Neubert, N. & Wynn, R.B. (2008): Architecture and sediment dynamics of the Mauritania Slide Complex. Marine and Petroleum Geology, 25, 17–33.

Henrich, R., Cherubini, Y. & Meggers, H. (2010): Climate and sea level induced turbiditic activity in a canyon system offshore the hyperarid Western Sahara: the Timiris Canyon.- Marine Geology, 275, 178–198.

Henrich, R., Hanebuth, T.J.J., Krastel, S. & Zühlsdorff, C. (2015): Wüste und submarine Canyons – ein vermeintliches Paradoxon vor Mauretanien.- In: Wefer, G., Schmieder, F. (Hrsg.) Expedition Erde. Marum Bibliothek, 4. Aufl., 164–169.

Hernandéz-Molina, J., Llave, E., Somoza, L. et al. (2003): Looking for clues of paleoceanographic imprints: A diagnosis of the Gulf of Cadiz contourite depositional systems.- Geology, 31, 19–22.

Hertweck, G. (1983): Das Schlickgebiet in der inneren Deutschen Bucht. Aufnahme mit dem Sediment-echographen.- Senckenbergiana maritima, 15, 219–249.

Hertweck, G. (1988): Zonierung der Faziesbereiche in der Helgoländer Tiefen Rinne.- In: Richter, D.K. (Hrsg.): Tagungsband Sediment 1988. Bochumer Geologische und Geotechnische Arbeiten, 29, 71–73.

Higgs, R. (1998): Discussion. Return of the fan that never was: Westphalian turbidite systems in the Variscan Culm Basin: Bude Formation (south-west England).- Sedimentology, 45, 961–975.

Hill, P.R., Lewis, C.P., Desmarais, S., Kauppaymuthoo, V. & Rais, H. (2001): The Mackenzie Delta: sedimentary processes and facies of a high-latitude, fine-grained delta.- Sedimentology, 48, 1047–1078.

Hiss, M. & Speetzen, E. (1986): Transgressionssedimente des Mittel- bis Oberalb am SE-Rand der Westfälischen Kreidemulde (NW-Deutschland).- N. Jb. f. Geol. u. Paläont., Mh., 1986, 648–670.

Hodge, B.L. & Dunham, K.C. (1991): Clastics, coals, palaeo-distributaries and mineralisation in the Namurian Great Cyclothem, northern Pennines and North-Humberland Trough.- Proc. of the Yorkshire Geological Society, 48, 323–337.

Hodgkinson, J., Cox, M.E., McLoughlin, S, & Huftile, G.J. (2008): Lithological heterogeneity in a back-barrier sand island: Implications for modelling hydrological frameworks.- Sediment. Geol., 203, 64–86.

Hoffmann, D. (2004): Holocene landscape development in the marshes of the West Coast of Schleswig-Holstein, Germany.- Quaternary International, 112, 1, 29–36; ▶ https://doi.org/10.1016/S1040-6182(03)00063-6.

Hoffmann, K.U. & Jordan, R. (1982): Die Stratigraphie, Palaeogeographie und Ammonitenführung des Unter-Pliensbachium (Carixium, Lias gamma) in Nordwest-Deutschland.- Geol. Jb., A 55, 3–439.

Holl, H.G. & Schäfer, A. (1992): Faziesanalyse und Sandsteinpetrographie im Westfal A2 des Ruhr-Beckens.- Zbl. Geol. Paläont., Teil I, 1991, 2887–2906.

Honjo, S., Mangini, S.J. & Poppe, L.J. (1982): Sedimentation of lithogenic particles in the deep ocean.- Mar. Geol., 50, 199–220.

Hori, K., Saito, Y., Zhao, Q. & Wang, P. (2002): Evolution of the coastal depositional systems of the Changjiang (Yangtse) River in response to Late Pleistocene – Holocene sea-level changes.- J. Sediment. Research, 72, 884–897.

Hori, K., Tanabe, S., Saito, Y., Haruyama, S., Nguyen, V. & Kitamura, A. (2004): Delta initiation and Holocene sea-level change: example from the Song Hong/Red River) delta, Vietnam.- Sediment. Geol., 164, 237–249.

Houbolt, J.J.H.C. (1968): Recent sediments in the southern bight of the North Sea.- Geologie en Mijnbouw, 47, 245–273.

Howard, J.D., Frey R.W. & Reineck, H.-E. (1972): Georgia coastal region, Sapelo Island, U.S.A., sedimentology and biology.- Senckenbergiana maritima, 4, 81–123.

Howard, J.D. & Reineck, H.-E. (1981): Depositional facies of high-energy beach-to-offshore sequence: Comparison with low-energy sequence.- Amer. Assoc. Petrol. Geol. Bull., 85, 807–830.

Howell, D.G. & Normark, W.R. (1982): Sedimentology of submarine fans.- In: Scholle, P.A. & Spearing, D. (eds): Sandstone Depositional Environments.- Amer. Assoc. Petrol. Geol. Mem., 31, 365–404.

Hübscher, C., Spiess, V., Breitzke, M. & Weber, M.E. (1997): The youngest channel-levee system of the Bengal Fan: results from digital sediment echo sounder data.- Marine Geology, 141, 125–145.

Huhn, B., Utescher, T., Ashraf, A.R. & Mosbrugger. V. (1997): The peat-forming vegetation in the Middle Miocene Lower Rhine Embayment, an analysis based on palynological data.- Mededelingen Nederlands Instituut voor Toegepaste Geowetenschappen TNO, 58, 211–218.

Hunt, S., Bryan, K.R. & Mullarney, J.C. (2015): The influence of wind and waves on the existence of stable intertidal morphology in meso-tidal estuaries.- Geomorphology, 228, 158–174.

Hutchison, C.H. (2008): Mid-Miocene Unconformity.- Abstract, Postgraduate Certificate in Education (PGCE), Session Geology, Informa UK Limited.

Hutsky, A.J. & Fielding, C.R. (2017): Tectonic control on deltaic sediment dispersal in the middle to upper Turonian Western Cordilleran Foreland Basin, USA.- Accepted manuscript online: 24 JAN 2017; ▶ https://doi.org/10.1111/sed.12363.

Huuse, M. (2002): Late Cenozoic palaeogeography of the eastern North Sea Basin: climatic vs tectonic forcing of basin margin uplift and deltaic progradation.- Bull. Geol. Soc. Denmark, 49, 145–170, Copenhagen.

Huuse, M. & Clausen, O.R. (2001): Morphology and origin of major Cenozoic sequence boundaries in the eastern North Sea Basin: top Eocene, near-top Oligocene and the mid-Miocene unconformity.- Basin Research, 13: 17–41.

Immenhauser, A., Hillgärtner, H. & Van Bentum, E. (2005): Microbial-forminiferal episodes in Early Aptian of the southern Tethyan margin: ecological significance and possible relation to oceanic anoxic event 1a.- Sedimentology, 52, 77–99.

Irion, G. (1994): Morphological, sedimentological and historical evolution of the Jade Bay, southern North Sea.- Senckenbergiana maritima, 24, 171–186.

Irion, G. (1998): Die weite Herkunft der Watt-Schlicke.- In: Türkay, M. (Hrsg.): Das Wattenmeer.- Kleine Senckenberg-Reihe, 29, 31–34, Frankfurt am Main.

Irion, G. & Busquet, T. (2006): Aspekte der Schlickablagerung der Inneren Deutschen Bucht und angrenzender Ästuare.- Forschungszentrum Terramare Berichte, 16, 26–29.

Ito, M.L. (1996): Sandy contourites of the Lower Kazusa Group in the Boso Peninsula, Japan: Kuroshio-Current influenced deep-sea sedimentation in a Plio-Pleistocene forearc basin.- J. Sediment. Research, A 66, 587–598.

Ito, M.L. (1997): Spatial variations in turbidite-to-contourite continuums of the Kiwada and Otadai Formations in the Boso Peninsula, Japan: an unstable bottom-current system in a Plio-Pleistocene fore- arc basin.- J. Sediment Research, 67, 571–582.

Jacobsen, F., Azam, M.H. & Mahbubur Mahboob-Ul-Kabir, M. (2002): Residual Flow in the Meghna Estuary on the Coastline of Bangladesh.- Estuarine, Coastal and Shelf Science, 55, 4, 587–597. ▶ https://doi.org/10.1006/ecss.2001.0929.

Janetschke, N. & Wilmsen, M. (2014): Sequence stratigraphy of the lower Upper Cretaceous Elbtal Group (Cenomanian–Turonian of Saxony, Germany) Sequenzstratigrafie der unteren Oberkreide der Elbtal-Gruppe (Cenoman–Turon von Sachsen, Deutschland).- Zeitschrift der Deutschen Gesellschaft für Geowissenschaften, 165, 2, 179–207; ▶ https://doi.org/10.1127/1860-1804/2013/0036.

Jansen, F. & Schollmayer, G. (2014): Mittelterrassen des Rheins zwischen Bonn und Bocholt (Niederrhein; Nordrhein-Westfalen).- Decheniana 167, 76–106, Bonn.

Jiménez, J.A., Sánchez-Arcilla, A., Valdemoro, H.I., Gracia, V. & Nieto, F. (1998): Processes reshaping the Ebro delta.- Marine Geology, 144, 59–79.

Jiufa, L. & Chen, Z. (1998): Sediment resuspension and implications for turbidity maximum in the Changjiang Estuary.- Marine Geology, 148, 117–124.

Johannessen, E.P., Mjøs, R., Renshaw, D., Dalland, A. & Jacobsen, T. (1995): Northern limit of the „Brent delta" at the Tampen Spur – a sequence stratigraphic approach for sandstone distribution.- In: Steel, R.J., Felt, V.L., Johannessen, E.P & Mathieu, C. (eds): Sequence Stratigraphy on the Northwest European Margin.- NPF Special Publication, 5, 213–256, (Elsevier) Amsterdam.

Johnson, M.A., Stride, A.H., Belderson., R.H. & Kenyon, N.H. (1981): Predicted sand-wave formation and decay on a large offshore tidal-current sand sheet.- In: Nio, S.-D., Schüttenhelm, R.T.E. & Van Weering, Tj.C.E. (eds): Holocene Marine Sedimentation in the North Sea Basin.- Internat. Assoc. Sediment., Spec. Publ., 5, 247–256, (Blackwell) Oxford.

Johnson, S.D., Flint, S., Hinds, D. & De Ville Wickens, H. (2001): Anatomy, geometry and sequence stratigraphy of basin floor to slope turbidite systems, Tanqua Karoo, South Africa.- Sedimentology, 48, 987–1023.

Jouanneau, J.M. & Latouche, C. (1981): The Gironde Estuary.- Contributions to Sedimentology, 10, 115 pp, (Schweizerbart) Stuttgart.

Karle, M., Frechen, M. & Wehrmann, A. (2017): Holocene coastal lowland evolution: reconstruction of land-sea transitions in response to sea-level changes (Jade Bay, southern North Sea, Germany).- Zeitschrift der Deutschen Gesellschaft für Geowissenschaften (ZDGG), 168, 1, 21–38; ▶ https://doi.org/10.1127/zdgg/2017/0105.

Kartveit, K.H., Ulsund, H.B. & Johansen, S.E. (2019): Evidence of sea level drawdown at the end of the Messinian Salinity Crisis and seismic investigation of the Nahr Menashe Unit in the northern Levant Basin, offshore Lebanon.- Basin Research, 13 February 2019, ▶ https://doi.org/10.1111/bre.12347.

Katz, B.J. & Pheifer, R.N. (1986): Organic geochemical characteristics of Atlantic Ocean Cretaceous and Jurassic black shales.- Marine Geology, 70, 43–66.

Keller, B. (2000): Fazies der Molasse anhand eines Querschnitts durch das zentrale Schweizer Mittelland (Exkursion D am 27. April 2000).- Oberrhein. Geol. Ver., Jber. u. Mitt., NF. 82, 55–92.

Kennett, J.P. (1982): Marine Geology.- 813 pp., (Prentice-Hall International) London.

Kenyon, N.H., Belderson, R.H., Stride, A.H. & Johnson, M.A. (1981): Offshore tidal sand-banks as indicators of net sand transport and as potential deposit.- In: Nio, S.-D., Schüttenhelm, R.T.E. & Van Weering, Tj.C.E. (eds): Holocene Marine Sedimentation in the North Sea Basin.- Internat. Assoc. Sediment., Spec. Publ., 5, 257–268, (Blackwell) Oxford.

Kim, W., Mohrig, D., Twilley, R., Paola, C. & Parker, G. (2009): Is it feasible to build new land in the Mississippi River delta?- Eos, 90, 42, 373–374.; delta@jsg.utexas.edu.

Kirkland, J.I. (1991): Lithostratigraphic and biostratigraphic framework for the Mancos Shale (Late Cenomanian to Middle Turonian) at Black Mesa, northeastern Arizona.- In: Nations, J.D. & Eaton, J.G. (eds): Stratigraphy, depositional environments, and sedimentary tectonics of the western margin, Cretaceous Western Interior Seaway.- Geol. Soc. Am. Spec. Paper, 260, 85–111.

Klassen, H. (1991): Der obere Dogger und tiefe Malm im westlichen Niedersächsischen Becken.- In: Beiträge der DGG-DGMK-Gemeinschaftstagung Braunschweig 1989. Der tiefere Untergrund des Nordwestdeutschen Beckens: Sedimentologie – Tektonik – Kohlenwasserstoffe.- DGMK-Bericht, 468, 259–295.

Klausen, T.G., Torland, J.A., Eide, C.H., Alaei, B., Olaussen, S. & Chiarella, D. (2017): Clinoform development and topset evolution in a mud-rich delta – the Middle Triassic Kobbe Formation, Norwegian Barents Sea.- Sedimentology; Accepted manuscript online: 27 September 2017; ▶ https://doi.org/10.1111/sed.12417.

Klett, M., Eichhorst. F. & Schäfer, A. (2002): Facies interpretation from well-logs applied to the Tertiary Lower Rhine Basin fill.- In: Schäfer A, Siehl A (eds) Rift Tectonics and Syngenetic Sedimentation – the Cenozoic Lower Rhine Graben and Related Structures.- Netherlands Journal of Geosciences / Geologie en Mijnbouw, 81, 167–176, Utrecht.

Klüpfel, W. (1918): Über den Lothringer Jura.- Jahrb. d. preuß. geol. L.-A., 38, Teil 1, Heft 2, 252–346, Berlin.

Klug, B. (1993): Cyclic facies architecture as a key to depositional controls in a distal foredeep: Campanian Mesaverde Group, Wyoming, USA.- Geol. Rundschau, 82, 306–326.

Klug, B. (1994): The Mesaverde Group (Campanian) in the Bighorn Basin of Wyoming/Montana, USA.- Bonner Geowissenschaftliche Schriften, 16, 199 pp, Bonn.

Kneidl, V. (2016): Der unterdevonische Bundenbach-„Canyon" – 150 Jahre Hunsrückschiefer-Forschung.- Fossilien, 2, 52–57.

Kneller, B. & Buckee, C. (2000): The structure and fluid mechanics of turbidity currents: a review of some recent studies and their geological implications.- Sedimentology, Suppl. 1, 47, 62–94.

Knox, R.W.O.B., Bosch, J.H.A., Rasmussen, E.S., Heilmann-Clausen, C., Hiss, M., De Lugt, I.R., Kasinksi, J., King, C., Köthe, A., Slodkowska, B., Standke, G. & Vandenberghe, N. (2010): Cenozoic.- In: Doornenbal, J.C. & Stevensen, A.G. (editors), Petroleum Geological Atlas of the Southern Permian Basin Area, 211–223, EAGE Publications b.v. (Houten).

Kohler, E.E. & Köster, H.M. (1982): Mineralogy and chemistry of glauconites from Northwest Germany and Southeast Holland.- Geol. Jb., D 52, 89–100.

Kolla, V. & Perlmutter, M.A. (1993): Timing of turbidite sedimentation on the Mississippi fan.- AAPG Bull., 77, 1129–1141.

Komar, P.D. & McDougal, W.G. (1994): The analysis of exponential beach profiles.- J. Coastal Research, 10, 59–69.

Korus, J.T. & Fielding, C.R. (2017): Hierarchical architecture of sequences and bounding surfaces in a depositional-dip transect of the fluvio-deltaic Ferron Sandstone (Turonian), Southeastern Utah, U.S.A.- Journal of Sedimentary Research 87, 897–920; ▶ https://doi.org/10.2110/jsr.2017.50.

Koss, J.E., Ethridge, F.G. & Schumm, S.A. (1994): An experimental study of the effects of base-level change on fluvial, coastal plain and shelf systems.- J. Sediment. Research, B 64, 90–98.

Kosters, E.C. & Suter, J.R. (1993): Facies relationships and systems tracts in the Late Holocene Mississippi delta plain.- J. Sediment. Petrol., 63, 727–733.

Kosters, E.C., Chmura, G.L. & Bailey, A. (1987): Sedimentary and botanical factors influencing peat accumulation in the Mississippi Delta.- J. Geol. Soc. London, 144, 423–434.

Köthe, A. (2007): Cenozoic biostratigraphy from the German North Sea sector (G-11-1) borehole, dinoflagellate cysts, calcareous nannoplankton.- Z. dt. Ges. Geowiss., 158: 287–312.

Köthe, A., Gaedicke, C. & Lutz, R. (2008): Erratum: The age of the Mid-Miocene Unconformity (MMU) in the G-11-1 borehole, German North Sea sector.- Z. dt. Ges. Geowiss., 159: 687–689.

Kranck, K. (1981): Particulate matter grain-size characteristics and flocculation in a partially mixed estuary.- Sedimentology, 28, 107–114.

Krastel, S., Wynn, R.B., Hanebuth, T.J.J., Henrich, R., Holz, C., Meggers, H., Kuhlmann, H., Georgiopoulou, A. & Schulz, H. (2006): Seafloor mapping of submarine geohazards offshore Mauritania, Northwest Africa.- Norwegian Journal of Geology, 86, 163–176.

Kremb-Wagner, F., Negendank, J.F.W. & Wagner, H.W. (2014): Zur Struktur der Bitburger Mulde, der Fortsetzung des Trier-Wittlicher Rotliegend-Grabens und weiterer Strukturen.- Z. Dt. Geol. Geowiss., 165, 3, 367–372.

Kuehl, S.A., Levy, B.M., Moore, W.S. & Allison, M.A. (1998): Subaqueous delta of the Ganges-Brahmaputra river system.- Marine Geology, 144, 81–96.

Kühl, G., Bartels, C., Briggs, D.E.G. & Rust, J. (2011): Fossilien im Hunsrück-Schiefer. Fossilien aus einer einzigartigen Region.- 120 S., Edition Goldschneck (Quelle & Meyer Verlag GmbH & Co.) Wiebelsheim.

Kuhn, L. & Etter, W. (1994): Der Posidonienschiefer der Nordschweiz; Lithostratigraphie, Biostratigraphie, Fazies.- Eclogae Geol. Helv., 87, 113–138.

Kuss J., Scheibner, C., Höntzsch, S & Wendler, J. (2015): Kurzfristige Krisen in der Erdgeschichte während der letzten 100 Millionen Jahre. Was Flachmeerablagerungen erzählen.- In: Wefer, G. & Schmieder, F. Expeditionon Erde. Wissenswertes und Spannendes aus den Geowissenschaften. 322–327, 4. Auflage, (Marum Bibliothek) Bremen.

Lange, H. (1982): Distribution of chlorite and kaolinite in eastern Atlantic sediments of North Africa.- Sedimentology, 29, 427–431.

Lanier, W.P., Feldman, H.R. & Archer, A.W. (1993): Tidal sedimentation from a fluvial to estuarine transition, Douglas Group, Missourian-Virgilian, Kansas.- J. Sediment. Petrol., 63, 860–873.

Larcombe, P. & Jago, C.F. (1996): The morphological dynamics of intertidal megaripples in the Mawddach Estuary, North Wales, and the implications for the palaeoflow reconstructions.- Sedimentology, 43, 541–559.

Lauer, T., Frechen, M. & Fischer, P. (2017): Luminescence dating of the Lower Middle Terrace site at Brühl, southern Lower Rhine Embayment – a first dating approach.- Zeitschrift der Deutschen Gesellschaft für Geowissenschaften (ZDGG), 168, 1, 105–114.

Lauff, G.H. (ed. 1967): Estuaries.- Am. Assoc. Adv. Sci. Publ., 83, 757 pp., Washington.

Laugier, F.J. & Plink-Björklund, P. (2016): Defining the shelf edge and the three-dimensional shelf edge to slope facies variability in shelf edge deltas.- Sedimentology, 63, 5, 1280–1320. ▶ https://doi.org/10.1111/sed.12263.

Leckie, D.A. & Krystinik, L.F. (1989): Is there evidence for geostrophic currents preserved in the sedimentary record of inner to middle shelf deposits?.- J. Sediment. Petrol., 59, 862–870.

Leckie, D.A. & Singh, C. (1991): Estuarine deposits of the Albian Paddy Member (Peace River Formation) and lowermost Shaftsbury Formation, Alberta, Canada.- J. Sediment. Petrol., 61, 825–849.

Leckie, R.M., Kirkland, J.I. & Elder, W.P. (1997): Stratigraphic Framework and Correlation of a Principal Reference Section of the Mancos Shale (Upper Cretaceous), Mesa Verde, Colorado.- New Mexico Geological Society Guidebook, 48th Field Conference, Mesozoic Geology and Paleontology of the Four Corners Region, 163–216.

Leeder, M.R. (1999): Sedimentology and Sedimentary Basins. From Turbulence to Tectonics.- 592 pp., (Blackwell Science) Oxford.

Lessa, G. & Masselink, G. (1995): Morphodynamic evolution of a macrotidal barrier estuary.- Marine Geology, 129, 25–46.

Lesueur, P., Tastet, J.P. & Weber, O. (2002): Origin and morphosedimentary evolution of fine-grained modern continental shelf deposits: the Gironde mud fields (Bay of Biscay, France).- Sedimentology, 49, 1299–1320.

Lien, T., Walker, R.G. & Martinsen, O.J. (2003): Turbidites in the Upper Carboniferous Ross Formation, western Ireland: reconstruction of a channel and spill-over system.- Sedimentology, 50, 113–148.

Lin, C., Jiang, J., Shi, H., Zhang, Z., Liu, J., Chenggang, Q., Hao Li, H., Ran, H., Wei, A., Tian, H., Xing, Z. & Yao, Q. (2017): Sequence architecture and depositional evolution of the Northern Continental Slope of the South China Sea: Responses to tectonic processes and changes in sea level.- Basin Reasearch, 29,1; ▶ https://doi.org/10.1111/bre.12238.

Lindhorst, S., Betzler, C. & Hass, H.C. (2008): The sedimentary architecture of a Holocene barrier spit (Sylt, German Bight): Swash-bar accretion and storm erosion.- Sediment. Geol., 206, 1–16.

Lindhorst, S., Fürstenau, J., Hass, H.H. & Betzler, C. (2010): Anatomy and sedimentary model of a hooked spit (Sylt, southern North Sea).- Sedimentology, 57, 4, 935–955.

Lintern, D.G., Hill, P.R. & Stacey, C. (2016): Powerful unconfined turbidity current captured by cabled observatory on the Fraser River delta slope, British Columbia, Canada.- Sedimentology, 63, 5, 1041–1064.; ▶ https://doi.org/10.1111/sed.12262.

Lisitzin, A.P. (1974): Sedimentation in the World Ocean.- SEPM Spec. Publ., 17, 1–218.

List, J.H. & Terwindt, H.J. (eds. 1995): Large-scale coastal behaviour.- Marine Geol., 126, 1–3.

Loew, D.R. (1982): Sediment gravity flows: II. Depositional models with special reference to the deposits of high-density turbidity currents.- J. Sediment. Petrol., 52, 279–297.

Longhitano, S.G., Sabato, L., Tropeano, M. & Gallicchio, S. (2010): A mixed bioclastic-siliciclastic flood-tidal delta in a microtidal setting: Depositional architectures and hierarchial internal organization (Pliocene, Southern Apennine, Italy).- J. Sediment. Res., 80, 36–53.

Lonne, I., Nemec, W., Blikra, L.H. & Lauritsen, T. (2001): Sedimentary architecture and dynamic stratigraphy of a marine ice-contact system.- J. Sediment. Research, 71, 922–943.

Lopez-Martinez, N. (2001): New dinosaur sites correlated with Upper Maastrichtian pelagic deposits in the Spanish Pyrenees; implications for the dinosaur extinction pattern in Europe.- Cretaceous Research, 22, 41–61.

Lorenz, W. (1975): Zur Lithostratigraphie und Sedimentologie des Korallenoolith (Malm) im Wiehengebirge (NW-Deutschland).- Mitt. Geol.-Paläont. Inst., 44, 423–447.

Luan Ho, V., Dorrell, R.M., Keevil, G.M., Burns, A.D. & McCaffrey, W.D. (2017): Pulse propagation in turbidity currents.- Sedimentology, ▶ https://doi.org/10.1111/sed.12397.

Lucius, M. (1948): Erläuterungen zu der geologischen Spezialkarte Luxemburgs – Geologie Luxembourgs. Das Gutland.- Publications du Service géologique de Luxembourg, Veröffentlichungen des Luxemburger Geologischen Dienstes, 5, 408 pp., (Ministère des Travaux Publics, Service Géologique de Luxembourg) Luxembourg.

Ludwig, G. & Figge, K. (1979): Schwermineralvorkommen und Sandverteilung in der Deutschen Bucht.- Geol. Jb., D 32, 23–68.

Ludwig, G., Müller, H. & Streif, H. (1979): Neuere Daten zum holozänen Meeresspiegelanstieg im Bereich der Deutschen Bucht.- Geol. Jb., D 32, 3–22.

Luternauer, J.L. & Murray, J.W. (1973): Sedimentation on the western delta-front of the Fraser River, British Columbia.- Can. J. Earth Sci., 10, 1642–1663.

Mack, G.M., Hook, S., Giles, K.A. & Cobban, W.A. (2016): Sequence stratigraphy of the Mancos Shale, lower Tres Hermanos Formation, and coeval middle Cenomanian to middle Turonian strata, southern New Mexico, USA.- Sedimentology, 63, 4, 781–808. ▶ https://doi.org/10.1111/sed.12238.

Magbagbeola, O.A. & Willis, B.J. (2007): Sequence stratigraphy and syndepositional deformation of the Agbada Formation, Robertkiri field, Niger Delta, Nigeria.- AAPG Bull., 91, 7, 945–958.

Maier-Reimer, E. (1993): Geochemical cycles in an ocean general circulation model. Preindustrial tracer distributions.- Global Biochemical Cycles, 7, 645–677.

Marchès, E., Mulder, T., Gonthier, E., Cremer, M., Hanquiez, V., Garlan, T. & Lecroart, P. (2010): Perched lobe formation in the Gulf of Cadiz: Interactions between gravity processes and contour currents (Algarve Margin, Southern Portugal).- Sediment. Geol., 229, 81–94. ▶ https://doi.org/10.1016/j.sedgeo.2009.03.008.

Markello, J.R. & Read, J.F. (1981): Carbonate ramp-to-deeper shale shelf transitions of an Upper Cambrian intrashelf basin, Nolichucky Formation, Southwest Virginia Appalachians.- Sedimentology, 28, 573–597.

Marsset, T. & Bellec, V. (2002): Late Pleistocene-Holocene deposits of the Rhône inner continental shelf (France): detailed mapping and correlation with previous continental and marine studies.- Sedimentology, 49, 255–276.

Martino, R.L. & Sanderson, D.D. (1993): Fourier and autocorrelation analysis of estuarine tidal rhythmites, Lower Breathitt Formation (Pennsylvanian), Estern Kentucky, USA.- J. Sediment. Petrol., 63, 1, 105–119.

Martinsen, O.J. & Hellend-Hansen, W. (1994): Sequence stratigraphy, facies model of an incised valley fill: The Gironde Estuary, France. Discussion.- J. Sediment. Research, B 64, 78–80. (Reply by Allen, G.P. & Posamentier, H.W.: 81–84).

Mastalerz, K. (1995): Deposits of high-density turbidity currents on fan-delta slopes: an example from the Upper Visean Szczawno Formation, Intrasudetic Basin, Poland.- Sediment. Geol., 98, 121–146.

Maubeuge, P.L. (1967): Données stratigraphiques nouvelles sur la grès du Luxembourg' dans l'ouest du Grand-Duché.- Soc. Géol. Fr., C.R., 8, 343–345.

Mauz, B. & Bungenstock, F. (2007): How to reconstruct trends of late Holocene relative sea level: A new approach using tidal flat clastic sediments and optical dating.- Marine Geology, 237, 3–4, 225–237.

McCann, T., Skompski, S., Poty, E., Dusar, A., Vozarova, A., Schneider, J., Wetzel, A., Krainer, K., Kornpihl, K., Schäfer, A., Krings, M., Oplustil S. & Tait, J. (2008):

Carboniferous.- In McCann, T. (ed.): The Geology of Central Europe, Volume 1.- 411–530, Geological Society London. ISBN 978-1-86239-265-6.

McCave, I.N. (1972): Transport and escape of fine-grained sediment from shelf areas.- In: Swift, D.J.P., Duane, D.B. & Pilkey, O.H. (eds.): Shelf Sediment Transport.- 225–248, (Dowden, Hutchinson & Ross) Stroudsbourg, PA.

McClay, K., Dooley, T., Ferguson, A. & Poblet, J. (2000): Tectonic evolution of the Sanga Sanga Block, Mahakam Delta, Kalimantan, Indonesia.- AAPG Bull., 84, 765–786.

McCubbin, D.G. (1982): Barier-island and strand-plain facies.- In: Scholle, P.A., Spearing, D. (eds.): Sandstone depositional environments.- Amer. Assoc. Petrol. Geol. Mem., 31, 247–279.

Mégnien, C. (1980): Synthèse géologique du Bassin de Paris: I. Stratigraphie et paléogeographie. II. Atlas.- Mem. BRGM, 101 + 102, Paris.

Meier, D. (2006): Die Nordseeküste.- 208 S., (Boyens-Verlag) Heide. ISBN-10: 3804211828, ISBN-13: 978-3804211827.

Meischner, D. (1971): Clastic sedimentation on the Variscan Geosyncline East of the River Rhine.- In: Müller, G. (ed): Sedimentology of parts of Central Europe.- Guidebook to Excursions held during the VIIIth International Sedimentological Congress 1971 in Heidelberg, 9–43, (W. Kramer) Frankfurt am Main.

Meischner, D. (1991): Kleine Geologie des Kellerwaldes.- Jber. u. Mitt. Oberrhein. Geol. Ver., 73, 115–142.

Mellere, D. (1994): Sequential development of an estuarine valley fill: the Twowells Tongue of the Dakota Sandstone, Acoma Basin, New Mexico.- J. Sediment. Research, B 64, 500–515.

Mellere, D. & Steel, R.J. (1995): Facies architecture and sequentiality of nearshore and shelf sandbodies; Haystack Mountains Formation, Wyoming, USA.- Sedimentology, 42, 551–574.

Menning, M. & Deutsche Stratigraphische Kommission (2012): Erläuterung zur Stratigraphischen Tabelle von Deutschland Kompakt 2012.- Z. dt. Ges. Geowiss, 163, 4 385–409.

Mertens, G., Spies, D. & Teyssen, T. (1983): The Luxembourg Sandstone Formation (Lias), a tide-controlled deltaic deposit.- Ann. Soc. Géol. Belgique, 106, 103–109.

Meybeck, M. (1980): Pathway of major elements from land to ocean through rivers.- In: Martin, J.-M., Burton, J.D., Eisma, D. (eds.): River Inputs to Ocean Systems.- UNER, IOC, SCOR Workshop Proc., 18–30.

Meyer, W. & Stets, J. (1996): Das Rheintal zwischen Bingen und Bonn.- Slg. geologischer Führer, 89, 386 S., (Borntraeger) Stuttgart.

Meyer, W. & Stets, J. (2000): Das Mittelrheintal – Geologie in Karte und Profil. Geologische Übersichtskarte 1:100 000 und Profil des Mittelrheintales.- 49 S., 1 Kte., (Geolog. Landesamt Rheinland-Pfalz) Mainz.

Meyers, P.A. (ed. 2003): Paleoclimatic and paleoceanographic records in Mediterranean sapropels and Mesozoic black shales.- Palaeogeography, Palaeoclimatology, Palaeoecology, 190, pp. 1–480.

Meyers, P.A. & Mitterer, R.M. (eds.1986): Deep ocean black shales: organic geochemistry and paleooceanographic setting.- Mar. Geol., 70, 1–174.

Miall, A.D. (1991): Hierarchies of architectural units in terrigenous clastic rocks, and their relationship to sedimentation rate.- In: Miall, A.D. & Tyler, N. (eds.): The three-dimensional facies architecture of terrigenous clastic sediments and its implications for hydrocarbon discovery and recovery.- SEPM Concepts in Sedimentology and Paleontology, 3, 6–12.

Michels, K.H., Kudrass, H.R., Hübscher, C., Suckow, A. & Wiedicke, M. (1998): The submarine delta of the Ganges-Brahmaputra: cyclone-dominated sedimentation patterns.- Marine Geology, 149, 123–144.

Michon, L., van Balen, R.T., Merle, O. & Pagnier, H. (2003): The Cenozoic evolution of the Roer Valley rift system integrated at European scale.- Tectonophysics 367, 1–2, 101–126.

Middleton, G.V. & Hampton, M.A. (1973): Sediment gravity flows: mechanics of flow and deposition.- SEPM Pacific Section, Short Course: Turbidites and Deep-Water Sedimentation, 38 pp..

Middleton, G.V. & Hampton, M.A. (1976): Subaqueous sediment transport and deposition by sediment gravity flows.- In: Stanley, D.J. & Swift, D.J.P. (eds): Marine sediment transport and environmental management.- 197–218, (Wiley) New York.

Midtgaard, H.H. (1996): Inner-shelf to lower-shoreface hummocky sandstone bodies with evidence for geostrophic influenced combined flow, Lower Cretaceous, West Greenland.- J. Sediment. Research, 66, 343–353.

Miller, J.McL. & Gray, D.R. (1996): Structural signature of sediment accretion in a Palaeozoic accretionary complex, southeastern Australia.- J. Struct. Geol., 18, 1245–1258.

Miller, D.J. & Eriksson, K.A. (1997): Late Mississippian prodeltaic rhythmites in the Appalachian Basin: a hierarchical record of tidal and climatic periodicities.- J. Sediment. Research, Section B, 67, 4, 653–660.

Milli, S., D'Ambrogi, C., Bellotti, P., Calderoni, G., Carboni, M.G., Celant, A., Di Bella, L., Di Rita, F., Frezza, V. & Magri, D. (2013): The transition from wave-dominated estuary to wave-dominated delta: The Late Quaternary stratigraphic architecture of Tiber River deltaic succession (Italy).- Sedimentary Geology, 284–285, 159–180. ▶ http://dx.doi.org/10.1016/j.sedgeo.2012.12.003.

Milli, S., Mancini, M., Moscatelli, M., Stigliano, F., Marini, M. & Cavinato, G.P. (2016): From river to shelf, anatomy of a high-frequency depositional sequence: The Late Pleistocene to Holocene Tiber depositional sequence.- Sedimentology, 63, 7; ▶ https://doi.org/10.1111/sed.12277.

Milliman, J.D., Huang-ting, S., Zuo-sheng, Y. & Mead, R.H. (1985): Transport and deposition of river sediment in the Changjiang estuary and adjacent continental shelf.- Continental Shelf Research, Volume 4, Issues 1–2, 1985 ▶ https://doi.org/10.1016/0278-4343(85)90020-2.

Mittmeyer, H.-G. (1980): Vorläufige Gesamtliste der Hunsrückschiefer-Fossilien.- Kl. Senckenberg-Reihe, 11, 34–39.

Mittmeyer, H.-G. (1996): Geologie des Unterdevons im Südhunsrück sowie am Mittelrhein.- Jber. Mitt. oberrhein. geol. Ver., N.F., 78, 135–154.

Mittmeyer, H.-G. (2008): Unterdevon der Mittelrheinischen und Eifeler Typ-Gebiete (Teile von Eifel, Westerwald, Hunsrück und Taunus).- In: Deutsche Stratigraphische Kommission (Hrsg.): Stratigraphie von Deutschland VIII, Devon.- Schriftenreihe dt. Ges. Geowiss., 52: 139–203.

Mixon, R.B. (1985): Stratigraphic and geomorphic framework of the uppermost Cenozoic deposits in the southern Delmarva Peninsula, Virginia and Maryland.- US Geol. Surv. Prof. Paper, G-1067, 53 pp.

Mjøs, R., Hadler-Jacobsen, F. & Johannessen, E.P. (1998): The distal sandstone pinchout of the Mesa Verde Group, San Juan Basin, and its relevance for sandstone prediction of the Brent Group, northern North Sea.- In: Gradstein, F.M., Sandvik, K.O. & Milton, N.J.: Sequence Stratigraphy – Concepts and Applications.- NPF Special Publication, 8, 263–297, (Elsevier) Amsterdam.

Molenaar, C.M. (1988): Cretaceous and Tertiary rocks of the San Juan Basin.- In: Sloss, L.L. (ed): Sedimentary Cover – the North American Craton, Column US, The Geology of North America, DNAG, D-2, 129–134.

Molenaar, C.M. & Baird, J.K. (1991): Stratigraphic cross-sections of Upper Cretaceous rocks in the Northern San Juan Basin, Southern Ute Indian Reservation, southwestern Colorado.- In: Moslow, T.F. (1984): Depositional Models of Shelf and Shoreline Sandstones.- AAPG Continuing Education, Course Note Series, 27, 102 pp.

Monegato, G. & Stefani, C. (2010): Stratigraphy and evolution of a long-lived fluvial system in the southeastern Alps (NE Italy): The Tagliamento Conglomerate.- Austrian J. Earth Sci., 103, 2, 33–49.

Morgan, J.P. & Shaver, R.H. (1970): Deltaic Sedimentation, modern and ancient.- SEPM Spec. Publ., 15, 1–312.

Mourelle, D., Prieto, A.R., Perez, L., Garcia-Rodriguez, F. & Borel, C.M. (2015): Mid and late Holocene multiproxy analysis of environmental changes linked to sea-level fluctuation and climate variability of the Rio de la Plata Estuary.- Palaeogeography, Palaeoclimatology, Palaeoecology, 421, 75–88.

Mügge, V., Wrede, V. & Drozdzewski, G. (2005): Von Korallenriffen, Schachtelhalmen und dem Alten Mann. Ein spannender Führer zu 22 Geotopen im mittleren Ruhrtal.- 160 S., (Klartext Verlag) Essen.

Müller, G. & Furrer, R. (1994): Die Belastung der Elbe mit Schwermetallen. Erste Ergebnisse von Sedimentuntersuchungen.- Naturwissenschaften, 81, 401–405.

Mulder, T. & Alexander, J. (2001): The physical character of subaqueous sedimentary density flows and their deposits.- Sedimentology, 48, 269–299.

Mulder, T. & Etienne, S. (2010): Lobes in deep-sea turbidite systems. State of the art.- Sedimentary Geology, 229, 3, 75–80. ▶ https://doi.org/10.1016/j.sedgeo.2010.06.011.

Murray, C.J., Lowe, D.R. et al. (1996): Statistical analysis of bed-thickness patterns in a turbidite section from the Great Valley sequence, Cache Creek, Northern California.- J. Sediment. Research, 66, 900–908.

Mussard, J.M., Gerard, J., Ducazeaux, J. & Begouen, V. (1994): Quantitative palynology: A tool for the recognition of genetic depositional sequences. Application to the Brent Group.- Bull. Centres Rech. Explor.- Prod. Elf Aquitaine, 18, 463–474.

Muto, T., Furubayashi, R., Tomer, A., Sato, T., Kim, W., Naruse, H. & Parker, G. (2016): Planform evolution of deltas with graded alluvial topsets: Insights from three-dimensional tank experiments, geometric considerations and field applications.- Sedimentology – Record online: 13 SEP 2016 | ▶ https://doi.org/10.1111/sed.12301.

Mutterlose, J., Kaplan, U. & Hiss, M. (1995): Die Kreide im nördlichen Münsterland und im Westteil des Niedersächsischen Beckens.- Bochumer Geologische und Geotechnische Arbeiten, 45, 72 S., Ruhr-Universität Bochum.

Mutterlose, J., Wippich, M.G.E. & Geisen, M. (eds 1997): Cretaceous depositional environments of NW-Germany.- Bochumer Geologische und Geotechnische Arbeiten, 46, 134 pp., Ruhr-Universität Bochum.

Mutti, E. (1977): Distinctive thin-bedded turbidite facies and related depositional environments in the Eocene Hecho Group (South-Central Pyrenees, Spain).- Sedimentology, 24, 107–131.

Mutti, E. (1985): Turbidite systems and their relations to depositional sequences.- In: Zuffa, G.G. (ed): Provenance of Arenites.- 65–93, (Reidel) Amsterdam.

Mutti, E. (1992): Turbidite Sandstones.- 275 pp., (AGIP S.P.A., Istituto di Geologia Universita Parma) Milano.

Mutti, E., Rosell, J., Ghibaudo, G. & Obrador, A. (1975): The Upper Cretaceous Arèn Sandstone in its type-area.- In: Rosell, J. & Puigdefàbregas, C.: The Sedimentary Evolution of the Paleogene South Pyrenean Basin.- 7–15, Field Guide, IAS 9th International Congress, Nice.

Mutti, E., Bernoulli, D., Ricci Lucchi, F. & Tinterri, R. (2009): Turbidites and turbidity currents from Alpine flysch to the exploration of continental margins.- Sedimentology, 56, 267–318.

Mwenifumbo, C.J., Killeen, P.G. & Elliott, B. (1994): Downhole logging measurements in the Fraser Delta, British Columbia.- Geol. Surv. Canada, Current Research, 1994, 77–84.

Naeth, J., Asmus, S.C. & Littke, R. (2004): Petrographic and geophysical assessment of coal quality as related to briquetting: the Miocene lignite of the Lower Rhine Basin, Germany.- Int. J. Coal Geol., 60, 17–41.

Nelson, B.W. (1970): Hydrography, sediment dispersal, and recent historical development of the Po River Delta, Italy.- In: Morgan, J.P. & Shaver, R.H. (eds): Deltaic Sedimentation, modern and ancient.- SEPM Spec. Publ., 15, 152–184.

Nemec, W. (1995): The dynamics of deltaic suspension plumes.- In: Oti, M.N. & Postma, G. (eds): Geology of Deltas.- 31–93, (A.A. Balkema) Rotterdam, Brookfield.

Neumaier, M., Back, S., Littke, R., Kukla, P.A., Schnabel, M. & Reichert, C. (2016): Late Cretaceous to Cenozoic geodynamic evolution of the Atlantic margin offshore Essaouira (Morocco).- Basin Research, 28, 5, 712–730. ▶ https://doi.org/10.1111/bre.12127.

Niedoroda, A.W., Swift, D.J.P., Figureido, A.G. jr & Freeland, G.L. (1985): Barrier island evolution, Middle Atlantic shelf, USA.- Marine Geology, 63, 363–396.

Nio, S.-D., Schüttenhelm, R.T.E. & Van Weering, Tj.C.E. (eds. 1981): Holocene marine sedimentation in the North Sea Basin.- Internat. Assoc. Sedimentology, Spec. Publ., 5, 515 pp., Oxford.

Nishat, B. & Rahman, S.M. (2009): Water Resources Modeling of the Ganges-Brahmaputra-Meghna River Basins Using Satellite Remote Sensing Data.- Journal of the American Water Resources Association (JAWRA) 45(6):1313–1327.

Nittrouer, C.A. & Kuehl, S.A. (eds 1995): Geological significance of sediment transport and accumulation on the Amazon continental shelf.- Marine Geology, 125, 1–399.

Nittrouer, C.A., Kuehl, S.A., Demaster, D.J. & Kowsmann, R.O. (1986): The deltaic nature of Amazon shelf sedimentation.- Geol. Soc. Amer. Bull., 97, 444–458.

Nittrouer, C.A., Kuehl, S.A., Sternberg, R.W., Figueirdo, A.G.jr. & Faria, L.E.C. (1995): An introduction to the geological significance of sediment transport and accumulation on the Amazon continental shelf.- Marine Geol., 125, 177–192.

Nizou, J., Hanebuth, T.J.J., Heslop, D., Schwenk, T., Palamenghi, L., Stuut, J-B. & Henrich. R. (2010): The Senegal mud belt: A high-resolution archive of paleoclimatic change and costal evolution.- Marine Geology, 278, 150–164.

Noffke, N., Gerdes, G., Klenke, Th., Krumbein, W.E. (2001): Microbially induced sedimentary structures – a new category within the classification of primary sedimentary structures.- J. Sediment. Research, 71, 5, 649–656.

Nummedal, D. (1982): Barrier islands.- Technical Report, Coastal Research Group, 82, 79 pp., Baton Rouge.

Nummedal, D. & Penland, S. (1981): Sediment dispersal in Norderneyer Seegat, West Germany.- In: NIO, S.D. et al. (eds): Holocene marine sedimentation in the North Sea Basin.- IAS Spec. Publ., 5, 187–210, Oxford.

Nummedal, D., Pilkey, O.H. & Howard, J.D. (eds. 1987): Sealevel Fluctuation and Coastal Evolution.- SEPM Spec. Publ., 41, 267 pp..

Nummedal, D., Cole, R., Young, R., Shanley, K. & Boyles, M. (2001): Book Cliffs sequence stratigraphy: The Desert and Castlegate Sandstones.- GJGS/SEPM Field Guide Trip # 15, pp. 81, [in conjunction with the 2001 Annual Convention of the American Association of Petroleum Geologists, Denver, Colorado].

Nyandwi, N. & Flemming, B.W. (1995): A hydraulic model for the shore-normal energy gradient in the East Frisian Wadden Sea (southern North Sea).- Senckenbergiana maritima, 25, 163–171.

O'Brien, N.R., Nakazawa, K. & Tokuhashi, S. (1980): Use of clay fabric to distinguish turbiditic and hemipalgic siltstones and silts.- Sedimentology, 27, 47–61.

Odin, G.S. & Letolle, R. (1980): Glauconitization and phosphatization environments: a tentative comparison.- In: Bentor, Y.K. (ed.): Marine Phosphorites – Geochemistry, Occurrence, Genesis.- Soc. Econ. Paleont. Mineral. Spec. Pub., 29, 227–237.

Oertel, G.F. & Leatherman, S.P. (eds 1985): Barrier islands.- Marine Geology, 63, 1–396.

Olde, K., Jarvis, J., Uličný, D., Pearce, M.A., Trabucho-Alexandre, J., Čech, S., Gröcke, D.R., Laurin, J., Švábenická, L. & Tocher, B.A. (2015): Geochemical and palynological sea-level proxies in hemipelagic sediments: A critical assessment from the Upper Cretaceous of the Czech Republic.- Palaeogeography, Palaeoclimatology, Palaeoecology, 435, 222–243; ▶ https://doi.org/10.1016/j.palaeo.2015.06.018.

Olsen, T.R. & Steel, R.J. 1995): Shoreface pinch-out style on the front of the Brent Delta in the easterly Tampen Spur area.- Norwegian Petroleum Society Special Publications, 5, 273–289; ► https://doi.org/10.1016/S0928-8937(06)80072-X.

Olsen, T.R., Mellere, D. & Olsen, T. (1999): Facies architecture and geometry of landward-stepping shoreface tongues: the Upper Cretaceous Cliff House Sandstone (Mancos Canyon, south-west Colorado).- Sedimentology, 46, 603–625.

Oomkens, E. (1970): Depositional sequences and sand distribution in the postglacial Rhône Delta complex.- In: Morgan, J.P. & Shaver, R.H. (eds): Deltaic Sedimentation, modern and ancient.- SEPM Spec. Publ., 15, 198–212.

Oomkens, E. (1974): Lithofacies relations in the Late Quaternary Niger Delta complex.- Sedimentology, 21, 195–222.

Ori, G.G., Ricci Lucchi, F. & Massari, F. (1981): Examples of fossil transverse ribs in Upper Miocene deltaic conglomerates, Vittorio Veneto area, Southern Alps.- Internat. Assoc. Sedimentologists, 2nd Europ. Mtg., Bologna, Abstr., 141.

Orton, G.J. & Reading, H.G. (1993): Variability of deltaic processes in terms of sediment supply, with particular emphasis on grain size.- Sedimentology, 40, 475–512.

Oschmann, W. (2000): Der Posidonienschiefer in SW-Deutschland, Toarcium, Unterer Jura.- In: Meischner, D. (ed): Europäische Fossillagerstätten.- 137–142, (Springer) Berlin, Heidelberg, New York.

Oti, M.N. & Postma, G. (eds 1995): Geology of Deltas.-315 pp., (A.A.Balkema) Rotterdam, Brookfield.

Overeem, I., Bishop-Kay, C., Weltje, G.J. & Kroonenberg, S.B. (2001): The Late Cenozoic Eridanos delta system in the Southern North Sea Basin: a climate signal in sediment supply?- Basin Research 13, 293–312.

Palamenghi, L., Schwenk, T., Spiess, V. & Kudrass, H.R. (2011): Seismostratigraphic analysis with centennial to decadal time resolution of the sediment sink in the Ganges–Brahmaputra subaqueous delta.- Continental Shelf Research, 31, 712–730.

Parkinson, R.W. (1989): Decelerating Holocene sea-level rise and its influence on Southwest Florida coastal evolution: A transgressive/regressive stratigraphy.- J. Sediment. Petrol., 59, 960–972.

Pasierbiewicz, K.W. (1982): Experimental study of cross-strata development on an undulatory surface and implications relative to the origin of flaser and wavy bedding.- J. Sedimentary Petrology, 52, 3, 769–778.

Pattison, S.A.J. (2005): Storm-influenced prodelta turbidite complex in the Lower Kenilworth Member at Hatch Mesa, Book Cliffs, Utah, USA: Implications for shallow marine facies models.- J. Sediment. Research, 75, 3, 420–439.

Pattison, S.A.J., Ainsworth, R.B. & Hoffmann, T.A. (2007): Evidence of cross-shelf transport of fine-grained sediments: turbidite-filled shelf channels in the Campanian Aberdeen Member, Book Cliffs, Utah, USA.- Sedimentology, 54, 1033–1063.

Peitz, C. (2001): Sauropod nesting behavior as evidenced by dinosaur egg localities in the Maastrichtian of NE Spain.- J. Vertebrate Paleontology, Suppl., 21, p. 88.

Peng, Y., Steel. R.J. & Olariu, C. (2017): Transition from storm wave-dominated outer shelf to gullied upper slope: The mid-Pliocene Orinoco shelf margin, South Trinidad.- Accepted manuscript online: 24 JAN 2017 11:05AM EST | ► https://doi.org/10.1111/sed.12362.

Penland, S. & Suter, J.R. (1989): The geomorphology of the Mississippi River chenier plain.- Marine Geology, 90, 231–258.

Penland, S., Boyd, R. & Suter, J.R. (1988): Transgressive depositional systems of the Mississippi Delta plain: A model for barrier shoreline and shelf mud sand development.- J. Sediment. Petrol., 58, 932–949.

Pérez-López, A: (2001): Significance of pot and gutter casts in a Middle Triassic carbonate platform, Betic Cordillera, southern Spain.- Sedimentology, 48, 1371–1388.

Petzelberger, B.E.M. (1994): Die marinen Sande im Tertiär der südlichen Niederrheinischen Bucht – Sedimentologie, Fazies und stratigraphische Deutung unter Berücksichtigung der Sequenzstratigraphie.- Bonner Geowissenschaftliche Schriften, 14, 112 S., Diss. Univ. Bonn.

Petzelberger, B.E.M. (1999): Die sedimentfazielle Entwicklung der Nordseeinsel Juist seit dem Saale-Glazial.- Probleme der Küstenforschung im südlichen Nordseegebiet, 26, 65–76.

Pickering, J.I., Goodbred, S.L. Jr., Beam, J.C., Ayers, J.C., Covey, A.K., Rajapara, H.M. & Singhvi, A.K. (2018): Terrace formation in the upper Bengal basin since the Middle Pleistocene: Brahmaputra fan delta construction during multiple highstands.- Basin Research, 30, S1, 550–567.; ► https://doi.org/10.1111/bre.12236.

Pierau, R., Henrich, R., Preiß-Daimler, I., Krastel, S. & Gerseen, J. (2011): Sediment transport and turbidite architecture in the submarine Dakar Canyon off Senegal, NW-Africa.- Journal of African Earth Sciences, 60, 196–208.

Pilkey, O.H., Blackwelder, B.W., Knebel, H.J. & Ayers, M.W. (1981): The Georgia Embayment continental shelf: Stratigraphy of a submerge.- Geol. Soc. Amer. Bull., 92, 52–63.

Pinet, N., Brake, V., Campbell, C. & Duchesne, M.J. (2015): Geomorphological characteristics and variability of Holocene mass transport complexes, St. Lawrence River estuary, Canada.- Geomorphology, 228, 286–302.

Pinter, P.R., Butler, R.W.H., Hartley, A.J., Maniscalco, R., Baldassini, N. & Di Stefano, A. (2017): Tracking sand-fairways through a deformed turbidite system: the Numidian (Miocene) of Central Sicily, Italy.- Basin Research, Accepted manuscript online: 10 August 2017; ▶ https://doi.org/10.1111/bre.12261.

Piper, D.J.W. & Normark, W.R. (1983): Turbidite depositional patterns and flow characteristics, Navy submarine fan, California Borderlands.- Sedimentology, 30, 681–694.

Pitman, W.C. & Golovchenko, X. (1983): The effect of sea-level change on the shelf edge and slope of passive margins.- In: Stanley, D.J. & Moore, G.T. (eds): The Shelfbrake: Critical Interface on Continental Margins.- Soc. Econ. Paleont. Mineral. Spec. Publ., 33, 41–58.

Plink-Björklund, P. & Steel, R.J. (2004): Initiation of turbidity currents: outcrop evidence for Eocene hyperpycnal flow turbidites.- Sediment. Geol., 165, 29–52.

Plint, A.G. & Wadsworth, J.A. (2003): Sedimentology and palaeo-geomorphology of four large valley systems incising delta plains, western Canada Foreland Basin: implications for mid-Cretaceous sea-level changes.- Sedimentology, 50, 1147–1186.

Porebski, S.J. (1995): Facies architecture in a tectonically controlled incised-valley estuary: La Meseta Formation (Eocene) of Seymour Island, Antarctic Peninsula.- Studia Geologica Polonica, 107, 7–97.

Porebski, S.J., Meischner, D. & Goerlich, K. (1991): Quaternary mud turbidites from the South Shetland Trench and West Antarctica: recognition and implications for turbidite facies modeling.- Sedimentology, 38, 691–715.

Postma, G., Nemec, W. & Kleinspehn, K.L. (1988): Large floating clasts in turbidites; a mechanism for their emplacement.- Sediment. Geol., 58, 47–61.

Prauss, M., Ligouis, B. & Luterbacher, H.P. (1991): Organic matter and palynomorphs in the Posidonienschiefer (Toarcian, Lower Jurassic) of Southern Germany.- In: Tyson, R.V. & Pearson, T.H. (eds): Modern and ancient continental shelf anoxia.- Geol. Soc. London, Spec. Publs., 58, 335–351.

Prentice, J.E. (1968): Sediment transport in estuarine areas.- Nature, 218, 5148, 1207–1210.

Prentice, J.E. (1972): Sedimentation in the Inner Estuary of the Thames, and its relation to the regional subsidence.- Philosophical Transactions of the Royal Society of London. Series A, Mathematical and Physical Sciences, 272, 1221, 115–119.

Prinz, L., McCann, T., Schäfer, A., Asmus, S. & Lokay, P. (2016): The geometry, distribution and development of sand bodies in the Miocene-age Frimmersdorf Seam (Garzweiler open-cast mine), Lower Rhine Basin, Germany: implications for seam exploitation.- Geological Magazine, Cambridge University Press, 22 pp.; ▶ https://doi.org/10.1017/s0016756816000960.

Prinz, L., Schäfer, A., McCann, T., Utescher, T., Lokay, P. & Asmus, S. (2017): Facies analysis and depositional model of the Serravallian-age Neurath Sand, Lower Rhine Basin (W Germany).- Netherlands Journal of Geosciences — Geologie en Mijnbouw. ▶ https://doi.org/10.1017/njg.2016.51.

Prior, D.B. & Coleman, J.M. (1982): Active slides and flows in underconsolidated marine sediments on the slopes of the Mississippi Delta.- In: Saxov, S. & Niewenhuis, J.K. (eds.): Marine Slides and other Mass Movements.- Nato Conf., Ser. IV, 6, 21–49, (Plenum Press) New York, London.

Proborukmi, M.S., Urban, B., Frechen, M., Grube, A. & Rolf, C. (2017): Late Pliocene–Pleistocene record of the Garding-2 research drill core, Northwest Germany.- Zeitschrift der Deutschen Gesellschaft für Geowissenschaften (ZDGG), 168, 1, 141–167; ▶ https://doi.org/10.1127/zdgg/2017/0103.

Puigdefàbregas, C. (1986): Evolution and cyclicity in a tectonically controlled shelf; Arèn Sandstone, Maestrichtian, Tremp, south-central Pyrenees.- Canadian Society of Petroleum Geologists, Memoir, 11, Abstract p 332.

Puigdefàbregas, C. & Simo, A. (1986): Evolution and cyclicity in a tectonically controlled shelf, Arèn Sandstone, Maestrichtian, Tremp, South-Central Pyrenees.- Canadian Society of Petroleum Geologists, Memoir, 11, (Abstract) Pages 332–332.

Puigdefàbregas, C. & Souquet, P. (1986): Tecto-sedimentary cycles and depositional sequences of the Mesozoic and Tertiary from the Pyrenees.- Tectonophysics, 129, 1–4, 173–203; ▶ https://doi.org/10.1016/0040-1951(86)90251-9.

Pujalte, V., Robles, S., Robador, Baceta, AJ.I. & Orue-Etxebarria, X. (2009): Shelf-to-Basin Palaeocene Palaeogeography and Depositional Sequences, Western Pyrenees, North Spain.- In: Posamentier, H.W., Summerhayes, C.P., Haq, B.U. & Allen, G.P. (2009 eds.): Sequence Stratigraphy and Facies Associations, International Association of Sedimentologists; Published Online: 15 APR 2009 ▶ https://doi.org/10.1002/9781444304015.ch19.

Ramsay, P.J., Smith, A.M. & Mason, Th.R. (1996): Geostrophic sand rigde, dune fields and associated bedforms from the Kwa Zulu – Natal shelf, southeast Africa.- Sedimentology, 43, 407–419.

Rasmussen, E.S. (2009): Neogene inversion of the Central Graben and Rinkøbing-Fyn High, Denmark.- Tectonophysics, 465, 84–97.

Rasmussen, E.S., Vejbæk, O.V., Bidstrup, T., Piasecki S. & Dybkjær, K. (2005): Late Cenozoic depositional history of the Danish North Sea Basin: implications for the petroleum systems in the Kraka, Halfdan, Siri and Nini fields.- Geological Society, London, Petroleum Geology Conference series 2005, 6, 1347–1358; ▶ https://doi.org/10.1144/0061347.

Rasmussen, E.S., Utescher, T. & Dybkjær, K. (2013): Drowning of the Miocene Billund delta, Jylland: land-sea fluctuations during a global warming event.- GEUS, Geological Survey of Denmark and Greenland Bulletin 28, 9–12. Open access: ▶ www.geus.dk/publications/bull.

Reading, H.G. (ed 1996): Sedimentary Environments: Processes, Facies and Stratigraphy.- 688 pp., 3rd ed., (Blackwell) Oxford.

Rebata-H., L.A., Gingras, M.K., Räsänen, M.E. & Barberi, M. (2006): Tidal-channel deposits on a delta plain from the Upper Miocene Nauta Formation, Maranon Foreland Subbasin, Peru.- Sedimentology, 53, 971–1013.

Reijers, T.J.A., Petters, S.W. & Nwajide, C.S. (1997): The Niger delta basin.- Sedimentary Basins of the World (Chapter 7), 3, 151–172; ▶ https://doi.org/10.1016/S1874-5997(97)80010-X.

Reimnitz, E. (1971): Surf-beat origin for pulsating bottom currents in the Rio Balsas Submarine Canyon, Mexico.- Geol. Soc. Amer. Bull., 82, 81–90.

Reineck, H.-E. (1967): Layered sediments of tidal flats, beaches and shelf bottoms of the North Sea.- In: Lauff, G.H. (ed.): Estuaries.- Am. Assoc. Adv. Sci. Publ., 83, 191–206.

Reineck, H.-E. (1968a): Der Schelf.- In: Murawski, H.: Vom Erdkern bis zur Magnetosphäre.- 237–247, (Umschau) Frankfurt am Main.

Reineck, H.-E. (1968b): Lebensspuren von Herzigeln.- Senckenbergiana lethaea, 49, 311–319.

Reineck, H.-E. (1983): Sind die Klerfer Schichten Wattenablagerungen?- Natur und Museum, 113, 24–28.

Reineck, H.-E. (1984): Aktuogeologie klastischer Sedimente.- 348 S., (Kramer) Frankfurt am Main.

Reineck, H.-E. & Singh, I.B. (1973): Depositional Sedimentary Environments.- 447 pp., (Springer) Berlin, Heidelberg, New York.

Reineck, H.-E. & Singh, I.B. (1980): Depositional Sedimentary Environments.- 549 pp., 2nd ed., (Springer) Berlin, Heidelberg, New York.

Reineck, H.-E., Gutmann, W.F. & Hertweck, G. (1967): Das Schlickgebiet südlich Helgoland als Beispiel rezenter Schelfablagerungen.- Senckenbergiana lethaea, 48, 3/4, 219–275.

Reineck, H.-E., Dörjes, J., Gadow, S. & Hertweck, G. (1968): Sedimentologie, Faunenzonierung und Faziesabfolge vor der Ostküste der Inneren Deutschen Bucht.- Senckenbergiana lethaea, 49, 261–309.

Reineck, H.-E., Behre, K.-E., Dörjes, J., Hertweck, G., Irion, G., Little-Gadow, S., Streif, H. & Wunderlich, F. (1982): Das Watt. Ablagerungs- und Lebensraum.- 185 S., 3. Aufl., (Kramer) Frankfurt am Main.

Reineck, H.-E., Chen, S. & Wang, S. (1986): Die Rückseitenwatten zwischen Wangerooge und Festland, Nordsee.- Senckenbergiana maritima, 17, 241–252.

Reinson, G.E. & Rosen, P.S. (1982): Preservation of ice-formed features in a subarctic sandy beach sequence: geologic implications.- J. Sediment. Petrol., 52, 463–471.

Ricci Lucchi, F. & Valmori, E. (1980): Basin-wide turbidites in a Miocene over-supplied deep-sea plain: a geometrical analysis.- Sedimentology, 27, 241–270.

Ricken, W., Schrader, S., Oncken, O. & Plesch, A. (2000): Turbidite basin and mass dynamics related to orogenic wedge growth; the Rhenohercynian case.- In: Franke, W. et al. (eds 2000): Orogenic processes: Quantification and modelling in the Variscan Belt.- Geol. Soc. London, Spec. Publs., 179, 257–280.

Ricketts, B.D. (1994): Mud-flat cycles, incised channels, and relative sea-level changes in a Paleocene mud-dominated coast, Ellesmere Island, Arctic Canada.- J. Sediment. Research, B 64, 211–218.

Ricklefs, K. & Asp Neto, N. E. (2005): Geology and morphodynamics of a tidal flat area along the German North Sea coast.- In: Die Küste, 69, 93–127, (Boyens) Heide/Holstein.

Rimoldi, B., Alexander, J. & Morris, S. (1996): Experimentally turbidity currents entering density-stratified water: analogues for turbidites in the Mediterranean hypersaline basin.- Sedimentolgy, 43, 527–540.

Roeder, D. (1992): Thrusting and wedge growth, Southern Alps of Lombardia (Italy).-Tectonophysics, 207, 1–2, 199–243; ▶ https://doi.org/10.1016/0040-1951(92)90478-O.

Röhl, H.-J., Schmid-Röhl, A., Oschmann, W., Frimmel, A. & Schwark, L. (2001): The Posidonia Shale (Lower Toarcian) of SW-Germany: An oxygen-depleted ecosystem controlled by sea level and palaeoclimate.- Palaeogeography, Palaeoclimatology, Palaeoecology, 165, 1–2, 27–52 + 169, 3–4, 271–299.

Roep, Th.B. & Beets, D.J. (1988): Sea level rise and paleotidal levels from sedimentary structures in the coastal barriers in the western Netherlands since 5600 B.P.- Geologie en Mijnbouw, 67, 53–60.

Rossi, V.M. & Steel, R.J. (2016): The role of tidal, wave and river currents in the evolution of mixed-energy deltas: Example from the Lajas Formation (Argentina).- Sedimentology, 63, 824–864.

Rudmin, M., Banerjee, S. & Mazurov, A. (2017): Compositional variation of glauconites in Upper Cretaceous-Paleogene sedimentary iron-ore deposits in Southeastern Western Siberia.- Sedimentary Geology, 355, 20–30; https://doi.org/10.1016/.

Rumohr, J. (1973): Deltaisch-fluviatile Sedimentation des tiefen Malm (Wiehengebirgsquarzit) am

Gehn (Wiehengebirge, Niedersachsen).- N. Jb. f. Geol. Paläont., Abh., 143, 345–383.

Runkel, A.C., Mackey, T.J., Cowan, C.A. & Fox, D.L. (2010): Tropical shoreline ice in the late Cambrian: Implications for Earth's climate between the Cambrian Explosion and the Great Ordivician Biodiversification.- GSA Today, 20, 11, 4–10.

Rupke, N.A. (1976): Large-scale slumping in a flysch basin, southwestern Pyrenees.- J. geol. Soc. London, 132, 121–130.

Rupke, N.A. & Stanley, D.J. (1974): Distinctive properties of turbiditic and hemipelagic mud layers in the Algero Balearic Basin, Western Mediterranean Sea.- Smithonian Contr. to the Earth Sci., 13, 40 pp., Washington.

Rydgren, K. & Bondevik, S. (2015): Moss growth patterns and timing of human exposure to a Mesolithic tsunami in the North Atlantic.- Geology, 43, 2, 111–114.

Sadler, P.M. (1983): Depositional models for the Carboniferous flysch of the Eastern Rheinisches Schiefergebirge.- In: Martin, H. & Eder, F.W. (eds): Intracontinental Fold Belts, 125–143, (Springer) Berlin, Heidelberg, New York.

Sager, G. (1959): Gezeiten und Schiffahrt.- 172 S., (Fachbuchverlag) Leipzig.

Salamon, M. & Königshof, P. (2010): Middle Devonian olistostromes in the Rhenohercynian zone (Rheinisches Schiefergebirge) – An indication of back arc rifting on the southern shelf of Laurussia.- Gondwana Research, 17: 281–291, Amsterdam.

Sampath, D.M.R., Boski, T., Loureiro, C. & Sousa, C. (2015): Modelling of estuarine response to sea-level rise during the Holocene; application to the Guadiana Estuary, SW Iberia.- Geomorphology, 232, 47–64.

Sarnthein, M., Stattegger, K., Dreger, D. et al. (2001): Fundamental modes and abrupt changes in North Atlantic circulation and climate over the last 60 ky – concepts, reconstruction and numerical modeling.- In: Schäfer, P., Ritzrau, W., Schlüter, M. & Thiede, J.: The Northern North Atlantic: A Changing Environment.- 365–410, (Springer), Berlin, Heidelberg, New York.

Savrda, C.E. & Bottjer, D.J. (1989): Anatomy and implications of bioturbated beds in black shale sequences; examples from the Jurassic Posidonienschiefer (southern Germany).- Palaios, 4, 330–342.

Schäfer, W. (1962): Aktuo-Paläontologie nach Studien in der Nordsee.- 666 S., (W. Kramer) Frankfurt am Main.

Schäfer, A. & Stets, J. (1995): The Lower Devonian „Emsquarzit" – tidal sedimentation in the Rhenish Basin (Rheinisches Schiefergebirge, Germany).- Zbl. Geol. Paläont., Teil I, 1994, 227–244.

Schäfer, A., Utescher, T. & Mörs, Th. (2004): Stratigraphy of the Cenozoic Lower Rhine Basin, northwestern Germany.- Newsletters on Stratigraphy, 40, 73–110.

Schäfer, A. & Utescher, T. (2014): Origin, sediment fill, and sequence stratigraphy of the Cenozoic Lower Rhine Basin (Germany) interpreted from well logs.- Z. Dt. Ges. Geowiss., 165, 287–314.

Schäfer, A., Hilger, D., Gross, G. & von der Hocht, F. (1996): Cyclic sedimentation in Tertiary Lower-Rhine Basin (Germany) – the „Liegendrücken" of brown coal open-cast Fortuna mine.- Sediment. Geol. 103, 229–247.

Schäfer, A., Utescher, T. & von der Hocht, F. (1997): Klastische Sedimentsysteme im Tertiär der Niederrheinischen Bucht.- In: Ricken, W. (Hrsg.): 68–113, Exkursion E 4, Sediment 1997, 12. Sedimentologentreffen, 21.-24. Mai 1997 am Geologischen Institut der Universität zu Köln.

Schäfer, P., Ritzrau, W., Schlüter, M. & Thiede, J. (2001): The Northern North Atlantic. A changing environment.- 500 pp, (Springer) Heidelberg, Berlin, New York.

Schäfer, A., Utescher, T., Klett, M. & Valdivia-Manchego, M. (2005): The Cenozoic Lower Rhine Basin – rifting, sediment input, and cyclic stratigraphy.- Internat. J. Earth Sci. / Geol. Rundschau, 94, 4, 621–639.

Schäfer, A., Stets, J., Bungenstock, F. & Derer, C. (2007): Die Felsklippe Heimersheim.- In: Koenigswald, W. & Simon, K.-F. (Hrsg.): Georallye – Spurensuche zur Erdgeschichte; Bonn und Umgebung, Eifel.- 36–39, (Bouvier) Bonn.

Scheinfeld, R.A. & Adams, J.K. (1980): Implication of clay provenance studies in two Georgia estuaries – discussion.- J. Sediment. Petrol., 50, 993–1014.

Schintgen, T. & Förster, A. (2013): Geology and basin structure of the Trier-Luxembourg Basin – implications for the existence of a buried Rotliegend graben.- Z. Dt. Geol. Ges., 164, 4, 615–637.

Schirmer, W. (ed. 1995): Quaternary field trips in Central Europe.- International Union for Quaternary Research, XIV. International Congress 3.-10.8.1995 Berlin, (Pfeil) München.

Schneider, H. & Thiele, S. (1965): Geohydrologie des Erftgebietes.- 185 S, (Ministerium für Ernährung Landwirtschaft und Forsten NRW), Düsseldorf.

Schwab, W.C., Lee, H.J., Twichell, D.C., Locat, J., Nelson, C.H., McArthur, W.G. & Kenyon, N.H. (1996): Sediment mass-flow processes on a depositional lobe, outer Mississippi Fan.- J. Sediment. Research, 66, 916–927.

Seibold, E. (1974): Der Meeresboden. Ergebnisse und Probleme der Meeresgeologie.- 183 S., (Springer) Berlin, Heidelberg, New York.

Seibold, E. & Berger, W.H. (1982): The Sea Floor. An Introduction to Marine Geology.- 288 pp., (Springer) Berlin, Heidelberg, New York.

Seibold, E. & Berger, W.H. (1996): The Sea Floor.- 257 pp., 3rd ed., (Springer) Berlin.

Seibold, E. & Thiede, J. (1997): Die Geschichte der Ozeane nach Tiefseebohrungen: Wissenschaftlich-technologischer Erfolg und Herausforderung an der Jahrtausendwende.- Akademie der Wissenschaften und der Literatur, Abh. Math.-Naturw. Klasse, 1997, 62 pp., Mainz.

Seidler, L. & Steel, R. (2001): Pinch-out style and position of tidally influenced strata in a regressive-transgressive wave-dominated deltaic sandbody, Twentymile Sandstone, Mesaverde Group, NW Colorado.- Sedimentology, 48, 399–414.

Seilacher, A. (1959): Zur ökologischen Charakteristik von Flysch und Molasse.- Eclogae Geol. Helv., 51, 1062–1078.

Seilacher, A. & Hemleben, Ch. (1966): Spurenfauna und Bildungstiefe des Hunsrückschiefers (Unterdevon).- Notizbl. hess. L.-Amt Bodenforsch., 94, 40–53.

Seilacher, A. (1967): Tektonischer, sedimentologischer oder biologischer Flysch?- Geol. Rundschau, 56, 189–200.

Selley, R.C. (1970): Ancient Sedimentary Environments and their Subfacies Diagnostics.- 287 pp., (Chapman and Hall) London.

Shanmugam, G. (1996): High-density turbidity currents: Are they sandy debris flows?- J. Sediment. Research, 66A, 2–10.

Shukla, U.K. & Bachmann, G.H. (2007): Estuarine sedimentation in the Stuttgart Formation (Carnian, Late Triassic), South Germany.- N. Jb. Geol. Paläont. Abh., 243, 3, 305–323.

Shukla, U.K., Singh, I.B., Srivastava, P. & Singh, D.S. (1999): Paleocurrent patterns in braid-bar and point-bar deposits: Examples from the Ganga River, India.- J. Sediment. Research, 69, 992–1002.

Siehl, A. & Thein, J. (1978): Geochemische Trends in der Minette (Jura, Luxemburg / Lothringen).- Geologische Rundschau, 67, 3, 1052–1077.

Siehl, A. & Thein, J. (1987): Zur Entstehung von Eisenoolithen.- Heidelberger Geowiss. Abh., 8, 222–223.

Siehl, A. & Thein, J. (1989): Minette-type ironstones.- In: Young, T.P. & Taylor, W.E.G. (eds.): Phanerozoic Ironstones.- Geological Society, Spec. Publ., 46, 175–193.

Simoneit, B.R.T. (1986): Biomarker geochemistry of black shales from Cretaceous oceans, an overview.- Mar. Geol., 70, 9–41.

Sinclair, H.D. (1993): High resolution stratigraphy and facies differentiation of the shallow marine Annot Sandstones, southeast France.- Sedimentology, 40, 955–978.

Sinclair, H.D. (1994): The influence of lateral basinal slopes to turbidite sedimentation in the Annot Sandstones of SE France.- J. Sediment. Research, A 64, 42–54.

Sinclair, H.D. (1997): Tectonostratigraphic model for underfilled peripheral foreland basins: An Alpine perspective.- Geol. Soc. Amer. Bulletin, 109, 324–346.

Sinclair, H.D. & Tomasso, M. (2002): Depositional evolution of confined turbidite basins.- J. Sediment. Research, 72, 451–456.

Sindowski, K.-H. (1973): Das ostfriesische Küstengebiet – Inseln, Watten und Marschen.- Sammlung geologischer Führer, 57, 162 S., (Borntraeger) Stuttgart.

Snedden, J.W. & Swift, D.J.P. (1991): Is there evidence for geostrophic currents preserved in the sedimentary record of inner- to middle-shelf deposits? Discussion.- J. Sediment. Petrol., 61, 148–151 (and reply by Leckie, D.A. & Krystinik, L.F.: 152–154).

Somoza, L., Barnolas, A., Arasa, A., Maestro, A., Rees, J. & Hernandez-Molina, F.J. (1998): Architectural stacking patterns of the Ebro delta controlled by Holocene high-frequency eustatic fluctuations, delta lobe switching and subsidence processes.- Sediment. Geol., 117, 112–132.

Soria, J.M., Fernández, J., García, F. & Viseras, C. (2003): Correlative lowstand deltaic and shelf systems in the Guadix Basin (Late Miocene, Betic Cordillera, Spain): The stratigraphic record of forced and normal regressions.- J. Sediment. Research, 73, 912–925.

Speetzen, E., El-Arnauti, A. & Kaever, M. (1974): Beitrag zur Stratigraphie und Paläogeographie der Kreide-Basisschichten am SE-Rand der Westfälischen Kreidemulde (NW-Deutschland).- N. Jb. Geol. Paläont., Abh., 145, 207–241.

Stanley, D.J. (1981): Unifites: structureless muds of gravity-flow origin in Mediterranean Basins.- Geo-Marine Letters, 1, 77–83.

Stanley, D.J. & Moore, G.T (eds 1983): The Shelfbrake: Critical Interface on Continental Margins.- Soc. Econ. Paleont. Mineral., Spec. Publ., 33, 467 pp..

Stanley, D.J., Rehault, J.-P. & Stuckenrath, R. (1980): Turbid layer bypassing model: The Corsican trough, northwestern Mediterranean.- Marine Geology, 37, 19–40.

Stattegger, K. & Vital, H. (2000): Sediment dynamics in the Amazon Mouth.- In: Miller, H. & Hervé, F. (eds. 2000): Geoscientific cooperation with Latin America, 31st Int. Geol. Congr. Rio de Janeiro 2000.- Z. Angew. Geol., SH 1, 117–124.

Stein, R., Rullkoetter, J. & Welte, D.H. (1989): Changes in paleoenvironments of the Atlantic Ocean during Cretaceous times: results from black shales studies.- Geol. Rundschau, 78, 3, 883–901.

Steinmann, G. (1925): Gibt es fossile Tiefseeablagerungen von erdgeschichtlicher Bedeutung?- Geol. Rundschau,16, 6, 435–468.

Steinmann, G., Bernoulli, D. & Friedman, G.M. (2003): Die ophiolitischen Zonen in den mediterranean

Kettengebirgen.- Geological Society of America Special Papers, 373, 77–91.; ▶ https://doi.org/10.1130/0-8137-2373-6.77.

Stets, J. & Schäfer, A. (2002): Depositional environments in the Early Devonian siliciclastics of the Rhenohercynian Basin (Rheinisches Schiefergebirge) – a case study and a model.- Contr. Sediment. Geol., 22, 78 pp.

Stets, J. & Schäfer, A. (2004): Deltasedimentation im Nordabschnitt des Rhenoherzynischen Beckens (Unterdevon, Rheinisches Schiefergebirge).- Exkursionsführer Sediment 2004, Aachen; SDGG, 33, 256–273.

Stets, J. & Schäfer, A. (2008): Geologie, Paläogeographie und Beckenanalyse im Rhenoherzynikum am Beispiel des Rheinprofils (Unterdevon, Rheinisches Schiefergebirge).- Decheniana, 161, 93–110, Bonn.

Stets, J. & Schäfer, A. (2009): The Siegenian delta: land-sea transitions at the northern margin of the Rhenohercynian Basin.- Geological Society, London, Special Publications, 314, 37–72.

Stets, J. & Schäfer, A. (2011): The Lower Devonian Rhenohercynian Rift – 20 Ma of sedimentation and tectonics (Rhenish Massif, W-Germany).- Z. Dt. Ges. Geowiss., 162/2, 93–115.

Storms, J. E.A. & Hampson, G.J. (2005): Mechanisms for forming discontinuity surfaces within shoreface-shelf parasequences: Sea level, sediment supply, or wave regime?- J. Sediment. Resarch, 75, 1, 67–81.

Storms, J.E.A., Hoogendoorn, R.M., Dam, R.A.C., Hoitink, A.J.F. & Kroonenberg, S.B. (2005): Late-Holocene evolution of the Mahakam delta, East Kalimantan, Indonesia.- Sedimentary Geology, Volume 180, 3–4, 149–166. ▶ http://doi.org/10.1016/j.sedgeo.2005.08.003.

Stouthammer, E. & Berendsen, H.J.A. (2007): Avulsion: The relative role of autigenic and allogenic processes.- Sediment. Geol., 198, 309–325.

Stow, D.A.V. (2001): Depositional processes of black shales in deep water.- Marine and Petroleum Geology, 18, 4, 491–498.

Stow, D.A.V. & Bowen, A. (1980): A physical model for the transport and sorting of fine-grained sediment by turbidity currents.- Sedimentology, 27, 31–46.

Stow, D.A.V., Cochran, J.R. & ODP Leg 116 Shipboard Scientific Party (1989): The Bengal Fan: Some preliminary results from ODP Drilling.- Geo-Marine Letters, 9, 1–0.

Stow, D.A.V., & Faugeres, J.C. (eds 1998): Contourites, turbidites and process interaction.- Sediment. Geol. (Spec. Issue), 115, 1–4.

Streel, M., Caputo, M.V., Loboziak, S. & Melo, J.H.G. (2000): Late Frasnian-Gamennian climates based on palynomorph analysis and the question of Late Devonian glaciations.- Earth Science Reviews, 52, 121–173.

Streif, H. (1986): Zur Altersstellung und Entwicklung der Ostfriesischen Inseln.- Offa, Ber. u. Mitt. zur Urgesch., Frühgesch. u. Mittelalterarchaeol., 43, 29–44, Neumuenster.

Streif, H. (1989): Barrier islands, tidal flats, and coastal marshes resulting from a relative rise of sea level in East Frisia on the German North Sea coast.- In: KNGMG-Symp.: Coastal Lowlands, Geology, and Geotechnology, 213–223, (Kluwer) Dordrecht.

Streif, H. (1990): Das ostfriesische Küstengebiet.- Sammlung geologischer Führer, 57, 376 S., 2. Aufl., (Bornträger) Stuttgart.

Streif, H. (1990): Quaternary sea-level changes in the North Sea, an analysis of amplitudes and velocities.- In: Brosche, P. & Sündermann, J. (eds): Earth's rotation from eons to days.- 201–214, (Springer) Heidelberg, Berlin, New York.

Streif, H. (1998): Die Geologische Küstenkarte von Niedersachsen 1:25.000 – eine neue Planungsgrundlage für die Küstenregion.- Z. angew. Geol., 44, 183–194.

Streif, H. (ed. 2004): Geological processes and human interaction on the German North Sea coast.- Quaternary International, 112, 1–109.

Streif, H. & Hinze, C. (1980): Geologisch-bodenkundliche Aspekte zum holozänen Meeresspiegelanstieg im niedersächsischen Küstenraum.- Geol. Jb., F 8, 39–53.

Stubblefield, W.L., McGrail, D.W. & Kersey, D.G. (1984): Recognition of transgressive and post-transgressive sand ridges on the New Jersey continental shelf.- In: Tillman, R.W. & Siemers, Ch.T. (eds): Siliciclastic Shelf Sediments.- SEPM, Spec. Publ., 34, 37–41.

Sturm, M. & Matter, A. (1978): Turbidites and varves in Lake Brienz (Switzerland): deposition of clastic detritus by density currents.- Spec. Publs. Int. Ass. Sediment., 2, 147–168.

Suhr, P. (1982): *Ophiomorpha nodosa* LUNDGREN 1891 im Miozän der Lausitz.- Abh. Staatl. Museum Min. u. Geol. Dresden, 31, 173–176.

Suhr, P. (1989): Beiträge zur Ichnologie des Niederlausitzer Miozäns.- Freiberger Forschungshefte, C 436, 93–101.

Surlyk, F. & Lykke-Andersen, H. (2007): Contourite drifts, moats and channels in the Upper Cretaceous chalk of the Danish Basin.- Sedimentology, 54, 405–422.

Süss, M.P., Drozdzewski, G. & Schäfer, A. (2000): Sequenzstratigraphie des kohleführenden Oberkarbon im Ruhr-Becken.- Geol. Jb., A156, 45–106.

Süss, M.P., Schäfer, A. & Drozdzewski, G. (2001): A sequence stratigraphic model for the Lower Coal

Measures (Upper Carboniferous) of the Ruhr district, north-west Germany – Discussion.- Sedimentology, 48, 1171–1179.

Süss, M.P., Drozdzewski, G. & Schäfer, A. (2002): The Ruhr Basin and the Aachen Basin – sedimentary environments, sequence stratigraphic model, and synsedimentary tectonics of Variscan foreland basins (Namurian B/C to Westphalian C; W Germany).- In: Hills, L.V., Henderson, C.M. & Bamber, E.W. (eds.): Carboniferous and Permian of the World, XIVth International Congress of the Carboniferous and Permian, Calgary/Canada, August 1999; Canadian Society of Petroleum Geologists, Memoir 19, 208–227.

Süss, M.P., Drozdzewski, G. & Schäfer, A. (2007): Sedimentary environment dynamics and the formation of coal in the Pennsylvanian Variscan foreland in the Ruhr Basin (Germany, Western Europe).- Int. J. Coal Geol., 69, 267–287.

Süss, M.P., Schäfer, A., Drozdzewski, G. & Fischer, K.D. (2008): Modelling Tectonics and Sedimentation of the Late Carboniferous Variscan Foreland in North Western Europe.- Zeitschrift der Deutschen Gesellschaft für Geowissenschaften, 159, 6, 671–686.

Sutcliffe, O.E. (1997): An ophiuroid trackway from the Lower Devonian Hunsrück Slate, Germany.- Lethaia, 30, 33–39.

Sutcliffe, O.E., Briggs, D.E.G. & Bartels, Ch. (1999): Ichnological evidence for the environmental setting of the Fossil-Lagerstätten in the Devonian Hunsrück Slate, Germany.- Geology, 27, 275–278.

Suter, J.R. & Berryhill, H.L. jr. (1985): Late Quaternary shelfmargin deltas, northwest Gulf of Mexico.- Amer. Assoc. Petrol. Geol. Bull., 69, 77–91.

Swift, D.J.P & Nummedal, D. (1987): Hummocky cross-stratification, tropical hurricanes, and intense winter storms (Discussion and Reply to Duke 1985).- Sedimentology, 34, 338–344.

Swift, D.J.P., Stanley, D.J. & Curray, J.R. (1971): Relict sediments on continental shelves: A reconsideration.- J. Geol., 79, 322–346.

Swift, D.J.P., Figueiredo, A.G.jr., Freeland, G.L. & Oertel, G.F. (1983): Hummocky cross stratification and megaripples: A geological double standard?- J. Sediment. Petrol., 53, 1295–1317.

Swift, D.J.P., Oertel, G.F., Tillman, R.W. & Thorne, J.A. (eds 1991): Shelf Sand and Sandstone Bodies.- Int. Ass. Sediment., Spec Publ., 14, 532 pp..

Sydow, J. & Roberts, H.H. (1994): Stratigraphic framework of a late Pleistocene shelf-edge delta, northeast Gulf of Mexico.- AAPG Bull., 78, 1276–1312.

Ta, T.K.O., Nguyen, V.L., Tateishi, M., Kobayashi, I., Saito, Y. & Nakamura, T. (2002): Sediment facies and Late Holocene progradation of the Mekong River Delta in Bentre Province, southern Vietnam: an example of evolution from a tide-dominated to a tide-and wave-dominated delta.- Sediment. Geol., 152, 313–325.

Talling, P.J. (2001): On the frequency distribution of turbidite thickness.- Sedimentology, 48, 1297–1329.

Tamura, T., Nicholas, W.A., Oliver, T.S.N. & Brooke, B. (2017): Coarse-sand beach ridges at Cowley Beach, north-eastern Australia: Their formative processes and potential as records of tropical cyclone history.- Sedimentology, ▶ https://doi.org/10.1111/sed.12402.

Tanner, W.F. (1995): Origin of beach ridges and swales.- Marine Geology, 129, 149–161.

Tappin, D.R. (ed. 2007): Sedimentary features of tsunami deposits.- Sediment. Geol., 200, 151–386.

Terwindt, J.H.J. (1977): Mud in the Dutch delta area.- Geologie en Mijnbouw, 56, 203–210.

Terwindt, J.H.J. (1981): Origin and sequences of sedimentary structures in inshore mesotidal deposits of the North Sea.- In: Nio, S.-D., Schüttenhelm, R.T.E. & van Weering, Tj.C.E. (eds): Holocene Marine Sedimentation in the North Sea Basin.- Internat. Assoc. Sedimentologists, Spec. Publ., 5, 4–26, (Blackwell) Oxford.

Tessier, B. & Reynaud, J.-Y. (eds 2016): Contributions to Modern and Ancient Tidal Sedimentology. Proceedings of the Tidalites 2012 Conference.- International Association of Sedimentologists, Spec. Publ. 47, pp 1–349.

Teyssen, T.A.L. (1984): Sedimentology of the Minette oolitic ironstones of Luxembourg and Lorraine: A Jurassic subtidal sandwave complex.- Sedimentology, 31, 195–211.

Teyssen, T. (1989): A depositional model for the Liassic Minette ironstones (Luxemburg and France), in comparison with other Phanerozoic oolitic ironstones.- Geological Society, London, Special Publications, 46, 79–92, ▶ https://doi.org/10.1144/GSL.SP.1989.046.01.09.

Thöle, H., Gaedicke, C., Kuhlmann, G. & Reinhardt, L. (2014): Late Cenozoic sedimentary evolution of the German North Sea – A seismic stratigraphic approach.- Newsletters on Stratigraphy, PrePub Article; Stuttgart (Gebrüder Borntraeger), ▶ https://doi.org/10.1127/0078-0421/2014/0049.

Tillman, R.W. & Siemers, Ch.T. (eds 1984): Siliciclastic Shelf Sediments.- SEPM, Spec. Publ., 43, 268 pp..

Tillmann, T., Ziehe, D. & Wunderlich, J. (2013): Holozäne Landschaftsentwicklung an der Westküste der Nordsee Amrum. – E&G Quaternary Science Journal, 62, 2, 98–119. ▶ https://doi.org/10.3285/eg.62.2.02.

Törnqvist, T.E., Bick, S.J., van der Borg, K. & de Jong, A.F.M. (2006): How stable is the Mississippi Delta?- Geology, 34, 8, 697–700; ▶ https://doi.org/10.1130/g22624.1.

Torres, J., Savoye, B. & Cochonat, P. (1995): The effects of Later Quaternary sea-level changes on the Rhône slope sedimentation (Northwestern Mediterranean), as indicated by seismic stratigraphy.- J. Sediment. Research, B 65, 368–387.

Toublanc, F., Brenon, I., Coulombier, T. & Le Moine, O. (2015): Fortnightly tidal asymmetry inversions and perspectives on sediment dynamics in a macrotidal estuary (Charente, France).- Continental Shelf Research, 94, 42–54. (Elsevier) Oxford.

Tripsanas, E.K., Bryant, W.R. & Phaneuf, B.A. (2004): Depositional processes of uniform mud deposits (unifites), Hedberg Basin, northwest Gulf of Mexico: New perspectives.- AAPG Bulletin, 88, 6, 825–840.

Türkay, M. (ed 1998): Wattenmeer.- Kleine Senckenberg-Reihe, 29, 105 S., (Kramer) Frankfurt am Main.

Tye, R.S. & Coleman, J.M. (1989): Depositional processes and stratigraphy of fluvially dominated lacustrine deltas: Mississippi delta plain.- J. Sediment. Petrol., 59, 973–996.

Uličný D. (2001): Depositional systems and sequence stratigraphy of coarse-grained deltas in a shallow-marine, strike-slip setting: the Bohemian Cretaceous Basin, Czech Republic.- Sedimentology, 48, 599–628.

Uličný, D., Laurin, J. & Čech, S. (2008): Controls on clastic sequence geometries in a shallow-marine, transtensional basin: the Bohemian Cretaceous Basin, Czech Republic.- Sedimentology, 56, 4, 1077–1114; ▶ https://doi.org/10.1111/j.1365-3091.2008.01021.x.

Uličný, D., Špičáková, L., Grygar, R., Svobodová, M., Čech, S. & Laurin. J. (2009): Palaeodrainage systems at the basal unconformity of the Bohemian Cretaceous Basin: roles of inherited fault systems and basement lithology during the onset of basin filling.- Bull. of Geosciences, 84, 4, 577–610, (Czech Geol. Surv.) Prague.

Uroza, C.A. & Steel, R.J. (2008): A highstand shelf-margin delta system from the Eocene of West Spitsbergen, Norway.- Sedimentary Geology, 203, 3–4, 229–245.

Utescher, T., Ashraf, A.R., Dreist, A., Dybkjaer, K., Mosbrugger, V., Pross, J. & Wilde, V. (2012): Variability of Neogene continental climates in Northwest Europe – a detailed study based on macrofloras.- Turkish Journal of Earth Science, 21, 289–314.

Valeton, I., Abdul-Razzak, A. & Klussmann, D. (1982): Mineralogy and Geochemistry of Glauconite Pellets from Cretaceous Sediments in Northwest Germany.- Geol. Jb., D 52, 5–87.

Van Cappelle, M., Stukins, S., Hampson, G.J. & Johnson, H.D. (2016): Fluvial to tidal transition in proximal, mixed tide-influenced and wave-influenced deltaic deposits: Cretaceous lower Sego Sandstone, Utah, USA.- Sedimentology, DOI: ▶ https://doi.org/10.1111/sed.12267.

Van Daele, M., Meyer, I., Moernaut, J., De Decker, S., Verschuren, D. & De Batist, M. (2017): A revised classification and terminology for stacked and amalgamated turbidites in environments dominated by (hemi)pelagic sedimentation.- Sedimentary Geology, 357, 72–82.; ▶ https://doi.org/10.1016/j.sedgeo.2017.06.007.

Van Den Berg, J.H. (1981): Rhythmic seasonal layering in a mesotidal channel fill sequence, Oosterschelde Mouth, the Netherlands.- In: Nio, S.D., Schüttenhelm, R.T.E. & Van Weering, Tj.C.E. (eds): Holocene Marine Sedimentation in the North Sea Basin.- Internat. Assoc. Sedimentol., Spec. Publ., 5, 147–159, (Blackwell) Oxford.

Van Den Bril, K. & Swennen, R. (2008): Sedimentological control on carbonate cementation in the Luxembourg Sandstone Formation.- Geologica Belgica 12/1–2: 3–23.

Van Den Bril, K., Gregoire, C., Swennen, R. & Lambot, S. (2007): Ground-penetrating radar as a tool to detect rock heterogeneities (channels, cemented layers and fractures) in the Luxembourg Sandstone Formation (Grand-Duchy of Luxembourg).- Sedimentology, 54, 949–967.

Van Der Molen, J. (1998): Present and palaeo-hydrodynamics and sand transport in the North Sea: a present review with emphasis on the Holocene evolution of the Netherlands coast.- Institute for Marine and Atmospheric Research Utrecht (IMAU), Utrecht University, NEESDI Component 5, R 98–3, 93 pp., Utrecht.

Van Der Plassche, O., Makaske, B., Hoek, W.Z., Konert, M. & van der Plicht, J. (2010): Mid-Holocene water-level changes in the lower Rhine-Meuse delta (western Netherlands): implications for the reconstruction of relative mean sea-level rise, palaeoriver-gradients and coastal evolution.- Netherlands J. Geosci., 89, 1, 3–20.

Van Der Spek, A.J.F. (1997): Tidal asymmetry and long-term evolution of Holocene tidal basins in The Netherlands: simulation of paleo-tides in the Schelde estuary.- Marine Geol., 141, 71–90.

Van Der Wal, D., Pye, K. & Neal, A. (2002): Long-term morphological change in the Ribble Estuary, northwest England.- Marine Geology, 189, 249–266.

Van Heerden, I.L. & Roberts, H.H. (1988): Facies development of the Atchafalaya Delta, Louisiana: A modern bayhead delta.- AAPG, Bull., 72, 439–453.

Van Houten, F.B. & Purucker, M.E. (1984): Glauconitic peloids and chamositic ooids – favorable factors, constraints, and problems.- Earth Sci. Rev., 20, 211–243.

Van Rensbergen, P., Morley, C.K., Ang, D.W., Hoan, T.Q. & Lam, N.T. (1999): Structural evolution of shale diapirs from reactive rise to mud volcanism:

3D seismic data from the Baram delta, offshore Brunei Darussalam.- J. Geol. Soc. London, 156, 633–650.

Van Tassel, J. (1994a): Cyclic deposition of the Devonian Catskill Delta of the Appalachians, USA.- In: De Boer, P.L. & Smith, D.G. (eds): Oribital Forcing and Cyclic Sequence.- Spec. Publs int. Ass. Sediment., 19, 395–411.

Van Tassel, J. (1994b): Evidence for orbitally sedimentary cycles in the Devonian Catskill Delta Complex.- In: Dennison, J.M. & Ettensohn, F.R. (eds.): Tectonic and eustatic controls on sedimentary cycles.- SEPM Concepts in Sedimentology and Paleontology, 4, 121–131.

Van Wagoner, J.C. (1995): Sequence stratigraphy and marine to nonmarine facies architecture of foreland basin strata, Book Cliffs, Utah, U.S.A.- In: Van Wagoner, J.C. & Bertram, G.T. (eds): Sequence Stratigraphy of Foreland Basin Deposits – Outcrop and Subsurface Examples from the Cretaceous of North America.- AAPG Memoir, 64, 137–223.

Van Wagoner, J.C., Jones, C.R., Taylor, D.R., Nummedal, D., Jennette, D.C. & Riley, G.W. (1992): Sequence Stratigraphy – Applications to Shelf Sandstone Reservoirs. Outcrop to Subsurface Examples.- AAPG Field Conference, Sept. 21.-28.1991, (AAPG) Tulsa/Okl.

Vecsei, A. & Sanders, D.G.K. (1997): Sea-level highstand and lowstand shedding related to shelf margin aggradation and emersion, Upper Eocene-Oligocene of Maiella carbonate platform, Italy.- Sediment. Geol., 112, 219–234.

Veenstra, H.J. (1982): Size, shape and origin of the sands of the East Frisian Islands (North Sea, Germany).- Geol. en Mijnbouw, 61, 141–146.

Vella, C., Fleury, T.-J., Raccasi, G., Provansal, M., Sabatier, F. & Bourcier, M. (2016): Evolution of the Rhône delta plain in the Holocene.- Marine Geology, Volumes 222–223, 15 November 2005, Pages 235–265; ► https://doi.org/10.1016/j.margeo.2005.06.028.

Vinken, R. (ed 1989): The Northwest European Tertiary Basin.- Geol. Jb., A 100, 1–508.

Virolle, M., Brigaud, B., Bourillot, R., Féniès, H., Portier, E., Duteil, T., Nouet, J., Patrier, P. & Beaufort, D. (2018): Detrital clay grain coats in estuarine clastic deposits: origin and spatial distribution within a modern sedimentary system, the Gironde Estuary (south-west France).- Sedimentology, First published: 09 July 2018; ► https://doi.org/10.1111/sed.12520.

Visser, M.J. (1980): Neap-spring cycles reflected in Holocene sub-tidal large-scale bedform deposits: a preliminary note.- Geology, 8, 543–546.

Voigt, Th. (2009): Die Lausitz-Riesengebirgs-Antiklinalzone als kreidezeitliche Inversionsstruktur: Geologische Hinweise aus den umgebenden Kreidebecken. [The Lusatia-Krkonoše High as a late Cretaceous inversion structure: Evidence from the surrounding Cretaceous basins] – Zeitschr. geol. Wissensch., 37,1/2, 15–39, Berlin.

Voigt, Th., Wiese, F., von Eynatten, H., Franzke, H.-J. & Gaupp, R. (2006): Facies evolution of syntectonic Upper Cretaceous deposits in the Subhercynian Cretaceous Basin and adjoining areas (Germany).- Z. dt. Ges. Geowiss., 157, 2, 203–244.

Voigt, S., Suhr, P. & Voigt, T. (2007): Exkursion E2 Sächsische Kreide.- In: Elicki, O., Schneider, J.W. (Hrsg.): Fossile Ökosysteme – Exkursionsführer zur 77. Jahrestagung der Paläontologischen Gesellschaft. Wissenschaftliche Mitteilungen, Institut für Geologie, TU Bergakademie Freiberg, S. 49–64.

Voigt, Th. (2011): Sturmdominierte Sedimentation in der Postelwitz-Formation (Turon) der Sächsischen Kreide.- Freiberger Forschungshefte, C 540, 3–25.

Walker, R.G. (1966): Shale Grit and Grindslow shales; transition from turbidite to shallow water sediments in the Upper Carboniferous of northern England.- J. Sediment. Petrol., 36, 90–114.

Walker, R.G. (ed 1980): Facies Models.- 211 pp., Geoscience Canada, Reprint Series 1, (Geol. Assoc. Canada) Toronto.

Walker, R.G. (ed 1984a): Facies Models.- 317 pp., 2nd ed., Geoscience Canada Reprint Series 1, (Geol. Assoc. Canada) St. Johns.

Walker, R.G. (1984b): Turbidites and associated coarse clastic deposits.- In: Walker, R.G. (ed): Facies Models.- Geoscience Canada, Reprint Series 1, 171–188, 2nd ed., (Geol. Assoc Canada) St. Johns.

Walker, R.G. (1990): Facies modeling and sequence stratigraphy.- J. Sediment. Petrol., 60, 777–786.

Walker, R.G. (1992): Turbidites and submarine fans.- In: Walker, R.G. & James, N.P. (eds): Facies Models. Response to Sea Level Changes.- 239–263, (Geol. Assoc. Canada) St. Johns.

Walliser, O.H. & Michels, D. (1983): Der Ursprung des Rheinischen Schelfes im Devon.- N. Jb. Geol. u. Palaeont., Abh., 166, 3–18.

Wartenberg, W. & Freund, H. (2012): Late Pleistocene and Holocene sedimentary record within the Jade Bay, Lower Saxony, Northwest Germany – New aspects for the palaeo-ecological record.- Quaternary International 251, 31–41.

Wartenberg, W., Vött, A., Freund, H., Hadler, H., Frechen, M., Willershäuser, T., Schnaidt, S., Fischer, P. & Obrocki, L. (2013): Evidence of isochronic transgressive surfaces within the Jade Bay tidal

flat area, southern German North Sea coast –
Holocene event horizons of regional interest.-
Zeitschrift für Geomorphologie, Supplementary
Issues, 57, 4, 229–256.

Washington, P.A. & Chisak, S.A. (1994): Estuarine facies
models: Conceptual basis and stratigraphic implications – discussion.- J. Sediment. Research, B 64,
74–75 (Reply by Dalrymple, R.W. et al., 76–77).

Weaver, P.P.E., Wynn, R.B., Kenyon, N.H & Evans, J.
(2000): Continental margin sedimentation, with
special reference to the north-east Atlantic margin.- Sedimentology, 47, Suppl. 1, 239–256.

Weber, M.E., Wiedicke, M.H., Kudrass, H.R., Hübscher,
C. & Erlenkeuser, H. (1997): Active growth of the
Bengal Fan during sea-level rise and highstand.-
Geology, 25, 315–318.

Weber, M.E., Wiedicke-Hombach, M., Kudrass, H.R.
& Erlenkeuser, H. (2003): Bengal Fan sediment
transport activity and response to climate forcing
inferred from sediment physical properties.- Sediment. Geol., 155, 361–381.

Wehrmann, A. (2016): Tidal depositional systems.- In:
Harff, J., Meschede, M., Petersen, S. & Thiede,
J. (eds.), Encyclopedia of Marine Geosciences:
849–859, Springer (Dordrecht).

Wei, X., Steel, R.J., Ravnås, R., Jiang, Z., Olariu, C. & Ma,
Y. (2018): Anatomy of anomalously thick sandstone units in the Brent Delta of the northern
North Sea.- Sedimentary Geology, 367, 114–134;
▶ https://doi.org/10.1016/j.sedgeo.2018.02.003.

Weimer, P. (1989a): Sequence stratigraphy of the
Mississippi Fan (Plio-Pleistocene), Gulf of Mexico.-
Geo-Marine Letters, 9, p. 264.

Weimer, P. (1989b): Sequence stratigraphy, facies
geometries, and depositional history of the
Mississippi Fan, Gulf of Mexico.- AAPG Bull., 74,
425–453.

Wells, M.R., Allison, P.A., Piggott, M.D., Pain, C.C., Hampson, G.H. & De Oliveira, C.R.E. (2005): Large sea,
small tides: the Late Carboniferous seaway of NW
Europe.- J. Geol. Soc. London, 162, 3, 417–420.

Weltje, G.J. & De Boer, P. (1993): Astronomically
induced paleoclimatic oscillations reflected in
Pliocene turbidite deposits on Corfu (Greece):
Implications for the interpretation of higher order
cyclicity in ancient turbidite systems.- Geology,
21, 307–310.

Whateley, M.K.G. & Pickering, K.T. (eds 1989): Deltas:
Sites and traps for fossil fuels.- Geol. Soc., Spec.
Publ., 41, 360 pp.

Wiedicke, M. (1998): The submarine delta of the
Ganges-Brahmaputra: cyclone-dominated sedimentation patterns.- Marine Geology, 149, 1–4,
123–144.

Winkler, Ch.D. & Edwards, M.B. (1983): Unstable progradational clastic shelf margins.- In: Stanley, D.J.

& Moore, G.T (eds): The Shelfbrake: Critical Interface on Continental Margins.- Soc. Econ. Paleont.
Mineral., Spec. Publ., 33, 139–157.

Wiedicke-Hombach, M., Kudrass, H.R. & Erlenkeuser,
H. (2003): Bengal Fan sediment transport activity
and response to climate forcing inferred from
sediment physical properties.- Sediment. Geol.,
155, 361–381.

Willis, B.J. & Gabel, S. (2001): Sharp-based, tide-dominated deltas of the Sego Sandstone, Book Cliffs,
Utah, USA.- Sedimentology, 48, 479–506.

Winsemann, J. & Jonen, A. (2000): Stapelungsmuster
eines sturmdominierten Schelfsystems: Die
unterordovizische Goldisthaler Folge und Frauenbach-Gruppe des Thüringer Schiefergebirges.- Z.
dt. geol. Ges., 151, 287–307.

Woodruff, J.D., Geyer,W.R., Sommerfield, C.K. & Dri-
scoll, N.W. (2001): Seasonal variation of sediment
deposition in the Hudson River estuary.- Marine
Geology, 179, 1–2, 105–119.; ▶ https://doi.
org/10.1016/S0025-3227(01)00182-7.

Woolfe, K.J., Larcombe, P., Naish, T. & Purdon, R.G.
(1998): Lowstrand rivers need not incise the shelf:
An example from the Geat Barrier Reef, Australia,
with implications for sequence stratigraphic
models.- Geology, 26, 75–78.

Wrede, V. (2016): Schiefergas und Flözgas. Potenziale
und Risiken der Erkundung unkonventioneller
Erdgasvorkommen in Nordrhein-Westfalen aus
geowissenschaftlicher Sicht.- scriptum, 23, 128 S.,
Geol. Dienst NRW, Krefeld.

Wunderlich, F. (1969): Studien zur Sedimentbewegung. 1. Transportformen und Schichtbildung im Gebiet der Jade.- Senckenbergiana
maritima, 1, 107–146.

Wunderlich, F. (1970): Genesis and environment of
the Nellenköpfchen-Schichten (Lower Emsian,
Rheinian Devon) at locus typicus in comparison
with modern coastal environment of the German
Bay.- J. Sediment. Petrol., 40, 102–130.

Xu, T., Wang, G., Shi, X., Wang, X., Yao, Z., Yang, G., Fang,
X., Qiao, S., Liu, S., Wang X. & Zhao, Q. (2016):
Sequence stratigraphy of the subaqueous Chang-
jiang (Yangtze River) delta since the Last Glacial
Maximum.- Sedimentary Geology, 331, 132–147;
▶ https://doi.org/10.1016/j.sedgeo.2015.10.014.

Xusheng, S., Quinshang, Y., Shiyuan, X. & Zhongyuan,
C. (1991): Storm deposits in the coastal region of
Shanghai, the Yangtse Delta, China.- Geologie en
Mijnbouw, 70, 45–58.

Young, R.G. (1955): Sedimentary facies and intertonging in the Upper Cretaceous of the Book Cliffs,
Utah – Colorado.- GSA Bulletin, 66, 177–202.

Young, B., Dalrymple, R.W., Gingras, M.K., Chun, S. &
Lee, H. (2007): Up-estuary variation of sedimentary
facies and ichnocoenoses in an open-mouthed,

macrotidal, mixed-energy estuary.- J. Sed. Res., 77, 757–771.

Ziegler, P.A. (1990): Geological Atlas of Western and Central Europe.- 239 pp., 2nd ed., (Shell International Petroleum Maatschappij B.V.) Amsterdam.

Zimmermann, Z., Franz, M., Schaller, A. & Wolfgramm, M. (2017): The Toarcian-Bajocian deltaic system in the North German Basin: Subsurface mapping of ancient deltas – morphology, evolution and controls.- Sedimentology, Accepted manuscript online: 21 August 2017; ▶ https://doi.org/10.1111/sed.12410.

Zöllmer, V. & Irion, G. (1993): Clay mineral and heavy metal distribution in the northeastern North Sea.- Marine Geology, 111, 223–230.

Zühlsdorff, C., Hanebuth, T.J.J. & Henrich, R. (2008): Persistent periodic turbidite activity off Saharan Africa and its comparability to orbital and climate cyclicities.- Geomarine Letters, 28, 87–95.

Sequenzstratigraphie

© Springer-Verlag GmbH Deutschland, ein Teil von Springer Nature 2019
A. Schäfer, *Klastische Sedimente*, https://doi.org/10.1007/978-3-662-57889-6_5

Sequenzstratigraphie ist ein Sammelbegriff für verschiedene Methoden, die primär unabhängig von biostratigraphischen oder radiologischen Altersdatierungen eine zeitliche Unterteilung der sedimentären Ablagerungsgeschichte ermöglichen. Sie basiert im Wesentlichen auf geometrischen Lagebeziehungen, charakteristischen Ablagerungsmustern und ihrer Korrelation. Diese Merkmale definieren sich wiederholende, genetisch zusammengehörende Ablagerungseinheiten, die teils durch Erosionsflächen, teils durch Flächen ohne Ablagerung begrenzt sind (Galloway 1989a). Die Vielfältigkeit der entwickelten sequenzstratigraphischen Methoden resultiert aus sehr unterschiedlichen Skalen und Techniken, in denen diese Charakteristika erfasst und interpretiert werden.

Die beiden wichtigsten sequenzstratigraphischen Ansätze – die **Exxon-Sequenz** *sensu* Posamentier et al. (1988) und die **genetisch-stratigraphische Sequenz** *sensu* Galloway (1989a) – nutzen ähnliche Methoden und Strategien, um genetisch zusammengehörende Ablagerungseinheiten zu erkennen, zu definieren und zu bearbeiten. Ihr wesentlicher Unterschied resultiert aus unterschiedlichen Daten und daraus sich ergebenden charakteristischen Merkmalen. Während sich die klassische Sequenzstratigraphie („Exxon") auf beckenweiten Untersuchungen stützt und auf der Integration von Bohrung und Seismik basiert, leitet sich die genetische Stratigraphie aus höher auflösenden Beobachtungen in Aufschlüssen und Profilen („Galloway") ab.

Die Sequenzen der Sequenzstratigraphie bilden mit ihren Systemtrakten zugleich genetische als auch chronostratigraphische Intervalle aus (Van Wagoner et al. 1988, 1990, 1992). **Genetische Intervalle** sind ohne signifikante Unterbrechungen miteinander verbundene Ablagerungssysteme. **Chronostratigraphische Intervalle** umfassen alle Sedimente, die während eines radiometrisch und/oder biostratigraphisch definierten Zeitintervalls abgelagert wurden. Traditionell werden stratigraphische Korrelationen und Kartierungen anhand von Formationsgrenzen, biostratigraphischen Zonen oder speziellen Ereignissen *(events)* wie magnetostratigraphischen Wechseln oder sedimentologisch definierten Horizonten *(marker)* vorgenommen. Jedoch sind solche Formationsgrenzen im Allgemeinen zeittransgressiv, d. h. sie liegen schräg in Raum und Zeit, und ihre Korrelation kann daher stratigraphisch durchaus ungenau sein. Denn biostratigraphische und magnetostratigraphische Grenzen bilden selten morphologische bzw. paläogeographische Grenzflächen und können daher im Aufschluss, mittels Bohrlogs oder in seismischen Profilen nicht kartiert werden. Durch Markerhorizonte definierte chronostratigraphische Intervalle sind nicht immer vorhanden, können signifikante Unterbrechungen enthalten und müssen auch nicht unbedingt genetisch sein. Vail et al. (1991) plädieren daher dafür, dass akkurate Interpretationen der geologischen Geschichte auf großräumigen und längerlebigen Systemtrakten aufbauen sollten. Schwankungen des Meeresspiegels hätten darüber hinaus einen so bedeutenden Einfluss auf die Paläogeographie, dass Zeiten niedrigen Wasserstandes von Zeiten hohen Wasserstandes getrennt darzustellen seien. Haq et al. (1987) begannen damit, Sequenzen global zu kartieren, und erzeugten darauf basierende Meeresspiegelkurven, die sie Meeresspiegelschwankungen dritter Ordnung (s. ► Abschn. 5.4.1) zuwiesen.

Es gibt bereits eine Reihe von Bemühungen, sequenzstratigraphische Arbeitsweise zu subsummieren. Als Lehrbücher und Sammelbände empfehlen sich Van Wagoner et al. (1990), Mitchum und Van Wagoner (1991), Posamentier und James (1993), Boggs (1995), Steel et al. (1995), Emery und Myers (1996), Miall (1997), Gradstein et al. (1998), Homewood et al. (2000), Coe et al. (2003), Embry et al. (2004), Catuneanu (2006). Verbunden mit einem historischen Überblick bietet Nystuen (1998) eine gut gefasste Übersicht über die Entwicklung der Sequenzstratigraphie (◘ Abb. 5.1).

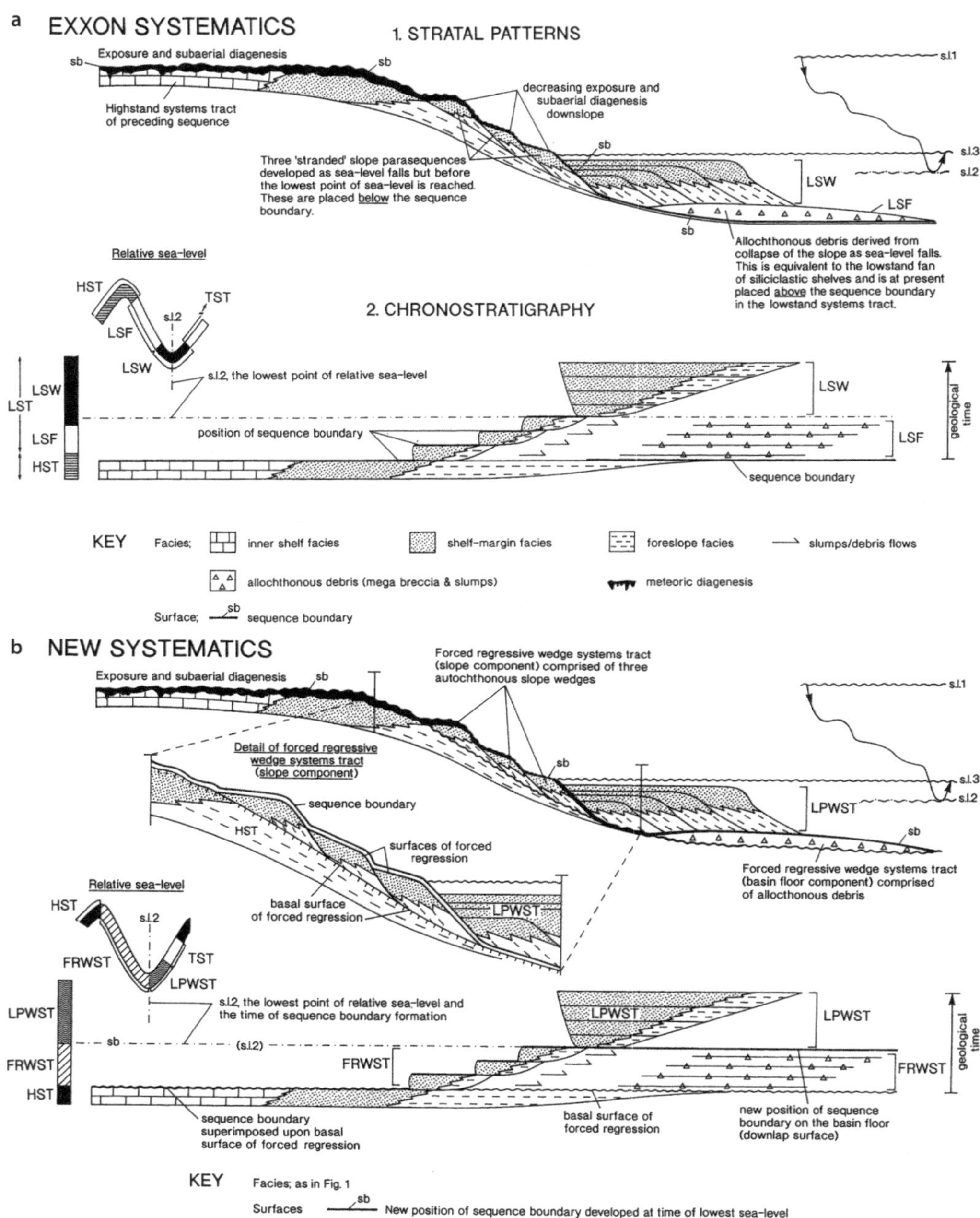

⬛ Abb. 5.1   Zwei unterschiedliche Modelle für erzwungene Regression (s. a. ▶ Abschn. 5.4, *forced regression sensu* Hunt und Tucker 1992). **a** Das Exxon-Modell berücksichtigt die subaerische, durch Exposition an der Geländeoberfläche entstandene Sequenzgrenze (sb) und die mit ihr korrelierenden Horizonte. Sie liegt hier unterhalb des distalen Niedrigstandfächers (*lowstand fan*, LSF) (Nystuen 1998, Abb. 27a). **b** In dem von Nystuen (1998) vorgeschlagenen Modell liegt die Sequenzgrenze (sb) oberhalb des distalen Niedrigstandfächers (*Lowstand Fan*, LSF). HST = *highstand*, LST = *lowstand*, LSF = *lowstand fan*, LSW = *lowstand wedge*, TST = *transgressive wedge*, FRWST = *forced regressive wedge*, LPWST = *lowstand prograding wedge systems tracts* (Nystuen 1998, Abb. 27b)

Da für das Auffinden dieser Thematik in modernen Zeitschriften außer in gut geführten Bibliotheken ein *online retrieval* gerne in Anspruch genommen wurde, seien wenigstens für das komplexe Feld der Sequenzstratigraphie zwei Webseiten genannt:

Holland (2004): ► http://strata.uga.edu/sequence/tracts.html

Kendall und Alnaji (2004): ► http://strata.geol.sc.edu.

Hier wird im Folgenden versucht, eine Übersicht der wichtigsten und historisch signifikanten Methoden und deren Grundlagen vorzustellen.

5.1 Sedimentäre Grenzflächen

Für die Verwendung des Konzeptes Sequenzstratigraphie ist – neben der Aufnahme von Sedimentsequenzen und ihrer Aufeinanderfolge – vor allem die Beschreibung sedimentärer Grenzflächen wichtig. In seismischen Profilen wurden zum Beispiel systematisch charakteristische Muster von Reflektoren erkannt (z. B. *onlap, toplap, downlap*, s. ► Abschn. 5.2), anhand derer die sedimentären Grenzflächen interpretiert werden. Darüber hinaus können sedimentäre Grenzflächen auch in Bohrungen und Aufschlüssen gut beobachtet werden.

In erster Näherung wird allgemein davon ausgegangen, dass ein geologischer Schichtenverband ohne Diskordanzen und ohne Zeitlücken zwischen seinen einzelnen Teilen abgelagert wurde. Im Detail ist dies jedoch nicht richtig. Denn je energiereicher ein Ablagerungsraum ist, umso häufiger wird die aktuelle Sedimentoberfläche umgestaltet (Reineck 1960; Schäfer 2003). Auch Rückseitenwatten – durch Algenfilme entlang der Hochwasserlinie gefestigt – werden während der Winterstürme vielfach flächenhaft abgetragen, ehe wieder neue Schichtbildung im Sommerhalbjahr stattfindet (Flemming, pers. Mitt. 2002). Je mehr Zeit ein Schichtenverband für seine Bildung benötigte, umso mehr muss also damit gerechnet werden, dass durch die Veränderung der sedimentären Rahmenbedingungen jüngere Schichten die älteren Schichtenfolgen unter Konservierung einer zwischen beiden Einheiten liegenden Schichtlücke überlagern. Dies bedeutet, dass von der älteren Schichtenfolge oft ein nicht bestimmbarer Teil fehlt. Dennoch entwickelte Cross (pers. Mitt. 2001) für die Verwendung in der Stratigraphie demgegenüber die Vorstellung, dass die Ablagerungen eines Faziesraums vollständig sind: *„time is never lost".* Erosion, Umlagerung und Sedimentation sind immer nur lokale Ereignisse und charakteristische Bestandteile des Ablagerungsraums. Stratigraphische Zeitlücken gibt es somit keine, allenfalls **Schichtlücken** – denn die Zeit bliebe ja erhalten. Diese Phänomene unterscheiden sich somit in ihrer Dimension von Schichtlücken in ganzen Sedimentbecken oder Diskordanzen in komplexen Gebirgsstrukturen, in denen ältere Schichtenverbände, oft bereits zu Gestein verfestigt, tektonisch verstellt und/oder teilweise wieder erodiert werden, ehe sie neue Schichten überlagern (◘ Abb. 5.2).

In Sedimentbecken lassen sich konkordante und diskordante Schichtenfolgen unterscheiden (◘ Abb. 5.3). Liegen Schichten ohne erkennbare Winkel übereinander, bilden sie **konkordante Kontakte** *(conformable contacts)* zwischen sich aus. Die Schichten können sich zum Beispiel durch eine Wechselfolge von Tonstein, Sandstein, Tuff und Kalkstein unterscheiden. Bestehen die Schichten ausschließlich aus siliciklastischen Sedimentgesteinen, bilden sie eine Wechselfolge verschiedener Korngrößen, z. B. Tonstein, Sandstein, Siltstein, Konglomerat – Grundelemente der sog. physikalischen Sedimentologie *(physical sedimentology).* Die Ablagerung dieser Korngrößen hängt von der verfügbaren Transportenergie innerhalb des Sedimentationsraumes ab. Eine Schichtenfolge aus Konglomerat, Sandstein, Siltstein und Tonstein stellt eine Kornverfeinerungssequenz *(fining-up sequence)* dar und reflektiert eine Abnahme der Energie bei der Ablagerung (◘ Abb. 5.4). Eine Kornvergröberungssequenz *(coarsening-up sequence)* ordnet die Schichtenfolge

◨ Abb. 5.2   Am Siccar Point an der Küste Ostschottlands (Berwickshire Coast ungefähr 60 km östlich von Edinburgh, 15 km südlich von Dunbar) erkannte 1788 James Hutton erstmals die Bedeutung einer Diskordanz *(unconformity)* zwischen verschieden alten geologischen Strukturen. Nahezu senkrecht stehende Grauwacken und Schiefer des Llandovery (Silur; 425 Ma) werden diskordant von schräg geschichteten, sanft nach WNW einfallenden, roten Sandsteinen und Konglomeraten des Old Red (Oberdevon; 345 Ma) überlagert. Die silurischen Grauwacken sind Tiefseeturbidite aus dem sich bildenden Gebirge Laurentia, die oberdevonischen fluvialen Grobklastika des Old Red bildeten ein mit einem Wadi vergleichbares Hochenergie-Environment (mit vermutlich randmarinem Einfluss) aus dem Verwitterungsschutt der Kaledoniden Schottlands (Southern Uplands of Scotland, mit Geröllen aus Grauwacke)

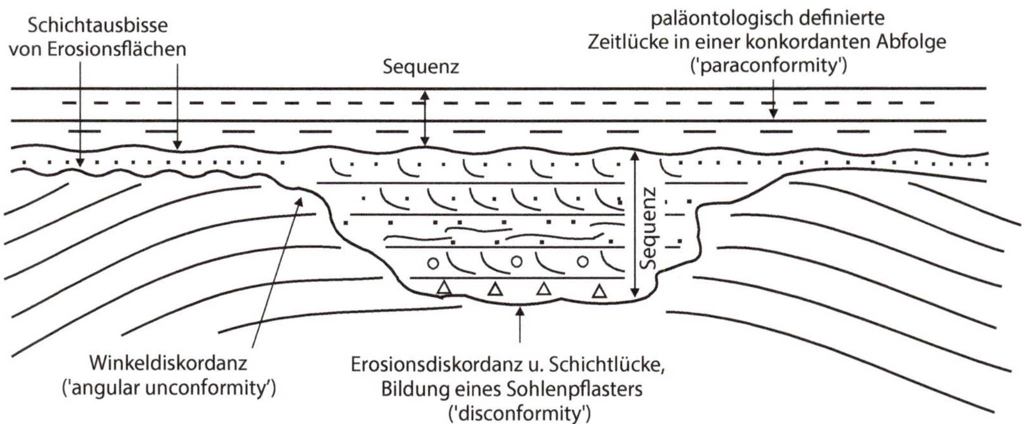

◨ Abb. 5.3   Sequenzen unterschiedlichen Maßstabs und ihre verschiedenen Grenzflächen: mit Zeitlücken versehene konkordante und diskordante Grenzflächen in seismischen Profilen und im Aufschluss. (Eigener Entwurf)

als Tonstein, Siltstein, Sandstein und Konglomerat und repräsentiert eine Zunahme der Energie des Ablagerungsraumes. Beide Schichtenfolgen können aber auch abrupte Korngrößensprünge und/oder allmähliche Korngrößenübergänge aufweisen.

Diskordante Kontakte *(unconformable contacts)* zwischen Schichtenverbänden können

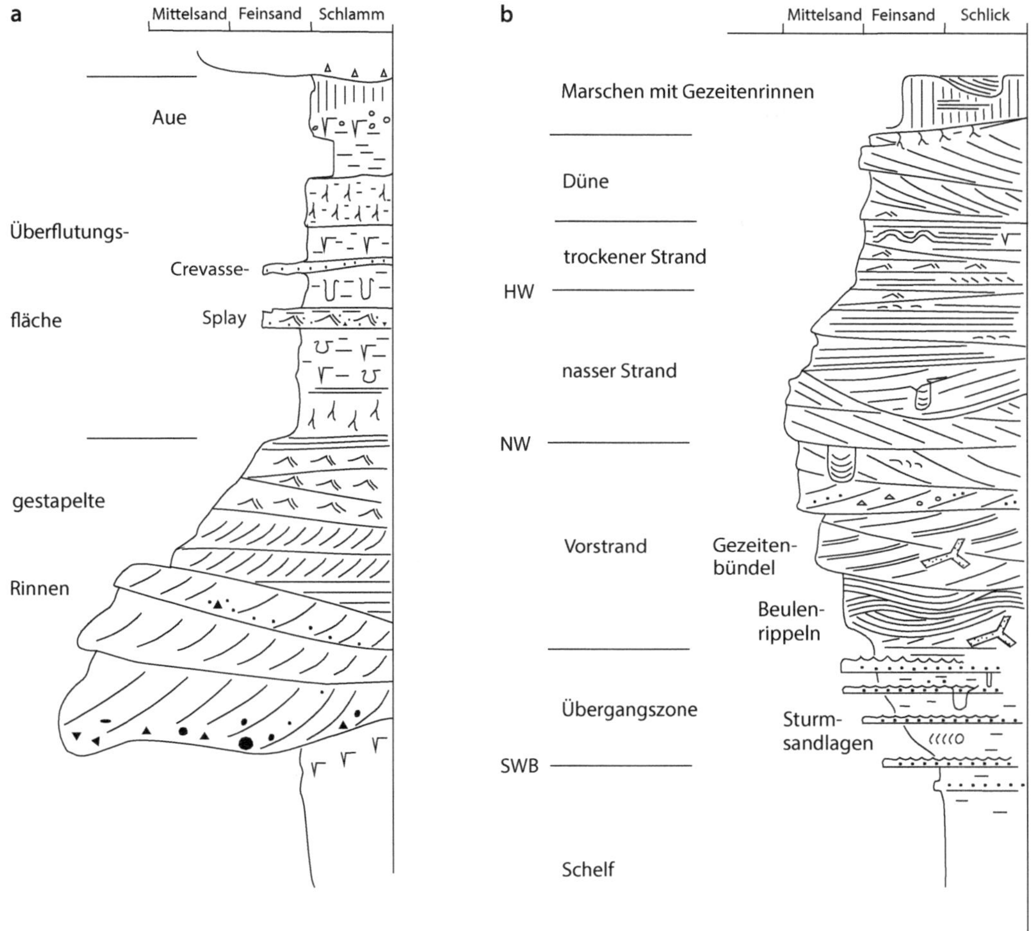

◘ Abb. 5.4 Typprofile einer Kornverfeinerungssequenz *(fining-up)* eines fluvialen Modells **a** und einer Kornvergröberungssequenz *(coarsening-up)* eines rar dmarinen Modells **b** Der Schichtausbiss symbolisiert die Korngröße der abgelagerten Sedimente, verschlüsselt zu gleich auch die Energie des Ablagerungsraumes. (Eigener Entwurf)

sehr verschieden aussehen. Eine einfache **Erosionsdiskordanz** *(disconformity)* ist dann vorhanden, wenn die ältere und die jüngere Schichtenfolge relativ parallel zueinander liegen und zwischen beiden eine deutlich erkennbare Erosionsfläche sichtbar ist, also ein Erosionsrelief auf der älteren Schichtenfolge geschaffen wurde, bevor die jüngere sich darauf ablagerte (Paläoboden, Karstrelief, Basiskonglomerat aus Gesteinen der älteren Sedimentserie). Eine **Winkeldiskordanz** *(angular unconformity)* zeigt

das gleiche Erscheinungsbild. Nur ist die ältere Schichtenfolge tektonisch zuvor verstellt und anschließend mehr oder weniger tiefgründig erodiert worden. Es kann also eine u. U. erhebliche Schicht- und Zeitlücke zwischen beiden Schichtverbänden vorhanden sein (vgl. ◘ Abb. 5.2).

Das exponierte Relief eines Grundgebirges muss jedoch nicht notwendigerweise tiefgründig erodiert sein, wenn sich eine sedimentäre Schichtenfolge diskordant über dieses legt. Eine **Diskordanzfläche** *(nonconformity)* kann von Konglomeraten des aufgearbeiteten Grundgebirges überlagert sein; andererseits kann die sedimentäre Schichtenfolge des Deckgebirges mit einer Bodenbildung oder gar mit lakustrinen Peliten beginnen.

Eine einfache **Schichtlücke** *(paraconformity)* kann u. U. schwer erkennbar sein, wenn sie in lithologisch ähnlich ausgebildeten Sedimentserien ohne Diskordanzwinkel (also Tonstein auf Tonstein) nur eine zeitliche Lücke kennzeichnet, nicht aber einen Materialwechsel. Dies ist bei der Bildung eines Kondensationshorizonts, evtl. als Hartgrund in pelagischen Sedimenten, der Fall, der sich nur durch das voneinander verschiedene Alter des Fauneninhalts sicher erkennen lässt.

Für die sequenzstratigraphische Arbeitsweise vor allem in seismischen Profilschnitten hat sich diese Terminologie der diskordanten Kontakte zwischen Schichtenverbänden als ausgesprochen wichtig erwiesen. Man unterscheidet zwei Arten von Basiserosion. Ist sie tiefgründig und schneidet dabei in ältere, u. U. verstellte Schichtenfolgen ein, ist dies ein sog. **Erosionskontakt** *(erosional truncation),* also eine Erosionsdiskordanz oder gar Winkeldiskordanz bei fossilen Gesteinsverbänden. War die Erosion nur geringfügig und betrifft allenfalls die obere noch unverfestigte Sedimentdecke, spricht man von einer **Aufarbeitungsfläche** *(ravinement surface, rv).* Letztere Beobachtung ist nur am Gesteinsverband im Gelände zu machen und hat gerade im sequenzstratigraphischen Konzept herausragende Bedeutung.

5.2 Schichtgeometrien

Groß angelegte Schichtgeometrien werden insbesondere in seismischen Profilen, aber auch in Aufschlüssen erfasst. Da es sich primär um Beschreibungen von geometrischen Beobachtungen in einem sedimentologischen Kontext handelt, sind sie unabhängig von einer sequenzstratigraphischen Interpretation zu sehen.

Onlap – Nach einem Fallen des Meeresspiegels unterhalb einer existierenden Küste oder eines Schelfs lagern sich bei erneutem Anstieg des Meeresspiegels transgressiv randmarine Ablagerungen landwärts am präexistenten Hang ab. An der Küstenrampe selbst bildet sie ein unterschiedlich mächtiges Kissen aus Küstensanden (◘ Abb. 5.5). An der Stelle, an der sich die Sedimentkörper am Hang anlagern, bildet sich eine Diskordanz, die unabhängig von einer möglichen Basiserosion als sog. *onlap* bzw. *coastal onlap* bezeichnet wird. Steigt der Meeresspiegel weiter, so liegt die transgredierende Schichtenfolge auf der überfluteten Küstenebene weitgehend horizontal, es bildet sich eine Überflutungsfläche *(flooding surface).* Da diese Fläche sich auf der Küstenebene weit ausbreiten kann und auch bei weiterem Anstieg des Meeresspiegels nur mit distalen, parallel abgelagerten Schichten bedeckt wird, wird sie auch häufig als Fläche der maximalen Überflutung *(maximum flooding surface,* mfs) bezeichnet.

Toplap – Gleichmäßig in ein Becken progradierende Sedimentsysteme, die aufsteigend im Profil ihren sedimentologischen Charakter ändern (Deltastirn – Deltaplattform bzw. Küstensande – Marschen bzw. Fluvialebene – Aue), erzeugen konforme Schichtgeometrien. Der Übergang von der Küstenebene in die sandigeren und stärker einfallenden Küstenklinoforme wird als *toplap* bezeichnet.

Offlap – In Abhängigkeit von der im Hinterland mobilisierten Sedimentmenge, deren Einzugsgebiet ja durch den transgressiven Anstieg des relativen Meeresspiegels erheblich erweitert wird, können sich mit Beginn einer Regression randmarine Fazieräume schnell seewärts vorarbeiten. Jedoch werden sie nach oben durch den fallenden relativen Meeresspiegel begrenzt. Insbesondere an einer Küstenrampe werden jüngere Einheiten distaler und morphologisch unterhalb älterer Einheiten abgelagert (◘ Abb. 5.6). Dabei entsteht eine Reihe jünger werdender Diskordanzen. Diese Schichtgeometrien werden als *offlap* bezeichnet.

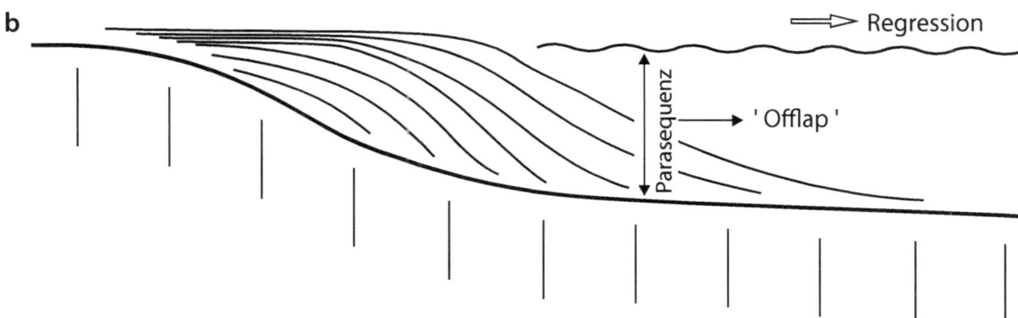

▣ Abb. 5.5 Vereinfachte Geometrie von Anlagerungsflächen an Küsten. **a** Parasequenz einer retrogradierenden Küste bei steigendem relativen Meeresspiegel. **b** Parasequenz einer progradierenden Küste bei sinkendem relativen Meeresspiegel. (Eigener Entwurf)

Baselap/Downlap – Regressive *offlap*-Profile und transgressive *onlap*-Profile zeigen an ihrer Basis oft eine Verflachung des Diskordanzwinkels gegenüber dem Becken, ein sog. *baselap* bzw. *downlap* (▣ Abb. 5.7).

- **Akkommodationsraum** *(accommodation space)*: Der für die Ablagerung verfügbare Raum im Sedimentbecken.
- **Sedimentzufuhr** *(sediment supply)*: Das Sedimentvolumen, das dem Ablagerungsraum zugeführt wird.

5.3 Base Level, Akkommodationsraum, Sedimentzufuhr

Zum Verständnis der Sequenzstratigraphie ist es notwendig, einige gebräuchliche Grundbegriffe zu erläutern:

- **Base Level** *(base level)*: Das Ausgleichsniveau in einem Ablagerungsraum, in dem sich Erosion und Ablagerung die Wage halten.

5.3.1 Definition und historische Entwicklung des Begriffs *Base Level*

Gressly (1838) – aus der Originalarbeit übersetzt und erläutert von Cross und Homewood (1997) – bereitete den Weg für eine sedimentologisch arbeitende Stratigraphie. Grundsätzlich gilt folgendes:

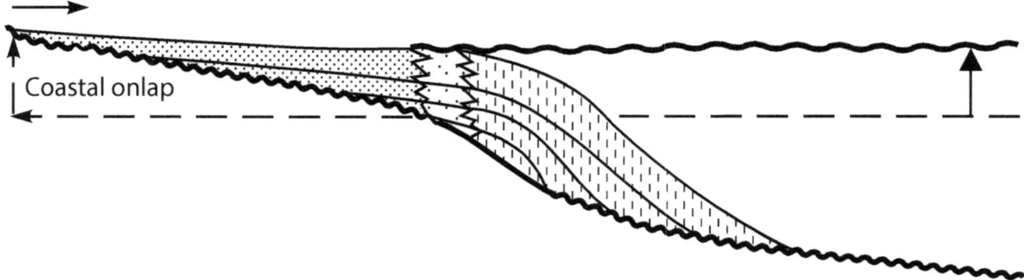

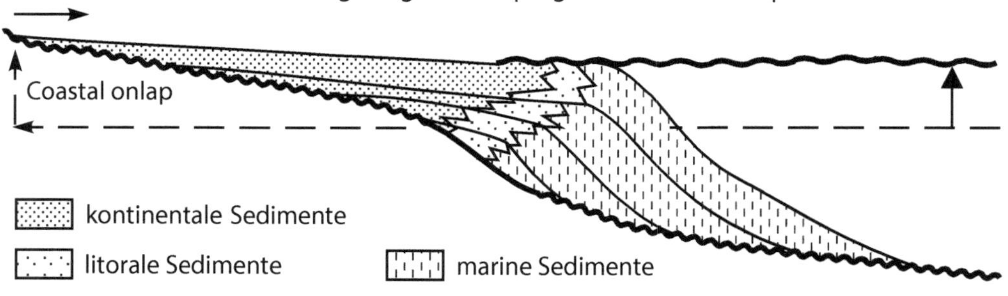

Abb. 5.6   Die Ausbildung von Küstenprofilen ist von der Balance zwischen der Anstiegsrate des relativen Meeresspiegels und dem Sedimenteintrag vom kontinentalen Hinterland abhängig. (Nach Boggs 1995, Abb. 14.8; verändert)

- Das stratigraphische prozessabhängige System erhält die Volumina seiner umgelagerten Sedimente.
- Innerhalb eines Zeit-Raum-Kontinuums sind die Sedimentvolumina unterschiedlich in Faziestrakte partitioniert.
- Die Wanderung zyklischer Faziestrakte bergauf und bergab sowie über die Erdoberfläche insgesamt ist direkt mit vertikalen Faziesabfolgen verbunden und bildet die Basis für hochauflösende Korrelationen stratigraphischer Zyklen.
- Der stratigraphische Base Level ist die Uhr der geologischen Zeit und der Rahmen, innerhalb dessen zwischen der Energie zur Bereitung von Raum und der Energie für den ablaufenden Sedimenttransport ein Bezug vorhanden ist.

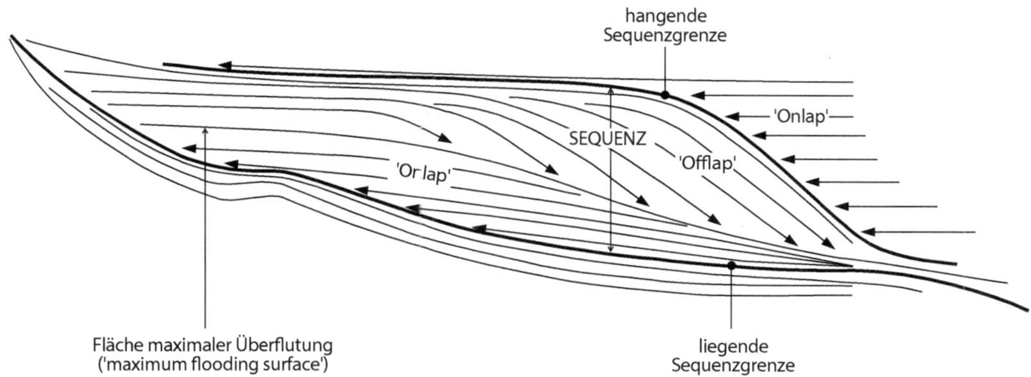

◘ Abb. 5.7 Grundfigur eines Transgressions-Regressions-Modells einer randmarinen Sequenz, begrenzt durch eine liegende und eine hangende Sequenzgrenze. Die *onlap*-Sedimentserien werden von *den offlap*-Sedimentserien durch die Fläche der maximalen Überflutung (*maximum flooding surface*) voneinander getrennt. Ortsspezifische Ablagerungsräume wandern in der durch Pfeilspitzen angegebenen Richtung und werden als Parasequenzen bezeichnet. (Nach Boggs 1995, Abb. 15.13; verändert)

Die fazielle Verschiedenheit von Ablagerungen ist ein Nebenprodukt aus der Partitionierung der Sedimentvolumina.

Barrell (1917) stellte fest, dass sich Sedimente während eines Base-Level-Zyklus und entlang eines Ablagerungsprofils kontinuierlich – ohne signifikante stratigraphische Unterbrechung – akkumulieren können. Stratigraphische Zyklen auf der Grundlage von *base-level fall* und *base-level rise* repräsentieren natürliche Einteilungen. Sie können als Grundlage für die stratigraphische Korrelation dienen. Ablagerungen an einer Lokalität sind zeitgleich mit exponierten Oberflächen an einer anderen Lokalität. Sedimentakkumulation während Fluktuationen des Base Levels sind als stratigraphische Überlieferung in Zeitabschnitte des *base-level fall* und *base-level rise* unterteilt; diese Zeitabschnitte nehmen sehr unterschiedliche Skalen ein.

Aufbauend auf vorausgehenden Arbeiten von Gressly (1838), Powell (1875), Walther (1894), Grabau (1906), Blackwelder (1909), Chamberlin (1909), Barrell (1917) definierte Wheeler (1964) den *base level*

als Potenzialfläche, als wellige, nichtebene Fläche, die dynamisch über und unter der Erdoberfläche liegt und diese auch schneiden kann (◘ Abb. 5.8). Sie ist die Fläche des Akkumulationspotenzials. Liegt die Potenzialfläche über der Erdoberfläche (*physical surface*), wird auf dieser Sediment akkumuliert. Befindet sich die Potenzialfläche unter der Erdoberfläche, wird sie erodiert. Liegt sie in der Erdoberfläche, werden die angebotenen Sedimente seewärts weitergeleitet (*bypassing*) und gehen einem Küstenraum durch Abwanderung in tiefere Ablagerungsräume verloren. Der Base Level ist also eine abstrakte, nichtgegenständliche Potenzialfläche. Sie balanciert Sedimentzufuhr und Sedimentabtrag, ist daher die gedachte Mittellinie zwischen Abtrag und Sedimentation; sie ist darüber hinaus nicht lagestabil (Cross 1993). Somit griff Wheeler (1964) Barrells Konzept auf, sagte jedoch, dass nicht der Base Level die Erosion und Sedimentation kontrolliert, sondern dass die gleichen Kräfte, die den Base Level steuern, auch für Erosion und Sedimentation verantwortlich sind. Erosion und Sedimentation sind nur an der Erdoberfläche möglich. Daher kann die Form der Base-Level-Fläche nur mit der Erdoberfläche

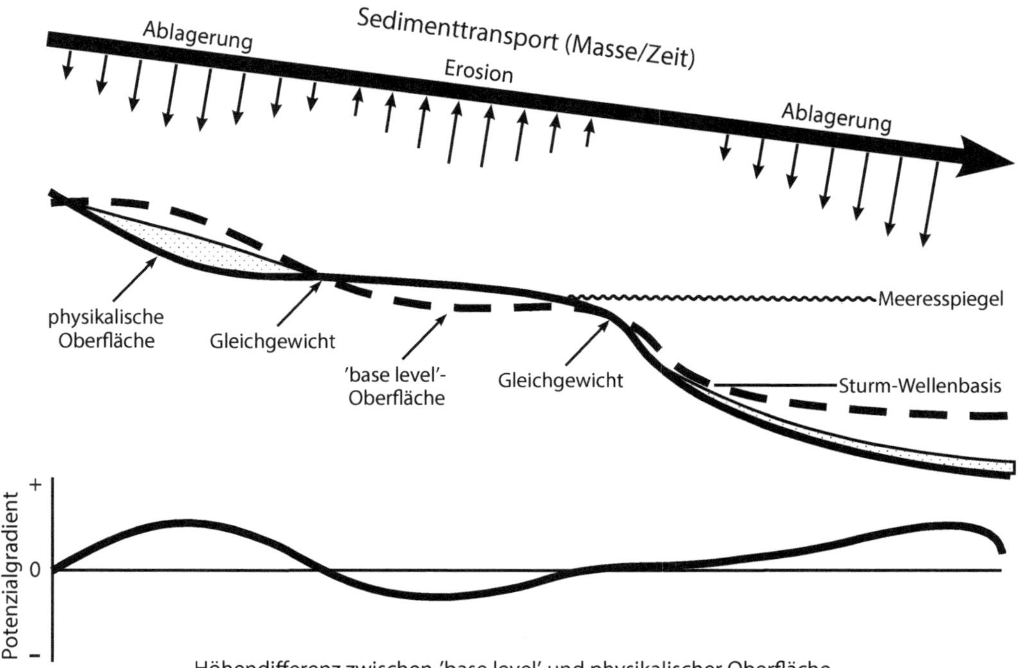

◘ Abb. 5.8 Der *base level* ist *sensu* Wheeler (1964) eine großräumige, abstrakte, nichtgegenständliche Potenzialfläche, die den Küstenraum in Bezug auf den relativen Meeresspiegel in Bereiche unterteilt, in denen einerseits Sedimentation, andererseits Erosion überwiegen. (Umgezeichnet aus Cross 1993)

im Zusammenhang stehen. Ein weltweiter Base Level, der zu jedem gegebenen Zeitpunkt die Erdoberfläche in separate Bereiche einteilen kann, kann entweder der Erosion oder der Sedimentation zugeordnet werden. Wheeler (1964) definierte: *„A base level is a single, ever-present (worldwide) abstract sphere – constantly undulating or vibrating – in response to the ever-changing patterns of supply of material available for potential accumulation and the wave and current energy which acts upon it."*

Der Begriff *base level* ist von Wheeler (1964) englischsprachig begründet worden. In der 1. Aufl. dieses Buches wurde versucht, ihn als „Erosionsbasis" zu umschreiben. Im Text dieser hier vorgelegten 2. Aufl. wird die etablierte originale Benennung beibehalten, vorzugsweise in deutscher Schreibweise.

5.3.2 Änderung des Base Levels

An **Rampenküsten mit hoher Wellenenergie** *(high-energy coast)* ist der Base Level an der Sturm-Wellenbasis positioniert. Die Sturm-Wellenbasis ist diejenige Fläche der Rampenküste, bis zu der Seegang bei Sturm hinabreicht (vgl. ▶ Abschn. 4.2.4). Oberhalb der Sturm-Wellenbasis kann Erosion bzw. Umlagerung von Küstensediment stattfinden. Der Base Level kontrolliert also, ob Sediment unter die Sturm-Wellenbasis gelangt und dort abgelagert wird (◘ Abb. 5.9). Landwärts steigt der Base Level von der Küstenrampe aus an, verbleibt jedoch meist innerhalb der Küstenebene, da sie ja möglicher Erosion und Umlagerung unterworfen ist. In der landwärts anschließenden **Alluvialebene** kann der Base Level über die Erdoberfläche steigen, wenn

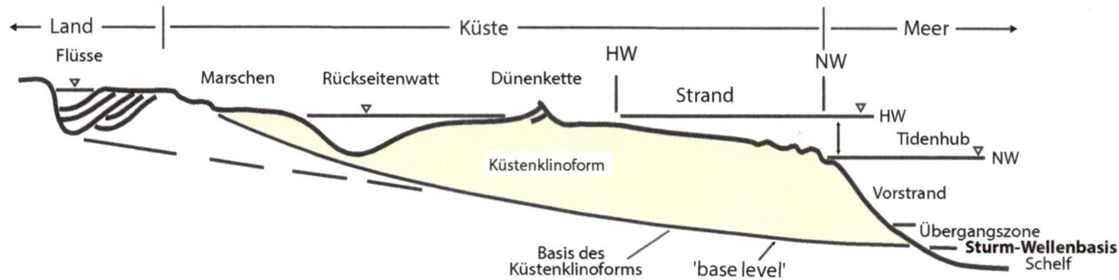

◨ Abb. 5.9 Das Küstenklinoform einer Hochenergie-Rampenküste mit ortsspezifischer Sturm-Wellenbasis. An dieser wird der Base Level (Wheeler 1964) positioniert, der hier als Erosionsbasis verstanden wird. Oberhalb dessen Fläche findet Erosion und Umlagerung statt, unterhalb dagegen sind die Ablagerungen vor Aufarbeitung geschützt. Der Base Level ist eine sedimentologisch definierte großräumige Fläche, die für jeden Küstenraum und die an diesen angeschlossenen Environments spezifisch ist. (Eigener Entwurf)

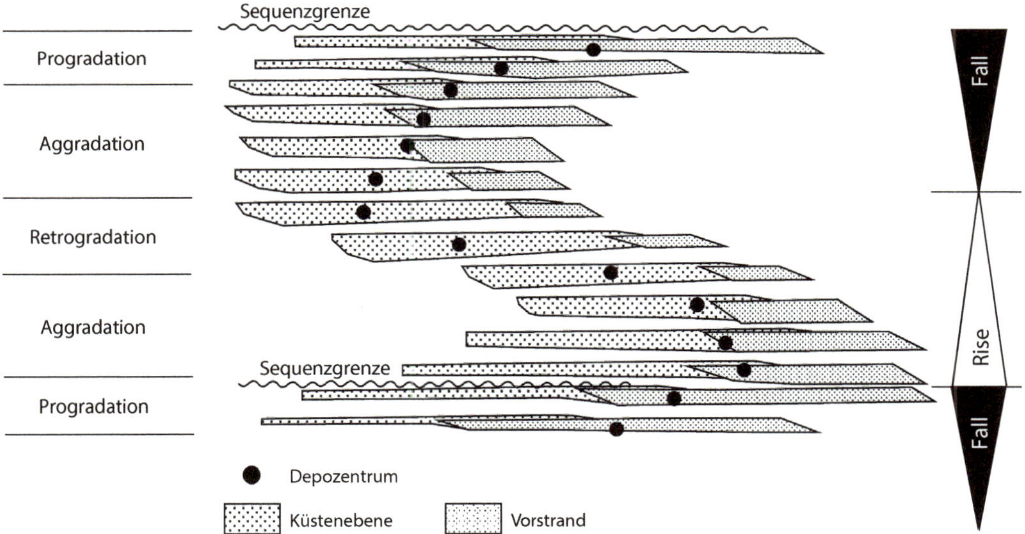

◨ Abb. 5.10 Ein randmariner Faziesraum – bestehend aus Küstenebene und Vorstrand – wird in Abhängigkeit von der zyklisch sich ändernden Entwicklung des relativen Meeresspiegels landeinwärts bzw. seewärts übereinander gestapelt. Die untere Sequenzgrenze ist aufgrund der späteren Verlagerung der Faziesräume in Richtung landeinwärts besonders signifikant. Das Depozentrum, der Schwerpunkt der Sedimentation jeder Zeitscheibe, ist durch je einen Punkt markiert. Der zyklischen Veränderung der Sedimentfazies wird der Base Level zugeordnet. (Nach Cross 1993)

diese flächenhaft aufsedimentiert. Er verbleibt jedoch unter dieser, wenn aufgrund tektonischer Prozesse oder klimatischer Bedingungen Umlagerung und Abtrag tief in die Alluvialebene hineingreifen. Der Base Level bildet also eine Fläche, die für die jeweilige Küste und ihr Hinterland spezifisch ist. Generell verschiebt sie sich bei Transgressionen landwärts, bei Regressionen seewärts, denn sie steht in Bezug zum relativen Meeresspiegel (◨ Abb. 5.10). Koss et al. (1994) führten Modellstudien in einer großflächigen Strömungsrinne (einem

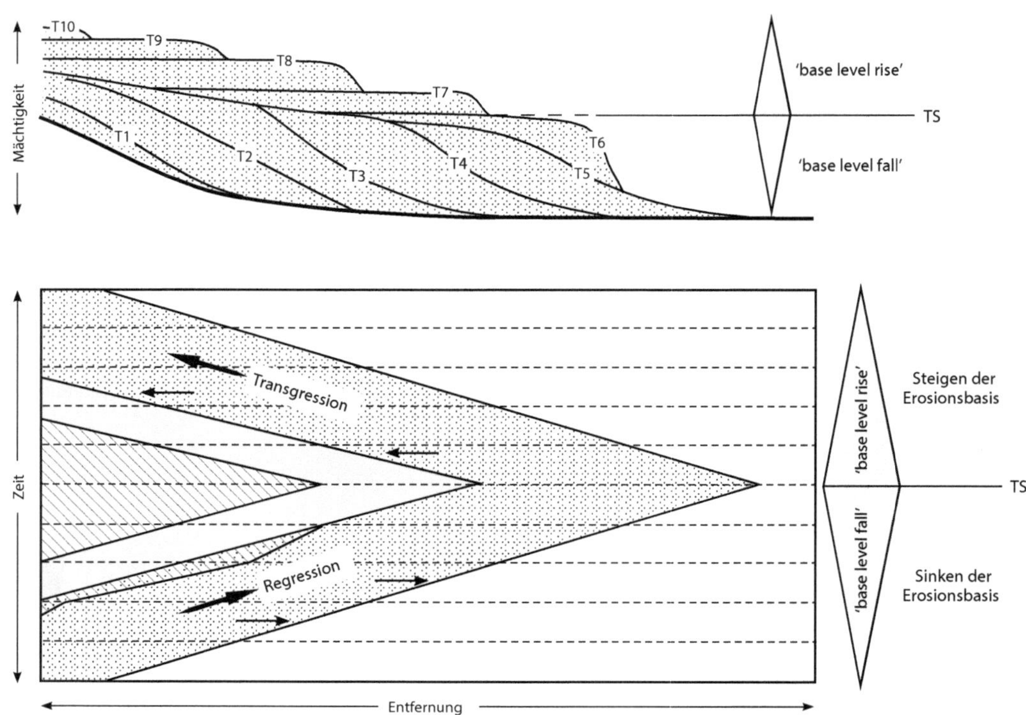

Abb. 5.11   Die Variation des Base Levels und ihr Bezug zu einer randmarinen, zunächst progradierenden, regressiven Sequenz (*base-level fall*, T1–T6) und nachfolgend retrogradierenden, transgressiven Sequenz (*base-level rise*, T7–T10). Mächtigkeitsschnitt und Zeitdiagramm nach einem Entwurf von Cross (1993). Das sog. *turn-around surface* zwischen *base-level fall* und *base-level rise* (Cross et al. 1993) entspricht der Transgressionsfläche (*transgressive surface*, TS) von Baum und Vail (1988), vgl. Abb. 5.44

drainierbaren Sedimentbecken) durch, um das Verhalten des Base Levels und die im Sediment erzeugten Erosionsmuster in Abhängigkeit von der Tendenz (dem Steigen bzw. Fallen) des Meeresspiegels zu beobachten. Es ließ sich Retrogradation und Aggradation der Alluvialebene und die Progradation der Küste sowie die Sedimentumlagerung vom Kontinent auf den Schelf hinaus simulieren. Auch Milana und Tietze (2002, 2007) führten Versuche mit künstlich eingestelltem Base Level an Schwemmfächerbildungen durch.

Die Änderung des Base Levels bestimmt Dauer und Mächtigkeit randmariner sedimentärer Sequenzen (Abb. 5.11). Zyklische Veränderungen seiner Position beim Heben und Senken (*base-level rise, base-level fall*) wird als *base-level cyclicity* bezeichnet (Cross et al. 1993; Cross und Lessenger 1997). Der Base Level ändert sich durch die Fluktuation des relativen Meeresspiegels. So ist die Küstenrampe der ideale Ort, den Base Level in die sedimentologische Interpretation randmariner sedimentärer Sequenzen einzubeziehen (Abb. 5.12). Die randmarinen progradierenden sedimentären Sequenzen des Vorstrands (oder einer Deltastirn) bilden in der sequenzstratigraphischen Definition die dort so bezeichneten Parasequenzen. Es werden die Tendenzen des **steigenden** bzw.

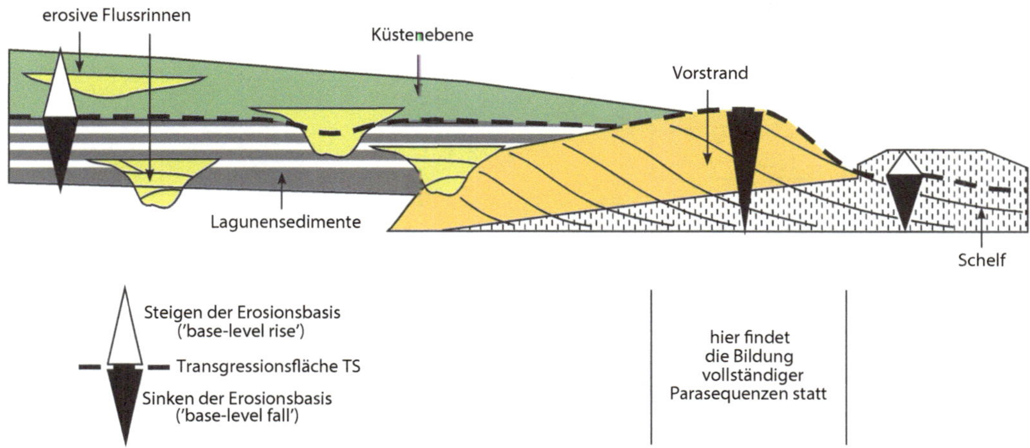

◘ **Abb. 5.12** Der Profilschnitt durch einen Küstenraum mit progradierendem (rechts unten) und retrogradierendem (links oben) Flächenverband. Eine genetische Sequenz im Sinne von Cross et al. (1993) ist eine Sedimentfolge, die aus einem Teilzyklus mit fallendem Base Level (*base-level fall half-cycle*, Regression, Verflachung des Environments) und einem Teilzyklus mit steigendem Base Level (*base-level rise half-cycle*, Transgression, Vertiefung des Environments) besteht. Die beiden Halbzyklen werden durch die *turn-around surface* (d. h. Transgressionsfläche bzw. *transgressive surface*, TS) voneinander getrennt (dicke, gestrichelte Linie)

sinkenden Base Levels als Halbzyklen jeweils durch Dreiecke dargestellt – *base-level rise* („steigende Erosionsbasis") durch ein weißes Dreieck mit Spitze nach oben, *base-level fall* („sinkende Erosionsbasis") durch ein schwarzes Dreieck mit Basis nach oben (◘ Abb. 5.13).

Der Base Level befindet sich bei Akkumulation oberhalb der Erdoberfläche, jedoch unterhalb dieser, wenn Erosion stattfindet. Wenn die Energie, die benötigt wird, um Sediment zu transportieren, mit der Energie, die benötigt wird, um Sediment zu speichern, im Gleichgewicht steht, schneidet der Base Level die Erdoberfläche. Wenn der Base Level ansteigt, wandert der Schnittpunkt von Base Level und der seewärts einfallenden Erdoberfläche landeinwärts. Dies vergrößert die Erdoberfläche, die unterhalb des Base Levels liegt. Dort können Sedimente akkumulieren, und die Speicherkapazität im kontinentalen Bildungsmilieu wird erhöht. Bei fallendem Base Level geschieht das Gegenteil. Tipper (2000) begreift den *base level* als theoretischen Rahmen für zyklische sedimentäre Prozesse, wobei die angelieferte Sedimentfracht (*sediment budget* entsprechend „*sediment supply at sites from which no sediment is being exported*") und die Kapazität des Sedimentationsraumes (*sedimentation capacity* entsprechend „*accommodation at sites at which no erosion is possible*") das Gleichgewicht zwischen Erosion und Ablagerung, d. h. die Nettosedimentation, kontrollieren.

5.3.3 Base-Level-Zyklen

Base-Level-Zyklen *(base-level cycles)* sind sich wiederholende Sedimentfolgen, in denen Ablagerung und Nichtablagerung bzw. Erosion sich auf der Basis von Base-Level-Schwankungen abbilden.

Wheeler (1964) überlegte sich, dass der Base Level angehoben wird, wenn in einem Ablagerungsraum das Verhältnis von Sedimentzufuhr zu Energieinhalt *(supply/energy)* ausreichend ansteigt. Befindet er sich oberhalb der Erdoberfläche, setzt Ablagerung ein. Diese Phase dauert so lange, bis das Verhältnis aus Sedimentzufuhr zu Energie wieder soweit abgenommen hat, dass die Ablagerung gestoppt wird und erneut Erosion einsetzt. Der

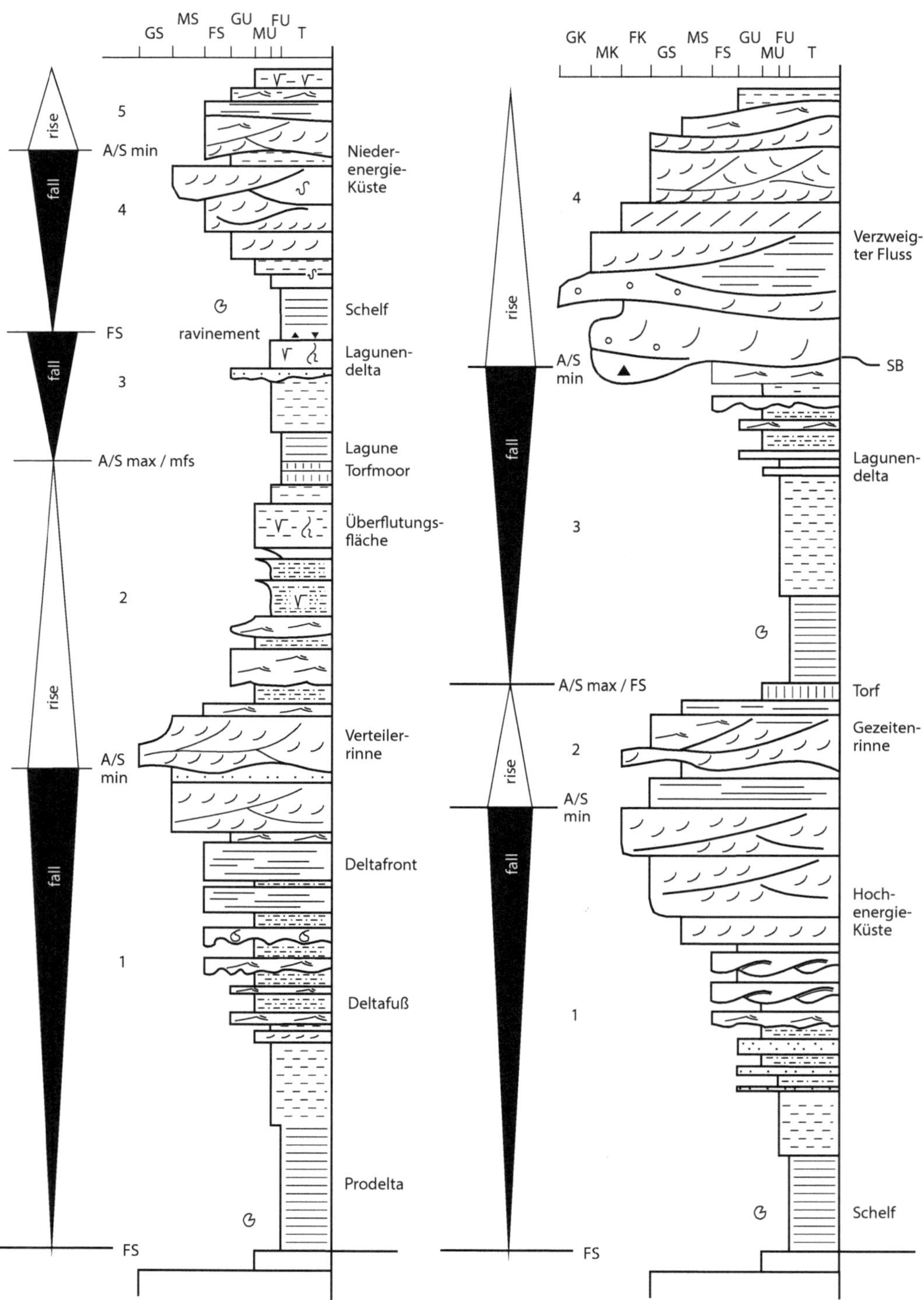

◘ Abb. 5.13 Idealisierte Profilaufnahmen durch verschiedene Ablagerungsräume zur Darstellung von Base-Level-Zyklen. (Eigener Entwurf)

Base Level liegt nun unter der Erdoberfläche. Die Zyklen werden mit der Überschneidung des Base Levels mit der Erdoberfläche festgemacht. Kleinskalige Oszillationen (und nur innerhalb eines Teilzyklus) können als stratigraphische Zyklen verwendet werden *(base-level transit cycles)*. Die Dimensionen der Zyklen reichen von wenigen Millimetern bis zu pankontinentalen Sequenzen, die Tausende von Metern mächtig sein können. Auch die Phasen der Nichtablagerung können von Minuten bis zu einigen Jahrmillionen dauern.

Cross et al. (1993) greifen Wheelers Definition auf, ersetzen jedoch das wichtige Verhältnis aus Sedimentzufuhr zu Energieinhalt durch das Verhältnis aus Volumen des Ablagerungsraumes zu Sedimentzufuhr in diesen *(accommodation space vs. sediment supply)*. Für die flächenhafte Modellierung des Base Levels ist also der Quotient aus Volumen des Sedimentbeckens (Akkommodationsraum) zu Sedimentzufuhr in dieses, *accommodation space/sediment supply,* A/S, von erheblicher Bedeutung (Cross und Lessenger 1998).

Der Quotient A/S (◧ Abb. 5.14) entscheidet darüber, ob der untersuchte Faziesraum progradiert oder retrogradiert (Cross und Lessenger 1998). Dies kann auch über die Dreifachbeziehung Subsidenz des Sedimentbeckens, Variationen des eustatischen Meeresspiegels und Sedimentzufuhr aus dem Hinterland ausgedrückt werden. Der Begriff Akkommodationsraum fasst also die Subsidenz des Sedimentbeckens und die eustatischen Meeresspiegeländerungen zusammen. Mit dem Quotienten A/S ist die Balance aus relativem Meeresspiegel vs. Sedimentationsrate gemeint. Der Quotient A/S ist ausgesprochen bildhaft und hat (wie der Begriff *base level*) den Vorteil gegenüber dem traditionellen sequenzstratigraphischen Modell, dass er auch in kontinentalen Sedimentbecken verwendet werden kann. Er variiert gleichermaßen Profillängen und Sedimentgefüge, er kontrolliert, ob und wie sich sedimentäre Sequenzen bilden können.

Die entlang des A/S-Lineals dargestellten Gefügebilder symbolisieren die Konservierung geomorphologischer Elemente verschiedener Ablagerungsräume (Cross und Lessenger 1998). Von links nach rechts: Erosions- oder *bypass*-Fläche – Rückstand auf einer *bypass*-Fläche – intensiv amalgamierte Bodenformen dünner kannibalisierter Verbände trogförmiger Schrägschichtung – mehr vollständig konservierte Bodenformen – beinahe vollständige Konservierung geomorphologischer Elemente wie z. B. Kletterrippeln oder aggradierende Rippeln – Hungerrippeln zeigen Verminderung der Sedimentzufuhr an – Kondensationshorizonte oder Hartgründe stehen für völliges Ausbleiben der Sedimentzufuhr.

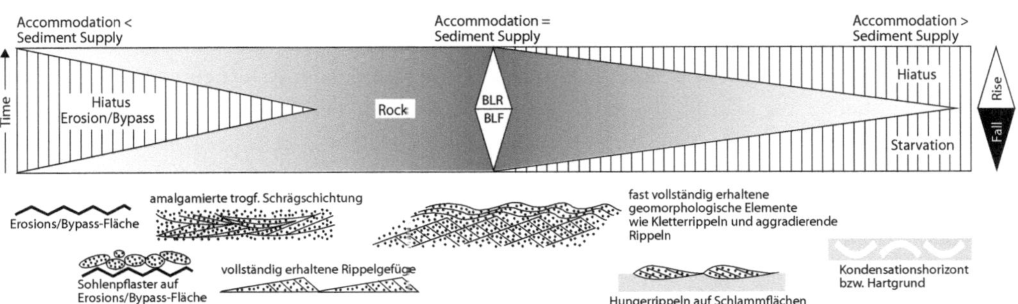

◧ **Abb. 5.14** Das A/S-Lineal von Cross und Lessenger (1998, Abb. 3; verändert) beschreibt die Komplexität aus Akkommodation (Schaffung von Volumen) des Sedimentbeckens, der Sedimentzufuhr in dieses hinein, der Tendenz der Base-Level-Zyklen, der Zeit-Raum-Verteilung von Sedimentation und Diskordanzen und schließlich die Konservierung geomorphologischer Elemente. (Nähere Erläuterungen im Text)

Sedimentation findet innerhalb des grauen Feldes des A/S-Lineals statt (Cross und Lessenger 1998). Schichtlücken aus Erosion, *bypass* oder Nichtablagerung sind vertikal schraffiert. Die Zeit in diesem Lineal ist durch Base-Level-Zyklen (rechts) beschrieben. Nach links führt es zu proximalen, randlichen Partien des Sedimentbeckens, nach rechts zu seinen distalen, zentralen Partien. Nach links wird der A/S-Quotient klein, denn es wird mehr Sediment angeliefert, als abgelagert werden kann. Nach rechts dagegen wird er groß, denn die strukturelle und/oder sedimentäre Entwicklung des Sedimentbeckens kompensiert die Sedimentanlieferung.

Faziesabfolgen und/oder ein Faziesausgleich über Grenzen progradierender bzw. aggradierender Einheiten hinweg werden für die Identifizierung seewärts und landwärts vorrückender Stapelungsmuster gebraucht. Die Fläche, die den Wechsel von seewärts orientierten zu landwärts orientierten Einheiten definiert, wird am **Umkehrpunkt** *(turn-around point)* zwischen längerem Sinken und nun einsetzendem Steigen des Base Levels festgemacht (Cross 1988). Dieser ist äquivalent der subaerischen Diskordanz *(subaerial unconformity)* kontinentaler Environments und definiert den Horizont fehlenden bzw. nur minimal bereitgestellten Ablagerungsraumes *(accommodation space)*. In Küsten- und Deltaenvironments ist dieser Horizont als Diskordanzfläche bzw. als Niveau definiert, an dem sich die Sedimentfazies ändert. Entsprechend definiert der Umkehrpunkt zwischen landwärts vorrückenden und seewärts progradierenden Sedimenteinheiten die Fläche der maximalen Überflutung *(maximum flooding surface*, mfs) (Mjøs et al. 1998) (◘ Abb. 5.15). Die kleinskaligen Sequenzen (aus Bohrungen bzw. aus dem Aufschluss) werden zu großskaligen Sequenzen zusammengefasst, um das generelle Modell zu erläutern. *Base-level fall* entspricht der Regression, in dem der Küstenraum sich seewärts verlagert, während des *base-level rise* rückt er landwärts vor.

An der Küste entspricht der Base Level in etwa dem geodätischen Normal-Null. Dort werden die Prozesse kontinentaler Sedimentation endgültig von denen der marinen Sedimentation abgelöst. In abflusslosen Inlandbecken entspricht der Base Level der Höhe des Seenwasserspiegels.

5.3.4 Genetische Stratigraphie

Die genetische Stratigraphie macht sich die Existenz von gleichzeitig ablaufenden und genetisch über einen gemeinsamen Base Level miteinander in Beziehung stehenden Sedimentprozessen zu Nutze. Sie basiert auf der Erkenntnis, dass Sedimenträume in einer Landschaft miteinander verbunden sind, und in Zeiten von Erosion an einer Stelle zugleich Ablagerung an anderer Stelle stattfindet. Gestattet sei hier der Verweis auf Johannes Walther (1894), der feststellte, dass die Stratigraphie profilmäßig aufgenommener Parasequenzen und Sequenzen den Schlüssel für die geologische Interpretation vergangener Landschaften liefert.

Galloway (1989a) definierte eine genetische Sequenz als eine zusammenhängende Abfolge mit marinen Überflutungsflächen oder ihren Äquivalenten als Sequenzgrenze. Diese Definition entspricht in etwa dem, was zur gleichen Zeit von Van Wagoner et al. (1988) als Parasequenz bezeichnet wurde. Parasequenzen sind marine Verflachungszyklen, die mit einer marinen Überflutung beginnen, als Deltafolge oder als Strandfolge landfest werden und an ihrer Obergrenze durch eine erneute Vertiefung des Ablagerungsraumes mit einer weiteren Flutungsfläche *(flooding surface*, FS) abschließen. Sie beziehen sich somit zuerst auf randmarine Ablagerungsfolgen.

Genetische Sequenzen lassen sich auch als zyklische Variationen des Base Levels in Relation zum steigenden oder sinkenden relativen Meeresspiegel *(sensu* Cross 1988, Cross et al. 1993, Cross und Lessenger 1998) beschreiben. Damit ist es möglich, genetische Sequenzen auch über den randmarinen Raum in das Hinterland und in den tieferen marinen

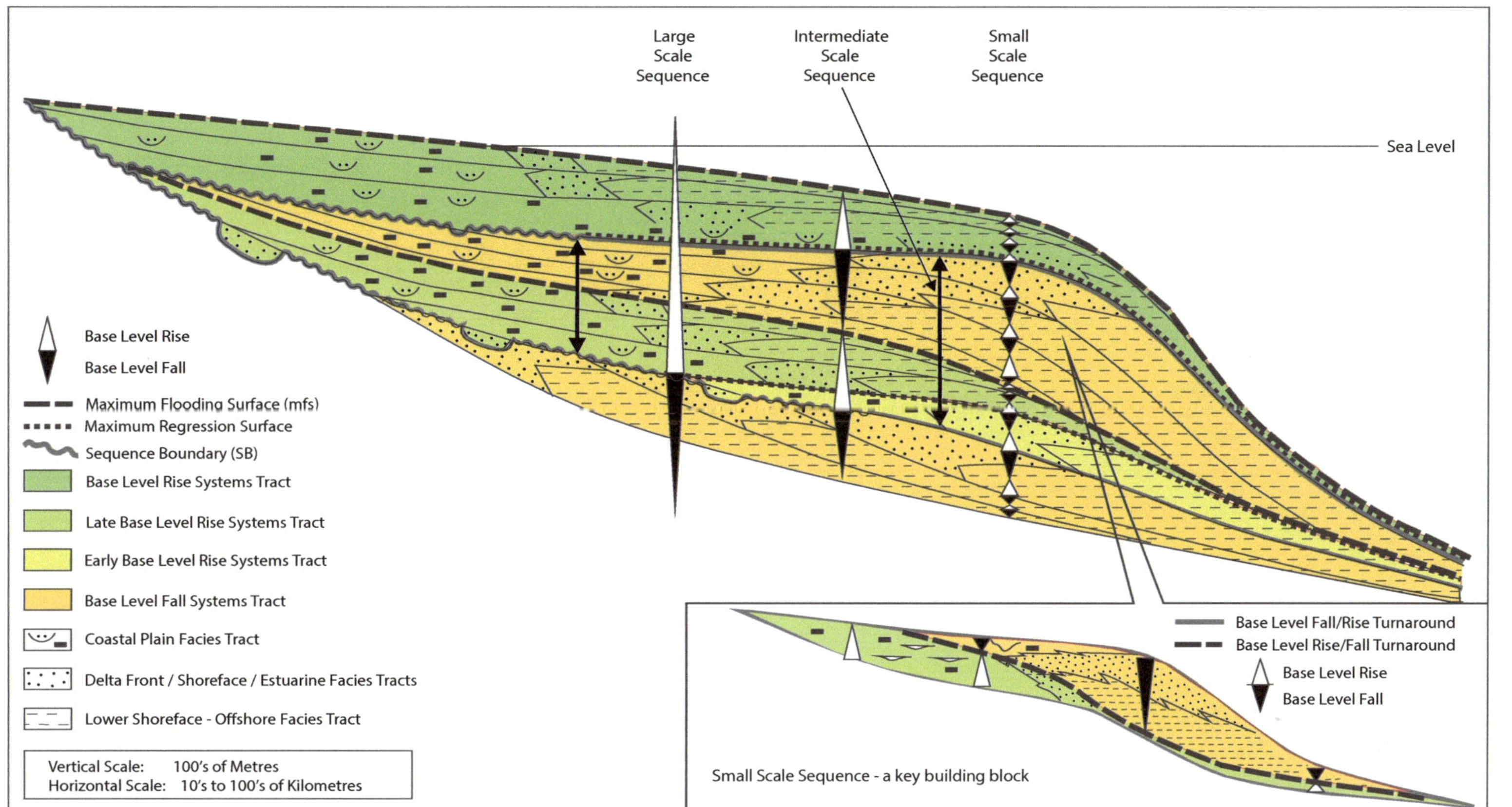

Abb. 5.15 Schematischer Profilschnitt durch einen Küstenraum zur gemeinsamen Erläuterung sequenzstratigraphischer und *base-level*-zyklischer Gesetzmäßigkeiten (Mjøs et al. 1998, Abb. 3; verändert). Sequenzgrenzen (SB), Flächen der maximalen Regression sowie der maximalen Transgression bzw. maximalen Überflutung (mfs) sind ausgewiesen, die dazwischen liegenden transgressiven und regressiven Fazieseinheiten sind bezeichnet. Alle (dünnen und dicken) sigmoidalen Linien sind Zeitlinien, die jeweils die aktuelle Oberfläche der individuellen Faziesassoziationen angeben. Die Detailfigur (rechts unten) beschreibt eine kleinskalige Transgression/Regressions- bzw. *rise/fall*-Episode zwischen zwei Zeitlinien

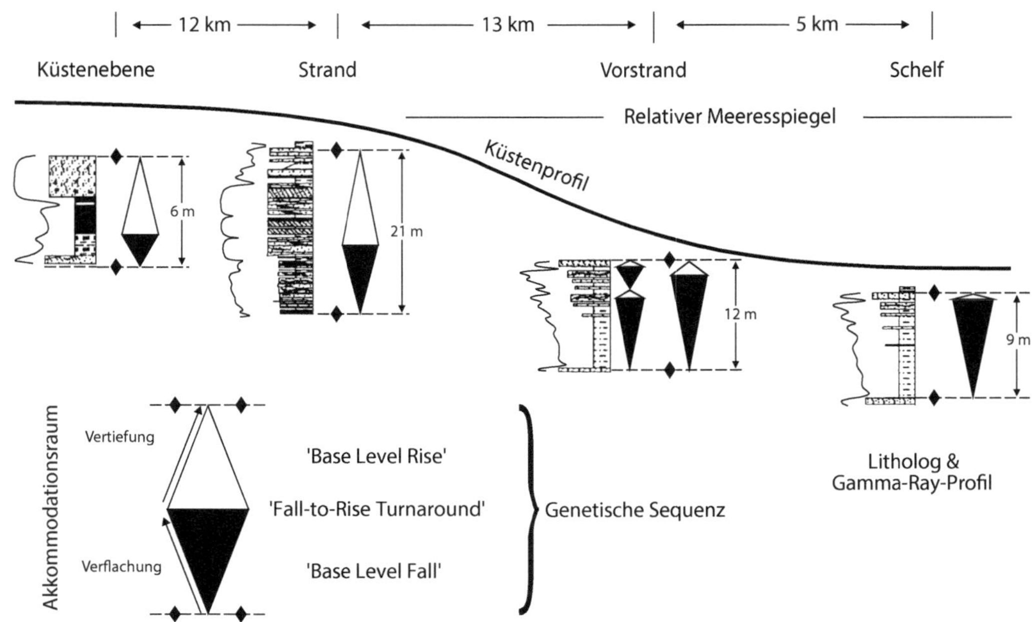

◘ Abb. 5.16   Modellhafter Profilschnitt durch die sedimentären Environments von der Küstenebene bis auf den Schelf in einzelnen genetischen Sequenzen und Base-Level-Zyklen – entwickelt für den Ferron Sandstone, Turon, Oberkreide, Utah, USA. (Nach Cross und Lessenger 1998, Abb. 5)

Ablagerungsraum (Cross et al. 1993; Cross und Lessenger 1997) zu verfolgen.

Für die praktische sequenzstratigraphische Arbeit im geologischen Aufschluss (vgl. ◘ Abb. 5.13) ist die Suche nach Base-Level-Zyklen sehr von Vorteil (Cross et al. 1993; Cross und Lessenger 1997, 1998; Mjøs et al. 1998; Aigner et al. 1998, 1999; Hornung und Aigner 2002a, b; Pöppelreiter und Aigner 2003; Derer et al. 2003; Schäfer et al. 2005; Schäfer 2011; Schäfer und Utescher 2014). Sie zwingt dazu, im Detail jede fazielle Veränderung des Sedimentmodells zu beurteilen. *Base-level fall* entspricht allgemein der **Verflachung** des Environments *(shallowing up)*, dagegen *base-level rise* der **Vertiefung** des Environments *(deepening up)*. Diese Definition macht Base-Level-Zyklen für Ablagerungen aller Environments verwendbar.

Der weitgespannte Faziesraum von der Küstenebene bis in den Schelf hinein enthält eine Vielzahl stratigraphischer Sequenzen, die im Sinne der *base-level cyclicity* sehr unterschiedliche Symmetrien besitzen können und sich individuell aus Halbzyklen *base-level fall* bzw. *base-level rise* zusammensetzen. Entlang der aufgenommenen Profile werden die *base-level-fall*-Halbzyklen mit den oben beschriebenen Dreiecken markiert (◘ Abb. 5.16).

Auf dem Schelf sowie zwischen dem Vorstrand und der Marschenebene können sich beide Halbzyklen vollständig entwickeln. Hier bilden sie die sog. *tidal couplets*, denn die Gezeitenablagerungen liegen unmittelbar auf wellendominierten Vorstrandablagerungen und werden durch marine Überflutungsflächen oder Aufarbeitungsflächen voneinander getrennt. An der Wellenbasis am Fuß des Vorstrands und auf der Alluvialebene existieren lediglich Halbzyklen, allerdings jeweils mit umgekehrter Tendenz. Cross und Lessenger (1998) bezeichnen den Aufbau entgegengesetzter Zyklenmuster als *volume partitioning* bzw. *volumetric partitioning*, d. h. die erhaltenen Sedimentfolgen bauen sich an

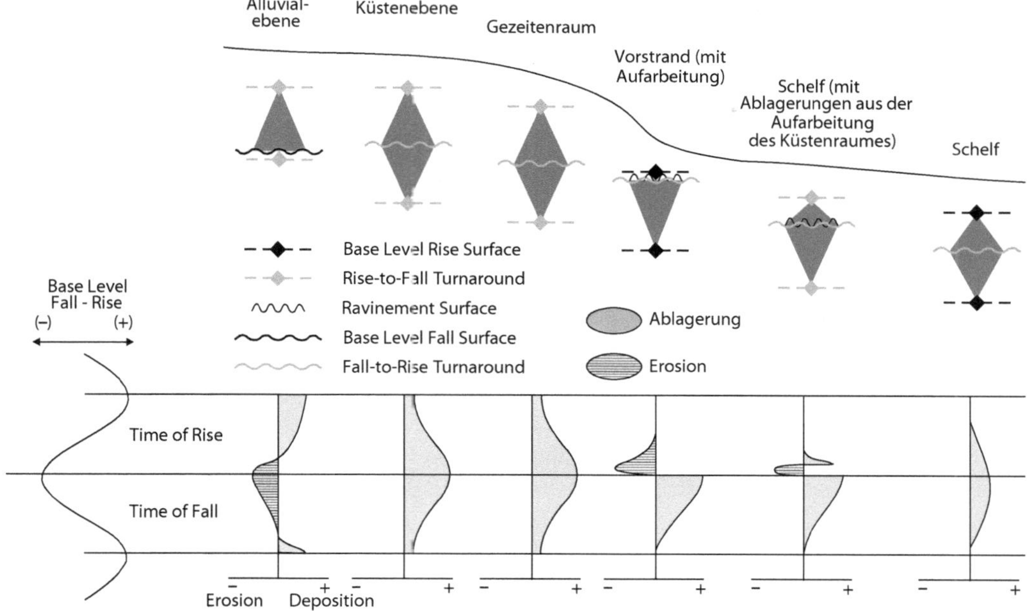

◧ **Abb. 5.17**   Stratigraphische Zyklen in Subenvironments eines Küstenraumes (Cross und Lessenger 1998, Abb. 4; etwas verändert). Näheres im Text

verschiedenen Orten des Küstenprofils unterschiedlich vollständig auf, haben direkten Bezug zum Base Level und stehen genetisch miteinander in Verbindung (◧ Abb. 5.17).

Zyklen in der Alluvialebene und der oberen Küstenebene weisen eine *base-level fall unconformity* auf, die von Sedimenten mit *base-level-rise*-Tendenz überlagert werden; hier sind die Base-Level-Zyklen symmetrisch. Zwischen Vorstrand und flachmarinem Schelf sind sie asymmetrisch mit überwiegend *base-level-fall*-Tendenz. Auf dem mittleren bis äußeren Schelf werden die stratigraphischen Zyklen wieder mehr symmetrisch.

Die Verschiedenheit der individuellen Halbzyklen wird durch die gleichzeitige Veränderung des Akkommodationsraumes erheblich beeinflusst, sodass die Halbzyklen die einzelnen Subenvironments nur ungefähr abbilden. Diese lokal variable Ausgestaltung sedimentärer Zyklen wird als *sediment volume partitioning* bzw. *volumetric partitioning* (Cross 1993) bezeichnet, d. h. die Sedimentvolumina

der einzelnen Teilzyklen *fall* und *rise* sind aufgrund ihrer Entstehung während der Progradation *(fall)* bzw. Retrogradation *(rise)* genetisch voneinander sehr verschieden.

Eine Größe, die systematisch die stratigraphische Überlieferung von Ablagerungen bestimmt, ist das Verhältnis zwischen dem Volumen des Raumes, d. h. dem Akkommodationsraum (A), der für die Ablagerung bereitsteht, und der Größe der Sedimentzufuhr (S). A/S min bzw. A/S max beschreiben jeweils Positionen in den Profilen, an denen das Verhältnis von Akkommodationsraum zu Sedimentzufuhr minimal bzw. maximal ist.

Der Anstieg des Base Levels bewirkt bei gleichbleibender Sedimentzufuhr eine Vergrößerung des Akkommodationsraumes und das Fallen des Base Level dessen Verkleinerung.

Ein großer Vorteil dieser Betrachtung von Akkommodationsraum und Sedimentzufuhr als regelnde Größe des Base Levels ist, dass sie auch lokal unabhängig vom Meeresspiegel vorgenommen werden kann und so Aussagen über stratigraphische Korrelationen über den marinen Raum hinaus erlaubt.

Auch für ausschließlich kontinentale Ablagerungen lässt sich das Konzept der *base-level cyclicity* verwenden, so im Beispiel des frühtertiären Magdalena Basin in Kolumbien (Ramón und Cross 1997, 2002). Der **zyklische Aufbau fluvialer Profile** (◘ Abb. 5.18) beschreibt das Heben und Sinken des Base Levels von Flüssen. Dabei ist es gleichgültig, ob dies durch das Heben und Sinken des relativen Meeresspiegels an der fernen Küste oder durch die Tektonik des kontinentalen Beckens bzw. der sie umgebenden Gebirge verursacht wird (◘ Abb. 5.19). Im günstigen Fall kommuniziert der kontinentale Raum über das Fluvialnetz mit dem Meer (Ortiz-Karpf et al. 2017), doch kann die Entfernung zwischen beiden so groß sein, dass in einer intermontanen, u. U. hoch gelegenen Inlandsenke eher tektonische Bewegungen eine Ausgestaltung der kontinentalen Sedimentfazies bewirken. Eine sog. Verjüngung des Flussnetzes *(stream rejuvenation)* bedeutet eine Verschiebung aller fluvialen Subenvironments talabwärts bzw. meerwärts, und die Flussnetze entwickeln aus distalen Mäandermodellen proximale Rinnengeometrien, also verzweigte Flussnetze (◘ Abb. 5.20). Entgegengesetzt ist die Tendenz bei der Alterung der Flussnetze. Hier verschieben sich alle Subenvironments talaufwärts, in Richtung auf das Liefergebiet zu, und es bilden sich nur noch einzelne mäandrierende Rinnen auf weiten Auenflächen. Diese beiden Tendenzen werden idealerweise durch *base-level-fall-* und *-rise*-Tendenzen beschrieben. Eine Verjüngung der Flussnetze bedeutet eine erhebliche Zunahme der Sedimentlieferung sowie eine Progradation aller miteinander verbundenen Sedimentsysteme und damit einen *base-level fall.* Eine Alterung der Flussnetze dagegen geht mit einer erheblichen Erweiterung des Akkommodationsraumes einher und bewirkt zugleich einen *base-level rise,* der sich unter Umständen als

Transgression von Seeablagerungen oder marinen Ablagerungen überliefert. Solche Veränderungen von Flusslaufgeometrien lassen sich lokal sowie regional beobachten (Ramón und Cross 2002).

Base-Level-Zyklen als Zyklen der 5. und 6. Ordnung (der sequenzstratigraphischen Nomenklatur, vgl. ▸ Abschn. 5.4.2) lassen sich generell dazu verwenden, Sedimentprofile klastischer Sedimente auch in kleinerem Maßstab über die Grenzen der Ablagerungsräume hinweg zu gliedern (Cross und Lessenger 1998; Mjøs et al. 1998).

So können die Flächen der Umkehr von *base-level fall* zu *rise* an Rampenküsten und Deltaküsten den Übergang von Regression zu Transgression beschreiben und mit einem signifikanten Umbau von verzweigten zu mäandrierenden Flussnetzen (◘ Abb. 5.21) (Ramón und Cross 1997) korreliert werden, die im Inland *base-level fall to rise* anzeigen. Beide Varianten von Grenzflächen können also gleichermaßen zur Korrelation weit auseinander liegender Profilaufnahmen verwendet werden (Cross und Lessenger 1997).

In **Deltastirnabfolgen** hingegen lässt sich der Umkehrpunkt zwischen *base-level fall/base-level rise (fall-to-rise turn-around)* nur schwer festlegen. Denn hier präexistiert ja Ablagerungsraum, sodass am Umkehrpunkt eine mehr oder weniger kontinuierliche Sedimentbildung größere Mächtigkeiten von marinen homogenen Ton-/Siltsteinen bereitstellt. Daher ist die Unterscheidung der beiden genetisch verschiedenen marinen, meist tonigen Sedimente zumindest schwierig. Andererseits ist dies in sandigen **Vorstrandabfolgen** wie z. B. in der oberkretazischen Mesaverde Group (im Umfeld des Mesa-Verde-Nationalparks im südlichen Colorado und nördlichen New Mexico) einfacher, da dort hervorragende Aufschlüsse und eine Fülle von Fossilien, Spurenfossilien und Sedimentgefügen zur Kontrolle der Sedimentfazies vorhanden sind (Mjøs et al. 1998; ◘ Abb. 5.22).

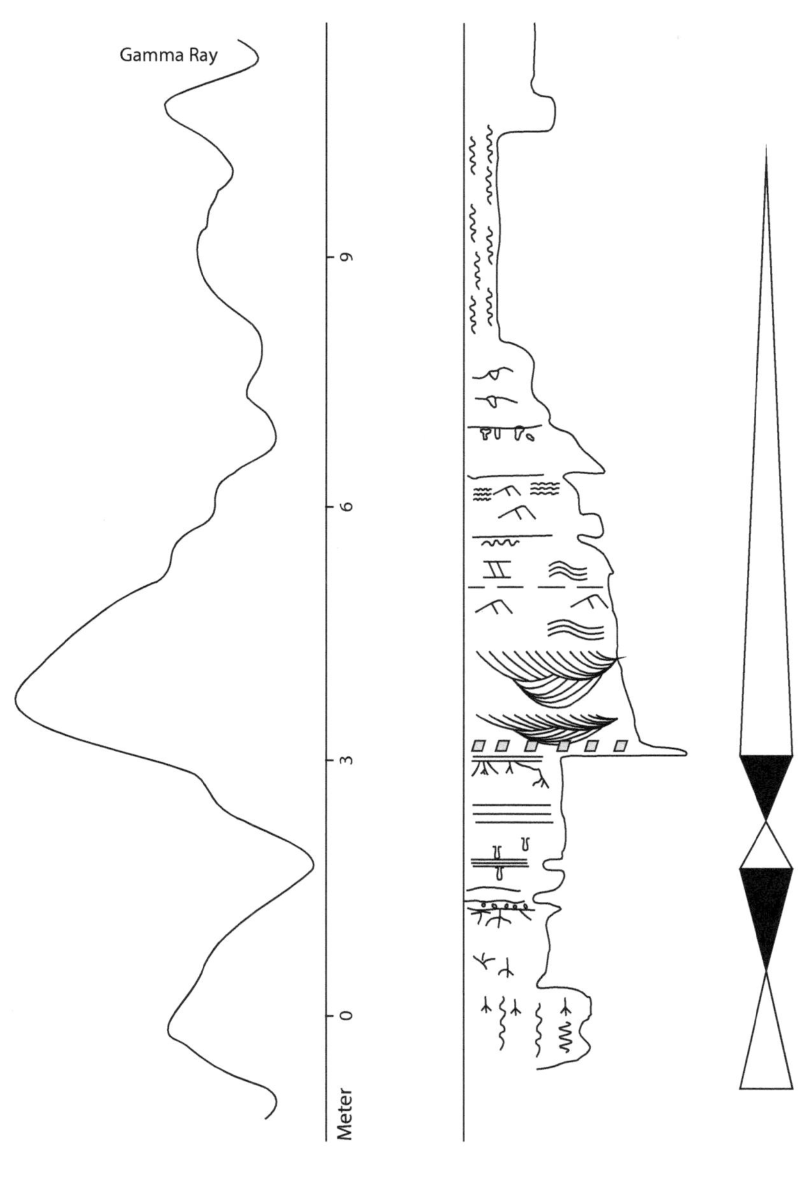

Abb. 5.18 Sedimentsequenz eines Rinnenprofils im Mäandermodell: Sedimentologische Aufnahme eines Bohrkerns aus dem Magdalena Basin, Kolumbien (zusammen mit dem dazu gehörigen Gamma-Ray-Profil), interpretiert als Base-Level-Zyklen. (Nach Ramón und Cross 1997, Abb. 10; verändert)

5

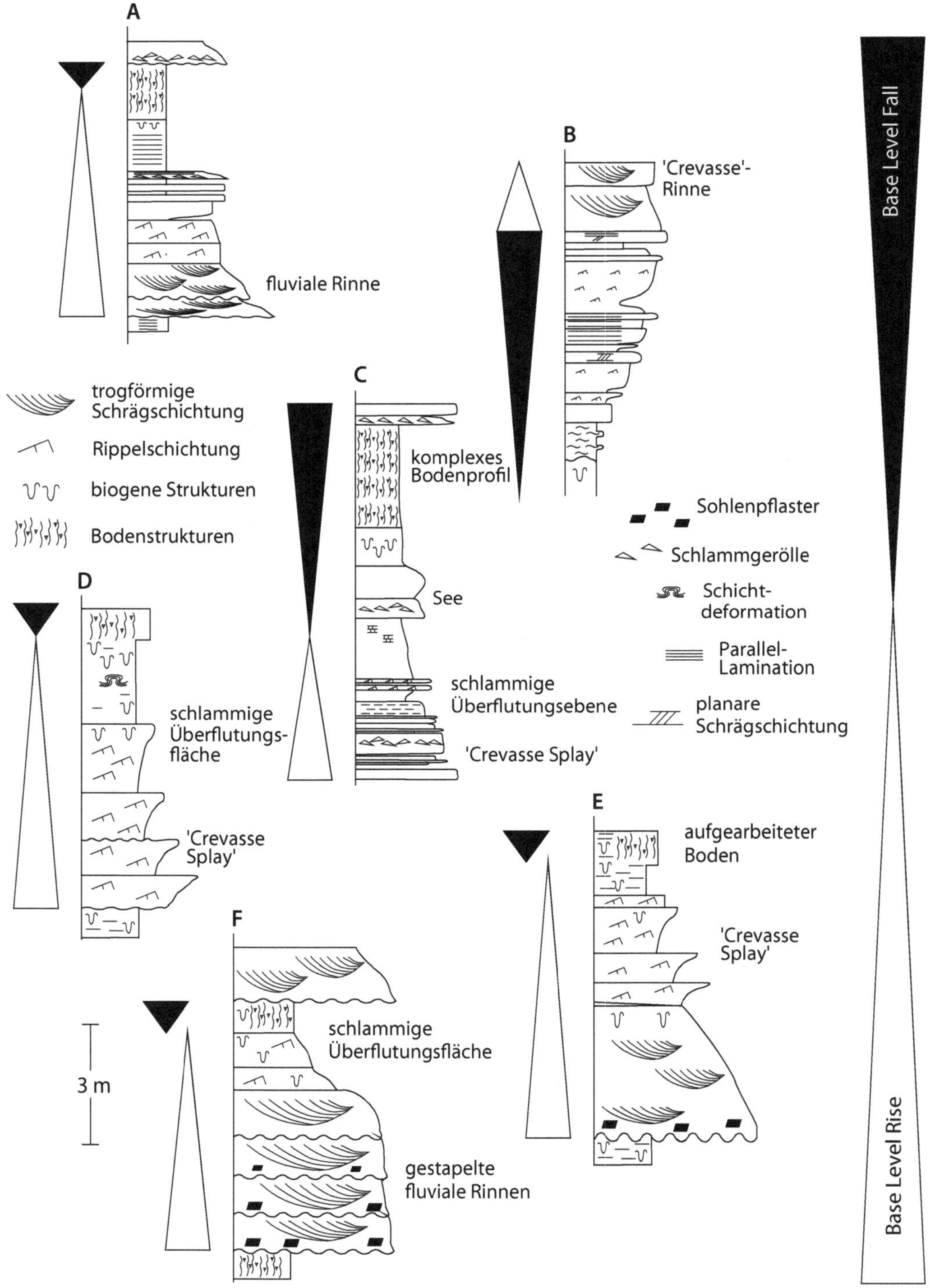

◘ Abb. 5.19 Sedimentsequenzen fluvialer Subenvironments im Mäandermodell aus dem Magdalena Basin, Kolumbien, interpretiert als Base-Level-Motive. Die dargestellte kleinskalige Zyklizität wird durch syngenetische Veränderungen des A/S-Quotienten *(accommodation space/sediment supply)* verursacht, passt sich jedoch in die großskalige Zyklizität (Ramón und Cross 2002, Abb. 8; verändert)

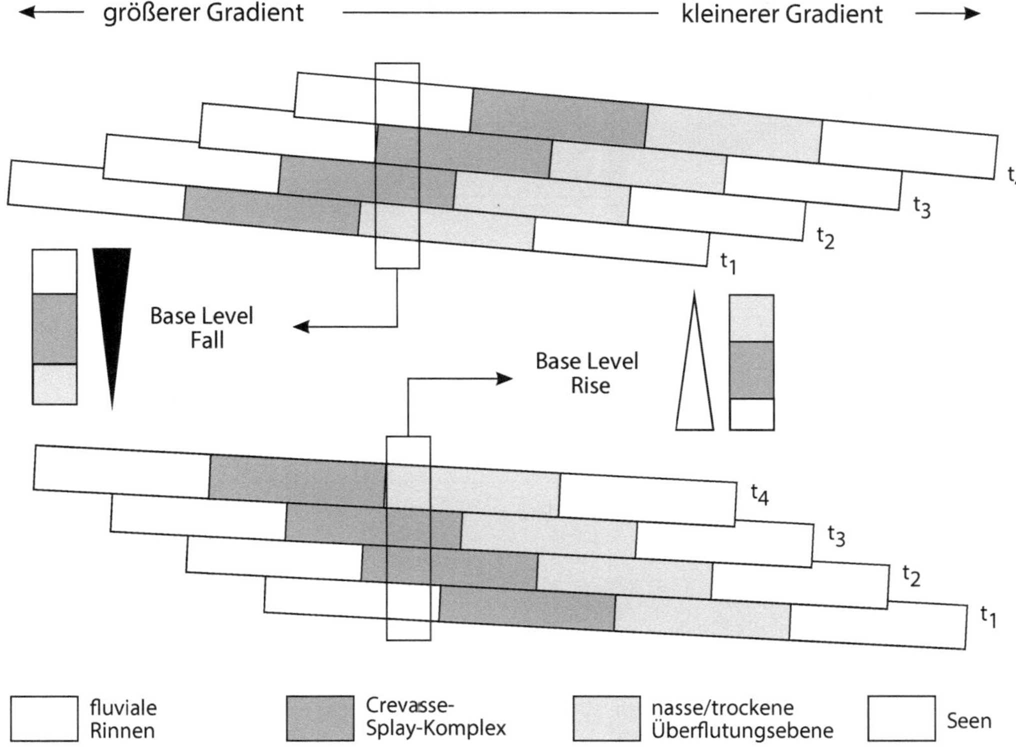

◘ Abb. 5.20 Hohe und niedrige Gradienten des Talweges in kontinentalen Sedimentbecken beeinflussen die Anordnung der stromab angeordneten Faziesassoziationen erheblich. Vertikale Sedimentsequenzen zeigen bei *base-level fall* eine talabwärts gerichtete Verschiebung der fluvialen Subenvironments, bei *base-level rise* dagegen deren talaufwärts gerichtete Verschiebung. (Magdalena Basin, nach Ramón und Cross 2002, Abb. 14; verändert)

Der Point Lookout Sandstone progradiert von SW nach NO als Vorstrand-Delta-System in den Mancos Shale, der das Schelfsediment des Western Interior Seaway bildet. Die Menefee Formation besteht aus Sedimenten alluvialer Bildungen und solchen der Deltaplattform (Mäanderrinnen in schlammigen Überflutungsflächen). Nach dem *base level fall-to-rise-turnaround* (durchgezogene dicke Linie) arbeitet sich der retrogradierende randmarine Cliff House Sandstone landwärts vor; der Lewis Shale ist zu diesem das zeitäquivalente Schelfsediment. Die beiden Sandsteine schließen sich in seewärtiger Position vollständig zusammen, sind jedoch faziell gut zu trennen.

Als Folge des geringen Akkommodationsraumes und des hohen Sedimenteintrags (geringes A/S-Verhältnis) konnten in dem Untiefengebiet nur geringmächtige asymmetrische Zyklen mit *rise*-Tendenz gebildet und konserviert werden. Die Diversität der Ablagerungsmilieus ist gering, die Sedimentationsbedingungen hauptsächlich terrestrisch und von *bypassing* als auch *amalgamation* geprägt.

Im **nördlichen Oberrheingraben** (Derer et al. 2003; ◘ Abb. 5.23) sind durch ein höheres A/S-Verhältnis mächtige symmetrische Zyklen entstanden. Die maximale Diversität der Ablagerungsmilieus war in der Bohrung D erreicht, wo sich das A/S-Verhältnis annähernd im Gleichgewicht befand. Distal (Bohrung E) stieg das A/S-Verhältnis: Die Diversität des Ablagerungsmilieus nahm ab, die Zyklen wurden länger, und im brackisch/marinen Faziesraum herrschte Hungersedimentation (Derer et al. 2003).

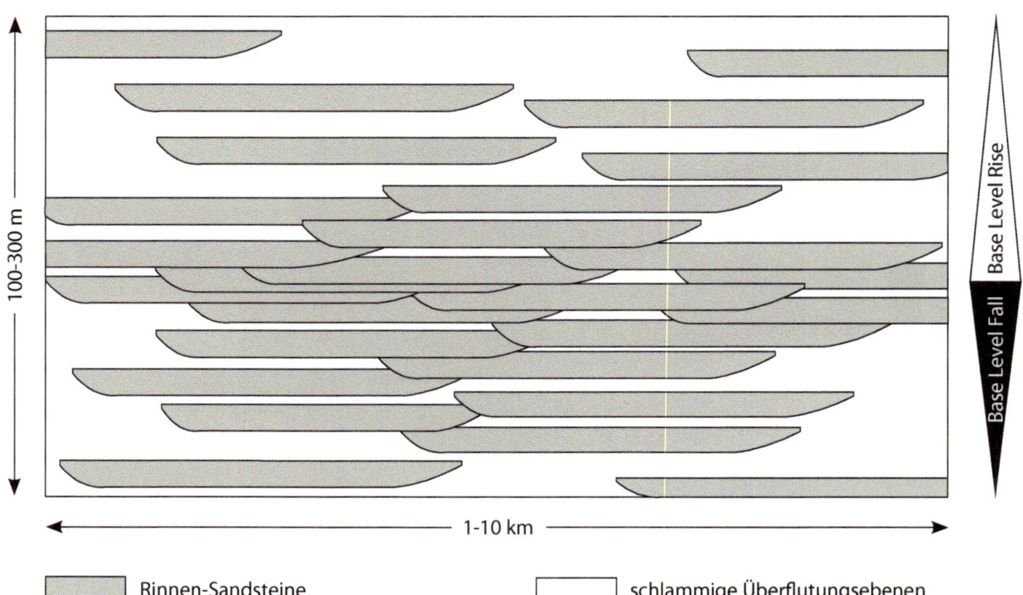

■ **Abb. 5.21** Entwicklung der Flusslaufgeometrien und deren Bezug zum Base-Level-Vollzyklus, abgeleitet aus Befunden im Magdalena Basin, Kolumbien. *Base-level fall* bedeutet eine Verjüngung des Stromsystems, d. h. einzelne mäandrierende Rinnen schließen sich zu Mäandergürteln zusammen und bilden schließlich verzweigte proximale Stromebenen. Aus diesen können sich bei *base-level rise* wieder distale Flussgeometrien entwickeln (Ramón und Cross 1997, Abb. 22; vereinfacht)

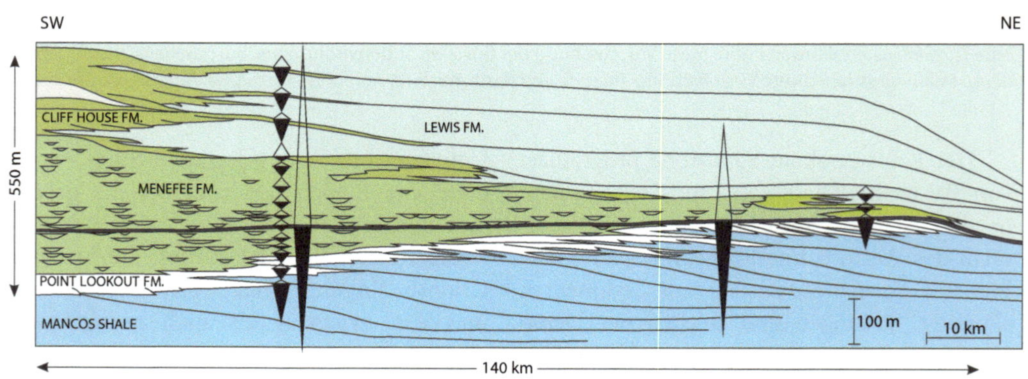

■ **Abb. 5.22** Base-Level-Zyklen in Sedimentserien der Mesaverde Group (Santon, Oberkreide) im San Juan Basin (New Mexico und S-Colorado) (Mjøs et al. 1998, verändert)

In **kontinentalen Sedimenten S-Deutschlands** der Trias (Aigner et al. 1998, 1999; Hornung und Aigner 2002a, b; Pöppelreiter und Aigner 2003) und im Pleistozän (Klingbeil et al. 1999; Heinz und Aigner 2003) wurden umfangreiche Studien durchgeführt. Es war Ziel, im geologischen Aufschluss mit-hilfe der Base-Level-Stratigraphie zu einem besseren Verständnis fluvialer Faziesarchitektur zu gelangen. Darüber hinaus wurden die gewonnenen Erkenntnisse für die Benennung von Aquiferen verwendet. Da die Aufschlussgeologie jedoch nur ein relativ kleines Zeitfenster für die untersuchten sedi-

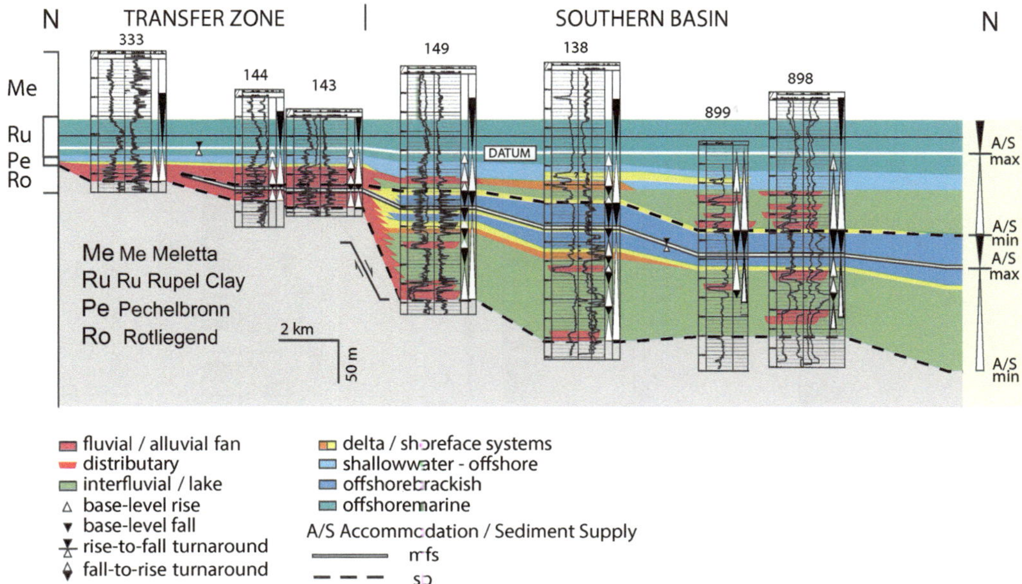

◻ Abb. 5.23 Ein N-S-orientierter Profilschnitt im nördlichen Oberrheingraben wenig S von Darmstadt zeigt eine proximal-distale Faziesentwicklung in den Pechelbronner Schichten (Eozän–Oligozän). Diese reicht von einem nördlich gelegenen Untiefengebiet bis in das südlich anschließende Becken. Die geophysikalischen Bohrlogs in den Bohrungen A–D sind Gamma Ray, in der Bohrung E das Eigenpotenzial SP (Derer et al. 2003)

mentären Sequenzen öffnete, war es hilfreich, die Größenordnung ihrer stratigraphischen Reichweite zu beurteilen.

Im **randmarinen Küstenraum S-Deutschlands** lieferten Aigner et al. (1990) für Schichtenfolgen des Muschelkalk und des Keuper eine Abschätzung der Dauer der Sedimentbildung, indem sie die Sedimentprofile zu Zyklen zusammenfassten und ihren Zeitbedarf ermittelten. Das Modell erlaubte eine Verbindung zwischen Sequenzstratigraphie und Base-Level-Stratigraphie (◻ Abb. 5.24). Die im Tagesaufschluss aufgenommenen Fazieslogs dokumentierten einzelne Schichten sowie komplexe Schichtenverbände, die als Zyklen der 3. bis 6. Ordnung angesehen werden konnten. Sie ließen sich als Parasequenzen, Sequenzen und Systemtrakte, darüber hinaus auch als steigende und fallende Base Levels interpretieren – was in vielen Fällen detailgenauer und von der strengen sequenzstratigraphischen Nomenklatur unbelastet geschehen konnte.

5.4 Zyklische Sedimentation als Ursache sedimentärer Sequenzen

Die zyklische Natur sedimentärer Gesteinsfolgen, d. h. die Wiederholung von bestimmten regelmäßigen Lithologieabfolgen in der Erdgeschichte wird schon lange diskutiert (Eduard Suess 1875–1909; *loc. cit.* Bernoulli und Jenkyns 2009). Sie wurde sowohl regional als auch global in sehr verschiedenen Skalen beobachtet.

Die Interpretation von regelmäßig sich wiederholenden Ablagerungsfolgen (Zyklen in 1D bzw. 2D) bzw. von Ablagerungskörpern (in 3D) bildet die Grundlage der sequenzstratigraphischen Methoden und definiert deren fundamentale Einheiten, die Sequenzen. Sie werden aufgrund ihrer charakteristischen Wiederholungsrate in Ordnungen unterschieden. Ihre Erkennung auf der Basis einer sedimentologischen Interpretation unterscheidet die Methode der Sequenzstratigraphie von anderen stratigraphischen Techniken.

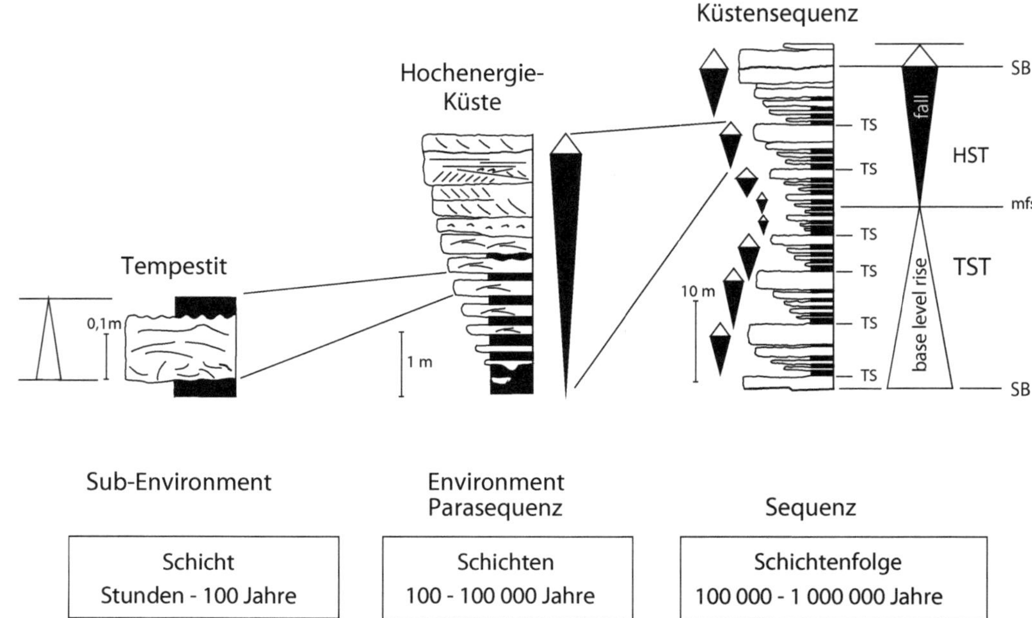

◘ Abb. 5.24   Drei lithologische Logs vermitteln die sedimentologische Interpretation von verschiedenskaligen Schichten und Schichtenfolgen eines energiereichen randmarinen Raumes (nach einem Vorschlag von Aigner et al. 1990; verändert und erweitert, ▶ www.schweizerbart.de/series/jber_oberrh). Zugleich wird jeweils die ungefähre zeitliche Größenordnung angegeben, in der die Schichtbildung an der Küste erfolgt (wobei die Sequenz rechts dadurch in die 3. Ordnung eingestuft wird und die beiden links davon bis in die 6. Ordnung reichen). Die sequenzstratigraphische und die *base-level*-stratigraphische Nomenklatur wird mitgeteilt

Die Ausbildung von stratigraphischen Sequenzen wird durch ein komplexes Zusammenspiel von Tektonik, Eustasie und Sedimentanlieferung gesteuert (Vail et al. 1991). Diese Prozesse treten in der Erdgeschichte durch verschiedene Ursachen auf, d. h. sie sind global gesteuert, sind zyklisch und mit unterschiedlichen Frequenzen und Amplituden versehen. Sie werden durch regionale Ereignisse überlagert.

So verursachen globale plattentektonische Prozesse, wie die Bildung und das Auseinanderbrechen von Kontinenten, langfristige globale **eustatische Meeresspiegelschwankungen** im Küstenraum. Der sog. **relative Meeresspiegel** (*relative sea-level*), der sich aus einer globalen und einer lokalen Komponente zusammensetzt, kontrolliert den Sedimenteintrag in Sedimentbecken im regionalen Maßstab. Er initiiert zyklisch wiederkehrende sedimentologische Prozesse und steuert den Aufbau von größeren und kleineren stratigraphischen Einheiten. Regionale tektonische Ereignisse sowie lokale Variationen in der Sedimentzufuhr vergrößern und verkleinern ihre Mächtigkeit (Abreu und Anderson 1998; Golonka et al. 2000; Holdgate und Clarke 2000; Blanchard et al. 2016).

Transgression bezeichnet in diesem Zusammenhang das Rückschreiten der Küstenlinie, getrieben durch den Anstieg des Meeresspiegels. Eine **Regression** bezeichnet das Voranschreiten der Küstenlinie beckenwärts, wenn der Sedimenteintrag so groß ist, dass er einen relativen Anstieg des Meeresspiegels übersteigt. Fällt der Meeresspiegel, wird dieses Voranschreiten stark beschleunigt und man spricht von einer *forced regression*. Dies kann dazu führen, dass sich Ablagerungsräume sprunghaft tief in das Sedimentbecken hinein verlagern. Die längsten dieser Meeres-

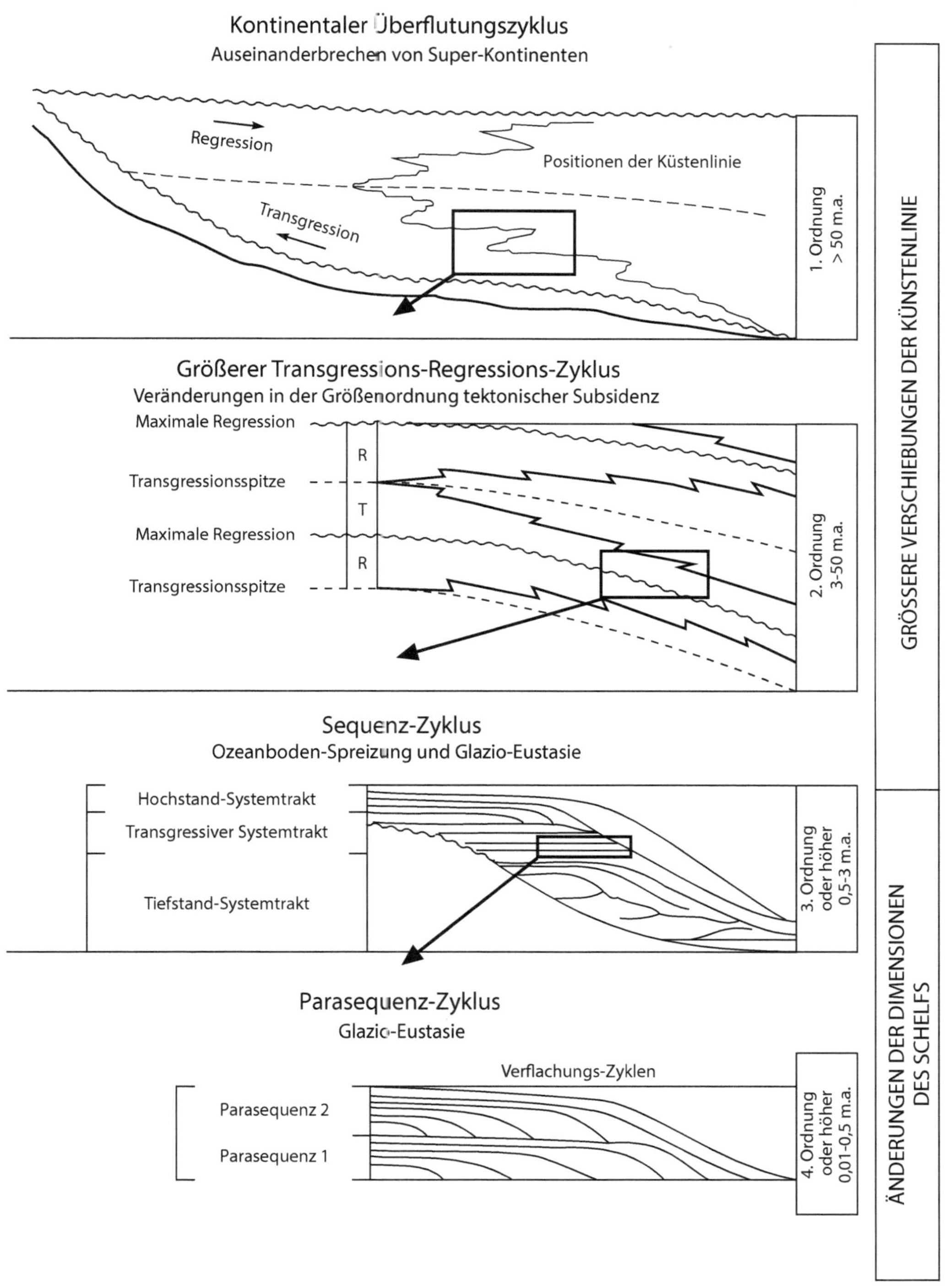

◘ Abb. 5.25 Typen und Hierarchien stratigraphischer Zyklen der 1., 2., 3. und 4. Ordnung und ihr schematischer Aufbau. (Nach Duval et al. 1992, verändert)

spiegelschwankungen sind die globalen Transgressions-Regressions-Zyklen, die Zyklen 1. und 2. Ordnung. Eine Übersicht über die Hierarchie der Zyklen 1 bis 3 gibt ◘ Abb. 5.25.

5.4.1 Längere stratigraphische Zyklen

Längere stratigraphische Zyklen werden von der Erde selbst und ihrer plattentektonischen Dynamik verursacht. Sie lassen sich in drei unterschiedliche Größenordnungen einteilen (Vail et al. 1991; Vail 1992).

5.4.1.1 Zyklen 1. Ordnung (>50 Mio. Jahre)

Kontinentale Überflutungszyklen (*continental encroachment cycles*) haben eine Dauer von deutlich mehr als 50 Mio. Jahren (◘ Abb. 5.26). Sie entstehen durch Bildung und Zerfall von Superkontinenten (z. B. der permischen Pangäa) und dem dadurch langfristig veränderten Ozeanvolumen. Transgressionen korrespondieren mit der Bildung von vulkanisch angelegten ozeanischen Rücken und dem Zerbrechen von Kontinenten; dabei wird Meeresvolumen verdrängt. Durch die thermische Subsidenz (*thermal subsidence*) der ozeanischen Kruste nach großen vulkanotektonischen Ereignissen und durch die Bildung von Kontinenten sinkt der Meeresspiegel, und es kommt zu Regressionen (Allen und Allen 1990; Eisbacher 1995; Reading 1996). Im Phanerozoikum gab es zwei kontinentale Überflutungszyklen – der erste Zyklus vom ausgehenden Proterozoikum bis zur Basis Trias und der zweite Zyklus von der Basis Trias bis heute.

5.4.1.2 Zyklen 2. Ordnung (50–3 Mio. Jahre)

Größere Transgressions-Regressions-Zyklen (*major transgressive-regressive facies cycles*) variieren die Volumina der Ozeane in Abhängigkeit von der Spreizungsrate des Ozeanbodens und den sich bildenden Ozeanrücken. Sie werden jedoch auch teilweise als Zyklen tektonischer Subsidenz angesehen, die an plattentektonische Gebirgsbildungen gekoppelt sind. Sloss (1962, 1988) fasste Sequenzen kratonischer Überflutungen in Nordamerika zu Gruppen von jeweils 80–140 Mio. Jahren Dauer zusammen und benannte sie nach wohlklingenden Namen nordamerikanischer Indianerstämme.

Die Verbreitung von stratigraphischen Einheiten mit einer Zyklizität 2. Ordnung ist durchaus mit der Entwicklung europäischer Sedimentbecken vergleichbar – beispielsweise mit der des oberkarbonen Ruhr-Beckens (Süss et al. 2002; Kirnbauer et al. 2008), des Germanischen Trias-Beckens (Aigner und Bachmann 1992; Lepper und Röhling 2013), des Norddeutschen Kreide-Beckens (Mutterlose et al. 1997; Niebuhr 2006), der Tertiär-Füllung des alpinen Molassebeckens (Jin et al. 1995; Bieg et al. 2007) und derjenigen des Oberrheingrabens (Sissingh 1998; Berger et al. 2005; Heckeberg et al. 2010).

5.4.1.3 Zyklen 3. Ordnung (3–0,5 Mio. Jahre)

Sequenzzyklen (*sequence cycles* bzw. *depositional sequences*) werden durch kurzfristige Veränderungen der Ozeanboden-Spreizungsrate, durch Plattendrift und dem davon abhängigen Auf- und Abbau kontinentaler Eisschilde verursacht (◘ Abb. 5.27). Sie sind die eigentlichen Sequenzzyklen und als höchstfrequente Meeresspiegelvariation in der **Exxon-Kurve** (Haq et al. 1987, 1988) dargestellt. Sie korrelieren zwischen Kontinenten, z. B. im Tertiär des Mittelmeers zwischen dem Thracischen Becken (Turgut und Eseller 2000), dem Schelf des östlichen Mittelmeers (Buchbinder und Zilbermann 1997), Ostitalien (Ridente et al. 2009), N-Sardinien (Martini et al. 1992), Tunesien (Blondel et al. 1993; Aissaoui et al. 2016), Algerien (Ghienne et al. 2007; English et al. 2016), Libyen (Pawellek 2009), den spanischen Tertiärbecken (Friend und Dabrio 1996; Marzo und Steel 2000; Soria et al. 2003) und dem Bowen Basin Zentralaustraliens (Allen und Fielding

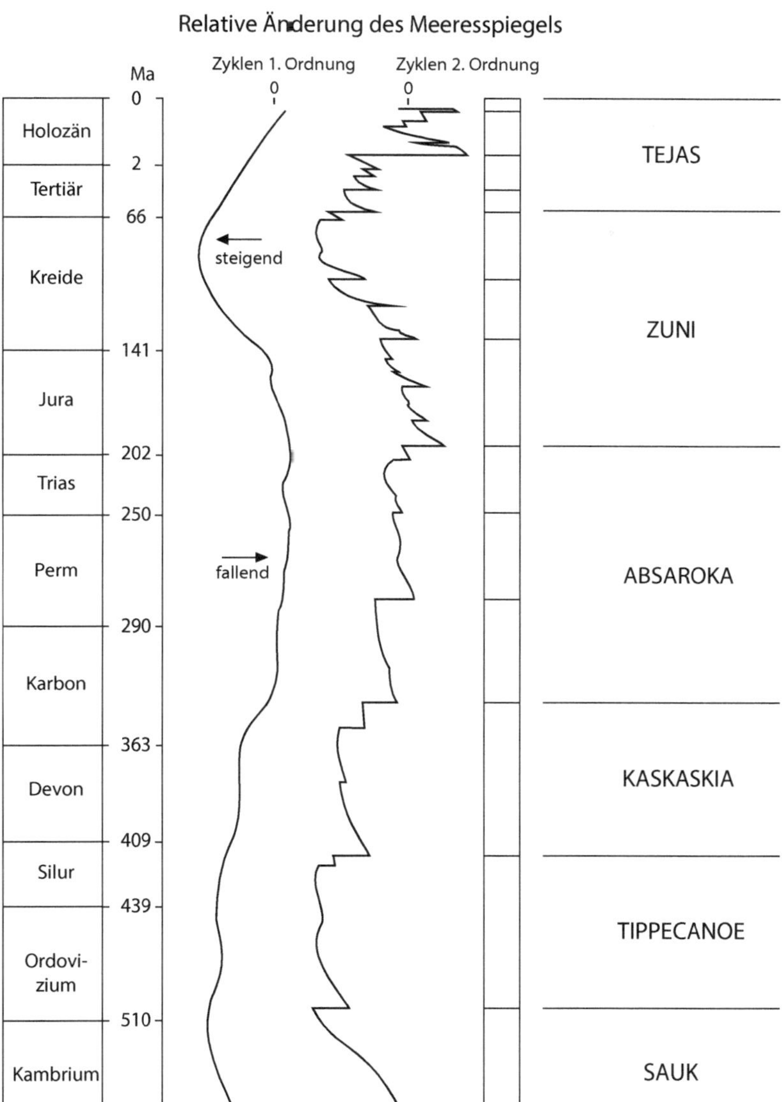

◘ Abb. 5.26 Relative Änderungen des Meeresspiegels mit den Zyklen 1. Ordnung (kontinentale Überflutungszyklen, *continental encroachment cycles*) und 2. Ordnung (größere Transgressions-Regressions-Zyklen, *major transgressive-regressive facies cycles*). Letztere zeigen schnellen Meeresspiegelabfall, langsamen Meeresspiegelanstieg (umgezeichnet und ergänzt aus Allen und Allen 1990; Boggs 1995; numerische Erdzeitalter entsprechen Haq und Van Eysinga 1987). Sloss (1962, 1988) fasst Zyklen 2. Ordnung zu benannten Gruppen zusammen

2007). Die o. g. Abbildung gibt die Zyklen der 3. Ordnung wieder; die als *long term* ausgewiesene Kurve ist die der 2. Ordnung. Beide Kurven sind eingebunden in die zu jener Zeit gültige Chronostratigraphie.

Es wird jedoch inzwischen eine andere Darstellung bevorzugt (Haq et al. 1987; Vandenberghe und Hardenbol 1998), die vor allem für den europäischen Raum korrigiert wurde (◘ Abb. 5.28).

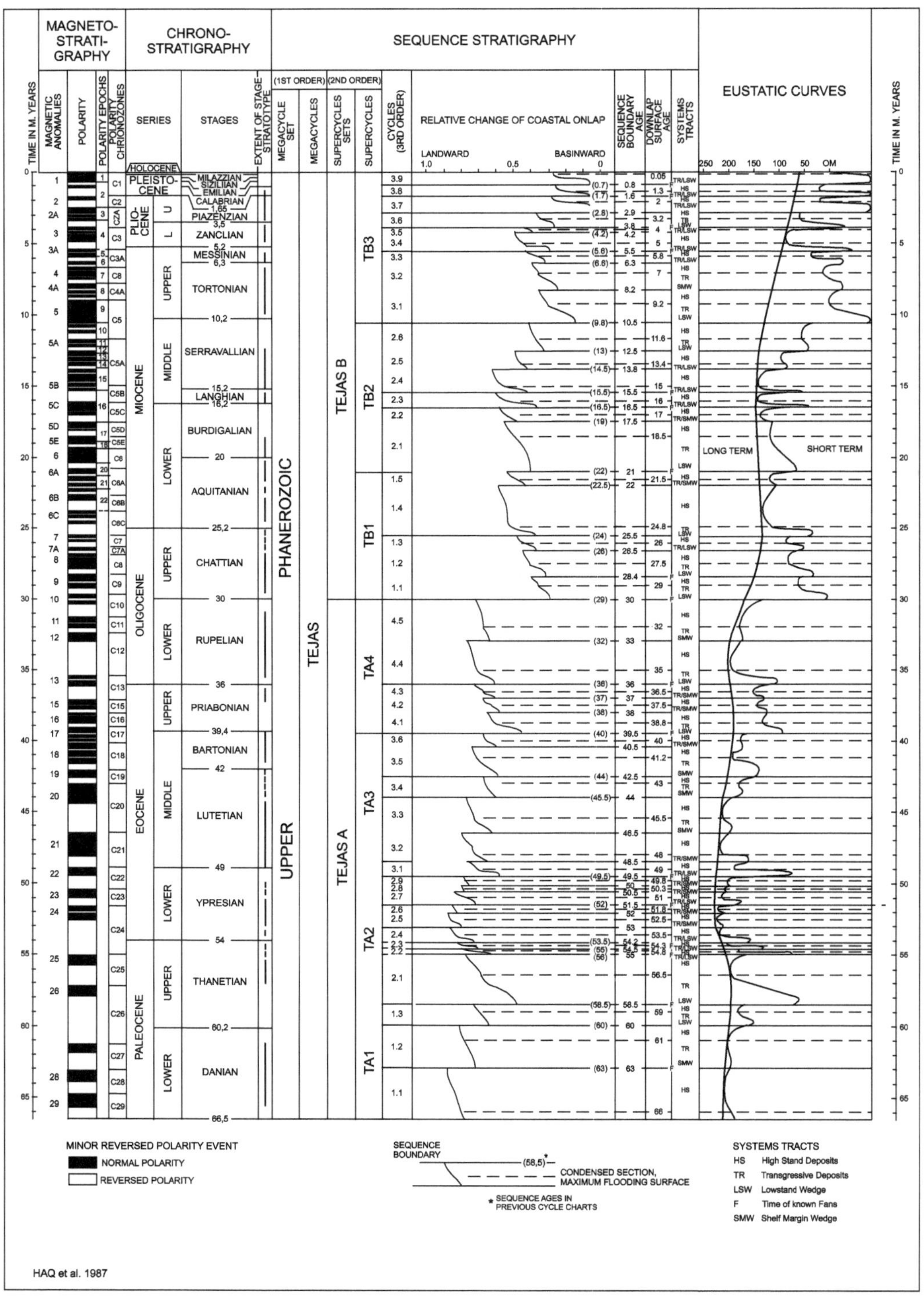

■ **Abb. 5.27** Zyklen 3. Ordnung (Sequenzzyklen, *sequence cycles*) des Tertiärs. Dargestellt ist die sog. Exxon-Kurve als Grundlage der Sequenzstratigraphie; rechts eustatische Meeresspiegelschwankungen und links das *coastal onlap* des relativen Meeresspiegels. (Haq et al. 1987; gegenüber dem Original sind in der Darstellung die Flutungsflächen mit ihrer Strichsignatur vereinheitlicht)

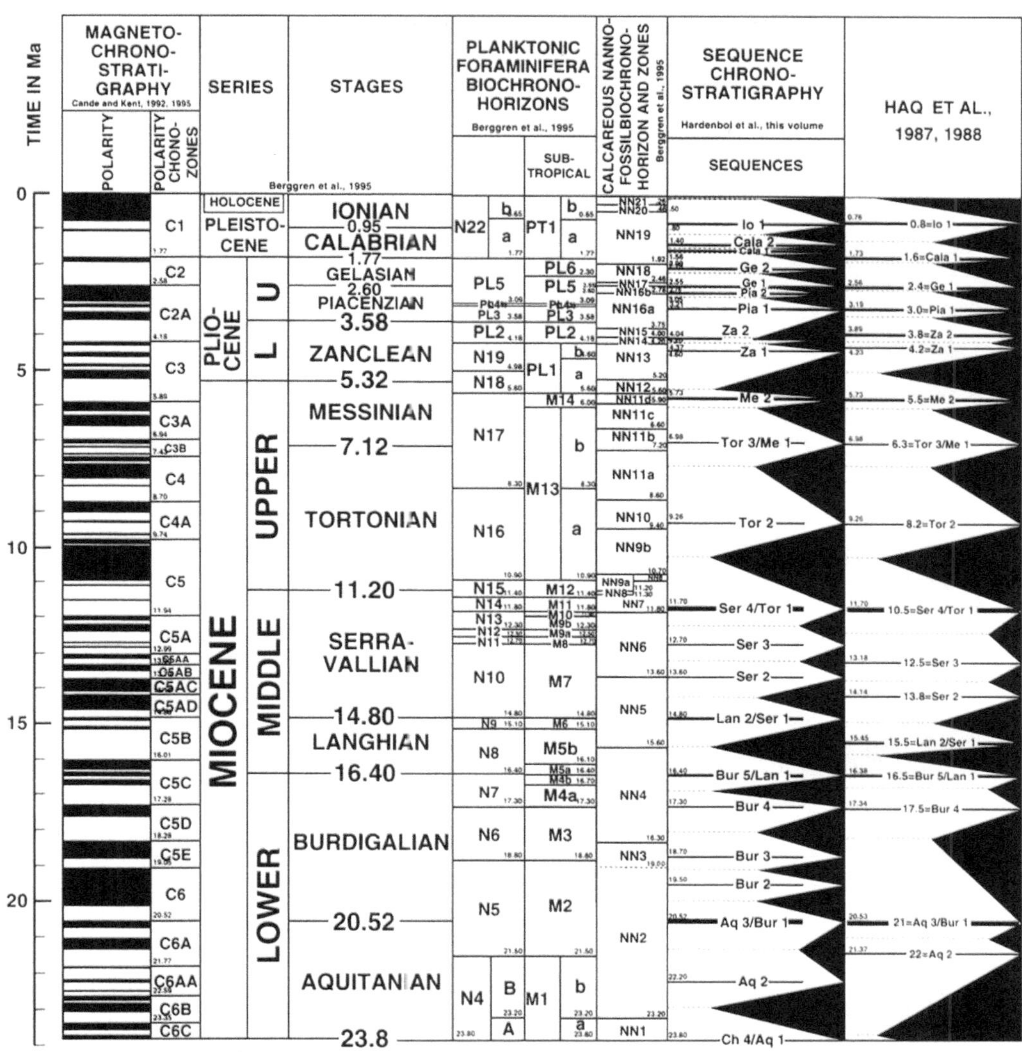

Abb. 5.28 Die auf die Verhältnisse in Europa angepasste Darstellung des *coastal onlap* von Vandenberghe und Hardenbol (1998; Abb. 1) – hier im stratigraphischen Ausschnitt Miozän bis heute (und gegenüber dem Original verändert) – zeigt die Transgressionsspitzen als nach links weisende Dreiecke. Auf deren Spitzen gesetzte gestrichelte Linien markieren *maximum flooding surfaces*. Die mit durchzogenen Linien bezeichneten Sequenzgrenzen sind mit numerischen Altern und einem stratigraphischen Identifikationscode versehen.

Unter Verwendung dieser und unter Bezug auf die Vorschläge von Berggren et al. (1995) entwarfen Schäfer et al. (2004) und Schäfer und Utescher (2014) eine Stratigraphie für das Niederrhein-Becken sowie Berger (1992, 1996) und Berger et al. (2005) für das Schweizer Molassebecken und den Oberrheingraben.

5.4.2 Kürzere stratigraphische Zyklen

Stratigraphische Zyklen mit einer Dauer von <0,5 Mio. Jahren, bzw. von 500.000–10.000 Jahren sind die sog. **Milankovitch-Zyklen**. Sie gehen auf periodische Änderungen der Orbitalparameter der Erde und somit des Abstands

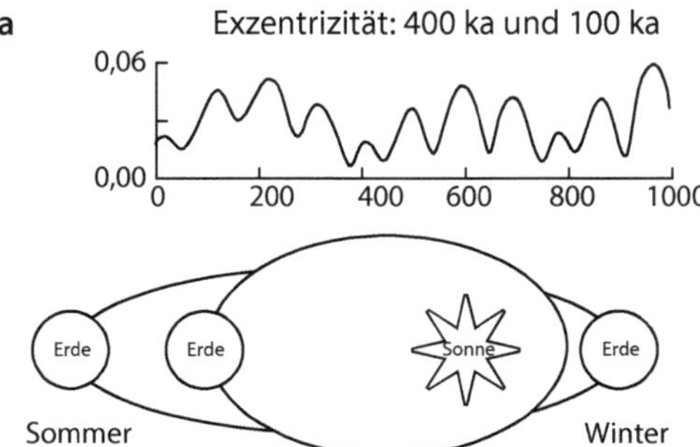

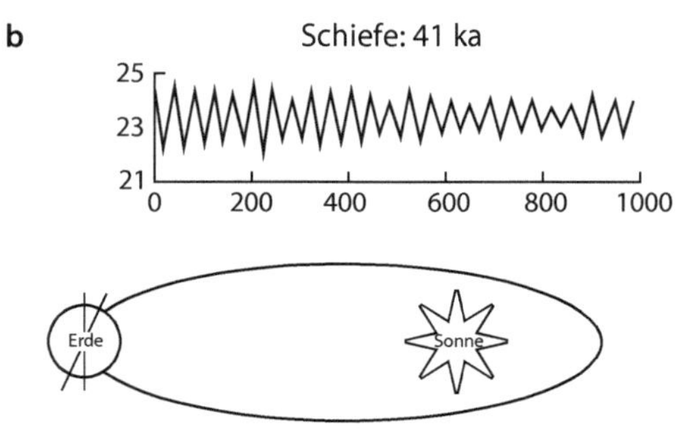

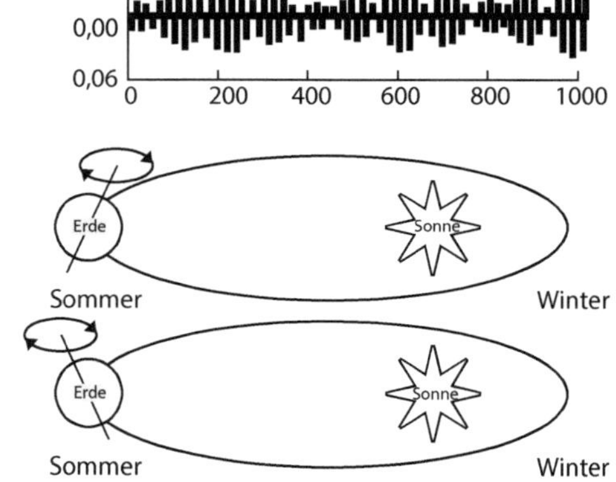

Abb. 5.29 Die Orbitalparameter der Erde steuern die klimatisch wirksamen Milankovitch-Zyklen. (Nach Zachos et al. 2001; verändert)

zur Sonne (**Abb. 5.29**) zurück, haben also astronomische Ursachen (Milankovitch 1920, 1941; Berger et al. 1982; Schwarzacher 1993; Pillans et al. 1999; Zachos et al. 2001). Der Abstand zur Sonne beeinflusst maßgeblich die Intensität der Einstrahlung und damit das Klima der Erde. Dies hat somit einen direkten Einfluss auf Erosion und Sedimentation.

- Die **Exzentrität** *(excentricity)* beschreibt die Form der Umlaufbahn der Erde um die Sonne zwischen beinahe rund bis elliptisch. Diese beiden sich periodisch wiederholenden Abweichungen haben eine Zyklizität von etwa 400.000 und etwa 100.000 Jahren.
- Die **Schiefe** *(obliquity)* der Erdachse gegenüber der Ebene der Erdumlaufbahn variiert zwischen 22,1° und 24,5° (im Mittel 23,3°) bei einer Zyklizität von etwa 41.000 Jahren. In hohen Breiten verstärkt die größere Neigung der Erdachse den saisonalen Kontrast.
- Die **Präzession** *(precession)* beschreibt die konusförmige Rotation der gegen die Umlaufbahn geneigten Erdachse, mit einer heutigen Zyklizität von 21.000 Jahren. Moduliert durch die o. g. Exzentrizität der Erdumlaufbahn, bestimmt die Präzession die Jahreszeiten auf der Erde und den saisonalen Kontrast auf beiden Erdhemisphären. Dieser Effekt ist am Äquator groß, nimmt jedoch zu höheren Breiten ab. Die modulierte Präzession hat daher zwei Perioden, 19.000 und 23.000 Jahre, im Mittel von 21.000 Jahren.

Diese drei Parameter variieren also die Sonnenintensität und beeinflussen den Aufbau und Abbau von kontinentalen Eisschilden, den eustatischen Schwankungen des Meeresspiegels und den Grundwasserstand auf den Kontinenten; sie steuern damit das Klima der Erde (Wilson et al. 2000; Zachos et al. 2001). Nach Berger et al. (1989) sowie Berger und Loutre (1994) bleiben jedoch nur die Frequenzen der Exzentrizität (400 ka und 100 ka) über die Erdgeschichte konstant, die Frequenzen der Schiefe (41 ka) und der Präzession (21 ka) ändern sich. Fossile Sedimentfolgen zeigen eine Zuordnung zur Zyklizität orbitaler Gesetzmäßigkeiten und lassen sich – gleichmäßige Subsidenz des Sedimentbeckens, dokumentierbarer Sedimenteintrag und exakte stratigraphische Alter vorausgesetzt – als *orbital forcing* (De Boer 1991; De Boer und Smith 1994) im geologischen Aufschluss wiederfinden.

5.4.2.1 Zyklen 4. Ordnung (500.000–100.000 Jahre)

Parasequenzzyklen *(parasequence cycles)* sind die Folge der beschriebenen Milankovitch-Zyklizitäten und der dadurch erzeugten periodischen glazialeustatischen Änderungen des Weltmeeresspiegels. In marinen Anlagerungs-räumen erzeugen sie progradierende, nach oben sandiger werdende Lithologiezyklen, sog. **Parasequenzen**. In einem typischen Profil beginnt ein solcher Zyklus idealerweise mit marinen feinkörnigen Sedimenten. Nach oben entwickelt sich die Körnung im Profil allmählich gröber, was ein flacher werdendes Ablagerungsmilieu widerspiegelt. Durch erneute, rasche Vertiefung des Ablagerungs-raumes kann die gebildete Parasequenz von einer weiteren nachfolgenden marinen Über-flutung überdeckt werden (z. B. Süss et al. 2000). Im nichtmarinen Faziesraum sind die marinen Überflutungsflächen zeitgleichen kontinentalen Korrelationsflächen äquivalent (z. B. den Auenflächen von Flüssen). Para-sequenzen sind im allgemeinen periodisch, können aber auch episodisch sein. Episodische Parasequenzen jedoch finden ihre Ursachen eher in autozyklischen Prozessen innerhalb des Sedimentbeckens (Vail et al. 1991).

5.4.2.2 Zyklen 5. Ordnung (100.000–20.000 Jahre) und Zyklen 6. Ordnung (<20.000 Jahre)

Diese beiden hochfrequenten Zyklen werden von der Schiefe und der Präzession der Erd-achse verursacht. Da die Frequenzen beider Zyklen sich regelmäßig ändern, interferieren sie gelegentlich mit den oben genannten längerzeitigen Meeresspiegelsignalen. Dar-über hinaus bilden sich auch autozyklische Besonderheiten der Sedimentationsräume selbst ab (Wetter, fluviale Drainage, Küsten-morphologie). Daher sind sie von den länger dauernden orbitalen Zyklen nicht immer ein-wandfrei zu trennen.

Die beiden Zyklen 5. und 6. Ordnung wer-den auch als **einfache Sequenzen** bezeichnet

(Vail et al. 1991). Die Zyklen der 5. und 6. Ordnung treten bevorzugt in den proximalen Teilen eines Ablagerungsraumes auf und sind eher regional geprägt, wohingegen die Zyklen der 4. Ordnung – die eigentlichen Para-sequenzen – in dessen distalen Teilen das Meeresspiegelsignal verlässlicher abbilden. Zur Frage, welche Dauer eine Parasequenz tatsächlich haben kann, sei auf Duval et al. (1992; vgl. ◘ Abb. 5.25) und Süss et al. (2000, 2002) verwiesen.

Schlager (2010) ordnete die Aussagen der Sequenzstratigraphie in Bezug auf die Mächtigkeit von Sedimentfolgen, von mit Flutungsflächen begrenzten Parasequenzen ($<1 \times 10^3$ Jahre) bis zu langen Sequenzen sym-metrischer Transgressions-/Regressions-Zyklen ($>200 \times 10^6$ Jahre). Sehr viel längere Sequen-zen von $1 \times 10^4 - 200 \times 10^6$ Jahren dagegen enthalten unregelmäßige Sequenzen sehr ver-schiedener Symmetrien, begrenzt von Flu-tungs- oder subaerischen Erosionsflächen.

- **Zyklen sehr viel höherer Ordnung**

Bislang reichten diese sequenzstratigraphisch begründeten Zyklen aus, geologisch rele-vante Grenzflächen, die Verschiebung von Küstenlinien und die Füllung von Sediment-becken in größerem und kleinerem Maßstab zu beschreiben.

Für den Zeitraum 800.000 Jahre (etwa seit dem Bavel-Komplex in der Prä-Elster-Zeit) bis heute werden elf Interglaziale von ca. 10–30 ka Dauer gezählt (Pages 2016). Es wird angenommen, dass durch eine Ver-minderung der Präzession der Erdachse eine zunehmende Sommerinsolation der nörd-lichen Hemisphäre verursacht wird, was zu Temperaturerhöhungen und zu jenen Inter-glazialen führte.

Da jedoch der Bedarf nach höherer Auf-lösung innerhalb von Zyklen 6. Ordnung von vielen Autoren sequenzstratigraphischer Arbeitsweise bislang nicht bestand, wur-den klima- und wetterbedingte Zyklizizäten in untersuchten Ablagerungsräumen zwar beobachtet, jedoch nicht weiter systemati-siert.

Durch die Bedürfnisse der Klimaforschung in der jüngeren quartären Erdgeschichte sind durch den Einbezug der Solarphysik neue Zeitmessungen möglich geworden. Sogenannte Sonnenzyklen werden durch Zunahme und Rückgang von Anzahl und Flächen der Sonnenflecken, durch die Variation der Sonnenstrahlung *(solar irradiance),* das Magnetfeld *(magnetic field)* der Sonne, durch die Aktivität von Sonnenfackeln *(flares),* durch koronare Massenauswürfe *(coronal mass ejections)* aus der äquatornahen Sonnenoberfläche, durch die geomagnetische Aktivität *(geomagnetic activity),* durch die kosmischen Strahlungen *(galactic cosmic ray fluxes)* und durch Radioisotope *(radioisotpes)* verursacht. Ein Sonnenzyklus bzw. Sonnenfleckenzyklus *(sun cycle, sun spot cycle)* hat die Dauer von wenig mehr als 11 Jahren, variiert aber in der Länge mit einer Standardabweichung von etwa 14 Monaten (Hathaway 2015).

Auf der Erde führt dies zur Irritation ihres Magnetfeldes. Gestapelte Signale können schließlich auch zu längeren Periodizitäten führen (wie etwa dem 100-jährigen Gleissberg-Zyklus). Ebenso kann die Aktivität der Sonnenflecken ausbleiben, so dass wie im Spörer-Minimum (1420–1550 AD) und im Maunder-Minimum (1645–1715 AD) die magnetische Aktivität der Sonne auf niedrigem Niveau verharrt. Diese Verminderung der Sonnenstrahlung, darüberhinaus und vor allem zahlreiche große Vulkanausbrüche, die Asche und Gase bis in die hohe Atmosphäre (Stratosphäre, 15–50 km) beförderten, führten zur sog. Kleinen Eiszeit (1450–1850 AD).

Die 11-jährigen Sonnenfleckenzyklen im Zeitraum von 1870 bis 2010 AD schufen im Atlantik und europäisch küstennah messbare Luftdruckschwankungen von wenigen einstelligen Hektopascal, was großräumig geringe Meersspiegelschwankungen induzierte (Gray et al. 2016).

Die Beobachtung von Sonnenflecken und deren Zyklizität bewegt sich heute auf hohem Niveau, vor allem im Hinblick auf Zeitmessungen, die relevant sind für das Monitoring der weltweiten globalen Erwärmung.

Den Meeresspiegelanstieg im Atlantik korrelierte Gervais (2016) für den Zeitraum 1880 bis 2010 AD mit der sich weltweit erhöhenden Durchschnittstemperatur auf der Erde. Beide vollführen die gleichen 60jährigen sinuosidalen Schwankungen (sog. *Atlantic Multidecadal Oscillation*).

Erdgeschichtlich relevante Sequenzen mit einer Zeitauflösung von Sonnenfleckenzyklen konnten bislang nur in quartären ozeanischen Sedimenten dokumentiert werden (Patterson et al. 2004).

Den Ausblick auf die Geschichte der Menschheit während des Holozän gab Behringer (2007). Er zeichnete die Kulturgeschichte Europas nach und zeigte, wie die Völkerwanderung, die Eroberung von Ländereien, die Besiedlung des Landes, dessen Urbarmachung und die mittelalterliche und heutige Architektur vom Gang des postglazialen Klimas aus der Sicht eines Historikers betrachtet werden kann. Er unterlegte die kulturelle Entwicklung Europas mit den in diesem Kapitel angerissenen geologischen Grundlagen.

5.5 Seismische Stratigraphie

Das Arbeitskonzept der Sequenzstratigraphie gründet auf der von der Industrie verwendeten seismischen Stratigraphie (Payton 1977). Diese ist die geologische Methode, mit **Reflexionsseismik** durch Sedimentbecken gelegte geophysikalische Profile geologisch zu interpretieren (Jervey 1988; Bechstädt et al. 1995; Nystuen 1998; Homewood et al. 2000; Holland 2004; Kendall und Alnaji 2004; Latimer 2007 und weitere Autoren zusammen mit diesem).

Die seismische Stratigraphie basiert auf der Überlegung, dass Reflektoren der Reflexionsseismik in Sedimentbecken stratigraphische Zeitlinien abbilden. Die Reflexion von induzierten seismischen Wellen wird durch charakteristische Änderungen der akustischen Impedanz ausgelöst, die durch Wechsel in der Lithologie der Schichtenfolge hervorgerufen werden. Die Auflösung der Methode ist jedoch von der Wellenlänge der seismischen Wellen begrenzt. Mit moderner konventioneller Reflexionsseismik werden lithologische Einheiten von bis zu 25 m Mächtigkeit aufgelöst. Seismische Reflektoren der Reflexionsseismik in Sedimentbecken bilden durch Geschwindigkeitskontraste im

Laufzeitendiagramm Zeitlinien ab (TWT, *two-way travel time*, Zweiwegelaufzeiten in Sekunden bzw. Millisekunden).

Die systematische Kartierung seismischer Markerhorizonte in 2D oder 3D erlaubt es, die heutige großräumige Struktur und Stratigraphie der Sedimentbecken darstellen, (wie z. B. im Golf von Mexico und auf dem westafrikanischen Schelf (Todd und Mitchum 1977) und dem Baltimore Canyon (Greenlee et al. 1988; ◼ Abb. 5.30) und dem New Jersey Pas-

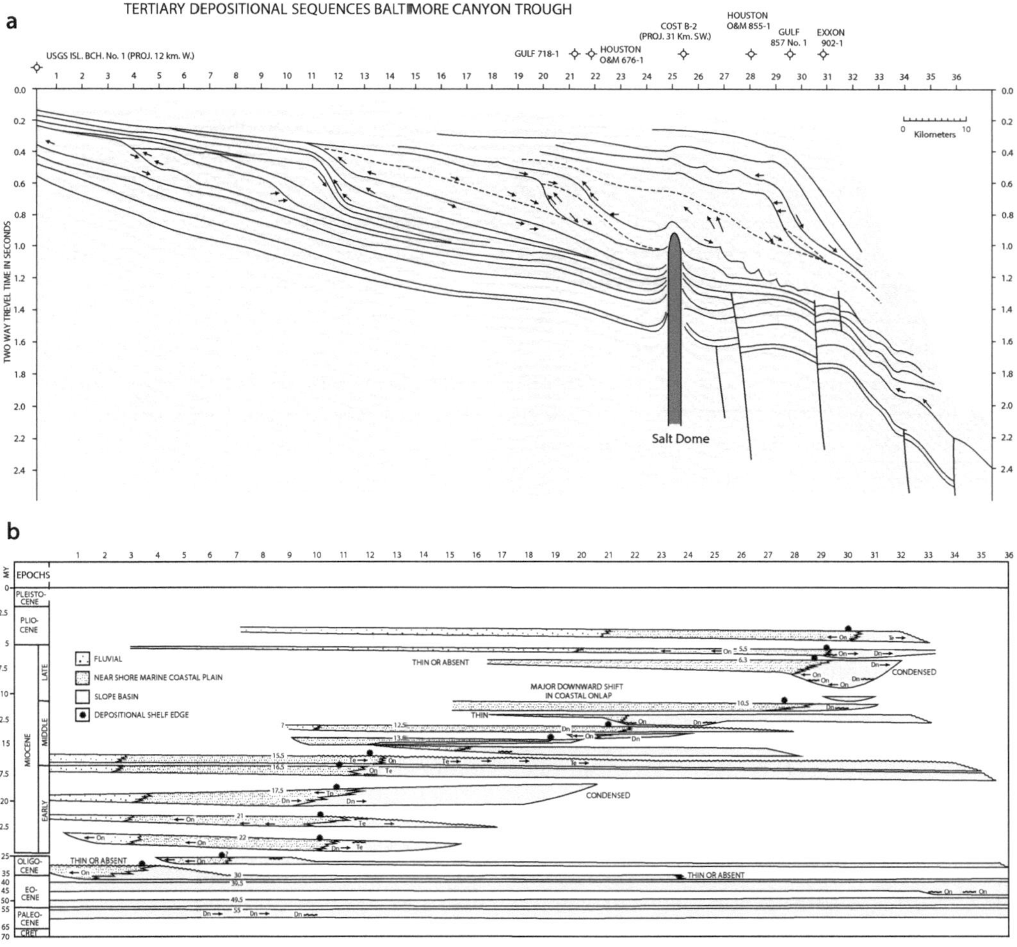

◼ **Abb. 5.30** Reflexionsseismisches Profil durch das Baltimore-Canyon-Küstenbecken vor der Ostküste Nordamerikas. **a** Dem seismischen Profil ist die interpretierende Liniengraphik darüber gelegt, die sich auf die angegebenen Bohrungen stützt (die horizontale Skala sind die Schusspunkte auf der Profillinie, die vertikale Skala die Zweiwegelaufzeiten in Sekunden; nach Greenlee et al. 1988). **b** Zeitverstrecktes Wheeler-Diagramm zur stratigraphischen Interpretation des seismischen Profils. (Nach Greenlee et al. 1988)

sive Margin (Pellaton und Gorin 2005), aber auch Details des internen Aufbaus komplexer Sedimentkörper wie z. B. im Rhône-Delta (Gensous et al. 1993; Torres et al. 1995; Gensous und Tesson 1996; Chiocci et al. 1997; Vella et al. 2016), im Nordseebecken (Gallagher und Dromgoole 2007; Thöle et al. 2014), im australischen Amadeus Basin (Korsch und Lindsay 1989; Korsch und Kennard 1991), in den australischen Bowen-Gunnedah-Surat Basins (Korsch et al. 1991, 1992, 1993, 1997, 1998; Shaw et al. 1999; Korsch und Totterdell 2009; Wartenberg et al. 1999) und im Western Siberia Basin (Vyssotski et al. 2006). Im seismischen Bild können Pakete mit gemeinsamen seismischen Mustern, begrenzt durch Konkordanzen oder auch Diskordanzen, unterschieden werden. Sie werden als seismische Sequenzen interpretiert, denen der bio- bzw. chronostratigraphische Zeitbezug fehlt. Dieser kann mithilfe von in die seismischen Profile eingepassten Bohrungen hergestellt werden. Hierzu schlagen Sonic Logs (Aufzeichnung der Schall-Laufzeiten in den Bohrprofilen) oder auch Laufzeitmessungen von der Tagesoberfläche her *(check-shots)* die Brücke zwischen den Bohrungen und den vermessenen seismischen Profilen. Mithilfe der sog. Zeit-Tiefen-Konvertierung lassen sich so aus den Strukturplänen in seismischer Zeit die metrische Tiefenlage der ausgewählten Horizonte berechnen. Mit professioneller Interpretationssoftware wie z. B. Petrel oder auch sog. *open source software* wie z. B. OpendTect lassen sich die Laufzeiten der seismischen Sektionen aus den TWT-Zeitmodellen in echte Teufen überführen.

Die besondere Bedeutung der seismischen Stratigraphie wurde erkannt, als seismische Muster an Kontinentalrändern verglichen wurden. Sie ähneln sich systematisch und lassen sich chronostratigraphisch nutzen (Haq et al. 1987). Darüber können mit ihnen spezifische Ablagerungsbedingungen vorhergesagt werden, die für die Prospektion auf Öl- und Gaslagerstätten von Bedeutung sind. Für die stratigraphische Interpretation müssen die seismischen Profile ausführlich aufbereitet werden (◘ Abb. 5.31). Dies geschieht heute mithilfe von *autotrack* (De Bruin et al. 2007).

Daran schließt sich dann die sequenzstratigraphische Analyse an.

Seismische Profile, die mit Vibrations- oder Sprengseismik an Land oder mit Airgun-Seismik auf See gewonnen werden, erweisen sich immer mehr als sehr nützliches Werkzeug, die Struktur und Stratigraphie von Sedimentbecken zu ergründen. Vor allem die Sedimentologie hat durch die sequenzstratigraphische Arbeit einen lebhaften Aufschwung erfahren (Mitchum 1977; van Wagoner et al. 1999; Catuneanu et al. 2009). Die beiden aus einer großen Serie von bohrlochgeophysikalischen Bohrlogs (Mitchum et al. 1993) ausgewählten Logmotive zeigen (◘ Abb. 5.32a, b), dass deren detailgenaue Analyse die Identifikation der Sedimentfazies erlaubt und mit ihnen seismische Profile stratigraphisch justiert werden können (Latimer 2007). Miller et al. (2013) sowie Thöle et al. (2014) zeigen in ihren umfangreichen und detailgenauen Arbeiten, wie der Zeitbezug der seismischen Flächen durch paläontologische und numerische Altersdaten hergestellt wird.

Eine sehr ausführliche Studie führte Fielding (1917) im McMurdo Sound im Inneren des West Anarctica Rift (Victoria Land Basin, Ostantarctica) durch. Er konnte eine Reihe durchgehender Bohrprofile und vor allem seismische Sektionen miteinander verbinden und die känozoische Eishaus-Stratigraphie in einem annähernd 4 km mächtigen sog. failed rift auflösen. Resultat seiner Studie lieferte die Geschichte der Vereisung von Antarctica in den letzten 34 Ma, aufgelöst zu Zyklen von 1 bis 8 Ma Dauer. Sieben stratigraphisch relevante und sich wiederholende Sedimentsequenzen bildeten sich, verursacht durch Änderungen des relativen Meeresspiegels. Fossilreiche pelitische Gesteine, Sandsteine und Konglomerate sowie Vulkanite, schließlich Diamiktite wurden abgelagert.

5.6 Parasequenzen

Parasequenzen sind die kleinsten sedimentären Sequenzen *(sedimentary sequences)*, die zur stratigraphischen Klassifizierung von

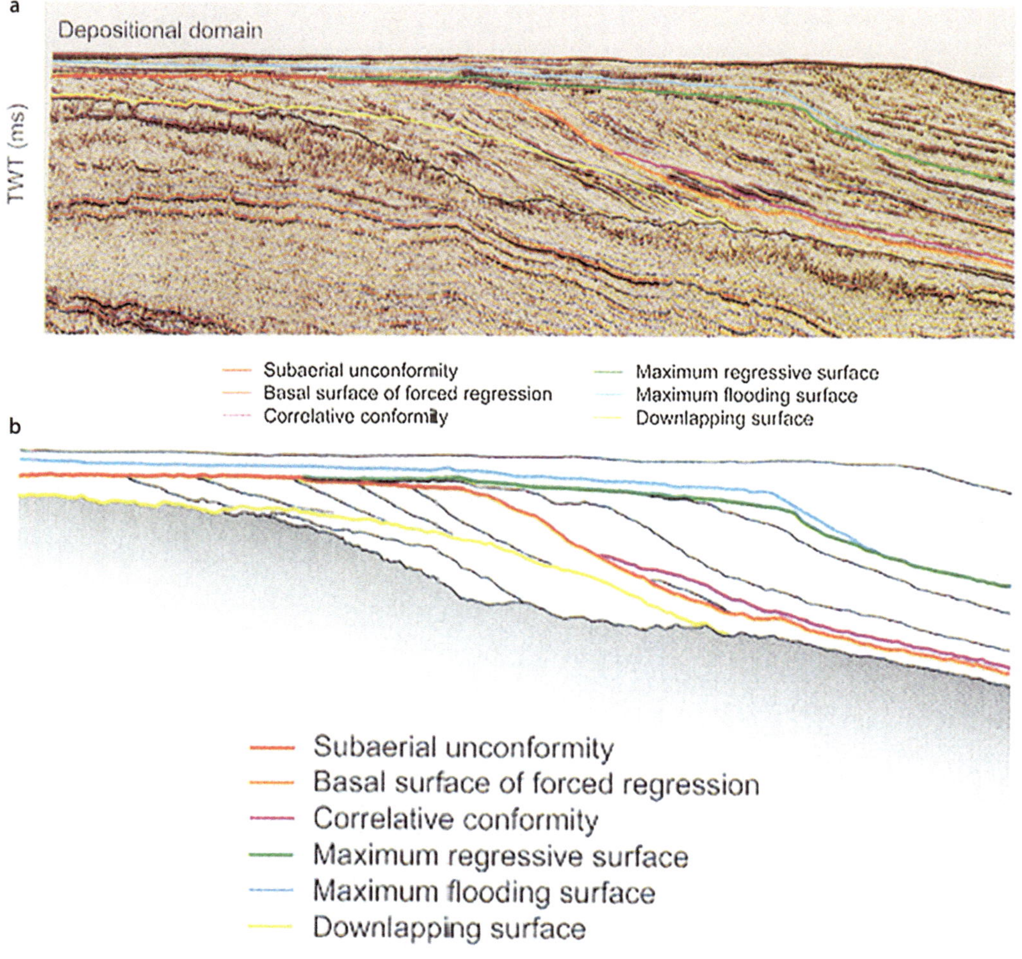

◘ **Abb. 5.31** **a** Das seismische Profil zeigt ein Küstenklinoform, in welches Zeitlinien eingetragen sind (De Bruin et al. 2007 – Abb. 7 A). **b** Aus diesem sind allein die interpretierten Zeitlinien herausgegriffen und verdeutlichen die durchführte sequenzstratigraphische Interpretation (De Bruin et al. 2007, Abb. 8)

geologischen Schichtenfolgen verwendet werden. Sie erfassen Mächtigkeiten von mehreren Metern bis mehrere Zehner von Metern, sind durch marine Flutungsflächen (FS) deutlich begrenzt und entstehen durch die Veränderung des relativen Meeresspiegels. Ihr interner Aufbau wird normalerweise nicht weiter differenziert, da er in seismischen Profilen nicht näher aufgelöst werden kann.

Eine Parasequenz (*parasequence*) ist also eine relativ konforme, einheitliche Abfolge von genetisch verwandten, miteinander verbundenen Schichten oder Schichtenverbänden, die durch marine Flutungsflächen (*marine flooding surfaces*, FS) und/oder mit diesen korrelierenden Flächen begrenzt sind (Van Wagoner et al. 1988, 1990; Bhattacharya 1993).

Eine Parasequenz wird individuell jeweils einem relativen Meeresspiegelanstieg zugeordnet. Im siliciklastischen marin/deltaischen Ablagerungsmilieu sind Parasequenzen die *coarsening-up*-Sequenzen von Deltakörpern oder Schelf-Vorstrand-Profilen (◘ Abb. 5.33). Das Ablagerungsmilieu der

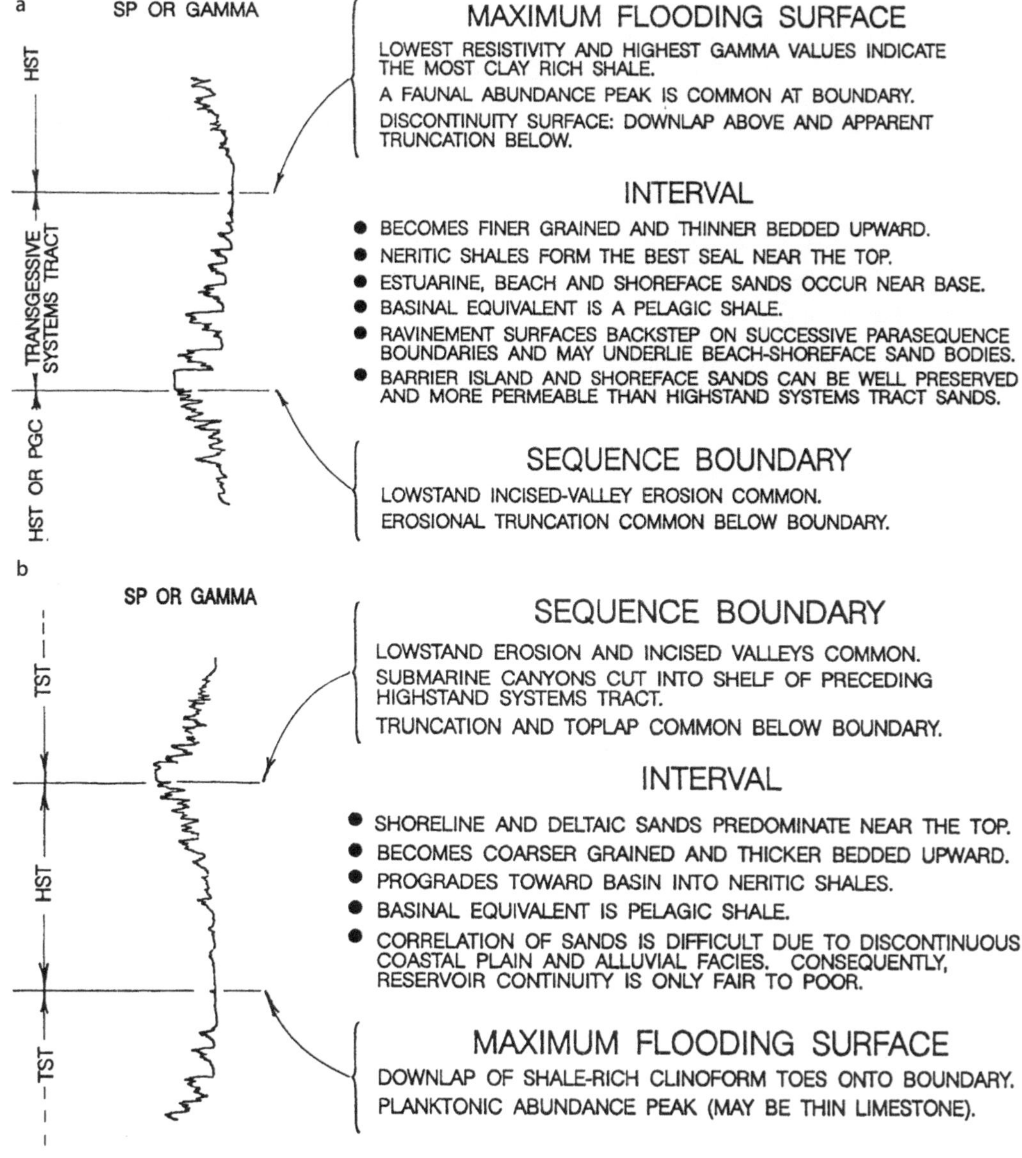

◻ Abb. 5.32 **a** Ein Logmotiv aus einem transgressiven Systemtrakt (*transgressive systems tract*, TST); die Lebhaftigkeit der ersten Überflutung des Küstenraumes ist im Logmotiv gut zu erkennen (Mitchum et al. 1993, Abb. 24). **b** Ein Logmotiv aus einem Hochstand-Systemtrakt (*highstand systems tract*, HST), der auf einer Fläche der maximalen Überflutung (*maximum flooding surface*, mfs) aufsitzt und durch Sedimentlieferung aus dem Hinterland ein *coarsening-up* erfährt (Mitchum et al. 1993, Abb. 27)

Parasequenz wird also von unten nach oben flacher, die Korngröße ihrer Sedimente von unten nach oben gröber.

Im schelfnahen, randmarinen Ablagerungsraum ändert sich das Ablagerungsmilieu der transgressiven marinen Flutungsflächen schnell von kontinental nach marin, und die Wassertiefe des sich seewärts anschließenden randmarinen Ablagerungsraumes vergrößert sich rasch. Die Überflutung kann mit

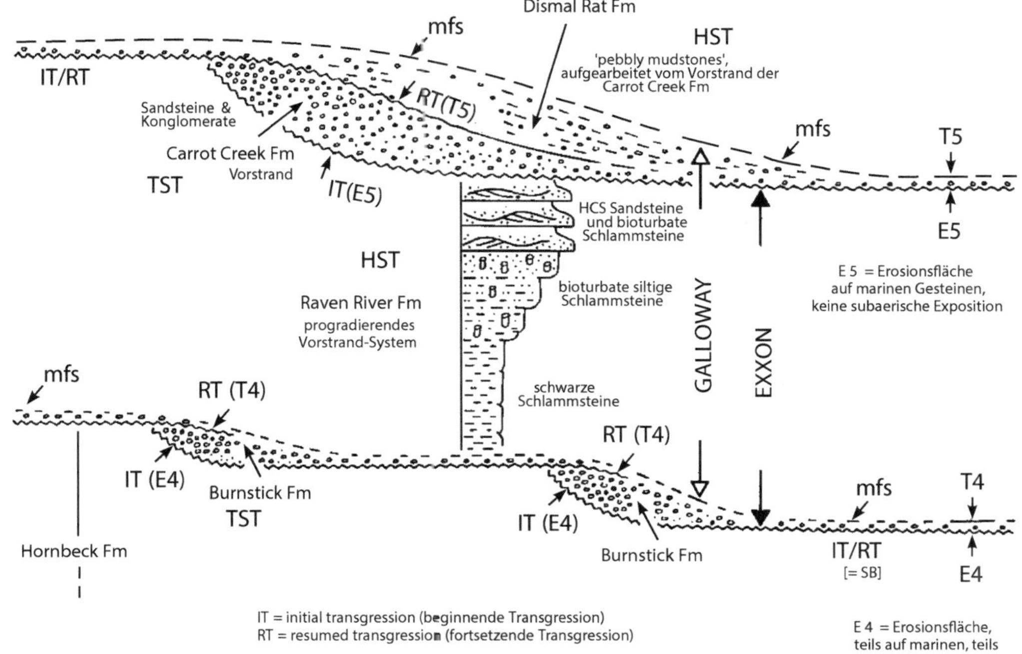

◨ **Abb. 5.33** Am Beispiel der Cardium-Formation wird die transgressive Gesteinsserie eines Teils des Cretaceous Western Interior Sea Way diskutiert (Walker 1990, Abb. 3); die lithostratigraphisch definierten Schichten werden im Original als *allomember* bezeichnet. Die übereinander lagernden Schichten sind durch Sequenzgrenzen, ausgebildet als verschiedenwertige Transgressionsflächen, IT = beginnende Transgression *(initial transgression)*, RT = fortschreitende Transgression *(resuming transgression)*, voneinander getrennt; nur in Lokalität 1, in der Hornbeck-Formation, ist jene eindeutig eine Typ-1-Sequenzgrenze. Gegenüber dem Original der Zeichnung wurden aus dem Text sich ergebende weiterführende Erklärungen mit eingearbeitet. Galloway (1989a) definiert sog. genetische stratigraphische Sequenzen *(genetic stratigraphic sequences)* zwischen übereinander liegenden maximalen Überflutungsflächen (mfs). Die Exxon-Mitarbeiter (Vail und Mitchum in Payton 1977; Posamentier et al.1988; Posamentier und Vail 1988) dagegen definieren Sequenzen zwischen Sequenzgrenzen, also zwischen diskordanten Erosionsflächen

unterschiedlicher Intensität und Schnelligkeit erfolgen, sodass die Transgression mit mehr oder weniger Aufarbeitung *(ravinement)* des Untergrundes beginnt. Diese kann weitflächige tiefgründige Erosion sein, verbunden mit der Ausbildung echter Diskordanzen *(transgressive surfaces of marine erosion)*. Oder die Aufarbeitung ist nur lokale Sedimentumlagerung, die zu Intraklasten aus Schlick, Torffragmenten oder Holzresten mit Bohrmuschellöchern führt. Oder die Aufarbeitung ist minimal, und eine einfache Aufsedimentation leitet zunächst allmählich zu sich enger scharenden Sturmflutsanden und schließlich sehr rasch zu Sanden des Vorstrandes über. Dies lässt sich im Neogen des Niederrhein-Beckens quasi nebeneinander betrachten (Schäfer et al. 1996, 2004, 2005; Schäfer und Utescher 2014) und bestärkt die Feststellung, dass der individuelle Aufbau einer Küste, ihre Exposition und ihre Subsidenz auf kleinstem Raum wesentlich zur Ausgestaltung diskordanter Transgressionsflächen beiträgt.

Der Freiwasserraum des vor der Küste gelegenen Sedimentbeckens vertieft sich schnell. In dessen Tiefe ist eine Verdichtung der benthonischen Besiedlung und schließlich die Bildung eines **Kondensationshorizonts** *(condensed section)* zu beobachten. Ein

Kondensationshorizont ist ein gering mächtiges, marines, stratigraphisches Intervall, das sich durch sehr geringe Sedimentationsraten auszeichnet (<1 bis 10 mm pro 1000 Jahre). Ein Kondensationshorizont besteht aus hemipelagischen bzw. pelagischen Sedimenten, ist mit terrigenen Sedimenten unterversorgt und wird auf dem mittleren bis äußeren Schelf, am Kontinentalhang oder auf dem Ozeanboden während der Zeit des maximalen Anstiegs des Meeresspiegels gebildet. Im Tiefsten des Sedimentbeckens kann es zur Bildung von Hartgrund kommen, der sichtbares Zeichen von Hungersedimentation ist, und zur Omission von biostratigraphischen Horizonten und zu einer Verdichtung von Biozonen feinklastischer, karbonatischer und

phosphatischer Sedimente führt (Martinius und Molenaar 1991; Molenaar und Zijlstra 1997; Grimm 2000; Piecha 2002). In sandigen Teilen der Schichtenfolge im küstennahen Raum nimmt der Gehalt an Glaukonit als Produkt submariner Diagenese zu. Dieser wird unter gering reduzierenden Bedingungen im Intergranularraum des Feinsandes und/oder in Schalen von Mollusken neu gebildet; er ist ein eisenreicher, grüner Illit (Füchtbauer 1988).

Auf dem Land wird während des Transgressionsmaximums die **Fläche der maximalen Überflutung** (*maximum flooding surface*, mfs) gebildet. Damit hat auch die Hochwassergrenze, die Marschenlinie *(bay line)* ihren landwärtigsten Punkt erreicht (◧ Abb. 5.34). Alle Flüsse haben ihre distalen Unterläufe auf

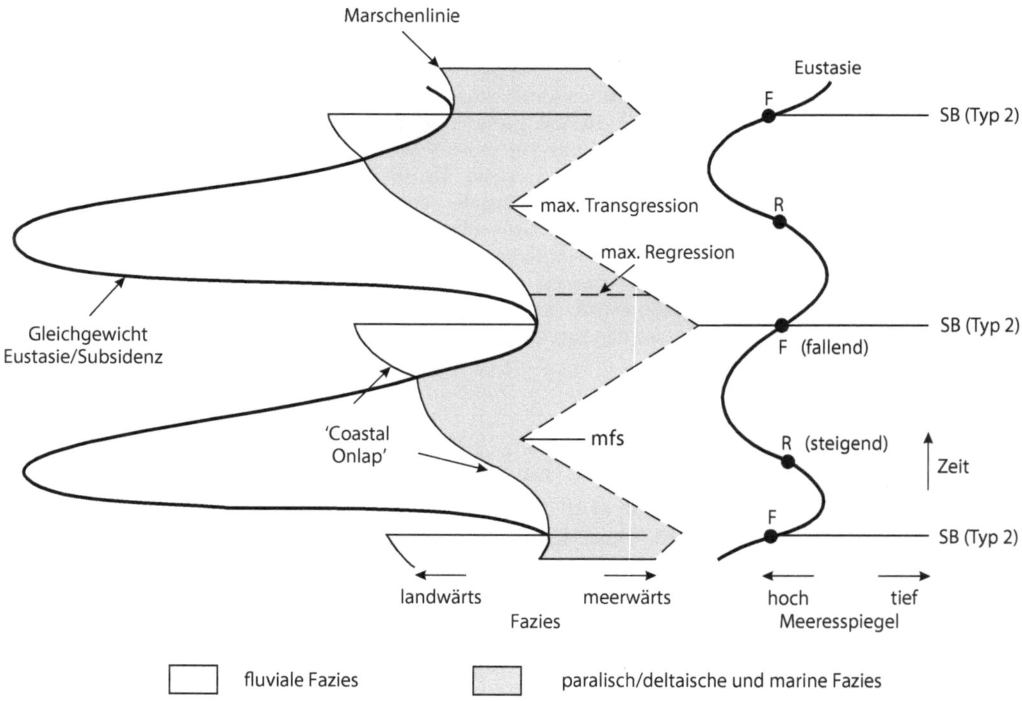

◧ **Abb. 5.34**   Elemente einer Transgressionskurve *(coastal onlap curve)* einer Typ-2-Sequenz. R = *rise* und F = *fall* sind die Wendepunkte der Kurve der eustatischen Meeresspiegeländerung; von F nach R wächst der Ablagerungsraum *(accommodation space)*, sodass die Marschenlinie *(bay line*, i.e. die Hochwasserlinie) mit einem *coastal onlap* landwärts vorrückt. Die Kurve des Quotienten Eustasie/Subsidenz (E/S) beschreibt die grundsätzliche Entwicklung des Küstenraumes und entscheidet darüber, in welchem Umfang fluviale Sedimente aus dem Hinterland sich am landwärts gerichteten Vorrücken der Marschenlinie beteiligen und die Marschen schließlich ersetzen. (Vereinfacht aus Posamentier et al. 1988, Abb. 18)

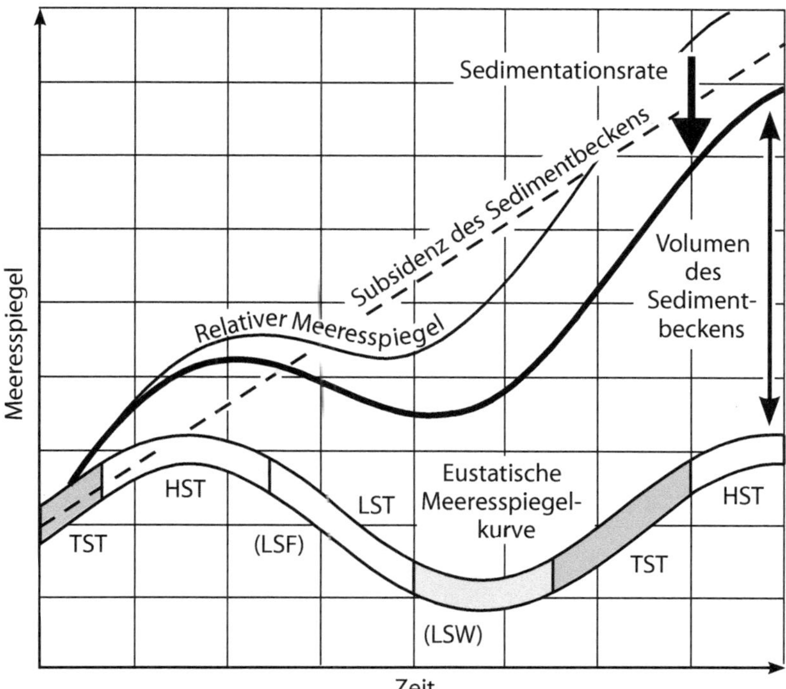

HST Hochstand-Systemtrakt ('Highstand Systems Tract')

TST Transgressiver Systemtrakt ('Transgressive Systems Tract')

LST Tiefstand-Systemtrakt ('Lowstand Systems Tract')

    LSF distaler Ozeanboden-Fächer ('lowstand fan')
    LSW proximaler Ozeanboden-Fächer ('lowstand wedge')

◘ Abb. 5.35 Eustatische Meeresspiegeländerungen und die Subsidenz des Sedimentbeckens schaffen den für die Ablagerung von Sedimenten nötigen Raum *(accommodation space)*. In Abhängigkeit von der (tektonischen sowie kompaktionsbedingten) Subsidenz des Sedimentbeckens und der Sedimentationsrate in diesem verändert sich das resultierende Signal des relativen Meeresspiegels und das Volumen des Sedimentbeckens insgesamt. (Nach einem von Süss 1996 überarbeiteten Entwurf aus Wehr 1993)

der Alluvialebene maximal zurückverlegt, und das Gefälle ist reduziert.

Im folgenden Zeitabschnitt nehmen die fluvialen Lieferungen aus dem Hinterland zu, da dessen Drainagefläche durch die Transgression nun deutlich erweitert ist. Die Fläche der maximalen Überflutung hat für die Küstenniederung daher eine sehr wichtige Bedeutung bekommen. Sie formt jedoch keine ausgewiesene Erosionsfläche, sondern liegt in der Morphologie der Landschaft

Erst allmählich entwickeln darüber folgende Schichten durch die Verjüngung der Flusssysteme eine erneute Kornvergröberung ihrer Profile.

Die Schichtenfolge einer Parasequenz progradiert, wenn der Sedimenteintrag in das Sedimentbecken rascher ist als die Erzeugung neuen Ablagerungsraumes (◘ Abb. 5.35). Dies ist generell bei progradierenden deltaischen Bildungen und Küsten entlang von passiven Kontinentalrändern der Fall. Auch ist die Bildung einer Parasequenz kein singuläres Ereignis; stattdessen baut sich eine Folge mehrerer einander ähnlicher Parasequenzen auf. Vergrößert sich das Volumen des Sedimentbeckens durch Tektonik und/oder Eustasie, reicht gegebenenfalls der Sedimenteintrag nicht aus, dieses zu füllen. Dadurch wird es tiefer, die Küstenlinie rückt seewärts vor und mit dieser die Folge gut ausgebildeter Parasequenzen. Sind die Bildungen des Sedimentbeckens und der Sedimenteintrag in diese einander äquivalent, aggradieren die Schichtenfolgen und bilden gut voneinander separierte Parasequenzen.

5.7 Systemtrakte

In seismischen Profilen lässt sich häufig beobachten, wie Reflexionsmuster, die als Parasequenzen interpretiert werden, sich systematisch wiederholen und dadurch charakteristische Stapelungsmuster sowie Schichtgeometrien erzeugen. Sie progradieren, retrogradieren oder aggradieren und bilden so in sich geschlossene Sedimentserien, die sog. Systemtrakte *(systems tracts)*.

Sie können **Tiefstand-Systemtrakt** (*lowstand systems tract*, LST), **transgressiver Systemtrakt** (*transgressive systems tract*, TST) oder **Hochstand-Systemtrakt** (*highstand systems tract*, HST) sein. Sie bilden miteinander verbundene, zeitgleiche Ablagerungskomplexe.

Diese drei Systemtrakte beziehen sich auf einzelne Abschnitte der Meeresspiegelkurve der 3. Ordnung (vgl. ◘ Abb. 5.35) und beschreiben je nach deren steigenden bzw. fallenden Tendenz unterschiedliche Faziesräume im betrachteten Sedimentbecken – z. B. in dem von Abbott (2000) dargestellten Wanganui Basin in Neuseeland oder von Hettinger et al. (1993) aus einem Beispiel in der Oberkreide von Utah. Plint und Nummedal (2000) diskutieren ausführlich den *falling stage systems tract* (FSST), welcher seewärts über dem *highstand systems tract* (HST) liegt und seinerseits vom *lowstand systems tract* (LST) überlagert wird (◘ Abb. 5.36). Ein wesentliches Kriterium zur Erkennung eines FSST ist das Vorhandensein von Vorstrand-Sandkörpern, die basalen Erosionsflächen aufsitzen, die durch eine Wellenerosion während des sinkenden Meeresspiegels verursacht wurden.

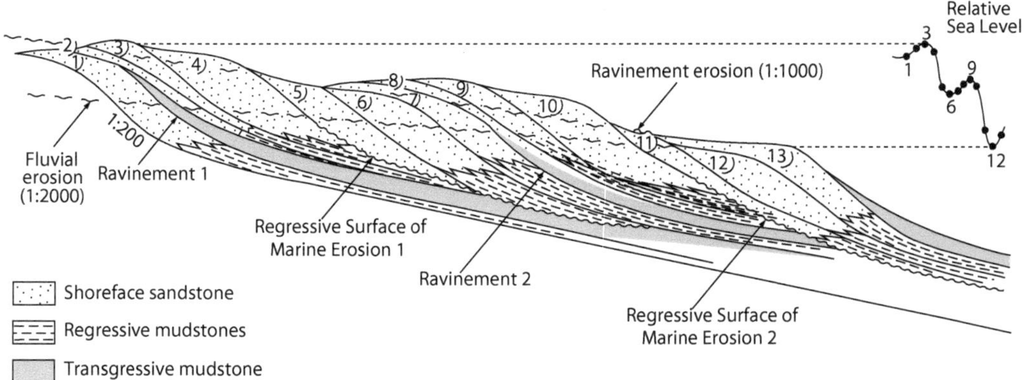

◘ **Abb. 5.36** Entwurf von Plint und Nummedal (2000, Abb. 4; etwas verändert) für die Interpretation des *falling-sea-level*-Modells. Dieses Modell interpretiert einen Küstenraum während eines länger fallenden relativen Meeresspiegels *(falling stage systems tract)*, wobei zwei kleinere Transgressionen die Regression unterbrechen. Im Profilschnitt trennen zwei transgressive Schelfpelite die regressiven Vorstrandsande der Zeitabschnitte 1, 2–7, 8–13; der dritte Schelfpelit folgt bereits als jüngstes Ereignis. Die Schelfpelite beginnen jeweils mit *ravinement surfaces*, die regressiven Vorstrandsande haben ein *regressive surface of marine erosion*, entsprechend einer *type-2-sequence boundary*. In höheren Positionen der Vorstrandsande bauen sich über den Horizonten der *fluvial erosion* entsprechend einer *type-1-sequence boundary* fluviale Profile auf

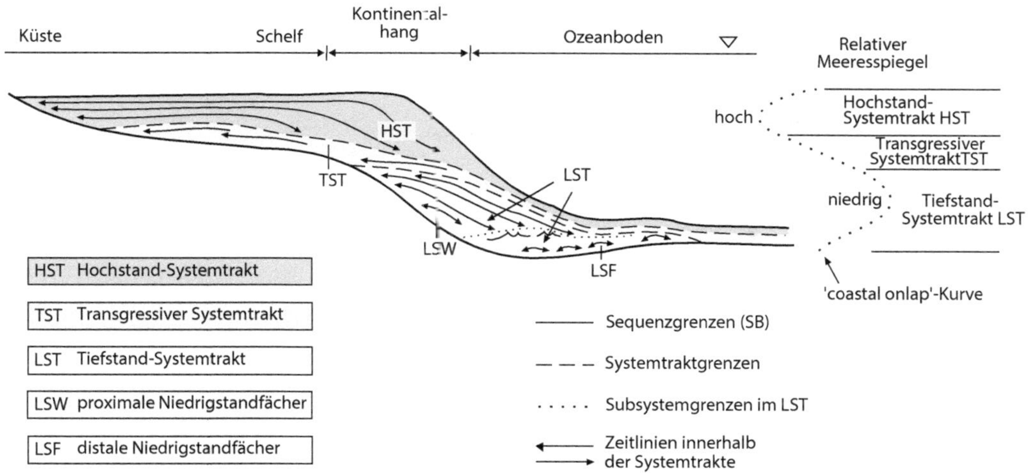

◘ **Abb. 5.37**   Die Gestalt der am passiven Kontinentalrand gebildeten sigmoidalen Sedimentkissen ist verschieden und kann einer früheren Sequenz oder älterem konsolidiertem Untergrund unmittelbar aufsitzen. Die Zeitlinien sind zugleich Begrenzungen von Zyklen höherer Ordnung. (Nach Bechstädt et al. 1995)

Sequenzzyklen werden durch **Sequenzgrenzen** (*sequence boundaries,* SB) voneinander abgegrenzt. Sie sind markante Diskordanzen sowie mit diesen zweifelsfrei korrelierende äquivalente Flächen. Die Nomenklatur der Systemtrakte hat seit ihrer Erstdefinition durch Vail et al. (1977) mehrfach Umbenennungen erfahren; sie lässt sich heute in der hier verwendeten Weise auf das Wesentliche verkürzen. Die derzeit jüngsten Erläuterungen finden sich bei Abreu et al. (2017).

In den Zyklen 3. Ordnung, den sog. Sequenzzyklen, die je nach Stand des Meeresspiegels und dessen steigender oder fallender Tendenz aus komplex angelegten und unterschiedlichen Systemtrakten bestehen, stellen die Parasequenzen (Zyklen 4. Ordnung) die kleinsten und zugleich wichtigsten sequenzstratigraphischen Bausteine dar. In ihnen sind die faziesdiagnostischen Sedimentmuster festgelegt (◘ Abb. 5.37). Als Ergebnis unterschiedlicher Meeresspiegelstände wird mit der Zyklizität 3. Ordnung bei gleichmäßiger struktureller Subsidenz des Untergrundes und Kompaktion bereits abgelagerter Sedimente, bei konstantem Sedimenteintrag vom Lande her am passiven Kontinentalrand ein sigmoidal begrenztes Sedimentkissen gebildet.

Systemtrakte sind ein Verbund zeitgleich aktiver Ablagerungssysteme. Sie bestehen aus dreidimensionalen Lithofazies-Gemeinschaften, die durch sedimentäre Prozesse bzw. Faziesräume genetisch miteinander verbunden sind, wobei gegenwärtig aktive Prozesse und interpretierte fossile Faziesräume einander gleichgesetzt werden. Systemtrakte werden durch die Form ihrer Grenzflächen, durch ihre Position innerhalb von Sequenzen und durch Stapelungsmuster ihrer Parasequenzen näher erläutert. Jeder Systemtrakt wird interpretativ mit einem bestimmten Abschnitt der eustatischen Meeresspiegelkurve verbunden.

Der **späte Tiefstand-Systemtrakt** (*late lowstand systems tract,* LST) erweitert den Sedimentationsraum nach oben im Profil, was prograedierende und aggradierende Parasequenzen erzeugt. Der transgressive Systemtrakt (*transgressive systems tract,* TST) besitzt die höchste Rate des landwärts erweiternden Sedimentationsraumes und bildet dabei einen rückverlagernden Parasequenzstapel. Der **Hochstand-Systemtrakt** (*highstand systems tract,* HST) baut bei nach oben verkleinerndem Sedimentationsraum einen aggradierenden bis progradierenden Sedimentstapel auf (◘ Abb. 5.38). In

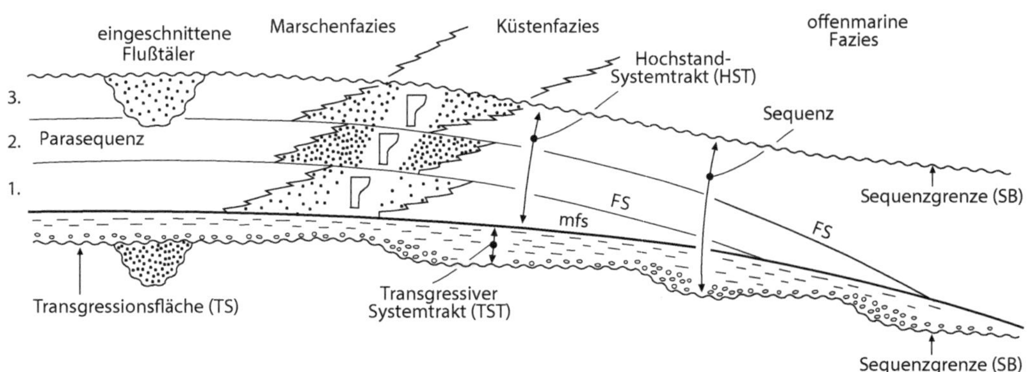

◘ Abb. 5.38 Älterem Untergrund lagert eine Sequenz 3. Ordnung auf. Über der basalen Erosionsfläche (Sequenzgrenze, SB) endet der transgressive Systemtrakt (TST) mit einer sich flächenhaft über die Küstenebene ausbreitenden Fläche maximaler Überflutung (*maximum flooding surface*, mfs). Nachfolgende wiederholte Überflutungen mit individuellen Überflutungsflächen (*flooding surfaces*, FS) innerhalb des insgesamt aggradierenden Hochstand-Systemtraktes (HST) unterteilen die Schichtenfolge in einzelne Parasequenzen. Sie bilden progradierende, individuell dreigegliederte Faziesbereiche aus Marschen-, Küsten- und offenmariner Fazies und rücken bei genügend Sedimentanlieferung aus dem Hinterland seewärts vor. (Nach Walker 1990)

diesen komplexen Sedimentstapel können aus dem Hinterland kommende fluviale Sedimentserien tiefgründig erodieren. Deren Basis bildet jeweils eine Sequenzgrenze (*sequence boundary*, SB) zum nächst folgenden Systemtrakt. Fluviale Diskordanzen können jedoch nur dann als Sequenzgrenzen akzeptiert werden, wenn sie weiträumig genug sind (Süss et al. 2001).

Zyklen der 3. Ordnung bilden mit ihren Systemtrakten zugleich genetische als auch chronostratigraphische Intervalle aus (Van Wagoner et al. 1988, 1990, 1992). **Genetische Intervalle** sind ohne signifikante Unterbrechungen miteinander verbundene Ablagerungssysteme. **Chronostratigraphische Intervalle** umfassen alle Sedimente, die während eines radiometrisch und/oder biostratigraphisch definierten Zeitintervalls abgelagert wurden. Traditionell werden stratigraphische Korrelationen und Kartierungen anhand von Formationsgrenzen, biostratigraphischen Zonen oder speziellen Ereignissen *(events)* wie magnetostratigraphischen Wechseln oder sedimentologisch definierten Markerhorizonten vorgenommen. Jedoch sind solche Formationsgrenzen im Allgemeinen zeittransgressiv, d. h. liegen

schräg in Raum und Zeit, und ihre Korrelation kann daher stratigraphisch durchaus ungenau sein. Denn biostratigraphische und magnetostratigraphische Grenzen bilden selten morphologische bzw. paläogeographische Grenzflächen und können im Aufschluss, mittels Bohrlogs oder in seismischen Profilen nicht kartiert werden. Durch Markerhorizonte definierte chronostratigraphische Intervalle sind nicht immer vorhanden, können signifikante Unterbrechungen enthalten und müssen auch nicht unbedingt genetisch sein. Vail et al. (1991) plädieren somit konsequent dafür, dass akkurate Interpretationen der geologischen Geschichte auf großräumigen und längerlebigen Systemtrakten aufbauen sollten. Schwankungen des Meeresspiegels hätten darüber hinaus einen so bedeutenden Einfluss auf die Paläogeographie, dass Zeiten niedrigen Wasserstands von Zeiten hohen Wasserstands getrennt darzustellen seien.

Daraus folgt, dass sequenzstratigraphisches Arbeiten eine Definition von sedimentologisch signifikanten Grenzflächen notwendig macht. Diese sind zum einen die Überflutungsflächen (*transgressive surfaces*, TS) transgressiver Sedimentsysteme und zum anderen die Sequenzgrenzen (*sequence boundaries*, SB) regressiver Sedimentsysteme (Posamentier et al. 1988; Posamentier und Vail 1988). Beide sind in ihrer sequenzstratigraphischen Wertigkeit einander äquivalent – jedoch verschieden im Hinblick auf ihre Genese – und umschließen gut definierbare sedimentologische Einheiten. Sie sind bei verlässlicher bio- bzw. chronostratigraphischer Kontrolle (Berggren et al. 1995; Menning et al. 2012) mit Zeitmarken in Millionen Jahren (Ma) zu versehen (Haq und Van Eysinga 1987) und können unter günstigen Umständen an die Exxon-Kurve, der relativen Meeresspiegelkurve 3. Ordnung (Haq et al. 1987, 1988), oder an die neuen Kurven in De Graciansky et al. (1998) angebunden werden, wenn auch nicht alle Meeresspiegeländerungen vor Ort ausgebildet sind.

Die Zyklen 3. Ordnung, die Systemtrakte, sind komplexe Einheiten und aus Sequenzen und Parasequenzen aufgebaut. Sie beschreiben je nach Stand und Tendenz des relativen Meeresspiegels individuelle, paläogeographisch großräumige Landschaften.

5.7.1 Tiefstand-Systemtrakt (*lowstand systems tract, LST*)

Sinkt der relative Meeresspiegel nach einem zuvor eingenommenen Hochstand rasch, bilden sich auf dem Ozeanboden Tiefstand-Systemtrakte. Diese können unterschiedliche Form haben und an unterschiedlichen Orten gebildet sein. Solche Bildungen des Ozeanbodens sind distale Niedrigstandfächer (*lowstand fans*, lsf; auch als *basin-floor fans* bezeichnet). Sie bestehen aus fächerförmigen und überwiegend dünnblättrigen Turbiditfolgen (◘ Abb. 5.39). Unmittelbar am Fuße des Kontinentalhangs, gegen diesen deutlich an Mächtigkeit zunehmend, formieren sich keilförmige Sedimentkissen, die als proximale Niedrigstandfächer (*lowstand wedges*, lsw) des

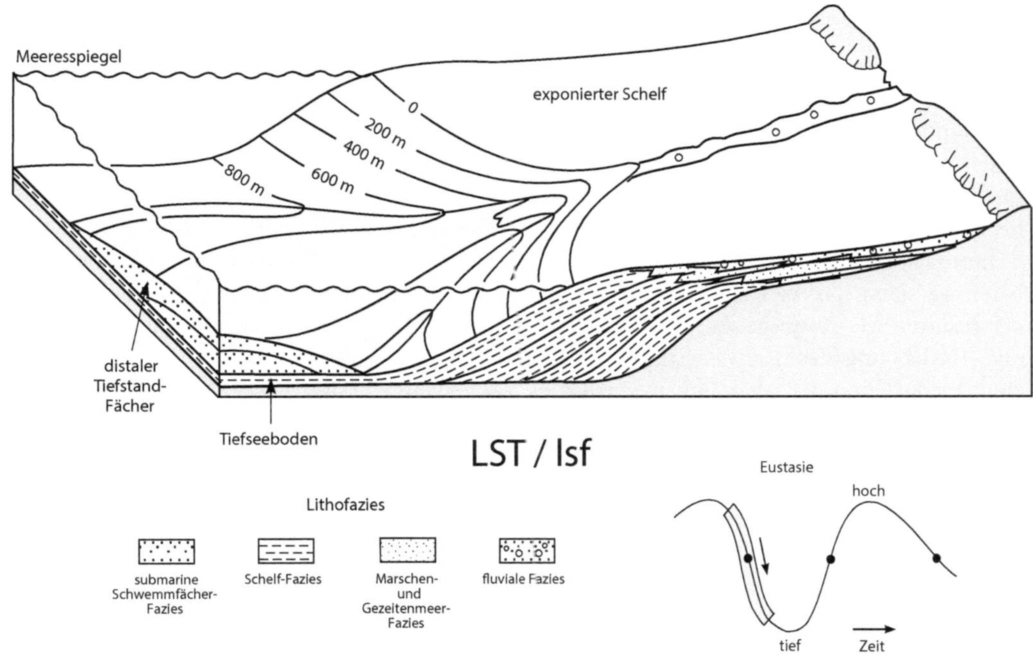

◘ Abb. 5.39 Distale Niedrigstandsfächer (*lowstand fan*, lsf) innerhalb des Tiefstand-Systemtrakts (*lowstand systems tract*, LST): ozeanischer Fächer aus dünnblättrigen radialen Turbiditen (Nach Posamentier et al. 1988, Abb. 2)

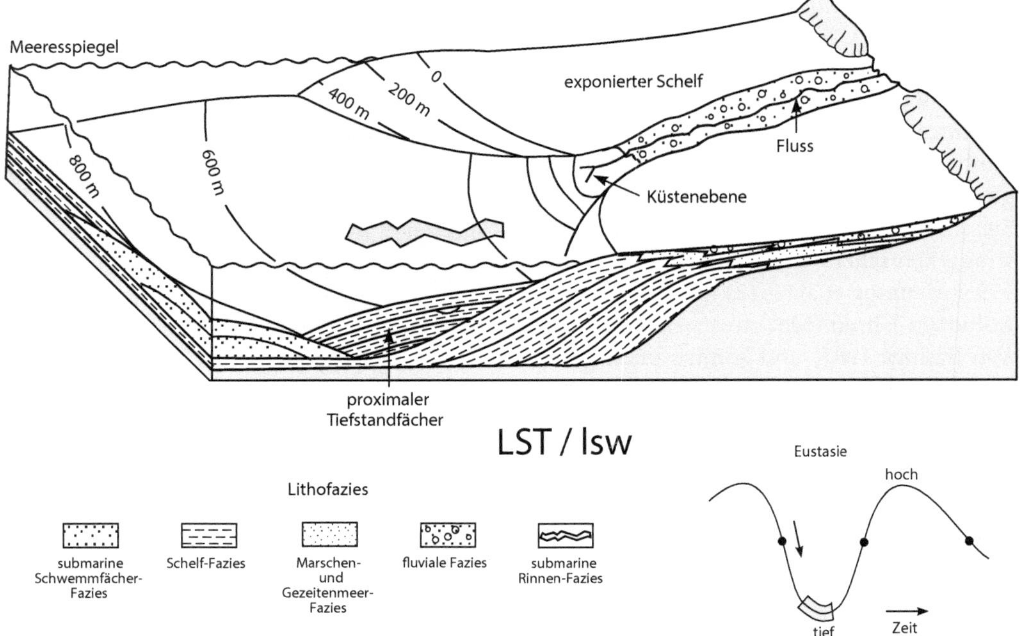

◖ Abb. 5.40   Proximale Niedrigstandsfächer (*lowstand wedge*, lsw) innerhalb des Tiefstand-Systemtrakts (*lowstand systems tract*, LST): keilförmige Sedimentkissen aus Schuttfächern mit Rutschmassen und grobklastischen Rinnenfüllungen. (Nach Posamentier et al. 1988, Abb. 3)

hemipelagischen Faziesraumes bezeichnet werden (◖ Abb. 5.40). Sie haben eine stumpf kegelförmige, recht unterschiedliche Form und enthalten vielfach Rutschmassen und/oder ausgesprochen grobkörnige Füllungen proximaler Rinnen. Form, Schichtung und Sedimentführung beider Typen von Tiefstandfächern hängen vom auf dem Schelf verfügbaren Sediment ab, von der Geschwindigkeit der relativen Meeresspiegelabsenkung und von der Ausdehnung des Tiefwasserraumes, nicht zuletzt jedoch von der tektonischen Strukturierung des Sedimentbeckens und dessen Subsidenz (Johnson et al. 2001).

Tiefstand-Systemtrakte sind voneinander recht verschieden. Die Geschwindigkeit der Absenkung des relativen Meeresspiegels steuert den Sedimenteintrag aller landgebundenen Sedimentsysteme. Schwemmfächer, verzweigte und mäandrierende Flüsse rücken bei einem Meeresrückzug küstenwärts vor, schneiden sich in die Küstenebene ein und sind mit dem Meer verbunden (Allen und Posamentier 1993; Hellend-Hansen und Gjelberg 1994; Martinsen und Hellend-Hansen 1994; Milli et al. 2013; Canestrelli et al. 2014). Bei genügend Tiefgang des randmarinen Raumes können vor der Küste Deltas gebildet werden (Somoza et al. 1998; Gensous und Tesson 1996; Ulicny 2001; Uroza und Steel 2008; Bowman und Johnson 2014; Hutsky und Fielding 2017). Vorzugsweise werden Küste und Schelf jedoch erodiert. Die Erosionsprodukte wandern dann über die Schelfkante in die Tiefsee ab.

Die Basis des Tiefstand-Systemtraktes ist erosiv und als Sequenzgrenze (*sequence boundary*, SB) signifikant. Wenig zeitverschiedene Sedimentserien können sich mit geringer Schichtlücke flächig darüber lagern. Andererseits können jüngere Systeme die älteren, verfestigten und verstellten Sedimentserien tiefgründig erodieren und dadurch eine größere Zeitlücke bereiten. Je nach Standort auf dem Profil Tiefland-Küste-Schelf-Ozeanboden sind Erosion und konservierte Zeitlücken sehr verschieden voneinander. Und je nach Erosionsleistung der Hangendserie ist die Sequenzgrenze für diese von namensgebender Bedeutung (Typ-1- bzw. Typ-2-Sequenz, vgl. ▶ Abschn. 5.10). DeBruin et al. (2007) diskutieren Wheeler-Diagramme, in denen die Ordinate zeitversetzt ist und dadurch zeitbedingte Schichtlücken – also Sequenzgrenzen – gut sichtbar sind.

5.7.2 Transgressiver Systemtrakt (*transgressive systems tract, TST*)

Steigt der relative Meeresspiegel wieder an, arbeiten sich alle Faziesräume gegen das Land vor (◘ Abb. 5.41). Die Sedimentfolgen retrogradieren, die Küstensande greifen auf die Rückseitenwatten und diese wiederum auf die Marschenküsten über. Die Flussläufe werden davon abgehalten, sich einzuschneiden. Die distalen, mändrierenden

Abschnitte der Flussläufe verlagern sich landeinwärts und drängen die verzweigten Abschnitte zurück. Staut sich der mäandrierende Flussabschnitt durch morphologische Gegebenheiten des Unterlaufes und seiner Umgebung überproportional zurück, kann der Fluss zu anastomosieren beginnen, d. h. er wächst aus seiner Auenfläche vertikal auf (Smith und Smith 1980; Flores und Hanley 1984; King und Martini 1984; Makaske 2001; Milana und Tietze 2007; Makaske et al. 2017). Dies wird er vor allem dann tun, wenn er als Tieflandfluss mit hoher Sinuosität bereits überwiegend feinkörnige Sedimentfracht führt. Der Rückstau der Flüsse durch das Meer führt zu brackischen Ablagerungsbedingungen in den Schwemmebenen um den Flussunterlauf herum. Die marine Transgression beginnt zunächst mit brackischen Sedimenten, sodass der Begriff der brackischen Transgression *(brackish transgression)* im Sinne von Oomkens (1970) tatsächlich angebracht ist (Aschoff et al.

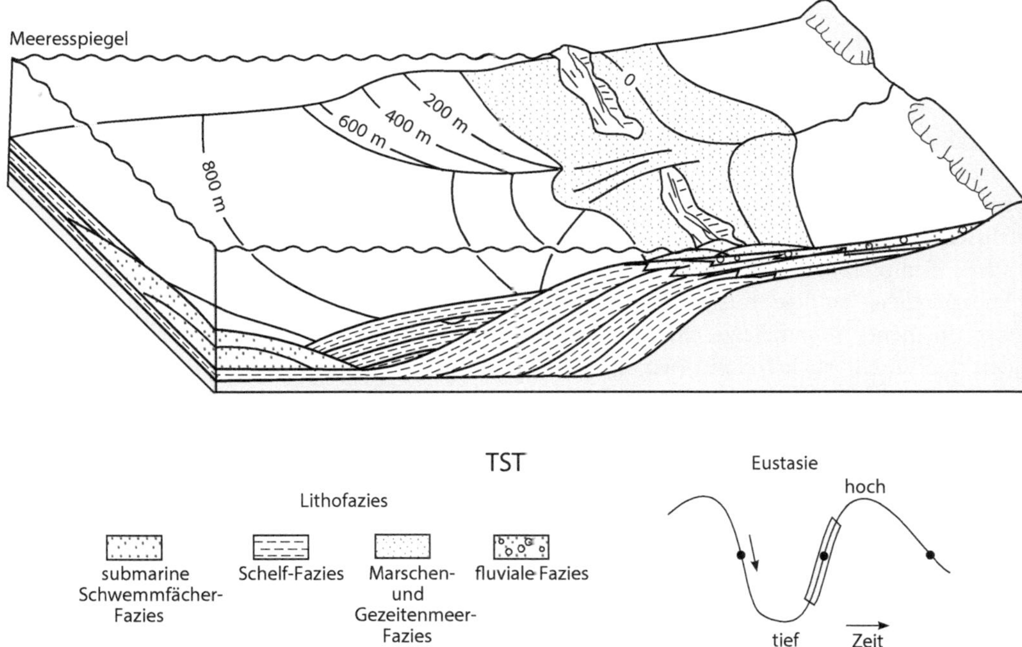

◘ **Abb. 5.41** Transgressiver Systemtrakt (*transgressive systems tract,* TST): landwärts vorrückende Barriereküsten, Inselketten und Ästuare. (Nach Posamentier et al. 1988, Abb. 4)

2016). Schließlich bilden sich an niederenergetischen Transgressionsküsten an deren Flussmündungen Ästuare aus (Allen und Posamentier 1993; Van Der Wal et al. 2002; Canestrelli et al. 2014; Milli et al. 2013).

Allmähliches landwärts gerichtetes Voranschreiten eines brackischen Niederenergiemilieus ist sedimentologisch die Regel. Torfbildung wird favorisiert, denn der Grundwasserspiegel des Küstenraumes steigt, da dieser auf mit dem Meer kommunizierenden Salzwasserhorizonten aufschwimmt. Grodenkanten werden zurückverlegt. Immer höher auflaufende Fluten erodieren diese und überschichten sie mit Sturmflutsanden. Salzwasser vertragende Halophytenflora dringt landwärts vor. Da das küstennahe Marschengebiet morphologisch eine ebene Fläche ist, genügt eine geringfügig höher auflaufende Flut, die Küstenebene weitflächig zu überfluten (Wartenberg und Freund 2012). Ablaufende Fluten erodieren Prielsysteme, die nachfolgende Flutwellen nur um so weiter landeinwärts vordringen lassen. Es bildet sich ein Erosionsrelief heraus, das je nach Aufarbeitung des Untergrundes als verschiedengestaltige Überflutungsfläche (als *transgressive surface*, TS, bzw. *erosive ravinement surface*, rv) zu erkennen ist. Die Erosionsprodukte energiearmer schlickiger Küsten (geschützter Watten bzw. Rückseitenwatten) sind Schlickgerölle, Torfbruchstücke, Holzreste und Muschelschill. In die überwiegend pelitischen Sedimente schneiden sich Priele ein. Energiereiche sandige Küsten überschichten mit hochenergie-parallelgeschichteten Sanden und Durchbruchsfächern *(washover fans)* die bislang geschützten Grodenbildungen, die nun erheblich erodiert und aufgearbeitet werden. Die Erosionsprodukte werden in die Transgressionsbildungen zuunterst eingelagert, wodurch sich die Basis der weitgehend ebenen Transgressionsfläche gut sichtbar abbildet (Schäfer und Utescher 2014; Prinz et al. 2017). Sie verhält sich aufgrund ihrer raschen Ausbreitung zeitkonkordant.

Sog. Transgressionskonglomerate werden nur dann abgelagert, wenn die fluviale Fracht aus dem Hinterland solche zuvor angeliefert hatte. Oder die Transgressionswelle hatte Gelegenheit, bis auf das Festgestein des Festlandsockels hinunter zu schneiden und aus diesem Erosionsprodukte aufzubereiten (Hartkopf und Stapf 1984).

Steigt der relative Meeresspiegel an den Küsten, erweitert sich für alle landgebundenen Gewässer das Einzugsgebiet gegen das Hinterland. Durch deren landwärtige Erweiterung nehmen die fluvialen Lieferungen aus dem Hinterland zu. Sie erreichen vermehrt den Küstenraum und lassen ihn seewärts vorrücken (vgl. Reineck und Singh 1980, Abb. 614). Bei hinreichender Subsidenz des Kontinentsockels bilden sich Deltas. Andererseits führt fehlende Subsidenz dazu, dass die Sedimentfracht über den Küstenraum hinaus und durch Abwanderung in den nächstgelegenen Tiefwasserraum weitergeleitet wird *(bypassing)* – auf den Schelf oder unvermittelt in die Tiefsee (Peng et al. 2017; Ortiz-Karpf et al. 2017). Ist jedoch die Alluvialebene zwischen Gebirge und Küste genügend breit, setzen die Flüsse auf dieser ihre Boden- und Suspensionsfracht ab.

Verlangsamt sich der anfänglich rasche Meeresspiegelanstieg und flacht die Meeresspiegelanstiegskurve ab, vermindern sich die fluvialen Lieferungen aus dem Hinterland allmählich. Die Alluvialebene und die davor gelagerte Marschenküste sedimentieren auf, die Transgression kommt zum Stillstand. Es stellt sich ein Gleichgewicht aus Küstenaufbau und -abbau ein; die Transgressionswelle dehnt sich nicht weiter aus. Dieser Stillstand formt eine Fläche der maximalen Überflutung (*maximum flooding surface,* mfs), die zum einen den landwärtigsten Punkt der Transgression markiert, zum anderen für den pelagischen Meeresraum die größtmögliche Landferne bedeutet. Vermindert sich der landgebundene Sedimenteintrag, ändern sich für die Tiefwassersysteme die Sedimentationsbedingungen. Die Sedimentationsrate nimmt ab, und die Sedimente werden pelitischer. Es treten vermehrt Vergesellschaftungen von planktonischen Mikrofossilien und benthonischen Lebensgemeinschaften auf. Es bilden sich Kondensationshorizonte *(condensed sections)*, in denen die sehr niedrige Sedimentationsrate des Tiefwasserraums zu minimalem Schichtgewinn, zur Hungersedimentation und die submarine Diagenese zu einer überproportionalen Verfestigung führt (Bernoulli und Mackenzie 1981; Martinius und Molenaar 1991; Molenaar und Zijlstra 1997). Die organische Substanz nimmt zu, wodurch das Redoxpotenzial sinkt. Authigene Minerale wie Siderit bilden sich in den feinkörnigen Sedimenten, und es reichern sich Schwermetalle in diesen an. Die pelitischen Tiefwassersedimente sind relativ geringmächtige feinkörnige Horizonte und markieren als Schwarzpelite *(black shales)* distale Sedimentationsbedingungen (Hallam 1980; Wetzel 1982; Dunham et al. 1988; Savrda und Bottjer 1989; Stein et al. 1989; De Boer 1991;

Wignall 1994; Arthur und Sageman 1994). Das kommunizierende ozeanische System hat damit seinen höchsten Wasserstand erreicht. Die miteinander verbundenen, sehr verschiedenen Ablagerungsräume – marin wie kontinental – haben sich auf die jeweils mögliche Minimalkorngröße eingestellt.

5.7.3 Hochstand-Systemtrakt *(highstand systems tract, HST)*

Ab der Fläche der maximalen Überflutung *(maximum flooding surface,* mfs) ändert sich der Aufbau der Küstenebene (◘ Abb. 5.42). Nun aggradieren die landgebundenen Sedimentsysteme. Die Faziesräume bleiben in Bezug auf die Küste lange Zeit relativ stabil in ihrer Position. Der Alluvialebene wird eine Deltaküste vorgelagert, erst weiter draußen

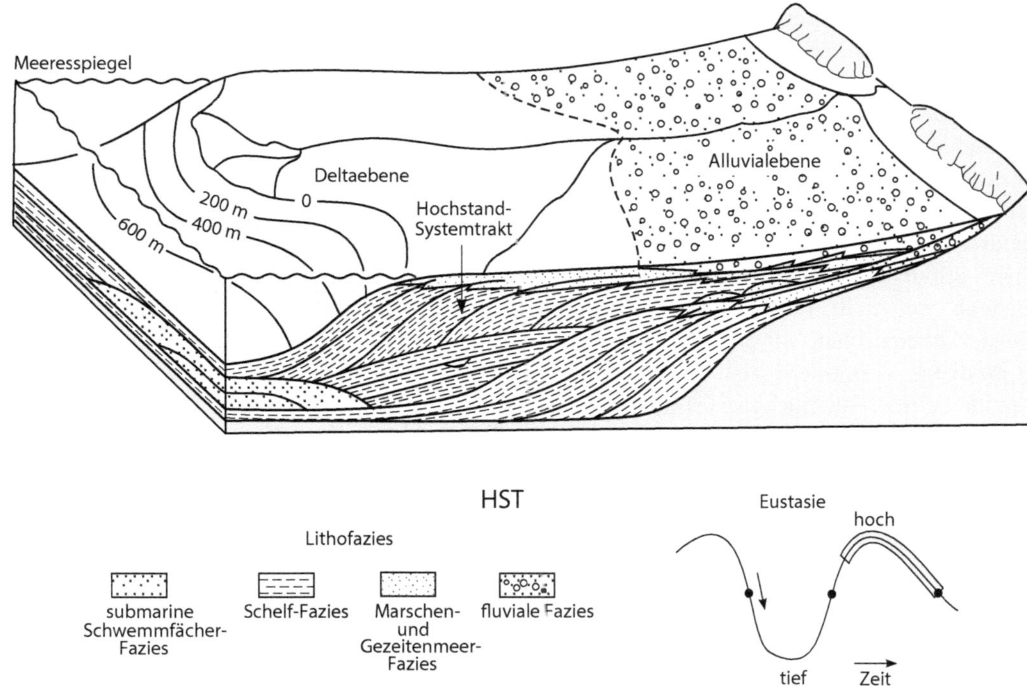

◘ **Abb. 5.42** Hochstand-Systemtrakt *(highstand systems tract,* HST): aggradierende Küstenebenen, progradierende Deltas, Salzmarsche, Torfmoore, dichte Vegetationsdecken feuchter Standorte. (Nach Posamentier et al. 1988, Abb. 5)

vor der Küste schließt sich ein von der Küste unabhängiger offener Meeresraum an. Es bauen sich progradierende und übereinander stapelnde Sedimentsysteme auf, deren Deltas sind vorzugsweise flussdominiert (Ebro-Delta: Somoza et al. 1998; Rhône-Delta: Gensous et al. 1993; Gensous und Tesson 1996; Chiocci et al. 1997). Je länger der Meeresspiegel auf seinem Hochstand verharrt, desto weiter rückt das kontinentale System seewärts vor und bildet dabei ein progradierendes Küstenprofil.

Da der Grundwasserstand stabil und hoch steht, sind die Bedingungen günstig, Sümpfe, Moore und Wälder zu bilden. Da in diesen Feuchtstandorten die Lebensumstände für die Vegetation ideal sind, findet eine beträchtliche Anreicherung von Biomasse statt. Feuchte Standorte werden von Sumpffloren besiedelt, trockene Standorte von Hartlaub- bzw. Nadelgewächsen, wobei diese dem Klimaraum entsprechend auch durch Palmen ersetzt sein können (Gee et al. 1997; Prinz et al. 2016). Mangroven tropischer Küstenniederungen sind für die Bildung von Kohlemoorvegetation nicht ideal. Die geographische Lage des Klimaraumes ist für die Sumpfvegetation von Küstenmooren jedoch nicht so sehr entscheidend, nur muss sie durch Wasserläufe und hochstehendes Grundwasser hinreichend feucht gehalten sein. Für den Erhalt der Biomasse und deren Überlieferung für die spätere Bildung von Torf bzw. Braunkohle ist jedoch der zeitgerechte Luftabschluss der absterbenden Pflanzen und Bäume wichtig, um deren Vermodern zu verhindern. Zum einen ist ein fluviodeltaisches Ablagerungsmilieu mit hinreichender Umlagerung von Sediment bei insgesamt positiver Sedimentbilanz entscheidend, die also die abgestorbene Biomasse schnell abdeckt (Fielding et al. 2006). Zum anderen darf der Ablagerungsraum als morphologische Großform eine Subsidenzrate von nicht mehr als etwa 0,4 mm/Jahr besitzen, um der Vegetation die Chance zu geben, trotz raschem Sedimenteintrag aufzuwachsen.

Diese Größenordnung der Subsidenzrate ist kritisch (McLean und Jercykiewicz 1978). Ist sie größer, wird der in die Küstenniederung eingetragene klastische Anteil zu groß, und die Biomasse kann sich nicht genügend anreichern. Wird sie kleiner als etwa die Hälfte jenes Wertes, versumpft der Standort, und die Biomasse verliert den notwendigen Laub- und Nadelholzanteil, der den Großteil künftiger Braunkohle ausmacht. Günstige Standorte sind daher Auen mäandrierender Flüsse, Deltaplattformen (beide mit ihren heterogenen, mal sandigen, mal schlickigen, aber immer mit Süßwasser versehenen Substraten) und Sandflächen exponierter sandiger Küstenstriche, also Strandwälle oder Inseln von Gezeitenmeeren. Letztere beginnen ihre Vegetationsgeschichte gegebenenfalls mit einem dünnen Horizont Halophyten. Dann aber erobert die von Süßwasser abhängige Vegetation das Terrain (Gross 1993; Mosbrugger et al 1994; Schäfer et al. 1996; Prinz et al. 2016, 2017), bildet kräftige Wurzelböden in den ehemals marinen Strandsanden und wächst vom küstennahen Standort unbeeinflusst auf. Da 100 m mächtige Braunkohlenlager (beispielsweise im Miozän der Niederrheinischen Bucht, aber auch anderenorts) bekannt sind, bedeutet deren heutige Mächtigkeit einen ehemaligen ungestörten Aufwuchs von etwa 300 m mächtiger Torfmassen (Hager 1986; Huhn et al. 1997; Schäfer et al. 2004; Utescher et al. 2012). Aggradierende Küstenebenen, gleich welcher Genese, liefern also günstige Voraussetzungen für den Aufwuchs von Torfvegetation.

5.7.4 Das Ende der Hochstand-Systemtrakte (Sequenzgrenzen)

Der Hochstand-Systemtrakt kann durch zwei erschiedene Erosionsereignisse beendet werden. Entweder wird er durch eine Sequenzgrenze erodiert. Bei einer **Typ-1-Sequenzgrenze** verschiebt sich die Küstenlinie seewärts, bei einer **Typ-2-Sequenzgrenze** jedoch zunächst landwärts, um erst später seewärts vorzurücken. Diese beiden

Sequenzgrenzen sind zugleich auch namensgebend für die damit verbundenen, auf ihnen aufsitzenden Sequenzen, also Typ-1- bzw. Typ-2-Sequenzen (Embry 1995). Bei schnellem eustatischem Abfall des Meeresspiegels – wenn dieser schneller sinkt als das Sedimentbecken – wird die Küstenebene exponiert und durch Oberflächenprozesse erodiert (Fielding 2014). Es bildet sich eine Typ-1-Sequenzgrenze *(type-1 sequence boundary)*. Um viele km bis 10er km seewärts verlängerte Flusstäler schneiden sich in die Küstenebene und in die landseitige Schelffläche ein *(incised valleys)*. Alle Sedimentfracht wandert bis an die Schelfkante, um von dort aus die ozeanischen Tiefwassersysteme mit turbiditischen Sedimenten zu versorgen. Es findet eine Abwanderung *(bypassing)* von Sediment in die Tiefsee statt. Verlangsamt sich die Absenkung des Meeresspiegels oder steigt dieser sogar wieder relativ zum sich weiterhin absenkenden Beckenrand an, bauen sich am Kontinentalfuß die Turbiditfächer seewärts vor.

Bei langsamem eustatischem Abfall des Meeresspiegels – wenn dessen Absenkung langsamer ist als die Subsidenz des Sedimentbeckens – wird der Schelf nicht wesentlich exponiert und auch kaum erodiert. Der Schelf baut über die Schelfkante hinaus Schelf- und Deltasedimente seewärts vor. Es bilden sich Schelfrand-Sedimentserien (*shelf-margin wedges*, SMW) (◘ Abb. 5.43). Und die marine Fazies oberhalb des küstennahen Base Levels verschiebt sich kurzzeitig landwärts.

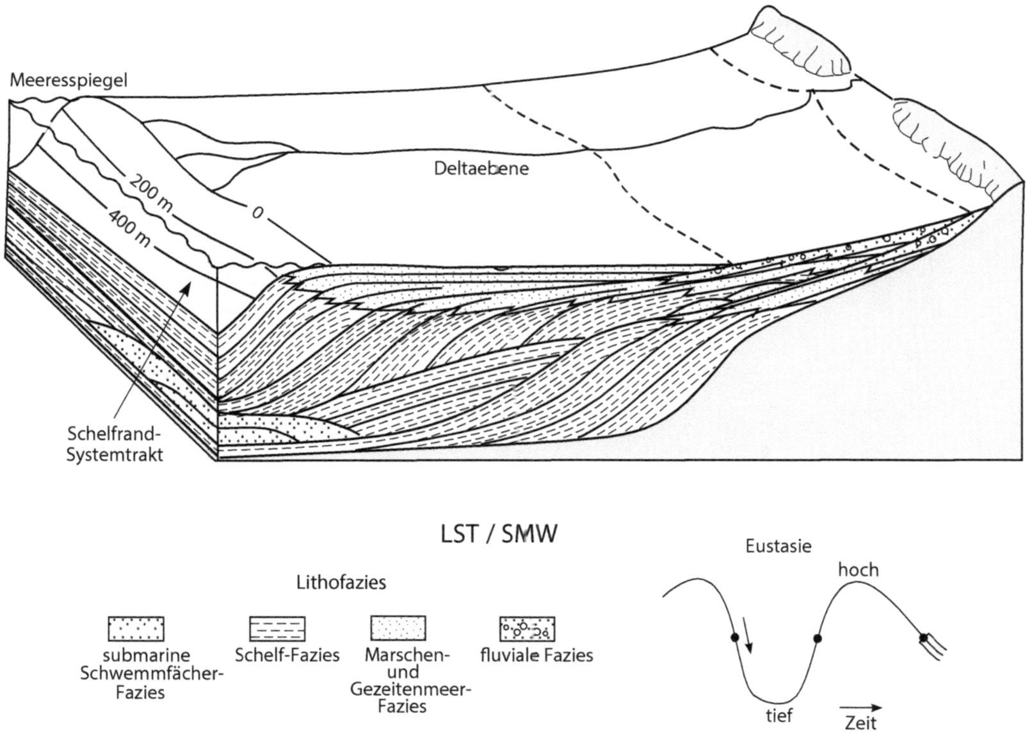

◘ **Abb. 5.43** Niedrigstand-Systemtrakt (*lowstand systems tract*, LST): oberhalb einer Typ-2-Sequenzgrenze formt sich ein Schelfrandkissen (*shelf-margin wedge*, SMW) aus Deltabildungen und Schelfsedimenten. (Nach Posamentier et al. 1988, Abb. 6)

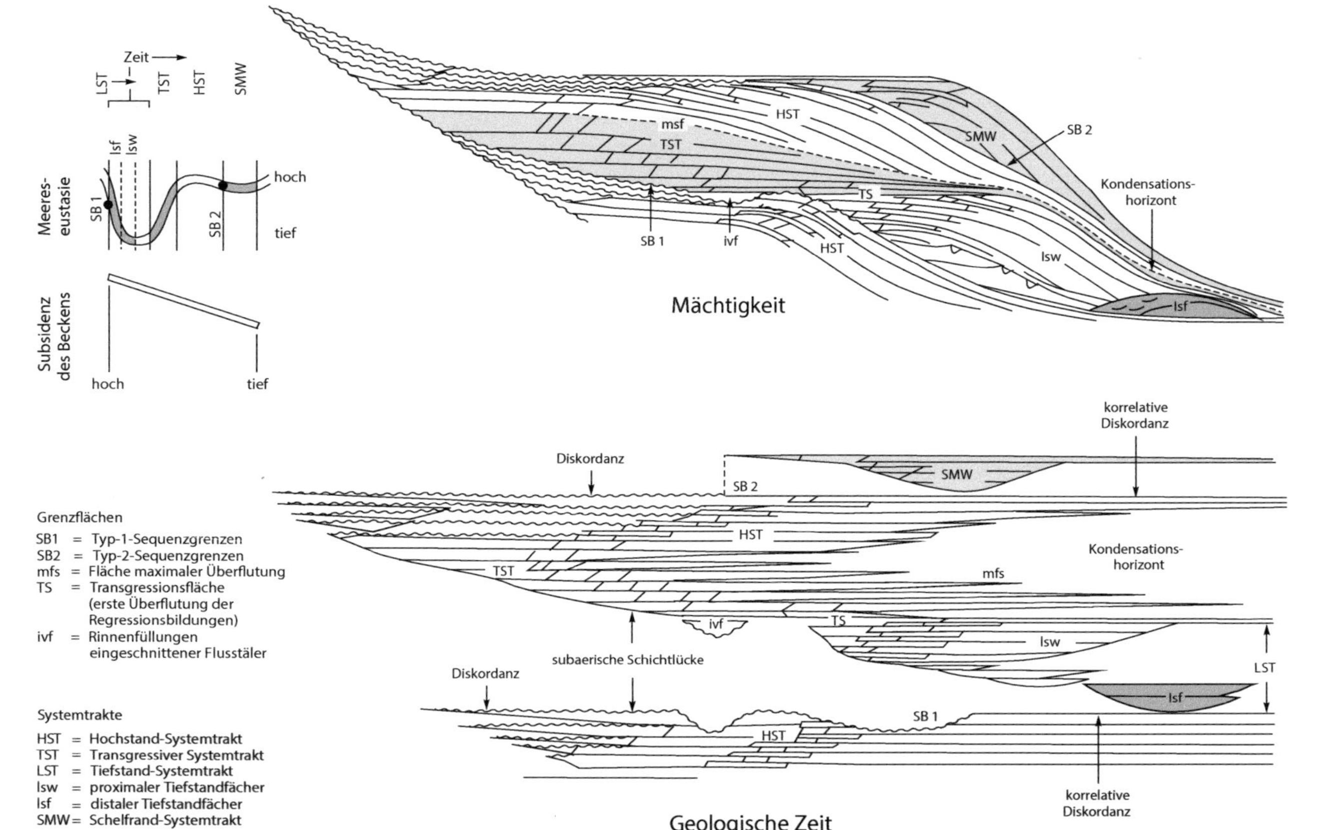

■ **Abb. 5.44**   Historisches sequenzstratigraphisches Ablagerungsmodell als Profilschnitt von der Küstenebene zur Tiefsee mit seinen Flächenverbänden und Systemtrakten. Das obere Profil bildet die Mächtigkeit der Sedimente (bzw. die Zweiwegelaufzeiten reflexionsseismischer Profilschnitte) ab. Das untere ist ein sog. Wheeler-Diagramm und zeigt den zeitlichen Bezug der abgebildeten Horizonte untereinander. (Nach Baum und Vail 1988, S. 310; nur die wichtigsten der im Original verwendeten Buchstabenkürzel sind übernommen)

5.8 Systemtrakte im Profilschnitt

Die beiden Grundfiguren des sequenzstratigraphischen Modells haben sich seit ihrer ersten Präsentation durch Haq et al. (1987, 1988) und Baum und Vail (1988) trotz ihrer abstrakten Darstellung als Gedankenstütze bewährt (◖ Abb. 5.44). Der obere Teil der Abbildung zeigt einen Profilschnitt durch einen passiven Kontinentalrand von der Küstenebene bis in die Tiefsee, wie er sich in seismischen Profilen näherungsweise beobachten lässt; dargestellt ist die Mächtigkeit der Sedimente. Der untere Teil der Abbildung gibt denselben Schnitt als zeitverstrecktes sog. Wheeler-Diagramm (Wheeler 1958, 1964) wieder; dadurch lassen sich die Diskordanzen als Grenzflächen, verantwortlich für oft erheblichen Schichtverlust, deutlich hervorheben.

Den beiden Teilen dieser Abbildung ist die Kurve des eustatischen Meeresspiegels zugeordnet. Die Form der Kurve hat eine große und eine kleine Amplitude. Die Subsidenzrate des Sedimentbeckens wird als konstant angenommen. Die Kurvenabschnitte sind in Systemtrakte unterteilt, deren Kürzel in beiden Diagrammen notiert sind. Wenn sich auch die Benennung der Systemtrakte und deren untergeordnete faziesräumliche Unterteilungen beim Gebrauch beider Diagramme im Laufe der Zeit verändert haben, ist die Definition der Faziesräume in ihrem grundsätzlichen Bestand erhalten geblieben.

Systemtrakte *(systems tracts)* bilden einen komplexen Verband aus generell mehreren Sequenzen. Sie werden einem bestimmten Niveau des Meeresspiegels und seiner aktuell steigenden bzw. sinkenden Tendenz zugeordnet. Sie sind durch Sequenzgrenzen *(sequence boundaries,* SB) voneinander getrennt; aber auch Flutungsflächen *(flooding surfaces,* FS) und Transgressionsflächen *(transgressive surfaces,* TS) gliedern die Sedimentfolgen, die wir als Parasequenzen *(parasequences)* bereits kennen. Transgressionsflächen können als Aufarbeitungsflächen *(ravinement surfaces,* rv) ausgebildet sein.

In dem sequenzstratigraphischen Modellschnitt sind drei Sequenzen dargestellt – die oberen Teile einer liegenden, eine vollständige mittlere und die unteren Teile einer oberen Sequenz. Eine Typ-1-Sequenzgrenze (SB 1) findet sich im mittleren Schichtenstapel und trennt die untere und die mittlere Sequenz voneinander. Sie verursacht einen erheblichen Schichtausfall hinsichtlich Mächtigkeit und auch stratigraphischer Dauer im proximalen Teil des Profilschnitts. Dieser kommt vor allem im Wheeler-Diagramm (unterer Teil der Abbildung) deutlich zum Ausdruck und wurde subaerisch erworben, also durch Erosion der Schichtenfolge aufgrund Exposition in kontinentalen Environments, d. h. auf der Alluvialebene (DeBruin et al. 2007). Die erodierten Sedimente wurden in die Tiefsee verfrachtet und bilden dort turbiditische Schwemmfächer unterschiedlicher Form und Position. Im oberen Teil des Profilschnitts befindet sich die Typ-2-Sequenzgrenze (SB 2) und trennt die mittlere vollständige Sequenz vom unteren Teil der oberen Sequenz. Der durch diese verursachte Schichtverlust fiel geringer aus; auch fand lediglich eine Umlagerung der Sedimente in Richtung äußerer Schelf statt. Die im proximalen Teil des Profilschnitts mit deutlichem Schichtverlust versehenen Diskordanzen zeigen im mittleren Teil des Klinoforms konkordante Schichtgrenzen. Erst im marinen Tiefwasserraum, im distalen Bereich, liegen die dorthin verfrachteten Erosionsprodukte aus dem kontinentalen Raum wiederum zeitlich diskordant in der Schichtenfolge, aufgrund ihrer Lagerung jedoch konkordant. Es ist schließlich zu berücksichtigen, dass die subaerischen Typ-1-Diskordanzen im proximalen Teil des Profilschnitts keine Zeitlinien sind. Jedoch entwickeln sie sich beckenwärts zu solchen und bilden dort die sog. korrelativen Sequenzgrenzen *(correlative sequence boundaries).* Dasselbe gilt im Grunde auch für die Typ-2-Sequenzgrenze, wenn auch in vermindertem Maße.

Innerhalb der mittleren vollständigen Sequenz trennt die Transgressionsfläche *(transgressive surface,* TS) den unteren Teil der Sequenz als

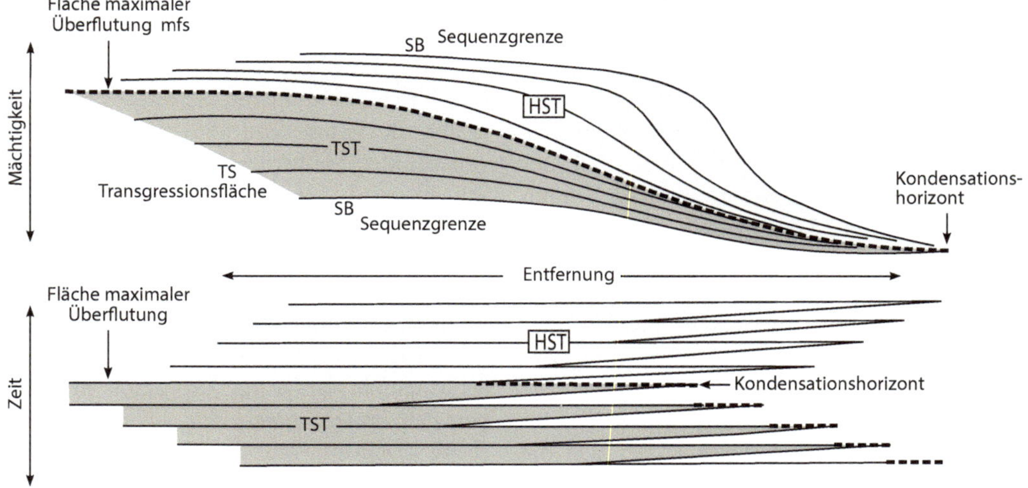

☐ Abb. 5.45 Vereinfachte Darstellung der Raum-Zeit-Bezüge im sequenzstratigraphischen Modell – die Fläche der maximalen Überflutung und der Kondensationshorizont (nach einem Entwurf von Cross 1993). Grundsätzlich gilt: einem Kondensationshorizont *(condensed section)* in der Tiefsee entspricht die Fläche maximaler Überflutung *(maximum flooding surface)* an Land

Tiefstand-Systemtrakt *(lowstand systems tract,* LST) ab. Sie ist nach dem Maximum der Regression die erste Überflutung des Tiefstand-Systemtraktes und lässt sich bis auf den Schelf hinauf verfolgen (und ist dort auch für die Sedimentologie von Küstenräumen relevant).

Im Küstenraum ist vor allem die Fläche der maximalen Überflutung *(maximum flooding surface,* mfs) von Bedeutung. Das am weitesten landeinwärts gelegene Ende dieser Transgressionsfläche wird in den Flussästuaren und Unterläufen der Tieflandflüsse durch die Flutwelle des täglichen Tidehochwassers erfasst. Außerhalb der Flussläufe auf ihren Überflutungsebenen bildet die Marschenlinie *(bay line)* die Grenze zwischen dem marinen und kontinentalen Raum. Sie beschreibt den Umkehrpunkt der Transgressionswelle und teilt zugleich den transgressiven Systemtrakt *(transgressive systems tract,* TST) vom darüber folgenden Hochstand-Systemtrakt *(highstand systems tract,* HST).

Der maximalen Überflutungsfläche an Land entsprechen im Tiefwasserraum Kondensationshorizonte *(condensed sections),* die

als verfestigte kondensierte Sedimentlagen Hartgründe bilden können (☐ Abb. 5.45). Sie sind geringmächtige marine Sedimentlagen mit sehr geringer Bildungsrate und bestehen aus Sedimenten des Tiefwasserraumes sowie

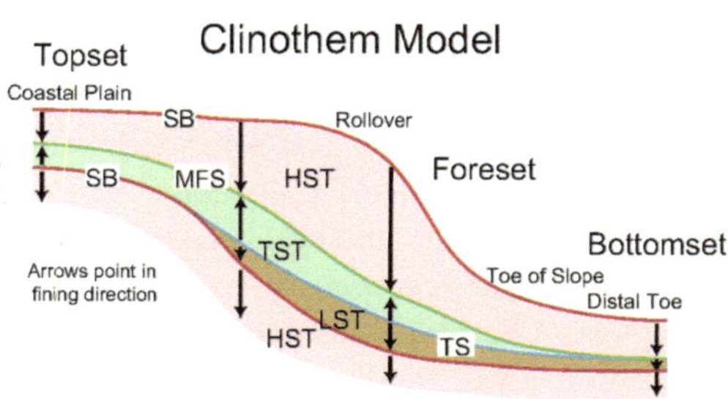

☐ Abb. 5.46 Klinothem-Modell (Miller et al. 2013, Abb. 1) zur Erläuterung der sequenzstratigraphisch wichtigen Abkürzungen. Die Pfeile deuten in Richtung auf die Verfeinerung der Korngröße, entsprechend auch zur Vertiefung des Ablagerungsmodells (sog. *slug model).* SB – Sequenzgrenzen (rote Linien); TS – Transgressionsfläche (blaue Linie); MFS – *maximum flooding surface* (grüne Linie); LST – *lowstand systems tract* (braun); TST – *transgressive sytems tracts* (grün); HST – *highstand systems tract* (hellrosa); *rollover* entspricht der Schelfkante *(shelf break);* die anderen Faziesräume ergeben sich aus der Übersetzung aus distalen Lieferungen kontinentaler Herkunft. Sie werden auf dem mittleren und äußeren Schelf, am Kontinentalhang und auf dem Ozeanboden während des maximalen Meereshochstands abgelagert.

Diesem sog. *slug model* von Baum und Vail (1988) (vgl. ◘ Abb. 5.44) folgten auch Mjøs et al. (1998) (vgl. ◘ Abb. 5.15). Die Untersuchungen auf dem Schelf von New Jersey von Miller et al. (2013) verbanden seegehende Seismik mit moderner Sequenzstratigraphie (◘ Abb. 5.46).

5.9 Sequenzen

Eine Sequenz 3. Ordnung – (Sequenzzyklus, *sequence cycle, depositional sequence*) im Sinne der Sequenzstratigraphie – ist eine relativ konforme Abfolge von genetisch miteinander in Beziehung stehenden Schichten, die an ihrer Basis und an ihrem Top durch Diskordanzen bzw. deren korrelative Flächen begrenzt sind (vgl. ◘ Abb. 5.38). Eine Sequenz ist zusammengesetzt aus einer Abfolge von Systemtrakten, die sich zwischen zwei Wendepunkten der Kurve des Meeresspiegelabfalls abgelagert haben und die die Sequenzgrenzen markieren. Die laterale Ausdehnung einer Sequenz reicht grundsätzlich von proximal aus dem kontinentalen bis distal in den ozeanischen Ablagerungsraum, kann also zeitgleich eine weite Spanne sehr verschiedener sedimentärer Fazies umfassen.

Eine sequenzstratigraphisch definierte Sequenz beschreibt die Gemeinsamkeit einer Schichtenfolge, die auf einem Relief älterer Gesteinsverbände abgelagert wurde. Ihrerseits wird diese Schichtenfolge von einer nächstjüngeren Schichtenfolge überdeckt, wobei deren Basis als subaerisch angelegte Erosionsfläche ausgebildet ist. Die begrenzenden, liegenden und hangenden Flächen sollten durchaus winkeldiskordant, zumindest jedoch deutlich erosiv, vor allem mit signifikanten Faziesgegensätzen zwischen der unter- und überlagernden Schichtenfolge versehen sein, um die von Diskordanzen eingeschlossene Sequenz sicher festlegen zu können (◘ Abb. 5.47).

Eine Sequenz im Sinne der Sequenzstratigraphie (mit einer Zyklizität 3. Ordnung von 0,5–3 Mio. Jahren Dauer) ist immer ein recht komplexes und langlebiges Gebilde. Sie besteht aus einer größeren Anzahl kleinräumiger Ablagerungsbereiche, die als Environments und Subenvironments miteinander verbunden sind und als Parasequenzen im Profil aufgenommen werden können.

Darüber hinaus ist zu beachten, dass man auch nach Einführung der Sequenzstratigraphie als korrelative stratigraphische Methode innerhalb eines chronostratigraphisch definierten Rahmens zwischen zyklisch aufgebauten und genetisch miteinander verbundenen Gesteinsserien (Posamentier et al. 1988; Posamentier und Vail 1988) weiterhin sedimentäre Sequenzen kennt. Man behält sich also vor, wie bisher beispielsweise eine *fining-up*-Sequenz eines mäandrierenden Flusses, ein vertikales Profil durch eine fluviale Schichtenfolge zu beschreiben. Eine solche sedimentäre Sequenz *(depositional sequence)* ist oft sehr viel kleiner als eine Sequenz im Sinne der Sequenzstratigraphie.

5.10 Sequenzgrenzen

Prinzipiell überlagert am Ort der Beobachtung (◘ Abb. 5.48) im Falle einer Regression ein landseitiger proximaler Faziesraum den seeseitigen distalen Faziesraum. Bei fluvialer Erosion ist die Sequenzgrenze als exponierte Diskordanzfläche deutlich sichtbar ausgebildet, weniger deutlich jedoch im Falle einer marinen Erosionsfläche. Bei einer Transgression überlagert ein seeseitiger, distaler Faziesraum den landseitigen, proximalen Faziesraum; die Grenzfläche zwischen beiden Faziesräumen ist eine Transgressions- bzw. Flutungsfläche, je nach Situation mehr oder weniger stark mit Spuren der Erosion versehen.

Großräumige Erosionsflächen werden als Sequenzgrenzen (*sequence boundaries,* SB) bezeichnet, wenn über sie die landwärtige

5

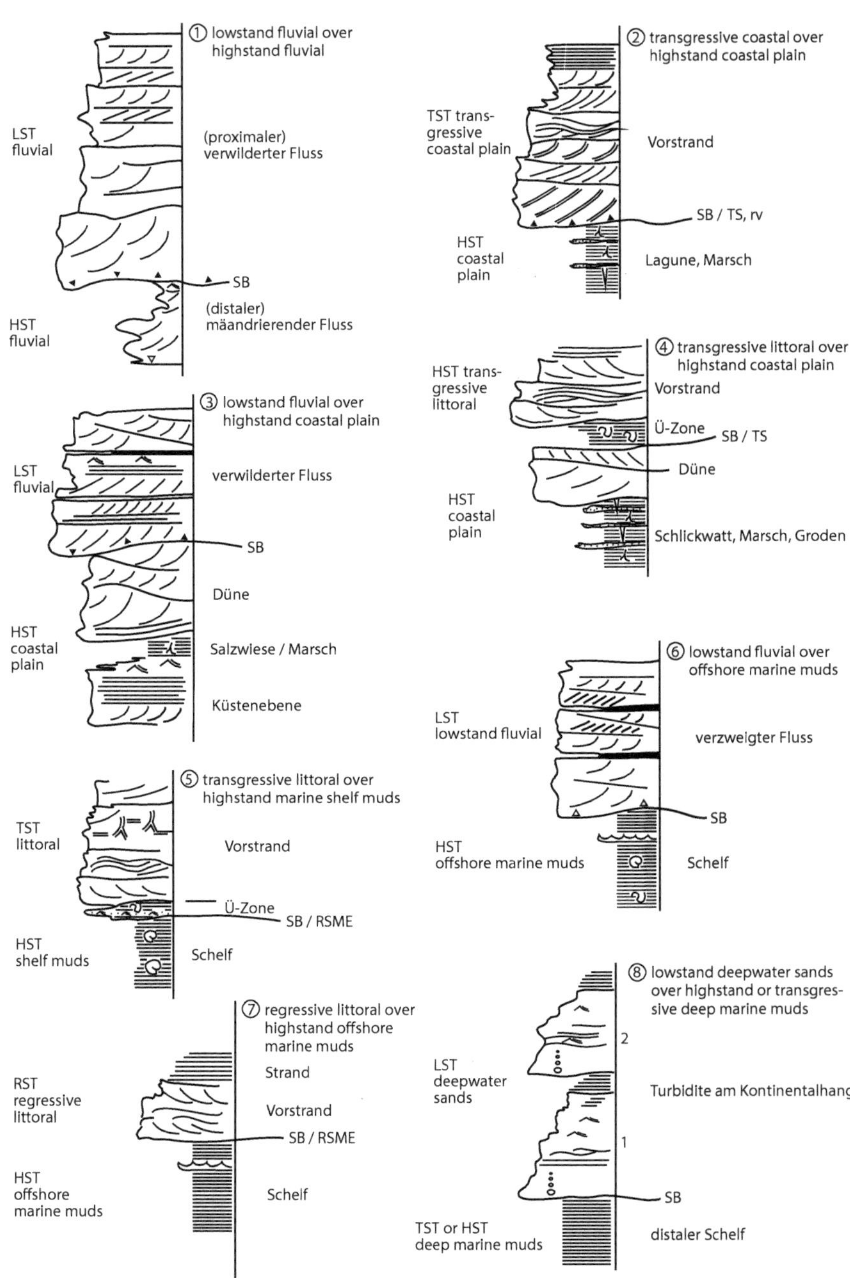

■ **Abb. 5.47**   Acht Skizzen zur Interpretation von sich überlagernden Ablagerungsmilieus (nach Vail 1992; umgezeichnet und erweitert). Diese sind durch Sequenzgrenzen (SB) voneinander getrennt, wenn sie sich erheblich voneinander unterscheiden und die hangende Schichtenfolge als regressiv gegenüber der liegenden zu interpretieren ist. Die Sequenzgrenzen in Fall 5 und 7 lassen sich, da eine Exposition der liegenden Sedimentserie nicht angenommen werden muss, auch als regressive marine Erosionsflächen (*regressive surface of marine erosion*, RSME) im Sinne von Nummedal und Molenaar (1995) deuten. Die Sequenzgrenzen im Fall 2 und 4 sind zugleich Transgressionsflächen (TS), z. T. mit Aufarbeitung (*ravinement*, rv)

Regression

proximal
------------ sb, rsme
distal

Transgression

distal
-------- TS bzw. FS, rv
proximal

◻ Abb. 5.48 Stapelung proximaler und distaler Schichtenfolgen bei einer Regression bzw. einer Transgression. Die (gestrichelten) Grenzflächen können je nach Stapelung der distalen und proximalen Faziesräume Sequenzgrenzen (*sequence boundaries*, SB), marine Regressionsflächen (*regressive surfaces of marine erosion*, RSME) oder Transgressionsflächen (*transgressive surfaces*, TS bzw. *flooding surfaces*, FS) mit oder ohne Aufarbeitung (*ravinement*, rv) sein

Sedimentfazies seewärts vorrückt. Es werden zwei Typen von Sequenzgrenzen – Typ 1 und Typ 2 – unterschieden.

Typ-1-Sequenzgrenzen *(type-1 sequence boundaries)* bilden sich, wenn der Meeresspiegel schneller sinkt als das Sedimentbecken. Die exponierten Schichtenfolgen der zuvor abgelagerten Sequenzen werden von subaerischer Exposition und dadurch von erheblicher Erosion betroffen (◻ Abb. 5.49). Es findet eine Verjüngung von Stromsystemen statt, die aus den Alluvialflächen in die vorgelagerten Küstenebenen vorrücken. Der kontinentale Ablagerungsraum progradiert beckenwärts (seewärts). Proximale fluviale Systeme überarbeiten ihre eigenen distalen Bereiche (verzweigt überlagert mäandrierend). Fällt der Meeresspiegel rasch, können sich die fluvialen Rinnensysteme sogar als sog. *incised valleys* in die Küstenebene einschneiden. Die Küstenlinie wird seewärts verlagert, und das Erosionsniveau

sinkt unter die Sturm-Wellenbasis eines früheren Meeresspiegelhochstandes.

Als Resultat des beckenwärtigen Vorrückens der Sedimentfazies können nichtmarine Sedimente (z. B. verzweigte Flüsse) oder flachmarine Sedimente (z. B. Watten) über Sequenzgrenzen direkt auf Sedimenten tieferer Ablagerungsräume (z. B. unterer Vorstrand oder Schelf) ohne dazwischen liegenden Übergangsbildungen aufsitzen. Unterhalb des Schelfrandes rücken Turbiditfächer als *fans* vor. Generell gesehen greifen proximale Faziesräume auf distale Faziesräume über und erodieren sie dabei.

Typ-2-Sequenzgrenzen *(type-2 sequence boundaries)* zeigen keine, allenfalls geringfügige subaerische Exposition (◻ Abb. 5.50). Es findet kaum Erosion statt, keine Verjüngung von Stromsystemen und auch keine beckenwärts gerichtete Verlagerung der Sedimentfazies. Der Meeresspiegel fällt mit einer Rate, die gleich oder kleiner ist als die Rate der tektonischen Subsidenz des Sedimentbeckens.

Eine Typ-2-Sequenzgrenze wird gebildet, wenn die eustatische Meeresspiegelabsenkung so langsam ist wie das Sedimentbecken sinkt oder gar langsamer. Dadurch findet in Bezug auf die Küstenlinie kein relativer Abfall des Meeresspiegels statt. Das Erosionsniveau sinkt nicht unter die Schönwetter-Wellenbasis. Es wird die Küste geringfügig exponiert, nicht erodiert, und baut sich beckenwärts vor. Ist der Zustrom von Sedimenten aus dem Hinterland kräftig genug, können die progradierenden Faziesräume zugleich auch aggradieren.

Typ-2-Sequenzgrenzen sind bei siliciklastischen Systemen schlecht, besser jedoch bei karbonatklastischen Systemen zu erkennen (da diese durch die Diagenese rasch verfestigen und deutlich sichtbare Karstreliefs ausbilden). Anders als bei der Typ-1-Sequenz, bei der die Küstenlinie sich sofort deutlich seewärts verschiebt, verlagert sich bei der Typ-2-Sequenz die Küstenlinie zunächst landwärts, während die Schichtenfolge weiterhin aggradiert, und rückt erst später seewärts vor.

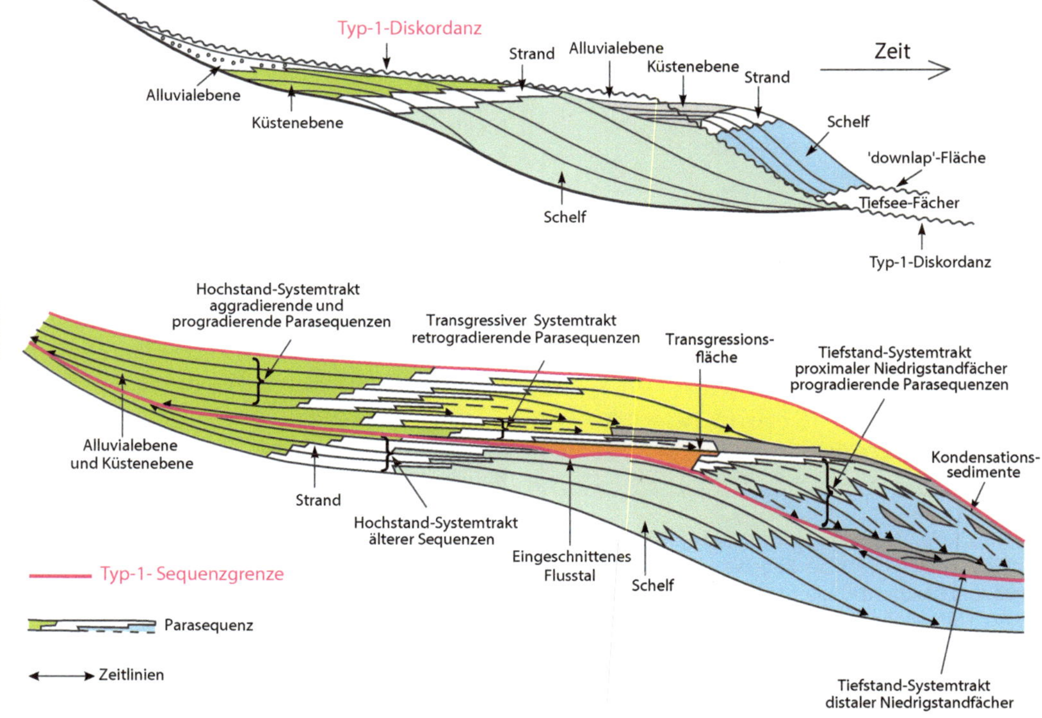

◘ Abb. 5.49   Typ-1-Diskordanz: Der Meeresspiegel sinkt schneller als das Sedimentbecken, sodass die Alluvialebene und die Küstenebene, der Strand und zumindest die proximalen Teile des Schelfes exponiert und subaerisch erodiert werden. Die erodierten Sedimente werden in Richtung Schelfkante und schließlich in die Tiefsee umgelagert. (Oben nach Posamentier und Vail 1988, Abb. 23; unten nach Van Wagoner et al. 1990, Abb. 19)

Nummedal et al. (2001) unterscheiden deutlich zwischen zwei Regressionsflächen: Die traditionelle Sequenzgrenze (*sequence boundary*, SB) ist eine subaerisch angelegte Grenzfläche (*regressive surface of fluvial erosion*). Sedimentologisch zwar signifikant, jedoch in der sequenzstratigraphischen Definition nicht vorgesehen und für den stratigraphischen Verband nicht von weitreichender Bedeutung ist die submarin angelegte Grenzfläche (*regressive surface of marine erosion*, RSME). Diese kann durchaus bereits bei einer Zyklizität der 6. Ordnung gebildet werden, also bei einer kleinskaligen Änderung innerhalb des betrachteten Faziesraumes.

Greift die landferne Sedimentfazies auf landnahe Sedimentsysteme über, werden proximale Ablagerungsräume von distalen Ablagerungsräumen ohne Übergangsbildung überdeckt. Es bildet sich auf den unterlagernden älteren Schichtenfolgen eine **Transgressionsfläche** (*transgressive surface*, TS) aus. Diese ist die erste Aufarbeitungsfläche eines initialen transgressiven Systems. Zeigt sie durch schnelle Rückverlagerung der Küste nur geringe Anzeichen von Erosion, wird sie als **Aufarbeitungsfläche** (*ravinement surface*, rv, oder auch *transgressive surface of marine erosion*) bezeichnet (◘ Abb. 5.51). Diese bildet sich jedoch nur dann, wenn die Transgression rasch erfolgte, wodurch die ältere Schichtenfolge eher überlagert als aufgearbeitet wurde. Bei langsamer Transgression dagegen werden die Küstensedimente gründlich aufgearbeitet und vollständig erodiert. Die Aufarbeitungsfläche ist der Sturm-Wellenbasis gleichzusetzen. Cross et al. (1993) verwenden hierfür den bildhaften Begriff *wave base rasor*. Num-

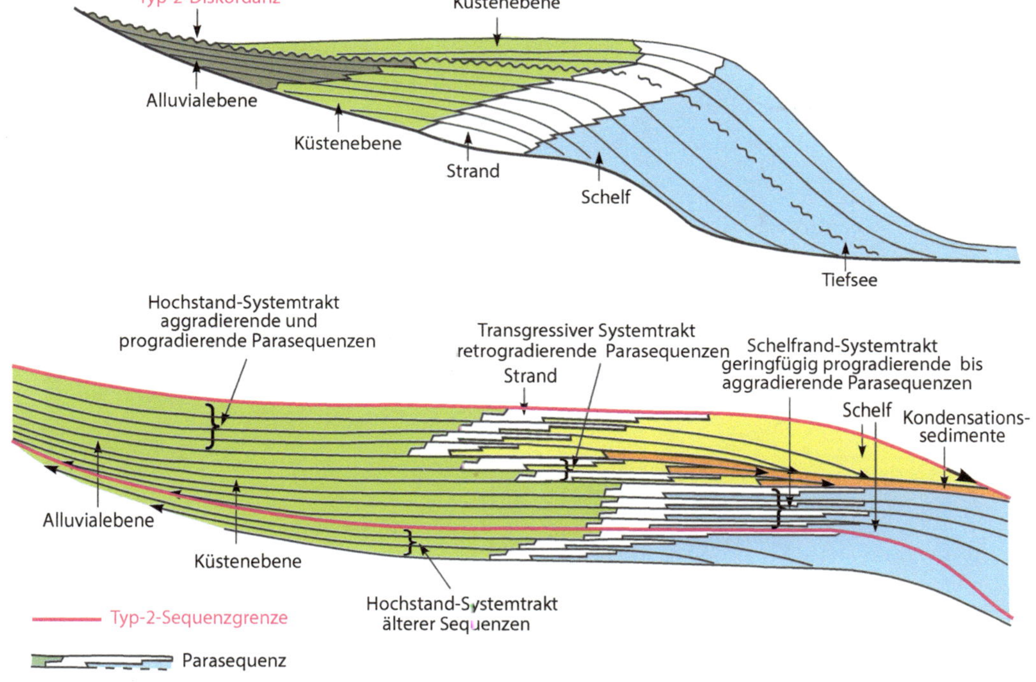

◻ Abb. 5.50 Typ-2-Diskordanz: Der Meeresspiegel sinkt mit gleicher Geschwindigkeit oder sogar langsamer als das Sedimentbecken. Daher findet keine subaerische Exposition und Erosion der Küstenbildungen statt; sie progradieren stattdessen seewärts, dehnen sich auch landwärts aus. (Oben nach Posamentier und Vail 1988, Abb. 18; unten nach Van Wagoner et al. 1990, Abb. 20B)

medal und Swift (1987) stellen fest, dass eine *ravinement surface* eine Fläche des Sedimenttransfers sei, nicht einfach eine Fläche der Erosion (◻ Abb. 5.52). Bei schneller, stetiger Transgression wird das erodierte Sediment oberhalb der Aufarbeitungsfläche weiter seewärts wieder abgelagert. Die chronostratigraphischen Flächen der Küste (T 1, 2, 3, …) beschreiben die Küstenmorphologie und fallen generell seewärts ein. Sie werden bei einer Transgression landwärts übereinander gestapelt. Diese chronostratigraphischen Flächen (Zeitflächen, *isochrons*) werden von den die Küste rückverlagernden marinen Aufarbeitungsflächen (*ravinement surfaces*) im flachen Winkel geschnitten.

Es ist wichtig festzuhalten, dass Zeitflächen von Sequenzgrenzen (*sequence boundaries*, SB) nicht gekreuzt werden dürfen (Nummedal und Swift 1987, S. 244).

Geht die Transgression ohne Aufarbeitung vonstatten wie z. B. in deltaischen Sedimentserien, ist die eher allgemein gehaltene Bezeichnung Überflutungsfläche (*flooding surface*, FS) angebracht, wenn beispielsweise Marschen und Moore auf Deltaplattformen von marinen feinklastischen Sedimenten überdeckt werden, wie es in oberkarbonischen Deltasequenzen des Ruhr-Beckens zu beobachten ist (Süss 1996; Süss et al. 2000). Die energiearme Überflutung ist auf lagunäre Environments beschränkt. Die Überflutungsfläche lässt sich auch als Transgressionsfläche (*transgressive surface*, TS) bezeichnen und hat dann in einer Schichtenfolge einen sequenzstratigraphisch wichtigen Stellenwert, folgt mitunter einer Sequenzgrenze und wird oft als solche hervorgehoben. Beide Transgressionsflächen können sich durch eine unterschiedlich intensive Aufarbeitung auszeichnen.

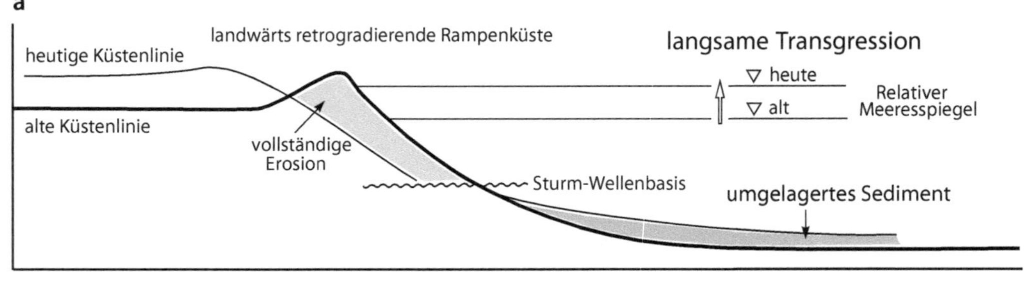

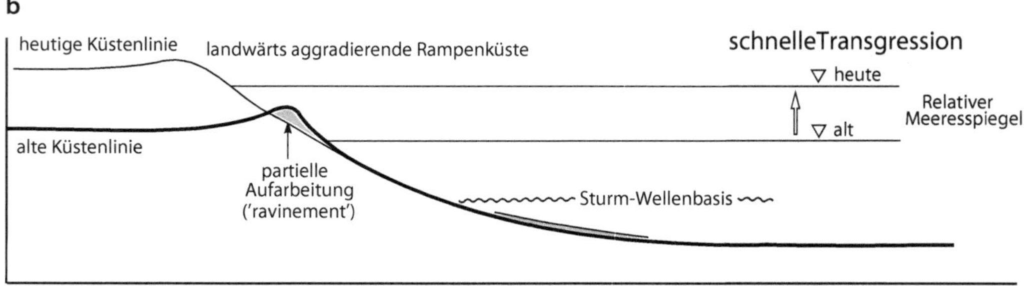

▢ Abb. 5.51   Aufarbeitungsflächen (*ravinement surfaces*, rv) auf randmarinen Bildungen von Rampenküsten trennen die liegende von der hangenden Sedimentserie. **a** Bei langsamer Transgression wird das Küstenprofil oberhalb der Sturmwellenbasis vollständig aufgearbeitet. Dessen Erosionsprodukte werden seewärts verfrachtet. **b** Bei schneller Transgression bildet sich lediglich eine Aufarbeitungsfläche aus. Das ehemalige Küstenprofil wird nur oberflächlich in geringem Maße umgearbeitet und bleibt weitgehend erhalten. (Nach Emery und Myers 1996, Abb. 2.29, erweitert)

Beispielsweise führt eine marine Überflutung von Torfmooren zur Bildung von Kolklöchern und Schlickgeröllen auf ihrer Oberfläche, ohne dass unbedingt erkennbar ist, ob eine nennenswerte Erosion stattgefunden hat (so die Transgression des marinen Frimmersdorfer Sandes auf Flöz Morken im Miozän des Niederrhein-Beckens; Schäfer et al. 2004).

Die Sequenzgrenze in einer sedimentären Sequenz *(depositional sequence) sensu* Vail et al. (1977) und Van Wagoner et al. (1988) ist im Exxon-Modell eine subaerische Diskordanz *(disconformity).* Geht diese seitwärts in konkordante Schichten über, ist die Sequenzgrenze diejenige äquivalente Fläche, die zeitlich mit dem Wendepunkt der Meeresspiegelkurve korreliert (Jervey 1988; Posamentier et al. 1988). Die sedimentäre Sequenz besteht aus drei Systemtrakten: dem Tiefstand-Systemtrakt (LST) bzw. Schelfrand-Systemtrakt

(SMST), dem transgressiven Systemtrakt (TST) und dem Hochstand-Systemtrakt (HST) (Van Wagoner et al. 1988). Der LST wurde unterteilt in einen Systemtrakt erzwungener Regression *(forced regression,* der mit dem Beginn des Sinkens des relativen Meeresspiegels korreliert) und in einen Systemtrakt progradierender keilförmiger Schelfrand-Sedimentkissen *(lowstand prograding wedges,* LSW, die mit dem Beginn des Steigens des relativen Meeresspiegels korrelieren) (Hellend-Hansen und Gjelberg 1994).

In rein kontinentalen Sedimenten wie den mitteljurassischen Dünen des Page Sandstone (Lake Powell, Colorado Plateau, Utah; Bathon, M-Jura; vgl. ▢ Abb. 3.205) ließen sich Sequenzgrenzen mit Relevanz für die Sequenzstratigraphie nur dann sicher festlegen, sobald sie mit den randmarinen Bildungen der Carmel Formation quasi justiert werden konnten

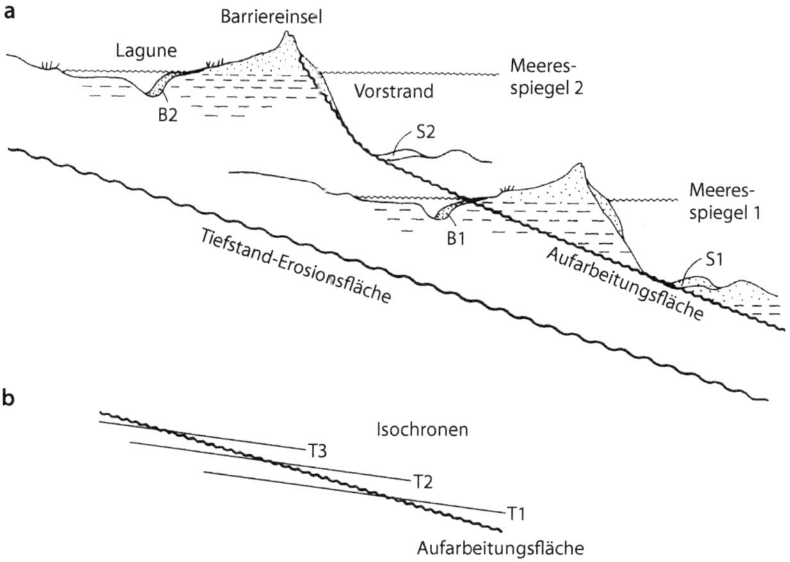

Abb. 5.52 Eine Aufarbeitungsfläche an einer Küste mit schneller, stetiger Transgression (Nummedal und Swift 1987, Abb. 4): Zur Zeit des Meeresspiegels 1 formt sich eine Küstenbarriere, bestehend aus Inselkette, Rückseitenwatt B 1 und Übergangszone S 1. Bei Anstieg des Meeresspiegels von 1 nach 2 wird die Inselkette landwärts verschoben. Dabei wird sie auf ihrer Luvseite weitgehend erodiert, doch bleibt ihr Rückraum im Wesentlichen erhalten. Ein neues Gleichgewicht stellt sich ein. Die neuen Sedimente der Übergangszone S 2 sind jetzt jünger als die unmittelbar unter diesen liegenden Rückseitenwattsedimente B 1, doch sind diese gleich alt wie die Sedimente von S 1. Die Aufarbeitungsfläche schneidet die Küstenmorphologie und damit auch die seewärts abtauchenden Zeitflächen

(Blakey et al. 1996). Es wurde hier die Vorgehensweise von Galloway (1989a) bevorzugt, da sich im untersuchten Beispiel marine Flutungsflächen über fluviale Serien hinweg mit äolischen Grenzflächen (Superflächen) korrelieren ließen, wenn auch im Übergang vom randmarinen zum kontinentalen Raum Schwierigkeiten zu überwinden waren. Innerhalb des Page Sandstone gelang jedoch bei guten Aufschlüssen die Festlegung der Grenzflächen mithilfe von signifikanten Trockenrisshorizonten, die weite Verebnungsflächen mit dünnschichtigen marinen Überflutungen und Playaflächen anzeigten, sehr gut. Der Äolianit bildete sich während der regressiven Phase des M-Jura mit der Ausgestaltung des sog. *shelf margin systems tract* der randmarinen Carmel Formation, im landwärtigsten Teil der Faziesabfolge oberhalb einer Typ-2-Sequenzgrenze.

Plint und Wadsworth (2003) berichteten über Deltaplattform-Environments der Dunvegan-Formation (Cenoman, M-Kreide) im nördlichen Western Interior Seaway in Kanada. Während des sinkenden relativen Meeresspiegels (*falling stage systems tract*, FSST) wurde in das aus der Kordillere ostwärts progradierende Delta von aus dem Hinterland kommenden Flussläufen, die auf etwa 300 km Länge verfolgt werden konnten, bis zu 41 m tief eingeschnitten. Die Sedimentfazies der fluvialen Sedimente reichte vom mäandrierenden bis in den deutlich tidal geprägten ästuarinen Raum. Sie hatten sich mit einer markant ausgebildeten Sequenzgrenze in die Deltaplattform eingeschnitten. Das tiefe Einschneiden der faziell sehr verschieden gestalteten Flüsse ereignete sich während der Transgression (*transgressive systems tract*, TST, und *highstands systems tract*,

HST), als das fluviale Einzugsgebiet stromaufwärts erweitert wurde.

Runkel et al. (2007) erweiterten die sequenzstratigraphischen Studien in Nordamerika zum jüngeren Paläozoikum.

5.11 Sequenzzyklen

Sequenzzyklen sind die eigentliche Grundlage der Sequenzstratigraphie und bilden deren fundamentale Einheiten. Ihre Erkennung und sedimentologische Interpretation unterscheidet die Methode der Sequenzstratigraphie von anderen stratigraphischen Techniken. Sequenzzyklen werden auf der Grundlage der Ausgestaltung des Schelf- und Küstenraumes identifiziert. Sie sind die individuellen Bausteine der größeren Transgressions-Regressions-Zyklen, der Zyklen 2. Ordnung. Zur Übersicht über die Hierarchie der Zyklen 1 bis 3 vgl. ◘ Abb. 5.25.

Die Sequenzzyklen bestehen aus in sich geschlossenen Sedimentserien, den sog. Systemtrakten (► Abschn. 5.7). Sequenzzyklen werden als Ergebnis großer glazioeustatischer Hebungen und Senkungen des Meeresspiegels angesehen. Ihre Dauer kann jedoch von der angegebenen Altersspanne durchaus abweichen. Darüber hinaus vergrößern und verkleinern regionale tektonische Ereignisse sowie lokale Variationen in der Sedimentzufuhr ihre Mächtigkeit (Abreu und Anderson 1998; Golonka et al. 2000; Holdgate und Clarke 2000; Blanchard et al. 2016).

5.12 Anwendung sequenzstratigraphischer Modelle – Rampe und Delta

Eine Rampenküste und eine Deltaküste sind zwei genetisch gegensätzliche Ablagerungsräume. An der Rampenküste herrscht überwiegend seegangsabhängige Umlagerung, an der Deltaküste dagegen flussabhängiger Sedimenteintrag. Dennoch ist das sequenzstratigraphische Konzept auf beide Küstentypen anwendbar, die Auflösung der Profile beider

Environments liegt in der Größenordnung von Parasequenzen.

5.12.1 Rampe

Entlang von Küstenebenen können langgestreckte küstenparallele Sandbarren aufgeworfen werden, die je nach Tidenhub auch in Barriereinseln aufgelöst sind. Dadurch bilden Platen und Inselketten Rampen gegen die auflaufende Brandung (◘ Abb. 5.53). Ihre dem Meer zugewandte Seite wird von diesem durch intensive Umlagerung geformt, es herrschen Bedingungen einer Hochenergieküste. Die Rückseiten der Platen und Inseln bildet Rückseitenwatten und sind im Wesentlichen von Gezeiten abhängig.

Eine Hochenergieküste kennzeichnet vor allem die Sturm-Wellenbasis gut, jedoch auch die Niedrig- und die Hochwasserlinie. Eine überwiegend dissipative Sedimentverteilung (eines energiereichen Winterstrandes) lässt eine Rampenküste mit einem flachen und wenig gegliederten Relief entstehen. Transgressionen verlagern deren Fazisräume landwärts, die retrogradierend im Raum und diskordant in der Zeit sind. Mit Sinken des Meeresspiegels (T2–T4) progradiert der Küstenraum, wobei die Marschenfläche nur während der Zeit T3 die größte Ausdehnung aufweist.

- **Die Mesaverde Group in den Book Cliffs**

Sequenzstratigraphische Aufschlussstudien in der Mesaverde Group (Campan, Oberkreide) auf dem Colorado Plateau der USA lieferten u. a. Van Wagoner et al. (1992), Klug (1993, 1994), Mellere und Steel (1995), Olsen et al. (1995, 1999), Nummedal et al. (2001) und viele andere (s. a. ► Abschn. 4.1.5, 4.2.8 und 4.3.10).

Die Mesaverde Group ist eine lithostratigraphisch-sedimentologische Zusammenfassung von verschiedenen Schichteinheiten der Oberkreide auf dem Colorado Plateau. Sie wird biostratigraphisch in das Campan (83–74 Ma) eingestuft. Die Mesaverde Group progradiert ostwärts in den Mancos Shale des

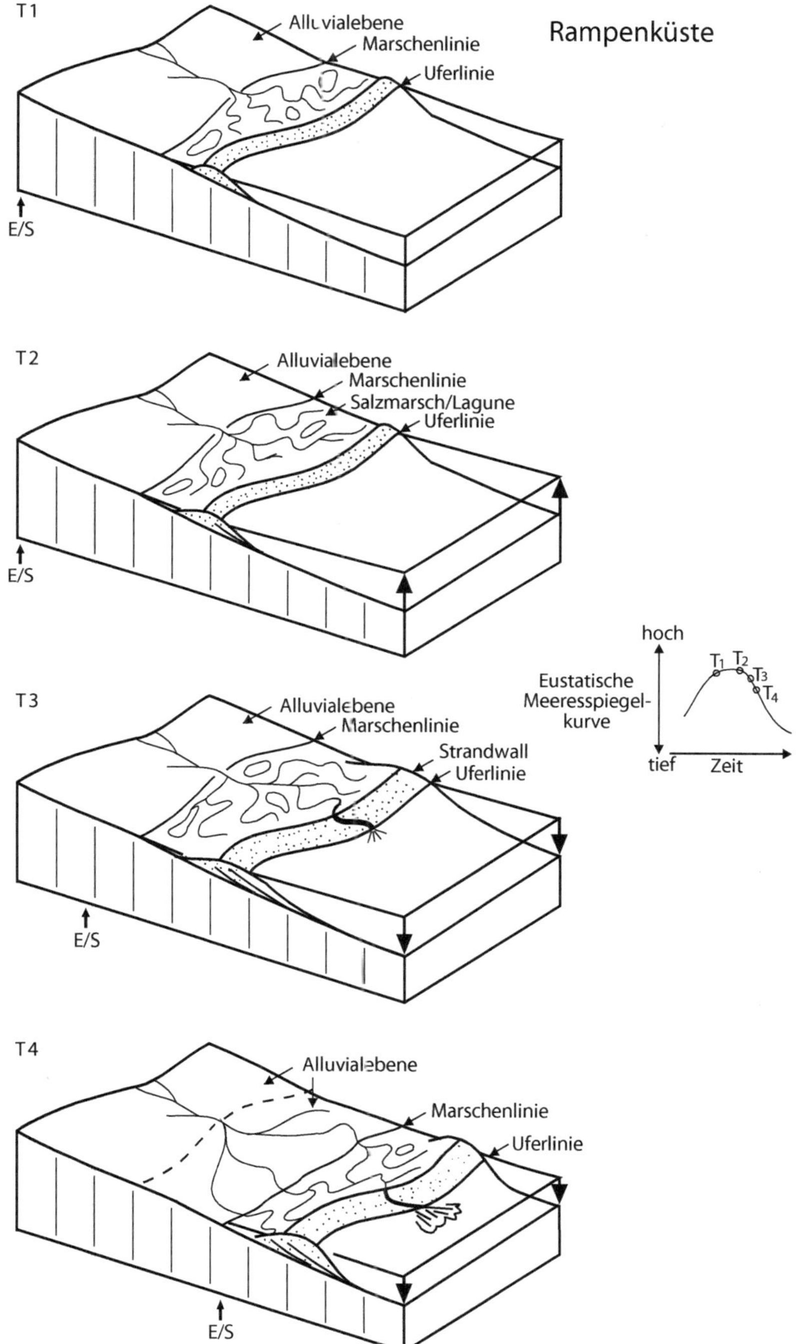

◘ Abb. 5.53 Transgression und Regression an einer Rampenküste in vier Stadien – kurz vor Erreichen des Punktes T2 *(peak transgression)* vergrößert sich nur die Marschenfläche hinter dem Strandwallsystem bis zur Marschenlinie *(bayline)*; danach progradiert das Strandwallsystem zusammen mit der Marschenfläche in Abhängigkeit vom eustatischen Sinken des Meeresspiegels. Der Gleichgewichtspunkt Eustasie/Subsidenz, E/S, rückt seewärts vor. (Nach Posamentier und Vail 1988, Abb. 16, umgezeichnet)

Western Interior Seaway hinein und verzahnt sich mit diesem (Van Wagoner 1995; Nummedal et al. 2001) (◘ Abb. 5.54). Der Mancos Shale ist ein tonig-siltiges, graues Schelfsediment, das in New Mexico eine Mächtigkeit von 240 m und im südlichen Colorado bis zu 700 m besitzt (Van Wagoner et al. 1992) und stratigraphisch eine Spanne vom mittleren Cenoman bis an das Ende des Unteren Campan umfasst (vgl. ◘ Abb. 4.183, 4.220, 4.221).

In den **Book Cliffs** im östlichen Utah bei Green River (◘ Abb. 5.55) (Young 1955; Van Wagoner et al. 1992; Van Wagoner 1995, 1998; Cross 1997; Yoshida et al. 1998; Nummedal et al. 2001) bildet der Castlegate Sandstone die Kante des Kliffs (◘ Abb. 5.56). Die Siltsteine sind teils die Basis für die Sandsteine der Mesaverde Group, teils verzahnen sie sich mit diesen (Van Wagoner et al. 1992; Cross 1997). Die Sandsteine bilden 30–100 m mächtige Pakete von Vorstrandsequenzen, die durch wenige Zehner von Metern mächtigen Horizonten *(tongues)* aus Mancos Shale getrennt sind. Sandsteine und Pelite zusammen bilden Parasequenzen im Sinne der Sequenzstratigraphie.

Die Küste des Western Interior Seaway verlief hier N-S. Im W war das Land, im O das Meer.

Die Schichtenfolge der Book Cliffs (Van Wagoner et al. 1992; Nummedal et al. 2001) beginnt unmittelbar auf dem Mancos Shale mit dem Kenilworth Member der Blackhawk Formation, dessen Parasequenzen sich aus distalen dünnen Sandsteinlagen westwärts zu kräftigen proximalen Sandsteinen einer Küstenfazies aufbauen. Das nächstfolgende Sunnyside Member der Blackhawk Formation ist schlecht entwickelt. Kräftig ist dagegen das nächstfolgende Grassy Member der Blackhawk Formation; dessen Sandstein enthält als Vorstrandsediment Beulenrippeln. Der Top des Grassy Sandstone ist erodiert *(Grassy Sequence Boundary)*, und in seinem Relief bildet sich eine neue Küstensandfolge – das Desert Member der Blackhawk Formation. Dieser wird ebenfalls tiefgründig erodiert und mit Kohle führenden Marschensedimenten ausgefüllt *(Desert Sequence Boundary)*. Schließlich folgt darüber der 40 m mächtige, verzweigt-fluviale Sandstein der Castlegate Formation an der obersten Kante des Kliffs (◘ Abb. 5.57). An seiner Basis befindet sich ein

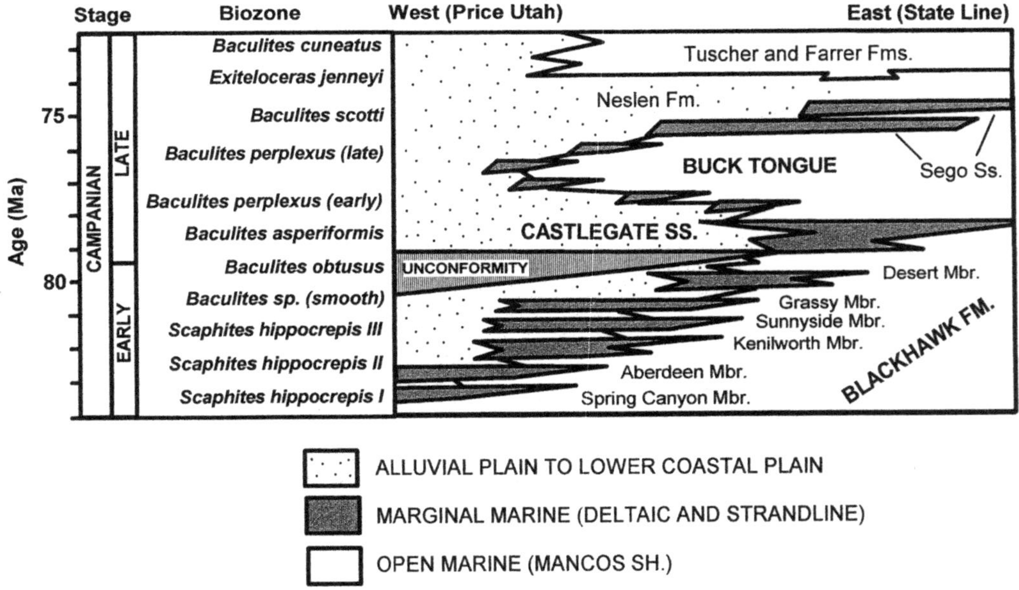

◘ **Abb. 5.54** Stratigraphie der Mesaverde Group in den Book Cliffs im östlichen Utah bei Green River; deren Kliffkante wird durch den Castlegate Sandstone gebildet (Nummedal et al. 2001, Abb. 18)

◘ Abb. 5.55 Die Book Cliffs nördlich entlang der Interstate 70 westlich von Grand Junction, bei der Ortschaft Green River (Utah); im Vordergrund der Green River

deutliches Erosionsrelief, verursacht durch die Castlegate Sequence Boundary. Der Castlegate-Sandstein selbst wird unter Ausbildung einer erosiven Überflutungsfläche *(ravinement boundary* bzw. *flooding surface)* von der Buck Tongue des Mancos Shale überlagert.

Oberhalb der marinen Buck Tongue folgen als *upward-shallowing parasequences* die beiden Sego Tongues, die durch die Anchor Tongue (diese wiederum zum Mancos Shale gehörend) getrennt sind. Die beiden Sego Tongues werden als Gezeitenbarren interpretiert. Die untere der beiden (etwa 40 m mächtig) progradiert ostwärts aus der Schelffazies heraus.

Nahe des östlichen Endes des Tuscher Canyons (◘ Abb. 5.58) lässt sich die Erosionsfläche der *Desert Sequence Boundary* beobachten. Sie lässt sich als Sequenzgrenze (SB) diskutieren, wenn der basale Desert-Sandstein – wie dargestellt – wirklich in den unteren Vorstrand gehört. Dann ist das Relief zur überlagernden, fluviale Kohle führenden Serie groß genug. Gehört der basale Sandstein des unteren Desert-Sandsteins jedoch in den oberen Vorstrand, ist ein einfacher sedimentärer Übergang von diesem in die fluvialen Bildungen der Küstenebene eher

wahrscheinlich, und die Sequenzgrenze entfiele.

Die Kohle führenden Sedimente einer reliefarmen Küstenebene des oberen Desert Members erodieren mehrfach tiefgründig in die mit Beulenrippeln versehenen, unterlagernden feinkörnigen Sandsteine (◘ Abb. 5.59) der Küstensandfazies des unteren Desert Members hinein. Die Beulenrippeln des unteren Desert Members könnten allerdings auch als *swaley cross-stratification* des oberen Vorstrandes interpretiert werden; das geschaffene Relief wäre dann nicht für jene geforderte Sequenzgrenze hinreichend.

Die das Profil abschließende massiv sandige Serie des verzweigt-fluvialen Castlegate Sandstone kann stellenweise bis tief in den unteren Desert Sandstone hinein erodieren (◘ Abb. 5.60). Die Unterkante des Castlegate Sandstone bildet eine markante Sequenzgrenze (SB) (◘ Abb. 5.61). Jedoch ist nicht jede markante lithologische Grenze eine Sequenzgrenze (◘ Abb. 5.62), hat sie auch noch so eine Basiserosion. Über dem Castlegate Sandstone folgt die tonige Serie der Buck Tongue des Mancos Shale (◘ Abb. 5.63), die über einer deutlichen Überflutungsfläche

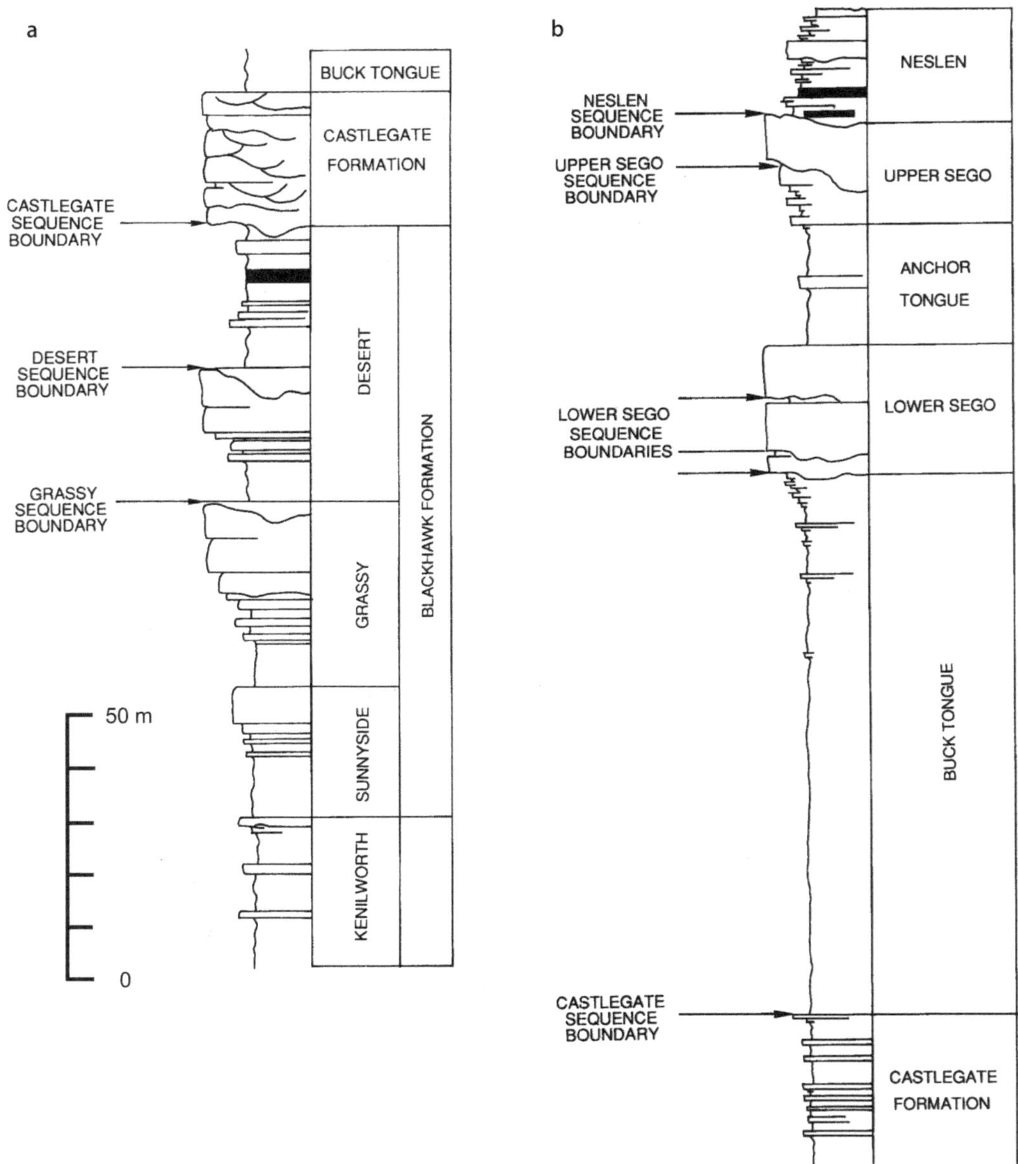

Abb. 5.56 Säulenprofile der Schichtenfolgen in proximaler und distaler Position in den Book Cliffs (Mesaverde Group): **a** Proximales Profil aus dem Tuscher Canyon bei Green River (Van Wagoner et al. 1992, Abb. 3–1); die Schichtenfolge zeigt deutlich artikulierte Sequenzgrenzen. Diskutiert werden im Text der randmarine Desert Sandstone und der fluviale Castlegate Sandstone. **b** Distales Profil aus dem Prairie Canyon (Van Wagoner et al. 1992, Abb. 1–1) weit im O nahe der Staatengrenze Utah/Colorado für die Schichtenfolge oberhalb des Castlegate Sandstone

(FS) beginnt. Die verzweigt-fluvialen Sandsteine des Castlegate Sandstone werden also von marinen Tonsteinen der Buck Tongue in Schelffazies überlagert.

Der **Old Thompson Canyon** liegt etwa 25 Meilen weiter im Osten (Van Wagoner et al. 1992; Cross 1997; Nummedal et al. 2001) (**Abb. 5.64**). Das Profil beginnt am Talboden

(Indianer-Zeichnungen!) mit Bildungen des Vorstrandes des Desert Member der Blackhawk Formation und besteht aus massivem feinkörnigem Sandstein mit Beulenrippeln (Mega-Wellenrippeln, *hummocky cross-stratification*, HCS). In diesen sind mit einer scharfen Erosionsgrenze der *Desert Sequence Boundary* (SB) mittelkörnige, trogförmig schräg-geschichtete, verzweigt-fluviale Sandsteine eingeschnitten (**Abb. 5.65**). Am Top der fluvialen Folge findet sich eine Kohlelage (**Abb. 5.66**). In diese schneiden sich mit einer erosiven Transgressionsfläche *(ravinement surface)* beulenrippelgeschichtete Sande des Vorstrandes *(shoreface)* ein (**Abb. 5.67**). Gegenüber dem Tuscher Canyon sind sie bereits randmarin (**Abb. 5.68**), denn die Küstenrampe taucht nach Osten ab. Der marine Sandstein (oberhalb der *Castlegate Sequence Boundary*, sb) wird schließlich von kohligen und feinkörnigen fluvialen Sedimenten überlagert.

Es stapeln sich unterschiedliche Faziesräume übereinander. Erodieren fluviale Bildungen die Bildungen des Vorstrandes, ist zwischen beiden Fazies eine Sequenzgrenze (SB) wahrscheinlich. Im Profil liegen beide Sequenzgrenzen innerhalb der massiven Sand-

steine und sind nur durch den Gegensatz zwischen fluvialer und randmariner Faziesarchitektur erkennbar (Nummedal et al. 2001). Dieses Profil war von Van Wagoner et al. (1992) anders gedeutet worden: Die transgressiven Vorstrandsedimente des Desert Members lagern demnach mit einer Parasequenzgrenze dem Kohlehorizont der fluvialen Bildungen der Desert Formation auf. Da hier mehr oder weniger Erosionsleistung zu beobachten ist, war diese Grenzfläche als transgressive marine Erosionsfläche bzw. Aufarbeitungsfläche *(transgressive surface of marine erosion* RSME bzw. *ravinement surface* rv) bezeichnet worden.

Der **Sagers Canyon** befindet sich weitere 30 Meilen weiter im Osten (Van Wagoner et al. 1992; Cross 1997; Nummedal et al. 2001). Hier (**Abb. 5.69**) ist am hohen Kliffanstieg wiederum das Desert Member der Blackhawk Formation zu beobachten, und der Sandstein der Castlegate Formation bildet auch hier die Kliffkante (**Abb. 5.70**). Dessen Schlickgerölle führende Sandsteine – als Gezeitenkanäle (Priele) gedeutet – sind gut zu erkennen (**Abb. 5.71**). Sie schneiden sich mit der *Castlegate Sequence Boundary* in die unterlagernden marinen, deutlich

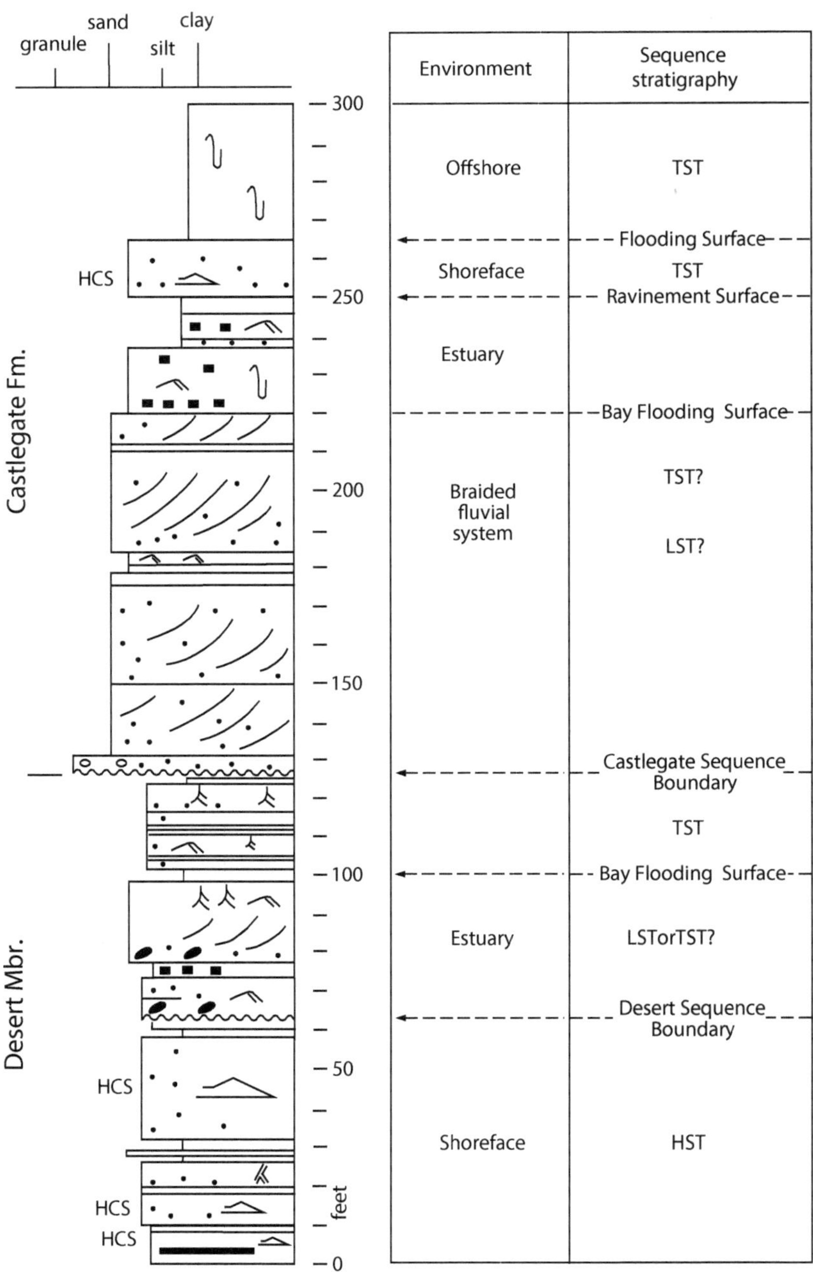

☐ Abb. 5.58 Profilaufnahme im Tuscher Canyon, Book Cliffs. (Van Wagoner et al. 1992; Nummedal et al. 2001, Abb. UTC-1; eigener Entwurf)

feinerkörnigen Sedimente ein. Da diese als Schelfsedimente aufgefasst werden, ist die Liegendgrenze des grobkörnigen Sandsteins der Castlegate Formation eine Sequenzgrenze. Falls jedoch die erodierten feinkörnigen Sedimente in den oberen Vorstrand gehören, verlöre die Grenze erheblich an Bedeutung, sodass lediglich ein einfacher fazieller Übergang verbliebe.

▣ Abb. 5.59   Beulenrippeln (*hummocky cross-stratification*, HCS) im Desert Member des Tuscher Canyon der Book Cliffs; Bildungen des Vorstrandes im Bereich der Sturmwellenbasis

▣ Abb. 5.60   Nahe dem östlichen Ende des Tuscher Canyon ist die *Desert Sequence Boundary* aufgeschlossen. Zuunterst links im Bild liegt der marine untere Desert Sandstone (massiv), links in Bildmitte ist der mäandrierend fluviale obere Desert Sandstone (bankig), von rechts oben im Bild schneidet sich der fluviale Castlegate Sandstone mit einer Sequenzgrenze tief in den Untergrund ein; rechts oben eine weitere Rinne des Castlegate Sandstone. (Dessen Basis ist keine Sequenzgrenze)

Wiederum 25 Meilen weiter ostwärts liegt der **Nash Wash Canyon** (▣ Abb. 5.72). Hier beginnt das Profil mit dem massiven Desert Sandstone – als Vorstrand mit darunter liegenden mächtigen Tempestiten gedeutet. Oberhalb einer Aufarbeitungsfläche (*ravinement*, FS/SB) folgt offenmariner Mancos Shale. Dieser wird durch die *Castlegate Sequence Boundary* von Gezeitensedimenten überlagert, die tidale Rinnen und Bildungen

◨ **Abb. 5.61**   Detail aus ◨ Abb. 5.60: Der fluviale Castlegate Sandstone (rechts oben) schneidet tief in den marinen unteren Desert Sandstone (links unten) ein. Die Sequenzgrenze bildet ein erhebliches Relief

◨ **Abb. 5.62**   Detail aus ◨ Abb. 5.60: Die obere Rinne des fluvialen Castlegate Sandstone schneidet in die Auensedimente der unteren fluvialen Sequenzen des Castlegate Sandstone ein, bildet daher an seiner Basis keine Sequenzgrenze

des nassen Strandes mit Hochenergie-Parallelschichtung zeigen (◨ Abb. 5.73).

Die Castlegate Formation verändert von Westen nach Osten ihr fazielles Gesicht – im Tuscher Canyon grobkörnige verzweigt-fluviale Sande, im Thompson Canyon Sande des Vorstrandes, im Sagers Canyon und im Nash Wash Canyon allmählich feinkörniger werdende Sedimente des Vorstrandes. Die Faziesentwicklung der Book Cliffs wird durch das allmähliche Abtauchen der Küstenrampe nach O verursacht. Diese wird als Bestandteil eines großen oberkretazischen Deltasystems am Westrand des Western Interior Seaway angesehen – aufzulösen in viele einzelne progradierende sandreiche Environments.

Nummedal et al. (2001) interpretieren die Book Cliffs als *falling-sea-level*-Modell im Sinne von Nummedal und Molenaar (1995) und Plint und Nummedal (2000) (vgl. ◨ Abb. 5.36). Dieses unterscheidet sich vom traditionellen Rampenmodell, das von transgressiven Bedingungen ausgeht (Van Wagoner et al. 1990), in dem hier dem *falling stage systems tract* besondere Bedeutung zukommt. Es findet Verwendung für die Interpretation

◘ Abb. 5.63   Im Vordergrund der fluviale Castlegate Sandstone mit der deutlich sichtbaren erosiven Sequenzgrenze an seiner Basis, die in den marinen Desert Sandstone im Liegenden einschneidet. Höher, im Hintergrund, folgt die marine Buck Tongue (vgl. ◘ Abb. 5.56)

von rampenartigen Faziesräumen wie Küste und innerem Schelf.

■ **Pleistozänes Lagniappe Delta**

Küstensande des wellendominierten Lagniappe-Deltas am nördlichen Golf von Mexiko bildeten bei fallendem Meeresspiegel im Pleistozän eine FSST-Rampe (Sydow & Roberts 1994). Im Holozän folgten bei steigendem Meeresspiegel wechselgelagerte randmarin/brackischen Sedimente des TST. Es schließt der TST mit einem *bayline flooding* und ästuarinen Bildungen an, was der sog. *brackish transgression* von Oomkens (1970) entspricht. Über der *ravinement*-Fläche folgen zunächst noch flach gehende Sedimente der transgressiven Serie TST mit wechselgelagerten Sedimenten aus Sanden und Tonen der Übergangszone. Erst dann folgt der *inner-ramp mudrock*, also das eigentliche Schelfsediment (◘ Abb. 5.74).

■ **Gallup Sandstone im San Juan Basin**

Der Gallup Sandstone im San Juan Basin in New Mexico (Nummedal und Molenaar 1995) formt ebenfalls eine Rampe, jedoch

von kleinerer Dimension. Der bis zu 90 m mächtigen Schichtenfolge (des oberen Turon) entlang des Westrandes des San Juan Basin lagert die nur wenige Meter mächtige Tocito Lentil (Coniac) auf (◘ Abb. 5.75). Beide sind durch die Heraushebung der Beautiful Mountains westlich des Ship Rock hervorragend aufgeschlossen (Van Wagoner et al. 1992; Nummedal und Molenaar 1995; Cross und Mjøs 1998) (◘ Abb. 5.76). Sie bilden über ihren ganzen Verlauf eine wenige Zehnermeter hohe Sandsteinmauer, die aus der relieflosen Oberfläche des San Juan Basin ostwärts geneigt schräg herausragt (◘ Abb. 5.77). Vor den Beautiful Mountains taucht diese allmählich nach N ab, hier noch mit einem Relief von etwa 8 m Höhe (◘ Abb. 5.78). Der Gallup Sandstone lässt sich zusammen mit dem auflagernden Tocito Sandstone als ein ausgesprochenes Hochenergiemilieu eines ausgedehnten Vorstrandsystems interpretieren.

Die Strandsysteme des Gallup Sandstone sitzen den mit typischen Spurenfossilien versehenen Peliten der Übergangszone diskordant auf (Nummedal und Molenaar 1995)

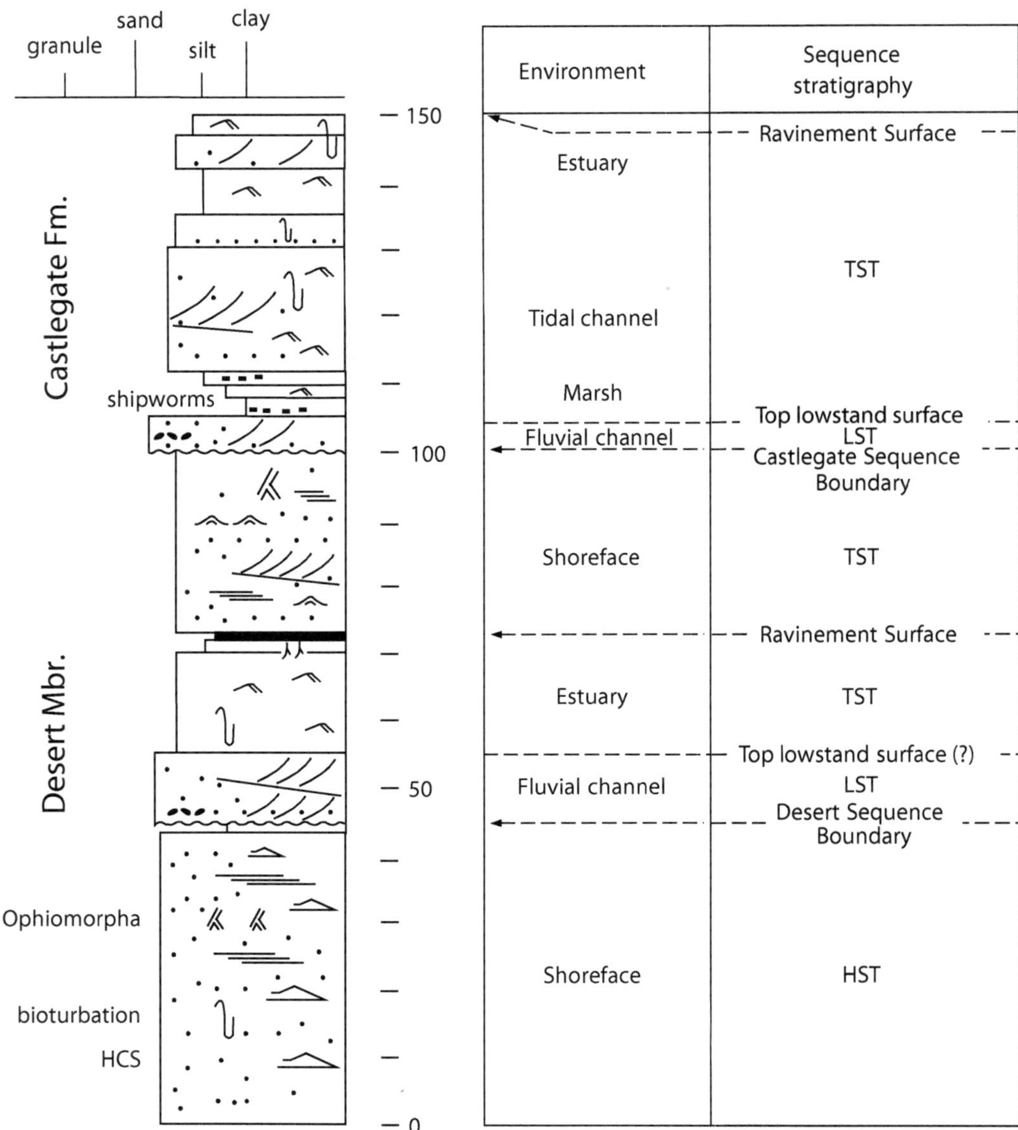

◘ Abb. 5.64 Profilaufnahme im Old Thompson Canyon. (Van Wagoner et al. 1992; Nummedal et al. 2001, Abb. TC-5; eigener Entwurf)

(◘ Abb. 5.79). Die Diskordanzflächen bilden jeweils regressive Flächen, *regressive surfaces of marine erosion* (RSME). Zuunterst weisen die Sande des Vorstrandes Beulenrippeln und trogförmige Schrägschichtung mit Spurenfossilien von *Ophiomorpha* sp. auf. Nach oben leiten sie zu relativ eben geschichteten Sanden des auftauchenden Strandes über (◘ Abb. 5.80), in die disartikulierte Muschelschalen und deren Fragmente eingelagert sind. Während längerfristiger Anstiegszeiten des relativen Meeresspiegels wurden

▣ Abb. 5.65 Old Thompson Canyon mit massivem marinen Desert Sandstone an der Basis; darüber gut geschichteter fluvialer und ästuariner Desert Sandstone, der mit Kohle abschließt (schwarze Hohlkehle). Diese Schichtenfolge wird über eine Parasequenzgrenze (mit einer *ravinement surface*) von marinem Castlegate Sandstone überlagert

▣ Abb. 5.66 Old Thompson Canyon (Detail aus ▣ Abb. 5.65): Die fluviale Serie des Desert Sandstone schließt mit Kohle ab und wird über eine Parasequenzgrenze von marinem Castlegate Sandstone überdeckt. Die Aufarbeitungsfläche *(ravinement surface)* ist durch Schlickgerölle und Kohlefragmente gekennzeichnet

 Abb. 5.67   Old Thompson Canyon (Detail aus ◘ Abb. 5.65): Im Vorstrand des Castlegate Sandstone findet sich Gezeitenschichtung mit *tidal bundles,* dem typischen Sedimentdoppel Ebbe und Flut

◘ **Abb. 5.68**   Old Thompson Canyon (Detail aus ◘ Abb. 5.65): An der Basis des marinen Castlegate Sandstone hinterließen Bohrwürmer *(ship worms)* Spuren im Kohlehorizont

progradierende Sandkomplexe während je eines kurzfristigen Abfalls (bzw. Stillstands) des Meeresspiegels gebildet. Die jeweils nachfolgenden Meeresspiegelanstiege lieferten ästuarine Sandsteine, Schlammsteine und Kohle. In externen Positionen griff schließlich der Mancos Shale auf die Küstensande über.

Plint und Nummedal (2000, Abb. 2) diskutieren ein **idealisiertes Vorwärtsmodell** einer Küstenrampe, das alle Ablagerungsräume vereint, die sich während des Hochstandes, des Fallens, des Tiefstandes und eines nachfolgenden Steigens des relativen Meeresspiegels übereinanderstapeln (◘ Abb. 5.81). An der Basis der Abfolge – entlang der Achse eines eingeschnittenen Tales *(incised valley)* – hatte sich ein *highstand systems tract* über einem *maximum flooding surface* aufgebaut. Während der ersten Phase der nun einsetzenden Regression progradieren die Küstensedimente zunächst im sog. *falling stage systems tract* (FSST) seewärts. Bei weitergehender Regression progradieren auch proximale fluviale Environments und erodieren die Küstensedimente tiefgründig. Im *lowstand systems tract* werden im beckenwärtigsten Teil schließlich marine Sedimente abgelagert. Während der nachfolgenden Transgression folgt der *transgressive systems tract* mit schlickigen

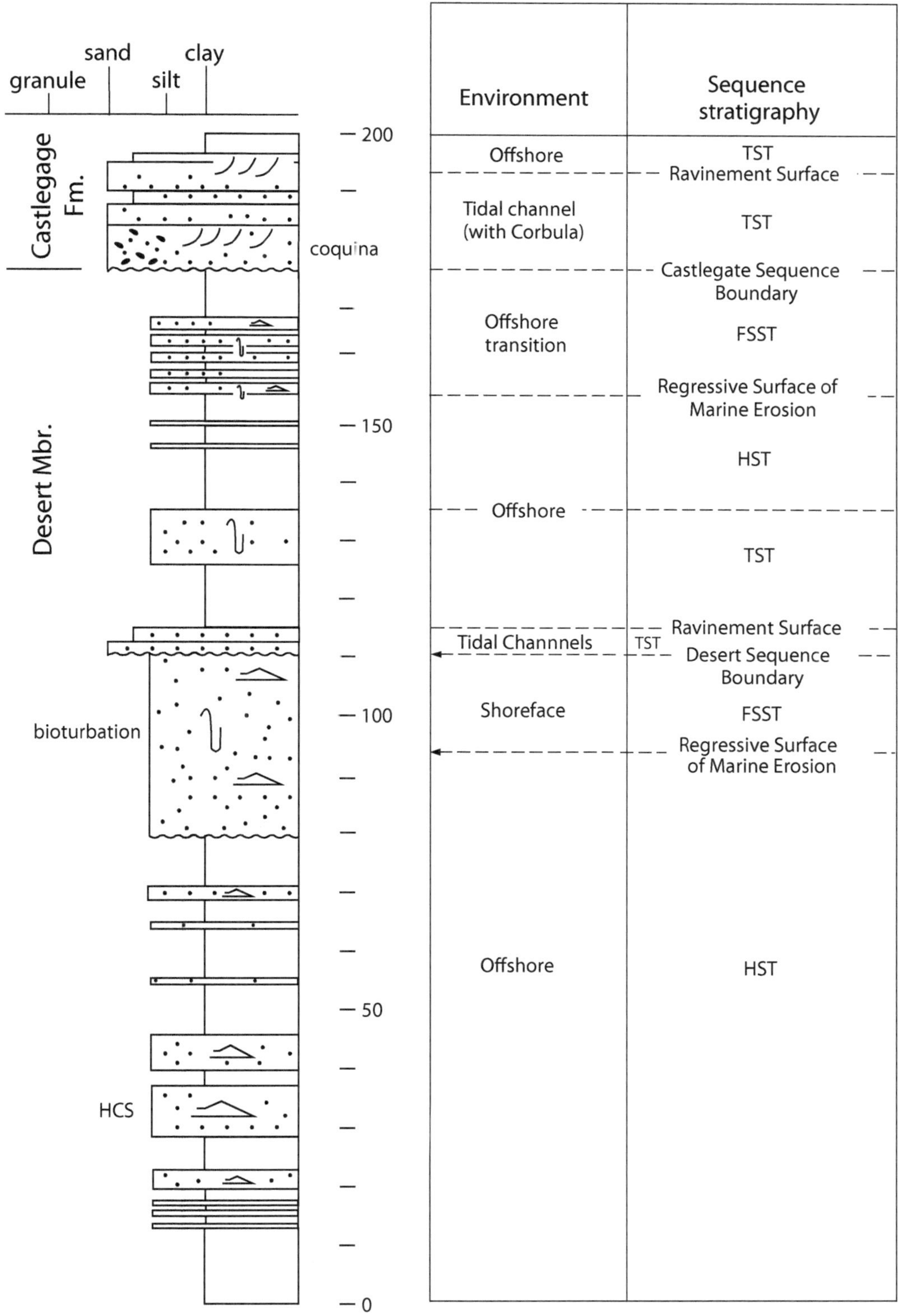

▣ Abb. 5.69   Profilaufnahme im Sagers Canyon. (Van Wagoner et al. 1992; Nummedal et al. 2001, Abb. SC-2; eigener Entwurf)

5

◘ **Abb. 5.70**   Sagers Canyon, SSW-Front der östlichen Kliffkante. Der untere Grobhorizont ist der Desert Sandstone mit sandigen Vorstrandsedimenten. Der Castlegate Sandstone bildet die Kliffkante; mit Rinnensanden und umgelagerten Muschelschalen *(coquina)*

◘ **Abb. 5.71**   Detail aus Foto ◘ Abb. 5.70: Rinnensande des Castlegate Sandstone mit dem Schill umgelagerter Muschelschalen von Corbula sp. schneiden sich mit erosivem Relief in pelitische Sedimente, faziell zwischen Schelf und Vorstrand eingestuft, ein. Die Signifikanz der Sequenzgrenze an der Basis des konglomeratischen Sandsteins ist jedoch umstritten

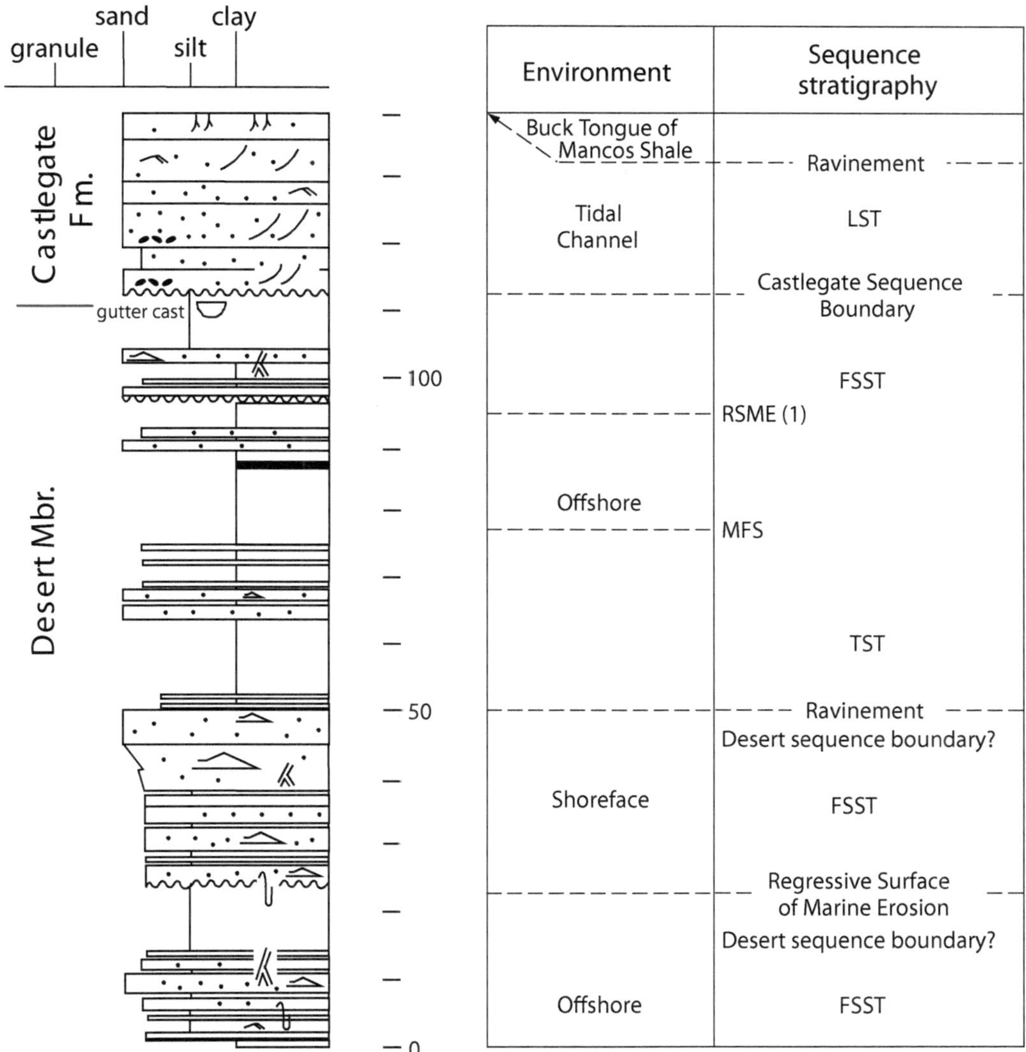

◘ Abb. 5.72 Profilaufnahme im Nash Wash Canyon. (Nummedal et al. 2001, Abb. NW-2; eigener Entwurf)

Rückseitenwatten hinter den Barriereinseln und Sandplaten. Entlang des *ravinement surface* finden sich auch *gutter casts,* seewärts orientierte kleinere Rinnen, die als vom Rückstrom des auf die Küste auflaufenden Seegangs interpretiert werden. Der landwärts vorrückende *highstand systems tract* verursacht häufige Überflutung und Aufarbeitung, bildet schließlich eine *maximum flooding surface* aus. Der über dieser letztlich folgende *highstand systems tract* zeigt wiederum eine größere Anzahl von Küsten-

environments, die von Sedimenten eines nahe gelegenen, weit ins Hinterland reichenden Flussnetzes gespeist werden.

5.12.2 Delta

Bei geringerer Energie (der Wellen bzw. Gezeiten) können sich an Küsten Deltas bilden (◘ Abb. 5.82). Sie sind abhängig vom fluvialen Antransport von Sediment, der

5

◨ **Abb. 5.73**   Nash Wash Canyon. Hochenergie-Parallelschichtung der Schwappzone des nassen Strandes im Castlegate Sandstone

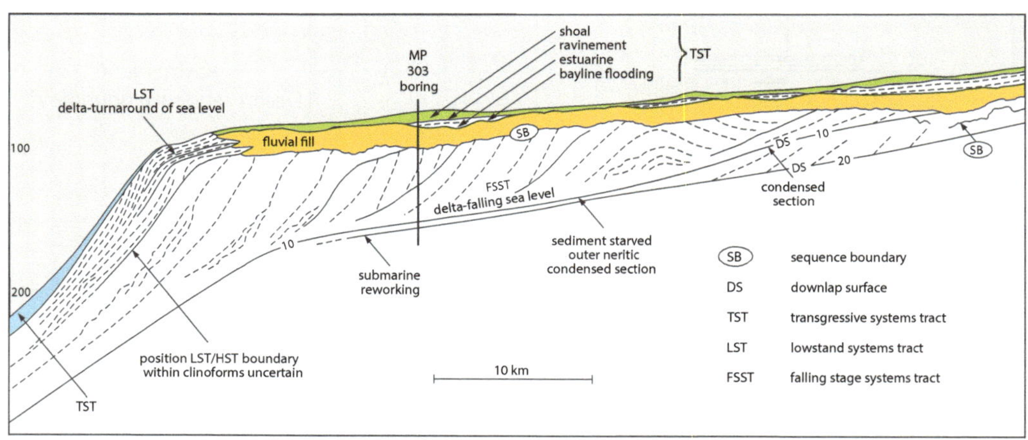

◨ **Abb. 5.74**   Während des fallenden relativen Meeresspiegels (FSST) progradiert der in einzelne Küstenklinoforme gegliederte Faziesraum des pleistozänen Lagniappe-Deltas am nördlichen Golf von Mexiko, Über einer Typ-1-Sequenzgrenze werden die Küstensande von nachfolgenden fluvialen Bildungen erosiv überdeckt. (aus Sydow & Roberts 1994 ; Abb. 5.74 in Nummedal et al. 2001; verändert)

Aufarbeitung durch die Brandung des Meeres und seines Gezeitenstroms sowie vom Tiefgang des küstennahen Meeresraumes. Die Deltaküste schafft progradierende Profilsequenzen, die sich gegen das Tiefwassersystem vorbauen – unabhängig davon, ob der relative Meeresspiegel steigt oder fällt.

Bodennahe Traktionstransporte fluvialer Sedimente aus der Alluvialebene bereiten sich im Freiwasserraum zu Suspensionen auf, die nun vorzugsweise den Gesetzen der Schwerkraft unterworfen sind. Der Aufbau eines Deltas ist nur bei geringem Tidenhub typisch. Der Meeresspiegel liegt am Übergang von der

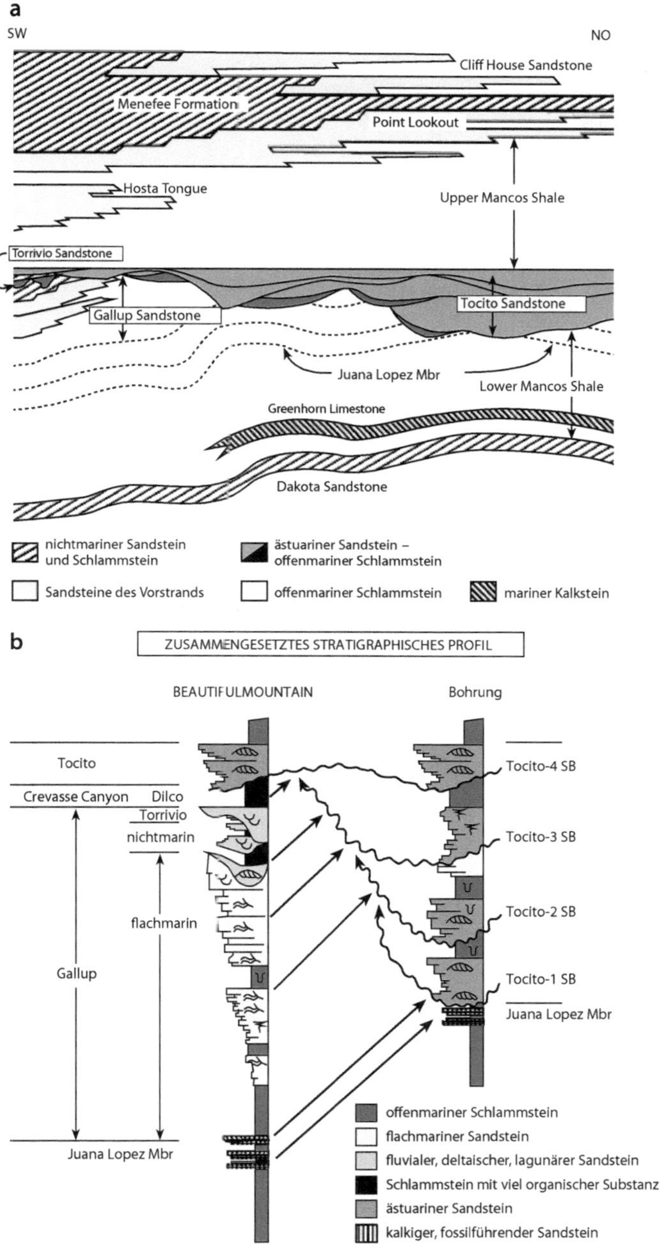

◘ **Abb. 5.75** Der Schichtenverband des Gallup Sandstone und des Tocito Sandstone (Turon) sowie der Mesaverde Group (Campan) in der Oberkreide auf dem Colorado Plateau entlang des W-Randes des San Juan Basin, entlang der im W gelegenen Beautiful Mountains, New Mexico (Van Wagoner et al. 1992). **a** Profilschnitt SW-NO zur Darstellung der Lagerungsverhältnisse der Schichten des Gallup Sandstone. Im NO, im San Juan Basin, liegt der Tocito Sandstone mit einer markanten Sequenzgrenze an der Basis unmittelbar auf dem Juana Lopez Member. Im SW liegt der Tocito Sandstone mit einer Sequenzgrenze auf dem Gallup Sandstone (Jenette et al. in Van Wagoner et al. 1992, Abb. 3). **b** Der Tocito Sandstone entlang des Beckenrandes besteht im Beckenzentrum des San Juan Basin aus vier einzelnen Sedimentkomplexen mit jeweils einer eigenen Sequenzgrenze an der Basis (Jones et al. in Van Wagoner et al. 1992, Abb. 6–5)

◨ **Abb. 5.76**   Der Gallup Sandstone im Farmgelände der Navajo Indian südöstlich des Mitten Rock im Blick nach S; im Hintergrund, nach W, die Beautiful Mountains. Im Vordergrund liegt der Gallup Sandstone flach und besitzt dort die Sedimentfazies untere Übergangszone bis Vorstrand. Im Anstieg zur Klippenkante (den Standort hinauf) verändert sich die Fazies zu höherem Vorstrand und Strand

◨ **Abb. 5.77**   Im Farmgelände der Navajo Indian südöstlich des Mitten Rock (vgl. ◨ Abb. 5.76) bildet der Gallup Sandstone eine Rampe. Seine schräge Lagerung ist jedoch nicht auf Tektonik zurückzuführen. Aus der Gefügeabfolge und den aufgefundenen Spurenfossilien ist ein Klinoform einer Küstenrampe wahrscheinlich, deren Übergang zu horizontaler Lagerung nach rechts verbunden ist mit einem faziellen Wechsel zur Übergangszone. Im Hintergrund der berühmte Ship Rock, eine oligozäne Basaltintrusion

◘ Abb. 5.78 Water Basin, östlich des Mitten Rock: Eine von mehreren übereinander folgenden sedimentären Sequenzen aus der Übergangszone (unten) bis in den nassen Strand (oben). Überlagert wird diese Schichtenfolge (hier nicht sichtbar) von mäandrierenden Rinnen der Marschenebene

Deltastirn zur Deltaplattform. Wegen des vergleichsweise schnellen Sedimenteintrags lässt sich keine Wellenbasis festlegen. Während der Retrogradation und der Progradation des Deltakörpers bleibt die Deltaplattform annähernd gleich groß.

■ **Ruhr-Becken**

Mithilfe von Faziesinterpretationen an Bohrungen wurde für die Sedimentation im Ruhr-Becken (◘ Abb. 5.83 und 5.84) ein sequenzstratigraphisches Modell entwickelt (Süss 1996; Süss et al. 2000, 2001, 2002). Das Ruhr-Becken wird aufgrund seiner Position, seiner Strukturierung und seiner Sedimentfüllung als Vorlandbecken des Variszischen

Gebirges verstanden. Dessen Ablagerungsräume wechselten im flözführenden Oberkarbon (◘ Abb. 5.85) von marinen Prodeltas in den unteren Abschnitten über verschiedene Deltatypen der mittleren Abschnitte bis zur Alluvialebene der oberen Abschnitte der Schichtenfolge. Das sequenzstratigraphische Modell ist gültig für die Schichtenfolge vom höheren Namur C bis ins Westfal C1. Das sich im Namur C und Westfal A und B allmählich nach NW verlagernde Depozentrum des Ruhr-Beckens bewirkte dort eine zunehmende Subsidenz. Während im NW sich bereits mächtigere Deltasequenzen entwickelten (◘ Abb. 5.86), wurden im SO vorzugsweise Deltaebenen geformt.

Wells et al. (2005) stellten heraus, dass im NW-europäischen Oberkarbon-Sedimentbecken allenfalls Mikrotiden existiert hätten – eine Feststellung, die die Bildung der nachfolgend beschriebenen großen Deltasysteme des Ruhr-Beckens unterstützt.

Im Westfal A2 (Bochum-Formation) bildeten sich Parasequenzen, die im NW aus einzelnen brackisch-marinen Deltasequenzen eines *highstand systems tract* aufgebaut wurden (◘ Abb. 5.87). Die Nähe des Liefergebiets im SO wird durch das Auftreten von nach NW progradierenden alluvialen Systemen wie dem Präsident-Sandstein dokumentiert (Süss et al. 2001). In der Mittleren Bochum-Formation lagen die höchsten Subsidenzraten immer noch im NW. Trotz gestiegener Subsidenzraten bildeten sich im SO noch keine marinen Parasequenzen; die Sedimentation wurde vom klastischen Eintrag aus SO dominiert. In der Oberen Bochum-Formation überstieg die Subsidenz im SO die Subsidenz im NW. Es kann erstmals die erhöhte Subsidenz auch in der faziellen Entwicklung der obersten Parasequenz nachvollzogen werden. Im SO treten bereits brackisch-deltaische Parasequenzen auf, während im NW nur lakustrine Bedingungen zu beobachten sind. Lakustrine Verhältnisse breiteten sich aus, da dieser Beckenteil nur gering mit Sedimentfracht beliefert wurde. Auch die Ausbildung des Katharina-Horizonts mit maximaler

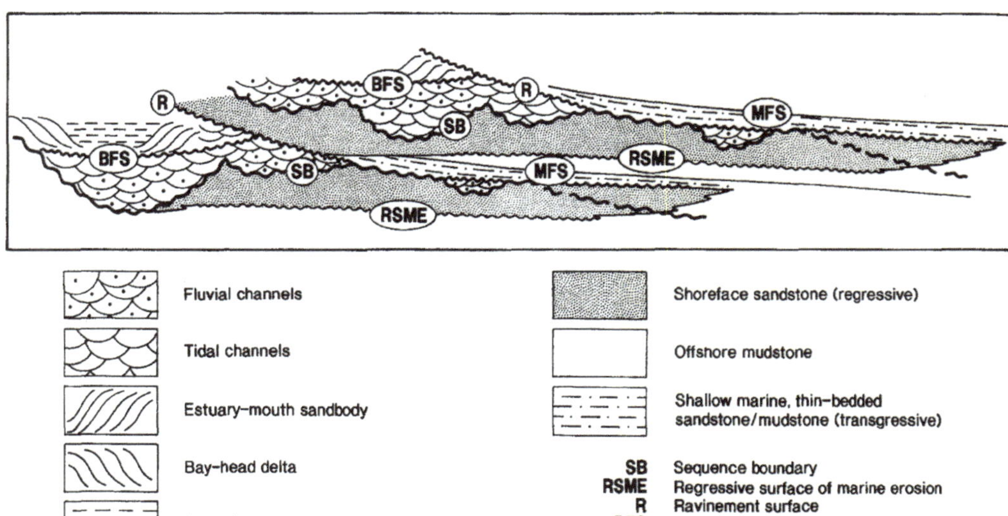

Fluvial channels

Tidal channels

Estuary–mouth sandbody

Bay–head delta

Central estuary mudstones

Shoreface sandstone (regressive)

Offshore mudstone

Shallow marine, thin–bedded sandstone/mudstone (transgressive)

SB Sequence boundary
RSME Regressive surface of marine erosion
R Ravinement surface
BFS Bay flooding surface
MFS Maximum flooding surface

◘ Abb. 5.79   Sigmoidale Sandlinsen im proximalen Teil der Gallup-Küstensande; kleinskalige Trans- und Regressionen des insgesamt transgredierenden Oberkreide-Meeres (Nummedal und Molenaar 1995, Abb. 18). Die Faziesverhältnisse im Detail beschreiben jedoch den sog. *falling stage systems tract* (FSST). Nach jeweils einer Transgression progradieren durch Sequenzgrenzen getrennte Küstensandkörper seewärts. Wichtig für dieses Modell ist die Unterscheidung zwischen einer *regressive surface of marine erosion* (RSME) und einer *type-1-sequence boundary* (SB)

◘ Abb. 5.80   Water Basin, östlich des Mitten Rock (Detail aus ◘ Abb. 5.78): Hochenergie-parallelgeschichtete Sande des nassen Strandes, der Schwappzone *(swasch zone)*

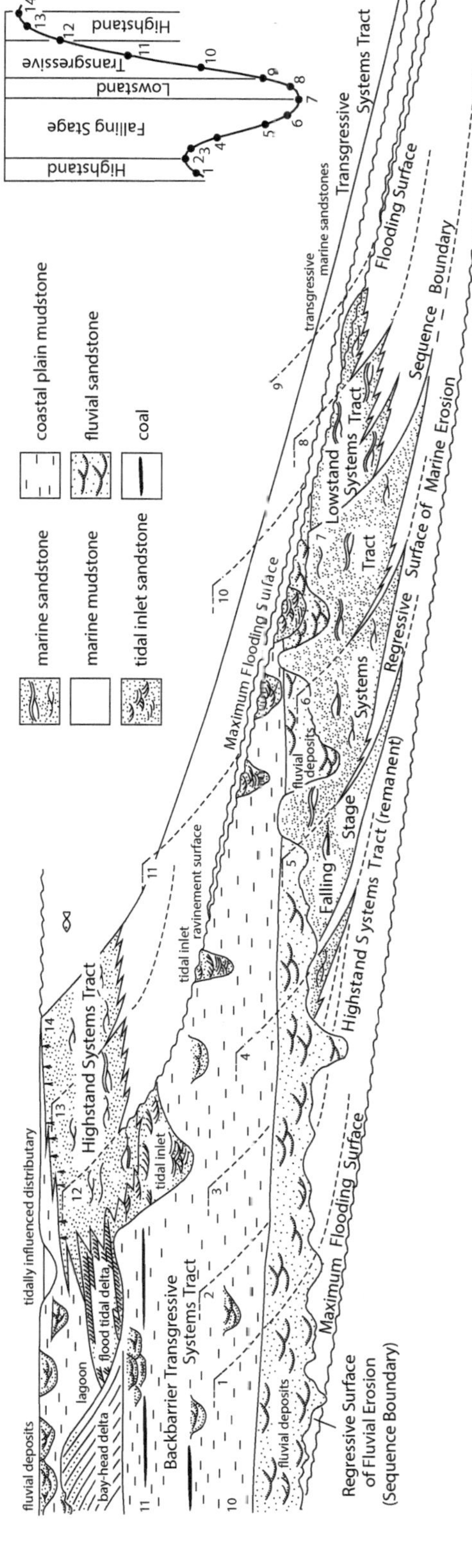

■ **Abb. 5.81** Komplexes, sequenzstratigraphisch interpretiertes Modell einer Küstenrampe (Plint und Nummedal 2000, Abb. 2; gegenüber dem Original überhöht und vereinfacht). Wellenlinie = Fläche maximaler Überflutung (mfs); die Sequenzgrenze (SB) liegt zwischen den marinen Sanden und den darüber folgenden fluvialen Sanden. Die Regression (*falling stage*) ist durch die Stadien 1–8 der Meeresspiegelkurve angezeigt, die Transgression erfolgt ab Stadium 9. Die steil ansteigenden Flutungsflächen erodieren den Hochenergieteil der Küste, sodass lediglich deren schlickiges Rückseitenwattgebiet konserviert wird. Erst in Stadium 12–14 bleibt der Hochenergieteil erhalten, und das Rückseitenwatt erlangt die zuvor fehlende Faziesdifferenzierung. Das regressive *surface of fluvial erosion* ist die traditionelle Typ-1-Sequenzgrenze. Das regressive *surface of marine erosion* ist eine der kleineren, sedimentologisch sehr signifikanten Erosionsflächen in den marinen Sanden – jedoch keine Sequenzgrenze. Die *ravinement surface* ist eine der marinen Erosionsflächen (rv), die sich bei steigendem relativem Meeresspiegel bildet

5

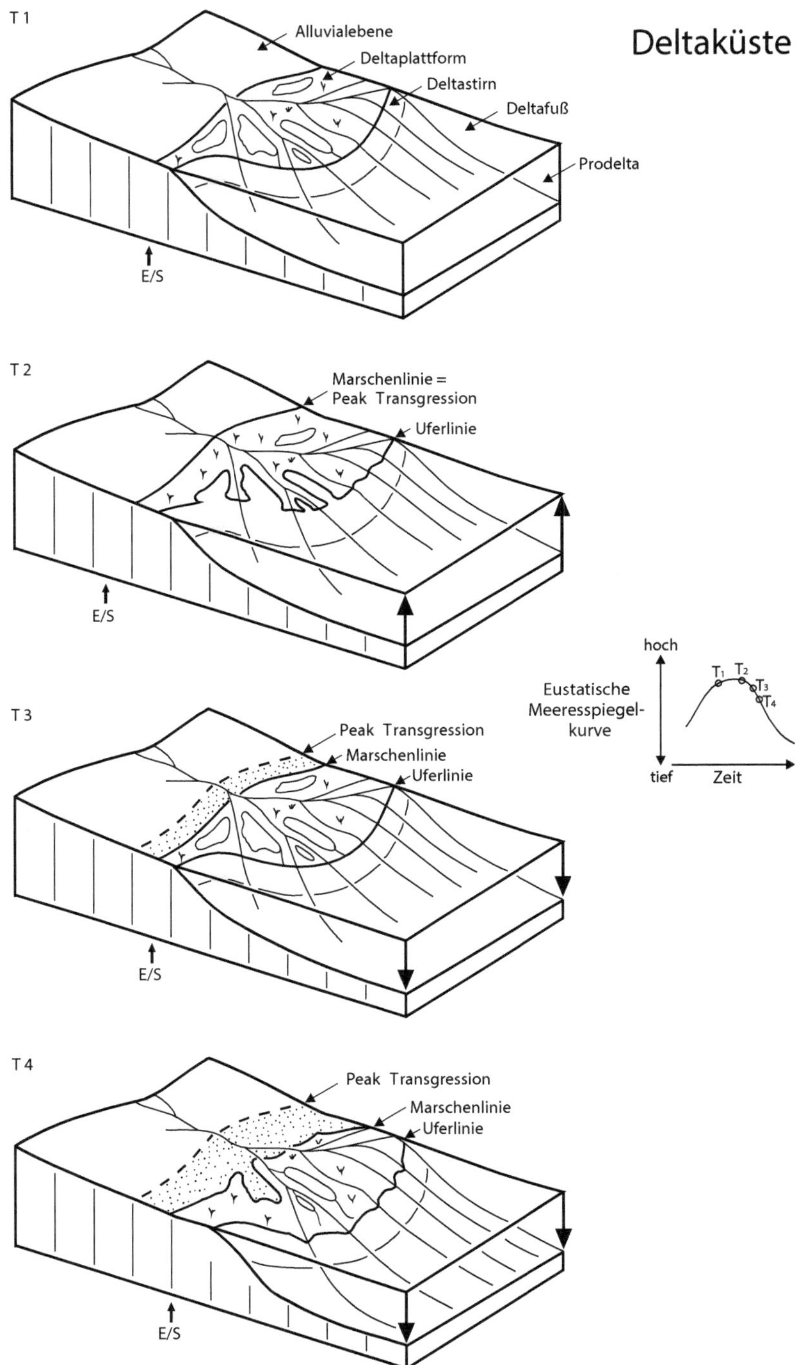

◘ Abb. 5.82   Transgression und Regression an einer Deltaküste in vier Stadien. Bis zum Erreichen des Punktes T2 *(peak transgression)* verlagert sich das Deltasystem mitsamt seiner Deltaplattform landwärts; danach progradiert es zusammen mit der Deltaplattform in Abhängigkeit vom eustatischen Sinken des Meeresspiegels. Der Gleichgewichtspunkt Eustasie/Subsidenz, E/S, rückt seewärts vor. (Nach Posamentier und Vail 1988, Abb. 17, umgezeichnet)

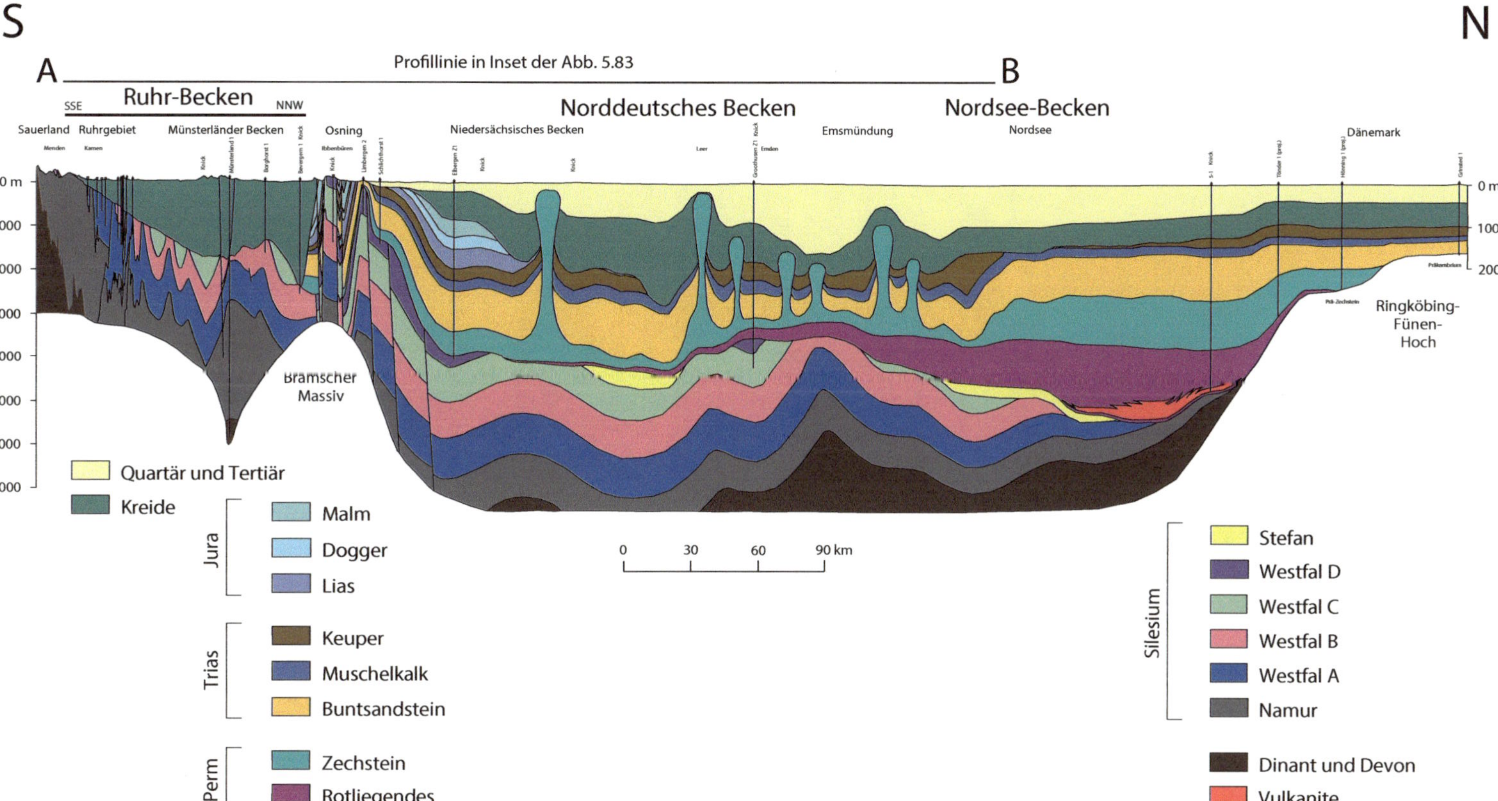

Abb. 5.83 Dieser Profilschnitt ist eine Konstruktion, die auf Bohrungen und seismischen Profilen gründet. Er verläuft vom variszischen Vorland im S nordwärts durch die abtauchenden Sättel und Mulden des Ruhr-Beckens, nördlich von diesem durch den herausgehobenen Osning und die Karbonscholle von Ibbenbüren und dann weiter durch das Norddeutsche Becken bis in die Nordsee und schließlich bis Dänemark. (Stancu-Kristoff & Stehn 1984; deren Entwurf vereinfacht und erheblich überhöht)

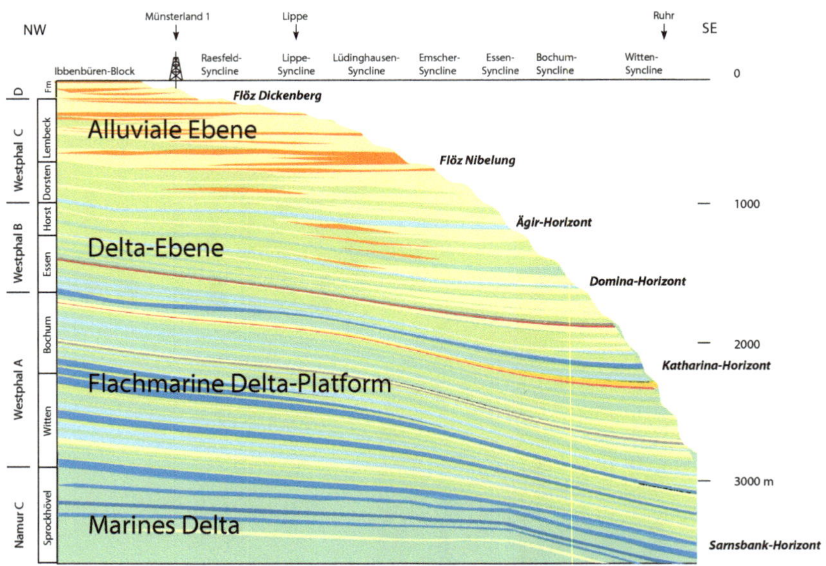

◘ Abb. 5.84   Unter Verwendung von Kohle-Bohrungen im oberkarbonen Ruhr-Becken und anspruchs-vollen graphischen Werkzeugen ließ sich dieser Profilschnitt modellieren. Er umfasst die Schichtenfolge vom deltaischen Namur im Liegenden bis in das alluviale obere Westfal im Hangenden. Die biostratigraphisch begründeten Alter sind zur stratigraphischen Orientierung in der Schichtenfolge angegeben, ebenso die litho-stratigraphischen Formationsnamen. Der modellierte Profilschnitt stützt auf Geländebefunden und Bohrungen. Marine Horizonte stellen den Bezug zum offen marinen Raum her. (nach einem Entwurf von Günter Drozdzew-ski, modelliert von Peter Süss 13–6–2007)

Marinität und Mächtigkeit im SO gegenüber verringerter Marinität im NW zeigt diesen Trend.

In der Essen-Formation (Westfal B 1) zeigte sich die dominierende Schüttung aus SO am deutlichsten (◘ Abb. 5.88). Während im SO trotz hoher Subsidenzraten die Sedimentation größtenteils in der unteren und oberen Deltaebene stattfand, bestanden im distaleren westlichen Ruhr-Becken Bedingungen der subaquatischen und unteren Deltaebene fort. In der Horst-Formation (Westfal B 2) und in der Dorsten-Forma-tion (Westfal C 1) nahm die Subsidenz ab, und die Sedimentation verlagerte sich in die obere Deltaebene und die Alluvialebene (◘ Abb. 5.89). Ab dem Westfal D traten dann im Ruhr-Becken sogar Schwemmfächer-bildungen auf (Füchtbauer 1992).

Die Sedimentation im Ruhr-Becken wird von im Mittel ca. 75 m mächtigen, kom-plex aufgebauten Parasequenzen dominiert, die mit Meeresspiegeländerungen 5. Ord-nung (Busch und Rollins 1984; Miall 1990; Goldhammer et al. 1991) korreliert werden (◘ Abb. 5.90). Die Parasequenzen werden hier den Zyklen der kurzen Exzentrität mit 100 ka (Berger 1977) zugewiesen. Die resultie-rende Zeitspanne für die gesamte untersuchte Schichtenfolge lässt sich mit der Zeitskala von Lippolt et al. (1984) in Übereinstimmung brin-gen, was in vielen Arbeiten über das Karbon in den letzten Jahren belegt werden konnte (May-nard und Leeder 1992; Soreghan 1994; Gold-hammer et al. 1991, 1994). Induziert durch die periodische Vereisung von Gondwana mit einer Amplitude von 60 ± 15 m (Crowley et al. 1991) wird dieses Signal, im Verhältnis zu anderen eustatischen Meeresspiegelsignalen mit höherer Frequenz im Karbon, als bedeut-sam angesehen. Berechnungen von Süss (1996) zeigen, dass das eustatische Meeresspiegel-signal im Ruhr-Becken kumulativ Amplituden über 100 m erreichte.

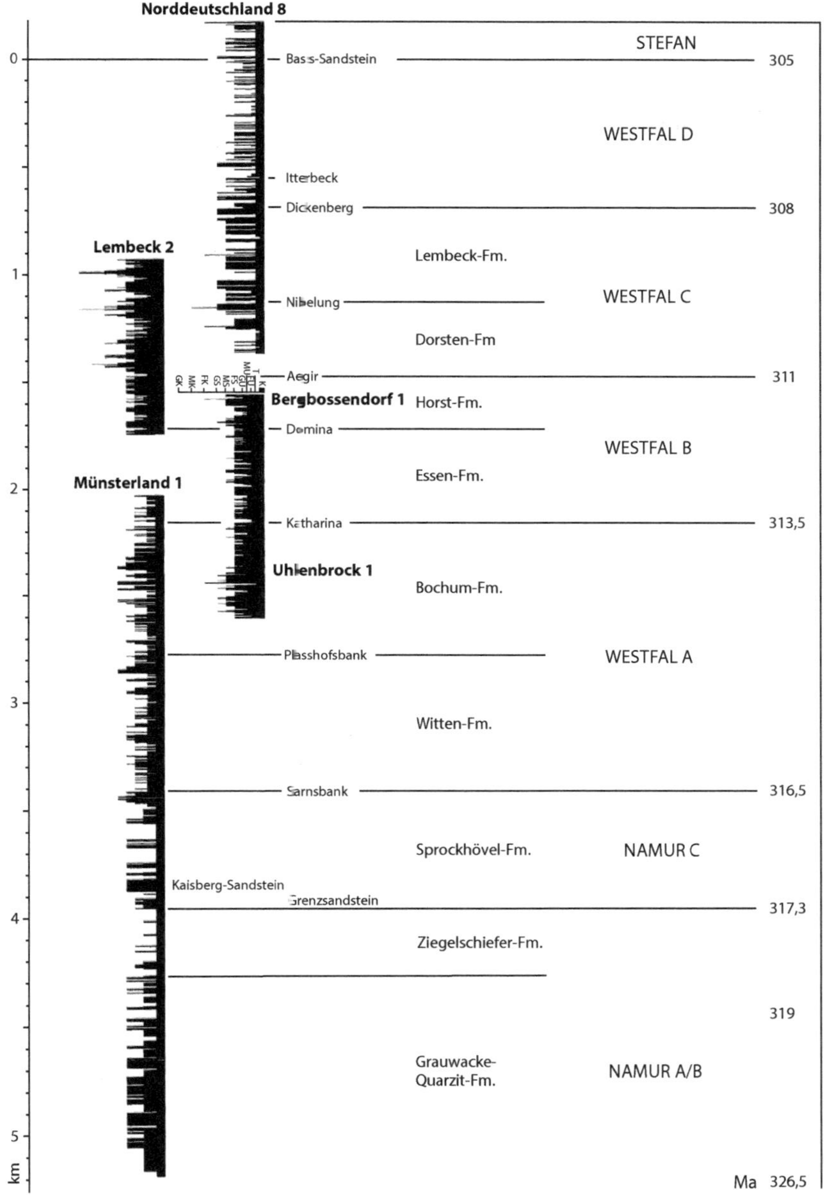

◘ Abb. 5.85 Ein stratigraphisches Standardprofil für das Oberkarbon des Ruhr-Beckens lässt sich mithilfe von Bohrungen zusammenstellen. Diese sind regional weit verteilt, können jedoch mit stratigraphisch verlässlichen Leithorizonten (Kohlen, Kaolin-Kohlentonsteinen, Sequenzgrenzen) miteinander verbunden werden. Für die Darstellung des Standardprofils wurden 5 Bohrungen verwendet (Münsterland 1 – diese ist in ◘ Abb. 5.83 lokalisiert – und Norddeutschland 8 sind Spülbohrungen; Uhlenbrock 1, Bergbossendorf 1 und Lembeck 2 sind Kernbohrungen). Die computergenerierten Profile aus den Schichtenbeschreibungen der Bohrungen geben die Sedimentfazies als Körnungs-Schichtausbiss (eng = Ton, mittel = Sand, weit = Kies) wieder. Markante, stratigraphisch wichtige Horizonte definieren die Grenzen lithologisch zusammengehöriger Formationen. Die international gültige biostratigraphische Stufengliederung sowie radiometrische Alter in Millionen Jahren sind angegeben. Der randmarine Ablagerungsraum des variszischen Vorlandbeckens wurde durch die Absenkung und die nach außen gerichtete Wanderung seines Depozentrums zunächst initiiert, durch die Heraushebung des im Abtrag begriffenen Variszischen Gebirges im Hinterland zunehmend modifiziert und schließlich verfüllt (Schäfer et al. 2002)

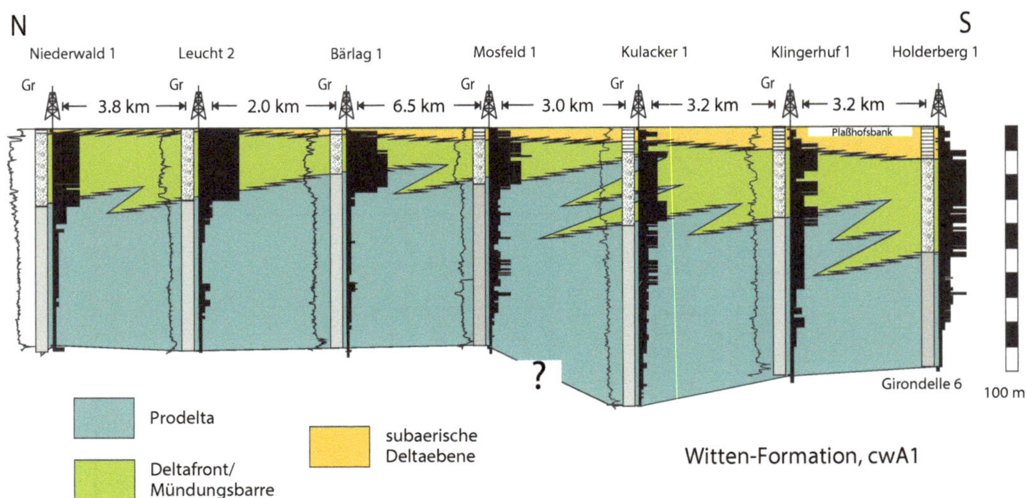

Abb. 5.86 Klinoforme eines großen nordwärts progradierenden Schelfdeltas in der Witten-Formation (Westfal A1) in einem N-S-orientierten Profilschnitt links des Niederrheins, W von Duisburg. Die Datumslinie ist der marine Plaßhofsbank-Horizont. Das Delta bildete sich aufgrund einer raschen Transgression über einem Paläorelief einer Typ-1-Sequenzgrenze der 4. Ordnung auf dem zuunterst liegenden Flöz Girondelle 6 (Süss 1996; Süss et al. 2000; nach Süss et al. 2002, Abb. 10; verändert)

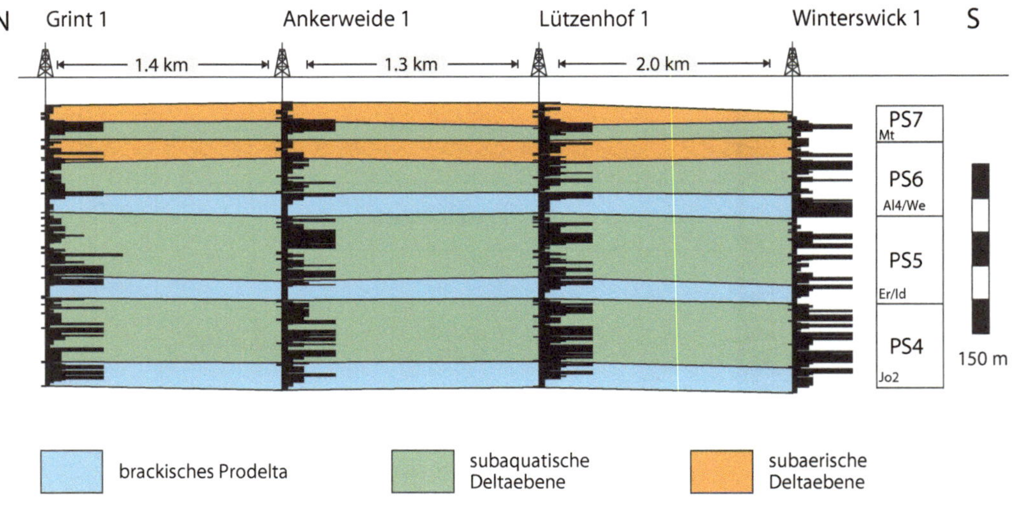

Abb. 5.87 Ein N-S-orientierter Profilschnitt links des Niederrheins, NW von Duisburg, zeigt autozyklische, sehr kleine und hoch diverse Faziesmuster der unteren Deltaebene in der Bochum-Formation (Westfal A2). In der Größenordnung unterhalb von Parasequenzen bilden diese Zyklen der 5. Ordnung (Süss 1996; Süss et al. 2000; Süss et al. 2002, Abb. 11)

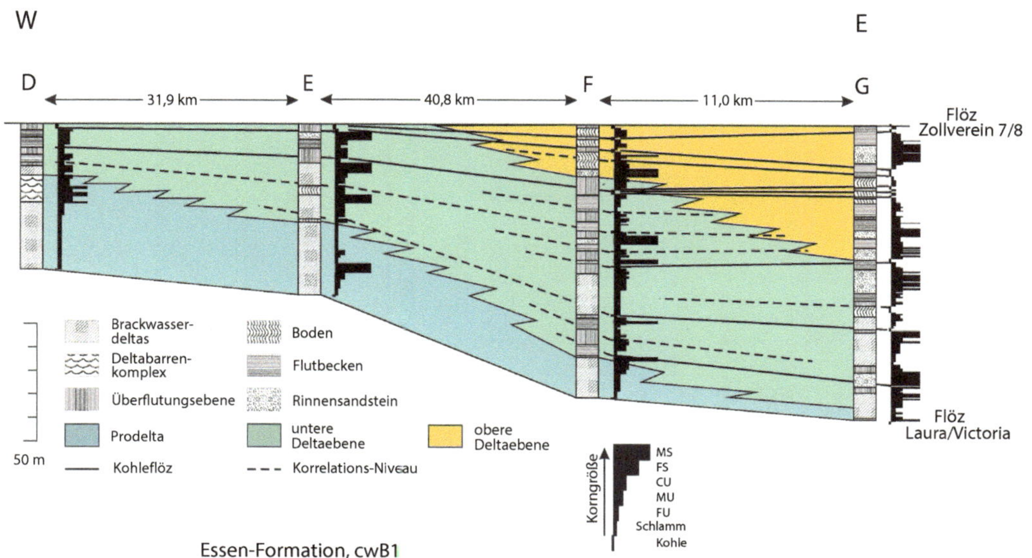

Abb. 5.88 Ein W-O-Profilschnitt durch die Sedimentfüllung des Ruhr-Beckens, der sich aus lithologischen Profilen von Kernbohrungen zusammensetzt (Essen-Formation, Westfal B1). Durch den Bergbau wohlbekannte Kohlehorizonte (Flöze Laura/Viktoria und Zollverein 7/8) geben das biostratigraphische Zeitgerüst. Mit deren Hilfe lassen sich Parasequenzen definieren, sedimentologisch interpretieren und dem sequenzstratigraphischen Konzept der Füllung des Sedimentbeckens zuordnen (Süss et al. 2001; Schäfer et al. 2002, verändert)

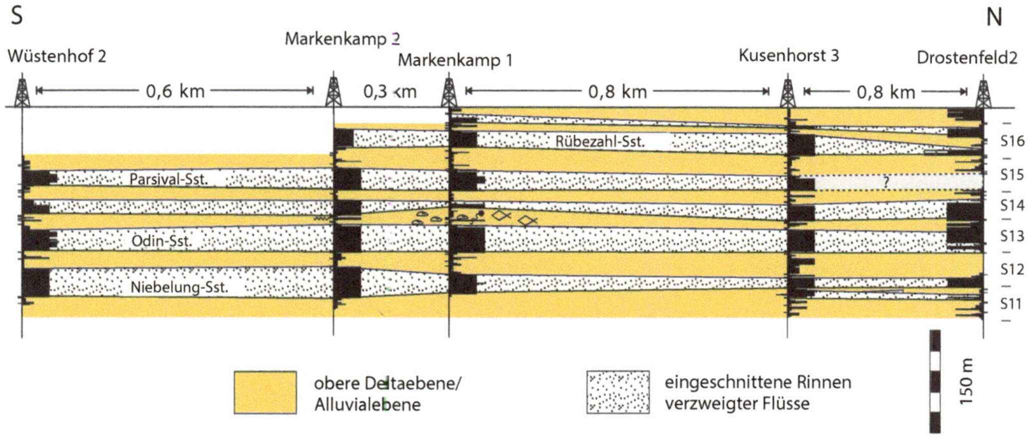

Abb. 5.89 Erosive, hochfrequente Sequenzen (Zyklen der 5. Ordnung) in der Dorsten- und der Lembeck-Formation (beide Westfal C) der Lippe-Mulde im zentralen nördlichen Ruhr-Becken. Im transgressiven Systemtrakt füllen *multistorey*-Rinnen zuvor erodierte fluviale Talzüge mit Sequenzgrenzen an ihren Unterflächen. Während der Hochstand-Systemtrakte bildete sich jeweils alluviale Sedimentfazies aus (Süss 1996; Süss et al. 2000; nach Süss et al. 2002, Abb. 12)

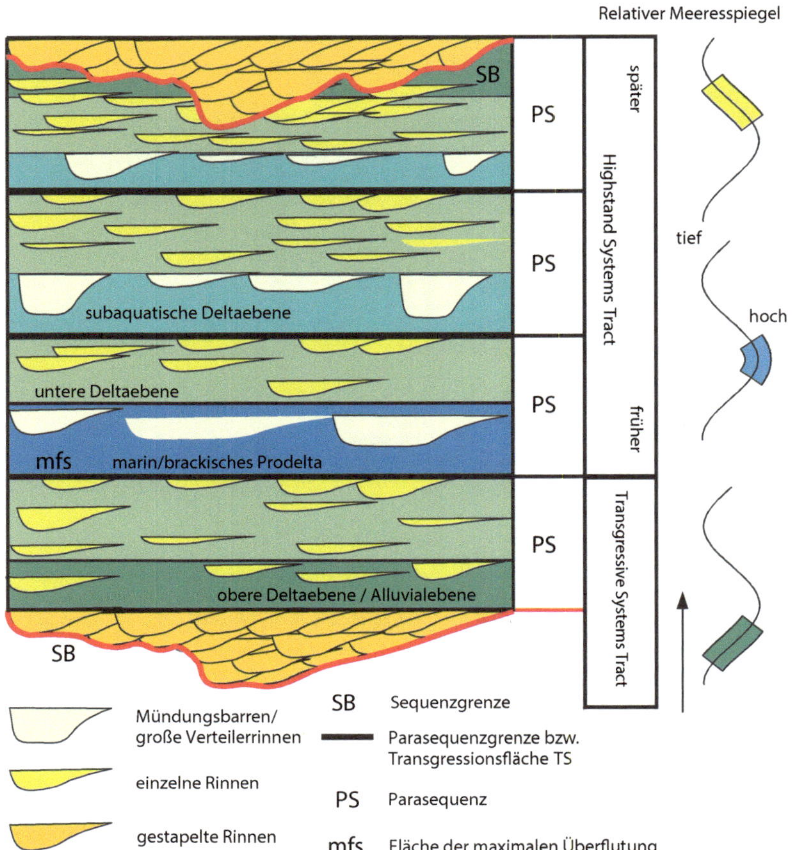

◘ **Abb. 5.90**   Schematischer Profilschnitt durch eine oberkarbonische Sequenz im Ruhr-Becken (Süss 1996; Süss et al. 2000; verändert). Diese wird von Sequenzgrenzen in ihrem Liegenden und Hangenden begrenzt, enthält vielfach sich wiederholende Parasequenzen und lässt innerhalb dieser die Deutung einer Fläche maximaler Überflutung zu. Für das deltaische Environment des Namur C bis Westfal B des variszischen Vorlandbeckens ist bezeichnend, dass Systemtrakte sich ausschließlich von TST nach HST entwickeln, LST-Systeme jedoch keine vorkommen (vgl. ◘ Abb. 5.92)

Die tektonische Subsidenz des Ruhr-Beckens beträgt maximal 0,8 mm/a (Süss 1996). Die glazioeustatische Meeresspiegeländerung im Quartär wird von Cronin (1983) auf bis zu 35 mm/a geschätzt. Setzt man voraus, dass im Oberkarbon vergleichbare Meeresspiegeländerungen wie im Quartär auftraten, ist also mit einem deutlichen Meeresspiegelsignal bei einer flachen Morphologie, wie sie im Ruhr-Becken während des Namur C bis in das Westfal D wahrscheinlich war, zu rechnen. Zyklische Meeresspiegeländerungen höherer Ordnung (Goldhammer et al. 1991, 1994), die kürzeren Milankovitch-Zyklen (17–23 ka) entsprechen (Milankovitch 1920, 1941), konnten nicht nachgewiesen werden. Eine Zuordnung der von Jessen (1956) definierten Zyklotheme zu solchen Frequenzen ist denkbar. Andererseits überlagern sich solch hohe Frequenzen mit in Vorlandbecken und ihrer deltaischen Sedimentation auftretenden autozyklischen Prozessen und lokalen Subsidenzerscheinungen (◘ Abb. 5.91). Bereits Böger (1964) hält auf der Basis feinstratigraphischer Untersuchungen die Vorstellung, Bildungsursache der Zyklotheme seien ausschließlich Meeres-

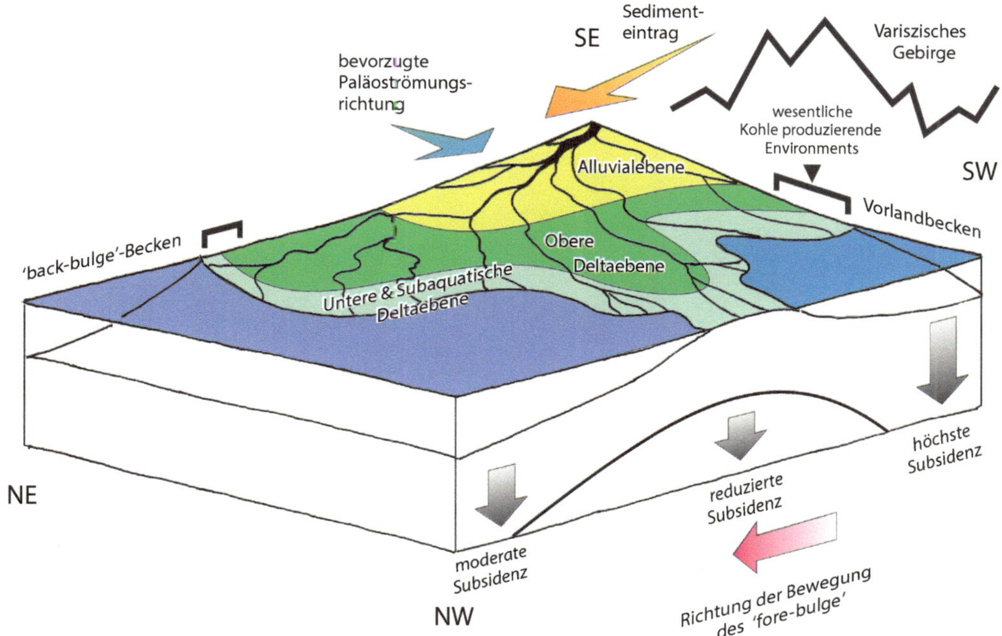

◨ Abb. 5.91 Faziesblock für die modellhafte Vorstellung der Ablagerung kohleführender, deltaischer Sedimente im Oberkarbon des Ruhr-Beckens (Süss 1996; Süss et al. 2000, 2002; Schäfer et al. 2002, Abb. 7)

spiegelschwankungen, für unwahrscheinlich. Stattdessen nimmt er an, höhere eustatische Frequenzen, auch mit geringen Amplituden, könnten das wiederholte, beckenweite Auftreten von Flözgruppen im Top der beschriebenen Parasequenzen erklären.

Insgesamt sind aufgrund sedimentologischer und sequenzstratigraphischer Analyse (Süss 1996; Süss et al. 2000, 2001) von der Sprockhövel-Formation (Namur C) bis zur Dorsten-Formation (Westfal C1) elf Sequenzen nachgewiesen worden (◨ Abb. 5.92). Sie lassen sich mit der von Ross (1979) und Ross und Ross (1987, 1988) auf der Basis von Ramsbottom et al. (1978) konstruierten *coastal-onlap*-Kurve korrelieren und werden relativen Meeresspiegeländerungen der 4. Ordnung zugewiesen. Im selben Zeitraum konnten ca. 49 Parasequenzen oder Sequenzen 5. Ordnung beobachtet werden. Bei einer Dauer von ca. 112.000 Jahren (Berger 1977; Berger et al. 1989; Berger und Loutre 1994) für die beobachteten relativen

Meeresspiegeländerungen 4. Ordnung ist eine Dauer von ca. 5,49 Mio. Jahren für den betrachteten Zeitabschnitt Namur C bis Westfal C1 anzunehmen (Lippolt et al. 1984; Hess und Lippolt 1986; Menning 1989; Menning et al. 1997; Harland et al. 1990; Chestnut 1994; Kunk und Rice 1994; Claoué-Long et al. 1995).

▪ Brent Delta

Für die Exploration auf Kohlenwasserstoffe in der mitteljurassischen Brent-Gruppe (Bajoc – Bathon; vgl. ◨ Abb. 4.56) im Brent-Delta (nördlicher Viking-Graben der nördlichen Nordsee) war die Voraussage von regressiven Sanden der Sequenzen 3. Ordnung der Prärift-Phase (Sequenz 2) von besonderem Interesse (Johannessen et al. 1995). Diese (◨ Abb. 5.93) zeichnete sich durch gleichmäßige Subsidenz, die nachfolgende initiale Synrift-Phase jedoch durch teils differenzielle Heraushebung, teils erhebliche Subsidenz aus.

5

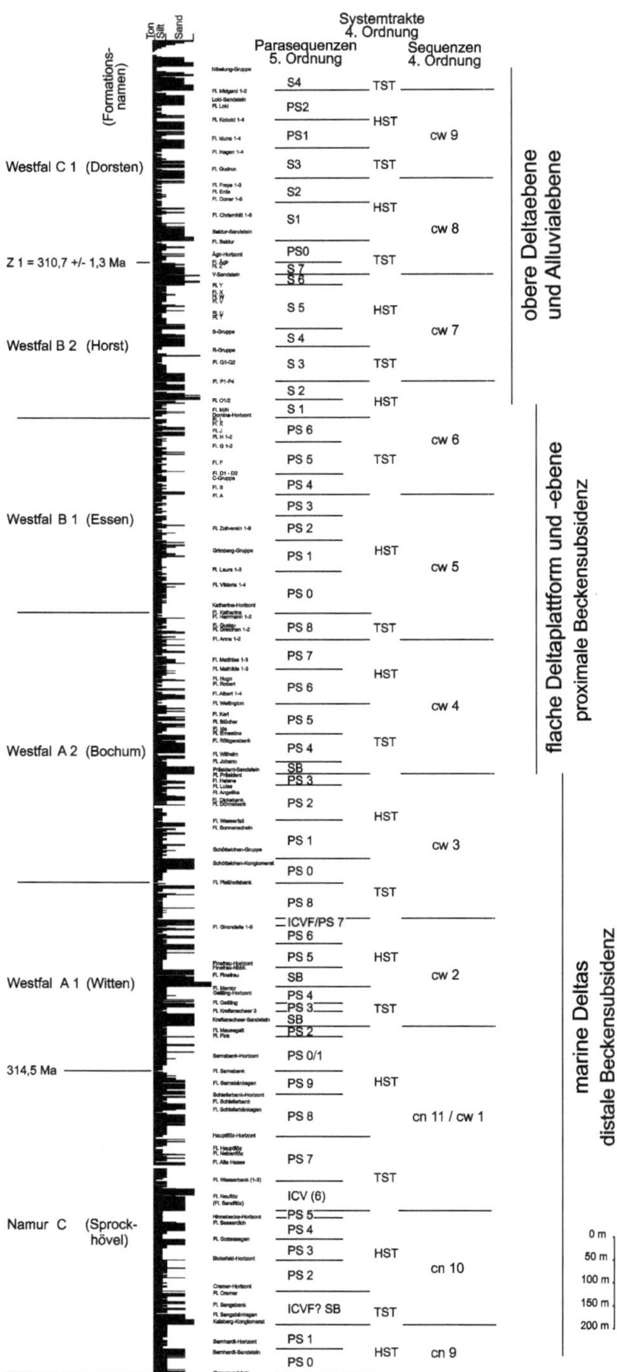

◻ Abb. 5.92 Stratigraphisches Profil des sog. Richtschichtenschnittes (Fiebig 1971) des Ruhr-Beckens vom Namur C bis in das Westfal C1 mit Kohleflözen und marinen Horizonten, radiometrischen Daten der Namur/Westfal-Grenze und des Kaolinkohlentonsteins Z1. Die Interpretation der Parasequenzen (PS), Sequenzen (S), Sequenzgrenzen (SB), der Systemtrakte TST und HST als auch der eingeschnittenen Talsysteme (ICVF) ist angegeben, ebenso die generelle sedimentäre Entwicklung des Vorlandbeckens während des betrachteten Zeitabschnitts (Süss et al. 2002)

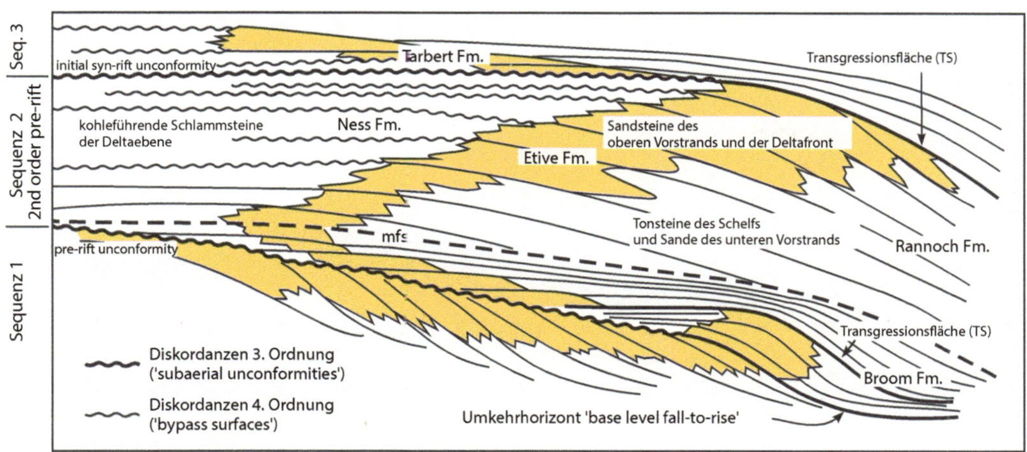

◨ Abb. 5.93 Sequenzen 3. Ordnung der Tampen Spur des mitteljurassischen Brent-Deltas in der nördlichen Nordsee (nach Johannessen et al. 1995, Abb. 2). Erläuterungen im Text

Die Veränderungen des tektonischen Stils des Viking-Grabens und die Bedingungen für den Aufbau seiner Sequenzen waren bedeutend, sodass diese unterhalb und oberhalb der Sequenzgrenzen 2. Ordnung voneinander sehr verschieden waren. Die Studie konzentrierte sich daher auf die sequenzstratigraphischen Grundsätzlichkeiten der Sequenzen 3. und 4. Ordnung innerhalb der Sequenz *2nd order pre-rift*.

Johannessen et al. (1995) bezeichnen Transgressions-/Regressions-Sequenzen in nicht marinen Gebieten als T-R-Sequenzen *(transgressive-regressive sequences, T-R sequences)*, die durch eine subaerische Diskordanz *(subaerial unconformity,* SU) bzw. durch eine regressive Erosionsfläche *(bypass surface)* begrenzt wird. In marinen Gebieten dagegen wird sie von einer Transgressionsfläche *(transgressive surface,* TS) begrenzt. Eine Transgressionsfläche ist diejenige stratigraphische Fläche, die dem Wechsel von Regression zu Transgression entspricht (Embry und Johannessen 1992; Johnsen et al. 1985; Hellend-Hansen und Gjelberg 1994).

Im unteren Teil jener Abbildung formte sich eine signifikante subaerische Diskordanz während des Sinkens des relativen Meeresspiegels; doch die Zeit der maximalen Regression fällt nicht mit der Zeit des maximalen Meeresspiegeltiefstandes zusammen. So wurde die Transgressionsfläche (TS) erst einige Zeit nach dem maximalen Tiefstand während des erneuten Ansteigens des relativen Meeresspiegels gebildet (zwischen beiden Flächen liegt eine recht mächtige Einheit deltaischer Sande).

Im oberen Teil jener Abbildung fand die Progradation während einer Zeit des sich verkleinernden Ablagerungsraumes statt; trotzdem fiel der relative Meeresspiegel nicht. Die Entwicklung von Regression zu Transgression ereignete sich durch eine regionale Veränderung des Ablagerungsraumes, in der er sich während der Regression zunächst verkleinerte, dann während der Transgression wieder vergrößerte. Während letzterer wird auch die Transgressionsfläche (TS) gebildet. Die Transgressionsfläche wird unter Anlehnung an Embry (1995) als Sequenzgrenze angesehen, zumal sie in der Schichtenfolge relativ einfach zu erkennen ist.

In marinen Ablagerungsräumen wird die Transgressionsfläche *(transgressive surface,* TS) als korrelierbare Fläche verwendet (◨ Abb. 5.94). Diese Fläche entspricht der Änderung von Regression (RST) zu Transgression (TST). In Abhängigkeit von der Subsidenz und der Sedimentanlieferung bestehen Unterschiede in der Sedimentmächtigkeit

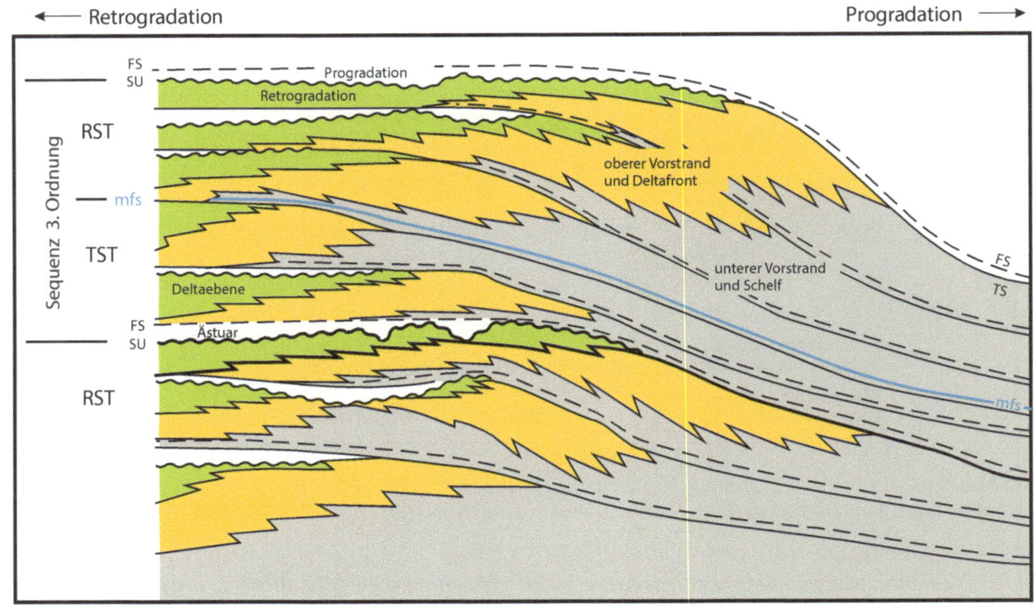

◘ Abb. 5.94 Systemtrakte und wichtige Flächen in einer Transgressions-/Regressions-Sequenz 3. Ordnung in der Tampen Spur des jurassischen Brent-Deltas (aus Johannessen et al. 1995, Abb. 3). Die Transgressions-/Regressions-Sequenz ist in zwei Systemtrakte unterteilt: in den liegenden transgressiven Systemtrakt (TST) und in den hangenden regressiven Systemtrakt (RST) – letzterer entspricht dem Hochstand-Systemtrakt HST. Kleinere Transgressions-/Regressions-Zyklen werden als Sequenzen 4. Ordnung definiert

zwischen der Transgressionsfläche (*transgressive surface,* TS) und dem Umkehrpunkt *(turn-around point).* Ist der Abfall des relativen Meeresspiegels gering, liegen beide Niveaus eng beieinander (unterer Teil der Abbildung). Im dargestellten Beispiel werden kleinere, 5–15 m mächtige Transgressions-Regressions-Zyklen als Sequenzen 4. Ordnung definiert. Seewärts vorrückende Sequenzen 4. Ordnung sind während eines langen Absinkens des Base Levels in einen regressiven Systemtrakt (RST) einer Sequenz 3. Ordnung eingebunden, landwärts vorrückende Sequenzen 4. Ordnung dagegen während eines langen Anstiegs des Base Levels in einen transgressiven Systemtrakt (TST) einer Sequenz 3. Ordnung. Die Schichten der TST werden in landwärtiger Richtung vom Vorstrand zu kontinentalen Faziesräumen mächtiger. Die Schichten des RST werden seewärts mächtiger. Die Sequenzgrenze kann lateral ihren Charakter ändern – von einer subaerischen Diskordanzfläche (SU) auf der

Deltaebene zu einer Aufarbeitungsfläche im randmarinen Faziesraum und schließlich zu einer konkordanten, seewärts vor dem Vorstrand gelegenen Transgressionsfläche (TS).

● **Ferron Sandstone**

Die Studien von Gardner (1992), Cross (1993), Gardner und Cross (1994), Cross und Lessenger 1998) aus dem Ferron Sandstone, eingelagert in den oberkretazischen Mancos Shale in Utah (USA), zeigen (◘ Abb. 5.95), wie sich flussdominierte Deltakörper im Verlauf der Transgression in wellendominierte Deltas umgestalten können. Fielding (2010, 2014) und Korus und Fielding (2017) konzentrierten sich auf die Sedimentfazies und die stratigraphische Architektur des Ferron-Sandsteins (des Ferron-Notom-Deltas) östlich des aufsteigenden Sevier-Orogens und auf die Veränderung der Deltageometrie bei sinkendem Meeresspiegel, was langgestreckte Paläodeltasysteme während des späten Meeresspiegeltiefstandes schuf. Enge und Howell (2010) erweiterten diese Studie

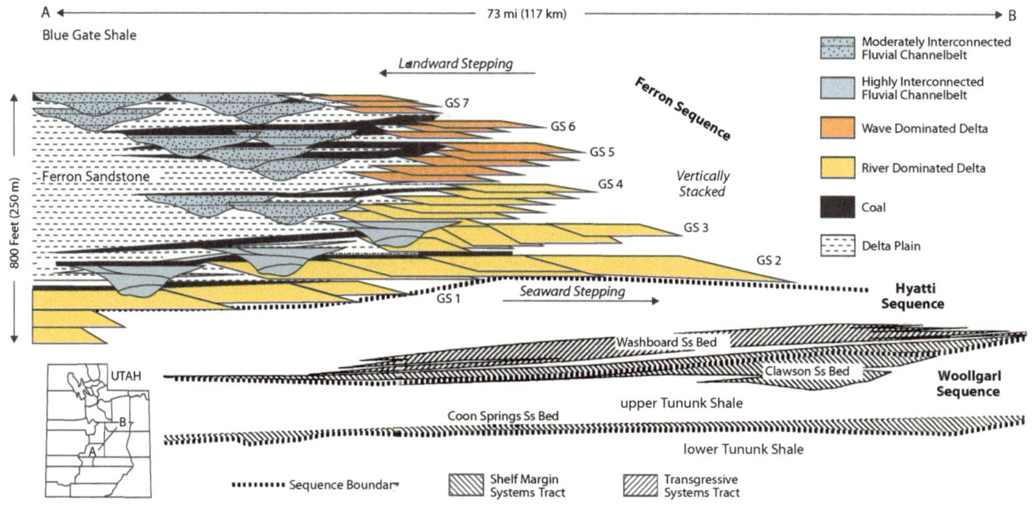

■ **Abb. 5.95** Synthetischer Profilschnitt durch die Faziesabfolge des Ferron Sandstone, Turon, Oberkreide, Utah, USA (Gardner 1992; Gardner und Cross 1994; Cross 1993). Der Schnitt verbindet die Deltaebene mit der Deltafront. Man beachte den Umschwung von einem flussdominierten Delta *(seaward stepping)* zu einem wellendominierten Delta *(landward stepping)* zwischen GS4 und GS5. Die durch Sequenzgrenzen markierten Erosionsereignisse im unteren Teil des Profilschnitts sind durch überzeichnete Lücken besonders kenntlich gemacht

auf die mit jenem stratigraphisch verbundene Panter Tongue – auch ein flussdominiertes Deltasystem – und verwendeten für ihre Analyse Modelliersoftware unter dem Gesichtspunkt der Erdölexploration. (Deveugle et al. 2011) entwarfen ein dreidimensionales, hoch aufgelöstes Modell aus zwei Parasequenzsets, je mit fünf bis sechs Parasequenzen aus 6–12 km langen, 3–9 km breiten und 5–29 m mächtigen ONOwärts progradierenden Deltaloben. Die Geometrien der eingelagerten Rinnensandsteine und distalen feinerkörnigen Deltafrontsedimente sowie ihre Orientierung wurden durch den fallenden Meeresspiegel mehrfach erheblich modifiziert.

5.13 Arbeiten zur Sequenzstratigraphie in Europa

Sequenzstratigraphisches Arbeiten setzt sich in **Europa** – nicht zuletzt aufgrund des inzwischen lang zurück liegenden Kongresses zum Thema Sequenzstratigraphie in Dijon 1992 (■ Abb. 5.96, s. a. Vail 1992) – allmählich durch (De Graciansky et al. 1998). Hierbei bieten sich unterschiedliche Sedimentbecken mit langer Tradition in der stratigraphischen, paläontologischen und sedimentologischen Behandlung als gute Beispiele an. Trotz unterschiedlicher Zielsetzung der in einer verkürzten Übersicht angezeigten Studien haben diese alle die Strukturentwicklung der untersuchten Sedimentbecken, die klima-, material- und zeitabhängige Sedimentbildung in ihnen und ihren Bezug zu einem näheren oder ferneren Meer zum Ziel. Die erarbeiteten sequenzstratigraphischen Modelle liefern einen neuen stratigraphischen Ansatz, der im Wesentlichen auf physikalischer Sedimentologie basiert.

So wurde beispielsweise im voralpinen Molassebecken (Luterbacher et al. 1991; Berger 1992, 1996; Luterbacher 1997; Zweigel 1998; Zweigel et al. 1998; Berger et al. 2005; Frieling et al. 2009; Hinsch 2008; Heckeberg et al. 2010) in dessen Oberer

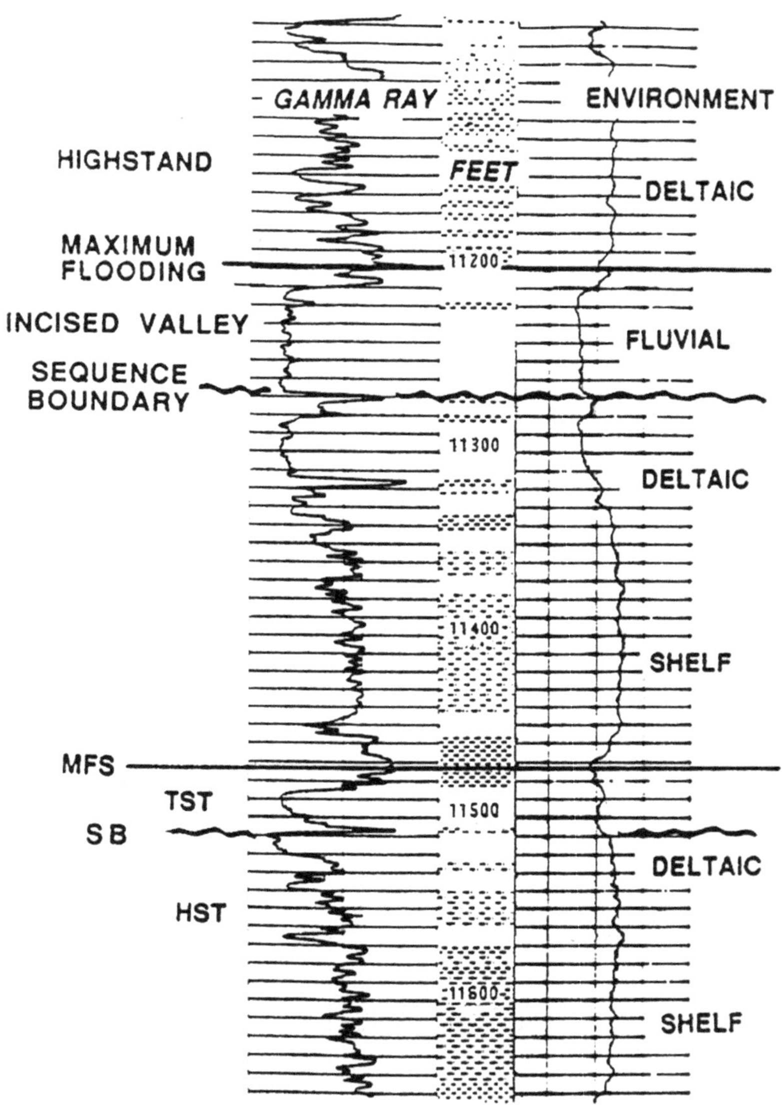

◘ Abb. 5.96 Lithologie sowie Gammaray- und Widerstand-Logs von Sequenzen 3. Ordnung in einer Bohrung auf einem langsam sinkenden Schelf. Die ausgewiesenen Sequenzen bilden zusammen einen regressiven-transgressiven-regressiven Zyklus. Die Symmetrie jeder Sequenz kann variieren…. Die Festlegung von SB *sequence boundary*, MFS *maximum flooding surface*, TST *transgressive systems tract*, HST *highstand systems tract* und *incised valley* folgte der Ansprache des Interpreten (Vail 1992, Abb. 1)

Meeresmolasse (Untermiozän) von Bieg et al. (2007, 2008) und Nebelsiek et al. (2009) das mesotidale Gezeitenregime modelliert. Im Oberrheingraben führten Derer et al. (2003) und Hinsken et al. (2007) in regional verschiedenen Gebieten zu umfassenden sequenzstratigraphischen Modellen. Schäfer et al. (2004, 2005) und Schäfer und Utescher (2014) sowie Prinz et al. (2017) entwickelten ein sequenzstratigraphisches Modell für das känozoische Niederrhein-Becken. Das Känozoikum im Norddeutschen Becken wurde von

Dill et al. (1997) sowie Köthe (2007) und im Ostdeutschen Becken von Standke et al. (1993) behandelt. Ulicny (2001), Voigt (2009, 2011) und von Eynatten et al. (2008) verbanden mit unterschiedlichen und zeitlich versetzten Zugängen die klastischen randmarinen Sedimente der Oberkreide im Böhmischen Massiv über den Elbsandstein mit dem Subherzynen Becken am Harznordrand. Betzler et al. (2007) bereiteten eine sequenzstratigraphisch unterlegte Faziesstudie für den Korallenoolith (Oxford, Malm) im Oberjura des Wesergebirges. Der Luxemburger Sandstein (Hettang und Sinemur, Unterlias) ist aus der Mitteleifel stammender karbonatklastischer Sandstein in einem ästuarischen Sedimentbecken (Gutland von Luxemburg). Auf der Grundlage von Berners (1983), Mertens et al. (1983), Berners et al. (1984), Colbach (2005) und vielen anderen ist er aktuell Gegenstand einer ausführlichen sequenzstratigraphisch unterlegten Faziesstudie. Den Buntsandstein des östlichen Pariser Beckens verbanden Bourquin et al. (2006) unter Verwendung von Base-Level-Zyklen mit demjenigen im süddeutschen Tafelland (Aigner und Bachmann 1992; Tietze und Röhling 2004). Geluk und Röhling (1997) korrelierten den Buntsandstein der Niederlande mit dem Norddeutschen Becken. Strohmenger et al. (1996) entwickelten ein sequenzstratigraphisches Modell für die Zechstein-Karbonate und Paul (2006) für den Oberen Buntsandstein (Röt) in Norddeutschland. Becker und Bechstädt (2006) entwarfen ein sequenzstratigraphisches Modell für die Karbonate und Salzfolgen des Zechstein 1 im Hessischen Becken. Schneider und Scholze (2016) publizierten eine europaweite stratigraphisch-palökologische Studie für den Zeitraum Oberkarbon bis in den Buntsandstein. Im oberkabonen Ruhr-Becken untersuchten Süss et al. (2000, 2001, 2002) die Sequenzstratigraphie der Steinkohle führenden Sedimentserien (diese wurden in ▶ Abschn. 5.12.2 ausführlich behandelt). Oberkarbon und Rotliegend im intramontanen Saar-Nahe-Becken sind seit langem Gegenstand ausgedehnter stratigraphisch-sedimen-

tologischer Studien. Dessen kontinentale klastischen Sedimentserien waren durch die Strukturbildung des kontinentalen *strike-slip*-Beckens syngenetisch geliefert und favorisierten die Verwendung der Base-Level-Stratigraphie (Schäfer 2011); eine Studie zur seismischen Stratigraphie ist in Ausführung. Die sehr mächtigen verfalteten Siliciklastika des Unterdevons (Siegen-Stufe) im Rheinischen Schiefergebirge entlang des Mittelrheintals gestatteten eine sequenzstratisch gestützte Faziesanalyse des deltaisch-randmarinen Sedimentationsraums (Stets und Schäfer 2002, 2008, 2009, 2011). Winsemann und Jonen (2000) bereiteten schelfmarine bis küstennahe klastische Sedimentserien im Unterordovicium (Tremadoc) im Thüringischen Schiefergebirge mithilfe einer sequenzstratigraphischen Sedimentanalyse auf.

5.14 Literaturhinweise

Aktuelle Beispiele in der Sedimentologie klastischer Sedimente und vor allem zur Verwendung von Sequenzstratigraphie sind seit dem Erscheinen der 1. Aufl. dieses Buches reichlich erschienen.

Das Arbeiten mit Sequenzstratigraphie führt oft zu anspruchsvollen Regeln, die nicht immer leicht zu befolgen sind. Daher sei hier eine Reihe von neueren Übersichten und Anwendungen aufgeführt: Immenhauser et al. (2005), Catuneanu (2006), Catuneanu et al. (2009), Catuneanu und Erikson (2006), Zecchin et al. (2006), Ghienne et al. (2007), Runkel et al. (2007), Hamon und Merzeraud (2008), Lubeseder et al. (2009), Frieling et al. (2009), Neal & Abreu (2009), Schlager (2010), Godet et al. (Godet 2010), Jinnah und Roberts (2011), Burton et al. (2016), Schwarz et al. 2016 und Martini et al. (2017).

Zur Bearbeitung seismischer Stratigraphie in seismischen Sektionen – um quasi an den Ausgang des Themas Sequenzstratigraphie zurückzukehren – äußerten sich Payton (1977), Berg und Woolverton (1985), Bally (1983, 1987), Greenlee et al. (1988), Bechstädt et al.

(1995), Posamentier und Kolla (2003), Latimer (2007), Dutta et al. (2007), Hart et al. (2007), DeBruin et al. (2007) und Abreu et al. (2017).

5.15 Sequenzstratigraphie und ihr Konzept

Das heute gültige Konzept der Sequenzstratigraphie lässt sich in Anlehnung an Blakey et al. (1996) folgendermaßen zusammenfassen:

- Für die sequenzstratigraphische Arbeit ist das Erkennen genetisch-stratigraphischer Einheiten von grundsätzlicher Bedeutung – denn diese liefern das stratigraphische Konzept.
- Ein Sedimentbecken wird episodisch gefüllt. In ihm sammelt sich eine vielfach sich wiederholende Wechselfolge progradierender Bildungen. Sie sind durch Schichtlücken – den Grenzflächen – voneinander getrennt.
- Die sedimentären Sequenzen zusammen mit den konservierten Grenzflächen liefern die grundsätzlichen interpretativen Einheiten des Sedimentbeckens. Galloway (1989a, b) betont die Existenz von Nichtablagerung und/oder Erosion während der Transgression. Das Exxon-Modell dagegen legt Wert auf Prozesse der Erosion während des sinkenden Meeresspiegels.
- Jedes sedimentäre Ereignis, d. h. jede in sich geschlossene logische sedimentäre Einheit, ist von Grenzflächen der Erosion bzw. der Nichtablagerung begrenzt. Diese Grenzflächen werden durch die Küstenlinie während des Transgressionsmaximums gebildet. Die daraus resultierenden sedimentären Einheiten sind die Parasequenzen im Sinne von Van Wagoner et al. (1988).
- Progradierende, aggradierende und transgredierende Faziesräume sind vorhersehbar – vor allem im *basin scale,* im Maßstab eines Sedimentbeckens.
- In den meisten Sedimentbecken existiert eine Hierarchie von Ereignissen, in denen zahlreiche lokale Sedimentationsprozesse zu den regionalen Episoden der Sedimentation beitragen.
- Dünne marine Markerhorizonte sind die Basis für die regionale Korrelation. Sie bilden sich während mariner Überflutungen im kontinentalen Raum und lassen sich vor allem dort als stratigraphische Superflächen *(super-bounding surfaces)* werten.
- Im kontinentalen Raum bilden die Superflächen ein komplexes Arrangement zahlreicher, nicht unterscheidbarer Diskordanzen. Sie werden durch Erosion, durch Weiterführung *(bypass)* von Sedimenten, durch Veränderung fluvial-deltaischer Achsen usw. gebildet. Seewärts formt sich ein *offlap,* schließlich eine als *downlap* ausgebildete Sequenzgrenze.
- Die Transgressionsfläche *(transgressive surface)* und die Fläche der maximalen Überflutung *(maximum flooding surface)* sind innerhalb zyklischer mariner Sequenzen die am einfachsten zu erkennenden Grenzflächen.
- Diskordanzen begrenzen wesentliche Ablagerungseinheiten und dokumentieren individuell deren erneute Reorganisation.
- Faziesarchitektur beschreibt den geometrischen Bezug zwischen den Ablagerungen und ihren erosiven Grenzflächen.
- Die Erkennung der Hierarchie von Grenzflächen und Sedimentgefügen führt zum stratigraphischen Konzept und zur Interpretation sedimentärer Sequenzen.
- Eine umfassende stratigraphische Analyse muss die dreidimensionale Anordnung aller Grenzflächen erklären können.
- Die durch die aufeinander folgenden Grenzflächen mitgeteilte Zeit lässt sich nur schwer bestimmen, denn chronostratigraphische Daten sind nicht immer zweifelsfrei, und oft fehlen sie. Die Schichtlücken variieren regional und innerhalb der lokalen Schichtenfolgen.
- Schichtlücken in der lokalen Schichtenfolge separieren unterschiedliche Ablagerungsereignisse und -alter.

Zeitgleich mit den vor Ort beobachteten, offensichtlichen Erosionsereignissen findet anderenorts kontinuierliche Schichtbildung statt („*time is never lost*", Cross, pers. Mitt. 2001). Die erosiv angelegten Grenzflächen haben daher vor allem lokalen Charakter.

- Die idealisierte stratigraphische Architektur beginnt auf einer durch Schichtausfall gezeichneten Fläche, der liegenden Sequenzgrenze (*sequence boundary*, sb), mit einer landwärts gerichteten Transgression und Aggradation mariner Sedimente. Diese wird von einer seewärts gerichteten Progradation terrigener Sedimente gefolgt. Marine Überflutung geschieht rasch, meist schonend, und bildet eine Flutungsfläche (*flooding surface*, FS bzw. *transgressive surface*, TS), arbeitet jedoch meist die unterlagernden Schichtenfolgen teilweise auf und bildet daher einen gut sichtbaren, transgressiven Aufarbeitungshorizont (*ravinement*, rv). Eine ideale Sequenz besteht aus zwei Halbzyklen – aus einer basalen Überflutung mit nachfolgendem transgressivem Systemtrakt (*transgressive systems tract*, TST) und aus einer oberen progradierenden und aggradierenden Abfolge (*highstand systems tract*, HST). Diese wird ihrerseits durch eine signifikante Diskordanz gekappt, die vor allem, wenn sie subaerisch gebildet wurde (*type-1 sequence boundary*, SB), deutlich ist.

- Eustasie, Subsidenz, Hebung und Sedimentzufuhr kontrollieren letztendlich die Episoden der Ablagerung. Diese können jedoch oft nicht voneinander getrennt werden. So produzieren hohe Sedimentationsrate, geringe Absenkungsrate und langsamer Abfall des Meeresspiegels jeweils identisch progradierende Sedimentfazies, wenn zwei dieser Variablen konstant gehalten werden.

- Die Sedimente des Küstenklinoforms und alle sich daraus ableitenden flach- und tiefmarinen Bildungen werden grundsätzlich vom Kontinent geliefert.

- Die Rate von Erosion, Transport und Ablagerung der Sedimente, die Eustasie des Meeres, die Subsidenz und/oder Hebung des Sedimente liefernden Hinterlandes kann durchaus 1 m pro 100 Jahre erreichen oder gar übersteigen. Daher kann die Trennung aller dieser Prozesse nur mithilfe der biostratigraphischen und biofaziellen Interpretation der Ablagerungen erfolgen.

- Die Präzision der Isotopenstratigraphie und der Magnetostratigraphie muss auf die Biostratigraphie abgestimmt sein. Die in stratigraphischen Tabellen mitgeteilten sequenzstratigraphischen Zyklenalter sind interpretierte numerische Angaben, nutzen das komplexe Angebot der physikalischen Sedimentologie, sind jedoch erheblich von der aktuellen Deutung abhängig und zeigen Verschiedenheiten gegenüber den konventionellen stratigraphischen Altern.

Literatur

Abbott, S.T. (2000): Detached mud prism origin of highstand systems tracts from mid-Pleistocene sequences, Wanganui Basin, New Zealand.- Sedimentology, 47, 15–29.

Abreu, V.S. & Anderson, J.B. (1998): Glacial eustasy during the Cenozoic: Sequence stratigraphic implications.- AAPG Bull., 82, 1385–1400.

Abreu, V., Feldman, H.R., Pederson, K.H. & Neal, J.A. (eds 2017): Sequence stratigraphy of siliciclastic systems.- 250 pp, 2nd ed, Concepts in Sedimentology and Paleontology, CSP 9, SEPM (Society for Sedimentary Geology).

Aigner, T. & Bachmann, G.H. (1992): Sequence-stratigraphic framework of the German Triassic.- Sediment. Geol., 80, 115–135.

Aigner, T., Bachmann, G.H. & Hagdorn, H. (1990): Zyklische Stratigraphie und Ablagerungsbedingungen von Hauptmuschelkalk, Lettenkeuper und Gipskeuper in Nordost-Württemberg.- Jber. Mitt. oberrh. geol. Ver., N.F., 72, 125–143.

Aigner, T., Hornung, J., Junghans, W.-D. & Pöppelreiter, M. (1998): Baselevel cycles in the Triassic of the South-German Basin: a short progress report.- Zbl. Geol. Paläont., Teil I, 1998, 537–544.

Aigner, T., Heinz, J., Hornung, J. & Asprion, U. (1999): A hierarchial process-approach to reservoir

heterogenity: Examples from outcrop analogues.-
Bull. Centres Rech. Explor. Prod. Elf-Aquitaine, 22,
1–11.

Aissaoui, M.N., Bédir, M. & Gabtni, H. (2016): Petroleum
assessment of Berkine-Ghadames Basin, southern
Tunesia.- AAPG Bull., 100, 3, 455–478.

Allen, P.A. & Allen, J.R. (1990): Basin analysis. Principles
and application.- 451 pp, (Blackwell) Oxford.

Allen, G.P. & Posamentier, H.W. (1993): Sequence stratigraphy and facies models of an incised valley
fill: the Gironde Estuary, France.- J. Sediment.
Petrology, 63, 378–391.

Allen, J.P. & Fielding, C.R. (2007): Sequence architecture within a low-accommodation setting: An
example from the Permian of the Galilee and
Bowen Basins, Queensland, Australia.- AAPG
Bulletin, 91, 11, 1503–1539.

Arthur, M.A. & Sageman, B.B. (1994): Marine black shales: Depositional mechanisms and environments
of ancient deposits.- Annual Review of Earth and
Planetary Sciences, 22, 499–551.; ▶ https://doi.
org/10.1146/annurev.ea.22.050194.002435.

Aschoff, J.L., Olariu, C. & Steel, R.J. (2016): Recognition
and significance of bayhead delta deposits in the
rock record: A comparison of modern and ancient
systems.- Sedimentology, 63, 6, ▶ https://doi.
org/10.1111/sed.12351.

Bally, A.W. (1983): Seismic Expression of Structural
Styles, A Picture and Work Atlas.- AAPG Studies
in Geology Series # 15 – Volume 2, The American Association of Petroleum Geologists. ISBN
0-89181-021-8.

Bally, A.W. (ed 1987): Atlas of Seismic Stratigraphy.-
AAPG Studies in Geology, 27: vol 1 – Seismic reflection method, vol 2 – Geology, stratigraphy, vol
3 – Petroleum.; ISBN 0-89181-033-034-x-035-8.

Barrell, J. (1917): Criteria for the recognition of ancient
delta deposits.- Geol. Soc. Amer. Bull., 28,
745–904.

Baum, G.R. & Vail, P.R. (1988): Sequence stratigraphic
concepts applied to Paleogene outcrops, Gulf
and Atlantic basins.- In: Wilgus, C.K., Hastings,
B.S., Kendall, C.G.St.C., Posamentier, H.W., Ross,
C.A. & Van Wagoner, J.C. (eds): Sea-level changes:
An integrated approach.- SEPM Spec. Publ., 42,
309–327.

Bechstädt, T., Fischer, K.C., Marschall, R., Moeller, U.
& Zühlke, R. (1995): Seismic stratigraphy and
its implication in hydrocarbon exploration.- J.
Seismic Exploration, 4, 247–278.

Becker, F. & Bechstädt, T. (2006): Sequence stratigraphy of carbonate-evaporite succession (Zechstein
1, Hessian Basin, Germany).- Sedimentology, 53,
5, 1083–1120.

Behringer, W. (2007): Kulturgeschichte des Klimas.
Von der Eiszeit bis zur globalen Erwärmung.- 352

S., (5. Auflage), (dtv) München. ISBN 978-3-423-
34652-8.

Berg, O.R. & Woolverton, D.G. (eds 1985): Seismic
stratigraphy II: An integrated approach to hydrocarbon exploration.- AAPG Memoir, 39, 276 pp.

Berger, A.L. (1977): Support for the astronomical
theory of climate change.- Nature, 296, 44–45.

Berger, A.L., Loutre, M.F. & Dehant, V. (1989): Influence
of the changing lunar orbit on the astronomical
frequencies of Pre-Quaternary insolation patterns.- Palaeoceanography, 4, 555–564.

Berger, A.L. & Loutre, M.F. (1994): Astronomical forcing
through geological time.- IAS Spec. Publ., 19,
15–24.

Berger, A.L., Imbrie, J., Hays, J., Kukla, G. & Saltzmann,
B. (1982): Milankovitch and climate. Understan-
ding the response to astronomical forcing.- Nato
ASI Series C: Mathematical and Physical Sciences,
126, Part 1 + 2, 895 pp, (D. Reidel Publ. Comp.)
Dordrecht, Boston, Lancaster.

Berger, J.-P. (1992): Correlative chart of the European
Oligocene and Miocene: application to the Swiss
Molasse Basin.- Eclogae geol. Helv., 85, 573–609.

Berger, J.-P. (1996): Cartes paléogéographiques-
palinspastiques du bassin molassique suisse
(Oligocène inférieur – Miocène moyen).- N. Jb.
Geol. Paläont., Abh., 202, 1–44.

Berger, J.-P. et al. (2005): Paleogeography of the Upper
Rhine Graben and the Swiss Molasse Basin from
Eocene to Pliocene.- Int. J. Earth Sci./Geol. Rund-
schau, 94, 711–731.

Berggren, W.A., Kent, D.V., Swisher, C.C. & Aubry,
M.-P. (1995): A revised Cenozoic geochronology
and chronostratigraphy.- SEPM Spec. Publ., 54,
129–212.

Berners, H.P. (1983): A Lower Liassic offshore bar
environment, contribution to the sedimentology
of the Luxembourg Sandstone.- Ann. Soc. Géol.
Belgique, 106, 87–102, Liège.

Berners, H.-P., Bock, H., Courel, L., Demonfaucon,
A., Hary, A., Hendriks, F., Müller, E., Muller, A.,
Schrader, E. & Wagner, J.F. (1984): Vom West-
rand des Germanischen Trias-Beckens zum
Ostrand des Pariser Lias-Beckens: Aspekte der
Sedimentationsgeschichte.- Jber. u. Mitt. oberrh.
geol. Ver., N.F. 66, 357–395, Stuttgart.

Bernoulli, D. & Mckenzie, J. (1981): Hardground formation in the Hellenic trench penesaline to hypersaline marine carbonate diagenesis.- In: Dercourt,
J. (ed): Programme HEAT, Campagne Submersi-
ble, Les Fossés Helléniques.- Publ. CNEXO, Résult.
Campagnes. la Mer, 23, 197–213.

Bernoulli, D. & Jenkyns, H.C. (2009): Ancient oceans
and continental margins of the Alpine-Mediterranean Tethys: deciphering clues from Mesozoic
pelagic sediments and ophiolites.- Sedimen-

tology 56, 149–190; ▶ https://doi.org/10.111
1/j.1365-3091.2008.01017.

Betzler, C., Pawellek, T., Abdullah, M. & Kossler, A. (2007): Facies and stratigraphic architecture of the Korallenoolith Formation in North Germany (Lauensteiner Pass, Ith Mountains).- Sed mentary Geology, 194, 61–75.

Bhattacharya, J.P. (1993): The expression and interpretation of marine flooding surfaces and erosional surfaces in core; examples from the Upper Cretaceous Dunvegan Formation, Alberta foreland basin, Canada.- In: Posamentier et al. (eds): Sequence Stratigraphy and Facies Associations. Spec. Publ. Int. Ass. Sediment., 18, 125–160.

Bieg, U., Nebelsick, J.H., & Rasser, M. (2007): North alpine foreland basin (Upper Marine Molasse) of Southwest Germany, sedimentology, stratigraphy and palaeontology.- Geo.-Alp, 4, 149–158. ▶ http://www.molasse.net/bieg_nebelsick_rasser.red.pdf.

Bieg, U., Süss, M.P. & Kuhlemann, J. (2008): Simulation of tidal flow and circulation patterns in the Early Miocene (Upper Marine Molasse) of the Alpine foreland basin.- Spec. Publ. IAS, 40, 145–169.

Blanchard, S., Fielding, C.R., Frank, T.D. & Barr ck, J.B. (2016): Sequence stratigraphic framework for mixed aeolian, peritidal and marine environments: Insights from the Pennsylvanian subtropical record of Western Pangaea.- Sedimentology, 63, 7, 1929–1970; ▶ https://doi. org/10.1111/sed.12285.

Blackwelder, E. (1909): The evaluation of unconformities.- J. Geol., 17, 289–299.

Blakey, R.C., Havholm, K.G. & Jones, L.S. (1996): Stratigraphic analysis of eolian interactions with marine and fluvial deposits, Middle Jurassic Page Sandstone and Carmel Formation, Colorado Plateau, U.S.A.- J. Sediment. Research, 66, 324–342.

Blondel, T.J.A., Gorin, G.E. & Duchène, R.J. (1993): Sequence stratigraphy in coastal environments: sedimentology and palynofacies of the Miocene in Central Tunesia.- In: Posamentier, H.W. et al.: Sequence stratigraphy and facies associations.- Spec. Publs Int. Ass. Sediment., 18, 161–179, Oxford.

Böger, H. (1964): Palökologische Untersuchungen an Cyclothemen im Ruhrkarbon.- Palaeontologische Zeitschrift, 38, 142–157.

Boggs, S. jr. (1995): Principles of sedimentology and stratigraphy.- 774 pp, 2nd ed, (Prentice Hall) Englewood Cliffs, NJ.

Bourquin, S., Peron, S. & Durand, M. (2006): Lower Triassic sequence stratigraphy of the western part of the Germanic Basin (west of Black Forest): Fluvial system evolution through time and space.- Sedimentary Geology, 186, 3–4, 187–211.

Bowman, A.P. & Johnson, H.D. (2014): Storm-dominated shelf-edge delta successions in a high accommodation setting: The palaeo-Orinoco Delta (Mayaro Formation), Columbus Basin, South-East Trinidad.- Sedimentology, 61, 792–835.

Buchbinder, B. & Zilbermann, E. (1997): Sequence stratigraphy of Miocene-Pliocene carbonate-siliciclastic shelf deposits in the eastern Mediterranean margin (Israel): effects of eustasy and tectonics.- Sediment. Geol., 112, 7–32.

Burton, D., Flaig. P.F. & Prather, T.J. (2016): Regional controls on depositional trends in tidally modified deltas: Insights from sequence stratigraphic correlation and mapping of the Loyd and Sego Sandstones, Uinta and Piceance Basins of Utah and Colorado, USA.- Journal of Sedimentary Research, 86,7, 763–785. ▶ https://doi. org/10.2110/jsr.2016.48.

Busch, R.M. & Rollins, H.B. (1984): Correlation of Carboniferous strata using a hierachy of transgressive-regressive units.- Geology, 12, 471–474.

Canestrelli, A., Lanzoni, S. & Fagherazzi, S. (2014): One-dimensional numerical modeling of the long-term morphodynamic evolution of a tidally-dominated estuary: The Lower Fly River (Papua New Guinea).- Sedimentary Geology, 301, 107–119. ▶ https://doi.org/10.1016/j.sedgeo.2013.06.009.

Catuneanu, O. (2006): Principles of sequence stratigraphy.- 375 pp, (Elsevier) Amsterdam. [ISBN-13 978-0-444-51568-1.

Catuneanu, O. & Erikson, P. (eds 2006): Sedimentology and sequence stratigraphy of fluvial deposits: A tribute to Andrew Miall.- Sediment. Geol., 190, 1–4, 1–351.

Catuneanu, O., Abreu, V., Bhattacharya, J.P., Blum, M.D, Dalrymple, R.W., Eriksson, P.G., Fielding, C.R., Fisher, W.L., Galloway, W.E., Gibling, M.R., Giles, K.A., Holbrook, J.M., Jordan, R., Kendall, C.G.St.C., Macurda, B., Martinsen, O.J., Miall, A.D., Neal, J.E. & Winker, C. (2009): Towards the standardization of sequence stratigraphy.- Earth-Science Reviews, 92, 1/2, 1–33. ▶ https://doi.org/10.1016/j.earscirev.2008.10.003.

Chamberlin, T.C. (1909): Diastrophism as the ultimate basis of correlation.- J. Geol., 17, 685–693.

Chestnut, D.R. (1994): Eustatic and tectonic control of deposition of the Lower and Middle Pennsylvanian strata of the central Appalachian basin.- In: Dennison, J.M. & Ettensohn, F.R.: Tectonic and eustatic controls on sedimentary cycles.- SEPM Concepts in Sedimentology and Palaeontology, 4, 51–64.

Chiocci, F.L., Ercilla, G. & Torres, J. (1997): Stratal architecture of Western Mediterranean Margins as the result of the stacking of Quaternary lowstand deposits below glacioeustatic fluctuation base-level.- Sediment. Geol., 112, 195–217.

Claoué-Long, J.C., Compston, W., Roberts, J. & Fanning, C.M. (1995): Two Carboniferous ages: a comparison of Shrimp zircon dating with conventional zircon ages and 40Ar/39Ar analysis.- SEPM Spec. Publ., 54, 3–21.

Coe, A. L. (ed 2003): The sedimentary record of sea-level change.- 287 pp, (Cambridge Univ. Press) Cambridge.

Colbach, R. (2005): Overview of the geology of the Luxembourg Sandstone(s).- Ferrantia 44, 155–160.

Cronin, T.M. (1983): Rapid sea level and climate change: Evidence from continental and island margins.- Quaternary Science Reviews, 1, 177–214.

Cross, T.A. (1988): Controls on coal distribution in transgressive-regressive cycles, Upper Cretaceous, Western Interior, USA.- In: Wilgus, C.K. et al. (eds): Sea-level changes: an integrated approach.- Soc. Econ. Paleont. Mineral., Spec. Publ., 42, 371–380.

Cross, T.A. (1993): Applications of high-resolution sequence stratigraphy in petroleum exploration and production.- Short course, Canadian Society of Petroleum Geologists, PANGEA Meeting; August 15–19, 1993, Calgary.

Cross, T.A. (1997): CSM spring field trip to the Book Cliffs, March 14–21, 1997.- Excursion Field Guide, Colorado School of Mines, Golden.

Cross, T.A. & Homewood, P.W. (1997): Amanz Gressly's role in founding modern stratigraphy.- GSA Bull., 109, 1617–1630.

Cross, T.A. & Lessenger, M.A. (1997): Correlation strategies for clastic wedges.- In: Coulson, E.B., Osmond, J.C. & Williams, F.T. (eds): Innovative applications of petroleum technology in the Rocky Mountain area.- Rocky Mountain Association of Geologists, 183–203.

Cross, T.A. & Lessenger, M.A. (1998): Sediment volume partitioning: rationale for stratigraphic model evaluation and high-resolution stratigraphic correlation.- In: Gradstein, F.M., Sandvik, K.O. & Milton, N.J. (eds): Sequence stratigraphy – Concepts and applications.- NPF Spec. Publ., 8, 171–195, (Elsevier) Amsterdam.

Cross, T.A. & Mjøs, R. (1998): Field guide to the Gallup and Mesa Verde Group, 4-Corners Region, Statoil Predictive Stratigraphy Field Seminar, May 1998.- Excursion Field Guide, Colorado School of Mines, Golden.

Cross, T.A., Baker, M.R., Chapin, M.A., Clark, M.S., Gardner, M.H., Hanson, M.S., Lessenger, M.A., Little, L.D., McDonough, K.J., Sonnenfeld, M.D., Valasek, D.W., Williams, M.R. & Witter, D.N. (1993): Application of high-resolution sequence stratigraphy to reservoir analysis.- In: Eschad, R. & Doligez, B.

(eds): Subsurface reservoir characterisation from outcrop observations.- Proceedings of the 7th Exploration and Production Research Conference, Technip, 11–33, Paris.

Crowley, T.J., Baum, S.K. & Hyde, W.T. (1991): Climate model comparison of Gondwana and Laurentide glaciations.- J. Geophys. Res., 96, 9217–9226.

De Boer, P.L. (1991): Pelagic black shale carbonate rhythmus: Orbital forcing and oceanographic response.- In: Einsele et al. (eds): Cycles and events in stratigraphy.- 63–78, (Springer) Berlin, Heidelberg.

De Boer, P.L. & Smith, D.G. (1994): Orbital forcing and cyclic sequences.- In: De Boer, P.L. & Smith, D.G.: Orbital forcing and cyclic sequences. Spec. Publs Int. Ass. Sediment., 19, 1–14.

De Bruin, G., Hemstra, N. & Pouwel, A. (2007): Stratigraphic surfaces in the depositional and chronostratigraphic (Wheeler-transformed) domain.- The Leading Edge, 2007, 7, 883–886.

De Graciansky, C., Hardenbol, J., Jacquin, T. & Vail, P.R. (eds 1998): Mesozoic and cenozoic sequence stratigraphy of European basins.- SEPM Spec. Publ., 60, 1–485, Tulsa.

Derer, Ch., Kosinowski, M., Luterbacher, H.P., Schäfer, A. & Süss, M.P. (2003): Sedimentary response to tectonics in extensional basins: the Pechelbronn Formation (late Eocene to early Oligocene) in the northern Upper Rhine Graben, Germany.- In: McCann, T. & Saintot, A. (eds): Tracing tectonic deformation using the sedimentary record.- Geol. Soc. London, Spec. Publ., 208, 55–69, London.

Deveugle, P.E.K., Jackson, M.D., Hampson, G.J., Farrell, M.E., Sprague, A.R., Stewart, J. & Calvert, C.S. (2011): Characterisation of stratigraphic architecture and its impact on fluid flow in a fluvial-dominated deltaic reservoir analog: Upper Cretaceous Ferron Sandstone Member, Utah.- AAPG Bull., 95, 5, 693–727.

Dill, H.G., Scheel, M., Köthe, A., Botz, R. & Henjes-Kunst, F. (1997): An integrated environment analysis – lithofacies, chemofacies, biofacies – of the Oligocene calcareous-siliciclastic shelf deposits in northern Germany.- Palaeogeography, Palaeoclimatology, Palaeoecology, 131, 145–174.

Dunham, K.W., Meyers, P.A. & Ho, E.S. (1988): Organic geochemistry of Cretaceous black shales and adjacent strata from the Galicia Margin, North Atlantic Ocean.- In: Boillot, G., Winterer, E.L. et al.: Proc. ODP, Sci. Results, 103, 557–565, Washington.

Dutta, T., Mukerji, T. & Mavko, G. (2007): Rock physics modeling constrained by sequence stratigraphy.- The Leading Edge, 2007, 7, 870–875.

Duval, B., Cramez, C. & Vail, P.R. (1992): Types and hierarchy of stratigraphic cycles.- In: Centre Nat. Rech. Sci. (eds): Mesozoic and Cenozoic Sequence

Stratigraphy of European basins.- International Symposium at Dijon 1992, Abstracts Volume, 44–45, Dijon.

Eisbacher, G.H. (1995): Einführung in die Tektonik.- 374 S., 2. Aufl., (Spektrum) Heidelberg.

Embry, A.F. (1995): Sequence boundaries and sequence hierarchies: problems and proposals.- In: Steel, R.J., Felt, V., Johannessen, E.P. & Mathieu, C. (eds): Sequence stratigraphy of the Northwest European Margin.- Norwegian Petroleum Society (NPF), Spec. Publ., 5, 1–11, (Elsevier) Amsterdam.

Embry, A.F. & Johannessen, E.P. (1992): T-R sequence stratigraphy, facies analysis and reservoir distribution in the uppermost Triassic to Lower Jurassic succession, western Sverdrup Basin, Arctic Canada.- In: Vorren, T.O., Bergsager, E., Dahl-Stammes, O.A., Holter, E., Johansen, B., Lie, E. & Lund, T.B. (eds): Arctic geology and petroleum geology.- Norwegian Petroleum Society (NPF), Spec. Publ., 2, 121–146, (Elsevier) Amsterdam.

Embry, A.F., Catuneanu, O. & Eriksson, P.G. (2004): Sequence stratigraphy and the Precambrian.- in: Eriksson, P.G., Altermann, W., Nelson, D.R., Mueller, W.U. & Catuneanu, O. (eds 2004): The Precambian Earth: Tempos and events.- Dev. in Precambian Geology, 12, 681–738.

Emery, D. & Myers, K.J. (1996): Sequence stratigraphy.- 297 pp, (Blackwell) Oxford.

Enge, H. & Howell, J.A. (2010): Impact of deltaic clinothems on reservoir performance: Dynamic studies of reservoir analogs from the Ferron Sandstone Member and Panther Tongue, Utah.- AAPG Bull, 94, 2, 139–161.

English, K.L., Redfern, J., Corcoran, D.V., English, J.M. & Cherif, R.Y. (2016): Constraining burial history and petroleum charge in exhumed basins: New insights from the Illizi Basin, Algeria.- AAPG Bull, 100, 4, 623–655. ▶ https://doi.org/10.1306/12171515067.

Eynatten, H. v., Voigt, T., Meier, A., Franzke, H.-J. & Gaupp, R. (2008): Provenance of the clastic Cretaceous Subhercynian Basin fill: constraints to exhumation of the Harz Mountains and the timing of inversion tectonics in the Central European Basin.- Int. J. Earth Sciences, 97, 1315–1330.

Fiebig, H. (1971): Gesamtschichtenschnitt (overall-section) des Niederrheinisch-Westfälischen Steinkohlengebietes (Stand 1970).- In: Hedemann, H., Fabian, H.J., Fiebig, H. & Rabitz, A.: Das Karbon in marin-paralischer Entwicklung.- 7. Internat. Congr. Stratigr. Géol. Carbonif., Krefeld, C.R., 1, 29–47.

Fielding, C.R (2010): Planform and facies variability in asymmetric deltas: Facies analysis and depositional architecture of the Turonian Ferron Sandstone in the western Henry Mts, South-Central Utah, USA.- JSR, 80, 455–479.

Fielding, C.R. (2014): Anatomy of falling-stage deltas in the Turonian Ferron Sandstone of the western Henry Mountains Syncline, Utah: growth faults, slope failures, and mass transport complexes.- Sedimentology, ▶ https://doi.org/10.1111/sed.12136.

Fielding, C.R. (2017): Stratigraphic architecture of the Cenozoic succession in the McMurdo Sound region, Antarctica: An archive of polar palaeo-environmental change in a failed rift setting.- Sedimentology, 65, 1, 1–61; ▶ https://doi.org/10.1111/sed.12413.

Fielding, C.R., Bann, K.L., MacEachern, J.A., Tye S.C. & Jones, B.G. (2006): Cyclicity in the nearshore marine to coastal, Lower Permian, southern Sydney Basin, Australia: a record of relative sea-level fluctuations at the close of the Late Paleozoic Gondwanan ice age.- Sedimentology, 53, 435–463.

Flores, R.M. & Hanley, J.H. (1984): Anastomosed and associated coal-bearing fluvial deposits: Upper Tongue River Member, Palaeocene Fort Union Formation, northern Powder River Basin, Wyoming, USA.- IAS Spec. Publ., 7, 85–103.

Frieling, D., Aehnelt, M., Scholz, H. & Reichenbacher, B. (2009): Sequence stratigraphy of an alluvial fan-delta in the Upper Marine Molasse (Pfänder area, Late Burdigalian, Miocene).- Z. dt. Ges. Geowiss., 160, 333–357.

Friend, P.F. & Dabrio, C.J. (eds 1996): Tertiary basins of Spain, the stratigraphy record of crustal kinematics.- 400 pp, (Cambridge University Press) Cambridge.

Füchtbauer, H. (ed 1988): Sedimente und Sedimentgesteine.- 1141 S., 4. Aufl., (Schweizerbart) Stuttgart.

Füchtbauer, H. (1992): Sedimentologie und Diagenese des Oberkarbons in NW-Deutschland.- Z. angew. Geol., 38, 37–40.

Gallagher, J.W. & Dromgoole, P.W. (2007): Exploring below the basalt, offshore Faroes: a case history of sub-basalt imaging.- Petroleum Geoscience, 13, 3, 213–225. ▶ https://doi.org/10.1144/1354-079306-711.

Galloway, W.E. (1989a): Genetic stratigraphic sequences in basin analysis – I. Architecture and genesis of flooding-surface bounded depositional units.- AAPG Bull., 73, 125–142.

Galloway, W.E. (1989b): Genetic stratigraphic sequences in basin analysis – II. Application to Northwest Gulf of Mexico Cenozoic Basin.- AAPG Bull., 73, 143–154.

Gardner, M.H. (1992): Variations in fluvial-deltaic architecture related to preservational trends in a Cretaceous clastic wedge, Ferron Sandstone, Utah.- American Association of Petroleum Geologists, 1992 Annual Convention Program, 44–45.

Gardner, M.H. & Cross, T.A. (1994): Middle Cretaceous paleogeography of Utah.- In: Caputo, M.V., Peterson, J.A. & Franczyk, K.J. (eds): Mesozoic systems of the Rocky Mountain region, USA.- Rocky Mountain Section SEPM (Society for Sedimentary Geology), 471–502, Denver.

Gee, C.T., Sander, P.M. & Abraham, M. (1997): The occurrence of carpoflores in coarse sand fluvial deposits: comparison of fossil and recent case studies.- Meded. Nederlands Instituut voor Toegepaste Geowetenschappen, 58, 171–178.

Geluk, M.C. & Röhling, H.-G. (1997): High-resolution sequence stratigraphy of the Lower Triassic Buntsandstein in the Netherlands and northeastern Germany.- Geologie en Mijnbouw, 76, 227–246.

Gensous, B., Williamson, D. & Tesson, M. (1993): Late-Quaternary transgressive and highstand deposits of a deltaic shelf (Rhône delta, France).- In: Posamentier, H.W., Summerhayes, C.P., Haq, B.U. & Allen, G.P. (eds): Sequence stratigraphy and facies associations.- Spec. Publs Int. Ass. Sedimentol., 18, 197–211.

Gensous, B. & Tesson, M. (1996): Sequence stratigraphy, seismic profiles, and cores of Pleistocene deposits on the Rhône continental shelf.- Sediment. Geol., 105, 183–190.

Gervais, F. (2016): Anthropogenic CO_2 warming challenged by 60-year cycle.- Earth-Science Reviews, 155, 129–135. ► http://dx.doi.org/10.1016/j.earscirev.2016.02.005.

Ghienne, J.F., Boumendjel, K., Paris, F., Videt, B., Racheboeuf, P. & Ait Salem, H. (2007): The Cambrian-Ordovician succession in the Ougarta Range (western Algeria, North Africa) and the interference of the Late Ordovician glaciation on the development of the Lower Palaeozoic transgression on northern Gondwana.- Bull. of Geosciences, 82, 3, 183–214, (Czech Geol. Surv), Praha. ► https://doi.org/10.3140/bull.geosci.2007.03.183.

Godet, A. et al. (2010): Stratigraphical, sedimentological and palaeoenvironmetal constraints on the rise of the Urgonian platform in the western Swiss Jura.- Sedimentology, 57, 1088–1125.

Goldhammer, R.K., Oswald, E.J. & Dunn, P.A. (1991): Hierarchy in stratigraphic forcing: example from the Pennsylvanian shelf carbonates of the Paradox Basin: an evaluation of Milankovitch forcing.- In: Franseen, E.K., Watney, W.L., Kendall, C.G.S.C. & Ross, W. (eds): Sedimentary modeling: Computer simulations and methods for improved parameter definition.- Kansas Geol. Surv., Bull., 233, 361–413.

Goldhammer, R.K., Oswald, E.J. & Dunn, P.A. (1994): High-frequency glacio-eustatic cyclicity in the Middle Pennsylvanian of the Paradox Basin: an evaluation of Milankovitch forcing.- IAS Spec. Publ., 19, 243–283.

Golonka, J., Oszczypko, N. & Slaczka, A. (2000): Late Carboniferous-Neogene geodynamic evolution and paleogeography of the circum-Carpathian region and adjacent areas.- Ann. Soc. Geol. Poloniae (Journal of the Polish Geol. Soc.), 70, 107–136.

Grabau, A.W. (1906): Types of sedimentary overlap.- Geol. Soc. Amer. Bull., 17, 567–636.

Gradstein, F.M., Sandvik, K.O. & Milton, N.J. (1998): Sequence Stratigraphy. Concepts and Applications.- Norwegian Petroleum Society (NPF), Spec. Publ., 8, 437 pp, (Elsevier) Amsterdam.

Gray, L.J., Woollings, T.J., Andrews, M. & Knight, J. (2016): Eleven-year solar cycle signal in the NAO and Atlantic/European blocking.- Quarterly Journal of the Royal Meteorological Society 142, 1890–1903, July 2016; ► https://doi.org/10.1002/qj.2782.

Greenlee, S.M., Schroeder, F.W. & Vail, P.R. (1988): Seismic stratigraphic and geohistory analysis of Tertiary strata from the continental shelf off New Jersey. Calculation of eustatic fluctuations from stratigraphic data.- In: Sheridan, R.E & Grow, J.A. (eds): The Atlantic Continental Margin: U.S.- The Geology of North America, vol. I–2, 437–444, (Geol. Soc. Amer.), Boulder, COL.

Gressly, A. (1838): Observations géologiques sur le Jura soleurois.- Nouveaux mémoires de la Societé Helvétique des Sciences Naturelles, 349 pp, Neuchatel.

Grimm, K.A. (2000): Stratigraphic condensation and the redeposition of economic phosphorite; allostratigraphy of Oligo-Miocene shelfal sediments, Baja California Sur, Mexico.- In: Glenn, C.R., Prevot-Lucas, L. & Lucas, J.: Marine authigenesis, from global to microbial.- Society for Sedimentary Geology, Spec. Publ., 66, 325–347.

Gross, G.K. (1993): Der Wald, aus dem Flöz Morken stammt.- Revier und Werk, 1993, 8, 38–39.

Hager, H. (1986): Peat accumulation and syngenetic clastic sedimentation in the Tertiary of the Lower Rhine Basin (F.R. Germany).- Mem. Soc. Géol. France, N. S., 149, 51–56.

Hallam, A. (1980): Black shales.- J. Geol. Soc. London, 137, 123–124.

Hamon, Y. & Merzeraud, G. (2008): Facies architecture and cyclicity in a mosaic carbonate platform: effects of fault-block tectonics (Lower Lias, Causses platform, south-east France).- Sedimentology, 55, 155–178.

Haq, B.U. & Van Eysinga, F.W. (1987): Geological Time Table.- (4th ed), (Elsevier) Amsterdam.

Haq, B.U., Hardenbol, J. & Vail, P.R. (1987): Chronology of fluctuating sea levels since the Triassic.- Science, 235, 1156–1166, Washington D.C.

Haq, B.U., Hardenbol, J. & Vail, P.R. (1988): Mesozoic und Cenozoic chronostratigraphy and cycles of sea-level change.- In: Wilgus, C.K., Hastings, B.S., Kendall, C.G.St.C., Posamentier, H.W., Ross, C.A. & van Wagoner, J.C. (eds): Sea-level changes. An integrated approach.- SEPM Spec. Publ., 42, 71–108, Tulsa.

Harland, W.B., Armstrong, R.L., Cox, A.V., Craig, L.E., Smith, A.J. & Smith, D.G. (1990): A Geologic Time Scale 1989.- 263 pp, (University Press) Cambridge.

Hart, B., Sarzalejo, S. & McLullagh, T. (2007): Seismic stratigraphy and small 3D seismic surveys.- The Leading Edge, 2007, 7, 876–881.

Hartkopf, C. & Stapf, K.R.G. (1984): Sedimentologie des Unteren Meeressandes (Rupelium, Tertiär) an Inselstränden im W-Teil des Mainzer Beckens (SW-Deutschland).- Mitt. Pollichia, 71 (für 1983), 5–106, Bad Dürckheim.

Hathaway, D.H. (2015): The Solar Cycle.- Living Reviews in Solar Physics, 12, 4. NASA Ames Research Center, Moffett Field, USA ▶ https:// doi.org/10.1007/lrsp-2015-4 Open Access Review Article, First Online: 21 September 2015.

Hutsky, A.J. & Fielding, C.R. (2017): Tectonic control on deltaic sediment dispersal in the middle to upper Turonian Western Cordilleran Forelanc Basin, USA.- Accepted manuscript online: 24 Jan 2017| ▶ https://doi.org/10.1111/sed.12363.

Heckeberg, N., Pippèrr, M., Läuchli, B., Heimann, F.U.M. & Reichenbacher, B. (2010): The Upper Marine Molasse (Burdigalian, Ottnangian) in Southwest Germany – facies interpretation and a new lithostratigraphic terminology.- Z. dt. Ges. Geowiss., 161/3, 285–302.

Heinz, J. & Aigner, T. (2003): Hierarchial dynamic stratigraphy in various Quaternary gravel deposits, Rhine glacier area (SW Germany): implications for hydrostratigraphy.- Int. J. Earth Sci. / Geol. Rundschau, 92, 923–938.

Hellend-Hansen, W. & Gjelberg, J.G. (1994): Conceptual basis and variability in sequence stratigraphy: a different perspective.- Sediment. Geol., 92, 31–52.

Hess, J.C. & Lippolt, H.J. (1986): 40Ar/39Ar ages of tonstein and tuff sanidines: New calibration points for the improvement of the upper Carboniferous time scale.- Isotope Geoscience, 59, 943–952.

Hettinger, R.D., McCabe, P.J. & Shanley, K.W. (1993): Detailed facies anatomy of transgressive and highstand systems tracts from the Upper Cretaceous of Southern Utah, USA.- In: Weimer, P. & Posamentier, H.W. (eds): Siliciclastic sequence stratigraphy.- AAPG Memoir, 58, 235–257.

Hinsch, R. (2008): New insights into the Oligocene to Miocene geological evolution of the Molasse Basin of Austria.- Oil Gas European Magazine 3/2008, 138–143.

Hinsken, S., Ustaszewski, K. & Wetzel, A. (2007): Graben width controlling syn-rift sedimentation: the Palaeogene southern Upper Rhine Graben as an example.- International Journal of Earth Sciences, 96, 6, 979–1002.

Holdgate, G.R. & Clarke, J.D.A. (2000): A review of Tertiary brown coal deposits in Australia – their depositional factors and eustatic correlations.- AAPG Bull., 84, 1129–1151.

Holland, S. (2004): An online guide to sequence stratigraphy.- Letzter Zugriff 23-05-2018: ▶ http:// strata.uga.edu/sequence/tracts.html.

Homewood, P.W., Mauriaud, P. & Lafont, F. (2000): Best practices in sequence stratigraphy.- Bull. Centre. Rech. Elf Explor. Prod., Mem., 25, 81 pp., Pau.

Hornung, J. & Aigner, T. (2002a): Reservoir architecture in a terminal alluvial plain: An outcrop analogue study (Upper Triassic, Southern Germany). Part I: Sedimentology and petrophysics.- J. Petroleum Geol., 25, 3–30.

Hornung, J. & Aigner, T. (2002b): Reservoir architecture in a terminal alluvial plain: An outcrop analogue study (Upper Triassic, Southern Germany). Part II: Cyclicity, controls and models.- J. Petroleum Geol., 25, 151–178.

Huhn, B., Utescher, T., Ashraf, A.R. & Mosbrugger, V. (1997): The peat-forming vegetation in the Middle Miocene Lower Rhine Embayment, an analysis based on palynological data.- Meded. Nederlands Instituut voor Toegepaste Geowetenschappen TNO, 58, 211–218.

Immenhauser, A., Hillgärtner, H. & van Bentum, E. (2005): Microbial-foraminiferal episodes in the Early Aptian of the southern Tethyan margin: ecological significance and possible relation to oceanic anoxic event 1a.- Sedimentology, 52, 1, 77–99. ▶ https://doi.org/10.1111/j.1365-3091.2004.00683.x.

Jervey, M.T. (1988): Quantitative geological modeling of siliciclastic rock sequences and their seismic expressions.- In: Wilgus, C.K. et al. (eds): Sea level changes – An Integrated Approach.- SEPM Spec. Publs., 42, 47–69.

Jessen, W. (1956): Das Ruhrkarbon (Namur C ob. – Westfal C) als Beispiel für extratellurisch verursachte Zyklizitätserscheinungen.- Geol. Jb., 71, 1–20.

Jin, J., Aigner, T., Luterbacher, H.P., Bachmann, G.H. & Müller, M. (1995): Sequence stratigraphy and depositional history in the south-eastern German Molasse Basin.- In: Cloetingh, S., Durand, B. & Puigdefàbregas, C.: Integrated basin studies.- Marine and Petroleum Geology, 12, 929–940.

Jinnah, Z.A. & Roberts, E.M. (2011): Facies associations, paleoenvironment, and base-level changes in the Upper Cretaceous Wahweap Formation, Utah, U.S.A.- Journal of Sedimentary Research, 81, 266–283.

Johannessen, E.P., Mjøs, R., Renshaw, D., Dalland, A. & Jacobsen, T. (1995): Northern limit of the "Brent delta" at the Tampen Spur – a sequence stratigraphic approach for sandstone distribution.- In: Steel, R.J., Felt, V.L., Johannessen, E.P & Mathieu, C. (eds): Sequence stratigraphy on the Northwest European Margin.- NPF Special Publication, 5, 213–256, (Elsevier) Amsterdam.

Johnsen, J.G., Klapper, G. & Sandberg, C.A. (1985): Devonian eustatic fluctuations in Euramerica.- Geol. Soc. Amer. Bull., 96, 567–587.

Johnson, S.D., Flint, S., Hinds, D. & De Ville Wickens, H. (2001): Anatomy, geometry and sequence stratigraphy of basin floor to slope turbidite systems, Tanqua Karoo, South Africa.- Sedimentology, 48, 987–1023.

Kendall, C. & Alnaji, N. (2004): US Sequence Stratigraphy Web.- Letzter Zugriff 23-05-2018: ▶ http://strata.geol.sc.edu.

King, W.A. & Martini, I.P. (1984): Morphology and recent sediments of the lower anastomosing reaches of the Attawapiskat river, James Bay, Ontario, Canada.- Sediment. Geol., 37, 295–320.

Kirnbauer, Th., Rosendahl, W. & Wrede, V. (ed. 2008): Geologische Exkursionen in den Nationalen Geo-Park Ruhrgebiet.- 1–434 (plus 7 Seiten Anhang), GeoPark Ruhrgebiet, Essen. [ISBN 978-3-00-023703-4].

Klingbeil, R., Kleineidam, S., Asprion, U., Aigner, Th. & Teutsch, G. (1999): Relating lithofacies to hydrofacies: outcrop-based hydrogeological characterisation of Quaternary gravel deposits.- Sediment. Geol., 129, 299–310.

Klug, B. (1993): Cyclic facies architecture as a key to depositional controls in a distal foredeep: Campanian Mesaverde Group, Wyoming, USA.- Geol. Rundschau, 82, 306–326.

Klug, B. (1994): The Mesaverde Group (Campanian) in the Bighorn Basin of Wyoming/Montana, USA.- Bonner Geowissenschaftliche Schriften, 16, 199 pp, Bonn.

Köthe, A. (2007): Cenozoic biostratigraphy from the German North Sea sector (G-11-1) borehole, dinoflagellate cysts, calcareous nannoplankton).- Z. dt. Ges. Geowiss., 158, 2, 287–3127.

Korsch, R.J. & Lindsay, J.F. (1989): Relationships between deformation and basin evolution in the intracratonic Amadeus Basin, central Australia.- Tectonophysics, 158, 5–22.

Korsch, R.J. & Kennard, J.M. (eds.1991): Geological and geophysical studies in the Amadeus Basin, central Australia.- Bureau of Mineral Resources Geology and Geophysics Bulletin, volume 236, 1–594. ISBN 0 642 1586 4 9.

Korsch, R.J., Wake-Dyster, K.D. & Johnstone, D.W. (1991): Structure of the Permian-Mesozoic Eastern Australian Basins Complex, with emphasis on the BMR Bowen Basin deep seismic profiles.- Exploration Geophysics, 22, 223–226.

Korsch, R.J., Wake-Dyster, K.D. & Johnstone, D.W. (1992): Seismic imaging of Late Palaeozoic – Early Mesozoic extensional and contractional structures in the Bowen and Surat basins, eastern Australia.- Tectonophysics, 215, 273–294, Amsterdam.

Korsch, R.J., Wake-Dyster, K.D. & Johnstone, D.W. (1993): The Gunnedah Basin – New England Orogen deep seismic reflection profile: implications for New England tectonics.- In: Flood, P.G., Aitchison, J.C. (eds): New England Orogen, Eastern Australia, NEO 93, conference proceedings, 85–100, ANU Armidale, NSW.

Korsch, R.J., Johnstone, D.W. & Wake-Dyster, K.D. (1997): Crustal architecture of the New England Orogen based on deep seismic reflection profiling.- Geological Society of Australia Special Publication, 19, 29–51.

Korsch, R.J., Boreham, C.J., Totterdell, J.M., Shaw, R.D. & Nicoll, M.G. (1998): Development and petroleum resource evaluation of the Bown, Gunnedah and Surat Basins, Eastern Australia.- Appea Journal, 1998, 199–236.

Korsch, R.J. (2004): A Permian-Triassic retroforeland thrust system – The New England orogen and adjacent sedimentary basins, eastern Australia.- In: K.R. McClay, ed., Thrust tectonics and hydrocarbon systems: AAPG Memoir 82, 515–537.

Korsch, R.J. & Totterdell, J.M.(eds. 2009): Evolution of the Bowen, Gunnedah and Surat Basins, eastern Australia.- Australian Journal of Earth Sciences (online publication), volume 56, issue 3, Geoscience Australia, Canberra, ACT, Australia – ▶ https://doi.org/10.1080/08120090802695733.

Korus, J.T. & Fielding, C.R. (2017): Hierarchical architecture of sequences and bounding surfaces in a depositional-dip transect of the fluvio-deltaic Ferron Sandstone (Turonian), Southeastern Utah, U.S.A.- Journal of Sedimentary Research 87, 897–920; ▶ https://doi.org/10.2110/jsr.2017.50.

Koss, J.E., Ethridge, F.G. & Schumm, S.A. (1994): An experimental study of the effects of base-level change on fluvial, coastal plain and shelf systems.- J. Sediment. Research, B 64, 90–98.

Kunk, M.J. & Rice, C.L. (1994): High-precision 40Ar/39Ar age spectrum dating of sanidine from the Middle Pennsylvanian Fire Clay tonstein of the Appalachian basin.- In: Rice, C.L. (eds): Elements of Pennsylvanian Stratigraphy, Central Appalachian Basin.- Geol. Soc. Amer., Spec. Paper, 294, 105–113.

Latimer, R (2007): Introduction to this special section: Sequence stratigraphy utilizing seismic.- The

Leading Edge, 26, 7, 801–928, (The Society of Exploration Geophysicists). ▶ https://doi.org/10.1190/1.2756865.

Lepper, J. & Röhling, H.-G. (HRSG 2013): Stratigraphie von Deutschland XI – Buntsandstein.- Schriftenreihe der Deutschen Gesellschaft für Geowissenschaften, 69, 657 S., 275 Abb., 45 Tab., 1 Tafel, Hannover (Deutsche Stratigraphische Kommission, Subkommission Perm Trias). (ISBN 978-3-510-49229-9.

Lippolt, H.J., Hess, J.C. & Burger, K. (1984): Isotopische Alter von pyroklastischen Sanidinen aus Kaolin-Kohlentonsteinen als Korrelationsmarken für das mitteleuropäische Oberkarbon.- Fortschr. Geol. Rheinld. u. Westf., 32, 119–150.

Lubeseder, S., Redfern, J. & Boutib, L. (2009): Mixed siliciclastic-carbonate shelf sedimentation – Lower Devonian sequences of the SW Anti-Atlas, Morocco.- Sed. Geol., 215, 13–32.

Luterbacher, H.P. (1997): Stratigraphy and facies evolution of a typical foreland basin – the Tertiary Molasse Basin (Lake Constance Area and Allgäu).- Gaea Heidelbergensis, 4, 123–140, Heidelberg.

Luterbacher, H.P., Eichenseer, H., Betzler, C & Van Den Hurk, A.M. (1991): Carbonate-siliciclastic depositional systems in the Paleogene of the South Pyrenean foreland basin: a sequence-stratigraphic approach.- Spec. Publs. Int. Ass. Sediment., 12, 391–407.

Makaske, B. (2001): Anastomosing rivers: a review of their classification, origin and sedimentary products.- Earth-Science Reviews, 53, 149–196.

Makaske, B., Lavooi, E., De Haas, T., Kleinhans, M.G. & Smith, D.G. (2017): Upstream control of river anastomosis by sediment overloading, upper Columbia River, British Columbia, Canada.- Sedimentology, 64, 6, 1488–1510. ▶ https://doi.org/10.1111/sed.12361.

Martini, I.P., Oggiano, G. & Mazzei, R. (1992): Siliciclastic carbonate sequences of Miocene grabens of northern Sardinia, western Mediterranean Sea.- Sediment. Geol., 76, 63–78.

Martini, I., Ambrosetti, E. & Sandrelli, F. (2017): The role of sediment supply in large-scale stratigraphic architecture of ancient Gilbert-type deltas (Pliocene Siena-Radicofani Basin, Italy).- Sedimentary Geology, 350, 23–41. ▶ http://dx.doi.org/10.1016/j.sedgeo.2017.01.006.

Martinius, A.W. & Molenaar, N. (1991): A coral-mollusc (*Goniaraea-Crassatella*) dominated hardground community in a siliciclastic-carbonate sandstone (the Lower Eocene Roda Formation, Southern Pyrenees, Spain).- Palaios, 6, 142–155.

Martinsen, O.J. & Hellend-Hansen, W. (1994): Sequence stratigraphy, facies model of an incised valley fill: The Gironde Estuary, France. Discussion.- J. Sediment. Research, B 64, 78–80.

Marzo, M. & Steel, R.J. (eds 2000): Sedimentology and sequence stratigraphy of Eocene clastic wedges, SE Ebro Basin, NE Spain.- Sediment. Geol., Spec. Issue, 138, 1–201.

Maynard, J.R. & Leeder, M.R. (1992): On the periodicity and magnitude of Late Carboniferous glacio-eustatic sea-level changes.- J. Geol. Soc. London, 149, 303–311.

McLean, J.R. & Jercykiewcz, T. (1978): Cyclicity, tectonics and coal: some aspects of fluvial sedimentology in the Brazeau Paskapoo Formations, Coal Valley Area, Alberta, Canada.- In: Miall, A.D. (ed): Fluvial sedimentology.- Can. Soc. Petrol. Geol., Memoir, 5, 441–468, Calgary.

Mellere, D. & Steel, R.J. (1995): Variability of lowstand wedges and their distinction from forced-regressive wedges in the Mesaverde Group, southeast Wyoming.- Geology, 23, 803–806.

Menning, M. (1989): A synopsis of numerical time scales, 1917–1986.- Episodes, 12, 3–5.

Menning, M., Weyer, D., Drozdzewski, G. & Van Amerom, H.W.J. (1997): Carboniferous time scale revised 1997. Time scale A (min. ages) and time scale B (max. ages). Use of geological time indicators.- Carboniferous Newsletters, 15, 26–28.

Menning, M. & Deutsche Stratigraphische Kommission (2012): Erläuterung zur Stratigraphischen Tabelle von Deutschland Kompakt 2012.- Z. dt. Ges. Geowiss, 163, 4 385–409.

Mertens, G., Spies, D. & Teyssen, T. (1983): The Luxembourg Sandstone Formation (Lias), a tide-controlled deltaic deposit.- Ann. Soc. Géol. Belgique, 106, 103–109.

Miall, A.D. (1990): Principles of sedimentary basin analysis.- 668 pp, 2nd ed, (Springer) Berlin, Heidelberg, New York.

Miall, A.D. (1997): The geology of stratigraphic sequences.- 433 pp, (Springer) Heidelberg.

Milana, J.P. & Tietze, K.-W. (2002): Three-dimensional analogue modelling of an alluvial basin margin affected by hydrological cycles: processes and resulting depositional sequences.- Basin Research, 14, 237–269.

Milana, J.P. & Tietze, K.-W. (2007): Limitations of sequence stratigraphy correlation between marine and continental deposits: a 3D experimental study of unconformity-bounded units.- Sedimentology, 54, 293–316.

Milankovitch, M. (1920): Théorie mathématique des phénomènes thérmiques produits par la radiation solaire.- 338 p, (Gauthier-Villars) Paris.

Milankovitch, M. (1941): Kanon der Erdgezeiten und seine Anwendung auf das Eiszeitproblem.- Royal Serbian Sciences, Spec. Publ., 132, Section of Mathematical and Natural Sciences, Vol. 33, Belgrade.

Miller, K.G., Mountain, G.S., Browning, J.V., Katz, M.E., Monteverde, D., Sugarman, P.J., Ando, H.,

Bassetti, M.A., Bjerrum, C.J., Hodgson, D., Hesselbo, S., Karakaya, S., Proust, J.-N. & Rabineau, M. (2013): Testing sequence stratigraphic models by drilling Miocene foresets on the New Jersey shallow shelf.- Geosphere, 9, 5, 1236–1256. ► https://doi.org/10.1130/GES00884.1.

Milli, S., D'Ambrogi, C., Bellotti, P., Calderoni, G., Carboni, M.G., Celant, A., Di Bella, L., Di Rita, F., Frezza, V. & Magri, D. (2013): The transition from wave-dominated estuary to wave-dominated delta: The Late Quaternary stratigraphic architecture of Tiber River deltaic succession (Italy).- Sedimentary Geology, 284–285, 159–180. ► http://dx.doi.org/10.1016/j.sedgeo.2012.12.003.

Mitchum, R.M. (1977): Seismic stratigraphy and global changes of sea level. Part XI. Glossary of terms used in sequence stratigraphy.- AAPG Mem. 26, 205–212.

Mitchum, R.M. & Van Wagoner, J.C. (1991): High-frequency sequences and their stacking patterns: sequence stratigraphic evidences of high-frequency eustatic cycles.- Sediment. Geol., 70, 131–160.

Mitchum, R.M., Sangree, J.B., Vail, P.R. & Wornardt, W.W. (1993): Recognizing sequences and systems tracts from well logs seismic data and biostratigraphy. Examples from the Late Cenozoic of the Gulf of Mexico.- In: Weimer, P., Posamentier, H.W. (eds): Siliciclastic sequence stratigraphy, AAPG Memoir, 58, 163–197.

Mjøs, R., Hadler-Jacobsen, F. & Johannessen, E.P. (1998): The distal sandstone pinchout of the Mesa Verde Group, San Juan Basin, and its relevance for sandstone prediction of the Brent Group, northern North Sea.- In: Gradstein, F.M., Sandvik, K.O. & Milton, N.J.: Sequence stratigraphy – concepts and applications.- NPF Special Publication, 8, 263–297, (Elsevier) Amsterdam.

Molenaar, N. & Zijlstra, J.J.P. (1997): Differential early diagenetic low Mg-calcite cementation and rhythmic hardground development in Campanian-Maastrichtian chalk.- Sedimentary Geology, 109, 261–281.

Mosbrugger, V., Gee, C.T., Belz, G. & Ashraf, A.R. (1994): Three-dimensional reconstruction of an in-situ Miocene peat forest from the Lower Rhine Embayment, NW Germany – new methods in paleovegetation analysis.- Paleogeography, Paleoclimatology, Paleoecology, 110, 295–317, Amsterdam.

Mutterlose, J., Wippich, M.G.E. & Geisen, M. (eds 1997): Cretaceous depositional environments of NW-Germany.- Bochumer Geologische und Geotechnische Arbeiten, 46, 134 pp, Ruhr-Universität Bochum.

Neal, J. & Abreu, V. (2009): Sequence stratigraphy hierarchy and the accommodation succession method.- Geology, 3, 779–782. ► https://doi.org/10.1130/G25722A.1.

Nebelsick, J.H., Rasser, M.W. & Bieg, U. (2009): The North Alpine Foreland Basin: Special Volume of the 2008 Molasse Meeting.- Neues Jahrbuch für Geologie und Paläontologie – Abhandlungen, 254, 1/2, 1–4.

Niebuhr, B. (2006): Multistratigraphische Gliederung der norddeutschen Schreibkreide (Coniac bis Maastricht), Korrelation von Aufschlüssen und Bohrungen.- Z.d.G.G., 157, 2, 245–262.

Nummedal, D. & Molenaar, C.M. (1995): Sequence stratigraphy of ramp-setting strand plain successions: The Gallup Sandstone, New Mexico.- In: Van Wagoner, J.C. & Bertram, G.T. (eds): Sequence stratigraphy of foreland basin deposits – Outcrop and subsurface examples from the Cretaceous of North America.- AAPG Memoir, 64, 277–310.

Nummedal, D. & Swift, D.J.P. (1987): Transgressive stratigraphy at sequence bounding unconformities: Some principles derived from Holocene and Cretaceous examples.- In: Nummedal, D., Pilkey, O.H. & Howard, J.D. (eds): Sea-level fluctuation and coastal evolution.- SEPM Spec. Publ., 41, 241–260.

Nummedal, D., Cole, R., Young, R., Shanley, K. & Boyles, M. (2001): Book Cliffs sequence stratigraphy: The Desert and Castlegate Sandstones.- GJGS/SEPM Field Guide Trip # 15, 81 pp, [in conjunction with the 2001 Annual Convention of the American Association of Petroleum Geologists, Denver, Colorado].

Nystuen, J.P. (1998): History and development of sequence stratigraphy.- In: Gradstein, F.M., Sandvik, K.O. & Milton, N.J.: Sequence Stratigraphy – Concepts and Applications.- NPF Special Publication, 8, 31–116, Amsterdam.

Olsen, T.R., Steel, R., Hogseth, K., Skar, T. & Roe, S.-L. (1995): Sequential architecture in a fluvial succession: sequence stratigraphy in the Upper Cretaceous Mesaverde Group, Price Canyon, Utah.- J. Sediment. Research, B 65, 265–280.

Olsen, T.R., Mellere, D. & Olsen, T. (1999): Facies architecture and geometry of landward-stepping shoreface tongues: the Upper Cretaceous Cliff House Sandstone (Mancos Canyon, south-west Colorado).- Sedimentology, 46, 603–625.

Oomkens, E. (1970): Depositional sequences and sand distribution in the postglacial Rhône Delta complex.- In: Morgan, J.P. & Shaver, R.H. (eds): Deltaic Sedimentation, Modern and Ancient.- SEPM Spec. Publ., 15, 198–212, Tulsa.

Ortiz-Karpf, A., Hodgson, D.M., Jackson, C.A.-L. & McCaffrey, W.D. (2017): Influence of seabed morphology and substrate composition on mass-transport flow processes and pathways: Insights from the Magdalena Fan, offshore

Colombia.- Journal of Sedimentary Research 2017, 87, 189–209. ▶ https://doi.org/10.2110/jsr.2017.10.

Pages (2016): Interglacials of the last 800,000 years. Past Interglacials Working Group of PAGES.- AGU Publications, Review of Geophysics, 54, 162–219; ▶ https://doi.org/10.1002/2015rg000482.

Pellaton, C. & Gorin, G.E. (2005): The Miocene New Jersey Passive Margin as a Model for the Distribution of Sedimentary Organic Matter in Siliciclastic Deposits.- Journal of Sedimentary Research, 75, 6, 1011–1027. ▶ https://doi.org/10.2110/jsr.2005.076.

Patterson, R.T., Prokoph, A. & Chang, A. (2004): Late Holocene sedimentary response to solar and cosmic ray activity influenced climate variability in the NE Pacific.- Sedimentary Geology, 172, 1–2, 67–84; ▶ https://doi.org/10.1016/j.sedgeo.2004.07.007.

Paul, J. (2006): Facies analysis and sequence stratigraphy of the Röt.- N. Jb. Geol. Paläont , 242, 103–132.

Pawellek, Th. (2009): From thin sections to discovery: the Upper Satal in the central Sirte Basin (north-central Libya) – a success story.- Geotectonic Research (ehem. Geotekt. Forschungen), 96, 87–100.

Payton, C.E. (1977): Seismic stratigraphy – applications to hydrocarbon exploration.- Amer. Assoc. Petrol. Geol., Memoir, 26, 1–516, Tulsa/Okl.

Peng, Y., Steel, R.J. & Olariu, C. (2017): Transition from storm wave-dominated outer shelf to gullied upper slope: The mid-Pliocene Orinoco shelf margin, South Trinidad.- Sedimentology, Accepted manuscript online: 24 Jan 2017 | ▶ https://doi.org/10.1111/sed.12362.

Piecha, M. (2002): A considerable hiatus at the Frasnian/Famennian boundary in the Rhenish Shelf region of Northwest Germany.- Palaeogeography, Palaeoclimatology, Palaeoecology, 181, 195–211.

Pillans, B., Chappell, J. & Naish, T. (1999): A review of the Milankovitch climatic beat: template for Plio-Pleistocene sea-level changes and sequence stratigraphy.- Sediment. Geol., 122, 5–21.

Plint, A.G. & Nummedal, D. (2000): A falling stage systems tract: recognition and importance in sequence stratigraphic analysis.- In: Hunt, D. & Gawthorpe, R.L. (eds): Sedimentary Responses to Forced Regressions.- Geol. Soc. London, Spec. Publ., 172, 1–17.

Plint, A.G. & Wadsworth, J.A. (2003): Sedimentology and palaeogeomorphology of four large valley systems incising delta plains, western Canada Foreland Basin: implications for mid-Cretaceous sea-level changes.- Sedimentology, 50, 1147–1186.

Pöppelreiter, M. & Aigner, T. (2003): Unconventional pattern of reservoir facies distribution in epeiric successions: Lessons from an outcrop analog (Lower Keuper, Germany).- AAPG Bulletin, 87, 39–70.

Posamentier, H.W. & James, D.P. (1993): An overview of sequence-stratigraphic concepts: uses and abuses.- Spec. Publs. Int. Ass. Sediment., 18, 3–18.

Posamentier, H.W. & Kolla, V. (2003): Seismic geomorphology and stratigraphy of depositional elements in deep-water settings.- J. Sediment. Research, 73, 3, 367–388.

Posamentier, H.W. & Vail, P.R. (1988): Eustatic controls on clastic deposition II – sequence and systems tract models.- In: Wilgus, C.K. et al. (eds): Sea level changes: An integrated approach.- Spec. Publs. Int. Ass., 42, 125–154.

Posamentier, H.W., Jervey, M.T. & Vail, P.R. (1988): Eustatic controls on clastic deposition I – conceptual framework.- In: Wilgus, C.K. et al. (eds): Sea level changes: An integrated approach.- Spec. Publs. Int. Ass., 42, 109–124.

Powell, J.W. (1875): Exploration of the Colorado River of the West and its tributaries.- 291 pp, (Smithonian Inst.) Washington D.C.

Prinz, L., McCann, T., Schäfer, A., Asmus, S. & Lokay, P. (2016): The geometry, distribution and development of sand bodies in the Miocene-age Frimmersdorf Seam (Garzweiler open-cast mine), Lower Rhine Basin, Germany: implications for seam exploitation.- Geological Magazine, Cambridge University Press. ▶ https://doi.org/10.1017/s0016756816000960.

Prinz, L., Schäfer, A., McCann, T., Utescher, T., Lokay, P. & Asmus, S. (2017): Facies analysis and depositional model of the Serravallian-age Neurath Sand, Lower Rhine Basin (W Germany).- Netherlands Journal of Geosciences – Geologie en Mijnbouw. ▶ https://doi.org/10.1017/njg.2016.51.

Ramón, J.C. & Cross, T.A. (1997): Characterization and prediction of reservoir architecture and petrophysical properties in fluvial channel sandstones, middle Magdalena Basin, Colombia.- CT&F Ciencia, Technologia y Futuro, 1, 19–46.

Ramón, J.C. & Cross, T.A. (2002): Correlation strategies and methods in continental strata, Middle Magdalena Basin, Colombia.- Letzter Zugriff 23-05-2018: ▶ https://www.platte.com.

Ramsbottom, W.H.C., Calver, M.A., Edgar, R.M.C., Hodson, F., Holliday, D.W., Stubblefield, C.J. & Wilson, R.B. (1978): A correlation of Silesian rocks in the British Isles.- Geol. Soc. London, Spec. Report, 10, 81 pp.

Reading, H.G. (ed 1996): Sedimentary environments: Processes, facies and stratigraphy.- 688 pp, 3rd ed, (Blackwell) Oxford.

Reineck, H.-E. (1960): Über Zeitlücken in rezenten Flachsee-Sedimenten.- Geol. Rundschau, 49, 149–161.

Reineck, H.-E. & Singh, I.B. (1980): Depositional Sedimentary Environments.- 549 pp, 2nd ed, (Springer) Berlin, Heidelberg, New York.

Ridente, D., Trincardi, F., Piva, A. & Asioli, A. (2009): The combined effect of sea level and supply during Milankovitch cyclicity: Evidence from shallow-marine delta 18O records and sequence architecture (Adriatic margin).- Geology, 37, 11, 1003–1006.

Ross, C.A. (1979): Carboniferous.- In: Robinson, R.A. & Teichert, C. (eds): Treatise on invertebrate palaeontology, Part A (Introduction), fossilisation (taphonomy), biogeography and biostratigraphy.- A255-A290, (Geol. Soc. Am. and Kansas University Press) Boulder, Lawrence.

Ross, C.A. & Ross, J.R. (1987): Late Paleozoic sea levels and depositional sequences.- Cushman Foundation for Foraminiferal Research, Spec. Publ., 24, 137–148.

Ross, C.A. & Ross, J.R. (1988): Late Paleozoic transgressive-regressive deposition.- In: Wilgus, C.K. et al. (eds): Sea level changes – an integrated approach.- SEPM, Spec. Publ., 42, 227–249.

Runkel, A.C., Miller, J.F., McKay, R.M., Palmer, A.R. & Taylor, J.F. (2007): High-resolution sequence stratigraphy of lower Paleozoic sheet sandstones in central North America: The role of special conditions of cratonic interiors in development of stratal architecture.- GSA Bull., 119, 7/8, 860–881.

Savrda, C.E. & Bottjer, D.J. (1989): Anatomy and implications of bioturbated beds in black shale sequences; examples from the Jurassic Posidonienschiefer (southern Germany).- Palaios, 4, 330–342.

Schäfer, A. (2003): Depositional systems and missing depositional records.- In: Neugebauer, H. & Simmer, C. (eds): Dynamics of multiscale Earth systems.- Lecture Notes in Earth Sciences, 97, 307–324, (Springer) Heidelberg.

Schäfer, A. (2011): Tectonics and sedimentation in the continental strike-slip Saar-Nahe Basin (Carboniferous-Permian, West Germany).- Z. dt. Ges. Geowiss., 162/2, 127–155.

Schäfer, A. & Utescher, T. (2014): Origin, sediment fill, and sequence stratigraphy of the Cenozoic Lower Rhine Basin (Germany) interpreted from well logs.- Z. Dt. Ges. Geowiss., 165, 287–314.

Schäfer, A., Hilger, D., Gross, G. & von der Hocht, F. (1996): Cyclic sedimentation in Tertiary Lower-Rhine Basin (Germany) – the Liegendrücken of the browncoal open-cast Fortuna mine.- Sediment. Geol., 103, 229–247.

Schäfer, A., Drozdzewski, G. & Süss, M.P. (2002): Das Varische Vorlandbecken. Das Aachener Kohlerevier und das Ruhr-Kohlerevier als geologische Fallstudie eines Ablagerungsraumes im Oberkarbon.- In: Busch, B. (Hrsg): Erde.- Schriftenreihe Forum, 11, 116–125, (Kunst- und Ausstellungshalle der Bundesrepublik Deutschland GmbH) Bonn.

Schäfer, A., Utescher, T. & Mörs, Th. (2004): Stratigraphy of the Cenozoic Lower Rhine Basin, northwestern Germany.- Newsletters on Stratigraphy, 40, 73–110.

Schäfer, A., Utescher, T., Klett, M. & Valdivia-Manchego, M. (2005): The Cenozoic Lower Rhine Basin – rifting, sedimentation, and cyclic stratigraphy.- Int. J. Earth Sci., 94, 621–639.

Schlager, W. (2010): Ordered hierarchy versus scale invariance in sequence stratigraphy.- Internat. J. Earth Sci., 99, Suppl. 1, 139–151.

Schneider, J.W. & Scholze, F. (2016): Late Pennsylvanian – Early Triassic conchostracan biostratigraphy: a preliminary approach.- In: Lucas, S.G. & Shen, S.Z. (eds) The Permian Timescale. Geological Society, London. Special Publications, 450. ▶ http://doi.org/10.1144/SP450.6.

Schwarz, E., Veiga, G.D., Trentini, G. Á. & Spalletti, L.A. (2016): Climatically versus eustatically controlled, sediment-supply-driven cycles: Carbonate-siliciclastic, high-frequency sequences in the Valanginian of the Neuquén Basin (Argentina).- Journal of Sedimentary Research, 86, 4, 312–335. ▶ https://doi.org/10.2110/jsr.2016.21.

Schwarzacher, W. (1993): Cyclostratigraphy and the Milankovitch Theory.- 225 pp, (Elsevier) Amsterdam.

Shaw, RD., Korsch, RJ., Boreham, C.J., Totterdell, J.M., Lelbach, C. & Nicoll, M.G. (1999): Evaluation of the undiscovered hydrocarbon resources of the Bowen and Surat Basins, southern Queensland.- AGSO Journal of Australian Geology & Geophysics, 17, 5/6, 43–65.

Sissingh, W. (1998): Comparative Tertiary stratigraphy of the Rhine Graben, Bresse Graben and Molasse Basin: correlation of Alpine foreland events.- Tectonophysics, 300, 249–284.

Sloss, L.L. (1962): Stratigraphic models in exploration.- AAPG Bull., 46, 1050–1057.

Sloss, L.L. (1988): Fourty years of sequence stratigraphy.- GSA Bull, 100, 1661–1665.

Smith, D.G. & Smith, N.D. (1980): Sedimentation in an anastomosed river system: examples from alluvial valleys near Banff, Alberta.- J. Sediment Petrol., 50, 157–164.

Somoza, L., Barnolas, A., Arasa, A., Maestro, A., Rees, J.G. & Hernandez-Molina, F.J. (1998): Architectural stacking patterns of the Ebro Delta controlled by Holocene high-frequency eustatic fluctuations, delta-lobe switching and subsidence processes.- Sediment. Geol., 117, 112–132.

Soreghan, G.S. (1994): Stratigraphic responses to geologic processes: Late Pennsylvanian eustasy and tectonics in the Pedgerosa and Orogrande basins, Ancestral Rocky Mountains.- Geol. Soc. America, Bull., 106, 1195–1211.

Soria, J.M., Fernández, J., Garca, F. & Viseras, C. (2003): Correlative lowstand deltaic and shelf systems in the Guadix Basin (Late Miocene, Betic Cordillera, Spain): The stratigraphic record of forced and normal regressions.- J. Sediment. Research, 73, 912–925.

Stancu-Kristoff, G. & Stehn, O. (1984): Ein großregionaler Schnitt durch das nordwestdeutsche Oberkarbon-Becken vom Ruhrgebiet bis in die Nordsee.- Fortschr. Geol. Rheinld. u. Westf., 32, 35–38.

Standke, G., Rascher, J. & Strauss, C. (1993): Relative sea-level fluctuations and brown coal formation around the Early-Middle Miocene boundary in the Lusatian brown coal district.- Geol. Rundschau, 82, 295–305.

Steel, R.J., Felt, V.L., Johannessen, E.P. & Mathieu, C. (eds 1995): Sequence Stratigraphy of the Northwest European Margin.- Norwegian Petroleum Society (NPF), Spec. Publ., 5, 608 pp, (Elsevier) Amsterdam.

Stein, R., Rullkötter, J. & Welte, D.H. (1989): Changes in paleoenvironments of the Atlantic Ocean during Cretaceous times: results from black shales studies.- Geol. Rdsch., 78, 883–901.

Stets, J. & Schäfer, A. (2002): Depositional environments in the Lower Devonian siliciclastics of the Rhenohercynian Basin (Rheinisches Schiefergebirge, W-Germany) – Case studies and a model.- Contributions to Sedimentary Geology, 22, 78 pp., 35 figs., 20 photos, (Schweizerbart) Stuttgart.

Stets. J. & Schäfer, A. (2008): The Early Devonian Rhenohercynian Basin (Middle Rhine valley, Rheinisches Schiefergebirge) – land-sea transitions in the northern part.- In: Königshof, P. & Linnemann, U. (eds): The Rheno-Hercynian, Mid-German Crystalline and Saxo-Thuringian Zones (Central European Variscides), Excursion Guide, 20th International Senckenberg Conference and 2nd Geinitz Conference: "From Gondwana and Laurussia to Pangea: Dynamics of Oceans and Supercontinents", 159 pp, Final Meeting IGCP 497 and IGCP 499, Frankfurt am Main, Dresden.

Stets, J. & Schäfer, A. (2009): The Siegenian delta: land-sea transitions at the northern margin of the Rhenohercynian Basin.- Geological Society, London, Special Publications, 314, 37–72.

Stets, J. & Schäfer, A. (2011): The Lower Devonian Rhenohercynian Rift – 20 Ma of sedimentation and tectonics (Rhenish Massif, W-Germany).- Z. dt. Ges. Geowiss., 162/2, 93–115.

Strohmenger, C., Antonini, M., Jaeger, G., Rockenbauch, K. & Strauss, C. (1996): Zechstein Carbonate reservoir facies distribution in relation to Zechstein sequence stratigraphy (Upper Permian, Northwest Germany): an integrated approach.- Bull. CNRS Elf-Aquitaine, 20, 1–5, Pau.

Süss, M.P. (1996): Sedimentologie und Tektonik des Ruhr-Beckens: Sequenzstratigraphische Interpretation und Modellierung eines Vorlandbeckens der Varisciden.- Bonner Geowissenschaftliche Schriften, 20, 148 S., Wiehl.

Süss, M.P., Drozdzewski, G. & Schäfer, A. (2000): Sequenzstratigraphie des kohleführenden Oberkarbon im Ruhr-Becken.- Geol. Jb., A 156, 45–106.

Süss, M.P., Schäfer, A. & Drozdzewski, G. (2001): A sequence stratigraphic model for the Lower Coal Measures (Upper Carboniferous) of the Ruhr district, north-west Germany.- Sedimentology, 48, 1171–1179.

Süss, M.P., Drozdzewski, G. & Schäfer, A. (2002): The Ruhr Basin and the Aachen Basin – sedimentary environments, sequence stratigraphic model, and synsedimentary tectonics of Variscan foreland basins (Namurian B/C to Westphalian C, W-Germany).- In: Hills, L.V., Henderson, C.M. & Bamber, E.W. (eds): Carboniferous and Permian of the World, XIVth International Congress of the Carboniferous and Permian, Calgary/Canada, August 1999; Canadian Society of Petroleum Geologists, Memoir, 19, 208–227, Toronto.

Sydow, J. & Roberts, H.H. (1994): Stratigraphic framework of a late Pleistocene shelf-edge delta, northeast Gulf of Mexico.- AAPG Bull., 78, 1276–1312.

Tietze, K.-W. & Röhling, H.-G. (2004): Becken-genetisch orientierte stratigraphische Ansätze für den Buntsandstein.- In: Arbeitsgruppe Buntsandstein der Subkommission Perm-Trias der DUGW: Stratigraphie von Deutschland III. Buntsandstein.- Courier Forschungs-Institut Senckenberg, Frankfurt am Main.

Tipper, J.C. (2000): Patterns of stratigraphic cyclicity.- J. Sediment. Research, 70, 1262–1279.

Thöle, H., Gaedicke, C., Kuhlmann, G. & Reinhardt, L. (2014): Late Cenozoic sedimentary evolution of the German North Sea – A seismic stratigraphic approach.- Newsletters on Stratigraphy, 47, 3, 299–331. ► https://doi.org/10.1127/0078-0421/2014/0049.

Todd, R.G. & Mitchum, R.M. (1977): Seismic Stratigraphy and Global Changes of Sea Level: Part 8. Identification of Upper Triassic, Jurassic, and Lower Cretaceous Seismic Sequences in Gulf of Mexico and Offshore West Africa: Section 2. Application of Seismic Reflection Configuration to Stratigraphic Interpretation.- In: Payton, C. E. (1977 ed.): Seismic stratigraphy – applications to hydrocarbon exploration.- AAPG Memoir, 26, 145–163.

Torres, J., Savoye, B. & Cochonat, P. (1995): The effects of Late Quaternary sea-level changes on the Rhône slope sedimentation (Northwestern Mediterranean), as indicated by seismic stratigraphy.- J. Sediment. Research, B 65, 368–387.

Turgut, S. & Eseller, G. (2000): Sequence stratigraphy, tectonics and depositional history in Eastern Thrace Basin, NW Turkey.- Marine and Petroleum Geology, 17, 61–100.

Ulicny, D. (2001): Depositional systems and sequence stratigraphy of coarse-grained deltas in a shallow-marine, strike-slip setting: the Bohemian Cretaceous Basin, Czech Republic.- Sedimentology, 48, 599–628.

Uroza, C. A. & Steel, R.J. (2008): A highstand shelf-margin delta system from the Eocene of West Spitsbergen, Norway.- Sedimentary Geology, 203, 3–4, 229–245.

Utescher, T., Ashraf, A.R., Dreist, A., Dybkjaer, K., Mosbrugger, V., Pross, J. & Wilde, V. (2012): Variability of Neogene continental climates in Northwest Europe – a detailed study based on macrofloras.- Turkish Journal of Earth Science, 21, 289–314.

Vail, P.R. (1992): Grußadresse zur Eröffnung der Tagung 'Mesozoic and Cenozoic Sequence Stratigraphy of European Basins' in Dijon 18.–20.5.1992; Sequence Stratigraphy Core Workshop 21.–22.5.1992.

Vail, P.R., Mitchum, R.M, jr., Todd, R.G. et al. (1977): Seismic stratigraphy and global changes of sea level.- In: Payton, C.E.: Seismic Stratigraphy – applications to hydrocarbon exploration.- Mem. Am. Assoc. Petrol. Geol., 26, 49–212, Boulder.

Vail, P.R., Audemard, F., Bowman, S.A., Eisner, P.N. & Perez-Cruz, C. (1991): The stratigraphic signatures of tectonics, eustasy and sedimentology – an overview.- In: Einsele, G., Ricken, W. & Seilacher, A.: Cycles and events in stratigraphy.- 617–659, (Springer) Berlin, Heidelberg, New York.

Vandenberghe, N. & Hardenbol, J. (1998): Introduction to the Neogene.- In: De Graciansky, P.-C., Hardenbol, J., Jacquin, T. & Vail, P.R. (eds): Mesozoic and Cenozoic sequence stratigraphy of European Basins.- SEPM Spec. Publs., 60, 83–85.

Van Der Wal, D., Pye, K. & Neal, A. (2002): Long-term morphological change in the Ribble Estuary, northwest England.- Marine Geology, 189, 249–266.

Van Wagoner, J.C. (1995): Sequence stratigraphy and marine to nonmarine facies architecture of foreland basin strata, Book Cliffs, Utah, U.S.A.- In: Van Wagoner, J.C. & Bertram, G.T. (eds): Sequence stratigraphy of foreland basin deposits – Outcrop and Subsurface Examples from the Cretaceous of North America.- AAPG Memoir, 64, 137–223.

Van Wagoner, J.C. (1998): Sequence stratigraphy and marine to nonmarine facies architecture of foreland basin strata, Book Cliffs, Utah, U.S.A.: Reply.- AAPG Bulletin, 82, 1607–1618.

Van Wagoner, J.C., Posamentier, H.W., Mitchum, R.M., Vail, P.R., Sarg, J.F., Loutit, T.S. & Hardenbol, J. (1988): An overview of the fundamentals of sequence stratigraphy and key definitions.- In: Wilgus, C.K. et al. (eds): Sea level changes – an integrated approach.- SEPM Spec. Publs., 42, 39–45.

Van Wagoner, J.C., Mitchum, R.M., Campion, K.M. & Rahmanian, V.D. (1990): Siliciclastic sequence stratigraphy in well logs, cores, and outcrops: Concepts for high-resolution correlation of time and facies.- AAPG Methods in Exploration Series, 7, 55 pp, Tulsa.

Van Wagoner, J.C., Jones, C.R., Taylor, D.R., Nummedal, D., Jennette, D.C. & Riley, G.W. (1992): Sequence stratigraphy – Applications to shelf sandstone reservoirs. Outcrop to subsurface examples.- AAPG Field Conference, Sept. 21–28, 1991, Tulsa/ Okl.

Vella, C., Fleury, T.-J., Raccasi, G., Provansal, M., Sabatier, F. & Bourcier, M. (2016): Evolution of the Rhône delta plain in the Holocene.- Marine Geology, 222–223, 235–265; ▶ https://doi. org/10.1016/j.margeo.2005.06.028.

Voigt, T. (2009): Die Lausitz-Riesengebirgs-Antiklinalzone als kreidezeitliche Inversionsstruktur: Geologische Hinweise aus den umgebenden Kreidebecken.- Zeitschr. geol. Wissensch. 37, 1–2, 15–39.

Voigt, T. (2011): Sturmdominierte Sedimentation in der Postelwitz-Formation (Turon) der Sächsischen Kreide.- Freiberger Forschungshefte, C 540, 3–25.

Vyssotski, A.V., Vyssotski, V.N. & Nezhdanov, A.A. (2006): Evolution of the West Siberian Basin.- Marine and Petroleum Geology, 23, 93–126.

Walker, R.G. (1990): Facies modeling and sequence stratigraphy.- J. Sediment. Petrol., 60, 777–786.

Walther, J. (1894): Einleitung in die Geologie als historische Wissenschaft.- Lithogenesis der Gegenwart, 3, 535–1055, Jena.

Wartenberg, W., Korsch, R.J. & Schaefer, A. (1999): Geometry of the Tamworth Belt in the New England Orogen beneath the Surat Basin, southern Queensland.- In: Flood, P.G. et al.: Regional Geology, Tectonics and Metallogenesis, New England Orogen.- Department of Geology and Geophysics, University of New England, 211–219, Armidale.

Wartenberg, W. & Freund, H. (2012): Late Pleistocene and Holocene sedimentary record within the

Jade Bay, Lower Saxony, Northwest Germany – New aspects for the palaeo-ecological record.- Quaternary International 251, 31–41.

Wehr, F.L. (1993): Effects of variations in subsidence and sediment supply on parasequence stacking patterns.- In: Weimer, P. & Posamentier, H.W.: Siliciclastic sequence stratigraphy.- AAPG Memoir, 58, 369–379.

Wells, M.R., Allison, P.A., Piggott, M.D., Pain, C.C., Hampson, G.J. & De Oliveira, C.R.E. (2005): Large sea, small tides: the Late Carboniferous seaway of NW Europe.- J. Geol. Soc. London, 162, (3), 417–420.

Wetzel, A. (1982): Cyclic and dyscyclic black shale formation.- In: Einsele, G. & Seilacher, A. (eds): Cyclic and Event Stratification.- 431–455, (Springer) Berlin, Heidelberg, New York.

Wheeler, H.E. (1958): Time-stratigraphy.- Amer. Assoc. Petrol. Geol. Bull., 75, 1047–1063.

Wheeler, H.E. (1964): Base level, lithosphere surface, and time-stratigraphy.- Geol. Soc. Amer. Bull., 75, 599–610.

Wignall, P.B. (1994): Black shales.- 127 pp, (Clarendon Press) Oxford.

Wilson, R.C.L., Drury, S.A. & Chapman, J.L. (2000): The Great Ice Age. Climate change and life.- 267 pp, (The Open University) London.

Winsemann, J. & Jonen, A. (2000): Stapelungsmuster eines sturmdominierten Schelfsystems: Die unterordovizische Goldisthaler Folge und Frauenbach-Gruppe des Thüringer Schiefergebirges.- Zeitschrift der Deutschen Geologischen Gesellschaft, 151, 3, 287–307.

Yoshida, S., Miall, A.D. & Willis, A. (1998): Sequence stratigraphy and marine to nonmarine facies architecture of foreland basin strata, Book Cliffs, Utah, USA.: Discussion.- AAPG Bulletin, 82, 1596–1606.

Young, R.G. (1955): Sedimentary facies and intertonging in the Upper Cretaceous of the Book Cliffs, Utah – Colorado.- GSA Bulletin, 66, 177–202.

Zachos, J., Pagani, M., Sloan, L., Thomas, E. & Billups, K. (2001): Trends, rhythms, and aberrations in global climate 65 Ma to Present.- Science, 292, 686–693.

Zecchin, M., Mellere, D. & Roda, C. (2006): Sequence stratigraphy and architectural variability in growth-fault bounded basin fills: a review of Plio-Pleistocene stratal units of the Crotone Basin, southern Italy.- J. Geol. Soc. London, 163, 471–486.; ▶ https://doi.org/10.1144/0016-764905-058.

Zweigel, J. (1998): Eustatic versus tectonic control on foreland basin fill.- Contr. to Sediment. Geol., 20, 140 pp, (Schweizerbart) Stuttgart.

Zweigel, J., Aigner, T. & Luterbacher, H. (1998): Eustatic versus tectonic controls on Alpine foreland basin fill: sequence stratigraphy and subsidence analysis in the SE Germany Molasse.- In: Mascle, A., Puigdefàbregas, C., Luterbacher, H.P. & Fernandez, M. (eds): Cenozoic Foreland basins of Western Europe.- Geol. Soc. Spec. Publs., 134, 299–323.

Serviceteil

Stichwortverzeichnis

Stichwortverzeichnis